托卡马克

（第4版）

[英] 约翰·韦森（John Wesson）等 著

王文浩 等 译

清华大学出版社

北 京

内 容 简 介

托卡马克作为磁约束聚变的主要装置,目前已成为最重要的获得聚变能源的途径。本书是众多国际聚变学界顶级科学家就各自领域最新研究成果所写的专题汇总,由资深科学家约翰·韦森等撰写。

本书涵盖磁约束聚变的方方面面,包括等离子体物理原理,等离子体的平衡、稳定、约束、加热、与器壁的相互作用、诊断等内容,对每一方面都从原理上阐述了问题的来源和发展,列出了重要公式及其简明推导,给出了重要的数据图表。本书还介绍了历史上有重要地位的装置及其成果,对目前在运行的大型装置及取得的进展也逐一作了说明。

本书为聚变领域的专业著作。初学者可以通过本书尽览磁约束聚变全貌;对于从业多年的研究者,本书可起到查阅数据、纵观问题始末的作用。

北京市版权局著作权合同登记号　图字:01-2021-2926

First published in English under the title
Tokamaks (Fourth edition) by John Wesson in 2011

ⓒ John Wesson 1987,1997,2004,2011

This translation is published by arrangement with Oxford University Press. Tsinghua University Press is solely responsible for this translation from the original work and Oxford University Press shall have no liability for any errors, omissions or inaccuracies or ambiguities in such translation or for any losses caused by reliance thereon.

图书在版编目(CIP)数据

托卡马克:第 4 版/(英)约翰·韦森(John Wesson)等著;王文浩等译.—北京:清华大学出版社,2021.9
书名原文:Tokamaks
ISBN 978-7-302-59110-8

Ⅰ.①托… Ⅱ.①约… ②王… Ⅲ.①托卡马克装置 Ⅳ.①TL631.2

中国版本图书馆 CIP 数据核字(2021)第 185458 号

责任编辑:陈朝晖
封面设计:常雪影
责任校对:赵丽敏
责任印制:刘海龙

出版发行:清华大学出版社
　　　网　　址:http://www.tup.com.cn,http://www.wqbook.com
　　　地　　址:北京清华大学学研大厦 A 座　　　　邮　编:100084
　　　社 总 机:010-62770175　　　　　　　　　　邮　购:010-62786544
　　　投稿与读者服务:010-62776969,c-service@tup.tsinghua.edu.cn
　　　质量反馈:010-62772015,zhiliang@tup.tsinghua.edu.cn
印 刷 者:三河市铭诚印务有限公司
装 订 者:三河市启晨纸制品加工有限公司
经　　销:全国新华书店
开　　本:185mm×260mm　　　印　张:40.75　　　字　数:988 千字
版　　次:2021 年 10 月第 1 版　　　　　　印　次:2021 年 10 月第 1 次印刷
定　　价:298.00 元

产品编号:072318-01

原书合作者

D. J. 坎贝尔(D. J. CAMPBELL)

J. W. 康纳(J. W. CONNOR)

R. D. 吉尔(R. D. GILL)

N. C. 霍克斯(N. C. HAWKES)

J. 赫吉尔(J. HUGILL)

C. N. 戴维斯(C. N. LASHMORE-DAVIES)

G. M. 麦克拉肯(G. M. McCRACKEN)

H. R. 威尔森(H. R. WILSON)

A. E. 科斯特利(A. E. COSTLEY)

R. J. 黑斯蒂(R. J. HASTIE)

A. 赫尔曼(A. HERRMANN)

A. S. 凯伊(A. S. KAYE)

B. 劳埃德(B. LLOYD)

G. F. 马修斯(G. F. MATTHEWS)

J. J. 奥罗克(J. J. O'ROURKE)

C. M. 罗奇(C. M. ROACH)

S. E. 沙拉波夫(S. E. SHARAPOV)

D. F. 斯塔特(D. F. START)

B. J. D. 图宾(B. J. D. TUBBING)

D. J. 沃德(D. J. WARD)

中译本审校专家

（以姓氏笔画为序）

丁卫星（中国科学技术大学）

丁玄同（核工业部西南物理研究院）

王　龙（中国科学院物理研究所）

刘万东（中国科学技术大学）

杨青巍（核工业部西南物理研究院）

胡希伟（华中科技大学）

高　喆（清华大学）

董家齐（核工业部西南物理研究院）

前　　言

在聚变研究的早期,当我在环形器上工作时,所获得的等离子体温度大约为 10 eV,其约束时间约为 $100\ \mu s$。在接下来的 30 年里,该领域有了稳定的进展,在 1987 年本书的第 1 版中,大型托卡马克装置的温度达到了几个 keV,持续时间达到了 1 s。

自那以后,托卡马克已成为从热核聚变中获得有用能源的主要装置。随着研究活动的深入和人们对托卡马克兴趣的普遍增加,需要对这个主题有一个入门性的介绍,本书第 1 版的目的正是提供这样一个导引。

在随后直到出版第 2 版的 10 年里,这个主题又有所改变。现在已经可以用公认的理论来理解实验行为,这是令人鼓舞的。在大型托卡马克上进行的大量研究取得了人们期待已久的产生巨大聚变功率的成就。这一成就使我们不可避免地面临如何设计和建造托卡马克反应堆的问题。第 2 版的目的就是要描述这些进展。作为该学科发展的一种衡量,第 2 版的内容规模是第 1 版的两倍。2004 年,借着重印的机会,我将本书更新为第 3 版。

对于这个第 4 版,我必须认识到,我在这个领域已不再活跃,我得依靠别人的建议来进行所需的更新。幸运的是,我寻求这些帮助的请求得到了我所接触的专家们的热烈响应。

本领域的主要课题目前已经从科学上感兴趣的问题转化为设计和运行实验反应器 ITER 所面临的关键问题。这一转变的重点在本版的重大变化中得到体现。

尽管这门学科的复杂性越来越高,但我希望,本书对那些进入本领域的年轻学者,对于从事托卡马克研究并且希望获得与其相关的其他领域的知识的专家,对于那些不从事托卡马克研究但希望了解有关的基本概念、方法和相关问题的人来说,仍然是有用的。本书的另一个目的是要提供一部有关研究人员经常需要查找的方程、公式和数据的手册。

我很荣幸能与众多杰出的物理学家合作,他们都是我的合作者。他们的合作精神使这一努力成为一种乐趣。我非常感谢我的妻子奥莉芙(Olive)在费时的手稿准备过程中提供的支持。我要感谢卡罗尔·西蒙斯(Carol Simmons)、比吉塔·克罗伊斯代尔(Birgitta Croysdale)和英格丽·法雷利(Ingrid Farrelly),她们为第 1 版和第 2 版做了大量录入工作;还要感谢琳达·李(Lynda Lee),她在编写第 3 版和第 4 版时给予了非常大的帮助。我还要感谢斯图尔特·莫利斯(Stuart Morris)、查德·海斯(Chad Heys)和拉塞尔·佩里(Russell Perry),他们不遗余力地制作了高质量的图表。

最后,我想把本书献给我在世界各地的聚变物理学家朋友和同事,他们为国际合作树立了一个值得效仿的出色榜样。

约翰·韦森

2011 年 3 月 英格兰

中文版序言

由 J. Wesson 等人撰写的《托卡马克》一书在清华大学王文浩老师的几年努力下,即将翻译出版。这是一件非常有意义的工作,对未来我国已经和即将从事聚变研究的青年才俊有着积极的指导作用。托卡马克是一种利用磁约束来实现受控核聚变的环形容器。它是由位于苏联莫斯科的库尔恰托夫研究所的阿齐莫维奇等人在 20 世纪 50 年代发明的。托卡马克的中心是一个环形真空室,外面缠绕着线圈。在通电的时候托卡马克的内部会产生巨大的螺旋形磁场,将其中的等离子体加热到很高的温度,以达到核聚变的目的。

到 20 世纪 80 年代,托卡马克实验研究已经取得较大突破。1982 年,在德国的 ASDEX 装置上首次发现高约束放电模式。1984 年,欧洲的 JET 装置上等离子体电流达到 3.7 MA,并能够维持数秒。1986 年,美国普林斯顿的 TFTR 装置利用 40 MW 大功率氘中性束注入获得了中心离子温度为 4 亿度的等离子体,同时产生了 10 MW 的聚变功率。随后,欧洲的 JET 装置获得了 16 MW 可重复的聚变功率。由此,利用托卡马克获得可控聚变能的科学可行性得到证明。J. Wesson 在 20 世纪 80 年代就是从事托卡马克理论研究的知名学者,他是英国牛津卡拉姆聚变实验室理论部的负责人。从 1985 年开始,他联合当时在卡拉姆、JET 长期从事托卡马克研究的一些知名学者,如 J. Conner, D. Gill, J. Hugill, G. McCracken, A. Costley, D. Start 等人,共同撰写了《托卡马克》一书,并于 1987 年正式出版(该书的第 1 版)。这本书自出版的第一天起,就成为世界各国从事磁约束聚变研究和各大学进行等离子体物理教学的经典读物。其后,该书不断充实、再版,每一次再版都吸收了当时托卡马克研究的最新成果。

2005 年,在第 4 版出版之前,鉴于我国的"东方超环"EAST 装置是世界上首个全超导托卡马克,Wesson 教授写信给我,希望能在第 4 版里增加有关 EAST 的内容。为此我和武松涛研究员按照 Wesson 教授的篇幅要求,撰写了有关 EAST 的这一节(12.7 节)。从第 4 版出版到现在已经过去了 10 多年。这期间,我国托卡马克研究取得了巨大进展,整体上已经步入国际先进行列,在稳态高约束等离子体物理研究、国际热核聚变实验堆(ITER)采购包研发、聚变堆设计等许多领域已经处于前列。未来 5 年,在全面消化、吸收 ITER 设计及工程建设技术的基础上,以我国为主开展中国聚变工程实验堆(Chinese fusion engineering testing reactor,CFETR)的详细工程设计及必要的关键部件预研,并结合以往的物理设计数据库,在我国自主设计的"东方超环"(EAST)、"中国环流器二号改进型"(HL-2M)托卡马克装置上开展与 ITER,CFETR 物理相关的验证性实验,为 CFETR 的建设奠定坚实基础。相较于目前在建的 ITER,CFETR 在科学问题上主要是解决未来聚变示范堆所必需的稳态燃烧等离子体的控制、氚循环与自持、聚变能输出等 ITER 未涵盖的内容;在工程技术与工艺上重点研究聚变堆材料、聚变堆包层及聚变能发电等 ITER 不能开展的工作。CFETR 的设计、建设和科学实验不但能为我国进一步独立自主地开发和利用聚变能奠定坚实的科学技术与工程基础,而且使得我国率先利用聚变能发电、实现能源的跨越式发展成为可能。CFETR 的设计、建设、运行需要一大批从事托卡马克的科学家和工程技术人员,中文版《托卡马克》一书的出版正当其时,它将为我国聚变青年才俊深入理解托卡马克物理和相关知识提供一本不可多得的经典作品。

中国科学院等离子体物理研究所

李建刚

2018 年 10 月 31 日

各章作者

1　韦森(J. A. WESSON)

2　韦森(J. A. WESSON)
　　2.11节　黑斯蒂(R. J. HASTIE)

3　韦森(J. A. WESSON)
　　3.14节　斯塔特和劳埃德(D. F. START 和 B. LLOYD)

4　康纳(J. W. CONNOR)
　　4.1节~4.5节　韦森(J. A. WESSON)
　　4.8节　韦森(J. A. WESSON)
　　4.11节　图宾(B. J. D. TUBBING)
　　4.13节　韦森(J. A. WESSON)
　　4.21节　罗奇(C. M. ROACH)
　　4.24节~4.26节　韦森(J. A. WESSON)

5　韦森(J. A. WESSON,5.1节~5.5节)
　　戴维斯(C. N. LASHMORE-DAVIES,5.6节~5.10节)

6　韦森(J. A. WESSON)

7　韦森(J. A. WESSON)
　　7.15节　沙拉波夫(S. E. SHARAPOV)

8　威尔森(H. R. WILSON)

9　麦克拉肯(G. M. McCRACKEN)

10　吉尔和霍克斯(R. D. GILL 和 N. C. HAWKES)
　　10.2节　沃德(D. J. WARD)
　　10.3节　奥罗克(J. J. O'ROURKE)
　　10.4节和10.5节　科斯特利(A. E. COSTLEY)
　　10.10节　马修斯(G. F. MATTHEWS)

11　韦森和赫吉尔(J. A. WESSON 和 J. HUGILL)

12　坎贝尔(D. J. CAMPBELL)
　　12.6节　赫尔曼(A. HERRMANN)
　　12.7节和12.8节　韦森(J. A. WESSON)

13　韦森(J. A. WESSON)
　　13.5节　凯伊(A. S. KAYE)
　　13.7节　沃德(D. J. WARD)

14　韦森(J. A. WESSON)
　　14.13节　康纳(J. W. CONNOR)

致　　谢

感谢许多同行的帮助，尤其是以下这些：

托卡马克反应堆——Roger Hancox 和 Terry Martin；

土豆轨道——Bill Core 和 Per Helander；

电流驱动——Martin Cox 和 Martin O'Brien；

输运垒——Barry Alper；

约束——Ted Stringer 和 Geoff Cordey；

中性束加热——Andrew Bickley, Ron Hemsworth, Peter Massmann 和 Ernie Thompson；

射频加热——Lars-Goran Eriksson, Jean Jacquinot 和 Franz Söldner；

新经典撕裂模——Richard Buttery 和 Tim Hender；

电阻壁模——Chris Gimblett；

等离子体-表面相互作用——Rainer Behrisch, Brian Labombard, Bruce Lipschultz, Martin O'Mullane, Richard Pitts, Detlef Reiter, Jochen Roth 和 Peter Stangeby；

诊断——Garrard Conway, Wolfgang Engelhardt, Ian Hutchinson, Christian Ingesson 和 George Magyar；

托卡马克实验——Nobuyuki Asakura, Karl Heinz Finken, Martin Greenwald, Otto Gruber, Ian Hutchinson, Emmanuel Joffrin, Tim Jones, Andy Kirk, Myeun Kwon, Louis Laurent, Tony Leonard, Jiangang Li, Niek Lopes Cardozo, Tim Luce, Earl Marmar, Kent McCormick, William Morris, Jerome Pamela, Richard Pitts, Detlev Reiter, Valeria Riccardo, John Rice, Ulrich Samm, Rory Scannell, Chris Schüller, Paul Smeulders, Alan Sykes, Paul Thomas, Angelo Tucillo, Bernhard Unterberg, Fritz Wagner, Henri Weisen, Gerd Wolf, 和 Hartmut Zohm。

感谢美国物理学会和美国物理机构允许使用它们拥有知识产权的图表。

目　　录

第1章
聚　变

1.1　聚变和托卡马克

如果一个氘核与一个氚核发生聚变,将产生一个 α 粒子并释放出一个中子。核的重新组合导致反应后粒子的总质量下降,并以反应产物动能的形式释放出能量。每次反应释放的能量为 17.6 MeV。从宏观上说,仅 1 kg 的这种燃料就能释放出 10^8 kW·h 的能量,相当于提供一个 1 GW 发电站一天发电所需的热能。

氘的自然蕴藏量十分丰富,但氚在自然界并非天然地存在。但是,可以利用聚变反应中释放出来的中子与锂发生反应来增殖氚,而锂在大自然中有丰富的储量。

为了使氘核与氚核发生聚变,首先必须克服二者的正电荷引起的相互排斥,正是这种排斥作用使聚变反应截面在低能时非常小。然而,截面随能量的增加而变大,它在 100 keV 处达到最大值。因此,如果在燃料粒子失去其能量之前就实现反应,就有可能达到有利的能量平衡。要做到这一点,粒子在反应前就必须保有其能量,并在反应区停留足够长时间。更确切地说,这个时间与反应粒子密度的乘积必须足够大。

将粒子束射向固体靶或与另一粒子束作对心碰撞等简单方法并不能满足这一判据。在前一种情形下,粒子将过快地失去能量;在后一种情形下,粒子的密度太低。

最可取的产能方法是将氘-氚燃料加热到足够高的温度,使核子的热速度大到足以产生所需的反应。以这种方式引起的聚变称为热核聚变。其最优温度并不是最大反应截面所对应的能量,这部分是因为所需的反应多发生在热核粒子的麦克斯韦分布的高能尾翼上。必需的最低温度大约是 10 keV,即大约为 1 亿摄氏度。在这个温度下,燃料呈完全电离状态。核离子携带的电荷被等量的电子中和,由此产生的电中性气体称为等离子体。

由于这样高的温度无法用固体材料壁实现约束,因此需要另谋它途。托卡马克提供了这样一种方法。在托卡马克中,等离子体的粒子被磁场约束在一个环形区域内,粒子都围着磁场线做小尺度的回旋运动。通过这种方法,离子在到达器壁之前能够在容器中走过容器尺寸百万倍的距离。

虽然实现聚变所需的温度、密度和约束时间在托卡马克上已全部能够实现,但这些指标不是在同一个等离子体中实现的。但朝向这个目标的进展已相当可观,目前产出的热核功率已超过输入功率的 60%。下一步是实现点火,届时将像化石燃料产能过程一样,在无需进一步加热的情况下使燃烧过程变得自持。迈向点火的进展可以用一个参数来衡量。聚变截面对能量的依赖形式,就实现点火的必要条件而言,可以近似表示成如下形式:

$$\hat{n}\tau_E\hat{T} \geqslant 5\times10^{21} \text{ m}^{-3}\cdot\text{s}\cdot\text{keV}$$

其中,$\hat{n}$ 和 $\hat{T}$ 分别是等离子体的峰值离子密度和峰值温度,τ_E 是能量约束时间。这个参数在过去几十年中的进展如图 1.1.1 所示。

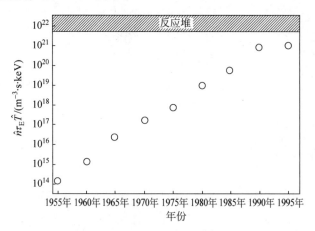

图 1.1.1 三重积 $\hat{n}\tau_E\hat{T}$ 的进展(已接近反应堆条件的边缘)

对于反应堆,离子密度与能量约束时间的乘积 $n\tau_E$ 和温度 T 必须都处于适当范围内。如果取峰值,所需的 $\hat{n}\tau_E$ 为 $2\times10^{20}\sim5\times10^{20}$ m$^{-3}\cdot$s,温度范围为 $10\sim20$ keV。所需的 $\hat{n}\tau_E\hat{T}$ 大约为 5×10^{21} m$^{-3}\cdot$s$\cdot$keV(5.1 节)

现在人们相信托卡马克可以建成一个点火装置。然而,这种反应堆的设计还有一系列问题有待解决。商用型反应堆更是如此。目前研究的目的就是要回答这些问题,本书将介绍相关的基础物理知识。

1.2 聚变反应

到目前为止,最有希望的聚变反应是氘核与氚核聚变产生一个 α 粒子并释放一个中子的反应,即

$$^2_1\text{D}+^3_1\text{T}\longrightarrow ^4_2\text{He}+^1_0\text{n}$$

$$3.5 \text{ MeV}+14.1 \text{ MeV}=17.6 \text{ MeV}$$

标出的能量是反应产物的动能。质量能量平衡源于反应中的总质量亏损 δm。

$$\begin{array}{ccc} \text{D} & + & \text{T} \\ (2-0.000994)m_p & & (3-0.006284)m_p \end{array}$$

$$\begin{array}{ccc} \longrightarrow & \alpha & + & \text{n} \\ & (4-0.027404)m_p & & (1+0.001378)m_p \end{array}$$

其中,m_p 是质子质量(1.6726×10^{-27} kg)。质量亏损为 $0.01875m_p$,因此释放的能量为

$$\mathcal{E}=\delta m\cdot c^2=0.01875m_pc^2=2.818\times10^{-12}\text{J}=17.59 \text{ MeV}$$

这个反应是由粒子间的碰撞引起的,因此反应的截面至关重要。在低碰撞能量下,这个反应的截面很小,因为库仑势垒阻止了核子之间距离接近到聚变所需的核的尺度范围内。这个势垒如图 1.2.1 所示。

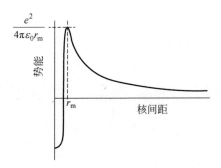

图 1.2.1 势能随核子间距离的变化

由于量子力学的隧道效应,氘-氚聚变可以在略低于克服库仑势垒所需的能量条件下发生。该反应截面如图 1.2.2 所示,可以看出,最大截面发生在刚刚超出 100 keV 之处。

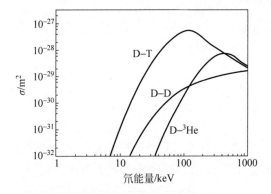

图 1.2.2 D-T,D-D 和 D-³He 的反应截面
两种 D-D 反应有近似的截面,图中给出的是它们的和

从图 1.2.2 明显可以看出,D-T 反应比其他反应途径更值得青睐。图中给出了下述反应的截面:

$$^2D + ^2D \longrightarrow ^3He + ^1n + 3.27\ \text{MeV}$$
$$^2D + ^2D \longrightarrow ^3T + ^1H + 4.03\ \text{MeV}$$
$$^2D + ^3He \longrightarrow ^4He + ^1H + 18.3\ \text{MeV}$$

可以看出,这些反应截面都远小于 D-T 反应的截面,除非在异常高的能量下。

1.3 热核聚变

对于热的 D-T 等离子体,反应速率的计算需要对这两种成分的分布函数积分。单位体积内速度为 v_1 的一种成分的粒子与速度为 v_2 的另一种成分的粒子之间的反应速率是

$$\sigma(v')\ v' f_1(v_1) f_2(v_2)$$

其中,$v' = v_1 - v_2$;f_1 和 f_2 分别是两种成分的分布函数。

如果分布函数都是麦克斯韦型的,即

$$f_j(v_j) = n_j \left(\frac{m_j}{2\pi T}\right)^{3/2} \exp\left(-\frac{m_j v_j^2}{2T}\right)$$

则单位体积内的总反应速率为

$$\mathcal{R} = \iint \sigma(v')v'f_1(v_1)f_2(v_2)\,\mathrm{d}^3v_1\mathrm{d}^3v_2$$

可以写成

$$\mathcal{R} = n_1 n_2 \frac{(m_1 m_2)^{3/2}}{(2\pi T)^3} \iint \exp\left[-\frac{m_1+m_2}{2T}\left(V + \frac{1}{2}\frac{m_1-m_2}{m_1+m_2}\boldsymbol{v}'\right)^2\right] \sigma(v')v' \exp\left(-\frac{\mu v'}{2T}\right)\mathrm{d}^3v'\mathrm{d}^3V$$

其中,

$$V = \frac{v_1+v_2}{2}, \qquad \mu = \frac{m_1 m_2}{m_1+m_2}$$

μ 是折合质量。

V 的积分为 $[2\pi T/(m_1+m_2)]^{3/2}$,因此可得:

$$\mathcal{R} = 4\pi n_1 n_2 \left(\frac{\mu}{2\pi T}\right)^{3/2} \int \sigma(v')v'^3 \exp\left(-\frac{\mu v'^2}{2T}\right)\mathrm{d}v' \tag{1.3.1}$$

实验室测得的截面通常以入射粒子(即成分 1)能量的形式给出,即

$$\varepsilon = \frac{1}{2}m_1 v'^2$$

因此,式(1.3.1)可以更方便地写成

$$\mathcal{R} = \left(\frac{8}{\pi}\right)^{1/2} n_1 n_2 \left(\frac{\mu}{T}\right)^{3/2} \frac{1}{m_1^2} \int \sigma(\varepsilon)\varepsilon \exp\left(-\frac{\mu\varepsilon}{m_1 T}\right)\mathrm{d}\varepsilon \tag{1.3.2}$$

如果将 1.2 节中给出的 D-T 反应截面 $\sigma(\varepsilon)$ 代入式(1.3.1),则可得到反应速率 $\mathcal{R} = n_\mathrm{d}n_1\langle\sigma v\rangle$,其中 $\langle\sigma v\rangle$ 由图 1.3.1 给出。对于给定的离子密度,其最大速率在 $n_\mathrm{d} = n_\mathrm{T}$ 时取得。

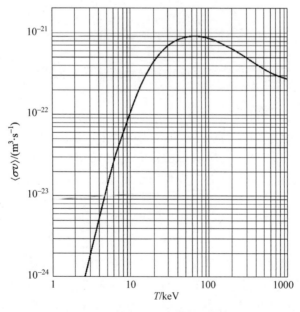

图 1.3.1 D-T 反应的 $\langle\sigma v\rangle$ 随等离子体温度的变化

在感兴趣的温度下,核反应主要发生在分布的尾部。这可用图 1.3.2 来说明。对于温度为 10 keV 的 D-T 等离子体,图 1.3.2 给出了式(1.3.2)的被积函数对 ε/T 的曲线,同时还给出了两个因子 $\sigma(\varepsilon)$ 和 $\varepsilon\exp(-\mu\varepsilon/m_\mathrm{d}T)$ 的曲线。

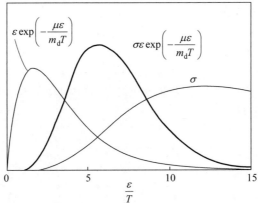

图 1.3.2　温度为 10 keV 下,D-T 等离子体的式(1.3.2)的被积函数及其两个因子 $\sigma(\varepsilon)$ 和 $\varepsilon\exp\left(-\dfrac{\mu\varepsilon}{m_d T}\right)$

随归一化能量 ε/T 的变化

　　实验上通常是用氘而非氘-氚混合气体来进行的。图 1.3.3 给出了 D-D 和 D-He³ 的 $\langle\sigma v\rangle$ 曲线。在 5~20 keV 的温度范围内,D-T 的 $\langle\sigma v\rangle$ 与 D-D 的 $\langle\sigma v\rangle$ 的比值大约是 80。

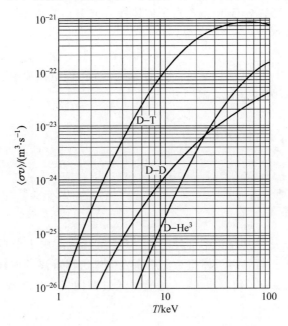

图 1.3.3　D-D(总的)和 D-He³ 的 $\langle\sigma v\rangle$ 随等离子体温度的变化

二者的值要比 D-T 的值小很多

1.4　聚变功率平衡

1.4.1　热核功率

　　单位体积氘-氚等离子体的热核功率为

$$p_{Tn} = n_d n_T \langle\sigma v\rangle \mathcal{E} \tag{1.4.1}$$

其中,n_d 和 n_T 分别是氘和氚的粒子数密度;$\langle\sigma v\rangle$ 是图 1.3.1 给定的反应速率;$\mathcal{E}$ 是每次反应

释放的能量。总的离子密度为

$$n = n_d + n_T$$

因此,式(1.4.1)可以写成

$$p_{Tn} = n_d(n - n_d)\langle \sigma v \rangle \mathcal{E}$$

对于给定的 n,这个功率在 $n_d = n/2$(即氘密度等于氚密度)时取最大值。对于这个最佳混合态,热核聚变功率密度为

$$p_{Tn} = \frac{1}{4}n^2\langle \sigma v \rangle \mathcal{E} \tag{1.4.2}$$

1.4.2　能量损失

在托卡马克中,等离子体能量的不断损失必须通过对等离子体的加热来补充。在温度为 T 时,等离子体粒子的平均能量为 $3T/2$,粒子的每个自由度为 $T/2$。由于电子和离子的数目相等,因此单位体积等离子体的能量为 $3nT$,等离子体的总能量为

$$W = \int 3nT \mathrm{d}^3x = 3\overline{nT}V \tag{1.4.3}$$

其中,nT 上的横线代表平均值;V 是等离子体体积。能量损失速率 P_L 用能量约束时间 τ_E 来表征,它由下述关系定义:

$$P_L = W/\tau_E \tag{1.4.4}$$

对于目前的托卡马克,热核功率通常很小,在稳态下,能量损失由外部辅助加热来平衡。因此,如果外部提供的功率为 P_H,则

$$P_H = P_L \tag{1.4.5}$$

由式(1.4.4)和式(1.4.5)可得:

$$\tau_E = W/P_H$$

这个表达式提供了一种用实验上的已知量来确定 τ_E 的方法。

1.4.3　α粒子加热

式(1.4.2)给出的热核功率由两部分组成。4/5 的反应能由中子携带,其余 1/5 由 α 粒子携带,称为 $\mathcal{E}_\alpha$。中子不与等离子体相互作用而直接逃逸出等离子体,但 α 粒子因为带电而受到磁场约束。随后 α 粒子将 3.5 MeV 的能量通过碰撞传递给等离子体。因此单位体积的 α 粒子的加热功率为

$$p_\alpha = \frac{1}{4}n^2\langle \sigma v \rangle \mathcal{E}_\alpha \tag{1.4.6}$$

总的 α 粒子加热功率为

$$P_\alpha = \int p_\alpha \mathrm{d}^3x = \frac{1}{4}\overline{n^2\langle \sigma v \rangle}\mathcal{E}_\alpha V \tag{1.4.7}$$

1.4.4　功率平衡

在总体功率平衡下,功率损失由外部加热功率与 α 粒子功率之和来平衡。因此有

$$P_H + P_\alpha = P_L$$

利用式(1.4.3)、式(1.4.4)和式(1.4.7),这个平衡由下式给定:

$$P_H + \frac{1}{4}\overline{n^2 \langle \sigma v \rangle}\, \mathcal{E}_\alpha V = \overline{\frac{3nT}{\tau_E}}V \tag{1.4.8}$$

式(1.4.8)的意义在 1.5 节叙述。

1.5　点火

1.5.1　点火条件

随着 D-T 等离子体被加热到满足热核反应条件的温度,总加热中又额外增加了 α 粒子加热的部分。当约束条件得到充分满足时,等离子体便达到了这样一个临界点:仅由 α 粒子加热就可以抵消能量损失来维持等离子体温度。外部加热可以撤去,等离子体温度由内部加热来维持。借助于与化石燃料燃烧的类比,将这种状态称为点火。

点火状态的功率平衡由式(1.4.8)来描述。为简单起见,取恒定的温度和密度,这样式(1.4.8)可以写成

$$P_H = \left(\frac{3nT}{\tau_E} - \frac{1}{4}n^2 \langle \sigma v \rangle\, \mathcal{E}_\alpha \right) V \tag{1.5.1}$$

式(1.5.1)提供了点火条件,即等离子体自持燃烧的要求为

$$n\tau_E > \frac{12}{\langle \sigma v \rangle} \frac{T}{\mathcal{E}_\alpha} \tag{1.5.2}$$

不等式(1.5.2)的右边只是温度的函数,图 1.5.1 给出了所要求的 $n\tau_E$ 值对温度的依赖关系。它在接近 $T = 30\text{ keV}$ 处有一个最小值,在此温度下,点火条件为

$$n\tau_E > 1.5 \times 10^{20}\text{ m}^{-3} \cdot \text{s} \tag{1.5.3}$$

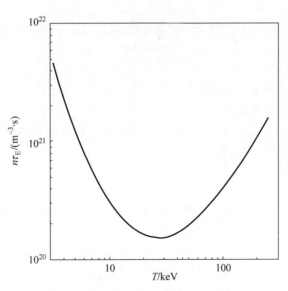

图 1.5.1　点火所需的 $n\tau_E$ 对温度的依赖关系

然而,由于 τ_E 本身是温度的函数,因此最低温度不应被视为最优条件。实际上,点火温度有可能更低。有幸的是计算给出,在温度范围 $10 \sim 20\text{ keV}$ 内,在 10% 的误差范围内,反应速率可以用下式来表示:

$$\langle \sigma v \rangle = 1.1 \times 10^{-24} T^2 \qquad (1.5.4)$$

其中,T 的单位为 keV,$\langle \sigma v \rangle$ 的单位是 $m^3 \cdot s^{-1}$。

因此,采用 $\mathcal{E}_a = 3.5\ MeV$,点火条件变成

$$n T \tau_E > 3 \times 10^{21}\ m^{-3} \cdot keV \cdot s \qquad (1.5.5)$$

这是一个非常方便的点火条件形式,因为它明确提出了对密度、温度和约束时间的要求。例如,$n = 10^{20}\ m^{-3}$,$T = 10\ keV$ 和 $\tau_E = 3\ s$ 时,即可达到这个条件。

式(1.5.5)右边的常数的精确值既取决于 n 和 T 的剖面,也取决于这两个参数是取平均值还是取峰值。条件(1.5.5)是对取平坦剖面而言的。对于密度和温度剖面取抛物线峰化剖面的情形,点火条件变为

$$\hat{n} \hat{T} \tau_E \geqslant 5 \times 10^{21}\ m^{-3} \cdot keV \cdot s \qquad (1.5.6)$$

式(1.5.3)使人联想起劳森判据。在聚变研究的早期,劳森曾将密度和约束时间的乘积 $n\tau$ 作为热核反应堆的关键参数。但他在计算中忽略了 α 粒子加热,并假定等离子体仅由外部加热来维持。在反应堆产生的能量所转换的电能尚不足以推动反应堆本身的运行且需要外部加热的情形下,这个判据显然是必要条件,但不是充分条件。在上述的点火计算中,α 粒子的贡献在被用来加热等离子体的总能量中所占的比例仅为 20%。在劳森的计算中,相应的比例与电站的热电转换效率 η 有关,劳森取 $\eta \approx 30\%$。因此,劳森的必要条件给出的 $n\tau$ 要比式(1.5.3)给出的点火判据略低,仅为 $n\tau > 0.6 \times 10^{20}\ m^{-3} \cdot s$。劳森还考虑了氢的轫致辐射损失(将在 4.25 节论述),但这个损失对于托卡马克等离子体是小量。

衡量接近反应堆条件的一个指标是产生的热核功率与外加功率的比值 Q,它定义为

$$Q = \frac{\frac{1}{4} n^2 \langle \sigma v \rangle \mathcal{E} V}{P_H}$$

由于每次反应释放的能量 $\mathcal{E}$ 是 α 粒子的能量 $\mathcal{E}_a$ 的 5 倍,因此 Q 也可以写成

$$Q = \frac{5 P_\alpha}{P_H}$$

因此,$Q = 1$ 对应于 α 粒子功率为外加功率的 20%。对于点火,外加功率降低为零,故 $Q \to \infty$。

可以看出,虽然点火等离子体具有所需的自持特性,即不需要外部加热,但如果不考虑点火,也可以得到大的 Q 值。但在此情形下,系统将增加外部加热功率 P_H 的成本,因为反应堆功率的回馈必然伴有相应的效率损失。

1.5.2　点火方法

在托卡马克上业已发现,在足够高的外加功率下,等离子体能量损失的性质有所变化。在外加功率大于某个临界值后,能量损失速率降低,相应地,能量约束时间增加。这种以较高约束态运行的模式称为 H 模,相应地,以低于临界值运行的模式称为 L 模。

据预测,在反应堆所需条件下,α 粒子的加热水平将高于这个临界值,因此装置将在 H 模下运行。此时等离子体的约束将得到极大的改善,这极大地影响到对反应堆的实际要求。

这个 L-H 转换判据适用于衡量等离子体因热传导而损失的功率水平。其基本物理过程还不是十分清楚,但无论是从 L 模到 H 模的转换,还是这两种模式的能量约束时间,都已有实验给出的经验公式可用于描述。约束定标律对于反应堆的意义可以用功率平衡对温度的依赖关系来说明,图 1.5.2 给出了一个这样的例子。

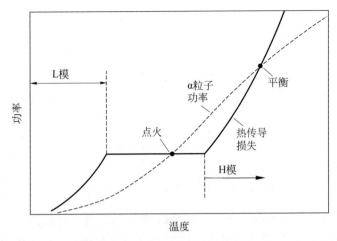

图 1.5.2 托卡马克反应堆中热传导损失和 α 粒子功率对温度的依赖关系

可以看出,在较低的温度下,热传导损失必须通过外部加热来平衡。但当外加功率高于 L-H 转换的阈值功率后,约束改善使 α 粒子加热超过热传导损失,从而通过 α 粒子加热就可以平衡热传导损失,等离子体的温度达到一种稳定的平衡。

1.6 托卡马克

托卡马克是一种环形的等离子体约束系统,在其中等离子体受到磁场的约束。主磁场是环向磁场。但仅有这个磁场不足以约束等离子体。为了取得等离子体压强与磁场力之间的平衡,还需要一个极向磁场。在托卡马克中,这个极向磁场主要是由流过等离子体本身的环向电流产生的。图 1.6.1(a) 对这些电流和磁场进行了说明。环向磁场 B_ϕ 和极向磁场 B_p 共同产生的磁场线具有环绕圆环的螺旋轨迹,如图 1.6.1(b) 所示。环向磁场由线圈电流产生,它与等离子体的联系如图 1.6.2 所示。

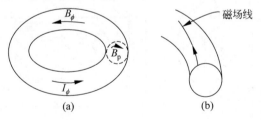

图 1.6.1 (a) 环向磁场 B_ϕ 和由环向电流 I_ϕ 产生的极向磁场 B_p;
(b) B_ϕ 和 B_p 共同产生的磁场线绕等离子体柱旋转

等离子体压强是粒子密度和温度的乘积。等离子体的反应性随这两个量的增大而增加,这个事实意味着在反应堆中等离子体压强必然足够高。可约束的压强取决于稳定性的考虑,并且随磁场强度的增大而增大。然而,环向磁场的大小要受到多种技术因素的限制。在采用铜制线圈的实验室实验中,冷却和磁力的要求都限制了这种线圈所能产生的磁场。此外,在反应堆的规模下,如果采用普通线圈,其所产生的焦耳热损耗就将大到不可接受的地步,因此采用超导线圈是唯一的解决途径。在高于临界磁场的情形下,超导体存在失超的

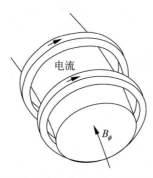

图 1.6.2   外部线圈电流产生的环向磁场

危险,这个问题设置了另一个限定条件。以目前的技术,线圈位置处能获得的最大磁场一般被限制在 12 T 左右,但经过改进后也许能达到 16 T。环向磁场的这个最大值位于纵场线圈的环内侧。由于环向磁场的大小反比于大半径,因此所产生的磁场在等离子体中心处将为 6~8 T。目前的大型托卡马克的环向磁场稍低于这个值。

对于一个给定的环向磁场,可稳定约束的等离子体压强随环向等离子体电流增大到一个上限值。由此产生的极向磁场通常要比环向磁场小一个量级。对于目前的大型托卡马克,电流通常为几个兆安(MA),例如,在 JET 托卡马克装置上,等离子体电流可达 7 MA。按照保守的假设,一个反应堆至少需要 20~30 MA 的电流。随着技术的进步和对约束机制理解的深入,这个电流值可能会适度降低。

在目前的实验中,等离子体电流是由变压器感应产生的环向电场驱动的。变压器的作用原理是利用通过环路的磁通量的变化,如图 1.6.3(a) 所示。闭合环路所包围的磁通变化是由流过初级线圈的电流引起的,如图 1.6.3(b)所示。变压器通常采用铁芯来约束磁场线,虽然这不是必需的,但这样做可以大大减少所需的电源功率,并具有减少杂散磁场的优点。

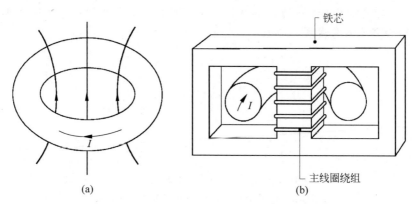

图 1.6.3   (a) 通过环路的磁通的变化感应出一个环向电场,它驱动环向电流;
(b) 磁通的变化通常由绕变压器铁芯的主绕组产生

等离子体的截面形状在垂直方向上有一定的拉长对于约束和可达到的最大压强有好处。截面形状的控制需要额外的环向电流,这个电流对于控制等离子体的位置也是必需的。这些环向电流是由适当放置的线圈产生的。图 1.6.4 描述了完整的环向和极向场线圈系统。

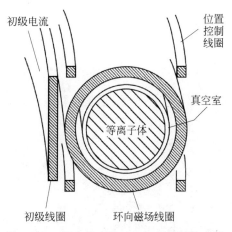

图 1.6.4　托卡马克装置上各种线圈的安排

　　限制托卡马克等离子体约束的诸多过程尚未得到充分理解。但实验上发现,预期的约束改善与装置尺寸有关。现有托卡马克的最佳能量约束时间通常为 $r_p^2/2$ 秒量级,其中 r_p 是等离子体的平均小半径。在 JET 上已经获得了大于 1 s 的能量约束时间。研究发现,能量约束时间随等离子体电流的增大而延长,但同时又随等离子体压强的提高而减小。

　　利用等离子体电流的欧姆加热效应可将托卡马克等离子体加热到几个 keV 的温度。但要达到所需的 $\geqslant 10$ keV 的温度,就必须通过粒子束或电磁波来辅助加热。

　　目前的托卡马克等离子体的粒子密度通常在 $10^{19} \sim 10^{20}$ m^{-3} 的范围,是标准大气密度的 10^{-6}。因此等离子体必须处在真空容器中,并尽量减少杂质的存在,使本底压强保持在很低的水平。

　　等离子体中的杂质会产生辐射损耗,也会稀释燃料。因此,控制它们进入等离子体约束区对于托卡马克能否成功运行起着至关重要的作用。这就要求将等离子体与真空室壁分离。目前采用两种方法:第一种方法是用某种材料制成的限制器来限定等离子体的外边界,如图 1.6.5(a)所示;第二种方法是通过调整磁场形态产生一个磁偏滤器位形,来使等离子体粒子与真空室壁隔离,如图 1.6.5(b) 所示。

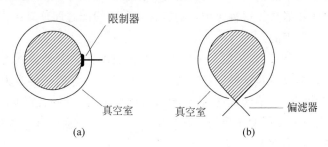

图 1.6.5　托卡马克装置上等离子体与真空室壁的两种隔离方法
(a) 限制器；(b) 偏滤器

　　托卡马克反应堆要求在托卡马克结构本身上附加一些部件,同时还需要某种将聚变功率转换成电功率输出的手段。这些设施将在 1.7 节里描述。

1.7　托卡马克反应堆

1.7.1　反应堆结构

托卡马克反应堆要比一个未发生热核聚变的托卡马克装置复杂得多,其一般结构如图 1.7.1 所示。

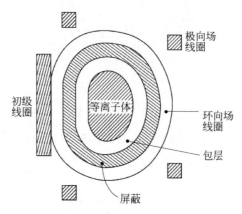

图 1.7.1　概念型托卡马克反应堆的主要部件的布局

等离子体周围是一圈包层,它有三个作用。首先,它吸收 14 MeV 的中子,将其能量转变为热能,并通过适当的冷却剂将其带走,提供反应堆的大部分功率输出。其次,包层通过吸收中子为超导线圈和其他外部元件提供辐射屏蔽。最后,包层能够增殖反应堆所必需的氚燃料。因此,包层往往由含锂的化合物(如 LiO)组成。正如 1.8 节将要描述的那样,在每一次中子-锂反应中都将产生一个氚核,但我们不可能做到让所有的中子在包层中都发生这样的反应。为了弥补这一缺陷并使总的增殖比大于 1,就必须采用如铍或铅这样的中子倍增剂。中子通量离开等离子体后,随入射到包层中的距离而衰减。一个厚度为 0.6~1.0 m 的包层足以吸收掉大部分中子。

中子的能量通量在穿过包层外壁到达超导线圈前必须减小到原先的 $10^{-6}\sim10^{-7}$,以免引起线圈的辐射损伤和加热。这种保护是通过在包层和线圈之间加置一层厚达 1 m 的高 Z 材料屏蔽层(如钢)来实现的。

在实验型托卡马克装置上,一般是采用固体材料制作的限制器或偏滤器来避免等离子体直接接触第一壁。偏滤器是这样一种结构,它将磁场线从等离子体表面引向远离等离子体的偏滤器靶板(参见 9.10 节所描述)。在反应堆的情形下,材料表面上的热负荷会明显提高,而且需要将进入等离子体的杂质通量减到最小,加之设计上具有更大的灵活性,这些要求都使偏滤器系统受到青睐。

在理想情形下,等离子体中的环向电流在时间上应是连续的。然而,由于变压器的作用,起电流驱动作用的电场是因磁通的增加而感生出来的,这个作用只能持续一段有限的时间。变压器产生的脉冲可以长达 1 h。虽然这并不完全令人满意,但只要脉冲间隔时间足够短,使得由冷却引起的不断重复的热应力是可接受的,那么这种脉冲运行模式也是可行的。另一种方案是采取不同于电场驱动的其他方式来维持电流的连续性。由于等离子体本身能通过一种称为自举效应的机制来产生部分所需的电流,因此对电流驱动的要求大大降低。余下的电流可以通过中性粒子束注入或电磁波驱动来满足。这些电流驱动的方法将在3.14 节中描述。

等离子体损失的热及包层中产生的热将由液态或气态冷却剂带走。这些热将通过如图 1.7.2 所示的传统方法发电。

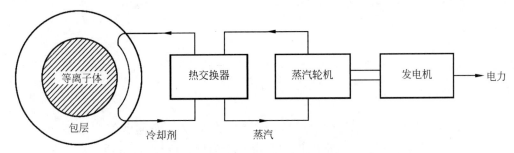

图 1.7.2　包层吸收的热核功率通过传统方法转换成电能的示意图

1.7.2　反应堆参数

目前,从实验型托卡马克装置获得的信息足以对反应堆的一般参数做出估计。

反应堆装置的尺寸和所需的等离子体电流主要由三个考虑因素决定。首先要考虑的是能量约束时间。能量约束时间必须长到足以使反应性等离子体满足 1.4 节所描述的功率平衡条件。这就要求等离子体体积要足够大,使较大的等离子体承载电流的能力带来约束的改善。但这也将涉及第二个考虑因素——等离子体破裂带来的新的不稳定性,破裂将造成放电运行的突然中止。对于一个给定的装置,等离子体电流必须伴有足够大的环向磁场以避免破裂。第三个考虑因素是环向磁场本身要受到两个因素的制约:超导体中允许的最大临界磁场和线圈的磁应力的限制。这些因素的每一个又都与一些不确定性相关,但不管怎么说,仍可以对所需的参数做近似计算。

等离子反应堆必须满足密度、温度和约束等条件。如 1.5 节所述,这些条件可以归结为这样一个判据:

$$\hat{n}\hat{T}\tau_E \geqslant 5 \times 10^{21} \text{ m}^{-3} \cdot \text{keV} \cdot \text{s} \tag{1.7.1}$$

为了将这一条件与等离子体参数联系起来,需要一个关于能量约束时间的表达式。现已提出了关于 τ_E 的各种经验公式,如第 4 章所述,并且已经发现了几种不同的运行模式。通过引入一个经受住了时间考验的早期公式来开始讨论是方便的。这个由戈德斯顿(Goldstone)给出的公式大致可写成

$$\tau_E = \frac{I^2}{nT} f\left(\frac{R}{a}, \frac{b}{a}\right) \tag{1.7.2}$$

其中,I 是等离子体电流;n 和 T 分别是等离子体密度和温度;R/a 是纵横比(环径比);b/a 是等离子体的拉长比,用等离子体截面的半高和半宽之比来度量。

式(1.7.2)在数值上和定标关系上都存在一定的不确定性,特别是在更好的约束模式被发现后。此外,由于在托卡马克实验中各种几何量都有限定的范围,因此 f 对纵横比和拉长比的依赖关系都是不确定的。

通过向式(1.7.2)中引入增强因子,可以将上述公式用于约束改善了的运行模式。这个公式通常用加热功率而不是温度来表示。因此令输入功率 P 等于损失功率 $3\overline{nT}/\tau_E$,式(1.7.2)可以等价地写成

$$\tau_E = (3f)^{1/2}\frac{I}{P^{1/2}}$$

通常将增强因子 H 引入到这个表达式中,故有

$$\tau_E = H(3f)^{1/2}\frac{I}{P^{1/2}} \tag{1.7.3}$$

回到式(1.7.2)的形式,式(1.7.3)变成

$$\tau_E = \frac{H^2 I^2}{\overline{nT}}f$$

在目前的实验中,典型的几何比是 $R/a=3$ 和 $b/a=5/3$。对这些值,$f=2\times10^6\ \mathrm{m}^{-3}\cdot\mathrm{keV}\cdot\mathrm{s}\cdot\mathrm{A}^{-2}$。采用这个 f 值并取密度和温度分布为抛物线分布,其峰值分别为 $\hat{n}$ 和 $\hat{T}$,因此 $\overline{nT}=\frac{1}{3}\hat{n}\hat{T}$,由此得到:

$$\hat{n}\hat{T}\tau_E = 6\times10^6 H^2 I^2$$

代入式(1.7.1)消去 $\hat{n}\hat{T}\tau_E$,得到托卡马克提供反应性等离子体的最低要求是

$$I = \frac{30}{H} \tag{1.7.4}$$

因此,对于 $H=1$,所需电流为 30 MA。实验上已获得 2~3 的 H 因子。如果这些值可以在反应堆上实现,且没有其他负面影响,那么所需的电流就会相应地减少。

实验中发现,为了避免电流驱动的大破裂,环向磁场就必须足够高,以满足

$$\frac{B_\phi}{B_{\theta s}} \geqslant 2\frac{R}{\overline{a}} \tag{1.7.5}$$

其中,极向磁场 $B_{\theta s}$ 是等离子体表面的平均极向磁场;$\overline{a}$ 是等离子体的平均小半径。

安培定律可近似写成

$$I = \frac{2\pi}{\mu_0}\overline{a}B_{\theta s} \tag{1.7.6}$$

取 $\overline{a}=(ab)^{1/2}$,将式(1.7.4)代入式(1.7.6),并考虑到 $R/a=3$ 和 $b/a=5/3$,由此给出近似的反应堆运行条件:

$$RB_\phi \geqslant \frac{65}{H}\mathrm{mT} \tag{1.7.7}$$

装置大小与磁场之间的权衡取决于经济和技术方面的考虑。在低 B_ϕ 值下,总体成本随 B_ϕ 的增加而降低,但这种依赖性受限于用超导材料来取得高 B_ϕ 值所遇到的困难。在目前的技术条件下,环向磁场线圈内侧的最优 B_ϕ 值大约为 12 T,并且有 $1/R$ 的依赖关系,这意味着在等离子体中心,磁场强度约为 6 T。

取 $B_\phi=6$ T,条件(1.7.7)要求大半径为 $11/H$,H 在 1 和 2 之间,由此给出 R 在 11 m 到 5.5 m 之间。相应的 a 的范围为 3.5~2 m,b 为 6~3 m。

然而,在选取最优的等离子体参数时,还需考虑其他因素。要想利用自举电流来避免脉冲运行,就需要考虑更高的环径比方案。为避免大破裂,式(1.7.5)意味着更高的环向磁场。

这表明需要开发先进的超导磁体。采用超导磁体还有一个好处,就是用较低的电流即可增大自举电流的占比。低电流的可行性取决于是否有足够高的约束改善,这要么是通过增强因子 H,要么是通过增大环径比来实现。

1.7.3　反应堆功率

等比例氘氚密度的热核聚变功率密度由式(1.4.2)给出,因此反应堆的总功率为

$$P = \frac{\pi}{2} \mathcal{E} \int n^2 \langle \sigma v \rangle R \, \mathrm{d}S \qquad (1.7.8)$$

其中,$\mathrm{d}S$ 是极向截面的面积元。对于任何具体情形,数值上这个功率都可以清楚地计算出来,而且它启发我们可以通过近似简化推导出一个解析表达式。几何上可通过取 R 为其中心值来简化,拉长的等离子体可由半径等于 $\bar{a} = (ab)^{1/2}$ 的等效圆截面等离子体来表示。由此式(1.7.8)变成

$$P = \pi^2 R \mathcal{E} \int_0^a n^2 \langle \sigma v \rangle r \, \mathrm{d}r \qquad (1.7.9)$$

至于 $\langle \sigma v \rangle$,可由式(1.5.4)来近似,压强剖面可采用如下形式:

$$nT = \hat{n}\hat{T}\left(1 - \frac{r^2}{\bar{a}^2}\right)^\nu \qquad (1.7.10)$$

式(1.7.9)给出:

$$P = \frac{0.15}{2\nu+1} Rab \left(\frac{\hat{n}}{10^{20}}\right)^2 \hat{T}^2$$

其中,$\hat{T}$ 的单位是 keV。这个功率对 $\hat{n}^2/(2\nu+1)$ 的依赖关系如图 1.7.3 所示。图中各参数值分别为 $R=9$ m,$a=3$ m,$b=5$ m 和 $R=6$ m,$a=2$ m,$b=3.3$ m,取 $\hat{T}=20$ keV。可以看出,产生的热功率在 GW 量级。精确值对压强剖面和密度很敏感,二者都受到稳定性方面考虑的限制。关于这些问题,将在第 6 章和第 7 章中讨论。

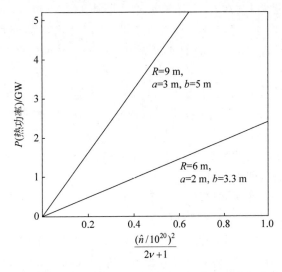

图 1.7.3　在 $\hat{T}=20$ keV 的条件下,两种不同尺寸的反应堆的热核功率与峰值密度 $\hat{n}$ 和指数 ν 的关系

1.7.4　杂质

反应堆面临的最严重的问题之一是等离子体中存在的杂质。杂质分两种。一种是来自器壁表面的杂质离子,另一种是聚变过程中产生的 α 粒子 ^{4}He。反应堆设计上必须尽量减少输入性杂质,但显然 α 粒子杂质是内生的。对"氦灰"的要求是在等离子体中不能有太长的约束时间。

来自器壁的杂质产生部分电离的离子,这些离子会通过辐射造成等离子体的能量损失。我们将在 4.26 节定量讨论这一点。此外,还存在燃料稀释的问题。每个离子都与一定数量的自由电子相关联,自由电子的多少取决于离子的电离状态。这些杂质电子与等离子体有相同的温度,对于给定的被约束等离子体的能量,它们可以被认为是从氘和氚的燃料离子那里取得的。一个重金属原子能在等离子体中心释放出几十个电子。

对向内杂质流的控制既取决于磁场结构的完美设计,也取决于接收等离子体外向能流的材料的表面特性。目前看来,采用磁偏滤器可以做到这一点。偏滤器的功能是将出射粒子引导到远离等离子体的"靶板"表面上并限制杂质回流。与偏滤器相关的一个棘手的问题是如何限定流向靶板表面的功率密度,以避免靶板表面过热,这可能导致表面熔化、蒸发和其他过程造成的杂质阵发性释放。

1.8　燃料资源

在判断聚变堆燃料资源的可用性方面有两个基本问题。第一个是初级燃料的自然储量,第二个是生产成本。在全面考量这一课题时,储量应被视为成本的函数,但目前尚无需考虑这一点。对这些问题的回答还必须考虑到对输出功率及其成本的要求。

每年全球的一次能源消耗约为 5×10^{11} GJ,电能消耗约为 6×10^{10} GJ。电力的消费成本在世界各地是不一样的,根据用途,平均价格大约在 30 美元/GJ。

氢中氘的天然丰度为 1/6700。海洋中水的总量是 1.4×10^{21} kg,因此氘的总量是 4×10^{16} kg。对于 D-T 反应堆,其热效率设为 1/3,因此能够产出的能量为 $(4 \times 10^{16}/m_d) \times (17.6/3)$ MeV,即 10^{22} GJ (el[①])。这是全世界每年电能消耗的 10^{11} 倍以上。显然,氘资源没有问题。

氘的开采成本大约在 1 美元/g 量级。1 g 氘的产能为 $(10^{-3}/m_d)(17.6/3)$ MeV,即 300 GJ(el)。因此氘燃料的开采成本仅为 0.003 美元/GJ(el),相比于 30 美元/GJ 的电力成本可以忽略不计。

氚的情况比较复杂。氚的半衰期只有 12.3 年,而且在自然界中几乎不存在。但可以利用中子诱导的裂变反应从锂中产氚。

$$^6\mathrm{Li} + \mathrm{n} \longrightarrow \mathrm{T} + {}^4\mathrm{He} + 4.8\ \mathrm{MeV}$$

$$^7\mathrm{Li} + \mathrm{n} \longrightarrow \mathrm{T} + {}^4\mathrm{He} + \mathrm{n} - 2.5\ \mathrm{MeV}$$

^{6}Li 的天然丰度为 7.4%,^{7}Li 的天然丰度为 92.6%,所以这个初级燃料系统是氘和锂。

^{6}Li 主要在包层里消耗。1 kg ^{6}Li 的潜在可用能量大约为 22 MeV/m_{Li},即 3×10^5 GJ。

---

① 电能。——译者注

计及热转换效率为 $1/3$，得到 1×10^5 GJ(el)。因此，考虑到 ^{6}Li 的天然丰度，1 kg 锂将提供大约 7×10^3 GJ(el)的能量。锂的成本在每千克 100 美元的量级，所以锂燃料对成本的贡献大约是 0.01 美元/GJ(el)。与电力成本相比，这一成本非常低。很明显，锂的成本尚有很大的升值空间。

据估计，全球陆地锂资源大约为 10^{12} kg，按目前的世界能源消费水平，它将能提供 10 000 年的能量消耗。

表 1.8.1 给出了将这些数字折合成可用能源后与其他燃料能源资源的对比。

表 1.8.1　世界能源资源估计

	GJ(10^9 J)	按目前世界每年的总能源消耗量测算的可用年限/年
目前世界每年的一次能源消耗量	6×10^{11}	1
能源品种		
原煤	3×10^{14}	500
原油	2×10^{13}	30
天然气	2×10^{13}	30
铀 235(裂变堆)	10^{13}	20
铀 238 和钍 232(增殖堆)	10^{16}	20 000
锂(D-T 聚变堆)		
陆地	10^{16}	10 000
海洋	10^{19}	10^7

注：这些数字只是示意性的，与价格有关，并且由于勘探不全而带有一定的不确定性。

1.9　托卡马克的经济学分析

托卡马克研究的目的是建立一种可靠的电力生产系统。随着这个目标的临近，经济核算问题将提上议事日程。最终的问题归结为托卡马克反应堆在经济上是否能与其他电力系统，特别是那些基于化石燃料或裂变燃料的电力系统竞争。这就提出了托卡马克反应堆成本和未来竞争环境的问题。这些问题没有明确的答案，但对其研究可以澄清一些疑问。

发电站的成本有两个基本组成部分。第一部分是产热设备，这些设备因燃料而异。第二部分是将热能转化为电能的部分，主要由涡轮机和发电机组成。对于托卡马克聚变电站，反应堆本身的成本将占主导地位。

部件的成本很大程度上取决于它们的体积大小，即取决于反应堆的总体尺寸。对于总体尺寸一定的反应堆，包层的体积由阻止中子通过所需的厚度给定。线圈的大小与产生所需磁力的励磁电流有关。真空室既要承受大气压强的作用，又要承受等离子体电流迅速变化而产生的电动力的作用。其他费用主要来自驱动线圈电流所需的发电机，以及用来加热等离子体的辅助加热系统。表 1.9.1 给出了目前设想的反应堆形式的分项成本估计。

表 1.9.1 托卡马克反应堆可能的费用构成   单位:%

总成本	构成
直接成本	
直接成本	65
间接成本	25
意外开支	10
总计	100
直接成本	
反应堆	50～60
传统电站	35～30
结构	15～10
总计	100
反应堆成本	
线圈	30
屏蔽	10
包层	10
换热器	15
辅助加热	15
其他部件	20
总计	100

注:间接成本的最大项目是利息费用,常规电站的最大成本是汽轮发电机组。包层的成本主要在第一次安装,以及在反应堆使用过程中所需的几次更换。

为了将托卡马克反应堆的发电成本与其他系统的发电成本进行比较,有必要知道反应堆的成本。目前已对取得不同结果的一系列反应堆设计的成本进行了计算。这些成本通常是可比较的裂变反应堆成本的 1～3 倍。在进行这些成本估算时,还考虑到对技术进步的期望,也包括可以理解的过于乐观的因素。

另一个主要的经济问题是托卡马克反应堆所面临的经济环境。众多预测往往将第一个商用反应堆投入使用的时间设定在 21 世纪中叶。很难预测那时该领域研究能取得什么样的进展。目前的关注点一是涉及化石燃料电站排放的 CO_2 污染物,二是裂变堆的核反应带来的不可控反应和放射性废物的处理。这些因素可能会使这些电站变得无法接受,或者是做必要的修改从而增加成本,所有这些都将使聚变反应堆变得更具竞争力。

对这一局面的一种合理的观点也许是托卡马克反应堆看起来相当昂贵,但鉴于托卡马克发展方案的成本与全球电力生产的支出成本相比非常小,因此可能带来的好处足以证明这种投入的合理性。当然,需要记住的是,谁都清楚,我们不可能准确地预言未来。

1.10 托卡马克的研究

"托卡马克"一词来自四个俄文单词的词头:**to**roidalnaya **ka**mera 和 **ma**gnitnaya **k**atushka,意为"环形室和磁线圈"。

　　这种装置是苏联发明的,其早期发展是在 20 世纪 50 年代后期,当时英国和美国正在大力研究其他环形箍缩位形。托卡马克的优点源自其较强的环向磁场所带来的稳定性增强。

　　托卡马克之所以进展顺利,主要是充分注意到了减少杂质和采用限制器使等离子体与真空室壁分离。这导致该装置在 20 世纪 60 年代取得了电子温度约为 1 keV 的较纯净的等离子体。到 1970 年,这些结果已被普遍接受,其意义获得了广泛认同。

　　早期托卡马克的能量约束时间只有几毫秒,离子温度仅几百电子伏。在 20 世纪 70 年代,人们迫切需要找出这些条件是否可以改进的答案。在几个国家的多台托卡马克装置上,人们对此进行了研究。

　　问题很快变得明了,能量约束是反常的。电子能量损失速率要比碰撞输运速率高差不多两个数量级,离子能量损失通常是碰撞速率的几倍。因此,虽然碰撞理论预言能量损失主要由快离子的热传导所致,但实际上,电子的能量损失与离子的能量损失通常是可比的。人们还进一步发现,虽然理论上给出的碰撞约束时间是按 $1/n$ 下降,其中 n 是电子密度,但实验上给出的约束时间随 n 的增大而增加。

　　随着较大的托卡马克的建立,预期的约束改善得以实现。到 1980 年,约束时间已接近 100 ms。由于反应堆需要秒量级的约束时间,因此对这个所需条件作出最佳估计很重要。最简单的模型与实验结果一致给出 $\tau_E \propto na^2$,其中 a 是等离子体小半径。对实验数据的外推表明,反应堆的适宜小半径约为 2m。

　　对等离子体大小的这个要求似乎完全是可接受的,好多国家已开始进行大型托卡马克实验装置的设计。其中最大的是欧洲联合大环合作实验(Joint European Torus experiment),其平均小半径为 1.5 m。

　　20 世纪 70 年代的另一项任务是探索将离子加热到很高温度的方法。早期实验完全依赖于环向电流产生的等离子体欧姆加热。然而,在较高温度下,欧姆加热变得不那么有效,这是因为等离子体的电阻率随着电子温度的提高而下降,基本上按 $T_e^{-3/2}$ 变化。最早成功实现的辅助加热方法是中性粒子注入。快的中性原子注入到等离子体中并通过碰撞将其能量传递给等离子体。另一种加热方法是将射频波发射到等离子体中,使其在等离子体中通过共振被吸收。人们已使用过各种频率,发现最有希望的方法是离子回旋共振加热。在 20 世纪 80 年代早期,通过中性束注入和射频加热,已使等离子体温度达到了几个 keV。

　　辅助加热产生的较高温度使约束时间对温度的依赖关系得到澄清。基于简单碰撞的能量输运理论预言,约束性能随密度的增加而恶化,但随温度的提高而改善。不幸的是,在这些较热的等离子体中,人们发现约束时间是密度和温度的递减函数。只要外加功率加到等离子体上,约束时间便减小。这些结果令人失望,但并不构成根本性障碍。一系列实验所提供的经验证据表明,在较大的托卡马克装置上,以及相应较大的等离子体电流的条件下,约束时间有望得到提高。

　　在 ASDEX 托卡马克上,人们幸运地发现存在一种约束时间较"正常"运行长的等离子体运行模式,即所谓的 H 模。向这种高约束态的转变是在偏滤器等离子体上发现的,而且等离子体要被加热到足够高的温度。模式的转换是突然发生的,似乎与等离子体边缘的约束改善有关。

　　从最早的实验开始,有一个问题一直很突出,那就是不稳定性的出现。这些不稳定性中最严重的是"大破裂",这种不稳定性引起等离子体能量的迅速损失,放电即行终止。在发生这些事件时,真空室壁会感应出很大的涡电流,使真空室受到电动力的强烈作用。大破裂严重制约了托卡马克的运行体制,对给定环向磁场下的等离子体密度和电流设定了上限。

还有两种不是很严重的不稳定性。一是锯齿不稳定性,它发生在等离子体的中心区域,导致芯部等离子体能量不断地损失而流向外围等离子体。另一个是边缘局域模,通常称为"ELM"。这种不稳定性通常发生在等离子体处在 H 模的运行状态下。它导致等离子体及其能量周期性地从边界等离子体损失,既降低了约束,又导致有害的热流脉冲烧蚀材料表面。

另一种不稳定性限制了等离子体压强与磁能密度的比值。这两个量的比值称为 β,而不稳定性决定的限制称为 β 极限。在很多装置上,β 值已提高到接近这个极限值。通过控制运行条件,β 极限值也可以提高。在 DⅢ-D 托卡马克上,就已实现了大于 10% 的 β 值。在反应堆的情形下,所需的 β 值要比这小一点,这让我们相信 β 极限将不会是个严重的问题。

早在 20 世纪 80 年代,两个大型托卡马克——TFTR 和 JET——就已建造完毕。它们的目标是要驱动几个兆安的等离子体电流,让氘氚等离子体产生大量的热核能量。在这些实验中,等离子体被加热到反应堆所需的温度,离子温度达到超过 30 keV 的水平。在 JET 上,实现了大于 1 s 的能量约束时间。借助于高达 7 MA 的等离子体电流,托卡马克的运行范围也扩大了,等离子体脉冲长度可达 1 min。

1991 年,磁约束聚变研究又迈过一个里程碑。计算结果表明,在 JET 上,氘等离子体已实现了下述等离子体条件:如果将氘替换成 50-50 的氘-氚混合气,则产生的聚变反应功率将大到足以与等离子体的外部加热功率可比。虽然在当时的条件下这个实验无法进行(因为该托卡马克的结构无法承受所产生的放射性水平),但还是决定进行初步的氚实验。一定量的氚以中性束的方式注入到氘等离子体中。这导致在超过 1 s 的时间内产生了超过 1 MW 的聚变反应功率。随后的实验中使用了 50-50 的氘-氚混合气,结果在 TFTR 托卡马克上取得了超过 10 MW 的聚变功率,在 JET 上产生了 16 MW 的聚变功率。

显然,聚变研究的许多困难在托卡马克上已经被克服。现在有必要着眼于未来和托卡马克下一阶段的发展。这项事业将集中精力于关键问题,如果成功,它将证明托卡马克反应堆的可行性。现在看来,第一个点火型托卡马克装置将是一个包括许多国家在内的联合项目。目前已经有一个集世界范围合作的国际研究团队,其任务是建立一个能够产生实质性聚变功率的托卡马克装置。这个概念型托卡马克反应堆叫国际热核实验堆(ITER)。

参考文献

下列几本书都是以热核聚变为主题。其中一些早期著作在一定程度上显得过时,但仍然提供了有用的信息和见解,因此按时间顺序列表如下:

Glasstone, S. and Loveberg, R. H. *Controlled thermonuclear reactions*. Van Nostrand, Princeton, New Jersey (1960).

Rose, D. J. and Clark, M. *Plasmas and controlled fusion*. MIT Press, Cambridge, Mass. (1961).

Artsimovitch, L. A. *Controlled thermonuclear reactions*. Gordon and Breach, New York (1974).

Kammash，T. *Fusion reactor physics*. Ann Arbor Science，Ann Arbor，Michigan (1975).

Teller，E. (ed.). *Fusion*. Academic Press，New York (1981).

Gill，R. D. (ed.). *Plasma physics and nuclear fusion research*. (Culham Summer School on Plasma Physics). Academic Press，London (1981).

Dolan，T. J. *Fusion Research*. Pergamon Press，New York (1982).

Gross，J. *Fusion energy*. Wiley，New York (1984).

Miyamoto，K. *Plasma physics for nuclear fusion*，2nd edn. MIT Press，Cambridge，Mass. (1989).

Freidberg，J. *Plasma physics and fusion energy*. Cambridge University Press，Cambridge (2007).

聚变反应与热核聚变

聚变反应截面和反应率数据见 Miley，G. H.，Towner，H.，and Ivich，N. *Fusion crosssections and reactivities*. University of Illinois Nuclear Engineering Report COO-2218-17，Urbana，Illinois (1974).

劳森判据

Lawson，J. D. Some criteria for a power producing thermonuclear reactor，*Proceedings of the Physical Society*. **B70**，6(1957).

在本书的第 1 版里给出了这一判据的推导。

基本托卡马克

讨论托卡马克基本原理和最初结果的早期文章是 Artsimovitch，L. A. Tokamak devices. *Nuclear Fusion*，**12**，215 (1972).

托卡马克反应堆

给出对包括托卡马克装置在内的聚变反应堆详细讨论的文章有

Conn，R. W. Magnetic fusion reactors. *Fusion* (ed. E. Teller) Vol. 1，Academic Press，New York (1981).

下述著作的第 7 章中也包含了对聚变反应堆的综述：

Gross，J. *Fusion energy*. Wiley，New York (1984).

燃料资源

对能源资源的一般性论述见

Lapedes，D. N. (ed.) *Encyclopedia of energy*. McGraw-Hill，New York (1971).

1.8 节的表中所给出的煤、原油和天然气的能量值取的是众多作者给出的值的中值。进一步的文献见

Häfele，W.，Holdren，J. R.，Kessler，G.，and Kulchinski，G. L. *Fusion and fast breeder reactors*. International Institute for Applied Systems Analysis，Laxenburg，Austria (1977).

经济学分析

有关托卡马克反应堆的经济学分析容纳了非常广泛的观点。对聚变反应堆的潜力做了简明评估并讨论了可能的电力成本的文章见

Conn，R. W. *et al*. Economic，safety and environmental prospects of fusion reactors. *Nuclear Fusion* **30**，1919(1990).

更详细的描述见

Krakowski，R. A. and Delene，J. G. Connection between physics and economics for tokamak fusion power plants. *J. Fusion Energy* **7**，49(1988).

下述文章则表达了不太乐观的见解：

Pfirsch，D. and Schmitter，K. H. Some critical observations on the prospects of fusion power. *Fourth international conference on energy options*. London，I. E. E. Conference publication No. 233，350，I. E. E.，London (1984).

托卡马克研究

本书第 11 章和第 12 章专门描述了具体的实验,并给出了详细的参考文献。

下述这本书概述了托卡马克研究,并提供了很好的基础物理的了解：

Kadomtsev，B. B.，*Tokamak plasma，a complex physical system*. Institute of Physics Publishing，Bristol(1992).

有关戈德斯顿定标律见 Goldston，R. J. Energy confinement scaling in tokamaks：some implications of recent experiments with ohmic and strong auxilliary heating. *Plasma Physics and Controlled Fusion*，**26**，No. 1A，87(1984).

物理常数

基本物理常数和其他物理常数的综合列表见

Tables of physical and chemical constants，(originally compiled by) G. W. C. Kaye and T. H. Laby. Longman，London.

第 2 章
等离子体物理

2.1 托卡马克等离子体

等离子体是电离气体。当充分电离时,它完全由离子和电子组成。这些成分具有许多常规气体的性质。例如,它们可以用粒子密度和温度来描述。然而,等离子体有两个特性。首先,这两种成分的电荷密度非常大,任何明显的电荷分离都将导致一个非常大的恢复力,因此在等离子体中,离子和电子的电荷密度几乎相等。第二个特性是携带电流的能力。这是离子与电子之间具有相对漂移的结果。在托卡马克中,等离子体电流会产生一种重要的磁场,当等离子体电流穿过磁场时,它会产生一个能平衡等离子体压强梯度的磁力。

当等离子体处于磁场中时,各个粒子的运动受到约束。它们在平行于磁场的方向上可以自由移动,但在垂直于磁场的方向上,它们只能在拉莫尔轨道上做回旋运动。在托卡马克中,离子的回旋轨道半径通常为几毫米,电子的回旋轨道半径要比离子的小一个电子/离子质量比的平方根因子。虽然等离子体的精确行为取决于局域电磁场中单个粒子的运动,但在大于拉莫尔半径的尺度上,上述粒子运动的限制使等离子体具有类似流体的性质。对托卡马克装置的许多认识便是建立在等离子体的这种流体模型的基础上。

托卡马克中的粒子密度通常在约 10^{20} m^{-3} 量级,约为大气中粒子物浓度的 10^{-5}。托卡马克等离子体通常达到几千电子伏(keV)的温度,这相当于几千万开氏度,是大气温度的 10^5 倍,因此托卡马克等离子体的压强与大气压强相当。

等离子体压强的向外膨胀力由磁场来平衡。然而,在托卡马克中,等离子体的能量密度与磁场约束磁能的密度相比非常小,通常只有后者的百分之几。基本约束磁场是由等离子体外的线圈产生的环向磁场。由环向等离子体电流产生的极向磁场通常只有前者的 1/10。

等离子体中的许多过程都由粒子碰撞决定。离子与电子之间的碰撞会产生电阻,从而导致等离子体的欧姆加热。碰撞还会产生粒子和能量的输运,从而导致等离子体粒子和能量的损失。通常离子碰撞的特征时间范围是 $1\sim100$ ms。电子碰撞的特征时间要比离子的短一个二者质量比的平方根因子。碰撞时间随温度的升高而增加,呈正比于 $T^{3/2}$ 的关系。其结果是在高的温度下欧姆加热变得不那么有效。另一方面,碰撞等离子体的损失减少。

对托卡马克等离子体的基本行为还知之甚少。其能量损失远远超过我们在简单的碰撞理论的基础上给出的预言水平,这一点还没法解释。这种反常被认为是由小尺度的等离子体不稳定性造成的。

典型的托卡马克等离子体(参数见表 2.1.1)远没有达到稳态水平,经常能观察到一些宏观不稳定性现象。在某些情况下,对等离子体的不稳定性做适当调整,使其品质不出现实质性的恶化。但在所谓的托卡马克大破裂的情形下,不稳定性对等离子体的破坏是不可恢复的。

表 2.1.1　典型的托卡马克等离子体参数

等离子体体积	$1\sim100$ m^3
等离子体总质量	$10^{-4}\sim10^{-2}$ g
离子数密度	$10^{19}\sim10^{20}$ m^{-3}
温度	$1\sim40$ keV
压强	$0.1\sim5$ atm
离子热速度	$100\sim1000$ km $\cdot$ s^{-1}
电子热速度	$0.01\sim0.1c$
磁场强度	$1\sim10$ T
总等离子体电流	$0.1\sim7$ MA

本章介绍与分析和理解托卡马克等离子体有关的基本物理。

2.2　德拜屏蔽

等离子体的离子和电子单独的电荷密度非常大,足以确保仅能出现很小的电荷分离。这种电荷分离影响的大小可以通过对如图 2.2.1 所示情形的分析来估计。想象一块厚度为 d 的等离子体薄片中的离子和电子被分开到两侧形成两电荷片的情形。

仅考虑离子片带电的情形,且离子和电子的密度均为 n,那么分隔开的每片单位面积上的电荷量为 dne。忽略数值因子,两片之间的电场正比于 dne/ε_0,单位面积上的受力为

$$F \propto \frac{(dne)^2}{\varepsilon_0} \tag{2.2.1}$$

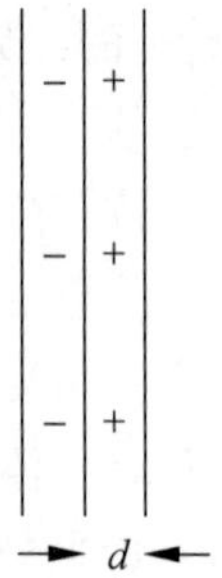

图 2.2.1　离子和电子两电荷片被分开到间距 d 的状态

在托卡马克里,密度 n 大约为 10^{20} m^{-3},在此密度下,有
$$F \approx 10^{13} d^2 \text{ N} \cdot \text{m}^{-2}$$
作为一个例子,考虑厚度为 1 cm 的电荷片。它给出的单位面积上的受力为 10^9 N $\cdot$ m^{-2} 或 10^5 t $\cdot$ m^{-2}。

因此,电荷分离将引起非常强的静电力。它使等离子体中电子和离子的电荷密度几乎总是保持相等。这个约束称为准中性条件。对于离子电荷数为 Z_i 的一般情形,这个约束条件表达为

$$n_e = \sum_i n_i Z_i \tag{2.2.2}$$

式(2.2.2)对所有离子成分求和。

应当指出,式(2.2.2)不意味着 $\mathbf{\nabla} \cdot \mathbf{E}=0$。式(2.2.2)只是近似成立,不是严格成立。小的电荷分离将产生明显的电场,因此这个电场不可能由式(2.2.2)决定。另一方面,给定电

场,则电荷密度 r_c 由 $\boldsymbol{V} \cdot \boldsymbol{E} = r_c/\varepsilon_0$ 决定。

从式(2.2.1)看出,恢复力随电荷分离长度的减小而减小。因此,对于足够小的长度尺度,准中性条件不再有效。有可能通过计算厚度 d 来导出一个刻画等离子体的基本长度。在此长度上,等离子体的内能可以提供离子和电子形成如图 2.2.1 所示完全分离所需的能量 Fd,力 F 由关系式(2.2.1)给定,内能正比于 dnT。令二者相等即给出特征长度 $d = \lambda_D$。其中

$$\lambda_D = \left(\frac{\varepsilon_0 T}{n e^2}\right)^{1/2} = 2.35 \times 10^5 \left(\frac{T}{n}\right)^{1/2} \tag{2.2.3}$$

这个长度称为德拜长度,单位为 m;T 的单位是 keV。对于典型的托卡马克等离子体,λ_D 的范围为 $10^{-2} \sim 10^{-1}$ mm。

虽然上述电荷分离从能量上看有可能达到德拜长度的距离,但这在等离子体体内显然不可能自发地出现,因为粒子的速度是随机的,粒子运动的相干性使想象的位移无法产生。能够发生大量电荷分离的一种情形是在等离子体与固体表面的接触区域。在表面附近的鞘层里电荷会出现分离,这个鞘层的厚度约为 λ_D。在等离子体内部,德拜长度也会以更微妙的方式出现。我们用"德拜屏蔽"概念来刻画这种现象。

考虑等离子体中某个特定离子,并让离子单独带电。这个离子的电场是

$$E = \frac{e}{4\pi\varepsilon_0 r^2}$$

虽然这个电场直接与这个离子相联系,但等离子体中的其他粒子对这个电场起调整的作用,它们的电荷分布屏蔽了离子的电荷,改变了有效电场。靠近离子的电子飞向离子的轨迹有少许偏近,离子的轨迹则稍稍偏离。每个离子周围都出现这种屏蔽,每个电子都会起相反的作用。这种行为类似于电解质上发生的行为。德拜最先对这种情形进行了分析,因此这种屏蔽以他的名字命名。

屏蔽层的形成可以通过求解关于固定离子的静电势 ϕ 的泊松方程计算出来。在球面几何下,该方程为

$$\frac{1}{r^2}\frac{d}{dr}r^2\frac{d\phi}{dr} = -\frac{\rho_c}{\varepsilon_0} \tag{2.2.4}$$

其中,电荷密度 $\rho_c = \sum_j n_j e_j$。离子和电子分别服从各自关于电势的玻耳兹曼分布,因此它们的密度 n_j 可由下式给出:

$$n_j = n_0 \exp\left(-\frac{e_j \phi}{T}\right) \tag{2.2.5}$$

其中,n_0 是电子(也是离子)在远离所选取离子处(在该处电势为零)的密度。因此将式(2.2.5)代入式(2.2.4)并取单电荷离子,有

$$\frac{1}{r^2}\frac{d}{dr}r^2\frac{d\phi}{dr} = -\frac{n_0 e}{\varepsilon_0}(e^{-e\phi/T} - e^{e\phi/T}) \tag{2.2.6}$$

易知 $e\phi \ll 1$,由此可知式(2.2.6)变成

$$\frac{1}{r^2}\frac{d}{dr}r^2\frac{d\phi}{dr} = \frac{2n_0 e^2}{\varepsilon_0 T}\phi \tag{2.2.7}$$

将乘积 $r\phi$ 取作变量,式(2.2.7)可改写成

$$\frac{d}{dr^2}(r\phi) = \frac{2}{\lambda_D^2}(r\phi)$$

其解在大的 r 处衰减：

$$\phi = \alpha \, \frac{1}{r} e^{-\sqrt{2}\,r/\lambda_D} \qquad (2.2.8)$$

其中，α 是常数。由于在 $r \to 0$ 时 $\phi = e/(4p\varepsilon_0 r)$，故式(2.2.8)变成

$$\phi = \frac{e}{4\pi\varepsilon_0 r} e^{-\sqrt{2}\,r/\lambda_D} \qquad (2.2.9)$$

这个方程描述了德拜屏蔽。可以看到，单个离子的电势受到屏蔽，减小了一个指数因子，屏蔽的特征长度称为德拜长度。图 2.2.2 显示了未屏蔽的和屏蔽了的电势分布。

从式(2.2.9)可以看出，计算中运用了近似 $e\phi/T \ll 1$，这意味着

$$r \gg \frac{e^2}{4\pi\varepsilon_0 T} \qquad (2.2.10)$$

如果注意到 r 的最小值为粒子间距，即 $1/n^{1/3}$ 的量级，那么式(2.2.10)条件的物理意义就很清楚了。利用这个 r 值，不等式(2.2.10)变成

$$n\lambda_D^3 \gg \left(\frac{1}{4\pi}\right)^{3/2}$$

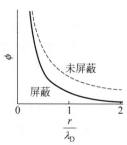

图 2.2.2　离子周围未屏蔽的
和屏蔽了的电势分布

因此，当边长为 λ_D 的小体积元里有许多粒子时，采用这个近似是有效的。为此可以将上式写成

$$n\lambda_D^3 \gg 1 \qquad (2.2.11)$$

托卡马克等离子体的典型值为 n 为 $10^{20}\ \mathrm{m}^{-3}$ 的量级和 l_D 为 $10^{-4}\ \mathrm{m}$ 的量级，因此 $n\lambda_D^3$ 为 10^8 的量级，故不等式(2.2.11)能很好地满足。$n\lambda_D^3$ 称为等离子体参数。

　　试探粒子固定不动的假设给出了对屏蔽过程的一个简化的解释。实际上，每个粒子都有一个相对于背景粒子平均速度的速度。当试探粒子的速度与屏蔽粒子的热速度可比时，屏蔽电荷的形成会有一个延迟，这时只能实现部分屏蔽。在试探粒子的速度非常快的极限情形下，屏蔽效应可以忽略不计，此时试探电荷感受到的电势可以看成是裸电荷的电势 $e/(4\pi\varepsilon_0 r)$。

　　等离子体整体的行为是这样的：每个粒子在等离子体中穿行时产生其屏蔽电荷，这导致一个涨落电场的形成。粒子也从该电场中吸收能量，这些驱动与阻尼过程之间的平衡给出了静电涨落的热谱。

2.3　等离子体频率

　　2.2 节显示，等离子体具有特征长度，即德拜长度。它还有特征频率，这一点可以通过考察如图 2.3.1(a)所示的电子移位薄层来理解。假定离子由于质量较大，故可看成是不动的，并有均匀的密度。图 2.3.1 中的正电荷层代表由于电子被移走而形成的空穴层，由此产生的电场显示在图中。电子受到电场加速而移动以抵消正电荷。在抵消的瞬间，电子动量达到最大，这使得电子继续前移从而形成新的电荷分离，但现在的电场方向相反。这个过程不断重复构成等离子体振荡，得到的电子的特征振荡频率称为等离子体频率。

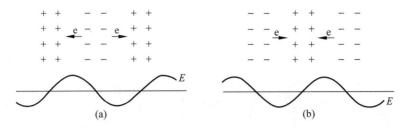

图 2.3.1 (a) 位移电子引起的恢复力和加速；(b) 半个周期后电荷的位置互换

等离子体频率可用流体方程计算得到。对于冷等离子体,电子流体的运动方程为

$$m_e \frac{\partial \boldsymbol{v}}{\partial t} = -e\boldsymbol{E} \tag{2.3.1}$$

假设这个电场由小的密度扰动 $\tilde{n}$ 引起:

$$\boldsymbol{\nabla} \cdot \boldsymbol{E} = -\frac{e\tilde{n}}{\varepsilon_0} \tag{2.3.2}$$

在此取式(2.3.1)的散度并利用式(2.3.2)消去 $\boldsymbol{\nabla} \cdot \boldsymbol{E}$,得到:

$$m_e \boldsymbol{\nabla} \cdot \boldsymbol{v} = \frac{e^2}{\varepsilon_0}\tilde{n} \tag{2.3.3}$$

连续性方程为

$$\frac{\partial n}{\partial t} = -\boldsymbol{\nabla} \cdot (n\boldsymbol{v})$$

代入密度涨落并线性化,得:

$$\frac{\partial \tilde{n}}{\partial t} = -n\boldsymbol{\nabla} \cdot \boldsymbol{v} \tag{2.3.4}$$

将式(2.3.4)中的 $\boldsymbol{\nabla} \cdot \boldsymbol{v}$ 代入式(2.3.3),即得到所需的等离子体振荡方程:

$$\frac{\partial^2 \tilde{n}}{\partial t^2} = -\omega_p^2 \tilde{n}$$

其中,ω_p 是电子等离子体振荡频率:

$$\omega_p = \left(\frac{ne^2}{\varepsilon_0 m_e}\right)^{1/2} \tag{2.3.5}$$

离子的振荡有类似的频率,称为离子等离子体振荡频率:

$$\omega_{pi} = \left(\frac{ne_i^2}{\varepsilon_0 m_i}\right)^{1/2} \tag{2.3.6}$$

其中,e_i 是离子的电荷。

在 2.25 节,我们将给出对等离子体振荡的更一般的解释,并证明式(2.3.5)给出的是在波长远大于德拜长度的极限情形下的电子等离子体波的频率。

代入数值到式(2.3.5)中,可得·

$$\omega_p = 56.4 n^{1/2}$$

其中,ω_p 的单位是 s^{-1}。对于托卡马克,这个频率非常高。例如,当密度 $n = 10^{20}$ m^{-3} 时,得到 $\omega_p = 5.6 \times 10^{11}$ s^{-1},相应的特征时间 ω_p^{-1} 小于 0.01 ns。

2.4 拉莫尔轨道运动

质量为 m_j、电荷为 e_j 的粒子在磁场中的运动轨道为

$$m_j \frac{\mathrm{d}\boldsymbol{v}}{\mathrm{d}t} = e_j \boldsymbol{v} \times \boldsymbol{B}$$

如果磁场是均匀的且沿 z 方向,则该方程的各分量为

$$\frac{\mathrm{d}v_x}{\mathrm{d}t} = \omega_{cj} v_y, \qquad \frac{\mathrm{d}v_y}{\mathrm{d}t} = -\omega_{cj} v_x \qquad\qquad (2.4.1)$$

$$\frac{\mathrm{d}v_z}{\mathrm{d}t} = 0 \qquad\qquad (2.4.2)$$

其中,$\omega_{cj} = e_j B / m_j$ 是回旋频率;z 轴取为沿磁场方向。由式(2.4.2)可知,粒子沿磁场方向的速度 v_z 是恒量。对式(2.4.1)分离变量得到:

$$\frac{\mathrm{d}^2 v_x}{\mathrm{d}t^2} = -\omega_{cj}^2 v_x, \qquad \frac{\mathrm{d}^2 v_y}{\mathrm{d}t^2} = -\omega_{cj}^2 v_y$$

这些方程的解可以写成

$$v_x = v_\perp \sin(\omega_{cj} t), \qquad v_y = v_\perp \cos(\omega_{cj} t) \qquad\qquad (2.4.3)$$

利用 $v_x = \mathrm{d}x/\mathrm{d}t, v_y = \mathrm{d}y/\mathrm{d}t$,对式(2.4.3)进行积分得到:

$$x = -\rho_j \cos(\omega_{cj} t), \qquad y = \rho_j \sin(\omega_{cj} t) \qquad\qquad (2.4.4)$$

其中,

$$\rho_j = \frac{v_\perp}{\omega_{cj}} = \frac{m_j v_\perp}{e_j B}$$

是拉莫尔半径。因此该粒子具有由式(2.4.4)描述的圆周运动和沿磁场方向的匀速运动叠加组成的螺旋轨道。

对于一个在垂直于磁场的平面内具有平均热能的粒子,有 $v_\perp^2 = 2v_{T_j}^2$,这里 $\frac{1}{2} m_j v_{T_j}^2 = 2T_j$。因子 2 是因为这里涉及两个自由度。因此,对于一个热粒子有

$$\rho_j = \sqrt{2}\, \frac{m_j T_j}{|e_j| B} \qquad\qquad (2.4.5)$$

代入电子电荷的值 $e = 1.602 \times 10^{-19}$ C,电子质量 $m_e = 9.11 \times 10^{-31}$ kg 和质子质量 $m_e = 1.673 \times 10^{-27}$ kg,热速度 $v_{Tj} = 1.27 \times 10^{-8} (T_j/m_j)^{1/2}$ m·s^{-1},温度均取 keV,于是有

电子: $\quad |\omega_{ce}| - 1.76 \times 10^{11} B$ (s^{-1})

$\qquad\qquad \rho_e = 1.07 \times 10^{-4} T_e^{1/2}/B$ (m)

质子: $\quad \omega_{cp} = 9.58 \times 10^7 B$ (s^{-1})

$\qquad\qquad \rho_p = 4.57 \times 10^{-3} T_p^{1/2}/B$ (m)

粒子 j: $\quad \omega_{cj} = 9.58 \times 10^7 (Z/A) B$ (s^{-1})

$\qquad\qquad \rho_e = 4.57 \times 10^{-3} (A^{1/2}/Z) T_j^{1/2}/B$ (m)

其中,Z 和 A 分别是粒子 j 的电荷数和质量数;T 的单位是 keV。

表 2.4.1 和表 2.4.2 给出了 ω_c 和 ρ 的一些值。应当指出,热粒子的拉莫尔半径有时不含式(2.4.5)中的因子 $\sqrt{2}$。

表 2.4.1　电子和质子的回旋频率 ω_c 和 $f_c(=|\omega_c|/(2\pi))$ 的一些值

频率	磁场		
	1 T	3 T	5 T
$|\omega_{ce}|/\mathrm{s}^{-1}$	1.76×10^{11}	5.28×10^{11}	8.79×10^{11}
$\omega_{cp}/\mathrm{s}^{-1}$	9.58×10^{7}	2.87×10^{8}	4.79×10^{8}
f_{ce}/GHz	28	84	140
f_{cp}/MHz	15	46	76

表 2.4.2　电子和质子的拉莫尔半径 ρ 的值

B/T	拉莫尔半径/mm	温度/eV			
		10	100	1 k	10 k
3	ρ_e	0.003	0.011	0.035	0.11
3	ρ_p	0.15	0.48	1.5	4.8
5	ρ_e	0.002	0.007	0.021	0.67
5	ρ_p	0.09	0.29	0.91	2.9

2.5　粒子沿磁场 B 的运动

正如 2.4 节所述,带电粒子在均匀磁场下的运动由两部分组成:垂直于磁场的圆轨道运动和沿着磁场方向的匀速运动。如果存在平行于 B 的电场或平行于 B 的磁场 B 的梯度,那么粒子在磁场方向上将有加速度。

2.5.1　$E_\parallel$ 引起的加速

平行电场直接提供的加速度由下式给出:

$$\frac{\mathrm{d}}{\mathrm{d}t}(m_j v_\parallel)=e_j E_\parallel$$

因此,如果 $E_\parallel$ 是 t 的函数,则 $v_\parallel$ 由下式给出:

$$m_j v_\parallel=e_j\int E_\parallel\,\mathrm{d}t$$

在有些情形下,这种加速度产生的速度是相对论性的,此时粒子的质量与其静质量 m_{j0} 的关系为

$$m_j=\frac{m_{j0}}{\sqrt{1-v^2/c^2}}$$

如果 $E_\parallel$ 是沿磁场方向的距离 $x_\parallel$ 和时间 t 的函数,则需要解下述方程:

$$\frac{\mathrm{d}}{\mathrm{d}t}\left(m_j\frac{\mathrm{d}x_\parallel}{\mathrm{d}t}\right)=e_j E_\parallel(x_\parallel,t)$$

2.5.2　$\nabla_\parallel B$ 引起的加速

沿平行于磁场方向运动的带电粒子不受磁力的影响。但如果粒子同时有垂直于磁场的

速度或磁场有平行于 $\boldsymbol{B}$ 的梯度,那么粒子将感受到一个平行于其回旋轨道中心处磁场方向的力。这种情形下的几何关系如图 2.5.1 所示。粒子受到的力为 $e_j(\boldsymbol{v} \times \boldsymbol{B})$。如果磁场变化缓慢,那么这个力平行于轨道中心磁力线的分量为

$$\boldsymbol{F} = \alpha \left| e_j(\boldsymbol{v} \times \boldsymbol{B}) \right| \tag{2.5.1}$$

其中,α 是粒子所在位置处磁场与导心处磁场之间的夹角。这个力显然指向磁场减弱的方向。

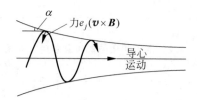

图 2.5.1　平行于 $\boldsymbol{B}$ 的梯度引起力 $e_j(\boldsymbol{v} \times \boldsymbol{B})$ 沿导心运动方向上的分量

取直圆柱坐标系,并取 z 轴沿着导心运动的轨迹,径向坐标为 r,则夹角 α 由下式给出:

$$\alpha = \frac{B_r}{B_z} \tag{2.5.2}$$

且

$$B_r = \frac{\partial B_r}{\partial r}\rho \tag{2.5.3}$$

其中,ρ 是拉莫尔半径。由于 $\boldsymbol{\nabla} \cdot \boldsymbol{B} = 0$ 且 $B_r = r\partial B_r/\partial r$,故有

$$\frac{1}{r}\frac{\partial}{\partial r}(rB_r) = 2\frac{\partial B_r}{\partial r} = -\frac{\partial B_z}{\partial z} \tag{2.5.4}$$

取导心处的 $\partial B_z/\partial z$,有

$$\frac{\partial B_z}{\partial z} = \left| \boldsymbol{\nabla}_{/\!/} B \right| \tag{2.5.5}$$

其中,$\boldsymbol{\nabla}_{/\!/}$是平行于 $\boldsymbol{B}$ 的梯度。

将式(2.5.2)和式(2.5.5)联立并令 $B_z = B$,则夹角 α 由下式给出:

$$\alpha = \frac{1}{2}\rho \frac{\left| \boldsymbol{\nabla}_{/\!/} B \right|}{B} \tag{2.5.6}$$

由拉莫尔轨道上的力平衡可得:

$$\left| e_j(\boldsymbol{v} \times \boldsymbol{B}) \right| = \frac{mv_\perp^2}{\rho} \tag{2.5.7}$$

由此,考虑到式(2.5.1)、式(2.5.6)和式(2.5.7),$\boldsymbol{\nabla}_{/\!/} B$ 引起的力为

$$F = -\frac{\frac{1}{2}mv_\perp^2}{B}\boldsymbol{\nabla}_{/\!/} B \tag{2.5.8}$$

粒子在一个越来越强的磁场中运动时会因这个力而被反射,这种效应称为磁镜效应。如果磁场沿磁场线有最小值,那么处在这个弱磁场区域里的粒子可以因两个镜面之间的反射而被约束在该区域内。

式(2.5.8)中的量 $\mu=mv_\perp^2/(2B)$ 称为绝热不变量，它在缓变磁场中是一个近似常数。对这种不变性的描述见 2.7 节。

2.6　粒子漂移

2.4 节计算给出的圆形拉莫尔轨道源自这样一个假设：均匀磁场具有直的磁场线且无电场。对这个基本状态的任何偏离都将导致要么粒子在平行于磁场的方向上加速，要么粒子在垂直于磁场方向上发生漂移。2.5 节对加速运动进行了处理。

在拉莫尔半径尺度上，带电粒子围绕其运动的导心快速旋转，但在更大的尺度上，下列因素的存在将引起导心在垂直方向上出现漂移：

(1) 垂直于磁场的电场；

(2) 垂直于磁场的磁场梯度；

(3) 磁场曲率；

(4) 时变电场。

对上述每一种情形，漂移速度导出如下。

2.6.1　$E \times B$ 漂移

如果存在垂直于磁场的电场，粒子轨道将经历一个垂直于这两个场的漂移，这就是所谓的 $E \times B$ 漂移。运动方程为

$$m_j \frac{\mathrm{d}\boldsymbol{v}}{\mathrm{d}t}=e_j(\boldsymbol{E}+\boldsymbol{v} \times \boldsymbol{B}) \tag{2.6.1}$$

选取 z 坐标沿磁场方向，y 坐标沿垂直于电场的方向，则式(2.6.1)的各分量为

$$m_j \frac{\mathrm{d}v_x}{\mathrm{d}t}=e_j v_y B, \qquad m_j \frac{\mathrm{d}v_y}{\mathrm{d}t}=e_j(E-v_x B)$$

这些方程的解可以写成

$$v_x=v_\perp \sin(\omega_{cj}t)+\frac{E}{B}, \qquad v_y=v_\perp \cos(\omega_{cj}t) \tag{2.6.2}$$

这种漂移与粒子的电荷、质量和能量均无关。因此整个等离子体都会受到这种漂移的影响。离子和电子的漂移轨迹如图 2.6.1 所示。

考虑到垂直电场与参考系选取有关，则 $E \times B$ 漂移可得到更好的理解。就是说，可以通过平移让参考系有一个垂直速度 v_f 来去掉这个电场：

$$\boldsymbol{E}+\boldsymbol{v}_f \times \boldsymbol{B}=0 \tag{2.6.3}$$

在这个参考系下，粒子轨道就是简单的圆。因此我们看到，在原参考系中，粒子做的是带有漂移速度 $\boldsymbol{v}_d=\boldsymbol{v}_f$ 的圆运动。由式(2.6.3)得到漂移速度的表达式为

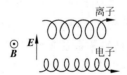

图 2.6.1　离子和电子的
$E \times B$ 漂移
$v_d=E/B$

$$\boldsymbol{v}_d=\frac{\boldsymbol{E} \times \boldsymbol{B}}{B^2}$$

同前面的一样。

2.6.2　∇B 漂移

在存在横向梯度的磁场中,粒子轨道在强场侧的曲率半径较小,如图 2.6.2 所示。这导致一个垂直于磁场和梯度方向的漂移。

取磁场方向为 z 方向,其梯度方向为 y 方向,则这种漂移的大小可由运动方程的 y 分量计算得到,为

$$m_j \frac{\mathrm{d}v_y}{\mathrm{d}t} = -e_j v_x B \qquad (2.6.4)$$

假定 $\boldsymbol{B}$ 的梯度较小,则在拉莫尔半径尺度上磁场的变化量与 B 相比是小量,于是磁场可写成

$$B = B_0 + B'y$$

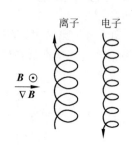

离子　　　电子

$$\boldsymbol{B} \odot \atop \nabla \boldsymbol{B} \rightarrow$$

图 2.6.2　垂直于 $\boldsymbol{B}$ 的梯度给出的离子和电子的漂移方向相反

这里 $y=0$ 是粒子轨道的中平面。利用小扰动展开,式(2.6.4)变成

$$\frac{m_j}{e_j} \frac{\mathrm{d}v_y}{\mathrm{d}t} = -v_{x0}(B_0 + B'y) - v_d B_0 \qquad (2.6.5)$$

其中,v_d 是所需的漂移速度。粒子在垂直方向上做未扰动的运动,其速度为 $v_\perp$,故运动方程为

$$v_{x0} = v_\perp \sin(\omega_{cj}t), \qquad y = \rho_j \sin(\omega_{cj}t)$$

其中,$\rho_j = v_\perp / w_{cj}$。将上述表示式代入式(2.6.5)得:

$$\frac{m_j}{e_j} \frac{\mathrm{d}v_y}{\mathrm{d}t} = -v_\perp \sin\omega_{cj}t(B_0 + B'\rho_j \sin\omega_{cj}t) - v_d B_0$$

对该方程取时间平均,并令 $\langle \mathrm{d}v_y/\mathrm{d}t \rangle = 0$,便给出沿 x 方向的待求的漂移速度为

$$v_d = -\frac{1}{2}\rho_j \frac{B'}{B}v_\perp \qquad (2.6.6)$$

写成矢量形式为

$$v_d = \frac{1}{2}\rho_j \frac{\boldsymbol{B} \times \nabla \boldsymbol{B}}{B^2}v_\perp \qquad (2.6.7)$$

离子与电子的漂移方向相反,式(2.6.7)的正负号由 $\rho_j = m_j v_\perp/(e_j B)$ 中的 e_j 的正负号决定。

2.6.3　曲率漂移

当粒子的导心沿有曲率的磁场线运动时,粒子将经历一个垂直于曲率所在平面的漂移。这种行为如图 2.6.3 所示。为了计算这个漂移,将参考系变换到按粒子的角速度 $v_\parallel/R$ 转动的参考系,这里 $v_\parallel$ 是平行于磁场的速度,R 是磁场线的曲率半径。在这个参考系下,粒子受到一个离心力 $mv_\parallel^2/R$,运动方程变成

$$m_j \frac{\mathrm{d}\boldsymbol{v}}{\mathrm{d}t} = \frac{mv_\parallel^2}{R}\boldsymbol{i}_c + e_j(\boldsymbol{v} \times \boldsymbol{B}) \qquad (2.6.8)$$

其中,$\boldsymbol{i}_c$ 是沿曲率半径指向外的单位矢量。式(2.6.8)类似于 $\boldsymbol{E} \times \boldsymbol{B}$ 漂移情形下的式(2.6.1),只是力 $e_j E$ 被 $m_j v_\parallel^2/R$ 所取代。因此,通过与

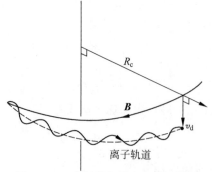

R_c

$\boldsymbol{B}$

v_d

离子轨道

图 2.6.3　磁场曲率带来的离子漂移电子漂移的方向相反

E/B 漂移类比，知曲率漂移速度为

$$v_{\mathrm{d}} = \frac{v_{/\!/}^2}{\omega_{cj} R}$$

由于 ω_{cj} 取粒子电荷的符号，因此电子和离子的漂移方向相反，离子的漂移方向为 $\boldsymbol{i}_{\mathrm{c}} \times \boldsymbol{B}$ 的方向。

　　如果不存在电流，$\boldsymbol{\nabla}B$ 漂移与曲率漂移同方向且具有类似的形式。此时 $\boldsymbol{\nabla}B = -\boldsymbol{i}_{\mathrm{c}} B/R$，故式(2.6.7)给出的 $\boldsymbol{\nabla}B$ 漂移速度可写成

$$v_{\mathrm{d}} = \frac{1}{2} \frac{v_{\perp}^2}{\omega_{cj} R}$$

因此二者的总漂移为

$$v_{\mathrm{d}} = \frac{v_{/\!/}^2 + \frac{1}{2} v_{\perp}^2}{\omega_{cj} R}$$

或写成矢量形式，为

$$v_{\mathrm{d}} = \frac{v_{/\!/}^2 + \frac{1}{2} v_{\perp}^2}{\omega_{cj}} \frac{\boldsymbol{B} \times \boldsymbol{\nabla}B}{B^2} \qquad (2.6.9)$$

2.6.4　极化漂移

　　当垂直于磁场的电场随时间变化时，将导致所谓极化漂移。这个名字源于这样一个事实：离子和电子沿相反方向漂移，产生正比于 $\mathrm{d}\boldsymbol{E}/\mathrm{d}t$ 的极化电流。

$$m_j \frac{\mathrm{d}\boldsymbol{v}}{\mathrm{d}t} = e_j [\boldsymbol{E}(t) + \boldsymbol{v} \times \boldsymbol{B}]$$

这个电场可以通过变换到有如下速度的加速参考系来去掉：

$$\boldsymbol{v}_{\mathrm{f}} = \frac{\boldsymbol{E} \times \boldsymbol{B}}{B^2}$$

于是运动方程改写为

$$m_j \frac{\mathrm{d}\boldsymbol{v}}{\mathrm{d}t} = e_j \boldsymbol{v} \times \boldsymbol{B} - m_j \frac{\mathrm{d}\boldsymbol{v}_{\mathrm{f}}}{\mathrm{d}t}$$

故有

$$m_j \frac{\mathrm{d}\boldsymbol{v}}{\mathrm{d}t} = e_j \boldsymbol{v} \times \boldsymbol{B} - \frac{m_j}{B^2} \frac{\mathrm{d}\boldsymbol{E}}{\mathrm{d}t} \times \boldsymbol{B} \qquad (2.6.10)$$

式(2.6.10)类似于式(2.6.1)，只是 $e_j \boldsymbol{E}$ 被下式取代：

$$-\frac{m_j}{B^2} \frac{\mathrm{d}\boldsymbol{E}}{\mathrm{d}t} \times \boldsymbol{B}$$

因此与电漂移($\boldsymbol{E} \times \boldsymbol{B}/B^2$)对应的极化漂移为

$$\boldsymbol{v}_{\mathrm{d}} = -\frac{m_j}{e_j B^4} \left(\frac{\mathrm{d}\boldsymbol{E}}{\mathrm{d}t} \times \boldsymbol{B} \right) \times \boldsymbol{B}$$

再考虑到 $\boldsymbol{E}$ 垂直于 $\boldsymbol{B}$，可得：

$$\boldsymbol{v}_{\mathrm{d}} = -\frac{1}{\omega_{cj} B} \frac{\mathrm{d}\boldsymbol{E}}{\mathrm{d}t} \qquad (2.6.11)$$

这种漂移如图 2.6.4 所示。

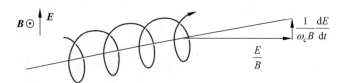

图 2.6.4　垂直于磁场的逐渐增强的电场产生的极化漂移
电子的漂移方向相反

对于离子,这个漂移的方向与 $\mathrm{d}\boldsymbol{E}/\mathrm{d}t$ 相同;对于电子,方向相反。而且离子的漂移要大得多。如果电子密度为 n,则极化电流密度为

$$\boldsymbol{j}_{\mathrm{p}} = \sum_{j} n e_{j} \boldsymbol{v}_{\mathrm{d}j}$$

对每一种成分代入式(2.6.11)得:

$$\boldsymbol{j}_{\mathrm{p}} = \frac{\rho_{\mathrm{m}}}{B^{2}} \frac{\mathrm{d}\boldsymbol{E}}{\mathrm{d}t}$$

其中,ρ_{m} 是质量密度。

2.7　绝热不变量

绝热不变量是一类与粒子运动有关的量,只要环境变化得足够缓慢,粒子的这种物理量即可在运动过程中保持基本不变。对于在磁场中运动的带电粒子,这个要求是指场量的时间变化尺度长于回旋周期,空间变化尺度大于拉莫尔半径的尺度。对于磁场中运动的带电粒子,这样的绝热不变量主要有三个,其中最重要的当属粒子的磁矩。

2.7.1　磁矩

一个电流环的磁矩的基本定义为

$$\mu = IA \tag{2.7.1}$$

其中,I 是电流环的电流;A 是电流环所包围的面积。带电粒子在其回旋轨道上运动形成的电流为

$$I = \frac{\omega_{cj}}{2\pi} e_{j} \tag{2.7.2}$$

而轨道围成面积为 $\pi\rho_{j}{}^{2}$,即

$$A = \pi \left(\frac{v_{\perp}}{\omega_{cj}} \right)^{2}$$

故

$$\mu = \frac{\frac{1}{2} m_{j} v_{\perp}^{2}}{B} \tag{2.7.3}$$

对于小电流环,作用在环上的力为

$$\boldsymbol{F} = -\mu \boldsymbol{\nabla}_{/\!/} B \tag{2.7.4}$$

这与 2.5 节给出的详细计算的结果是一致的。

μ 的不变性可通过计算其时间导数来证明:

$$\frac{\mathrm{d}\mu}{\mathrm{d}t} = \frac{1}{B}\left[\frac{\mathrm{d}}{\mathrm{d}t}\left(\frac{1}{2}m_j v_\perp^2\right) - \mu\,\frac{\mathrm{d}B}{\mathrm{d}t}\right] \tag{2.7.5}$$

由能量守恒知

$$\frac{\mathrm{d}}{\mathrm{d}t}\left(\frac{1}{2}m_j v_\perp^2\right) = e_j \boldsymbol{E} \cdot \boldsymbol{v} - m_j v_{/\!/}\,\frac{\mathrm{d}v_{/\!/}}{\mathrm{d}t} \tag{2.7.6}$$

而 B 沿导心速度 $v_{/\!/}$ 方向的变化由下式给出

$$\frac{\mathrm{d}B}{\mathrm{d}t} = \frac{\partial B}{\partial t} + \boldsymbol{v}_{/\!/} \cdot \boldsymbol{\nabla}B \tag{2.7.7}$$

将式(2.7.6)和式(2.7.7)代入式(2.7.5)得:

$$\frac{\mathrm{d}\mu}{\mathrm{d}t} = \frac{1}{B}\left[\left(-m_j v_{/\!/}\,\frac{\mathrm{d}v_{/\!/}}{\mathrm{d}t} - \mu\boldsymbol{v}_{/\!/} \cdot \boldsymbol{\nabla}B + e_j E_{/\!/}\ v_{/\!/}\right) + \left(e_j \boldsymbol{E}_\perp \cdot \boldsymbol{v}_\perp - \mu\,\frac{\partial B}{\partial t}\right)\right]$$
$$\tag{2.7.8}$$

加速度 $\mathrm{d}v_{/\!/}/\mathrm{d}t$ 是由式(2.7.4)给出的力和 $E_{/\!/}$ 共同作用产生的,取与 $v_{/\!/}$ 的标量积,于是有

$$m_j v_{/\!/}\,\frac{\mathrm{d}v_{/\!/}}{\mathrm{d}t} = -\mu\boldsymbol{v}_{/\!/} \cdot \boldsymbol{\nabla}B + e_j E_{/\!/}\ v_{/\!/}$$

因此式(2.7.8)中第一个括号里的项为零。由于 $v_\perp = \omega_{cj}\rho_j$,故 $\boldsymbol{E}_\perp \cdot \boldsymbol{v}_\perp$ 的回旋平均为

$$\langle \boldsymbol{E}_\perp \cdot \boldsymbol{v}_\perp \rangle = \frac{\omega_{cj}}{2\pi}\oint \boldsymbol{E} \cdot \mathrm{d}\boldsymbol{s} \tag{2.7.9}$$

其中积分环路沿拉莫尔轨道,线元 $\mathrm{d}\boldsymbol{s}$ 沿 $\boldsymbol{v}_\perp$。因此根据式(2.7.1)、式(2.7.2)和式(2.7.9),式(2.7.8)可改写成

$$\frac{\mathrm{d}\mu}{\mathrm{d}t} = -\frac{e_j}{B}\,\frac{\omega_{cj}}{2\pi}\left(\oint \boldsymbol{E} \cdot \mathrm{d}\boldsymbol{s} + A\,\frac{\partial B}{\partial t}\right) \tag{2.7.10}$$

式(2.7.10)右边括号里的最后一项是穿过面积 A 的通量的变化率,由法拉第定律 $A\,\dfrac{\partial B}{\partial t} = -\oint \boldsymbol{E} \cdot \mathrm{d}\boldsymbol{s}$ 知:

$$\frac{\mathrm{d}\mu}{\mathrm{d}t} = 0$$

这表明,在 B 的慢变极限下,μ 是常量。因此,μ 是绝热不变量。

2.7.2　第二个和第三个绝热不变量

磁矩与粒子的拉莫尔轨道相联系。当粒子有更大尺度的周期运动时,存在第二个不变量 J,它定义为

$$J = \oint v_{/\!/}\,\mathrm{d}l \tag{2.7.11}$$

这里积分沿周期轨道 $\boldsymbol{x}(t)$ 进行,$\mathrm{d}l = \boldsymbol{b} \cdot \mathrm{d}\boldsymbol{x}$,$\boldsymbol{b}$ 是沿磁场的单位矢量。在没有电场时粒子的总能量 W 是一个常数:

$$W = \frac{1}{2}m_j(v_\perp^2 + v_{/\!/}^2)$$

利用式(2.7.3)给出的 μ 的定义,式(2.7.11)中的 $v_{/\!/}$ 可以写成运动常数和磁场的函数形式:

$$v_{/\!/} = \left[\frac{2}{m_j}(W - \mu B)\right]^{1/2}$$

不变量 J 所涉及的周期运动从属于一种漂移,这种漂移可导致较大的周期运动。第三个绝热不变量就与这种运动有关。如果漂移速度为 v_d,则这个不变量可定义为如下周期运动的积分:

$$J_3 = \int v_d \, dl$$

可以证明,J_3 正比于该轨道所包围的磁通量。

2.8 碰撞

粒子间的碰撞引起等离子体扩散和其他输运过程。它们还造成粒子之间的能量转移,并引起等离子体的电阻率。这些过程的计算很复杂。首先,等离子体里的碰撞概念是相当微妙的;其次,粒子之间的碰撞取决于它们的相对速度,总的碰撞结果是所有速度粒子之间的相互作用的综合效应;最后,有效碰撞频率取决于所考虑的过程。

等离子体中给定位置的电场包括所有带电粒子的贡献的总和。因此,每个粒子都受到其他粒子的电场力作用。然而事实证明,电场可以分为两部分。第一部分是平滑的宏观电场,这就是电场 E,它决定了粒子漂移,并出现在描述宏观等离子体行为的方程里。第二部分是快速涨落的微观电场。对于给定粒子,这些涨落是与它"碰撞"的其他粒子的电场的总和。在这个瞬间,这些粒子都位于以给定粒子为中心的一个德拜球内,它们的轨迹调整并屏蔽了更遥远处粒子的碰撞效应。对这种行为的全面分析非常复杂。在下面的处理中,将描述粒子对的相互作用,并将这些二体库仑相互作用的总和在屏蔽半径予以截断。

作为例子,考虑等离子体电子与单个离子之间的碰撞。带电粒子之间的力是一种平方反比力,因此可用经典的卢瑟福理论来描述。碰撞的几何图像如图 2.8.1 所示。散射角 χ、碰撞参数 r 和入射速度 v 之间的关系由下式给出:

$$\cot(\chi/2) = \frac{4\pi\varepsilon_0 m_e v^2 r}{e^2}$$

因此,90°散射的碰撞参数为

$$r_0 = e^2 / (4\pi\varepsilon_0 m_e v^2)$$

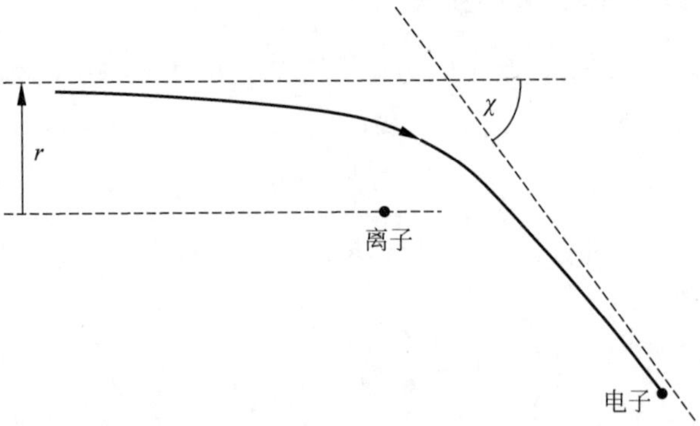

图 2.8.1　电子-离子碰撞的几何图像

碰撞参数为 r,散射角为 χ

由于散射角大于 90° 的散射截面为 $\sigma_0 = \pi r_0^2$，因此可得：

$$\sigma_0 = e^4 / (64\pi\varepsilon_0^2 \mathcal{E}^2)$$

其中，$\mathcal{E}$ 是电子动能。然而，在等离子体中，电子同时与大量离子相互作用。每次碰撞导致不同的散射角和不同的动量和能量的损失。

对于与单个离子的碰撞，在平行于初始电子运动方向上的动量变化为

$$\delta p = -\frac{2m_e v}{1 + (r/r_0)^2}$$

如果将离子视为静止的，则电子动量的总变化速率可通过对碰撞参数 r 的积分得到。因此，由于单位碰撞面积上的碰撞率是 nv，其中 n 是离子密度，故有

$$\frac{\mathrm{d}p}{\mathrm{d}t} = -2nm_e v^2 \int \frac{2\pi r}{1 + (r/r_0)^2} = -2nm_e v^2 \sigma_0 \ln(1 + (r/r_0)^2)\ \Big|_0^{\lambda_D} \tag{2.8.1}$$

在式 (2.8.1) 中，德拜长度 λ_D 作为积分上限引入以去除发散。如果忽略德拜屏蔽，将碰撞参数大于德拜长度的碰撞都考虑进来，就将引起这种发散。由于 $\lambda_D \gg r_0$，故式 (2.8.1) 变成

$$\frac{\mathrm{d}p}{\mathrm{d}t} = -4\sigma_0 nm_e v^2 \ln\Lambda \tag{2.8.2}$$

其中，$\ln\Lambda = \ln(\lambda_D / r_0)$ 称为库仑对数。如果长度 r_0 小于量子力学长度 $\hbar/(2m_e v)$，则它可用 Λ 中的这个长度来替代，由此引起的数值上的变化相当小。对于托卡马克等离子体，$\ln\Lambda$ 的值通常在 17 左右。关于其性质的详细讨论见 14.5 节。可以看出，对于碰撞参数大于 r_0 的情形，许多小角度碰撞的累积效应给出一个有效碰撞截面 $4\sigma_0 \ln\Lambda$。这个截面要比大角度的一次性散射截面 σ_0 大得多。

上面的例子可看成是对等离子体中碰撞性质的介绍。更一般的情形需要对所有参与碰撞的成分的速度分布进行积分。其适当的基础由福克-普朗克方程导出，见 2.10 节。碰撞效应通常可用特征碰撞频率或碰撞时间来表示，这些都将在 2.14 节中给出。

2.8.1　动量和能量变化

式 (2.8.2) 给出的是单个电子与静态离子碰撞引起的动量变化率。更一般地，对于任意质量比和相对速度的粒子，速度为 $\boldsymbol{v}_i$ 的粒子 i 通过碰撞与速度为 $\boldsymbol{v}_j$ 的粒子 j 之间发生的动量变化率在对所有碰撞参数取平均后为

$$\left\langle \frac{\mathrm{d}\boldsymbol{p}_{ij}}{\mathrm{d}t} \right\rangle = -A_{ij} \frac{\boldsymbol{v}_{ij}}{v_{ij}^3} \tag{2.8.3}$$

这里相对速度为

$$\boldsymbol{v}_{ij} = \boldsymbol{v}_i - \boldsymbol{v}_j$$

且

$$A_{ij} = \frac{e_i^2 e_j^2 \ln\Lambda}{4\pi\varepsilon_0^2 m_{ij}}$$

折合质量 m_{ij} 为

$$m_{ij} = \frac{m_i m_j}{m_i + m_j}$$

相应的能量变化率为

$$\left\langle \frac{\mathrm{d}E_{ij}}{\mathrm{d}t} \right\rangle = -A_{ij} \frac{(m_i \boldsymbol{v}_i + m_j \boldsymbol{v}_j) \cdot \boldsymbol{v}_{ij}}{(m_i + m_j) v_{ij}^3} \tag{2.8.4}$$

为了得到粒子 i 与所有 j 类粒子碰撞所产生的平均变化率,必须对式(2.8.3)和式(2.8.4)进行关于速度分布函数 $f_j(\boldsymbol{v}_j)$ 的积分。其结果可写成

$$\left\langle \frac{\mathrm{d}\boldsymbol{p}_i}{\mathrm{d}t} \right\rangle_j = m_i A \boldsymbol{\nabla}_v H \tag{2.8.5}$$

其中,$\boldsymbol{\nabla}_v$ 是 $\boldsymbol{v}_i$ 速度空间里的梯度,且

$$H = \left(1 + \frac{m_i}{m_j}\right) \int \frac{f_j(\boldsymbol{v}_j)}{v_{ij}} \mathrm{d}^3 v_j$$

$$A = \frac{e_i^2 e_j^2 \ln\Lambda}{4\pi\varepsilon_0^2 m_i^2}$$

有趣的是,考虑到与电势理论的关系,H 表达式里的积分与电荷分布函数 f_j 的静电势具有相同的形式。由此明显可见,对于 f_j 的球形分布,只有速度 $v_j < v_i$ 的粒子对作用在粒子 i 上的力有贡献。

相应的能量变化率的表达式为

$$\left\langle \frac{\mathrm{d}\mathcal{E}_i}{\mathrm{d}t} \right\rangle = A(m_i \boldsymbol{v} \cdot \boldsymbol{\nabla}_v H + m_{ij} H) \tag{2.8.6}$$

$\boldsymbol{p}_i$ 和 $\mathcal{E}_i$ 的总变化率可通过对等离子体中所有成分求和得到。

势 H 可通过对给定的分布函数 f_j(特别是对麦克斯韦分布)进行计算得到。然而,这方面的讨论最好是在 2.9 节讨论过动力学方程后进行为妥。这些方程描述了分布函数随时间的发展。碰撞对此的贡献由福克-普朗克方程给出,出现在方程里的系数与上述动量和能量变化率有关。对于麦克斯韦分布,H 的形式见 2.13 节,有关动量和能量变化率的进一步讨论见 2.14 节。式(2.8.5)和式(2.8.6)的显性表达式可以从式(2.13.1)和式(2.14.4)得到。

2.9 动力学方程

动力学理论是根据粒子的运动来描述气体和等离子体的行为。由于涉及大量粒子,因此这种描述必然是统计性的。在实践中,这是通过分布函数 $f(\boldsymbol{x}, \boldsymbol{v}, t)$ 来进行的。它量度的是一个粒子在六维相空间 $(\boldsymbol{x}, \boldsymbol{v})$ 中的概率密度。分布函数的性态由动力学方程来描述,根据不同的情形,取不同的形式,其中一些描述如下。

对动力学方程的全面处理始于 N 个粒子的分布函数。它是所有 N 个粒子的位置和动量的函数,包括有关粒子对的相关信息,并导致大尺度场的影响与那些在德拜长度的尺度上变化的影响之间的分离。这些小尺度的场是"碰撞"的原因。就目前的目的来说,采用单粒子分布函数 f 并通过引入一个单独的碰撞项来处理碰撞就已足够。

分布函数是位置 $\boldsymbol{q}$ 和正则动量 $\boldsymbol{p}$ 的函数,即 $f = f(\boldsymbol{q}, \boldsymbol{p})$。从粒子数守恒可知,$f$ 沿相空间中的一条轨迹的变化率可由相空间流的散度给出,因此有

$$\frac{\mathrm{d}f}{\mathrm{d}t} = -f\left(\frac{\partial}{\partial \boldsymbol{q}} \cdot \dot{\boldsymbol{q}} + \frac{\partial}{\partial \boldsymbol{p}} \cdot \dot{\boldsymbol{p}}\right) \tag{2.9.1}$$

其中，

$$\frac{\mathrm{d}}{\mathrm{d}t} = \frac{\partial}{\partial t} + \dot{\boldsymbol{q}} \cdot \frac{\partial}{\partial \boldsymbol{q}} + \dot{\boldsymbol{p}} \cdot \frac{\partial}{\partial \boldsymbol{p}}$$

式（2.9.1）右边的散度项为零，这一点通过代入哈密顿方程可见：

$$\dot{\boldsymbol{q}} = \frac{\partial H}{\partial \boldsymbol{p}}, \qquad \dot{\boldsymbol{p}} = -\frac{\partial H}{\partial \boldsymbol{q}}$$

因此式（2.9.1）化为

$$\frac{\partial f}{\partial t} + \dot{\boldsymbol{q}} \cdot \frac{\partial f}{\partial \boldsymbol{q}} + \dot{\boldsymbol{p}} \cdot \frac{\partial f}{\partial \boldsymbol{p}} = 0 \tag{2.9.2}$$

考虑粒子成分 j，等离子体中的运动方程为

$$\dot{\boldsymbol{p}}_j = e_j(\boldsymbol{E} + \boldsymbol{v} \times \boldsymbol{B})$$

代入式（2.9.2）得到弗拉索夫方程：

$$\frac{\partial f}{\partial t} + \boldsymbol{v} \cdot \frac{\partial f}{\partial \boldsymbol{x}} + \frac{e_j}{m_j}(\boldsymbol{E} + \boldsymbol{v} \times \boldsymbol{B}) \cdot \frac{\partial f}{\partial \boldsymbol{v}} = 0 \tag{2.9.3}$$

这是无碰撞情形下的动力学方程。

要将碰撞包含在内，就需要在式（2.9.3）的右边加上一项 $(\partial f/\partial t)_c$。如果等离子体内的碰撞是硬碰撞，并且在空间和时间上均是局域的，那么就可以适当采用玻耳兹曼方程给出的碰撞项。但正如 2.8 节所见，这对于等离子体是不合适的。等离子体的正规碰撞性动力学方程是福克-普朗克方程：

$$\frac{\partial f}{\partial t} + \boldsymbol{v} \cdot \frac{\partial f}{\partial \boldsymbol{x}} + \frac{e_j}{m_j}(\boldsymbol{E} + \boldsymbol{v} \times \boldsymbol{B}) \cdot \frac{\partial f}{\partial \boldsymbol{v}} = \left(\frac{\partial f}{\partial t}\right)_c \tag{2.9.4}$$

其中的碰撞项是基于 2.10 节中描述的多次小角度碰撞导出的。

漂移动力学方程是福克-普朗克（或弗拉索夫）方程的一种形式。它描述 f 在时间缓变（相比于回旋周期）和空间缓变（相比于粒子轨道的回旋半径）条件下的演变。该方程由式（2.9.4）导出，所涉空间为约化后的五变量空间 $(v_{/\!/}, v_\perp, \boldsymbol{x})$。回旋动力学方程类似，但描述的是电磁场在拉莫尔半径尺度上有明显变化的情形，处理中取这些电磁场在拉莫尔轨道上的平均。

动力学方程可用于许多目的。福克-普朗克方程的数值解能够给出注入等离子体中的粒子束的慢化及由此产生的离子和电子的加热。该方程的近似形式允许我们计算粒子和能量的碰撞输运。式（2.9.3）和式（2.9.4）的线性形式可用来计算稳定性，特别是用于微观不稳定性的计算。

通过考虑等离子体中试探粒子的行为（如 2.14 节所述），福克-普朗克方程还可以用来计算特征弛豫时间。通过取动力学方程的各阶矩，可以导出流体方程。虽然流体方程并非普遍有效，但它们较易求解，并能够给出对等离子体行为的相当好的描述。

2.10　福克-普朗克方程

如 2.8 节所述，等离子体中碰撞的主要效应是许多小角散射的累积贡献。福克-普朗克方程便可以用来恰当地描述这些碰撞的影响，它提供了碰撞项 $(\partial f/\partial t)_c$ 的一种显性形式，因此允许我们计算粒子分布函数的性态。

短时间间隔 Δt 内因碰撞引起的分布函数的变化率由下式给出:

$$\left(\frac{\partial f}{\partial t}\right)_{c} = \frac{f(\boldsymbol{x},\boldsymbol{v},t+\Delta t) - f(\boldsymbol{x},\boldsymbol{v},t)}{\Delta t} \tag{2.10.1}$$

f 的变化源自在此期间速度散射 $\Delta \boldsymbol{v}$ 的积分效应,因此有

$$f(\boldsymbol{x},\boldsymbol{v},t+\Delta t) = \int f(\boldsymbol{x},\boldsymbol{v}-\Delta \boldsymbol{v},t)\psi(\boldsymbol{v}-\Delta \boldsymbol{v},\Delta \boldsymbol{v})\mathrm{d}(\Delta \boldsymbol{v}) \tag{2.10.2}$$

其中,$\psi(\boldsymbol{v},\Delta \boldsymbol{v})$ 是具有速度 $\boldsymbol{v}$ 的粒子在 Δt 时间内被散射到 $\Delta \boldsymbol{v}$ 区间的概率。

式(2.10.2)中的被积函数可按 $\Delta \boldsymbol{v}$ 作泰勒展开,得到:

$$f(\boldsymbol{x},\boldsymbol{v}-\Delta \boldsymbol{v},t)\psi(\boldsymbol{v}-\Delta \boldsymbol{v},\Delta \boldsymbol{v}) = f(\boldsymbol{x},\boldsymbol{v},t)\psi(\boldsymbol{v},\Delta \boldsymbol{v}) - \sum_{\alpha}\frac{\partial}{\partial v_{\alpha}}(f\psi)\Delta v_{\alpha} +$$
$$\frac{1}{2}\sum_{\alpha,\beta}\frac{\partial^{2}}{\partial v_{\alpha}\partial v_{\beta}}(f\psi)\Delta v_{\alpha}\Delta v_{\beta} \tag{2.10.3}$$

将式(2.10.3)代入式(2.10.2)并利用 $\int \psi(\boldsymbol{v},\Delta \boldsymbol{v})\mathrm{d}(\Delta \boldsymbol{v}) = 1$ 可得:

$$f(\boldsymbol{x},\boldsymbol{v}-\Delta \boldsymbol{v},t)\psi(\boldsymbol{v}-\Delta \boldsymbol{v},\Delta \boldsymbol{v}) - f(\boldsymbol{x},\boldsymbol{v},t)\psi(\boldsymbol{v},\Delta \boldsymbol{v})$$
$$= -\sum_{\alpha}\frac{\partial}{\partial v_{\alpha}}\left(f(\boldsymbol{x},\boldsymbol{v},t)\int \psi(\boldsymbol{v},\Delta \boldsymbol{v})\Delta v_{i}\mathrm{d}(\Delta \boldsymbol{v})\right) +$$
$$\frac{1}{2}\sum_{\alpha,\beta}\frac{\partial^{2}}{\partial v_{\alpha}\partial v_{\beta}}\left(f(\boldsymbol{x},\boldsymbol{v},t)\int \psi(\boldsymbol{v},\Delta \boldsymbol{v})\Delta v_{\alpha}\Delta v_{\beta}\mathrm{d}(\Delta \boldsymbol{v})\right) \tag{2.10.4}$$

可方便地将福克-普朗克系数

$$\langle \Delta v_{\alpha}\rangle = \int \psi \Delta v_{\alpha}\mathrm{d}(\Delta \boldsymbol{v})/\Delta t$$

和

$$\langle \Delta v_{\alpha}\Delta v_{\beta}\rangle = \int \psi \Delta v_{\alpha}\Delta v_{\beta}\mathrm{d}(\Delta \boldsymbol{v})/\Delta t$$

分别定义为碰撞引起的 Δv_{α} 和 $\Delta v_{\alpha}\Delta v_{\beta}$ 的变化率的时间平均值。将式(2.10.4)代入式(2.10.1)便得到福克-普朗克碰撞项:

$$\left(\frac{\partial f}{\partial t}\right)_{c} = -\sum_{\alpha}\frac{\partial}{\partial v_{\alpha}}(\langle \Delta v_{\alpha}\rangle f) + \frac{1}{2}\sum_{\alpha,\beta}\frac{\partial^{2}}{\partial v_{\alpha}\partial v_{\beta}}(\langle \Delta v_{\alpha}\Delta v_{\beta}\rangle f) \tag{2.10.5}$$

$\langle \Delta v_{\alpha}\rangle$ 和 $\langle \Delta v_{\alpha}\Delta v_{\beta}\rangle$ 分别称为动力学摩擦系数和扩散张量。

2.11 回旋平均动力学方程组

许多等离子体现象涉及这样一些缓变过程:这种变化在时间尺度上与拉莫尔频率相比较慢,在空间尺度上与单个离子或电子的拉莫尔半径相比也较慢。为了研究这种现象,我们推导出较简单的、对快速拉莫尔运动平均的动力学方程组。这个动力学方程组的优点在于相空间的降维。弗拉索夫方程原有 6 个独立变量 $(\boldsymbol{r},\boldsymbol{v})$,但做了回旋平均后,独立变量减少到 5 个。在某些情形下,沿磁场方向存在周期运动。如果这种运动足够快,那么对此做进一步平均,可将相空间约化到四维。

漂移动力学方程就是这样一个关于回旋平均的分布函数的方程:

$$\overline{f} = \frac{1}{2\pi} \int f \, \mathrm{d}\phi$$

其中，ϕ 为快变回旋相位。上式可通过将福克-普朗克方程在 $\omega_c^{-1} \partial / \partial t \ll 1$ 和 $\rho / L \ll 1$ 下作展开得到。这里 ω_c 是回旋频率，ρ 是拉莫尔半径，L 是等离子体特征长度。于是福克-普朗克方程的形式变为

$$\frac{\partial \overline{f}}{\partial t} + \boldsymbol{v}_g \cdot \boldsymbol{\nabla} \overline{f} + \left(e_j \boldsymbol{E} \cdot \boldsymbol{v}_g + \mu \frac{\partial B}{\partial t} \right) \cdot \frac{\partial \overline{f}}{\partial K} = \left(\frac{\partial \overline{f}}{\partial t} \right)_c \quad (2.11.1)$$

这里平均分布函数 $\overline{f}$ 是 5 个相空间变量 $\boldsymbol{x}, m, K$ 的函数。其中磁矩 $\mu = m_j v_\perp^2 / (2B)$，能量 $K = m_j v^2 / 2$。在式(2.11.1)中，$\boldsymbol{E}$ 是电场，导心速度 $\boldsymbol{v}_g$ 包含快速纵向运动、电漂移、磁场 B 梯度漂移和磁场曲率漂移：

$$\boldsymbol{v}_g = v_{/\!/} \, \boldsymbol{b} + \frac{\boldsymbol{E} \times \boldsymbol{B}}{B^2} + \frac{v_{/\!/}^2 \, \boldsymbol{b} \times (\boldsymbol{b} \cdot \boldsymbol{\nabla}) \boldsymbol{b} + \mu \boldsymbol{b} \times \boldsymbol{\nabla} B}{\omega_{cj}} \quad (2.11.2)$$

其中，$\boldsymbol{b} = \boldsymbol{B} / |\boldsymbol{B}|$；$\omega_{cj} = e_j B / m_j$。

在式(2.11.1)中，等号左边的前两项包含拉格朗日量的时间导数，表示沿导心轨迹的对流。$(\partial \overline{f} / \partial K)$ 的系数包含两项：一项是电场对导心所做的功，另一项是导心(其磁矩 m 守恒)在变化磁场中感受到的垂直动能 $\frac{1}{2} m v_\perp^2$ 的变化。式(2.11.1)的右边代表粒子间碰撞引起的 $\overline{f}$ 的变化率。$(\partial \overline{f} / \partial t)_c$ 的显性表达式可通过对福克-普朗克碰撞项做回旋平均得到，但较复杂。所得的算子描述了能量(K)的慢化和扩散，以及磁矩 μ(或投射角变量 $\lambda = \mu / K$)的扩散。通常不保留经典碰撞扩散效应，因为它属于二阶效应(阶数为 $\nu_j \rho_j^2 / L_\perp^2$，其中 ρ_j 是拉莫尔半径，ν_j 是碰撞频率，$L_\perp$ 是 $\overline{f}$ 横越磁场的特征长度)。这基本上不带来什么影响。我们可以导出更复杂的、修正到 ρ_j / L 的高阶项的漂移动力学方程，它既包含像极化漂移这样的高阶漂移速度，也包含经典扩散效应。

这个方程通常用来研究低频、长波长的线性和非线性不稳定性，也用于研究新经典输运理论。在后一种情形下，略去了源于拉莫尔回旋运动的"经典成分"对输运的贡献，它们被认为是不重要的。

回旋动力学方程将这些平均处理方法扩展到电磁场分量在粒子拉莫尔轨道范围内快速变化的情形。这种方法最初用于线性稳定性分析。其中扰动场以 $\exp(\mathrm{i}\boldsymbol{k} \cdot \boldsymbol{x})$ 形式变化，在垂直于磁场方向上的波长与拉莫尔半径可比，即 $k_\perp v_\perp / \omega_c$ 为 1 的量级。

为简明起见，取无碰撞方程，扰动的大小取 $k_\perp v_\perp / \omega_c$ 为 1 的量级，扰动量按 $\exp(-\mathrm{i}\omega t + \boldsymbol{k}_\perp \cdot \boldsymbol{x})$ 形式变化，于是有 $f = f_0 + \delta f$ 和 $\boldsymbol{E} = \boldsymbol{E}_0 - \boldsymbol{\nabla} \phi - \mathrm{i}\omega \boldsymbol{A}$，分布函数的扰动 δf 可由扰动势 ϕ、$A_{/\!/}$ 和磁场扰动 $B_{/\!/}$ 对线性化的弗拉索夫方程做展开得到。对于各向同性的 f_0，其结果为

$$\delta f = e_j \phi \frac{\partial f_0}{\partial K} + g \, \mathrm{e}^{\mathrm{i}L}$$

其中，

$$L = \frac{\boldsymbol{v}_\perp \times \boldsymbol{b} \cdot \boldsymbol{v}_\perp}{\omega_{cj}}$$

$g(\mu, K, \boldsymbol{x})$ 满足回旋动力学方程

$$\frac{\partial g}{\partial t} + v_{/\!/} \, \boldsymbol{b} \cdot \nabla g + \mathrm{i} \boldsymbol{k}_{\perp} \cdot \boldsymbol{v}_{\mathrm{g}} g$$

$$= -\left(\omega \frac{\partial f_0}{\partial K} - \frac{\boldsymbol{b} \times \nabla f_0 \cdot \boldsymbol{k}_{\perp}}{\omega_{cj}} \right) \left(\mathrm{J}_0(z) e_j (\phi - v_{/\!/} A_{/\!/}) + \frac{2 \mathrm{J}_1(z)}{z} \mu B_{/\!/} \right) \quad (2.11.3)$$

其中,

$$z = k_{\perp} \, \nu_{\perp} \, / \omega_{cj}$$

在长波长极限情形下,$z \to 0, L \to 0, \delta f$ 和 g 的结果与从线性漂移动力学方程得到的结果相同。贝塞尔函数 $\mathrm{J}_0(z), \mathrm{J}_1(z)$ 和因子 $\exp(\mathrm{i} L)$ 包含了对空间快变扰动场的拉莫尔平均效应。

如果平衡位形具有磁剪切,那么回旋动力学方程作为微分方程的这幅简单图像是无效的,因为扰动量的空间变化可以不再纯粹由光程函数形式 $\exp(\mathrm{i} \boldsymbol{k} \cdot \boldsymbol{x})$ 来表示。然而,许多短波长线性稳定性计算在环形几何下引入所谓气球变换。这么做的重要结果是扰动量的程函表示在变换了的空间中有效的,即使存在强的剪切磁场,由此可得到像式(2.11.3)这样简单的回旋动力学方程。

回旋动力学方程主要出现在低频不稳定性的线性化研究中,但对于包含非线性项的高频模式(ω/ω_c 为 1 的量级),可以推导出更复杂的相应的方程。

在应用到低频或缓慢演化的现象上时,可以进行二次平均(对粒子的纵向运动的平均)。这样就进一步将问题的维度降低到了 3 个变量 $\boldsymbol{x}_{\perp}, \mu, K$,由此产生所谓回弹平均漂移动力学方程或回弹平均回旋动力学方程。

2.12 等离子体的福克-普朗克方程

在等离子体的情形下,可以计算小角库仑碰撞的福克-普朗克方程的系数,并对所有的粒子种类求和。这些系数取分布函数的积分的微分形式。积分 H_j 和 G_j 称为罗森布鲁斯势,分别由下式给出:

$$H_j(\boldsymbol{v}) = \left(1 + \frac{m}{m_j}\right) \int \frac{f_j(\boldsymbol{v}_j)}{|\boldsymbol{v} - \boldsymbol{v}_j|} \mathrm{d} \boldsymbol{v}_j \quad (2.12.1)$$

$$G_j(\boldsymbol{v}) = \int f_j(\boldsymbol{v}_j) |\boldsymbol{v} - \boldsymbol{v}_j| \mathrm{d} \boldsymbol{v}_j \quad (2.12.2)$$

下标 j 表示粒子种类。根据这些势函数,待求系数可写为

$$\langle \Delta v_a \rangle = \sum_j A_j \frac{\partial H_j(\boldsymbol{v})}{\partial v_a} \quad (2.12.3)$$

$$\langle \Delta v_a \Delta v_\beta \rangle = \sum_j A_j \frac{\partial^2 G_j(\boldsymbol{v})}{\partial v_a \partial v_\beta} \quad (2.12.4)$$

其中,

$$A_j = \frac{e^4 Z^2 Z_j^2 \ln \Lambda}{4 \pi \varepsilon_0^2 m^2}$$

下标 α 和 β 分别代表 $\boldsymbol{v}$ 和 $\boldsymbol{v}_j$ 的笛卡儿坐标分量。

利用式(2.10.5)、式(2.12.3)和式(2.12.4),福克-普朗克方程碰撞项可以写成

$$\left(\frac{\partial f}{\partial t}\right)_c = \sum_j \frac{e^2 Z^2 Z_j^2 \ln\Lambda}{4\pi\varepsilon_0^2 m^2}\left[-\frac{\partial}{\partial v_\alpha}\left(\frac{\partial H_j(\boldsymbol{v})}{\partial v_\alpha}f(\boldsymbol{v})\right) + \frac{1}{2}\frac{\partial^2}{\partial v_\alpha \partial v_\beta}\left(\frac{\partial^2 G_j(\boldsymbol{v})}{\partial v_\alpha \partial v_\beta}f(\boldsymbol{v})\right)\right]$$

$$(2.12.5)$$

其中,求和是对双下标 α 和 β 进行。

另一方面,该碰撞项可以写成对称的朗道积分形式:

$$\left(\frac{\partial f}{\partial t}\right)_c = \sum_j \frac{e^2 Z^2 Z_j^2 \ln\Lambda}{8\pi\varepsilon_0^2 m^2}\times\frac{\partial}{\partial v_\alpha}\int\left(\frac{f_j(\boldsymbol{v}_j)}{m}\frac{\partial f(\boldsymbol{v})}{\partial v_\beta} - \frac{f(\boldsymbol{v})}{m_j}\frac{\partial f_j(\boldsymbol{v}_j)}{\partial v_{j\beta}}\right)u_{\alpha\beta}\,\mathrm{d}\boldsymbol{v}_j$$

$$(2.12.6)$$

其中,

$$\boldsymbol{u} = \boldsymbol{v} - \boldsymbol{v}_j, \quad u_{\alpha\beta} = \frac{u^2\delta_{\alpha\beta} - u_\alpha u_\beta}{u^3}$$

现在,通过将式(2.12.5)或式(2.12.6)代入式(2.9.4),即得到等离子体的福克-普朗克方程。通常只能得到它的数值解。但考虑到试探粒子对与具有麦克斯韦速度分布的粒子成分碰撞的响应,可以得到其一种较简单形式的有用信息。它允许我们对粒子慢化和偏转的特征时间进行计算,具体见 2.14 节。

2.13 麦克斯韦分布下的福克-普朗克系数

对"背景"成分取麦克斯韦速度分布,并用下标"1"来标记这种成分,得到:

$$f_1(v_1) = \frac{n_1}{(2\pi)^{3/2}v_{T_1}^3}\exp\left(-\frac{v_1^2}{2v_{T_1}^2}\right)$$

可以计算由式(2.12.1)和式(2.12.2)给出的罗生布鲁斯势,为

$$H_1 = \left(1 + \frac{m}{m_1}\right)n_1\frac{\Phi(v/\sqrt{2}v_{T_1})}{v}$$

和

$$G_1 = n_1\left(\frac{v^2 + v_{T_1}^2}{v}\Phi(v/\sqrt{2}v_{T_1}) + \frac{v_{T_1}}{\sqrt{2}}\Phi'(v/\sqrt{2}v_{T_1})\right)$$

其中,$\Phi(x) = \frac{2}{\sqrt{\pi}}\int_0^x \mathrm{e}^{-y^2}\mathrm{d}y$ 是误差函数,故

$$\Phi'(x) = \frac{2}{\sqrt{\pi}}\mathrm{e}^{-x^2}$$

相应的 $\langle\Delta\boldsymbol{v}\rangle$ 平行于 $\boldsymbol{v}$,扩散张量是对角的。因此采用直角坐标系较方便,可以将坐标轴按平行于和垂直于如图 2.13.1 所示的方向来选取,两个垂直坐标分别记为 $v_{\perp\alpha}$ 和 $v_{\perp\beta}$。由式(2.10.5)和式(2.12.5)可知,摩擦系数和扩散系数与这个势的关系分别由下列方程给出:

$$\langle\Delta v_{/\!/}\rangle = A_1\frac{\partial H_1}{\partial v}$$

$$\langle(\Delta v_{/\!/})^2\rangle = A_1\frac{\partial^2 G_1}{\partial v^2}$$

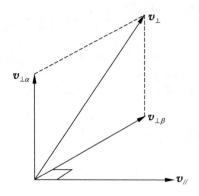

图 2.13.1　$v_{/\!/}$, $v_{\perp_\alpha}$ 和 $v_{\perp_\beta}$ 三者间的直角坐标系

$$\boldsymbol{v}_\perp = \boldsymbol{v}_{\perp_\alpha} + \boldsymbol{v}_{\perp_\beta}$$

$$\langle (\Delta v_{\perp_\alpha})^2 \rangle = A_1 \frac{1}{v} \frac{\partial G_1}{\partial v}$$

其中,

$$A_1 = \frac{e^4 Z^2 Z_j^2 \ln\Lambda}{4\pi\varepsilon_0^2 m^2}$$

$\langle (\Delta v_{\perp_\alpha})^2 \rangle$ 的形式源自下述关系:

$$v^2 = v_{/\!/}^2 + v_{\perp_\alpha}^2 + v_{\perp_\beta}^2$$

故有

$$\left(\frac{\partial^2 G_1}{\partial v_{\perp_\alpha}^2} \right)_{v_{\perp_\alpha}=0} = \frac{1}{v} \frac{\partial G_1}{\partial v}$$

显性形式为

$$\langle \Delta v_{/\!/} \rangle = -A_D \left(1 + \frac{m}{m_1}\right) \frac{\Psi(v/\sqrt{2}\,v_{T_1})}{2v_{T_1}^2}$$

$$\langle (\Delta v_{/\!/})^2 \rangle = A_D \frac{\Psi(v/\sqrt{2}\,v_{T_1})}{v} \tag{2.13.1}$$

$$\langle (\Delta v_{\perp_\alpha})^2 \rangle = A_D \frac{\Phi(v/\sqrt{2}\,v_{T_1}) - \Psi(v/\sqrt{2}\,v_{T_1})}{2v} \tag{2.13.2}$$

其中,

$$\Psi(x) = \frac{\phi(x) - x\phi'(x)}{2x^2}$$

$$A_D = \frac{n_1 e^4 Z^2 Z_1^2 \ln\Lambda}{2\pi\varepsilon_0^2 m^2}$$

应当指出,总的垂直系数 $\langle (\Delta v_\perp)^2 \rangle$ 为

$$\langle (\Delta v_\perp)^2 \rangle = \langle (\Delta v_{\perp_\alpha})^2 \rangle + \langle (\Delta v_{\perp_\beta})^2 \rangle = 2\langle (\Delta v_{\perp_\alpha})^2 \rangle$$

因此,

$$\langle (\Delta v_\perp)^2 \rangle = A_D \frac{\Phi(v/\sqrt{2}\,v_{T_1}) - \Psi(v/\sqrt{2}\,v_{T_1})}{v} \tag{2.13.3}$$

$$\langle(\Delta v)^2\rangle = \langle(\Delta v_{/\!/})^2\rangle + \langle(\Delta v_\perp)^2\rangle = A_D \frac{\Phi(v/\sqrt{2}\,v_{T_1})}{v}$$

图 2.13.2 给出了 $\Phi(x)$ 和 $\Psi(x)$ 的图。这些函数有下列极限形式：

$$\Psi(x) \rightarrow \frac{2x}{3\sqrt{\pi}}, \qquad \Phi(x) \rightarrow \frac{2x}{\sqrt{\pi}}, \quad x \ll 1$$

$$\Psi(x) \rightarrow \frac{1}{2x^2}, \qquad \Phi(x) \rightarrow 1, \quad x \gg 1$$

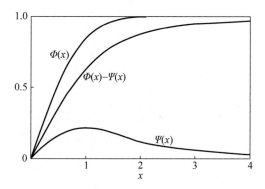

图 2.13.2　误差函数 $\Phi(x)$，$\Psi(x)$ 和 $\Phi(x)-\Psi(x)$ 的图

定义扩散系数 $D_{/\!/}$ 和 $D_\perp$ 如下：

$$D_{/\!/} = \frac{1}{2}\langle(\Delta v_{/\!/})^2\rangle$$

$$D_\perp = \frac{1}{2}\langle(\Delta v_{\perp_\alpha})^2\rangle = \frac{1}{2}\langle(\Delta v_{\perp_\beta})^2\rangle$$

因此，由式(2.10.5)给出的福克-普朗克碰撞项可以写成下列两种形式之一：

$$\left(\frac{\partial f}{\partial t}\right)_c = -\boldsymbol{\nabla}_v \cdot \left[\langle\Delta \boldsymbol{v}_{/\!/}\rangle f - \boldsymbol{\nabla}_{/\!/}(D_{/\!/}f) - D_\perp\boldsymbol{\nabla}_\perp f\right] \tag{2.13.4}$$

$$\left(\frac{\partial f}{\partial t}\right)_c = -\boldsymbol{\nabla}_v \cdot \left[(\langle\Delta \boldsymbol{v}_{/\!/}\rangle f - \boldsymbol{\nabla}_{/\!/}D_{/\!/})f - D_{/\!/}\,\boldsymbol{\nabla}_{/\!/}f - D_\perp\boldsymbol{\nabla}_\perp f\right] \tag{2.13.5}$$

其中，$\boldsymbol{\nabla}_v\cdot$ 表示速度空间里的散度算符，$\Delta v_{/\!/}$ 沿 v，$\boldsymbol{\nabla}_{/\!/}$ 和 $\boldsymbol{\nabla}_\perp$ 分别是 $\boldsymbol{\nabla}$ 的平行和垂直于 v 的分量。"动力学摩擦"项通常应用于 $\langle\Delta v_{/\!/}\rangle$，即式(2.13.4)中 f 的系数，但有时应用于式(2.13.5)中 $(\langle\Delta v_{/\!/}\rangle - \boldsymbol{\nabla}_{/\!/}D_{/\!/})$ 的系数。

2.14　弛豫过程

由福克-普朗克碰撞项描述的分布函数的变化通常是相当复杂的。然而，通过考虑试探粒子对碰撞的响应，可以获得一些信息。这些粒子称为场粒子，用下标 1 表示。在形式上，这种处理是在初始分布函数的选定速度点上取一个德尔塔函数，并计算随后的时间演化。然而，动量损失的初始变化率、速度的偏转和扩散均由福克-普朗克系数本身给出，因此可以从这些系数得到相关的弛豫时间。

速度为 v 的粒子的慢化时间由下式给出：

$$\tau_s = -\frac{v}{\langle dv/dt \rangle} = -\frac{v}{\langle \Delta v_{/\!/} \rangle}$$

这个时间刻画了初始方向上的速度变化率。利用式(2.13.1)可得：

$$\tau_s = \frac{2v_{T_1}^2 v}{(1+m/m_1)A_D \Psi(v/\sqrt{2}\,v_{T_1})} \tag{2.14.1}$$

偏转时间度量被散射到垂直于其初速度方向的粒子速度的平均变化率。这是一种扩散过程。偏转时间定义为

$$\tau_d = \frac{v^2}{\langle dv_\perp^2/dt \rangle} = \frac{v^2}{\langle (\Delta v_\perp)^2 \rangle}$$

利用式(2.13.3)可得：

$$\tau_d = \frac{v^3}{A_D \left[\Phi(v/\sqrt{2}\,v_{T_1}) - \Psi(v/\sqrt{2}\,v_{T_1}) \right]} \tag{2.14.2}$$

上述两个过程均涉及试探粒子的能量变化。能量的全变化率 $\langle \Delta E \rangle$ 的方程为

$$\langle \Delta E \rangle = \frac{1}{2}\left(2v\langle \Delta v_{/\!/} \rangle + \langle (\Delta v_{/\!/})^2 \rangle + \langle (\Delta v_\perp)^2 \rangle \right) \tag{2.14.3}$$

式(2.14.3)也给出了离子束能量的损失率。将式(2.13.1)的系数代入式(2.13.3)得：

$$\langle \Delta E \rangle = \frac{m A_D}{\sqrt{2}\,v_{T_1}} \left[-\left(1+\frac{m}{m_1}\right) x\Psi(x) + \frac{\Psi(x)}{2x} + \frac{\Phi(x) - \Psi(x)}{2x} \right]$$

其中，$x = v/\sqrt{2}\,v_{T_1}$。重排括号里的项得：

$$\langle \Delta E \rangle = -\frac{1}{2}\frac{m^2}{m}A_D \frac{1}{v}\left[\Phi(v/\sqrt{2}\,v_{T_1}) - \left(1+\frac{m_1}{m}\right)\frac{v}{\sqrt{2}\,v_{T_1}}\Phi'(v/\sqrt{2}\,v_{T_1}) \right] \tag{2.14.4}$$

能量平衡的物理过程可以通过下述处理来理解。动力学摩擦力为

$$F_d = m\langle \Delta v_{/\!/} \rangle$$

转移到场粒子的能量速率为

$$\frac{dE_f}{dt} = -\langle \Delta E \rangle$$

于是式(2.14.3)可以写成

$$-F_d v = \frac{dE_f}{dt} + \frac{1}{2}m\left(\langle (\Delta v_{/\!/})^2 \rangle + \langle (\Delta v_\perp)^2 \rangle \right)$$

其中，$-F_d v$ 是试探粒子反抗动力学摩擦力做的功。故释放的能量部分被转移到场粒子上，剩下的能量以试探粒子在垂直和平行方向上的速度提高所带来的能量增量形式出现。

在 $v/v_{T_1} \gg 1$ 的极限情形下，有

$$\begin{cases} \dfrac{dE_f}{dt} \rightarrow \dfrac{m^2}{m_1}\dfrac{A_D}{2v} \\[2mm] \dfrac{1}{2}m\langle (\Delta v_{/\!/})^2 \rangle \rightarrow 0 \\[2mm] \dfrac{1}{2}m\langle (\Delta v_\perp)^2 \rangle \rightarrow \dfrac{m A_D}{2v} \end{cases} \tag{2.14.5}$$

$$-F_{\mathrm{d}}v \to \left(1+\frac{m}{m_1}\right)\frac{m A_{\mathrm{D}}}{2v} \tag{2.14.6}$$

对于离子试探粒子与电子场粒子之间的碰撞,几乎所有能量都被转移到电子上,离子被慢化,但散射可以忽略不计。对于相等质量的粒子之间的碰撞,一半的能量被转移到场粒子上,一半以垂直运动的能量出现。对于试探电子与场离子之间碰撞的情形,能量被保留在电子中,碰撞将电子偏转到等速的球面上。这三种情形下的行为如图 2.14.1 所示。

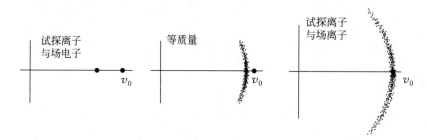

图 2.14.1　与场粒子碰撞的试探粒子在速度空间下的行为

其中试探粒子的速度远远大于场粒子的热速度。场粒子以原点为中心分布,试探粒子初始时具有速度 v_0 处的德尔塔函数分布

在 $v/v_{T1} \ll 1$ 的极限情形下,

$$\frac{\mathrm{d}E_{\mathrm{f}}}{\mathrm{d}t} \to \frac{m A_{\mathrm{D}}}{\sqrt{2}\,\pi v_{T_1}}\left(\frac{2}{3}\frac{mv^2/2}{T_1}-1\right)$$

$$\frac{1}{2}m\langle(\Delta v_{/\!/})^2\rangle \to \frac{1}{3}\frac{m A_{\mathrm{D}}}{\sqrt{2}\,\pi v_{T_1}}$$

$$\frac{1}{2}m\langle(\Delta v_{\perp})^2\rangle \to \frac{2}{3}\frac{m A_{\mathrm{D}}}{\sqrt{2}\,\pi v_{T_1}}$$

$$-F_{\mathrm{d}}v \to \frac{m A_{\mathrm{D}}}{\sqrt{2}\,\pi v_{T_1}}\frac{2}{3}\frac{mv^2/2}{T_1}$$

在此情形下,能量转移到场粒子只发生在那些质量远大于场粒子的试探粒子上。对于离子试探粒子和场电子的情形,条件是 $\frac{1}{2}mv^2 > \frac{3}{2}T_1$。如果两粒子具有相似的质量,则在这个极限($v/v_{T_1} \ll 1$)下有

$$\frac{1}{2}mv^2 \ll T_1, \quad F_{\mathrm{d}}v \to 0$$

试探粒子仅仅被"加热",分布函数各向同性地扩展。垂直能量是平行能量的两倍,因为前者包含两个维度。

当处于不同温度的两种成分相遇时,碰撞会引起它们之间的热量交换,从而降低二者间的温度差。对于成分 i 和 j,这一过程用如下定义的热交换时间 τ_{ij} 来刻画:

$$\frac{\mathrm{d}T_i}{\mathrm{d}t}=\frac{T_j-T_i}{\tau_{ij}} \tag{2.14.7}$$

式(2.14.4)给出了试探粒子到场粒子的能量损失率。从一种具有麦克斯韦分布函数的成分到另一种成分的总的能量转移可通过下述试探粒子的能量损失对整个分布进行积分来得

到。因此，

$$\frac{3}{2}n_j\frac{\mathrm{d}T_j}{\mathrm{d}t}=\int\langle\Delta E\rangle_{ij}f_i4\pi v_i^2\mathrm{d}v_i$$

其中 $\langle\Delta E\rangle_{ij}$ 由式(2.14.4)给出，可以写成

$$\langle\Delta E\rangle_{ij}=-\frac{n_je^4Z_i^2Z_j^2\ln\Lambda}{4\pi\varepsilon_0^2m_j}\left[\frac{\Phi(v_i/\sqrt{2}v_{T_j})}{v_i}-\left(1+\frac{m_j}{m_i}\right)\frac{1}{\sqrt{2}v_{T_j}}\Phi'(v_i/\sqrt{2}v_{T_j})\right]$$

且

$$f_i=\frac{n_i}{(2\pi)^{3/2}v_{T_j}^3}\exp\left(-\frac{v_i^2}{2v_{T_j}^2}\right)$$

于是得到：

$$\frac{\mathrm{d}T_i}{\mathrm{d}t}=\frac{2n_je^4Z_i^2Z_j^2\ln\Lambda}{3(2\pi)^{3/2}\varepsilon_0^2m_im_j}I \tag{2.14.8}$$

其中，

$$I=\int\left[v_i\Phi(v_i/\sqrt{2}v_{T_j})-\left(1+\frac{m_j}{m_i}\right)\frac{1}{\sqrt{2}v_{T_j}}\Phi'(v_i/\sqrt{2}v_{T_j})\right]\cdot\exp\left(-\frac{v_i^2}{2v_{T_j}^2}\right)\mathrm{d}v_i$$

对第一项做分部积分如下：

$$I=\frac{m_i}{\sqrt{2}v_{T_j}v_{Ti}^3}\int\left[v_{Ti}^2-\left(1+\frac{m_j}{m_i}\right)v_{ii}^2\right]\Phi'(v_i/\sqrt{2}v_{T_j})\cdot\exp\left(-\frac{v_i^2}{2v_{T_j}^2}\right)\mathrm{d}v_i$$

$$=\sqrt{\frac{2}{\pi}}\frac{m_i}{v_{T_j}v_{Ti}^3}\int\left[v_{Ti}^2-\left(1+\frac{m_j}{m_i}\right)v_{ii}^2\right]\cdot\exp\left(-\frac{v_i^2}{2}\left(\frac{1}{v_{T_i}^2}+\frac{1}{v_{T_j}^2}\right)\right)\mathrm{d}v_i$$

于是得到：

$$I=\frac{T_i-T_j}{(v_{T_i}^2+v_{T_j}^2)^{3/2}} \tag{2.14.9}$$

将式(2.14.9)代入式(2.14.8)即给出 $\mathrm{d}T_i/\mathrm{d}t$，与式(2.14.7)比较给出所需的热交换时间：

$$\tau_{ij}=\frac{3\sqrt{2}\pi^{3/2}\varepsilon_0^2m_im_j}{n_je^4Z_i^2Z_j^2\ln\Lambda}\left(\frac{T_i}{m_i}+\frac{T_j}{m_j}\right)^{3/2} \tag{2.14.10}$$

对于电子与单个带电离子之间的碰撞，热交换时间为

$$\tau_{ie}=\tau_{ei}=\frac{m_i}{2m_e}\tau_e \tag{2.14.11}$$

其中，τ_e 是电子碰撞频率，由下式给出：

$$\tau_e=3(2\pi)^{3/2}\frac{\varepsilon_0^2m_e^{1/2}T_e^{3/2}}{ne^4\ln\Lambda}$$

在此情形下，碰撞频率由较快的成分——电子——决定。然而，由于质量差异，碰撞中的能量转移效率低下，只有电子能量的一小部分(为 m_e/m_i 的量级)被转移给离子。

2.15 碰撞时间

2.14 节描述的碰撞弛豫过程的特征时间是试探粒子速度的函数，所涉时间的典型值可通过取试探粒子具有平均热速度来获得。因此，令 $u=v_T$ 并利用 $mv_T^2=T$，可得所有的特征碰撞时间都正比于一个具有如下形式的时间：

$$\frac{\varepsilon_0^2 m_e^{1/2} T_e^{3/2}}{n e^4 \ln\Lambda}$$

不妨定义一个具有这样一个数值因子的碰撞时间,这个因子就是在计算诸如电导率这样的宏观量时出现的因子。对于具有电荷数 Z 的等离子体,它给出电子碰撞时间为

$$\tau_e = 3(2\pi)^{3/2} \frac{\varepsilon_0^2 m_e^{1/2} T_e^{3/2}}{n_i Z^2 e^4 \ln\Lambda} \tag{2.15.1}$$

离子碰撞时间为

$$\tau_i = 12\pi^{3/2} \frac{\varepsilon_0^2 m_i^{1/2} T_i^{3/2}}{n_i Z^4 e^4 \ln\Lambda} \tag{2.15.2}$$

这两个时间的比值 τ_e/τ_i 在 $(m_e/m_i)^{1/2}$ 量级,反映出电子的热速度要比离子的快得多。

另一个特征时间是等离子体中电子和离子成分之间的热交换时间,这个热交换时间由式(2.14.11)给出。

如果 T 的单位为 keV,则碰撞时间(单位为 s)为

$$\begin{cases} \tau_e = 1.09 \times 10^{16} \dfrac{T_e^{3/2}}{n_i Z^2 \ln\Lambda} \\[3mm] \tau_i = 6.60 \times 10^{17} \dfrac{(m_i/m_p)^{1/2} T_i^{3/2}}{n_i Z^2 \ln\Lambda} \end{cases} \tag{2.15.3}$$

$\ln\Lambda$ 的值由 14.5 节中给出。碰撞时间的图见 14.6 节,一些典型值见表 2.15.1～表 2.15.3。

表 2.15.1　电子碰撞时间 τ_e 的值($Z=1$)

n	T		
	100 eV	1 keV	10 keV
10^{19} m^{-3}	2.4 μs	67 μs	1.9 ms
10^{20} m^{-3}	0.27 μs	7.2 μs	0.20 ms

表 2.15.2　离子碰撞时间 τ_i 的值(氘)

n	T		
	100 eV	1 keV	10 keV
10^{19} m^{-3}	0.20 ms	5.0 ms	0.13 s
10^{20} m^{-3}	21 μs	0.54 ms	14 ms

表 2.15.3　热交换时间 τ_{ie} 的值(氘)

n	T		
	100 keV	1 keV	10 keV
10^{19} m^{-3}	4.4 ms	0.12 s	3.4 s
10^{20} m^{-3}	0.49 ms	13 ms	0.37 s

2.16　电阻率

在电场被加载到等离子体上后,电子加速到漂移速度 v_d,此时电场力被与离子碰撞的力平衡,因此有

$$Ee = \frac{m_e v_d}{\tau_c} \tag{2.16.1}$$

其中，τ_c 为电子的动量损失时间。

由欧姆定律定义的电阻率为

$$E = \eta j$$

故利用式(2.16.1)可得：

$$\eta = \frac{m_e}{n_e e^2 \tau_c}$$

通过令 $\tau_c = \tau_e$（τ_e 是由式(2.15.1)给出的电子碰撞时间），可得到一种粗略的估计。为了获得精确值，需要求解考虑电子-电子碰撞的电子分布函数的碰撞动力学方程。这项工作是由斯必泽及其同事们做的。他们发现，对于单次电离离子，其电阻率可以用上述方法进行粗略估计。更确切地，为

$$\eta_s = 0.51 \frac{m_e}{n_e e^2 \tau_e} = 0.51 \frac{m_e^{1/2} e^2 \ln\Lambda}{3\varepsilon_0^3 (2\pi T_e)^{3/2}}$$
$$= 1.65 \times 10^{-9} \ln\Lambda / T_e^{3/2}$$
$$= 2.8 \times 10^{-8} / T_e^{3/2} \tag{2.16.2}$$

其中，η_s 的单位为 ohm·m，$\ln\Lambda = 17$。对于 $T_e \approx 1.4\,\text{keV}$ 和量级小于托卡马克所需的热核温度的情形，等离子体的电阻率等于铜的电阻率。由式(2.16.2)给出的 η 的数值见 14.10 节。

不论是无磁场情形还是电流平行于磁场分量的情形，式(2.16.2)都是适用的。在垂直于磁场的方向上，回旋运动使电子分布函数变得更加各向同性，由此产生的电阻率 $\eta_\perp$ 几乎是 $\eta_\parallel$ 的两倍。因此，

$$\eta_\perp = \frac{m_e}{n_e e^2 \tau_e} = 1.96\eta_\parallel$$

如果等离子体是由几种离子成分组成，如含有杂质的氢等离子体，式(2.16.1)变成

$$Ee = m_e v_d \sum_j \frac{1}{\tau_{cj}} \tag{2.16.3}$$

其中，τ_{cj} 是电子经与离子成分 j 碰撞引起的动量迁移时间。根据电中性条件，电子数为

$$n_e = \sum_j n_j Z_j$$

由欧姆定律知

$$E = \eta \sum_j n_j Z_j e v_d \tag{2.16.4}$$

因此，将式(2.16.3)与式(2.16.4)联立，即得：

$$\eta = \frac{m_e}{e^2} \frac{\sum_j \frac{1}{\tau_{cj}}}{\sum_j n_j Z_j} \tag{2.16.5}$$

从式(2.14.1)可知成分 j 的动量迁移时间正比于 $1/(n_j Z_j^2)$。对于含少量杂质的氢等离子体，式(2.16.5)变成

$$\eta = \eta_s \frac{\sum_j n_j Z_j^2}{\sum_j n_j Z_j}$$

其中，η_s 是纯净氢等离子体的电阻率。由此可定义有效 Z 为

$$Z_{eff} = \frac{\sum_j n_j Z_j^2}{\sum_j n_j Z_j}$$

因此有

$$\eta = Z_{eff} \eta_s \qquad (2.16.6)$$

对于纯氢等离子体，$Z_{eff} = 1$。

应当指出的是，式(2.16.5)是基于这样的假设所做的近似：杂质为低浓度的高电离态成分。对于由电荷数为 Z 的单一成分组成的等离子体，电阻率对 Z 的依赖将进一步减弱，此时的电阻率为

$$\eta(Z) = N(Z) Z \eta(1)$$

$Z = 2$ 时，$N = 0.85$；$Z = 4$ 时，$N = 0.74$。

当磁场形态俘获一小部分电子使它们无法携带电流对电场做出响应时，就需要对上式做进一步的修订。如果载流子中有分数 f 的数量被俘获，则载流子的数量减小一个因子 $1-f$，电阻率增大一个因子 $1/(1-f)$。在 4.10 节再对此做进一步讨论。

2.17 逃逸电子

式(2.16.1)给出的电阻率公式仅适用于电子与离子成分之间的相对漂移速度远小于电子热速度的情形。实际遇到的通常也都是这种情形。例如，电子密度为 10^{20} m^{-3}、电流密度 1 MA·m^{-2} 的电子漂移速度为 6×10^4 m·s^{-1}，而在温度为 10 keV 时的电子热速度为 4×10^7 m·s^{-1}，二者比值为 10^{-3} 量级。然而，如果电场足够高，那么这种近似计算的电阻率是无效的。此时电阻率的概念确已失效。如果电子与离子成分之间的相对速度大于电子热速度，那么它们之间的碰撞力将随速度减小而不是增大。这显然是一种不稳定的情形。如果该电场持续存在，电子就将变得逃逸。

即使是对于 $v_d \ll v_{Te}$ 的较小的电场，大块电子不加速，但处于速度分布尾部的少量电子也仍有可能变得逃逸。

电子加速的条件是

$$E e > \frac{m v_e}{\tau_s} \qquad (2.17.1)$$

其中，v_e 是电子速度；τ_s 是式(2.14.1)给出的慢化时间。对于 $v_e \gg v_{Te}$，$\tau_s \propto v_e^3$，因此碰撞阻尼随速度升高按 $1/v_e^2$ 衰减。不等式(2.17.1)的这两项的变化如图 2.17.1 所示。

对于 $v_e \gg v_{Te}$，电子之间的碰撞慢化时间为

$$\tau_{se} = \frac{4 \pi \varepsilon_0^2 m_e^2 v_e^3}{n e^4 \ln \Lambda}$$

电子与离子碰撞的慢化时间 τ_{si} 为 τ_{se} 的 $1/2$。由于阻尼正比于 $1/\tau_s$，因此总的慢化时间为

$$\tau_s^{-1} = \tau_{se}^{-1} + \tau_{si}^{-1}$$

故

$$\tau_s = \frac{4}{3} \frac{\pi \varepsilon_0^2 m_e^2 v_e^3}{n e^4 \ln \Lambda} \qquad (2.17.2)$$

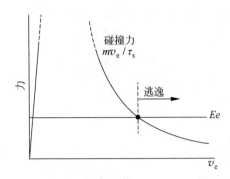

图 2.17.1 电场力 Ee 和具有速度 v_e 的电子之间的碰撞阻力

将式(2.17.2)代入不等式(2.17.1)得到临界速度 v_c,高于这个速度,就会出现逃逸:

$$v_c^2 = \frac{3ne^3 \ln\Lambda}{4\pi\varepsilon_0^2 m_e E} = 2.3 \times 10^{-4}\frac{n}{E}, \quad \ln\Lambda = 17 \qquad (2.17.3)$$

其中,v_c 的单位为 $\mathrm{m}^2 \cdot \mathrm{s}^{-2}$。对应的临界能量为

$$\mathcal{E}_c = 6.6 \times 10^{-19} n/E$$

其中,$\mathcal{E}_c$ 的单位为 keV。

电子逃逸的这幅图像过于简单,它给出了突然施加电场时电子变得逃逸的速度。然而,在较长的时间尺度上,电子逃逸的速率由速度空间里的碰撞扩散决定。随着较快电子的逃逸,它们被速度分布尾部的电子所取代。详细计算给出了单位体积的逃逸速率:

$$R = \frac{2}{\sqrt{\pi}}\frac{n}{\tau_{se}}\left(\frac{E}{E_D}\right)^{1/2} \exp\left[-\frac{E_D}{4E} - \left(\frac{2E_D}{E}\right)^{1/2}\right]$$

其中德雷瑟(Dreicer)电场 E_D 为

$$E_D = \frac{ne^3 \ln\Lambda}{4\pi\varepsilon_0^2 m_e v_{Te}^2}$$

当电场足够小时,由式(2.17.3)计算得到的临界速度接近光速,该方程不再有效。对于相对论电子,减速时间几乎是恒定的,这时不再发生基本阻力随动量增加的情况。因此,这样的电场不会发生逃逸过程,故有

$$E < \frac{ne^3 \ln\Lambda}{4\pi\varepsilon_0^2 m_e c^2}$$

能够使电子进入速度空间逃逸区的另一个过程来自现有逃逸电子与热电子之间的密切碰撞。虽然等离子体中的试探粒子主要受具有大的碰撞参数的小的动量迁移碰撞总和的影响,但少量的具有较大动量转移的近碰撞在这个过程中更重要。在此情形下,相关的近碰撞将那些慢电子提升到超过临界逃逸速度。

由快电子转移到慢电子的动量主要是垂直于快电子的速度 v_f 的方向的,它由下式给出:

$$m_e \Delta v \approx 2m_e v_f \frac{r_0}{r}$$

其中,r 是碰撞参数,$r_0 (= e^2/4\pi\varepsilon_0 mv_f^2)$ 是 $90°$ 散射的值。对于使电子进入逃逸区的碰撞,

Δv 必然大于式(2.17.3)给定的临界速度,即 $\Delta v > v_c$。这个条件给出发生逃逸的截面:

$$\pi r^2 = \frac{Ee}{3 n m_e v_f^2 \ln\Lambda} \tag{2.17.4}$$

将现有逃逸电子中的快电子看作相对论性的,则由近碰撞产生的新逃逸电子的速率为 $R_f = n\pi r^2 c$,利用式(2.17.4)可得:

$$R_f = \frac{Ee}{3\ln\Lambda m_e c}$$

因此,由于 $m_e c/(Ee)$ 是时间 τ_0,取现存逃逸电子从电场得到的静质量能量为 $m_e c$,则相对论性的电子产生的新逃逸电子的平均时间 τ_r 可以写成

$$\tau_r = 3\ln\Lambda \tau_0$$

在这个时间内,快电子能量增加一个量 $Eec\tau_r$,即

$$\Delta \mathcal{E}_f = 3\ln\Lambda (m_0 c^2)$$

因此,现有的逃逸电子每增加一个这个量的能量,就会产生一个新的逃逸电子。对于恒定电场,这个过程导致逃逸电流呈 $\exp(\tau_r)$ 的指数增长。

2.18　电磁学

描述电场 $\boldsymbol{E}$ 和磁场 $\boldsymbol{B}$ 的基本方程是麦克斯韦方程组:

$$\boldsymbol{\nabla} \times \boldsymbol{B} = \mu_0 \boldsymbol{j} + \frac{1}{c^2}\frac{\partial \boldsymbol{E}}{\partial t} \tag{2.18.1}$$

$$\boldsymbol{\nabla} \times \boldsymbol{E} = -\frac{\partial \boldsymbol{B}}{\partial t} \tag{2.18.2}$$

$$\boldsymbol{\nabla} \cdot \boldsymbol{B} = 0 \tag{2.18.3}$$

$$\boldsymbol{\nabla} \cdot \boldsymbol{E} = \frac{\rho_c}{\varepsilon_0} \tag{2.18.4}$$

其中,$\boldsymbol{j}$ 是电流密度,ρ_c 是电荷密度,且

$$\mu_0 = 4\pi \times 10^{-7}\ \text{H} \cdot \text{m}^{-1}$$

$$\varepsilon_0 = 1/\mu_0 c^2 = 8.854 \times 10^{-12}\ \text{F} \cdot \text{m}^{-1}$$

$$c = 2.998 \times 10^8\ \text{m} \cdot \text{s}^{-1}$$

在磁介质或电介质里,将原子和极化电流从 $\boldsymbol{j}$ 中分离出来,并将式(2.18.1)写成如下形式是方便的:

$$\boldsymbol{\nabla} \times \boldsymbol{H} = \boldsymbol{j}_m + \frac{\partial \boldsymbol{D}}{\partial t}$$

其中,$\boldsymbol{j}_m$ 表示宏观电流。在均匀、各向同性的介质情形下,

$$\boldsymbol{B} = \mu \boldsymbol{H}, \qquad \boldsymbol{D} = \varepsilon \boldsymbol{E}$$

其中,μ 是磁导率,ε 是介电常数。

在等离子体中,式(2.18.1)是合适的,但在描述线性波时,介电张量 $\boldsymbol{K}$ 的定义中包含了电流密度的振荡项 $\tilde{\boldsymbol{j}}$,故

$$\tilde{\boldsymbol{j}} + \varepsilon_0 \frac{\partial \boldsymbol{E}}{\partial t} = \varepsilon_0 \boldsymbol{K} \frac{\partial \boldsymbol{E}}{\partial t}$$

由于 $\boldsymbol{\nabla} \cdot \boldsymbol{B} = 0$,故 $\boldsymbol{B}$ 可以写成

$$\boldsymbol{B} = \boldsymbol{\nabla} \times \boldsymbol{A} \tag{2.18.5}$$

其中,$\boldsymbol{A}$ 是矢量势。将式(2.18.5)代入式(2.18.2)得到:

$$\boldsymbol{\nabla} \times \left(\boldsymbol{E} + \frac{\partial \boldsymbol{A}}{\partial t} \right) = 0$$

括号里的量可以表示成标量势的梯度,因此有

$$\boldsymbol{E} = -\boldsymbol{\nabla}\phi - \frac{\partial \boldsymbol{A}}{\partial t} \tag{2.18.6}$$

势 $\boldsymbol{A}$ 和 ϕ 不是独立定义的,因为可以做如下规范变换:

$$\boldsymbol{A}' = \boldsymbol{A} + \boldsymbol{\nabla}f, \qquad \phi' = \phi - \frac{\partial f}{\partial t}$$

在此变换下,由式(2.18.5)和式(2.18.6)计算出的场 $\boldsymbol{E}$ 和 $\boldsymbol{B}$ 保持不变。

电磁场能量 $\mathcal{E}$ 由下式给出:

$$\mathcal{E} = \varepsilon_0 \frac{E^2}{2} + \frac{1}{\mu_0} \frac{B^2}{2}$$

利用式(2.18.1)和式(2.18.2),可知 $\mathcal{E}$ 的时间变化率为

$$\frac{\partial \mathcal{E}}{\partial t} = -\boldsymbol{\nabla} \cdot \left(\frac{\boldsymbol{E} \times \boldsymbol{B}}{\mu_0} \right) - \boldsymbol{E} \cdot \boldsymbol{j}$$

$\boldsymbol{E} \cdot \boldsymbol{j}$ 代表场能量向带电粒子的转移。第一项是电磁能流的散度,这个电磁能流由坡印亭矢量定义:

$$\boldsymbol{S} = \frac{\boldsymbol{E} \times \boldsymbol{B}}{\mu_0}$$

对于静态场,由式(2.18.5)的旋度、式(2.18.1)并选择规范 $\boldsymbol{\nabla} \cdot \boldsymbol{A} = 0$ 得到:

$$\boldsymbol{\nabla}^2 \boldsymbol{A} = -\mu_0 \boldsymbol{j}$$

由式(2.18.6)的散度和式(2.18.4)得到:

$$\boldsymbol{\nabla}^2 \phi = -\frac{\rho_c}{\varepsilon_0}$$

2.19　流体方程组

动力学方程是依据分布函数 $f(\boldsymbol{x}, \boldsymbol{v}, t)$ 来描述等离子体。这个函数是一个有 7 个变量的函数。对于许多应用,利用诸如粒子密度 $n(\boldsymbol{x}, t)$、流体速度 $\boldsymbol{v}(\boldsymbol{x}, t)$ 和压强 $p(\boldsymbol{x}, t)$ 等流体变量足以描述等离子体。这些变量都是 4 个变量的函数。对于每一种粒子成分,所需的方程可以从动力学方程式(2.9.4)导出。

$$\frac{\partial f}{\partial t} + \boldsymbol{v}' \cdot \frac{\partial f}{\partial \boldsymbol{x}} + \frac{\boldsymbol{F}}{m} \cdot \frac{\partial f}{\partial \boldsymbol{v}'} = \left(\frac{\partial f}{\partial t} \right)_c \tag{2.19.1}$$

其中,$\boldsymbol{F}$ 是粒子上的受力,符号 $\boldsymbol{v}'$ 现在用于表示粒子速度,以便与流体元速度 $\boldsymbol{v}$ 区分开来。将

式(2.19.1)乘以选定的函数 $\phi(\boldsymbol{v}')$ 并对速度空间积分,得到下列各式:

$$n = \int f(\boldsymbol{x}, \boldsymbol{v}', t)\mathrm{d}\boldsymbol{v}'$$

$$\boldsymbol{v} = \frac{1}{n}\int f(\boldsymbol{x}, \boldsymbol{v}', t)\boldsymbol{v}'\mathrm{d}\boldsymbol{v}'$$

$$\boldsymbol{P} = m\int f(\boldsymbol{x}, \boldsymbol{v}', t)(\boldsymbol{v}' - \boldsymbol{v})(\boldsymbol{v}' - \boldsymbol{v})\mathrm{d}\boldsymbol{v}'$$

其中,$\boldsymbol{P}$ 是压强张量。对于各向同性分布函数,该压强是一个标量:

$$p = \frac{1}{3}m\int f(\boldsymbol{x}, \boldsymbol{v}', t)(\boldsymbol{v}' - \boldsymbol{v})^2\mathrm{d}\boldsymbol{v}'$$

因此由式(2.19.1)的 $\phi = 1$ 的矩得到:

$$\frac{\partial n}{\partial t} + \frac{\partial}{\partial \boldsymbol{x}}\int \boldsymbol{v}'f\mathrm{d}\boldsymbol{v}' - \frac{1}{m}\int \frac{\partial \boldsymbol{F}}{\partial \boldsymbol{v}'}f\mathrm{d}\boldsymbol{v}' = 0 \tag{2.19.2}$$

其中第三项已经进行过分部积分。只考虑不改变粒子数的那些碰撞,对碰撞项的积分为零。由于电磁力的 $\partial \boldsymbol{F}/\partial \boldsymbol{v}'$ 是零,故方程(2.19.2)给出连续性方程:

$$\frac{\partial n}{\partial t} + \boldsymbol{\nabla} \cdot (n\boldsymbol{v}) = 0 \tag{2.19.3}$$

动量方程可通过取式(2.19.1)的 $m\boldsymbol{v}'$ 矩得到:

$$m\frac{\partial}{\partial t}(n\boldsymbol{v}) + m\frac{\partial}{\partial \boldsymbol{x}}\int \boldsymbol{v}'\boldsymbol{v}'f\mathrm{d}\boldsymbol{v}' - \int \frac{\partial}{\partial \boldsymbol{v}'}(\boldsymbol{F}(\boldsymbol{v}')\boldsymbol{v}')f\mathrm{d}\boldsymbol{v}' = \int m\boldsymbol{v}'\left(\frac{\partial f}{\partial t}\right)\mathrm{d}\boldsymbol{v}'$$

$$\tag{2.19.4}$$

其中第三项同样进行过分部积分。碰撞项代表因与所有其他成分碰撞引起的动量 $\boldsymbol{R}$ 的变化率。于是式(2.19.4)变成

$$m\frac{\partial}{\partial t}(n\boldsymbol{v}) + m\frac{\partial}{\partial \boldsymbol{x}}\int \boldsymbol{v}'\boldsymbol{v}'f\mathrm{d}\boldsymbol{v}' - n\boldsymbol{F}(\boldsymbol{v}) = \boldsymbol{R}$$

这个方程经过变量代换 $\boldsymbol{v}' = (\boldsymbol{v}' - \boldsymbol{v}) + \boldsymbol{v}$ 可以写成更简洁的形式:

$$m\frac{\partial}{\partial t}(n\boldsymbol{v}) + \boldsymbol{\nabla} \cdot \boldsymbol{P} + m\boldsymbol{\nabla} \cdot (n\boldsymbol{v}\boldsymbol{v}) - n\boldsymbol{F} = \boldsymbol{R}$$

利用连续性方程(2.19.3)去掉 $\partial n/\partial t$ 项,得到运动方程:

$$nm\left(\frac{\partial \boldsymbol{v}}{\partial t} + \boldsymbol{v} \cdot \boldsymbol{\nabla}\boldsymbol{v}\right) = -\boldsymbol{\nabla} \cdot \boldsymbol{P} + n\boldsymbol{F} + \boldsymbol{R} \tag{2.19.5}$$

在等离子体中,作用在粒子上的力为 $\boldsymbol{F} = Ze(\boldsymbol{E} + \boldsymbol{v} \times \boldsymbol{B})$,这里 Ze 为粒子电荷,式(2.19.5)于是变成

$$nm\left(\frac{\partial \boldsymbol{v}}{\partial t} + \boldsymbol{v} \cdot \boldsymbol{\nabla}\boldsymbol{v}\right) = -\boldsymbol{\nabla} \cdot \boldsymbol{P} + nZe(\boldsymbol{E} + \boldsymbol{v} \times \boldsymbol{B}) + \boldsymbol{R} \tag{2.19.6}$$

从上面的处理可见,零阶矩 n 的时间演化方程引入了一阶矩 $\boldsymbol{v}$,$\boldsymbol{v}$ 的时间演化方程引入了二阶矩 $\boldsymbol{P}$,通过对 $\boldsymbol{P}$ 的方程的计算引入三阶矩等。因此,这种处理并不导致一组封闭的方程。封闭通常是通过简化关于 $\boldsymbol{P}$ 的方程的假设来取得的。例如,通常认为,运用简单的热传导形式可以得到绝热运动或三阶矩——热通量矢量。

流体方程形式的有效性取决于充分局域化了的行为。如果粒子的平均自由程与所考虑

的宏观尺度相比足够小,那么这种情形下采用流体近似就是有效的。在高温下,粒子的平均自由程很长,这时流体方程的应用条件不成立。对于垂直于磁场的运动,拉莫尔半径提供了必要的局域尺度。当所考虑的标长小到与粒子的拉莫尔半径可比时,流体方程也将失效。

2.20　磁流体力学

磁流体力学(MHD)是对等离子体的单流体描述的称呼。在这个模型中,不存在离子和电子的单独身影。

质量守恒方程为

$$\frac{\partial \rho}{\partial t} = -\boldsymbol{\nabla} \cdot (\rho \boldsymbol{v}) \tag{2.20.1a}$$

或

$$\frac{\partial \rho}{\partial t} = -\rho \boldsymbol{\nabla} \cdot \boldsymbol{v} \tag{2.20.1b}$$

其中,ρ 是质量密度,$\boldsymbol{v}$ 是流体速度,$\mathrm{d}/\mathrm{d}t$ 是导数$(\partial/\partial t + \boldsymbol{v} \cdot \boldsymbol{\nabla})$。有时流体被看成是不可压缩的,这时 $\mathrm{d}\rho/\mathrm{d}t=0$,$\boldsymbol{\nabla} \cdot \boldsymbol{v}=0$。

由运动方程给出速度变化率:

$$\rho \left(\frac{\partial \boldsymbol{v}}{\partial t} + \boldsymbol{v} \cdot \boldsymbol{\nabla} \boldsymbol{v} \right) = \boldsymbol{j} \times \boldsymbol{B} - \boldsymbol{\nabla} p \tag{2.20.2}$$

为了计算压强梯度力,需要有关 p 的方程。通常采用的简单的非耗散型模型假定这种流体满足绝热性态,即

$$\frac{\mathrm{d}}{\mathrm{d}t} (p \rho^{-\gamma}) = 0 \tag{2.20.3}$$

这意味着熵是守恒的。如果用式(2.20.1)消去密度,那么式(2.20.3)变成

$$\frac{\partial p}{\partial t} = -\boldsymbol{v} \cdot \boldsymbol{\nabla} p - \gamma p \boldsymbol{\nabla} \cdot \boldsymbol{v} \tag{2.20.4a}$$

或

$$\frac{\mathrm{d}p}{\mathrm{d}t} = -\gamma p \boldsymbol{\nabla} \cdot \boldsymbol{v} \tag{2.20.4b}$$

如果流体是不可压缩的,则$\boldsymbol{\nabla} \cdot \boldsymbol{v}$为零。但由于不可压缩性相当于取极限 $\gamma \to \infty$,故 $\gamma p \boldsymbol{\nabla} \cdot \boldsymbol{v}$ 不为零。在这种情况下,恰当的做法是通过取式(2.20.2)的旋度,并利用方程 $\mathrm{d}\rho/\mathrm{d}t=0$ 和由连续性方程给出的$\boldsymbol{\nabla} \cdot \boldsymbol{v}=0$来消除 p。

通过力 $\boldsymbol{j} \times \boldsymbol{B}$ 产生与磁场的耦合。在 MHD 模型中,忽略麦克斯韦方程中的位移电流,因此电流密度由安培定律给出:

$$\mu_0 \boldsymbol{j} = \boldsymbol{\nabla} \times \boldsymbol{B} \tag{2.20.5}$$

$\boldsymbol{B}$ 的变化率由电磁感应方程给出:

$$\frac{\partial \boldsymbol{B}}{\partial t} = -\boldsymbol{\nabla} \times \boldsymbol{E} \tag{2.20.6}$$

现在有必要根据其他变量来确定 $\boldsymbol{E}$。在理想 MHD 模型中,等离子体被认为是理想导体。因此在随流体运动的局部参考系中不存在电场,故相应地有

$$E + v \times B = 0 \tag{2.20.7}$$

式(2.20.1)~式(2.20.7)(总结见表 2.10.1)和 $\nabla \cdot B = 0$ 构成理想磁流体力学模型。这些方程的简单调整给出电阻性的磁流体力学模型。这里仅需用下述欧姆定律替换式(2.20.7)：

$$E + v \times B = \eta \cdot j \tag{2.20.8}$$

表 2.20.1　理想磁流体力学模型

$\dfrac{\partial \rho}{\partial t} = -\rho \, \nabla \cdot v$	$j = \nabla \times B / \mu_0$
$\rho \dfrac{\mathrm{d} v}{\mathrm{d} t} = j \times B - \nabla p$	$\dfrac{\partial B}{\partial t} = -\nabla \times E$
$\dfrac{\mathrm{d} p}{\mathrm{d} t} = -\gamma p \, \nabla \cdot v$	$E + v \times B = \eta \cdot j$

并用下式替换绝热方程：

$$\frac{\mathrm{d}}{\mathrm{d} t} \left(\frac{p}{\gamma - 1} \right) = -\frac{\gamma}{\gamma - 1} p \, \nabla \cdot v + \eta \cdot j^2$$

其中，η 是等离子体的电阻率。

2.21　等离子体流体物理

实验中的等离子体行为通常是复杂的，并且受到实验的具体情况的影响。但 2.20 节给出的流体方程提出了一些更基本的问题。由于所涉的物理提供了一种对等离子体性质的观察视角，因此对其中的一些问题讨论如下。

2.21.1　流体速度

等离子体某个组分在给定位置上的流体速度通常取该成分在该点附近某个小体积内的平均速度。然而，正如 2.6 节所述，粒子的回旋平均速度是其引导中心的速度。一般来说，给定点上的流体速度和引导中心的速度是不同的。例如，在非均匀等离子体中，离子的引导中心是稳恒的，因此离子具有有限的流体速度。速度之间的这些关系可以通过 2.22 节描述的等离子体抗磁性现象体现出来。

2.21.2　压强平衡

在具有标量压强的静态等离子体中，每种成分的力平衡方程为

$$n_j e_j (E + v_j \times B) - \nabla p_j \tag{2.21.1}$$

在给定成分速度为零的参考系下，压强梯度由电场平衡，即

$$n_j e_j E = \nabla p_j$$

反过来，在 $E = 0$ 的参考系下，

$$n_j e_j v_j \times B = \nabla p_j$$

当考虑等离子体的所有成分时，这种描述的自由就不存在了。因此将式(2.21.1)对所有成分求和：

$$E \sum_j n_j e_j + \sum_j n_j e_j \, \boldsymbol{v}_j \times \boldsymbol{B} = \boldsymbol{\nabla} p \tag{2.21.2}$$

由于等离子体几乎是电中性的,故式(2.21.2)里的第一项可忽略,方程变为

$$\boldsymbol{j} \times \boldsymbol{B} = \boldsymbol{\nabla} p \tag{2.21.3}$$

将安培定律代入式(2.21.3)得:

$$\frac{1}{\mu_0}(\boldsymbol{\nabla} \times \boldsymbol{B}) \times \boldsymbol{B} = \boldsymbol{\nabla} p \tag{2.21.4}$$

再由矢量关系

$$(\boldsymbol{\nabla} \times \boldsymbol{B}) \times \boldsymbol{B} = \boldsymbol{B} \cdot \boldsymbol{\nabla} \boldsymbol{B} - \boldsymbol{\nabla} B^2 / 2$$

式(2.21.4)变成

$$\boldsymbol{\nabla} p = -\boldsymbol{\nabla} \frac{B^2}{2\mu_0} + \frac{1}{\mu_0} \boldsymbol{B} \cdot \boldsymbol{\nabla} \boldsymbol{B} \tag{2.21.5}$$

式(2.21.5)中的最后一项是场线曲率的结果,$\boldsymbol{B} \cdot \boldsymbol{\nabla} \boldsymbol{B}$ 沿曲率半径方向,该半径为 $R_c^{-1} = |\boldsymbol{b} \cdot \boldsymbol{\nabla} \boldsymbol{b}|$,其中 $\boldsymbol{b}$ 是沿着 $\boldsymbol{B}$ 的单位矢量。如果磁场线是直线,则该磁场给出标量压强 $B^2 / 2\mu_0$,且有

$$p + \frac{B^2}{2\mu_0} = 常数$$

2.21.3 压强张量

由式(2.19.5)中压强张量 $\boldsymbol{P}$ 产生的力为

$$F_\alpha = -\sum_\beta \frac{\mathrm{d}}{\mathrm{d} x_\beta} P_{\alpha\beta}$$

如果 $\boldsymbol{P}$ 具有各向同性的分量,上式可写成

$$P_{\alpha\beta} = p \delta_{\alpha\beta} + \Pi_{\alpha\beta}$$

其中,p 是标量。项 $\Pi_{\alpha\beta}$ 源自等离子体速度,可写成速度梯度的线性函数。当出现这种情形时,应力张量项被用于 $P_{\alpha\beta}$ 和 $\Pi_{\alpha\beta}$。这里保留了 $\Pi_{\alpha\beta}$。

在正常流体中,$\Pi_{\alpha\beta}$ 中的线性速度梯度项来自黏滞性,其结果张量称为黏滞应力张量。

对于磁场中的等离子体,相应的张量更复杂,其中还包括非黏性效应。对于沿磁场的速度和梯度,将出现正常的碰撞黏滞效应,黏滞性取决于平均自由程(随后者增大)。但对于垂直于磁场的速度梯度,动量传递受到拉莫尔轨道的限制,速度梯度的作用大大降低。碰撞等离子体的全压强张量将在 2.23 节给出。

有时,由于存在磁场,压强是各向异性的。分别将平行于和垂直于磁场的压强记为 $p_{/\!/}$ 和 $p_\perp$,力 $\boldsymbol{\nabla} p$ 由下式取代:

$$\boldsymbol{\nabla}_\perp p_\perp + \boldsymbol{\nabla}_{/\!/} p_{/\!/}$$

其中,$\boldsymbol{\nabla}_{/\!/}$ 和 $\boldsymbol{\nabla}_\perp$ 分别平行于和垂直于磁场。

2.21.4 磁场的"冻结"

在完全导电的流体中,在以流体速度 v 移动的参考系里,电场是零,即

$$\boldsymbol{E} + \boldsymbol{v} \times \boldsymbol{B} = 0 \tag{2.21.6}$$

证明如下。穿过随流体移动的每个表面的磁通是恒定的,因此磁通可以被认为是冻结在流

体中随流体一起移动的。因此,虽然在每个点上存在一个流体流速 v,从而存在项 $v \times B$,但下述这一点也是真的:式(2.21.7)意味着随流体运动的磁通的对流。

考虑流体内任意有界曲面 S,通过该表面的磁通为

$$\Phi = \int B \cdot dS$$

随流体运动的时间导数为

$$\frac{d\Phi}{dt} = \int \frac{\partial B}{\partial t} \cdot dS + \oint B \cdot v \times ds \tag{2.21.7}$$

其中第二项描述的是当局域磁场被线元 ds 以 $v \times ds$ 的速率扫过时穿过该曲面的磁通的变化。

根据斯托克斯定理

$$\oint B \cdot v \times ds = -\int \nabla \times (v \times B) \cdot dS$$

并利用法拉第定律 $\partial B / \partial t = -\nabla \times E$,式(2.21.7)变成

$$\frac{d\Phi}{dt} = -\int \nabla \times (E + v \times B) \cdot dS$$

因此,考虑到 $E + v \times B = 0$,有

$$\frac{d\Phi}{dt} = 0$$

即穿过每个随等离子体移动的曲面的磁通是一个常数。

2.21.5　极化

考虑磁场中的一个理想导电流体。除了磁场外,空间还存在垂直于磁场的外加电场 $E(t)$。由于 $E + v \times B = 0$,故流体将以如下速度运动:

$$v = \frac{E}{B} \tag{2.21.8}$$

这个速度是由沿 E 方向的电流 j 通过力 $j \times B$ 产生的。因此将式(2.21.8)代入运动方程

$$\rho \frac{dv}{dt} = j \times B$$

得:

$$j = \frac{\rho}{B^2} \frac{dE}{dt} \tag{2.21.9}$$

式(2.21.9)表明存在极化电流,流体的介电常数为

$$K = 1 + \frac{c^2}{B^2/\mu_0 \rho}$$

其中,c 是光速;速度 $B/(\mu_0 \rho)^{1/2}$ 是特征阿尔文波的速度,将在 2.24 节讨论。

2.22　等离子体的逆磁性

在对固体磁性的早期研究中发现,某些物质的小棒沿自身轴向的磁场排列,这些物质称为顺磁性的。而另一些物质的小棒呈横越磁场的排列,它们被称为逆磁性的。造成这种行

为差异的原因是在顺磁性物质中,材料的反应增强了该处的外加磁场;而在逆磁性物质中,原磁场被削弱。

磁场中的等离子体总是逆磁性的,因为带电粒子的回旋轨道运动减弱了原先的磁场。这一点通过考虑垂直于磁场的方向上具有给定速度的粒子的拉莫尔轨道运动(图 2.22.1)很容易看出来。图 2.22.1 显示了离子的行为。电子旋转方向相反而且带负电流。

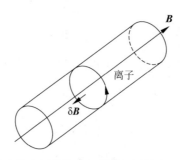

图 2.22.1　具有给定速度的离子的拉莫尔轨道运动形成一个柱面,并在该柱面内产生一个磁场 δB(这个磁场的方向与总磁场方向相反)

每个位于柱面上的粒子贡献一份电流 $e_j\omega_{cj}/(2\pi)$。如果每单位长度上有 δn 个粒子,那么它们的轨道运动产生的单位长度的柱面电流为

$$\delta i = -\frac{e_j\omega_{cj}}{2\pi}\delta n$$

由于 $\omega_{cj}=e_jB/m_j$,故

$$\delta i = -\frac{e_j}{2\pi m_j}\delta nB$$

负号表示电流方向与产生主磁场 B 的电流方向相反。由安培定律知,这个电流产生的磁场为 $\delta B=\mu_0\delta i$,故有

$$\delta B = -\frac{\mu_0 e_j^2}{2\pi m_j}\delta nB$$

如所预料,δB 与电荷的符号无关。

现在考虑具有粒子速度分布的更一般的情形。令磁场方向为 z 方向,考虑那些具有垂直于磁场的速度 $v_\perp$ 的粒子。如果这些粒子的拉莫尔轨道中心位于给定点的拉莫尔半径 $v_\perp/\omega_{cj}$ 内,那么它们都对该点的磁场有贡献。在速度空间元 d^3v 内的这些粒子的电流总和给出单位长度电流:

$$di = -\pi\left(\frac{v_\perp}{\omega_{cj}}\right)^2\frac{e_j\omega_{cj}}{2\pi}f_j d^3v = -\frac{e_j}{2\omega_{cj}}v_\perp^2 f_j d^3v$$

其中,f_j 是粒子的速度分布函数。由此产生的磁场为

$$dB_{sj} = -\frac{\mu_0 m_j}{2B}v_\perp^2 f_j d^3v \tag{2.22.1}$$

对速度分部积分:

$$B_{sj} = -\frac{\mu_0}{B}\int\frac{1}{3}m_j v_\perp^2 f_j d^3v = -\frac{\mu_0 p_j}{B} \tag{2.22.2}$$

其中,p_j 是粒子压强。

可以看到，成分 j 粒子的圆形轨道产生一个与外加磁场方向相反的磁场 B_{sj}，总的逆磁磁场 B_s 可通过对所有成分 j 积分得到：

$$B_s = -\frac{\mu_0 p}{B} \qquad (2.22.3)$$

其中，p 是粒子压强。这个结果是一种低 β 近似。如果外磁场为 B_0，确切的逆磁磁场为 B_d，则压强平衡方程

$$\frac{(B_0 + B_d)^2}{2\mu_0} + p = \frac{B_0^2}{2\mu_0}$$

给出关于 B_d 的完整方程：

$$B_d\left(1 + \frac{1}{2}\frac{B_d}{B_0}\right) = -\frac{\mu_0 p}{B_0} \qquad (2.22.4)$$

在低 β 近似下，$p \ll B_0^2/(2m_0)$，故包含 B_d^2 的项是小项，$B_d \approx B_s$。

考虑到磁场梯度导致粒子轨道的漂移和由此电流产生的磁场，可以得到完整的压强平衡。磁场 B_s（源于稳态的轨道运动）伴随的电流可由安培定律得到。在目前的几何位形下，由式 (2.22.3) 可得：

$$\boldsymbol{j}_s = \boldsymbol{b} \times \boldsymbol{\nabla}\left(\frac{p}{B}\right)$$

其中，$\boldsymbol{b}$ 是沿 $\boldsymbol{B}$ 方向的单位矢量。由力平衡方程 $\boldsymbol{j} \times \boldsymbol{B} = \boldsymbol{\nabla} p$ 得总电流为

$$\boldsymbol{j} = \boldsymbol{b} \times \frac{\boldsymbol{\nabla} p}{B}$$

因此残差电流为

$$\boldsymbol{j} - \boldsymbol{j}_s = \boldsymbol{b} \times \frac{p}{B^2}\boldsymbol{\nabla} B \qquad (2.22.5)$$

这个电流等于电流 $\boldsymbol{j}_d$，它由磁场梯度漂移引起，这一点从下式可以看出：

$$\boldsymbol{j}_d = \sum_j n_j e_j \langle \boldsymbol{v}_{dj} \rangle \qquad (2.22.6)$$

v_{dj} 是由式 (2.6.8) 给出的漂移速度，其中 $\rho_j = m_j v_{\perp j}/(e_j B)$，$\langle v_{\perp j}^2 \rangle = 2v_{Tj}^2$，故有

$$\langle v_{dj} \rangle = \frac{m_j v_{Tj}^2}{e_j B^2}\boldsymbol{b} \times \boldsymbol{\nabla} B$$

并且，由于 $n_j m_j v_{Tj}^2 = p_j$，故式 (2.22.6) 给出的漂移电流为

$$\boldsymbol{j}_d = \boldsymbol{b} \times \frac{p}{B^2}\boldsymbol{\nabla} B \qquad (2.22.7)$$

因此式 (2.22.5) 和式 (2.22.7) 给出所需的结果：

$$\boldsymbol{j} - \boldsymbol{j}_s = \boldsymbol{j}_d$$

这个结果表明，总的逆磁电流是粒子圆回旋轨道运动引起的电流与其漂移引起的电流的总和。由于轨道运动是稳恒的，其平均电流为零，所以圆轨道运动的磁场产生的主逆磁效应乍看之下会令人惊讶。对于均匀的等离子体，式 (2.22.2) 给出的逆磁感应磁场是稳恒磁场，等离子体内部的逆磁电流是零。然而，在等离子体所在区域与周围的真空磁场之间，等离子体的压强总存在梯度，正是这个梯度提供了静止轨道必需的电流。图 2.22.2 展示了仅考虑密度梯度的情形。在存在温度梯度的情形下，相邻轨道之间的不平衡源于不同的轨道速度。

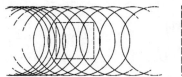

图 2.22.2 稳恒轨道运动的密度梯度产生电流的示意图

这个电流来自粒子向上运动与向下运动的局部不平衡

本节的讨论仅限于直线磁场的情形,需要说明的是,单个粒子的导心运动与其在空间给定点上贡献的电流之间是有明显区别的。等离子体的这两种描述当然是始终一致的,但是在更复杂的几何位形下,二者的关系是相当复杂的。

2.23 布拉金斯基方程组

在 2.19 节里,通过取等离子体动力学方程的各阶矩推导出等离子体的流体方程组。但是这些方程里包含了一些未定的量。这些待求的量包括碰撞引起的动量变化率、压强张量、热流通量和碰撞产生的热量。为了确定这些量,需要求解带碰撞项的动力学方程——式(2.19.1)。这里的碰撞项由福克-普朗克方程式(式(2.12.5)或式(2.12.6))给出。要给出这些方程的全解是不可能的。但如果微观变量在空间和时间上的变化可看成是缓变的,那么可借助膨胀过程来计算所需的量。很多研究者都曾进行过这样的计算,但布拉金斯基给出了一个清楚的、全面的表述,故得到的方程常常以他的名字命名。

其基本思想是分布函数可以做关于麦克斯韦分布的展开,即

$$f = f_0 + \delta f$$

且

$$f_0 = \frac{n_j}{(2\pi T_j/m_j)^{3/2}} \exp\left[-\frac{m_j(\boldsymbol{v}' - \boldsymbol{v})^2}{2T_j}\right]$$

其中,$\boldsymbol{v}'$ 是速度坐标;$\boldsymbol{v}$ 是粒子的平均速度。对于均匀的等离子体,其成分不变,并具有相同的温度,故其分布函数是麦克斯韦型的,动力学方程中的碰撞项为零。如果等离子体的速度有了一个小的梯度和漂移速度,那么分布函数就有了一个小的变化 δf,使动力学方程的碰撞项不为零。这种处理就是求解由此得到的动力学方程,并确定对梯度和漂移的碰撞响应。这样可以给出关于碰撞阻尼、黏滞性和热传导的公式,使流体方程组闭合。解这些方程就可以确定包括压强张量和热流通量在内的未知的流体变量。

运输系数的形式可以部分地通过估计给出。例如,平行于磁场的导热系数与平均自由程 λ 和碰撞时间 τ 有关。通常用随机行走模型来模拟这种关系,由此得到熟悉的结果:

$$K_{/\!/} \propto n \frac{\lambda^2}{\tau} \propto n v_T^2 \tau \propto \frac{nT\tau}{m}$$

对于垂直于磁场的热传导,步长取拉莫尔半径,故有

$$K_{\perp} \propto n \frac{\rho^2}{\tau} \propto \frac{1}{\omega_c^2 \tau^2} \frac{nT\tau}{m}$$

即热传导率通常要减小一个很大的因子 $\omega_c^2 t^2$。

正式计算确定了精确的数值系数,还引入了一些不太熟悉的物理输运过程。这些计算相当复杂,就不在这里描述了。下面通过对基本物理的讨论分别引入连续性方程、动量平衡方程和能量平衡方程。

给出的这些方程的推导基于这样的假设:等离子体存在足够多的碰撞,使其平均自由程与所涉的宏观尺度相比很短。给定的输运系数是针对单个电荷的成分($n_i = n_e = n$)且 $\omega_{ce}\tau_e$ 和 $\omega_{ci}\tau_i$ 远大于 1。出现在输运系数中的电子和离子的基本碰撞时间在 2.15 节定义。

2.23.1　连续性方程

成分 j、电子或离子的连续性方程为

$$\frac{\mathrm{d}n_j}{\mathrm{d}t} = -n_j \boldsymbol{\nabla} \cdot \boldsymbol{v}_j \tag{2.23.1}$$

全导数为

$$\frac{\mathrm{d}}{\mathrm{d}t} = \frac{\partial}{\partial t} + \boldsymbol{v}_j \cdot \boldsymbol{\nabla}$$

因此,随着流体运动,密度因可压缩性而出现变化。对于不可压缩性运动,$\boldsymbol{\nabla} \cdot \boldsymbol{v}_j$ 和 $\mathrm{d}n_j/\mathrm{d}t$ 均为零。式(2.23.1)可以改写成

$$\frac{\partial n_j}{\partial t} = -\boldsymbol{\nabla} \cdot (n\boldsymbol{v}_j)$$

这个式子表明,某静态点上的密度变化是该点上粒子通量 $\boldsymbol{G}_j = n\boldsymbol{v}_j$ 的散度引起的。

式(2.23.1)不涉及碰撞时间,因为与(譬如说)离子碰撞不同,库仑碰撞不改变粒子数。

2.23.2　动量方程

动量平衡方程为

$$n_j m_j \frac{\mathrm{d}\boldsymbol{v}_j}{\mathrm{d}t} = -\boldsymbol{\nabla}p_j - \frac{\partial}{\partial x_\beta}\boldsymbol{\Pi}_{j\alpha\beta} + n_j e_j (\boldsymbol{E} + \boldsymbol{v}_j \times \boldsymbol{B}) + \boldsymbol{R}_j \tag{2.23.2}$$

其中,压强 $p_j = n_j T_j$;脚标重复的希腊字母表示对该脚标求和;张量 $\boldsymbol{\Pi}_{j\alpha\beta}$ 很复杂,将在后面给出。$\boldsymbol{R}_j$ 是动量因碰撞的转移速率。碰撞带来的总动量变化为零,因此有 $\sum_j \boldsymbol{R}_j = -\boldsymbol{R}_e$。

动量从离子转移到电子的速率为

$$\boldsymbol{R}_e = \boldsymbol{R}_u + \boldsymbol{R}_T$$

其中,$\boldsymbol{R}_u$ 是摩擦力;$\boldsymbol{R}_T$ 是所谓的热力。

摩擦力为

$$\boldsymbol{R}_u = -\frac{m_e n}{\tau_e}(0.51u_\parallel + u_\perp) = ne(\eta_\parallel j_\parallel + \eta_\perp j_\perp)$$

其中,$u = v_e - v_i$;η 是电阻率;下标 ∥ 和 ⊥ 分别表示平行于和垂直于磁场的方向。这个力构成 2.16 节所讨论的电阻性。

热力为

$$\boldsymbol{R}_T = -0.71n\boldsymbol{\nabla}_\parallel T_j - \frac{3}{2}\frac{n}{|\omega_{ce}|\tau_e}\boldsymbol{b} \times \boldsymbol{\nabla}T_e \tag{2.23.3}$$

其中,$\boldsymbol{b}$ 是平行于磁场的单位矢量。虽然第一项不包含碰撞时间,但毕竟是碰撞的结果。考虑垂直于磁场的一个薄片中的离子。在电子温度梯度方向上穿过这个薄片的电子以速率

$\nu_e n_e m_e \bar{v}_e$ 失去动量,这里 n_e 是碰撞频率。向相反方向运动的电子失去反方向的动量。然而,尽管通量 $n_e \bar{v}_e$ 相等,但 ν_e 的值不同。来自每一边的电子都具有其原初位置(即它们最后一次碰撞走过一个平均自由程之初的位置)上温度的碰撞频率特性。因此,动量损失率为

$$R_{T\parallel} \propto \Delta\nu_e n_e m_e \bar{v}_e \qquad (2.23.4)$$

其中,$\Delta\nu_e$ 是薄片两侧的 ν_e 的差,由下式给出:

$$\Delta\nu_e \propto \lambda \, |\mathbf{\nabla}_\parallel \nu_e| \qquad (2.23.5)$$

其中,λ 是平均自由程。现在 $\nu_e \propto \tau_e^{-1} \propto T_e^{-3/2}$,因此有

$$\mathbf{\nabla}_\parallel \nu_e \propto \frac{\mathrm{d}\nu_e}{\mathrm{d}T_e} \mathbf{\nabla}_\parallel T_e \propto -\frac{\nu_e}{T_e} \mathbf{\nabla}_\parallel T_e \qquad (2.23.6)$$

利用 $\lambda = v_{T_e}/\nu_e$,式(2.23.5)和式(2.23.6)得到:

$$\Delta\nu_e \propto \frac{v_{T_e}}{T_e} |\mathbf{\nabla}_\parallel T_e| \qquad (2.23.7)$$

由于速度 $\bar{v}_e \propto v_{T_e}$,$v_{T_e}^2 = T_e/m_e$,由式(2.23.4)和式(2.23.7)给出的作用在电子上的热力的形式为

$$R_{T\parallel} \propto -n_e \mathbf{\nabla}_\parallel T_e$$

作用在电子上的力的符号显然在 $-\mathbf{\nabla}_\parallel T_e$ 的方向上,因为低温侧的电子碰撞更频繁,因此受到更大的力。

$R_{T\parallel}$ 的表达式中不含碰撞时间是源于这样一个事实:虽然电子引起的动量转移较少,因此即使它们有较长的碰撞时间,但两侧的碰撞频率之差正比于平均自由程,而这个差值本身反比于碰撞时间,因此两种效应相互抵消。

作用在离子上的热力与作用在电子上的热力大小相等但方向相反。冷端电子要比热端电子传递更多的动量,由此产生一个方向指向 $\mathbf{\nabla}T_e$ 的力。在稳态,作用在电子上的热力产生一个电场,它提供了一个平衡力。同样,作用在离子上的大小相等、方向相反的热力也受到这种静电力的平衡。

式(2.23.3)中的 $\boldsymbol{b} \times \mathbf{\nabla}T_e$ 项具有类似的起源。与给定点周围的离子碰撞的电子有不同的方向,其具体指向取决于导心的位置,如图 2.23.1 所示。

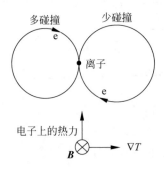

图 2.23.1　与离子碰撞的电子的速度可由拉莫尔半径距离上的温度来刻画
在有温度梯度时,两侧的碰撞率存在差异,较热一侧的电子有较低的碰撞率。由此产生的碰撞不平衡导致离子受到一个作用力,电子受到的力大小相等但方向相反,这个力的方向垂直于温度梯度。

同之前一样,动量损失率正比于 $\Delta\nu_e n_e m_e \bar{v}_e$,但刻画 $\Delta\nu_e$ 的长度的量现在是拉莫尔半径 ρ_e 而不是平均自由程。因此有

$$\Delta \nu_e \propto \rho_e \left| \boldsymbol{\nabla}_\perp \nu_e \right| \propto \frac{\upsilon_{T_e}}{\omega_{ce}} \frac{\nu_e}{T_e} \left| \boldsymbol{\nabla}_\perp T_e \right| \tag{2.23.8}$$

故动量损失率为

$$R_{T\perp} \propto \frac{1}{\omega_{ce} \tau_e} n_e \left| \boldsymbol{\nabla}_\perp T_e \right|$$

从图 2.23.1 可见,由于冷电子受到更大的力,因此作用在电子上的热力的方向在 $-\boldsymbol{b} \times \boldsymbol{\nabla} T_e$ 的方向上,故有

$$\boldsymbol{R}_{T\perp} \propto -\frac{1}{\left| \omega_{ce} \right| \tau_e} n_e \boldsymbol{b} \times \boldsymbol{\nabla} T_e$$

式(2.23.2)里的离子和电子的应力张量 $\boldsymbol{\Pi}_{i\alpha\beta}$ 和 $\boldsymbol{\Pi}_{e\alpha\beta}$ 有相同的形式。在强磁场下($\omega_{cj} \tau_j \gg 1$)有

$$\boldsymbol{\Pi}_{zz} = -\eta_0 W_{zz}$$

$$\boldsymbol{\Pi}_{xx} = -\frac{1}{2} \eta_0 (W_{xx} + W_{yy}) - \frac{1}{2} \eta_1 (W_{xx} - W_{yy}) - \eta_3 W_{xy}$$

$$\boldsymbol{\Pi}_{yy} = -\frac{1}{2} \eta_0 (W_{xx} + W_{yy}) - \frac{1}{2} \eta_1 (W_{yy} - W_{xx}) + \eta_3 W_{xy}$$

$$\boldsymbol{\Pi}_{xy} = \boldsymbol{\Pi}_{yx} = -\eta_1 W_{xy} + \frac{1}{2} \eta_3 (W_{xx} - W_{yy})$$

$$\boldsymbol{\Pi}_{xz} = \boldsymbol{\Pi}_{zx} = -\eta_2 W_{xz} - \eta_4 W_{yz}$$

$$\boldsymbol{\Pi}_{yz} = \boldsymbol{\Pi}_{zy} = -\eta_2 W_{yz} + \eta_4 W_{xz}$$

其中 z 轴平行于磁场,应变张量率为

$$W_{\alpha\beta} = \frac{\partial \upsilon_\alpha}{\partial x_\beta} + \frac{\partial \upsilon_\beta}{\partial x_\alpha} - \frac{2}{3} \delta_{\alpha\beta} \boldsymbol{\nabla} \cdot \boldsymbol{v}$$

离子的黏滞系数为

$$\eta_0^i = 0.96 n_i T_i \tau_i,$$

$$\eta_1^i = \frac{3}{10} \frac{n_i T_i}{\omega_{ci}^2 \tau_i}, \qquad \eta_2^i = 4\eta_1^i,$$

$$\eta_3^i = \frac{1}{2} \frac{n_i T_i}{\omega_{ci}}, \qquad \eta_4^i = 2\eta_3^i$$

对 $Z=1$,电子的黏滞系数为

$$\eta_0^e = 0.73 n_e T_e \tau_e,$$

$$\eta_1^e = 0.51 \frac{n_e T_e}{\omega_{ce}^2 \tau_e}, \qquad \eta_2^e = 4\eta_1^e,$$

$$\eta_3^e = -\frac{1}{2} \frac{n_e T_e}{\left| \omega_{ce} \right|}, \qquad \eta_4^e = 2\eta_3^e$$

2.23.3　能量方程

能量平衡方程为

$$\frac{3}{2} n \frac{\mathrm{d} T_j}{\mathrm{d} t} = -p_j \boldsymbol{\nabla} \cdot \boldsymbol{v}_j - \boldsymbol{\nabla} \cdot \boldsymbol{v}_j - \boldsymbol{\Pi}_{j\alpha\beta} \frac{\partial \upsilon_{j\alpha}}{\partial x_\beta} + Q_j$$

电子热流通量为

$$\boldsymbol{q}^c = \boldsymbol{q}_u^e + \boldsymbol{q}_T^e$$

其中,

$$\boldsymbol{q}_{\mathrm{u}}^{\mathrm{e}} = n T_{\mathrm{e}} \left(0.71 \boldsymbol{u}_{/\!/} + \frac{3/2}{|\omega_{\mathrm{ce}}|\tau_{\mathrm{e}}} \boldsymbol{b} \times \boldsymbol{u} \right)$$

而

$$\boldsymbol{q}_{\mathrm{T}}^{\mathrm{e}} = \frac{n T_{\mathrm{e}} \tau_{\mathrm{e}}}{m_{\mathrm{e}}} \left(-3.16 \, \boldsymbol{\nabla}_{/\!/} T_{\mathrm{e}} - \frac{4.66}{\omega_{\mathrm{ce}}^2 \tau_{\mathrm{e}}^2} \boldsymbol{\nabla}_{\perp} T_{\mathrm{e}} - \frac{5/2}{|\omega_{\mathrm{ce}}|\tau_{\mathrm{e}}} \boldsymbol{b} \times \boldsymbol{\nabla} T_{\mathrm{e}} \right) \qquad (2.23.9)$$

离子热流通量为

$$\boldsymbol{q}_{\mathrm{i}} = \frac{n T_{\mathrm{i}} \tau_{\mathrm{i}}}{m_{\mathrm{i}}} \left(-0.39 \, \boldsymbol{\nabla}_{/\!/} T_{\mathrm{i}} - \frac{2}{\omega_{\mathrm{ci}}^2 \tau_{\mathrm{i}}^2} \boldsymbol{\nabla}_{\perp} T_{\mathrm{i}} + \frac{5/2}{\omega_{\mathrm{ci}}\tau_{\mathrm{i}}} \boldsymbol{b} \times \boldsymbol{\nabla} T_{\mathrm{i}} \right)$$

离子与电子之间因碰撞引起的热交换得到的热量为

$$Q_{\mathrm{i}} = \frac{3 m_{\mathrm{e}}}{m_{\mathrm{i}}} \frac{n}{\tau_{\mathrm{e}}} (T_{\mathrm{e}} - T_{\mathrm{i}})$$

电子因与离子碰撞而得到的热量为

$$Q_{\mathrm{e}} = -\boldsymbol{R} \cdot \boldsymbol{u} - Q_{\mathrm{i}}$$

$$= \eta_{/\!/} j_{/\!/}^2 + \eta_{\perp} j_{\perp}^2 + \frac{1}{ne} \boldsymbol{j} \cdot \boldsymbol{R}_{\mathrm{T}} + \frac{3 m_{\mathrm{e}}}{m_{\mathrm{i}}} \frac{n}{\tau_{\mathrm{e}}} (T_{\mathrm{i}} - T_{\mathrm{e}})$$

正如在本节开始时解释的,平行热导率与垂直热导率的比值为 $(\omega_{\mathrm{cj}}\tau_j)^2$。这个比值对离子和电子来说都很大,典型值分别为 10^{13} 和 10^{16}。在平行于磁场的方向上,电子的热导率比离子的热导率大一个在 $(m_{\mathrm{i}}/m_{\mathrm{e}})^{1/2}$ 量级的因子,这是因为前者有较长的碰撞时间。在垂直于磁场的方向上,关系逆转,因为离子有较大的拉莫尔半径,离子热导率要大一个 $(m_{\mathrm{i}}/m_{\mathrm{e}})^{1/2}$ 量级的因子。

由 $\boldsymbol{b} \times \boldsymbol{\nabla} T$ 产生的热通量类似于逆磁性电流,导心处于热区的粒子所携带的能量与导心处于冷区的粒子所携带的能量不平衡,由此导致热流通量。在相同的温度下,电子和离子热通量的符号相反,因而相互抵消。此外,由于热流垂直于 $\boldsymbol{\nabla} T$,因此它沿等温线流动,不会造成等离子体冷却。

欧姆加热效应 ηj^2 只出现在电子方程中,这是因为电子与离子碰撞仅传输一小部分能量($m_{\mathrm{e}}/m_{\mathrm{i}}$ 的量级)给离子。因此,定向的相对运动的散射导致被加热的主要是电子。

热交换项里出现的因子 $m_{\mathrm{e}}/m_{\mathrm{i}}$ 同样可用来解释能量转移的低效率。因此,不同温度下发生的离子与电子成分之间的热交换速度要比其他弛豫过程慢。

包含应力张量和速度梯度的项描述了等离子体的黏性加热。

2.24 等离子体波

等离子体波的特性极其复杂。本节仅讨论均匀等离子体中的一些较简单的波。

一般的处理方法是对麦克斯韦方程与线性化的等离子体方程进行联立求解。在没有等离子体时,麦克斯韦方程给出熟悉的真空电磁波,其波速为 c。等离子体效应的加入相当于向麦克斯韦方程引入了一个剩余项,即 $\boldsymbol{\nabla} \times \boldsymbol{B}$ 方程里的电流。因此,等离子体的加入需要根据扰动电场来计算等离子体的扰动电流,这等于计算电介质张量。

联立麦克斯韦方程给出电磁波方程,后者可以写成

$$\boldsymbol{\nabla} \times \boldsymbol{\nabla} \times \boldsymbol{E} = -\frac{1}{c^2} \frac{\partial^2 \boldsymbol{E}}{\partial t^2} - \mu_0 \frac{\partial \boldsymbol{j}}{\partial t} \qquad (2.24.1)$$

在均匀等离子体中,所有扰动量都可以取为空间上和时间上的正弦扰动形式。从代数上说,它们可以方便地写成如下形式:

$$A_1(x,t) = \mathrm{Re}\left[\hat{A}_1 e^{i(-\omega t + \mathbf{k}\cdot\mathbf{x})}\right]$$

其中,$\hat{A}_1$ 是复振幅,$\mathbf{k}$ 是波矢。为简单计,在后面所有线性化方程组中,符号 Re 都不写明而是隐含的,符号 $\hat{A}_1$ 的小尖帽忽略。因此,旋度算子可用 $i\mathbf{k}\times$ 来取代,式(2.24.1)变为

$$-\mathbf{k}\times\mathbf{k}\times\mathbf{E} = \frac{\omega^2}{c^2}\mathbf{E} + i\omega\mu_0\mathbf{j} \tag{2.24.2}$$

介电张量 $\mathbf{K}$(有时记为 e)定义为

$$\mathbf{KE} = \mathbf{E} + \frac{i}{\varepsilon_0\omega}\mathbf{j} \tag{2.24.3}$$

式(2.24.2)可以写成

$$\mathbf{k}\times\mathbf{k}\times\mathbf{E} = \frac{\omega^2}{c^2}\mathbf{KE} = 0 \tag{2.24.4}$$

当电流 $\mathbf{j}$ 由 $\mathbf{E}$ 确定时,式(2.24.3)给出 $\mathbf{K}$,将 $\mathbf{KE}$ 代入式(2.24.4)给出 ω 和 k 之间的关系,即 $\omega=\omega(k)$,这个关系称为色散关系。折射系数 n 定义为 $n=|\mathbf{n}|$,其中,

$$\mathbf{n} = \frac{\mathbf{k}c}{\omega}$$

是光速与波的相速度之比。虽然上述程序给出了计算等离子体波特性的形式基础,但通过分别写出相关的麦克斯韦方程,其中的基本物理可以看得更清楚。这种方法简述如下。

在每个方程中,变量都写成平衡量和扰动量的和,即

$$A = A_0 + A_1$$

然后将扰动看作足够小,从而用关于 A 的方程减去平衡量 A_0 的方程,并舍弃非线性项来使关于扰动量 A_1 的方程线性化。在下面的计算中,基本方程连同它们的线性形式一并给出。

2.24.1 等离子体振荡

在 2.3 节中讨论了等离子体振荡。这里将运用上述形式重新计算它们的频率。等离子体振荡是纵振荡,电子在波矢方向上有位移。由此产生一个恢复性电场从而产生振荡。从麦克斯韦方程上看,这意味着磁场不起作用,$\nabla\times\mathbf{B}$ 方程的右边为零,即等离子体电流与位移电流抵消。

这种振荡由运动方程、库仑定律和连续性方程共同来描述,给出如下:

$$\begin{cases} m_e\dfrac{\partial\mathbf{v}_e}{\partial t} = -e\mathbf{E} & \rightarrow & -m_e i\omega\mathbf{v}_{e1} = -e\mathbf{E}_1 \\[2mm] \nabla\cdot\mathbf{E} = -n_e e/\varepsilon_0 & \rightarrow & i\mathbf{k}\cdot\mathbf{E}_1 = -n_{e1}e/\varepsilon_0 \\[2mm] \dfrac{\partial n_e}{\partial t} - \nabla\cdot(n_e\mathbf{v}_e) & \rightarrow & -i\omega n_{e1} = -in_0\mathbf{k}\cdot\mathbf{v}_{e1} \end{cases} \tag{2.24.5}$$

联立这些方程得到 $\omega=\omega_p$,其中,

$$\omega_p = \left(\frac{n_0 e^2}{\varepsilon_0 m_e}\right)^{1/2}$$

是等离子体频率。虽然在物理变量之间的关系中出现波矢,但振荡频率与 k 无关。有限温度效应对色散关系的影响见 2.25 节,在 2.25 节将对热等离子体振荡的非碰撞阻尼进行计算。

2.24.2　横电磁波

在横电磁波中,扰动的电场和磁场都与波矢 k 垂直。在真空中,电场 $E=cB$,但当存在等离子体时,电场将驱动电子振荡,其方向同样在垂直于 k 的方向上。

当等离子体的响应显著时,电磁波也可以看成是一种磁感应对电场有贡献的等离子体振荡。但在等离子体静电振荡的条件下,$\mu_0 \boldsymbol{j}$ 项与 $(1/c^2) \partial \boldsymbol{E}/\partial t$ 项抵消。而在电磁振荡情形下,这两项是不相等的,其差值由 $\boldsymbol{\nabla} \times \boldsymbol{B}$ 来平衡。在小 k 和 $k \rightarrow 0$ 时,磁场的这种感应作用变弱,频率 $\omega \rightarrow \omega_p$。

式(2.24.2)可以写成

$$k^2 \boldsymbol{E}_1 = \frac{\omega^2}{c^2} \boldsymbol{E}_1 + \mathrm{i}\omega\mu_0 \boldsymbol{j}_1 \tag{2.24.6}$$

其中,

$$\boldsymbol{j}_1 = -n_0 e \boldsymbol{v}_{e1}$$

$\boldsymbol{v}_{e1}$ 由式(2.24.5)给出。通过代换,式(2.24.6)给出色散关系:

$$\omega^2 = k^2 c^2 + \omega_p^2 \tag{2.24.7}$$

可以看出,对于给定的频率,ω_p 随等离子体密度的增加而增大,大到临界点 $\omega_p = \omega$ 后,k^2 变负。这表明,在等离子体中,电磁波只能在 $\omega > \omega_p$ 的条件下无阻尼地传播。当 $\omega < \omega_p$ 时,k 为虚数,在此情形下电磁波将衰减。也就是说,当电磁波进入密度的空间分布逐步增大的等离子体中时,最多只能传播到 $\omega = \omega_p$ 的位置,随后即遭截止。

在上面的描述中,电子被认为是冷的。然而,即使在有限温度下,电子的压强也不起作用,因为 k 的梯度与电子的运动垂直。

2.24.3　声波

在计算等离子体振荡和横向电磁波时忽略了离子。在这些高频波的传播过程中,离子大的质量阻碍了它对波的响应。但在较低频率的情形下,离子可以以声波形式振荡。这些波类似于气体中的声波,而且电子压强有助于通过电场提供耦合到离子的运动。

单个带电离子的运动方程为

$$n_i m_i \frac{\partial \boldsymbol{v}_i}{\partial t} = n_i e \boldsymbol{E} - \boldsymbol{\nabla}p_i \quad \rightarrow \quad -\mathrm{i}\omega n m_i \boldsymbol{v}_{i1} = ne \boldsymbol{E}_1 - \mathrm{i}\boldsymbol{k}p_{i1} \tag{2.24.8}$$

忽略电子的惯性,电子的力平衡方程为

$$0 = -n_e e \boldsymbol{E} - \boldsymbol{\nabla}p_e \quad \rightarrow \quad 0 = -ne \boldsymbol{E}_1 - \mathrm{i}\boldsymbol{k}p_{e1} \tag{2.24.9}$$

将式(2.24.8)和式(2.24.9)相加得:

$$-\mathrm{i}\omega n m_i \boldsymbol{v}_{i1} = -\mathrm{i}\boldsymbol{k}(p_{i1} + p_{e1}) = -\mathrm{i}\boldsymbol{k}p_1 \tag{2.24.10}$$

对于这些波,准中性条件成立,由连续性方程得:

$$\frac{\partial n_i}{\partial t} = -\boldsymbol{\nabla} \cdot (n_i \boldsymbol{v}_i) \quad \rightarrow \quad -\mathrm{i}\omega n_{i1} = -\mathrm{i}n\boldsymbol{k} \cdot \boldsymbol{v}_{i1}$$

$$\frac{\partial n_e}{\partial t} = -\boldsymbol{\nabla} \cdot (n_e \boldsymbol{v}_e) \quad \rightarrow \quad -\mathrm{i}\omega n_{e1} = -\mathrm{i}n_0 \boldsymbol{k} \cdot \boldsymbol{v}_{e1}$$

可以看出,条件 $n_{e1} = n_{i1}$ 意味着 $\boldsymbol{v}_{e1} = \boldsymbol{v}_{i1}(=\boldsymbol{v})$。为了得到色散关系,假设电子和离子的运动都是绝热的,由此将 p_1 和 $\boldsymbol{v}_1$ 联系起来:

$$\frac{\partial p}{\partial t} = -\gamma p \nabla \cdot v \quad \rightarrow \quad -\mathrm{i}\omega p_1 = -\mathrm{i}\gamma p k \cdot v_1 \tag{2.24.11}$$

将式(2.24.11)代入式(2.24.10),并取 $v_{i1} = v_1$,得到:

$$\omega^2 = k^2 C_s^2$$

其中,C_s 是声速:

$$C_s^2 = \gamma \frac{p_i + p_e}{n m_i} \tag{2.24.12}$$

2.24.4 磁流体力学波

迄今为止所描述的都是无磁场等离子体中的波,即使有磁场,但波的传播方向使粒子的运动方向与磁场平行,因此不受磁场的影响。

有一类波需要用磁流体力学方程来描述。对这类波,磁场起核心作用。这种波可分为三种类型。首先是剪切阿尔文波。这是一种不可压缩的波,因此不受等离子体压强的影响。其他两支均涉及压缩,其波速度既包含阿尔文速度也包含声速,因此被称为磁声波。这两支波的速度不同,分别称为快磁声波和慢磁声波。

2.24.5 剪切阿尔文波

当波矢平行于磁场时,将出现形式最简单的阿尔文波。这种情形如图 2.24.1 所示。这里的弹性是由磁场提供的,弯曲磁场线的曲率给出 $B \cdot \nabla B$ 力,其方向与等离子体偏移方向相反。质量密度提供了惯性,这种惯性主要来自离子的质量。

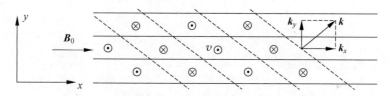

图 2.24.1 一般的剪切阿尔文波

B_0 和 k 位于如图平面,速度振荡垂直于该平面。波沿 x 方向传播,传播速度为阿尔文速度 V_A

描述一般阿尔文波及其磁声波关系的一种方便的方法是假设磁场均匀并取坐标系的 x 轴沿磁场方向,波矢 k 在 (x, y) 平面内。在这种坐标系下,阿尔文波的流体位移完全沿 z 方向,其几何如图 2.24.1 所示。

支配方程是 2.20 节给出的 MHD 方程。取扰动量为 $\exp[\mathrm{i}(-\omega t + k_x x + k_y y)]$ 的形式,然后将其线性化得到如下方程组:

$$\rho \frac{\partial v}{\partial t} = j \times B \quad \rightarrow \quad -\rho \mathrm{i}\omega u_{z1} = -j_{y1} B_0$$

$$j = \nabla \times B / \mu_0 \quad \rightarrow \quad j_{y1} = -\mathrm{i}k_x B_{z1}$$

$$\frac{\partial B}{\partial t} = -\nabla \times E \quad \rightarrow \quad -\mathrm{i}\omega B_{z1} = -\mathrm{i}k_x E_{y1} + \mathrm{i}k_y E_{x1}$$

$$E = -v \times B \quad \rightarrow \quad E_{x1} = 0, \ E_{y1} = -v_{z1} B_0$$

将这些方程联立起来得到:

$$\omega = k_x V_A, \qquad V_A = B_0 / \sqrt{\mu_0 \rho} \tag{2.24.13}$$

因此,剪切阿尔文波与 k 的方向无关,它沿磁场有速度 V_A。对于 k 平行于 B 的情形,有 $k_y = 0$,波有如图 2.24.2 所示的形式,位移在上述计算中的 z 方向。

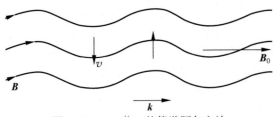

图 2.24.2　$k /\!/ B_0$ 的简谐阿尔文波

流体速度振荡在如图平面内

2.24.6　磁声波

在磁声波中,等离子体位移位于波矢和磁场所在的平面内。因此,在图 2.24.3 选定的坐标系中,流体速度有分量 v_x 和 v_y。支配波的运动的方程除了那些与描述阿尔文波的方程相同的之外,还要加上与压强有关的绝热方程。这些方程的线性形式给出如下:

$$\rho \frac{\partial \boldsymbol{v}}{\partial t} = \boldsymbol{j} \times \boldsymbol{B} - \nabla p \quad \rightarrow \quad -\rho_0 \mathrm{i}\omega v_{x1} = -\mathrm{i}k_x p_1$$

$$-\rho_0 \mathrm{i}\omega v_{y1} = j_{z1} B_0 - \mathrm{i}k_y p_1$$

$$\boldsymbol{j} = \nabla \times \boldsymbol{B}/\mu_0 \quad \rightarrow \quad j_{z1} = \mathrm{i}(k_x B_{y1} - k_y B_{x1})/\mu_0$$

$$\frac{\partial \boldsymbol{B}}{\partial t} = -\nabla \times \boldsymbol{E} \quad \rightarrow \quad -\mathrm{i}\omega B_{x1} = \mathrm{i}k_y E_{z1}$$

$$-\mathrm{i}\omega B_{y1} = \mathrm{i}k_x E_{z1}$$

$$\boldsymbol{E} = -\boldsymbol{v} \times \boldsymbol{B} \quad \rightarrow \quad E_{z1} = v_{y1} B_0$$

$$\frac{\partial p}{\partial t} = -\gamma p \nabla \cdot \boldsymbol{v} \quad \rightarrow \quad -\mathrm{i}\omega p_1 = \gamma p_0 \mathrm{i}(k_x v_{x1} + k_y v_{y1})$$

联立这些方程给出色散关系:

$$(\rho\omega^2 - k_x^2 \gamma p)\left(\rho\omega^2 - k_y^2 \gamma p - k^2 \frac{B^2}{\mu_0}\right) = k_x^2 k_y^2 \gamma^2 p^2$$

或

$$\frac{\omega^2}{k^2} = \frac{1}{2}\left\{C_s^2 + V_A^2 \pm \left[(C_s^2 + V_A^2)^2 - 4C_s^2 V_A^2 \cos^2\theta\right]^{1/2}\right\} \tag{2.24.14}$$

其中,C_s 是声速;V_A 是阿尔文速度,其定义分别见式(2.24.12)和式(2.24.13);θ 是 k 与 B 之间的夹角。

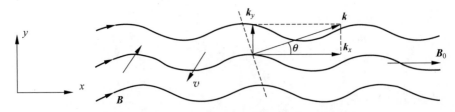

图 2.24.3　磁声波在 B_0 和 k 所在平面内的速度振荡

式(2.24.14)里取正号的波是快磁声波,取负号的是慢磁声波。

对于 $\theta = 0$,即 $k /\!/ B$ 的情形,这些波有

$$\frac{\omega}{k} = V_A \quad (\text{快波})$$

$$\frac{\omega}{k} = C_s \quad (\text{慢波})$$

$k /\!/ B$ 的快波等同于 k 在同方向上的阿尔文波,在上述计算中,不同的 v_1 方向纯粹是坐标系选择的结果。

对于 $\theta = \pi/2$,即 k 垂直于 B 的情形,有

$$\left(\frac{\omega}{k}\right)^2 = V_A^2 + C_s^2 \quad (\text{快波})$$

$$\omega = 0 \quad (\text{慢波})$$

这里快波就是压缩波,其中磁场和流体均被压缩,如图 2.24.4 所示。

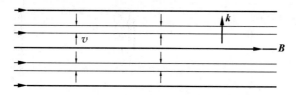

图 2.24.4　$k \perp B_0$ 的快磁声波

其振荡涉及流体和磁场的压缩

2.25　朗道阻尼

我们或许认为,无碰撞等离子体中的波将无阻尼。但事实并非如此。粒子与波场的相互作用可以导致一种阻尼——朗道阻尼。以朗缪尔波的朗道阻尼为例描述如下。

电子的一阶扰动 $f_1(x,t)$ 的弗拉索夫方程的线性形式为

$$\frac{\partial f_1}{\partial t} + v \frac{\partial f_1}{\partial x} - \frac{e}{m_e} E_1 \frac{\partial f_0}{\partial v} = 0 \tag{2.25.1}$$

扰动电场 $E_1(x,t)$ 由下式给出:

$$\frac{\partial E_1}{\partial x} = -\frac{e}{\varepsilon_0} \int f_1 \mathrm{d}v \tag{2.25.2}$$

将式(2.25.1)和式(2.25.2)乘以 $\exp[\mathrm{i}(-kx + \omega t)]$ 后做傅里叶变换和拉普拉斯变换,然后对时间做 $t = 0$ 到 $t = \infty$ 的积分,由此得到变换变量的方程为

$$f_1(k,\omega) = \left(f_1(k,t=0) - \frac{e}{m_e} E_1(k,\omega) \frac{\partial f_0}{\partial v}\right) \Big/ [\mathrm{i}(\omega - kv)] \tag{2.25.3}$$

$$E_1(k,\omega) = (\mathrm{i}e/k\varepsilon_0) \int f_1(k,\omega) \mathrm{d}v \tag{2.25.4}$$

其中,$f_1(k,t=0)$ 是 $t=0$ 处 f_1 的傅里叶变换。将式(2.25.3)代入式(2.25.4)得到:

$$E_1(k,\omega) = -\frac{e}{\varepsilon_0} \int \frac{f_1(k,t=0)}{v - \omega/k} \mathrm{d}v \Big/ \left(k^2 - \frac{e^2}{m_e \varepsilon_0} \int \frac{\partial f_0/\partial v}{v - \omega/k} \mathrm{d}v\right) \tag{2.25.5}$$

因此电场的傅里叶分量所需的解为

$$E(k,t) = \int_{i\gamma-\infty}^{i\gamma+\infty} \frac{I e^{-i\omega t}}{k^2 - \frac{e^2}{m_e \varepsilon_0} \int \frac{\partial f_0/\partial v}{v - \omega/k} dv} d\omega \qquad (2.25.6)$$

其中,I 是式(2.25.5)的分子,表示初始条件。

计算这种积分的反变换的通常方法是扩大 ω 平面的积分线形成一个如图 2.25.1(a)所示的封闭围线。这个积分等于 $2\pi i$ 乘以所围极点的残数。由于式(2.25.5)的分母的零点就是这种极点,因此这些零点将给出问题的特征值。

然而,在式(2.25.5)中,ω 积分的被积函数不具备必要的分析性质,因为在 $\omega_i = 0$ 位置速度积分出现不连续性。但正如朗道指出的,这个困难可以通过改变速度积分到路径 C(图 2.25.1(b))来解决。

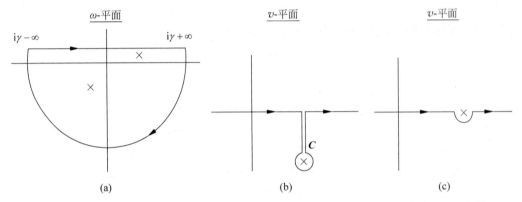

图 2.25.1 (a) ω 平面上的积分围线;(b) 朗道围线;(c) 计算朗缪尔波的朗道阻尼的围线

因此本征值可由如下色散关系给出:

$$1 - \frac{\omega_p^2}{k^2} \frac{1}{n} \int_C \frac{\partial f_0/\partial v}{v - \omega/k} dv = 0 \qquad (2.25.7)$$

正是这个朗道积分给出了无碰撞阻尼。对于麦克斯韦分布,式(2.25.7)的长波长极限给出色散关系:

$$1 - \frac{\omega_p^2}{\omega^2}\left(1 + \frac{3k^2 v_{T_e}^2}{\omega_p^2}\right) + \frac{\omega_p^2}{k^2} \frac{1}{n} i\pi \left(\frac{\partial f_p}{\partial v}\right)_{v=\omega/k} = 0 \qquad (2.25.8)$$

其中最后一项源自朗道围线(图 2.25.1(c))。如果频率的实部由式(2.25.8)的前三项确定,并用于计算最后一项,则上述色散关系变成

$$\omega = \omega_p (1 + 3k^2\lambda_D^2)^{1/2} - i\left(\frac{\pi}{8}\right)^{1/2} \frac{\omega_p}{(k\lambda_D)^3} \exp\left[-\frac{1}{2}\left(\frac{1}{k^2\lambda_D^2} + 3\right)\right]$$

最后一项给出波的朗道阻尼。由式(2.25.8)可见,这种阻尼源自波与以相速度 ω/k 运动的粒子的相互作用。

参考文献

本章仅介绍托卡马克等离子体研究中的等离子体物理学。更一般的论述可参阅下列图书(按时序列出):

Spitzer, L. *The physics of fully ionized gases*, 2nd edn. Interscience, New York (1962).

Thomson, W. B. *An introduction to plasma physics*. Pergamon Press, Oxford (1962).

Montgomery, D. C. and Tidman, D. A. *Plasma kinetic theory*. McGraw-Hill, New York (1963).

Kunkel, W. B. *Plasma physics in theory and application*. McGraw-Hill, New York (1966).

Boyd, T. J. M. and Sanderson, J. J. *Plasma dynamics*. Nelson, London (1969).

Clemmow, P. C. and Dougherty, J. P. *The electrodynamics of particles and plasmas*. Addison-Wesley, Reading, Mass. (1969).

Ichimaru, S. *Basic principles of plasma physics*. Benjamin, Reading, Mass. (1973).

Krall, N. A. and Trivelpiece, A. W. *Principles of plasma physics*. McGraw-Hill, New York (1973).

Golant, V. E., Zhilinsky, A. P, and Sakharov, I. E. *Fundamentals of plasma physics*. Wiley, New York (1977).

Schmidt, G. *Physics of high temperature plasmas*. Academic Press, New York (1979).

Gill, R. D. (ed.) *Plasma physics and nuclear fusion research* (Culham Summer School). Academic Press, London (1981).

Rosenbluth, M. N. and Sagdeev, R. Z. (eds.) *Handbook of plasma physics*. North Holland, Amsterdam (1983).

Nicholson, D. R. *Introduction to plasma theory*. John Wiley, New York (1983).

Chen, F. F. *Introduction to plasma physics and controlled fusion*. Plenum Press, New York (1984).

Miyamoto, K. *Plasma physics for nuclear fusion*, 2nd edn. MIT Press, Cambridge, Mass. (1989).

Dendy, R. O. *Plasma dynamics*. Clarendon Press, Oxford (1990).

Goldston, R. J. and Rutherford, P. H. *Introduction to plasma physics*. Institute of Physics Publishing, Bristol (1995).

Dendy, R. O. (ed.) *Plasma physics: an introductory course* (*Culham Summer School*). Cambridge University Press, Cambridge (1993).

更广泛的材料来源可在标题为《等离子体物理评论》(ed. Leontovich, M. A. Consultants Bureau, New York.)的多卷论文集中找到。目前已出到 24 卷,其中每一章都对这个学科的不同分支做了综述。

福克-普朗克方程

等离子体的福克-普朗克方程和罗森布鲁斯势可从下述文献中找到:

Rosenbluth, M. N., MacDonald, W. M., and Judd, D. L. Fokker-Planck equation for an inverse-square force. *Physical Review* **107**, 1, (1957).

朗道积分见 Landau, L. D., *Journal of Experimental and Theoretical Physics* **7**, 203 (1937).

回旋平均动力学方程

漂移回旋动力学方程的推导见

Sivukhin, D. V. Motion of charged particles in electromagnetic field in the drift approximation. *Reviews of Plasma Physics* Vol. **1**, see p. 96, Consultants Bureau, New York (1965).

线性回旋动力学方程见

Taylor, J. B. and Hastie, R. J., Stability of general plasma equilibria. *Plasma Physics* **10**, 479 (1968).

弛豫过程

入门性的解释见下述文献第 5 章:

Spitzer, L. *The physics of fully ionized gases*, 2nd edn. Interscience, New York (1962).

桑德森(J. J. Sanderson)对该主题的进一步讨论见下述文献第 7 章：

Gill，R. D. （ed.） *Plasma physics and nuclear fusion research*. Academic Press，London (1981).

电阻率

均匀等离子体的经典电阻率是斯必泽及其同事在下列文献中给出的：

Spitzer，L. and Härm，R. Transport phenomena in a completely ionized gas. *Physical Review* **89**，977 (1953).

在托卡马克中，电阻率因俘获粒子而增强，见本书 4.10 节。

电磁学

对麦克斯韦方程的详细讨论见下述文献的第 18 章和第 32 章：

Feynman，R. P.，Leighton，R. B.，and Sands，M. *Lectures on physics*，Vol. II. Addison-Wesley，Reading，Mass. (1965).

布拉金斯基方程

Braginskii，S. I. Transport processes in a plasma. *Reviews of plasma physics* （ed. Leontovich，M. A.），Vol. **1**，Consultants Bureau，New York (1965).

逃逸电子

研讨会文章：

Dreicer，H.，Electron and ion runaway in a fully ionized gas. *Physical Review* **117**，329 (1960).

逃逸速率的计算：

Gurevich，A. V.，On the theory of runaway electrons. *Zhurnal Eksperimentalnoi i Teoreticheskoi Fiziki* **39**，1296 (1960). ［*Soviet Physics*，*JETP* **12**，904 (1961)］

逃逸电子与电阻率的关系：

Connor，J. W. and Hastie，R. J.，Relativistic limitations on runaway electrons. *Nuclear Fusion* **15**，415 (1975).

短程碰撞的意义见

Sokolov，Yu. A.，Multiplication of accelerated electrons in a tokamak. *Pis'ma Zhurnal Experimentalnoi i Teoreticheskoi Fiziki* **29**，244 (1979)［*JETP Letts*. **29**，218 (1979)］

波

2.24 节讨论的均是等离子体中能够传播的一系列非常复杂的波的基本示例。这方面详尽系统的讨论见

Stix，T. H. *Waves in plasmas*. American Institute of Physics，New York (1992).

Akhiezer，A. I.，Akhiezer，I. A.，Polovin，R. V.，Stienko，A. G. and Stepanov，K. N. *Plasma electrodynamics*，Vol. I，Pergamon Press，Oxford (1975).

朗道阻尼

Landau，L. D. On the vibrations of the electronic plasma. *Journal of Physics* （USSR） **10**，25 (1946).

关于朗道阻尼的物理图像见

Stix，T. H. *Waves in plasmas*. American Institute of Physics，New York (1992).

第 3 章
平　　衡

3.1　托卡马克平衡

托卡马克平衡有两个基本方面,首先是等离子体压强与磁场作用力(磁压强)之间的平衡,其次是等离子体的形状和位置,二者均由外部线圈电流决定和控制。

正如 1.6 节所描述的那样,磁场的主要部分是外部线圈中的极向电流产生的环向磁场,而较小的极向磁场主要是由等离子体中的环向电流产生的。总的极向磁场由这种等离子体内部生成的场、初级线圈绕组和其他用于形成和控制等离子体位形的线圈中的环向电流所产生的场组成。最后,环向磁场也会由于等离子体极向电流而有小幅修正。

磁场空间变化的一般形式如图 3.1.1 所示。环向磁场 B_ϕ 的基本形状根据安培定律得到。因此,在环向磁场线圈中取环向回路做线积分,并忽略较小的极向等离子体电流,可得:

$$2\pi R B_\phi = \mu_0 I_T \qquad\qquad (3.1.1)$$

其中,R 是大半径方向的坐标,I_T 是线圈中的总电流。从方程(3.1.1)可以看出:

$$B_\phi \propto \frac{1}{R}$$

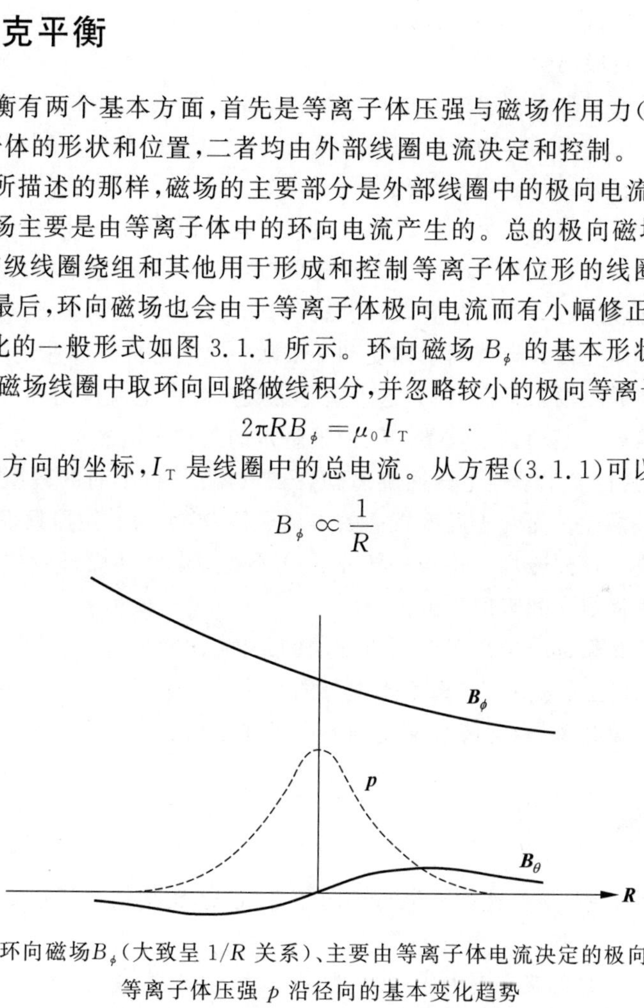

图 3.1.1　环向磁场 B_ϕ(大致呈 $1/R$ 关系)、主要由等离子体电流决定的极向磁场 B_θ 和
等离子体压强 p 沿径向的基本变化趋势
R 是从环的中心对称轴向外的距离,图中数据取自装置中平面

对于现有的托卡马克装置,这种径向衰减十分显著。取小半径 a,则等离子体中 B_ϕ 的变化为

$$\Delta B_\phi = B_{\phi 0}\left(\frac{R_0}{R_0 - a} - \frac{R_0}{R_0 + a}\right) \approx B_{\phi 0}\frac{2a}{R_0}$$

其中,$B_{\phi 0}$ 是中平面 $R=R_0$ 处的磁场场强。对于一个环径比 $R/a=3$ 的装置,$\Delta B_\phi/B_{\phi 0}=\dfrac{3}{4}$。

B_ϕ 在等离子体中的这个变化对于等离子体粒子轨迹有着十分重要的作用,这一点将在 3.10 节里描述。

极向磁场的剖面取决于环向电流的剖面。在环向电流由环向电场驱动的情况下,稳态的电流剖面取决于电导率。由于电导率随着电子温度以 $T_e^{3/2}$ 的速度增长,因此电流在中心区域呈峰形分布,在这里温度有最大值。当然电流也可以通过非欧姆的方式驱动,比如采用 3.14 节描述的射频波驱动和粒子束驱动。等离子体电流的另一个组分是 4.9 节中描述的自举电流,这种电流是由密度和温度的径向梯度加上环向磁场几何的共同作用产生的。

由于等离子体的质量密度很低,典型值为 10^{-4} mg·m^{-3},而作用在等离子体上的各种内力相当强,大约为 10 t·m^{-3},因此这些内力必须平衡。等离子体压强产生一个沿小半径向外的力,而极向磁场产生一个向内的力。两者之间的差需要由环向磁场的磁压强来抵消,这个力可能向外也可能向里。

完整的磁场形成一个无穷组嵌套的环向闭合磁面。磁场线沿着自身所在磁面上的螺旋路径环绕整个环面。等离子体中声速的典型值是 $10^5 \sim 10^6$ m·s^{-1},所以压强沿磁场方向是一个定值,因为任何不平衡很快就会被消除。

磁场的方向从一个磁面到另一个磁面有变化。这种磁场的剪切对于等离子体稳定性有重要的影响。各磁面的上磁场的平均扭曲程度可以用一个叫做安全因子 q 的量来描述。安全因子是对螺旋磁场线的倾角的量度,因此磁剪切的强度取决于 q 在径向的变化率。

等离子体的环向几何导致等离子体受到一个随整个圆环向外膨胀的环力。这个力可以通过外加垂直方向的磁场来平衡,因为这个垂直磁场与环向电流作用会产生一个向内的力。

等离子体中的粒子运动相当复杂。其中最基本的是粒子沿磁场方向做法向小尺度的螺旋运动,即粒子在其拉莫尔轨道上的回旋运动。在低温下,粒子间的碰撞频繁,其集体效应可以用一种流体来描述。而对于温度较高的等离子体,粒子间的碰撞频率很低,而且粒子运动的轨迹主要取决于环向磁场。相当一部分的粒子被约束在环面外侧的弱场区,这些粒子在强磁场的两个折返点之间来回反射。

尽管等离子体平衡部分取决于外部所施加的条件,比如总电流、外加的环向磁场和外部加热等,但许多特征还是取决于等离子体本身的行为。因此等离子体的密度和温度的剖面取决于输运特性。反过来,输运特性又受到等离子体不稳定性的影响。

3.2 磁面函数

对于轴对称的平衡,显然这种平衡与环向角 ϕ 无关,磁场线位于嵌套的环向磁面内,如图 3.2.1 所示。

平衡的基本条件是等离子体中任意一点的合力为零,这就要求磁场产生的力与等离子体压强平衡,即

$$\boldsymbol{j} \times \boldsymbol{B} = \nabla p \qquad (3.2.1)$$

从中容易得出 $\boldsymbol{B} \cdot \nabla p = 0$。因此可知,沿着磁场线不存在压强梯度,也就是说,磁面同时也是等压强面。从方程(3.2.1)进一步可以得到 $\boldsymbol{j} \cdot \nabla p = 0$。由此还可以看出,电流线同样也在磁面上,如图 3.2.2 所示。

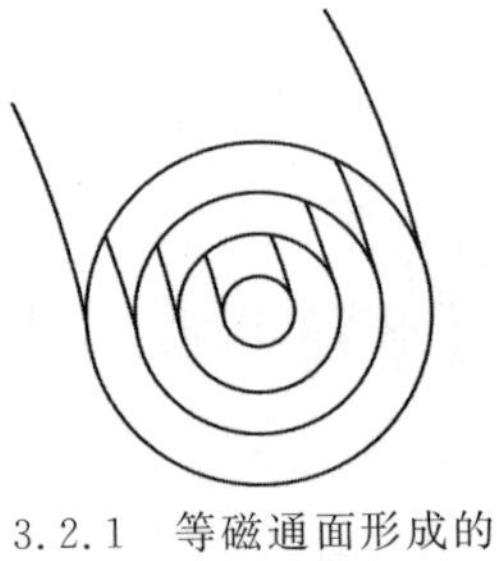

图 3.2.1 等磁通面形成的一系列嵌套的环面

在研究托卡马克等离子体平衡时,引入极向磁通函数 ψ 是十分方便的。函数 ψ 取决于位于每个磁面内的极向磁通,所以在磁面上是一个定值,因此 ψ 满足

$$\boldsymbol{B} \cdot \boldsymbol{\nabla}\psi = 0$$

引入基于环的主轴的柱坐标系,如图 3.2.3 所示,定义 ψ 为 ϕ 上单位弧度的极向磁通,于是极向磁场就可以通过 ψ 表示为

$$B_R = -\frac{1}{R}\frac{\partial \psi}{\partial z}, \qquad B_z = \frac{1}{R}\frac{\partial \psi}{\partial R} \tag{3.2.2}$$

考虑到 $\boldsymbol{\nabla} \cdot \boldsymbol{B} = 0$ 的条件,有

$$\frac{1}{R}\frac{\partial}{\partial R}(RB_R) + \frac{\partial B_z}{\partial z} = 0$$

磁面函数 ψ 可以加上任意常数,该常数值可以根据实际需要选取。

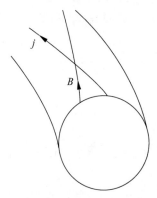

图 3.2.2 磁场线和电流线都处于磁面上

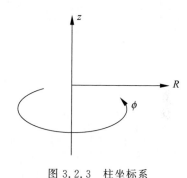

图 3.2.3 柱坐标系

$R = 0$ 是环面的主轴

由 $\boldsymbol{j}$ 和 $\boldsymbol{B}$ 的对称性可知,显然也存在着电流的磁面函数。这个函数 f 和极向电流密度的关系如下:

$$j_R = \frac{1}{R}\frac{\partial f}{\partial z}, \qquad j_z = \frac{1}{R}\frac{\partial f}{\partial R} \tag{3.2.3}$$

结合方程(3.2.3)和安培定律得:

$$j_R = -\frac{1}{\mu_0}\frac{\partial B_\phi}{\partial z}, \qquad j_z = \frac{1}{\mu_0}\frac{1}{R}\frac{\partial}{\partial R}(RB_\phi)$$

即给出 f 和环向磁场的关系为

$$f = \frac{RB_\phi}{\mu_0}$$

通过取式(3.2.1)与 $\boldsymbol{j}$ 的标量积,并且替换式(3.2.3)中的 $\boldsymbol{j}$,可以看出,f 是 ψ 的函数。因此有

$$\frac{\partial f}{\partial R}\frac{\partial p}{\partial z} - \frac{\partial f}{\partial z}\frac{\partial p}{\partial R} = 0$$

并且由此可得:

$$\boldsymbol{\nabla}f \times \boldsymbol{\nabla}p = 0$$

可以证明,f 是 p 的函数,又由于 $p = p(\psi)$,因此可以得出 $f = f(\psi)$。

这里定义的磁面函数给出的是单位 ϕ 角上的极向通量,也可以给出环面的总磁面函数,只要将单位角度上的通量乘以因子 2π 即可。

3.3 格拉德-沙弗拉诺夫方程

对于像托卡马克这样的轴对称系统,平衡方程可以写成关于极向通量函数 ψ 的微分方程。这个方程有两个任意函数 $p(\psi)$ 和 $f(\psi)$,通常叫做格拉德-沙弗拉诺夫(Grad-Shafranov)方程。

平衡方程为

$$\boldsymbol{j} \times \boldsymbol{B} = \boldsymbol{\nabla} p$$

可以写为

$$\boldsymbol{j}_\mathrm{p} \times \boldsymbol{i}_\phi B_\phi + j_\phi \boldsymbol{i}_\phi \times \boldsymbol{B}_\mathrm{p} = \boldsymbol{\nabla} p \tag{3.3.1}$$

其中,$\boldsymbol{j}_\mathrm{p}$ 是极向电流密度;$\boldsymbol{B}_\mathrm{p}$ 是极向磁场;$\boldsymbol{i}_\phi$ 是环向坐标 ϕ 方向的单位矢量。

式(3.3.1)现在可以写成关于极向磁通函数 ψ 的方程。式(3.2.2)和式(3.2.3)可以简化为

$$\boldsymbol{B}_\mathrm{p} = \frac{1}{R}(\boldsymbol{\nabla}\psi \times \boldsymbol{i}_\phi) \tag{3.3.2}$$

和

$$\boldsymbol{j}_\mathrm{p} = \frac{1}{R}(\boldsymbol{\nabla}f \times \boldsymbol{i}_\phi) \tag{3.3.3}$$

因此,将式(3.3.2)和式(3.2.3)代入式(3.3.1),结合 $\boldsymbol{i}_\phi \cdot \boldsymbol{\nabla}\psi = \boldsymbol{i}_\phi \cdot \boldsymbol{\nabla}f = 0$,可以得到:

$$-\frac{B_\phi}{R}\boldsymbol{\nabla}f + \frac{j_\phi}{R}\boldsymbol{\nabla}\psi = \boldsymbol{\nabla}p \tag{3.3.4}$$

且

$$\boldsymbol{\nabla}f(\psi) = \frac{\mathrm{d}f}{\mathrm{d}\psi}\boldsymbol{\nabla}\psi$$

和

$$\boldsymbol{\nabla}p(\psi) = \frac{\mathrm{d}p}{\mathrm{d}\psi}\boldsymbol{\nabla}\psi$$

将这些关系代入式(3.3.4)可以得到:

$$j_\phi = R\frac{\mathrm{d}p}{\mathrm{d}\psi} + B_\phi\frac{\mathrm{d}f}{\mathrm{d}\psi} \tag{3.3.5}$$

再将式(3.2.4)中的 B_ϕ 代入式(3.3.5),又可以得到:

$$j_\phi = Rp' + \frac{\mu_0}{R}ff' \tag{3.3.6}$$

这里 j_ϕ 仍写成关于 ψ 的函数。引入安培定律:

$$\mu_0\boldsymbol{j} = \boldsymbol{\nabla} \times \boldsymbol{B} \tag{3.3.7}$$

用式(3.2.2)替换式(3.3.7)中的环向分量,得到:

$$-\mu_0 Rj_\phi = R\frac{\partial}{\partial R}\frac{1}{R}\frac{\partial\psi}{\partial R} + \frac{\partial^2\psi}{\partial z^2} \tag{3.3.8}$$

再用式(3.3.8)替换式(3.3.6)中的 j_ϕ,便可以得到所需的方程:

$$R\frac{\partial}{\partial R}\frac{1}{R}\frac{\partial\psi}{\partial R} + \frac{\partial^2\psi}{\partial z^2} = -\mu_0 R^2 p'(\psi) - \mu_0^2 f(\psi)f'(\psi) \tag{3.3.9}$$

这个方程便是格拉德-沙弗拉诺夫方程。图 3.3.1 展示了在典型条件下由该式的数值解得到的磁面及 j_ϕ, p 和 B_ϕ 的剖面。

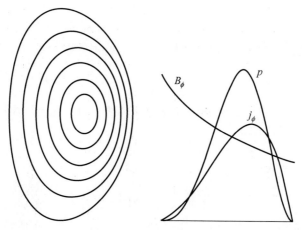

图 3.3.1　平衡通量磁面及中平面上环向电流密度、等离子体压强和环向磁场的分布

3.4　安全因子 q

q 之所以叫安全因子,是因为它在决定等离子体稳定性上起着决定性的作用。一般而言,q 的值越大意味着稳定性越高。在输运理论中安全因子也是一个重要的因素。

在一个轴对称的平衡中,每一条磁场线都有一个 q 值。磁场线在其对应的磁面上绕着环面形成螺旋形轨迹。如果在某个环向角 ϕ 处,磁场线在极向上处于某个特定位置,那么这条磁场线必然将会在环向上改变 $\Delta\phi$ 角度后再次回到极向平面的这个位置。这条磁场线的 q 值定义为

$$q = \frac{\Delta\phi}{2\pi} \tag{3.4.1}$$

因此,如果一条磁场线恰好沿环向旋转一周回到开始时的位置,那么 $q=1$。如果磁场线在极向上移动缓慢,那么显然它会有一个较高的 q 值。q 的有理数值在稳定性方面有着重要作用。如果 $q=m/n$,其中 m 和 n 都是整数,那么这条磁场线将会在环向上转 m 圈、在极向上转 n 圈后与自身重合。图 3.4.1(a)展示了一条 $q=2$ 的磁场线。

为了计算 q 的值,有必要用到场线方程:

$$R\,\frac{\mathrm{d}\phi}{\mathrm{d}s} = \frac{B_\phi}{B_\mathrm{p}}$$

其中,$\mathrm{d}s$ 是磁场线在坏向转过 $\mathrm{d}\phi$ 角度时在极向上移动的距离,B_p 和 B_ϕ 分别是极向磁场和环向磁场。因此由式(3.4.1)可得:

$$q = \frac{1}{2\pi}\oint \frac{1}{R}\frac{B_\phi}{B_\mathrm{p}}\,\mathrm{d}s \tag{3.4.2}$$

这里积分是对磁面上沿极向转一周的环路积分,如图 3.4.1(b)所示。

从式(3.4.2)可以看出,对于同一个磁面上的所有磁场线,q 值都是相同的。因此 q 是一个磁面函数,即 $q=q(\psi)$。

对于具有大环径比的圆截面托卡马克,式(3.4.2)给出近似关系如下:

$$q = \frac{rB_\phi}{R_0 B_\theta} \qquad (3.4.3)$$

其中,r 是磁面的小半径,B_θ 是极向磁场,R_0 是大半径,而环向磁场基本上是一个常数。

q 也可以用磁通量来表示。考虑如图 3.4.1(c)所示的两个磁面之间一个无穷小的环。极向磁场通量为

$$\mathrm{d}\Psi = 2\pi R B_\mathrm{p} \mathrm{d}x \qquad (3.4.4)$$

其中,$\mathrm{d}x$ 是两个磁面之间的局部距离。而穿过该环的环向磁场通量为

$$\mathrm{d}\Phi = \oint (B_\phi \mathrm{d}x)\,\mathrm{d}s \qquad (3.4.5)$$

将式(3.4.4)中的 B_p 代入式(3.4.2),有

$$q = \frac{1}{\mathrm{d}\Psi} \oint (B_\phi \mathrm{d}x)\,\mathrm{d}s$$

再结合式(3.4.5),便有

$$q = \frac{\mathrm{d}\Phi}{\mathrm{d}\Psi}$$

因此,安全因子可以表示为环向磁通相对于极向磁通的变化率。

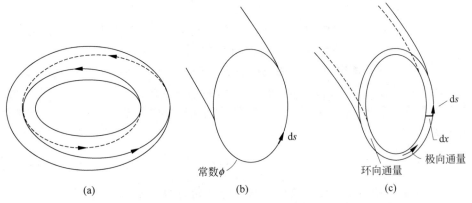

图 3.4.1 (a) $q=2$ 的磁场线及其磁面;(b) 式(3.4.2)的极向积分路径;
(c) 包含环向通量 $\mathrm{d}\Phi$ 和极向通量 $\mathrm{d}\Psi$ 的环路

一个与之相关的量是转动变换 ι。ι 可以表示为 $\iota = 2\pi/q$。在实际中,也经常替换为 $\bar{\iota} = \iota/2\pi$,即 $\bar{\iota} = 1/q$。

3.4.1 q 分布

q 的径向分布通常在靠近磁轴位置附近有最小值并且向外增大。在大环径比的圆截面托卡马克上,q 值取决于环向电流密度剖面 $j(r)$。因此将安培定律写成以下形式:

$$2\pi B_\theta = \mu_0 I(r)$$

在半径 r 内的电流为

$$I(r) = 2\pi \int_0^r j(r')r'\mathrm{d}r'$$

通过式(3.4.3)给出：

$$q(r) = \frac{2\pi r^2 B_\phi}{\mu_0 I(r) R} \qquad (3.4.6)$$

取 $r = a$，那么边界 q 值为

$$q_a = \frac{2\pi a^2 B_\phi}{\mu_0 IR} \qquad (3.4.7)$$

其中，I 是总电流。中心的 q 值可以通过对式(3.4.6)取极限 $r \to 0$ 获得，其中 $I(r) = \pi r^2 j_0$，$j_0 = j(0)$，所以有

$$q_0 = \frac{2B_\phi}{\mu_0 j_0 R} \qquad (3.4.8)$$

式(3.4.7)和式(3.4.8)给出了比值：

$$\frac{q_a}{q_0} = \frac{\pi a^2 j_0}{I} = \frac{j_0}{\langle j \rangle_a}$$

其中，$\langle j \rangle_a$ 是整个等离子体区域的平均电流密度。

式(3.4.6)也可以写为

$$q(r) = \frac{2B_\phi}{\mu_0 \langle j \rangle_r R} \qquad (3.4.9)$$

其中，$\langle j \rangle_r$ 是半径 r 以内电流密度的平均值：

$$\langle j \rangle_r = \frac{\int_0^r j(r') r' \mathrm{d}r'}{r^2/2} \qquad (3.4.10)$$

将式(3.4.9)对 r 取微分，得到：

$$\frac{q'}{q} = -\frac{\langle j \rangle_r'}{\langle j \rangle_r} \qquad (3.4.11)$$

又从式(3.4.10)可得 $\langle j \rangle_r' = 2(j - \langle j \rangle_r)/r$。因此，如果电流剖面单调递减，那么显然有 $j < \langle j \rangle_r$，再结合式(3.4.11)，可知这种电流剖面有 $q' > 0$。

对于有限制器的等离子体，上述 q 的一般行为对于采用非圆截面的等离子体仍然适用。当然精确值需要用数值计算给出，而这通常涉及解格拉德-沙弗拉诺夫方程。经常采用的近似解是通过与式(3.4.7)类比给出的"柱形下的 q"，它定义为

$$q_{\mathrm{cyl}} = \frac{2\pi a b B_\phi}{\mu_0 IR}$$

其中，a 和 b 分别是等离子体半宽度和半高度。

为了方便起见，对于大环径比的托卡马克，可以在如下所示的电流剖面的条件下建立一个简单的 $q(r)$ 模型：

$$j - j_0(1 - r^2/a^2)^\nu$$

由安培定律 $\mu_0 j = (1/r)\mathrm{d}(rB_\theta)/\mathrm{d}r$ 可以给出：

$$B_\theta = \frac{\mu_0 j_0 a^2}{2(\nu + 1)} \frac{1 - (1 - r^2/a^2)^{\nu+1}}{r} \qquad (3.4.12)$$

将式(3.4.12)代入由式(3.4.3)给出的关于 q 的近似式中，可以求出待定的 $q(r)$ 为

$$q = \frac{2(\nu + 1)}{\mu_0 j_0} \frac{B_\phi}{R} \frac{r^2/a^2}{1 - (1 - r^2/a^2)^{\nu+1}}$$

在这个模型下有

$$\frac{q(a)}{q(0)} = \nu + 1$$

当等离子体由分离面约束时,如偏滤器位形下的情形,这时 q 的分布会从根本上改变。原因是对于靠近分离面的磁面,其 q 值主要由靠近 X 点的参数决定。极向磁场 B_p 在 X 点处为零,并且在其邻域内,B_p 的大小正比于到 X 点的距离。X 点附近的磁场形状如图 3.4.2 所示。在 q 的表达式(3.4.2)中,B_p 位于被积函数的分母上,所以最终会有一个对数项的贡献。如果磁面与 X 点的最近距离为 d,则 q 在 $d \to 0$ 的极限下为

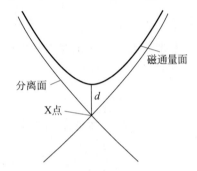

$$q \to \frac{B_\phi}{\pi R \mid \boldsymbol{\nabla} B_p \mid} \ln \frac{\lambda}{d} \, (d \to 0)$$

其中,λ 是刻画总体特征的长度。因此随着接近分离面,$q \to \infty$。其根本原因在于,在 X 点附近,B_p 非常小,从而延缓了磁场线的极向运动。X 点附近磁面上的磁场线几乎将所有轨迹都用来接近 X 点。

图 3.4.2　当等离子体受到分离面约束时,X 点附近的磁场形状

3.5　比压 β

磁场对等离子体压强的约束效率可以简单地表示为下面的比值:

$$\beta = \frac{p}{B^2/(2\mu_0)}$$

但这个量有不同的度量形式,有的是因为定义的选择,有的是出于描述不同的平衡性质的需要。

对于反应堆,在给定磁场情形下的一个十分重要的量是热核聚变功率。反应速率正比于 $n^2 \langle \sigma v \rangle$,这个量往往不表述为一个压强量。然而,当反应堆的温度范围预计在 $10 \sim 15 \, \text{keV}$ 时,$\langle \sigma v \rangle$ 大致正比于 T^2,因此热核功率正比于 p^2。对此 β 有形式 β^*,它定义为

$$\beta^* = \frac{\left(\int p^2 \, \mathrm{d}\tau / \int \mathrm{d}\tau \right)^{1/2}}{B_0^2/(2\mu_0)}$$

其中,积分是对整个等离子体体积进行,B_0 是环向磁场。尽管这个磁场值是环向场线圈中心的值,但用起来不方便,而采用等离子体几何中心的真空环向磁场值往往更方便。

通常采用的 β 是由下式定义的平均值:

$$\langle \beta \rangle = \frac{\int p \, \mathrm{d}\tau / \int \mathrm{d}\tau}{B_0^2/(2\mu_0)}$$

同样地,极向的 β 可以定义为

$$\beta_p = \frac{\int p \, \mathrm{d}S / \int \mathrm{d}S}{B_a^2/(2\mu_0)} \tag{3.5.1}$$

这里的积分是对极向截面的面积分,并且有

$$B_a = \frac{\mu_0 I}{l}$$

其中，I 是等离子体电流，l 是等离子体的极向周长。对于大环径比的圆截面等离子体，$l=2\pi a$，并且式(3.5.1)变为

$$\beta_{\mathrm{p}}=\frac{\int p\,\mathrm{d}S}{\mu_0 I^2/(8\pi)} \tag{3.5.2}$$

这种采用的是压强 p 的体平均值，而不是式(3.5.1)中的截面平均值。

β_{p} 的意义可以通过选取圆截面并对式(3.5.2)的分子进行分部积分看出来：

$$\beta_{\mathrm{p}}=-\frac{8\pi^2}{\mu_0 I^2}\int_0^a \frac{\mathrm{d}p}{\mathrm{d}r}r^2\,\mathrm{d}r$$

从压强的近似平衡方程替换 $\mathrm{d}p/\mathrm{d}r$ 得：

$$\frac{\mathrm{d}p}{\mathrm{d}r}+\frac{\mathrm{d}}{\mathrm{d}r}\left(\frac{B_\phi^2}{2\mu_0}\right)+\frac{B_\theta}{\mu_0 r}\frac{\mathrm{d}}{\mathrm{d}r}(rB_\theta)=0$$

积分后可得：

$$\beta_{\mathrm{p}}=1+\frac{1}{(aB_{\theta a})^2}\int_0^a \frac{\mathrm{d}B_\phi^2}{\mathrm{d}r}r^2\,\mathrm{d}r \tag{3.5.3}$$

可以看出，如果没有极向电流，则式(3.5.3)的积分项是 0，从而 $\beta_{\mathrm{p}}=1$。如果 $\mathrm{d}B_\phi^2/\mathrm{d}r>0$，则环向磁场对抵消热压强有部分贡献，故 $\beta_{\mathrm{p}}>1$。另一方面，如果 $\mathrm{d}B_\phi^2/\mathrm{d}r<0$，则 $B_\phi^2/(2\mu_0)$ 取代了部分等离子体压强，导致 $\beta_{\mathrm{p}}<1$。这些关系可以从图 3.5.1 中看出。

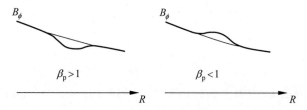

图 3.5.1　在 $\beta_{\mathrm{p}}>1$ 和 $\beta_{\mathrm{p}}<1$ 两种情况下 B_ϕ 的分布

β 的平衡值在形式上没有限制。这一点通过下面的思想实验可以看出。考虑一个被理想导电壳包裹的理想导电等离子体。想象该等离子体被持续加热，磁面上压强增大。等离子体表面会移动，但是它们嵌套的拓扑结构不会改变。此外，等离子体的边界是固定的。理论上这种过程是没有极限的，因此 β 也是这样。然而需要指出的是，这种过程会导致等离子体电流持续增大。实验上的过程当然要更加复杂。实际上，提高 β 最终会导致等离子体在高场侧形成具有 X 点的分离面。

3.6　大环径比

对于低 β、大环径比的圆截面等离子体，托卡马克的平衡具有相对简单的形式。各物理量的量级可以用环径比的倒数 $\varepsilon=a/R$ 来表示：

$$B_\phi=B_{\varphi 0}(R_0/R)(1+0(\varepsilon^2))，\quad B_\theta\propto\varepsilon B_{\phi 0}，$$
$$j_\phi\propto\varepsilon B_{\phi 0}/(\mu_0 a)，\qquad\qquad j_\theta\propto\varepsilon^2 B_{\theta 0}/(\mu_0 a)，$$
$$p\propto\varepsilon^2 B_{\phi 0}^2/\mu_0，(\beta\propto\varepsilon^2)，\qquad \beta_{\mathrm{p}}\propto 1$$

其中，$B_{\phi 0}$ 是等离子体大半径 R_0 处的真空环向磁场。在柱坐标系下，基本压强平衡方程可

以写成

$$\frac{\mathrm{d}p}{\mathrm{d}r} = j_{\phi}B_{\theta} - j_{\theta}B_{\phi0} \tag{3.6.1}$$

这个平衡由 $j_{\phi}(r)$ 和 $p(r)$ 规定,边界条件为 $p(a)=0$。极向磁场由安培定律给出:

$$\mu_0 j_{\phi} = -\frac{1}{r}\frac{\mathrm{d}}{\mathrm{d}r}(rB_{\theta})$$

因此 j_{θ} 由式(3.6.1)决定。

考虑环效应后,磁面变成如图 3.6.1(a)所示的非同心圆。采用图 3.6.1(b)的坐标系,格拉德-沙弗拉诺夫平衡方程(3.3.9)写成

$$\left(\frac{1}{r}\frac{\partial}{\partial r}r\frac{\partial}{\partial r} + \frac{1}{r^2}\frac{\partial^2}{\partial\theta^2}\right)\psi - \frac{1}{R_0+r\cos\theta}\left(\cos\theta\frac{\partial}{\partial r} - \sin\theta\frac{1}{r}\frac{\partial}{\partial\theta}\right)\psi$$

$$= -\mu_0(R_0+r\cos\theta)^2 p'(\psi) - \mu_0^2 f(\psi)f'(\psi) \tag{3.6.2}$$

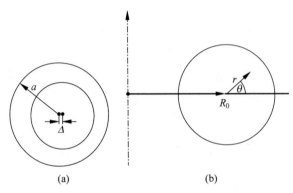

图 3.6.1　(a)圆形磁通面相对于外磁面平移了一个距离 Δ,外磁面的中心到主轴的距离为 R_0;

(b)原点在 R_0 的柱坐标系(r,θ)

对 ψ 进行小量 ε 展开,得到:

$$\psi = \psi_0(r) + \psi_1(r,\theta)$$

磁通函数 ψ_0 可由式(3.6.2)的零阶项给出,对应于式(3.6.1),有

$$\frac{1}{r}\frac{\mathrm{d}}{\mathrm{d}r}\left(r\frac{\mathrm{d}\psi_0}{\mathrm{d}r}\right) = -\mu_0 R_0^2 p'(\psi_0) - \mu_0^2 f(\psi_0)f'(\psi_0) \tag{3.6.3}$$

而 $\psi_1(r,\theta)$ 满足式(3.6.2)的一阶项:

$$\left(\frac{1}{r}\frac{\partial}{\partial r}r\frac{\partial}{\partial r} + \frac{1}{r^2}\frac{\partial^2}{\partial\theta^2}\right)\psi_1 - \frac{\cos\theta}{R_0}\frac{\mathrm{d}\psi_0}{\mathrm{d}r}$$

$$= -\mu_0 R_0^2 p''(\psi_0)\psi_1 - \mu_0^2(f(\psi_0)f'(\psi_0))'\psi_1 - 2\mu_0 R_0 r\cos\theta p'(\psi_0)$$

$$= -\frac{\mathrm{d}}{\mathrm{d}r}(\mu_0 R_0^2 p'(\psi_0) + \mu_0^2 f(\psi_0)f'(\psi_0))\frac{\mathrm{d}r}{\mathrm{d}\psi_0}\psi_1 - 2\mu_0 R_0 r\cos\theta p'(\psi_0) \tag{3.6.4}$$

如果磁面函数 ψ 平移了距离 $\Delta(\psi_0(r))$,则 ψ 可以写成

$$\psi = \psi_0 + \psi_1 = \psi_0 - \Delta(r)\frac{\partial\psi_0}{\partial R} = \psi_0 - \Delta(r)\cos\theta\frac{\mathrm{d}\psi_0}{\mathrm{d}r} \tag{3.6.5}$$

将式(3.6.5)给出的 ψ_1 代入式(3.6.4),得到:

$$-\Delta \frac{\mathrm{d}}{\mathrm{d}r}\left[\frac{1}{r}\frac{\mathrm{d}}{\mathrm{d}r}\left(r\frac{\mathrm{d}\psi_0}{\mathrm{d}r}\right)\right] - \frac{1}{r}\left(\frac{\mathrm{d}r}{\mathrm{d}\psi_0}\right)\frac{\mathrm{d}}{\mathrm{d}r}\left[r\left(\frac{\mathrm{d}\psi_0}{\mathrm{d}r}\right)^2\frac{\mathrm{d}\Delta}{\mathrm{d}r}\right] - \frac{1}{R_0}\frac{\mathrm{d}\psi_0}{\mathrm{d}r}$$

$$= \Delta \frac{\mathrm{d}}{\mathrm{d}r}(\mu_0 R_0^2 p'(\psi_0)+\mu_0^2 f(\psi_0)f'(\psi_0)) - 2\mu_0 R_0 r\frac{\mathrm{d}p_0}{\mathrm{d}r}\frac{\mathrm{d}r}{\mathrm{d}\psi_0} \qquad (3.6.6)$$

根据式(3.6.3),式(3.6.6)两边的第一项抵消得到:

$$\frac{\mathrm{d}}{\mathrm{d}r}\left(rB_{\theta 0}^2\frac{\mathrm{d}\Delta}{\mathrm{d}r}\right) = \frac{r}{R_0}\left(2\mu_0 r\frac{\mathrm{d}p_0}{\mathrm{d}r} - B_{\theta 0}^2\right) \qquad (3.6.7)$$

其中,用 $B_{\theta 0}$ 来替代 $(\mathrm{d}\psi_0/\mathrm{d}r)/R_0$ 用到了式(3.2.2)给出的磁通函数的定义。

满足在 $r=0$ 处 $\mathrm{d}\Delta/\mathrm{d}r=0$ 且 $\Delta(a)=0$ 的边界条件的微分方程(3.6.7)的解可以给出零阶压强 $p_0(r)$ 和极向磁场 $B_{\theta 0}(r)$ 下的磁面位移 $\Delta(r)$。结合式(3.6.5),便可以给出 $\psi(r,\theta)$ 的解。

3.7 沙弗拉诺夫位移

从 3.6 节中关于平衡的计算可以看出,磁面中心相对于最外磁面的中心有一段位移。这个位移 $\Delta(r)$ 可以通过式(3.6.7)的解给出。磁轴的位移 $\Delta_s=\Delta(0)$ 称为沙弗拉诺夫位移。

沙弗拉诺夫位移取决于 $p_0(r)$ 和 $B_{\theta 0}(r)$ 的具体形式。式(3.6.7)必须根据具体情况来求解。但通过采用简单的解析解,可以看出等离子体行为的一些特征。为此,去掉下标为 0 的量,并且取下面的形式:

$$p = \hat{p}\left(1-\frac{r^2}{a^2}\right)$$

和

$$j = \hat{j}\left(1-\frac{r^2}{a^2}\right)^\nu \qquad (3.7.1)$$

式(3.6.7)可以写为

$$\frac{\mathrm{d}\Delta}{\mathrm{d}r} = -\frac{1}{RB_\theta^2}\left(\frac{r^3}{a^2}\beta_p B_{\theta a}^2 + \frac{1}{r}\int_0^r B_\theta^2 r\,\mathrm{d}r\right) \qquad (3.7.2)$$

其中,$B_{\theta a}=B_\theta(a)$,并将极向比压 β_p 定义为

$$\beta_p = \frac{\overline{p}}{B_{\theta a}^2/(2\mu_0)} = \frac{4\mu_0\int_0^a pr\,\mathrm{d}r}{a^2 B_{\theta a}^2} \qquad (3.7.3)$$

在此情形下,$\beta_p=\mu_0\hat{p}/B_{\theta a}^2$。对式(3.7.1)应用安培定律,即给出所要求的极向磁场:

$$B_\theta = B_{\theta a}\frac{1-\left(1-\frac{r^2}{a^2}\right)^{\nu+1}}{r/a} \qquad (3.7.4)$$

利用式(3.7.4)所表示的 B_θ,对式(3.7.2)做数值积分即可得到作为 β_p 和 ν 的函数的 Δ_s。然而更有用的是用内电感 l_i 而不是 ν,内电感定义为

$$l_i = \frac{\overline{B_\theta^2}}{B_{\theta a}^2} = \frac{2\int_0^a B_\theta^2 r\,\mathrm{d}r}{a^2 B_{\theta a}^2} \qquad (3.7.5)$$

图 3.7.1 给出了 $l_i(\nu)$ 的图像,下述关系给出了误差在 2% 以内的经验拟合修正:

$$l_i = \ln(1.65+0.89\nu)$$

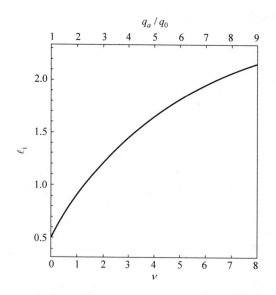

图 3.7.1　作为 ν 的函数的电流分布 $j = \hat{j}\,(1-(r/a)^2)^{\nu}$ 的内电感分布

　　参数 ν 与边界及中心的 q 值的关系为 $q_a/q_0 = \nu + 1$。图 3.7.1 中也给出了这个比值。计算得到的沙弗拉诺夫位移以 (β_p, l_i) 平面内 $(R/a)\Delta_s/a$ 等值线的形式示于图 3.7.2。

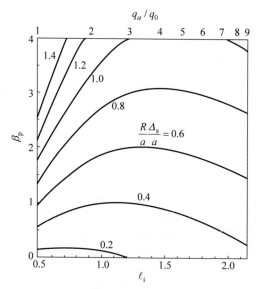

图 3.7.2　对于式(3.7.1)给出的压强分布和电流分布,以 (β_p, l_i) 平面内 $(R/a)\Delta_s/a$ 的
等值线给出的沙弗拉诺夫位移 Δ_s

3.8　真空磁场

　　3.6 节的计算给出了等离子体平衡的一个近似解,这个解给出了 $r=a$ 位置处等离子体表面的极向磁场的变化。这反过来又决定了真空磁场,并且规定了维持平衡所需的外加磁场。

首先有必要从等离子体平衡来确定 $B_\theta(a)$，利用 3.6 节引入的大环径比展开，B_θ 可以写为

$$B_\theta = \frac{1}{R} \frac{\partial \psi}{\partial r} = \frac{1}{R_0 + r\cos\theta} \frac{\partial \psi}{\partial r} \tag{3.8.1}$$

其中，

$$\psi = \psi_0 - \Delta(r) \frac{\mathrm{d}\psi_0}{\mathrm{d}r}\cos\theta \tag{3.8.2}$$

其中，$\Delta(r)$ 由式(3.6.7)的解决定。利用 $\Delta(a)=0$，式(3.8.1)和式(3.8.2)给出 $r=a$ 位置处的极向磁场：

$$B_\theta(a) = B_{\theta 0}(a) \left[1 - \left(\frac{a}{R_0} + \left(\frac{\mathrm{d}\Delta}{\mathrm{d}r} \right)_a \right) \cos\theta \right] \tag{3.8.3}$$

现在必须计算出 $\mathrm{d}\Delta/\mathrm{d}r$。为此对式(3.6.7)进行积分并对右边做分部积分，得到：

$$\frac{\mathrm{d}\Delta}{\mathrm{d}r} = \frac{2\mu_0}{rR_0 B_{\theta 0}^2} \left[r^2 p_0 - \int_0^r \left(2p_0 + \frac{B_{\theta 0}^2}{2\mu_0} \right) r\,\mathrm{d}r \right] \tag{3.8.4}$$

利用式(3.8.3)和式(3.7.5)给出的 β_p 和 l_i 的定义，并取 $p_0(a)=0$，则由式(3.8.4)得到：

$$\left(\frac{\mathrm{d}\Delta}{\mathrm{d}r} \right)_a = -\frac{a}{R_0} \left(\beta_p + \frac{l_i}{2} \right) \tag{3.8.5}$$

将式(3.8.5)代入式(3.8.3)得出：

$$B_\theta(a) = B_{\theta 0}(a) \left(1 + \frac{a}{R_0} \Lambda \cos\theta \right) \tag{3.8.6}$$

其中，

$$\Lambda = \beta_p + \frac{l_i}{2} - 1$$

真空磁场必须与这个 $B_\theta(a)$ 的解匹配。真空磁场由方程 $(\nabla \times \boldsymbol{B})_\phi = 0$ 给出。利用式(3.2.2)，在当前坐标系下，$(\nabla \times \boldsymbol{B})_\phi$ 取式(3.6.2)左边的形式。在大环径比近似下，$r \ll R_0$ 处的解为

$$\psi - \frac{\mu_0 I}{2\pi} R_0 \left(\ln\frac{8R_0}{r} - 2 \right) + \frac{\mu_0 I}{4\pi} \left[r \left(\ln\frac{8R_0}{r} - 1 \right) + \frac{c_1}{r} + c_2 r \right] \cos\theta \tag{3.8.7}$$

其中，$I(= -2\pi a B_{\theta 0}(a)/\mu_0)$ 是等离子体电流。常量 c_1 和 c_2 取决于下述要求：$B_\theta(a)$ 必须与式(3.8.6)的解匹配且满足 $B_r(a)=0$。

将式(3.8.7)代入式(3.8.1)的展开式，得到 $B_\theta(a)$ 在真空下的解。将这个解与式(3.8.6)匹配，给出：

$$\frac{1}{a^2} c_1 - c_2 = \ln\frac{8R_0}{a} + 2\Lambda \tag{3.8.8}$$

由于 $B_r = -(1/R_0 r)\partial\psi/\partial\theta$，故边界条件 $B_r(a)=0$ 意味着式(3.8.7)里 $\cos\theta$ 的系数在 $r=a$ 处为 0。因此利用式(3.8.8)，得出 c_1 和 c_2 的值为

$$c_1 = a^2 \left(\Lambda + \frac{1}{2} \right), \qquad c_2 = -\left(\ln\frac{8R_0}{a} + \Lambda - \frac{1}{2} \right)$$

代入式(3.8.7)，得到：

$$\psi = \frac{\mu_0 I}{2\pi} R_0 \left(\ln\frac{8R_0}{r} - 2 \right) - \frac{\mu_0}{4\pi} r \left[\ln\frac{r}{a} + \left(\Lambda + \frac{1}{2} \right) \left(1 - \frac{a^2}{r^2} \right) \right] \cos\theta$$

式(3.8.7)中的因子 $\ln(8R_0/r)-2$ 是一个近似量,仅在 $r \ll R_0$ 条件下有效,在 $r \to \infty$ 时为 0。因此对于较大的 r,ψ 取 $(\mu_0 I/4\pi)c_2 r\cos\theta$ 的形式,对应于垂直场 $(\mu_0 I/4\pi)c_2/R_0$,即

$$B_v = -\frac{\mu_0 I}{4\pi R_0}\left(\ln\frac{8R_0}{a} + \Lambda - \frac{1}{2}\right)$$

这便是维持等离子体平衡所需的垂直磁场,其作用是提供一个向内的力以平衡等离子体向外的环力。

3.9 电场

在托卡马克平衡中,电场有三个分量。在磁面上的两个分量可以视为环向分量和极向分量,或者是平行于磁场和垂直于磁场的分量。第三个分量垂直于磁面,即"径向"电场。

等离子体放电是利用环向电场实现的。这个电场首先在等离子体外部区域产生电流,然后该电流及其相伴的电场向等离子体内部扩散。在简单的模型下,这个扩散由麦克斯韦方程组和欧姆定律决定。然而,实际行为要复杂得多,因为等离子体的电导率取决于温度,而温度由欧姆加热和能量输运过程决定,而且这些过程往往还伴随着各种不稳定性。

影响放电行为的另一个因素是 $\boldsymbol{E} \times \boldsymbol{B}$ 漂移。在圆柱几何位形下,轴向电场产生一个向内的漂移速度 E_z/B_θ。这种向内运动导致一个负的压强梯度,这个梯度反过来驱动一个向外扩散的等离子体通量。最终这个向外的通量流与向内的 $\boldsymbol{E} \times \boldsymbol{B}$ 漂移达到平衡,进而形成等离子体平衡。在这种稳态下,径向速度为零并且欧姆定律变成简单的形式 $E = \eta j$。在托卡马克中,实际行为更加复杂,这一方面是因为环向几何的缘故,另一方面是因为等离子体横越磁场的流动取决于反常输运而不仅仅是简单的电阻性。

然而,一个简化的特征是在最终稳态下,等离子体内的磁场不随时间变化,结果等离子体内的通量也不会变化。因此根据法拉第定律,$\boldsymbol{\nabla} \times \boldsymbol{E} = 0$。采用柱坐标系 (R,ϕ,z) 并取 z 轴沿着环的对称轴,则这个方程的 z 分量为

$$E_\phi = \frac{c}{R}$$

其中,c 是常数。恒定的环向电压 $2\pi R E_\phi$ 由环向上施加的变化磁通来维持。

法拉第定律还给出极向电场 $\boldsymbol{E}_p$ 的一个简单结果。在稳态下,环向磁场是一个定值,故 $\boldsymbol{\nabla} \times \boldsymbol{E} = 0$ 意味着

$$\oint \boldsymbol{E}_p \cdot \mathrm{d}\boldsymbol{s} = 0$$

其中积分沿着等离子体内的任意极向回路。然而,如下文所描述的那样,这并不意味着 $\boldsymbol{E}_p$ 本身为零。

在平衡态下,等离子体的每一种组分必然满足自身的力平衡方程。垂直于磁面的分量的方程为

$$n_j e_j\left[E_n + (\boldsymbol{v}_j \times \boldsymbol{B})_n\right] = \frac{\mathrm{d}p_j}{\mathrm{d}x_n}$$

其中,下标 n 表示垂直分量。因此,"径向"压强梯度力由其他场的力来平衡。这些力是径向电场力和各组分在磁面的流速引起的 $\boldsymbol{v}_j \times \boldsymbol{B}$ 的力。这两项的贡献取决于坐标系的选取。

在一个速度等于 v_j 的坐标系下,压强梯度完全由电场平衡。另一方面,对所有组分求和,并且运用准中性的假设 $\sum_j n_j = 0$,可知在任何坐标系下,总的压强梯度由 $\sum_j n_j e_j (v_j \times \boldsymbol{B})_n$ 来平衡,实际上这就是 $\boldsymbol{j} \times \boldsymbol{B}$。

3.10 粒子轨道

在一个均匀磁场中,带电粒子围绕磁场线做回旋运动,并且粒子轨道的导向中心沿磁场线以固定的速度移动。在托卡马克中,磁场的不均匀性导致导向中心漂移。在无碰撞的假设下,这些漂移产生两种类型的导向中心轨道。

具有足够大的平行于磁场的速度的粒子将不停地在圆环中运动,这些粒子叫做通行粒子。而其余的便是俘获粒子,它们因磁镜效应被束缚在大环的外侧,如图 3.10.1 所示。磁镜效应是因磁场极向上的变化形成的。这两种类型的轨道都处于环向对称的漂移面上。这些漂移面在极向上的截面如图 3.10.2 所示,粒子轨道也投影在该截面上。碰撞重要与否的条件将在 3.12 节中讨论。

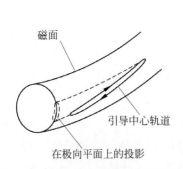

图 3.10.1 俘获粒子的香蕉轨道及其在极向截面的投影

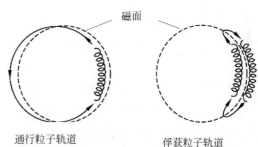

图 3.10.2 通行粒子的轨道和俘获粒子的轨道(香蕉轨道)形成的漂移面 大环主轴位于左边

这些轨道被限制在磁面中距离 d 的位置上。这个距离可以通过正则角动量守恒(具有环向对称性)的条件计算出来。这种守恒可以利用下述环向上的运动方程对机械动量的变化做计算来证明:

$$m_j \frac{\mathrm{d}}{\mathrm{d}t}(R v_\phi) = e_j R(\boldsymbol{v} \times \boldsymbol{B})_\phi \qquad (3.10.1)$$

利用式(3.2.2)替换 $\boldsymbol{B}$,式(3.10.1)可以写为

$$m_j \frac{\mathrm{d}}{\mathrm{d}t}(R v_\phi) = -e_j \boldsymbol{v} \cdot \boldsymbol{\nabla}\psi \qquad (3.10.2)$$

其中,ψ 是极向磁通函数。由于 $\mathrm{d}\psi/\mathrm{d}t = \boldsymbol{v} \cdot \boldsymbol{\nabla}\psi$,式(3.10.2)变为

$$\frac{\mathrm{d}p_\phi}{\mathrm{d}t} = 0$$

其中,正则动量 p_ϕ 由下式给出:

$$p_\phi = m_j R v_\phi + e_j \psi \qquad (3.10.3)$$

现在来计算漂移轨道与磁面的分离距离。从式(3.10.3)可以看出,p_ϕ 的守恒意味着轨道包含 ψ 的变化,而这反过来说明横越磁面的粒子有一定位移。对于较小的位移 d,磁通函

数的变化为

$$|\delta\psi| = |\nabla\psi| d \tag{3.10.4}$$

利用式(3.10.3)得到 $\delta\psi$,于是式(3.10.4)给出:

$$d = \left| \frac{m_j}{e_j} \frac{\delta(Rv_\phi)}{|\nabla\psi|} \right| \tag{3.10.5}$$

利用式(3.3.2)可以得到 $|\nabla\psi| = R_0 B_\theta$,取 $\delta(Rv_\phi)$ 的最大值为 $R_0 v_\phi$,其中 v_ϕ 是粒子环向速度的最大值,再结合式(3.10.5),可以给出 d 的近似上限为

$$d \lesssim \left| \frac{v_\phi}{\omega_{c\theta}} \right|$$

其中, $\omega_{c\theta} = \dfrac{e_j B_\theta}{m_j}$;距离 $v_\phi / \omega_{c\theta}$ 是速度为 v_ϕ 的粒子在极向磁场 B_θ 中的拉莫尔半径。

具有较低的平行于磁场方向速度的粒子被束缚在大环外侧的弱场区。这种行为将在 3.11 节中描述。在 $(r/R) \ll 1$ 的近似条件下,俘获粒子的速度空间是一个锥形 $|v_{\parallel 0}/v_{\perp 0}| \lesssim (2r/R_0)^{1/2}$,其中 $v_{\parallel 0}$ 和 $v_{\perp 0}$ 分别是粒子轨道上最弱磁场处的平行于和垂直于磁场的粒子速度。俘获粒子轨道的计算见 3.12 节。

通行粒子的漂移面取决于粒子运动的两个分量。一个是平行于磁场方向的运动,它产生极向旋转。对于强通行粒子,这个旋转的频率为

$$\omega = (B_\theta / B) v_{\parallel 0} r$$

另一个分量是垂直方向的漂移,它由环向磁场的梯度和曲率引起,如式(2.6.9)所描述,即

$$v_d = \frac{m_j \left(v_\parallel^2 + \dfrac{1}{2} v_\perp^2 \right)}{e_j R B_\phi} \tag{3.10.6}$$

将这些方程联立,即可得漂移轨道的方程:

$$\frac{\mathrm{d}R}{\mathrm{d}t} = \omega z, \qquad \frac{\mathrm{d}z}{\mathrm{d}t} = -\omega(R - R_c) + v_d$$

其中, z 是垂直坐标; R_c 是磁面截面中心的 R 坐标。

漂移面的最终方程为

$$\left(R - R_c - \frac{v_d}{\omega} \right)^2 + z^2 = 常数$$

这是一个偏离磁面一定距离的圆截面,偏离的距离为

$$d = -\frac{v_d}{\omega} \approx -\frac{r}{R} \frac{v_\parallel}{\omega_{c\theta}}$$

它比上面导出的最大值要小一个因子 r/R。

3.11 粒子俘获

由于真空环向磁场正比于 $1/R$,因此磁场在环的外侧要弱一些。在这个区域,粒子平行于磁场方向的速度如果较小,那么当它们运动到强场区时便会由于磁镜效应而被反射回来。在不考虑碰撞的情况下,这些粒子被俘获在弱场区,被不断地反射,就好像在两个折返点之间来回弹跳一样。

磁镜力对于俘获的作用见式(2.5.8)。其效应可看作是作用在粒子轨道磁矩 μ 上的力,较容易理解:

$$\boldsymbol{F} = -\mu \boldsymbol{\nabla}_{/\!/} B \tag{3.11.1}$$

其中,$\mu = \dfrac{\dfrac{1}{2} m v_\perp^2}{B}$。如 2.7 节所述,$\mu$ 在粒子运动期间几乎是一个不变量,粒子俘获的判据可以根据这个结果计算出来。

在粒子轨道上,磁场在中平面上有最小值 B_{min}。用下标 0 表示粒子在该位置上的速度,μ 的守恒性给出:

$$\frac{v_\perp^2}{B} = \frac{v_{\perp 0}^2}{B_{min}} \tag{3.11.2}$$

在反射点,有 $v_{/\!/} = 0$,并且能量守恒要求为

$$v_\perp^2 = v_{\perp 0}^2 + v_{/\!/0}^2$$

代入式(3.11.2),即可得到反射点的场强 B_b 为

$$\frac{B_b}{B_{min}} = 1 + \left(\frac{v_{/\!/0}}{v_{\perp 0}}\right)^2 \tag{3.11.3}$$

因此,倾角 $v_{/\!/0}/v_{\perp 0}$ 越小,粒子在两反射点之间的轨迹越短。

很明显,粒子被俘获的条件可以这样给出:给定粒子在中平面处的倾角 $v_{/\!/0}/v_{\perp 0}$,则粒子被反射所需的反射点的磁场值 B_b 由式(3.11.3)给出。通过取环向磁场的真空值可以得到这个条件的一个近似表达式:

$$B = B_0 \frac{R_0}{R}$$

其中,B_0 是大半径 R_0 处的磁场值。在小半径为 r 的磁面上,其磁场最大值与最小值的比值为

$$\frac{B_{max}}{B_{min}} = \frac{R_0 + r}{R_0 - r}$$

因此,利用式(3.11.2),粒子被俘获的条件 $B_b < B_{max}$ 变成

$$\left(\frac{v_{/\!/0}}{v_{\perp 0}}\right) < \left(\frac{2r}{R_0 - r}\right)^{1/2} \tag{3.11.4}$$

对于各向同性的分布函数,比如麦克斯韦分布,被俘获的粒子数由速度分布决定,俘获比例 f 为

$$f = \left(\frac{v_{/\!/0}}{v_0}\right)_{crit} \tag{3.11.5}$$

其中,v_0 是粒子总的速度。利用 $v^2 = v_{/\!/}^2 + v_\perp^2$,式(3.11.5)可以写成

$$\left(\frac{v_{/\!/}}{v}\right)^2 = \frac{(v_{/\!/}/v_\perp)^2}{1 + (v_{/\!/}/v_\perp)^2}$$

将式(3.11.4)给出的 $v_{/\!/}/v_{\perp 0}$ 的临界条件 $(v_{/\!/0}/v_{\perp 0})_{crit}$ 代入,利用式(3.11.5),可得俘获比例为

$$f = \left(\frac{2r}{R_0 + r}\right)^{1/2}$$

对于 $R_0/r < 7$,超过 1/2 的粒子是俘获粒子,图 3.11.1 给出了 $f(r/R_0)$ 的函数关系。

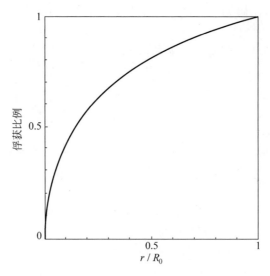

图 3.11.1　俘获粒子的比率与磁面的环径比倒数(r/R_0) 的关系

3.12　俘获粒子轨道

俘获粒子的反射运动可以用式(3.11.1)给出的力来计算。写出大半径的坐标 $R = R_0 + r\cos\theta$,磁场的平行梯度 $\mathrm{d}B/\mathrm{d}s$ 可以由下式给出:

$$B = B_0\,\frac{R_0}{R} = \frac{B_0}{1 + (r/R_0)\cos\theta} \tag{3.12.1}$$

对于强俘获粒子($\theta \ll 1$),在大环径比的情形下,有

$$\frac{\mathrm{d}B}{\mathrm{d}s} = \frac{rB_0}{R_0}\,\frac{\mathrm{d}(\theta^2/2)}{\mathrm{d}s} \tag{3.12.2}$$

磁场线的方程是 $r\,\mathrm{d}\theta/\mathrm{d}s = B_\theta/B$,故 $\theta = (B_\theta/rB)s$。将式(3.12.2)代入式(3.12.1),运动方程为

$$\frac{\mathrm{d}^2 s}{\mathrm{d}t^2} = -\omega_b^2 s \tag{3.12.3}$$

其中反射频率为

$$\omega_b = \frac{v_\perp}{qR_0}\left(\frac{r}{2R_0}\right)^{1/2} \tag{3.12.4}$$

由于 $q = rB_0/(R_0 B_\theta)$,故沿磁场的运动为

$$s = s_b\sin(\omega_b t)$$

又因为 $\theta \propto s$,故运动的 θ 分量为

$$\theta = \theta_b\sin(\omega_b t) \tag{3.12.5}$$

折返点 θ_b 可以由式(3.11.3)的反射条件给出。对于 $\theta_b \ll 1$ 的情形,式(3.12.1)给出:

$$\frac{B_b}{B_{\min}} = 1 + \frac{r}{R_0}\,\frac{\theta_b^2}{2}$$

再代入式(3.11.3),得到:

$$\theta_{b} = \frac{v_{/\!/0}}{v_{\perp}}\left(\frac{2R_0}{r}\right)^{1/2}$$

俘获粒子所在的漂移面现在可通过将环向磁场引起的垂直漂移的 r 分量包含进式(3.10.6)来给出。对于 $v_{\perp} \gg v_{/\!/}$ 的漂移,$v_d = \frac{1}{2}m_j v_{\perp}^2/(e_j RB_\phi)$ 几乎是个常量,并且其径向分量为

$$\frac{\mathrm{d}r}{\mathrm{d}t} = v_d \sin\theta \approx v_d \theta \tag{3.12.6}$$

式(3.12.5)给出:

$$\frac{\mathrm{d}\theta}{\mathrm{d}t} = \omega_b \theta_b \left[1 - \left(\frac{\theta}{\theta_b}\right)^2\right]^{1/2} \tag{3.12.7}$$

然后与式(3.12.6)和式(3.12.7)联立,即可导出漂移面的微分方程:

$$\frac{\mathrm{d}r}{\mathrm{d}\theta} = \frac{v_d}{\omega_b \theta_b} \frac{\theta}{\left[1 - \left(\frac{\theta}{\theta_b}\right)^2\right]^{1/2}} \tag{3.12.8}$$

因此,对式(3.12.8)进行积分,即得漂移面的方程为

$$(r - r_0)^2 = \left(\frac{\theta_b v_d}{\omega_b}\right)\left[1 - \left(\frac{\theta}{\theta_b}\right)^2\right] \tag{3.12.9}$$

这个曲面具有香蕉的形状,如图 3.10.2 所示,故其轨道称作香蕉轨道。根据式(3.12.9),轨道的半宽度 Δr 为 $\theta_b v_d/\omega_b$,即

$$\Delta r = \frac{v_{/\!/}}{\omega_{c\theta}} \tag{3.12.10}$$

其中,$\omega_{c\theta} = e_j B_\theta/m_j$。因此 Δr 与速度为 $v_{/\!/}$ 的粒子在极向磁场 B_θ 中运动的拉莫尔半径相等。

现在有必要确定在碰撞情形下粒子被俘获的条件。潜在的俘获粒子的速度处于满足式(3.11.4)的速度锥空间内。碰撞导致这些粒子在速度空间内扩散,并且有一个扩散出俘获锥的特征时间,这个特征时间与俘获角的平方成正比:

$$\tau_{\mathrm{detrap}} \approx \frac{2r}{R_0}\tau_{\mathrm{coll}} \tag{3.12.11}$$

其中,τ_{coll} 是大角散射的碰撞时间。

阻止俘获的碰撞条件是退俘获时间小于式(3.12.4)给出的反射周期 ω_b^{-1}。故根据式(3.12.11),碰撞导致的退俘获条件为

$$\tau_{\mathrm{coll}} \lesssim \left(\frac{R_0}{r}\right)^{\frac{3}{2}} \frac{qR_0}{\sqrt{2}}$$

这个条件可以用式(2.15.3)给出的电子和离子的碰撞时间 τ_e 和 τ_i,加上 $v_{\perp} = \sqrt{2}\,v_T$($v_T$ 是粒子热运动速度)来估计。对于典型的托卡马克位形和等离子体密度,该条件给出的电子和离子的临界温度为几百 eV。低于这个临界温度,碰撞将会使粒子退俘获。

3.12.1 土豆轨道

上面对于俘获粒子轨道的分析是建立在对磁面的偏离足够小,使 r 在轨道上几乎是个定值的假设基础上的。从式(3.12.10)可知,该假设的要求是

$$r^{3/2} \gg q\rho R^{1/2} \tag{3.12.12}$$

其中,ρ 是拉莫尔半径。对于氘核,$q\rho R^{1/2}$ 的典型值是几厘米,所以除了小部分中心区域外,

被俘获的氚核都有香蕉轨道。然而,α 粒子的拉莫尔半径相对而言要高一个量级,并且 α 粒子一般都是在等离子体芯部产生,所以通常很难满足式(3.12.12)的判据要求。这些粒子具有更宽的轨道,我们称之为土豆轨道。

粒子轨道通常可由粒子的能量守恒、正则环向角动量守恒和绝热不变量 $\mu = m v_\perp^2 / (2B)$ 共同计算出来。在计算之前,推导出土豆轨道对于展示反射点位于磁轴的情形不无启发性。

平行于磁场的速度由下式给出:

$$v_\parallel^2 = v^2 - v_\perp^2 = \frac{2}{m}(W - \mu B) \tag{3.12.13}$$

其中,W 是粒子的能量。如果反射点 $v_\parallel = 0$ 位于磁轴上,则有 $W = \mu B_0$,且

$$v_\parallel^2 = v_\perp^2 \left(1 - \frac{B}{B_0}\right) \tag{3.12.14}$$

利用式(3.12.1),假设为大环径比的情形,式(3.12.14)变成

$$v_\parallel^2 = v_\perp^2 \frac{r}{R_0} \cos\theta \tag{3.12.15}$$

环向运动方程为

$$m \frac{\mathrm{d}v_\phi}{\mathrm{d}t} = e_j v_r B_\theta \tag{3.12.16}$$

取 $B_\theta = B_\theta' r$,并将 v_r 写成 $v_r = \dfrac{\mathrm{d}r}{\mathrm{d}t}$ 的形式,式(3.12.16)变成

$$m \frac{\mathrm{d}v_\phi}{\mathrm{d}t} = e_j B_\theta' r \frac{\mathrm{d}r}{\mathrm{d}t}$$

通过积分得到:

$$v_\phi = \frac{e B_\theta'}{2m} r^2 \tag{3.12.17}$$

由于 $v_\phi = v_\parallel B_\phi / B \approx v_\parallel$,式(3.12.15)和式(3.12.17)合并给出粒子的轨道:

$$\left(\frac{r}{R_0}\right)^3 = \left(\frac{2\rho q}{R_0}\right)^2 \cos\theta$$

其中,$q = B / R_0 B_\theta'$。土豆轨道如图 3.12.1 所示。

3.12.2 一般轨道

粒子的正则环向角动量为

$$p_\phi = m R v_\phi - e_j \psi \tag{3.12.18}$$

其中,ψ 是式(3.2.2)定义的极向磁通函数,取 $v_\phi = v_\parallel B_\phi / B$,可得:

$$v_\parallel = \frac{p_\phi + e_j \psi}{m R} \frac{B}{B_\phi} \tag{3.12.19}$$

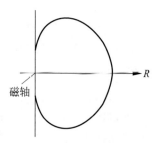

图 3.12.1 穿越磁轴的
粒子的土豆轨道

消去式(3.12.13)和式(3.12.19)中的 v_ϕ 可得:

$$2m(W - \mu B) = \left[(p_\phi + e_j \psi) \frac{B}{R B_\phi}\right]^2 \tag{3.12.20}$$

对于特定常数 W, μ 和 p_ϕ 及特定的 $\boldsymbol{B}$(从而 B_ϕ 和 ψ)的空间分布,式(3.12.20)给出一般粒子轨道。

3.13 等离子体旋转

当中性粒子束注入等离子体后,如果束粒子在环向上有速度分量,那么束粒子的动量便会沉积在等离子体中,从而导致其环向旋转。图 3.13.1 给出了由杂质谱线的多普勒频移测得的等离子体旋转的速度分布。等离子体旋转也可以由离子回旋波驱动,但是驱动的效果要小得多。

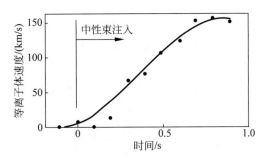

图 3.13.1 由杂质谱线的多普勒频移测得的中性束注入后等离子体旋转的速度分布(JET)

如果粒子扩散出等离子体,并且在表面损失掉,那么等离子体在小截面上会有均匀的速度分布。图 3.13.2 展示了一个典型的速度分布。可以看到,速度在趋向边界时有一个明显的下降,表明在边界存在一个阻力。旋转的径向梯度还意味着等离子体有一种与径向动量输运相伴的黏滞阻力。

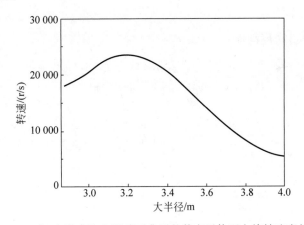

图 3.13.2 JET 中,中性束注入驱动下典型的等离子体环向旋转速度的径向分布

3.13.1 离心效应

等离子体的环向旋转引入了一个离心力,这使得格拉德-沙弗拉诺夫方程不再有效。旋转效应使等离子体被抛向磁面外侧。

等离子体在磁面上的分布可用平行于磁场方向的压强平衡方程计算出来。对于环向对称的等离子体,这个方程简化为磁面在极向平面上的压强平衡方程。因此,如果设 i_ϕ 是环向的单位矢量,ψ 是极向磁通函数,那么可以得到 $i_\phi \times \nabla \psi$ 方向上的压强平衡方程。

图 3.13.3 展示了这种几何,并给出了一部分磁面。沿磁面的距离为 s,大半径的坐标为 R。在磁面上任意一点,大半径矢量与磁面之间的极向角为 θ。对于给定的磁面,$s = s(R)$,于是对于任意的量 y,有

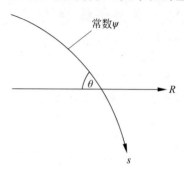

常数 ψ

$$\frac{dy}{ds} = \frac{dy}{dR}\frac{dR}{ds} = \frac{dy}{dR}\cos\theta \qquad (3.13.1)$$

任意组分 j 的压强平衡方程为

$$T_j \frac{dn_j}{ds} = n_j m_j \omega^2 R\cos\theta + n_j Z_j e E_s \qquad (3.13.2)$$

其中,温度 T_j 在磁面上取作常量;n_j 是粒子密度;m_j 和 Z_j 分别是粒子的质量和电荷数;E_s 是沿 s 方向的电场分量;而环向旋转频率 ω 对于所有成分可以认为是相同的。

图 3.13.3 计算离心效应的几何

利用式(3.13.1)可得:

$$\frac{dn_j}{ds} = \frac{dn_j}{dR}\cos\theta \qquad (3.13.3)$$

引入静电势 ϕ 得:

$$E_s = -\frac{d\phi}{ds} = -\frac{d\phi}{dR}\cos\theta \qquad (3.13.4)$$

其中所有导数都对一个恒定的 ψ 而言。

将式(3.13.3)和式(3.13.4)代入式(3.13.2)可得:

$$T_j \frac{dn_j}{dR} = n_j m_j \omega^2 R - n_j Z_j e \frac{d\phi}{dR}$$

对这个方程积分,给出密度剖面:

$$n_j = n_{j0}\exp\left[\frac{\frac{1}{2}m_j\omega^2(R^2 - R_0^2) - e Z_j\phi}{T_j}\right] \qquad (3.13.5)$$

在磁面 $R = R_0$ 位置处,有边界条件 $n_j = n_{j0}$ 和 $\phi = 0$。

对于每一种组分,都有式(3.13.5)和未知的密度 n_j,还有一个未知量 ϕ。因此所需的另一个方程是准中性条件:

$$\sum_j n_j Z_j = 0 \qquad (3.13.6)$$

式(3.13.5)和式(3.13.6)定义了该问题。

对于纯氢等离子体,离子和电子的密度分别是

$$n_i = n_{i0}\exp\left[\frac{\frac{1}{2}m\omega^2(R^2 - R_0^2) - e\phi}{T_i}\right] \qquad (3.13.7)$$

和

$$n_e = n_{e0}\exp\left(\frac{e\phi}{T_e}\right) \qquad (3.13.8)$$

其中电子的离心力可以忽略。利用准中性假设 $n_i = n_e(= n)$、式(3.13.7)和式(3.13.8)给出电势:

$$\phi = \frac{T_e}{T_i + T_e} \frac{m_i \omega^2}{2e} (R^2 - R_0^2)$$

和粒子密度：

$$n = n_0 \exp \frac{m_i \omega^2 (R^2 - R_0^2)}{2(T_i + T_e)} \tag{3.13.9}$$

对式(3.13.9)作幂级数展开：

$$n \approx n_0 \left[1 - \frac{m_i \omega^2 (R^2 - R_0^2)}{2(T_i + T_e)} \right]$$

并利用环径比展开,则磁面附近的密度的全微分 Δn 可以给出：

$$\Delta n = n_0 M^2 \frac{2r}{R_m}$$

其中, $M = \omega R_m / [(T_i + T_e)/m_i]^{1/2}$; r 是磁面的小半径; R_m 是等离子体的大半径。

　　等离子体向外侧的位移有时可以通过软 X 射线辐射观察出来。因为杂质离子相比氢离子有更大的质量,所以杂质离子流的流速可以有大于 1 的马赫数,并且在磁面上杂质密度可能存在相当大的变化。图 3.13.4 展示了一个实验上的例子。

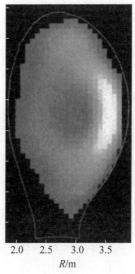

图 3.13.4　等离子体的环向旋转将杂质粒子抛到等离子体外侧

软 X 射线辐射的断层扫描重建显示了这种不对称性(Ingesson, L.C. *et al.*, *Nuclear Fusion* **38**, 1675 (1998))

3.14　电流驱动

　　带有感应电场产生电流的托卡马克反应器是一种脉冲运行装置。这种装置有一个基本缺陷,就是因热循环和能量输出中断而引起的疲劳应力。这些问题可以通过非感应电流驱动系统来消除,这样,托卡马克就有可能连续地进行稳态运行。已经发展出一种高极向比压的运行模式,其中 70% 的等离子体电流是由等离子体自身产生的自举电流提供的。这种运行模式能够在现有技术基础上发挥非感应电流驱动系统的效率。采用非感应电流驱动也是控制径向电流密度剖面所需的,这对于避免或控制 MHD 不稳定性、优化等离子体约束都具有重要意义。等离子体电流密度剖面的优化需要结合多种非感应电流驱动方案。对于等离子体芯部,电流驱动可由快波、高能中性束注入或电子回旋波来提供。但是在小半径较大的位置上,由于电子温度较低,加上俘获电子等不利因素的影响,高效的电流驱动要困难得多。但在 $r/a>0.5$ 的地方,低杂波电流驱动技术可以有效驱动电流。还有其他几种可行的电流驱动方案,各有优势和局限性。下面几节将介绍几种主要的方案。

3.14.1　中性束注入

中性束注入产生绕大环运行的快离子流。这些离子通过与电子碰撞逐渐慢化,同时引起电子沿着与快离子同一方向作环向漂移。因此,这种漂移引起的电子电流与快离子电流是反向的,所以总的电流是这两种电流相互抵消后的结果。而相互抵消的程度取决于三个因素:快的束离子的电荷数 Z_f、等离子体离子的有效电荷数 Z_{eff} 和俘获电子的数量。由于快离子电流和电子电流近乎相互抵消,因此要正确计算净电流,必须对电子电流作准确估计。在通常情形下,电子的热速度要明显高于快离子的速度,在大环径比近似和低碰撞的香蕉轨道的情形下,利用福克-普朗克方程来计算中性束驱动的电流,得到:

$$\frac{I}{I_f}=1-\frac{Z_f}{Z_{eff}}+1.46\sqrt{\varepsilon}\,\frac{Z_f}{Z_{eff}}A(Z_{eff}) \tag{3.14.1}$$

其中,I/I_f 是净电流与快离子流的比值;$\varepsilon=r/R$ 是倒环径比。正常情况下,快离子速度远小于电子热速度,因此函数 A 的取值范围从 $1.67(Z_{eff}=1)$ 到 $1.18(Z_{eff}=4)$ 不等。在式(3.14.1)中,右边第二项代表不含俘获电子的反向电子电流,第三项则是含俘获电子的项。式(3.14.1)通常用于计算给定磁面条件下等离子体局部的束驱动电流密度。在托卡马克中,在中性束注入期间,随着快离子不断绕大环旋转,快离子电流逐渐增大。同时快离子与等离子体中的电子和本底离子碰撞而慢化,并与中性原子发生电荷交换而损失。当快离子电流增加的速率与快离子损失速率达到平衡时,电流便达到稳态。在电荷交换成为损失的主要过程的情况下,快离子的速度可以看作常量,因此特定磁面上的快离子电流密度为

$$j_f=j_i v_{\parallel}\,\tau_{cx}/(2\pi R)$$

其中,j_i 是注入束的电流密度;$v_{\parallel}$ 是快离子平行于磁场的速度;τ_{cx} 是电荷交换时间。快离子电流密度也可以用单位体积内快离子源的离子产生速率 S 来写出:

$$j_f=S\tau_{cx}eZ_f v_{\parallel}$$

通常这需要运用中性束能量沉积的程序代码,这样可以将注入束的几何因素考虑在内,从而确定束在径向位置上的沉积分布。

此外,要计算局部快离子电流密度 j_f,通常需要求解二维福克-普朗克方程或用蒙特卡罗方法来计算束粒子的速度分布。在不考虑俘获的情况下,可以找到一个相对简单的解析解,而电流密度剖面由下式给出:

$$j_f=\frac{S\tau_s eZ_f v_0}{1+\mu_c^2}\int_0^1 f_1(u)u^3\mathrm{d}u$$

其中,τ_s 是快离子的慢化时间,u 是快离子相对于注入速度 v_0 的归一化速度。分布函数 f_1 是 f 的一阶勒让德多项式分量,可以写为

$$f_1=u^{2\beta}\left(\frac{1+u_c^3}{u^3+u_c^3}\right)^{1+2\beta/3}$$

其中，

$$\beta = \frac{m_i Z_{eff}}{2 m_f \overline{Z}},$$

$$u_c^3 = \frac{3\sqrt{\pi}}{4} \frac{m_e \overline{Z} v_{T_e}^3}{m_i v_0^3},$$

$$\overline{Z} = \sum_i \frac{m_f n_i Z_i^2}{m_i n_e}$$

其中，下标 i 表示等离子体离子。

生成快离子电流的效率定义为 j_f 除以单位体积内的功率 $P_d \left(= \frac{1}{2} m_f v_0^2 S \right)$，即

$$\frac{j_f}{P_d} = \frac{2\tau_s e Z_f}{m_f v_0 (1 + u_c^2)} \int_0^1 f_1(u) u^3 du$$

从这个表达式的计算可以看出，要获得最高的效率，就要求有最大的 τ_s。而要获得最大的 τ_s，就需要运行在电子温度最高、电子密度最低的状态下。要使效率最高，还可以让快离子的能量尽量接近所谓临界能量，此时有 u_c 为 1 的量级，也就是说，快离子与电子碰撞和与离子碰撞的效应大致相当（见 5.4 节所述）。实际上，束的能量通常由束的渗透深度的要求决定。束驱动电流的径向分布取决于束能量、沉积分布和束的入射角。

中性束电流驱动的效果已经在大多数大型托卡马克装置上观察到，尽管在许多情况下，中性束注入系统没为高的电流驱动效率而优化。实验测量结果通常与理论预测吻合得很好。在 TFTR 上，11.5 MW 的注入功率得到了 0.34 MA 的中性束驱动电流。在此情形下，计算给出的自举电流达到 0.5 MA，这表明有总计 0.9 MA 的电流是由非感应的方式驱动的。在 DⅢ-D 和 JT-60U 上，在低密度条件下，由自举电流和中性束驱动的总的等离子体电流分别为 0.35 MA 和 0.5 MA。在 JET 上，已经观察到 0.25 MA 的中性束驱动电流。所有这些结果都是利用正离子加速后再中性化所形成的中性束获得的。然而，对于聚变反应堆的等离子体参数，为了保证束的渗透深度，要求中性束的能量达到 1 MeV 的量级。由于正离子束的中性化效率随着能量提高急剧下降，因此如 5.5 节介绍的一样，未来的聚变堆必须采用基于负离子束的中性束系统。这样的系统在 JT-60U 上已经安装完成，并且测得了 1 MA 的驱动电流，其中性束的入射功率为 3.75 MW，束能量为 360 keV。

3.14.2　低杂波电流驱动

在现有托卡马克上，最有效的非感应电流驱动方式是低杂波频段的行波驱动。目前实验采用的频率为 0.8～8 GHz。使用相控波导阵列天线，能量可以以很高的平行于磁场的相速度耦合到低杂波中。这些波和具有与波的相速度相匹配的平行速度的高能电子发生共振，然后通过朗道阻尼（见 5.7 节）被吸收。相控阵天线保证了绝大部分能量被耦合到沿着特定环向传播的波中，这样波粒相互作用才会优先作用在沿该方向运动的电子上。在最简单的图像里，低杂波直接将动量赋给那些电子，在稳态下，这些电子产生一个电流，其大小由动量输入和与离子碰撞损失之间的平衡决定。然而，还有一种更重要的效应是被加速的电子碰撞率降低，从而使动量的损失率变低。由于沿特定环向运动的电子被优先加热，这造成了所谓"非对称电阻性"，这种电流占比可以达到 75%。

低杂波的作用是将电子的平行于磁场的速度 $v_{/\!/}$ 加速到 $v_{/\!/}+\Delta v_{/\!/}$,这就要求单位体积的能量输入不断提高。

$$\Delta E = n_e m_e v_{/\!/}\ \Delta v_{/\!/}$$

假设电子的速度 v 在动量耗散时间尺度 $1/\nu(v)$ 上因碰撞而变得混乱,这个能量输入增量产生一个电流密度增量 j 并且持续一段时间 $1/\nu$:

$$j = n_e e \Delta v_{/\!/} = \frac{\Delta E e}{m_e v_{/\!/}}$$

那么在时间间隔 $1/\nu$ 内维持这个电流所需的能量密度为

$$p_d = \nu \Delta E$$

因此,"电流驱动效率"可以表示为

$$\frac{j}{p_d} = \frac{e}{m_e v_{/\!/}\ \nu}$$

对于 $v_{/\!/} \gg v_{T_e}$,$\nu \propto 1/v_{/\!/}^3$,有

$$\frac{j}{p_d} \propto v_{/\!/}^2$$

这些简单运算主要是想说明碰撞的重要性。碰撞导致电流驱动的效率强烈依赖于电子的平行速度,从而依赖于波的平行相速度(因为在朗道共振条件下,平行相速度 $\omega/k_{/\!/} = v_{/\!/}$,$k_{/\!/}$ 是波矢的平行分量)。精确计算电流的驱动效率要用到速度空间动力学的二维处理。可以证明,对于在 $\hat{s}$ 方向上的速度位移,通常有

$$\frac{j}{p_d} = \frac{e}{\nu_0 m_e v_{T_e}^3} \frac{2}{5 + Z_{eff}} \frac{\hat{s} \cdot (\partial/\partial \boldsymbol{v})(v_{/\!/}\ v^3)}{\hat{s} \cdot (\partial/\partial \boldsymbol{v}) v^2} \tag{3.14.2}$$

其中,ν_0 是电子-离子特征碰撞频率,其值为

$$\nu_0 = \frac{\omega_{pe}^4 \ln \Lambda}{4\pi n_e v_{T_e}^3}$$

对于低杂波,$\hat{s}$ 平行于磁场方向,根据式(3.14.2)可得:

$$\frac{j}{p_d} \propto v_{/\!/}^{-1}(v_{/\!/}^2 + v_\perp^2)^{3/2} + 3v_{/\!/}(v_{/\!/}^2 + v_\perp^2)^{1/2} \tag{3.14.3}$$

对于共振电子,其中垂直于磁场的速度 $v_\perp$ 远远小于 $v_{/\!/}$。从式(3.14.3)可以看出,能量输入引起的项要比动量输入引起的项大 3 倍,因此非对称电阻性提供了 3/4 的电流。这种效应不需要波的动量输入,因为电子载流子的平行动量被与之大小相等但方向相反的离子动量平衡掉了。而离子由于质量很大,在相同的动量下,其所携带的电流几乎可以忽略。

为方便起见,引入归一化的参量 $u = v/v_{T_e}$,$J = j/(n_e e v_{T_e})$ 和 $P_d = p_d(n_e m_e \nu_0 v_{T_e}^2)$。这样式(3.14.2)可以简化为

$$\frac{J}{P_d} = \frac{2}{5 + Z_{eff}} \frac{\hat{s} \cdot (\partial/\partial \boldsymbol{u})(u_{/\!/}\ u^3)}{\hat{s} \cdot (\partial/\partial \boldsymbol{u}) u^2} \tag{3.14.4}$$

对于相速度很高的低杂波,$u_{/\!/} \gg u_\perp$,式(3.14.4)给出:

$$\frac{J}{P_d} \propto u_{/\!/}^2 \propto \frac{(\omega/k_{/\!/})^2}{v_{T_e}^2}$$

在实用单位制下,电流驱动的效率可以表示为

$$\frac{I}{P} = \frac{Aj}{2\pi RA p_d}$$

其中，I 是驱动的总电流；P 是总功率；A 是等离子体截面面积。根据前面定义的归一化电流和能量密度，上式可以表示为

$$\frac{I}{P} = 0.061\,\frac{T_e}{R\,(n_e/10^{20})\,\ln\Lambda}\Big(\frac{J}{P_d}\Big)$$

其中，T_e 的单位是 keV。因此，在上述超热但仍属非相对论性的极限情形下，低杂波的 I/P 与相速度的二次方（通过 J/P_d 因子）成正比，与大半径和密度成反比，但对 Z_{eff} 只有很弱的依赖。在这种特定情形下，驱动效率不取决于电子温度，因为 J/P_d 与 $v_{T_e}^2$ 成反比。这和其他驱动方式不一样，那些方式不产生超热电子，因此与电子温度 T_e 有可资利用的定标关系。而即使是对于中等温度的等离子体，由于对超热电子有很强的朗道阻尼，低杂波也同样有很高的电流驱动效率。相比于其他电流驱动方法，低杂波的这种高效电流驱动能力已得到了大量实验结果数据库的支持，并且形成了按照超热电子的定标律来定义电流驱动效率的品质因数 η 的惯例，即

$$\eta = \frac{RI}{P}\,\frac{\bar{n}_e}{10^{20}}$$

其中，$\bar{n}_e$ 是线平均电子密度；η 的单位为 $m^{-2}\cdot A\cdot W^{-1}$。对于大多数电流驱动方案，$\eta$ 取决于 T_e。对这个问题的全面处理需要计算电子分布函数对入射波的有限谱的响应，需要求解包括电子俘获和相对论效应在内的二维福克-普朗克方程。

　　在许多托卡马克装置上，已经实现了完全由低杂波来驱动等离子体电流。有些实验甚至示范性地进行了低杂波启动放电。在 JT-60U 和 JET 上，利用低杂波驱动已分别得到了 3.6 MA 和 3 MA 的等离子体电流（图 3.14.1）。在这些装置上还实现了 $\eta > 0.3\ A\cdot W^{-1}\cdot m^{-2}$ 的电流驱动品质因数。通过低杂波驱动，在 TRIAM-1 M 上，20 kA 的等离子体电流持续了两小时；在 Tore-Supra 上，0.8 MA 的等离子体电流持续了两分钟。在 Alcator-C 和 FTU 上，在高密度（约 $10^{20}\ m^{-3}$）下，成功演示了高频低杂波的电流驱动。

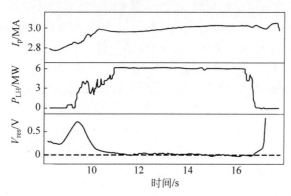

图 3.14.1　JET 上低杂波驱动维持的 3 MA 全等离子体电流放电

图中信号自上面下依次为：等离子体电流 I_p、低杂波功率 P_{LH} 和电阻性环电压 $V_{res}=V_{loop}-(1/I_p)\,d\Big(\frac{1}{2}LI^2\Big)\Big/dt$。电阻性环电压是扣除掉电感效应后的环电压，它代表维持等离子体电流所需的电压。零电阻环电压意味着等离子体电流完全由低杂波来维持(Ekedahl, A. *et al.*, *Nuclear Fusion* **38**,1397(1998))

　　在目前的实验中，低杂波在被完全吸收之前通常需要多次往返穿越等离子体。不管怎样，低杂波用来控制等离子体电流的径向分布的有效性已经在许多装置上得到证明。如上所述，波的相速度越高，其电流驱动效率也越高，但是这些波的穿透能力也越弱（由于模式转

换的限制)。尽管对于聚变堆参数的等离子体,低杂波有望在一次穿越等离子体时就被吸收,但是在这种情形下,较强的朗道阻尼和模式转换估计会限制波向等离子体的外侧半边传播。

3.14.3 快波电子电流驱动

快波电流驱动采用的是离子回旋频率范围内的快磁声波。这种驱动方式也是利用朗道共振来吸收波,这与低杂波驱动在原理上是一致的。但是,作用在电子上的力不仅是波的平行电场,还有波的磁场的平行梯度与电子回旋运动的磁矩之间的相互作用,即所谓的渡越时间磁泵浦(transit time magnetic pumping, TTMP)效应。低杂波的这种净作用要弱得多。此外,其他吸收机制,比如与回旋共振相关的机制,会与电子的朗道阻尼和 TTMP 竞争。在现有的托卡马克上,在一次穿越等离子体时通常只有 10%~20% 的入射功率被吸收。能量主要沉积在芯部,通常在 $r/a \approx 0.4$ 的位置附近,而且这种相互作用不产生超热电子。对于下一代托卡马克,比如 ITER,一次穿越的吸收率有望达到约 50%。在 DⅢ-D 和 Tore-Supra 上,已经用快波驱动起大约 100 kA 的电流。在 DⅢ-D 上观察到,电流驱动的品质因数 η 随着中心电子温度线性增长,这与理论的预言是一致的,其品质因数已经超过 $0.04 \, \mathrm{A \cdot W^{-1} \cdot m^{-2}}$。在 ITER 上,电流驱动的品质因数有望在 $0.15 \sim 0.25 \, \mathrm{A \cdot W^{-1} \cdot m^{-2}}$ 范围内,当然这取决于电子温度的高低。不同于其他方案,快波电流驱动即使在反应堆的高密度等离子体中也不存在穿透深度的问题。

3.14.4 电子回旋波电流驱动

在低杂波驱动的情形下,只有 25% 的驱动电流是直接由于波的动量输入而产生的(式(3.14.3)),其余 75% 是由能量输入导致"不对称电阻性"贡献的。实际上,即使入射波的动量小到可以忽略,比如电子回旋波,也可以用来驱动电流。这种驱动方式是通过只加热沿着特定环向的回旋电子来实现的。比起那些沿着环向上相反方向回旋的电子,这些被优先加热的电子与离子的碰撞频率更低。因此,电子整体上有净的平行动量传输给离子。由于电子和离子沿环向上相反方向漂移,从而产生电流。

这个效应可以通过对式(3.14.4)的进一步分析来量化。电子回旋波的作用主要是在垂直方向上加速电子。对此式(3.14.4)给出:

$$\frac{J}{P_{\mathrm{d}}} = \frac{2}{5 + Z_{\mathrm{eff}}} \left(\frac{3}{2} u_{/\!/} u \right) \tag{3.14.5}$$

而低杂波主要是在平行方向上加速电子,由式(3.14.4)给出:

$$\frac{J}{P_{\mathrm{d}}} = \frac{2}{5 + Z_{\mathrm{eff}}} \left(\frac{u}{2u_{/\!/}} \right) (4u_{/\!/}^2 + u_{\perp}^2) \tag{3.14.6}$$

比较式(3.14.5)和式(3.14.6)可以看出,在 $u_{/\!/} \gg u_{\perp}$ 的高速极限下,电子回旋电流驱动的归一化效率是低杂波电流驱动效率的 3/4。线性化的福克-普朗克理论的结果如图 3.14.2 所示,可以看出,其结果与上面对超热的平行电子速度的分析是一致的。

在 l 次回旋谐波附近发生相互作用的电子回旋共振条件是

$$\omega - l\omega_{\mathrm{ce}}(R) = k_{/\!/} v_{/\!/} \tag{3.14.7}$$

其中,电子回旋频率 ω_{ce} 是大半径 R 的函数,这是因为环向磁场取决于大半径 R。式(3.14.7)

右边的项表示多普勒效应带来的共振频移。从共振条件可以看出，对于给定的取向(即 $k_{/\!/}$ 的给定符号)，共振的平行速度在"无频移"共振层(即 $\omega = l\omega_{ce}$)的另一侧要改变符号，所以会引起反向的环向电流。因此如果要获得高效率的驱动电流，以确保波只在共振层的一侧被阻尼掉，就必须在一次传播中有很强的吸收率。幸运的是，现今的托卡马克都属于这种情形。通过操作入射微波束的取向调节环向磁场，目前已经实现了电子回旋波段的局部强吸收，并且具备了控制其吸收位置的能力。这使得电子回旋波特别适合通过驱动局域电流来控制 MHD 不稳定性。在一些托卡马克上，已经有效验证了电子回旋驱动对锯齿的控制及对撕裂模的稳定作用。电流驱动的效率也已经和理论预言做了比较。理论预言是通过射线追踪代码(ray tracing code)来获得能量沉积位置，然后与福克-普朗克计算给出的电流密度相耦合进行的。如果在计算中将电子俘获效应、相对论效应及径向电子扩散都考虑在内，那么测量给出的结果与这些计算结果之间具有合理的一致性。据报道，在 T-10 上，电流驱动的品质因数超过 $0.03\ \mathrm{A \cdot W^{-1} \cdot m^{-2}}$；在 TCV 上，利用电子回旋波驱动已经得到了约 150 kA 的全等离子体电流。

电子回旋波无论是对芯部电流的驱动还是对离轴电流的驱动，效率都很高。对于 ITER 的芯部电流驱动，品质因数或许可以达到 $0.2 \sim 0.3\ \mathrm{A \cdot W^{-1} \cdot m^{-2}}$，当然这取决于电子温度和电子回旋系统的参数。然而，对于在较大的小半径处的电流驱动，电子的俘获会对电流驱动效率有较强的减弱效应。

3.14.5 快波少数离子电流驱动

同样原理也可以应用到离子回旋频率的范围上，即非对称地加热注入到等离子体中的少数离子。通过离子-离子碰撞的作用，这种加热可以产生反向漂移的离子，如果离子的电荷质量比不同，那么便可以产生净的电流。如同中性束注入的情况，离子与电子的摩擦引起的电子电流抵消了部分离子电流。对于氘等离子体中掺杂少数离子 ^{3}He 的情形，图 3.14.2 展示了其驱动效率。由图可见，其效率与中性束电流驱动的效率相近。

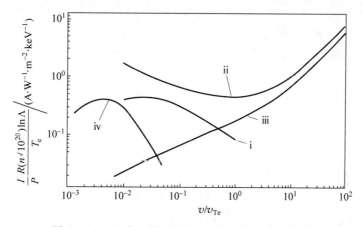

图 3.14.2 几种电流驱动方式的理论效率值的比较

(i) 氘中性束注入 D-T 等离子体；(ii) 低杂波的朗道阻尼；(iii) 电子回旋波；(iv) 氘等离子体中掺杂少数 $\mathrm{He^3}$ 粒子

这里 $I(\mathrm{A})$ 是总电流，$P(\mathrm{W})$ 是输入到托卡马克等离子体的总功率，$R(\mathrm{m})$ 是托卡马克的大半径，$n(10^{20}\ \mathrm{m^{-3}})$ 是等离子体密度，$T_e(\mathrm{keV})$ 是温度，v 是波的相速度或束粒子速度，而 v_{T_e} 是电子的热速度

　　利用定向快波和少数氢离子在 $q=1$ 磁面附近共振的方法,在 JET 上已获得了这种电流驱动的证据。预计少数离子电流驱动会对电流密度剖面产生一种局部的双极扰动,这是因为波会在非位移共振面的某一侧被吸收,从而导致反向电流驱动(对定向波而言)。当共振吸收位置靠近 $q=1$ 磁面,这种局部的双极电流密度扰动会影响锯齿不稳定性。图 3.14.3 展示了 JET 上的这种情形。当波以反平行于等离子体电流的方向入射时,锯齿振荡几乎被完全稳定下来。当波反向入射时,锯齿振荡变得失稳,锯齿周期变短且幅度较小。在锯齿反转期间,等离子体温度剖面在 4 keV 处变得平坦。与之相比,天线处于致稳模式时,温度呈峰形分布,中心峰值达 6 keV。这种温度剖面的差异导致 D-D 聚变反应率相差两倍。

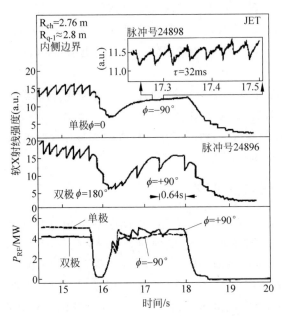

图 3.14.3　当电流驱动位于 $q=1$ 磁面附近时,少数离子电流驱动对锯齿振荡的致稳作用可从软 X 射线强度上看出来。当天线电流相位为 $\phi=+90°$ 时,锯齿被稳定一段时间。当 $\phi=-90°$ 时,即驱动电流反向时,锯齿失稳,变成快速小幅振荡,在此之后的软 X 射线强度则与 $\phi=+90°$ 时是相同的(Bhatnagar, V. P. *et al.* *Nuclear Fusion* **34**,1579(1994))

3.15　小结

　　存在多种非感应电流驱动的方法,不同方法具有各自的特点和性质。比如,电子回旋电流驱动提供了一种局域的、可控的非感应电流驱动方式,非常适于控制 MHD 不稳定性;低杂波电流驱动则具有在等离子体外半侧提供高效率驱动电流的潜力。许多托卡马克上已经实现用完全非感应驱动的方式来维持等离子体电流。在现有装置上,由于与超热电子的相互作用,目前低杂波驱动产生的电流最大。在未来反应堆上,可能会采用多种方案相结合的方式来进行电流驱动。目前测得的电流驱动效率与理论预言吻合得很好,虽然对于高密度等离子体实验数据依然有限。在以稳态运行的托卡马克反应堆上,预计非感应电流驱动的效率会导致无法接受的高的再循环功率,除非很大比例的等离子体电流由自举效应自发产生。在现有托卡马克装置上,自举电流占等离子体总电流的比例已经可以超过 70%。

参考文献

环向平衡在以下这些书的章节中有介绍:

Miyamoto，K. *Plasma Physics for Nuclear Fusion*. MIT Press，Cambridge，Mass. (1989).

Bateman，G. *MHD Instabilities*. MIT Press，Cambridge，Mass. (1978).

Freidberg，J. P. *Ideal Magnetohydrodynamics*. Plenum Press，New York (1987).

White，R. B. *Theory of Toroidally Confined Plasmas*. Imperial College Press (2001).

一般平衡问题见

Shafranov，V. D. Plasma equilibrium in a magnetic field. *Reviews of Plasma Physics*（ed. Leontovich，M. A.）Vol. 2，p. 103，Consultants Bureau，New York (1966).

对磁场位形的更广泛的处理见

Solovev，L. S. and Shafranov，V. D. Plasma confinement in closed magnetic systems. *Reviews of Plasma Physics*（ed. Leontovich，M. A.）Vol. 5，p. 1，Consultants Bureau，New York (1966).

下面的综述文章给出了对托卡马克装置的更实际的论述:

Mukhovatov，V. S. and Shafranov，V. A. Plasma equilibrium in a tokamak. *Nuclear Fusion* **11**，605 (1971).

格拉德-沙弗拉诺夫方程

该方程或许应称为 SLSG 方程,原始参考文献有

Shafranov，V. D. On magnetohydrodynamical equilibrium configurations. *Zhurnal Experimentalnoi i Teoreticheskoi Fiziki* **33**，710 (1957)［*Soviet Physics JETP* **6**，545 (1958)］.

Lust，R. and Schlüter，A.，Axialsymmetrische magnetohydrodynamische gleichgewichtskonfigurationen. *Zeitschrift für Naturforschüng* **12A**，850 (1957).

Grad，H. and Rubin，H. Hydromagnetic equilibria and forcefree fields. *Proceedings of the 2nd United Nations International Conference on the Peaceful Uses of Atomic Energy*，Geneva 1958 Vol. 31，190 Columbia University Press，New York (1959).

大环径比

Shafranov，V. D. Section 6 of Plasma equilibrium in a magnetic field. *Reviews of Plasma Physics*（ed. Leontovich，M. A.）Vol. 2，p. 103，Consultants Bureau，New York (1966).

真空磁场

Mukhovatov，M. S. and Shafranov，V. D. Plasma equilibrium in a tokamak. *Nuclear Fusion* **11**，605 (1971).

粒子轨道和粒子俘获

托卡马克中的粒子俘获见

Kadomtsev，B. B. and Pogutse，O. P. Plasma instability of trapped particles in toroidal geometry. *Zhurnal Experimentalnoi i Teoreticheskoi Fiziki* **51**，1734（1966）［*Soviet Physics*，*JETP* **29**，1172 (1967)］.

下述著作的第三章给出过说明：

Miyamoto，K. *Plasma Physics for Nuclear Fusion*. MIT Press，Cambridge，USA (1989).

土豆轨道的描述见

Stringer，T. E. Radial profile of α-particle heating in a tokamak. *Plasma Physics* **16**，651 (1973).

等离子体旋转

等离子体旋转的离心效应见

Wesson，J. A. Poloidal distribution of impurities in a rotating tokamak plasma. *Nuclear Fusion* **37**，577 (1997).

电流驱动

中性束注入电流驱动见

Ohkawa，T. Principles of current drive by beams. *Nuclear Fusion* **10**，185 (1970).

快射频波的使用见

Fisch N. J. Principles of current drive by Landau damping of travelling waves. *Physical Review Letters* **41**，873 (1978).

关于电流驱动的综述见

Proceedings of IAEA Technical Committee Meeting on Non-inductive Current drive in Tokamaks，Culham 1983，Culham Laboratory Report CLM-CD (1983).

一篇关于非感应驱动的全面而清晰的理论综述是

Fisch N. J. *Reviews of Modern Physics*，**59**，175 (1987).

关于采用非感应驱动方法进行优化电流驱动和电流剖面控制的讨论见

US-Japan Workshop on the Physics Issues for Steady-State Tokamaks，June 1993，RIAM，Kyushu University，FURKU report 93-02(02).

第 4 章
约　束

4.1　托卡马克约束

如第 1 章所述,要在托卡马克中达到热核聚变条件,需要将等离子体约束足够长的时间。总体能量约束时间定义为

$$\tau_E = \frac{\int \frac{3}{2} n(T_i + T_e) d^3 x}{P} \tag{4.1.1}$$

其中,P 为输入的总功率。约束要受到热传导和对流过程的限制,而且辐射也是一种能量损失途径。

在没有不稳定性的情形下,环向对称的托卡马克等离子体的约束由库仑碰撞决定。在这些情形下出现的粒子和能量输运已经可以准确计算出了。但不幸的是,实际出现的输运与计算值并不相符。尤其是电子热输运,超出理论预言值两个量级。

人们认为,观察到的反常输运是由等离子体的不稳定性所致。这导致粒子和能量以很高的速率逃逸。这种情形既能够以扰动(它引起横越嵌套状磁面结构的输运)的方式出现,也能够以磁面结构的破缺(使粒子和能量沿着开放的随机磁场线的轨迹流动)的方式出现。然而,尽管在托卡马克上可以观察到各种形式的扰动,但它们与观察到的输运之间的关系并不清楚。此外,虽然理论上已经预言了一系列不稳定性,但由此算出的输运结果与实验观察到的行为之间仍未达到确定的一致性。

在对约束尚缺乏理论理解的情形下,考虑到预测未来托卡马克约束特性的需要,只能求助于经验性的方法。其中最简单的方法就是积累源自众多托卡马克的数据(它们每一个都有自己的运行参数范围),然后运用统计方法来确定约束时间对所涉参数的依赖性。这种方法在一定误差范围内提供了定标表达式,它允许我们外推至未来的托卡马克设计中。

无论如何,对所谓的反常输运予以解释是理论托卡马克物理所面临的最重要的挑战之一。而理解这个问题的途径必然只能从对碰撞引起的不可逆输运的分析开始。特别是这种方法提供了衡量反常效应的基础。但即使是这样一个不考虑复杂的不稳定性的基本情形,也是非常棘手的。

在柱形等离子体中,粒子和能量的碰撞输运可以根据简单的扩散过程来理解,这种输运称为经典输运。粒子以特征碰撞时间 τ_c 经历碰撞,碰撞使粒子以步长等于拉莫尔半径 ρ 的跨度横越磁场。由此给出扩散系数 $D \propto \rho^2/\tau_c$,以及近似的约束时间 $\tau \propto a^2/D$,因此有

$$\tau \propto \left(\frac{a}{\rho}\right)^2 \tau_c$$

其中,a 是等离子体半径。

由于碰撞时间和拉莫尔半径均正比于粒子质量的平方根,因此电子的经典能量约束时间要比离子的经典能量约束时间大$(m_i/m_e)^{1/2}$倍。但由于同类粒子之间的碰撞不产生净的粒子扩散,因此电子和离子的扩散率均由电子-离子碰撞决定,且两种粒子的扩散率均由对电子的随机行走的分析给出。

对于环面情形,由于许多基本原因,上述经典输运模型已不再适用。为了区分清楚,将环面中的碰撞输运称为新经典输运。在低温下(此时等离子体碰撞频繁),描述圆柱中行为的流体方程也适用于环面,但其行为有很大的不同。这时存在一个由环位形引起的沿大半径向外的力,这个力导致内部对流。这个对流引起的净粒子输运比"柱形"情形下大得多。

在温度较高时,流体模型变得不适用。较低的碰撞频率使粒子有由环位形决定的轨道。尤其是那些处于环面外侧较弱磁场中的粒子,它们具有宽度为$(q/\varepsilon^{1/2})\rho$的香蕉轨道。这些较大的轨道使粒子的碰撞扩散比以拉莫尔半径为步长的扩散更大。

高碰撞率的流体情形下的输运称为普费尔施-施吕特(Pfirsch-Schlüter)输运。这个输运区域与低碰撞特性参数的香蕉区之间通过所谓平台区(其输运与碰撞频率无关)相连。在所有这些区域中,经典输运的质量依赖关系均成立。

由密度、温度、磁场和等离子体尺寸l等参数给出的关于普费尔施-施吕特区和香蕉区输运的能量约束时间定标律为

$$\tau_E \propto \frac{T^{1/2}B_p^2}{n}l^2 \qquad (4.1.2)$$

其中,B_p是极向磁场。但实验给出的约束时间不仅比新经典预言值短得多,而且不同于式(4.1.2)给出的定标律。通过实验获得的数据可以导出多个而不是唯一的定标律。然而,对于有辅助加热的托卡马克装置,其输运行为一般可以用戈德斯顿(R. J. Goldston)得到的定标律来说明。这个定标律已被证明适用于很宽的参数范围,其形式为

$$\tau_E \propto \frac{B_p^2}{nT}l^{1.8} \qquad (4.1.3)$$

尽管式(4.1.3)给出的定标律尚缺乏公认的理论基础,但一般认为,在得出上述定标关系的可能的形式时所采用的量纲分析已对其做出了有效约束。反过来,经验定标律可以对引起反常输运损失的物理过程给出一些启示。

理论预期的定标式(4.1.2)与经验关系式(4.1.3)在温度依赖关系上的差别使实现等离子体的高温要比原先预期的更困难。它意味着,随着加热功率的提高,虽然可以达到更高的等离子体压强,但约束变差了。因为由式(4.1.1)和式(4.1.3)可以看到,被约束的能量仅随外加功率的平方根增长。

然而人们发现,在特定条件下,约束会随着加热功率的增加有一个跳跃性的改善。通常约束时间会增长到之前的两倍。这种高约束运行模式被称为 H 模,而之前较低约束水平的模式被称为 L 模。对于存在分离面(separatrix)边界的等离子体位形,H 模更容易实现。约束改善主要是由于出现了边缘输运垒——一个位于等离子体边缘具有更好约束状态的区域。实验还发现了一些其他约束改善模式,尤其是那些具有中凹的电流分布的内部输运垒的约束模式。

利用测得的密度和温度的径向分布,以及功率沉积的剖面,可以分析等离子体的局部约束特性,并确定等离子体的扩散率及电子和离子的热扩散率。这些具体信息为可能的输运理论模型设置了很强的约束,也正因此,至今尚未出现一种能被公认的理论输运模型。

4.2 电阻性等离子体扩散

等离子体横越磁场的电阻性扩散由欧姆定律和压强平衡方程来描述,即

$$\boldsymbol{E} + \boldsymbol{v} \times \boldsymbol{B} = \eta \boldsymbol{j} \tag{4.2.1}$$

和

$$\boldsymbol{j} \times \boldsymbol{B} = \nabla p \tag{4.2.2}$$

其中电阻率通常是个张量,其值 $\eta_{/\!/}$ 对应于平行于磁场的电流,$\eta_\perp$ 对应于垂直于磁场的电流。

垂直于磁场的速度可通过取式(4.2.1)与 $\boldsymbol{B}$ 的叉乘得到。图 4.2.1 给出了 $(\boldsymbol{v} \times \boldsymbol{B}) \times \boldsymbol{B}$ 项的矢量几何关系,它可以写为

$$(\boldsymbol{v} \times \boldsymbol{B}) \times \boldsymbol{B} = -B^2 \boldsymbol{v}_\perp$$

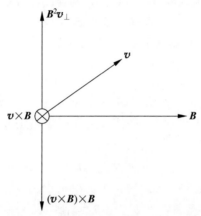

图 4.2.1 矢量 $(\boldsymbol{v} \times \boldsymbol{B}) \times \boldsymbol{B} = -B^2 \boldsymbol{v}_\perp$ 的几何

矢量 $\boldsymbol{v}$ 和 $\boldsymbol{B}$ 均在纸面内

故利用式(4.2.2)消去 $\boldsymbol{j} \times \boldsymbol{B}$,可得:

$$\boldsymbol{v}_\perp = \frac{\boldsymbol{E} \times \boldsymbol{B}}{B^2} - \eta_\perp \frac{\nabla p}{B^2} \tag{4.2.3}$$

对于理想导电等离子体,$\boldsymbol{E} + \boldsymbol{v} \times \boldsymbol{B} = 0$。在 2.21 节中已证明,这个方程表示等离子体以这样一种方式运动:穿过任何流体元的磁通量保持恒定。式(4.2.3)右边第一项给出的是在有电场的情形下满足理想导电等离子体条件的速度,第二项给出的是电阻导致的与第一项速度之间的偏离。这种电阻性对速度的贡献由压强梯度驱动,并与之成正比。利用连续性方程可以看清这一项的扩散性质。为此取 $\boldsymbol{E} = 0$ 且温度恒定,于是密度变化率($= -\nabla \cdot n \boldsymbol{v}_\perp$)为

$$\frac{\partial n}{\partial t} = \nabla \cdot \frac{\eta_\perp \beta}{2\mu_0} \nabla n$$

其中,$\beta = nT/(B^2/2\mu_0)$,给出扩散系数:

$$D = \frac{\eta_\perp \beta}{2\mu_0} \tag{4.2.4}$$

式(4.2.3)的两项也可以根据粒子描述来理解。第一项恰是所有单个粒子的 $\boldsymbol{E} \times \boldsymbol{B}$ 漂移的宏观效果,如 2.6 节所述。第二项代表粒子的碰撞扩散。

根据 2.16 节,$\eta_\perp \propto m_{\mathrm{e}}/ne^2\tau_{\mathrm{e}}$,再利用 $\rho_{\mathrm{e}} = \sqrt{2}\, m_{\mathrm{e}} v_{\mathrm{T_e}}/(eB)$ 和 $\beta \propto nm_{\mathrm{e}} v_{\mathrm{T_e}}^2/(B^2/2\mu_0)$,

式(4.2.4)给出:

$$D \propto \frac{\rho_{\mathrm{e}}^2}{\tau_{\mathrm{e}}}$$

这一关系与采用随机行走模型(步长 ρ_{e} 和步进时间 τ_{e})给出的结果完全一样。

4.3　柱形等离子体中的扩散

　　圆柱等离子体中的粒子扩散速度由式(4.2.3)给出。由于扩散是沿径向的,因此采用柱坐标系 (r, θ, z),这样扩散速度可写为

$$v_r = \frac{1}{B^2}\Big(E_\theta B_z - E_z B_\theta - \eta_\perp \frac{\mathrm{d}p}{\mathrm{d}r}\Big) \tag{4.3.1}$$

对于给定的粒子源和已知的电磁场,由式(4.3.1)和连续性方程即可确定 $\mathrm{d}p/\mathrm{d}r$。在无粒子源时,式(4.3.1)仍可以求解,特别是存在一个稳态($v_r = 0$)解。在此稳态下,$\mathbf{\nabla} \times \mathbf{E} = 0$,这意味着 $E_\theta = 0$ 且 $E_z =$ 常数。根据这个条件,由式(4.3.1)可得:

$$\frac{\mathrm{d}p}{\mathrm{d}r} = -\frac{E_z B_\theta}{\eta_\perp} \tag{4.3.2}$$

在托卡马克中,轴向磁场比极向磁场大得多,并且当 $\beta_{\mathrm{p}} \approx 1$ 时,轴向电流密度比极向电流密度大得多。如果在圆柱情形下也取上述极限,便有可能确定 β_{p}。利用这些近似式,可得欧姆定律的平行分量为

$$E_z = \eta_{/\!/} j_z \tag{4.3.3}$$

然后将式(4.3.3)代入式(4.3.2)得:

$$\frac{\mathrm{d}p}{\mathrm{d}r} = -\frac{\eta_{/\!/}}{\eta_\perp} j_z B_\theta \tag{4.3.4}$$

现在,从式(3.5.1)可得:

$$\beta_{\mathrm{p}} = \frac{2\int_0^a pr\,\mathrm{d}r}{(B_{\theta a}^2 / 2\mu_0)\, a^2} \tag{4.3.5}$$

对于 $p(a) = 0$,对式(4.3.5)做分部积分,得:

$$2\int_0^a pr\,\mathrm{d}r = -\int_0^a \frac{\mathrm{d}p}{\mathrm{d}r} r^2\,\mathrm{d}r \tag{4.3.6}$$

在式(4.3.4)中利用安培定律

$$j_z = \frac{1}{\mu_0}\, \frac{1}{r}\, \frac{\mathrm{d}}{\mathrm{d}r}(rB_\theta)$$

并将 $\dfrac{\mathrm{d}p}{\mathrm{d}r}$ 代入式(4.3.6)可得:

$$2\int_0^a pr\,\mathrm{d}r = \frac{\eta_{/\!/}}{\eta_\perp}\, \frac{B_{\theta a}^2}{2\mu_0} a^2$$

于是由式(4.3.5)可得:

$$\beta_{\mathrm{p}} = \frac{\eta_{/\!/}}{\eta_\perp} \tag{4.3.7}$$

对于 $\eta_{/\!/} = \eta_\perp$,式(4.3.7)给出 $\beta_{\mathrm{p}} = 1$。这是在没有极向电流、轴向电场仅驱动轴向电流时的

结果。对于经典情形，$\eta_{//}/\eta_{\perp}=1/2$，轴向电场会引起被各向异性电阻率"偏转"而产生的极向电流。该电流增强轴向磁场，这个现象被称为顺磁效应。

4.4　普费尔施-施吕特电流

环向等离子体中的电阻性扩散比柱形情形下的复杂得多。基本原因是等离子体压强造成了一个沿环面大半径向外的环力，如图 4.4.1 所示。这个力必须由内部磁力来平衡，产生这个磁力的电流由等离子体沿环向的流动来驱动，这在圆柱情形下是没有的。

平衡压强力所需的电流垂直于磁场，且基本沿竖直方向。单独这个电流将会导致电荷在等离子体上部和下部积累。这种电荷积累可以由沿磁场方向流动（因此不影响力的平衡）的返回电流来阻止。这个平行电流是由普费尔施和施吕特发现的。他们证明了通过其电阻性耗散，它在环形等离子体的扩散中发挥着基础性角色的作用。在计算普费尔施-施吕特电流之前，先给出一个启发性的解释。

图 4.4.1　环位形中等离子体压强
导致的一个向外的环力

等离子体压强在每个通量面上为常数，但由于环状的几何位形，大半径较大位置处的曲面面积也较大。由此引起的压强不平衡产生一个沿大半径向外的净力密度：

$$F \propto \frac{r}{R}\frac{\mathrm{d}p}{\mathrm{d}r}$$

这个力被 $\boldsymbol{j}\times\boldsymbol{B}$ 力所平衡。因此，相关的垂直电流 j_{h} 有一个竖直分量：

$$j_{\mathrm{hv}} \propto -\frac{1}{B}\frac{r}{R}\frac{\mathrm{d}p}{\mathrm{d}r} \tag{4.4.1}$$

为避免电荷积累，平行于磁场的普费尔施-施吕特电流 j_{PS} 必须满足其竖直分量与 j_{hv} 相等且反向，如图（4.4.2）所示。由于竖直分量为

$$j_{//\mathrm{v}} \propto \frac{B_{\mathrm{p}}}{B}j_{\mathrm{PS}} \tag{4.4.2}$$

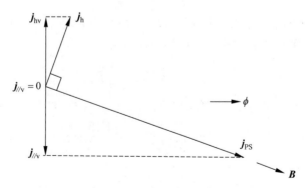

图 4.4.2　普费尔施-施吕特电流的垂直分量与垂直的环力电流 j_{h} 之间的平衡

其中，B_{p} 为极向磁场。式（4.4.1）和式（4.4.2）给出所需的电流为

$$j_{PS} \propto -\frac{1}{B_p}\frac{r}{R}\frac{dp}{dr} \qquad (4.4.3)$$

对于圆截面、大环径比极限下的等离子体,正确的表达具有式(4.4.3)的形式,但应加上一个数值因子 2,原因在下文中叙述。由于磁场方向与竖直方向的夹角随极向角按 $\cos\theta$ 规律变化,因此所需的 j_{PS} 的竖直分量意味着 j_{PS} 按 $\cos\theta$ 规律变化,它的环形分量在环面的内侧和外侧符号相反。

正规的计算需要更精确的 $j_{/\!/}$ 的表达式。这可以通过将极向电流密度 j_P 写成两个分量 $j_{/\!/}$ 与 $j_\perp$ 之和的形式来得到。为此定义:

$$j_\perp = -(j \times B) \times B/B^2$$

于是 j_P 可写为

$$j_P = \frac{B_p}{B}j_{/\!/} - \frac{B_\phi}{B}j_\perp \qquad (4.4.4)$$

其中,ϕ 为环向坐标。由式(3.3.2)和式(3.3.3)可得:

$$j_P = \frac{df}{d\psi}B_p$$

并且由于

$$j_\perp = \frac{1}{B}|\nabla p|$$

$$= -\frac{1}{B}\frac{dp}{d\psi}|\nabla\psi|$$

$$= -\frac{RB_p}{B}\frac{dp}{d\psi}$$

和式(3.2.4)所得 $RB_\phi = \mu_0 f$,式(4.4.4)可以写为

$$j_{/\!/} = f'B - \frac{\mu_0 f p'}{B} \qquad (4.4.5)$$

其中,$f = f(\psi)$;撇号表示对 ψ 的导数。在稳态下,f' 由如下要求确定,从 $\nabla \times E = -\frac{\partial B}{\partial t}$ 可得:

$$\oint E_{ps}ds = 0 \qquad (4.4.6)$$

其中,ds 是沿磁面的极向线元,E_{ps} 为电场沿 B_p 方向的分量,并且在极向平面内绕着通量面取线积分。E_{ps} 可由平行于 B 的分量的欧姆定律给出:

$$\eta_{/\!/}j_{/\!/} = \frac{B_p}{B}E_{ps} + \frac{B_\phi}{B}E_\phi \qquad (4.4.7)$$

利用式(4.4.5)中的 $j_{/\!/}$ 与式(4.4.7)确定的 E_{ps},式(4.4.6)给出:

$$f' = \mu_0 f p' \frac{\langle 1/B_p \rangle}{\langle B^2/B_p \rangle} + \frac{\langle E_\phi B_\phi/B_p \rangle}{\eta_{/\!/}\langle B^2/B_p \rangle} \qquad (4.4.8)$$

其中的平均值定义为

$$\langle x \rangle = \oint x\, ds \Big/ \oint ds$$

且假设了 $\eta_{/\!/} = \eta_{/\!/}(\psi)$。

将式(4.4.8)代入式(4.4.5),即可得所求的 $j_{/\!/}$ 的方程:

$$j_{/\!/} = -\mu_0 f p' \left(\frac{1}{B} - \frac{\langle 1/B_p \rangle}{\langle B^2/B_p \rangle} B \right) + \frac{\langle E_\phi B_\phi / B_p \rangle}{\eta_{/\!/} \langle B^2/B_p \rangle} B \tag{4.4.9}$$

式(4.4.9)右边最后一项给出了由外加电场 E_ϕ 驱动的平行于磁场的电流,另一项为普费尔施-施吕特电流,即

$$j_{\rm PS} = -\mu_0 f p' \left(\frac{1}{B} - \frac{\langle 1/B_p \rangle}{\langle B^2/B_p \rangle} B \right) \tag{4.4.10}$$

式(4.4.10)是严格的表达式。圆截面、大环径比情形下的表达式可通过计算其中的平均值来得到。

取 $\dfrac{B_p}{B_\phi} \propto \varepsilon$,由

$$B_\phi = \frac{B_0}{1 + \varepsilon \cos\theta} \tag{4.4.11}$$

其中 $\varepsilon = r/R_0$,连同

$$B_{\rm p} = B_\theta (1 + \varepsilon \Lambda(r) \cos\theta) \tag{4.4.12}$$

其中 $\Lambda(r)$ 对于具体的平衡由式(3.8.1)和式(3.8.2)确定,可得:

$$j_{\rm PS} = -\mu_0 f p' \frac{2\varepsilon}{B} \cos\theta + O(\varepsilon^2)$$

代入 $f = RB/\mu_0$ 和 $p' = (\mathrm{d}p/\mathrm{d}r)/RB_\theta$ 可得普费尔施-施吕特电流为

$$j_{\rm PS} = -2 \frac{1}{B_\theta} \frac{r}{R} \frac{\mathrm{d}p}{\mathrm{d}r} \cos\theta$$

4.5 普费尔施-施吕特扩散

4.3 节介绍了圆柱下的等离子体扩散,其中所用的流体方程同样可以用来描述环面下的低温、碰撞等离子体的扩散。计及碰撞特性参数的要求是碰撞足够频繁,以至于粒子在弱磁场区域的俘获可以忽略。在这些条件下,扩散速度由式(4.2.3)给出,并且在环位形下,垂直于磁面的速度为

$$v_\perp = \frac{E_{\rm ps} B_\phi - E_\phi B_{\rm p}}{B^2} - \eta_\perp \frac{\boldsymbol{\nabla}_\perp p}{B^2} \tag{4.5.1}$$

其中,$\boldsymbol{\nabla}_\perp p$ 代表 ∇p 的标量大小。

现在需要得到用已知量表示的 $E_{\rm ps}$。而这已经由平行于磁场线的欧姆定律式(4.4.7)给出。将 $E_{\rm ps}$ 代入式(4.5.1)得:

$$v_\perp = \frac{B_\phi}{B_p B} \eta_{/\!/} j_{/\!/} - \eta_\perp \frac{\boldsymbol{\nabla}_\perp p}{B^2} - \frac{E_\phi}{B_p} \tag{4.5.2}$$

利用式(4.4.9)和式(4.4.10),式(4.5.2)变为

$$v_\perp = \frac{B_\phi}{B_p B} \eta_{/\!/} j_{\rm PS} - \eta_\perp \frac{\boldsymbol{\nabla}_\perp p}{B^2} + \frac{1}{B_p} \left(\frac{\langle E_\phi B_\phi / B_p \rangle}{\langle B^2/B_p \rangle} B_\phi - E_\phi \right) \tag{4.5.3}$$

这个方程右边最后三项分别代表圆柱情形下的压强梯度和电场项,见式(4.3.1)。而第一项正比于 $j_{\rm PS}$,给出的是环向的贡献,即所谓普费尔施-施吕特扩散。

速度 $v_\perp$ 是极向角的函数,横越磁面的总的等离子体通量由围绕这个磁面的极向线积分给出,即

$$\Gamma = 2\pi n \oint v_\perp\, R\, \mathrm{d}s = 2\pi n \langle v_\perp\, R \rangle \oint \mathrm{d}s$$

其中,n 是粒子数密度。于是所需计算的量为 $\langle v_\perp R \rangle$,它可利用 $v_\perp$ 的表达式(4.5.3)得到。

因此,利用式(4.4.10)可得普费尔施-施吕特项的贡献为

$$\langle v_\perp\, R \rangle_{\mathrm{PS}} = -\eta_{/\!/}\, \mu_0 f p' \left\langle \frac{RB_\phi}{B_{\mathrm p}} \left(\frac{1}{B^2} - \frac{\langle 1/B_{\mathrm p} \rangle}{\langle B^2/B_{\mathrm p} \rangle} \right) \right\rangle \tag{4.5.4}$$

其中,$p' = \mathrm{d}p/\mathrm{d}\psi$。在大环径比近似下,可利用式(4.4.11)和式(4.4.12)对这个表达式进行估算。经过适当的代数运算,消去 $B_{\mathrm p}$ 的极向变化后,得到的主阶项为

$$\frac{\langle v_\perp\, R \rangle_{\mathrm{PS}}}{R_0} = -2\left(\frac{r}{R}\right)^2 \eta_{/\!/} \frac{\mathrm{d}p/\mathrm{d}r}{B_\theta^2}$$

通过对式(4.5.3)中电场项的贡献做类似计算,并利用 $q = B_\phi r/B_\theta R$,最终可得:

$$\frac{\langle v_\perp\, R \rangle}{R_0} = -\frac{\mathrm{d}p/\mathrm{d}r}{B^2}(\eta_\perp + 2q^2 \eta_{/\!/}) - \frac{E_\phi B_\theta}{B^2} \tag{4.5.5}$$

由此可见,源自平行电流的普费尔施-施吕特扩散比源自垂直电流的柱形扩散值大 $2q^2 \eta_{/\!/}/\eta_\perp$ 倍。

4.6 香蕉区输运

在没有碰撞的情形下,满足 $v_{/\!/} \lesssim \varepsilon^{1/2} v_\perp$ 的粒子将被俘获在托卡马克磁场的弱场区,做如 3.10 节所述的香蕉轨道运动。如果允许少量碰撞,那么这些俘获粒子将在输运中起支配作用,尽管它们在总粒子数中所占的比例只有约 $\varepsilon^{1/2}$。应当指出的是,ε 代表磁面处环径比的倒数,因此它将沿等离子体的小半径变化。当碰撞率足够低时,粒子在经历下一次碰撞前就能够至少转完一次回弹轨道,称此时的等离子体处于香蕉区。碰撞能导致俘获粒子被散射出原来被约束时所在的速度空间区域,为了实现这种转变,要求碰撞扩散使粒子在速度空间内至少要偏转角度 $\Delta\theta$ 约为 $\varepsilon^{1/2}$ 的量级,因此等效的去俘获碰撞频率为 $\dfrac{\nu}{(\Delta\theta)^2}$,约为 ν/ε 的量级。这样,香蕉区输运所需的条件是等效碰撞频率要小于回弹频率 $\omega_{\mathrm b}$,约为 $\varepsilon^{1/2} v_{\mathrm T}/(qR)$ 的量级,即

$$\nu < \frac{\varepsilon^{3/2} v_{\mathrm T}}{qR}$$

通过考虑电子的随机行走行为,可以推导出扩散系数的近似表达式。方法如下。

将电子从其俘获轨道上散射出来的碰撞使该粒子横越过磁面一个距离约 w_{be},即电子的香蕉轨道宽度。这个距离提供了扩散过程的步长。由于 $w_{\mathrm{pe}} \approx (q/\varepsilon^{1/2})\rho_{\mathrm e}$,这个步长远大于与经典扩散相关联的拉莫尔半径的步长 $\rho_{\mathrm e}$。

利用香蕉宽度步长和有效碰撞频率,就可以对扩散做一个估算。它给出的扩散系数为 $w_{\mathrm{be}}^2/(\varepsilon/\nu_{\mathrm e})$。但是,只有一部分($\varepsilon^{1/2}$ 的量级)粒子是俘获粒子,因此香蕉区的有效扩散系数为

$$D \propto \frac{\varepsilon^{1/2}(\rho_{\mathrm e} q/\varepsilon^{1/2})^2}{\varepsilon/\nu_{\mathrm e}} \propto \frac{q^2}{\varepsilon^{3/2}} \nu_{\mathrm e} \rho_{\mathrm e}^2$$

这一结果是经典扩散系数的 $q^2/\varepsilon^{3/2}$ 倍,是普费尔施-施吕特扩散系数的 $1/\varepsilon^{3/2}$ 倍。

对电子和离子的热扩散可以做类似的估计。电子热扩散的相应表达式为

$$\chi_{\mathrm e} \propto D \propto \frac{q^2}{\varepsilon^{3/2}} \nu_{\mathrm e} \rho_{\mathrm e}^2$$

离子热扩散由类似的表达式给出：

$$\chi_i \propto \frac{q^2}{\varepsilon^{3/2}} \nu_i \rho_i^2$$

可以看到：

$$\chi_i \propto \left(\frac{m_i}{m_e}\right)^{1/2} \chi_e$$

即离子的热传导远远超过电子。

当 w_b 与磁面距磁轴的距离可比时，上述对香蕉宽度的估计需要修正。此时取 $\varepsilon = w/R$，其中 w 是新的轨道宽度。因此有

$$w \propto w_{pot} \propto (q^2 R \rho^2)^{1/3}$$

其中，w_{pot} 称为"土豆"宽度(由该轨道形状形似土豆得名)。由于 $w_{pot} > w_b$，因此可预料，磁轴附近的输运将会更大。

输运系数的计算要比以上启发性的说明复杂得多。下面，将给出计算过程的主要架构，而不是给出冗繁的推导过程。

4.6.1 动力学理论

这里的基本思路是：利用动力学方程来计算托卡马克位形下的稳态分布函数，然后利用这个分布函数来计算穿过磁面的通量。基本的动力学方程是

$$\boldsymbol{v} \cdot \boldsymbol{\nabla} f + \frac{Ze}{m}(\boldsymbol{E} + \boldsymbol{v} \times \boldsymbol{B}) \cdot \frac{\partial f}{\partial \boldsymbol{v}} = C(f) \tag{4.6.1}$$

其中，等号右边的碰撞项由福克-普朗克(Fokker-Planck)方程给出，Ze 是粒子电荷，对于电子，Z 是 -1。由于拉莫尔轨道运动的细节并不重要，因此式(4.6.1)可以用 2.11 节所述的漂移动力学方程来替代。在当前情形下，其形式变为

$$\boldsymbol{v}_{/\!/} \cdot \boldsymbol{\nabla} f + \boldsymbol{v}_d \cdot \boldsymbol{\nabla} f + \frac{Ze}{m} E_{/\!/} \frac{\partial f}{\partial v_{/\!/}} = C(f) \tag{4.6.2}$$

其中，下标 $/\!/$ 表示平行于磁场方向；$v_{/\!/}$ 为速度的平行分量；$\boldsymbol{v}_d$ 为式(2.6.9)给出的漂移速度，即

$$\boldsymbol{v}_d = \frac{v_{/\!/}^2 + \frac{1}{2}v_\perp^2}{\omega_c} \frac{\boldsymbol{B} \times \boldsymbol{\nabla} B}{B^2} \tag{4.6.3}$$

其中，$\omega_c = ZeB/m$。利用式(4.6.2)解得 f 后，横越磁面的粒子通量为

$$\Gamma = \iint f \boldsymbol{v}_d \cdot \mathrm{d}\boldsymbol{S} \mathrm{d}^3 v \tag{4.6.4}$$

其中，$\mathrm{d}\boldsymbol{S}$ 为磁面的法向矢量。

式(4.6.2)的求解需要做两次微扰展开。首先将拉莫尔半径和感生电场看作小量，有

$$f = f^{(0)} + f^{(1)}$$

其中，$f^{(1)}$ 为 ρ/a 或 $ZeER/T$ 的量级。在第二次展开中，将有效碰撞频率对俘获粒子回弹频率的比值当成小量，$f^{(1)}$ 可以写成

$$f^{(1)} = f^{(1)0} + f^{(1)1}$$

其中，$f^{(1)1}$ 对 $f^{(1)0}$ 的比值是 ν_{eff}/ω_b 量级的小量。正是 $f^{(1)1}$ 产生了通量 Γ，下面将看到，虽然 $f^{(1)1}$ 可以用 $f^{(1)0}$ 表示，但仍有必要考虑 $f^{(1)1}$，因为它提供了确定 $f^{(1)0}$ 的一个约束条件。

$f^{(0)}$ 满足的方程为

$$\boldsymbol{v}_{/\!/} \cdot \boldsymbol{\nabla} f^{(0)} = C(f^{(0)})$$

该方程的解为麦克斯韦分布:

$$f^{(0)} = f_M(W) = N\left(\frac{m}{2\pi T}\right)^{3/2} \exp\left(-\frac{W}{T}\right)$$

式中,

$$W = \frac{1}{2}mv^2 + Ze\phi$$

其中,ϕ 为静电势;$N = N(\psi)$;$T = T(\psi)$;ψ 为 3.2 节引入的极向通量函数。

式(4.6.2)的下一阶变为

$$\boldsymbol{v}_{/\!/} \cdot \boldsymbol{\nabla} f^{(1)} + \boldsymbol{v}_d \cdot \boldsymbol{\nabla} f_M + ZeE_{/\!/} v_{/\!/} \frac{\partial f_M}{\partial W} = C(f^{(1)}) \qquad (4.6.5)$$

为了得到用 $f^{(1)0}$ 表示的这个通量方程,首先将式(4.6.1)写成

$$\Gamma = -\iint f \boldsymbol{v}_d \cdot \boldsymbol{\nabla}\psi \frac{\mathrm{d}S}{|\boldsymbol{\nabla}\psi|} \mathrm{d}^3 v$$

其中,$\boldsymbol{\nabla}\psi$ 的向外分量为负值。

因子 $\boldsymbol{v}_d \cdot \boldsymbol{\nabla}\psi$ 可由式(4.6.3)得到:

$$\boldsymbol{v}_d \cdot \boldsymbol{\nabla}\psi = \frac{v_{/\!/}^2 + \mu/mB}{\omega_c} \boldsymbol{\nabla}B \cdot \frac{\boldsymbol{\nabla}\psi \times B}{B^2} \qquad (4.6.6)$$

其中,μ 为磁矩 $\frac{1}{2}mv_\perp^2/B$。利用粒子能量守恒,磁矩可以用 $v_{/\!/}$ 表示:

$$\boldsymbol{\nabla}\left(\frac{1}{2}v_{/\!/}^2 + \frac{\mu}{m}B\right) = 0$$

因此有

$$\left(v_{/\!/}^2 + \frac{\mu}{m}B\right)\boldsymbol{\nabla}B = -v_{/\!/}B^2\boldsymbol{\nabla}\left(\frac{v_{/\!/}}{B}\right) \qquad (4.6.7)$$

将式(4.6.7)代入式(4.6.6)得:

$$\boldsymbol{v}_d \cdot \boldsymbol{\nabla}\psi = \frac{v_{/\!/}}{\omega_c}(\boldsymbol{B} \times \boldsymbol{\nabla}\psi) \cdot \boldsymbol{\nabla}\left(\frac{v_{/\!/}}{B}\right) \qquad (4.6.8)$$

因为

$$\boldsymbol{B} = B_\phi \boldsymbol{i}_\phi + \frac{1}{R}(\boldsymbol{\nabla}\psi \times \boldsymbol{i}_\phi)$$

有

$$\boldsymbol{B} \times \boldsymbol{\nabla}\psi = -B_\phi \boldsymbol{\nabla}\psi \times \boldsymbol{i}_\phi + \frac{1}{R}|\boldsymbol{\nabla}\psi|^2 \boldsymbol{i}_\phi$$

根据对称性有

$$\boldsymbol{i}_\phi \cdot \boldsymbol{\nabla}(v_{/\!/}/B) = 0$$

且极向磁场为

$$B_p = \boldsymbol{\nabla}\psi \times \boldsymbol{i}_\phi/R$$

式(4.6.8)变为

$$\boldsymbol{v}_d \cdot \boldsymbol{\nabla}\psi = -\frac{v_{/\!/}}{\omega_c}I(\psi)\boldsymbol{B} \cdot \boldsymbol{\nabla}\left(\frac{v_{/\!/}}{B}\right) \qquad (4.6.9)$$

其中,对称性允许用 $\boldsymbol{B}\cdot\boldsymbol{\nabla}$ 来替代 $\boldsymbol{B}_p\cdot\boldsymbol{\nabla}$,$I(\psi)=RB_\phi$,这个符号在此用来替换 3.2 节引入的函数 $\mu_0 f$,以避免与分布函数混淆。

所需的 Γ 表达式可这样来得到:取式(4.6.5)的 $mv_\parallel/B$ 矩,并对 $\mathrm{d}S/|\boldsymbol{\nabla}\psi|$ 积分。因为

$$\mathrm{d}^3v = 2\pi\sum_{\sigma=\pm1} B\,\mathrm{d}\mu\,\mathrm{d}W/|v_\parallel| \tag{4.6.10}$$

其中,σ 是符号函数 $\mathrm{sign}(v_\parallel)$;第一项可对磁面做分部积分,其结果与 Γ 成正比;第二项积分结果为零。所以有

$$\Gamma = -\int\left(\frac{m}{ZeB}\int v_\parallel\,C(f^{(1)})\,\mathrm{d}^3v + n\frac{E_\parallel}{B}\right)I\,\frac{\mathrm{d}S}{|\boldsymbol{\nabla}\psi|} \tag{4.6.11}$$

第一项给出碰撞扩散,可以看出,它与碰撞过程中的动量交换有关。由于同种粒子碰撞不产生动量变化,因此不引起扩散。此外,在式(4.6.11)两端乘以 Ze,并由于电子-离子碰撞过程中总动量守恒,因此可以看出,电子通量与离子通量相等,即扩散是双极的。结果式(4.6.11)与碰撞区域无关。

如前所述,式(4.6.11)给出的通量由 $f^{(1)0}$ 决定,但 $f^{(1)0}$ 本身受到 $f^{(1)1}$ 的约束。这个约束的物理基础是:$f^{(1)0}$ 满足无碰撞方程,其解对应于电子和离子都沿环向"逆磁"漂移的麦克斯韦分布。如果只考虑同种粒子的碰撞,那么这个麦克斯韦解仍可维持不变。但是,电子-离子碰撞倾向于减小通行电子沿离子逆磁漂移方向的漂移,并且这种形式可以根据 W、μ 和 σ 等运动常数来构建。而对于俘获粒子,这是不可能的,因为此时 σ 不再是运动常数。正是这种差别引起了俘获粒子与通行粒子之间的剩余摩擦。由 $f^{(1)1}$ 产生的碰撞约束描述了俘获电子与离子之间的竞争,它决定了"无碰撞"电子分布函数 $f^{(1)0}$ 的形式。

4.6.2　福克-普朗克方程的解

为了求解式(4.6.11)给出的 Γ,需要从式(4.6.5)得出其中 $f^{(1)}$ 的解。这可以利用前面引入的对低碰撞率的展开 $f^{(1)}=f^{(1)0}+f^{(1)1}$,并取电场项与碰撞项同阶量来得到。忽略高阶项,只保留前两项,式(4.6.5)变成

$$\frac{v_\parallel}{B}\boldsymbol{B}\cdot\boldsymbol{\nabla}f^{(1)0} + \frac{m}{Ze}\frac{v_\parallel}{B}I\boldsymbol{B}\cdot\boldsymbol{\nabla}\left(\frac{v_\parallel}{B}\right)\frac{\partial f_M}{\partial\psi} = 0 \tag{4.6.12}$$

此处已经利用了式(4.6.9)。对式(4.6.12)积分,有

$$f^{(1)0} = -\frac{m}{Ze}\frac{v_\parallel}{B}I\frac{\partial f_M}{\partial\psi} + g \tag{4.6.13}$$

其中,$g(\psi,W,\mu,\sigma)$ 是运动常数(包括 $v_\parallel$ 的符号函数 σ)的函数。式(4.6.13)的第一项代表麦克斯韦分布的逆磁漂移,第二项(g)由 $f^{(1)1}$ 设定的约束决定。

根据式(4.6.5),$f^{(1)1}$ 满足

$$\frac{v_\parallel}{B}\boldsymbol{B}\cdot\boldsymbol{\nabla}f^{(1)1} + ZeE_\parallel v_\parallel\frac{\partial f_M}{\partial\psi} = C(f^{(1)0}) \tag{4.6.14}$$

函数 $f^{(1)1}$ 必须满足粒子做周期运动的约束。这个约束对通行粒子和对俘获粒子是不同的。通行粒子可以自由地完成在整个极向角 θ 空间中的周期运动,俘获粒子则只能在 $v_\parallel=0$ 的转折点 θ_1 和 θ_2 之间回弹。因此,对于通行粒子,式(4.6.14)在周期 2π 上对 θ 积分,利用关系 $f^{(1)1}(\theta)=f^{(1)1}(\theta+2\pi)$,有

$$\oint \left[C \left(-\frac{m}{Ze} \frac{v_{/\!/}}{B} I \frac{\partial f_{\mathrm{M}}}{\partial \psi} + g \right) - Z e v_{/\!/} E_{/\!/} \frac{\partial f_{\mathrm{M}}}{\partial \psi} \right] \frac{\mathrm{d}s}{v_{/\!/}} = 0 \qquad (4.6.15)$$

对于俘获粒子,积分在两转折点之间进行,并对 $\sigma = \pm 1$ 的两列求和,得到:

$$\int_{s(\theta_1)}^{s(\theta_2)} C(g) \frac{\mathrm{d}s}{|v_{/\!/}|} = 0 \qquad (4.6.16)$$

其中,$\mathrm{d}s$ 是沿磁面取的极向弧长的微元。

　　式(4.6.15)和式(4.6.16)提供了确定 g 及 $f^{(1)0}$ 所需的碰撞约束,利用这些量可以计算出通量。完整的解需要冗长的计算,其结果将在下面引述。但是可以通过用模型碰撞算符来求解式(4.6.15)和式(4.6.16)的过程来展现这个求完整解的运算过程。

　　所用的模型算符有一个重要特征,就是它能正确地描述倾角(pitch angle)散射和同种粒子间碰撞的动量守恒。对于倾角范围受限的分布函数,这个模型算符也是渐近正确的。这里所谓倾角受限的情形是指 $\varepsilon \ll 1$ 时俘获粒子和处于临界通行的粒子的情形,或是 ε 为 1 的量级时的通行粒子情形($\varepsilon = r/R$)。为简明起见,这里恰当地忽略了碰撞算符中碰撞频率和温度梯度对能量的依赖关系。这样,离子和电子的碰撞算符可写成

$$C_{\mathrm{i}}(f_{\mathrm{i}}) = v_{\mathrm{ii}} v_{/\!/} \left(\frac{\partial}{\partial \mu} \frac{v_{/\!/} \mu}{B} \frac{\partial f_{\mathrm{i}}}{\partial \mu} + f_{\mathrm{Mi}} \frac{m_{\mathrm{i}}}{T_{\mathrm{i}}} u_{\mathrm{i}} \right)$$

$$C_{\mathrm{e}}(f_{\mathrm{e}}) = v_{\mathrm{ee}} v_{/\!/} \left(\frac{\partial}{\partial \mu} \frac{v_{/\!/} \mu}{B} \frac{\partial f_{\mathrm{e}}}{\partial \mu} + f_{\mathrm{Me}} \frac{m_{\mathrm{e}}}{T_{\mathrm{e}}} u_{\mathrm{e}} \right) + v_{\mathrm{ei}} v_{/\!/} \left(\frac{\partial}{\partial \mu} \frac{v_{/\!/} \mu}{B} \frac{\partial f_{\mathrm{e}}}{\partial \mu} + f_{\mathrm{Me}} \frac{m_{\mathrm{e}}}{T_{\mathrm{e}}} u_{\mathrm{i}} \right)$$

其中,

$$u_j = \int v_{/\!/} f_j \mathrm{d}^3 v$$

代入式(4.6.15)和式(4.6.16),得到离子方程:

$$\frac{\partial g_{\mathrm{i}}^{(0)}}{\partial \mu} = -\frac{1}{\langle v_{/\!/}/B \rangle} \left(\frac{I m_{\mathrm{i}}}{Ze} \left\langle \frac{1}{B} \right\rangle \frac{\partial f_{\mathrm{Mi}}}{\partial \psi} + f_{\mathrm{Mi}} \frac{m_{\mathrm{i}}}{T_{\mathrm{i}}} \langle u_{\mathrm{i}} \rangle \right) \qquad (4.6.17)$$

式中,

$$\langle A \rangle = \oint A \mathrm{d}s / \oint \mathrm{d}s$$

利用 u_{i} 的定义及式(4.6.13)和式(4.6.17),并利用式(4.6.10)对 μ 做对速度的分部积分,得到:

$$u_{\mathrm{i}} + \frac{I}{Ze} \frac{T_{\mathrm{i}}}{B} \frac{1}{n} \frac{\mathrm{d}n}{\mathrm{d}\psi} + \frac{I}{B} \frac{\mathrm{d}\phi}{\mathrm{d}\psi} = 0 \qquad (4.6.18)$$

其中,$n = N \exp(-Ze\phi/T_{\mathrm{i}})$。式(4.6.18)表示的是新经典极向流阻尼在使总的离子极向速度减小到零中的作用。在存在径向温度梯度的情形下,式(4.6.18)在考虑了各种热驱动力后可修正为

$$u_{\mathrm{i}} + \frac{T_{\mathrm{i}}}{ZeB_\theta} \frac{1}{n} \frac{\mathrm{d}n}{\mathrm{d}r} - \frac{k}{ZeB_\theta} \frac{\mathrm{d}T_{\mathrm{i}}}{\mathrm{d}r} + \frac{1}{B_\theta} \frac{\mathrm{d}\phi}{\mathrm{d}r} = 0$$

其中,$k = 0.172$,并已对平衡做了大环径比的展开。在离子的静止坐标系下,为简明计取 $Z = 1$,可得到径向电场为

$$E_r = \frac{T_{\mathrm{i}}}{en} \frac{\mathrm{d}n}{\mathrm{d}r} - \frac{0.172}{e} \frac{\mathrm{d}T_{\mathrm{i}}}{\mathrm{d}r} \qquad (4.6.19)$$

同样,电子方程给出:

$$u_{e} - u_{i} = 1.46\varepsilon^{1/2} \frac{T_e}{eB_\theta} \frac{1}{n} \frac{dn}{dr}\left(1 + \frac{T_i}{T_e}\right)\left(\frac{\nu_{ee} + \nu_{ei}}{\nu_{ei}}\right) - \frac{e}{m_e \nu_{ei}}\left[1 - 1.46\varepsilon^{1/2}\left(\frac{\nu_{ee} + \nu_{ei}}{\nu_{ei}}\right)\right]E_{/\!/}$$

(4.6.20)

其中用到了

$$\int \frac{\mu B}{T} \frac{v_{/\!/}}{\langle v_{/\!/}\rangle} f_M d^3 v = 1 - 1.46\varepsilon^{1/2} + O(\varepsilon)$$

4.6.3 输运系数

粒子、电子和离子的能量输运方程分别取如下形式：

$$\frac{\partial n}{\partial t} + \frac{1}{r}\frac{\partial}{\partial r}(r\Gamma) = 0 \tag{4.6.21}$$

$$\frac{\partial}{\partial t}\left(\frac{3}{2}nT_e\right) + \frac{1}{r}\frac{\partial}{\partial r}\left[r\left(q_e + \frac{5}{2}\Gamma T_e\right)\right] = -Q_\Delta - T_i\Gamma\left(\frac{1}{n}\frac{\partial n}{\partial r} - \frac{0.172}{T_i}\frac{\partial T_i}{\partial r}\right) + E_{/\!/}j_{/\!/} \tag{4.6.22}$$

$$\frac{\partial}{\partial t}\left(\frac{3}{2}nT_i\right) + \frac{1}{r}\frac{\partial}{\partial r}\left[r\left(q_i + \frac{5}{2}\Gamma T_i\right)\right] = Q_\Delta + T_i\Gamma\left(\frac{1}{n}\frac{\partial n}{\partial r} - \frac{0.172}{T_i}\frac{\partial T_i}{\partial r}\right) \tag{4.6.23}$$

其中，

$$Q_\Delta = \frac{3n}{\tau_e}\frac{m_e}{m_i}(T_e - T_i)$$

为电子-离子的能量均分项，$E_{/\!/}j_{/\!/}$为欧姆加热项，式(4.6.22)和式(4.6.23)右侧的剩余项为反抗式(4.6.19)给出的径向电场所做的功。

式(4.6.11)是在不考虑热驱动力时利用电子与离子之间的动量交换来表示的电子流 Γ（由$-m_e n\nu_{ei}(u_e - u_i)$给出），而利用式(4.6.20)，单位面积上的面平均电子流通量为

$$\Gamma = -0.73\varepsilon^{-3/2}q^2(\nu_{ee} + \nu_{ei})\rho_e^2\left(1 + \frac{T_i}{T_e}\right)\frac{dn}{dr} - 1.46\varepsilon^{1/2}\frac{(\nu_{ee} + \nu_{ei})}{\nu_{ei}}\frac{nE_{/\!/}}{B_\theta}$$

其中，$\rho_e = (2T_e/m_e)^{1/2}/\omega_{ce}$。

电子和离子热流通量可以用类似方式计算。更完整的变分计算给出的是如下结果：

$$\Gamma = \frac{\varepsilon^{-3/2}q^2\rho_e^2 n}{\tau_e}\left[-1.12\left(1 + \frac{T_i}{T_e}\right)\frac{1}{n}\frac{dn}{dr} + \frac{0.43}{T_e}\frac{dT_e}{dr} + \frac{0.19}{T_e}\frac{dT_i}{dr}\right] - \frac{2.44\varepsilon^{1/2}nE_{/\!/}}{B_\theta} \tag{4.6.24}$$

$$q_e = \frac{\varepsilon^{-3/2}q^2\rho_e^2 n}{\tau_e}\left[1.53\left(1 + \frac{T_i}{T_e}\right)\frac{1}{n}\frac{dn}{dr} - \frac{1.81}{T_e}\frac{dT_e}{dr} - \frac{0.27}{T_e}\frac{dT_i}{dr}\right] + \frac{1.75\varepsilon^{1/2}nT_eE_{/\!/}}{B_\theta} \tag{4.6.25}$$

由于离子热扩散的实验值有时接近新经典值，因此将有限环径比效应的修正包含进来是合理的。这种修正会导致其值变大。当几乎所有粒子都是俘获粒子时，可以给出一个插值公式，它在$\varepsilon \ll 1$和$\varepsilon \approx 1$时均能给出正确的渐近结果：

$$q_i = -0.68\frac{\varepsilon^{-3/2}q^2\rho_i^2}{\tau_i}(1 + 0.48\varepsilon^{1/2})n\frac{dT_i}{dr} \tag{4.6.26}$$

其中，$\rho_i = (2T_i/m_i)^{1/2}/\omega_{ci}$。对中等大小的$\varepsilon$，Chang 和 Hinton 给出了更完整的结果，见14.11 节。该结果描述了所有的碰撞特性参数区，并包含了杂质效应。

最后应该指出的是，碰撞离子的环向黏滞性并没有显现出新经典的增强。在香蕉区，只

需引入普费尔施-施吕特因子即可,故有

$$\chi_\phi = 0.1 \frac{\rho_i^2 q^2}{\tau_i}$$

这些结果为与实验值对比提供了一个有用的基础。

4.7 平台区输运

图 4.7.1 展示了大环径比($\varepsilon = r/R \ll 1$)下普费尔施-施吕特区和香蕉区的扩散系数随碰撞频率的变化。这两个区域之间存在一个碰撞频率的窗口:

$$\varepsilon^{3/2} v_T/Rq < v < v_T/Rq \tag{4.7.1}$$

在这个区域中,扩散过程由一类缓慢环行的粒子支配。这些粒子的 $v_\parallel$ 较小,以至于在沿环向转一周的时间内仅会遭遇到 $\Delta v_\parallel \propto v_\parallel$ 的小角度散射碰撞。由于在速度空间下库仑碰撞是扩散性的,因此这个特征 $v_\parallel$ 值可由令有效碰撞频率等于粒子绕环一周的频率来确定,即 $v(v_T/v_\parallel)^2 \propto v_\parallel/Rq$。由此得到所谓的共振速度:

$$\frac{v_\parallel}{v_T} \propto (v/Rqv_T)^{1/3} \tag{4.7.2}$$

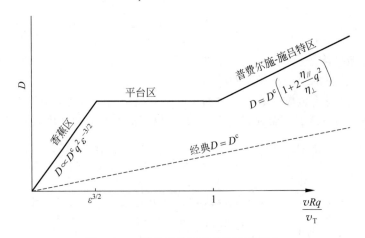

图 4.7.1 扩散系数随碰撞频率的变化

从图 4.7.1 可以看出,随着碰撞频率从香蕉区移到普费尔施-施吕特区,上述这个共振速度从俘获区的 $v_\parallel \propto \varepsilon^{1/2} v_T$ 变到 $v_\parallel \propto v_T$。由于磁漂移,具有这个共振速度的粒子会在一个环向运动周期 $\tau \propto Rq/v_\parallel$ 内漂移一个 $\delta \propto v_d\tau$ 的径向距离,据此可以试探性地估计由此引起的扩散。由于粒子在单次环形运动中会受到一次碰撞,因此这个径向距离就是随机行走估计的特征步长。注意到共振粒子占比正比于 $v_\parallel/v_T$,因此扩散系数为

$$D \propto \frac{v_\parallel}{v_T} v_d^2 \frac{Rq}{v_\parallel} \propto \frac{v_T q}{R} \rho^2$$

这是平台区的扩散系数。它与碰撞无关,且在一定的碰撞频率取值下能够分别与香蕉区和普费尔施-施吕特区的结果相衔接。

为了得到粒子通量和热通量的定量表达式,需要求解这些粒子的漂移动力学方程(4.6.2)。为方便起见,采用速度空间下的变量 $v_\parallel$ 和 $v_\perp$。对于圆截面、大环径比的托卡马克,式(4.6.2)

可写为

$$\frac{v_{\parallel}}{qR}\frac{\partial f}{\partial \theta}+\frac{v_{\parallel}^2+\frac{1}{2}v_{\perp}^2}{\omega_{\mathrm{c}}R}\sin\theta\frac{\partial f_{\mathrm{M}}}{\partial r}+\frac{Ze}{m}E_{\parallel}\frac{\partial f_{\mathrm{M}}}{\partial v_{\parallel}}=v\frac{v^2}{2}\frac{\partial^2 f}{\partial v_{\parallel}^2} \tag{4.7.3}$$

其中已将福克-普朗克碰撞项近似地用共振区的小 $v_{\parallel}$ 粒子的倾角散射的贡献来代替。对 $v_{\parallel}$ 做傅里叶变换,即可由式(4.7.3)解得 f。为简单起见,忽略含 $E_{\parallel}$ 的项,取 $Z=1$,于是得到方程的解为

$$f(v_{\parallel},v_{\perp},\theta)=\frac{q}{\omega_{\mathrm{c}}}\frac{\partial f_{\mathrm{M}}}{\partial r}\frac{v^2}{2}\int_0^{\infty}\sin(v_{\parallel}t-\theta)\exp\left(-\frac{Rqvv^2t^3}{6}\right)\mathrm{d}t$$

对于该分布函数,可直接计算出由径向磁漂移 v_{dr} 引起的径向粒子通量 $\Gamma=r\displaystyle\int v_{\mathrm{dr}}f\,\mathrm{d}^3v\,\mathrm{d}\theta\ \Gamma=r\displaystyle\int v_{\mathrm{dr}}f\,\mathrm{d}^3v\,\mathrm{d}\theta$。可以发现,其主要贡献确实是由满足关系式(4.7.2)的粒子提供的。

详细的计算给出如下粒子通量:

$$\Gamma=-\frac{\sqrt{\pi}}{2}\varepsilon^2\frac{T_{\mathrm{e}}}{eB_{\theta}}\frac{\rho_{\mathrm{e}}n}{r}\left[\left(1+\frac{T_{\mathrm{i}}}{T_{\mathrm{e}}}\right)\frac{1}{n}\frac{\mathrm{d}n}{\mathrm{d}r}+\frac{3}{2T_{\mathrm{e}}}\frac{\mathrm{d}T_{\mathrm{e}}}{\mathrm{d}r}+\frac{3}{2T_{\mathrm{e}}}\frac{\mathrm{d}T_{\mathrm{i}}}{\mathrm{d}r}\right]-1.6\sqrt{\pi}\varepsilon^2\frac{v_{\mathrm{Te}}\tau_{\mathrm{e}}}{r}\frac{nE_{\parallel}}{B} \tag{4.7.4}$$

电子热通量:

$$q_{\mathrm{e}}=-\frac{\sqrt{\pi}}{4}\varepsilon^2\frac{T_{\mathrm{e}}}{eB_{\theta}}\frac{\rho_{\mathrm{e}}nT_{\mathrm{e}}}{r}\left[\left(1+\frac{T_{\mathrm{i}}}{T_{\mathrm{e}}}\right)\frac{1}{n}\frac{\mathrm{d}n}{\mathrm{d}r}+\frac{15}{2T_{\mathrm{e}}}\frac{\mathrm{d}T_{\mathrm{e}}}{\mathrm{d}r}+\frac{3}{2T_{\mathrm{e}}}\frac{\mathrm{d}T_{\mathrm{i}}}{\mathrm{d}r}\right]-2.1\sqrt{\pi}\varepsilon^2\frac{v_{\mathrm{Te}}\tau_{\mathrm{e}}}{r}\frac{nT_{e}E_{\parallel}}{B}$$

离子热通量:

$$q_{\mathrm{i}}=-\frac{3\sqrt{\pi}}{2}\varepsilon^2\frac{T_{\mathrm{i}}}{eB_{\theta}}\frac{\rho_{\mathrm{i}}}{r}n\frac{\mathrm{d}T_{\mathrm{i}}}{\mathrm{d}r}$$

由于

$$\rho_{\mathrm{i}}\propto(m_{\mathrm{i}}/m_{\mathrm{e}})^{1/2}\rho_{\mathrm{e}}$$

q_{i} 要比 q_{e} 大 $(m_{\mathrm{i}}/m_{\mathrm{e}})^{1/2}$ 倍。

平台区是基于大环径比近似的理想化模型。为了描述从香蕉区到平台区的转换过程,有研究专门计算了共振粒子与俘获粒子衔接时的输运通量。结果表明,对于实际的 ε 值,平台区近似只在一个非常窄的碰撞参数区间上成立。

4.8　韦尔箍缩效应

式(4.6.24)和式(4.7.4)表明,环向电场会引起沿径向向内的粒子输运,这就是著名的韦尔(Ware)箍缩效应。

只有俘获粒子出现沿径向向内的流动时,其行为可直接从环向运动方程导出。在香蕉区,它可写成

$$\frac{\mathrm{d}}{\mathrm{d}t}m_jv_{\phi}=e_j\left[E_{\phi}+(v\times B)_{\phi}\right] \tag{4.8.1}$$

对于俘获粒子,式(4.8.1)的左边项对其一个回弹周期内的积分为零,所以稳态的时间平均也是零。于是有

$$\langle(\boldsymbol{v}\times\boldsymbol{B})_\phi\rangle=-E_\phi \tag{4.8.2}$$

而

$$(\boldsymbol{v}\times\boldsymbol{B})_\phi=v_\perp B_\theta \tag{4.8.3}$$

其中,$v_\perp$ 是垂直于磁通量面的速度分量,相当于圆截面等离子体的径向速度;B_θ 是极向磁场。将式(4.8.2)和式(4.8.3)联立,即可得俘获粒子的时间平均的箍缩速度:

$$\langle v_\perp\rangle=-\frac{E_\phi}{B_\theta}$$

由此可见,这个速度与粒子的质量和电荷无关。由于俘获粒子的占比约为 $\varepsilon^{1/2}$,故通量为

$$\Gamma\propto-\varepsilon^{1/2}nE_\phi/B_\theta$$

式(4.6.24)中就包含有这个通量的精确表达式。

　　为了理解该现象背后的物理机制,来看一下环向电场对俘获粒子的香蕉轨道的影响。根据式(3.12.3),修正后的沿磁场线的运动方程为

$$\frac{\mathrm{d}^2s}{\mathrm{d}t^2}=-\omega_\mathrm{b}^2s+\frac{e_jE_\phi}{m_j}$$

所以

$$s=s_\mathrm{b}\sin(\omega_\mathrm{b}t)+\frac{e_jE_\phi}{m_j\omega_\mathrm{b}^2}$$

并且由于 $s=(B/B_\theta)r\theta$,故有

$$\theta=\theta_\mathrm{b}\sin(\omega_\mathrm{b}t)+\frac{e_jB_\theta E_\phi}{m_j\omega_\mathrm{b}^2rB} \tag{4.8.4}$$

可见香蕉轨道会受电场的影响而倾斜一个平均角:

$$\bar{\theta}=\frac{e_jB_\theta}{m_j\omega_\mathrm{b}^2rB}E_\phi$$

如图 4.8.1 所示。

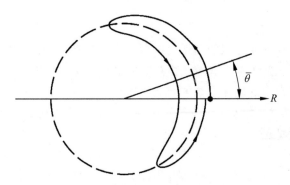

图 4.8.1　环向电场引起的俘获粒子轨道的移动

　　结果是 ∇B 漂移和磁场曲率漂移效应对中平面均是不对称的,因此粒子感受到垂直漂移的径向向内分量的时间要比感受到向外分量的时间长。假设漂移速度为 v_dj,则径向速率为 $-v_\mathrm{dj}\sin\theta$,对于那些被深度俘获(有较小的 θ)的粒子,有

$$v_r=-v_\mathrm{dj}\theta$$

利用式(4.8.4)得:

$$v_r = -v_{dj}\theta_b\sin(\omega_b t) - \frac{e_j v_{dj} B_\theta}{m_j \omega_b^2 rB} E_\phi$$

对 v_r 进行时间平均得：

$$\langle v_r \rangle = -\frac{\omega_{cj} v_{dj} B_\theta}{\omega_b^2 rB^2} E_\phi$$

将 $v_{dj} = \frac{1}{2} m_j v_\perp^2 / (e_j RB)$，$\omega_b = (v_\perp/qR)(r/2R)^{1/2}$，$q = rB/RB_\theta$ 代入，即得到所需的箍缩速度：

$$\langle v_r \rangle = -\frac{E_\phi}{B_\theta}$$

E_ϕ 和 B_θ 的典型值为 10^{-1} V·m^{-1} 和 0.5 T，由此给出箍缩速度约为 0.2 m·s^{-1}。可见在一个单位回弹周期内，径向内移量非常小。要使径向位移达到香蕉轨道的宽度 w_b，则所需时间为

$$\tau = \frac{w_b}{E_\phi/B_\theta}$$

利用式(3.12.10)给出的香蕉轨道宽度，得：

$$\tau \propto \frac{m_j v_{Tj}}{e_j E_\phi}$$

对于离子，τ 的典型值是 0.1 s；对于电子是 1 ms。

4.9　自举电流

4.8 节阐述了环向电场会引起径向粒子流。对此，由昂萨格(Onsager)对称关系可知，还应存在一个密度梯度驱动的平行电流。实际上，从描述扩散与平行于磁场的电子-离子动量交换(或称摩擦力)的一般关系式(4.6.11)即可看出存在这种电流。在普费尔施-施吕特区，这种摩擦力与普费尔施-施吕特电流(其磁面平均值为零)有关，这与普费尔施-施吕特扩散是一致的。但在香蕉区，更强的输运带来的额外摩擦力意味着存在一个单向的环形电流。这就是所谓的自举电流，或称扩散驱动电流。该电流独立于一般由外加电场驱动的电流。它被称为自举电流是因为这个电流由等离子体的稳态径向扩散维持，并能够为托卡马克提供部分极向磁场。

可以尝试性地给出自举电流的一个解释。对于倒环径比 $\varepsilon = r/R$ 的等离子体，存在比例为 $\varepsilon^{1/2}$ 的俘获粒子，它们的典型平行速度为 $\varepsilon^{1/2} v_T$。这些俘获粒子沿宽度为 $w_b \propto \varepsilon^{1/2} q\rho$ 的香蕉轨道运动，其中 ρ 是拉莫尔半径。因此，在存在密度梯度的情形下，这些俘获粒子会携带电流。该电流类似于通行粒子的逆磁漂移电流，但此处俘获粒子所携带的这个电流平行于磁场，其大小为

$$j_t \propto -e\varepsilon^{1/2}(\varepsilon^{1/2} v_T) w_b \frac{dn}{dr} \propto q\frac{\varepsilon^{1/2}}{B} T\frac{dn}{dr} \tag{4.9.1}$$

俘获离子和俘获电子都会携带该电流，同时它们也与通行离子和通行电子之间进行动量转移。而动量转移反过来又会调整其速度。该电流主要源于通行离子与通行电子之间的速度差，这便是自举电流 j_b。

通行电子与通行离子之间的动量交换为 $\nu_{ei} m_e j_b/e$，对于通行电子，这个动量交换与通行电子和俘获电子之间的动量交换相抵消。俘获电子局限在正比于 $\varepsilon^{1/2}$ 的速度空间范围

内,其等效碰撞频率由扩散出该区域的时间 $\nu_{eff}^{-1} \propto (\varepsilon^{1/2})^2 \nu_{ee}^{-1}$ 决定。因此,通行电子与俘获电子之间的动量交换约为 $(\nu_{ee}/\varepsilon) m_e j_t / e$。令通行电子的这两个动量交换表达式相等:

$$\nu_{ei} j_b \propto \frac{\nu_{ee}}{\varepsilon} j_t$$

并利用式(4.9.1),即得到:

$$j_b \propto -\frac{\nu_{ee}}{\nu_{ei}} \frac{q}{\varepsilon^{1/2}} \frac{T}{B} \frac{dn}{dr}$$

由于 $\nu_{ee} \propto \nu_{ei}$,$q = \varepsilon B / B_\theta$,故香蕉区的自举电流可写为

$$j_b \propto -\frac{\varepsilon^{1/2}}{B_\theta} T \frac{dn}{dr}$$

该电流与磁场平行。

从式(4.6.20)出发,可以推导得一个更为一般的表达式。这个精度为 $O(\varepsilon^{1/2})$ 的表达式为

$$j_b = -\frac{\varepsilon^{1/2}}{B_\theta} \left[2.44(T_e + T_i) \frac{1}{n} \frac{dn}{dr} + 0.69 \frac{dT_e}{dr} - 0.42 \frac{dT_i}{dr} \right] \tag{4.9.2}$$

在环径比的另一端极限 $\varepsilon \to 1$ 下,大部分粒子都被俘获,可知此时有

$$j_b = -\frac{1}{B_\theta} \frac{dp}{dr} \tag{4.9.3}$$

所以,随着 ε 的增大,电流趋于主要由压强梯度而非密度梯度驱动。式(4.9.3)表明,总的自举电流 I_b 占总电流 I 的比例为

$$\frac{I_b}{I} = c \varepsilon^{1/2} \beta_p$$

其中,c 的典型值为 $1/3$。

图 4.9.1 展示了两种典型的自举电流密度剖面,从中可见电流剖面对压强梯度的敏感性。与感应驱动的电流不同,自举电流的峰值是离轴的(不在等离子体中心)。在 12.2 节中将给出自举电流的实验证据。

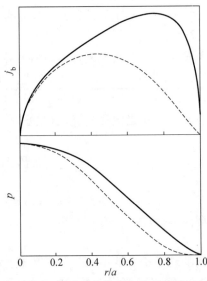

图 4.9.1　两种不同压强剖面下的典型自举电流剖面(令 $T'/T = n'/n$)

在平台区,俘获粒子数按 ν^{-1} 减少。而在普费尔施-施吕特区,俘获粒子数已少得可以忽略不计。出于计算实际情形下自举电流大小的需要,人们已建立了很多模型。这些模型将俘获比例、碰撞率和电离态等因素作为参数考虑进来。但求得的 j_b 的公式很复杂,将在14.12 节给出它的一个表达式。

4.10 新经典电阻率

对于柱状等离子体,沿磁场方向的电导率由斯必泽(Spitzer)公式给出: $\sigma_{Sp} = 1.96 ne^2 \tau_e m_e$。但在托卡马克中,俘获电子不能自由地沿磁场线移动来响应外加电场,因此电流会因俘获电子的存在而减小。在香蕉区,电导率的形式为 $\sigma = \sigma_{Sp} f(\varepsilon)$,其中 $\varepsilon = r/R$。因此电导率沿径向的变化既与 σ_{Sp} 有关,也与 ε 的变化有关。式(4.6.20)中的平行电流的降低也间接印证了这种效应。

在大环径比近似下,平行于磁场的电流密度可写为

$$j_{//} = \sigma_{Sp}(1 - 1.95\varepsilon^{1/2})E_{//} + j_b \qquad (4.10.1)$$

其中第一项含有俘获粒子对电阻率的修正,j_b 是由式(4.9.2)给出的自举电流。但更完整的计算表明,式(4.10.1)的适用范围很有限。更为全面的计算表明,平行于磁场的电导率对 ε 的依赖关系可以更准确地表示为

$$\sigma = \sigma_{Sp}(1 - \varepsilon^{1/2})^2$$

14.10 节给出了一个更完整的基于数值计算的经验表达式,其中计入了 $Z_{eff}\left(= \sum_i n_i Z_i^2 / n_e\right)$ 和碰撞频率的影响。12.2 节给出了式(4.10.1)的实验证据。

4.11 波纹输运

托卡马克的环向磁场线圈的有限数量破坏了装置的完美的轴对称性。线圈的离散布置使磁场线在围绕环面时,其磁场强度出现一个短波长的"波纹"。对 N 饼线圈的情形,产生的磁场可表示为

$$B = B_0(1 - \varepsilon\cos\theta)[1 - \delta(r,\theta)\cos(N\phi)]$$

由此导致的磁阱如图 4.11.1 所示。

对于具有明显拉长的环向场线圈,δ 值的一个近似公式为

$$\delta = \left(\frac{R}{R_{外}}\right)^N + \left(\frac{R_{内}}{R}\right)^N$$

其中,R 是沿着大半径的坐标;$R_{外}$ 和 $R_{内}$ 分别是环向场线圈外臂和内臂的大半径。

从图 4.11.1 可以清楚地看出,沿着 $\phi = \phi_0 + q\theta$ 的磁场线,当角度 θ 满足 $\alpha|\sin\theta| > 1$ 时,磁阱消失,这里参数 $\alpha = \varepsilon/(Nq\delta)$。条件 $\alpha > 1$ 将极向等离截面分为两个区域:存在环向阱的"波纹阱区"和不存在环向阱的区域。波纹阱区的典型形状如图 4.11.2 所示。

在这两个区域,波纹对输运特性的影响是不同的。在波纹阱区,最重要的影响是被俘获在局域环向阱中的粒子由于垂直方向的∇B 漂移而损失掉。尤其是那些在波纹阱区边缘上处于香蕉尖端的俘获粒子被磁阱俘获的概率非常高。在等离子体的其余区域,波纹改变粒子(主要是香蕉俘获粒子)轨道,从而导致输运。

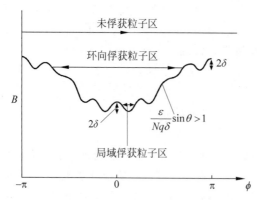
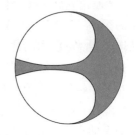

图 4.11.1　有波纹场的托卡马克中磁场强度沿一条磁场线　　　图 4.11.2　阴影表示的波纹
的变化及造成的几种粒子俘获　　　　　　　　阱区的典型形状

波纹阱输运和波纹香蕉输运对热等离子体和高能粒子均有影响。对于热粒子,两种输运形式都是由碰撞引起的(碰撞型波纹阱输运和碰撞型波纹扩散);而对于快粒子,无碰撞效应占主导(分别称为无碰撞波纹阱俘获和随机扩散)。由于离子的拉莫尔半径较大,因此波纹的影响主要表现在离子而不是电子输运上。一个例外是波纹对极高能逃逸电子的影响。

对反应堆而言,关于波纹的主要考虑是快 α 粒子的损失和相应地流向第一壁和真空室内组件的热损失。这些热损失会非常局域化。波纹阱损失出现在垂直方向上高于或低于波纹阱区的地方,具体取决于∇B 漂移的方向。除了这种极向局域性,还有一种环向局域性,它由粒子趋向环向场线圈运动时不断增大的波纹阱的深度引起。

第二个考虑是中性束注入的快粒子的损失。对于在等离子体外侧区域被电离的中性束粒子,其香蕉尖端的位置可能位于波纹阱区内部。这将导致它们快速损失。尤其是当束流线与磁场线有较大夹角(近乎垂直)时,将有很大一部分中性束能量通过这种机制损失掉。

对于反应堆,为了避免过多的波纹阱损失,等离子体边缘的波纹度 δ 一般不能超过 1%。而为了避免随机扩散损失,等离子体中心的波纹度应不超过 0.01%。这些考虑要求环向场线圈的数量一般在 16~24 饼。如果环向场线圈的数量较少,那么线圈与等离子体之间的径向间距应较线圈数量较多时更大些,以满足对等离子体边缘的波纹度的要求。这将要求更大的线圈,从而抵消线圈数量少带来的优势。之所以线圈数量设置得较少,主要是出于远程操控托卡马克的装置可近性的考虑,以及考虑到非感应电流驱动时将采取的斜中性束注入。

4.11.1　碰撞波纹阱的俘获输运

对于会被俘获在波纹阱中的粒子,其平行速度必须小到能满足在波纹阱中被磁镜反射的条件。这等价于粒子的香蕉折返点位于波纹阱区之内。通过碰撞过程,尤其是通过可以改变平行速度与垂直速度比值的倾角散射过程,粒子既可以被波纹阱区俘获,也可以从中逃离。粒子被波纹阱俘获的典型滞留时间为 $\Delta t \propto \delta / \nu$ 的量级,其中 ν 为碰撞偏转频率。被波纹阱俘获的粒子的比例在 $\delta^{1/2}$ 的量级。

被俘获在波纹阱的粒子因环向场梯度漂移而以 $v_d \propto \rho v / R$ 的速度垂直漂移,其中 ρ 为拉莫尔半径,v 是粒子总的速率。结合波纹阱俘获比例、漂移速度和滞留时间,可得碰撞波

纹阱输运的扩散系数为

$$D \propto \delta^{1/2}\left(\frac{\rho v \delta}{R\nu}\right)^2 \frac{\nu}{\delta} \propto \frac{\delta^{3/2}\rho^2 v^2}{R^2 \nu} \tag{4.11.1}$$

其中,D 是圆截面等离子体对倾角取平均的径向输运系数。此式表明,离子的损失速率比电子的大,并且会演化出双极电场来减小离子扩散。尽管如此,式(4.11.1)仍能给出一个恰当的估计。但需要指出的是,这个式子只在碰撞频率满足 $\nu > v_d\delta/a$ 时才适用(这里 a 是等离子体小半径),否则的话,粒子将会在碰撞前就漂移出等离子体,这将在速度空间产生一个损失锥而不是空间的扩散。当 D 由更高能粒子的贡献主导时,这个限制条件尤为严格,即对这些粒子(譬如说,其能量大约是等离子体温度的 5 倍),上述不等式必须严格成立。第二个提示与波纹阱的极向变化有关。如图 4.11.2 所示,波纹阱基本上只存在于低场侧和等离子体中平面附近的区域。经过适当的极向平均后,将导致 D 比式(4.11.1)给出的值有一个显著的下降。

4.11.2　快粒子的波纹阱损失

对于能量足够高,以至于在损失之前不经历碰撞($\nu < v_d\delta/a$)的波纹阱俘获粒子,波纹阱俘获过程可用一个损失锥来表示。粒子落入损失锥的方式可能是:①碰撞过程(倾角散射);②香蕉粒子的波纹输运过程;③射频场加速;④直接由中性束注入。这些粒子被波纹阱实际俘获的过程是无碰撞俘获。其出现的原因是粒子香蕉轨道在折返点附近有有限宽度。粒子在接近和离开折返点时感受到的波纹值是不同的。二者大约相差 $\Delta w(\partial\delta/\partial z)$,其中 Δw 代表粒子在折返点前后经受的垂直位移,z 为垂直坐标。如果这个差值是一个正值,表示波纹度沿垂直漂移方向增大,粒子将被俘获,并且只要波纹阱的深度沿着粒子轨迹是增加的,粒子就会一直保持被俘获状态。俘获是否会加深则取决于折返点在环向上相对于环向场线圈的位置。如果环向场线圈的数量较大,且香蕉轨道沿环向的进动足够大,那么折返点的环向相位可以认为是随机的。这时,无碰撞俘获率可用每次反弹的俘获概率 p 来表示。考虑到

$$\Delta w \propto \frac{v_d R}{N v \delta^{1/2}}$$

因此在波纹阱边界附近(此处有 α 为 1 的量级)有

$$p \propto \frac{\rho}{R}(Nq\varepsilon)^{1/2}$$

其中,ε 为倒环径比。

高能粒子要被俘获,需要有限次(量级为 $1/p$)的反射。实际上,p 在 $10^{-2}\sim10^{-1}$ 时,对于香蕉尖端处在波纹阱边缘附近的粒子,它被俘获进波纹阱是一个非常快的过程,远比其慢化过程快得多。

4.11.3　碰撞波纹扩散

完美轴对称性的缺失同样会改变香蕉轨道。由于磁矩守恒,波纹场在平行于磁场的速度分量上会经历一个变化过程。这些变化在大部分香蕉轨道上会抵消掉,但它们对于粒子在香蕉轨道折返点附近所花时间的改变却有着非常重要的作用。它导致粒子在连续两次香蕉反弹后,香蕉轨道折返点的位置会变动。但由于能量和磁矩守恒,折返点被限制在总磁场

恒定的磁面上。实际上,这意味着折返点基本上是在垂直方向上运动。

粒子经历一次折返时香蕉折返点的垂直位移步长为 $\Delta z = \Delta\cos(N\phi \pm \pi/4)$,这里"$+$"和"$-$"分别指上、下折返点,$\phi$ 是折返点的环向坐标。幅度 Δ 表示为

$$\Delta = \rho(\pi/N)^{0.5}(B_\phi/B_R)^{0.5}\alpha^{-1}$$

其中,B_ϕ 为环向场;B_R 为极向场沿大半径的分量。香蕉轨道的两个连续折返点在环向角上的差异由香蕉轨道的反射角和进动角给定。两个连续折返点在步长 Δz 上的差异导致香蕉轨道不闭合。

对于较小的 Δ 值,结果表现为香蕉轨道尖端在连续两次的反弹时复杂的垂直运动。它取决于两个周期,即波纹场的环向周期和香蕉轨道环向进动的周期。这个运动基本上是周期性的,且不导致损失。

粒子的输运源于两个连续步长 Δz 的碰撞去相关。借助于假设——连续步长之间完全去相关——很容易对这种输运的上限做出估计。去相关可由碰撞产生,它出现在碰撞频率很大时,即满足:

$$\nu > \frac{\varepsilon}{N^2 q^2}\frac{1}{\tau_b}$$

其中,τ_b 是香蕉反弹时间。在这种情形下,步长 Δz 是完全去相关的,扩散输运系数为 $\varepsilon^{1/2}\Delta^2/\tau_b$ 的量级,其中比例 $\varepsilon^{1/2}$ 代表香蕉俘获粒子所占的比例。

这个完全碰撞去相关的区域被称为香蕉平台区。当温度较高、碰撞频率较低时,这种碰撞去相关行为扩展到香蕉漂移区。在该区,扩散率因连续两个步长间的部分相关而受到抑制。在香蕉漂移区,扩散系数随粒子能量升高而递减。但是粒子能量更高时,系统将跨入随机扩散区。

4.11.4　随机扩散

如果上文讨论的垂直步长的步幅变大,那么步长本身就将导致轨道去相关。出现这一现象的条件是垂直步长引起的环向反弹角的变化幅度达到与两环向场线圈之间的张角相当,即 $\Delta\phi = (\partial\phi/\partial z)\Delta \approx 2\pi/N$。为此,定义一个称为奇里科夫(Chirikov)参数的量 $\gamma = N\Delta(\partial\phi/\partial z)$,它描述这种去相关的水平。对于大的 γ 值,步长间表现出完全去相关,导致香蕉尖点的随机运动和快速输运。与前述的碰撞输运相似,它具有扩散性质,扩散系数的上限估计由 $D = \Delta^2/\tau_b$ 给出。这个上限估计在 $\gamma \gg 1$ 时有效。对于 $\gamma < 1$ 的情形,等效扩散系数要小得多。

通常利用按蒙特卡罗算法运动的导向中心来计算随机扩散损失。基于此代码的大量计算,可构建(依赖奇里科夫参数的)扩散系数表达式:

$$D = \frac{\Delta^2}{\tau_b}\frac{1}{1 + e^{(6.9 - 5.5\gamma)}} \tag{4.11.2}$$

其中,D 是具有给定磁矩(即给定折返点的大半径)的香蕉粒子的垂直扩散的扩散系数。图 4.11.3 展示了 JET 上环向场线圈数量从 32 减少到 16 后,1 MeV 质子的一组等 D 值线图。

这种表示使我们可以利用代码跟踪反弹平均坐标(而不是导向中心坐标)的历史来研究波纹损失问题。

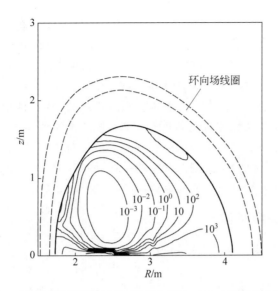

图 4.11.3 对于 JET 上 16 饼环向场线圈的配置,利用方程(4.11.2)计算的 1 MeV 质子恒定随机扩散系数的等高线图(*D* 的单位是 m² · s⁻¹)(Tubbing, B. J. D. *et al.*, *Proc. 20th E. P. S. Conf. on Controlled Fusion and Plasma Physics*, Lisbon 1993, Vol. 17C, Part 1 p. 39.)

4.11.5 实验研究

在实验上,已经证实波纹阱俘获引起的快粒子的粒子损失和能量损失。在 Tore Supra 托卡马克上,由法拉第筒收集到的快电子损失被证明都具有源自波纹阱区的轨迹。在 JT60-U 上测量了主要与中性束离子损失相关的热损失,所得结果与理论预言的损失有很好的一致性。

关于环向场波纹的最具综合性的实验是在 ISX-B 和 JET 上进行的。运行时两台装置均只有半组环向场线圈工作,即分别为 18 饼中的 9 饼和 32 饼中的 16 饼,使得波纹效应可以在其他参数完全相同的等离子体放电中来研究。在 JET 上,这使得等离子体边缘的波纹度从大约 1% 提高到 10%。快粒子损失、热能约束和等离子体旋转均得到研究。在 ISX-B 和 JET 上,波纹对热能约束和等离子体旋转的影响均超过理论预言。另外,在 JET 上还发现,波纹对 H 模约束有严重的危害。在 16 饼环向场线圈运行时,即使加热功率高达 12 MW,也得不到没有边缘局域模(ELMs,见 7.17 节)的 H 模。而采用 32 饼线圈时,在其他参数均相同的条件下则很容易得到无 ELM 的 H 模。最后,在 JET 上还做了这样两项研究:通过离子回旋共振加热,研究了随机扩散对少数离子加速的影响;通过氘-氚聚变反应研究了随机扩散对氚核的影响。从这些实验可得出结论:随机扩散损失已可用现有理论模型完好描述。用导向中心方法或反弹平均蒙特卡罗代码计算可预言加热功率损失和氚核的损失,误差在 200% 以内。

4.12 约束模式和定标律表达式

如 4.1 节所讨论的,托卡马克的行为与前述章节中描述的新经典理论的预言大相径庭。实验上测得的能量约束时间 τ_E(能量约束的定量表示)远远小于其新经典值。由于对这一行为背后的原因尚缺乏理解,因此有必要求助于约束时间的经验表达式。这个表达式通常采用各种相关参数的幂指数乘积的形式。不幸的是,即使是用这种方法,也不能充分描述约束时间的行为。研究发现,存在几种运行方式,这些方式都可以用一组拼凑而成的定标律公式来描述。为方便起见,将这些方式称作约束模式。

约束行为可以方便地分为四类。第一类包括欧姆加热等离子体,其余三类则与辅助加热的等离子体有关。辅助加热等离子体的两类基本模式为所谓的 L(低)和 H(高)约束模。第三类包括已发现的各种能产生增强约束的等离子体运行模式,其中尤为重要的是那些与中心凹陷(或中心近乎平坦的)电流剖面有关的模式,如熟知的反剪切、中心负剪切或优化剪切等模式。下面将依次介绍这些模式的定标律。

4.12.1　欧姆加热等离子体

在低密度下,能量约束时间的定标律为

$$\tau_E = 0.07(n/10^{20}) aR^2 q \tag{4.12.1}$$

其中,n 为平均电子密度;a 和 R 分别为等离子体的小半径和大半径;q 为圆柱等效边缘安全因子,τ_E 的单位是 s。按照这一定标律,密度升高时约束改善,这与新经典理论预言的密度升高时约束下降相矛盾。

随着密度的升高,τ_E 失去随 n 线性增长的特性,并在下述密度下达到饱和:

$$n_{sat} = 0.06 \times 10^{20} IRA^{0.5} \kappa^{-1} a^{-2.5}$$

其中,I 为等离子体电流,单位取 MA;A 为离子的原子质量数;κ 为等离子体拉长比 b/a;n_{sat} 的单位是 m^{-3}。

通过维持峰值密度剖面的方式来控制密度,可以将线性定标律扩展到所谓改善的欧姆约束(IOC)模式。图 4.12.1 给出了 ASDEX 托卡马克上的 IOC 的实验结果。

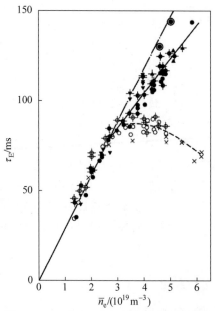

图 4.12.1　ASDEX 上改善的欧姆约束模

虚线、空心圆和十字叉对应于饱和模式;向上走的两条线是两种不同的 IOC 模(Aratari, R. *et al*, Max-Planck Institüt für Plasmaphysik, Annual Report 1988)

应当指出的是,由于欧姆加热水平本身取决于等离子体参数,因此可以重新整理 τ_E 的表达式。鉴于欧姆加热具有 $I^2 R_\eta$ 的形式,其中 R_η 是等离子体电阻,它表示为

$$R_\eta \propto \frac{R}{ab}\frac{1}{T^{3/2}}$$

同时采用如下形式的能量平衡关系:

$$\frac{I^2 R}{ab T^{3/2}} \propto \frac{nTabR}{\tau_E}$$

于是,式(4.12.1)给出的欧姆加热约束时间 τ_E 可以同样好地用 τ_E' 来表示:

$$\tau_E' = \tau_E f\left(\frac{nT^{5/2}a^2 b^2}{I^2 \tau_E}\right)$$

其中,f 是未知函数,目前还不能通过整体的实验测量来确定。

4.12.2　L 模约束

为了提高等离子体能量,使其超过仅用欧姆加热所达到的水平,可以利用高能中性粒子束或射频波来进行辅助加热。但结果令人沮丧:在给定的运行条件下,约束性能随加热功率的增大而恶化。通过对多个托卡马克的结果的分析,戈德斯顿(Goldston)得到了如下约束定标律:

$$\tau_G = 0.037 \frac{IR^{1.75}\kappa^{0.5}}{P^{0.5}a^{0.37}}$$

其中,P 是外加功率,单位为 MW;I 的单位为 MA;τ_G 的单位为 s。约束恶化显然是通过分母中的 $P^{0.5}$ 这一因子反映出来的。

尽管这个定标律是在像 JET 这样的大型托卡马克运行前得到的,但它却能很好地描述这些大装置上的结果。为了提高对计划中的托卡马克反应堆 ITER 的预测能力,一个包含大型托卡马克数据的扩展的数据库被用来给出戈德斯顿定标律的更精确的形式。这样得到的约束时间定标律被命名为 ITER89-P,其形式为

$$\tau_E^{\text{ITER89-P}} = 0.048 \frac{I^{0.85}R^{1.2}a^{0.3}\kappa^{0.5}\left(\frac{n}{10^{20}}\right)^{0.1}B^{0.2}A^{0.5}}{P^{0.5}} \tag{4.12.2}$$

其中,B 为环向磁场;I 的单位为 MA;P 的单位为 MW;$\tau_E^{\text{ITER89-P}}$ 的单位为 s。该公式给出的结果与众多托卡马克上的数据之间的比较如图 4.12.2 所示。新近的基于改进的数据库的

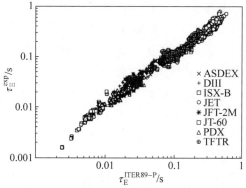

图 4.12.2　众多托卡马克给出的约束时间的实验值与用 L 模定标律 $\tau_E^{(\text{ITER89-P})}$ 得出的结果的比较

(Yushmanov, P. N. *et al. Nuclear Fusion* **30**, 1999 (1990))

分析结果见附录 14.13。

有趣的是,利用功率平衡关系 $P \propto nTabR/\tau_{\mathrm{E}}$,戈德斯顿约束时间可取如下近似形式:

$$\tau_{\mathrm{G}} \propto \frac{I^2}{nT}g \tag{4.12.3}$$

其中,g 是一个几何因子。

4.12.3　H 模约束

H 模的改善约束是在托卡马克 ASDEX 上发现的,其特性将在 4.13 节中描述。人们发现,当注入足够大的加热功率时,放电会发生突然转变:边缘约束得到改善,导致等离子体边缘出现温度和密度的台基。

随后在许多托卡马克上都观察到这一行为,并对此导出了类似于 L 模的 ITER89-P 定标律的定标关系。例如,

$$\tau_{\mathrm{Th}}^{\mathrm{ITERH93\text{-}P}} = 0.053 \frac{I^{1.06}R^{1.9}a^{-0.11}\kappa^{0.66}(n/10^{20})^{0.17}B^{0.32}A^{0.41}}{P^{0.67}} \tag{4.12.4}$$

其中,τ_{Th} 代表等离子体能量中热能部分的约束时间,单位为 s;I 的单位为 MA;P 的单位为 MW。当存在 ELM(见 7.17 节)时,将有不同的定标关系。一个广泛应用的表达式为

$$\tau^{\mathrm{IPB98}(y,2)} = 0.145 \frac{I^{0.93}R^{1.39}a^{0.58}\kappa^{0.78}(n/10^{20})^{0.41}B^{0.15}A^{0.19}}{P^{0.69}} \tag{4.12.5}$$

其中,$\tau^{\mathrm{IPB98}(y,2)}$ 的单位为 s;I 的单位为 MA;P 的单位为 MW。可见依赖关系与 L 模的基本相似。其他分析的结果见附录 14.13。

为了将给定等离子体的约束与 L 模的约束联系起来,这里引入一个因子 H,它定义为

$$H = \frac{\tau_{\mathrm{E}}}{\tau_{\mathrm{E}}^{\mathrm{L}}}$$

其中,$\tau_{\mathrm{E}}^{\mathrm{L}}$ 是 L 模定标律给出的约束时间。虽然 H 模的 H 的典型值是 2,但当存在 ELM 时,H 将降低。除非采取措施来减小 ELM 的影响,否则它们将严重恶化约束品质,尤其是在接近密度极限的高密度下。

4.12.4　其他的改善约束模

在托卡马克 TFTR 上,取得了一种称为"超放电"的改善约束模。这些放电是用中性束注入来加热低密度等离子体。中性束由两路反向的平衡束流组成,形成的等离子体具有低的边缘区粒子返流和峰化的等离子体密度剖面,其改善因子 H 大约为 3。

托卡马克等离子体的能量约束时间也可以因为电流剖面收窄而得到提高。这导致在 τ_{E} 的定标律公式中用到另一参数——自感 l_{i},从而得到:

$$\tau_{\mathrm{E}} \propto l_{\mathrm{i}}^{\alpha}, \quad 0.67 < \alpha < 0.8$$

在 JET 上,取得了一种所谓弹丸增强型(PEP)H 模。其特征是通过氢弹丸注入等离子体来引发峰化的压强剖面,给出的 H 值达 3.8。

在 DⅢ-D 上,通过对器壁实施硼化,得到了 H 值达 3.6 的所谓 V-H 模。在 JET 上,对表面进行铍化后也得到了类似的结果。在这些放电中,都存在边缘温度台基和高的边缘自举电流。

　　各种具有非单调的 q 分布的位形或具有弱的正磁剪切的位形都实现了 $H>2$。它们都具有被称为内部输运垒的高约束区域,如图 4.12.3 所示。

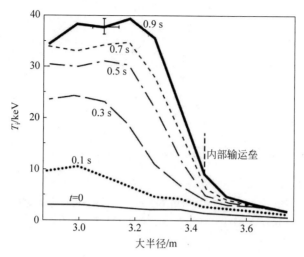

图 4.12.3　JET 上 D-T 放电下由电荷交换谱仪测得的离子温度径向分布

高功率加热阶段开始后 0.35 s 触发了内部输运垒(Gormezano,C. *Physical Review Letters* **30**,5544 (1998))

　　在研究了大量托卡马克数据后,得出的结论是最可行的托卡马克稳态运行方案是"混合方案"。它是这样一种位形:具有内部输运垒,并且在很宽的中心区域上安全因子维持在刚刚超过 $q=1$ 的水平,以避免锯齿对约束的有害效应。在实验中已观察到,某些 MHD 活动,如小的鱼骨模或新经典撕裂模,将抵消欧姆放电中使 q 小于 1 的发展趋势,从而使 $q>1$ 的平稳分布得以维持。

　　在 TEXTOR 托卡马克上,通过注入少量杂质(如氩或氖)来辅助加热等离子体的方法得到了所谓的辐射增强模。这些放电可维持在这样的高约束状态:在高密度下仍有 $\tau_E \propto n$。

　　以上对各种高约数模的描述清楚地表明,我们对约束还缺乏理解。最理想的情形应该是我们能分辨出输运增强的原因,并且能够将由此产生的输运结果计算出来。这种计算能够提供这样一种理解:所有的约束增强模式都能被纳入一个单一的物理总体框架中。但这项工作是一个艰难的挑战。在缺乏这种透彻理解的情形下,只能退而求其次,寻求其他理论手段。其中之一就是通过量纲分析对定标律施加某种限制,这将在 4.15 节讨论。

4.13　H 模

　　在 ASDEX 上,在中性束加热实验期间发现,在特定条件下,放电会突然跃变到更高的约束状态。这种高约束态下的约束时间基本上是之前低约束态的两倍。图 4.13.1 展示了一个从 L 模到 H 模转换的例子,以及 H 模与 L 模等离子体行为的比较。随后,在许多托卡马克上都观察到这一行为模式。

　　约束改变最明显的是等离子体的边缘。转变后边缘压强梯度迅速增大,这主要是由边缘密度增加引起的。边缘约束的这种改善可看作是形成了一个输运垒。当这个垒出现时,它使整个等离子体的密度在约束时间的时间尺度上被抬高,同时主等离子体的约束得到进一步改善。图 4.13.2 展示了模转换前后不同时刻的密度剖面。

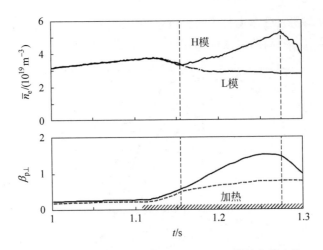

图 4.13.1 相同加热功率下的 H 模与 L 模放电的比较

实施切向中性束加热后,即出现 L-H 模转换。转换后,密度和 β_p 的垂直分量上升到 L 模的大约两倍(ASDEX team, *Nuclear Fusion* **29**,1959(1989))

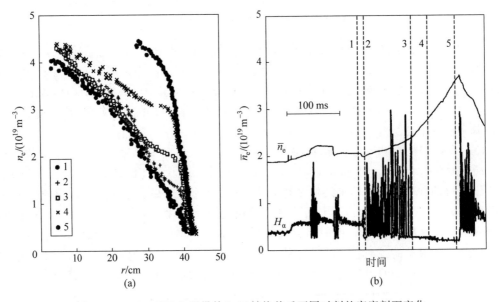

图 4.13.2 ASDEX 上测得的 L-H 转换前后不同时刻的密度剖面变化

(a) 5 个不同时刻的密度径向分布的变化;(b) $\bar{n}_e$ 和 H_α 信号随时间的演化(Wagner, F. *et al. Plasma physics and controlled nuclear fusion research.* (Proc. 13th Int. Conf.,Washington, 1990),Vol. 1, 277 I. A. E. A. Vienna(1991))

　　这一行为在当时是出人意料的,原因也不明。一种可能的解释是这种转换一直隐含在基本输运方程里,在临界条件下,该方程的解出现了分岔。更为公认的观点是这么解释的:和流的剖面改变相应的边缘等离子体稳定性发生了突然改变。例如,当横越不稳定区域的流剪切增加时,就可能会抑制不稳定性。因为对每一种粒子,垂直流速 $v_\perp$ 与径向电场有关,即

$$n_j e_j (E_r + v_{\perp j} B) = -\frac{\mathrm{d} p_j}{\mathrm{d} r}$$

故这种行为也可以根据电场梯度的变化来讨论。这一观点得到了 DⅢ-D 上观察到的结果的支

持,即发生转换时,在等离子体边缘几厘米的范围内,密度涨落突然出现下降,如图 4.13.3 所示。然而,JET 上的实验显示,这种约束的突然转变可以出现在等离子体外侧半径的大部分位置上。

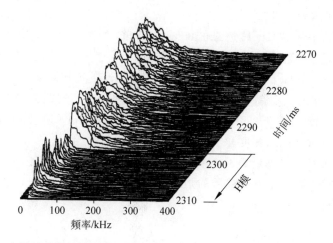

图 4.13.3　DⅢ-D 上通过反射计测得的 H 模开始时密度涨落的下降(DⅢ-D team, *Plasma physics and controlled nuclear fusion research*. (Proc. 13th Int. Conf., Washington, 1990), Vol. 1, 69 I. A. E. A. Vienna (1991))

　　转换到 H 模的条件是加热功率大于某个确定的阈值。通过对诸多托卡马克的实验数据进行整理,得到关于该阈值功率的经验定标律如下:

$$P_{thr} = 1.38(n/10^{20})^{0.77}B^{0.92}R^{1.23}a^{0.76} \tag{4.13.1}$$

其中,P_{thr} 单位为 MW。其结果与实验值的比较如图 4.13.4 所示。还有一些条件也会影响转换的难易。例如,在偏滤器位形下更容易得到模转换,虽然模转换也能出现在 X 点分离面靠近壁的位形下,以及某些情形下的限制器位形下。在单 X 点的位形中,当环向磁场的方向为 $\boldsymbol{R} \times \boldsymbol{B}$ 指向偏滤器的方向时,模转换可出现在较低的功率下,这里 $\boldsymbol{R}$ 为大半径矢量。这通常被说成离子 $\nabla\boldsymbol{B}$ 漂移方向指向偏滤器。

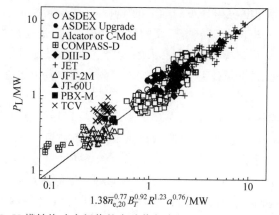

图 4.13.4　L-H 模转换功率阈值的实验值与定标律公式(4.13.1)的结果的比较

$\bar{n}_{e,20}$ 是以 10^{20} m^{-3} 为单位的弦平均密度,P_{L} 为 L-H 转换发生时以 MW 为单位的损失功率(ITER Physics Basis, *Nuclear Fusion* **39**, 2175 (1999))

H 模的约束改善当然也有不利的方面。首先是密度增长不可控，以至于导致回到 L 模。H 模还会相应地增强对杂质的约束。但当存在所谓边缘局域模（或称 ELM，见 7.17 节所述）时，这两种效应会被缓解。然而，ELM 的出现总是伴随着一定的约束损失，并伴有对第一壁释放的脉冲式热负荷。

H 模的典型特征是等离子体边缘的 H_α 辐射下降，如图 4.13.2 所示。H_α 辐射是再循环的一部分中性氢原子进入等离子体时产生的，所以 H_α 信号是对等离子体与周围器壁之间氢的再循环的量度。故 H_α 信号的突然下降意味着再循环的突然减弱。从图 4.13.2 可以看出，后续的 H 模恶化的一个指标就是 H_α 信号重复出现尖峰。这些尖峰与 ELM 有关，它是等离子体损失掉的粒子引发氢的阵发性再循环的表现。这种 ELM 不稳定性很可能是由与 H 模相关的陡峭的边缘压强梯度和电流梯度驱动的。

H 模最终是否有用取决于是否能在实现约束改善的同时控制好以下不利效应：杂质水平的上升和反应堆等离子体中 α 粒子的积累引起的约束恶化，或 ELM 引起偏滤器靶板上的瞬时热负荷过量。

4.14　内部输运垒

在 TFTR 上的非单调 q 分布（即所谓反磁剪切）的实验中，有时约束会转换到这样一种状态：由于形成一个内部输运垒（而不是如 H 模时的边缘输运垒），使其约束比起 L 模显著增强。然而，反磁剪切本身并不是充分条件，因为研究发现，似乎完全相同的 q 分布会表现出不同的行为。所以，只有那些约束改善了的放电才被称为增强反剪切（ERS）放电。称呼上的这一区别表明，反剪切仅仅促进其他过程的进行，也许是产生了流剪切，从而像 H 模那样抑制湍性输运（见 4.19 节的讨论）。随后在许多托卡马克上，无论是在电子加热还是在离子加热条件下，都在反磁剪切或仅存在微弱正剪切的情形下实现了约束改善，以至于创造出一批用以描述这些现象的术语，如 DⅢ-D 上的中心反剪切、JET 上的优化剪切等。上述这些磁位形可通过多种途径来实现，例如，通过非感应电流驱动或是利用欧姆放电击穿时的瞬态相。所需的流剪切可由中性束的动量注入提供，或由抵消离子压强梯度的径向电场来产生。由于 q 分布和加热功率沉积分布的细节的影响，这些模转换的发生似乎没有简单的阈值条件。有证据表明，功率阈值随磁场强度的增加而提高，但是这种相关性在适当强度的电流驱动下（用以产生强的反磁剪切）就会有大幅改变。内部输运垒形成的位置通常在低有理 q 面（如 $q=2$ 或 3）附近，这里 MHD 活动可以产生剪切的等离子体流和径向电场，从而抑制湍流输运。

内部输运垒的径向区域很窄，能大大减小输运，并具有陡的径向梯度。这里所说的输运减小可以表现在各种输运通道上，最普遍的是离子热输运通道，其输运可以减小到新经典输运的水平，如图 4.14.1 所示。此外，还可以是密度和环向动量输运通道，有时候也见于电子热输运通道。在内部输运垒之内的芯部等离子体区域，通常输运也会减小。测量显示，内部输运垒与径向电场在径向上快速变化的区域有关，如图 4.14.2 所示。

在内部输运垒放电后期的演化中或随着加热功率的增加，输运垒的位置会向外移动。有时 H 模的边缘输运垒也能同时出现，结果造成约束的进一步改善。然而，这些后续发展会产生 MHD 不稳定的分布，导致放电终止。

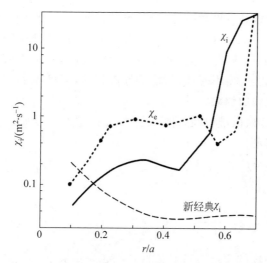

图 4.14.1 JET 上优化剪切 D-T 放电中的离子、电子和离子新经典扩散率的径向分布

(JET Team, *Nuclear Fusion* **39**, 1 (1999))

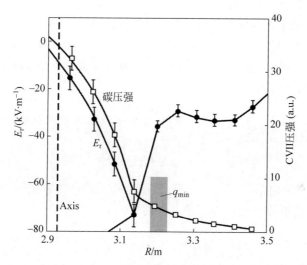

图 4.14.2 TFTR 上 ERS 放电中的径向电场和碳压强的剖面

在最小 q 值附近的输运垒径向范围内,涨落和湍流通量明显下降,所以碳压强剖面在这个区域的梯度很陡。输运垒与 E_r 剖面的快速变化有关。

    JET 上的实验已表明,在优化剪切的 D-T 燃烧放电中,α 粒子的产额相当大。从稳态聚变电站的角度看,内部输运垒位形带来的约束改善很有吸引力。然而,要想让这些位形能够用于稳态聚变电站,还需要大力发展电流驱动和加热系统,以便在远大于电阻性扩散的时间尺度上控制电流和压强的剖面。

4.15 定标律

4.15.1 理论

    4.12 节中描述的纯经验的定标关系是根据运行参数和工程参数(如 I, P, B 和 a 等)来表达的。但是控制其背后基本机制(它们决定约束质量)的方程为这些定标律的形式设置了约束,这些约束又取决于与定标律对应的物理过程的类型。这些约束关系可以由标度不变性技术推导得到,称为康农-泰勒(Connor-Taylor)或卡多姆采夫(Kadomtsev)约束。这种技术利用了控制方程的标度变换不变性,与量纲分析相关,但更加系统化,并能发现一些用探索(启发性)方法不易获得的约束关系。

我们以一个带静电势(由准中性条件决定)的弗拉索夫方程所描述的输运机制为例来说明。这时电子和离子满足:

$$\frac{\partial f_j}{\partial t} + \boldsymbol{v} \cdot \frac{\partial f}{\partial \boldsymbol{x}} + \frac{e_j}{m_j}(\boldsymbol{E} + \boldsymbol{v} \times \boldsymbol{B}) \cdot \frac{\partial f_j}{\partial \boldsymbol{v}} = 0 \tag{4.15.1}$$

和

$$\sum_j e_j \int f_j \mathrm{d}^3 v \tag{4.15.2}$$

这些方程只在下述三种标度变换下是不变的。在这些变换下,每个变量都乘以一个标度因子的幂指数,这些方程仍保持不变。对于式(4.15.1)和式(4.15.2),这三种标度变换为

$$\text{T1}: f_j \to \alpha f_j$$

$$\text{T2}: v \to \beta v, \quad t \to \beta^{-1} t, \quad E \to \beta^2 E, \quad B \to \beta B$$

$$\text{T3}: t \to \gamma t, \quad x \to \gamma x, \quad E \to \gamma^{-1} E, \quad B \to \gamma^{-1} B$$

这些变换现在可被用来对约束时间定标律的形式设置限制。为此,将约束时间取为量 n, B,T 和 a 的幂律的特征值:

$$\tau_{\text{E}} \propto n^p B^q T^r a^s \tag{4.15.3}$$

并利用定义

$$n = \int f \mathrm{d}^3 v, \qquad nT = \frac{1}{3} m \int v^2 f \mathrm{d}^3 v$$

然后依次将变换 T1~T3 代入式(4.15.3)。通过令所导出的方程的左、右两边 α,β 和 γ 的幂次相等,得到关于幂指数 p,q,r 和 s 的 3 个约束。

$$\text{C1}: p = 0$$

$$\text{C2}: q + 2r = -1$$

$$\text{C3}: s - q = 1$$

将这些约束代入式(4.15.3),便给出了所需的定标关系:

$$\tau_{\text{E}} \propto \frac{1}{B}\left(\frac{T}{a^2 B^2}\right)^r \tag{4.15.4}$$

如果认为 τ_{E} 对特征量具有一般的泛函关系,则式(4.15.4)可替换为

$$\tau_{\text{E}} = \frac{1}{B} F\left(\frac{T}{a^2 B^2}\right) \tag{4.15.5}$$

式(4.15.4)和式(4.15.5)仅限于由式(4.15.1)和式(4.15.2)定义的模型。模型越复杂,标度不变量的变换越少,因此对幂指数的约束条件也越少。表 4.15.1 总结了最重要的这样一些模型。

在上述例子中,如果用泊松方程代替准中性条件,就可以去除一个约束条件。甚至当约束过程还涉及福克-普朗克(Fokker-Planck)方程和有限 β 效应时,对 τ_{E} 的定标表达式就将没有任何约束条件,即在其幂律表示式中,四个指数 p,q,r 和 s 将是相互独立的。

表 4.15.1　各种等离子体模型对应的定标律

等离子体模型	$B\tau_E$ 的定标律	对幂律定标律式(4.15.3)所加的约束条件	自由度的数量
无碰撞低 β	$F(T/a^2B^2)$	$p=0,s=-2r=q+1$	1
有碰撞低 β	$F(T/a^2B^2,na^2/B^4a^5)$	$3p+2r+s=0$ $4p+q+2r+1=0$	2
无碰撞高 β	$F(na^2,T/a^2B^4)$	$2p-2r-s=0$ $q+2r+1=0$	2
有碰撞高 β	$F(na^2,Ta^{1/2},Ba^{5/4})$	$2p+\frac{5}{4}q+\frac{r}{2}-s+\frac{5}{4}=0$	3
理想 MHD	$(na^2)^{1/2}F(nT/B^2)$	$2p+q=0$ $q+2r+1=0$ $s=1$	1
阻性 MHD	$(na^2)^{1/2}F(nT/B^2,Ta^{1/2})$	$2p+q=0$ $p-r+2s-\frac{5}{2}=0$	2

这个方法通常不能给出几何比例(如 a/R,b/a)和安全因子 q 的信息。当原子过程起重要作用时,这种处理方式的价值更低。

4.15.2　实验定标关系

在讨论约束定标律时频繁出现的特征时间是所谓的玻姆时间。它定义为

$$\tau_B=\frac{a^2}{D_B}$$

其中,D_B 正比于玻姆引入的扩散系数,其定义如下:

$$D_B=\frac{T}{eB}$$

可见这个扩散系数可写成如下形式:

$$D_B\propto\omega_c\rho^2$$

其中,ω_c 为回旋频率;ρ 为拉莫尔半径。

式(4.15.5)可用 τ_B 表示为

$$\tau_E=\tau_B F(\rho_*) \tag{4.15.6}$$

其中,

$$\rho_*=\frac{\rho}{a}$$

为归一化的拉莫尔半径。更一般地,τ_E 可写为

$$\tau_E=\tau_B F(\rho_*,\beta,\nu_*,\lambda_*) \tag{4.15.7}$$

其中,

$$\nu_*=\frac{\nu}{\varepsilon^{3/2}v_T/Rq}$$

$\varepsilon=r/R$ 是俘获粒子的等效碰撞频率与其反弹频率之比,且

$$\lambda_* = \frac{\lambda_D}{a}$$

为归一化的德拜长度。

如果 λ_* 对约束没有影响,则 τ_E 的幂律形式中只有 3 个自由指数。这种对式(4.15.3)中 p,q,r 和 s 所加的约束条件便是著名的卡多姆采夫约束。ITER 89-P 和 ITER H93-P 定标律基本上满足这一约束。从式(4.15.7)还可得到,如果对于不同的托卡马克,参量 ρ_*,β 和 ν_* 都相同,则 $\tau_E \propto B^{-1}$。这种所谓的鉴别实验已在 JET 和 DⅢ-D 之间比较过,并取得了与该预言一致的结果(图 4.15.1)。

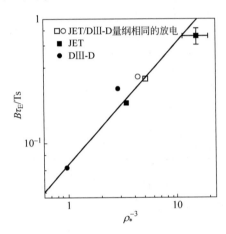

图 4.15.1 JET 和 DⅢ-D 上具有相似 q 和 β_N 值(q 为安全因子,β_N 为 Troyon 归一化热 β)的放电下得到的归一化能量约束时间 $B\tau_E$ 及与回旋玻姆标度律 ρ_*^{-3} 的比较

实心正方形为 JET 上 $q=3.4$,$\beta_N=1.5$ 的放电,实心圆为 DⅢ-D 上 $q=3.8$,$\beta_N=2.1$ 的放电,空心正方形和空心圆分别为 JET 和 DⅢ-D 上在量纲相同条件下的放电

进一步地,如果不存在对 β 的依赖关系,那么约束条件便是低 β 的福克-普朗克方程下的情形,无 ν_* 则相当于无碰撞高 β 模型的约束。最后,如果 ν_* 和 β 都不起作用,则定标关系退化为式(4.15.6)的形式。

在从现有实验数据外推到托卡马克反应堆时发现,比起 ρ_*,β 和 ν_* 的值的变化很小。因此确定对 ρ_* 的定标关系非常重要。

如果约束是由小尺度(ρ 的尺度,或是无碰撞趋肤深度 c/ω_{pe} 的尺度,或是电阻不稳定性层宽的尺度)上的湍流所支配,那么就将存在额外的不变量定标关系,这时有

$$\tau_E = \tau_B \frac{1}{\rho_*} F(\beta, \nu_*) \tag{4.15.8}$$

这便是著名的回旋玻姆定标律。在 β 和 ν_* 为常数时,式(4.15.8)意味着 $B\tau_E \propto \rho_*^{-3}$。这已在 JET 和 DⅢ-D 的 H 模放电的相似度实验中得到证实,如图 4.15.1 所示。另一方面,如果湍流的尺度与 a 有关,那么 τ_E 采用玻姆定标公式:

$$\tau_E = \tau_B F(\beta, \nu_*) \tag{4.15.9}$$

ITERR 89-P 定标关系(4.12.2)给出的玻姆定标律为

$$\tau_E = \tau_B \beta^{-1/2} \nu_*^{-1/4}$$

然而 H 模的定标律公式(4.12.4)和公式(4.12.5)更接近回旋玻姆定标律。

　　这可能是因为用 ρ_*、β 和 ν_* 的幂律表达式来描述 τ_E 并非最好。例如,有建议用一个两项、非线性的形式来表述 H 模的定标律。这样可以将等离子体芯部和边缘台基区的贡献分开来表示。

　　如果式(4.15.7)可以写成 $\tau_E = \tau_B F(\rho_*, \beta, \nu_*)$,即满足卡多姆采夫约束,但函数 F 仍为未知,那么就有可能利用相似性概念从已有装置的约束行为来预测其他托卡马克装置的性能。例如,一组尺寸不同但 ρ_*、β 和 ν_* 的值相同的相似托卡马克应具有类似的定标律:

$$\tau_E \propto \frac{1}{B} \propto a^{5/4}$$

如果 τ_E 满足式(4.15.8),那么对相同的 β 和 ν_* 值,会有一类满足下述定标律的两参数的托卡马克:

$$\tau_E \propto Ba^{5/2}$$

而如果 τ_E 满足式(4.15.9),则会有另一类两参数的托卡马克,它们满足:

$$\tau_E \propto B^{1/3} a^{5/3}$$

因此,只要各方面条件(包括几何位形和各种参数的剖面)安排得使相似性得到保持,那么从一个给定尺寸的托卡马克的已知性能就能够预言未来装置的性能。

4.16　输运系数

　　能量约束时间 τ_E 代表大量输运过程的结果。在放电的芯部,锯齿起一定作用;在边缘,ELMs 对 H 模有影响;在二者之间,输运通常由局域过程决定,在其中电子和离子经历扩散和对流。进一步的影响是等离子体不同成分之间的能量交换及辐射引起的能量损失。此外,这些决定输运的过程还存在径向依赖特性,因此有必要通过测量来确定局域输运系数。除了能量输运,对粒子输运(包括杂质粒子和高能粒子)进行研究,以及对环向角动量的输运展开研究,也都很重要。

　　径向通量密度是指成分 j 的粒子通量 Γ_j 和热通量 q_j。在新经典理论中,这些通量由径向梯度 $\mathrm{d}n_j/\mathrm{d}r$ 和 $\mathrm{d}T_j/\mathrm{d}r$ 驱动。观测到的输运也可以用这些项写出来,这些通量通过一个系数矩阵与各种梯度联系在一起。所以,如果每种成分的通量只取决于该种成分的梯度,那么通量方程可写成

$$\Gamma_j = -\alpha_{11} \frac{\mathrm{d}n_j}{\mathrm{d}r} - \alpha_{12} \frac{\mathrm{d}T_j}{\mathrm{d}r}$$

$$q_j = -\alpha_{21} \frac{\mathrm{d}n_j}{\mathrm{d}r} - \alpha_{22} \frac{\mathrm{d}T_j}{\mathrm{d}r}$$

这个矩阵的对角元素通常为 D_j 和 $n\chi_j$。在更一般的表示中,还存在关于环向动量和环向电流的方程,为此需引入环向电场到通量方程中(如式(4.6.24)和式(4.6.25))。另外,还存在对其他种类梯度的依赖关系。

　　在一种较为简化的表示下,通量可表示为扩散项和对流项之和。例如,电子的粒子通量可写为

$$\Gamma_e = -D \frac{\mathrm{d}n_e}{\mathrm{d}r} - Vn_e$$

其中，D 为扩散率。第二项描述的是速度为 V 的向内箍缩，它可以代表所有非对角元的贡献。D 和 V 不可能通过稳态下的测量区分开，但可以借助瞬态扰动(如弹丸注入或喷气)来确定。

大部分实验信息都与矩阵的对角元素或扩散率相关，但是还得测量粒子和杂质的箍缩。通常，热箍缩较少被涉及。实际扩散率通常要比新经典值大得多。其典型值为

$$\chi_i, \chi_e \text{ 为 } 1 \text{ m}^2 \cdot \text{s}^{-1} \text{ 的量级}$$

且氢和杂质的扩散率要略低一些：

$$D \propto D_z \propto \frac{1}{4}\chi_e$$

箍缩的速率为

$$V \text{ 为 } 10 \text{ m} \cdot \text{s}^{-1} \text{ 的量级}$$

可将这些值与下述典型的新经典值进行比较：

$$\chi_{\text{ineo}} \text{ 为 } 0.3 \text{ m}^2 \cdot \text{s}^{-1} \text{ 的量级}$$

$$\chi_{\text{eneo}} \propto D_{\text{neo}} \propto \left(\frac{m_e}{m_i}\right)^{\frac{1}{2}} \chi_{\text{ineo}}$$

$$D_{\text{zneo}} \text{ 为 } 0.1 \text{ m}^2 \cdot \text{s}^{-1} \text{ 的量级}$$

因此通常有

$$\chi_i \propto (1 \sim 10)\chi_{\text{ineo}}, \qquad \chi_e \propto 10^2 \chi_{\text{eneo}}$$

在等离子体芯部和高约束模下，D，D_z 和 χ_i 的值可以接近新经典水平，但是 χ_e 几乎总是反常的。

环向动量的约束也是反常的，扩散率 χ_ϕ 在幅度上与 χ_i 和 χ_e 相似。

这些扩散率的共同特征是它们沿径向朝着等离子体边缘增长。图 4.16.1 展示了 TFTR 托卡马克的结果。JET 上的实验表明，扩散系数存在从芯部的近似新经典值到外部区域的反常值的急剧转变。

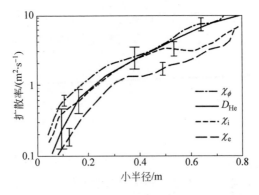

图 4.16.1　TFTR 上热离子 L 模放电下，环向动量扩散率 χ_ϕ、氦扩散系数 D_{He} 及离子和电子热扩散率 χ_i 和 χ_e 的相似性(ITER Physics Basis, *Nuclear Fusin* **39**, 2175(1999))

各种约束模都源于 χ_i 或 χ_e 的改变。因此在欧姆约束下，χ_e 在 n_e 较低时占主导，但随 n_e 的增大而下降，直到在饱和约束态下 χ_i 超过了它。在 L 模等离子体下，χ_i 略大于 χ_e。H

模等离子体的特点则是 χ_e 在外侧区域下降,约束增强以边缘输运垒的形式出现。在超放电和改善的欧姆约束等离子体中,密度峰化导致 χ_i 有更低的值。在具有非单调 q 分布的等离子体中,χ_i 在芯部具有新经典值(图 4.14.1),有时 χ_e 也被降低了。

如何将 χ 对温度和密度的依赖关系与能量约束时间定标律联系起来,显然存在困难。从关系式(4.12.2)可以看出,τ_E 随密度和温度的上升而减小,而 χ 沿半径增大,因此约束水平沿半径随密度和温度的下降而下降。其原因还不清楚,但这可能是(例如)剪切参数 $(r/q)\mathrm{d}q/\mathrm{d}r$ 变坏的结果。

在式(4.12.3)中,τ_E 对 I^2 的依赖关系表明,χ 对 B_θ 存在局域的依赖性,很可能是 $\chi \propto 1/B_\theta^2$,但应再次强调,这里存在很大的不确定性。在欧姆放电条件下,χ_e 和 χ_i 与离子质量成反比,但这个依赖关系在 L 模等离子体中要弱得多。

T-10 上进行的详细参数扫描提供了在欧姆条件下对 χ_e 的拟合:

$$\chi_e \propto \frac{T_e^{1/2}}{nqR}\frac{r}{R} \propto \frac{D_B \rho_*}{\beta q}\left(\frac{r}{R}\right)$$

其中,$D_B = T/eB$。这个回旋玻姆公式与 JET 和 TFTR 上对 L 模扫描所得的结果相反,后者给出玻姆公式的形式为

$$\chi_{eff} \propto D_B \beta^{1/2} \nu_*^{1/4}$$

然而,在 H 模下,JET 和 DⅢ-D 的结果事实上就是回旋玻姆公式:

$$\chi_{eff} \propto D_{gB} \beta^{-0.54} \nu_*^{0.49}$$

其中,$D_{gB} = \rho_* D_B$。

DⅢ-D 上进行的瞬态离轴 ECRH 实验表明存在电子的热箍缩。但这个结果与 JET 上离子回旋共振加热(ICRH)实验的结果相矛盾。这个问题与所谓的分布回弹有关。实验结果有时显示,等离子体会弛豫到某种特定的 T_e 剖面。这与那些根据非线性电导率来理解瞬态行为的实验结果不符。另外,T_i 剖面有时接近离子温度梯度模的临界稳定性对应的剖面,关于这一点将在 4.20 节和 4.22 节讨论。热脉冲和弹丸注入实验表明了输运矩阵中非对角元的重要性。

4.17　涨落

4.16 节描述的反常输运被认为源于等离子体涨落引起的湍性扩散。这些涨落可能是静电性质的或是电磁性质的,预计会以一种或多种托卡马克中存在的微观不稳定的非线性饱和态的形式出现。

对此,湍性涨落产生 $E \times B$ 漂移速度:

$$\delta v_\perp = \frac{\delta E_\perp}{B}$$

这个速度与密度涨落 δn 相结合给出对流粒子通量:

$$\Gamma = \langle \delta v_\perp \, \delta n \rangle$$

其中,$\langle \rangle$ 是磁面上的平均值。

这一平均会产生一个非零的通量,除非 $\delta v_\perp$ 与 δn 严格地相位无关。类似地,种类 j 的温度涨落也会导致热通量:

$$q_j = \frac{3}{2} n_j \langle \delta v_\perp \, \delta T_j \rangle$$

其中,n_j 为平衡密度。上述电场涨落既可以是静电的,也可以是电磁的。

如果存在磁涨落 $\delta \boldsymbol{B}$ 并引起相关磁拓扑的改变,那么平行于磁场的扰动速度 $\delta v_{\parallel_j}$ 结合扰动的径向磁场 $\delta \boldsymbol{B}_r$,将给出通量:

$$\Gamma_j = \frac{n}{B} \langle \delta v_{\parallel_j} \, \delta B_r \rangle$$

宏观 MHD 现象,如锯齿和低模数撕裂模磁岛,也能通过使原先环向净嵌套的磁通面重组来对约束产生重要影响。这些现象将在第 7 章中介绍,本节集中讨论那些尺度较细小(通常指与拉莫尔半径的尺寸可比)的涨落。

4.17.1　观测结果

在等离子体边缘,δn,δT_e 和电势涨落 $\delta \phi$ 可以用朗缪尔探针来测得,磁扰动 $\delta \boldsymbol{B}$ 可用米尔诺夫线圈阵列来测量。虽然 $\delta n/n$,$\delta T_e/T_e$ 和 $e\delta\phi/T_e$ 在趋向等离子体边缘时快速上升,可达 50% 的量级,但在静态条件下,$\dfrac{\delta \boldsymbol{B}}{B}$ 的值却很小,一般为 10^{-4} 的量级。

等离子体内部的 δn 可以通过多种技术来测量。这些技术包括微波散射、远红外激光散射、重离子束探针、束发射光谱和微波谱仪等。图 4.17.1 给出了 TFTR 上的测量结果,可以看出,内部的密度涨落比起边缘的涨落要低得多,降至约 1%。

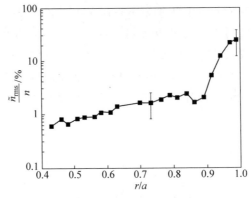

图 4.17.1　TFTR 超放电等离子体中束发射谱仪测得的归一化密度涨落幅度
(Fonck, R. J. *et al.*, *Physical Review Letters* **70**, 3736 (1993))

用重离子束探针对芯部 $\delta\phi$ 的测量表明,$e\delta\phi/T_e \propto \delta n/n$。对内部磁涨落的直接测量还处于起步阶段,但是 TORE SUPRA 上对垂直偏振的散射测量显示,$\delta \boldsymbol{B}_r/B$ 为 10^{-4} 的量级。

涨落的空间傅里叶变换给出垂直和平行于磁场的波数 $k_\perp$ 和 $k_\parallel$。涨落的理论模型通常用所预言的 $\boldsymbol{k}$ 谱来表征。实验观测到的波数谱 $S(k_\perp)$ 主要以波长大于离子回旋半径的波为主。在径向上,观测到相关长度为 $2\sim3$ cm,且波数谱的峰值位于可测量的最长波长处。极向波数谱的峰值在 $k_\perp \rho_s \lesssim 0.3$ 的区域,这里 ρ_s 是温度取电子温度时的离子的拉莫尔半径,波数谱 S 在较大 $k_\perp$ 处下降到可忽略的值。平行于磁场的波数的典型值满足 $k_\parallel L$ 为 1 的量级,其中 L 是绕环面的连接长度 qR。δn 的涨落幅度可由简单的理论混合长度来估计:$\delta n/n \propto 1/k_{\perp} L_n$,其中 L_n 为密度特征标长。在该振幅下,扰动梯度 $k_{\perp} \delta n$ 与平衡态的梯度相抵。

涨落的特征频率约为 $100\,\mathrm{kHz}$,与极向模数 $m \approx 100$ 的逆磁频率 $\omega_*/(2\pi)$ 可比,不过考虑到等离子体流引起的多普勒频移,m 的值会大大降低。

4.17.2 与输运的相关性

如果要用上述涨落对观测到的输运过程做出解释,那么就有必要研究涨落与约束之间的相关性。这可以通过这样一种方式来进行:将实验测得的通量与从涨落测量数据计算得出的通量进行详细的定量比较。然而,这种方法通常仅在等离子体边缘才是可能的。对于主等离子体,则需要采用涨落幅度与 $\chi(r)$ 的径向依赖性之间的比较。例如,研究发现,$(\delta n/n)^2$ 和 χ 均随半径增长。而一种更全局的可能方法是分析涨落水平与约束时间 τ_E 之间的相关性。这些相关性可以取与参数(如 n 和 I)给出的定标律类似的形式,或采用在研究 L-H 模转换和形成内部输运垒时的类似行为所采用的方法。

在边缘区,有可能对输运与静电涨落之间的关系做精确分析,因为静电探针可用来测量 δn,$\delta \phi$ 和 δT_e 的幅度和相位。在 TEXT 上对此进行了详细研究。对于粒子通量,测量给出的幅度和定标关系与观测到的输运行为非常一致,表明确实是静电涨落提供了主要的输运机制。虽然传导电子的热通量的测量不确定得多,但对 δT_e 的测量结果允许我们用静电涨落来解释。对于边缘区,磁涨落非常微弱,不足以发挥重要作用。

在 TEXT 上使用重离子束探针已经可以同时确定更接近芯部的 $\delta \phi$ 和 δn 及其相位。这使我们能够从静电涨落中计算出预期的粒子通量。计算结果表明,在 $r/a > 0.6$ 的区域,计算结果与实际测得的通量基本相符。在缺乏 $\delta \phi$ 信息的情形下,基于 TFTR 上对 δn 涨落幅度的测量,对 χ 所做的理论估计与由功率平衡计算给出的结果之间有合理的一致性。利用实验测得的相关长度 L_c 和碰撞时间 τ_c 所估算的 $\chi \propto L_c^2/\tau_c$ 也与功率平衡计算给出的结果有类似的一致性。

在 TFR 上,在欧姆加热、离子回旋加热和中性束加热的等离子体中,均发现 τ_E^{-1} 与 $\left(\dfrac{\delta n}{n}\right)^2$ 之间有明确的相关性,如图 4.17.2 所示。在 TFTR 上,在欧姆、L 模和超放电等条件下,对密度涨落特征与输运之间相关性进行了详细研究。结果发现,涨落功率与反常输运之间存在关联,即在约束区内,这种关联随外加功率和等离子体电流的变化与 τ_E 定标律是一致的。涨落的特征长度也从低密度欧姆等离子体的约 $4\,\mathrm{cm}$ 降至超放电的约 $2\,\mathrm{cm}$,这与约束改善相符。L 模放电下的涨落的波长较长,很可能与 L 模约束的类玻姆定标律有关。

在 DⅢ-D 和 ASDEX 上,观察到涨落水平与 L-H 转换之间存在精细的相关性。随着边缘输运垒的形成,涨落水平在 $100\,\mu\mathrm{s}$ 内下降。图 4.17.3 展示了 DⅢ-D 上 L-H 转换时 D_α 辐射的下降与涨落水平之间的关联。此外,在 $r/a \gtrsim 0.7$ 的区域,随后的约束改善的发展伴随涨落的下降一直持续了几十毫秒。在 TFTR 上进行的 L 模电流爬升实验中,边缘的涨落变化得比芯部的快,这与热输运的变化一致。

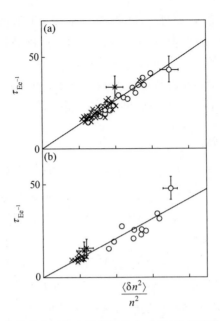

图 4.17.2　TFR 上测得的密度涨落水平与电子能量约束时间(考虑到锯齿振荡的影响)之间的相关性
(a)离子回旋加热下的情形；(b)中性束加热下的情形

两张图也同时都给出了欧姆加热的结果(TFR Group and Truc，A. in *Turbulence and anomalous transport in magnetic plasmas*，1986，p.141，Eds. Grésillon, D. and Dubois, M. A. Editions de Physique, Orsay (1987))

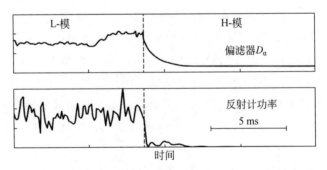

图 4.17.3　DⅢ-D 上 L-H 转换期间，用反射计测得的密度涨落的下降(Doyle，E. J. *et al*. *Plasma physics and controlled nuclear fusion research*，(Proc，14th Int. Conf. Würzburg, 1992) Vol.1，p.235 I. A. E. A Vienna (1993))

4.18　湍流引起的输运

　　湍流引起输运的理论图像为：不稳定性引起的自由能释放在相应的扰动量中驱动稳定水平的涨落。在这种湍性状态下，涨落导致粒子和能量沿径向输运。

　　可以在两个层面上尝试进行理论描述。首先，在第一个层面上，可以将涨落背后的不稳定性行为视为给定的。在此情形下，可以计算出 4.17 节所述电磁涨落 δE 和 δB 引起的输运。在 4.18.1 节将介绍这一计算过程，其中给出了湍流输运的随机步长估计方法。这些湍流输运源于两方面：涨落的 $E \times B$ 漂移速度 $\delta v_\perp$ 和沿着随机磁场线的平行运动。随后讨论准线性理论,其中的湍流通量,如粒子通量 $\Gamma=\langle\delta n\,\delta v_{\perp}\rangle$,采用对 $\delta\boldsymbol{E}$ 和 $\delta\boldsymbol{B}$ 的等离子体线性响应来进行计算。

其次,在更高层面上,可以尝试计算微观不稳定性的非线性饱和态及其导致的输运。有几种可行的方法。一种普适的办法是利用 4.15 节中介绍的标度不变性方法来讨论局域而非全局的输运。另一种方法是采用强湍理论。这一理论认为,当扰动梯度 $\nabla\delta n$ 与统计平均量的梯度 ∇n 可比时,湍流出现饱和;与此相反的是弱湍理论,这时特定波长涨落的线性增长被其非线性衰减抵消,这种衰减是由该波长的湍流被非线性地散射到其他波长分支上所致。在 4.20 节中,讨论几个由某种可能的不稳定性引起的具体例子。最后在 4.21 节,给出了最严格的、基于等离子体基本方程的湍流输运的计算模拟方法。

4.18.1　静电涨落引起的输运

用涨落的傅里叶分量来描述该涨落是非常方便的。为此,将静电势写为 $\delta\phi=\sum_k\delta\phi_k\mathrm{e}^{\mathrm{i}(\boldsymbol{k}\cdot\boldsymbol{x}-\omega_k t)}$。其中某个特定的傅里叶分量 $\delta\phi_k$ 引起横越磁场的漂移速度 $\boldsymbol{E}\times\boldsymbol{B}$ 为

$$\delta v_k=-\mathrm{i}\,\frac{\boldsymbol{k}\times\boldsymbol{B}}{B^2}\delta\phi_k$$

如果这个粒子速度 δv_k 持续一段时间 τ_k(即所谓相关时间),则将产生一段位移 $\delta r_k\propto\delta v_k\tau_k$。对波数谱求和,即得到由随机行走法估算出的湍性扩散系数:

$$D=\sum_k\frac{(\delta r_k)^2}{\tau_k}=\sum_k\left(\frac{k_{\perp}\,|\,\delta\phi_k\,|}{B}\right)^2\tau_k \tag{4.18.1}$$

这里相关时间取决于限制 $\boldsymbol{E}\times\boldsymbol{B}$ 定向漂移的最快过程。可能的过程包括:①涨落的时间变化,相应的相关时间由 $\tau_k\propto1/\omega_k$ 刻画;②粒子的线性运动的影响,相应的相关时间为 $\tau_k=1/(k_{\parallel}v_T)$(粒子沿平行于涨落传播方向走过一个波长的时间),或 $\tau_k=1/\omega_{\mathrm{d}}$(粒子在垂直波长方向上做磁漂移运动时走过一个波长的时间);③碰撞引起粒子轨道的改变,相应的相关时间为 $\tau_k=1/\nu_{\mathrm{eff}}$,例如,对于俘获粒子,有 $\nu_{\mathrm{eff}}=\nu/\varepsilon$。但随着湍流水平的增长,最快限制过程的因素可能变为使粒子走过一个垂直波长的湍流速度 δv_k,此时相关时间变为 $\tau_k=\Omega_k^{-1}$,其中,

$$\Omega_k=k_{\perp}\,\delta v_k=\frac{k_{\perp}^2\,\delta\phi_k}{B}$$

因此,对于 $\Omega_k\ll\omega_{\mathrm{eff}k}$ 的低水平涨落(其中 $\omega_{\mathrm{eff}k}=\max(\omega_k,k_{\parallel}v_T,\omega_{\mathrm{d}},\nu_{\mathrm{eff}})$),式(4.18.1)变为

$$D=\sum_k\frac{1}{\omega_{\mathrm{eff}k}}\left(\frac{k_{\perp}\,|\,\delta\phi_k\,|}{B}\right)^2$$

由此式可得定标关系 $D\propto(\delta\phi)^2$。对于 $\Omega_k\gtrsim\omega_{\mathrm{eff}k}$ 的较高水平的涨落,扩散系数为

$$D=\sum_k\frac{\delta\phi_k}{B}$$

此时 D 与 $\delta\phi$ 变为线性关系。

4.18.2　磁涨落引起的输运

当存在磁涨落 $\delta\boldsymbol{B}$ 时,它们可能会破坏嵌套的环形磁面,产生如 7.13 节所述的遍历性磁场。粒子沿着这种磁场线的热运动将会造成粒子损失和能量损失。

如 7.2 节所述,在半径为 r_{mn} 的有理磁面上,即满足 $m=nq(r_{mn})$ 的径向位置上,径向

磁场扰动 δB_r 产生一个宽度为

$$w_{mn} = \left(\frac{L_s r_{mn}}{m} \frac{\delta B_r}{B} \right)^{1/2} \tag{4.18.2}$$

的磁岛,这里剪切宽度 $L_s = Rq^2/(rq') = Rq/s$,其中 $q' = \mathrm{d}q/\mathrm{d}r$,$s$ 为磁剪切。随着扰动水平的升高,共振面之间有更多的区域变得无轨化。定量描述这种行为的量是奇里科夫(Chirikov)参数:

$$\alpha = \frac{1}{2} \frac{w_{mn} + w_{m'n'}}{|r_{mn} - r_{m'n'}|} \tag{4.18.3}$$

其中,相邻的共振磁面分别用 m,n 和 m',n' 标记。随着 α 接近于 1,磁场线变得以各态遍历为主。当 $\alpha \gg 1$ 且许多磁岛重叠起来时,磁场线的行为就变得完全随机了。式(4.18.3)很容易被推广到

$$\alpha = \frac{\sum\limits_{m,n} w_{mn}}{\Delta r}$$

其中,求和是对 Δr 内的有理磁面,即满足 $nq(r) < m < nq(r) + nq' \Delta r$ 的磁面上的所有模式进行的。然后,对于各个独立于 m 的 ω_{mn},有

$$\alpha = \sum_n w_n nq'$$

当 $\alpha \gg 1$ 时,磁场线的径向扩散可以用一个磁场线扩散系数 D_M 来描述。因此,如果磁场扰动 δB_r 在环向长度为 L_c 的距离内保持相同的方向,即 L_c 为相关长度,则磁场线具有径向步长:

$$\delta r \propto \frac{\delta B_r}{B} L_c$$

如果这种行走序列是不相关的,那么随着磁场线沿环面移动,径向扩散系数的随机行走估计为

$$D_M = \sum_k \frac{(\delta r_k)^2}{L_{ck}} = \sum_k \left(\frac{\delta B_{rk}}{B} \right)^2 L_{ck} \tag{4.18.4}$$

对于弱湍流,相关长度 $L_{ck} \propto 1/k_{\parallel} \propto R_q$,导致 $D_M \propto (\delta B_r)^2$。更一般地有

$$ik_{\parallel} = \frac{\boldsymbol{B}_0}{B} \cdot \boldsymbol{\nabla} + \frac{\delta \boldsymbol{B}_r}{B} \cdot \boldsymbol{\nabla}$$

且随着涨落幅度增大,其中第二项占主导。用磁岛宽度 w_k 来表示 δB_{rk},并将径向导数估计为 w_k^{-1},于是式(4.18.4)可写为

$$D_M = \sum_k \frac{k_{\perp} w_k^3}{L_s} \tag{4.18.5}$$

粒子沿这些扩散性磁场线的运动导致粒子和能量的径向输运。在"无碰撞"极限下,当平均自由程 λ 超过相关长度 L_c 时,粒子将在碰撞特征时间 τ_c 内以速度 $v_{\parallel}$ 沿着径向扩散磁场线自由移动。在这段时间内,它移动的径向步长为 $\delta r = \sqrt{D_M \lambda}$。如果碰撞使粒子的导向中心偏移到另一条不相关磁场线上,使它不再折回原先的路径,那么它将表现为随机行走,其扩散系数为

$$D = \frac{(\delta r)^2}{\tau_c} = \frac{D_M \lambda}{\tau_c} = v_{\parallel} D_M$$

然而,如果等离子体经受更多碰撞,使 $\lambda < L_c$,那么在每个碰撞时间内,粒子以径向步长

$\delta r \propto (\delta B_r / B)\lambda$ 沿磁场线做碰撞性扩散。这时由径向扩散的随机行走估计给出：

$$D \propto \left(\frac{\delta B_r \lambda}{B}\right)^2 \frac{1}{\tau_c} \propto D_{/\!/}\left(\frac{\delta B_r}{B}\right)^2$$

其中，$D_{/\!/} \propto (\lambda^2/\tau_c)$ 为平行碰撞扩散率。

在 4.20 节中介绍的许多理论都得出 $w_n \propto 1/n$。在此情形下，可以利用式(4.18.4)和式(4.18.2)将式(4.18.5)写成如下形式：

$$D \propto \frac{v_{/\!/}}{q^3 s^2} \frac{R}{\left(\frac{r}{R}\right)^2} \left(\frac{\alpha_s}{N}\right)^3 \qquad (4.18.6)$$

其中，$\alpha_s \approx 1$；N 为起作用的环向模数的数量。由于式(4.18.6)取决于粒子沿 **B** 的迁移率，因此不同种类的输运系数之间具有如下关系：

$$\chi_e \propto \sqrt{\frac{m_i}{m_e}}\chi_i, \quad \chi_i \propto D,$$

$$D_Z \propto \sqrt{\frac{m_i}{m_Z}}D, \quad D^{En}(v) \propto \left(\frac{v}{v_T}\right)D$$

其中，χ_e 和 χ_i 分别为电子和离子的扩散率；D，$D^{En}(v)$ 和 D_Z 分别为热电子、速度为 v 的超热电子、电荷数为 Z 且质量为 m_Z 的杂质离子的扩散系数。

双极性要求，即电子和离子的通量应相等以维持电中性的要求，是通过正的径向电场来实现的。这个电场拖住了移动更快的电子。

4.18.3　准线性理论

涨落与输运之间更精确的关系可通过准线性理论来获得。

在等离子体的流体描述中，湍流密度通量可通过关于磁面平均的电子密度 n 的方程获得：

$$\frac{\partial}{\partial t}n + \mathbf{\nabla} \cdot (\boldsymbol{v}n) = S \qquad (4.18.7)$$

其中，S 为粒子源。选择坐标系使磁场沿 z 方向，x 和 y 垂直于磁场，x 在密度梯度的方向，则对 y 方向的 $n = \langle n \rangle + \delta n$，$v = \delta v$ 取平均，得：

$$\frac{\partial}{\partial t}\langle n \rangle + \frac{\partial}{\partial x}(\Gamma_x) = S \qquad (4.18.8)$$

其中，x 方向的粒子通量 Γ_x 为

$$\Gamma_x = \langle \delta v_x \delta n \rangle$$

从式(4.18.7)的扰动形式得到：

$$(-i)(\omega_k + i\gamma_k)\delta n_k = -\delta v_{x,k}\frac{\partial}{\partial x}\langle n \rangle \qquad (4.18.9)$$

其中，ω_k 和 γ_k 分别为傅里叶模数 k 对应的频率和增长率。只有式(4.18.9)中密度扰动的不可逆部分

$$\delta n_k = -\frac{\gamma_k}{\omega_k^2 + \gamma_k^2}\delta v_{x,k}\frac{\partial}{\partial x}\langle n \rangle$$

对表达式(4.18.8)有贡献：

$$\Gamma_x = -D_\perp \frac{\partial}{\partial x}\langle n \rangle$$

其中扩散系数为

$$D_{\perp} = \sum_k \frac{\gamma_k}{\omega_k^2 + \gamma_k^2} \, |\, \delta v_{x,k}\,|^2 \tag{4.18.10}$$

借助于等离子体元的径向位移 ξ_x,并利用关系式 $\mathrm{d}\boldsymbol{\xi}/\mathrm{d}t = \boldsymbol{v}_{\perp}$ 来表示 $\delta v_{x,k}$ 会更加方便:

$$(-\mathrm{i})\,(\omega_k + \mathrm{i}\gamma_k)\,\xi_{x,k} = \delta v_{x,k}$$

再次强调,只需要用位移 $\boldsymbol{\xi}$ 的不可逆部分

$$\gamma_k \xi_{x,k} = \delta v_{x,k} \tag{4.18.11}$$

来估计输运。将式(4.18.11)代入式(4.18.10),得到:

$$D_{\perp} = \sum_k \gamma_k \, |\, \xi_{x,k}\,|^2 \, \frac{\gamma_k^2}{\omega_k^2 + \gamma_k^2} \tag{4.18.12}$$

这就是准线性输运表达式,其中 ξ 待定。考虑到位移不能超过 $\xi_{x,k} = \pi/k_{\perp}$,式(4.18.12)还能进一步简化。假设对于短波湍流,$k_x \approx k_y \approx k_{\perp}$,于是扩散系数变为

$$D_{\perp} = \frac{(2.4)^2}{2} \left(\frac{\gamma_k}{k_{\perp}^2} \, \frac{\gamma_k^2}{\omega_k^2 + \gamma_k^2} \right)_{\max k} \tag{4.18.13}$$

这里选取了求和式(4.18.12)中取值最大的 k 项。

　　根据动力学描述,准线性粒子和热通量可从 δf、$\delta \boldsymbol{E}$ 和 $\delta \boldsymbol{B}$ 计算得到。例如,在柱形几何下,有

$$\Gamma = \left\langle \int \delta f \left(\frac{\delta E_{\theta}}{B} + v_{/\!/} \, \frac{\delta B_r}{B} \right) \mathrm{d}^3 v \right\rangle \tag{4.18.14}$$

其中,δf 可从线性化的动力学方程(4.15.1)解得:

$$\delta f_k = -\frac{1}{\omega - k_{/\!/} \, v_{/\!/}} \, \frac{k_{\theta}}{B} (\delta \phi - v_{/\!/} \, \delta A_{/\!/})_k \, \frac{\mathrm{d}f_{\mathrm{M}}}{\mathrm{d}r} \tag{4.18.15}$$

其中,f_{M} 是麦克斯韦分布;$A_{/\!/}$ 是矢势的平行分量。式(4.18.15)中只有 δf 的虚部对式(4.18.14)的 Γ 有贡献,因此,

$$\Gamma = \left\langle \int \sum_k \mathrm{Im} \left(\frac{1}{\omega - k_{/\!/} \, v_{/\!/}} \right) \frac{k_{\theta}^2}{B^2} \, |\, \delta \phi - v_{/\!/} \, \delta A_{/\!/}\,|_k^2 \, \frac{\mathrm{d}f_{\mathrm{M}}}{\mathrm{d}r} \mathrm{d}^3 v \right\rangle \tag{4.18.16}$$

对于热通量 q 也有类似的方程,只要涨落频谱已知,整个输运矩阵就可根据 $\mathrm{d}f_{\mathrm{M}}/\mathrm{d}r$ 中出现的密度梯度和温度梯度来确定。当存在俘获粒子时,环位形下的情形需要做重要修正。对于这些俘获粒子,式(4.18.16)的分母中平行运动 $k_{/\!/} v_{/\!/}$ 的贡献因其周期性回弹运动而平均为零。这时,较低的频率 $\langle \omega_{\mathrm{d}} \rangle$(俘获粒子的进动磁漂移频率)和由库仑碰撞引起的去俘获频率 ν_{eff} 开始起重要作用,因此需要对式(4.18.16)做如下代换:

$$\mathrm{Im} \left(\frac{1}{\omega - k_{/\!/} \, v_{/\!/}} \right) \rightarrow \mathrm{Im} \left(\frac{1}{\omega - \langle \omega_{\mathrm{d}} \rangle + \mathrm{i}\nu_{\mathrm{eff}}} \right)$$

4.18.4　饱和水平与输运通量

　　要从理论上确定涨落频谱是一项非常困难的工作。解析方法会涉及诸如饱和机制这样的不确定假设,而这时数值模拟方法就将在验证这些模型方面发挥重要作用。在讨论这些计算之前,有必要温习一下由量纲分析给出的约束。如果湍流是在微观尺度上,例如,处在由电子温度测量给出的离子回旋半径 ρ_{s} 的尺度上,或是处在无碰撞趋肤深度 c/ω_{pe} 或电阻层宽度 $a\sqrt{\tau_{\mathrm{R}}/\tau_{\mathrm{A}}}$ 的尺度上,那么就可将标度不变性方法应用到涨落方程上。将平衡量的标长与涨落标长去耦,将允许更多的标度不变量变换。这种处理能给出涨落以及相应的湍流

输运的定标关系。例如,若电势涨落取如下形式:

$$\frac{e\,\delta\phi}{T} = \frac{\rho_{\mathrm{s}}}{L_{\mathrm{n}}} f(\nu_{*}, \beta, \cdots)$$

则扩散系数可取为

$$D = D_{\mathrm{gB}} f(\nu_{*}, \beta, \cdots)$$

其中,回旋玻姆系数为

$$D_{\mathrm{gB}} = \frac{\rho_{\mathrm{s}}}{L_{\mathrm{n}}} D_{\mathrm{B}}$$

这里 $D_{\mathrm{B}} = T/eB$ 为玻姆系数。另一方面,如果涨落的尺度 l 正比于 a 而不是 ρ_{s},但仍然满足 $l \ll a$,那么上述标度表示就变成

$$\frac{e\,\delta\phi}{T} \propto \frac{l}{a}$$

且

$$D = D_{\mathrm{B}} f(\nu_{*}, \beta, \cdots)$$

要计算函数 f 的具体形式,需要有一个非线性饱和的模型。一种简单的约束由所谓的混合长度估计给出,其中假设:当扰动达到这样一种幅度——扰动的梯度等于平均量的梯度——时,不稳定性的驱动效应将不再起作用。这样,对于密度梯度驱动的漂移波,这个估计给出:

$$k_{\perp}\,\delta n_{k} \propto \frac{n_{0}}{L_{\mathrm{n}}} \tag{4.18.17}$$

并且由于密度扰动满足玻耳兹曼关系,因此饱和电势涨落为

$$\frac{e\,\delta\phi_{k}}{T} \propto \frac{1}{k_{\perp} L_{\mathrm{n}}} \tag{4.18.18}$$

图 4.18.1 给出了估计式(4.18.17)与实验数据的比较。还可以通过如下关系得到另一种估计:令模的线性增长率被(由 $\boldsymbol{E} \times \boldsymbol{B}$ 漂移的涨落 δv_{E} 引起的)对流性质的非线性抵消,从而给出 $\gamma\delta n \sim \delta v_{\mathrm{E}} \cdot \boldsymbol{\nabla}\delta n$。利用 δv_{E} 的定义可导出一个饱和电势的涨落水平:

$$\frac{e\,\delta\phi_{k}}{T} \propto \frac{\gamma}{\omega_{*e}} \frac{1}{k_{r} L_{\mathrm{n}}} \tag{4.18.19}$$

将关系式(4.18.18)代入静电漂移波涨落的准线性公式(4.18.16),并利用逆磁频率 $\omega_{*}(=k_{\perp} T/eBL_{\mathrm{n}})$,可得:

$$D \propto \frac{\gamma}{k_{\perp}^{2}} \tag{4.18.20}$$

这一结果也可以解释为模型的线性增长率与湍流扩散率 $k_{\perp}^{2} D$ 的稳定性之间取得平衡。当 $\gamma_{k} > \omega_{k}$ 时,表达式(4.18.13)约化到式(4.18.20)。类似地,从估计式(4.18.19)可导出湍流引起的扩散系数为

$$D \propto \left(\frac{\gamma_{k}}{\omega_{*e}}\right)^{2} \frac{\gamma_{k}}{k_{r}^{2}} \tag{4.18.21}$$

当 $\omega_{k} > \gamma_{k}$ 且 $k_{\perp}$ 被 k_{r} 替换时,表达式(4.18.13)退化到式(4.18.21)。

弱湍理论使我们能够通过让波的能量增长率 $\gamma_{k}|\delta\phi_{k}|^{2}$ 与离子引起的波的非线性散射阻尼之间达到平衡来计算涨落的稳态谱。这个阻尼来自于离子动力学方程中的非线性项 $\delta\boldsymbol{E} \times \boldsymbol{B}/B^{2} \cdot \boldsymbol{\nabla}\delta f$,它导致的阻尼率为 $k_{\perp}^{4}|\delta\phi_{k}|^{4}/(\omega_{*} B^{2})$。

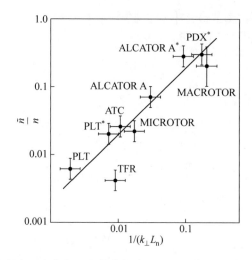

图 4.18.1　一些托卡马克的归一化涨落幅度 $\tilde{n}/n$ 和混合长度估计 $1/k_{\perp}L_n$ 的比较

其中 $k_{\perp}$ 为涨落的平均垂直波数。* 表示等离子体边缘的测量值（Surko, C. M. in *Turbulence and anomalous transport in magnetic plasmas*, 1986, p. 93, Eds. Grésillon, D. and Dubois, M. A. Editions de Physique, Orsay (1987)）

　　对某个特定的不稳定性,可以得到精确的表达式,但定性估计给出:

$$\left|\frac{e\delta\phi_k}{T}\right|^2 \propto \frac{\gamma}{\omega_*}\frac{1}{k_{\perp}^2 L_n^2} \tag{4.18.22}$$

将式(4.18.22)代入式(4.18.16),得到扩散系数的弱湍估计为

$$D \propto \frac{\gamma}{\omega_*}\frac{\gamma}{k_{\perp}^2}$$

4.19　径向电场剪切与输运

　　托卡马克上的实验证据表明,约束改善通常与径向电场 E_r 的分布沿径向发生剧烈变化有关,如图 4.14.2 所示。这在输运垒(无论是 H 模的边缘输运垒还是内部输运垒)附近表现得尤其明显。然而,其他一些改善约束模(如 DⅢ-D 上的 VH 模)表明,这一特征可以横跨等离子体半径的大部分位置。这些观测表明,径向变化的 E_r 分布能降低反常输运。

　　已有理论基础可以描述输运降低与剪切 $\boldsymbol{E}\times\boldsymbol{B}$ 速度之间的联系,这个剪切速度源自径向变化的 E_r。其机制是密度涨落的混合长度估计(见式(4.18.17))减小。这又源于速度剪切引起的有效垂直波数 $k_{\perp}$ 的增大。图 4.19.1 展示了 $k_{\perp}$ 是如何变大的:剪切速度 $V_y(x)=S_v x$ 叠加上各向同性的湍流涡旋(或者说,垂直于磁场的 (x,y) 平面内大小为 $L=k_{\perp 0}^{-1}$ 的涡旋)。经过一段时间 t 后,涡旋被扭曲,圆形涡旋被拉伸成长轴为 $L_t=L(1+S_v^2 t^2)^{1/2}$ 的椭圆。由于涡旋面积保持不变,因此其短轴以相同比例减小,产生一个等效的垂直波数 $k_{\mathrm{eff}}=k_{\perp 0}(1+S_v^2 t^2)^{1/2}$。这一过程将持续一个相关时间,所以 $t=\tau_c=(D_0 k_{\perp \mathrm{eff}}^2)^{-1}$,其中 D_0 是无速度剪切时的湍流扩散系数,而

$$k_{\perp \mathrm{eff}}=k_{\perp 0}(1+S_v^2\tau_c^2)^{1/2} \tag{4.19.1}$$

在强速度剪切 $S_v\tau_c\gg 1$ 的极限情形下,由式(4.19.1)和相关时间的定义可得:

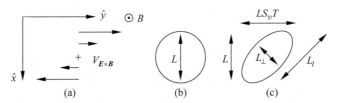

图 4.19.1　剪切 $\boldsymbol{E} \times \boldsymbol{B}$ 流的流速 $V_{\boldsymbol{E} \times \boldsymbol{B}}$ 对湍流涡旋的影响

(a) 沿 y 方向(垂直于磁场 B 的方向)的剪切流在 x 方向上的变化；(b) 一个尺寸为 L 的圆形涡旋；(c) 剪切流在一段时间 t 后将该涡旋扭曲成拉长的椭圆形(椭圆的长轴为 $L_l = L(1 + S_v^2 t^2)^{1/2}$，其中 S_v 为速度剪切，同时短轴减少为 $L_\perp$ 并保持涡旋面积不变)

Itoh，K.，Itoh，S.-I.，and Fukuyama，A. *Transport and structural formation in plasma*，I. O. P. Publishing，Bristol，p. 226（1999）

$$\tau_c \propto (Dk_{\perp 0}^2)^{-1/3} S_v^{-2/3}$$

根据混合长度估计,密度涨落幅度 δn 对无速度剪切时的 δn_0 的比值被抑制一个比例因子 $k_{\perp 0}/k_{\perp\,\mathrm{eff}}$，故有

$$\frac{\langle \delta n^2 \rangle}{\langle \delta n^2 \rangle_0} \approx \frac{1}{1 + S_v^2 \tau_c^2}$$

如果 $S_v \tau_c > 1$，这个减小将变得很突出。在直柱位形下，$\boldsymbol{E} \times \boldsymbol{B}$ 速度由 E_r/B 给出，条件 $S_v \tau_c > 1$ 可用 $\boldsymbol{E} \times \boldsymbol{B}$ 剪切的频率 $\omega_E = rd(E_r/rB)/dr$ 记为

$$\omega_E > k_{\perp 0}^2 D \tag{4.19.2}$$

对于环向流，ω_E 的形式为

$$\omega_E = \frac{RB_\theta}{B} \frac{\partial}{\partial r}\left(\frac{E_r}{RB_\theta}\right)$$

对于混合长度估计，$D_0 = \gamma_L/k_\perp^2$，其中 γ_L 为线性增长率，不等式(4.19.2)退化为

$$\omega_E > \gamma_L \tag{4.19.3}$$

计算显示,对 ω_E 的这一条件可以为一系列模提供线性稳定性。对离子温度梯度湍流驱动的湍流输运所做的非线性模拟结果与条件(4.19.3)是一致的,因此上述估计提供了剪切流抑制输运的"经验法则"。经常会发现,不等式(4.19.3)与输运垒形成的实验观测结果有关联。

通过所谓的"轨道挤压"过程,电场剪切也可以对经典输运和新经典输运做出调整。这一点用沿 z 方向的均匀磁场 $\boldsymbol{B}$ 下的拉莫尔轨道为例最容易说明。考虑在这个场和如下二次静电势阱

$$\phi(x) = \frac{x^2}{2}\phi'' \quad (\phi'' > 0)$$

中运动的单粒子的哈密顿量：

$$H = \frac{m}{2}p_x^2 + \frac{m}{2}(p_y - eBx)^2 + \frac{m}{2}p_z^2 + \frac{e\phi''x^2}{2}$$

其中,p_x, p_y, p_z 为正则动量,且 p_y 和 p_z 为守恒量。先考虑标准的拉莫尔轨道在"势阱" $m(p_y - eBx)^2/2$ 中的运动,它表现为沿 x 方向相对于 $x=0$ 点整体漂移了 $x = p_y/(eB)$，即通常的拉莫尔半径 ρ 的大小。如果将静电势包含进来,那么 x 方向的势阱将变陡,折返点修改为 $x/(1+S)$，其中 $S = m\phi''/(eB)^2$ 为挤压因子。输运系数在 $S \ll 1$ 的极限下也相应地

减小一个因子 S^{-1}。在新经典理论中也会出现相关效应,但由于强烈变化的静电势对俘获粒子数量的影响,情况将变得更加复杂。对于电荷量为 Ze 的离子,径向电场满足的径向力平衡方程为

$$E_r = \frac{1}{nZe}\frac{\mathrm{d}p_i}{\mathrm{d}r} - V_{\theta i}B_\phi + V_{\phi i}B_\theta \tag{4.19.4}$$

其中,$V_{\theta i}$ 和 $V_{\phi i}$ 分别为所考虑的离子种类的极向和环向流速。$\boldsymbol{E}\times\boldsymbol{B}$ 流可通过在等离子体边缘处的偏压电极上加电压来产生。但是从式(4.19.4)可以看出,这些量也可以通过以下方式间接地给出:例如,通过外加的辅助加热来提高离子压强梯度 $\mathrm{d}p_i/\mathrm{d}r$ 的贡献,或利用动量注入来驱动 $V_{\theta i}$ 和 $V_{\phi i}$ 以克服黏滞阻尼,以及利用湍流自身通过雷诺协强驱动的流等。实验上,在没有明显的动量源的情形下(如欧姆放电和射频加热放电的情形下),有时能观察到自发的环向流。这可能源于边界的动量的向内输运。这种沿径向的动量向内输运是由于高能离子损失(其大的轨道将它们带向托卡马克器壁)导致粒子在等离子体边缘受到一个向内的反作用。这些不同的输入都为控制输运垒提供了方法。

在 4.21 节中,将描述对等离子体湍流的计算机模拟。结果显示,湍流可产生小尺度的极向 $\boldsymbol{E}\times\boldsymbol{B}$ 流。这种流称为带状流,并且发现它可以降低湍流的饱和水平。

4.20　引起反常输运的不稳定性候选模式

认识到托卡马克中的输运是"反常的"之后,人们加强了对引起该行为的不稳定性模式的探索。但到目前为止,还没有一种模式被普遍接受。

已经有几种微观不稳定性被用来解释观察到的涨落和相关的输运。对漂移模不稳定性的简要解释在第 8 章给出,类流体 MHD 不稳定性将在第 6 章中介绍。

通常用于说明欧姆和 L 模等离子体的模型是这样假设的:静电俘获电子漂移波、离子温度梯度模和靠近等离子体边缘的电阻性气球模这三者是引起涨落及其有关输运的驱动源。离子温度梯度不稳定性涉及量 $\eta_i = \mathrm{d}\ln T_i/\mathrm{d}\ln n$,所以通常被称为 η_i 模。在环位形下,环向曲率起重要作用,因此理论上用参数 L_{Ti}/R 替代原来的 η_i,这里 $L_{Ti} = -(\mathrm{d}\ln T_i/\mathrm{d}r)^{-1}$。此前曾提到过波长较短的、电磁性质的电子漂移波不稳定性,它涉及类似的量 η_e。对于欧姆放电,这种模给出所需的 $\chi\propto 1/n$ 定标律。

电阻性流体不稳定性(如受电阻率梯度驱动的纹波模)和电阻性气球模通常只在靠近等离子体边缘的区域比较重要,但这里大量的原子过程也起着很大作用。考虑到新经典效应或电子惯性效应对电阻性气球模的修正,其影响将延伸到等离子体内部。已有研究表明,自持的磁岛可能是输运增强的一个原因。

当归一化碰撞频率 $\nu_{*e} = \nu_e/(\varepsilon^{3/2}v_{T_e}/Rq)$ 满足 $\nu_{*e} < 1$ 时,电子漂移波不稳定性主要由俘获粒子效应引起。它们一般有 $\omega\propto\omega_*$ 且极向波数 k_θ 满足 $k_\theta\rho_s$ 为 0.3 的量级。当 $\nu_{\mathrm{eff}} < \omega_*$ 时,它们被归为无碰撞型,而在高的有效碰撞频率 $\nu_{\mathrm{eff}} > \omega_*$ 的情形下,则被归为耗散型,其中 $\nu_{\mathrm{eff}} = \nu/\varepsilon$。在 $\nu_{*e} > 1$ 的具有更高碰撞率的等离子体中,这种模取碰撞漂移波的形式,且因循环粒子的驱动而变得不稳定。对于有关的热扩散率,有各种不同的表示形式,具体取哪一种取决于所涉及的饱和机制及模结构是否取决于环位形。这些扩散率都具有回旋玻姆形式:

$$\chi_e \propto D_{\mathrm{gB}}f(\nu_*,\text{几何量})$$

一个基于混合长度估计的典型表达式为

$$\chi_e = \frac{5}{2} \frac{\varepsilon^{3/2}}{\nu_e} \frac{c_s^2 \rho_s^2}{L_n L_{Te}} \frac{1}{1 + 0.1/\nu_{*e}} \tag{4.20.1}$$

其中,$\varepsilon = r/R$,$c_s^2 = T_e/m_i$,$\rho_s = c_s/\omega_{ci}$,c_s 为等温声速,L_n 和 L_{Te} 分别为密度和电子温度径向梯度的特征标长。式(4.20.1)包含从耗散俘获电子模到无碰撞模的转换。后者由 $\nu_{*e} \rightarrow 0$ 时的进动-漂移共振驱动。这个模型刻画了欧姆定标律和 L 模定标律的某些特征,但其 χ_e 具有随着趋向等离子体边缘而下降的径向分布(这点与实验结果相矛盾)。图 4.20.1 展示了式(4.20.1)与 JET 上实验结果的比较。

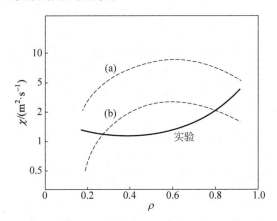

图 4.20.1 俘获电子模的热扩散率的理论值与 JET 放电给出的实验值的比较

χ 用的是对数坐标,ρ 为归一化半径。理论曲线的计算来自 Romanelli, F., Tang, W. M., and White, R. B. *Nucl. Fusion* **26**, 1515 (1986)和 Dominguez, R. R. and Waltz, R. E. *Nuclear Fusion* **27**, 65 (1987)

当温度梯度足够大时,$k_\perp \rho_s \lesssim 1$ 的 η_i 模变得不稳定。它提供了一种对饱和欧姆约束和 L 模约束的约束定标律的解释。在平板几何下,可以预言,当 $\eta_i > 1$ 时存在不稳定性。但是在环位形下,不稳定性的判据是 $L_{Ti} < L_{Tic}$,这里 $L_{Tic} = cR$ 是离子温度梯度的径向标长,其中 $c \approx 1/6$。环向模对大部分托卡马克都更适用。χ_i 的几种回旋玻姆表达式已被推导出来,其形式为

$$\chi_i \propto \frac{\rho_s^2 c_s}{L_{Ti}} f(\text{几何量}) H\left(\frac{1}{L_{Ti}} - \frac{1}{L_{Tic}}\right) \tag{4.20.2}$$

其中,H 为亥维赛德函数;f 为一些几何量比值的函数。在 f 的几种形式中,$f \propto q$ 的形式在重构实验分布和电流定标律方面较为成功。一种基于有关离子温度梯度模的回旋流体等离子体方程的模拟结果的模型具有如式(4.20.2)的结构。

对于归一化离子碰撞频率 $\nu_{*i} < 1$ 的碰撞率更小的等离子体(这里 $\nu_{*i} = \varepsilon^{-3/2} \nu_i/(v_{Ti} R q)$),俘获离子模被认为是不稳定的。耗散性俘获离子不稳定性引起的热扩散率的一个表达式为

$$\chi_i = \frac{3}{2\sqrt{2}} \frac{\rho_s^2 c_s R}{L_n^2} \sqrt{\frac{m_e}{m_i}} \frac{\varepsilon^{1/2} q}{s^2 \nu_{*e}}$$

其中,$s = (r/q)\mathrm{d}q/\mathrm{d}r$。

除了 $k_\perp \rho_s \lesssim 1$ 的电子漂移波模,还有一种满足 $k_\perp \lesssim \omega_{pe}/c$ 的电磁 η_e 模。它在 $\eta_e \gtrsim 1$ 时是不稳定的,其中 $\eta_e = \mathrm{d}\ln T_e/\mathrm{d}\ln n$。在柱位形下,相应的回旋玻姆热扩散率的表达式为

$$\chi_e = 0.13 \left(\frac{c}{\omega_{pe}}\right)^2 \frac{v_{Te} s}{qR} \eta_e (1+\eta_e)$$

对环位形下的电子温度梯度模的计算得到一个类似于式(4.20.2)的结果:

$$\chi_e \propto \left(\frac{c}{\omega_{pe}}\right)^2 \frac{v_{Te}}{R} f H \left(\frac{1}{L_{Te}} - \frac{1}{L_{Tec}}\right)$$

在磁场线的坏曲率区,压强梯度可驱动起电阻性气球模。尽管这种模基本上是静电的,但是该模式存在磁分量,会导致随机磁场。这样产生的热扩散率为

$$\chi_e = C \frac{\eta}{\mu_0} \left(\beta \frac{m_i}{m_e}\right)^{1/2} \left(\frac{\alpha}{s}\right)^{3/2}$$

其中,η 为斯必泽电阻率,$\alpha = -(2\mu_0 R q^2 / B^2) \, dp/dr$,$\beta = 2\mu_0 p / B^2$,$C \gtrsim 10$。用电子惯性代替电阻率,则可得到 χ_e 的一种具有 L 模定标律特征的表达式。在此情形下,对流输运导致

$$\chi_e \propto \frac{V_A}{qR} \left(\frac{c}{\omega_{pe}}\right)^2 \frac{\alpha^{3/2}}{h(s)}$$

其中,V_A 为阿尔文速度。当 $s < 0.7$ 时,$h(s) = 1.7$;当 $s > 0.7$ 时,$h(s) = 2.5$。

虽然在热等离子体中微撕裂模一般是稳定的,但仍然存在磁岛这样的非线性不稳定性的可能。在 7.3 节,将推导出关于磁岛增长的卢瑟福方程。在考虑了各种修正效应(如有限离子拉莫尔轨道效应或自举电流效应等)后,这个方程有如下形式:

$$\frac{dw}{dt} = \eta \left(\Delta' + \frac{\lambda}{w}\right) \qquad (4.20.3)$$

在有自举电流的情形下,

$$\lambda = 0.6 \varepsilon^{3/2} \frac{\beta_p R}{s L_n}$$

其中,$\beta_p = 2\mu_0 p / B_p^2$。当 m 数较大时,扰动通量的外部解具有 $\exp(-|m||x/r|)$ 的形式,其中 x 为到共振面的距离。于是 $\Delta' = 2(\psi'/\psi) = -2m/r$ 且式(4.20.3)给出了饱和磁岛宽度:

$$w = \frac{\lambda}{2m} r$$

如果磁岛发生"重叠",磁场将变得具有遍历性。勒比等人(Rebut,Lallia 和 Watkins)给出了一个基于这种行为的模型。在这个模型中,混沌磁场的自持条件导致一个临界的温度梯度。该模型是半经验的,是依照重现 JET 上欧姆和 L 模行为的方式,用一些无量纲量构造出来的。它给出的输运系数的形式要比我们熟悉的参数幂律的形式更复杂。尤其是当电子温度梯度超过临界值且 $dq/dr > 0$ 时,增强的输运将超过新经典值。

这一点可通过电子的径向热通量来阐述,其形式为

$$q_e = q_{e,neo} - n_e \chi_{RLW} \left(\frac{dT_e}{dr} - \left(\frac{dT_e}{dr}\right)_c\right) H \left(\left|\frac{dT_e}{dr}\right| - \left|\left(\frac{dT_e}{dr}\right)_c\right|\right)$$

其中,H 为亥维赛德函数,而

$$\chi_{RLW} = 0.5 c^2 \sqrt{\mu_0 m_i} \frac{(1-\sqrt{r/R})(1+Z_{eff})^{1/2}}{B R^{1/2}} \left(\frac{T_e}{T_i}\right)^{1/2} \times$$

$$\frac{(1/T_e)(dT_e/dr) + (2/n_e)(dn_e/dr)}{(1/q^2)(dq/dr)}$$

且临界温度梯度为

$$\left| \left(\frac{\mathrm{d}T_e}{\mathrm{d}r}\right)_c \right| = 0.06 \frac{e}{(\mu_0 m_e^{1/2})^{1/2}} \frac{1}{q} \left(\frac{\eta j B^3}{n_e T_e^{1/2}}\right)^{1/2}$$

其中,η 为斯必泽电阻率。除了临界温度梯度外,这个模型还预言了当 $\mathrm{d}q/\mathrm{d}r$ 与其通常的正值反号时,将导致新经典输运。

基于俘获电子模和离子温度梯度模的反常密度和环向动量输运的模型已经被构建出来。所产生的粒子通量包含了由热扩散或磁场曲率效应引起的箍缩项。实验发现,粒子箍缩的大小随等离子体碰撞率的增大而减小。离子温度梯度模引起的环向动量的向内箍缩也得到了计算。

国际剖面数据库提供了检验各种输运模型的机会。

要尝试解释 H 模的输运垒或内部输运垒等离子体,通常有赖于(如 4.19 节所讨论的)等离子体流剪切或相关的电场剪切带来的湍流下降。当 $\Gamma = \omega_S \tau_D > 1$(其中 $\omega_S = k_\theta V_\theta' \Delta$ 且 $\tau_D = \Delta^2/D$)时,湍流有望减小。这里 Δ 为涨落的径向宽度,D 为湍性扩散系数,所以 τ_D 为湍流扩散跨过 Δ 所需的时间;V_θ' 为极向流的径向剪切,k_θ 为极向波数,所以 ω_S 为穿过 Δ 时引起的多普勒频移宽度。

4.21 湍流模拟

4.18 节所述的湍流输运的分析估计是基于简单的近似。这种估计可能不是很准确,但利用计算机对更细致模型的模拟已经取得了长足的进步。在做数值处理时,等离子体湍流模型是建立在对湍流做了恰当处理的非线性方程的基础上的。目前广泛采用的模型有三种:①回旋动力学模型,它可以在 3 个空间维和两个速度维的框架下确定所有等离子体成分的相关扰动分布函数 δf 的演化。②回旋流体模型,它是对回旋动力学方法的一种近似。它利用流体闭包(即对高阶状态量作截断)方案来减少计算上的困难,最后解出的是三维实空间中 δf 的速度空间积分矩的演化。③布拉京斯基(Braginskii)流体方程组,这是在福克-普朗克方程碰撞闭包(对因碰撞而造成的扰动分布函数的展开式作截断)基础上得出的,它也可以给出 δf 的各种速度矩的演化。在托卡马克等离子体研究中,回旋动力学模型及其近似的回旋流体模型通常用于研究等离子体芯部的湍流,而布拉京斯基流体模型多用于处理碰撞更频繁的边缘区等离子体。随着计算能力的日益提高,我们能够有效地利用多个处理器并行运算的算法,这大大提高了等离子体湍流模拟的精度。

回旋动力学与回旋流体模型被用来研究以下这些微观不稳定性引起的湍流。这些微观不稳定性具有较短的垂直波数(与拉莫尔半径同量级),其频率远低于回旋频率。这些微观不稳定性都是由平衡温度剖面和密度剖面下的梯度驱动的(见第 8 章所述)。由于 δf 需要在五维下处理,同时涉及不同的空间和时间尺度,因此需要采用非线性回旋动力学模拟。数值上,可以用固定的五维欧拉网格或者网格粒子(particle-in-cell)法来表示 δf。在网格粒子法中,跟踪的是大量"超级粒子"的轨迹,每个"超级粒子"都代表着五维相空间中一个小区域中的 δf。解回旋动力学方程需要知道扰动电场和扰动磁场。这两个量可以通过解三维空间网格下的麦克斯韦方程组来计算,其中要用到自洽的扰动电荷密度 $\delta \rho$ 和电流密度 δj,它们由下式给出:

$$\delta \rho = \sum_s \int q_s \delta f_s \mathrm{d}^3 v$$

$$\delta \boldsymbol{j} = \sum_s \int q_s \delta f_s \boldsymbol{v} d^3 v$$

这里的求和是对所有等离子体成分进行的,q_s 是成分 s 的电荷量。在网格粒子法中,离散空间网格上的电荷密度和电流密度是通过将点状"超级粒子"分配到离散网格上获得的。回旋动力学模拟可以在托卡马克等离子体的全域上进行,但如果在很窄的通量管域中建立湍流模型,将能大幅降低计算负担。这种通量管道如图 4.21.1(a)所示,它在垂直于 $\boldsymbol{B}$ 的两个方向上都很窄(一般为几十个拉莫尔半径),但可以沿着 $\boldsymbol{B}$ 延伸,以捕捉那些满足回旋动力学量级 $k_\perp \gg k_\parallel$ 的涨落。在局域通量管道模拟中通常假设平衡量及相关的梯度标长,如 T_i 和 $L_{T_i} = T_i/(dT_i/dr)$,在径向上为常数,这在小 ρ_i/a 时是很好的近似。

(a)　　　　　　　　　　　　　(b)

图 4.21.1　(a) 两个平衡磁面之间的环形区域及一个沿着平衡磁场线的非常小的通量管(狭窄的通量管表示局域回旋动力学计算所用到的区域。从通量管模拟结果中,利用极向和环向角的周期性拓展,可以在整个环形区域中重建湍流);(b) 从一个局域回旋动力学模拟中得到的静电势扰动 $\delta\phi$ 的等值线图(显示出 $\delta\phi$ 沿着磁场线延伸,其垂直波数很短,并且在环外侧的大半径处达到峰值)

　　有一类重要且具有普遍性的涨落——静电势扰动 $\delta\phi$,它在平衡通量面上为常数,在径向上以接近于拉莫尔半径的标长变化,在微湍流的非线性饱和方面起着重要作用。这些模只能通过非线性产生,因为它们是线性稳定的。它们既能以低频($\omega \ll v_{T_i}/(qR)$)方式出现,这时称为带状流(zonal flow);也能以高频($\omega \propto v_{T_i}/(qR)$)方式出现,这时称为测地声模,简称 GAM。这类涨落不引起径向输运,因为与之相关的 $\boldsymbol{E} \times \boldsymbol{B}$ 流处在平衡磁面上,但关键是这类流的径向剪切能够抑制引起径向输运的线性驱动模。由湍流自发产生的径向剪切流会强烈影响湍流输运的饱和水平,并且低频的带状流比高频的 GAM 具有更强的调节能力。

　　离子温度梯度(ITG)驱动的模式是一类广义的 η_i 模,对它的分析性描述见 8.3 节。在托卡马克等离子体中,当离子的温度梯度超过阈值时,满足 $k_\perp \rho_i$ 为 1 的量级的 ITG 模就变成线性不稳定的了。图 4.21.2 展示了 ITG 湍流的全局回旋动力学模拟中 $\delta\phi$ 的演化,图中对包含和不包含非线性带状流的不稳定性湍流的行为做了对比。两种模拟都显示了初期阶段线性 ITG 的不稳定性,如图 4.21.2 中左边的图所示。它表现为 $\delta\phi$ 具有 $k_r \ll k_\theta$ 的径向结构,这种流称为"川流"(streamer),它在中平面外侧的磁场坏曲率区有峰值。随后,非线性效应产生带状流。这些流由线性不稳定性所伴随的剪切流驱动。图 4.21.2 上半部分中由于包含带状流,因此能够通过破碎原本沿径向延伸的线性本征模来促使 ITG 模达到饱和,并使湍流变得更加各向同性。带状流对湍流饱和态的重要性清晰地表现在图 4.21.2 的最右边的两张对比图上。由于平衡径向电场而产生的沿磁面流动的流也出现在平衡分布函数中,而且这些流在径向上是变化的。如 4.19 节所讨论的,径向剪切的平衡流——它并非

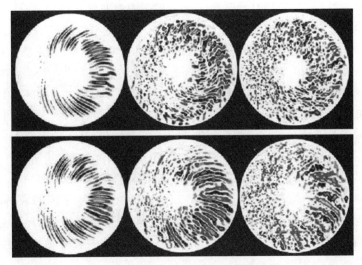

图 4.21.2　极向平面内 $\delta\phi$ 的等值线图

取自两种全局回旋动力学网格粒子法模拟。图中展示了三个时刻的结果,时间演化轴从左指向右。上下两图分别显示了包含和不包含带状流的模拟结果(Tang, W. M. *Physics of Plasmas* **9**, 1856 (2002))

由湍流产生——也能抑制湍流。

　　图 4.21.3 展示了由非线性回旋动力学的计算推导出来的由 ITG 湍流引起的离子热通量对离子温度梯度的依赖关系。当归一化离子温度梯度 R/L_{T_i} 小于临界阈值 $R/L_{T_{crit}}$ 时,离子热通量可忽略,但当这个梯度超过这个阈值后,离子热通量将迅猛增长。而且还可以看到,湍流发生的临界梯度 $R/L_{T_{crit}}$ 远大于线性不稳定性的阈值 $R/L_{T_{lin}}$。这个效应即著名的"迪米兹(Dimits)位移",它是无碰撞、无阻尼带状流模的结果。回旋流体给出的结果定性上与此类似,但不能精确地描述迪米兹位移,因为流体矩方程的闭包近似不能完全涵盖无阻尼带状流。然而,离子-离子碰撞会阻尼带状流,因此计入碰撞效应后会在更高的碰撞率下增强湍流输运。

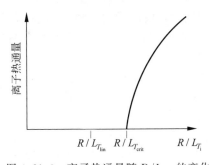

图 4.21.3　离子热通量随 R/L_{T_i} 的变化

其中 $R/L_{T_i} = (R/T_i)\,\mathrm{d}T_i/\mathrm{d}r$。该图展示了取托卡马克中间半径处的典型平衡条件下,由回旋动力学模拟得到的定性结果

　　电子温度梯度(ETG)和俘获电子驱动的模能引起更短波长(即 $1/\rho_i < k_\perp < 1/\rho_e$)的涨落。对 ETG 湍流的回旋动力学模拟显示,如同 ITG 湍流一样,满足 $k_\perp\rho_e \leqslant O(1)$ 的 ETG 湍流的 $\delta\phi$ 也能够形成沿径向伸展的川流。起初这种流也是在磁场的坏曲率区发展,但与 ITG 湍流不同的是,它们在饱和态下仍能够继续存在。ETG 川流的这种相对韧性源于离子

对非线性产生的 ETG 带状流扰动的响应。这种离子响应非常强的原因是：由于 $k_\perp \rho_i \gg 1$，离子在其整个拉莫尔轨道运动期间都能感受到 ETG 带状流满幅度的扰动 $\delta\varphi$。离子响应减弱了产生 ETG 带状流的驱动力，而正是它能够使 ETG 川流破碎。相比之下，电子对 ITG 带状流的响应则非常弱，因为电子的拉莫尔轨道小(即 $k_\perp \rho_e \ll 1$)，无法感受到 $\delta\phi$ 的完整变化。因此 ITG 带状流更容易增长，从而使 ITG 湍流变得各向同性。ETG 湍流中川流的存在意味着 $k_r \ll k_\theta$，因此相关的输运会远大于从式(4.18.20)导出的混合长度估计值，这是因为该式是在各向同性湍流($k_r \propto k_\theta$)的假设下导出的。对小的或负的磁剪切，以及大的归一化压强梯度值($\alpha = -(2\mu_0 R q^2/B^2)\mathrm{d}p/\mathrm{d}r$)，ETG 川流可以被抑制，从而大大降低电子输运的水平。在许多实验中发现，电子输运很强，ETG 湍流可能是一个原因。

在做整体回旋动力学湍流计算时引入了"湍流传播"的概念，它是指在等离子体的线性不稳定区产生的湍流被湍流自身输运到相邻的稳定区域。由于这个非局域过程，输运系数不再遵从单纯的回旋玻姆定标律，因为这一定标律源自局域的回旋动力学湍流模型。相反，新的输运系数表现出较弱的 ρ_* 定标关系，扩散系数则由 $D \propto \rho_*^\lambda D_B$ 给出，其中 $\lambda < 1$ 且 $D_B = \omega_c \rho^2$ 为 4.15 节引入的玻姆扩散系数。

等离子体涨落的诊断(其中一些将在 10.11 节中介绍)为湍流模拟的结果提供了定性的支持，但是等离子体湍流的实验测量是非常困难的，这极大地阻碍了直接的量化比较。较简捷的做法是将理论预言的湍流对等离子体宏观特性的影响与实测值进行比较，因为这种测量是比较容易进行的。4.22 节描述了支持 ITG 湍流的回旋动力学模拟预言的实验证据。这个预言认为，湍性离子热通量是在临界离子温度梯度下被触发的，并且当离子温度梯度大于该阈值时，离子热通量将急剧上升。

4.22 临界梯度、边缘输运垒和台基

在很多实验中，离子温度梯度(ITG)湍流都是解释离子热输运的强有力的备选方案。按照 4.21 节所述的湍流模拟的预言，当离子的温度梯度从线性不稳定性阈值非线性地上移并超过某个临界的离子温度梯度时，就将触发湍性的离子热通量。在该阈值之上，离子热通量随离子温度梯度快速增长。ITG 湍流的存在有效地将离子的温度剖面钳制在阈值梯度附近。这个阈值梯度为

$$\frac{1}{T_i}\frac{\mathrm{d}T_i}{\mathrm{d}r} = -\frac{c(r)}{R}$$

一般地，$c \approx 6$，由此给出温度为

$$T_i(r) = T_i(a)\exp\left(\int_r^a \frac{c(r)}{R}\mathrm{d}r\right) \tag{4.22.1}$$

这个离子温度剖面被认为是"刚性"的，这时储能和芯部温度变得正比于边缘温度 $T_i(a)$。这个性质在很宽的温度剖面和热分布范围内成立。式(4.22.1)表明，在恒定密度下，一旦达到临界温度梯度，储存的离子能量可以仅随辅助加热而迅速增加，如果边缘温度也同时得到提高。边缘温度通常取 H 模输运垒的内侧温度值，即著名的"台基温度"T_{ped}。

在多个实验装置上都观察到了这种剖面的刚性，图 4.22.1 给出了从 ASDEX-U 上观察到的结果，图中反映的是等离子体中心电子温度与等离子体边缘电子温度之间的关联性。

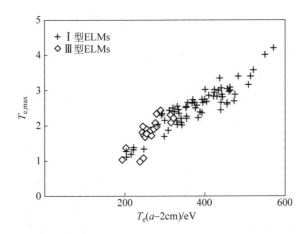

图 4.22.1 ASDEX Upgrade 上测得的电子温度剖面的刚性

图中给出的是中心电子温度对等离子体边缘内 2 cm 处的边界电子温度 $T_e(a-2\,\text{cm})$ 的图像，它展示了当边缘压强梯度接近气球极限时二者的比例关系。可以看出，Ⅰ型 ELMs 遵从这一关系，但Ⅲ型 ELMs 不遵从这一关系（Suttrop，W. *et al*. *Plasma Physics and Controlled Fusion* **39**，2051（1997））

　　等离子体的约束能量与边缘温度之间的这种关联意味着高的台基温度值 T_{ped} 对于托卡马克的运行品质很重要。对 T_{ped} 的一般估计是基于如下假设：H 模输运垒的良好约束允许压强梯度达到理想 MHD 气球模的稳定性边界所设定的极限值，即 $\alpha = -2\mu_0(Rq^2/B^2)\mathrm{d}p/\mathrm{d}r = \alpha_{\text{crit}}$，这里 α_{crit} 取决于等离子体的形状和等离子体边缘的电流。当 $\alpha > \alpha_{\text{crit}}$ 时，预期将出现理想 MHD 气球不稳定性，并且会触发边缘局域模。这个极限压强梯度的估计导致如下定标律：

$$T_{\text{ped}} \propto \frac{B^2 \Delta}{Rnq^2}$$

其中，Δ 为势垒宽度。如果 Δ 已知，便可以计算 T_{ped}。理论上预计，Δ 的大小既取决于离子极向拉莫尔半径 $\rho_{i\theta}$，又与托卡马克的大半径 R 有关，虽然中性原子在边缘等离子体的穿透深度也是一个考虑因素。但在实验上，Δ 对 $\rho_{i\theta}$ 的依赖关系显得比较弱。利用"剥离-气球"模型做的更复杂的 MHD 稳定性分析预计，台基压强 $p_{\text{ped}} \propto \Delta^{3/4}$，而其他一些经验性证据表明，$\Delta \propto \beta_{\text{p,ped}}^{1/2}$，这里 $\beta_{\text{p,ped}}$ 为由台基压强算得的极向 β，于是得到台基压强的定标律 $p_{\text{ped}} \propto \beta_{\text{p,ped}}^{3/8}$。

　　上述考虑得出如图 4.22.2 所示的托卡马克中径向压强剖面的示意图。这个压强剖面存在两个不同的径向区域，形成所谓"两项"模型，即总的等离子体能量为台基贡献和芯部贡献之和。

　　对于 H 模边缘输运垒，还没有令人信服的模型来描述，但是广泛认为，H 模输运垒是作为 L 模的输运特性的一种非线性分岔而出现的。由于它出现在等离子体边缘，因此除了纯粹的等离子体物理效应之外，可能还涉及很多其他的物理效应，包括各种原子物理过程和与偏滤器有关的复杂磁场结构的影响。例如，如图 4.22.3 所示，有相当多的证据表明，在边缘输运垒附近存在一个很强的径向剪切电场 $\mathrm{d}E_r/\mathrm{d}r$，它有助于抑制 4.19 节所述的输运。

　　这个电场与压强梯度之间通过径向力平衡关系式（3.9.1）相互作用。为了阐明热通量对压强梯度的可能的依赖关系，可以用以下方程来模拟这一关系：

$$q = \frac{\chi_{\text{L}} + f(-\mathrm{d}p/\mathrm{d}r)\chi_{\text{H}}}{1 + f(-\mathrm{d}p/\mathrm{d}r)}\left(-\frac{\mathrm{d}p}{\mathrm{d}r}\right)$$

其中，χ_{L} 为 L 模的输运系数；χ_{H} 为 H 模的值；$f(-\mathrm{d}p/\mathrm{d}r)$ 是 $-\mathrm{d}p/\mathrm{d}r$ 的增函数。由此得

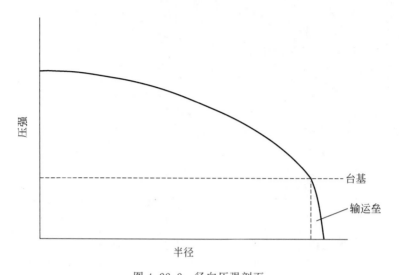

图 4.22.2　径向压强剖面

由图可见,H 模的边缘输运垒的陡峭梯度形成一个支撑芯部压强剖面的边缘压强台基

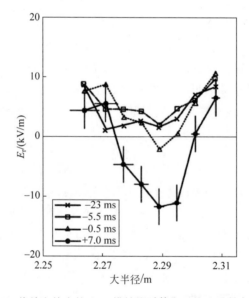

图 4.22.3　DⅢ-D 上第 82825 炮放电给出的 L-H 模转换时等离子体边缘径向电场的陡峭梯度的时间演化

这里所示的时间以 L-H 转换时刻为基准(Moyer R. A., *et al. Physics of Plasmas* **2** 2397 (1995))

到的 q 对 $-\mathrm{d}p/\mathrm{d}r$ 的依赖关系可用图 4.22.4(a)来说明。随着压强梯度的增大,热通量沿着实线给出的"S"形曲线移动。实验观测到的压强梯度与热通量之间的关系如图 4.22.4(b)和图 4.22.4(c)所示。图 4.22.4(b)表示的是热通量增加时的轨迹。在 q 值较小时,$\mathrm{d}p/\mathrm{d}r$ 遵循下面的"L 模"曲线,直到在某个临界值位置上垂直跳变到上方的"H 模"曲线。图 4.22.4(c)描绘的是热通量减少过程的轨迹。热通量较高时遵循 H 模曲线,直到在比图 4.22.4(b)中更低的临界热通量位置上垂直落到 L 模曲线。这两条曲线的区别相当于铁磁介质的磁滞回线:从 L 模到 H 模,所需的热通量要比维持 H 模所需的热通量高,而随着热通量的下降,回到 L 模时会延迟一个"回转"量。

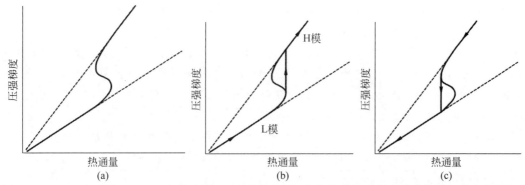

图 4.22.4　（a）压强梯度 $\mathrm{d}p/\mathrm{d}r$ 与热通量 q 之间的"S"形曲线关系（热通量的这种变化源于径向剪切电场对输运的抑制）；（b）热通量增大时所遵循的实际物理轨迹（表明在某个临界热通量下，发生了 L 模到 H 模的转换）；（c）H 模下热通量减小时所遵循的变化轨迹（表示在某个更低的临界热通量下，等离子体状态从 H 模回到 L 模的转换）

比较图 4.22.4(b)和图 4.22.4(c)可知，L-H 模转换过程存在类似于磁滞回线的特性

4.23　杂质输运

　　杂质的存在会稀释反应性等离子体中燃料离子的浓度，并会增强辐射损失，这两种效应都会削弱托卡马克反应堆的性能。杂质源于固体表面，并通过输运过程渗透到等离子体芯部。另一种重要的杂质源是聚变反应必然产生的"氦灰"。只有氦向外的输运足够快，残余的氦灰才能够维持在可接受的比例（$\leqslant 10\%$）。

　　对杂质输运的讨论包括新经典输运和反常输运两方面。实验对这两种效应都给出了证据。

　　杂质输运的新经典理论尽管因为杂质成分繁多而显得极其复杂，仍得到了充分发展。为简明计，这里的讨论仅限于一种杂质成分的一种电荷态。

　　新经典杂质粒子输运的显著特点可以由式(4.6.11)的通量与动量交换之间的关系得出。由于离子与杂质的碰撞频率要远远高于离子与电子之间的碰撞频率，因此这些碰撞会导致相当大的杂质通量和反向的离子通量。这一过程将改变杂质密度的分布，直到摩擦力消失。这一过程的条件是

$$\frac{1}{n_Z}\frac{\mathrm{d}n_Z}{\mathrm{d}r}=\frac{Z}{n_{\mathrm{i}}}\frac{\mathrm{d}n_{\mathrm{i}}}{\mathrm{d}r}+\frac{\alpha}{T}\frac{\mathrm{d}T}{\mathrm{d}r} \tag{4.23.1}$$

其中，n_Z 是电荷数为 Z 的杂质成分的密度；n_{i} 是等离子体离子的密度；系数 α 取决于热力的具体细节。如果没有热力，式(4.6.11)意味着杂质将会按下式向磁轴位置聚集：

$$\frac{n_Z(r)}{n_Z(0)}=\left(\frac{n_{\mathrm{i}}(r)}{n_{\mathrm{i}}(0)}\right)^Z$$

　　这个关系对于杂质的辐射损失及氦灰的排出有潜在的严重影响。然而，如果式(4.23.1)中的系数 α 是负数（"温度屏蔽"效应），那么这些问题就可以缓解。α 的正负号取决于等离子体离子和杂质的碰撞机制。

　　杂质要比等离子体离子具有更大的质量和更高的电荷数，因此也更容易处在普费尔施-施吕特区。这样，香蕉-平台区通常对杂质扩散没有贡献。从所谓的细致平衡原理可知，香蕉-平台区和普费尔施-施吕特区的粒子输运都分别是双极的。因此等离子体离子由于与杂

质碰撞而带来的输运具有普费尔施-施吕特区的特征,因为杂质只经历普费尔施-施吕特输运。然而,对于普费尔施-施吕特区的输运,仍需要考虑其各个分区。

第一个分区称作中间普费尔施-施吕特区。其中碰撞不够充分,因而无法使等离子体离子达到麦克斯韦分布。这种情形一般只适用于描述处在香蕉-平台区的等离子体离子。但在不纯净的等离子体中,等离子体离子的分布弛豫到麦克斯韦分布所需的时间会超过 $90°$ 碰撞时间(即一个等效碰撞时间),所以即使在普费尔施-施吕特区,这种情形也会出现。仔细计算后知,"温度屏蔽"出现在中间普费尔施-施吕特区。当碰撞足够频繁,使得等离子体离子能够维持麦克斯韦分布时(通常在等离子体边界附近就是这种情形),传统的流体描述(或极端的普费尔施-施吕特描述)就适用了,并且此时"温度屏蔽"效应会消失。图 4.23.1 展示了杂质的这种径向分布的结果。

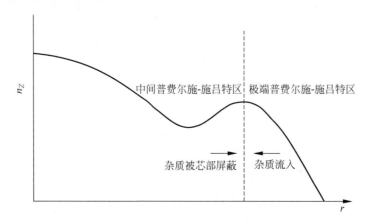

图 4.23.1   新经典预言的等离子体边界附近的杂质通量及杂质的聚积

完整的新经典理论已经被编入输运程序,其中计及多种杂质成分及其电离态在上述不同区域下的行为。虽然有实验显示,杂质输运表现出这些新经典输运的特征,但是更普遍的情形是杂质表现为类似于背景离子那样的反常输运特性。不幸的是现在还没有描述这些反常输运的完备理论,但是令人欣喜的是,有一个简单而普适的经验公式能够在许多情形下模拟出实验结果。这个经验公式已经被用于绝大部分输运程序中,它就是下面给出的磁面平均的径向粒子通量 Γ_Z:

$$\Gamma_Z = -D_Z \left(\frac{\mathrm{d}n_Z}{\mathrm{d}r} + 2S \frac{r}{a^2} n_Z \right)$$

其中,

$$D_Z = (0.25 \sim 6) \ \mathrm{m^2 \cdot s^{-1}}, \qquad S = 0.5 \sim 2 \qquad (4.23.2)$$

其中包括一个输运系数 D_Z 和一个向内的速度。这个速度类似于通常模型中用来模拟背景等离子体粒子的反常通量的箍缩速度。

已经开展了追踪注入托卡马克等离子体中的微量杂质的输运行为的详细的实验研究。在等离子体芯部,杂质的输运在没有锯齿活动时非常缓慢。JET 上的实验显示,通常 $D_Z \approx 0.1 \ \mathrm{m^2 \cdot s^{-1}}$,这个值要比在更靠外处的值低一个量级,但仍比新经典的预言值大 $2 \sim 10$ 倍。实际上,D_Z 在特定的径向位置上会经历一个迅速的提升,这个位置在 $r/a \approx 0.5$ 附近。可以用剪切参数 $s = (r/q)\mathrm{d}q/\mathrm{d}r$ 的值来刻画这种行为。图 4.23.2 显示了这种行为。此外,在这个较靠外的区域，D_Z 随温度梯度迅速增长。然而，在非单调 q 分布的情形下，杂质的输运行为可以用新经典输运理论来描述，如图 4.23.3 所示。氦的扩散系数（对于氦灰的积聚影响显著，而氦灰的积聚会稀释燃烧等离子体中的燃料离子）与 L 模或者 H 模等离子体的 χ_{eff} 可比，见图 4.23.4 DⅢ-D 的情形。

　　芯部的锯齿活动能够有效去除该区域的杂质，而在 H 模下，边界的 ELM 活动可以阻止杂质进入等离子体并聚集到芯部。

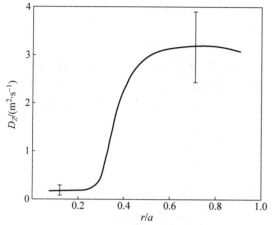

图 4.23.2　在 JET 放电中，镍杂质入射
实验得出的扩散系数分布
竖线表示不确定性

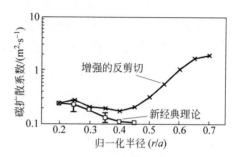

图 4.23.3　TFTR 上增强反剪切等离子体状态下，碳杂质的扩散系数与新经典预测值的比较（Efthimion，P. C. *et al.*，*Nuclear Fusion* **39**，1905（1999））

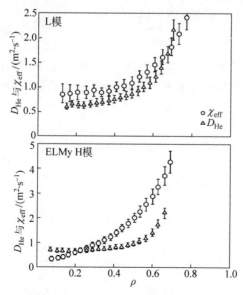

图 4.23.4　在 DⅢ-D 的 L 模及 ELMy H 模中，氦的扩散系数 D_{He} 与有效热扩散系数 χ_{eff} 的比较

（Wesson，J. A. and Balet，B.，*Physical Review Letters* **77**，5214（1996））

4.24 实验发现

尽管绝大部分研究都集中在托卡马克的整体约束和输运的一般性质上,但仍有一些特别的出人意料的实验结果值得研究。研究这些结果背后的基本行为能为我们提供理解托卡马克中复杂的输运特性的线索。下面举三个例子。

4.24.1 X 事件和功率关断实验

1. X 事件

图 4.24.1 显示了中性束加热条件下 JET 上某种特定放电类型中的等离子体总能量 W 随时间的演化。这种行为的特征是 $\mathrm{d}W/\mathrm{d}t$ 从非常高的正值突然变化到非常高的负值。由于难以理解这种快速转换,因此称之为 X 事件。

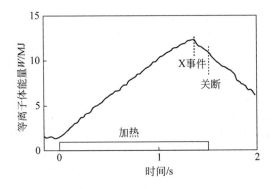

图 4.24.1 被加热的等离子体能量的时间依赖性

从图中可见约束状态在 X 事件后和能量关断后的不同变化(Wesson, J. A. and Balet, B. *Physical Review Letter* **77**, 5214(1996))

以锯齿坍塌或边缘局域模(或二者兼具)形式出现的 X 事件往往存在明显的直接原因。然而,这些现象非常短暂,不能用来解释在等离子体总体位形不变的情形下,为什么 W 会在 X 事件前后表现出非常不同的行为。

功率平衡方程是

$$\dot{W} = P - \frac{W}{\tau} \qquad (4.24.1)$$

其中,P 是加热功率,能量损失由约束时间 τ 来表征。对式(4.24.1)重新整理可以给出能量约束时间的表达式:

$$\tau = \frac{W}{P - \dot{W}} \qquad (4.24.2)$$

在图 4.24.1 的例子中,功率是 18 MW,考虑到 X 事件前后功率的时间变化率,在 X 事件前 $\dot{W} = 8$ MW,在 X 事件后 $\dot{W} = -11$ MW。这样,由式(4.24.2)即可给出 X 事件前后的能量约束时间 τ_1 和 τ_2 的比值为

$$\frac{\tau_1}{\tau_2} = 2.9$$

由于在 X 事件前后温度和密度的剖面基本不变,因此这个结果表明,对于这时的等离子体,其约束特性不能用这些变量的简单函数来描述。

2. 关断

更令人惊讶的是在 X 事件过后的某个时间点关掉加热的中性束后的等离子体行为。从式(4.24.1)可知,W 的负斜率会因 P(在此是 18 MW)而增大,但是从图 4.24.1 可以看出,斜率没有明显的变化。在关断之前有

$$\tau_b = \frac{W}{P - \dot{W}}$$

而在关断之后有

$$\tau_a = \frac{W}{-\dot{W}}$$

由此给出比值:

$$\frac{\tau_a}{\tau_b} = 1 - \frac{P}{\dot{W}}$$

对于目前的情形,给出的能量约束时间的比值大约是 3。由于等离子体位形在关断前后基本不变,因此约束的这种变化让人难以理解。对此的一个简单解释是加热束在 X 事件期间是做不到随意关断的,因为直到关断为止,束都是通过电荷交换方法直接测量的。

这些结果似乎意味着热输运和约束不是等离子体宏观性质的单值函数。[①]

4.24.2 L-H 转换

如 4.13 节所述,随着加热功率的提升,约束态会转换到 H 模。其标志是在等离子体边界形成大的温度梯度和密度梯度。这些量能在狭窄的区域上维持大的差异,意味着约束的改善可以归结为在等离子体边界形成了输运垒。对 H 模做出解释的理论研究大都集中在设法找出(有输运垒和无输运垒)两种状态间的一个(非线性)分岔。

JET 上的实验现象则显示出一种相当不同的行为。人们发现,H 模一出现,等离子体的行为便立即发生变化。这种变化不仅出现在等离子体边界,而且横跨等离子体半径的外半侧区域。图 4.24.2 显示了等离子体半径的几个位置上电子温度随时间的变化。可以看出,这种行为不仅仅是由等离子体边界形成输运垒所致。因为如果是这样的话,那么远离边界的等离子体应当在响应上显示出较长的时间延迟。而实际情形是等离子体整个外侧半边的温度的增长率几乎同时变化,这显然需要不同的解释。一个可能的原因是热传导率不是由局部决定的。例如,当反常输运是由对流元的径向拉长造成时,可能就发生这种结果。

4.24.3 窄的转换区间

4.14 节中描述了与内部输运垒相关的温度梯度。观测到的温度梯度的一个显著的特征是转换到陡峭梯度的径向范围非常窄。由于热传导率 $\kappa = -q/(\mathrm{d}T/\mathrm{d}r)$,其中 q 是热通

---

① (审校者(胡希伟)注:托卡马克等离子体对各种时间尺度的扰动都有很强的自我调节致稳能力,而输运和能量约束又是时间尺度最长的等离子体行为。所以,扰动的时长和强度如果不够,就难以改变它们的总体行为。另外,约束时间的定义是对于稳态等离子体导出的,不适用于这里碰到的瞬态事件。要描述这里碰到的事件,需要对等离子体各参量——密度、温度、电流等——的剖面进行快速实时测量。)

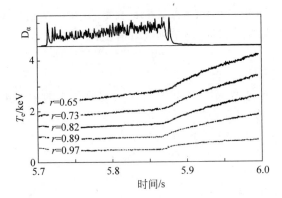

图 4.24.2 D_a 信号的下降标志着等离子体状态进入 H 模。在大部分半径位置上,电子温度的斜坡式剖面都经历了一个同步上升。这里的半径 r 已经归一到等离子体半径(Neudatchin, S. V., Cordey, J. G., and Muir, D. G. *Proc. 20th E. PS. Conf. on Controlled Fusion and Plasma Physics*,Lisbon 1993,Vol. 17C Part Ⅰ,p. 83)

量,因此这种径向上的突然转换意味着热导率在很短的距离上有强烈变化。图 4.24.3(a)给出了 TFTR 上电子温度的测量结果。这个可靠的温度沿径向的连续图是通过推导等离子体横越探测器各通道的瞄准线得到的。

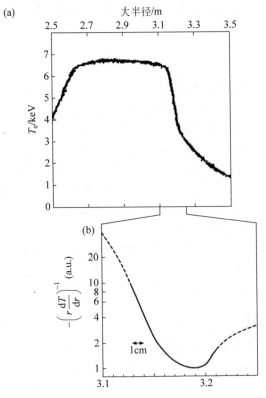

图 4.24.3 (a) TFTR 上等离子体在有内部输运垒时的电子温度分布;(b) 从电子温度剖面中导出的 $-(r\,dT/dr)$ 的剖面(它表明热传导率在很短的距离上有巨大变化)(From Bell, M. G. *et al. Plasma Physics and Controlled Fusion* **41**,A719 (1999))

在短距离上,穿过磁面的总热通量 Q 几乎是一个常量。故有 $Q \propto rq$,由此从 $\kappa \propto 1/(rdT/dr)$ 的关系可以得到局部热传导率沿径向变化的较为准确的估计。图 4.24.3(b)给出了图 4.24.3(a)的局部放大的 $1/(rdT/dr)$ 的图像。可以看出,纵轴上的量在整体上出现了量级的变化,而在变化最陡处,在 1 cm 的范围内,κ 有大约两倍的变化。这个结果对任何一个描述跨越内部输运垒的理论都是一个具有挑战性的检验。

4.25　辐射损失

纯氢等离子体会发出电磁辐射。微观上说,这是因为带电粒子被加速。因为电子的质量较轻,所以电子的加速度要比离子大得多。故电子的辐射要强得多,因此仅考虑电子的辐射损失。

电子主要有两种加速方式。首先是通过碰撞被加速,由此产生的辐射叫做轫致辐射。其次是电子的回旋运动,由此产生回旋辐射和同步辐射。

4.25.1　轫致辐射

电子因加速度 a 而辐射出的功率是

$$P = \frac{e^2}{6\pi\varepsilon_0 c^3} a^2 \tag{4.25.1}$$

电子在与离子碰撞过程中产生的这个加速度是由库仑力 $Ze^2/(4\pi\varepsilon_0 r^2)$ 引起的,其中 r 是二者的间距,Ze 是离子的电荷,故加速度是

$$a = \frac{Ze^2}{4\pi\varepsilon_0 m_e r^2} \tag{4.25.2}$$

取碰撞的持续时间为 $2r/v$,每次碰撞损失的能量是 $\delta E = P 2r/v$,故式(4.25.1)和式(5.25.2)给出:

$$\delta E = \frac{Z^2 e^6}{6(2\pi\varepsilon_0 cr)^3 m_e^2 v}$$

将上式对碰撞参数 r 积分,得到单位体积的轫致辐射功率为

$$P_{br} = n_e n_Z \int \delta E v 2\pi r \, dr = \frac{n_e n_Z Z^2 e^6}{24\pi^2 \varepsilon_0^3 c^3 m_e^2} \int \frac{1}{r^2} dr \tag{4.25.3}$$

式(4.25.4)中的积分结果是 $1/r$,本来它在小 r 处是发散的,但是由于量子效应,使 r 有下限值 $\hbar/(m_e v)$,故发散就被避免了。将这个下限值代入 $1/r$,并用由 $\frac{1}{2}m_e v^2 = \frac{3}{2}T_e$ 得到的平均值替换掉式(4.25.3)中的 v,即可给出 P_{br} 的表达式。代入由完整计算得到的数值因子后,便可得出由电荷数为 Z 的离子产生的轫致辐射功率:

$$P_{br} = g \frac{e^6}{6(3/2)^{1/2} \pi^{3/2} \varepsilon_0^3 c^3 h m_e^{3/2}} Z^2 n_e n_Z T_e^{1/2} \tag{4.25.4}$$

其中,T_e 的单位是 keV;P_{br} 的单位是 $W \cdot m^{-3}$;g 是冈特因子,来自量子力学的修正。在这里所涉的条件下,$g \approx 2\sqrt{3}\pi$,故有

$$P_{br} = 5.35 \times 10^{-37} Z^2 n_e n_Z T_e^{1/2} \tag{4.25.5}$$

图 4.25.1 给出了纯 D-T 等离子体的轫致辐射功率与式(1.4.6)给出的 α 粒子产生的热核聚变功率的比值。可以看出,尽管轫致辐射是一种重要的能量损失机制,但它不会给纯 D-T 等离子体的点火造成严重的阻碍。

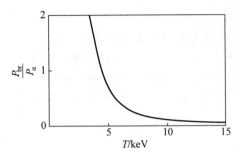

图 4.25.1　D-T 等离子体中韧致辐射功率与 α 粒子产生的热核聚变功率的比值
其中 $T_e = T_i$

4.25.2　回旋(同步)辐射

回旋辐射损失的理论相当复杂,因为在随空间变化的等离子体和磁场中,它涉及在回旋频率各谐波处的发射和吸收。然而,这种辐射的基本原理可以作如下的简单描述。

单个非相对论性电子的辐射功率可由式(4.25.1)加上回旋轨道的加速度 $a = \omega_{ce}^2 \rho_e$ 共同给出。将 $\rho_e = (2T_e/m_e)^{1/2}/\omega_{ce}$ 代入,可得到辐射的功率密度:

$$P_c = (e^4/3\pi\varepsilon_0 m_e^3 c^3) B^2 n_e T_e$$

这个功率非常大。在反应堆的条件下,这个辐射功率将超过 $1\,\mathrm{MW \cdot m^{-3}}$。然而,这并不是从等离子体损失掉的功率,因为等离子体对于这种基频辐射是光学厚的。能量损失主要来自回旋辐射的高次谐波,这些谐波主要是通过相对论效应产生的。但随着谐波阶数 n 的增大,每个谐波的辐射功率会迅速降低,大致呈现正比于 $(v_{T_e}^2/c^2)^{n-1}$ 的关系。当然,如同基频辐射,一些较低阶的谐波也会被等离子体吸收。对于这些频率,等离子体的行为就像一个黑体,其辐射特性可以用瑞利-金斯(Rayleigh-Jeans)定律来描述。因此,大部分辐射损失源自这样的一些谐波,它们在等离子体中的传播行为刚好从光学厚转换到光学薄。所以,最后产生的损失功率仅为上述无吸收情形下基频辐射功率的 $1/100\sim1/1000$。在反应堆中,这种功率损失大约是 $10^{-2}\,\mathrm{MW \cdot m^{-3}}$,因此基本可以忽略。

4.26　杂质辐射

等离子体中的杂质会通过辐射而引起能量损失。这种辐射损失包含两种过程:首先是增强的韧致辐射,这是因为杂质离子往往有较高的电荷数;其次是各种原子过程带来的线辐射和复合辐射。

在输运效应可忽略的稳态(日冕平衡)情形下,给定杂质成分的辐射功率正比于电子密度 n_e 和杂质密度 n_1,所以辐射功率密度可以写为

$$P_R = n_e n_1 R \tag{4.26.1}$$

其中,辐射参数 R 是电子温度的函数。图 4.26.1 给出了一些元素的 $R(T_e)$ 的图。

$R(T_e)$ 曲线有一个主极大值,在温度更高处还有一个次极大值。对于较轻的杂质,主极大值出现在较低温度处,高于这个温度后,辐射大幅减小。随着温度的升高,电子接连从杂质离子上被电离出,当离子的核外电子被完全剥离后,就只剩下韧致辐射了。在反应堆中,低 Z 原子的核外电子会被完全剥离。在特定温度下,对于给定的杂质成分,其电离态 Z 有特定的分布。Z 的平均值 $\overline{Z}$ 可由下式定义:

$$\overline{Z} = \sum n_Z Z / n_1$$

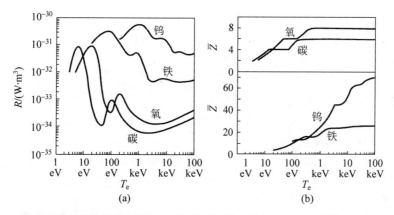

图 4.26.1 (a) 碳、氧、铁和钨的辐射参数 R；(b) 碳、氧、铁和钨的平均电荷数 $\bar{Z}$ 与电子温度的函数关系

其中，$n_1 = \sum n_Z$；n_Z 是电离态 Z 下的离子密度。图 4.26.1 给出了一些 $\bar{Z}(T_e)$ 的图像。

对于像碳、氧等低 Z 杂质，辐射的最大值出现在非常低的温度（大约在几十个 eV 量级）下。当温度达到 1 keV 时，这些杂质的离子是被完全剥离的。因此在反应堆级别的热等离子体中，这些离子只能发出轫致辐射。而在等离子体边界，辐射损失来源于未完全剥离的杂质，这些杂质是由进入等离子体的中性原子产生的。

对于高 Z 杂质，其中包括建造托卡马克的金属材料，辐射功率的主极大值出现在温度稍微高一些的位置。对于温度高于 100 eV 的情形，每个高 Z 离子的辐射功率要远大于低 Z 杂质。即使是在反应堆的温度下，这些离子也很难完全剥离。因此就辐射功率而言，反应堆中高 Z 杂质的含量必须非常低。

为了对所允许的杂质水平做出定量估计，可以通过计算某种特定杂质的辐射功率占式(1.4.2)给出的热核聚变功率的比例 F 来给出：

$$F = \frac{n_e n_1 R}{\frac{1}{4} n_H^2 \langle \sigma v \rangle \mathcal{E}} = \frac{(1 + f\bar{Z}) f R}{\frac{1}{4} \langle \sigma v \rangle \mathcal{E}}$$

其中，n_H 是氢离子（包括氘核和氚核）的总密度；f 是杂质比例 n_1/n_H；$\mathcal{E} = 17.6$ MeV。图 4.26.2 给出了各种元素在温度 $T = 10$ keV 条件下产生辐射功率比例 $F = 0.1$ 时的 f 的

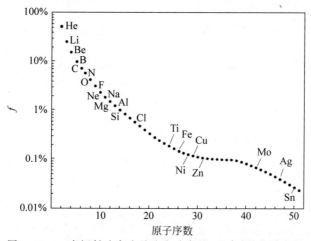

图 4.26.2 当辐射功率为总聚变功率的 10% 时的杂质水平

值。这时的辐射功率损失相当于 α 粒子功率的 50%。

在反应堆中,杂质引起的另一个问题是对于给定的总的粒子密度,在电中性的要求下,杂质产生的大量电子会使反应离子数稀释。

参考文献

以下是能深入理解相关物理现象的书:

Itoh,K.,Itoh,S. T.,and Fukuyama,A. *Transport and structural formation in plasmas*. Institute of Physics Publishing,Bristol (1999).

描述纯碰撞的输运理论见

Helander,P. and Sigmar,D. J. *Collisional transport in magnetized plasmas*. Cambridge University Press,Cambridge (2002).

进一步的理论解释见

Hazeltine,R. D. and Meiss,J. D. *Plasma confinement*,Addison-Wesley,Redwood City,California (1991).

关于输运的一般性综述

关于托卡马克约束的理论和实验研究的综述性文章见

ITER Physics Expert Groups on Confinement and Transport and Confinement Modelling and Databases. ITER Physics Basis,Chapter 2:Plasma confinement and transport. *Nuclear Fusion* **39**,2175 (1999).

较新的内容见

Doyle,E. J. *et al*. Plasma confinement and transport. *Nuclear Fusion* **47**,S18-S127 (2007).

实验结果综述见

Hugill,J. Transport in tokamaks—a review of experiment. *Nuclear Fusion* **23**,331 (1983).

讨论见

Wagner,F. and Stroth,U. Transport in toroidal devices—the experimentalist's view. *Plasma Physics and Controlled Fusion* **35**,1321 (1993).

有关反常输运的测量和理论讨论见

Liewer,P. C. Measurements of micro-turbulence in tokamaks and comparisons with theories of turbulence and anomalous transport. *Nuclear Fusion* **25**,543 (1985).

新经典理论的综述见

Hinton,F. L. and Hazeltine,R. D. Theory of plasma transport. *Reviews of Modern Physics* **48**,239 (1976).

Galeev,A. A. and Sagdeev,R. Z. Theory of neoclassical diffusion. In *Reviews of plasma physics* (ed. Leontovich,M. A.) Vol. 7,p. 257. Consultants Bureau,New York (1979).

新经典输运

关于普费尔施-施吕特输运的原始文献:

Pfirsch,D. and Schlüter,A. Der Einfluss der elecktrischen Leitfähigkeit auf das Gleichgewichtsverhalten von Plasmen niedrigen Drucks in Stellaratoren. Max-Planck-Institut,Report MPI/PA/7/62 (1962).

关于香蕉-平台区的输运:

Galeev,A. A. and Sagdeev,R. Z. Transport phenomena in a collisionless plasma in a toroidal magnetic system. *Zhurnal Experimentalnoi i Teoreticheskoi Fiziki* **53**,348 (1967) (*Soviet Physics JETP* **26**,233 (1968)).

普费尔施-施吕特输运

处理方式见

Solovev, L. S. and Shafranov, V. D. Effects of curvature on classical diffusion and thermal conductivity. *Reviews of plasma physics*（ed. Leontovich, M. A.）Vol. 5, p. 145. Consultants Bureau, New York (1970).

Hazeltine, R. D. and Hinton, F. L. Collision dominated plasma transport in toroidal confinement systems. *Physics of Fluids* **16**, 1883 (1973).

香蕉区输运

启发性的讨论见

Kadomtsev, B. B. and Pogutse, O. P. Trapped particles in toroidal magnetic systems. *Nuclear Fusion* **11**, 67 (1971).

通量的完整变分解见

Rosenbluth, M. N., Hazeltine, R. D., and Hinton, F. L. Plasma transport in toroidal confinement systems. *Physics of Fluids* **15**, 116 (1972).

对基本结果（包括台基和普费尔施-施吕特扩散）的一个清晰的推导见

Rutherford, P. H. Collisional diffusion in an axisymmetric torus. *Physics of Fluids* **13**, 482 (1970).

有限环径比环面下离子的新经典热导率的表达式（也适用于所有碰撞区）见

Chang, C. S. and Hinton, F. L. Effect of impurity particles on the finite aspect-ratio neoclassical ion thermal conductivity in a tokamak. *Physics of Fluids* **29**, 3314 (1986).

平台区输运

完整结果的推导见

Galeev, A. A. Diffusion-electrical phenomena in a plasma confined in a tokamak machine. *Zhurnal Experimentalnoi i Teoreticheskoi Fiziki* **59**, 1378 (1970) [*Soviet Physics JETP* **32**, 752 (1971)].

有关香蕉区输运到平台区输运之间转换的研究见

Hinton, F. L. and Rosenbluth, M. N. Transport properties of a toroidal plasma at low-to-intermediate collision frequencies. *Physics of Fluids* **16**, 836 (1973).

韦尔箍缩效应、自举电流和新经典电阻率

在上述关于香蕉-平台区的完整输运理论中已经包含了这些效应，但还有一些重要且有趣的文章，如

Ware, A. A. Pinch effect for trapped particles in a tokamak. *Physical Review Letters* **25**, 15 (1970).

Bickerton, R. J., Connor, J. W., and Taylor, J. B. Diffusion driven plasma currents and bootstrap tokamak, *Nature Physical Science*, **229**, 110 (1971).

Hinton, F. L., and Oberman, C. Electrical conductivity of plasma in a spatially inhomogeneous magnetic field. *Nuclear Fusion* **9**, 319 (1969).

有限环径比对自举电流的影响见

Hirshman, S. P. Finite-aspect-ratio effects on the bootstrap current in tokamaks. *Physics of Fluids* **31**, 3150 (1988).

有关自举电流的综述见

Kikuchi, M. and Azumi, M. Experimental evidence for the bootstrap current in a tokamak. *Plasma Physics and Controlled Fusion* **37**, 1215 (1995).

小环径比对新经典电导率的影响的讨论见

Hazeltine，R. D.，Hinton，F. L. and Rosenbluth，M. N. Plasma transport in a torus of arbitrary aspect ratio. *Physics of Fluids* **16**，1645 (1973).

Hirshman，S. R，Hawryluk，R. J. and Birge，B. Neoclassical conductivity of a tokamak plasma. *Nuclear Fusion* **17**，611 (1977).

波纹输运

下述综述性文献对此进行了详细讨论：

Kovrizhnykh，L. M. Neoclassical theory of transport processes in toroidal magnetic confinement systems，with emphasis on non-axisymmetric configurations. *Nuclear Fusion* **24**，851 (1984).

波纹俘获输运的描述见

Stringer，T. E. Effect of the magnetic field ripple on diffusion in tokamaks. *Nuclear Fusion* **12**，689 (1972).

对波纹平台区输运的解释见

Boozer，A. H. Enhanced transport in tokamaks due to toroidal ripple. *Physics of Fluids* **23**，2283 (1980).

对香蕉区漂移输运的一个好的解释见

Goldston，R. J. and Towner，H. H. Effects of toroidal field ripple on suprathermal ions in tokamak plasmas. *Journal of Plasma Physics* **26**，283 (1981).

最近的综述：

Yushmanov，P. N. Diffusive transport processes caused by ripple in tokamaks. *Reviews of plasma physics* (ed. Kadomtsev，B. B.) Vol. 16，p. 117，Consultants Bureau，New York (1990).

约束模式

对各种能量约束模的描述见

Stambaugh，R. D. *et al*. Enhanced confinement in tokamaks. *Physics of Fluids* B**2**，2941 (1990).

记载 H 模在 ASDEX 托卡马克上被首次观测到的文献：

Wagner，F. *et al*. Regime of improved confinement and high beta in neutral beam heated divertor discharges in the Asdex tokamak. *Physics Review Letters* **49**，1408 (1982).

进一步的信息可在第 4 届 H 模研讨会(I. A. E. A. Technical Committee Meeting on H-mode Physics) 的综述性论文中找到：

Naka，Japan，November 1993，published in *Plasma Physics and Controlled Fusion* **36**，pp. A3-A74 (1994).

有关非单调 q 分布位形的信息见

Levinton，F. M.，Zarnstorff，M. C.，Bartha，S. H.，Bell，M.，Bell，R. E.，Budny，R. V.，Bush，C.，Chang，Z.，Fredrickson，E.，Jones，A. *et al*. Improved confinement with reversed shear in TFTR. *Physical Review Letters* **75**，4417 (1995).

Connor，J. W.，Bracco，G.，Buttery，R. J.，Hidalgo，C，Jacchia，A.，Peeters，A. G.，and Stroth，U. EU-US Transport Task Force Workshop on Transport in Fusion Plasmas，Transport Barrier Physics. *Plasma Physics and Controlled Fusion* **43**，355 (2001).

Synakowski，E. J. Formation and structure of internal and edge transport barriers. *Plasma Physics and Controlled Fusion* **40**，581 (1998).

关于 L-H 转换的实验数据的综述见

Carlstrom, T. N. Transition physics and scaling overview. *Plasma Physics and Controlled Fusion* **38**, 1149 (1996).

关于模转换的理论综述见

Connor, J. W. and Wilson, H. R. A review of theories of the L-H transition. *Plasma Physics and Controlled Fusion* **42**, R1 (2000).

对改善约束模的实验结果和理论模型的综述见

Connor, J. W. *et al*. A review of internal transport barrier physics for steady-state operation of tokamaks. *Nuclear Fusion* **44**, R1-R49 (2004).

Wolf, R. C. Internal transport barriers in tokamak plasmas. *Plasma Physics and Controlled Fusion* **45**, R1-R91 (2003).

能量约束的定标关系

关于实验结果的早期综述见

Goldston, R. J. Energy confinement scaling in tokamaks: some implications of recent experiments with ohmic and strong auxiliary heating. *Plasma Physics and Controlled Fusion* **26**, 87 (1984).

最近的综述见

Kaye, S. M. *et al*. Status of global energy confinement studies. *Physics of Fluids* B**2**, 2926 (1990).

关于能量约束定标律和 L-H 功率阈值的文献汇编见

Thomson, K., Bracco, G., Bush, C., Carlstrom, T. N., Chudnovskij, A. N., Cordey, J. G., Deboo, J. C., Fielding, S. J., Fukuda, T., Greenwald, M. *et al*. Latest results from the ITER H-mode confinement and threshold databases. *Fusion energy* (Proc. 17th Int. Conf., Yokohama 1998) Vol. 3, p. 987 I. A. E. A. Vienna (1999).

L 模和 H 模约束的定标关系见

Kaye, S. and the ITER Joint Central Team and Home Team. Projection of ITER performance using the multi-machine L and H mode databases. *Plasma physics and controlled nuclear fusion research* (Proc. 15th Int. Conf. Seville, 1994) Vol. 2, p. 525 I. A. E. A. Vienna (1995).

讨论经验定标律的理论框架见

Kadomtsev, B. B. Tokamaks and dimensional analysis. *Fiziky Plasmy* **1**, 531 (1975) [*Soviet Physics—Journal of Plasma Physics* **1**, 295 (1975)].

Connor, J. W. and Taylor, J. B. Scaling laws for plasma confinement. *Nuclear Fusion* **17**, 1047 (1977).

无量纲参数在托卡马克上的应用见

Petty, C. C. Sizing up plasma using dimensionless parameters. *Physics of Plasmas* **15**, 080501-19 (2008).

输运系数和涨落的实验观测

对涨落与局域输运系数间相关性的综述性讨论见

Wootton, A. J. *et al*. Fluctuations and anomalous transport in tokamaks. *Physics of Fluids* B**2**, 2879 (1990).

Connor, J. W. Tokamak turbulence—electrostatic or magnetic? *Plasma Physics and Controlled Fusion* **35**, B293 (1993).

Bickerton, R. J. Magnetic turbulence and the transport of energy and particles in tokamaks. *Plasma*

Physics and Controlled Fusion **39**，339（1979）.

对热扩散率的一些实验结果的讨论见

Perkins, F. W. *et al*. Nondimensional transport scaling in the Tokamak Fusion Test Reactor：Is tokamak transport Bohm or gyro-Bohm? *Physics of Fluids* B**5**，477（1993）.

粒子输运研究的一个例子见

Behringer, K., Engelhardt, W., Fussman, G. *et al*. in *Proc. IAEA Technical Committee on Divertors and Impurity Control*，Max Planck Inst. für Plasma-physik，Garching，42（1981）.

输运垒对涨落效应的描述见

Mazzucato, E., Batha, S. H., Beer, M., Bell, M., Bell, R. E., Budny, R. V., Bush, C., Hahm, T. S., Hammett, G. W., Levinton, F. M., Nazikian, R. *et al*. Turbulent fluctuations in TFTR configurations with reversed magnetic shear. *Physical Review Letters* **77**，3145（1996）.

反常输运理论

第 4 章中讨论的一些基本原理见以下文献：

Kadomtsev, B. B. *Plasma turbulence*. Academic Press，London（1965）.

Horton, W. Nonlinear drift waves and transport in magnetized plasma. *Physics Reports* **192**，1（1990）.

有关随机磁场对输运的影响见

Rechester, A. B. and Rosenbluth, M. N. Electron heat transport in a tokamak with destroyed magnetic surfaces. *Physical Review Letters* **40**，38（1978）.

更深入的处理见

Krommes, J. A. Oberman, C., and Kleva, R. G. Plasma transport in stochastic magnetic fields. Part 3，Kinetics of test particle diffusion. *Journal of Plasma Physics* **30**，11（1983）.

关于在大量具体的不稳定性方面的应用见

Kadomtsev, B. B. and Pogutse, O. P. Turbulence in toroidal systems. *Reviews of plasma physics*（ed. Leontovich, M. A.）Vol. 5，Chap. 2. Consultants Bureau，New York（1970）.

Connor, J. W. and Wilson, H. R. Survey of theories of anomalous transport. *Plasma Physics and Controlled Fusion* **36**，719（1994）.

关于 Rebut, Lallia, Watkins 模型的首次描述见

Rebut, P. H., Lallia, P. P., and Watkins, M. L. Electron heat transport in tokamaks. *Plasma Physics and Controlled Fusion* **11** D(I)，172（1987）.

有关边缘湍流的模拟见

Rogers, B. N. and Drake, J. F. Enhancement of turbulence by magnetic fluctuations. *Physical Review Letters* **79**，229（1997）.

有关 ITG 湍流的模拟的报告见

Dimits, A. M., Bateman, G. A., Beer, M. A., Cohen, B. I., Dorland, W., Hammett, G. W. *et al*. Comparisons and physics basis of tokamak transport models and turbulence simulations. *Physics of Plasmas* **7**，969（2000）.

Lin, Z., Hahm, T. S., Lee, W. W., Tang, W. M., and White, R. B. Gyrokinetic simulations in general geometry and applications to collisional damping of zonal flows. *Physics of Plasmas* **7**，1857（2000）.

关于 ETG 的模拟见

Jenko, F., Dorland, W., Kotschenreuther, M., and Rogers, B. N. Electron temperature gradient driven turbulence. *Physics of Plasmas* **7**，1909（2000）.

这些论文还讨论了带状流、临界梯度和川流，对它们的综述见

Diamond，P. H. Itoh，S.-I. Itoh，K. and Hahm，T. S. Zonal flows in plasma—a review. *Plasma Physics and Controlled Fusion* **47**，R35-R161（2005）.

理论和实验的比较

随机磁场输运理论和 ISX-B 实验的比较描述见以下文献：

Carreras，B. A.，Diamond，P. H.，Murakami，M.，Dunlap，J. L. *et al*. Transport effects induced by resistive ballooning modes and comparison with high-βp ISX-B tokamak confinement. *Physical Review Letters* **50**，503（1983）.

不同理论与 JET 实验结果的比较见

Connor，J. W. *et al*. An assessment of theoretical models based on observations in the JET tokamak：I Ion heat transport due to ∇T_i instabilities. *Plasma Physics and Controlled Fusion* **35**，319（1993）.

Tibone，F.，Connor，J. W.，Stringer，T. E.，and Wilson，H. R. An assessment of theoretical models based on observations in the JET tokamak. II Heat transport due to electron drift waves，electromagnetic and resistive fluid turbulence and magnetic islands. *Plasma Physics and Controlled Fusion* **36**，473（1994）.

离子温度梯度湍流的理论结果与 TFTR 托卡马克上的实验结果的比较见

Kotschenreuther，M.，Dorland，W.，Beer，M. A.，and Hammet，G. W. Quantitative predictions of tokamak energy confinement from first principles simulations with kinetic effects. *Physics of Plasmas* **2**，2380（1995）.

各种理论预言与国际档案数据库的比较见

Connor，J. W.，Alexander，M.，Attenberger，S. E.，Bateman，G.，Boucher，D.，Chudnovskij，N.，Dnestrovskij，Yu. N.，Dorland，W. *et al*. Validation of 1 D transport and sawtooth models for ITER. *Fusion energy*（Proc. 16th Int. Conf.，Montreal，1996）Vol. 2，p. 935 I. A. E. A. Vienna（1997）.

对 $E \times B$ 剪切流在改善约束模中作用的讨论见

Burrell，K. H. Tests of causality：Experimental evidence that sheared $E \times B$ flow alters turbulence and transport in tokamaks. *Physics of Plasmas* **6**，4418（1999）.

Burrell，K. H. Effects of $E \times B$ velocity shear and magnetic shear on turbulence and transport in magnetic confinement devices. *Physics of Plasmas* **4**，1499（1997）.

对边缘温度台基的实验结果的综述见

Hubbard，A. E. Physics and scaling of the H-mode pedestal. *Plasmas Physics and Controlled Fusion* **42**，A15（2000）.

湍流模拟

关于发生 ITG 湍流所需的临界离子温度梯度（相对于线性阈值）的"Dimits 上移"，最先是在非线性回旋动力学模拟中发现的，见文献

Dimits，A. M. *et al*.，*Physics of Plasmas* **7**，969（2000）.

在无碰撞情形下，"Dimits 上移"是作为线性无阻尼的带状流的结果出现的。指出这一点的文献是

Rosenbluth，M. N. and Hinton，F. L. *Physical Review Letters* **80**，724（1998）.

湍流测量和模拟的比较见

Doyle，E. J. *et al*.，*Nuclear Fusion* **47**，S18-S127（2007）.

杂 质 输 运

对复杂但完整的新经典理论的综述见

Hirshman, S. P. and Sigmar, D. J. Neoclassical transport of impurities in tokamak plasmas. *Nuclear Fusion* **21**, 1079 (1981).

有关杂质输运的实验测量方面的一个例子见

Gianella, R. *et al*. Role of current profile in impurity transport in JET L-mode discharges. *Nuclear Fusion* **34**, 1185 (1994).

辐 射 损 失

对韧致辐射损失的精确计算见

Karzas, W. J. and Latter, R. Electron radiative transitions in a Coulomb field. *Astrophysical Journal Supplement number* **55**, 167 (1961).

较为入门性的解释见

Tucker, W. H. *Radiation processes in astrophysics*. MIT Press, Cambridge, Mass. (1975).

对等离子体中电子回旋辐射的早期计算见

Trubnikov, B. A. *Magnetic emission of high temperature plasma*. Thesis, Institute of Atomic Energy, Moscow (1958). [English trans. USAEC Techn. Information Service AEC-tr; 4073 (1960)].

最近的综述文章：

Bornatici, M., Caro, R., De Barbieri, O., and Engelmann, F. Electron cyclotron emission and absorption in fusion plasmas. *Nuclear Fusion* **23**, 1153 (1983).

日冕条件下的杂质辐射损失见

Post, D. E., Jensen, R. V., Tarter, C. B., Grasberger, W. H., and Lokke, W. A. Steady-state radiative cooling rates for low-density, high-temperature plasmas. *Atomic data and nuclear data tables* **20**, 397 (1977).

第 5 章
加　热

5.1　等离子体加热

在点火的氘-氚等离子体中,能量损失由聚变产物高能 α 粒子慢化带来的等离子体加热来平衡。但聚变反应率是温度的强函数,在低温下几乎可以忽略不计。因此,为了达到点火所需的温度,就必须由外部提供某种形式的加热。现在已经有若干方法可以做到这一点。但在描述这些方法之前,不妨先估算一下所需的加热功率。

如 1.4 节所述,热核氘-氚等离子体中的基本功率平衡由下式给出:

$$P_{\mathrm{H}} = \left(\frac{3nT}{\tau_{\mathrm{E}}} - \frac{1}{4} n^2 \langle \sigma v \rangle \mathcal{E}_\alpha \right) V \tag{5.1.1}$$

其中,括号中的能量损失项和 α 粒子加热项取空间平均值。在点火条件下,这两项相等,因此辅助加热功率 P_{H} 为零。因此,为了实现点火,托卡马克等离子体的能量约束时间 τ_{E} 必须足够大。因为对于给定的点火条件,等离子体尺寸越大,τ_{E} 越大。这一点基本决定了等离子体的尺寸。从式(5.1.1)可以看出,将等离子体温度提高到点火条件所需的辅助加热功率 P_{H} 取决于等离子体体积及依赖于温度的 α 粒子加热项和能量损失项。$\langle \sigma v \rangle$ 与温度的关系可以准确确定,但是 τ_{E} 对温度的依赖关系还不能精确描述。

托卡马克等离子体中有两种固有的加热方式:来自等离子体电流的欧姆加热和 D-D 或 D-T 等离子体中作为聚变反应产物的带电粒子带来的加热。

欧姆加热源于电子和离子的相对漂移引起的碰撞效应。这种相对漂移形成等离子体电流。由于电子质量较小,因此加热首先主要给予电子。然后通过热电子-离子碰撞,电子将加热能量部分传递给离子。如果等离子体电流是由稳恒电场驱动,那么总加热功率可表示为 $I^2 R$,其中,I 为总的等离子体电流,R 为等离子体电阻。

在 D-T 等离子体中,主要反应产物的加热来自 D-T 反应释放的 α 粒子。未来反应堆依赖于从 L 模约束转换至 H 模约束的等离子体。在改善的 H 模约束中,反应堆运行将达到稳态。其中 α 粒子加热将与热传导和辐射引起的损失相平衡,但首先需要实现 H 模转换。

图 5.1.1 示意性地展示了反应堆中不同温度范围下的欧姆加热功率、α 粒子加热功率、热传导损失功率及 H 模转换所需的功率。温度较低时,欧姆加热的功率很高。在实验托卡马克中,当等离子体密度较低时,欧姆加热可将等离子体加热到几千电子伏。但从图 5.1.1 还可以看出,在反应堆的密度水平下,实现 H 模转换后,欧姆加热功率降到了一个可以忽略的水平。

α 粒子的产生与温度有很强的依赖关系。从图 5.1.1 中可以看出,温度较低时,α 粒子加热功率为零,在 H 模转换时依然很小。因此为了实现 H 模转换,达到反应堆的运行条

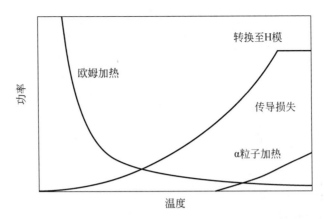

图 5.1.1　托卡马克反应堆实现 H 模转换所需的辅助加热功率

件,必须借助辅助加热来填补低温下欧姆加热与高温下 α 粒子加热之间的空白。

发生 H 模转换的必要条件已经在许多实验托卡马克上得到了详细研究。但其物理机制和外推至反应堆情形的可靠性依然存在不确定性。基于现有实验结果的预测表明,对于未来反应堆,实现 H 模转换所需的功率在百兆瓦量级。

有两个重要因素会影响辅助加热功率。首先是杂质粒子带来的严重的轫致辐射和线辐射,其大小估计在数十兆瓦。另一个影响因素是电流驱动。虽然内禀的自举电流可以提供部分等离子体电流,但余下的仍需要外加电流驱动,这部分驱动自然也会提供额外的加热。

总的来说,在每一个阶段,都必须有足够的辅助加热来弥补 α 粒子加热与热传导和辐射损失之间的能量差,即

$$P_{add} = P_{cond} + P_{rad} - P_\alpha$$

预想中加热到点火温度的两种主要方法分别是高能中性束的注入和射频电磁波的共振吸收。对于实验上能达到的约束水平,原则上这两种方法都能够提供足够的加热功率,而且这两种方法都已在数十兆瓦的水平上进行了成功的测试。

用于注入的加热束必须由中性粒子组成,因为离子会被托卡马克的磁场反射。中性束加热是一个复杂的过程。首先必须产生出离子并将其加速至所需的能量,然后这些离子通过与气体靶进行电荷交换变成中性粒子,并去掉不需要的残余离子。在等离子体中,这些中性粒子将再次变成带电粒子并被磁场约束住,随后它们通过与等离子体粒子碰撞而慢化,并在此过程中释放其能量。

射频加热的种类非常多,根据所用的频率范围,主要可分为三种:离子回旋频率、电子回旋频率和低杂化频率。射频加热系统的设计必须使波能够传播至等离子体芯部然后被吸收,这需要对波在非均匀等离子体和非均匀磁场中的传播,以及波将能量传递给粒子的过程进行计算。一些方案需要引入其他种类的离子来吸收波的能量。另外一种尚欠成熟的方案是用低频剪切阿尔文共振来加热等离子体。

通过等离子体压缩也可能实现对等离子体的瞬态加热。如果等离子体的压缩时间快于约束时间,那么压缩过程是绝热的。但这种方法的关键在于压缩过程是否足够慢,使能量能够均分到各自由度上。如果满足条件,那么等离子体压强的改变,从而能量密度的改变与体积的变化之间的关系应遵从绝热定律:$p \propto V^{-5/3}$。如果能量均分不能发生,那么这种加热将取决于压缩所涉及的自由度的数量。从技术上说,沿等离子体大半径和小半径的压缩都是可能的。

5.2　欧姆加热

等离子体环向电流对托卡马克的平衡是必要的。同时,这个电流也可以通过电子-离子碰撞所提供的电阻来加热等离子体。在温度较低时,欧姆加热效率很高,但等离子体电阻随着温度的升高而减小,$\eta \propto T_e^{-3/2}$,因此在温度较高时,欧姆加热就几乎没有效率了。

欧姆加热功率为

$$P_\Omega = \eta j^2$$

其中,η 是等离子体电阻率,j 是电流密度。由于磁流体稳定性的要求,j 存在两个限制。首先是避免破裂的需要,这个要求设定了等离子体边缘的安全因子下限。如对圆截面等离子体,边界安全因子应满足 $q_a > 2$。由于 $q_a = aB_\phi/(RB_{\theta a})$,根据安培定律,$B_{\theta a} = \mu_0 I/(2\pi a)$,因此等离子体平均电流密度必须满足:

$$\langle j \rangle < \frac{1}{\mu_0} \frac{B_\phi}{R} \tag{5.2.1}$$

由于局部欧姆加热功率与 j^2 成正比,因此式(5.2.1)本身并不会限制总欧姆加热功率。但等离子体电流密度的集中却提供了另外一个影响因素。这是因为电流密度要受到等离子体中心区域的不稳定性的限制,特别是受到锯齿不稳定性的制约。

人们一度曾认为锯齿不稳定性将限制芯部等离子体的电流密度,使得中心安全因子 q_0 需满足 $q_0 \geqslant 1$。但正如 7.6 节和 7.14 节所述,这个限制似乎并不那么严格。一是因为在锯齿振荡期间测得的 q_0 小于 1,二是因为此时的锯齿振荡是可以被稳定的。

在不考虑不稳定性时,一个给定值的稳态等离子体电流要求有一个确定的环向电场 E,于是欧姆加热功率可以写成

$$P_\Omega = Ej$$

但是,由于电阻率与温度有关,因此不论是电场还是电流分布,均取决于位形的约束特性。

电阻率的表达式使问题更加复杂。虽然斯必泽电阻率 η_s 与等离子体的几何形态无关,但新经典电阻率与环径比密切相关,二者之间有如下关系式:

$$\eta_n = \frac{\eta_s}{\left[1 - \left(\frac{r}{R} \right)^{1/2} \right]^2} \tag{5.2.2}$$

新经典效应大幅提高了电阻率,但它在等离子体中心 $r=0$ 处减小到零。因此,电流向磁轴处聚集,使 q_0 下降。托卡马克中实际的电阻率存在不确定性,不过实验证据表明,电阻率差不多是新经典性质的。

从以上说明可以看出,精确计算欧姆加热功率及其产生的温度并不容易。为了说明等离子体电阻的基本特征,可以采用简单的近似计算。由于芯部(对应的半径小)等离子体占据的体积较小,同时考虑到等离子体边界处的电流较小,因此有效电阻率可取等离子体半径 1/2 处的值。为此,取 $R/a=3$,即式(5.2.2)中的几何因子使斯必泽电阻率增强了近 3 倍。利用式(2.16.2),有

$$\eta \approx 8 \times 10^{-8} Z_{eff} T_e^{-\frac{3}{2}} \tag{5.2.3}$$

其中,T_e 的单位是 keV。

利用这个近似,平均欧姆加热功率为

$$P_\Omega = \eta \langle j^2 \rangle$$

取电流分布为

$$j = j_0 \left(1 - \frac{r^2}{a^2}\right)^\nu$$

则 $\langle j^2 \rangle$ 由下式给出:

$$\langle j^2 \rangle = \frac{j_0^2}{2\nu + 1} \tag{5.2.4}$$

根据安培定律,有

$$B_\theta = \frac{\mu_0 a^2 j_0}{2(\nu+1)r} \left[1 - \left(1 - \frac{r^2}{a^2}\right)^{\nu+1}\right] \tag{5.2.5}$$

根据式(5.2.5)和 $q(r) = (B_\phi/R)/(B_\theta/r)$,有

$$\nu + 1 = \frac{q_a}{q_0} \tag{5.2.6}$$

利用 $j_0 = 2B_\phi/(Rq_0\mu_0)$ 和式(5.2.6),式(5.2.4)变为

$$\langle j^2 \rangle = 2\left(\frac{B_\phi}{\mu_0 R}\right)^2 \frac{1}{q_0\left(q_a - \frac{1}{2}q_0\right)} \tag{5.2.7}$$

仅用欧姆加热可达到的温度可以通过将式(5.2.7)代入如下能量平衡方程得到:

$$\eta \langle j^2 \rangle = \frac{3nT}{\tau_E}$$

其中,η 由式(5.2.3)给出。上式可以给出平均温度。如果取温度峰值 $\hat{T}$ 是平均温度的两倍,则有

$$\hat{T} = 2.7 \times 10^8 \left(\frac{Z_{eff}\tau_E}{nq_a q_0}\right)^{2/5} \left(\frac{B_\phi}{R}\right)^{4/5} \tag{5.2.8}$$

其中,$\hat{T}$ 的单位为 keV。式(5.2.7)中的 $\frac{1}{2}q_0$ 的微小贡献已被忽略。

τ_E 的定标关系存在不确定性。由于大型反应堆托卡马克与当前的实验装置是不同的,因此存在许多可能的结果。一种用于欧姆加热等离子体的定标律称作 Alcator 定标律:

$$\tau_E = \frac{1}{2}(n/10^{20})a^2 \tag{5.2.9}$$

其中,τ_E 的单位是 s。

将式(5.2.9)代入式(5.2.8),有

$$\hat{T} = 2.1\left(\frac{Z_{eff}}{q_a q_0}\right)^{2/5} \left(\frac{a}{R}B_\phi\right)^{4/5}$$

取 $Z_{eff} = 1.5$,$q_a q_0 = 1.5$,$R/a = 3$,则有

$$\hat{T} = 0.87(B_\phi)^{4/5}$$

这种情形下的取值如图 5.2.1 所示。

可以看到,对 6T 的磁场来说,欧姆加热能达到的峰值温度为 3.6 keV。为了达到更高的温度,就需要更强的磁场。当然,这里给出的定标律表达式(5.2.9)只是为了展示。不同

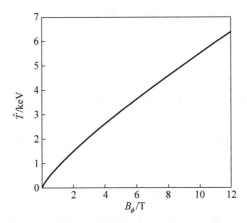

图 5.2.1　Alcator 定标律给出的欧姆加热温度与环向磁场之间的关系

的定标律会显著影响其结果。

含大量杂质的等离子体具有更高的 Z_{eff} 值，这会增强欧姆加热，导致更高的温度。但如 4.25 节所述，杂质的存在也会增强辐射损失。

对于点火条件下的等离子体，欧姆加热的效果很小。这可以通过式（5.2.3）和式（5.2.7）来估计：

$$\eta\langle j^2\rangle = 0.10 Z_{\text{eff}} T^{-\frac{3}{2}}\left(\frac{B_\phi}{R}\right)^2 \frac{1}{q_0\left(q_a - \frac{1}{2}q_0\right)}$$

取 $Z_{\text{eff}}=1.5$，$B_\phi/R=1$，$q_0\left(q_a-\dfrac{1}{2}q_0\right)=1.5$，则有

$$\eta\langle j^2\rangle = \frac{0.10}{T^{3/2}}$$

其中，T 的单位是 keV；η 的单位是 MW·m^{-3}。

对于等离子体体积为 2000 m^3 的反应堆，$T=10$ keV，欧姆加热的功率约为 6 MW。

5.3　中性束注入

中性原子由于不受磁场的作用，因此注入到等离子体后将沿直线运动。但是，原子会与等离子体粒子碰撞而被电离成电子和离子，然后被磁场约束住。由于电子和离子具有相同的速度，所以能量几乎完全由质量较大的离子携带。电离生成的离子在磁场中的轨迹由其能量、入射角及沉积位置决定。入射离子的能量通过库仑碰撞逐渐转移给等离子体中的电子和离子。因此，入射离子最初是慢化，然后是逐渐热化。

显然，利用中性束加热要求有尽可能多的能量沉积在等离子体的中心区域。这意味着既要防止中性束在传输过程中被强烈吸收，导致仅加热了边界等离子体，又要避免等离子体对束能量的吸收过弱，导致中性束直接穿透等离子体打到器壁上，造成壁材料表面的加热和粒子溅射。

束的吸收涉及三种原子过程：电荷交换、与离子的碰撞电离和与电子的碰撞电离。这些过程罗列如下（其中符号 H 代表粒子种类）。在反应堆中，束粒子很有可能是氘，而靶等

离子体是氘-氚混合气。因此,用下标 b 和 p 分别代表束和等离子体,这些过程分别是:

电荷交换:$H_b + H_p^+ \longrightarrow H_b^+ + H_p$

离子电离:$H_b + H_p^+ \longrightarrow H_b^+ + H_p^+ + e$

电子电离:$H_b + e \longrightarrow H_b^+ + 2e$

束的吸收取决于这些过程的反应截面。因此可以定义束的强度为

$$I(x) = N_b(x) v_b$$

其中,N_b 是单位长度上的束粒子数;v_b 是束粒子的速度。束强度的衰减由下述方程描述:

$$\frac{dI}{dx} = -n\left(\sigma_{ch} + \sigma_i + \frac{\langle \sigma_e v_e \rangle}{v_b}\right) I$$

其中,$n(x)$ 是电子(离子)的密度,σ_{ch} 和 σ_i 分别是电荷交换和离子电离的反应截面,而 $\langle \sigma_e v_e \rangle$ 是电子电离的反应率系数。电子电离项之所以采取不同的表达式,是因为电子的速度要高于束中粒子的速度,当然,等离子体中离子的速度则要小得多。

各个过程的反应截面如图 5.3.1 所示,其中电子电离通过有效截面 $\langle \sigma_e v_e \rangle / v_b$ 来表示。在束能量低于 90 keV 时,对于氘束,电荷交换是主要过程。高于这个能量,离子电离开始成为主要过程。

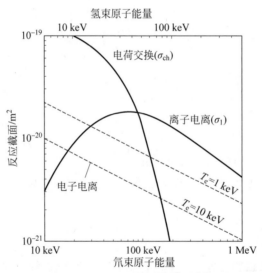

图 5.3.1　等离子体中离子(质子,氘核或氚核)与束的电荷交换反应截面及电子电离的

有效截面 $\langle \sigma_e v_e \rangle / v_b$ 与中性束能量的关系

氢束的反应截面与拥有两倍能量的氘束相同

在反应堆中,电子密度大约是 10^{20} m^{-3}。对于能量为 100 keV 的氘束,离子电离和电荷交换的总截面大约是 3×10^{-20} m^2,由此给出的特征衰减长度 $(\sigma n)^{-1}$ 为 30 cm。而反应堆等离子体的半径一般要比这个长度大一个量级,这就带来了一个严峻问题,因为如果采用常规方法很难产生高能量的中性束。一种可能的解决方案是采用负离子束。负离子束可以在很高的能量下有效地产生并被中性化。这种中性束产生技术将在 5.6 节中介绍。

如果中性束沿着托卡马克的大半径方向(即垂直于磁场的方向)注入,那么形成的离子很可能因 4.11 节中介绍的磁场纹波而损失掉。在较小的托卡马克上,还存在这样的问题:

束没有被等离子体完全吸收,最终打到了对面的器壁上。这些困难可通过沿切向注入来缓解,如图 5.3.2 所示。但这样做通常会遇到如何通过环向场线圈的困难,而加长漂移管道对抽气有更高的要求。因此,入射角的选取往往是这些限制条件折中的结果。

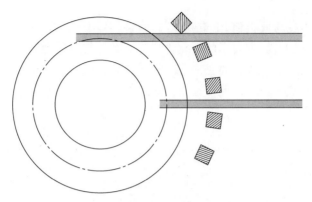

图 5.3.2　中性束通过切向注入来提高吸收长度示意图

中性束系统的另一个缺点是设备尺寸较大。另一方面,中性束系统也有其优势,就是可以与托卡马克分开来进行单独的调试,而且其加热分布有望不依赖于磁场位形。

5.4　中性束加热

进入等离子体的中性束粒子一旦被电离,形成的快离子会由于库仑碰撞而逐渐慢化。在慢化过程中,能量逐渐转移给等离子体粒子,导致电子和离子都被加热。在入射速度较高时,最初主要是对电子加热,随着束离子的慢化,加热效果被转移到离子上。

由于电子的质量远小于离子,因此与电子的碰撞只会使束离子发生很小的偏转。因此,假设电子施加给束离子的拖曳力是 F_{be},束离子的速度是 v_b,那么对等离子体电子的加热功率便是

$$P_e = -F_{be} v_b \tag{5.4.1}$$

这个力可以通过动量损失速率来给出:

$$F_{be} = m_b \langle \Delta v_{/\!/} \rangle_e = -\frac{m_b v_b}{\tau_{se}}$$

其中,m_b 是束离子的质量,$\langle \Delta v_{/\!/} \rangle$ 是 2.13 节中引入的摩擦系数,而 τ_{se} 由式(2.14.1)给出。由此,式(5.4.1)变为

$$P_e = \frac{m_b v_b^2}{\tau_{se}} \tag{5.4.2}$$

假设 v_b 远小于电子的热速度,可得:

$$\tau_{se} = \frac{3(2\pi)^{1/2} T_e^{3/2}}{m_e^{1/2} m_b A_D} \tag{5.4.3}$$

其中,

$$A_D = \frac{ne^4 \ln\Lambda}{2\pi\varepsilon_0^2 m_b^2}$$

将式(5.4.3)代入式(5.4.1),即给出电子加热的功率:

$$P_{\mathrm{e}} = \frac{2m_{\mathrm{e}}^{1/2} m_{\mathrm{b}} A_{\mathrm{D}} \, \mathcal{E}_{\mathrm{b}}}{3 (2\pi)^{1/2} T_{\mathrm{e}}^{3/2}} \qquad\qquad (5.4.4)$$

其中,$\mathcal{E}_{\mathrm{b}}$ 是束的能量 $\frac{1}{2} m_{\mathrm{b}} v_{\mathrm{b}}^2$。

离子的加热过程也与此类似,由束离子与等离子体离子的碰撞实现。但由于两种离子的质量相当,因此理论上说,束离子的慢化将伴随一个与其原运动方向垂直的速度偏转。这种垂直方向上的速度弥散构成束离子的"热化",它们最终都将贡献为等离子体能量,但不会以最初的直接加热形式出现。因此等离子体离子的直接加热功率是

$$P_{\mathrm{i}} = -F_{\mathrm{bi}} v_{\mathrm{b}} - \frac{1}{2} m_{\mathrm{b}} \langle v_{\perp}^2 \rangle \qquad\qquad (5.4.5)$$

其中,F_{bi} 是等离子体离子对束离子的拖曳力,速度的扩散系数 $\langle v_{\perp}^2 \rangle$ 由式(2.13.3)给出,且

$$F_{\mathrm{bi}} = m_{\mathrm{b}} \langle \Delta v_{/\!/} \rangle_{\mathrm{i}} = -\frac{m_{\mathrm{b}} v_{\mathrm{b}}}{\tau_{\mathrm{si}}}$$

其中,慢化时间 τ_{si} 由式(2.14.1)给出。由于束离子速度远大于等离子体离子热速度,故有

$$\tau_{\mathrm{si}} = \frac{m_{\mathrm{i}}}{m_{\mathrm{b}} + m_{\mathrm{i}}} \frac{2 v_{\mathrm{b}}^3}{A_{\mathrm{D}}}$$

由式(2.14.5)和式(2.14.6)可以给出如下适当的极限形式:

$$-F_{\mathrm{bi}} v_{\mathrm{b}} = \frac{m_{\mathrm{b}} A_{\mathrm{D}}}{2 v_{\mathrm{b}}} \frac{m_{\mathrm{b}} + m_{\mathrm{i}}}{m_{\mathrm{i}}} \qquad\qquad (5.4.6)$$

和

$$\frac{1}{2} m_{\mathrm{b}} \langle v_{\perp}^2 \rangle = \frac{m_{\mathrm{b}} A_{\mathrm{D}}}{2 v_{\mathrm{b}}}$$

因此,从式(5.4.5)可知,$F_{\mathrm{bi}} v_{\mathrm{b}}$ 中只有 $m_{\mathrm{b}}/(m_{\mathrm{i}} + m_{\mathrm{b}})$ 的份额会出现在等离子体离子的直接加热里,并且

$$P_{\mathrm{i}} = \frac{m_{\mathrm{b}}^{5/2} A_{\mathrm{D}}}{2^{3/2} m_{\mathrm{i}} \, \mathcal{E}_{\mathrm{b}}^{1/2}} \qquad\qquad (5.4.7)$$

将式(5.4.4)和式(5.4.7)联立,则单位束离子的总的直接加热功率 $P = P_{\mathrm{e}} + P_{\mathrm{i}}$ 为

$$P = m_{\mathrm{b}} A_{\mathrm{D}} \left[\frac{2 m_{\mathrm{e}}^{1/2} \, \mathcal{E}_{\mathrm{b}}}{3 (2\pi)^{1/2} T_{\mathrm{e}}^{3/2}} + \frac{m_{\mathrm{b}}^{3/2}}{2^{3/2} m_{\mathrm{i}} \, \mathcal{E}_{\mathrm{b}}^{1/2}} \right] \qquad\qquad (5.4.8)$$

可以看出,当 $\mathcal{E}_{\mathrm{b}}$ 值较高时,代表电子加热的第一项占主导,而随着束离子能量的损失,离子加热开始逐渐占优。式(5.4.8)可以写成

$$P = \frac{2 m_{\mathrm{e}}^{1/2} m_{\mathrm{b}} A_{\mathrm{D}}}{3 (2\pi)^{1/2} T_{\mathrm{e}}^{3/2}} \mathcal{E}_{\mathrm{b}} \left[1 + \left(\frac{\mathcal{E}_{\mathrm{c}}}{\mathcal{E}_{\mathrm{b}}} \right)^{3/2} \right] = 1.71 \times 10^{-18} \frac{n}{A_{\mathrm{b}} T_{\mathrm{e}}^{3/2}} \mathcal{E}_{\mathrm{b}} \left[1 + \left(\frac{\mathcal{E}_{\mathrm{c}}}{\mathcal{E}_{\mathrm{b}}} \right)^{3/2} \right]$$

其中,$T_{\mathrm{e}}, \mathcal{E}_{\mathrm{c}}, \mathcal{E}_{\mathrm{b}}$ 的单位都是 keV,A_{b} 是束离子的原子量,$\ln\Lambda$ 已经取值为 17,并且

$$\mathcal{E}_{\mathrm{c}} = \left(\frac{3\sqrt{\pi}}{4} \right)^{2/3} \left(\frac{m_{\mathrm{i}}}{m_{\mathrm{e}}} \right)^{1/3} \frac{m_{\mathrm{b}}}{m_{\mathrm{i}}} T_{\mathrm{e}} = 14.8 \frac{A_{\mathrm{b}}}{A_{\mathrm{i}}^{2/3}} T_{\mathrm{e}} \qquad\qquad (5.4.9)$$

其中,A_{i} 是等离子体离子的原子量。在 $\mathcal{E}_{\mathrm{c}} = \mathcal{E}_{\mathrm{b}}$ 的临界束能量下,电子和离子的加热速率相同。对于 $A_{\mathrm{b}} = A_{\mathrm{i}} = 2$ 的情形,临界能量为 $19 T_{\mathrm{e}}$。图 5.4.1 显示了 $A_{\mathrm{b}} = A_{\mathrm{i}} = 2$ 的情形下,中性束离子对电子和离子直接加热的比例与 $\mathcal{E}_{\mathrm{b}} T_{\mathrm{e}}$ 的函数关系。在目前的实验条件下,典型的中性束注入能量与临界能量处于同一量级,对电子和离子的加热也处于可比的水平。

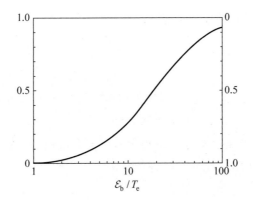

图 5.4.1　氘等离子体中能量为 $\mathcal{E}_b$ 的氚束离子加热电子和离子的比例与 $\mathcal{E}_b/T_e$ 的函数关系

5.4.1　束的慢化

利用束-离子功率平衡方程

$$P = -\frac{\mathrm{d}\mathcal{E}_b}{\mathrm{d}t}$$

及式 (5.4.3) 和 (5.4.9)，式 (5.4.8) 可以写为

$$\frac{\mathrm{d}\mathcal{E}_b}{\mathrm{d}t} = -\frac{2}{\tau_{se}}E_b\left[1+\left(\frac{\mathcal{E}_c}{\mathcal{E}_b}\right)^{3/2}\right] \qquad (5.4.10)$$

于是束能量的解为

$$\mathcal{E}_b = \mathcal{E}_{b0}\left[\mathrm{e}^{-3t\tau_{se}} - \left(\frac{\mathcal{E}_c}{\mathcal{E}_{b0}}\right)^{3/2}(1-\mathrm{e}^{-3t/\tau_{se}})\right]^{2/3} \qquad (5.4.11)$$

其中，$\mathcal{E}_{b0}$ 是 $\mathcal{E}_b$ 最初的能量。式 (5.4.11) 的结果对于小 $\mathcal{E}_b$ 值无效，但它给出了束离子慢化到热速度时的一个令人满意的时间值。因此令 $\mathcal{E}_b = 0$，即得到慢化的特征时间：

$$\tau = \frac{\tau_{se}}{3}\ln\left[1+\left(\frac{\mathcal{E}_{b0}}{\mathcal{E}_c}\right)^{3/2}\right]$$

图 5.4.1 给出了给定能量的束离子将能量转移到离子和电子上的比例。如果考虑到束离子能量随时间的变化关系，也可以像下面介绍的那样，计算出总的加热比例。

5.4.2　离子-电子加热比例

式 (5.4.10) 中的第二项代表转移到离子上的能量，故离子的加热速率为

$$P_i = \frac{2}{\tau_{se}}\mathcal{E}_b\left(\frac{\mathcal{E}_c}{\mathcal{E}_b}\right)^{3/2}$$

利用式 (5.4.10) 可得：

$$P_i = -\frac{\mathcal{E}_c^{3/2}}{\mathcal{E}_c^{3/2}+\mathcal{E}_b^{3/2}}\frac{\mathrm{d}\mathcal{E}_b}{\mathrm{d}t}$$

因此，转移到离子的总能量是

$$\int P_i\mathrm{d}t = \mathcal{E}_c^{3/2}\int_0^{\mathcal{E}_{b0}}\frac{\mathrm{d}\mathcal{E}_b}{\mathcal{E}_c^{3/2}+\mathcal{E}_b^{3/2}}$$

而转移到离子的能量占最初的束离子能量的比例是

$$\frac{1}{\mathcal{E}_{b0}}\int P_i dt = \frac{\mathcal{E}_c}{\mathcal{E}_{b0}}\int_0^{\mathcal{E}_{b0}/\mathcal{E}_c} \frac{\mathcal{E}_c d(\mathcal{E}_b/\mathcal{E}_c)}{1+(\mathcal{E}_b/\mathcal{E}_c)^{3/2}} = \phi(\mathcal{E}_{b0}/\mathcal{E}_c) \tag{5.4.12}$$

其中,

$$\phi(x) = \frac{1}{x}\left[\frac{1}{3}\ln\frac{1-x^{1/2}+x}{(1+x^{1/2})^2} + \frac{2}{\sqrt{3}}\left(\tan^{-1}\frac{2x^{1/2}-1}{\sqrt{3}} + \frac{\pi}{6}\right)\right]$$

由此,式(5.4.12)给出了等离子体离子被加热的能量所占比例与束离子的最初能量对临界能量比值之间的函数关系,$\phi(\mathcal{E}_{b0}/\mathcal{E}_c)$ 的曲线如图 5.4.2 所示。

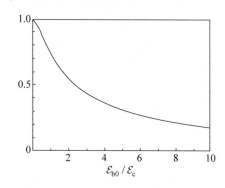

图 5.4.2　束能量直接转移到等离子体离子的能量与比值 $\mathcal{E}_{b0}/\mathcal{E}_c$ 之间的函数关系

5.4.3　分布函数

慢化束离子的稳态分布函数可以根据这样一个事实——在能量空间下,对于给定的源的速率 S,通量是均匀的——来计算。因此能量的分布函数 $f(\mathcal{E}_b)$ 可由下式给出:

$$-\frac{d\mathcal{E}_b}{dt}f(\mathcal{E}_b) = S$$

由式(5.4.10)可得:

$$f(\mathcal{E}_b) = \frac{\tau_{se}S}{2\mathcal{E}_b[1+(\mathcal{E}_c/\mathcal{E}_b)^{3/2}]}$$

图 5.4.3 给出了这个函数的图像。

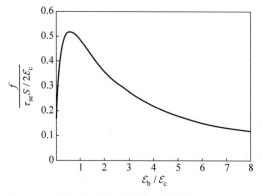

图 5.4.3　慢化的束离子在稳态时的能量分布图像

随着束离子失去能量,其速度会加速散射到垂直方向上,即所谓抛射角散射。慢化和散射最终导致束离子热化到等离子体温度。这种散射主要是由与等离子体离子的碰撞引起的,可以通过近似计算来证明这一点。为此,考虑由式(2.14.2)给出的偏转时间 τ_d 来表示的 $\langle(\Delta v_\perp)^2\rangle$ 的相关形式。因速度偏转到垂直方向上而引起的能量变化为

$$\frac{\mathrm{d}}{\mathrm{d}t}\left(\frac{1}{2}m_b v_\perp^2\right)=\frac{\mathcal{E}_b}{\tau_d} \tag{5.4.13}$$

它代表功率 $F_{bi}v_b$ 中没有转移到等离子体离子上的那部分能量。由式(5.4.13)和式(5.4.10)得:

$$\frac{\mathrm{d}}{\mathrm{d}\mathcal{E}_b}\left(\frac{1}{2}m_b v_\perp^2\right)=-\frac{\tau_{se}}{2\tau_d}\left[1+\left(\frac{\mathcal{E}_c}{\mathcal{E}_b}\right)^{3/2}\right]^{-1} \tag{5.4.14}$$

对于 $v\gg v_{Ti}$,

$$\tau_d=\frac{v^3}{A_D}$$

利用式(5.4.3),式(5.4.14)变成

$$\frac{\mathrm{d}}{\mathrm{d}\mathcal{E}_b}\left(\frac{1}{2}m_b v_\perp^2\right)=-\frac{m_i/m_b}{1+(\mathcal{E}_b/\mathcal{E}_c)^{3/2}} \tag{5.4.15}$$

故有

$$\frac{1}{2}m_b v_\perp^2=\frac{m_i}{m_b}\mathcal{E}_c^{3/2}\int_{\mathcal{E}_b}^{\mathcal{E}_{b0}}\frac{\mathrm{d}\mathcal{E}_b}{\mathcal{E}_c^{3/2}+\mathcal{E}_b^{3/2}}$$

从式(5.4.15)可以看出,对于 $\mathcal{E}_b\gg\mathcal{E}_c$,散射很小,但随着 $\mathcal{E}_b$ 的减小而逐渐增大。图 5.4.4 示意性地展现了在给定时间注入的一组离子的速度分布随时间的演化。

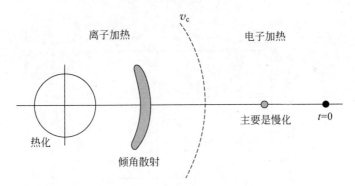

图 5.4.4　在 $t=0$ 时注入的束离子的速度分布随时间的演化

图中展示了当离子的速度低于临界速度 $v_c=(2\mathcal{E}_c m_b)^{1/2}$ 时其行为的变化

5.4.4　实验

首次在托卡马克上运用中性束加热是在 1973 年。在 ATC,CLEO 和 ORMAK 等装置上进行了功率为几十千瓦的中性束注入实验。温度约 200 eV 的典型等离子体通过加热温度提升了约 50 eV。

随后中性束系统发展到兆瓦级束功率。到 1979 年,已可获得加热到几 keV 的等离子体。图 5.4.5 展示了 PLT 托卡马克装置上的实验结果,2.4 MW 的氢中性束将离子温度从 1 keV 提高到 6 keV。

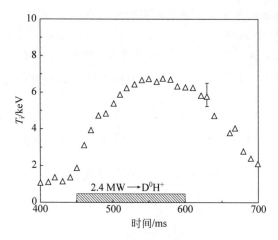

图 5.4.5　PLT 上中性束对等离子体的加热

离子温度通过电荷交换的中性原子分析得出，2.4 MW 的氘束入射到芯部密度 $n(0) = 4.5 \times 10^{19}\,\mathrm{m}^{-3}$ 的等离子体
(Eubank，H. et al. *Physical Review Letters* 43，270 (1979))

随着几十兆瓦功率的中性束的实现，等离子体温度已达到反应堆的参数范围，实现了几十 keV 的等离子体温度。进一步在 JET 上进行了氚中性束实验。图 5.4.6 显示了这种放电的时间演化过程，14 MW 的峰值束功率(包括 1.54 MW 的氚束)将离子温度提高到 19 keV，得到的聚变功率约为 1.5 MW。

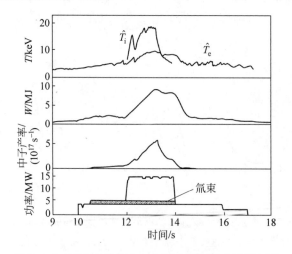

图 5.4.6　JET 上的包含 1.5 MW 氚束的中性束加热

图中给出了离子及电子的温度、等离子体的能量 W 和中子产出率随时间的变化(The JET team，*Plasma Physics and Controlled Fusion* 34，1749 (1992))

5.5　中性束的产生

用于等离子体加热的中性束的产生包括几个步骤。对于正离子束，其主要部件如图 5.5.1 所示。负离子束的组成与此基本相同，将在下文介绍。

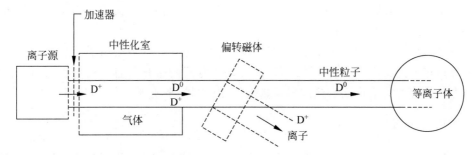

图 5.5.1　中性束注入系统布局图

要把粒子加速到所需的能量,首先需要让粒子带上电荷。因此第一步便是产生作为离子源的等离子体,然后将这种离子从等离子体中引出并且加速到所需的能量。由此得到的离子束必须中性化,用以产生可以穿越托卡马克磁场到达等离子体芯部的中性束。中性化过程是通过让离子束穿越一团气体并在其中发生电荷交换来实现的。在电荷交换过程中,电子从气体粒子转移到离子上,使离子转化成中性原子,由此得到高能量的中性原子束。

5.5.1　离子源

离子源不仅产生我们需要的单原子离子,即 D^+,而且还产生分子型离子,比如 D_2^+ 和 D_3^+。这些分子离子像原子离子一样,在通过加速器时经历相同的电势差,因此它们获得相同的动能。然而,由于其质量较大,这些分子离子的速度较低。这些分子离子会在中性化室中分解,最终产生的原子的能量是主组分的 $1/2$ 和 $1/3$。因此这些粒子的穿透能力较弱,更多的是加热边缘区等离子体。

最常采用的离子源是所谓的"桶状离子源",如图 5.5.2 所示。为了更有效地约束源等离子体,这种系统在四周采用一种多磁极的会切磁场。这种由永磁体产生的磁场在中心区域有极小值。等离子体由钨丝产生,产生的离子由栅网引出。这种源的原子型离子的比例可达 90%。对于长脉冲或者稳态运行所用的离子源,可以用射频波替代钨丝来激发等离子体。

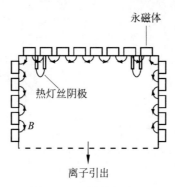

图 5.5.2　桶状离子源

5.5.2　加速器

由离子源引出的离子经由一个开有多条狭缝或圆孔的多孔系统来加速。这些狭缝和圆孔都经过精心设计，使每个子束的畸变最小。这个加速装置要经受入射离子轰击带来的发热，因此在孔与孔之间需要有冷却。

尽管从每个孔出射的单个子束的发散度相当小（约 0.5°），但是由于到达托卡马克装置本体要经过很长的距离，因此在路径上还需要加置专门的聚焦装置。这可以通过在连续两道栅网之间设置偏置电位来做到或选择栅网的几何形状来实现，或两者皆备。

5.5.3 中性化室

中性化室中的气体主要用于使束离子通过电荷交换而中性化，但是也会使已中性化的粒子重新电离。所以存在两种竞争的过程：

电荷交换 $\quad D^+ \quad + \quad D_2 \quad \longrightarrow \quad D \quad + \quad D_2^+$
束离子　气体　需要的束原子　慢离子

电离 $\quad D \quad + \quad D_2 \quad \longrightarrow \quad D^+ \quad + \quad D_2 + \quad e$
中性束原子　气体　不需要的离子　气体　释放的电子

在足够厚的靶气体中，两者可以达到这样的平衡：电离和非电离组分的比值由这两个过程的反应截面的比值给出，即

$$\frac{N^0}{N^+} = \frac{\sigma_{ch}}{\sigma_i}$$

这个比值是束能量的函数，但不幸的是，中性粒子的占比随着能量的升高而迅速降低。图 5.5.3 展示了该比值与束的等离子体穿透能力之间的关系，其中穿透能力用穿透距离来表示。这个穿透距离是针对 $n = 10^{20}\ m^{-3}$ 的（H，D 或者 D-T）等离子体，利用图 5.3.1 给出的反应截面计算出来的。由图可见，对于反应堆，一般要求等离子体的半径至少是 2～3 m，因此采用正离子不可能有效产生能量能够穿透所需深度的中性束。

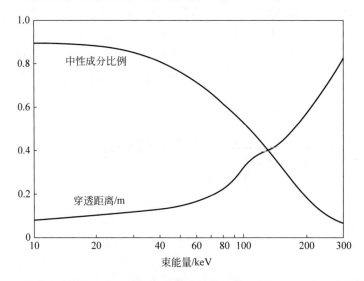

图 5.5.3　平衡状态下氘束中中性粒子的比例及中性粒子在密度 $n = 10^{20}\ m^{-3}$ 等离子体中的
穿透距离与能量的对应关系
穿透深度在大约 100 keV 时显著改变，这意味着电荷转移的主要过程从电荷交换转变成电离

束中不需要的带电粒子占比是如此之高,使沉积在中性化室中的功率与用于等离子体加热的中性束功率具有相同的量级。这些电离粒子必须在进入托卡马克磁场之前就被磁场偏转后吞食掉,以防进入装置后打在注入口的内壁上。

5.5.4 负离子源

尽管目前的中性束注入系统大都基于正离子源。但是可以预料,要产生高中性粒子占比的高能中性束,需要采用负离子源。相比正离子源,负离子源可以在高能中性束中得到更高的中性粒子占比。负离子则可以通过表面二次电荷转换来产生(功效较低),也可以通过低密度等离子体条件下的体产生方式来生成。

负离子通过中性化气体时的情形不同于正离子束。对于负离子束,中性粒子的比例是先上升,然后随着束穿透中性化气体而逐渐减小。有多达 6 个反应截面来描述电荷状态 $-e, 0, +e$ 之间的可能的转换,但其中只有三种是显著的。最初,主要过程是 $D^- \longrightarrow D$,产生所需的中性粒子。这个过程因 $D \longrightarrow D^+$ 而存在一种损耗。$D^- \longrightarrow D^+$ 的转换也存在,但是只起到很小的作用。这些过程的反应截面如图 5.5.4 所示。

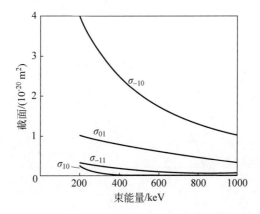

图 5.5.4 $D^- \longrightarrow D, D \longrightarrow D^+, D^- \longrightarrow D^+$ 和 $D^+ \longrightarrow D$ 的反应截面

整个过程的基本特征可用一个简单模型来计算。该模型基于两个主要过程,其截面分别为 σ_{-10} 和 σ_{01},故有

$$\frac{\mathrm{d}N^-}{\mathrm{d}x} = -n\sigma_{-10}N^- \tag{5.5.1}$$

和

$$\frac{\mathrm{d}N^0}{\mathrm{d}x} = n(\sigma_{-10}N^- - \sigma_{01}N^0) \tag{5.5.2}$$

其中,N^- 和 N^0 分别是负离子和中性原子的密度,而 n 是中性化气体密度。将式(5.5.1)和式(5.5.2)联立,得到 N^0 的解:

$$N^0 = N_0^- \frac{\sigma_{-10}}{\sigma_{-10} - \sigma_{01}} (\mathrm{e}^{-n\sigma_{01}x} - \mathrm{e}^{-n\sigma_{-10}x}) \tag{5.5.3}$$

其中,N_0^- 是负离子最初的密度。

N_0 的最大值出现在

$$x_\mathrm{m} = \frac{\ln(\sigma_{-10}/\sigma_{01})}{n(\sigma_{-10} - \sigma_{01})} \tag{5.5.4}$$

而 N_0 的最大值可以由下式给出：

$$\frac{N_{\max}^0}{N_0^-} = \alpha^{\alpha/(1-\alpha)} \tag{5.5.5}$$

其中，

$$\alpha = \frac{\sigma_{01}}{\sigma_{-10}}$$

反应截面 σ_{-11} 的细微作用也可以包含在计算中，反应截面 σ_{-10} 可以直接用 $(\sigma_{-10}+\sigma_{-11})$ 来替代。

束能量 $\mathcal{E}_b$ 在 0.5 MeV 到 1.0 MeV 之间时的反应截面的实验值可以用下式来近似表示：

$$\sigma_{-10} = \frac{1.04 \times 10^{-20}}{\mathcal{E}}, \qquad \sigma_{01} = \frac{0.34 \times 10^{-20}}{\mathcal{E}} \tag{5.5.6}$$

其中，σ 的单位是 m^2；$\mathcal{E}$ 的单位是 MeV。将这些值代入式(5.5.3)，即可给出 N^0 关于 $nx/\mathcal{E}_b$ 的函数关系，结果如图 5.5.5 所示。从式(5.5.5)可知，最大 N_0 的中性粒子的占比 $N_{\max}^0/N_0^- = 58\%$，根据式(5.5.4)，最大值出现在

$$x_m = 1.6 \frac{\mathcal{E}_b}{n/10^{20}}$$

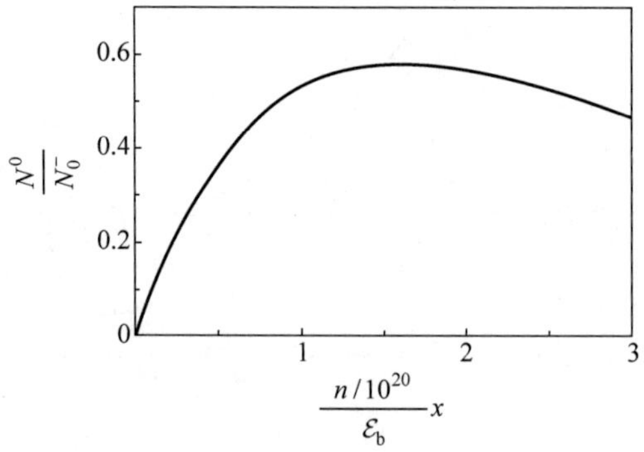

图 5.5.5 由式(5.5.6)给出的反应截面计算出的中性粒子的密度与 $n_x/\mathcal{E}_b$ 的关系

图 5.5.6 显示出负离子源中性束的优势。图中给出了中性粒子在负离子束中性化室中的最大占比及其在等离子体中的穿透深度与束能量之间的函数关系。

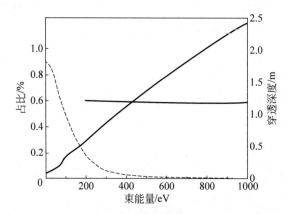

图 5.5.6 在氘中性束的情形下，对于所需的穿透深度，负离子源中性束的中性粒子占比具有较高的优势

5.6　射频波加热

射频波加热是通过电磁波将能量从外源传递给等离子体。当电磁波穿过等离子体时，波的电场加速带电粒子，这些带电粒子再通过碰撞来加热整个等离子体。碰撞吸收的大小与 $T_e^{-3/2}$ 成正比，因此，类似于欧姆加热，对于热等离子体，电磁波的碰撞吸收并不是一种有效的加热方式。

然而，等离子体中的电磁波还会经历共振吸收。共振吸收属于无碰撞过程，可以产生很强的加热效果。磁化多成分等离子体有非常多的可引起入射波能量吸收的共振频率。由于托卡马克磁场的不均匀性，每一种共振除了吸收，还伴随着反射，即共振反射。因此，当波从强场侧进入共振层时，会发生很强的共振吸收。但如果波从弱场侧进入共振层，则可能伴随很强的反射。这种现象将在 5.7 节详述。

在磁化等离子体中，电磁波模式的多样性允许存在多种不同的加热方式。但所有的加热方式都有相同的组成，即一台远离等离子体的有效的高功率源、一条低损耗的传输线和一副能有效地将电磁波能量耦合到等离子体的天线。

一旦电磁波能量耦合给等离子体，它需要无损传播至一个局域的吸收区域。理想情况下，电磁波经过吸收区时，一次即可将能量沉积下来。对加热来说，理想的性质是吸收区的位置可由外部控制。

对于电磁波在等离子体中的传播，冷等离子体模型提供了一种很好的近似。除了共振层附近的临界区域，在其他位置上冷等离子体模型都能给出准确的信息。在共振层附近，热修正变得重要，这既可能是因为波的相速度变得与特定粒子的热速度相当，也可能是因为垂直波长与拉莫尔半径相比不再可忽略。但正如我们将看到的，即使对于这些临界区域，冷等离子体模型依然可以给出一些有用的信息。因此，冷等离子体模型可以用于描述电磁波向共振层传播的过程，并能确定共振层的可近性。冷等离子体模型也可以用来区别三种主要的射频加热方式。在平板近似下，冷等离子体模型的数学形式如下：

$$\varepsilon_\perp n_\perp^4 - \left[(\varepsilon_\perp - n_\parallel^2)(\varepsilon_\perp + \varepsilon_\parallel) + \varepsilon_{xy}^2\right] n_\perp^2 + \varepsilon_\parallel \left[(\varepsilon_\perp - n_\parallel^2)^2 + \varepsilon_{xy}^2\right] = 0 \quad (5.6.1)$$

其中，平衡磁场沿 z 方向，x 和 y 分别代表径向和极向，$n_\parallel (= ck_\parallel/\omega)$ 和 $n_\perp (= ck_\perp/\omega)$ 分别是平行于和垂直于平衡磁场的折射率分量，ω 是波频率，$k_\parallel$ 代表平行磁场的波数，$k_\perp$ 为径向波数。介电张量的各元素如下：

$$\varepsilon_{xx} = \varepsilon_{yy} = \varepsilon_\perp = 1 - \sum_j \frac{\omega_{pj}^2}{\omega^2 - \omega_{cj}^2}$$

$$\varepsilon_{zz} = \varepsilon_\parallel = 1 - \sum_j \frac{\omega_{pj}^2}{\omega^2} \qquad\qquad (5.6.2)$$

$$\varepsilon_{xy} = \sum_j \frac{i\omega_{pj}^2 \omega_{cj}}{\omega(\omega_{cj}^2 - \omega^2)}$$

$$\varepsilon_{yx} = -\varepsilon_{xy} \qquad\qquad (5.6.3)$$

其他元素都为零。式中求和是对电子和所有离子，$\omega_{cj} (= Z_j eB/m_j)$ 是回旋频率，其中包含了电荷的正负号，且

$$\omega_{pj} = \left(\frac{n_j Z_j^2 e^2}{\varepsilon_0 m_j}\right)^{1/2}$$

$n_{/\!/}$ 由天线决定,ω 由源确定。式(5.6.1)可以求解 $n_\perp^2$ 的值。如果式中的等离子体密度和磁场为径向坐标的缓变函数,那么可以通过求解式(5.6.1)得到电磁波在非均匀等离子体中传播的近似解。这些解提供了电磁波从等离子体边界横越平衡磁场传播至中心的信息。仅当式(5.6.1)的解满足 $n_\perp^2 > 0$ 时,波才可以传播。对某些特定的频率、密度和磁场值,当 $n_\perp \to \infty$ 时,发生共振。正如前面已经指出的,共振伴随着吸收。在共振层附近,冷等离子体模型失效,因为此时有 $k_\perp \to \infty$,垂直相速度不再远远大于粒子的热速度。因此共振区域的物理过程,特别是吸收机制,需要用动力学来处理。但如 5.7 节将会阐述的,采用冷等离子体模型仍有可能给出入射波在穿过共振区时的能量损失。

动力学模型给出两种入射波在共振区损失能量的机制。首先是将能量传递给在同一区域共振的另一支传播的等离子体波。这个过程是电抗性的,称为模式转换。但正是这个过程会进一步造成波的共振吸收。其次是无碰撞的波与粒子的共振,它属于耗散过程。

对于密度、平衡磁场和 $n_{/\!/}$ 的特定值,垂直折射率的平方 $n_\perp^2$ 有可能改变符号,因此在某些位置,$n_\perp^2 = 0$。对于给定电磁波的传播过程,$n \to \infty$ 或 $n_\perp \to 0$ 定义了两个临界面。前者称为共振面,波在此被吸收;后者称为截止面,入射波在此被反射。除了与共振有关的截止外,还会有单独的、不与共振成对共存的截止。波越过截止点后即按指数衰减。这不是说波在此被阻尼,而是等离子体不支持这种波的传播。这种非传播区称为消散层。如果这种消散层的厚度有限,那么波的部分能量就可以渗透至可传播区域,称这支波隧穿了消散层。将在 5.7 节讨论这种现象。如果消散层足够厚,那么波将不能穿越,会被完全反射。如果将天线设置在消散层区域,那么有效的能量传输将要求该消散层最小化,使天线在外加高的射频电压时成为低损耗共振电路的一部分。

5.7　射频加热物理

从早期聚变研究开始,射频加热就一直被用来加热磁化等离子体。其中有三种最为成功的方法,分别是离子回旋加热、低杂波加热和电子回旋加热。每一种方法都在大型托卡马克上进行了兆瓦级的测试。

这些射频加热方法可以通过将式(5.6.1)应用到不同区域得到共振解来确认。因为式(5.6.1)是 $n_\perp^2$ 的二次式,因此当 $n_\perp^4$ 的系数 $\varepsilon_\perp$ 为零时,其中的一个解趋于无穷。因此,$\varepsilon_\perp = 0$ 是垂直入射情形下冷等离子体发生共振的条件。

最低频率的加热方法是离子回旋共振加热(ICRH),频率为 $\omega \approx \omega_{ci}$。在此情形下,仅当有两种或多种离子存在时才出现共振。这种共振叫做离子-离子杂化共振,或布克斯鲍姆(Buchsbaum)共振。两种离子成分的共振频率为

$$\omega_{ii}^2 = \frac{\omega_{c1}\omega_{c2}(1 + n_2 m_2 / n_1 m_1)}{m_2 Z_1 / m_1 Z_2 + n_2 Z_2 / n_1 Z_1} \tag{5.7.1}$$

其频率范围在 $30 \sim 120$ MHz,具体由磁场和粒子的种类确定。

低杂波共振的频率处于 ω_{ci} 与 ω_{ce} 之间,ω_{ce} 为未考虑正负号的电子回旋频率。对托卡马克中心区域,$\omega_{pi}^2 \gg \Omega_i^2$,忽略 m_e / m_i 项,有

$$\omega_{LH}^2 \approx \omega_{pi}^2 / (1 + \omega_{pe}^2 / \omega_{ce}^2) \tag{5.7.2}$$

式(5.7.2)给出的低杂波共振加热的频率范围在 $1 \sim 8$ GHz。

最后,频率最高的加热方式为电子回旋共振加热(ECRH),频率为 $\omega \approx \omega_{ce}$。对于冷等离子体和垂直传播的情形,在这个工作模式下的唯一可用的频率为上杂化共振频率 ω_{UH}:

$$\omega_{UH}^2 = \omega_{pe}^2 + \omega_{ce}^2 \qquad\qquad (5.7.3)$$

鉴于托卡马克中的电子密度和磁场剖面,在边界有 ω_{pe} 远小于 ω_{ce},在芯部有 $\omega_{pe} \lesssim \omega_{ce}$。因此,上杂化频率仅稍大于电子回旋频率。电子回旋共振加热所需源的频率为 $100 \sim 200\ \mathrm{GHz}$。以下几节将分别对上述共振加热进行详细描述。

5.7.1　波的偏振

在共振区域,对于给定模式的波,影响阻尼强度的重要因素是其电场矢量的偏振方向。对于回旋共振,如果波的大部分能量存在于旋转方向与共振粒子的回旋方向相同的电场中,那么波将被强烈阻尼。而对于电子耗散,平行于平衡磁场的电场强度也是重要的。现在取平衡磁场方向为 z 轴、径向为 x 轴、极向为 y 轴的平板位形(如 5.6 节所述)来考虑问题。为简单起见,假设波在 x-z 平面内传播,x 方向为不均匀性所在的方向。

在共振层附近,$E_x \gg E_y$,这里 E_x 和 E_y 为垂直于平衡磁场的波的电场分量。这一结果可以从麦克斯韦方程组和介电张量 $\boldsymbol{\varepsilon}$ 得到。介电张量满足线性方程:

$$(n^2 \boldsymbol{I} - \boldsymbol{nn} - \boldsymbol{\varepsilon}) \boldsymbol{E} = 0 \qquad\qquad (5.7.4)$$

其中,$\boldsymbol{n} = c\boldsymbol{k}/\omega$,$\boldsymbol{I}$ 是单位张量。

这个矩阵的行列式乘以电场矢量即得到色散关系式(5.6.1)。对应式(5.6.1)的一个本征解的电场矢量的偏振由式(5.7.4)得到的电场分量的比值给出。当 $k_\parallel = 0$ 时,E_x 和 E_y 有关系

$$\frac{E_y}{E_x} = -\frac{\varepsilon_\perp}{\varepsilon_{xy}} \qquad\qquad (5.7.5)$$

显然,当波靠近垂直共振面(此处有 $\varepsilon_\perp \to 0$)时,有 $E_y \ll E_x$。对于双离子杂化共振,在很宽的条件范围内,这个不等式都是成立的。在这种情况下,当 $k_\parallel \neq 0$ 时,取冷等离子体假设,式(5.7.4)给出的 E_x 和 E_z 之间的关系为

$$n_\perp n_\parallel E_x + (\varepsilon_\parallel - n_\perp^2) E_z = 0 \qquad\qquad (5.7.6)$$

在离子回旋频率范围,$\varepsilon_\parallel \gg n_\perp^2$,因此有

$$\frac{E_z}{E_x} \approx -\frac{n_\perp n_\parallel}{\varepsilon_\parallel} \ll 1$$

E_x 和 E_y 的关系为

$$\frac{E_y}{E_x} \approx -\frac{(\varepsilon_\perp - n_\parallel^2)}{\varepsilon_{xy}} \qquad\qquad (5.7.7)$$

在双离子杂化共振层附近,$(\varepsilon_\perp - n_\parallel^2) \to 0$,因此仍有 $E_y \ll E_x$。在远离共振层的区域,E_y 与 E_x 同量级,它对应于这样的波:电场偏振方向为部分横向(E_y)、部分纵向(E_x)。在共振区域,偏振变为以纵向为主。其重要性有两方面理由。首先,因为纵向偏振可以分解成相等两部分——左旋圆偏振和右旋圆偏振——的混合,可产生电子回旋吸收或离子回旋吸收(具体是哪种要根据波频及杂化共振到回旋共振区域的接近程度)。其次,纵向偏振有利于入射波耦合为纵波,该纵波在靠近杂化共振频率的窄带内传播,称为伯恩斯坦波。伯恩斯坦波对共振区域的重要性将在下面讨论。

5.7.2　局域描述

本节给出的信息由分别对每种波模求解局域色散关系得到。作为展示所有射频加热方案的一些共同特点的例子,图5.7.1给出了非寻常电子回旋波的垂直折射率平方在其横越磁场($\omega \approx \omega_{ce}$)传播时的变化。在如图5.7.1所示的垂直传播的极限情形下,非寻常电子回旋波电场的偏振完全处在与平衡磁场垂直的平面内。这与寻常电子回旋波不同,后者在同样的极限情形下,其电场矢量的偏振方向与平衡磁场平行。5.10节将对这两种模式作更详细的讨论。在图5.7.1中,磁场从右(弱场侧)到左(强场侧)增加。该图展示了整个等离子体宽度上$n_\perp^2$随大半径的变化图像。密度从两侧为零的位置变到等离子体中心为最大。$n_\perp^2$的表达式可以通过在式(5.6.1)中令$n_\parallel = 0$并忽略离子的贡献来得到。图5.7.1最突出的特征是共振(此处$n_\perp \to \infty$)及与此相关的截止。这个特征经常被称为背靠背的截止-共振对。弱场侧的截止与强场侧的上杂化共振之间的间距是等离子体密度的函数。密度越低,截止位置离共振位置越近。共振的弱场侧存在截止意味着如果非寻常波($\omega \approx \omega_{ce}$)从弱场侧趋近上杂化共振层,那么它必须隧穿消散层。截止位置与共振位置之间的距离越大,隧穿消散层的入射能量占比越小。另一方面,由于共振层的强场侧不存在截止,因此在强场侧加载的非寻常波能够直接传播至上杂化共振层。在此情形下,波还将穿越基频电子回旋共振层,也会发生吸收,虽然冷等离子体模型没有给出这个频率下的共振。为了得到回旋基频及各次谐波的垂直共振,需要采用磁化热等离子体的动力学模型。

5.7.3　全波描述

图5.7.1只是给出了特定频率和偏振下波动方程的一个解的局域性质的近似。在截止位置和共振位置的附近,只考虑单个模式是不够的。例如,在截止位置附近,就不仅需要考虑入射波,还要考虑反射波。如果入射波没有被全反射(这是经常发生的情形),则还存在经由隧穿效应穿过消散层向等离子体更深处传播的透射波。

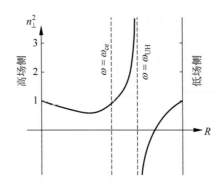

图5.7.1　$n_\parallel = 0$和ω与ω_{ce}同量级时电子回旋X模的$n_\perp^2$随大半径的变化

关于共振吸收和隧穿的最简单的描述是由巴登(Budden)模型给出的。这个模型描述了背靠背截止-共振对的物理。该模型由一个薛定谔类型的二阶微分方程构成:

$$\frac{\mathrm{d}^2 \phi}{\mathrm{d}\xi^2} + \frac{k_0^2(\xi - \xi_c)}{\xi}\phi = 0 \tag{5.7.8}$$

其中,ϕ是归一化振幅,ξ是归一化的空间坐标,k_0是$|\xi| \gg \xi_c$处的波数。波势在$\xi = 0$处奇

异,在 $\xi=\xi_c$ 处为零。因此在 $\xi=0$ 处出现共振,在 $\xi=\xi_c$ 处出现截止。如果由式(5.7.8)得到局域色散关系,则波数在这些点有共振和截止。传输系数 T 定义为单位入射功率中透过共振层的功率所占比例。它可以通过借助式(5.7.8)的解来计算透射波强度($|\phi|^2$)与入射波强度的比值来得到,表达式为

$$T = \exp(-\pi k_0 \xi_c) \tag{5.7.9}$$

T 仅依赖于截止与共振之间的间距,不依赖于波传播至截止位置和共振位置的先后顺序。但是,考虑到反射,就会出现不对称性。如果入射波先遇到截止,则反射系数 R 与传输系数有关:$R=(1-T)^2$。如果波从相反方向入射,$R=0$。应当注意的是,$T+R<1$。失去的能量在共振处被"吸收"(这个机制是冷等离子体模型下没有的)。

在巴登模型中,入射波由于共振失去能量,且在共振处,波的垂直相速度为零。这种行为是因为二阶方程(5.7.8)中只包括入射和反射波。更精确的理论必须考虑另一种传播模式的存在,该模式在共振区与入射波简并。两支波的简并意味着它们在共振区拥有同样的频率和波数,因此可以耦合。结果入射波将一部分能量传递给第二种模。这是一种与共振区有关的电抗性损失机制。在共振区引入第二种传播模可以去除方程的奇异点,但也将方程由二阶变为四阶。这支额外的波既可以是剪切阿尔文波,也可以是某一支热等离子体模,即伯恩斯坦波。伯恩斯坦波基本都是静电波。它们在与平衡磁场大致呈 90° 方向的小角度范围内传播,其频率为离子和电子回旋频率的谐频。

就托卡马克放电的热等离子体特性而言,伯恩斯坦波是最重要的。例如,在双离子杂化共振位置附近,当等离子体比压值大于电子-离子的质量比时,入射快波将耦合为离子杂化波(属于离子伯恩斯坦波分支)而不是剪切阿尔文分支。图 5.7.2(a) 和图 5.7.2(b) 示意性地给出了这种耦合机制的一个例子。图中展示的是横越平衡磁场传播($n_{//}=0$)的非寻常电子回旋波(X 模)的上杂化共振位置附近的($\omega, k_\perp$)图。

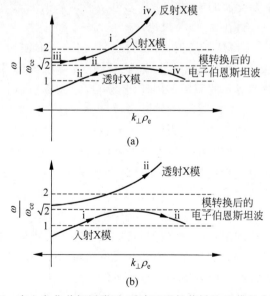

图 5.7.2　在上杂化共振层附近,垂直于磁场传播的 X 模的全波特性
(a) 从低场侧入射向上杂化共振层运动的 X 模;(b) 从高场侧注入的 X 模
在两种情形下,$\omega_{pe}/\omega_{ce}=1$,罗马数字表示因果顺序

在图 5.7.2(a)和图 5.7.2(b)中,X 模在上杂化共振(对于 $\omega_{pe}/\omega_{ce}=1,\omega_{UH}/\omega_{ce}=\sqrt{2}$)附近出现分叉。这个分叉是由 X 模耦合到电子伯恩斯坦(上杂化)波所致。所有的伯恩斯坦波在回旋频率的谐频处都有截止,但在杂化频率处除外。在短波长极限下,所有的伯恩斯坦波,包括杂化波在内,都在回旋频率的谐频处有共振。

尽管图 5.7.2(a)和图 5.7.2(b)是由均匀等离子体模型得到的,但它们可以用于描述非均匀等离子体中的行为。考虑在托卡马克放电中由等离子体外的天线发射的波。波源的频率固定,入射波在非均匀等离子体中传播,这里等离子体的各平衡量均为半径坐标的函数。随着波传播进入等离子体,它会遇到越来越强的环向磁场。当波穿越磁场时,比值 ω/ω_{ce} 减小。这是波从托卡马克的弱场侧向强场侧传播时的典型特征。反过来,当固定频率的波从强场侧向弱场侧传播时,ω/ω_{ce} 会增加。

从弱场侧入射的波对应于一个沿图 5.7.2(a)的色散曲线向下移动的点。事件的因果顺序由罗马数字(i)~(iv)表示。入射的 X 模从(i)出发,到达上杂化共振位置附近时,波部分向前传播(ii),部分转换为上杂化波(也用(ii)表示)。入射 X 模的能量中穿越共振区的比例记为 T,假设两支波在耦合区均不被阻尼,则有比例为 $1-T$ 的波转换为上杂化波。然后这个上杂化波遇到截止,被反射(iii),返回耦合区。这次穿越耦合区时上杂化波变成入射波。但对于给定的耦合,由于传输系数与波的传播方向和模式无关,因此入射的上杂化能量($1-T$)中有 T 比例的能量被传输到上杂化分支(iv),剩余的 $1-T-T(1-T)$ 转换为 X 模(iv),作为反射波返回弱场侧。净结果是入射 X 模中有比例 T 的波透射,比例 $(1-T)^2$ 的波被反射,比例 $T(1-T)$ 的波发生了模式转换。由于转换到上杂化波的模仍在等离子体中,这部分能量等于被吸收的能量,虽然前面假设了波在耦合区不被阻尼。显然,上杂化波得到的能量来源于入射波失去的能量。这里还可以验证,总能量是守恒的。

当上杂化区与回旋共振区明显分开时($\omega_{pe} \approx \omega_{ce}$ 时就会出现这种情形),波在共振区将是无阻尼的。转换为上杂化波的模将会在基频电子回旋共振区通过相对论性的波-粒回旋相互作用被吸收。这一点将在 5.10 节讨论。

图 5.7.2(b)展示了 X 模从强场侧入射的情景。这时入射波沿 ω/ω_{ce} 增大的方向传播(i)。这种情形下没有反射,因为模转换生成的上杂化波背离截止层传播,直接奔向基频共振层。这就是反射系数不对称的原因。因此,比例 T 的波透射,比例 $1-T$ 的波发生模式转换,或等价于被吸收。图 5.7.2(b)中的罗马数字表示这一因果顺序。很显然,上述现象的关键量是传输系数 T。它必须通过求解有关共振区的微分方程得到,也可以通过不同复杂度的理论得到。最简单的模型是二阶巴登方程(5.7.8)。更复杂的四阶方程给出同样的 T 值。但如果要得到伯恩斯坦波的详细信息,就必须求解四阶方程。

5.7.4　波-粒子无碰撞耗散

上述关于上杂化共振的定性讨论解释了发生在共振区的物理现象的本质。关于上杂化共振的描述将被用作描述所有加热方案中共振现象的参考模型。该模型的扩展——包含了共振(耦合)区的无碰撞波的耗散效应——也将予以介绍。

对于离子回旋波、低杂波和电子回旋波加热方案,电磁波的无碰撞耗散由波-粒子共振条件给出:

$$\omega - k_{/\!/} v_{/\!/j} - l|\omega_{cj}| = 0 \tag{5.7.10}$$

其中,$l=0,1,2,3,\cdots$。朗道(或称切伦科夫)共振条件由 $l=0$ 给出。对于这种共振,波能量通过波的平行于平衡磁场的电场分量传递给共振粒子的平行自由度。对于低杂波和离子回旋频率范围的快波,电子朗道阻尼是显著的。在满足朗道共振条件时,波能量也可以通过波的平行于平衡磁场的磁场分量来传递,即通过所谓的渡越时间阻尼(或磁泵浦)机制来传递。对离子回旋频率范围的快波而言,渡越时间阻尼很显著,它直接通过电子来耗散波的能量,其贡献与电子的朗道阻尼所耗散的波能量相当。

在所有这些情形下,波的平行相速度都需要与电子速度共振。低杂波和快波的平行相速度范围可以从电子热速度一直延伸到光速。因此,这些波既可以与热电子也可以与超热电子耦合,进行加热或电流驱动。

另一方面,$l\neq0$ 对应于电子或离子回旋共振。在这些情形下,共振粒子的垂直能量增加。重要的是,不同于朗道共振,不管是慢波还是快波($\omega/k_{\|}<c$ 或者 $\omega/k_{\|}>c$),都可以与粒子发生回旋共振。从式(5.7.10)可知,粒子满足回旋共振的条件为

$$v_{\|j}=\frac{\omega}{k_{\|}}-\frac{l\,|\omega_{cj}|}{k_{\|}} \tag{5.7.11}$$

对于 $l>0$ 的共振,有时称为正常多普勒共振。它要求粒子的平行速度小于波的平行相速度。根据共振位置是在强场侧还是在弱场侧的不同,粒子甚至可以沿波的反方向运动。$l<0$ 的共振则称为反常多普勒共振。此时粒子的平行速度必须大于波的平行相速度。因此,粒子只能与慢波发生反常多普勒共振。反常多普勒共振具有很有趣的性质:共振粒子的平行运动的能流既可以传递给波,也可以传递给粒子的垂直自由度。

有必要对本节开始时讨论的冷等离子体共振与波-粒子共振加以区分。如果将热修正包括进来,那么冷等离子体共振的物理意义会变得非常清楚。存在热效应时,共振被模转换所替代。模转换将入射波转换成另一支波。由于等离子体中自然存在的波模的传播需要依靠至少一种成分的所有粒子来支撑,因此,共振位置上的等离子体响应需要至少一种成分的所有粒子参与。而另一方面,波-粒子共振却只与一种成分的一小部分共振粒子有关。

然而,波-粒子共振能够导致波能的耗散,而冷等离子体共振本身并不产生耗散。在等离子体共振处,入射波模的能量转换为热等离子体波模的能量,后者最终传播至满足波-粒共振条件的区域,然后被阻尼。冷等离子体的共振效应在其远离波-粒子共振位置时非常显著(参考 5.8 节)。热等离子体共振位置上也可以发生模式转换(例如,二倍频回旋共振)。但这些谐频共振总是伴随着这样一种相应的波-粒子谐频共振:它们会导致局部耗散,除非是垂直传播的波。对电子来说,甚至对精确垂直传播的波,也依然会发生局部耗散。这一点将在 5.10 节讨论。

对于每一种无碰撞吸收机制,只有那些速度满足共振条件的粒子可以从波中获得能量。对于一种给定的无碰撞吸收机制,等离子体的演化取决于碰撞率和输入的能量。由于共振粒子只占小部分,因此它们主要还是与非共振粒子碰撞。如果这些碰撞发生得足够迅速,那么麦克斯韦分布就仍可以保持,能量吸收得以维持,导致整体加热。如果外加输入功率水平增加,碰撞会变得不那么频繁,以至于无法维持热平衡分布,分布函数将产生"热尾"。

小部分高能粒子既可能带来好处,也会产生有害效应。少数离子回旋加热产生的高能离子尾部的能量有可能达到 1 MeV 以上。如果它们被约束住,那么这些尾部粒子最终会通过与主体电子的碰撞而得到缓解。因此,强的离子回旋加热可以导致主体电子的加热。对于诸如射频电流驱动或利用高能尾部的非热聚变反应,超热粒子的产生则更有利。

5.7.5　平衡分布函数的演化

在射频加热和碰撞弛豫的共同作用下,平衡分布函数的演化可以用修正的福克-普朗克(Fokker-Planck)方程来描述:

$$\frac{\partial f}{\partial t} = C(f) + Q(f) \tag{5.7.12}$$

其中,$C(f)$ 代表库仑碰撞(见 2.10 节和 2.12 节的讨论);$Q(f)$ 描述了射频场与共振粒子之间的相互作用,称作准线性项。准线性相互作用是最低阶的非线性效应,它由对动力学方程的非线性项做空间和时间上的波的周期数平均得到。所得的结果是平衡分布函数在比射频场的周期更长的时间尺度上的时间演化。采用准线性项是因为扰动分布函数和电磁场均取自线性理论,忽略了模耦合和高阶非线性效应。准线性理论最先是在非磁化等离子体条件下推导出来的,后来推广到磁化等离子体。在磁化等离子体中,分布函数还要对速度空间下的回旋相角做平均。准线性项 $Q(f)$ 与入射电磁波的强度成正比,且在均匀磁场条件下对 $k_{/\!/}$ 的积分中包含 $\delta(\omega - k_{/\!/} v_{/\!/} - l\,|\omega_{cj}|)$。这个依赖关系可以表达为这样一个事实:只有共振粒子直接受到波的影响。

通常情况下,式(5.7.12)的求解非常复杂。但是在某些情形下,一种简化的描述仍能够揭示问题的最主要特征。一个例子是少数离子成分的基频离子回旋加热。在此情形下,对于热化的少数(同位素)离子的分布函数,式(5.7.12)可以简化为速度空间中的一维微分方程。这将在 5.8 节的末尾予以讨论。

5.8　离子回旋共振加热

氘离子在 5 T 磁场中的回旋频率为 38 MHz。在托卡马克中,环向场随半径以 $1/R$ 降低,R 处的离子回旋共振满足 $\omega = \omega_{ci}(R)$,ω 是波的频率。由于多普勒展宽,共振层的宽度为 $\delta x = (k_{/\!/} v_{Ti}/\omega_{ci})R$。在所有的实际情形下,这个宽度远小于等离子体尺寸。因此,离子回旋共振加热具有理想的特征,即吸收区的位置可以通过波频率与已知环向场的匹配来确定。

托卡马克中的离子回旋加热依靠快磁声波(压缩阿尔文波)将能量从天线传递至吸收区。这种快波是该频率范围内唯一可以横越磁场传播的波,它只要求在其中传播的等离子体密度低于其截止密度(其定义将在 5.9 节给出)。离子回旋波(剪切阿尔文波)不适合托卡马克中的离了回旋加热。这有两个主要原因。首先当等离子体频率超过离子回旋频率时,离子回旋波无法传播,只能从托卡马克的强场侧注入。其次,即使从强场侧注入,离子回旋波仍然无法穿透等离子体边界,因为波会在边界处转换为静电波。

快波的传播可用如下的近似色散关系来描述:

$$n_\perp^2 = (\varepsilon_\perp + \mathrm{i}\varepsilon_{xy} - n_{/\!/}^2)(\varepsilon_\perp - \mathrm{i}\varepsilon_{xy} - n_{/\!/}^2)/(\varepsilon_\perp - n_{/\!/}^2) \tag{5.8.1}$$

式(5.8.1)可由式(5.6.1)得到,做法是只保留式中与 $\varepsilon_{/\!/}$ 成正比的项,因为 $\varepsilon_{/\!/} \gg \varepsilon_\perp$,$\varepsilon_{xy}$ 和 $n_\perp^2$。从物理上讲,这意味着 $E_{/\!/}$ 与 $E_\perp$ 相比可以忽略,这里 $E_{/\!/}$ 和 $E_\perp$ 分别是快波电场的平行于和垂直于平衡磁场的分量。在离子回旋频率波段,这是一个好的假设,但要求 $\omega^2 \ll \omega_{pe}^2$。

在托卡马克放电的中心区,$m_e/m_i \ll \omega_{pe}^2 \omega_{ce}^2 \leqslant 1$,因此有 $\omega_{pi}^2 \gg \omega_{ci}^2$。在离子回旋频率范围内,$\omega$ 与 ω_{ci} 同量级,因此电子对 $\varepsilon_\perp$ 的贡献可以忽略。这样,对冷等离子体描述,$\varepsilon_\perp \approx$

$-\sum_j \omega_{pj}^2/(\omega^2-\omega_{cj}^2)$。但电子对 ε_{xy} 有贡献。利用准中性条件（它可以写成 $\omega_{pe}^2/\omega_{ce}=\sum_j \omega_{pj}^2/\omega_{cj}$，式中对 j 求和是指对不同种类的离子），电子对 ε_{xy} 的贡献可以被包含在离子项里，结果有 $\varepsilon_{xy}\approx -\sum_j i\,\omega_{pj}^2\omega/\omega_{cj}(\omega^2-\omega_{cj}^2)$。

将 $\varepsilon_{\perp}$ 和 ε_{xy} 的表达式代入式(5.8.1)，于是快波的色散关系可以写成

$$n_{\perp}^2=\frac{\left[\sum_j \dfrac{\omega_{pj}^2}{\omega_{cj}(\omega+\omega_{cj})}-n_{/\!/}^2\right]\left[\sum_j \dfrac{\omega_{pj}^2}{\omega_{cj}(\omega-\omega_{cj})}+n_{/\!/}^2\right]}{\sum_j \dfrac{\omega_{pj}^2}{\omega^2-\omega_{cj}^2}+n_{/\!/}^2} \tag{5.8.2}$$

从式(5.8.2)可以看出，当等式右侧第一个方括号里的项为零时，有 $n_{\perp}^2=0$。由此给出快波的截止条件：$\sum_j \omega_{pj}^2/\omega_{cj}(\omega+\omega_{cj})=n_{/\!/}^2$。对于纯氘等离子体，如果波频为 $\omega\approx 2\omega_{cD}$，则上述截止条件变为 $\omega_{pD}^2>0.75c^2k_{/\!/}^2$，式中 ω_{pD} 和 ω_{cD} 均对氘等离子体和回旋频率而言。大型托卡马克上天线设定的 $k_{/\!/}$ 的典型值为 $5\mathrm{m}^{-1}$，因此在这种等离子体中，快波传播条件为 $n_e>2\times 10^{18}\,\mathrm{m}^{-3}$。这一结果的意义是在发射天线处，快波是衰减的，因此为了实现有效的耦合，天线必须置于离截止层几厘米之内的位置。

在托卡马克等离子体的中心，$\omega_{pi}^2/(\omega^2-\omega_{ci}^2)\gg n_{/\!/}^2$。但如 5.7 节所讨论的，对双离子等离子体，当 $\sum_j \omega_{pj}^2/(\omega^2-\omega_{cj}^2)=0$ 时，会出现杂化共振。因此，在杂化共振区附近，式(5.8.2)的分母趋向零，$n_{\perp}\to\infty$。共振必定伴随着截止，$n_{\perp}=0$，即式(5.8.2)分子上的第二项趋于零。快波共振面和截止面在小截面上的分布如图 5.8.1 所示。阴影区表示消散区。少数粒子的共振面也在图中标出，即垂直弦位置。杂化共振和少数粒子共振的关系将在后面的部分讨论。

由于波可以直接横越磁场传播，因此共振面的位置取决于天线的极向位置。通常，天线位于弱场侧靠近中平面的位置，使波的强度在共振面中心达到最大。由此导致峰化的能量沉积剖面，这有利于实现高的加热效率。这种天线的布置如图 5.8.2 所示，图中能流被等离子体折射向少数粒子共振区域的中心。

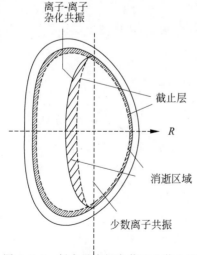

图 5.8.1 托卡马克极向截面上截止和
共振的位置
快波在阴影区域是消散的

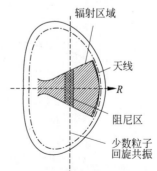

图 5.8.2 弱场侧天线发射的波的能流分布
折射效应将能流聚焦在共振弦中心附近

在单离子成分等离子体中,等离子体对基频下快波的阻尼很弱。这是因为此时波的电场矢量的旋转方向几乎与离子的回旋方向完全相反。但在单离子成分等离子体的二倍频共振($\omega = 2\omega_{ci}$)处,或在有第二种离子的情形下,垂直电场有可观的分量且具有可与离子耦合的偏振。因此,在离子回旋频率波段,主要的加热机制是通过二倍频加热和少数粒子加热。

5.8.1　双离子成分等离子体的加热模式

双离子成分等离子体中存在两种加热模式。这两种模式根据少数离子密度所占比重的不同而有所区分。在第一种模式下,即少数离子加热机制下,不发生双离子杂化共振。在第二种模式即模转换机制下,则存在双离子杂化共振。

少数离子的浓度由少数离子的密度与主要离子的密度的比值定义,$\eta = n_{min}/n_{maj}$。对于浓度非常低的少数离子,$\eta \lesssim 0.1\%$,快波在少数离子基频共振区受到非常弱的回旋阻尼。随着少数离子浓度的增大,这种阻尼也随之增大,直到吸收在临界浓度 η_c 处达到最大值。当少数离子浓度超过临界值进一步增大时,就将出现杂化共振。在少数粒子共振区附近,波的偏振变得不利于回旋阻尼。此外,与杂化共振相伴的截止层对快波产生很强的反射。由于杂化截止位于杂化共振的弱场侧,因此快波必须从托卡马克的强场侧注入,这样才能无障碍地传播至共振层。另一方面,对于少数离子是轻离子的情形,即使发射天线设置在弱场侧,少数离子共振也具有可近性。

图 5.8.3 展示了这两种模式的色散关系。在图 5.8.3(a)中,浓度小于临界值,不存在杂化共振,因此快波能够在高、弱场侧的截止之间传播。波在少数离子共振区的强场侧受到最强的阻尼,在此波的偏振最有利于吸收。而在图 5.8.3(b)中,浓度高于临界值,存在杂化共振和截止。波从弱场侧注入时,少数离子共振仍具可近性,但阻尼会随 η 的增大而减小,因为此时偏振方向不利于吸收。从强场侧注入的波将在杂化共振层通过模式转换变为离子杂化波,并受到电子的朗道阻尼而将能量传递给电子。如果杂化共振位置与截止位置的距离并不是很远,那么弱场侧天线激发的部分快波可以经隧穿效应穿越消散层到达杂化共振位置,进行模式转换。但从弱场侧入射的波,经单次穿越便发生模式转换的比例存在 25% 的上限。相比之下,从强场侧注入的波则可以达到 100%。当存在杂化共振时,少数离子加热对弱场侧注入仍然有效,但少数离子共振的吸收率变小,杂化截止处将产生很强的反射。

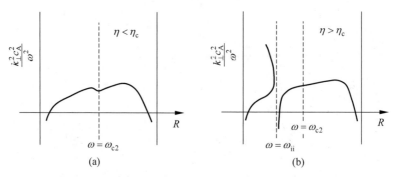

图 5.8.3　快波垂直折射率的平方随大半径的变化

(a) 少数离子浓度低于临界值,$\eta < \eta_c$,此时不存在离子-离子杂化共振;

(b) 少数离子浓度高于临界值,$\eta > \eta_c$,存在离子-离子杂化共振

杂化共振对快波加热的影响如图 5.8.4 所示。图中给出的是 TFR 托卡马克的实验结

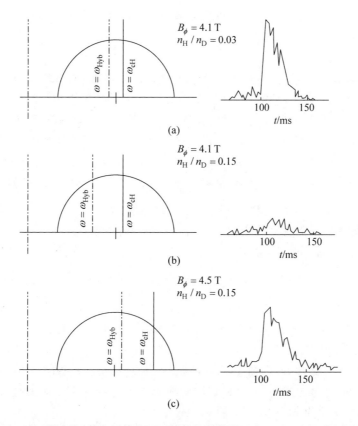

图 5.8.4　在"低密度"等离子体处于不同磁场的情形下，n_H/n_D 对中子计数的影响
只有当离子-离子杂化共振位于等离子体芯部时，才发生强吸收(高计数)(Adam J. and Equipe T. F. R., *Proceedings of 9th European Conference on Controlled Fusion and Plasma Physics*, Oxford 1979, Invited Papers, UKAEA Culham Laboratory, p. 355)

果，该装置的离子回旋加热天线设在强场侧。每幅图都给出了杂化共振和少数离子(质子)共振的位置，以及中子计数率(用于度量加热效果)。如图 5.8.4(a)和图 5.8.4(c)所示，只有当杂化共振处于等离子体中心时，中子计数率才比较高。在图 5.8.4(b)中，当质子共振处于中心而杂化共振位于边界时，中子计数率很低。这说明对于模式转换模式，杂化共振的位置对于强吸收是重要的，同时也说明此时少数离子的回旋阻尼非常弱。

　　为了理解这两种加热机制在双离子等离子体中是如何起作用的，并得到回旋阻尼的定量描述理论，有必要考虑少数离子的动力学响应。就目前的讨论而言，只有介电张量中的 $\varepsilon_\perp$ 需要动力学修正。这样，式(5.6.2)给出的冷等离子体表达式由下式取代：

$$\varepsilon_\perp = -\frac{\omega_{p1}^2}{\omega^2 - \omega_{c1}^2} + \frac{\omega_{p2}^2}{2\sqrt{2}\,\omega k_{\parallel}\,v_{T2}}\left[Z(z_{12}) + Z(z_{-12})\right] \tag{5.8.3}$$

其中，下标 1 和 2 分别指多数离子和少数离子，v_{T2} 是少数离子的热速度，$v_{T2} = (T_2/m_2)^{1/2}$，Z，z_{12} 和 z_{-12} 将在下面定义。真空和电子对式(5.8.3)的贡献再次被忽略。应当指出的是，只有少数离子沿平衡磁场的热运动效应被包括进来。有限离子拉莫尔半径效应——对二倍频共振是重要的——也被忽略。

　　式(5.8.3)中的函数 $Z(z)$ 称为等离子色散函数，最先是由朗道在其论述无磁化等离子

体中的电子等离子体波的无碰撞阻尼理论时给出的。等离子体色散函数定义为

$$Z(z) = \pi^{-1/2} \int_C \frac{\exp(-t^2)\,dt}{t-z} \qquad (5.8.4)$$

其中,C 是朗道路径,其选择须满足因果律的要求。换句话说,朗道路径的选取应使有场时才有响应,以确保原因先于结果。这种路径的选择提供了一种围绕奇点的积分的规定:奇点出现在实 t 轴上,它产生无碰撞阻尼的衰减。即使其自变量是实数,等离子体的色散函数也是一个复函数。不过,弗雷德(Fried)和孔特(Conte)已将其计算制表。在对热等离子体中的波做动力学描述时,总能遇到这个函数。

在式(5.8.3)中,等离子体色散函数的变量为 $z_{12} = (\omega + \omega_{c2})/(\sqrt{2}\,k_{//}v_{T2})$ 和 $z_{-12} = (\omega - \omega_{c2})/(\sqrt{2}k_{//}v_{T2})$。由于 ω 和 ω_{c2} 均被定义为正值,故 $z_{12} \gg 1$。另一方面,对于托卡马克等离子体的平衡磁场随空间的变化,z_{-12} 在 $\omega = \omega_{c2}$ 时过零点。

等离子体色散函数也可以写成

$$Z(z) = -2e^{-z^2} \int_0^z \exp(t^2)\,dt + i\pi^{1/2}\exp(-z^2) \qquad (5.8.5)$$

式(5.8.5)对实变量有效。它清楚地展示了该函数的实部和虚部。从式(5.8.5)可以清楚地看到,当 $z \gg 1$ 时,该函数的虚部可忽略。在此情形下,函数可以渐近展开为 $Z(z) \propto -1/z$。因此,在式(5.8.3)中,$[\omega_{p2}^2/(2\omega k_{//}v_{T2})]Z(z_{12})$ 与 $-\omega_{p2}^2/[2\omega(\omega+\omega_{c2})]$ 同量级。该项为少数离子响应中的非共振部分,它描述的是不随快波做回旋共振的那些少数离子。少数离子的温度没有出现在非共振响应中,因此这种响应可以通过冷等离子体模型得到。对于低浓度少数离子的情形,非共振响应可以忽略。

共振的少数离子响应由式(5.8.3)中的 $[\omega_{p2}^2/(2\omega k_{//}v_{T2})]Z(z_{-12})$ 描述,对此必须保留精确的等离子体色散函数。共振变量 z_{-12} 的物理意义为共振离子的平行速度与少数离子的热速度的比值。一旦这个比值超过 3,相对于具有热速度的少数离子数目,共振离子的数目即变得可忽略不计。由于 ω_{c2} 随空间变化,故 $(\omega - \omega_{c2})/k_{//}$ 可以与热化的少数离子速度匹配,也可以与更高能量的少数离子速度匹配。

5.8.2 少数粒子临界浓度

上述少数离子的热效应可以用来解释双离子成分中出现的临界浓度。通过式(5.8.1)可以看出,当 $\varepsilon_\perp - n_{//}^2 = 0$ 时,快波会出现共振。对于单离子成分等离子体,在托卡马克放电的中心有 $\varepsilon_\perp \gg n_{//}^2$。但如 5.7 节所讨论的,在放电中心还能够出现双离子杂化共振,在该处 $\varepsilon_\perp = 0$。因此,在等离子体中心靠近双离子杂化共振的位置,可能出现 $\varepsilon_\perp - n_{//}^2 = 0$。

考虑到少数离子的平行热运动,快波的共振条件为

$$-\frac{\omega_{p1}^2}{\omega^2 - \omega_{c1}^2} - n_{//}^2 + \frac{\omega_{p2}^2}{2\sqrt{2}\omega k_{//}\,v_{T2}}Z(z_{-12}) = 0 \qquad (5.8.6)$$

当采用冷等离子体理论来描述少数离子时,它们的响应随 $\omega \to \omega_{c2}$ 而变得奇异,因此不管少数离子的密度多低,它们的响应总是可以与多数离子的响应抵消。但是,由式(5.8.6)中的第三项给出的少数离子响应在 $\omega \to \omega_{c2}$(或 $z_{-12} \to 0$)时就不再是奇异的了。此时,当少数离子浓度较低时,其响应无法由多数离子的响应来抵消。不仅如此,少数离子的响应还对虚数项——对应于少数离子的阻尼——有贡献。换句话说,少数离子浓度低时,冷等离子体

理论失效。

在 5.6 节和 5.7 节,电磁波在不均匀等离子体中的传播由一维平板模型近似给出。在该模型中不均匀的方向为径向。对目前的讨论,唯一需要考虑的不均匀性是磁场的不均匀性,设 $B(x) = B_0(1 - xR)$,式中 R 为大半径。取 $\omega = \omega_{c2}(0)$,式(5.8.6)中等离子体色散函数的共振变量 z_{-12} 由 $z_{-12} = \omega x / (\sqrt{2} k_{/\!/} v_{T2} R)$ 给出。式(5.8.6)给出的快波共振条件给出了共振层的位置 $x = x_{\text{res}}$。因为 $z_{-12} > 0$ 时,$\text{Re} Z(z_{-12}) < 0$;$z_{-12} < 0$ 时,$\text{Re} Z(z_{-12}) > 0$,故(杂化)共振只能出现在少数离子回旋共振的强场侧,$x < 0$。满足快波共振的更进一步的条件是 $\text{Im} Z(z_{-12}) \ll 1$,它要求 $|z_{-12}| \gg 1$。

式(5.8.6)的解如图 5.8.5 所示。该图通过将式(5.8.6)写成如下的等价形式得到:

$$Z(z_{-12}) = \frac{2}{\eta} \frac{k_{/\!/} \, v_{T2}}{\omega} \frac{m_1}{m_2} \left(\frac{\alpha^2}{1 - \alpha^2} + \frac{k_{/\!/}^2 \, c_A^2}{\omega^2} \right) \tag{5.8.7}$$

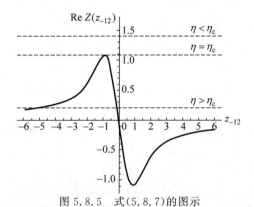

图 5.8.5　式(5.8.7)的图示

曲线代表 $\text{Re} Z(z_{-12})$,三条水平线代表等式右侧的 3 种不同的少数离子浓度。当交点处 $\text{Im} Z(z_{-12}) \ll 1$ 时,
水平线和 $\text{Re} Z(z_{-12})$ 的交点表示离子-离子杂化共振

其中,$\alpha = Z_1 m_2 / Z_2 m_1$。$Z$ 的实部是 z_{-12} 的函数,如图 5.8.5 所示。式(5.8.7)右侧的值与 z_{-12} 无关,因此可用图 5.8.5 中的水平线代表,其离 z_{-12} 轴的高度由给定离子的 η 的大小和少数离子的温度确定。图中三条水平线对应 η 的三个值。如果 $\eta < \eta_c$,水平线与 $\text{Re} Z(z_{-12})$ 没有交点,故没有共振。这对应于少数离子加热,如图 5.8.3(a)所示。如果 $\eta > \eta_c$,水平线与 $\text{Re} Z(z_{-12})$ 有两个交点:$|z_{-12}| < 1$ 和 $|z_{-12}| > 1$,此时可有共振解。这对应于模转换加热,如图 5.8.3(b)所示。当 $\eta = \eta_c$ 时,水平线与 $\text{Re} Z(z_{-12})$ 曲线相切。这个条件标志两种模式之间的转换。

图 5.8.5 的物理意义解释如下。变量 z_{-12} 与距这样一个位置——快波频率等于基频少数离子回旋共振频率的位置——的距离成正比。对于低浓度少数离子,$\eta < \eta_c$,快波共振条件——式(5.8.6)或式(5.8.7)——不成立。如果 $\eta > \eta_c$,则满足共振条件的位置有两个。第一个位置靠近少数离子回旋共振层,此处 $\text{Im} Z$ 很大,因此可排除。第二个位置有 $|z_{-12}| > 1$,快波共振才是可能的。$|z_{-12}|$ 的值越大,$\text{Im} Z$ 的值越小,共振效应越强。$|z_{-12}|$ 的幅度的增大等效于双离子杂化共振与少数离子回旋共振之间距离的增大。前者为模式转换区,离子阻尼弱;后者对应于可能很强的波-粒子相互作用和强的离子回旋阻尼。少数离子相对于多数离子的浓度越高,杂化共振位置与少数离子共振位置之间的距离就越大。临界浓度 $\eta = \eta_c$(如图 5.8.5 中的切线所示)给出了杂化共振成为可能的条件。但当 $\eta = \eta_c$ 时,杂化共振(即模

转换)的效应不会很强,这是因为在此条件下存在很强的回旋阻尼。当 η 增加到超过临界值 η_c 后,少数离子阻尼区出现在远离杂化共振区的地方,杂化共振的影响增大。

　　ReZ 的最大值大约为 1,利用这一点可以得到临界密度比值,它标志着两种加热模式之间的转换。因此有

$$\eta_c = \frac{2k_{/\!/} \, v_{T2}}{\omega} \frac{m_1}{m_2} \left(\frac{\alpha^2}{1-\alpha^2} + \frac{k_{/\!/}^2 \, c_A^2}{\omega^2} \right) \tag{5.8.8}$$

该式表明,当少数离子温度增大或平行波数增大时,少数离子回旋共振阻尼增大,双离子杂化共振的存在需要更高的少数离子浓度。

　　作为一个具体的例子,考虑氘等离子体中含少数氢离子的情形,通常用 D(H) 来表示。当少数离子密度超过临界值时,对快波的传播做全波计算,得到其穿过双离子杂化共振层的传输系数为

$$T = \exp(-\pi\eta\omega_{CH}R/4c_A) \tag{5.8.9}$$

其中,$\eta = n_H/n_D$,c_A 是氘等离子体中的阿尔文速度。式(5.8.9)忽略了杂化共振区的弱阻尼。通常在氢少数离子基频共振区附近仍然存在回旋阻尼。对典型的 JET 参数,$B_0 = 3.4\,T$,$R = 3\,m$,$n_D = 5 \times 10^{19}\,m^{-3}$ 且 $n_H/n_D = 0.05$,传输系数 $T \ll 1$。这表明,弱场侧注入的快波在到达杂化截止处后会被完全反射。此时,入射和反射的快波主要是通过氢少数离子阻尼。反之,强场侧注入的快波在到达杂化共振处后会通过模式转换完全变为离子杂化波。

　　对于 D(H) 等离子体,氘还有二倍频共振,但它被氢的基频共振简并了。将主要离子的二倍频项包含进来后,传输系数变为

$$T = \exp\left[-\frac{\pi}{4} \left(\eta + \frac{2v_{TD}^2}{c_A^2} \right) R \frac{\omega}{c_A} \right] \tag{5.8.10}$$

从这一结果可以清楚地看到,只要 $\eta > \beta_D$,这里 $\beta_D = 2v_{TD}^2/c_A^2$,那么杂化共振就会超过多数离子的二倍频共振而起主要作用。在纯氘等离子体中,二倍频共振与杂化共振有相似的性质。因此,只要 β_D 足够大或 $k_{/\!/}$ 足够小,强场侧入射的快波就会模式转换为离子伯恩斯坦波,弱场侧入射的快波则会被反射。同样,随着 $k_{/\!/}$ 增加,回旋阻尼区最终会与模式转换区重合,来自弱场侧的阻尼逐渐增大,反射逐渐减弱。

　　然而,在考虑具有双离子成分或更多种离子的等离子体时,还存在另一种可能性。上述对模式转换的讨论是建立在巴登的共振模型基础上的,与其相关的截止如图 5.8.3(b)所示。图中展示了快波的垂直折射率平方随大半径的变化。这个图还显示了快波在共振层的强场侧的截止。此前强场侧的截止对模转换过程的影响被忽略了。现在看得很清楚,强场侧的截止层在转换过程中扮演着重要角色。因此现在需要考虑三个而不是两个临界点:强场侧的快波截止、离子-离子杂化共振和与其相伴的截止。这经常被称为三重态。根据离子种类和 $k_{/\!/}$ 的值,存在使反射能量减小至零的条件。入射的快波完全转换为离子杂化波。应注意的是,对其他的 $k_{/\!/}$ 值,转换能量最小,反射能量最大。对于较低的电子比压值,电子对离子杂化波的耗散明显强于电子对快波的耗散。因此,这一机制会导致增强的电子加热,可以用于电流驱动。此外,由于这种能量吸收机制与离子-离子杂化共振(属于冷等离子体共振)相关,因此它提供了同轴和离轴的加热及电流驱动的可能性。值得强调的是,这种模式转换加热和电流驱动方式采用的是弱场侧的天线。

　　图 5.8.6 展示了 TFTR 托卡马克上的实验结果。ICRF 天线注入快波,其平行波数或

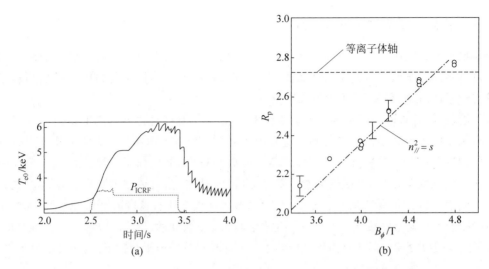

图 5.8.6　(a) TFTR 装置上采用模式转换加热，ICRF 峰值功率为 4.4 MW，利用电子回旋辐射测得的沙弗拉诺夫位移轴处的电子温度的时间演化；(b) 模式转换加热中，峰值电子功率的径向位置 R_p 随环向磁场的变化，图中还展示了模式转换面的位置(Majeski, R. et al., *Physical Review Letters* 76,764(1996))

为相位对称的 $k_\parallel$ 为 10 m^{-1} 的量级，或为定向相位的 $k_\parallel$ 为 6 m^{-1} 的量级（针对电流驱动）。图中展示了中心电子温度的倍增，同时通过环向磁场的扫描表明，峰值电子加热位置与离子-离子共振位置相关。从环电压外推得到的同轴电流和离轴电流甚至超过了理论预期值。

人们还提出了另一种专门针对球形托卡马克的非感应电流驱动的快波加热方式（在球形托卡马克中，可以得到比传统托卡马克更高的比压值）。这种方式叫做高次谐波快波加热。由其名称可知，它运行在 $\omega \gg \Omega_i$ 的频率范围。在离子回旋谐频共振区外的放电区域，快波的阻尼由电子的朗道共振吸收所致，此时有 Im$k_\perp \propto \pi^{1/2}\beta_e\zeta_{0e}\exp(-\zeta_{0e}^2)$，式中 $\beta_e = 2\mu_0 nT_e/B^2$，$\zeta_{0e}=\omega/(k_\parallel v_{Te})$。在高电子比压的情况下，电子耗散很强，因此同轴的和离轴的电流驱动都是可能的。在这种模式下，应避免离子吸收。在传统托卡马克条件下，$n>5$ 的离子回旋的高次谐波的离子阻尼可以忽略。但在球形托卡马克中，由于比压较高，当快波穿过高次离子回旋谐波共振层时，甚至在 n 高达 20 时，仍能够出现非常显著的阻尼。这是因为球形托卡马克的磁场较低，离子拉莫尔半径与快波的垂直波长相当甚至比后者更大。对 NSTX 的氘等离子体，环向磁场约为 0.25 T，密度为 5×10^{19} m^{-3}，$n=20$ 时，$k_\perp^2\rho_D^2\cong64T_D$(keV)。因此，对于较低的氘温度，如 $T_D=0.5$ keV，$k_\perp^2\rho_D^2\gg1$，尽管高比压条件产生了强电子耗散（通过渡越时间阻尼和电子朗道阻尼），但离子回旋的耗散也很强。强的电子耗散或离子耗散要求有不同范围的 $k_\parallel$。球形托卡马克中实施高次快波加热的挑战就是如何设计出主要由电子吸收的天线系统。

离子回旋阻尼的机制是因为存在这样一些离子，它们感受到导心坐标系下的回旋频率的波电场。共振条件由式(5.7.4)给出。由于共振离子与背景离子的碰撞次数随能量的升高而减少，因此这些共振离子的分布函数无法保持麦克斯韦分布。其分布需要通过求解福克-普朗克方程（其中包含适当的波扩散算子）得到。对麦克斯韦分布的偏离相当严重，这从其高能尾部超过热离子能量 1~3 个量级（在大型托卡马克上甚至高达几 MeV）就可以看出来。

5.8.3　热化的少数粒子分布函数

在描述热化的少数粒子分布函数的计算过程之前,先给出对一些吸收机制的观测和结果。每一种波的吸收机制都取决于波的具体性质和波-粒子共振。波的性质受到等离子体中所有粒子的影响,但波-粒子共振仅取决于一小部分共振粒子。

尽管波-粒子共振可以由单粒子描述导出,但波和等离子体之间的净能量流只能通过考虑共振粒子的平衡速度函数来得到。这是因为对任何波-粒子共振,一些粒子从波中得到能量,另一些则将能量传递给波。例如,在离子回旋共振中,共振离子主要在垂直于平衡磁场的方向上受到推动,这一作用既可能是阻滞,也可能是加速,具体要看离子运动与波之间的相位。假设共振粒子具有某种热分布,然后对离子冲量求所有速度的平均,便得到等离子体获得的净能量。这导致热化粒子分布函数发生如 5.7 节所述的演化。此外,对于回旋共振,共振粒子还要受到速度空间下特定路径的约束。在非相对论的极限情形下,这些路径为圆周:

$$v_\perp^2 + \left(v_\parallel - \frac{\omega}{k_\parallel}\right)^2 = C \tag{5.8.11}$$

其中,C 是常数。这个结果很容易按如下方法得到:一个非相对论性的共振粒子的能量变化 δE 为

$$\delta E = m v_\perp\, \delta v_\perp + m v_\parallel\, \delta v_\parallel \tag{5.8.12}$$

但从量子力学考虑,这一能量的获得必然等于波的能量损失 $\delta E = \hbar\omega$,其中 ω 是波的圆频率,$\hbar$ 是普朗克常数除以 2π。由于波有平行波数 $k_\parallel$,因此波还损失平行动量 $p_\parallel = \hbar k_\parallel$,这个动量由共振粒子获得。因此有

$$\frac{\delta E}{\delta E_\parallel} = \frac{\omega}{k_\parallel v_\parallel}$$

由此给出:

$$\delta E = \frac{\omega m \delta v_\parallel}{k_\parallel} \tag{5.8.13}$$

结合式(5.8.12)和式(5.8.13),有

$$v_\perp\, \delta v_\perp + \left(v_\parallel - \frac{\omega}{k_\parallel}\right)\delta v_\parallel = 0 \tag{5.8.14}$$

对式(5.8.14)积分,立即可以得到式(5.8.11)。利用回旋共振条件,式(5.8.14)还表明 $\delta v_\perp / \delta v_\parallel = \Omega/(k_\parallel v_\perp) \gg 1$。需要强调的是,式(5.8.11)给出的速度分布只有在同时满足回旋共振条件时才有物理意义。

热化的共振离子的分布函数可以由式(5.7.12)开始计算。如上所述,这是一个复杂的时变、非线性偏微分方程,它有三个空间坐标变量和三个速度变量。此外,等离子体位于不均匀的平衡磁场中。但对于少数粒子成分的基频离子回旋加热的情形,问题可以大大简化。鉴于少数粒子通过与主体电子和离子的碰撞损失能量,因此它们可以被当作试探粒子。这意味着包含库仑散射势的福克-普朗克散射项 $C(f)$ 可以根据主体离子和电子的分布函数(假设为麦克斯韦分布)来精确计算。散射项 $C(f)$ 与试探离子的分布函数无关。如果假设回旋作用发生在均匀磁场中,那么问题可以进一步简化。

式(5.7.12)给出的福克-普朗克方程由此简化为关于 $f(v_\perp, v_\parallel, t)$ 的方程,$v_\perp$ 和 $v_\parallel$ 分

别指垂直和平行于平衡磁场的速度。以速度空间下的球坐标系(v, ξ)来表示 f 可使问题进一步简化,这里 $\xi = v \cdot B_0 / |v||B_0|$。由于勒让德函数 $P_{2l}(\xi)$ 是算符 $C(f)$ 的本征函数,因此可将 f 展开成勒让德函数的和。尽管 $P_{2l}(\xi)$ 不是 $Q(f)$ 的本征函数,但这种处理仍是非常有益的,因为这个展开使 $f(v, \xi, t)$ 的偏微分方程变为耦合的 $f(v, t)$ 的微分方程组。事实上,ξ 的零阶矩提供了重要的物理信息,使我们可以得到少数离子的热化的、按抛射角平均的分布函数的解析表达式。这个结果是由斯迪克斯(Stix)得到的。对于基频回旋共振加热和碰撞弛豫的少数粒子,假定少数粒子为通行粒子且有小的拉莫尔回旋半径,则式(5.7.12)可以简化为如下经过磁面和抛射角平均的 $f(v, t)$ 的演化方程:

$$\frac{\partial f}{\partial t} = \frac{1}{v^2}\left[-\alpha v^2 f + \frac{1}{2}\frac{\partial}{\partial v}(\beta v^2 f) + \frac{1}{2}H_{01}v^2\frac{\partial f}{\partial v}\right] \tag{5.8.15}$$

其中,α 和 β 是 2.12 节讨论过的福克-普朗克方程的系数。这些扩散系数已可用解析近似式来表示。H_{01} 来自准线性项,由 $H_{01} = \langle P_\perp\rangle/(2n_s m_s)$ 给出,其中 $\langle P_\perp\rangle$ 为基频少数离子回旋共振所吸收的射频功率,尖括号为对磁面平均;n_s 和 m_s 分别是磁面上共振离子的密度和质量。假设 $\langle P_\perp\rangle$ 与 $|E^+|^2$ 成正比,这里 $E^+ = \frac{1}{2}(E_x + iE_y)$ 是横向电场的分量,其转动方向与离子的相同。$E^-\left(=\frac{1}{2}(E_x - iE_y)\right)$ 和 E_z 被忽略,正如准线性算符中平行速度的效应。最后一个近似是假设射频波的脉冲足够长,可以产生稳态。在这些条件下,式(5.8.15)中的 $\partial f/\partial t$ 设为零,于是 $f(v)$ 的精确解为

$$\ln f(v) = -\frac{E}{T_e(1+\zeta)}\left[\frac{1 + R_f(T_e - T_f + \zeta T_e)}{T_f(1 + R_f + \zeta)}K(E/E_f)\right] \tag{5.8.16}$$

这里假设背景粒子只有一种,记作下标 f,则

$$\zeta = \langle P_\perp\rangle t_s/3nT_e, \qquad R_f = n_f Z_f^2 l_f/n_e l_e$$

其中,

$$l_f = 1/\sqrt{2}\,v_{T_f}, \qquad l_e = 1/\sqrt{2}\,v_{T_e}$$

并且

$$E = mv^2/2, \qquad E_f = \frac{mT_f}{m_f}\left[\frac{3\sqrt{\pi}}{4}\frac{(1+R_f+\zeta)}{(1+\zeta)}\right]^{2/3}, \qquad K(x) = \frac{1}{x}\int_0^x \frac{du}{1+u^{3/2}}$$

其中,n 和 m 分别是试验离子的密度和质量,t_s 是式(2.14.1)给出的慢化时间。

式(5.8.16)给出的 $f(v)$ 的解允许我们对每个 E 值定义一个有效温度:

$$T_{eff} = -[d(\ln f)/dE]^{-1} \tag{5.8.17}$$

如果 $E \ll E_f$,则 T_{eff} 略大于背景离子温度。如果 $E \gg E_f$,则 T_{eff} 渐近为 $T_e(1+\zeta)$,因为在此能量范围,波引起的试验离子扩散被电子的拖曳力平衡掉了。将式(5.8.16)给出的理论分布函数与 PLT 和 JET 托卡马克上少数离子加热实验的结果进行比较,如图 5.8.7 所示。

能量较高时,少数离子的慢化主要作用在电子上,少数离子的分布函数预计会变得各向异性,因为电子弛豫不包含角向散射。当能量超过临界能量 E_{crit} 时,就会产生各向异性的少数离子分布函数,其中垂直能量大于平行能量,E_{crit} 定义为

$$E_{crit} = 14.8T_e\left(\frac{A_m^{3/2}}{n_e}\sum_j n_j\frac{Z_j^2}{A_j}\right)^{2/3} \tag{5.8.18}$$

其中,求和是对多数离子,A_m 为少数离子的原子数。能量超过 E_{crit} 的离子将能量传递给等

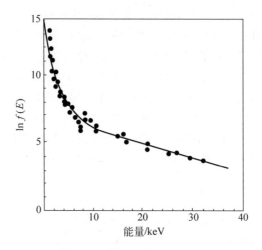

图 5.8.7　PLT 装置上氘等离子体中氢少数离子加热的实验数据

图中展示了氢电荷交换谱的测量结果及 $Z_{eff}=2.2$,$\zeta=13.8$ 时的理论曲线(Hosea, J. C. et al., *Physical Review Letters* 43,1802(1979))

离子体电子。能量低于 E_{crit} 的离子则产生多数离子加热。能量传递给电子或离子的比例可以通过选择少数离子的浓度来控制。

　　值得注意的是,这个简单模型可以很好地描述实验结果。其中回旋共振的作用是用均匀磁场模型而不是实验中的非均匀磁场来描述的。对均匀磁场,离子要么不发生共振,要么一直共振。而在实验磁场中,离子不仅在有限的时间内发生回旋共振,而且进入共振区的离子要比均匀磁场情形下多得多。此外,均匀磁场理论只能处理通行粒子,而强的离子回旋共振加热倾向于使共振离子进入捕获区。这种情形如图 5.8.8 所示,图中给出了托卡马克磁场下的福克-普朗克方程的解,其中包含通行和捕获共振离子对多数离子二倍频回旋共振加热的影响。最后,斯迪克斯理论给出的分布函数是对单个磁面的平均,而实验给出的分布函数是通过弦平均测量得到的,其中包含了许多磁面的影响。

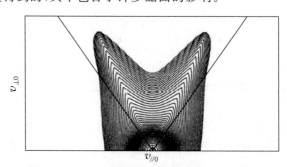

图 5.8.8　稳态离子分布等高线图

代表多数离子二次谐波回旋共振下速度空间($v_{//0}$,$v_{\perp0}$)的中平面。斜线表示俘获-通行的边界,图中展示了那些在共振区内折返(有香蕉折返点)的热化离子的积累。少数离子的基频离子回旋共振也得到了相似的结果(摘自 Kerbel, G. D. and McCoy, M. G., Physics of fluids 28,3269(1985))

　　与此密切相关的问题是中性注入离子的分布函数的计算。在这种情况下,没有准线性驱动项,但存在给定能量的单能注入离子的源项(参考 5.4 节)。图 5.8.9 展示了不同的射

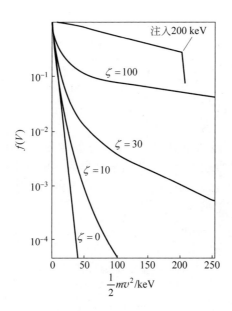

图 5.8.9　基于式(5.8.16)，$Z_{eff}=3$，少数离子回旋频率下不同的 ζ 的 $f(v)$ 相对于 E 的图像 图中还展示了同样的等离子体中，注入 200 keV 得到的离子速度分布函数(Stix, T. H., *Nuclear Fusion* 15，737 (1975))

频波能量下，试验离子分布函数的解随能量的变化。作为对比，图中还展示了 200 keV 中性束注入到 4 keV 氚等离子体的分布函数的解。

5.8.4　实验进展小结

从 20 世纪 70 年代中叶起，通过快波进行离子回旋共振加热的方案就一直在持续发展。1979 年，该技术的最先进应用是在 TFR 托卡马克上，200 kW、持续时间 20 ms 的波通过强场侧天线注入。在平均密度为 $3\times10^{19}\ m^{-3}$ 的条件下，离子温度升高了 150 eV。1980 年，在升级的 TFR600 装置上，使用 500 kW 的快波，观察到电子和离子温度都升高了 200 eV。在较低的密度($5\times10^{19}\ m^{-3}$)下，观察到温度增加了 500 eV，并且观察到等离子体密度、环电压、辐射功率和杂质水平等都有所增加。到 1982 年，TFR 上 ICRF 的能量注入水平达到 1.5～2 MW。在该功率水平下，在射频脉冲加载期间，离子温度由于金属杂质的积累而达到饱和。在射频脉冲期间，电子温度甚至开始下降(25～30 ms 之后)。对于 TFR 上观察到的杂质积累导致的加热限制，现在认为是由 TFR 的尺寸较小、单次穿越的吸收效率较低所致。

1984 年，PLT 装置在弱场侧注入 2.6 MW 的 ICRF，中心离子温度达到 3.6 keV，中心密度为 $5\times10^{19}\ m^{-3}$。1986 年，JET 装置在弱场侧加载了 7.2 MW 脉冲 10 s 的 ICRF。最好的加热效果发生在少数离子基频共振位置处于磁轴上的情形下。1988 年，JET 使用 18 MW 的 ICRF 观察到芯部电子和离子温度分别达到 11.5 keV 和 8 keV。

不同于 TFR 装置，JET 装置上的离子回旋加热没有遇到杂质积累的限制。尽管如此，单独使用 ICRF 无法产生 H 模，大量的 ICRF 能量也无法较好地耦合到等离子体上，这两点直到射频引入的杂质流被显著抑制后才得以实现。措施是采用铍作为壁和限制器的材料，同时对天线的镍制法拉第屏蔽罩采用铍膜覆盖。实验发现，天线的相位也会影响杂质的释放。采用偶极天线,配以铍处理的屏蔽罩,可以将铍杂质流减至可忽略的水平。JET 装置上进行的降低射频所引入的杂质的实验是离子回旋加热发展中的一个里程碑,它展示了高功率 ICRF 的成功运行,以及在未来大型托卡马克上应用的美好前景。

5.9　低杂波共振加热

低杂波共振加热是利用频率范围在 $1\sim8\,\mathrm{GHz}$ 的电磁波。在 $3\,\mathrm{GHz}$ 下,微波的真空波长为 $0.1\,\mathrm{m}$,因此能量可以通过波导以基模传输和加载。这是这种方案的主要优点之一。

低杂波的频率范围满足 $\omega_{\mathrm{ci}}\ll\omega\ll\omega_{\mathrm{ce}}$。这个频率范围的传播特性也可以用式(5.6.1)来描述,式中的介电张量元素近似为

$$\varepsilon_{\perp}\approx1+\frac{\omega_{\mathrm{pe}}^{2}}{\omega_{\mathrm{ce}}^{2}}-\frac{\omega_{\mathrm{pi}}^{2}}{\omega^{2}},\qquad \varepsilon_{/\!/}\approx1-\frac{\omega_{\mathrm{pe}}^{2}}{\omega^{2}},\qquad \varepsilon_{xy}\approx-\frac{\mathrm{i}\,\omega_{\mathrm{pe}}^{2}}{\omega_{\mathrm{ce}}}$$

低杂波最初是用于加热离子。为此目的,需要选择条件使低杂波共振发生在等离子体内。从式(5.7.2)知,该条件是

$$n_{\mathrm{res}}=\frac{2.3\times10^{19}A_{\mathrm{i}}f^{2}}{1-2.3A_{\mathrm{i}}f^{2}/B_{0}^{2}}\tag{5.9.1}$$

其中,n_{res} 为低杂波共振处的电子密度,单位为 m^{-3};A_{i} 是离子的原子质量数;f 是频率(单位为 GHz);B_{0} 为磁场。托卡马克运行的密度范围为 $10^{19}\sim5\times10^{20}\,\mathrm{m}^{-3}$。入射频率必须选择得使 n_{res} 与等离子体密度相匹配。因此,支配离子吸收的共振层位置并不完全在实验人员的控制之下。

然而,通过低杂波来加热主体离子被证明是有问题且不可重复的。不过人们对低杂波的兴趣却与日俱增,因为实验表明,低杂波在驱动平衡等离子体电流方面非常有效。因此,大多数低杂波研究的重点都放在将能量耦合到电子而不是离子上。对电子加热,需要注入对称的 $n_{/\!/}$ 谱,但对于电流驱动,需要的则是不对称的谱。

对于电子耦合和电流驱动,不再需要在等离子体内部存在低杂波共振。但低杂波要到达等离子体中心,仍必须有 $n_{/\!/}>1$。因此,同离子回旋频率的快波一样,在等离子体边界处,低杂波必然是消散的,这要求低杂波天线需放置得靠近等离子体。天线需要激励起慢电磁波,而非快波。由于慢波有一个平行于磁场的 $\boldsymbol{E}$ 分量,因此需使波导天线的短边与环向场平行,并采用适当的横电波(TE)模式。

一旦慢波隧穿过等离子体边界的消散层后,还需要无阻尼地传播至等离子体中心。当平行折射率低于某个临界值 n_{c}(由式(5.9.2)定义)时,则慢波和快波在截止层和等离子体中心之间的某个位置重合。因为慢波是背向波(群速度的方向与相速度相反),因此慢波和快波的模式转换将导致能量被反射。在这种情况下,额外的非传播区会阻止慢波进一步进入等离子体。如图 5.9.1(a)~(c)所示。图 5.9.1(a)展示了 $n_{/\!/}<n_{\mathrm{c}}$ 时快波与慢波的汇合;图 5.9.1(b)展示了 $n_{/\!/}=n_{\mathrm{c}}$ 的临界情况,在此两个分支刚接触;图 5.9.1(c)中没有汇合点,慢波可以自由传播至等离子体中心(或杂化共振区,如果它存在的话)。对于临界情形,入射慢波的能量在穿透慢波和反射快波之间均分。但只要 $n_{/\!/}$ 比临界值小百分之零点几,穿透的能量就几乎可以忽略,入射能量完全被反射。临界值 n_{c} 由斯迪克斯-格兰特(Stix-Golant)可近性条件给出:

$$n_{/\!/}^{2}>1+(\omega_{\mathrm{pe}}^{2}/\omega_{\mathrm{ce}}^{2})_{\mathrm{res}}(=n_{\mathrm{c}}^{2})\tag{5.9.2}$$

由上述讨论看出,这一条件是波能否到达中心的决定条件。

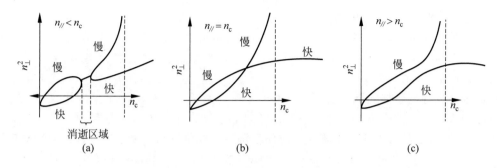

图 5.9.1 垂直折射率平方与密度的关系

(a) $n_{/\!/}<n_c$；(b) $n_{/\!/}=n_c$；(c) $n_{/\!/}>n_c$

低杂波加热的另一个重要特点是慢波的性质 $v_{g\perp}/v_{g/\!/}=k_{/\!/}/k_\perp$，其中 $v_{g\perp}$ 和 $v_{g/\!/}$ 分别为垂直和平行的群速度。这意味着能量并不是直接穿越磁场，而是在环向传播很多圈之后才到达等离子体中心，因为 $k_{/\!/}\ll k_\perp$。

激发满足斯迪克斯-格兰特可近性条件、具有特定 $n_{/\!/}$ 谱的低杂波的标准方法是采用低杂波格栅天线。其简化的示意图如图 5.9.2 所示。图中展示了有适当相移的波导阵列，它被分为两组，波导的短边与环向磁场方向平行。这种安排是为了使波导电场耦合为低杂波的效率最大化。波导阵列由速调管驱动，每个波导对应一支速调管，所有的速调管工作在同一频率下。两个垂直相邻的波导应同相，两个水平相邻的波导应正交。每个高功率微波源的相位由低功率水平下的第一级放大器确定。得到的 $n_{/\!/}$ 谱如图 5.9.2(b) 所示，图中能量集中在满足式 (5.9.2) 的值附近。因为低杂波的群速度主要沿环向，因此不需要在沿环向布置许多天线。因此不同于电子回旋加热方案，低杂波系统只需要一个加载位置。

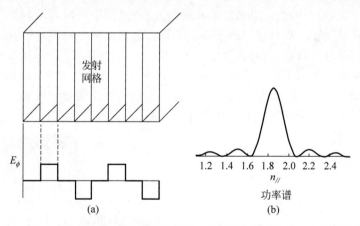

图 5.9.2 (a) 一个低杂波"格栅"天线的示意图；(b) JET 装置上的一个典型的傅里叶谱

自从最初的格栅天线提出以来，低杂波天线变得越来越复杂。作为例证，我们来介绍 JET 装置上的低杂波系统。它有总计 384 个波导，被分成 12 路，每路 32 个波导。这 12 路波导又分成 3 组，以便同时发射 3 种不同的低杂波谱。3 组中的每一组又细分成若干个 4×4 的阵列(16 个波导)。每个阵列由同一个速调管供能，同一行的 4 个水平排列的波导之间的相位相差 90 度，同一列的 4 个波导具有相同的相位。下一组的 16 个波导既可以重复上一组的相位变化，也可以比上一组提前或落后 90 度相位。这三组相位差设置为 $\Delta\phi=0,90°,$

—90°,它们分别给出三种独立的谱。

低杂波系统的工作频率为 3.7 GHz,激励源的最大功率为 15 MW,脉宽为 20 s。格栅由 24 支速调管驱动,每一支的功率为 650 kW,等离子体表面的功率密度为 40 MW·m^{-2}。传输线的长度为 40 m。

低杂波到等离子体的耦合由天线前的电子密度及其密度梯度决定。为此,需要调整等离子体与天线之间的距离。通过在环向和极向上调整波导末端的弯曲度,使其更符合等离子体边界的形状,将有助于能量耦合。每路系统的天线位置和等离子体位置可以独立控制。放电期间,天线能够以最大 100 mm·s^{-1} 的速度沿径向移动,移动距离为 210 mm。天线前的等离子体参数的快速变化可以由等离子体位置的反馈控制来补偿。实际实验中,在每次放电的过程中,天线只沿径向移动±10 mm。天线前的等离子体密度为 1×10^{18} m^{-3} 时可以获得最佳的耦合效果。实验中已经得到了反射系数低至 1% 的良好耦合。在 H 模放电中,低杂波系统可在反射系数为 3% 的水平下驱动起 1 MA 的等离子体电流。

当在等离子体内存在低杂波共振时,垂直波数随着波接近共振位置而增加。由于有限拉莫尔半径效应,低杂波耦合至离子伯恩斯坦高次谐波的比例增加。波在低杂波共振位置被完全吸收。即使等离子体内不存在共振,低杂波仍会经历强烈的离子回旋共振阻尼。这是由于聚变等离子体中存在 α 粒子。这些粒子的拉莫尔半径远大于热粒子的拉莫尔半径,因此不管等离子体中是否存在低杂波共振层,低杂波都可以耦合到伯恩斯坦高次谐波。

由于在离子回旋频率的范围内,低杂波的频率远高于快波,因此前者具有较大的平行电场。这使其可以与电子发生很强的朗道阻尼。发生电子朗道阻尼的条件是 $n_{//} T_e^{1/2} \approx 5$,式中 T_e 的单位是 keV。这使得当 $T_e > 5$ keV 时,电子的加热既不局限在共振层附近,也不趋向于等离子体中心,而是向等离子体边界移动。

通过将 $n_{//}$ 谱集中在较小的值上,但仍满足斯迪克斯-格兰特可近性条件,低杂波也能够耦合到超热电子上(这对于电流驱动是重要的)。低杂波用于电流驱动时,一个重要的特征是在速度分布函数上产生超热电子的尾部。尽管它是低杂波电流驱动的基础,但尾部的产生机制没有被完全解释清楚,这被称为谱间隙问题。已有报道,在一些托卡马克上,可以完全通过低杂波来维持等离子体电流,此时相应的环电压降为零。关于非感应电流驱动,包括低杂波电流驱动,已经在 3.13 节介绍。低杂波产生的电子速度分布函数如图 5.9.3 所示,该图清楚地展示了平行磁场方向上的高能电子尾部。

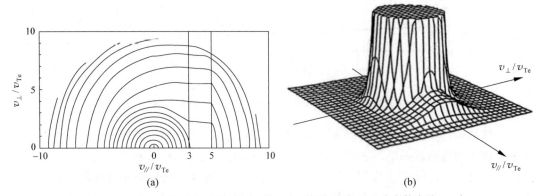

图 5.9.3　低杂波电流驱动下($v_{//}, v_\perp$)空间中稳态电子分布等高线

(a) 代表 $f(v_{//}, v_\perp)$ 的等高线,其中 $v_{//}$ 和 $v_\perp$ 已经对 v_{Te} 做了归一化;(b) 展示了 $f(v_{//}, v_\perp)$ 的等高面,为了更清楚地展现平台区域,在 f 最大值的 0.02 倍处截断(摘自 Karney, C.F.F. and Fisch, N.J., *Physics of Fluids* 22, 1817(1979))

5.10 电子回旋共振加热

电子回旋共振加热是最简单的射频加热方式。不同于离子回旋和低杂波加热,这里,在天线与等离子体之间没有消散层,尽管在等离子体中可能存在截止。因此,比起其他两种加热方式,电子回旋共振加热的天线可退后到相对友好的环境中。

毫米波段的回旋管波源的发明使电子回旋加热成为可能。自从 20 世纪 70 年代中叶毫米波源和相关器件面世以来,这类器件已能够提供 $0.5 \sim 1$ MW 的输出,频率在 $100 \sim 200$ GHz 范围的回旋管正在迅猛发展。反应堆所需的频率范围为 $100 \sim 200$ GHz,对应真空波长为 $1 \sim 2$ mm。

由于 $\omega_{\text{ce}} \gtrsim \omega_{\text{pe}}$,因此只有电子对电子回旋波有响应,也只有电子可被直接加热。然而,在类似反应堆的条件下,离子可以通过与电子碰撞被加热。随着等离子体密度的增大,波的传播会受到截止频率的制约,此后电子回旋波无法传播到托卡马克中心。电子回旋波的传播仍用式(5.6.1)来描述:

$$n_{\perp}^2 = 1 - \frac{\omega_{\text{pe}}^2}{\omega^2} \qquad \text{(O 模)} \qquad (5.10.1)$$

$$n_{\perp}^2 = \frac{\left(1 - \frac{\omega_{\text{pe}}^2}{\omega^2} - \frac{\omega_{\text{ce}}}{\omega}\right)\left(1 - \frac{\omega_{\text{pe}}^2}{\omega^2} + \frac{\omega_{\text{ce}}}{\omega}\right)}{1 - \frac{\omega_{\text{pe}}^2}{\omega^2} - \frac{\omega_{\text{ce}}^2}{\omega^2}} \qquad \text{(X 模)} \qquad (5.10.2)$$

式中只考虑垂直于平衡磁场 **B** 的传播,$n_{//} = 0$。式(5.10.1)对应于 $E /\!/ B$ 的线偏振波,叫作 O 模。式(5.10.2)对应于 $E \perp B$ 的椭圆偏振波,称作 X 模。

O 模和 X 模都能够直接穿过平衡磁场传播,因此都可以用来加热等离子体。在冷等离子体描述下,O 模不产生共振,X 模在 $\omega = \omega_{\text{UH}}$ 时共振,如 5.7 节所述。但当考虑到热等离子体效应后,两种模式在满足 $\omega = l\omega_{\text{ce}}$ 时都产生共振,式中 l 是整数。这些共振与上杂化共振被用来加热。

O 模和 X 模的可近性条件由式(5.10.1)和式(5.10.2)给出。当 $\omega \approx l\omega_{\text{ce}}$ 时,O 模的条件为 $\omega_{\text{pe}}^2/\omega_{\text{ce}}^2 = l^2$,X 模的条件为 $\omega_{\text{pe}}^2/\omega_{\text{ce}}^2 = l(l \pm 1)$。X 模在低密度和高密度处的截止,及其在一般情况下的可近性信息,可以通过 Clemmow-Mullaly-Allis(CMA)图来很好地展现。图 5.10.1 所示是对固定的 ω 给出磁场平方 $\omega_{\text{ce}}^2/\omega^2$ 与密度 $\omega_{\text{pe}}^2/\omega^2$ 的图像。图中分别用 $1 \sim 3$ 标记出了三条波迹。第一条对应于从低磁场侧注入的基频 X 模,由于先遇到低密度截止,因此波在此被反射,无法到达共振区。第二条对应于二倍频 X 模($l=2$),它能够从弱场侧到达二倍频共振区(但不是上杂化共振)。第三条对应于从高磁场侧注入的基频 X 模。在这种情况下,波能够传播至基频共振点和上杂化共振点。最后,O 模与注入位置无关,只要密度低于截止值,波都可以自由传播至共振区域。

上述三条波迹是根据单模 WKB 理论来描述的。如 5.7 节讨论的,更精确的描述需要用全波理论。可以看到,弱场侧注入的 X 模可以隧穿消散层,到达上杂化共振区域。入射能量中到达上杂化共振层的比例取决于等离子体密度。传输系数由下式给出:

$$T = \exp(-\pi k_0 \xi_{\text{c}})$$

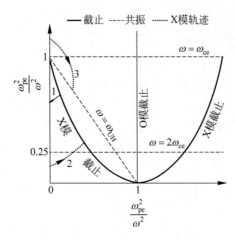

图 5.10.1　X 模和 O 模的可近性和共振的 CMA 图(磁场平方对密度的函数关系)

其中,

$$k_o^2 = \frac{\left[1+\left(1+\dfrac{\omega_{pe}^2}{\omega_{ce}^2}\right)^{1/2}\right]\left[\left(1+\dfrac{\omega_{pe}^2}{\omega_{ce}^2}\right)^{1/2}+\dfrac{\omega_{pe}^2}{\omega_{ce}^2}\dfrac{R}{L}\right]}{2\left(1+2\dfrac{\omega_{pe}^2}{\omega_{ce}^2}\dfrac{R}{L}\right)}\frac{\omega_{ce}^2 R^2}{c^2}$$

$$\xi_c = \frac{\left(1+\dfrac{\omega_{pe}^2}{\omega_{ce}^2}\right)^{1/2}-1}{\left(1+\dfrac{\omega_{pe}^2}{\omega_{ce}^2}\right)^{1/2}+\dfrac{\omega_{pe}^2}{\omega_{ce}^2}\dfrac{R}{L}}$$

R 的定义见 5.8 节开始,L 为平衡密度的特征长度。对大型托卡马克来说,所有实际情况中传输系数都为零。从弱场侧至上杂化共振区的隧穿可忽略不计。当密度较低时,如 $\omega_{pe}^2 \ll \omega_{ce}^2$,传输系数可取 $T \approx \exp(-\pi \omega_{pe}^2 R/2\omega_{ce}c)$,可以看出,有效隧穿需要满足 $\omega_{pe}^2/\omega_{ce}^2 \lesssim c/R\omega_{ce}$。

O 模和 X 模的截止条件表明 n/B^2 是固定的。这意味着电子回旋加热不能产生超过 $0.004\alpha T_e(\mathrm{keV})$ 的局部 $\beta_e(=p_e[B^2/(2\mu_0)])$,对 O 模,$\alpha=l^2$;对 X 模,$\alpha=l(l\mp1)$,干分别对应于低密度和高密度截止。

我们仅对垂直于平衡磁场传播的 O 模和 X 模的可近性条件进行讨论。对于一般的倾斜传播的情形,$n_{/\!/} \neq 0$,X 模的高密度和低密度截止由式 $\omega_{pe}^2/\omega_{ce}^2 = l(l\pm1)(1-n_{/\!/}^2)$ 给出。因此,垂直传播可以到达最高的密度。O 模的截止密度不随有限的 $n_{/\!/}$ 改变。应当指出的是,对于斜传播,两支线性无关的模式(仍称为 O 模和 X 模)都具有 $E_{/\!/}$ 和 $E_\perp$ 两个分量。

对接近于托卡马克反应堆的情况($T_e \gtrsim 10\ \mathrm{keV}$),最强的共振吸收为基频和二倍频 X 模,以及基频 O 模。对高次谐波,吸收逐渐变弱,且波源的研制难度加大。因此,电子回旋加热的应用会集中在基频 O 模和二倍频 X 模,这两种模式从弱场侧注入可以到达共振层。

共振条件决定了吸收区域,由式(5.7.10)给出,下标 j 现在指电子。在该区域外,电子回旋波不会被阻尼,但在穿过该共振层时,波的能量会按 $\exp(-\tau)$ 衰减,τ 为光学厚度。类似于离子回旋共振加热,电子回旋共振加热的优点是吸收区可由波频与真空环向磁场的匹配来控制,波沿小截面上的所有竖直弦的传播都可以达到共振。

　　基频 O 模共振和二倍频 X 模共振都来自于热等离子体中的有限电子拉莫尔半径效应。这两支波的一个重要属性是即使对垂直于平衡磁场的传播,在共振区也会有很强的阻尼。这一属性是由于相对论效应所导致的电子质量随速度的变化。不同于离子回旋吸收,当电子温度达到 1 keV 或 2 keV 时,这一变化开始变得显著。电子温度越高,吸收越强。对垂直传播的情形,电子回旋共振的条件是

$$\omega - \frac{l\omega_{ce}}{\gamma} = 0 \qquad\qquad (5.10.3)$$

其中,ω_{ce} 是电子回旋频率,考虑电子的静质量;γ 是相对论因子 $(1-v^2/c^2)^{-1/2}$。在非相对论的条件下,$\gamma=1$,假设 B 只依赖于径向坐标 R,则同一位置处(如 $R=R_c$)的所有电子都满足式(5.10.3)的条件。因此共振层的宽度为零,导致波动方程中出现奇异(或共振)点。然而实际情形下,在所有托卡马克中,电子的平衡能量远小于其静质量,$v^2/c^2 \ll 1$,因此 γ 因子可以展开,给出近似的共振条件:

$$\omega - l\omega_{ce}(x) + l\omega_{ce}\frac{v^2}{2c^2} \approx 0 \qquad\qquad (5.10.4)$$

式中第二项包含了磁场对局域空间的依赖关系,第三项中则忽略了这一点。共振条件现在取决于速度,这是波-粒子共振的典型特征。显然,此时共振区具有有限宽度,具有不同能量的电子能在不同位置上满足共振条件。如果能量为零的电子在 $x=x_0$ 处发生共振,即此处有 $\omega - l\omega_{ce}(x_0) = 0$,那么能量更高的电子则会在离这一点更深的位置发生共振。我们还可以清楚地看出,只有在 $\omega - l\omega_{ce}(x) < 0$ 时,共振条件才能被满足。也就是说,垂直传播的电子回旋共振在冷等离子体共振区是不对称的,只能发生在共振区的强场侧。从弱场侧入射的波会先与低能电子共振,但从强场侧入射的波在与相对低能的电子作用前,会与大多数高能电子共振。共振区域的宽度 δx 可通过将热速度代入式(5.10.4)得到。假设共振区的磁场呈线性分布,$\omega_{ce}(x) = \omega_{ce}(0)(1+x/R)$,于是有 $\delta x/R \approx v_{Te}^2/(2c^2)$。对于相对于磁场方向呈斜入射的波,多普勒展宽最终将超过相对论展宽而成为主要因素。在此极限情形下,电子回旋波在冷等离子体共振区的两侧都会被吸收,此时共振区的宽度为 $\delta x/R \approx (v_{Te}/c)\cos\theta$(假设低密度($\omega_{pe} \ll \omega_{ce}$)下有 $k \approx l\omega_{ce}/c$)。对于更高的密度,k 的值必须从适当的色散关系中得到。

　　正如已经提到的,鉴于基频 O 模和二倍频 X 模的相对论性吸收性质,它们可以直接从弱场侧注入横越磁场来加热。不同于离子回旋加热的情形(弱场侧垂直入射的二倍频波会遇到强烈反射),相对论性吸收去除了对弱场侧入射的基频 O 模和二倍频 X 模的反射。

　　回到式(5.10.4)给出的共振条件。可以看出,弱相对论性修正可导致波共振被波-粒子共振取代。这种速度空间下的奇异积分必须用 5.8 节提到的朗道法则来计算。这种计算可以给出基频 O 模的光学厚度的表达式:

$$\tau_{01} = \frac{\pi}{2}\frac{\omega_{pe}^2}{\omega_{ce}^2}\left(1-\frac{\omega_{pe}^2}{\omega_{ce}^2}\right)^{1/2}\frac{v_{Te}^2}{c^2}\frac{\omega_{ce}}{c}R \qquad\qquad (5.10.5)$$

对于基频 O 模和二倍频 X 模,光学厚度 $\tau_{O,X}$ 对密度的极大值可以写成如下形式:

$$\tau_{O,X} = \gamma_{O,X}R(m)f(GHz)T_e(keV)$$

其中,$\gamma_O = 0.025$,$\gamma_X = 0.15$。由于相对论性展宽,弱场侧注入的能量在经历一次穿越共振区时就被全部吸收。因此在典型的托卡马克条件下,将没有透射波(或反射波)。

　　电子伯恩斯坦波也可以用作加热和电流驱动。这一非传统的方式之所以很少被关注,

是因为 O 模和 X 模可以在远离热等离子体的真空区加载,并能穿透到传统托卡马克等离子体的中心,而电子伯恩斯坦波的耦合要困难得多,因为它们不能在真空中传播。但在球形托卡马克的情形下,$\omega_{pe}^2 \gg \Omega_e^2$,不论是基频还是二倍频的 O 模和 X 模,都无法到达等离子体中心。高次谐波可以进入但阻尼很弱,这使得传统的 ECRH 不适用于球形托卡马克。

电子伯恩斯坦波没有密度上的限制,所有谐波都有强烈的阻尼,这使其成为球形托卡马克加热和电流驱动的一种非常有前途的选择。问题主要是如何发展出一套可靠有效的耦合方式,可行方法有两种。

第一种方法最先在电离层中应用。以通常方式加载 O 模的波。如果入射角使 $n_{//}$ 有临界值 n_{cr},这里 $n_{cr}^2 = \omega_{ce}/(\omega + \omega_{ce})$,则高密度 X 模的截止与 O 模的截止简并,O 模完全转换为 X 模。X 模继续向低密度侧传播至上杂化共振层,然后转换为电子伯恩斯坦波。最后,转换了的电子伯恩斯坦波(EBW)向等离子体中心传播,并在经过的第一个电子回旋共振层就被完全吸收。这被称为 O-X-EBW 方案。

第二种可能性是基于三重态方案。该方案的提出原本是用来讨论快波注入双离子等离子体的模式转换加热的。在这种情况下,X 模低密度截止、上杂化共振和高密度截止三者形成临界点的三重态。原则上,只要存在足够陡峭的边界密度梯度,就有可能将弱场侧注入的 X 模完全转换为电子伯恩斯坦波。这被称为 X-EBW 方案。

O-X-EBW 方案已经在 W7-AS 仿星器上得到了验证,在两倍于截止密度的情况下产生了加热效果。图 5.10.2 展示了测得的 O-X-B 加热产生的等离子体的能量增长随真空平行折射率(由入射角决定)的变化。通过对比可见,测量值与理论曲线非常接近。

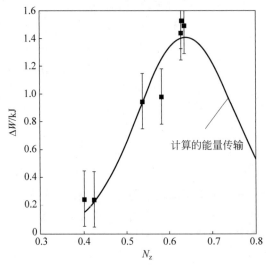

图 5.10.2　O-X-B 加热中等离子体能量增加随入射 O 波纵向真空折射率N_z 的变化关系
实线由最大能量增量乘以计算给出的传输函数得到(Laqua, H. P. et al., *Physical Reivew Letters* 78, 3467(1997))

托卡马克上的电子回旋共振加热电子的方式与离子回旋共振加热离子的方式相近。与 O 模或 X 模产生回旋共振的电子主要受到垂直于磁场方向的推动。给定的电子是获得还是失去能量,取决于电子回旋的相位与波相位的关系。如 5.8 节所述,共振电子被限制沿速度空间下的特定路径移动。

由于相对论性修正,电子路径会不同于离子共振的等值线。但是,通过采用一个正确包含弱相对论性修正的准线性项,加热后的电子的分布函数可以通过求解电子的福克-普朗克方程得到。在给定环向磁场下,计算的结果如图 5.10.3 所示。它表明,电子回旋加热与离子回旋加热之间存在显著的不同。对比图 5.8.8 和图 5.10.3 可以看到,相比电子速度等值线,离子速度等值线更加偏离热平衡分布线。这是由于电子回旋共振条件对 $v_\perp$ 的依赖关系有所不同。相对论效应造成电子质量变化,使得被加热的电子在被加热到更高能量之前便停止了共振。相反,相对论质量修正对热离子来说是可以忽略的。因此,离子可以保持回旋共振,持续获得垂直能量。同样值得注意的是,在靠近原点的区域,由于碰撞频率很高,电子的分布函数仍保持麦克斯韦分布。电子分布函数的偏离主要发生在 $4\sim 8v_{Te}$。这种偏离抑制了更大的速度,因为这些电子无法进入 $\rho = 4.4$ cm 位置处的共振区域。

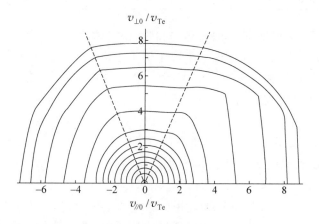

图 5.10.3　COMPASS 托卡马克上使用 1.5 MW X 模二次谐波加热得到的电子分布函数的等值线
其他的参数为: $n_e = 10^{19}$ m^{-3},$T_e = 1.5$ keV,$f = 60$ GHz,$\rho/R = 0.08$,其中 ρ 是共振磁面的半径。虚线展示了俘获电子与通行电子的边界(取自 O'Brien, M. R., Cox, M., and Start, D. F. H., *Nuclear Fusion* 26, 1625 (1986))

在 PLT 装置上,人们对电子回旋吸收的弱相对论性热等离子体理论进行了实验验证。传输天线和接收天线分别置于中平面上相对的两侧。保证两天线间的连线垂直于平衡磁场,因此该实验测量的是垂直于磁场传播的 O 模。

入射的 4 mm 微波由固定频率为 71 GHz 的磁控管驱动。将接收天线接收到的透射功率与入射功率相比,即得到光学厚度 τ_{exp}。电子回旋共振的位置随平衡磁场的中心值的改变而改变。实验对折射损失进行了修正,因为在低密度和低温下折射损失可能超过吸收。在较低的磁场下(此时等离子体中不存在共振层)重复传输测量,结果见表 5.10.1,其中对实验得到的光学厚度 τ_{exp} 与式(5.10.5)给出的理论值 τ_{01} 做了对比。光学厚度的理论值由汤姆孙散射测量得到的局域密度 $n_e(r)$ 和温度 $T_e(r)$ 计算得到。

表 5.10.1　实验测得的光学厚度 τ_{exp} 与基于基频 O 模传播的计算值 τ_{01} 的对比(参考式(5.10.5),数据来自两组分开的实验(在表中已分开))

$B(R_o)$/T	$T_e(r)$/eV	$n_e(r)/(10^{19}$ m$^{-3})$	τ_{01}	τ_{exp}
1.9	160	0.38	0.5 ± 0.03	0
2	290	0.7	0.21 ± 0.16	0.09 ± 0.03

续表

$B(R_\circ)/\mathrm{T}$	$T_\mathrm{e}(r)/\mathrm{eV}$	$n_\mathrm{e}(r)/(10^{19}\ \mathrm{m}^{-3})$	τ_{01}	τ_exp
2.15	240	0.7	0.14 ± 0.04	0.11
2.4	650	1.1	0.57 ± 0.06	0.38 ± 0.05
2.5	900	1.3	0.98 ± 0.16	0.88 ± 0.06
2.15	270	1.30	0.29 ± 0.06	0.3 ± 0.03
2.3	420	0.96	0.35 ± 0.18	0.33 ± 0.07
2.4	760	2.6	1.43 ± 0.13	1.5 ± 0.15
2.5	850	2.7	1.65 ± 0.30	1.9

从表 5.10.1 可以清楚地看到,理论值与实验值吻合得很好。

图 5.10.4 给出了 ECRH 系统的一个典型例子。这是 COMPASS 装置上的 ECRH 布局图,包括回旋管、传输线和弱场侧注入的天线。图 5.10.4 中一个显著的特征是从回旋管中产生的能量主要为 TE_{02} 模(约 90%),剩下 10% 由 TE_{01} 模和更高次模携带。TE_{mn} 是指圆波导中传递的是横电波,m 和 n 分别是角向和径向模数。应当指出的是,由于 ECRH 的高频特性,波导传输线工作在过模条件下。这意味着许多不同的模式都可以传播,因此调节时需要格外小心,以确保波导中只有所需的模式存在。$\mathrm{TE}_{01/02}$ 模式校正器和 $\mathrm{TE}_{01/02}$ 模式转换器可使超过 95% 的能量转换为 TE_{01} 模。TE_{01} 模即所需的传输模,它在传输中的损耗非常低。TE_{01} 模将能量一直保持到接近托卡马克的位置上,然后再转换成所需的发射模式。这个转换分为两步。首先,能量从圆波导中的 TE_{01} 模转换为近似线偏振的 TE_{11} 模,然后,再由 TE_{11} 模转换为 HE_{11} 模。HE_{11} 模只存在于波纹管型波导中,但便于耦合至等离子体。这是因为 HE_{11} 模具有精确的线偏振,偏振面可以选择得匹配为 O 模或 X 模。传输线总长超过 50 m,在耦合到等离子体之前需经过 5 次弯折。回旋管与等离子体之间的传输能量损失不超过 15%。天线前的真空窗是反应堆级托卡马克 ECRH 系统的关键部件。对

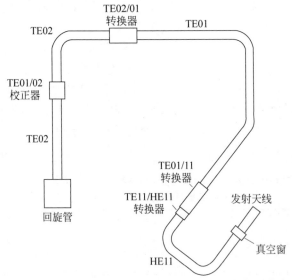

图 5.10.4　COMPASS 装置上弱场侧注入的 ECRH 系统布局

反应堆所需的更高频率的系统,可用准光学传输线来替代波导。

　　总之,应当指出的是,电子回旋共振加热已在兆瓦级水平上得到了成功的运用。在 T-10 托卡马克上,在线平均密度为 1.5×10^{19} m^{-3} 的条件下,采用 2.5 MW、81 GHz 和 1.1 MW、75 GHz 的微波已使中心电子温度达到 10 keV。这两个频率的共振线分别位于等离子体中心对称的两边($r/a = \pm 0.2$)。在 DⅢ-D 上,在 0.7×10^{19} m^{-3} 的电子密度下,采用 1 MW、60 GHz 的微波得到了 5 keV 的中心电子温度。除了用作加热,电子回旋共振加热还有其他方面的用途。电子回旋共振已经成功应用在预电离放电和辅助启动上。此外,尽管电子回旋波携带很少的动量,但它也可以用作驱动平衡电流,原则上讲,其效率与低杂波相当。电子回旋波的另一个重要应用是对电流剖面的控制,这既可以通过局域加热来实现,也可以通过局域电流驱动来实现。最后,借助垂直入射时的相对论共振条件,电子回旋共振吸收可以对高能电子进行选择性加热。截至目前,在托卡马克实验中关于这一特性的应用还很少。应当指出的是,相对论性回旋共振条件是回旋管增益机制的基础,尽管高度非热剖面的电子的能量范围只在 80 keV 内($v_{\perp 0} \lesssim 2 v_{//0}$)。

参考文献

欧姆加热

以欧姆加热为主的装置(点火)的方案:

Coppi, B., Compact experiment for α-particle heating. *Comments on Plasma Physics and Controlled Fusion* Vol. Ⅲ, 47 (1977).

中性束加热

对该主题的导论性描述:

Sweetman, D. R., Cordey, J. G., and Green, T. S., Heating and plasma interactions with beams of energetic neutral atoms, *Philosophical Transactions of the Royal Society* A 300, 589 (1981);

Hemsworth, R. S., In *Plasma physics and nuclear fusion research* (ed. Gill, R. D.). Academic Press, London (1981).

最近的综述:

Stork, D., Neutral beam heating and current drive systems. *Fusion Engineering and Design* 14, 111 (1991).

下文描述了束-等离子体相互作用物理,以及快离子的俘获和热化:

Cordey, J. G., *Applied atomic and collision physics* Vol. 2, Eds Barnett, C. E and Harrison, M. EA. Academic Press, Orlando (1984).

下列文章描述了中性束形成和传输的技术方面:

Green, T. S., *Applied atomic and collision physics* Vol. 2 (eds Barnett, C. F. and Harrison, M. F. A.). Academic Press, Orlando (1984).

关于早期加热实验的报道,见 The 6th *European Conference on Controlled Fusion and Plasma Physics*, Moscow 1973. 以及出版的相应文集的第二卷中的下列文章:

Furth, H. P., Tokamak heating by neutral beams and adiabatic compression, p. 51.

Sheffield, J. *et al*. Neutral injection on the CLEO tokamak, p. 328.

Barnett, C. F. *et al*. ORMAK and neutral injection, p. 330.

取得明显加热效果的实验结果见

Eubank，H.，Goldston，R. J. *et al*. PLT neutral beam heating results. *Plasma physics and controlled nuclear fusion research* (Proceedings 7th International Conference，Innsbruck，1978) Vol. 1，167. I. A. E. A. Vienna (1979).

Kitsunezaki，A.，Angel，T. *et al*. High pressure plasma with high-power NBI heating in Doublet Ⅲ. *Plasma physics and controlled nuclear fusion research* (Proceedings 10th International Conference，London，1984) Vol. 1，57. I. A. E. A. Vienna (1985).

大型托卡马克上进行的更高功率的加热实验将在第 12 章中介绍。

射频加热

两篇最完备的总结：

Porkolab，M.，Reviewof RF heating. In Theory of magnetically confined plasmas. *Proceedings of the International School of Plasma Physics*，Varenna 1977，p. 339. Pergamon Press，Oxford (1979).

Hwang，D. Q. and Wilson，J. R.，Radio frequencywave applications in magnetic fusion devices. *Proceedings of IEEE* **69**，1030 (1981).

第一篇概述了理论和实验进展，第二篇还包含了相关的技术信息。

关于该主题的导论性叙述，见下列著作：

Cairns，R. A.，*Radio frequency heating of plasmas* Adam Hilger，Bristol (1991).

另一本包含了更多的实验内容的介绍：

Golant，V. E. and Fedorov，V. I.，*RF plasma heating in toroidal fusion devices*，Consultants Bureau，New York (1989).

射频加热物理

关于等离子体中的波的权威著作(该书第二版对这一主题的发展有详细的讨论)：

Stix，T. H.，*Waves in plasmas*，American Institute of Physics (New York)，1992.

专论射频加热的波的理论：

Swanson，D. G.，*Plasma waves*，Academic Press，San Diego (1989).

详细且全面描述磁化均匀等离子体中的线性波的理论：

Akhiezer，A. I.，Akhiezer，I. A.，Polovin，R. V，Sitenko，A. G.，and Stepanov，K. N.，*Plasma electrodynamics* Vol. Ⅰ. Pergamon Press，Oxford (1975).

关于三种主要加热方式及电流驱动方式的综述性文献：

Wave heating and current drive in plasmas，Eds. Granatstein，V. L. and Colestock，P. L.，Gordon and Breach，New York (1985).

对巴登方程的严谨的讨论见

Budden，K. G.，*The propagation of radio waves*，Cambridge University Press. Cambridge (1985)，pp. 596-602.

第一篇论述伯恩斯坦波的文献：

Bernstein，I. B.，Waves in plasma in a magnetic field，*Physical Review* **109**，10 (1958).

朗道阻尼的原始推导(朗道阻尼是热等离子体中射频能量吸收的基本物理过程)见

Landau，L. D.，On the vibrations of the electronic plasma，*Journal of Physics* (*USSR*) **10**，25 (1946).

关于(等离子体物理语境下)线性模式转换的早期说明见

Stix，T. H.，Radiation and absorption via mode conversion in an inhomogeneous collision free plasma，*Physical Review Letters* **15**，878 (1965).

后期关于模式转换的讨论：

Cairns，R. A. and Lashmore-Davies，C. N.，A unified theory of a class of mode conversion problems，*Physics of Fluids* **26**，1268（1983）.

Colestock，P. L. and Kashuba，R. J.，The theory of mode conversion and wave damping near the ion cyclotron frequency，*Nuclear Fusion* **23**，763（1983）；

Stix，T. H. and Swanson，D. G.，Propagation and mode-conversion for waves in non-uniform plasmas，in *Handbook of plasma physics*，Eds Rosenbluth，M. N. and Sagdeev，R. Z.，Vol. I，North-Holland，Amsterdam，p. 335（1983）.

关于反常多普勒(回旋)共振的有趣讨论：

Nezlin，M. V.，Negative-energy waves and the anomalous Doppler effect，*Uspekhi Fizicheskikh Nauk*，**120**，**481**（**1976**）（*Soviet Physics-Uspekhi* **19**，946（1976））.

准线性理论的独立推导见以下两篇文献：

Vedenov，A. A.，Velikhov，E. P. and Sagdeev，R. Z.，Nonlinear oscillations of a rarefied plasma，*Nuclear Fusion* **1**，82（1961）.

Drummond，W. E. and Pines，D.，Nonlinear stability of plasma oscillation，*Nuclear Fusion* **1**，Supplement，Part 3，1049（1962）.

离子回旋共振加热

关于双离子杂化共振的第一次说明见

Buchsbaum，S. J.，Resonance in a plasma with two ion species. *Physics of Fluids* **3**，418（1960）.

关于利用快波进行离子回旋加热的深入细致的分析文献：

Stix，T. H.，Fast-wave heating of a two component plasma. *Nuclear Fusion* **15**，737（1975）.

之后的综述：

Swanson，D. G.，Radio frequency heating in the ion-cyclotron range of frequencies，*Physics of Fluids* **28**，2645（1985）.

Hwang，D. Q.，Colestock，P. L. and Philips，C. K. The theory of minority species fast magnetosonic wave heating in a tokamak. In *Wave heating and current drive in plasmas*，Gordon and Breach，New York（1985），Eds Granatstein，V. L.，and Colestock，P. L.，p. 1.

准线性理论推广到磁化等离子体首先由下文给出：

Kennel，C. F. and Engelmann，F.，Velocity space diffusion from weak plasma turbulence in a magnetic field，*Physics of Fluids* **9**，2377（1966）.

对托卡马克等离子体中带准线性波项的福克-普朗克方程的解的全面说明见

Kerbel，G. D. and McCoy，M. G.，Kinetic theory and simulation of multispecies plasmas in tokamaks excited with electromagnetic waves in the ion-cyclotron range of frequencies，*Physics of Fluids* **28**，3629（1985）.

使用离子回旋加热的一些早期结果：

Equipe，TFR，ICRF Heating in TFR 600. *Proceedings of the 8th International Conference on the Physics of Plasmas and Controlled Nuclear Fusion*（Brussels，1980），Vol. 2，p. 75，IAEA，Vienna（1981）.

之后的实验结果的综述：

Colestock，P. L.，An overview of ICRH experiments in *Wave heating and current drive in plasmas*，Gordon and Breach，New York（1985）Eds. Granatstein，V. L. and Colestock，P. L.，p. 55.

最先意识到强场侧快波截止对弱场侧模式转换的重要性的文献：

Majeski，R.，Phillips，C. K.，and Wilson，J. R.，Electron heating and current drive by mode converted slow waves. *Physical Review Letters* **73**，2204（1994）.

对弱场侧模式转换能达到 100％的一个明确计算见

Fuchs, V., Ram, A. K., Schultz, S. D., Bers, A., and Lashmore-Davies, C. N., Mode conversion and electron damping of the fast Alfvén wave in a tokamak at the ion-ion hybrid frequency. *Physics of Plasmas* **2**, 1637 (1995).

在球形托卡马克上利用高次谐波加热电子和电流驱动：

Ono, M. High harmonic fast waves in high beta plasmas. *Physics of Plasmas* **2**, 4075 (1995).

低杂共振加热

两篇原始文献对低杂波的可近性条件做了讨论：

Stix, T. H., *The theory of plasma waves*, McGraw-Hill, New York (1962).

Golant, V. E., Plasma penetration near the lower hybrid frequency. *Zhurnal Technicheskoi Fisiki* **41**, 2492 (1971) (*Soviet Physics-Technical Physics* **16**, 1980 (1972)).

低杂波加热理论和实验的总结：

Bonoli, P., Linear theory of lower hybrid waves in tokamak plasmas and Porkolab, M., Lower hybrid wave propagation, heating and current drive experiments, in *Wave heating and current drive in plasmas*, Gordon and Breach, New York (1985) Eds Granatstein, V. L. and Colestock, P. L., p. 175 and p. 219.

使用相控阵列波导作为低杂波天线的最初方案：

Lallia, P., A LHR heating slow wave launching structure suited for large toroidal experiments. *Proceedings of 2nd Topical Conference on RF Plasma Heating* (Texas Tech Univ, Lubbock, Texas) Paper C3 (1974).

托卡马克中首个完全使用低杂波驱动等离子体电流的实验：

Bernabei, S., *et al.*, Lower hybrid current drive in the PLT tokamak. *Physical Review Letters* **49**, 1255 (1982).

电子回旋共振加热

首个使用高功率电子回旋加热的实验：

Alikaev, V. V., Bobrovskii, G. A., Poznyak, V. I., Razumova, K. A., Sannikov, V. V., Sokolov, Yu A., and Shmarin, A. A., ECR plasma heating in the TM-3 tokamak in magnetic fields up to 25kOe, *Fizika Plasmy* **2**, 390 (1976) (*Soviet Journal of Plasma Physics* **2**, 212 (1976)).

指出相对论效应对电子回旋吸收的影响最先见于俄国文献。其中的一篇早期文献：

Dnestrovskii, Yu N., Kostomarov, D. P., and Skrydlov, N. V., Plasma waves in cyclotron resonant regions, *Zhurnal Teknicheskoi Fiziki* **33**, 922, (1963) [*Soviet Physics Technical Physics* **8**, 691 (1964)].

研究相对论效应对电子回旋吸收的影响的最深入早期文献：

Shkarofsky, I. P., Dielectric tensor in Vlasov plasmas near cyclotron harmonics. *Physics of Fluids* **9**, 561 (1966).

关于电子回旋加热的可读性最强的导论性著作：

Manheimer, W. M., *Electron cyclotron heating in tokamaks*, *infrared and millimeter waves*, Vol. Ⅱ (ed. Button, K. J.). Academic Press, New York (1979).

较全面的综述：

Bornatici, M., Cano, R., DeBarbieri, O., and Engelmann, F., Electron cyclotron emission and absorption in fusion plasmas, *Nuclear Fusion* **23**, 1153 (1983).

对 CMA 图的描述：

Stix, T. H., *Waves in plasmas*, American Institute of Physics, New York (1992), p. 14.

Swanson, D. G., Plasma waves, Academic Press, San Diego (1989), p. 29.

其他相关的理论和实验结果：

Chu，K. R.，Theory of electron cyclotron resonance heating and England，A. C.，and Hsuan，H.，Electron cyclotron heating in tokamaks and tokamak reactors，in *Wave heating and current drive in plasmas*，Gordon and Breach，New York (1985) Eds. Granatstein，V. L.，and Colestock，P. L.，p. 317 and p. 459.

最近关于 ECRH 实验结果的介绍：

Prater，R.，Recent results on the application of electron cyclotron heating to tokamaks，*Journal of Fusion Energy* **9**，19 (1990).

5.10 节中给出的 O 模基频光学厚度的理论值与实验值的对比来自下文：

Efthimion，P. C.，Arunasalam，V.，and Hosea，J. C.，Ordinary-mode fundamental electron-cyclotron resonance absorption and emission in the Princeton Large Torus，*Physical Review Letters* **44**，396 (1980).

以特定入射角度进行高密度加热，寻常模式在等离子体共振层转换为非寻常模式：

Preinhaelter，J. and Kopecky，V.，Penetration of high frequency waves into a weakly inhomogeneous magnetised plasma at oblique incidence and their transformation to Bernstein waves. *Journal of Plasma Physics* **10**，1 (1973).

在 W7-AS 仿星器进行的过截止密度的加热实验：

Laqua，H. P.，Erckmann，V.，Hartfuss，H. J.，and Laqua，H.，Resonant and non-resonant electron cyclotron heating at densities above the plasma cut-off by O-X-B mode con-version at the W7-AS stellarator. *Physics Review Letters* **78**，3467 (1997).

球形托卡马克上利用 X-EBW 方案(三重态)进行电子伯恩斯坦波加热的提出：

Bers，A.，Ram，A. K.，and Schultz，S. D.，Coupling to electron Bernstein waves in tokamaks. *Proc. 2nd Europhysics Topical Conf. on Radio Frequency Heating and Current Drive of Fusion Devices*，Brussels 1998，edited by Jacquinot J.，Van Oost，G. andWeynants，R. R. (*European Physical Society*，*Petit-Lancy*，1998) p. 237.

第 6 章
磁流体力学的稳定性

6.1 磁流体力学稳定性

托卡马克中最强的不稳定模式是那些在其最简单的形式下可以用等离子体磁流体力学（MHD）模型来描述的模式。

基本的去稳的力来源于：

(1) 电流梯度；

(2) 伴有坏磁场曲率的压强梯度。

导致的不稳定性可分为两类：

(1) 理想模——即使是将等离子体看作理想导体也仍能够产生的不稳定性；

(2) 电阻模——依赖于等离子体的有限电阻率的不稳定性。

无论是理想不稳定性还是电阻不稳定性，都有无数种可能的模式，每一种模式由它的模数来表征。在一个圆截面、大环径比的托卡马克中，这些模形式上可以写成 $\exp[\mathrm{i}(m\theta-n\phi)]$，$m$ 和 n 分别是极向模数和环向模数。

对磁流体力学模起致稳作用的因素显示在图 6.1.1 中。它们来源于：

(1) 磁场线弯曲——由垂直于平衡磁场的扰动磁场产生。其效果对短波长的模较大，也就是效果随 m 的增大而增大。

(2) 磁场线压缩——由平行于平衡磁场的扰动磁场产生。

(3) 好的磁场曲率——曲率中心在负压强梯度方向。

磁场线弯曲　　　　磁场压缩　　　　$-\nabla p$

图 6.1.1　磁场线弯曲和磁场线压缩对磁流体力学模的致稳作用

如果负压强梯度的方向沿着指向曲率中心的方向，那么磁场曲率也有致稳作用

在磁场线的螺旋度和模的螺旋度相吻合的磁面上，磁场线弯曲的致稳作用被减弱到最小。这种共振现象发生在满足 $m=nq$ 条件的有理面上，其中 q 是安全因子。虽然对于高 m 的模致稳作用较强，但是它们的不稳定性还是能够在共振面附近的局部区域发生。

在 m 和 n 趋向无穷的极限情形下，这些模会充分局域化，这时稳定性成为一种磁面性质。在这种情况下，稳定性判据必然能运用到所有的磁面上。

低模数的模则不是局域的。然而它们要变得不稳定,则要求所在的共振面必须满足 $m/n=q$,而这个 q 值应存在于等离子体内部或者接近于等离子体表面。除了少量的低 m 模式,托卡马克的部分稳定性条件可以通过排除所有的共振条件来得到,但对于这些低 m 的模,其稳定性条件则需要通过限制等离子体中 q 的取值范围来得到。图 6.1.2 举例说明了上述稳定性的一种情况,其中最高 q 值大约是 3,最低值稍大于 1。

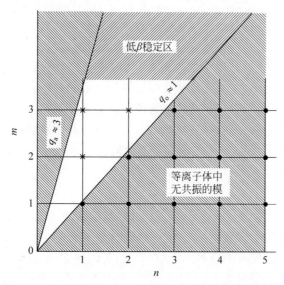

图 6.1.2　从托卡马克等离子体中去除共振面来减少潜在的不稳定模的数量的示意图
这些模(用星号标出)被限制在 $q_0<m/n\leqslant q_a$ 范围内。在低 β 区域,高 m 模被磁场线弯曲和好的平均场曲率所稳定

本章只讨论线性稳定性理论,主要目的是找出参数空间中稳定和不稳定区域的边界。也许直观上人们会认为,托卡马克必须运行在稳定区域,然而这个问题很微妙,往往为了在其他方面取得更好的条件,可允许存在某些不稳定模,只要它们的不稳定水平在可接受的程度内。实验上,托卡马克经常表现出 MHD 不稳定性的迹象。第 7 章中非线性理论的任务就是确定这些不稳定性的饱和程度并计算它们的有害影响。

确定稳定性的三个主要的理论途径是:

(1) 能量原理,检验等离子体位移 $\xi(x)$ 所导致的势能变化。

(2) 计算频率为 ω 的本征函数和相应的本征值,而 ω 的虚部的正负号决定了稳定性。

(3) 求解临界稳定性($\omega_i=0$)方程,对于处在稳定性边界上的位形,这个方程的解满足所需的边界条件。

6.2　稳定性理论

确定一个系统的稳定性性质的基本方法是分析一个给定状态对扰动的响应。在托卡马克中,这个状态通常由控制方程的稳态解给出。系统的线性稳定性可以通过分析满足控制方程和边界条件的无限小扰动的行为来确定。不妨假设,所有可能的满足这些条件的扰动都源于初始状态的微观扰动。因此,如果系统对任一形式的无限小扰动不稳定,那么就会出现对应的不稳定性。这种简单的理论预计这些不稳定性会呈指数增长,直到线性扰动的假设不再成立。于是,这时扰动在幅度上会受到限制,即它被非线性过程所"饱和",其内在机制取决于具体情况。

控制方程的线性化是通过将方程中的每个量写成平衡量和小扰动的和来实现的,也就是:

$$p = p_0 + p_1$$

两个这类量 p 和 q 的乘积为

$$pq = p_0 q_0 + p_0 q_1 + q_0 p_1 + p_1 q_1$$

更多个这类量的乘积可以此类推。当控制方程写成这种形式后,每个表达式中的主项,比如 $p_0 q_0$,表示的是平衡解,可通过减去平衡方程来消去。只要扰动足够小,那么诸如 $p_1 q_1$ 这样的高阶项均可忽略。结果方程中只保留含一阶扰动量的项,如 $p_0 q_1$ 和 $q_0 p_1$。至少在数学上,扰动可以取为无限小,这为线性化处理提供了严密的基础。

通过解线性化方程来得到小扰动的行为的正规做法是采用拉普拉斯变换。得到的结果分为两部分,一部分是取决于初始条件的特解,另一部分是方程的齐次解。齐次解由系统的一组本征函数解组成,每个本征函数解都带有含时因子 $e^{-i\omega t}$,而其中的 ω 即为相应的本征值。通常 ω 是复数,可以写作

$$e^{-i\omega t} = e^{-i\omega_r t + \omega_i t}$$

可以看出,ω 的实部表征所对应的模的实际频率,虚部则决定了模的稳定性,$\omega_i > 0$ 对应于不稳定的模。因此,计算稳定性的一种通常步骤就是令所有量的时间依赖均为 $e^{-i\omega t}$,然后解控制方程,以得到本征解和对应的本征值 ω。由于因子 $e^{-i\omega t}$ 是解中唯一与时间相关的因子,因此方程中对时间的导数就可以简单地用 $-i\omega$ 来取代。类比于波的理论,这类能够给出本征值的线性控制方程 $D(\omega) = 0$ 也称为色散关系。实际上,从形式上来看,支配稳定性的色散关系正是波的色散关系的一种延伸。

在理想 MHD 模型中,可以遵循上述步骤或等价地去计算给定等离子体位移 $\xi(x)$ 所对应的势能变化。这个步骤不涉及任何时间依赖关系。只要对于任何一个扰动位移 $\xi(x)$,其造成的势能变化 $\delta W[\xi]$ 为负,那么这个等离子体就是不稳定的。对这种方法的详细说明见 6.4 节。

无论用哪一种方法,如果所取的某些坐标能使平衡量沿其坐标轴为常数,则计算都可以被简化。在托卡马克中,环向对称性意味着环向角 ϕ 就是这样一个坐标。在这种情况下,可以对扰动的 ϕ 分量做傅里叶分析。结果是每个傅氏分量都有 $e^{-in\phi}$ 的形式,而且可以被分开来处理,每个分量用一个模数 n 来表征。有时,平衡量沿极角 θ 的变化非常小,这样它在极角方向上的各傅里叶分量也可以分开来处理。这时本征函数就可写成 $e^{i(m\theta - n\phi)}$ 的形式。更一般地,θ 方向的傅里叶分量是相互耦合的。

在用符号 m 来同时表示模数和傅里叶分量时,可能会引起一些混乱。模数是表征一个本征模的整数"本征值"。对于一根振动的弦,给定模的谐波模数由节点数决定,不会因为弦的质量分布的改变而改变,但是一个函数的傅里叶分解可能会有许多分量。类似地,给定模数 m 的等离子体模可以用许多傅里叶分量来描述。在托卡马克中,所构成的本征函数将包含许多傅里叶分量的耦合。

6.3 增长率

对稳定性的最简单的理论处理方法是首先确定哪些平衡是稳定的,哪些是不稳定的,然后计算不稳定平衡的增长率。这种处理步骤在理论上是可信的,但通常不切实际。

　　原因就是没有考虑到平衡的时间依赖性因素。如果一个平衡处于不稳定态,那么就要问它如何达到那个状态的。原则上,一个不稳定位形可以非常快地形成,以至于快到其形成阶段的不稳定性增长可以忽略不计。在这种情况下,这种位形会表现出简单的指数增长关系 $e^{\gamma t}$。然而在托卡马克中,平衡变化的时间尺度通常要比线性增长的时间尺度大得多。在这种时间尺度中来看,很明显,刚进入不稳定位形模式时,增长率为零,而且早期增长率以一种非常缓慢的方式增长。

　　这种行为可以通过一个简单模型来描述。令增长率 $\gamma(p)$ 正比于某个平衡参数 p 超出其临界值 p_c 的差值,即

$$\gamma = (p - p_c)\frac{\mathrm{d}\gamma}{\mathrm{d}p} \tag{6.3.1}$$

然后取

$$p - p_c = \dot{p}(t - t_0) \tag{6.3.2}$$

其中,t_0 是越过稳定边界的时间点。如果平衡变化的特征时间定义为 τ,则有

$$\dot{p} = \frac{p_c}{\tau} \tag{6.3.3}$$

从式(6.3.1)~式(6.3.3)知,小扰动 ξ 的增长率方程可以写成

$$\frac{\mathrm{d}\xi}{\mathrm{d}t} = \gamma \xi = \frac{\gamma^*}{\tau}(t - t_0)\xi \tag{6.3.4}$$

其中,γ^* 表示线性增长率:

$$\gamma^* = \frac{\mathrm{d}\gamma}{\mathrm{d}p}p_c$$

式(6.3.4)的解为

$$\xi = \xi_0 \exp\frac{\gamma^*(t - t_0)^2}{2\tau}$$

图 6.3.1 以图示方式展现了 $\gamma^*\tau = 100$ 的情形下的变化规律,非线性效应在 $\xi/\xi_0 = 10$ 的情况下变得重要。

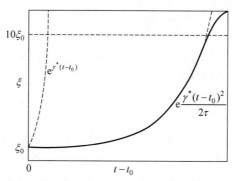

图 6.3.1　平衡在 $t = t_0$ 时越过稳定后的阶段,增长率 γ 正比于 $(t - t_0)$ 的不稳定性增长示意图
　　　　虚线给出了简单指数增长规律作为比较。平衡弛豫时间 τ 和不稳定特征时间 $(\gamma^*)^{-1}$ 的比值为 100

6.4　能量原理

　　理想 MHD 的能量原理的基本概念是如果一个在物理上被允许的、对平衡所作的扰动减小了势能,那么这个平衡是不稳定的。这一原理所描述的不稳定性称为理想模。一个任

意位移导致的势能变化可以利用 2.20 节给出的方程来计算。

等离子体位移 $\boldsymbol{\xi}(\boldsymbol{x})$ 导致的能量变化由体积分给出：

$$\delta W = -\frac{1}{2}\int \boldsymbol{\xi} \cdot \boldsymbol{F} \, \mathrm{d}\tau \tag{6.4.1}$$

其中, $\boldsymbol{F}(\boldsymbol{x})$ 是抵抗位移的力。

从式(2.20.2)可得到力的线性化了的表达式：

$$\boldsymbol{F} = \boldsymbol{j}_1 \times \boldsymbol{B}_0 + \boldsymbol{j}_0 \times \boldsymbol{B}_1 - \nabla p_1 \tag{6.4.2}$$

其中,下标 0 和 1 分别表示平衡量和扰动量。通过积分线性化绝热方程(2.20.4),压强变化 p_1 可由位移表示：

$$p_1 = -\gamma p_0 \nabla \cdot \boldsymbol{\xi} - \boldsymbol{\xi} \cdot \nabla p_0 \tag{6.4.3}$$

对法拉第电磁感应方程(2.20.6)积分,并与理想导体方程(2.20.7)联立,即给出扰动磁场：

$$\boldsymbol{B}_1 = \nabla \times (\boldsymbol{\xi} \times \boldsymbol{B}_0) \tag{6.4.4}$$

扰动电流密度可以通过安培定律(2.20.5)得到：

$$\boldsymbol{j}_1 = \nabla \times \boldsymbol{B}_1 / \mu_0 \tag{6.4.5}$$

将式(6.4.2)～式(6.4.5)代入式(6.4.1),得到用 $\boldsymbol{\xi}$ 表示的 δW 的表达式：

$$\delta W = -\frac{1}{2}\int \left\{ \boldsymbol{\xi} \cdot \nabla (\gamma p_0 \nabla \cdot \boldsymbol{\xi} + \boldsymbol{\xi} \cdot \nabla p_0) + \frac{1}{\mu_0} \boldsymbol{\xi} \cdot [\nabla \times \nabla \times (\boldsymbol{\xi} \times \boldsymbol{B}_0) \times \boldsymbol{B}_0 + \right.$$

$$\left. (\nabla \times \boldsymbol{B}_0) \times \nabla \times (\boldsymbol{\xi} \times \boldsymbol{B}_0)] \right\} \mathrm{d}\tau$$

然后利用 14.1 节的矢量关系 3 和 5,结合高斯定理,上式可写成

$$\delta W = \frac{1}{2}\int \left[\gamma p_0 (\nabla \cdot \boldsymbol{\xi})^2 + (\boldsymbol{\xi} \cdot \nabla p_0) \nabla \cdot \boldsymbol{\xi} + \frac{1}{\mu_0} \boldsymbol{B}_1^2 - \boldsymbol{j}_0 \cdot (\boldsymbol{B}_1 \times \boldsymbol{\xi}) \right] \mathrm{d}\tau +$$

$$\frac{1}{2}\int \left(p_1 + \frac{1}{\mu_0} \boldsymbol{B}_0 \cdot \boldsymbol{B}_1 \right) \boldsymbol{\xi} \cdot \mathrm{d}S \tag{6.4.6}$$

如同理想导体面上的情形,只要面上的法向位移是零,面积分项即为零。如果在等离子体外部存在真空区域(同时在平衡位形中没有面电流),面积分项就表示转移到真空区域的能量。这部分能量是 $\int B_V^2/(2\mu_0 \mathrm{d}\tau)$,其中 B_V 是扰动磁场,积分域是整个真空区域。所以式(6.4.6)可以写成

$$\delta W = \frac{1}{2}\int_{\text{plasma}} \left[\gamma p_0 (\nabla \cdot \boldsymbol{\xi})^2 + (\boldsymbol{\xi} \cdot \nabla p_0) \nabla \cdot \boldsymbol{\xi} + \frac{\boldsymbol{B}_1^2}{\mu_0} - \boldsymbol{j}_0 \cdot (\boldsymbol{B}_1 \times \boldsymbol{\xi}) \right] \mathrm{d}\tau +$$

$$\int_{\text{vacuum}} (B_V^2/2\mu_0) \, \mathrm{d}\tau \tag{6.4.7}$$

其中, $\boldsymbol{B}_1(\boldsymbol{\xi})$ 由式(6.4.4)给出, $\boldsymbol{B}_V$ 满足 $\nabla \times \boldsymbol{B}_V = 0$ 及所需的依赖 $\boldsymbol{\xi}$ 的边界条件。

如果对于物理上允许的任何 $\boldsymbol{\xi}$, δW 都是负的,那么等离子体是不稳定的。如果反过来,对于所有允许的 $\boldsymbol{\xi}$, δW 都是正的,则等离子体就是稳定的。

有时候,可以利用能量原理来得到稳定性判据的充分条件。即通过将 δW 的各项改写成一种适当的表达式,使判据被满足时,对所有的位移, δW 都是正值。但更常见的做法是利用试探的位移函数使 δW 为负,从而论证不稳定性。

如果需要得到某个问题的本征函数和本征值 ω ,就有必要引入动能：

$$K = \int \frac{1}{2}\rho \omega^2 \xi^2 \, \mathrm{d}\tau$$

然后去求拉格朗日量

$$L = K - \delta W$$

的极值。这等价于求解完整的线性化理想 MHD 方程组。图 6.4.1 展示了这种解的一个例子。

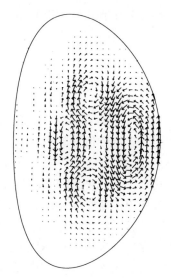

图 6.4.1　托卡马克中某个理想 MHD 不稳定性位移 ξ 的极向分量

6.5　托卡马克不稳定性

第一类不稳定性包含那些被称为理想 MHD 的模。在关于这些模的理论中,等离子体被假定为理想导体。由于等离子体实际上并非理想导体,因此对于理想 MHD 稳定性分析的含义就需要给出几点注意之处。如果理想 MHD 理论预言了某种不稳定性,那么可以预期这种不稳定性会发生,但是没有理由相信电阻率在这个不稳定性的非线性发展中是不重要的。这些不稳定性是"理想的"是指即使等离子体是理想导体,这些不稳定性也会发生。

另一方面,如果等离子体是理想 MHD 稳定的,那么这种等离子体可能稳定也可能不稳定。特别是,有可能存在电阻性的不稳定模。这些电阻模通常与理想模成对出现,因为对于一个具体的理想模,当理想导体的这个限定条件被放宽时,其自由能的源依旧是存在的。例如,我们将会看到,撕裂模可看作扭曲模不稳定性的电阻版。

本章余下部分将介绍各种 MHD 不稳定性,并给出相应的由线性稳定性理论所确定的稳定性边界。这些不稳定性包括:

(1) 扭曲不稳定性。在低 β 下,由电流梯度驱动的理想 MHD 不稳定性。在高 β 时,压强梯度也会对它有贡献。

(2) 撕裂模。扭曲不稳定性的电阻性模形式。

(3) 内部扭曲模。该不稳定性的模数 $m = 1$。主要影响 $q \leqslant 1$ 的等离子体芯部,并由该区域的压强梯度驱动。

（4）电阻性 $m=1$ 不稳定性。和内部扭曲模类似,主要影响等离子体芯部,但其能量源不一样。

（5）气球模。由压强梯度驱动的局域不稳定性。

（6）梅西耶（Mercier）不稳定性。气球模的一种极限形式。

（7）垂直不稳定性。等离子体拉长引起的不稳定性,在这种不稳定中,整个等离子体经受一个垂直方向的运动。

6.6　大环径比托卡马克

托卡马克典型的环径比 R/a 是 3～4,而且大型托卡马克通常有垂直方向拉长的截面。对这些位形的精确 MHD 稳定性的计算由数值计算机代码给出。然而,对这个问题的深层次结构的理解包括不稳定性的类型和稳定性边界等问题,可以从大环径比、圆截面托卡马克的计算中推导出来。在这种极限情形下,大部分计算可以解析地给出,而且这种计算为讨论更复杂情形下的 MHD 稳定性及其所用术语提供了一个很好的导引。

可以预料,在非常大的环径比极限下,托卡马克等离子体的稳定性和柱形等离子体情形是一样的。其实虽然对于有些模存在这种等效,但是对于另外一些模,即使在大环径比下,其不稳定性的环形本质仍然存在。其原因来自以下事实,即按定义,托卡马克具有量级为 1 的安全因子 q。这意味着

$$\frac{B_\theta}{B_\phi} \approx \frac{a}{R}$$

因此,当环径比增大时,极向场对环向场的比值必定减小。几何上,这意味着不管 R/a 多大,磁场线都需要在环向上绕行 $q \approx 1$ 周才能绕极向一周。当环径比增大时,这个环形特性仍然存在。如果保持 B_θ/B_ϕ 为常数,那么 q 将正比于 a/R。在大环径比极限下,等离子体将用柱形理论描述,并应该具有箍缩位形的稳定性。托卡马克量级排序的两个基本结果是:

（1）低模数的共振面的数量是有限的;

（2）在等离子体内侧（大半径较小处）,磁场线曲率矢量总是指向等离子体外部,这与圆柱位形下所有各处的磁场线曲率都指向等离子体内部正相反。

能够显著简化计算的一个进一步假设是低 β 假设。在作了这个假设后,稳态压强平衡可以进行进一步简化。在最低阶,平衡方程 $\nabla p = \boldsymbol{j} \times \boldsymbol{B}$ 可以写成

$$\frac{\mathrm{d}p}{\mathrm{d}r} + \frac{\mathrm{d}}{\mathrm{d}r}\frac{B_\phi^2}{2\mu_0} + \frac{1}{\mu_0}\frac{B_\theta}{r}\frac{\mathrm{d}}{\mathrm{d}r}rB_\theta = 0 \tag{6.6.1}$$

而在低 β 近似下,p 与 $B_\theta^2/(2\mu_0)$ 同阶,即 $\beta_p = 1$。由于 $B_\phi \propto (R/a)B_\theta$,故式（6.6.1）意味着

$$\frac{\mathrm{d}B_\phi}{\mathrm{d}r} \propto \mu_0 \frac{1}{B_\phi}\frac{\mathrm{d}p}{\mathrm{d}r} \propto \beta \frac{B_\phi}{a}$$

令 $a/R = \varepsilon$,这样,大环径比、低 β 情况下各项的量级定序可概述如下:

$$q \approx 1, \qquad \frac{B_\theta}{B_\phi} \text{ 为 } \varepsilon \text{ 的量级},$$

$$\beta_p \approx 1, \qquad \beta \text{ 为 } \varepsilon^2 \text{ 的量级}$$

且

$$\frac{dB_\phi}{dr} \propto \varepsilon^2 \frac{B_\phi}{a}, \qquad j_\theta \propto \varepsilon j_\phi$$

这些假设简化了基本的稳定性方程。在进行稳定性分析时,这些量序也意味着可以据此对扰动量作展开。比如 δW 可以按 ε 的幂级数展开,而且在最简单的情形中,只需要考虑最低阶。

6.7　扭曲不稳定性

潜在的最强的理想 MHD 不稳定性是扭曲模。这么命名是因为它会导致磁面和等离子体边界的扭曲。在低 β 情形下,其驱动力来源于环向电流的径向梯度。在高 β 情形下,压强梯度也会对这种不稳定性有贡献。

对于圆截面、大环径比、低 $\beta(\propto \varepsilon^2)$ 的托卡马克,扰动的势能可以利用如式(6.4.7)的 δW 推导出来。这时,B_φ 和 R 被取为常数。利用这个量序所作的完整计算表明,δW 的最低阶的项基本上就是直柱位形下略掉许多小项后给出的项。因此可以采用坐标系 (r,θ,φ) 进行计算,其中 $(R\phi)$ 对应于柱坐标系下的 z。利用 $\partial/\partial r \propto (1/r)\partial/\partial\theta \gg (1/R)\partial/\partial\phi$,能使扰动势能最小化的扰动有 $\mathbf{V}\cdot\boldsymbol{\xi}=0, \xi_r \propto \xi_\theta \gg \xi_\phi$ 和 $B_{r1} \propto B_{\theta1} \gg B_{\phi1}$。在这个近似下,式(6.4.7)给出:

$$\delta W = \pi R \int_0^a \int \left[\frac{B_1^2}{\mu_0} - j_{z0}(B_{r1}\xi_\theta - B_{\theta1}\xi_r) \right] d\theta\, r\, dr + \pi R \int_a^b \int \frac{B_V^2}{\mu_0} d\theta\, r\, dr \quad (6.7.1)$$

其中,$B_1^2 = B_{r1}^2 + B_{\theta1}^2$,$a$ 为等离子体半径,b 为理想导体壁的半径。式(6.7.1)中的第一个积分项给出等离子体的贡献 δW_p,第二项给出真空的贡献 δW_V。

对这些扰动进行傅里叶分析,写成 $\mathrm{e}^{i(m\theta - n\phi)}$ 的形式,则 $\mathbf{V}\cdot\boldsymbol{\xi}=0$ 变成

$$\xi_\theta = \frac{i}{m}\frac{d}{dr}(r\xi_r) \quad (6.7.2)$$

然后,利用式(6.4.4),磁场扰动为

$$B_{r1} = -\frac{imB_\phi}{R}\left(\frac{n}{m} - \frac{1}{q}\right)\xi_r \quad (6.7.3)$$

和

$$B_{\theta1} = \frac{B_\phi}{R}\frac{d}{dr}\left[\left(\frac{n}{m} - \frac{1}{q}\right)r\xi_r\right] \quad (6.7.4)$$

其中,$q(=rB_\phi/RB_\theta)$ 是安全因子。

为方便起见,将傅里叶振幅 ξ_r 设为实数,那么 $B_{\theta1}$ 就是实数,ξ_θ 和 B_{r1} 则是纯虚数。计入相角后,将式(6.7.2)代入式(6.7.4),式(6.7.1)的等离子体贡献部分变为

$$\delta W_p = \frac{\pi^2 B_\phi^2}{\mu_0 R}\int_0^a \left(m^2\left(\frac{n}{m} - \frac{1}{q}\right)^2\xi_r^2 + \left\{\frac{d}{dr}\left[\left(\frac{n}{m} - \frac{1}{q}\right)r\xi_r\right]\right\}^2 + \right.$$

$$\left. \frac{1}{r}\frac{d}{dr}(rB_\theta)\frac{R}{B_\phi}\left\{\left(\frac{n}{m} - \frac{1}{q}\right)\xi_r\frac{d}{dr}(r\xi_r) + \frac{d}{dr}\left[\left(\frac{n}{m} - \frac{1}{q}\right)r\xi_r\right]\xi_r\right\}\right) r\, dr \quad (6.7.5)$$

经过化简和分部积分,去掉含 $\xi_r d\xi_r/dr\left(=\frac{1}{2}d\xi_r^2/dr\right)$ 的项后,式(6.7.5)变成

$$\delta W_p = \frac{\pi^2 B_\phi^2}{\mu_0 R}\int_0^a \left[\left(r\frac{d\xi}{dr}\right)^2 + (m^2 - 1)\xi^2\right]\left(\frac{n}{m} - \frac{1}{q}\right)^2 r\, dr + \left[\frac{2}{q_a}\left(\frac{n}{m} - \frac{1}{q_a}\right) + \left(\frac{n}{m} - \frac{1}{q_a}\right)^2\right]a^2\xi_a^2$$

$$(6.7.6)$$

其中,ξ_r 的原下标已经被省略,新出现的下标 a 表示取 $r=a$ 处的值。

利用磁通函数 ψ 来计算 δW 的真空部分的贡献是最容易的。ψ 由 $B_{r1}=-(1/r)\partial\psi/\partial\theta$ 和 $B_{\theta1}=\partial\psi/\partial r$ 定义。这样,ψ 满足拉普拉斯方程:

$$\frac{1}{r}\frac{\mathrm{d}}{\mathrm{d}r}\left(r\frac{\mathrm{d}\psi}{\mathrm{d}r}\right)-\frac{m^2}{r^2}\psi=0 \tag{6.7.7}$$

且由于

$$B_V^2=B_{r1}^2+B_{\theta1}^2$$
$$=\frac{m^2}{r^2}\psi^2+\left(\frac{\mathrm{d}\psi}{\mathrm{d}r}\right)^2$$

因此真空项可以写成

$$\delta W_V=\frac{\pi^2 R}{\mu_0}\int_a^b B_V^2 r\,\mathrm{d}r$$
$$=\frac{\pi^2 R}{\mu_0}\left\{\int_a^b\left[\frac{m^2}{r^2}\psi^2-\psi\frac{1}{r}\frac{\mathrm{d}}{\mathrm{d}r}\left(r\frac{\mathrm{d}\psi}{\mathrm{d}r}\right)\right]r\,\mathrm{d}r+\left(r\psi\frac{\mathrm{d}\psi}{\mathrm{d}r}\right)\Big|_a^b\right\}$$

再利用式(6.7.7):

$$\delta W_V=\frac{\pi^2 R}{\mu_0}\left(r\psi\frac{\mathrm{d}\psi}{\mathrm{d}r}\right)\Big|_a^b \tag{6.7.8}$$

式(6.7.7)的解是

$$\psi=\alpha r^m+\beta r^{-m} \tag{6.7.9}$$

对于导体壁在 $r=b$,$B_r(b)=0$ 的情形,有外边界条件:

$$\psi=0,\qquad r=b \tag{6.7.10}$$

上述条件在 $r=a$,B_r 是连续的,取等离子体区的式(6.7.3)中的 B_{r1},再加上真空解 $B_{r1}(a)=-\mathrm{i}m\psi_a/a$,则真空区域的内边界条件为

$$\psi_a=B_{\theta a}\left(\frac{nq_a}{m}-1\right)\xi_a \tag{6.7.11}$$

将式(6.7.10)和式(6.7.11)代入式(6.7.9),得到解:

$$\psi=B_{\theta a}\left(\frac{nq_a}{m}-1\right)\frac{\left(\dfrac{r}{b}\right)^m-\left(\dfrac{b}{r}\right)^m}{\left(\dfrac{a}{b}\right)^m-\left(\dfrac{b}{a}\right)^m}\xi_a \tag{6.7.12}$$

然后将式(6.7.12)代入式(6.7.8),得到:

$$\delta W_V=\frac{\pi^2 B_\phi^2}{\mu_0 R}m\lambda\left(\frac{n}{m}-\frac{1}{q_a}\right)^2 a^2\xi_a^2 \tag{6.7.13}$$

其中,

$$\lambda=\frac{1+(a/b)^{2m}}{1-(a/b)^{2m}}$$

将式(6.7.6)和式(6.7.13)相加即得到 δW 的完整形式:

$$\delta W=\frac{\pi^2 B_\phi^2}{\mu_0 R}\left\{\int_0^a\left[\left(r\frac{\mathrm{d}\xi}{\mathrm{d}r}\right)^2+(m^2-1)\xi^2\right]\left(\frac{n}{m}-\frac{1}{q}\right)^2 r\,\mathrm{d}r+\right.$$
$$\left.\left[\frac{2}{q_a}\left(\frac{n}{m}-\frac{1}{q_a}\right)+(1+m\lambda)\left(\frac{n}{m}-\frac{1}{q_a}\right)^2\right]a^2\xi_a^2\right\} \tag{6.7.14}$$

如果等离子体表面有导体壁,边界条件就变成 $\xi_a=0$。从式(6.7.14)可以看出,在这种

情况下 $\delta W>0$,等离子体是稳定的。对于任意位置的导体壁,包括 $b\to\infty$,δW 对于任意满足 $m/n<q_a$ 的模都是正的。如果 q 是 r 的增函数,由于所有共振面在等离子体内部的模都将满足 $m/n<q_a$,所以都是稳定的。

由于在等离子体外部 $q\propto r^2$,所以共振面在等离子体外部的模有 $m/n>q_a$。因此这种模可能是不稳定的。对于具体情况,一种直接确定其稳定性的方法就是解本征模方程:

$$\frac{\mathrm{d}}{\mathrm{d}r}\left[(\rho\omega^2-F^2)r\frac{\mathrm{d}}{\mathrm{d}r}(r\xi)\right]-\left[m^2(\rho\omega^2-F^2)-r\frac{\mathrm{d}F^2}{\mathrm{d}r}\right]\xi=0$$

其中,ρ 是等离子体密度,$F=(m-nq)B_\theta/(r\mu_0^{1/2})$,且该模有时间依赖性 $\exp(-\mathrm{i}\omega t)$。对于原点($r=0$)处的边界条件,取 $\xi\propto r^{m-1}$,故在等离子体表面有边界条件:

$$\frac{\mathrm{d}}{\mathrm{d}r}(r\xi)=\frac{m(m-nq_a)^2}{\mu_0\rho\omega^2 a^2/B_\theta^2-(m-nq_a)^2}\left(\lambda-\frac{2}{m-nq_a}\right)\xi\quad(r=a)$$

这个条件表达了压强平衡的必要条件,也是等离子体边界仍为通量面的条件。

图 6.7.1 给出了电流呈抛物线剖面时的增长率 $\gamma(=\omega_i)$,图 6.7.2 给出了电流剖面为 $j=j_0\left[1-(r/a)^2\right]^\nu$ 型时所具有的稳定性区域。图 6.7.2 的上半部的大片不稳定区域是由较为平坦的电流剖面只在靠近等离子体表面处才呈现出大的电流梯度而带来的去稳效应造成的。图 6.7.2 中不稳定区域向下突出的区域,也就是电流剖面更陡的区域,是由各个模的外部共振面这时靠近了等离子体表面,从而靠近了等离子体内的大的电流梯度区导致的。

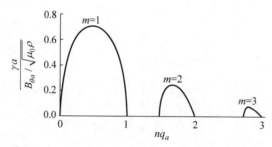

图 6.7.1　在抛物线电流剖面 $j=j_0\left[1-(r/a)^2\right]$ 下,模 $m=1,2,3$ 时的增长率随 nq_a 的变化

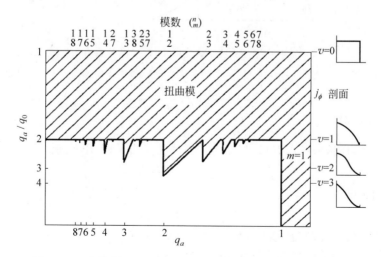

图 6.7.2　电流剖面 $j=j_0\left[1-(r/a)^2\right]^\nu$ 下扭曲模的稳定性图

纵坐标表示电流的峰化程度,由 $q_a/q_0(=\nu+1)$ 给出,横坐标正比于 $1/q_a$,因此也正比于总电流

那种认为当共振面从外部趋近等离子体表面时,即 $q_a \to m/n$ 时,等离子体会变得稳定的想法是从理想 MHD 模型得出的一种误导人的特性。从关于撕裂模稳定性的 6.9 节可以看出,当将电阻性包含进来之后,这个稳定性边界就不再存在了,并且将导致共振面在等离子体内部出现新的不稳定性。

6.8　撕裂模

托卡马克中的撕裂模不稳定性是由平衡的环向电流密度的径向梯度驱动的。如此命名是因为在出现这种不稳定性时,由于有限电阻率的作用,磁场线会发生撕裂和重联。

这种不稳定性的增长非常慢,以至于在很大范围的等离子体中,惯性效应可以忽略。而且在绝大部分等离子体中,电阻率也可以忽略,因而其运动符合理想 MHD 的性质。然而,在这种模的共振面处,$v \times \boldsymbol{B}$ 对欧姆定律的贡献趋于零,且在共振面附近,ηj 项对于平衡感应电场 $\boldsymbol{E}$ 变得很重要。因此,在撕裂模理论处理中,既要解一组适用于绝大部分等离子体区域的方程,又要解另一组围绕共振面的电阻层中的方程。完整的本征函数要求这两组解能够连接,连接条件决定了增长率本征值。这种连接的示意图如图 6.8.1 所示。

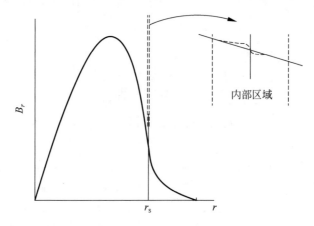

图 6.8.1　一个典型的 $B_r(r)$ 的分布

在放大的内部区域的图中,实线是实际的(电阻性的)解,虚线是外部(理想)解的连续性得到的

6.8.1　外部区域

在外部区域,惯性项可以忽略,扰动等离子体处于力平衡,也就是

$$\boldsymbol{j} \times \boldsymbol{B} = -\nabla p$$

且由于梯度的旋度为零,

$$\nabla \times (\boldsymbol{j} \times \boldsymbol{B}) = 0 \tag{6.8.1}$$

利用矢量关系式(14.1.7),且考虑到 $\nabla \cdot \boldsymbol{B} = 0$ 和 $\nabla \cdot \boldsymbol{j} = 0$,式(6.8.1)变为

$$\boldsymbol{B} \cdot \nabla \boldsymbol{j} - \boldsymbol{j} \cdot \nabla \boldsymbol{B} = 0 \tag{6.8.2}$$

利用大环径比的量序关系,令 $\varepsilon = a/R \ll 1$,于是平衡量的量序为

$$B_\theta \propto \frac{1}{r}\frac{dB_\phi}{dr} \propto \varepsilon B_\phi$$

$$j_\theta \propto \varepsilon j_\phi$$

而扰动量的相应的量序为

$$B_{\phi 1} \propto \varepsilon B_{r1} \propto \varepsilon B_{\theta 1}$$

$$j_{r1} \propto j_{\theta 1} \propto \varepsilon j_{\phi 1}$$

其中,下标 1 指的是线性扰动。

在这个量序关系下,式(6.8.2)中所需的分量是环向分量,且由于 $\boldsymbol{j} \cdot \nabla B_\varphi \ll \boldsymbol{B} \cdot \nabla j_\phi$,则控制外部区域的方程为

$$(\boldsymbol{B} \cdot \nabla j_\phi)_1 = 0 \tag{6.8.3}$$

为方便起见,现在引入一个磁面函数。在现在的量序关系下,由 $\nabla \cdot \boldsymbol{B} = 0$ 给出:

$$\frac{\partial (rB_{r1})}{\partial r} + \frac{\partial B_{\theta 1}}{\partial \theta} = 0$$

所以可将这个恰当的磁面函数 ψ 定义为

$$B_{r1} = -\frac{1}{r}\frac{\partial \psi}{\partial \theta}, \qquad B_{\theta 1} = \frac{\partial \psi}{\partial r} \tag{6.8.4}$$

因此,将式(6.8.4)代入安培定律得:

$$\mu_0 j_{\phi 1} = \nabla^2 \psi = \frac{1}{r}\frac{\partial}{\partial r} r \frac{\partial \psi}{\partial r} + \frac{1}{r^2}\frac{\partial^2 \psi}{\partial \theta^2} \tag{6.8.5}$$

将式(6.8.3)写作

$$\boldsymbol{B} \cdot \nabla j_{\phi 1} + \boldsymbol{B}_1 \cdot \nabla j_\phi = 0 \tag{6.8.6}$$

取扰动具有形式 $e^{i(m\theta - n\phi)}$,于是由式(6.8.4)~式(6.8.6)给出:

$$\frac{1}{\mu_0}\left(\frac{mB_\theta}{r} - \frac{nB_\phi}{R}\right)\nabla^2 \psi - \frac{m}{r}\frac{dj_\varphi}{dr}\psi = 0$$

再利用 $q = rB_\phi/(RB_\theta)$,外部区域的方程变为

$$\frac{1}{r}\frac{d}{dr}r\frac{d\psi}{dr} - \frac{m^2}{r^2}\psi - \frac{dj_\phi/dr}{\dfrac{B_\theta}{\mu_0}\left(1 - \dfrac{nq}{m}\right)}\psi \tag{6.8.7}$$

将式(6.8.7)乘以 $r\psi$ 然后从 r_1 积分到 r_2,给出:

$$\int_{r_1}^{r_2}\left[B_{\theta 1}^2 + B_{r1}^2 + \frac{dj_\phi/dr}{(B_\theta/\mu_0)(1 - nq/m)}\psi^2\right]r\,dr = \left(r\psi\frac{d\psi}{dr}\right)\Bigg|_{r_1}^{r_2}$$

前两项代表磁场线弯曲的稳定作用,第三项代表和平衡电流梯度的去稳作用相关的能量。边界项描述了坡印亭通量。

只要利用恰当的边界条件,式(6.8.7)可以从 $r = 0$ 开始往外积分,也可以在取了适当的边界条件后从 $r = a$ 开始往内积分。然而,在共振面 $r = r_s$ 处(这里 $q = m/n$),方程有一个奇点。在靠近该共振面的附近区域,式(6.8.7)不成立,此时需要另一种能计入电阻率和惯性项的分析方法。内部和外部解的匹配可通过令连接处两边的 $d\psi/dr$ 和 ψ 值相等来得到。更准确地说,因为解是线性的,因此只需要考虑相应的比值 $(d\psi/dr)/\psi$ 即可。式(6.8.7)分别在两个外区域 $r > r_s$ 和 $r < r_s$ 中求解,这两个外区域的解确定了 ψ'/ψ 在 $r = r_s$ 两边的间断 Δ',它定义为

$$\Delta' = \frac{\psi'}{\psi}\bigg|_{r=r_s-\varepsilon}^{r=r_s+\varepsilon} \quad \varepsilon \to 0$$

这种处理不是十分直接,细节将会在 6.9 节中描述。上面所得到的 Δ' 也等于由包含电阻率和惯性项的内层完整方程得出的内区解 ψ'/ψ 在内层两边的差。

6.8.2 电阻层

两个方程——欧姆定律和运动方程——支配着电阻层中的等离子体行为。这里所用的欧姆定律为

$$\boldsymbol{E} + \boldsymbol{v} \times \boldsymbol{B} = \eta \boldsymbol{j}$$

取上述方程的旋度,利用法拉第定律和安培定律,得到:

$$-\frac{\partial \boldsymbol{B}}{\partial t} + \boldsymbol{\nabla} \times (\boldsymbol{v} \times \boldsymbol{B}) = \frac{\eta}{\mu_0} \boldsymbol{\nabla} \times \boldsymbol{\nabla} \times \boldsymbol{B} \tag{6.8.8}$$

由式(6.8.8)的线性化径向分量给出线性量 B_r 和 v_r 的关系:

$$-\frac{\partial B_r}{\partial t} + \boldsymbol{B} \cdot \boldsymbol{\nabla} v_r = -\frac{\eta}{\mu_0} \boldsymbol{\nabla}^2 B_r \tag{6.8.9}$$

取扰动量具有 $\exp(\gamma t + im\theta - in\phi)$ 的形式,可以将不同的扰动模式分别来处理。这样,利用式(6.8.4)得到 $B_r = -im\psi/r$,在电阻层中将 r 看作常数,于是式(6.8.9)变为

$$\gamma\psi + B_\theta\left(1 - \frac{nq}{m}\right)v_r = \frac{\eta}{\mu_0}\boldsymbol{\nabla}^2\psi \tag{6.8.10}$$

电阻层很薄,所以径向导数在 $\boldsymbol{\nabla}^2$ 中占主导。于是由式(6.8.10)得到所需的欧姆定律:

$$\frac{\mathrm{d}^2\psi}{\mathrm{d}r^2} = \frac{\mu_0\gamma}{\eta}\psi + \frac{\mu_0 B_\theta}{\eta}\left(1 - \frac{nq}{m}\right)v_r \tag{6.8.11}$$

将式(6.8.11)与运动方程联立求解,然后用所得到的解确定该层两边 ψ'/ψ 的变化量 Δ'_{in}。这个解中的 ψ 在整个层内几乎为常量,因此在整个层上对式(6.8.11)积分就可以得到:

$$\Delta'_{\mathrm{in}} = \frac{\mu_0\gamma}{\eta}\int\left[1 + \frac{B_\theta}{\gamma}\left(1 - \frac{nq}{m}\right)\frac{v_r}{\psi}\right]\mathrm{d}r \tag{6.8.12}$$

由于电阻层非常窄,平衡量在除共振面处(此处有 $(1-nq/m)=0$)之外都可以看作常数,因此这个因子必可以展开成如下形式:

$$\left(1 - \frac{nq}{m}\right) = -\left(\frac{q'}{q}\right)_{r_s} s$$

其中,$s = (r - r_s)$。

于是式(6.8.12)变为

$$\Delta'_{\mathrm{in}} = \frac{\mu_0\gamma}{\eta}\int\left(1 - \frac{B_\theta q'}{\gamma q}s\frac{v_r}{\psi}\right)\mathrm{d}s \tag{6.8.13}$$

下面要从运动方程来估算 v_r/ψ:

$$\rho\frac{\partial \boldsymbol{v}}{\partial t} = \boldsymbol{j} \times \boldsymbol{B} - \boldsymbol{\nabla} p$$

对上式取旋度,得到:

$$\boldsymbol{\nabla} \times (\boldsymbol{j} \times \boldsymbol{B}) = \boldsymbol{\nabla} \times \rho\frac{\partial \boldsymbol{v}}{\partial t} \tag{6.8.14}$$

式(6.8.14)除了惯性项,其余和式(6.8.1)是一样的。因此,再次取方程的轴向分量且假设该层具有不可压缩性,内层多出来的主要项是

$$\left(\boldsymbol{\nabla}\times\rho\,\frac{\partial\boldsymbol{v}}{\partial t}\right)_{\phi}=\gamma\rho\,\frac{\mathrm{d}v_{\theta}}{\mathrm{d}r}=\frac{\gamma\rho}{m}\mathrm{i}r\,\frac{\mathrm{d}^{2}v_{r}}{\mathrm{d}r^{2}}$$

在分析中包含这一项时,式(6.8.7)变为

$$\frac{\gamma\rho r^{2}}{m^{2}}\frac{\mathrm{d}^{2}v_{r}}{\mathrm{d}r^{2}}=\frac{B_{\theta}}{\mu_{0}}\left(1-\frac{nq}{m}\right)\frac{\mathrm{d}^{2}\psi}{\mathrm{d}r^{2}}-\frac{\mathrm{d}j_{\phi}}{\mathrm{d}r}\psi \tag{6.8.15}$$

用式(6.8.11)消去式(6.8.15)中的 $\mathrm{d}^{2}\psi/\mathrm{d}r^{2}$,得到:

$$\frac{\mathrm{d}^{2}v_{r}}{\mathrm{d}s^{2}}-\left(\frac{B_{\theta}^{2}m^{2}q'^{2}}{\rho\eta\gamma r^{2}q^{2}}\right)s^{2}v_{r}=-\frac{B_{\theta}m^{2}q'}{\rho\eta r^{2}q}s\psi-\frac{m^{2}}{\rho\gamma r^{2}}\frac{\mathrm{d}j_{\phi}}{\mathrm{d}r}\psi \tag{6.8.16}$$

由于 ψ 被取作常数,故式(6.8.16)是 v_{r} 的非齐次方程。其解是 s 的奇函数和偶函数之和。
但只有式(6.8.16)右边第一项导出的奇函数部分对式(6.8.13)中的积分有贡献。

　式(6.8.16)可以写成更简明的形式。为此引入特征长度 d 及新变量 x 和 y:

$$d=\left(\frac{\rho\eta\gamma^{2}q^{2}}{B_{\theta}^{2}m^{2}q'^{2}}\right)^{1/4}$$

$$x=\frac{s}{d},\qquad y=-\frac{\rho\gamma r^{2}q}{m^{2}B_{\theta}q'd^{3}}\frac{v_{r}}{\psi} \tag{6.8.17}$$

其中,y 和 v_{r} 仅表示式(6.8.16)的解的奇函数部分。因此,做了代换之后,式(6.8.16)变为

$$\frac{\mathrm{d}^{2}y}{\mathrm{d}x^{2}}=-x(1-xy) \tag{6.8.18}$$

式(6.8.13)变为

$$\Delta'_{\mathrm{in}}=\frac{\mu_{0}\gamma d}{\eta}\int_{-\infty}^{+\infty}(1-xy)\,\mathrm{d}x \tag{6.8.19}$$

在电阻层尺度上,积分限现在已经等效地变为 $\pm\infty$。将式(6.8.18)的解 $y(x)$ 代入式(6.8.19)
中的积分,即得到所需的量 Δ'_{in}。

　解 y 和式(6.8.19)中的积分形式如图 6.8.2 所示。式(6.8.19)的积分等于 2.12,因此
令 $\Delta'_{\mathrm{in}}=\Delta'$ 后,得到撕裂模的色散关系:

$$\Delta'=2.12\,\frac{\mu_{0}\gamma d}{\eta} \tag{6.8.20}$$

将式(6.8.17)中的 d 代入式(6.8.20),得到增长率:

$$\gamma=0.55\left\{\left(\frac{\eta}{\mu_{0}}\right)^{3/5}\left[\frac{mB_{\theta}}{(\mu_{0}\rho)^{1/2}}\frac{q'}{rq}\right]^{2/5}\right\}_{r=r_{s}}\Delta'^{4/5}$$

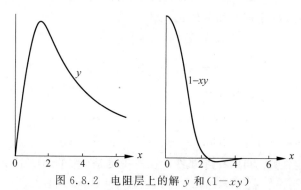

图 6.8.2　电阻层上的解 y 和 $(1-xy)$

利用特征电阻性扩散时间

$$\tau_R = \frac{\mu_0 a^2}{\eta}$$

和阿尔文传播时间

$$\tau_A = \frac{a}{B_\phi / (\mu_0 \rho)^{1/2}}$$

可将增长率写成

$$\gamma = \frac{0.55}{\tau_R^{3/5} \tau_A^{2/5}} \left(n \, \frac{a}{R} \, \frac{aq'}{q} \right)^{2/5} (a\Delta')^{4/5} \tag{6.8.21}$$

对于 $B_\phi = 5\text{T}, a = 1 \text{ m}$、密度 $n_e = 10^{20} \text{ m}^{-3}$、温度 $T_e = 5 \text{ keV}$ 的氘等离子体的特征时间为 $\tau_R \approx 10 \text{ min}, \tau_A \approx 0.1 \text{ μs}$,从而得到模的增长时间为 $\gamma^{-1} \approx \tau_R^{3/5} \tau_A^{2/5} \approx 70 \text{ ms}$。电阻层宽度可以由式(6.8.17)和式(6.8.20)确定。即 $d \approx a (\tau_A / \tau_R)^{2/5}$,对于上面的实例,这个宽度约为 0.15 mm。它比离子拉莫尔半径还小一个量级,由此可以看出,这个简单的电阻层模型在使用上很有局限性。然而,外部区域的解却一直是正确的。在 7.3 节中,电阻层分析可以用更加令人满意的非线性处理来代替。

6.9 撕裂模的稳定性

撕裂模的稳定性是由式(6.8.7)的解和得到的 Δ' 值决定的。从式(6.8.21)可以看出,稳定性边界对应于 $\Delta' = 0$。当 $\Delta' > 0$ 时产生不稳定性。因此为了确定稳定性,只需确定 Δ' 的符号。然而,式(6.8.7)在共振面是奇异的,在计算时需要注意。

如果将式(6.8.7)对共振面的半径 r_s 作展开,利用

$$\left(1 - \frac{nq}{m} \right) \rightarrow - \left(\frac{q'}{q} \right)_{r_s} (r - r_s)$$

然后,只保留主项,式(6.8.7)变为

$$\frac{d^2 \psi}{dr^2} + \left(\frac{dj/dr}{B_\theta / \mu_0} \frac{q}{q'} \right)_{r_s} \frac{\psi}{r - r_s} = 0$$

或者

$$\frac{d^2 \psi}{ds^2} - \frac{\kappa}{s} \psi = 0 \tag{6.9.1}$$

其中,$s = r - r_s, \kappa = -(\mu_0 j' q / B_\theta q')_{r_s}$。式(6.9.1)在 $s = 0$ 处有一个奇点,且通解在这个点也是奇异的。两个特解的主项有如下形式

$$\psi = 1 + \kappa s \ln |s| + \cdots$$

$$\psi = A \left(s + \frac{1}{2} \kappa s^2 + \cdots \right)$$

所以在 $r < r_s$ 和 $r > r_s$ 下展开的解为

$$\psi = 1 + \kappa s \ln |s| + \cdots + A^- s + \cdots \quad (r < r_s)$$

$$\psi = 1 + \kappa s \ln |s| + \cdots + A^+ s + \cdots \quad (r > r_s)$$

其中,A^- 和 A^+ 是待定常数。可以看到,虽然 ψ 在 $s = 0$ 处是有限的,但是这个解的导数是奇异的:

$$\psi' = \kappa (\ln |s| + 1) + A^- \quad (r < r_s)$$

$$\psi' = \kappa(\ln|s| + 1) + A^+ \quad (r > r_s)$$

然而,在计算 ψ' 在 $s = \pm\varepsilon$ 之间的差值时,奇异项相互抵消,留下

$$\Delta' = A^+ - A^-$$

因此,Δ' 可以利用数值方法,分别选择合适的 A^- 和 A^+ 计算出来。具体做法是通过数值检验,先找到一个合适的 A^- 值,它必须能给出满足正则边界条件(在 $r = 0$ 处 $\psi = 0$)的式(6.8.7)的解;再找到一个 A^+ 值,它应该给出一个在等离子体边界上满足所选定的边界条件的方程解。

这个外部边界条件与等离子体外的导体(如真空室)的位置有关,会在本节后面予以更详细的讨论。对于导体壳就在等离子体表面的情形,边界条件为

$$\psi' = \left(-\frac{m}{a} + \gamma\mu_0\sigma\delta\right)\psi \quad (r = a) \tag{6.9.2}$$

其中,γ 是增长率,σ 是壳的电导率,δ 是壳的厚度。在理想导体壳的极限下,$\sigma \to \infty$,条件(6.9.2)变为 $\psi(a) = 0$。相反,在高电阻 $\sigma \to 0$ 的极限下,边界条件变为 $\psi'(a) = -(m/a)\psi(a)$,由此给出的解在 $r \to \infty$ 时趋于 0。

因此,在给定边界条件下,Δ' 可以通过解式(6.8.7)得到。一种做法是先在 $r = r_s$ 处选取试探的 A^- 和 A^+ 的值来得到方程的一个解,然后不断调整这两个值,直到得到的解能同时满足 $r = 0$ 和 $r = a$ 处的边界条件。

在电流剖面给定的情况下,对于足够大的 m,撕裂模是稳定的。这是由于式(6.8.7)中起稳定作用的磁场线弯曲项取决于 m^2。

图 6.9.1 给出了在有和没有理想导体壁的两种情形下,电流剖面取抛物线剖面时,$m = 2$ 的模的 $r_s\Delta'$ 的值。在没有导体壁时,$\Delta' > 0$,且模在所有共振面处都是不稳定的。导体壁的存在只影响离 a 比较近的 r_s 处的 Δ'。对于共振面足够靠近等离子体边缘的模,导体壁具有致稳作用。

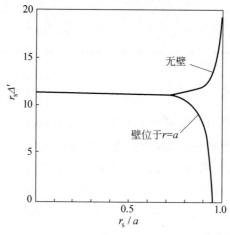

图 6.9.1　环向电流密度 $j = j_0[1 - (r^2/a^2)]$ 时,$m = 2$ 的 $r_s\Delta'(r_s)$ 的函数图像

$\Delta' > 0$ 时不稳定。下方的曲线表明,在 $r = a$ 处,理想导体壁具有致稳作用

图 6.9.2 显示了电流剖面取为

$$j = j_0\left[1 - \left(\frac{r}{a}\right)^2\right]^\nu$$

$m = 2$ 时的模的不稳定区域。

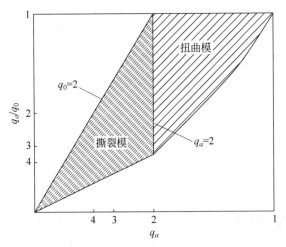

图 6.9.2　在电流剖面为 $j = j_0[1-(r^2/a^2)]^{\nu}$ 时，$m = 2$ 的扭曲和撕裂模的稳定图
$q_0 > 2$ 时的稳定性是由于不存在($q = 2$)共振面

可以看到，当共振面穿过等离子体边界时，撕裂模不稳定性与扭曲不稳定性相连。在这类剖面和通常的托卡马克运行条件($q_0 \approx 1$)下，等离子体内部 $q = 2$ 磁面的存在意味着存在 $m = 2$ 的撕裂模不稳定性。

在 $r_s \to 0$ 的情形下，几个低 m 模的 $r_s \Delta'$ 值见表 6.9.1。

表 6.9.1　几个低 m 模的 $r_s \Delta'$ 值

m	$r_s \Delta'$
2	11.22
3	2.46
4	−2.01

6.9.1　导体壁边界条件

当 $m = 2$ 的撕裂模在小振幅的情形下被观察到时，它们通常具有有限的实频率。这既可能是由上述分析中没有考虑到的效应所引起的模本身的固有频率所致，也可能是由等离子体转动(如在中性束注入的驱动下)所致。这导致了导体壳对撕裂模的影响，因为磁扰动对导体壳的穿透是其频率的强函数。在低频时，场的穿透由电阻特征时间 $\tau_s \approx \mu_0 \sigma b \delta$ 表征，其中 b 是壳的半径，δ 是壳的厚度，σ 是壳的电导率。当频率足够高($\omega \tau_s \gg 1$)时，由于涡流的屏蔽作用，场的穿透将不会发生。

图 6.9.3 给出了几何示意图。所需的等离子体表面的边界条件可以通过解外部区域的 ψ 方程得到。安培定律可以再一次写成式(6.8.5)的形式，在真空区域变为

$$\frac{1}{r} \frac{\mathrm{d}}{\mathrm{d}r} r \frac{\mathrm{d}\psi}{\mathrm{d}r} = \frac{m^2}{r^2} \psi \tag{6.9.3}$$

在导体壳内 $j = \sigma E$，而在大环径比近似下，所需讨论的分量在 ϕ 方向。因此有

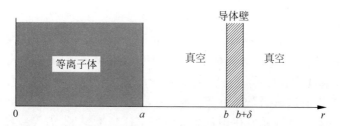

图 6.9.3　存在导体壁情形下计算等离子体边界条件所涉及的几何

$$\frac{1}{r}\frac{\mathrm{d}}{\mathrm{d}r}r\frac{\mathrm{d}\psi}{\mathrm{d}r}=\frac{m^2}{r^2}\psi+\mu_0\sigma E_\phi \tag{6.9.4}$$

由法拉第定律 $\boldsymbol{\nabla}\times\boldsymbol{E}=-\partial\boldsymbol{B}/\partial t$，并利用式(6.8.4)给出的 ψ 的定义，得到：

$$E_\phi=\frac{\partial\psi}{\partial t} \tag{6.9.5}$$

因此，取时间依赖关系为 $\exp(-\mathrm{i}\omega t)$，式(6.9.4)和式(6.9.5)给出对导体壁的方程：

$$\frac{1}{r}\frac{\mathrm{d}}{\mathrm{d}r}r\frac{\mathrm{d}\psi}{\mathrm{d}r}=\left(\frac{m^2}{r^2}-\mathrm{i}\omega\mu_0\sigma\right)\psi \tag{6.9.6}$$

考虑第一个真空区域，式(6.9.3)有解

$$\psi=Cr^m+Dr^{-m}\quad(a<r<b)$$

因此，

$$\left(\frac{\psi'}{\psi}\right)_a=-\frac{m}{a}\frac{1+f(a/b)^{2m}}{1-f(a/b)^{2m}} \tag{6.9.7}$$

其中，

$$f=\frac{(\psi'/\psi)_b-(m/b)}{(\psi'/\psi)_b+(m/b)} \tag{6.9.8}$$

还需要通过将导体壁内的解与外真空区域的解匹配来计算 $(\psi'/\psi)_b$，外真空区域的解的形式如下：

$$\psi=Fr^{-m},\quad b+\delta<r<\infty \tag{6.9.9}$$

对于所感兴趣的频率范围，导体壁的作用是在宽度 δ 的两侧产生 ψ' 的变化，而在该宽度内 ψ' 的变化很小。因此，利用 ψ 在壁内几乎是常数的近似，可以方便地对式(6.9.6)进行积分，得到：

$$\left(\frac{\psi'}{\psi}\right)_{b+\delta}-\left(\frac{\psi'}{\psi}\right)_b=\left(\frac{m^2}{r^2}-\mathrm{i}\omega\mu_0\sigma\right)\delta \tag{6.9.10}$$

利用式(6.9.9)并取 $\delta\ll b$ 得到：

$$\left(\frac{\psi'}{\psi}\right)_{b+\delta}=-\frac{m}{b} \tag{6.9.11}$$

将式(6.9.11)代入式(6.9.10)得到 $(\psi/\psi')_b$，将该表达式代入式(6.9.8)且取近似 $\delta\ll b/m$ 得到：

$$f=\frac{1}{1+\mathrm{i}m/(\omega\tau_s)} \tag{6.9.12}$$

其中，

$$\tau_s=\frac{\mu_0\sigma b\delta}{2} \tag{6.9.13}$$

τ_s 是壁的特征电阻时间常数。式(6.9.7)和式(6.9.12)共同提供了用于等离子体表面的边

界条件。

对于 $\omega_r \tau_s \gg 1$，$f \to 1$ 且 $(\psi/\psi')_b \to \infty$，意味着 $\psi_b \to 0$。这是高频下磁场扰动的穿透力减弱的结果，致使导体壁表现出理想导体的行为。相反，当 $\omega_r \tau_s \to 0$ 时，$f \to \gamma \tau_s/(m + \gamma \tau_s)$，在高增长率 γ 下，壁表现为良导体（$f \approx 1$）且在 $\gamma \to 0$ 时完全丧失其影响。因此对于 $\omega_r = 0$，导体壁对稳定性边界没有影响，在 $\gamma = 0$ 且 $f = 0$ 时，它只会影响增长率。

小幅扰动与真空室壁的相互作用可导致不稳定性频率降低，而大幅扰动会使不稳定性锁模在真空室上，导致频率降为零。这一特性反过来让我们有可能利用外部线圈结构产生的静态误差场来对锁模施加影响。这些效应的描述见 7.10 节和 7.11 节。

6.10 内扭曲模

内扭曲不稳定性的特点是极向模数 $m = 1$，环向模数 $n = 1$，故这种模的共振面（由 $m = nq$ 给出）是 $q = 1$。因此这种不稳定性只有当等离子体中存在 $q = 1$ 磁面时才出现，其稳定的充分条件是 q 的最小值大于 1。在电流密度随小半径单调减小的情形下，q 的最小值是位于磁轴处的值 q_0。因此如果 $q_0 > 1$，那么内扭曲模是稳定的。

内扭曲模区别于其他模的判据是 $m = 1$，$n = 1$。这意味着其径向位移的极向变化由 $\cos(\theta - \phi)$ 给出。对于每个极向平面，它对应于每个磁面的简单平移，如图 6.10.1(a)所示。从大环径比近似 $\varepsilon = a/R \ll 1$ 的角度看，这一特点的意义非常明显，因为内扭曲模的势能可由式(6.7.6)给出：

$$\delta W = \frac{\pi^2 B_\phi^2}{\mu_0 R_0} \int_0^a \left[\left(r \frac{d\xi}{dr} \right)^2 + (m^2 - 1)\xi^2 \right] \left(\frac{n}{m} - \frac{1}{q} \right)^2 r \, dr + O(\varepsilon^2) \qquad (6.10.1)$$

其中，ξ 是径向位移的幅度，且小项与主项之比在 $O(\varepsilon^2)$ 量级。

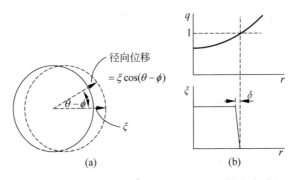

图 6.10.1　(a) $m = 1$ 扰动下圆截面磁面的位移；(b) 不稳定位移下 ξ 的径向分布

可以看到，对于 $m = 1$，如果位移是刚性的，$\xi =$ 常数，就将使这个积分降到最小值，也就是零。然而式(6.10.1)是对内扭曲模而言的，一定会有 $\xi_a = 0$（其中忽略了 δW 中的表面项），因此常数 ξ 是不允许的。图 6.10.1(b)显示了 $\xi(r)$ 的一种形式，它完全在内部且能使 δW 为零。此位移在 $q = 1$ 面内是刚性的，面外是零。在两区域之间的 $q = 1$ 面上，ξ 不可避免地会出现变化。在这个面上，扰动的螺旋度与磁场相同。由于这里 $d\xi/dr$ 不为零的范围非常局域，所以引起的能量变化可以取得任意小。由式(6.10.1)知，这样得出的能量变化正比于

$$\int_{-\delta}^{0}\left(\frac{\xi}{\delta}\right)^{2}(q'x)^{2}\mathrm{d}x$$

而它是 $O(\delta)$ 级的量,当 $\delta \to 0$ 时趋于 0。

因此可以看出,只看 ε 的主项,δW 的最小值是零。因此这个模在该量级上是临界稳定的,于是其稳定性将取决于式(6.10.1)中 $O(\varepsilon^2)$ 项的符号。在柱位形下,这一项可以直接计算出来,但对于环位形,结果却完全不同。这可以从环位形下 δW 的如下形式看出:

$$\delta W = \left(1 - \frac{1}{n^2}\right)\delta W_{\mathrm{C}} + 2\pi^2 R \xi_0^2 \frac{B_\phi^2}{\mu_0}\left(\frac{r_1}{R}\right)^4 \delta \widetilde{W}_{\mathrm{T}}$$

其中,ξ_0 是上述零阶常量位移;δW_{C} 是柱位形下的 δW;$\delta \widetilde{W}_{\mathrm{T}}$ 表示无量纲形式的环位形的贡献;r_1 是 $q=1$ 磁面处的半径。可以看出,对于重要的 $n=1$ 模,只留下环位形项。

环位形项的计算非常复杂。在大环径比下,对于简单电流剖面和小的 r_1/a,得到的 $\delta \widetilde{W}_{\mathrm{T}}$ 是

$$\delta \widetilde{W}_{\mathrm{T}} = 3(1 - q_0)\left(\frac{13}{144} - \beta_{p1}^2\right) \tag{6.10.2}$$

其中,

$$\beta_{p1}^2 = \frac{\int_0^{r_1}(p - p_1)2r\,\mathrm{d}r}{(B_{\theta 1}^2/2\mu_0)r_1^2}$$

这里 $p_1 = p(r_1)$,且由于 $q(r_1) = 1$,故 $B_{\theta 1} = (r_1/R)B_\phi$。当 $\beta_{p1} > 0.3$ 时,式(6.10.2)将给出不稳定性。对于较大的 r_1/a,预计较小的 β_{p1} 就能使其不稳定,如图 6.10.2 所示。

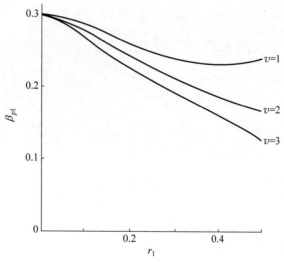

图 6.10.2　电流剖面 $j = j_0(1 - (r^2/a^2))^\nu$ 下,β_{p1} 作为 r_1 的函数的临界值(Bussac, M. N. *et al.*, *Phys. Rev. Lett.* **35**, 1638 (1975))

上述结果取决于假定的各种剖面的形状。特别是假定 q 分布取类似于图 6.10.1 的形式。但对于 q 分布在 $q=1$ 面内是平坦分布的情形,结果就不同了。对于 $m=n=1$,式(6.10.1)的因子 $(n/m - 1/q)^2$ 将变为 $(1 - 1/q)^2$,这样,如果 q 足够接近于 1,这个因子将降为 $O(\varepsilon^2)$ 阶。这会使式(6.10.1)中将主项和 $O(\varepsilon^2)$ 项分开处理的做法失效。当采用改变

后的量序重新进行分析后,将会发现一种新的不稳定性。物理上来讲,含有$(1-1/q)^2$的项描述了弯曲磁场线的致稳作用,而ξ的常量解使这种稳定效应无效。当$q\approx 1$时,弯曲磁力线的贡献变得不重要,且与去稳项可比。这时最不稳定的模取对流元的形式(图 6.10.3),而不是刚性位移的形式。磁场线和扰动的螺旋结构几乎是平行的,而且对流和磁场线几乎是可相互交换的。由于这个原因,这种形式的$m=1$不稳定性被称为准交换不稳定性。

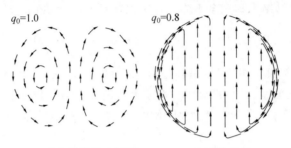

图 6.10.3　准交换模的流线图($q_0=1.0$)和刚性位移($q_0=0.8$)

　　在考虑这种$m=1$模后,描述稳定性边界的图 6.7.2 应修改为图 6.10.4。由图可见,理论预言的稳定性区域受到进一步限制。实验上对这种$m=1$不稳定性的观察见 7.6 节,它涉及锯齿振荡。

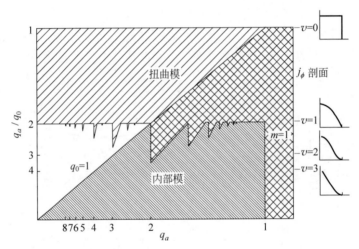

图 6.10.4　包含内扭曲模稳定性边界的扭曲稳定性图(参见图 6.7.2)

6.11　电阻性 $m=1$ 模

　　如同 6.7 节描述的$m>1$扭曲模,电阻的引入拓展了内部扭曲模的不稳定性。电阻同样会影响围绕共振面(在此情形下就是$q=1$面)的一个薄层内的行为,其不稳定性程度是由描述这种位形的势能δW来衡量的。如果$\delta W<0$,那么 6.10 节所述的理想模就是不稳定的。随着δW的增大,在零附近存在一个小δW值的范围,其中电阻性的扭曲模是不稳定的。当δW变得更大(更正)时,这种不稳定性将以$m=1$的撕裂模形式存在。图 6.11.1 示意了这种行为,给出了不稳定性增长率随δW变化的关系。

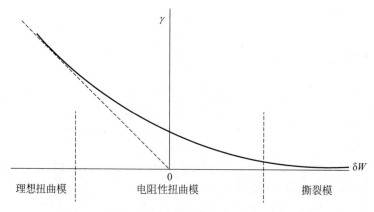

图 6.11.1　$m=1$ 模的增长率随 δW 变化的示意图

描绘了从理想扭曲模（$\delta W<0$）开始，转变成电阻性扭曲模再到撕裂模（$\delta W>0$）的过程

不同模式的区分由许多因素共同决定，电阻性扭曲模不稳定区域的范围有如下量序：

$$\frac{\delta W}{\pi R \xi_0^2 \, (B_\theta q'r)^2_{q=1}/\mu_0} \propto \left(\frac{\tau_{\mathrm{H}}}{\tau_{\mathrm{R}}}\right)^{1/3}$$

其中，ξ_0 是芯部的位移，而

$$\tau_{\mathrm{H}} = \left(\frac{\sqrt{\mu_0 \rho}}{q'B_\theta}\right)_{q=1}, \qquad \tau_{\mathrm{R}} = \left(\frac{\mu_0 r^2}{\eta}\right)_{q=1}$$

在所有情形下，基本本征函数都有理想模的形式，也就是

$$\xi = \xi_0, \quad r<r_1; \qquad \xi=0, \qquad r>r_1 \tag{6.11.1}$$

其中，$q(r_1)=1$。下面依次介绍电阻性扭曲模和撕裂模。

6.11.1　电阻性 $m=1$ 扭曲模

在电阻层，欧姆定律和运动方程分别取推导撕裂模层时的式（6.8.11）和式（6.8.15），略去其中较小的 $\mathrm{d}j_\phi/\mathrm{d}r$ 项。取 $m=n=1$，然后对这两个方程在 $r=r_1$ 附近做展开，得到：

$$\tilde{\eta}\frac{\mathrm{d}^2\tilde{\psi}}{\mathrm{d}x^2} = \tilde{\gamma}\tilde{\psi} + \tilde{\gamma}x\tilde{\xi} \tag{6.11.2}$$

$$\tilde{\gamma}^2\frac{\mathrm{d}^2\tilde{\xi}}{\mathrm{d}x^2} = x\frac{\mathrm{d}^2\tilde{\psi}}{\mathrm{d}x^2} \tag{6.11.3}$$

其中，

$$\tilde{\psi} = -\frac{\psi}{q'(r_1)B_\theta(r_1)}, \qquad \tilde{\xi} = \frac{v_r}{\gamma r_1},$$

$$x = \frac{r-r_1}{r_1}, \qquad \tilde{\gamma} = \gamma\tau_{\mathrm{H}}$$

与式（6.11.1）给出的外部区域的解匹配的式（6.11.2）和式（6.11.3）的解是

$$\xi = \frac{1}{2}\xi_0\left(1 - \mathrm{erf}\frac{x}{\sqrt{2}\,\tilde{\eta}^{1/3}}\right)$$

其中，

$$\mathrm{erf}(s) = \frac{2}{\sqrt{\pi}}\int_0^s \mathrm{e}^{-\sigma^2}\,\mathrm{d}\sigma$$

而且本征值为

$$\tilde{\gamma} = \tilde{\eta}^{1/3}$$

因此电阻性扭曲模的不稳定性增长率为

$$\tilde{\gamma} = \frac{(q'B_\theta / \sqrt{\mu_0 \rho})_{r_1}^{2/3}}{(\mu_0 r^2 / \eta)_{r_1}^{1/3}} \tag{6.11.4}$$

它也可以写成

$$\gamma = \tau_H^{-2/3} \tau_R^{-1/3}$$

可以看出,这个增长率更接近于 MHD 的特征时间而非电阻性模的特征时间。如果假定 q 在磁轴附近呈抛物线剖面,且 r_1 足够小,则有 $q'(r_1) = 2(1-q_0)/r_1$。利用斯必泽电阻率公式且注意有 $B_\theta(r_1) = (r_1/R)B_\phi$,由式(6.11.4)可得到:

$$\gamma = \frac{6 \times 10^3}{T_e^{1/2} (n/10^{20})^{1/3}} \frac{(1-q_0) B_\phi}{r_1 R} \tag{6.11.5}$$

其中,n 是电子密度;T_e 以 keV 为单位。对于典型的实验参数,增长时间 γ^{-1} 在如下范围内:

$$\gamma^{-1} = \frac{10-100}{(1-q_0)^{2/3}} \tag{6.11.6}$$

其中,γ^{-1} 的单位是 μs。即较小的托卡马克体积有较大的增长率。

6.11.2　$m = 1$ 撕裂模

如同 6.8 节中高 m 数的撕裂模一样,$m=1$ 撕裂模的增长率也是将外部区域的解与电阻层的解相连接后由值 Δ' 决定的。得到的关系式是一样的,都由式(6.8.20)给出,就目前情形而言,为

$$\Delta' = \sqrt{2} \left[\Gamma\left(\frac{3}{4}\right) \right]^2 \gamma^{5/4} \tau_H^{1/2} \tau_R^{3/4} / r_1 \tag{6.11.7}$$

其中,Γ 是伽马函数,$\sqrt{2} \left[\Gamma\left(\frac{3}{4}\right) \right]^2 = 2.12$。还需要计算 Δ' 的值。对于 $m=1$ 的情形,它可以解析算出。

将 $\nabla \times (E + v \times B) = 0$ 的径向分量结合 $B_r = -(1/r)\partial\psi/\partial\theta$ 后给出:

$$\psi = B_\theta (q-1) \xi$$

当 $r < r_1$ 时,ξ 可以分为零阶常数部分 ξ_0 和附加部分 ξ_1,故有

$$\psi = B_\theta (q-1) (\xi_0 + \xi_1) \tag{6.11.8}$$

现将 ξ_1 限定在 $q=1$ 面上,其值可以从 δW 的表达式(6.10.1)得到:

$$\delta W(r) = \pi^2 R \int_0^r \left[\frac{B_\theta^2}{\mu_0} r (1-q)^2 \left(\frac{\mathrm{d}\xi}{\mathrm{d}r}\right)^2 + g\xi^2 \right] \mathrm{d}r \tag{6.11.9}$$

其最小值解由欧拉-拉格朗日方程给出:

$$\frac{\mathrm{d}}{\mathrm{d}r} \left[\frac{B_\theta^2}{\mu_0} r (1-q)^2 \frac{\mathrm{d}\xi}{\mathrm{d}r} \right] = g\xi \tag{6.11.10}$$

将式(6.11.10)代入式(6.11.9),然后分部积分得到:

$$\delta W(r) = \pi^2 R \frac{B_\theta^2}{\mu_0} r (1-q)^2 \xi\xi' \tag{6.11.11}$$

由于 $\xi\xi' = \xi_0\xi_1'$,且靠近 $r = r_1$ 时,$1-q = -q'x$,故式(6.11.11)可以写作

$$\xi_1' = \frac{\delta W(r_1)}{\pi^2 R \left(rq'^2 B_\theta^2/\mu_0\right)_{r_1} \xi_0} \frac{1}{x^2}$$

于是有

$$\xi_1 = -\frac{\delta W(r_1)}{\pi^2 R \left(rq'^2 B_\theta^2/\mu_0\right)_{r_1} \xi_0} \frac{1}{x} \tag{6.11.12}$$

因此,根据式(6.11.8)和式(6.11.12),当 $r \to r_1$ 时, ψ 和 ψ' 的形式为

$$\psi = (B_\theta q')_1 x \xi_1$$
$$\psi' = (B_\theta q')_1 \xi_0$$

故有

$$\left(\frac{\psi'}{\psi}\right)_{r_1 - \varepsilon} = \frac{\xi_0}{x \xi_1} \tag{6.11.13}$$

将式(6.11.12)代入式(6.11.13),得到:

$$\left(\frac{\psi'}{\psi}\right)_{r_1 - \varepsilon} = -\frac{\pi^2 R \left(rq'^2 B_\theta^2/\mu_0\right)_{r_1} \xi_0^2}{\delta W(r_1)} \tag{6.11.14}$$

当 $r > r_1$ 时, ξ 中的常数项是零,因此

$$\left(\frac{\psi'}{\psi}\right)_{r_1 + \varepsilon} = 0 \tag{6.11.15}$$

式(6.11.14)和式(6.11.15)给出所需的

$$\Delta' = \frac{\pi^2 R \left(rq'^2 B_\theta^2/\mu_0\right)_{r_1}}{\delta W/\xi_0^2} \tag{6.11.16}$$

由于撕裂模只出现在 $\delta W > 0$ 的情形下,这就要求不稳定时 Δ' 为正。δW 在 Δ' 中的稳定作用从其出现在式(6.11.16)的分母中可以清楚地看出。现在, $m=1$ 撕裂模的增长率可以通过将式(6.11.16)的 Δ' 表达式代入式(6.11.7)中得到:

$$\gamma = 0.55 \left[\frac{\pi^2 R \left(rq' B_\theta\right)_{r_1}^2/\mu_0}{\delta W/\xi_0^2}\right]^{4/5} \tau_{\mathrm{H}}^{-2/5} \tau_{\mathrm{R}}^{-3/5} \tag{6.11.17}$$

随着 $\delta W \to 0$,这个模将会变为前述的电阻性扭曲不稳定性,当 $\delta W < 0$ 时,这个模变为理想扭曲模。

6.11.3　统一的 $m=1$ 理论

理想扭曲模、电阻性扭曲模和 $m=1$ 撕裂模可以统一分析。这将导致一个单一的色散关系,三种不同的模将出现在不同的极限下。这个色散关系式为

$$\gamma \tau_{\mathrm{H}} = \delta W_{\mathrm{H}} \left[\frac{1}{8} \left(\frac{\gamma}{\gamma_{\eta k}}\right)^{9/4} \frac{\dfrac{\Gamma(\gamma/\gamma_{\eta k})^{3/2} - 1}{4}}{\dfrac{\Gamma(\gamma/\gamma_{\eta k})^{3/2} + 5}{4}}\right] \tag{6.11.18}$$

其中归一化的势能定义为

$$\delta W_{\mathrm{H}} = \frac{\delta W/\xi_0^2}{2R \left(rB_\theta q'\right)_{r_1}^2/\mu_0}$$

其中, $\gamma_{\eta k}$ 是电阻性扭曲模的增长率 $\tau_{\mathrm{H}}^{-2/3}/\tau_{\mathrm{R}}^{-1/3}$。理想扭曲模在大 γ 极限下得到。这时式(6.11.18)右边的中括号内的值等于1,且 $\gamma = \delta W_{\mathrm{H}}/\tau_{\mathrm{H}}$。当 $\delta W_{\mathrm{H}} \to 0$ 时,式(6.11.18)给出电阻性扭曲模的增长率 $\gamma = \gamma_{\eta k}$,因为当 $x \to 0$ 时, $\Gamma(x) \to 1/x$。当 $\delta W_{\mathrm{H}} > 0$ 时出现撕裂模,

这时理想模是稳定的,而且 $\gamma \ll \gamma_{\eta k}$。此时伽马函数等于常数,增长率变为式(6.11.17)给出的撕裂模的形式。

6.12 局域模

在 6.7 节的扭曲模描述中,隐含了模数 m 和 n 较小的假设。

高 n 模容易被扰动磁场所需的能量强烈地稳定。然而,这种致稳作用中涉及的平衡磁场分量平行于波矢,且在共振磁面上这个分量为零。因此高 n 模多集中在其共振磁面(即 $q = m/n$ 的磁面)附近。在 $n \to \infty$ 时,这类共振面的数量变得无穷大,使彼此的间隔接近零。这种极限情形下允许我们对局域模进行理论分析。

在柱形等离子体情形下,势能 δW 中与此相关的部分是

$$\delta W = \pi \int \frac{1}{k^2} \left[\frac{1}{2\mu_0} \left(\boldsymbol{k} \cdot \boldsymbol{B} \frac{\mathrm{d}\xi_r}{\mathrm{d}r} \right)^2 + \frac{k_z^2}{r} \frac{\mathrm{d}p}{\mathrm{d}r} \xi_r^2 \right] r \, \mathrm{d}r$$

其中,$\boldsymbol{k} = (m/r)\boldsymbol{i}_\theta + k_z \boldsymbol{i}_z$。致稳第一项的贡献大于解中去稳压强梯度项的一个必要条件可由苏伊达姆(Suydam)判据给出:

$$\frac{rB_z^2}{8\mu_0} \left(\frac{q'}{q} \right)^2 > -p'$$

其中,$q'/q = (B_z/rB_\theta)'/(B_z/rB_\theta)$。

在托卡马克的位形下,情况要复杂得多。主要差别在于与柱形几何不同,在环形几何下磁场线的等效曲率沿着磁场线前行时会改变符号。在环的内侧,曲率矢量指向等离子体外,是致稳的;但在外侧,曲率矢量指向等离子体内,是去稳的。稳定性计算涉及对这些最不稳定位移的曲率做恰当的平均。

对圆截面、大环径比的托卡马克,类似的稳定性判据是梅西耶(Mercier)判据:

$$\frac{rB_\phi^2}{8\mu_0} \left(\frac{q'}{q} \right)^2 > (-p')(1-q^2) \tag{6.12.1}$$

式(6.12.1)中的 $p'q^2$ 项代表环形磁场平均曲率的致稳贡献。如果 $q > 1$,这一项将大到足以使平均后的曲率是好曲率,且负的压强梯度是致稳的。

不等式(6.12.1)只是致稳的必要条件。这是因为,环形几何处理只能部分成立。完整的处理需要减掉与环外侧起去稳作用的曲率相关的自由能,以对扰动做更全面的优化。

6.13 气球模

当恰当的磁场线的平均曲率相对于压强梯度足够致稳时,6.12 节所描述的局域模是稳定的。如图 6.13.1 所示,在环的内侧(小 R)曲率是致稳的,在环外侧是去稳的。只要 $q > 1$,平均效应在低压强下是致稳的。但如果压强梯度太大,那么就会出现不同的情况。这时扰动会聚到去稳的坏曲率区域,它所释放的势能可能比扰动沿磁场线传播导致的磁场线弯曲所需的势能更大。由此导致的不稳定性就是气球模。

气球不稳定性相当复杂,但是可以通过如下的简单图像来估计气球模的产生条件。源

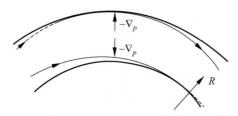

图 6.13.1　环内侧起致稳作用的曲率和外侧起去稳作用的曲率

自压强梯度的去稳能量为

$$\delta W_{\mathrm{d}} \propto \frac{-\,\mathrm{d}p/\mathrm{d}r}{R_{\mathrm{c}}}\xi^2$$

其中, R_{c} 表示去稳效应的磁场线曲率, ξ 是径向位移。磁场线弯曲所需的能量为

$$\delta W_{\mathrm{s}} \propto k_{\parallel}^2\,(B_{\phi}^2/\mu_0)\,\xi^2$$

其中, $\pi/k_{\parallel}$ 是平行于位移变化处的磁场线的特征长度。它由磁场线从环内侧到外侧所走过的距离给出,所以 $k_{\parallel}$ 的量级是 $1/(qR)$。因此取 R_{c} 为环向磁场的曲率半径($\propto R_0$)即可以看出,当压强梯度足够大时,

$$-\frac{\mathrm{d}p}{\mathrm{d}r} \propto \frac{B_{\phi}^2/\mu_0}{q^2 R_0}$$

即对应的量序为 $\beta \propto \varepsilon/q^2$(其中 ε 是环径比的倒数)时,气球模变得重要。

确定气球模稳定性的条件可以从高模数极限下的 δW 方程出发。这里采用基于磁面的正交坐标系 (ψ, χ, ϕ) 来写出方程。极向通量 ψ 表示磁面坐标, χ 是沿磁面转过的角度, ϕ 是环向角。如何选取坐标 χ 的度量是比较自由的。该坐标系的极向面积元是 $J\,\mathrm{d}\psi\mathrm{d}\chi$, J 是雅可比行列式。

在该坐标系下, δW 的表达式为

$$\delta W = \frac{\pi}{\mu_0}\int\left[\frac{B^2}{R^2 B_{\mathrm{p}}^2}\,|\,k_{\parallel}\,X\,|^2 + R^2 B_{\mathrm{p}}^2\left|\frac{1}{n}\frac{\partial}{\partial\psi}k_{\parallel}\,X\,\right|^2 - \right.$$

$$\left.2\mu_0\frac{\mathrm{d}p}{\mathrm{d}\psi}\left(\frac{\kappa_{\mathrm{n}}}{RB_{\mathrm{p}}}\,|\,X\,|^2 - \frac{\mathrm{i}fB_{\mathrm{p}}}{BB_{\phi}}\kappa_{\mathrm{s}}\frac{X}{n}\frac{\partial X^*}{\partial\psi}\right)\right]J\,\mathrm{d}\chi\,\mathrm{d}\psi \qquad (6.13.1)$$

扰动量 X 定义为 $X = RB_{\mathrm{p}}\xi_{\psi}$,其中 B_{p} 是极向磁场, ξ_{ψ} 是垂直于磁面的位移。

算子 $\mathrm{i}k_{\parallel}$ 定义为 $\mathrm{i}k_{\parallel} = (JB)^{-1}(\partial/\partial\chi + \mathrm{i}n\nu)$,其中 n 是环向模数, $\nu = JB_{\phi}/R$。 κ_{n} 和 κ_{s} 分别是磁场线曲率的法向分量和测地线(又称次法线)分量。测地线曲率是指磁面内的磁场线曲率。式(6.13.1)中第一项和第二项给出与磁场线弯曲有关的能量,第三项和第四项给出压强梯度分别与法向曲率和测地线曲率耦合所产生的能量。第一项和第三项对应于本节开头描述气球模时所述的贡献。如果将该坐标系与更加熟悉的柱形坐标系类比,则 ψ 对应于径向坐标 r, χ 对应于 θ。

对式(6.13.1)取极小化,得到欧拉方程。该方程可以这样来求解:通过延拓周期变量 χ 至无穷远 $-\infty < y < +\infty$,并利用程函变换

$$X = F\exp\left(-\mathrm{i}n\int^y \nu\,\mathrm{d}\chi\right)$$

得到:

$$\frac{1}{J}\frac{d}{dy}\left\{\frac{1}{JR^2B_p^2}\left[1+\left(\frac{R^2B_p^2}{B}\int^y\frac{\partial\nu}{\partial\psi}d\chi\right)^2\right]\frac{\partial F}{\partial y}\right\}+\frac{2\mu_0}{RB_\phi}\frac{dp}{d\psi}\left(\kappa_n-\frac{fRB_p^2}{BB_\phi}\kappa_s\int^y\frac{\partial\nu}{\partial\psi}d\chi\right)F=0$$

$$(6.13.2)$$

临界稳定态是这样的解：它除了在 $y\to\pm\infty$ 时为零，没有其他零点。不稳定的条件是式(6.13.2)的解不但在 $y\to-\infty$ 时为零，而且在某个有限的 y 值处也有零点。图 6.13.2 显示了临界稳定情形下的对称解。

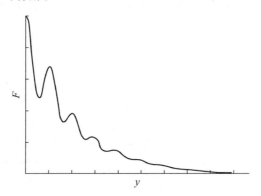

图 6.13.2　临界稳定位形下式(6.13.2)的解

6.14　气球模稳定性

气球模稳定性的计算需要在每个通量面上解方程(6.13.2)。通常是通过数值计算来给出一组具有代表性的通量面的稳定性的解。

一种能够直接进行分析的简单模型是圆截面、大环径比托卡马克位形。这时在计算 δW 时，假设平衡状态下有 $\beta\propto(a/R)^2$。但当 $(rdp/dr)/[B^2/(2\mu_0)]\propto a/R$ 时，就会出现不稳定性。因此，这样得出的结果只有当局域压强梯度增强时才在形式上适用。但不管怎样，这个模型给出了一些重要结论，并且提供了一个讨论气球模的理论框架。

在这种情形下，δW 可取为

$$\delta W=\int\left[(1+\Lambda^2)\left(\frac{dF}{d\theta}\right)^2-\alpha(\Lambda\sin\theta+\cos\theta)F^2\right]d\theta \qquad (6.14.1)$$

其中，

$$\Lambda=s\theta-\alpha\sin\theta$$

$$s=\frac{r}{q}\frac{dq}{dr},\qquad \alpha=-\frac{2\mu_0Rq^2}{B^2}\frac{dp}{dr}$$

s 是通量面的平均磁剪切，α 是引起不稳定性的压强梯度的度量。正比于 $(dF/d\theta)^2$ 的项表示磁场线弯曲的致稳作用，$\alpha\cos\theta F^2$ 项给出压强梯度与磁场线法向曲率带 $\cos\theta$ 因子耦合的去稳效应。$\alpha\Lambda\sin\theta F^2$ 项给出源于测地线曲率的剪切的贡献。Λ 与剪切的关系如下：

$$\frac{d\Lambda}{d\theta}=s-\alpha\cos\theta$$

其中，$\alpha\cos\theta$ 给出了沿通量面剪切与极角 θ 的关系。

取 δW 的极小值，得到欧拉方程：

$$\frac{d}{d\theta}\left[\left(1+(s\theta-\alpha\sin\theta)^2\right)\frac{dF}{d\theta}\right]+\alpha\left[(s\theta-\alpha\sin\theta)\sin\theta+\cos\theta\right]F=0 \quad (6.14.2)$$

式(6.14.2)的解决定了稳定性。临界稳定的通量面有这样的 s 和 α 值：它们对应的解满足 $\theta\to\pm\infty$ 时 $F\to0$,且没有其他零点。(s,α) 空间中的稳定性边界已由数值计算确定,其结果如图 6.14.1(a)所示。

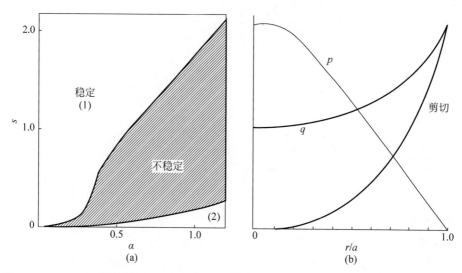

图 6.14.1　(a) 圆截面通量面的气球模稳定性图(图中显示了第一(1)和第二(2)稳定区域);
(b) 抛物线电流分布下的临界稳定压强剖面(图中还显示了相关的 q 和 s 分布)

大 s、小 α 的稳定区域表示磁场线弯曲的致稳作用区域。随着剪切的减弱和压强梯度的增大,不稳定性会如预料的那样增长起来。但令人惊奇的是,剪切的进一步减小会进入第二稳定区。这种现象的原因可以从式(6.14.1)看出。在小 s、大 α 的极限下,δW 有如下稳定的正定形式:

$$\delta W=\int\alpha^2\sin^2\theta\left[\left(\frac{dF}{d\theta}\right)^2+F^2\right]d\theta \quad (6.14.3)$$

式(6.14.3)中的两项起源于剪切依赖于 θ 的部分,它通过 Λ 中的 $\alpha\sin\theta$ 项的贡献来表示。因此,第二稳定区是由低剪切时压强梯度引起的环向平衡的修正产生的。

(s,α) 图中的每个点代表等离子体中一个特定的通量面。因此,一个完整的等离子体位形由该图中的一条线表示。这条线以原点为起点,对于边界上零压强梯度和零电流密度的情形,将终止于点 $\alpha=0,s=2$。

对于给定的电流剖面,剪切是确定的。因此图 6.14.1(a)可以用来计算第一个区域内等离子体的所有半径处的稳定性边界的压强剖面。图 6.14.1(b)给出了抛物线型电流剖面下的结果,该剖面对应于剪切 $s=1\left/\left[(a/r)^2-\frac{1}{2}\right]\right.$。

第二稳定区既可以通过对通常截面的托卡马克中所需的压强和 q 分布进行调整来得到,也可以通过将等离子体边界整形成图 6.14.2 所示的"豆"形来得到。

电阻的引入导致电阻性气球模。在不考虑其他物理效应(诸如有限拉莫尔半径和黏滞性等)的情况下,这些模通常是不稳定的,但增长率较小。

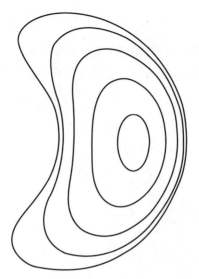

图 6.14.2　达到第二稳定区的豆状位形

上述高 n 情况下的分析没有对气球模作全域处理。此外,低模数下的压强驱动不稳定性需要单独来处理,特别是当磁剪切较小时就更是如此。如果在 q 缓变的区域中,有接近于低模数的有理数 m/n 的 q 值存在,那么等离子体就容易经受不稳定性。这类不稳定性通常被称为地狱模。

6.15　轴对称模

拉长的托卡马克等离子体容易产生轴对称的不稳定性。在这种模下,等离子体经受一个基本上沿垂直方向的移动。由于这类本征模的环向依赖因子为 $e^{-in\varphi}$,因此这种不稳定性也称为 $n=0$ 的模。

在不考虑导体壁的情形下,圆柱等离子体对于刚性位移是随遇稳定的。但如果等离子体被拉长,那么对于拉长方向的运动将是不稳定的。在存在理想导体壁的情形下,这种不稳定性存在一个临界拉长比。实际的情况更加复杂。首先是由于环效应,其次是由于真空室内存在具有不同程度电导率的毗邻结构。

等离子体的拉长是由外部导体中的电流所致。图 6.15.1 显示了这种平衡的一种简单情形。如果等离子体一开始有一个偏离平衡的垂直位移,那么就会有一个垂直方向的扰动力作用于等离子体。这个力既可能源于等离子体的位置改变,也可能源于等离子中或外部导体中的感应电流。如果最终的合力作用是使位移增大,那么等离子体就是不稳定的。

在简单情形下,这种不稳定性可以用外部电流产生的平衡磁场来描述。因此在近圆截面、大环径比且没有致稳导体壳的等离子体中,这种稳定性是由磁场衰减指数 $n = -(R/B_z)\mathrm{d}B_z/\mathrm{d}R$ 决定的,其中 B_z 是垂直磁场,R 是大半径的坐标。稳定性判据是 $n > 0$。

实际情况的稳定性分析需要借助数值计算。然而,对可解析处理的较简单情形的分析有助于我们对这个问题的深入理解。图 6.15.2 显示了柱形椭圆截面的等离子体,a 和

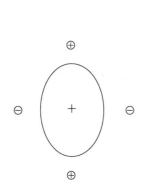
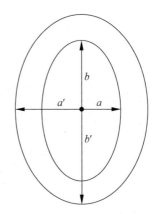

图 6.15.1　存在外部导体情形下的拉长平衡　　　图 6.15.2　椭圆形等离子体截面和导体壳

b 分别表示其短半轴和长半轴,外部围绕的是与其共焦的理想导体壳,壳的短、长半轴分别为 a' 和 b'。设等离子体中的电流密度是均匀的,这时它对垂直方向运动的稳定性判据为

$$\frac{b-a}{b+a} < \left(\frac{b+a}{b'+a'}\right)^2 \tag{6.15.1}$$

如果上述条件不满足,不稳定性就将以惯性时间尺度出现。

　　如果包壳的电导率是有限值,那么也将不满足判据(6.15.1)。和前面一样,这时也会导致惯性不稳定性。另一方面,即使判据得到满足,不稳定性也仍然会出现,但此时增长率将与壳的电阻渗透时间 τ_R 有关。对于较大的 τ_R,增长率为 $\gamma = (D\tau_R)^{-1}$,其中,

$$D = \frac{b-a}{b+a}\left(\frac{b+a}{b'+a'}\right)^2 - 1$$

D 度量判据(6.15.1)被满足的程度。

　　数值计算表明存在环向稳定效应。这将增大临界拉长量,在此临界值处不稳定性从惯性增长转变到在电阻时间尺度 τ_R 上的增长。

6.16　电阻壁模

　　6.7 节中分析了包含理想导体壁作用的扭曲模的稳定性。稳定性分析需要计算 ω^2 的值,如果 $\omega^2 > 0$,模是稳定的;如果 $\omega^2 < 0$,模是不稳定的或者衰减的。图 6.16.1(a)显示了不同模在 ω 的复平面中的位置。然而,在更为实际的存在电阻壁的假设下,稳定性计算中又出现了一个新的根,它被称为电阻壁模。

　　考虑等离子体在无壁时不稳定、但有理想壁时稳定的情形。图 6.16.1(b)显示了电阻壁模是如何关联到理想扭曲不稳定性的。在壁电阻趋于零的极限情形下,电阻壁模趋于零频率和零增长率。反过来,增大壁电阻将导致该模的不稳定性增强,在电导率趋于零的极限情形下,该模趋于无壁时的增长率。在壁电阻增大的过程中,初始的纯振荡稳定模变成衰减模。

　　电阻壁模是作为额外的潜在不稳定性出现的,但是重要的一点在于,虽然电阻壁不能达到想象的理想壁所能提供的完全稳定效果,但它仍然能够降低无壁情形下的不稳定性。

　　数学上处理电阻壁的过程与 6.9 节所描述的处理撕裂模的过程是一样的。从式(6.9.12)

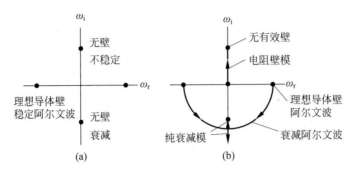

图 6.16.1 （a）ω 平面上根的位置（图中显示了被理想导体壁（$\omega^2>0$）稳定的两种阿尔文波和无壁条件下（$\omega^2<0$）不稳定的增长模和衰减模）；（b）对于最初扭曲模被理想导体壁稳定的情形，根随电阻率增长而移动的路径

可以看到，由电阻壁引入的新根 ω 以乘积 $\omega\tau_s$ 的形式出现，其中 τ_s 是壁的特征时间常数，这表明，增大 τ_s 可使该模的增长率减小。

电阻壁的稳定作用和增长率的减小使得我们能够借助更进一步的致稳因素来完全稳定该模，据预料，电阻壁模能够被强等离子体旋转与某些形式的耗散的协同作用所稳定。这为我们提供了增大 β 值的可能性，而且在 DⅢ-D 托卡马克上已经观察到有关这一点的一些实验证据（见 12.5 节）。

6.17 环向阿尔文本征模

在 2.24 节中，对简单形式的磁流体力学波进行了描述。在托卡马克中，这些波的形式更为复杂，这部分是由于环形几何的缘故，部分是由于磁场剪切的缘故。

剪切效应包含在下述大环径比本征模方程中：

$$\frac{d}{dr}\left[(\rho\omega^2-F^2)r^3\frac{d\xi}{dr}\right]-(m^2-1)(\rho\omega^2-F^2)r\xi+\omega^2r^2\frac{d\rho}{dr}\xi=0 \quad (6.17.1)$$

其中，ξ 是径向位移，$F=(m-nq)B_\theta/(\mu_0^{1/2}r)$。对于给定的频率，式（6.17.1）中最高阶导数的系数在半径 r 处有零点，对此有

$$m-nq=\pm\frac{\omega r}{B_\theta/(\mu_0\rho)^{1/2}} \quad (6.17.2)$$

因此式（6.17.1）对应的解是奇异的。此外，与离散的本征模谱不同，这个解给出的是连续谱。对于每组（m,n），频率 $\omega(r)$ 由式（6.17.2）给出。图 6.17.1 给出了几组模数下 $\omega(r)$ 的典型图。

在环形几何中，不同的傅里叶分量之间存在相互作用。给定的 $n,\omega(r)$ 曲线发生断裂并在交叉处重连，使得 $\omega(r)$ 存在间隙，如图 6.17.2 所示。此外，在间隙中还存在一个单一的模，因此这种环向阿尔文本征模（TAE）有时也称为间隙模。

与连续谱中的剪切阿尔文波会被强烈阻尼相反，TAE 受到的阻尼较弱，并可以通过它与快粒子的去稳相互作用来消除。

尤其是人们通常认为，核反应等离子体产生的 α 粒子可以引发一种不稳定性，这时 α 粒子和波的共振导致与 α 粒子径向密度梯度有关的自由能的释放。

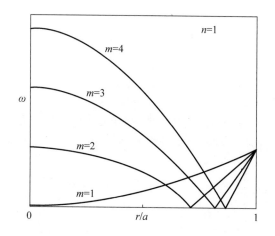

图 6.17.1　柱位形下 $\omega(r)$ 谱的典型形式

这些曲线是给定轴向波数情形下的结果,每个 m 对应一条单独的曲线

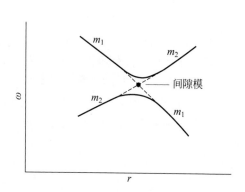

图 6.17.2　对于给定的环向模数 n,$\omega(r)$ 曲线在环位形中是如何被修改的(在柱位形下, $\omega(r)$ 曲线对每个 m 都是分立的)

柱位形下的 m_1 和 m_2 模的曲线发生"重连",并且在相交处产生离散的"间隙"模

通过对驱动和阻尼的计算得到这种模的增长率 γ 为

$$\frac{\gamma}{\omega_0} \approx \frac{9}{4}\beta_\alpha \left(\frac{\omega_{*\alpha}}{\omega_0} - \frac{1}{2}\right) F\left(\frac{V_A}{V_\alpha}\right) - D \tag{6.17.3}$$

其中,

$$\omega_0 \approx \frac{V_A}{2qR_0} \tag{6.17.4}$$

是基频阿尔文模的实频率,$V_A = B/(\mu_0\rho)^{1/2}$。$\beta_\alpha$ 是 α 粒子的比压,$\omega_{*\alpha}$ 是其逆磁频率,对于给定的极向模数 m,

$$\omega_{*\alpha} = -\frac{m}{r}\frac{T_\alpha}{e_\alpha B}\frac{\mathrm{d}\ln p_\alpha}{\mathrm{d}r} \tag{6.17.5}$$

其中,V_α 是 α 粒子的平均速度,$F(x) = x(1 + 2x^2 + 2x^4)\,\mathrm{e}^{-x^2}$。阻尼项 D 通常含有多个因素的贡献。

$F(V_A/V_\alpha)$ 的形式表明,这种不稳定性主要与速度接近或者超过阿尔文速度的 α 粒子有关。在 50∶50 的氘-氚等离子体中,若 $n = 10^{20}\,\mathrm{m}^{-3}$,$B = 5\,\mathrm{T}$,则阿尔文速度为 $7 \times 10^6\,\mathrm{m \cdot s^{-1}}$。而能量为 $3.5\,\mathrm{MeV}$ 的 α 粒子的初始速度为 $1.3 \times 10^7\,\mathrm{m \cdot s^{-1}}$,所以这种不稳定性是可能存在的。

在反应堆中,α 粒子的产生速率与快 α 粒子的损失速率通过慢化达到平衡。因此快 α 粒子的密度有如下形式:

$$n_\alpha \propto n^2 \langle\sigma v\rangle \tau_s$$

其中,$\langle\sigma v\rangle$ 在图 1.3.1 中给出,τ_s 是慢化速率。由于 $\tau_s \propto T^{3/2}/n$,且近似有 $\langle\sigma v\rangle \propto T^2$,故有

$$n_\alpha \propto nT^{7/2} \tag{6.17.6}$$

利用关系式(6.17.6),将反应堆的典型值代入式(6.17.5),那么从式(6.17.3)可以发现,在不考虑阻尼项时,TAE 对所有模数 m 都不稳定。因此稳定性取决于阻尼的幅度和模数 m。

式(6.17.3)中的阻尼项 D 有四项重要的来源：

(1) 与阻尼连续谱的耦合,该阻尼主要在低 m 模起作用,且在高 m 时以 $m^{-3/2}$ 变化。

(2) 离子朗道阻尼,几乎和 m 无关。

(3) 俘获电子碰撞阻尼,与 m^2 成正比。

(4) 与阿尔文波耦合的辐射阻尼,定标关系为 $\mathrm{e}^{-1/m}$。

这些贡献如图 6.17.3 所示。除了阻尼之外,有限轨道效应也限制了式(6.17.3)中驱动项随 m 的增大而增大。这些贡献的总效果如下：在当今的大型托卡马克上,小 m 值(通常为 3～6)是最不稳定的。在反应堆中,这种 m 值会大一些。

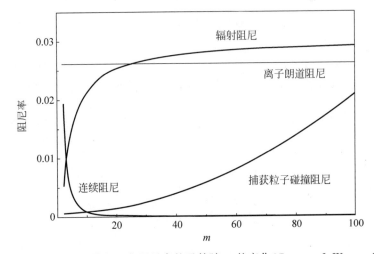

图 6.17.3　ITER 参数下 TAE 模归一化阻尼率的贡献随 m 的变化(Connor,J. W. *et al.*,*Proc. 21st European Phys. Soc. Conf. on Controlled Fusion and Plasma Physics*,Montpellier (1994))

环向阿尔文本征模首先在 TFTR 上用中性束注入来提供快离子的实验中被观察到。图 6.17.4 显示了密度涨落的频谱和磁场涨落 $\dot{B}_\theta$ 的频谱。实验观测到的频谱表明,它与式(6.17.4)给出的结果在实验误差范围内是一致的。

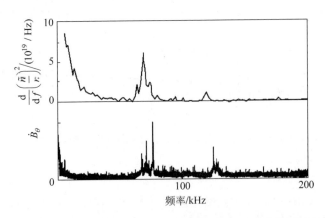

图 6.17.4　TFTR 上由束发射谱测得的 TAE 密度涨落谱和由米尔诺夫线圈测得的磁场涨落 $\dot{B}_\theta$ 谱(Wong,K. L. *et al.*,*Physical Review Letters* **66**,1874 (1991))

6.18　β 极限

β 是用来衡量约束压强的基本磁流体力学参数。而且,由于存在压强梯度驱动的 MHD 不稳定性,因此很自然会想到它将受到稳定性极限的限制。但 β 极限的概念并不是很准确。稳定性依赖于剖面,而且任何优化都要考虑这样一个问题:应将哪些不稳定模包括进来,即哪些模数是允许的? 此外还有由各类模的非线性演化结果的危害程度构成的不确定性。尽管如此,还是激发了许多对简单解析 β 极限的固有有效性的研究,以评估托卡马克可能的运行状态。

考虑的最简单的情形是气球模设定的极限。从 6.13 节对气球模稳定性的介绍性讨论中可以看出,预计 β 极限为 $\beta \approx \varepsilon/q^2$,其中 $\varepsilon = a/R$。用运行参数表示,即为 $\beta \approx (I/aB_\phi)^2/\varepsilon$。但这并不正确。

正确的定标关系的第一个指征来自对 JET 的优化稳定性的计算。当画出 β 对 $I/(aB_\phi)$ 的函数曲线图后,发现二者基本上是线性相关的,如图 6.18.1 所示。图中在高 β 时的转折是由于计算中包含了低 q 时存在的低 m 模不稳定性。

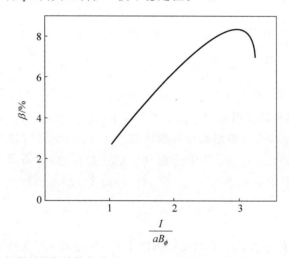

图 6.18.1　对 JET 上 β 极限的早期计算表明,在 $I/(aB_\phi) \leqslant 3$ 时,β 极限与 $I/(aB_\phi)$ 存在近似的线性相关性 (Wesson, J. A. in Stringer, T. E. *Computer Physics Communications* **24**, 337 (1981))

近似的线性定标关系可以通过大环径比圆截面等离子体的情形来理解。对此 β 的定义是

$$\beta = \frac{2\pi \int_0^a pr\,\mathrm{d}r}{\pi a^2 B_\phi^2/(2\mu_0)}$$

经过分部积分,得到:

$$\beta = \frac{2\mu_0}{a^2 B_\phi^2} \int_0^a -\frac{\mathrm{d}p}{\mathrm{d}r} r^2 \,\mathrm{d}r \tag{6.18.1}$$

图 6.14.1 中描绘的压强梯度稳定性极限可以相当好地用图 6.18.2 中的一条直线来表示。这条直线是 $s = 1.67\alpha$,它可以写作

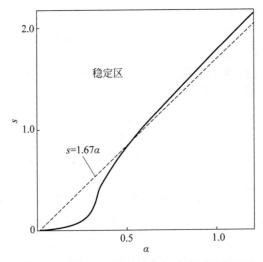

图 6.18.2 用一条直线近似给出的气球模稳定性边界 $s(\alpha)$

$$-\frac{\mathrm{d}p}{\mathrm{d}r} = 0.30 \frac{B_\phi^2}{\mu_0 R} \frac{r}{q^3} \frac{\mathrm{d}q}{\mathrm{d}r}$$

处处满足这个方程的平衡有由式(6.18.1)确定的 β 值,即

$$\beta = -0.30 \frac{1}{Ra^2} \int_0^a \frac{\mathrm{d}}{\mathrm{d}r}\left(\frac{1}{q^2}\right) r^3 \mathrm{d}r \tag{6.18.2}$$

如果取有限的中心 q 值,那么对于电流密度在中心区为常数、在外部为零的位形,β 对这样的 $q(r)$ 有极大值。虽然这种极限情形在物理上是不实际的,但它展示了这种剖面的一些主要特征。剪切是致稳的,且当被用来在外部区域产生压强梯度时,对产生高 β 最有效。在 $\mathrm{d}p/\mathrm{d}r = 0$ 的内部区域,式(6.18.2)里的积分贡献项为零,所有贡献都来源于外部区域,$(r/a) > (q_0/q_a)^{1/2}$,其中 $q = q_a(r/a)^2$。取 $q_0 = 1$,则式(6.18.2)给出:

$$\beta_m = 1.2 \frac{\varepsilon}{q_a^2}(q_a^{1/2} - 1) \tag{6.18.3}$$

式(6.18.3)表示的 β 的最大值含有所期望的因子 ε/q_a^2,但是从优化得到的径向依赖关系还引入了另一个因子($q_a^{1/2} - 1$)。函数 β_m/ε 对 $1/q_a$ 的关系曲线如图 6.18.3 所示。由图可见,以百分数形式表示的 β_m 可以非常好地由线性关系表示为

$$\%\beta_m = 28 \frac{\varepsilon}{q_a}$$

或用运行参数表示成

$$\%\beta_m = 5.6 \frac{I}{aB_\phi}$$

其中,I 的单位为 MA。但这个结果有点乐观得不切实际了。这里电流剖面是奇异的,这会引发撕裂模不稳定。而要得到更加合理的数值解,可以通过以下处理。首先保留如下定标关系:

$$\%\beta_m = c \frac{\varepsilon}{q_a} \tag{6.18.4}$$

然后将由抛物线电流剖面给出的 $q(r)$($q_0 = 1$)代入式(6.18.2)来计算 c 的值,即

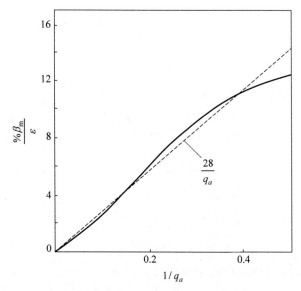

图 6.18.3　式(6.18.3)中 β_m/ε 作为 q_a 的函数图及其直线近似

$$q = \cfrac{1}{1 - \cfrac{1}{2}r^2/a^2}$$

虽然这个电流剖面对扭曲模有弱不稳定性,但这可以通过小的修正使其稳定。由此得到的结果是 $\beta = 0.077\varepsilon$。常数 c 现在可以利用此情形下取 $q_a = 2$ 来确定。对此,式(6.18.4)变为

$$\%\beta_m = 15\,\frac{\varepsilon}{q_a}$$

如果想将该结果表示为关于等离子体电流的形式,则利用 $q_a = (B/R)\,[2\pi a^2/(\mu_0 I)]$ 后,上述极限值变为

$$\%\beta_m = 3\,\frac{I}{aB_\phi} \tag{6.18.5}$$

其中,I 的单位是 MA。斯凯耶斯(Skyes)和特鲁瓦永(Troyon)所做的数值计算均表明,这个结果有更广的适用性,且可以包含拉长截面和 D 形截面等离子体。对于一个给定位形,其稳定性极限可以写作

$$\%\beta_m = g\,\frac{I}{aB_\phi}$$

其中,g 通常称为特鲁瓦永因子,I 的单位是 MA。$g = 2.8$ 的 $\%\beta$ 值称为特鲁瓦永极限。量

$$\beta_N = \frac{\%\beta_m}{I/(aB_\phi)}$$

称为归一化 β,其中 I 的单位是 MA。这样一来,稳定性极限就可以表示为 $\beta_N < g$。

　　实验上观察到的极限 β 值在式(6.18.5)给出的值附近,除非压强和 q 剖面允许进入第二稳定区。然而,对于更一般的情形,电流剖面并不会接近假定的最优情形。优化处理导致电流向磁轴集中。这等于增大内部电感 ℓ_i。实际上,对优化前的式(6.18.2)进行重新整理,就可以看出它对 ℓ_i 的函数关系。而且在最简单的近似下,这将导致对 ℓ_i 的线性依赖。

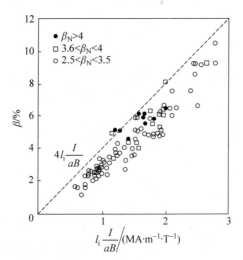

图 6.18.4　D Ⅲ-D 上 β 对 $l_i I/aB$ 的实验值分布(Taylor, T. S. *et al.*, *Plasma Physics and Controlled Nuclear Fusion Research* (Proc. 13th Int. Conf. Washington 1990) Vol. Ⅰ p. 177 I. A. E. A. Vienna (1991))

　　这个结果已得到实验证实,图 6.18.4 显示了实验结果与式

$$\%\beta_{\mathrm{m}} = 4\ell_i \frac{I}{aB_\phi} \tag{6.18.6}$$

给出的结果的比较。当位形的部分剖面处在第二稳定区时,上述做法是不适用的。另外,对于实际位形,图 6.14.1 给出的稳定性过于简化,没有给出确切的稳定性关系 $s(\alpha)$。但在通常情况下,第一和第二稳定区在低剪切区是相连的。这允许我们取得相当大的 β 值。在 D Ⅲ-D 上,已经取得了 $\beta=12.5\%$。这个 β 极限对环径比的定标关系有利于低环径比位形,在 START 的实验上(见 11.19 节所述),已获得高达 40% 的 β 值。

参考文献

　　关于理想磁流体力学稳定性的一个绝好说明见 J. P. Freidberg 的《理想磁流体力学》(*Ideal magnetohydrodynamics*, Plenum Press, New York, 1987)。G. Bateman 的《磁流体力学不稳定性》(*MHD instabilities*, MIT Press, 1978)一书中有对托卡马克稳定性的详细讨论。关于这一主题的综述性文章见 Wesson, J. A. Hydromagnetic stability of tokamaks, *Nuclear Fusion* **18**, 87 (1978)。在 A. Jeffrey 和 T. Tanuiti 主编的《磁流体力学稳定性和热核装置》(*Magnetohydrodynamic stability and thermonuclear containment*, Academic Press, New York 1966) 一书里有一组有用的文献复印本。有关理想磁流体力学稳定性的一般性文章还可见《等离子体物理综述》(*Reviews of plasma physics*, ed. Leontovich, M. A. Vol. 2, Consultants Bureau, New York, 1966) 一书中 B. B. Kadomtsev 撰写的"等离子体的磁流体力学稳定性"一章。

　　磁流体力学稳定性

　　早期有关稳定性的工作都是采用按大环径比展开的方法来使问题易于处理。对于这些参考文献,下面将在适当的标题下给出。数值计算的引入使一般几何问题的解成为可能。有关数值计算的文献如下:

　　Sykes, A. and Wesson, J. A. Two-dimensional calculation of tokamak stability. *Nuclear Fusion* **14**, 645 (1974).

计算方法的近期发展见

Grimm，R. C.，Greene，J. M.，and Johnson，J. L. Computation of the magnetohydrodynamic spectrum in axisymmetric toroidal confinement systems. *Methods of computer physics* Vol. 16 p. 253. Academic Press，New York (1976).

Gruber，R.，Troyon，F.，Berger，D.，Bernard，L. C.，Rousset，S.，Schreiber，R.，Kerner，W，Schneider，W，and Roberts，K. V. Erato stability code. *Computer Physics Communications* **21**，323 (1981).

上述两篇论文中谈及的代码主要是关于理想 MHD 的。有关电阻性不稳定性的深入讨论见

Charlton，L. A. *et al.* Compressible linear and nonlinear resistive mhd calculations in toroidal geometry. *Journal of Computational Physics* **86**，270 (1990).

能量原理

原始文献有

Bernstein，I. B.，Frieman，A. E.，Kruskal，M. D.，and Kulsrud，R. M. An energy principle for hydromagnetic stability problems. *Proceedings of the Royal Society* **A224**，17 (1958).

Hain，K.，Lüst，R.，and Schliiter，A. Zur stabilitat eines plasmas. *Zeitschrift fiir Naturforschung* **12A**，833 (1957).

扭曲模稳定性

有关托卡马克扭曲模的基本文献是

Shafranov，V. D. Hydromagnetic stability of a currentcarrying pinch in a strong longitudinal magnetic field.

Zhurnal Tekhnicheskoi Fiziki **40**，241 (1970) [*Soviet Physics—Technical Physics* **15**，175 (1970)].
对一系列情形下的结果的综述见
Wesson，J. A.，Hydromagnetic stability of tokamaks. *Nuclear Fusion* **18**，87 (1978).

撕裂模

有关电阻性不稳定性的基本文献是

Furth，H. P.，Killeen，J.，and Rosenbluth，M. N. Finite resistivity instabilities of a sheet pinch. *Physics of Fluids* **6**，459 (1963).
数值处理见
Wesson，J. A.，Finite resistivity instabilities of a sheet pinch. *Nuclear Fusion* **6**，130 (1966).

内扭曲模

有关柱形位形下的问题的描述见

Shafranov，V. D. Hydromagnetic stability of a current carrying pinch in a strong toroidal field. *Zhurnal Tekhnicheskoi Fiziki* **40**，241 (1970) [*Soviet Physics—Technical Physics* **15**，175 (1970)].

Rosenbluth，M. N.，Dagazian，R. Y.，and Rutherford，P. H. Nonlinear properties of the internal kink instability in the cylindrical tokamak. *Physics of Fluids* **16**，1894 (1973).
通过数值计算发现内扭曲模的环向稳定性的文献见
Sykes，A. and Wesson，J. A. Two-dimensional calculation of tokamak stability. *Nuclear Fusion* **14**，645 (1974).

Bussac，M. N.，Pellat，R.，Edery，D.，and Soule，J. L. Internal kink modes in toroidal plasma with circular cross-section. *Physical Review Letters* **35**，1638 (1975).

$m=1$ 的电阻模

对这种模的分析见

Coppi, B. , Galvao, R. , Pellat, R. , Rosenbluth, M. , and Rutherford, P. Resistive internal kink modes. *Fizika Plasmy* **2**, 961 (1976) [*Soviet Journal of Plasma Physics* **2**, 533 (1976)].

对 $m=1$ 模的稳定性的综述文献有

Ara, G. *et al*. Magnetic reconnections and $m=1$ oscillations in current carrying plasmas. *Annals of Physics* **112**, 443 (1978).

近期的文献是

Migliuolo, S. Theory of ideal and resistive $m=1$ modes in tokamaks. *Nuclear Fusion* **33**, 1721 (1993).

局域模

原始文献有

Mercier, C. Un critère nécessaire de stabilité hydromagnetique pour un plasma en symétrie de révolution. *Nuclear Fusion* **1**, 47 (1960).

详细的推导见

Mercier, C. , and Luc, H. *The magnetohydrodynamic approach to the problem of plasma confinement in closed magnetic configurations* EUR 5127e. Commission of the European Communities, Luxembourg (1974).

有关电阻性局域模的判据见

Mikhajlovskij, A. B. The stability criteria for the g-mode in a toroidal plasma. *Nuclear Fusion* **15**, 95 (1975).

有关苏伊达姆判据的推导见

Suydam, B. R. Stability of a linear pinch, *Proceedings of Second United Nations International Conference on the Peaceful Uses of Atomic Energy*, Geneva 1958, Vol. 31, p. 157. Columbia University Press, New York (1959).

气球模

有关托卡马克中气球模的问题见

Todd, A. M. M. , Chance, M. S. , Greene, J. M. , Grimm, R. C. , Johnson, J. L. , and Manickam, J. Stability limitations on high-beta tokamaks. *Physical Review Letters* **38**, 826 (1977).

Coppi, B. Topology of ballooning modes. *Physical Review Letters* **39**, 939 (1977).

有关气球模判据的简明推导见

Connor, J. W. , Hastie, R. J. , and Taylor, J. B. Shear, periodicity and plasma ballooning modes. *Physical Review Letters* **40**, 396 (1978).

有关电阻性气球模不稳定性的描述见

Bateman, G. and Nelson, D. B. Resistive-ballooning-mode equation. *Physical Review Letters* **41**, 1804 (1978).

气球模理论针对约化剪切的修正的讨论见

Hastie, R. J. and Taylor, J. B. Validity of ballooning representation and mode number dependence of stability. *Nuclear Fusion* **21**, 187 (1981).

有关地狱模的数值分析见

Manickam, J. , Pomphrey, N. , and Todd, A. M. M. Ideal mhd stability properties of pressure driven modes in low shear tokamaks. *Nuclear Fusion* **27**，1461（1987）.

下列著作给出了关于气球模的有益的讨论：

Freidberg，J. P. *Ideal magnetohydrodynamics*. Plenum Press，New York（1987）.

气球模稳定性

对大环径比下气球模的式(6.14.1)的推导见

Connor，J. W.，Hastie，R. J.，and Taylor，J. B. Shear，periodicity and plasma ballooning modes. *Physical Review Letters* **40**，396（1978）.

图 6.14.1 的曲线的来源见

Lortz，D. and Nührenberg，J. Ballooning stability boundaries for the large aspect-ratio tokamak. *Physics Letters* **68A**，49（1978）.

第二稳定区的讨论见

Greene，J. M. and Chance，M. S. The second region of stability against ballooning modes. *Nuclear Fusion* **21**，453（1981）.

轴对称模

有关轴对称模的简单模型的描述见

Laval，G.，Pellat，R.，and Soule，J. L. Hydromagnetic stability of a current-carrying pinch with noncircular crosssection. *Physics of Fluids* **17**，835（1974）.

该主题的综述性文章有

Wesson，J. A. Hydromagnetic stability of tokamaks. *Nuclear Fusion* **18**，87（1978）.

对实际情形的计算见

Perrone，M. R. and Wesson，J. A. Stability of axisymmetric modes in JET. *Nuclear Fusion* **21**，871（1981）.

电阻壁模

下述文献证明了非旋转等离子体的理想 MHD 不稳定性不可能由电阻壁模来稳定：

Pfirsch，D. and Tasso，H. A theorem on mhd-instability of plasmas with resistive walls. *Nuclear Fusion* **11**，259（1971）.

转动效应见

Gimblett，C. G. On free-boundary instabilities induced by a resistive wall. *Nuclear Fusion* **26**，617（1986）.

有关等离子体转动与环向耗散的协同作用的致稳效应的证明见

Bondeson，A. and Ward，D. J. Stabilization of external modes in tokamaks by resistive walls and plasma rotation.

Physical Review Letters **72**，2709（1994）.

有关利用误差场的快速旋转和最小化使电阻壁模致稳的证据由下述文献给出：

Garofalo，A. M.，Strait，E. J.，Johnson，L. C.，La Haye，R. J.，Lazarus，E. A.，Navratil，G. A.，Okabayashi，M.，Scoville，J. T.，Taylor，T. S. and Turnbull，A. D. Sustained stabilization of the resistive-wall mode by plasma rotation in the DⅢ-D tokamak. *Physical Review Letters* **89**，235001（2002）.

动力学效应的作用见

Hu，Bo and Betti，R. Resistive wall mode in collisionless quasistationary plasmas. *Physical Review Letters* **93**，105002（2004）.

环向阿尔文本征模

对 TAE 频谱的描述见

Cheng，C. Z.，Chen，Liu and Chance，M. S. High-n ideal and resistive shear Alfvén waves in tokamaks. *Annals of Physics* **161**，21 (1985).

α 粒子驱动的不稳定性的可能性由下述文献发现：

Fu，G. Y. and Van Dam，J. W. Excitation of the toroidicityinduced shear Alfven eigenmode by fusion alpha particles in an ignited tokamak. *Physics of Fluids* **B1**，1949 (1989).

β 极限

理想 MHD 的 β 极限可用二维计算机代码加气球模判据来确定。最先给出这一方法的文献是

Bernard，L. C.，Dobrott，D.，Helton，F. J.，and Moore，R. W. Stabilization of ideal mhd modes. *Nuclear Fusion* **20**，1199 (1980).

Wesson，J. A. 对给出 β 极限定标律的这些结果进行了分析，见文献：

Stringer，T. E. Mhd problems relevant to JET. *Computer Physics Communications* **24**，337 (1981).

β 极限定标律的严格证明是基于下述文献给出的详细计算：

Troyon，F.，Gruber，R.，Sauremann，H.，Semenzato，S.，and Succi，S. Mhd limits to plasma confinement. *Plasma physics and controlled fusion* **26** (1A) 209 (1984) (Proc. 11th European Physical Society Conference，Aachen，1983).

Sykes，A.，Turner，M. F.，and Patel，S. Beta limits in tokamaks due to high-n ballooning modes. *Proc. 11th European Conference on Controlled Fusion and Plasma Physics* Ⅱ，363 (Aachen 1983).

有关 β 极限的分析性解释见

Wesson，J. A.，and Sykes，A. Tokamak beta limit. *Nuclear Fusion* **25**，85 (1985).

有关实验证据与相关理论之间的关系的讨论见

Strait，E. J. Stability of high beta tokamak plasmas. *Physics of Plasmas* **1**，1415 (1994).

有关 β 极限的实验结果见

Troyon，F. and Gruber，R. A semi-empirical scaling law for the β limit in tokamaks. *Physics Letters* **110A**，29 (1985).

McGuire，K. M. *Observations of finite-β mhd in tokamaks*. Report PPPL-2134，Plasma Physics Laboratory，Princeton，N. J. (1984).

采用豆形截面来实现高 β 的文献：

Miller，R. L. and Moore，R. W. Shape optimization of tokamak plasmas to localized magnetohydrodynamic modes. *Physical Review Letters* **43**，765 (1979).

第 7 章
宏观不稳定性

7.1 各种不稳定性

早期实验清楚地表明,托卡马克具有各种宏观不稳定性。虽然人们对这些不稳定性没有完全理解,但已认识到它们主要是由一些可确认的磁流体力学(MHD)模引起。

在电流上升阶段,人们发现经常会爆发磁振荡。最早是米尔诺夫(Mirnov)利用安置在等离子体表面的磁线圈阵列发现这一现象的,因此测得的这种振荡称为米尔诺夫振荡。磁涨落的极向变化可以被辨识为一系列递减的、模数为 m 的振荡。这些模式很可能是撕裂模,其共振面 $q=m$ 接近等离子体表面。磁振荡也会发生在整个脉冲阶段,图 7.1.1 展示了一个这样的例子。

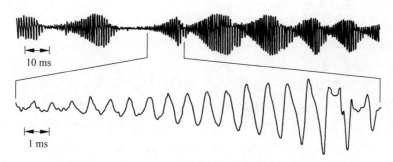

图 7.1.1　在等离子体外部测得的极向磁场的振荡(JET)

等离子体会发出软 X 射线,其强度取决于电子温度和密度。通常发现,当电流足够大时,这种辐射会出现如图 7.1.2 所示的随时间呈锯齿状变化的振荡。造成这些振荡的原因是在等离子体中心区域出现了一种 $m=1$ 的不稳定性。观察到的 X 射线辐射的锯齿状形式

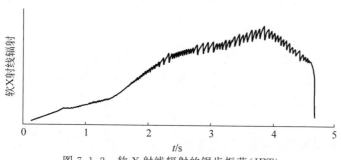

图 7.1.2　软 X 射线辐射的锯齿振荡(JET)

是由不断重复的向稳态弛豫引起的,而这种弛豫是由不稳定性带来的。

上述两种不稳定性不会妨碍托卡马克的正常运行。然而,破裂可能导致约束的突然失效和总电流的快速衰减,从而导致放电结束。电流崩塌的一个例子如图 7.1.3 所示。破裂可以在很多情况下发生,是一种复杂的现象,其中涉及一系列仅得到部分理解的事件。这种不稳定性通常涉及 $m=2$ 模增长到很大振幅的事件。

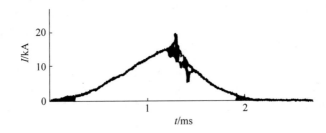

图 7.1.3　早期实验观察到的等离子体破裂引起的电流崩塌(Gorbunov, E. P. , and Razumova,
K. A. *Plasma Physics* **6**, 515 (1964) from *Atomnaya Energiya* **15**, 363 (1963))

磁扰动与真空室的相互作用降低了撕裂模的旋转频率,经常导致其被误差磁场锁定。因此这些误差场就能成为种子,引发不稳定性增长直到导致完全破裂。

据观察,撕裂模在观察到的不稳定性中起重要作用。它们以非线性的形式出现,在这时等离子体内的磁面拓扑结构被大大地改变了。轴对称环形磁面的简单嵌套被破坏了,在等离子体中出现了所谓的磁岛。

当不同模式的磁岛相互作用时,磁面会被摧毁。磁场线不再构画成一个磁面,而是发散成充满空间的轨迹。在这种情况下,磁场被称为遍历的。遍历性明显地改变了磁场的约束性能,会引起输运的增强。

对于 6.15 节描述的轴对称不稳定性,可以通过反馈控制使之稳定,但是控制的丧失会引起一种垂直不稳定性,进而导致破裂。

还存在一些由快离子驱动的其他不稳定性。鱼骨不稳定性就是由中性束注入引起的快离子造成的,反应堆等离子体的一种可能的不稳定性则是由 α 粒子驱动的不稳定环向阿尔文模。

边缘局域模(ELM)是一种瞬态不稳定性,它会导致能量反复地从等离子体边缘损失。这种模能以多种形式出现,其引发机制尚不清楚。另一种出现在等离子体边缘区的不稳定性是所谓的边缘多层次非对称辐射(MARFE)。它不是一种 MHD 不稳定性,其机制是在低温下,随着温度降低,杂质辐射增强导致的一种不稳定的能量损失。

7.2　磁岛

当等离子体中发生 MHD 不稳定性时,常常会引起磁场拓扑结构的变化。这种情形发生在 q 为有理数的磁面上。在这些磁面上,磁场线断裂并重联形成如图 7.2.1 所示的磁岛。磁岛的形成一般与电阻不稳定性特别是撕裂模有关。然而,由于等离子体不是理想导体,因此共振面在等离子体中的所有 MHD 不稳定性在其非线性发展后都会呈现某种程度的磁岛结构。

考虑共振面 s 附近的平衡位形,有 $q=q_s=m/n$。该磁面上的磁场线确定了一条螺旋线。与该磁面共振的扰动形式为 $\exp(im\chi)$,其中,

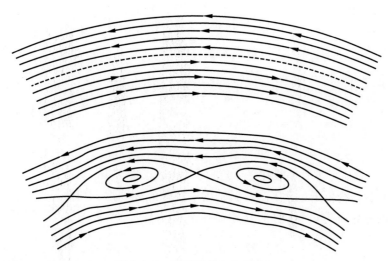

图 7.2.1　磁场重联产生的磁岛

$$\chi = \theta - \frac{n}{m}\phi$$

是与螺旋线垂直的角坐标。在这个垂直方向上的平衡磁场是

$$B^* = B_\theta \left(1 - \frac{n}{m}q(r)\right) \qquad (7.2.1)$$

并且靠近磁面时可以写成

$$B^* = -\left(B_\theta \frac{q'}{q}\right)_s z$$

其中，$z = r - r_s$。

由共振磁扰动引起的磁面拓扑几何的变化如图 7.2.2 所示。它可以通过以下方程所确定的磁场线轨迹算出：

$$\frac{\mathrm{d}r}{r_s \mathrm{d}\chi} = \frac{B_r}{B^*} \qquad (7.2.2)$$

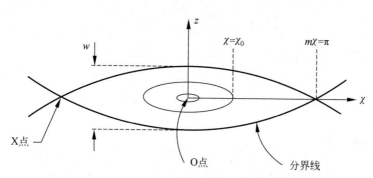

图 7.2.2　(z,χ) 平面内磁岛磁场线的几何形状

径向扰动场可以取如下形式：

$$B_r = \hat{B}_r(r) \sin(m\chi) \qquad (7.2.3)$$

因此，将式(7.2.1)和式(7.2.3)代入式(7.2.2)，磁场线的微分方程为

$$-\left(B_\theta \frac{q'}{q}\right) z\,\mathrm{d}z = r_s \hat{B}_r \sin(m\chi)\,\mathrm{d}\chi \tag{7.2.4}$$

在磁岛的径向尺度内,$\hat{B}_r$ 基本上可取成常数,故由式(7.2.4)的积分给出磁场线方程:

$$z^2 = \frac{w^2}{8}\left[\cos(m\chi) - \cos(m\chi_0)\right]$$

其中,

$$w = 4\left(\frac{rq\hat{B}_r}{mq'B_\theta}\right)_s^{1/2} \tag{7.2.5}$$

是磁岛宽度,χ_0 是所考虑磁场线在 $z=0$ 处的 χ 值。

磁岛内的磁场线位于包含了自身磁轴的一组螺旋磁面上。在图 7.2.2 中,磁轴标注为 O 点。磁岛以分界面为边界,两个分界面相交于 X 点。两个 X 点之间的距离是一个全波长。

对于 $B_\theta = \frac{1}{2}$ T,$rq'/q=1$,$m=2$ 的模,磁岛大小为 $w/r = 4\hat{B}_r^{1/2}$。因此,$\hat{B}_r = 10$ 的高斯(gauss)磁扰动所产生的磁岛的宽度约为半径的 10%。磁岛也可以用螺旋磁通来描述,它定义为

$$B_r = -\frac{1}{r}\frac{\partial\psi}{\partial\chi}, \qquad B^* = \frac{\partial\psi}{\partial r}$$

通量函数为

$$\psi = \psi_0(r) + \hat{\psi}\cos(m\chi) \tag{7.2.6}$$

其中,

$$\psi_0 = -\frac{1}{2}\left(B_\theta \frac{q'}{q}\right)_s z^2 \tag{7.2.7}$$

且

$$\hat{\psi} = \frac{r\hat{B}_r}{m}$$

根据式(7.2.6)和式(7.2.7),可得磁通面的方程为

$$z^2(\psi) = \frac{2q}{B_\theta q'}\left[\hat{\psi}\cos(m\chi) - \psi\right]$$

且由于分界面有 $\psi = -\hat{\psi}$,因此在 $x=0$ 处的全磁岛宽度为

$$w = 4\left(\frac{q\hat{\psi}}{q'B_\theta}\right)_s^{1/2} \tag{7.2.8}$$

7.3   撕裂模

在托卡马克等离子体中,撕裂模具有磁岛的形态。这些磁岛的增长通常也是由与线性撕裂模相同的去稳效应——等离子体的电流梯度——驱动的。然而,这种增长会受到电阻性扩散的限制,这时惯性的作用一般可以忽略。

从式(7.2.5)可以看出,磁岛宽度正比于 $B_r^{1/2}$,因此磁岛的增长意味着径向扰动磁场的增长。磁岛的增长受到这个场扩散的限制,可以从 B_r 的电阻性扩散方程得到对磁岛增长

的简单描述。从麦克斯韦方程(2.20.5)和式(2.20.6)及欧姆定律 $E=\eta j$ 可得：

$$\frac{\partial \boldsymbol{B}}{\partial t}=\frac{\eta}{\mu_0}\boldsymbol{\nabla}^2\boldsymbol{B}\qquad(7.3.1)$$

在磁岛区域内，径向导数是主要的，于是式(7.3.1)的 r 分量变为

$$\frac{\partial B_r}{\partial t}=\frac{\eta}{\mu_0}\frac{\partial^2 B_r}{\partial r^2}\qquad(7.3.2)$$

将式(7.3.2)对磁岛宽度 w 积分，并设 B_r 在整个磁岛上近似为常数，于是有

$$w\frac{\partial B_r}{\partial t}=\frac{\eta}{\mu_0}\frac{\partial B_r}{\partial r}\Bigg|_{r_s-w/2}^{r_s+w/2}\qquad(7.3.3)$$

又由式(7.2.5)，$B_r\propto w^2$，因此式(7.3.3)可以写成

$$\frac{\mathrm{d}w}{\mathrm{d}t}\approx\frac{\eta}{2\mu_0}\frac{1}{B_r}\frac{\partial B_r}{\partial r}\Bigg|_{r_s-w/2}^{r_s+w/2}\qquad(7.3.4)$$

因为 B_r 通过关系 $B_r=-im\psi/r$ 与螺旋磁通函数 ψ 相联系，故式(7.3.4)可以写成

$$\frac{\mathrm{d}w}{\mathrm{d}t}\approx\frac{\eta}{2\mu_0}\frac{\psi'}{\psi}\Bigg|_{r_s-w/2}^{r_s+w/2}$$

对 6.8 节中线性理论所定义的量 Δ' 做推广，将 $\Delta'(w)$ 定义为

$$\Delta'(\omega)=\frac{\psi'}{\psi}\Bigg|_{r_s-w/2}^{r_s+w/2}\qquad(7.3.5)$$

$\Delta'(w)$ 由外解决定。式(7.3.5)给出了描述磁岛增长率的方程：

$$\frac{\mathrm{d}w}{\mathrm{d}t}\approx\frac{\eta}{2\mu_0}\Delta'(w)\qquad(7.3.6)$$

式(7.3.6)只是一个近似。更精确的计算给出：

$$\frac{\mathrm{d}w}{\mathrm{d}t}=1.66\frac{\eta}{\mu_0}(\Delta'(w)-\alpha w)\qquad(7.3.7)$$

其中数值因子的改变是计入了等离子体流的结果，而 αw 项源自对磁岛区更精细的处理，α 与局部的等离子体性质有关。

可以看出，饱和磁岛宽度 w_s 由下式给出：

$$\Delta'(w_s)=\alpha w_s$$

$\Delta'(w)$ 和 αw 的典型变化如图 7.3.1 所示。通常也简单地取此图中 $\Delta'(w)=0$ 处的 w 来得到 w_s 的近似值。

最强的不稳定性通常出现在 $m=2$ 模。其典型值为 $r_s\Delta'(0)\approx 10$。因此，从式(7.3.7)可以得特征增长时间为 $\tau_g\approx 0.1(w/a)\tau_R$，其中 τ_R 是电阻扩散时间 $(\mu_0/\eta)a^2$，a 是等离子体半径。利用式(2.16.2)给出的斯必泽电阻率，有

$$\tau_g\approx 4.5\left(\frac{w}{a}\right)a^2 T_e^{3/2}\qquad(7.3.8)$$

其中，T_e 的单位为 keV。在 $a=0.25\mathrm{m}$ 和 $T_e=500\mathrm{eV}$ 的小等离子体中，一个占 10% 半径的 $m=2$ 的磁岛的典型增长时间大约为 $10\ \mathrm{ms}$。这远远短于典型的放电持续时间，磁岛目前这样的大小很可能与其饱和值相近。在更大且温度更高的等离子体中，电阻率将可能是新经典的，这时需要取一个新经典增强系数 3，于是式(7.3.8)变成

$$\tau_g\approx 1.5\left(\frac{w}{a}\right)a^2 T_e^{3/2}$$

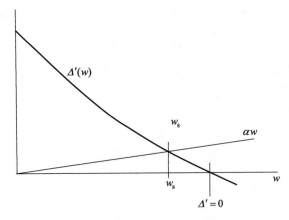

图 7.3.1 $\Delta'(w)$ 和 αw 的曲线
由它们决定撕裂模磁岛的增长率与饱和值

其中,T_e 的单位是 keV。$w/a=0.1$、半径 1 m 的等离子体的增长时间在 3 keV 时约为 1 s,在 10 keV 时约为 5 s。这时,磁岛也可能增长到其饱和尺寸。但当发生破裂时,情况会有显著的不同(见 7.7 节的描述)。

7.3.1 内部驱动撕裂模

在上述分析中,撕裂模由磁岛外的力驱动,驱动项可由式(6.8.7)给出的 Δ' 来表示。当然,某种改变电流分布的机制引起的磁岛内部驱动也是可能的。

最简单的例子是磁岛内部电阻率的改变。这可能(例如)起因于增强的杂质辐射或者注入弹丸的影响。这种行为用 7.2 节引入的螺旋磁通和相关的螺旋电流密度 j_h 可以看得最清楚。法拉第定律给出螺旋磁通扰动引起的电场为

$$\frac{\partial \psi}{\partial t} = E_h$$

利用欧姆定律 $E = \eta j$,有

$$\frac{\partial \psi}{\partial t} = (\eta j)_h \tag{7.3.9}$$

对于简单的撕裂模分析,可以将 η 当作常量,只考虑 ηj_h 项。但是如果有螺旋扰动,那么对电阻率就有额外的贡献项 η_h。对于小扰动,式(7.3.9)这时可以写成

$$\frac{\partial \psi}{\partial t} = \eta j_h + \eta_h j \tag{7.3.10}$$

当磁岛内的电阻率增加时,新的项是去稳的。稳态时 $\partial \psi / \partial t = 0$,故螺旋电流是

$$j_h = -\frac{\eta_h}{\eta} j \tag{7.3.11}$$

相应的通量扰动(它决定了由此形成的磁岛)由安培定律给出:

$$\nabla^2 \psi = \mu_0 j_h$$

7.3.2 新经典撕裂模

另一种形式的撕裂模是缘于自举电流的调整。这种调整是驱动自举电流的温度梯度和

密度梯度的减小引起的。因此,当平行于磁场线的输运引起磁岛内这些梯度减小时,将造成自举电流的减小,它将进而导致一个螺旋电流 δj_b。

电场扰动可以表示为

$$E_h = \eta(j_h - \delta j_b) \tag{7.3.12}$$

其行为可以从考察强的粒子俘获的情形来理解。自举电流正比于压强梯度,为

$$j_b = \frac{\varepsilon^{1/2}}{B_\theta}\left(-\frac{\mathrm{d}p}{\mathrm{d}r}\right)$$

如果磁岛中的压强梯度被完全移去,扰动电流将取为 $\delta j_b = -j_b$,式(7.3.12)变成

$$E_h = \eta\left[\frac{1}{\mu_0}\frac{\partial^2\psi}{\partial r^2} + \frac{\varepsilon^{1/2}}{B_\theta}\left(-\frac{\mathrm{d}p}{\mathrm{d}r}\right)\right] \tag{7.3.13}$$

其中第一项用到了式(7.3.11)给出的 j_h。

于是,法拉第方程(7.3.9)变成

$$\frac{\partial\psi}{\partial t} = \eta\left[\frac{1}{\mu_0}\frac{\partial^2\psi}{\partial r^2} + \frac{\varepsilon^{1/2}}{B_\theta}\left(-\frac{\mathrm{d}p}{\mathrm{d}r}\right)\right] \tag{7.3.14}$$

横越磁岛对式(7.3.14)积分,并采用与式(7.3.2)同样的处理过程,得到磁岛增长的方程为

$$\frac{\mathrm{d}w}{\mathrm{d}t} = \frac{\eta}{2\mu_0}\left(\Delta' + \frac{\alpha\varepsilon^{1/2}\beta_p}{w}\right) \tag{7.3.15}$$

其中,$\beta_p = p/(B_\theta^2/2\mu_0)$,而 $\alpha = (-8p'q/pq')$,它通常为正值。图 7.3.2 给出了新经典撕裂模的磁岛宽度增长随 β_p 下降而衰减的实验结果。

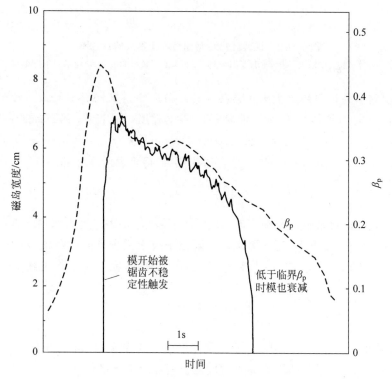

图 7.3.2　JET 上新经典撕裂模的演化

模由锯齿崩塌触发并随着 β_p 的变化而演化

式(7.3.15)中的自举电流项随着 w 趋于 0 而趋于无穷,并且对于正的 α,该项总是给出不稳定性。这种不稳定性会一直增长到式(7.3.15)的右边为 0,由此给出饱和磁岛的宽度为

$$\Delta'(w) = -\frac{\alpha \varepsilon^{1/2} \beta_p}{w}$$

式(7.3.15)预期每一个共振面都是不稳定的。但是,磁岛内沿着磁场的连接长度会随着磁岛宽度的减小而增加,并且对于足够小的磁岛,连接长度变得太长,从而影响了热和粒子通量的有效短路,如图 7.3.3 所示。这表明,对于小的磁岛,去稳效应基本上被去除,因此新经典撕裂模的增长需要有一个临界的"种子"磁岛宽度。

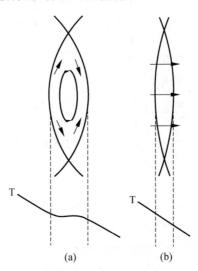

图 7.3.3 说明磁岛短路如何改变热流的示意图

(a) 对于较大的磁岛,短路使温度剖面变平;(b) 对于较窄的磁岛,热流基本不受影响

当平行于磁场的径向热流大于正常热流$-\kappa_\perp \mathrm{d}T/\mathrm{d}r \approx \kappa_\perp \Delta T/w$($\Delta T$ 是跨越磁岛的温度差)时,平行方向的热传导有利于消除径向温度梯度。源自平行热导的径向热流约为$-\kappa_\parallel (\Delta T/\Delta x) B_r/B$,其中平行连接长度 $\Delta x \approx 4R/(ns)(w/r)$,$s = rq'/q$,$n$ 是环向模数,由式(7.2.5)知,$B_r/B \approx nsw^2/(16rR)$。综合这些结果,得到温度变平的条件是

$$w > \left(\frac{\kappa_\perp}{\kappa_\parallel}\right)^{1/4} \left(\frac{8rR}{ns}\right)^{1/2}$$

在用这样的垂直方向反常输运来估算时,使离子温度变平的磁岛宽度阈值通常在毫米量级。但是,在典型托卡马克温度下,碰撞无法有效限制平行于磁场方向的热流,这时适用的径向热通量应为 $n_j v_T \Delta T B_r/B$,其中 n_j 是粒子密度,v_T 是热速度。在这些条件下,使温度变平的临界岛宽为

$$w > \left(\frac{16 \chi_\perp}{v_T} \frac{rR}{ns}\right)^{1/3}$$

其中,热扩散系数 $\chi_\perp = \kappa_\perp/n_j$。因此,使离子温度变平的临界岛宽的典型值在厘米量级。

另一种可能提供模增长所需临界岛宽度的机制源自离子极化造成的额外电流。这些电流是由于离子和电子的香蕉轨道尺寸存在差异,从而引起它们的 $\boldsymbol{E} \times \boldsymbol{B}$ 流大小不同所致。

当磁岛宽度小于离子香蕉轨道的宽度时,造成小磁岛撕裂的新经典驱动力进一步减弱。

这通常发生在磁岛宽度小于 1~3 cm 的情况下。由于电子香蕉轨道小很多,因此来自电子的驱动基本不受影响。

7.4　米尔诺夫不稳定性

图 7.4.1 展示了在电流上升阶段发现的磁涨落信号及同时观察到的相应空间结构。模数 m 值的减小与等离子体表面 q 值的减小有关。从定义 $q_a = B_\phi a / (B_{\theta a} R)$ 及关系 $\mu_0 I = 2\pi a B_{\theta a}$ 给出

$$q_a = \frac{2\pi a^2 B_\phi}{\mu_0 R I}$$

随着电流的增大,等离子体表面将出现负的电流梯度。在此期间,整数 q 的有理面朝着等离子体边界外移,当共振面遇到去稳的电流梯度时,就可预期发生 $m \approx q_a$ 的撕裂模不稳定性。

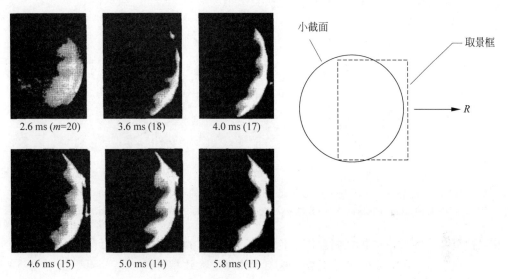

图 7.4.1　磁涨落在电流上升阶段的发展,以及 $m = 6,5,4$ 的各阶模的空间相关性(Mirnov, S. V. and Semenov, I. B., *Soviet Atomic Energy* **30**, 22 (1971), from *Atomnaya Energiya* **30**, 20 (1971))

在电流上升阶段,利用高速摄影成像已得到这种不稳定性的进一步证据。图 7.4.2 中的帧图系列展示了等离子体表面的形变,可发现相应的模数满足 $m \approx q_a$。

如果电流上升得足够快,则会产生趋肤电流。这就给出了(在小截面中间)具有极小值的 q 剖面。这种剖面允许(在小截面中间)出现两个具有相同 m 和 n 值的共振面,因而这种位形有可能出现双撕裂模。这两个共振面之间的区域只有很小的剪切,故如果两个共振面靠得足够近,就会发生不稳定性。这可以解释实验上观察到的趋肤电流能够(比电阻性扩散所允许的时间)更快地穿透等离子体的现象。7.5 节将对此予以描述。

磁场的米尔诺夫振荡会持续到电流上升阶段之后,因而成为图 7.1.1 所展示的连续振荡。最强的振荡是低 m 模(尤其是 $m = 2$)的振荡。这些磁涨落是由接收线圈在等离子体外测得的,但是它们意味着等离子体内部存在磁扰动,这些磁扰动反过来又意味着在 $q = m/n$ 的磁面上存在磁岛。

振荡频率通常为 1~10 kHz,其传播速度通常在电子逆磁漂移速度的方向。一个包含

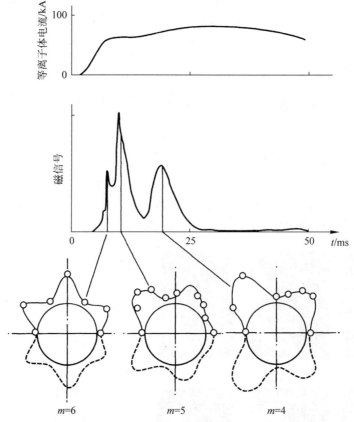

图 7.4.2　在 DITE 托卡马克电流上升阶段观察到的不稳定性的高速摄影成像

照片下面给出了距脉冲起始时刻的时间及极向模数 m（Goodall, D. J. H. and Wesson, J. A. *Plasma Physics* **26**，789（1984））

了有限拉莫尔半径效应的扩展撕裂模理论预言：这种模的频率为电子漂移频率量级，$\omega_{*e} = (mT_e/eBrn_e)\mathrm{d}n_e/\mathrm{d}r$，其中 m 是模数。这与观测结果大致相符。

7.5　电流穿透

发生在电流上升阶段的不稳定性被认为是由起去稳作用的电流梯度驱动的。如果电流上升得足够快，这些不稳定性会导致电流的反常穿透。已有实验证据表明这种电流穿透是可能发生的。

在没有不稳定性时，正常的电流穿透的时间尺度在 $\mu_0 a^2/\eta$ 量级。如果电流上升得够（比这个时间）慢，那么电流剖面就会在等离子体轴附近峰化。但如果电流上升较快，则会形成如图 7.5.1 所示的趋肤电流。相应的 q 分布会出现最小值。这使得最小值附近的两个共振面有相同的 m/n 值。如果这两个共振面靠得足够近，那么这种位形就是不稳定的。其原因容易从撕裂模方程看出：

$$\nabla^2 \psi = \frac{\mathrm{d}j/\mathrm{d}r}{\dfrac{B_\theta}{\mu_0}\left(1 - \dfrac{nq}{m}\right)}\psi$$

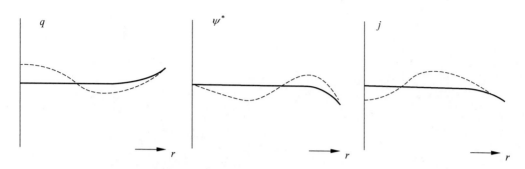

图 7.5.1 趋肤电流分布和相应的 q 分布

等号右边的项表示电流梯度的影响,当 ψ 的系数为负时,该项起去稳作用。而两共振面之间的区域就可以合成出一个去稳电流梯度和一个小的 $1-nq/m$ 值。

这种不稳定性很可能会加速电流穿透。通过考虑与所考虑共振面相应的平衡位形的螺旋磁通,可以得到此过程的一个简单模型。这个磁通就是 7.2 节定义的螺旋场 B^* 的通量:

$$B^* = B_\theta \left(1 - \frac{nq}{m}\right)$$

与此场相应的磁通函数 ψ^* 定义为

$$\frac{\mathrm{d}\psi^*}{\mathrm{d}r} = B^* \tag{7.5.1}$$

可以看到,在共振面上,ψ^* 将有极大值或极小值。图 7.5.2(a)给出了一个例子。所造成的不稳定性最初在两个共振面上产生磁岛,如图 7.5.2(b)所示。

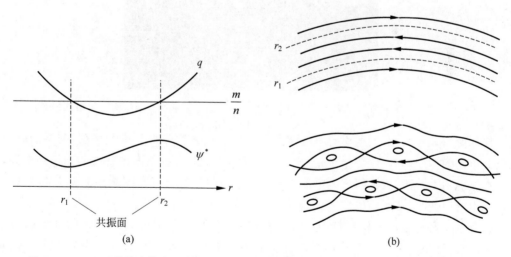

图 7.5.2 (a) q 的最小值在两个有相同的 m 和 n 值的共振面之间(ψ^* 为相应的螺旋磁通);
(b) 两个共振面构成的两组磁岛

不稳定性最终导致一部分磁通面发生电阻性重联,减小了不稳定区域中的电流梯度,并展平了 q 剖面,如图 7.5.3 所示。可以看到,该过程增强了电流穿透。

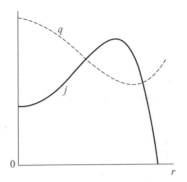

图 7.5.3　不稳定性发生之前(虚线)和之后(实线)的 $q(r)$,$\psi^*(r)$ 和 $j(r)$ 分布
不稳定性使 q 变平,从而使电流穿透增强

7.6　锯齿振荡

在很宽的运行条件下,托卡马克等离子体的芯部都经受了一种弛豫振荡。它表现为温度和密度的锯齿振荡,在其他量的诊断上也可以观察到这种振荡。图 7.6.1 展示了等离子体芯部的锯齿状温度变化及外部区域的反相行为。显然,在锯齿的稳定上升阶段,加热使温度升高;而在锯齿的崩塌阶段,相关的热能以热脉冲形式被释放到等离子体外部区域。

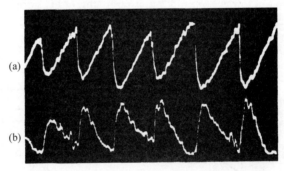

图 7.6.1　(a) 来自等离子体中心区域的 X 射线辐射;(b) 来自外部区域的 X 射线辐射

崩塌源自 $m=1$,$n=1$ 结构的不稳定性。这似乎意味着等离子体中存在 $q=1$ 的磁面。在最简单的模型中,锯齿振荡始于 $q=1$ 的有理面刚出现时。q 剖面也有类似锯齿的振荡行为。在振荡的上升段,磁轴附近的电流密度增大;在崩塌段,电流密度减小。相应地,q 的中心值在上升段变小,在崩塌段变大。其变化通常为百分之几。

在首次观察到这种不稳定性时,就发现振荡的崩塌段的时间远远短于特征电阻时间 $\tau_R = \mu_0 r_1^2 / \eta$,这里 r_1 是 $q=1$ 磁面的半径。τ_R 值通常为 10 ms,而崩塌时间为 100 μs 的量级。因此,如果要将这种崩塌与磁重组联系起来,就需要对其快速做出解释。卡多姆采夫提出了一个包含快速磁重联的模型。最初该模型被认为已对这一过程作了完美解释,但是后续的分析出现了一些困难。这些困难会在后面予以说明,先来描述卡多姆采夫模型。

7.6.1　卡多姆采夫模型

$q=1$ 面上的磁场线确定了一个螺旋片面,重联过程关注的是与这个螺旋片垂直的磁通。这些磁场线以 $\mathrm{d}\theta/\mathrm{d}\varphi=1$ 的方式缠绕在环面上。图 7.6.2 展示了具有 $\mathrm{d}\theta/\mathrm{d}\varphi=1$ 的螺旋片。$q=1$ 面上的磁场线就处于这个片中。$q\neq1$ 的磁场线则穿过该片,从而产生螺旋磁通。由于垂直于片的单位法向矢量有分量

$$i_\theta=\frac{1}{\sqrt{1+r^2/R^2}}, \qquad i_\varphi=-\frac{r/R}{\sqrt{1+r^2/R^2}}$$

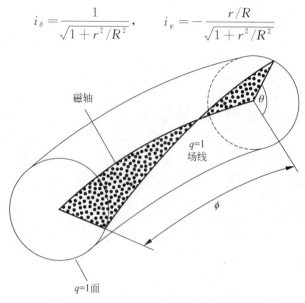

磁轴

$q=1$
场线

θ

ϕ

$q=1$面

图 7.6.2　包含磁轴和 $q=1$ 磁场线的螺旋片的几何示意图

因此螺旋磁场 $B^*=i_\theta B_\theta+i_\varphi B_\varphi$ 的主项表达式为

$$B^*=B_\theta-(r/R)B_\varphi$$
$$=B_\theta(1-q)$$

相应的螺旋磁面可以由 $\mathrm{d}\psi^*/\mathrm{d}r=B^*$ 给出。螺旋场在 $q=1$ 面改变符号。在卡多姆采夫模型中,磁轴和 $q=1$ 面之间的螺旋磁面与 $q=1$ 面外大小相等但方向相反的磁通面重联,其过程如图 7.6.3 所示。磁面是渐渐地被重联的,图 7.6.4 展示了重联过程所经历的一系列结构变化。重联的磁面形成一个磁岛,磁岛逐渐长大并最终取代了最初的嵌套磁面。重联实际上发生在一个宽度为 δ 的窄层中,如图 7.6.5 所示。在这个窄层中存在由电场 v_1B^* 驱动的电流片,这里 v_1 是进入窄层的等离子体的速度,因此有

$$j\propto v_1B^*/\eta \tag{7.6.1}$$

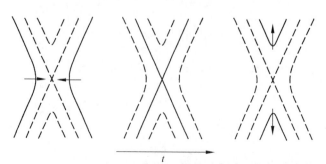

t

图 7.6.3　由实线表示的通量面
它们在趋近 X 点后断裂并重新连接成一个重联磁通面

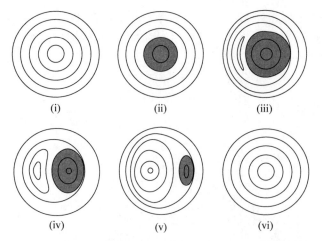

图 7.6.4 根据卡多姆采夫模型得到的在锯齿不稳定性期间磁场结构的发展(following Sykes，A. and Wesson，J. A.，*Physical Review Letters* **37**，140 (1969))

$m=1$ 不稳定性使 $q<1$ 区域(阴影区)移动并使 q_0 恢复到大于 1 的值

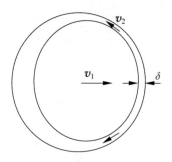

图 7.6.5 在宽度为 δ 的窄层中发生的重联

中心以速度 v_1 移入该层，等离子体以速度 v_2 离开该层

由安培定律

$$j \propto B^*/\mu_0\delta \tag{7.6.2}$$

综合式(7.6.1)和式(7.6.2)得：

$$v_1 = \frac{\eta}{\mu_0\delta} \tag{7.6.3}$$

移动的芯部向窄层处的流体施加了磁压($\propto B^{*2}/(2\mu_0)$)，这个压强迫使等离子体以流速 v_2 沿两边流出该窄层：

$$\rho v_2^2 \propto B^{*2}/(2\mu_0) \tag{7.6.4}$$

考虑到流入窄层的是 r_1 范围内的流体，故由流体的连续性要求知

$$v_1 r_1 \propto v_2\delta \tag{7.6.5}$$

利用式(7.6.3)和式(7.6.4)消去式(7.6.5)中的 v_1 和 v_2，得到 δ 的表达式为

$$\delta^2 \propto \frac{\eta}{\mu_0}\frac{\sqrt{\mu_0\rho}}{B^*}r_1$$

或者写成

$$\tau_R = \frac{\mu_0}{\eta}r_1^2, \qquad \tau_A = \frac{r_1}{B^*/\sqrt{\mu_0\rho}},$$
$$\delta \propto \left(\frac{\tau_A}{\tau_R}\right)^{1/2} r_1 \tag{7.6.6}$$

崩塌的特征时间由中心移经半径 r_1 时所需时间给出：

$$\tau_K \propto \frac{r_1}{v_1} \tag{7.6.7}$$

速度 v_1 由式(7.6.3)和式(7.6.6)给出：

$$\tau_K \propto (\tau_R\tau_A)^{1/2} \tag{7.6.8}$$

也就是说，崩塌时间是电阻扩散时间和阿尔文时间的几何平均。由于 $\tau_A \ll \tau_R$，该模型可以使预测的崩塌时间接近初始的实验值。典型值 τ_R 为 1 ms 量级，τ_A 为 1 μs 量级，则 τ_K 为 100 μs 量级。

　　磁通的重联可以通过图 7.6.6 所示的 $\psi(r)$ 的通量图计算出来。磁通元 $d\psi$ 在 $q=1$ 面的内侧 $r=r_-$ 处覆盖区域 dr_-,其大小与外侧 $r=r_+$ 处覆盖 dr_+ 区域的磁通相等。这两个磁面会相互连接并最终覆盖半径 r 处的区域 dr,此处的磁通可由被连接的两个磁通算出。重联始于 $\psi=\psi_{max}$ 的 r_1 处,这个首先重联的磁面会成为新的等离子体中心。因此末态的 $\psi(0)$ 等于初态的 ψ_{max}。

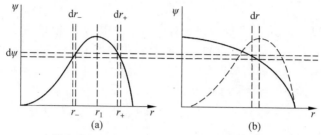

图 7.6.6　在锯齿崩塌的卡多姆采夫模型中,磁通从初态到末态的变化
（a）初态；（b）末态

　　环向磁场的不可压缩性意味着初始两个磁面覆盖的极向面积之和必须等于最后磁面覆盖的面积,即

$$r\,dr = r_-\,dr_- + r_+\,dr_+ \tag{7.6.9}$$

从图 7.6.6 可以看出,磁通 $\psi(r)$ 的初始径向依赖性给出 $r_-(\psi)$ 与 $r_+(\psi)$ 相反的变化关系,从而 $r_-^2(\psi)$ 与 $r_+^2(\psi)$ 的关系也相反。因此,最后的通量分布 ψ_f 可以从 $r^2(\psi_f)$ 计算出来。对式(7.6.9)积分,得到:

$$r^2(\psi_f) = \int_{r_1}^{r_+} dr_+^2(\psi) + \int_{r_-}^{r_1} dr_-^2(\psi)$$

这个解在 ψ 的初值和终值相等的半径范围内成立,在这个半径之外,ψ 不变。

　　图 7.6.7 总结了磁场从初态到末态的变化。可以看到,在略大于半径 r_1 的地方有不连

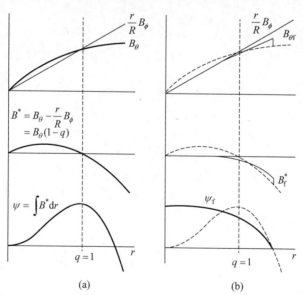

图 7.6.7　锯齿崩塌的卡多姆采夫模型中磁场和螺旋磁通的变化

下标 f 表示末态

（a）初态；（b）末态

续性,尤其是 $B_{\theta 1}$ 出现不连续性,这表明在重联状态下出现了电流片。

数值模拟基本证实了作为电阻性 MHD 方程组的解的卡多姆采夫模型。然而,以后出现的实验结果与电阻性 MHD 模型的多个特征相冲突,下面将依次叙述这些结果。

1. 崩塌时间

从式(7.6.8)可以看出,卡多姆采夫崩塌时间正比于 $r_1^{3/2}$。因此对于像 JET 这种大型托卡马克,其崩塌时间应该比首先观察到锯齿振荡的小装置上的时间有大幅增加。然而,在大小不同的装置上,实验观察到的崩塌时间是差不多的。对于 JET,理论模型预言的崩塌时间通常约为 10 ms,而实际观测到的时间约是 100 μs。对理论重新检查后发现,在高温等离子体中,重联层的阻抗不是电阻性的,而且重联是无碰撞的,其速率由电子惯性决定。

利用式(7.6.4)和式(7.6.5)得:

$$v_1 \propto \frac{\delta}{\tau_A} \tag{7.6.10}$$

代入关系 $\tau = r_1 / v_1$,得到重联时间:

$$\tau \propto \frac{r_1 \tau_A}{\delta} \tag{7.6.11}$$

这样重联的物理就将通过对窄层厚度 δ 的计算来展示。

当电子惯性占主导时,存在两种可能的与决定电子加速时长因子有关的情况。在最简单的情形下,这个时间就是等离子体穿过这层的滞留时间。在另一种情形下,这个时间由"无碰撞黏滞"决定。当一群电子以各自的热速度沿着磁场运动时,磁场的剪切使它们的运动与加速电场不再同相。

在窄层中,欧姆定律写成

$$v_1 B^* = \eta j + \frac{m}{n e^2}\left(\frac{\mathrm{d}j}{\mathrm{d}t} + \frac{v_{Te}}{\ell}j\right) \tag{7.6.12}$$

其中,ℓ 是能被加速的距离,约为 $(B/B^*)r_1 \approx R/(1-q_0)$。在 $\mathrm{d}j/\mathrm{d}t$ 中主项是 $\boldsymbol{v} \cdot \boldsymbol{\nabla} j$,其中 $\boldsymbol{v} \cdot \boldsymbol{\nabla}$ 大约是滞留时间 v_1/δ。由于 $\eta = 1/(\varepsilon_0 \omega_p^2 \tau_e)$,其中 τ_e 是电子碰撞时间,因此式(7.6.12)变成

$$v_1 B^* \propto \frac{1}{\varepsilon_0 \omega_p^2}\left(\frac{1}{\tau_e} + \frac{v_1}{\delta} + \frac{v_{Te}}{\ell}\right)j \tag{7.6.13}$$

利用式(7.6.2)的 j 和式(7.6.10)的 v_1,式(7.6.13)给出窄层的厚度 δ:

$$\delta \propto \frac{c}{\omega_p}\left[\frac{1}{\tau_e} + \frac{1}{\tau_A} + (1-q_0)\frac{v_{Te}}{R}\right]^{1/2}\tau_A^{1/2} \tag{7.6.14}$$

式(7.6.14)可以清楚地给出不同阻抗起主要作用时的物理条件。当电子惯性比电阻重要时,要求 $\tau_A < \tau_e$,通常这意味着 $T(\mathrm{keV}) > n/10^{20}$。而电子惯性超过电子黏滞性的条件是 $(1-q_0)v_{Te}/R > 1/\tau_A$,它可以近似写成

$$\beta_e > \frac{m_e}{m_i} \tag{7.6.15}$$

其中,$\beta_e = n T_e/(B_\phi^2/2\mu_0)$。不等式(7.6.15)很容易成立,这意味着在高温托卡马克中,电子黏滞性是主要的机制。

将式(7.6.14)代入式(7.6.10),可以得到崩塌时间的一般公式,通过它可以展示出三种态式之间的联系。

$$\tau \approx \frac{\tau_A}{(\tau_A/\tau_R + (c/r_1\omega_p)^2 \{1 + [\beta_e/(m_e/m_i)]^{1/2}\})^{1/2}}$$

2. 准交换模

由于等离子体的高导电性,在锯齿上升阶段,电流重新分布很慢,这使得中心区域的 q 只有很小的变化,通常为 $0.02 \sim 0.05$。按照卡多姆采夫模型的预言,如果 q 在崩塌时接近 1,那么当不稳定性出现而结束了上升阶段时,它仍当接近 1,由此给出一个相当平坦的 q 剖面。而一个具有足够平 q 剖面的位形对于具有快速增长率的理想准交换不稳定性应该是不稳定的。但现在这个结论会因考虑新经典电阻率的影响而被修正,当这种影响起作用后,将使磁轴附近的 q 值在小范围内进一步减小。

图 7.6.8 展示了准交换不稳定性的形态与磁重联形态间的差别。准交换模的识别特征是冷气泡的形成。在 JET 上,通过对崩塌阶段的等离子体进行软 X 射线成像诊断,发现它们符合准交换模型。图 7.6.9 比较了准交换不稳定性的非线性模拟结果和软 X 射线成像的实验结果,可以明显看出二者的相似性。JET 上最初的软 X 射线诊断只能给出分辨率较低的图像,但后来高分辨率诊断系统证实了早期的结果。然而,这种对崩塌的解释是有问题的。问题来自对 q 剖面的测量,下面将对此进行审查。

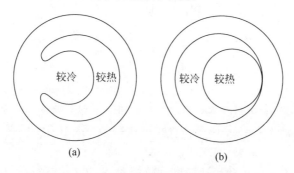

图 7.6.8　存在鲜明对比的非线性演化

(a) 准交换模;(b) 重联撕裂模

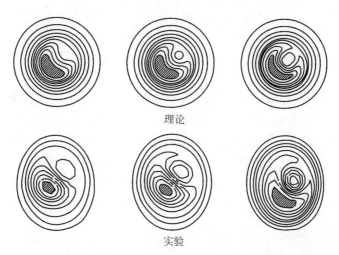

图 7.6.9　JET 上准交换模拟结果 (P. Kirby) 与从软 X 射线辐射重构的形变 (R. Granetz) 之间的比较

3. q_0 的测量

随着 q 的精确测量变得可行,也引发了一系列的困难。对 q 的第一次确定性的测量采用的是偏振测定法,它给出 q_0 的值远小于 1,通常在 0.7～0.8。这与计算所预言的在锯齿上升阶段 q_0 对 $q_0=1$ 只有小变化的结论相冲突。更成问题的是,在整个锯齿阶段,q_0 的值始终小于 1,如图 7.6.10 所示。这里的困难在于,虽然在锯齿上升阶段观察到的 q 值的变化较小,这一点与平衡的电阻性扩散计算给出的结果一致,但 q_0 始终低于 1 意味着不会出现完全的重联。不过值得一提的是,在某些实验测量中,确实给出了接近 1 的 q_0 值。

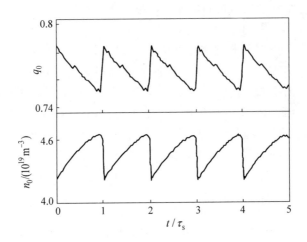

图 7.6.10   TEXTOR 上由法拉第旋转测得的锯齿振荡期间 q_0 随时间的变化

图中给出的是对测得的许多锯齿信号进行叠加后得到的在锯齿周期 τ_s 中的平均行为,目的是降低噪声水平(Soltwisch, H. and Stodiek, W. presented at 29*th Annual Meeting of A.P.S. Division of Plasma Physics*, San Diego (1987))

在 JET 上,同时用偏振法和运动斯塔克效应对 q_0 进行了测量。在所观察到的不稳定性具有准交换模表现形态的情形下,典型的 q_0 值在 0.7 附近,这与准交换不稳定性要求的 $q_0 \approx 1$ 完全不一致。

4. 自发启动

锯齿崩塌通常是以不断增大的振荡为先导。这些振荡源于模的有限频率,它们的存在表明增长时间要比锯齿周期长。但在另外一些情形中,锯齿不稳定性并不出现这样的先兆,这意味着(引起崩塌的不稳定性)增长是突然启动的。

不管是什么引起的不稳定性,可以预料的是,这种不稳定性应该是通过上升阶段平衡的改变产生的。这种不稳定性首先产生于临界稳定性,此时其增长率为 0。然后随着背景平衡变化的发展,增长率才变大。然而,让平衡变化到产生这样一种位形——其不稳定性增长率等于所观察到的增长率——的时间尺度要比锯齿崩塌的时间尺度大得多。在 JET 上,这两个时间尺度通常要相差两个量级。不稳定性的这种自发启动目前尚不能解释。

5. 上升阶段的稳定性

如果 q_0 明显小于 1,那么就很难理解 $m=1$ 模在上升阶段的稳定性。这种位形被认为对于电阻性扭曲模是不稳定的,因为此模在 $q=1$ 磁面处的增长率正比于 q' 的 2/3 次方。一个简单的 q 剖面给出的增长时间通常小于 1 ms,而上升段可以长达几百毫秒。

一种可能的解释是 q 分布在 $q=1$ 磁面附近变平了,并且有些实验证据支持这一点。这种展平可能是前一次崩塌阶段导致的。但是还没找到能解释这种行为的自洽模型。

6. 热崩塌

如果磁重联过程没有完成,正如 q_0 保持在远小于 1 所暗示的那样,那么可以预料,没有发生重联的芯部仍将保持在约束状态。然而,在整个 $q<1$ 区域温度展平又与这一结论冲突。一种可能的解释是虽然这个简单模型认为余下的芯部磁面会保持嵌套,但实际上磁面被破损了,由此引起的遍历过程使得等离子体能量沿着磁场线逃逸。

然而,一个众所周知的现象是在锯齿崩塌期间,杂质向芯部快速运动。这种重新分布的时间尺度可以和温度剖面变平的时间尺度一样短。如果将磁场的遍历性看作电子温度在崩塌时间 τ_c 内发生暴跌的解释,那么电子在这个时间内会沿着磁场线走过约 $v_{Te}\tau_c$ 的距离。例如,崩塌时间为 100 μs,温度为 10 keV,则电子走过的距离是 4 km。但以镍杂质为例,镍原子的热速度为电子的 1/330,因此在崩塌时间内镍原子沿磁场线只走了 12 m。显然在这个时间尺度上,杂质沿遍历性磁场的运动是无法到达等离子体芯部的。

这一结果意味着杂质的入流一定是由基本上在极向平面中的运动引起的。如果杂质是这样运动,那么电子和离子很可能也会这么动。虽然对于这一行为还没有合理的解释,但是值得注意的是,在 JET 上锯齿崩塌时,从准交换模类型的软 X 射线成像观察到的恰好是这种极向运动。

从上述列举的解释锯齿行为方面的一系列困难可以看出,对于 q 剖面,不论是其中心值还是其形状,都存在着不确定性。这直接导致了所涉及的 $m=1$ 不稳定性特征的不确定性。从 6.10 节和 6.11 节可以看到,内扭曲模的稳定性很大程度上取决于剪切水平,即 q_0 值,电阻性扭曲模则取决于 $q=1$ 磁面处的 q' 的值,从而取决于该磁面附近 q 剖面的形状。

一个最初看来似乎可以简单漂亮地予以解释的现象竟然带来这么多理解上的困难,这的确是件异常的事情。

7.7　破裂

托卡马克破裂是指等离子体约束突然被破坏的令人注目的事件。在大破裂中,紧跟着会出现电流的完全丧失,如图 7.7.1 所示。破裂给托卡马克的发展造成了严重问题。首先,破裂限制了电流和密度的参数运行范围;其次,破裂的发生导致大的机械应力和强的热负荷。

破裂事件的时序如图 7.7.2 所示。它基本上可以概括为如下四个阶段,涉及的物理过程将在 7.9 节描述。

(1) 前预兆阶段

在这个阶段,在放电的基础性条件中出现了导致更不稳定位形的变化。这种变化通常是清楚的,比如说总电流或者等离子体密度上升。但是,有时在这些条件没有产生可辨识变化时也会突发破裂。

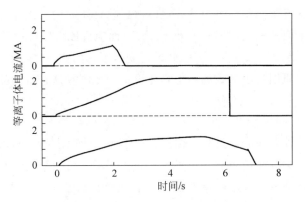

图 7.7.1　JET 上破裂时电流演化踪迹的三类情形：电流上升阶段的破裂、
平台阶段的破裂、电流下降阶段的破裂

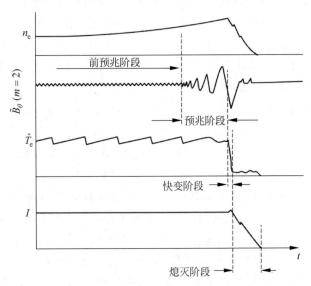

图 7.7.2　在一个破裂过程中，$m=2$ 的磁涨落信号、中心温度和等离子体电流随时间的典型变化特征
在本例中，如图所示，破裂是由密度的抬升触发的

（2）预兆阶段

当基础性的变化达到临界点时，MHD 不稳定性就会发作。最明显的是 $m=2$ 模的磁振荡的增长，它在这之前不出现或处在低振幅的饱和态。这种增长的持续时间长短不一，不过在中型托卡马克中一般约为 10 ms。其他的低 m 模也可以观察到。

（3）快变阶段

在 MHD 不稳定性经受了可观的增长后，就到达第二临界点，这时各参数会出现更快的发展。中心温度通常会以毫秒量级的时间尺度崩塌。可以观察到径向电流剖面快速变平，由此产生一个表征性的短的负电压脉冲，通常为所加正电压的 10～100 倍。

（4）猝灭阶段

最后，等离子体电流衰减到零。衰减时间取决于具体情况和对等离子体位置的控制，但电流衰减的速率均大于 100 MA·s^{-1}。

7.8　破裂的原因

已经辨明的破裂原因有以下几种。首先是低 q 破裂和密度极限破裂，它们对稳态运行施加了运行极限。这些破裂被认为是由于不稳定的电流剖面导致了大幅度的撕裂模。如果电流上升过快，这些不稳定性也会导致破裂。破裂的另一个原因是存在误差磁场，它们似乎提供了撕裂模增长的种子。破裂还可能由落入等离子体的固体碎片引起。最后，垂直不稳定性（见 7.12 节）也会导致破裂。

在对破裂缺乏详细的理论解释的情形下，一种方便的做法是基于装置运行的描述，即通过运行参数极限来进行描述。赫吉尔（J. Hugill）发现，可以将低 q 极限和高密度极限合成在一张图里来给出实验行为的一些模式。在这个图中以 $1/q_a$ 和 $\bar{n}R/B_\phi$ 为纵坐标和横坐标，画出了由破裂限定的运行边界，如图 7.8.1 所示，其中横坐标的参数是由村上（M. Murakami）引入的。由图可见，破裂通常将运行范围限制在 $q_a \gtrsim 2$ 的区域，而电子密度（以 $(10^{-19}\bar{n}R/B_\phi)q_a$ 形式给出）被限制在处于 $10\sim20$ m$^{-2}\cdot$T^{-1} 范围的临界值下。实验发现，采用辅助加热手段可以在一定程度上提高这一密度极限。

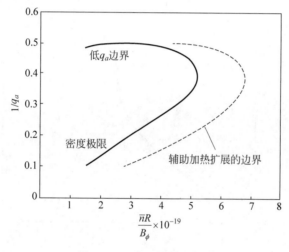

图 7.8.1　典型的赫吉尔图

其中显示了由破裂限定的运行区间。q_a 是等离子体表面的安全因子，$\bar{n}$ 是平均电子密度，

参数 $10^{-19}\bar{n}R/B_\phi$ 被称为村上参数

利用关系 $B_\phi/(Rq_a)=(\pi/5)J$，其中 $J=I_{\mathrm{MA}}/\pi a^2$ 是平均电流密度（单位是 MA/m^2），可以将密度极限写成 $\bar{n}/10^{20}=\dfrac{\pi}{5}\sim\dfrac{2\pi}{5}J\cdot$m$^{-3}\approx1J\cdot$m^{-3}。

格林沃尔德（M. Greenwald）利用众多托卡马克上的数据，将这一经验性结果加以推广，给出一个临界密度值 $\bar{n}/10^{20}=\kappa J$，其中 κ 是等离子体拉长比，J 现在是等离子体截面上的平均电流密度（以 MA/m^2 为单位）。对椭圆截面等离子体，$J=I_{\mathrm{MA}}/(\pi ab)$，临界密度由 $\bar{n}/10^{20}=I_{\mathrm{MA}}/(\pi a^2)$ 给出。

下面将依次考察造成破裂的基本原因，而破裂过程的物理机制及其结果将在 7.9 节描述。

7.8.1　低 q 破裂

　　低 q 破裂的根本原因可能是随着 q_a 降低, $m=1$ 模的稳定性和 $m=2$ 模的稳定性之间的不相容程度增大。如果 q_0 值受到 $m=1$ 锯齿不稳定性的限定(不能小于1),增大电流,即降低 q_a ,就会使 q 分布变得更不稳定。这可以从图 6.10.4 看出来,稳定性直线 $q_0=1$ 与 $m=2$ 的扭曲模的稳定性边界相交于 $q_a=2$ 。

　　在不存在锯齿不稳定性时,增大总电流会使磁轴附近的电流密度增加。但出现了锯齿不稳定后,锯齿振荡通过展平中心 q 剖面限制了 q_0 。这就自然使得等离子体外区的电流梯度变大。由于 $q_a=2$,因此随着 $q=2$ 的磁面向等离子体外表面移动,这种电流梯度的去稳效应大大增强。由此而生的撕裂/扭曲不稳定性则会增长到灾难性的程度。

　　数值计算显示了 $m=1$, $m=2$ 模之间的这种不相容性。图 7.8.2 给出了撕裂模和扭曲模的非线性振幅随 q_a 的变化。可以看出,当 q_a 接近 2 时,计算给出的振幅变得非常大。

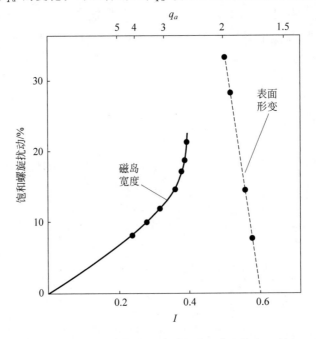

图 7.8.2　由 $m=2$ 不稳定性产生的饱和螺旋扰动(以小半径的百分比给出, I 是归一化到 $\pi a^2 j_0$ 的总电流) 当 $q_a>2$ 时,该图给出的是撕裂模磁岛宽度;而当 $q_a<2$ 时,该图给出的是在 $r=1,2a$ 处有导体壁时扭曲模的表面形变 (Sykes, A. and Wesson, J. A., *Plasma physics and controlled nuclear fusion research*, Proc. 8th International Conference, Brussels 1980 Vol. 1, 237, I. A. E. A. Vienna (1981))

　　JET 上的实验提供了 $m=2$ 模所起作用的证据。在放电过程中,安全因子的表面值 q_a 一直在减小,直到发生破裂。这个结果在某个村上参数的取值范围内均可重复。图 7.8.3 给出了 q_a 在放电期间从开始一直到破裂的变动轨迹。可以看出,破裂全都发生在 $q_a=2$ 附近。

7.8.2　密度极限破裂

　　高密度下的一种破裂机制来自于随密度升高而增大的杂质辐射。这种辐射主要出现在

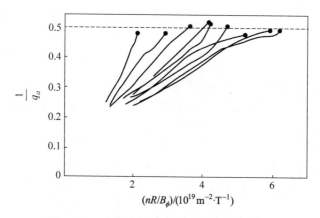

图 7.8.3　在赫吉尔图中 JET 放电的 q_a 轨迹

展示了在接近 $q_a = 2$ 处的破裂边界(Wesson, J. A. *et al. Nuclear Fusion* **29**, 641 (1989))

等离子体边界,在这里,低 Z 杂质原子的核外电子没有被完全剥离。结果辐射造成的等离子体冷却使得电流分布收缩,从而使 $q = 2$ 面内起去稳作用的电流梯度增大(见 7.9 节所述)。

随着密度增大,辐射在热损失中所占的比例不断增加,而经热传导流出等离子体边界的热量占比愈来愈低。在辐射占了 100% 热损失的极限情形下,热传导损失为零,等离子体与边界处于热隔离状态。这时等离子体可能发生收缩。一旦这样,电流剖面会自行调整,结果在等离子体收缩了的边界上,q 值将趋向不稳定的值。

这个辐射过程的简单模型可以通过将能量平衡方程应用到等离子体外区来得到:

$$\frac{\mathrm{d}}{\mathrm{d}r}\left(K\,\frac{\mathrm{d}T}{\mathrm{d}r}\right) = n_e n_Z R(T) \tag{7.8.1}$$

其中,K 是热传导系数,设为常量;n_e 是边界电子密度;n_Z 是杂质密度;$R(T)$ 是辐射函数。

式(7.8.1)两边乘以 $K(\mathrm{d}T/\mathrm{d}r)$,得:

$$\frac{1}{2}\frac{\mathrm{d}}{\mathrm{d}r}\left(K\,\frac{\mathrm{d}T}{\mathrm{d}r}\right)^2 = n_e n_Z K R(T)\frac{\mathrm{d}T}{\mathrm{d}r} \tag{7.8.2}$$

取 n_e 和 n_Z 为常量,对式(7.8.2)积分得:

$$Q_{\text{plasma}}^2 - Q_{\text{edge}}^2 = 2 n_e n_Z K \int_0^\infty R(T)\,\mathrm{d}T \tag{7.8.3}$$

其中,$Q = -K(\mathrm{d}T/\mathrm{d}r)$ 是热流,Q_{plasma} 是从等离子体芯部传导出的热流,Q_{edge} 是从等离子体边界传导出的热流。函数 $R(T)$ 的形式可这样来取:使 R 在低的边界温度下和高的内部等离子体温度下皆可忽略,这样对 T 的积分就可以等效于对所有的 T 进行。4.25 节给出的日冕辐射函数就是这类 $R(T)$ 的一个例子。当辐射占到 100% 时,$Q_{\text{edge}} \to 0$,式(7.8.3)给出:

$$Q_{\text{plasma}} = \alpha_1 (n_e n_Z)^{1/2} \tag{7.8.4}$$

其中,α_1 是常数。

对于欧姆加热,这一条件可以用来导出描述破裂边界的一个看来合理的模型。首先,写出能量平衡方程:

$$2\pi a\, Q_{\text{plasma}} = \pi a^2 \eta j^2$$

其中,η 和 j 均指平均值。这样,利用式(7.8.4)和 $\eta \propto T^{-3/2}$,临界条件的形式为

$$(n_e n_Z)^{1/2} \propto \frac{aj^2}{T^{3/2}} \tag{7.8.5}$$

现在需要来确定 T。这可以通过能量平衡关系

$$nj^2 \propto \frac{nT}{\tau_E} \tag{7.8.6}$$

并代入欧姆约束定标关系 $\tau_E \propto na^2$ 后,从式(7.8.6)给出:

$$T \propto (aj)^{4/5} \tag{7.8.7}$$

再利用式(7.8.5)和式(7.8.7)消去 T 后,得:

$$(n_e n_Z)^{1/2} \propto \frac{j^{4/5}}{a^{1/5}} \tag{7.8.8}$$

通过安培定律,可将 j 与 q_a 联系起来,如下:

$$j \propto \frac{B_\phi}{\mu_0 R q_a} \tag{7.8.9}$$

忽略掉因子 $a^{1/5}$ 后,式(7.8.8)和式(7.8.9)就给出了破裂条件:

$$\frac{1}{q_a} = \alpha \frac{(n_e n_Z)^{5/8} R}{B_\phi} \tag{7.8.10}$$

其中,α 是常数。如果取 n_Z 正比于 n_e,则式(7.8.10)右边的量基本上就是村上参数。由于这个参数是基于对实验结果的经验描述,因此本不指望能得到一个精确的关系。式(7.8.10)的推导过程清晰地表明,与密度极限破裂过程相关的是边界的电子密度和杂质密度。当辅助加热或者 α 粒子加热为主时,式(7.8.4)表明可以达到的密度随加热功率的增加而提高。

　　当达到辐射占 100% 的条件后,辐射层的向内运动和电流通道的收缩原则上会以下面两种方式中的任何一种方式发展。第一种方式是随着收缩,电子密度或杂质密度持续升高。第二种方式是收缩成为一种不稳定过程。这种不稳定性可以用一个简单模型来理解,这时理想化地认为辐射发生在半径 a_p 附近的窄层中。于是,稳定性可以通过对该窄层的功率平衡进行分析来确定。图 7.8.4 展示了此窄层附近的温度剖面,此时的功率平衡方程可写为

$$\frac{\mathrm{d}}{\mathrm{d}t} \mathcal{E}(a_p) = I^2 \rho(a_p) - C n^2(a_p) a_p \delta - \frac{KT_0}{a - a_p} a_p \tag{7.8.11}$$

方程左边给出单位长度等离子体能量($\mathcal{E}$)的变化率。方程右边第一项是欧姆加热,ρ 是单位长度的电阻。第二项给出厚度为 δ 的窄层辐射功率,n 是窄层的电子密度,所取的辐射正比

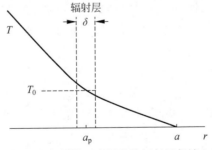

图 7.8.4　收缩不稳定性模型中假设的辐射层邻域上的温度分布

于 n^2，C 为常数。最后一项描述经热传导从窄层中损失的功率，T_0 是窄层的温度，$a-a_p$ 是温度降到可忽略值时的距离。平衡时，式(7.8.11)右边三项之比为 $1:\varphi:(1-\varphi)$，其中 φ 是辐射功率比例。

在恒定电流条件下，将式(7.8.11)线性化，得到稳定性方程：

$$\frac{a_p}{\mathcal{E}}\frac{\mathrm{d}\mathcal{E}}{\mathrm{d}a_p}\gamma\tau_E = \left[\frac{a_p}{\rho}\frac{\mathrm{d}\rho}{\mathrm{d}a_p} - \varphi\frac{2a_p}{n}\frac{\mathrm{d}n}{\mathrm{d}a_p} - (1-\varphi)\frac{a_p}{a-a_p}\right] \tag{7.8.12}$$

其中，γ 是 a_p 处扰动的增长率，$\tau_E=\mathcal{E}/I^2\rho$ 是能量约束时间。对最后一项，式(7.8.12)只保留其主要贡献。收缩的稳定性由 γ 的符号决定，它取决于收缩发生时辐射层中等离子体电阻和电子密度的变化。如果取等离子体的电阻正比于 $1/a_p^2$，那么利用实验观测给出的 $\mathrm{d}\mathcal{E}/\mathrm{d}a_p>0$，不稳定性判据为

$$-\frac{a_p}{n}\frac{\mathrm{d}n}{\mathrm{d}a_p} > \frac{1}{2} + \frac{1}{\varphi} + \frac{1-\varphi}{2\varphi}\frac{a_p}{a-a_p} \tag{7.8.13}$$

式(7.8.13)右边最后一项(即热导损失项)通常是强致稳的，大的因子 $1/(a-a_p)$ 表示需要辐射层足够接近等离子体边界来将功率以热传导方式输出等离子体。但随着辐射占比增加，这一项在减小，当 $\varphi\to1$ 时它就可被忽略，这时不再需要考虑热传导对功率损失的贡献。对于 $\varphi=1$，可以认为等离子体与边界是隔离的。当达到这一条件时，不稳定性判据变成

$$-\frac{a_p}{n}\frac{\mathrm{d}n}{\mathrm{d}a_p} > \frac{3}{2}$$

这个判据难以应用，因为当辐射层半径变化时，其密度怎样变化是不确定的。但它清楚地表明了这样一种去稳效应：当辐射层移向高密度区后，会导致更强的辐射。

电流通道收缩引起的 MHD 去稳作用可以通过下式来理解：将安全因子 q 用等离子体电流和有效等离子体半径 a_p 来写出，即

$$q_{a_p} = \frac{2\pi a_p^2 B_\phi}{\mu_0 IR}$$

可以看到，q_{a_p} 随着 a_p^2 的减小而减小。其效果是产生了一个更不稳定的位形，这有点类似趋近低 q 破裂边界时所发生的情形。

7.9　破裂的物理机制

虽然对破裂所涉及的物理过程尚无细致的理解，但仍然可以描述它的一般行为模式。破裂的基本事件有：

(1) 由不稳定电流剖面的演化导致了撕裂模的增长，而 $m=2$ 模尤为重要。

(2) 撕裂模的非线性增长。

(3) 平衡的突然弛豫，这时电流剖面变平，约束急剧瓦解并伴有等离子体温度的崩塌。

(4) 总电流衰减。

(5) 在某些情况下，伴随等离子体电阻率增大而增大的环向电场产生了逃逸电子。这些电子可以携带大的电流，并且有时可延续到等离子体电流衰减阶段之后。

(6) 等离子体的能量损失和电流衰减都会在真空室壁上感应出电流，从而在真空室上产生非常大的电动力。

下面依次描述这些事件。

7.9.1　撕裂模不稳定性

7.8 节列出的破裂原因的共同特征是它们导致了对撕裂模(特别是 $m=2$ 模)不稳定的电流剖面。因此,在前预兆阶段,平衡的缓慢变化使电流剖面趋向稳定性边缘,紧接着发生的先兆振荡则标志着稳定性边界已被跨越。

从式(6.8.7)可以看出,在共振面以内的半径位置上,负的电流梯度是去稳的。而且这个位置越接近共振面,去稳作用越强。图 7.9.1 展示了具有这些特点的电流剖面。形成这种陡峭电流梯度的部分原因是锯齿振荡对 q_0 的限制。它使得芯部的电流剖面变平,而增大了芯区外的电流梯度。杂质在芯区聚集引起的电阻率增大也会产生类似的效应。

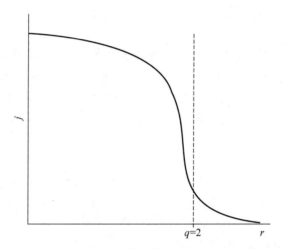

图 7.9.1　在 $q=2$ 面以内,起到去稳撕裂模作用的具有负电流梯度的电流剖面

由于 q_0 被限制,当总电流增大因而 q_a 降低时会使电流分布变得更加不稳定,这是由电流梯度增大和 $q=2$ 有理面向外运动共同导致的。如果电流增长过快,没有足够时间让电流扩散到等离子体中,就会形成如图 7.9.2 所示的趋肤电流。这又会进一步增大等离子体边界的电流梯度,在这些情况下,随着 $q=m$ 的共振面穿越陡峭的边界电流梯度,通常稳定的 m 较高的模也会被驱动得不稳定。

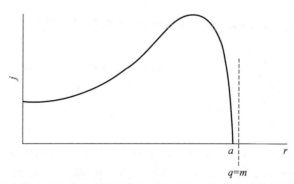

图 7.9.2　趋肤电流造成在等离子体边界出现大的电流梯度,这种位形使得穿过边界的邻近共振面很容易经受扭曲/撕裂模不稳定性

在 7.8 节曾指出,密度极限是由表面辐射增大引起的等离子体电流剖面收缩所致。但电流剖面的收缩也可以是由外侧区域的约束变坏造成。不稳定性本身引起的约束变坏(即由不稳定性产生的磁岛导致了输运增加)将进一步增强电流剖面的收缩效应。

7.9.2　撕裂模的增长

图 7.9.3 展示了破裂预兆阶段撕裂模不稳定性的时间演化。这种不稳定性最初表现为低水平的磁振荡。增长的振荡波形源自螺旋不稳定性绕环的移动。其运动速度,即绕环运动的频率,由不稳定性的波动传播速度加上等离子体的质量速度给出。等离子体质量速度可由(如中性束加热所伴随的)动量注入产生。

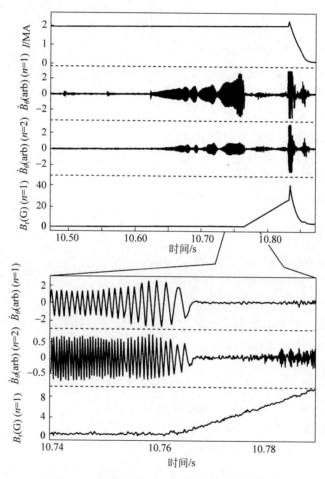

图 7.9.3　破裂期间 MHD 不稳定性增长的例子

下图将锁模时刻前后的信号作了扩展。最下方的曲线给出的是时间积分的 B_r 信号,表明在锁模后不稳定性仍不断增长(Wesson, J. A. *et al.*, *Nuclear Fusion* **29**,641 (1989))

图 7.9.3 展示的振荡磁信号是等离子体边缘区极向磁场的时间导数,它是通过探针线圈两端的感应电压测得的。

不稳定性看来以偶发的方式增长,每次爆发构成一个小破裂,然后振荡信号消失。但这不是因为不稳定性离开了,而是由于振荡消失了。它是由一种被称为锁模(见 7.10 节描述)

的现象造成的。从本质上来说,锁模出现在不稳定性的振幅大到足以与外部导体(如真空室)发生相互作用时,外导体将会从等离子体中提取动量从而使模的传播停止。

通过对感应信号积分得到的扰动磁场的振幅 B_{r},可以看到不稳定性随后不断增长到很大的幅度。从图 7.9.3 可见,随着不稳定性趋近快变阶段,锁模之后 B_{r} 仍持续增长。

增长的磁扰动意味着等离子体中的磁岛在增大。要想通过外部测得的磁扰动来精确计算出磁岛的大小,需要知道本征函数的径向依赖关系。为此,在计算等离子体表面与 $q=2$ 磁面之间的扰动磁场的变化时,在撕裂模方程(6.8.7)中忽略电流梯度项通常是一个很好的近似。这样,$m=2$ 模的扰动磁通量 ψ 以 r^{-2} 变化,再考虑到 $B_{\mathrm{r}} \propto \psi/r$,因此共振面处的径向磁场为

$$B_{\mathrm{rs}} = B_{\mathrm{r}}(a) \left(\frac{a}{r_{\mathrm{s}}} \right)^{3}$$

故对应的磁岛大小由式(7.2.5)给出。

如图 7.9.4 所示,磁岛通过磁面附近的平行输运而使径向输运"短路"。除了在磁岛分离面附近的窄层中,电子的平行于磁场的高热导率确保了每个磁面上的温度都是常量。于是,在整个磁岛截面上电子温度也都几乎是恒定的。这种在磁岛内温度剖面变平的现象已被实验观察到。对于等离子体密度,预计也存在类似但较弱的剖面展平效应。

7.9.3　快变阶段

计算和直接观察均表明,$m=2$ 的磁岛尺度常常可以增长到约占等离子体小半径的 20%。但仅此并不足以解释中心区域能量的突然损失和约束的整体丧失。目前对等离子体的这种行为还没有很好的解释。现有的实验证据只有两个。

第一个是电流剖面变平,由此可以想到,伴随着多重磁重联的发生,出现了大范围的磁面破裂。这种设想是对卡多姆采夫锯齿模型中单个磁重联导致电流分布变平的概念的推广。撕裂模磁岛在多个磁面上的增长会导致磁场结构出现遍历性(见 7.13 节所述)。对这种电流变平证据的解说将在下面给出。

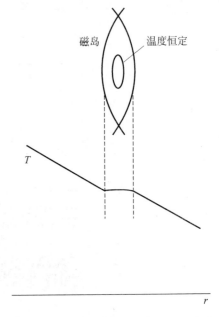

图 7.9.4　磁岛中平面上的温度因与位于
其内的磁面附近温度相等而被展平

第二个实验结果是与快速能量损失相关联的,即在能量损失时刻软 X 射线扰动存在整体的 $m=1$ 结构。这个结果似乎与所设想的作为电流变平基础的多模湍流概念相冲突。

电流变平的证据是观察到在快变阶段环电压出现负尖峰,如图 7.9.5 所示。测得的这个负电压是由放置在真空室内壁上的环向单匝线圈感应到的,其位置接近等离子体表面。这个电压信号与期望的正好相反,因为根据楞次定律,随着等离子体电阻的增加(这由随后的电流衰减可看出),应该产生一个维持电流的正电压。图 7.9.6 说明了对应的几何关系。

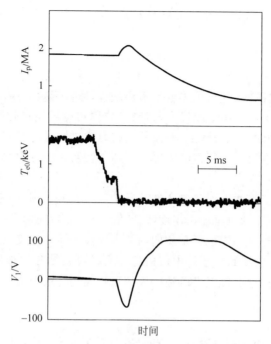

图 7.9.5 在 T_e 下降所指证的破裂时刻,等离子体电流出现抬升,同时伴随负的环电压尖峰
(Wesson, J. A. , Ward, D. J. , and Rosenbluth, M. N. *Nuclear Fusion* **30**, 1011 (1990))

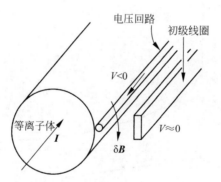

图 7.9.6 环电压测量环上测得的负电压尖峰是由等离子体电流增大感应出的通量变化引起的

这时,与真空室有一定距离的外部初级线圈上的电压信号非常小,因此环电压测量线圈中大的负电压表明,穿过测量线圈与初级线圈之间的磁通量是在增加的。由于 $\oint \boldsymbol{B} \cdot d\boldsymbol{l} = \mu_0 \boldsymbol{I}$,因此这个与等离子体电流相耦合的磁场增量表明,等离子体电流本身是增强的,正如图 7.9.5 所示。

于是,电流剖面变平就可归结为与等离子体电流相关的磁能变化。这个能量为

$$\mathcal{E} = \frac{1}{2} L I^2$$

其中,L 是与等离子体电流有关的电感。更准确地说,是由等离子体内部磁能与等离子体和初级线圈之间的磁能二者之和给出的电感。在负电压尖峰的时间尺度上,磁能基本上是守恒的,因此观察到的电流增大表明电感降低。由于电感的外侧部分由几何决定,因此电感的降低一定是由电流剖面的变平所致。也可以换一种方式来理解,即等离子体表面的负电场

表明坡印廷通量指向外。由于 I 增大，这一向外的能流意味着等离子体的内感降低，因此也意味着电流剖面变平。

7.9.4　电流衰减

经过能量快速损失阶段，等离子体电流很快跌落，通常衰减至零。由于能量损失期间等离子体温度降低，造成等离子体电阻增大，这时除非原边电压能进行调整，否则电流在某种程度上的衰减是可预期的。但实际上，电流的衰减通常要比这种调节机制所允许的快得多。很早就有人推测，这种电流衰减所需的大等离子体电阻可能源于从能量损失阶段就存在的 MHD 湍流所产生的阻抗。

然而，电流衰减的不可逆性意味着还涉及其他一些过程。其中很可能就包括杂质辐射引起的冷却。等离子体冷却也可能由温度降低到一定程度后辐射显著增加而导致。对于更快的电流衰减，这种解释里还应包括杂质向内流入等离子体的过程，这很可能是由快速能量损失引起向外流的热脉冲所致。于是电流的急速衰减可归结为由很低（通常仅为几个电子伏）的电子温度所致。由这么低温度所致的极高欧姆加热将被杂质原子的辐射抵消。

7.9.5　逃逸电子电流

图 7.9.7 表明在电流衰减阶段过后，有时还会存在持续的逃逸电子电流，携带这种电流

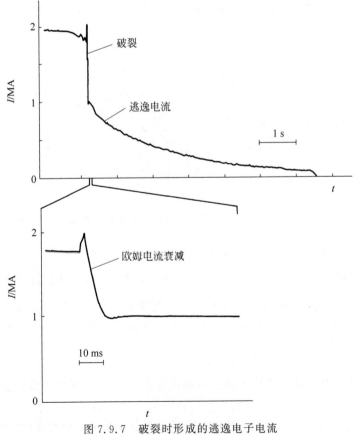

图 7.9.7　破裂时形成的逃逸电子电流
扩展图展示了欧姆电流的衰减（JET）

的电子是相对论性的,它们很可能在杂质造成等离子体快速冷却期间就受到了初始加速。
这时的电场为

$$E = \eta j_\Omega$$

其中,j_Ω 是电流的欧姆分量。由于 $\eta \propto T_e^{-3/2}$,故有

$$E = \frac{c_1}{T_e^{3/2}} j_\Omega \tag{7.9.1}$$

由 2.17 节可知,电子逃逸的判据为

$$E > c_2 \frac{n}{T_e}$$

代入式(7.9.1)的 E,电子逃逸条件为

$$T_e^{1/2} < c_3 \frac{j_\Omega}{n} \tag{7.9.2}$$

这就要求一个低得有违直觉的电子温度,才能使欧姆电场力的增大超过碰撞阻力的增大。
初始 j_Ω 取破裂前的值。电子密度 n 由于杂质的流入而增大,但当温度在几个电子伏时,判据(7.9.2)允许出现一个大的并且立即逃逸的电流。这里精确的行为相当复杂,因为需要从总电流 j 中减去逃逸电流 j_r 才能得到下降的欧姆电流。因此,驱动逃逸电流的电场将按下式被削弱:

$$E = \eta(j - j_r)$$

欧姆电流衰减到零后,剩下的逃逸成分衰减得非常慢。逃逸电子最终损失在真空室上,并打出硬 X 射线。

产生逃逸电子的另一种机制是等离子体的电子被散射到速度空间的逃逸区。这种散射是被散射电子与已经存在的逃逸电子之间发生近距碰撞的结果,见 2.17 节所述。

7.9.6　真空室壁的感应电流

破裂会在真空室上产生很大的力。这些力是 $j \times \boldsymbol{B}$ 力,其中的电流是由能量快速损失和电流衰减在真空室壁中产生的瞬态电场感应出来的。这些力以三种方式出现。

首先是等离子体压强的减少导致等离子体内部环向磁场压强增强,$\delta(B_\phi^2 / 2\mu_0) \approx \delta p$,由于磁通量守恒,这使得等离子体和真空室之间的环向磁场降低。而由此导致的跨越真空室壁的磁场差意味着存在一个极向电流,该电流与环向磁场叉乘产生一个向内的力。这个向内的压强约等于等离子体压强的体平均变化量 δp。

其次,随后而来的电流衰减也会使环向磁场重新调整。在电流快速损失的过程中,原先与极向磁场压强($\approx B_\theta^2 / (2\mu_0)$)平衡的环向磁场压强 $\delta(B_\phi^2 / (2\mu_0))$ 被转移到真空室。这个力与由等离子体压强损失引起的相反的力之间的相对大小取决于极向 β。对于 $\beta_p = 1$,二者相等但是各有不同的时间相关性。

第三种力源于等离子体电流衰减期间驱动起来的环向电流,其感应电压为 $L_v \dot{I}$,其中 L_v 是真空室壁的等效电感,I 是等离子体电流。因此真空室壁中的感应电流为

$$I_v = \left(\frac{L_v}{R_v}\right) \dot{I}$$

其中,R_v 是真空室壁的环向电阻。该电流与极向磁场 $B_{\theta a}$ 耦合,产生了作用在真空室上的

压强：

$$p_v \propto \frac{B_{\theta a}^2}{\mu_0} \frac{\tau_{\text{vessel}}}{\tau_{\text{decay}}}$$

其中，$\tau_{\text{vessel}}=L_v/R_v$，$\tau_{\text{decay}}$ 是等离子体电流衰减时间，并且 $\tau_{\text{vessel}}<\tau_{\text{decay}}$。

所有这些力的压强在 $\frac{1}{3}B_{\theta a}^2/(2\mu_0)$ 量级，对于安全因子 $q_a=2$，这个压强约为 $(a/R)^2 B_\phi^2/(24\mu_0)$ 量级。对于 $a/R=\frac{1}{3}$，$B_\varphi=5$ T，该压强约为 10^5 N·m^{-2}，即 10 t·m^{-2} 量级。对于现代大型托卡马克，这会造成几百吨的环力；而对于反应堆型托卡马克，这个力还将大一个量级。

7.10　锁模

6.9 节分析了导体壳对稳定性的影响。在托卡马克中，真空室就是这样一个导体壳。对于有限振幅的扰动，等离子体与器壁之间存在进一步的相互作用，即受到一种拖曳力的作用，它会减小不稳定性的相速度，从而减小其频率。当相速度减小到零时，模就被锁定在真空室上。然而，总会存在一种小的、倾向于将频率提高到其"自然"值的驱动效应，这将使不稳定性仍存留一个非常低的剩余频率。对于小的误差场，不会发生锁模。但当误差场足够大时，就会发生干预模的完全锁定。图 7.10.1 的例子展示了撕裂模的增长及随后的锁定，而其几何关系已在图 6.9.3 中给出。

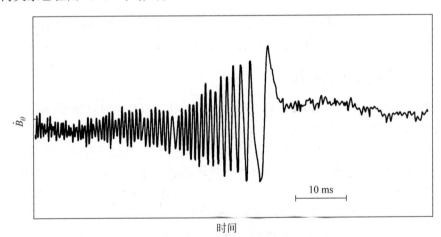

图 7.10.1　磁信号 $\dot{B}_\theta$ 展示了 $n=1$ 撕裂模的频率和增长
频率降低对应于传播速度的减小，总振荡的消失表明最后发生锁模(JET)

使相速度减小的相互作用源自真空室壁中感生的电流，而它又是由具有不稳定性的磁场扰动引起的。对于稳态的不稳定性，电流和磁场的相对相位使得 $j\times B$ 力在不稳定波的波矢方向为零。然而有限的传播速度会引入相移，它在真空室上产生的力指向波传播的方向。下面用较为简单的方法来计算这个力。由于磁扰动有其等离子体电流的根源，因此会有一个作用在等离子体上的力。这个力比较难计算，但是作为简单分析，采用动量守恒就足以给出结果：作用于等离子体的力与作用在真空室上的力大小相等且方向相反。作用于等离子体上的这个力(其方向与波速方向相反)正是造成波变慢和频率降低的力。变慢的速率主要由牛顿运动方程描述。由于等离子体质量非常小(对于现在的托卡马克,$\leqslant 10^{-2}$ g),因此使不稳定性减慢所需的电磁力也相应地减小,一般为 1 kg 的重力。

暂且忽略黏滞阻尼和误差场的影响,采用大环径比近似,则观测到的频率变化率与等离子体速度的变化率有如下关系:

$$\frac{d\omega}{dt} = \boldsymbol{k} \cdot \frac{d\boldsymbol{v}}{dt} \tag{7.10.1}$$

其中,

$$\boldsymbol{k} = \frac{m}{r}\boldsymbol{i}_\theta - \frac{n}{R}\boldsymbol{i}_\phi \tag{7.10.2}$$

这个加速度由运动方程决定。将力对等离子体体积积分,并将运动看成是刚性的,则环向方程为

$$R \int \rho\, dV \frac{dv_\phi}{dt} = T_\phi = R \int F_\phi\, dV \tag{7.10.3}$$

其中,T_ϕ 是环向力矩,F_ϕ 是环向力密度,ρ 是涉及旋转的等离子体的密度。在极向上,运动方程为

$$\int \rho r^2\, dV \frac{1}{r} \frac{dv_\theta}{dt} = T_\theta = \int F_\theta r\, dV \tag{7.10.4}$$

其中,T_θ 是极向力矩,F_θ 是极向力密度,极向旋转频率 v_θ/r(对给定的半径 r)取为常数。

将式(7.10.1)~式(7.10.4)联立,给出:

$$\frac{d\omega}{dt} = \frac{mT_\theta}{\int \rho r^2\, dV} - \frac{nT_\phi}{R^2 \int \rho\, dV} \tag{7.10.5}$$

如上所述,作用在等离子体上的力可以通过计算真空室中的平衡力来得到,而后者的计算更为直接,下面将启动这一程序。

这样,当用下标 v 来表示真空室后,有 $T_\phi = -T_{\phi v}$ 和 $T_\theta = -T_{\theta v}$,其中 $T_{\phi v}$ 和 $T_{\theta v}$ 由对真空室的积分给出:

$$T_{\phi v} = R \int F_{\phi v}\, dV \tag{7.10.6}$$

$$T_{\theta v} = \int F_{\theta v} r\, dV \tag{7.10.7}$$

由于真空区域没有贡献,因此积分的内外半径极限可以方便地扩展到 $r=a$ 和 $r \to \infty$,实际上仅有的贡献来自于真空室壁。沿 $\boldsymbol{k}$ 方向的力密度是

$$F = \tilde{j}\tilde{B}_r \tag{7.10.8}$$

其中,$\tilde{j}$ 是沿扰动方向(即垂直于 $\boldsymbol{k}$)的扰动电流。在大环径比近似下,这个力大致在 θ 方向,这样,其主量级项为

$$F_{\theta v} = F \tag{7.10.9}$$

并且力密度的 ϕ 分量 $(k_\phi/k)F$ 为

$$F_{\phi v} = -\frac{n}{m}\frac{r}{R}F \tag{7.10.10}$$

这样,利用式(7.10.6)~式(7.10.10),式(7.10.5)可以写成

$$\frac{\mathrm{d}\omega}{\mathrm{d}t} = -\frac{J}{m}\iint_a^\infty Fr^2\,\mathrm{d}r\,\mathrm{d}\theta \qquad (7.10.11)$$

其中,

$$J = \frac{m^2}{\int \rho r^3 \mathrm{d}r} + \frac{n^2}{R^2\int \rho r\,\mathrm{d}r} \qquad (7.10.12)$$

电流 $\tilde{j}$ 由安培定律给出,见式(6.8.5),类似地,$\tilde{B}_r$ 由式(6.8.4)给出。这样,代入式(7.10.8),有

$$F = -\frac{1}{\mu_0}\frac{1}{r}\frac{\partial \psi}{\partial \theta}\nabla^2\psi \qquad (7.10.13)$$

将式(7.10.13)代入式(7.10.11)中的积分,得到:

$$\iint_a^\infty Fr^2\,\mathrm{d}r\,\mathrm{d}\theta = -\frac{a}{\mu_0}\int\left(\frac{\partial \psi}{\partial \theta}\frac{\partial \psi}{\partial r}\right)_a\mathrm{d}\theta \qquad (7.10.14)$$

这个积分可以通过令

$$\psi = \mathrm{Re}(\hat{\psi}(r)\,\mathrm{e}^{im\theta})$$

(其中 $\hat{\psi}$ 是复数)来计算。于是式(7.10.14)变成

$$\iint_a^\infty Fr^2\,\mathrm{d}r\,\mathrm{d}\theta = \frac{a}{2\mu_0}\mathrm{Im}(\hat{\psi}^*\hat{\psi}')_a \qquad (7.10.15)$$

将式(7.10.15)代入式(7.10.11),得:

$$\frac{\mathrm{d}\omega}{\mathrm{d}t} = -\frac{aJ}{2\mu_0}\mathrm{Im}(\hat{\psi}^*\hat{\psi}')_a \qquad (7.10.16)$$

利用式(6.9.7)得到 ψ'/ψ,加上式(6.9.12),于是式(7.10.16)可以写成

$$\frac{\mathrm{d}\omega}{\mathrm{d}t} = -\frac{J}{\mu_0}\hat{\psi}_a^2\left(\frac{a}{b}\right)^{2m}\frac{\omega\tau_v}{1+\frac{1}{m^2}\left[1-\left(\frac{a}{b}\right)^{2m}\right]^2\omega^2\tau_v^2} \qquad (7.10.17)$$

其中,τ_v 是真空室的电阻时间常数,由式(6.9.13)给出。

一般来说,ω 随时间的变化关系取决于式(7.10.17)和 $\hat{\psi}_a(=aB_r(a)/m)$ 的增长方程。这种计算的结果如图 7.10.2 所示。然而,直接从式(7.10.17)就可以看出,在没有驱动项的时候,ω 将单调递减,如果 $\hat{\psi}_a$ 饱和,ω 最终会指数衰减直到零。

式(7.10.12)意味着 J 中的第一项占主导。这是因为这个力主要在极向,极向旋转的惯性远小于环向运动的惯性。然而,环效应会造成很强的极向阻尼机制,环向运动则没有这样的阻尼。而从实验结果来看,只保留 J 中的第二项更合适。该项的积分取决于被加速等离子体的径向范围。这个积分可以定域在由不稳定性形成的磁岛附近,或者通过黏滞性涉及绝大部分的等离子体。

预先存在的磁扰动,比如由小的磁场误差引起的磁扰动,对确定锁模过程的相位可能会起作用。例如,误差场会产生一个形如 $\beta\cos(\phi-\phi_0)$ 的力,其中 φ 是振荡的相位且 $\beta>0$,结果这个误差场就会使式(7.10.17)的小 ω 形式变换为

$$\frac{\mathrm{d}^2\phi}{\mathrm{d}t^2} = -\alpha\frac{\mathrm{d}\phi}{\mathrm{d}t} + \beta\cos(\phi-\phi_0) \qquad (7.10.18)$$

其中,ω 已经替换为 $\mathrm{d}\phi/\mathrm{d}t$。从式(7.10.18)可以看出,随着 $\mathrm{d}\phi/\mathrm{d}t \to 0$,最终锁定的相位将是 $\phi = \phi_0 + \pi/2$。

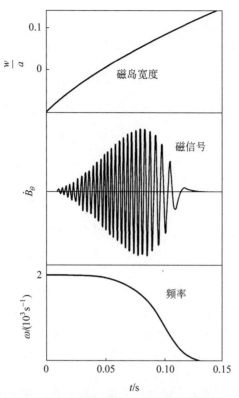

图 7.10.2 自洽计算给出的 $m = 2$ 撕裂模的增长和锁模

(Nave, M. F. F. and Wesson, J. A. *Nuclear Fusion* **30**,2575(1990))

7.11 误差场不稳定性

已经发现,磁场环向对称性的小偏差会导致 $m = 2$ 撕裂模的增长,并引发终止放电的大破裂。磁场的误差可能源于这么几个因素:①线圈的内部绕制结构;②线圈之间的连接;③线圈的安装偏差。虽然磁场的误差可以小到只有几高斯,但是事实证明,在某些情况下,这种误差仍然可能导致破裂。

线圈电流对称性的偏差引入了磁场的扰动分量。例如,励磁电流的非对称部分会对磁场产生 $m = 2$,$n = 1$ 的扰动。径向分量 $B_r(b)$ 为撕裂模方程(6.8.7)提供了在等离子体外部半径 b 位置上的一个非均匀边界条件。当给定了电流分布,这个方程的解能让我们根据 7.3 节描述的判据 $\Delta'(w) = 0$ 来计算饱和磁岛的宽度。

假设共振面外的等离子体电流可以忽略,这样就能对 Δ' 的修正量作简单的估计。式(6.8.7)的解为

$$\psi = \alpha r^{-m} + \psi_{\mathrm{es}}\left(\frac{r}{r_{\mathrm{s}}}\right)^m, \quad r > r_{\mathrm{s}}$$

其中第一项表示等离子体电流引起的扰动磁通,第二项是线圈中的误差电流引起的扰动磁

通。ψ_{es} 是共振面所在位置半径 r_s 处的误差分量的值。在该共振面上令 $\psi = \psi_s$，有

$$\psi = (\psi_s - \psi_{es})\left(\frac{r_s}{r}\right)^m + \psi_{es}\left(\frac{r}{r_s}\right)^m, \quad r > r_s$$

这样，误差场对 $(\psi'/\psi)_{r_s + \epsilon}$ 的贡献为 $2(m/r)\psi_{es}/\psi_s$。由于 $r < r_s$ 的解由边界条件 $\psi(0) = 0$ 决定，因此其形式不受误差场的影响，这样，得到的 Δ' 可以写成

$$\Delta' = \Delta'_0 + 2\frac{m}{r_s}\left(\frac{\psi_{es}}{\psi_s}\right) \qquad (7.11.1)$$

其中，Δ'_0 是没有误差场时 Δ' 的值。由于磁岛宽度 w 正比于 $\psi_s^{1/2}$，因此式(7.11.1)可以写成

$$\Delta' = \Delta'_0 + 2\frac{m}{r_s}\left(\frac{w_e}{w}\right)^2 \qquad (7.11.2)$$

其中，w_e 是仅由误差场引起的磁岛宽度，利用式(7.2.8)可以给出：

$$w_e = 4\left(\frac{q}{q'}\frac{\psi_e}{B_\theta}\right)^{1/2}_{r = r_s}$$

由 $\Delta'(w) = 0$ 可以估算出饱和磁岛的宽度，式(7.11.2)给出 w 的公式：

$$\Delta'_0(w) + 2\frac{m}{r_s}\left(\frac{w_e}{w}\right)^2 = 0$$

其中，Δ'_0 由方程(6.8.7)的解确定。

如果等离子体存在环向旋转(例如，由中性束引起)，那么可以预料，当旋转的角频率 ω 足够高并使得 $\omega\tau \gg 1$ 时，磁岛的尺寸会大幅度减小，其中 τ 是撕裂模磁岛的非线性增长时间。许多计算都预言了这种效应，而且实验上也观察到使等离子体旋转确实能够阻止原本可能会发生的破裂。

即使等离子体没有旋转，实验上也观察到撕裂模存在环向旋转，其转动频率一般在电子的逆磁漂移频率附近。对于非常小的误差场，这种旋转能够阻止大的磁岛增长，但是如果误差场高于临界水平，撕裂模就会被锁定在误差场的结构范围内，而磁岛就会增长到很大的尺寸。误差场的临界水平取决于等离子体密度。密度越高，允许的误差场就越大。

对反应堆来说，要求 $m = 2$ 的误差场很小，B_r 仅在高斯量级，这是非常困难的。如果在这种条件下误差场不稳定性始终存在，那么这种不稳定性就必须靠主动措施(例如，通过等离子体旋转或者反馈控制)来阻止。

很明显，饱和磁岛宽度不仅取决于误差场，而且取决于电流剖面带来的固有撕裂模的稳定性。要解释所观察到的行为，误差场就必须对内在撕裂模的作用有强的附加效应。就几种特殊情形做的计算一般对磁岛尺寸只是给出了小的误差场增大，因此使人难于理解这种小的调整是如何造成实验上观察到的大磁岛的增长乃至破裂的过程。但有一点是清楚的，那就是误差场应对此负责，因为减小误差场的大小就可以避免破裂。

7.12　垂直不稳定性

6.15 节讨论了拉长等离子体因整体的垂直位移而引起的不稳定性。由于这种不稳定性，具有拉长等离子体位形的托卡马克需要通过反馈控制来维持等离子体的垂直位置不变。但垂直不稳定性仍有可能发生，起因既可能是控制系统故障，也可能是破裂引起的整体扰动。在 JET 上，这种不稳定性的潜在威胁变得很清楚，它会给真空室施加几百吨的力。真

空室壁内感应出一个环向电流。对于这些小位移,环向磁通量不会被压缩,因为环向磁场不与等离子体关联。因此真空室壁内感生的极向电流很小。然而,对于实验上观察到的大的位移情形,等离子体与真空室有很大的接触。这时,被压缩在等离子体与真空室壁之间的环向场会在真空室上驱动起大的极向电流。由此产生的力可能超过环向电流产生的力。

图 7.12.1 展示了这种行为的几何关系。可以看到,外侧磁面与真空室在"晕"区相交。由于此时等离子体是冷的,因此此时没有压强梯度,并且晕内等离子体电流平行于磁场线流动。进入真空室后,电流回路由金属结构的电导决定。因此,这样产生的力对真空室内的其他组件是个威胁。

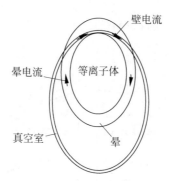

图 7.12.1　垂直不稳定性发生时等离子体与真空室之间相交的示意图
这种相互作用产生一个晕,它携带的晕电流流经真空室

在总的力平衡中,去稳的力源自极向场线圈电流与等离子体电流之间的相互作用。令这个力为 $F_{p,c}$。由于作用在等离子体上的合力必须为零,因此去稳的力必须被真空室电流作用于等离子体的力 $F_{p,v}$ 平衡。因此有

$$F_{\text{plasma}} = F_{p,c} + F_{p,v} = 0 \tag{7.12.1}$$

作用在真空室上的合力是来自等离子体的力 $-F_{p,v}$ 与来自线圈的力 $F_{v,c}$ 之和,由式(7.12.1)知,作用在真空室上的力为

$$F_{\text{vessel}} = F_{p,c} + F_{v,c} = -F_{\text{coils}} \tag{7.12.2}$$

从式(7.12.1)和式(7.12.2)可以看出,这个力通过等离子体从极向场线圈传递到真空室。

7.13　遍历性

当等离子体中出现具有给定螺旋度的不稳定性时,在任何一个与不稳定性共振的磁面上,磁场拓扑都将被改变。这种磁扰动会产生如 7.2 节所述的磁岛。

如果磁扰动不止一个螺旋度,那么在小振幅下,每个螺旋度都会在其共振面上产生窄的磁岛。虽然磁场拓扑变了,但是每个磁岛都有其对应的磁面,并且磁岛之间的间隙区域仍然保持着层状磁面。如果这种多螺旋度扰动的振幅增大,情况就会发生根本性改变。这时在分界面附近的磁场线不再位于磁面上。如果跟随一条磁场线去观察,就会发现它的轨迹依然保持在某个确定的区域中,但是可以在这整个区域中到处移动。经过足够长距离后,磁场线可以无限接近此区域内的任意一点。在极限情形下,这个磁场线"填满"了整个讨论的空间。磁场线的这种空间填充特性称为遍历性。

图 7.13.1 给出了这种行为的一个例子。在平板几何模型下,磁场为

$$B_x = B'_x y$$

$$B_z = B_0 = 常数$$

$$B_y = \hat{B}_y \left[\cos(k_z z + k_x x) + \cos(k_z z - k_x x) \right]$$

$$= 2\hat{B}_y \cos(k_z z)\cos(k_x x)$$

这是一个具有两个扰动的剪切磁场,而扰动磁场间存在一个夹角。这些扰动在以下磁面上共振:

$$y = \pm \frac{k_z}{k_x} \frac{B_0}{B'_x}$$

磁场在 z 方向上的分量是周期性的,周期长度为 $2\pi/k_z$。

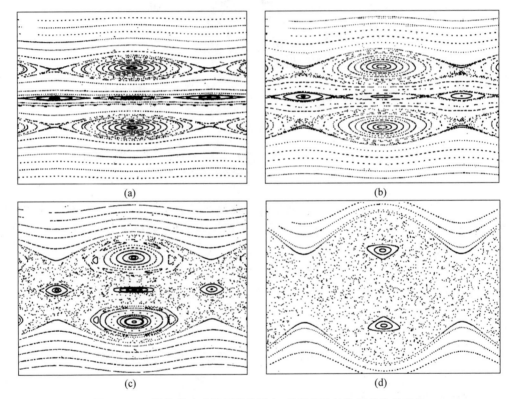

图 7.13.1   随着扰动磁场幅度的增大,磁场拓扑结构所发生的变化

磁场线的轨迹当然没有这种周期性。其轨迹由以下方程决定:

$$\frac{\mathrm{d}x}{\mathrm{d}z} = \frac{B_x}{B_z}, \qquad \frac{\mathrm{d}y}{\mathrm{d}z} = \frac{B_y}{B_z}$$

其 (x,y) 位置可以在周期平面 $z = n(2\pi/k_z)$,$n = 1,2,\cdots$ 上画出(在类似的托卡马克问题中,这些平面将是 $\varphi = $ 常数的单一平面)。图 7.13.1 给出了四种扰动水平下的这种轨迹图。在图 7.13.1(a)中,扰动振幅 $\hat{B}_y$ 正好使得磁岛宽度等于共振面间距离的 1/2。图 7.13.1(b)~(d)的扰动分别是这个值的 2 倍、3 倍和 10 倍。

在图 7.13.1(a)中,两组磁岛的弦线很清晰地分开,磁场线描绘出层状磁面。在图 7.13.1(b)中,分离面附近的区域是遍历性的。在图 7.13.1(c)和图 7.13.1(d)中,遍历

性区域覆盖了初始共振磁面之间的很大一部分体积,并且磁场线将两组磁面连接起来。

遍历性区域能连接起来的基本条件是磁岛宽度变得与磁岛间距可比,这称为磁岛重叠。如果该区域包含很多磁面,那么磁场线的行为就会变得越来越随机,对此可以用磁场线的扩散来描述。当然,在实验中想直接观察到这种行为是困难的,但目前受到广泛认可的观点是它在等离子体的增强输运行为中起重要作用。

图 7.13.2 阐明了 MHD 扰动对托卡马克磁场的影响。这两部分展示了计算给出的大量磁场线在给定极向平面上的交点。在图 7.13.2(a)中,扰动使单一的嵌套结构破缺,产生磁岛;在图 7.13.2(b)中,更强的扰动产生大的遍历性区域,在发生破裂期间可能就经历这个过程。

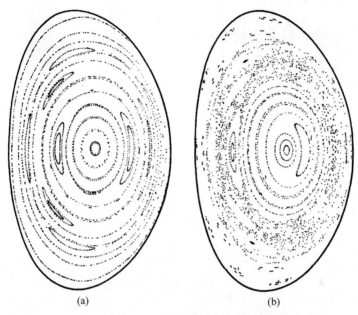

(a)　　　　　　　　　　　　(b)

图 7.13.2　托卡马克中在选定的极向平面上所计算的磁场线的交点
(a) MHD 扰动产生的磁岛;(b) 更强的扰动造成大的遍历性区域

7.14　鱼骨不稳定性

研究发现,在一定条件下,用来加热等离子体的高能中性束注入会引起一种不稳定性,并伴有能量损失。多种诊断都明显地观察到这种不稳定性。图 7.14.1(a)展示了叠加在普通锯齿振荡上的软 X 射线辐射的爆发,图 7.14.1(b)和图 7.14.1(c)展示了爆发期间观察到的磁振荡。鉴于这些振荡的形状酷似鱼骨,故这种不稳定性被命名为鱼骨不稳定性。

鱼骨不稳定性似乎是由注入粒子与 $m=1, n=1$ 的 MHD 扰动间的相互作用引起的。这种相互作用可表征为共振型的逆朗道阻尼。这类共振发生在不稳定性的环向波速与俘获粒子感受到的环向漂移之间,这里被俘获的高能粒子来自注入束。粒子要被俘获,要求其速度必须足够垂直于磁场,因此对于平行于磁场的中性束注入,不会发生鱼骨不稳定性。

最容易看到的环向漂移是俘获粒子的香蕉轨道漂移。在每个接续的反射点,香蕉轨道都在环向上漂移过一定距离。考虑 $v_\perp \gg v_\parallel$ 的强俘获粒子,其垂直漂移速度 $v_d = \dfrac{1}{2} v_\perp^2 / (\omega_c R)$

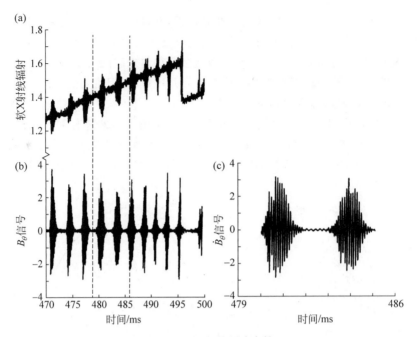

图 7.14.1 鱼骨不稳定性

(a) 软 X 射线辐射;(b) 极向磁场涨落;(c) 上述涨落的放大图(McGuire, K. *et al*. *Physical Review Letters* **50**, 891 (1983))

由式(3.10.6)给出,它在满足 $r\Delta\theta=v_{\rm d}\tau_{\rm b}$ 的两个反射点之间产生一个极向位移,其中 $\tau_{\rm b}$ 是反弹周期。由于 $\mathrm{d}\phi/\mathrm{d}\theta=q$,两反射点之间相应的环向位移为 $R\Delta\phi=(qv_{\rm d}R/r)\tau_{\rm b}$。因此香蕉轨道 $R\Delta\phi/\tau_{\rm b}$ 的环向漂移速度为

$$v_{\rm d\phi}=\frac{qv_{\perp}^{2}}{2\omega_{\rm c}r}$$

对于不是强俘获的粒子,其表达式会更复杂。

从稳定性分析可得到 ω 的色散关系的形式为

$$-\frac{\mathrm{i}\omega}{\omega_{\rm A}}+\delta\widetilde{W}_{\rm p}+\omega\int\frac{\phi(\omega,\boldsymbol{v},r)}{\omega_{\rm d}-\omega}\frac{\partial f}{\partial r}\mathrm{d}^{3}v\,\mathrm{d}r=0 \tag{7.14.1}$$

其中,$\omega_{\rm A}=(B_{\Phi}/R)/(\mu_{0}\rho)^{1/2}$,$\delta\widetilde{W}_{\rm p}$ 是归一化等离子体 MHD 势能的变化。最后一项来自俘获粒子的贡献。不稳定性由 $\partial f/\partial r$(快粒子分布函数的径向梯度)驱动。速度空间积分在满足 $\omega=\omega_{\rm d}(v_{\perp})$ 的速度值处有共振,其中 $\omega_{\rm d}=v_{\rm d\phi}/R$。

式(7.14.1)的前两项描述的是 $m=1$ 的内扭曲模。新加入的项引入了色散关系的一个新的根。与这个根相关联的不稳定性要求俘获粒子有足够高的能量密度。这个能量由这些俘获粒子的有效 β 值——$\beta_{\rm h}$——来度量。精确的稳定性条件取决于快粒子的分布函数,但是对一些具体情形,可以找到近似解。对于以特定能量注入并伴有相应慢化的快粒子稳态分布函数,其色散关系的形式为

$$-\frac{\mathrm{i}\omega}{\omega_{\rm A}}+\delta\widetilde{W}_{\rm p}+\alpha\beta_{\rm h}\frac{\omega}{\omega_{\rm dm}}\ln\left(1-\frac{\omega_{\rm dm}}{\omega}\right)=0 \tag{7.14.2}$$

其中,α 是量级为 1 的量,$\omega_{\rm dm}$ 是注入时 $\omega_{\rm d}$ 的值。

对于临界不稳定性的情形,ω 是实的,式(7.14.2)的虚部给出产生鱼骨不稳定性的 $\beta_{\rm h}$ 临界值。我们还记得,对于实的 x,$\ln x=\ln|x|+\pi\mathrm{i}$,不稳定性判据为

$$\beta_{\mathrm{h}} > \frac{\omega_{\mathrm{dm}}}{\alpha \,\pi \omega_{\mathrm{A}}} \tag{7.14.3}$$

对于临界 MHD 稳定性情形,即 $\delta \widetilde{W}_{\mathrm{p}} = 0$ 的情形,求解式(7.14.2)得到:

$$\frac{\omega}{\omega_{\mathrm{dm}}} = \frac{1}{2} \left[1 + \frac{i}{\tan(\omega_{\mathrm{dm}}/2\alpha\beta_{\mathrm{h}}\omega_{\mathrm{A}})} \right] \tag{7.14.4}$$

式(7.14.4)示证了不稳定性判据(7.14.3),即当 $\omega_i > 0$ 时,不稳定性发生。式(7.14.4)还给出了不稳定性的实频率,它等于注入离子环向漂移频率的 $1/2$。

更一般的色散关系的形式为

$$-\frac{i\left[\omega(\omega - \omega_{*i})\right]^{1/2}}{\omega_{\mathrm{A}}} + \delta \widetilde{W}_{\mathrm{p}} + \delta \widetilde{W}_{\mathrm{k}} = 0 \tag{7.14.5}$$

其中,逆磁频率 ω_{*i} 来自于等离子体离子的有限拉莫尔半径效应,$\delta \widetilde{W}_{\mathrm{k}}$ 表示快离子的贡献。这样,根据具体情况,可以出现一系列频率从 ω_{d} 到 ω_{*i} 的不稳定性。

快离子的存在和式(7.14.5)中对应的项也使得原本在某些情况下不稳定的 $m=1$ 模可以被稳定。在 JET 上的 ICRH 加热期间,已经观察到了这种稳定性。其表现形式就是所谓的巨锯齿(在 12.3 节有叙述)。式(7.14.5)预言的稳定性边界的大体特征在某种典型条件下可如图 7.14.2 所示。

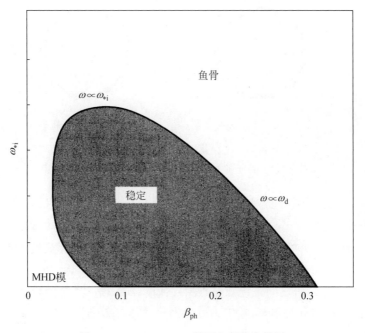

图 7.14.2　$(\omega_{*i}, \beta_{\mathrm{ph}})$ 平面上的稳定性图

其中 β_{ph} 是热粒子的极向 β。在稳定区之外,既有鱼骨不稳定性(实频),也有 MHD 性质的 $m=1$ 扭曲模(出现在小 β_{ph} 的情形下)(Coppi, B. *et al.*,*Physical Review Letters* **63**,2733 (1989))

7.15　阿尔文不稳定性

阿尔文不稳定性在有 ICRH 或 NBI 辅助加热的托卡马克中都可以观察到。它们被视为高频扰动,具有典型的环向阿尔文本征模(TAE)频率 $f \approx V_{\mathrm{A}}/(4\pi q R_0)$。在目前的托卡马

克中,这个频率在 $100\sim200\,\mathrm{kHz}$。还可以观察到椭圆阿尔文本征模和阿尔文级联本征模,前者的频率为 TAE 的两倍,后者的频率低于 TAE 的频率。在这类不稳定性的线性阶段,所有这些模都有离散的频谱。这些模可以容易地由高采样率的外部磁探针线圈检测到,也可以通过反射计、电子回旋辐射及干涉测量等手段来探测。

阿尔文不稳定性是由快粒子的径向压强梯度驱动的,这些粒子具有高到足以与阿尔文波发生共振的能量。如果没有这些快粒子,这些模都是稳定的理想磁流体波。这些模都有垂直于平衡磁场 $\boldsymbol{B}$ 的扰动电场分量 $\delta\boldsymbol{E}_\perp$ 和磁场分量 $\delta\boldsymbol{B}_\perp$,但它们没有平行电场分量或磁场分量。最常观察到的 TAE 模的径向结构在安全因子为

$$q(r) = \frac{m+1/2}{n} \tag{7.15.1}$$

的有理磁面附近达到峰值,其中 m 和 n 分别是极向模数和环向模数。存在快离子时,TAE 的垂直电场分量 $\delta E_\perp$ 与这些粒子相互作用,这是因为在环位形下,这些离子经受了磁场曲率和 $\boldsymbol{\nabla}B$ 漂移而横越磁场。高能离子的漂移面偏离 TAE 模所附磁面,图 7.15.1 给出了通行高能离子和俘获高能离子的示意图。

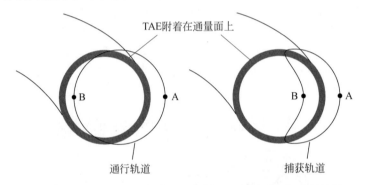

图 7.15.1 环向阿尔文模附着在磁面上,而共振离子(通行粒子如左图,俘获粒子如右图)会经历一个穿过模结构的漂移

由图 7.15.1 可见,当粒子穿过模的径向结构从 A 点运动到 B 点时,波与带电粒子会发生能量交换,获得或失去能量 $-e_\mathrm{h}\Delta\varphi$,其中 $\varphi(r)$ 是与模相关的静电势,而 $\Delta\phi = \phi(r_\mathrm{A}) - \phi(r_\mathrm{B})$,$e_\mathrm{h}$ 是快离子的电荷,用下标"h"(对热离子)标示。在导心近似下,从离子到模的能量转移 P_h 为

$$P_\mathrm{h} = -e_\mathrm{h}\boldsymbol{v}_\mathrm{d}\cdot\delta\boldsymbol{E}_\perp \tag{7.15.2}$$

其中,$\boldsymbol{v}_\mathrm{d}$ 是由式(2.6.9)给出的未扰动导心漂移速度,$\delta\boldsymbol{E}_\perp$ 是 TAE 的扰动电场。

对于完整的快离子分布函数,粒子到波的能量转移可表示为

$$P_\mathrm{h} = \iint (-e_\mathrm{h}\boldsymbol{v}_\mathrm{d}\cdot\delta\boldsymbol{E}_\perp)\,f_\mathrm{h}\mathrm{d}^3\boldsymbol{v}\mathrm{d}^3x \tag{7.15.3}$$

其中,f_h 是热离子的线性扰动分布函数。对能量转移的最大贡献来自于满足波-粒共振 $\omega_0 - n\omega_\varphi - l\omega_\vartheta = 0$ 的离子,其中,

$$\omega_0 \approx \frac{V_\mathrm{A}}{2qR_0} \tag{7.15.4}$$

是 TAE 的实频,ω_φ 和 ω_ϑ 分别是快离子的环向和极向轨道频率,n 和 l 是整数。当快粒子分布函数存在梯度 $\partial f_0/\partial r$ 和 $\partial f_0/\partial E$ 时,从式(7.15.3)可给出归一化增长率 γ 的表达式:

$$\frac{\gamma}{\omega_0} = \frac{P_h}{2W_{TAE}} \approx \beta_h \left(\frac{\omega_{*h}}{\omega_0} - 1 \right) F \left(\frac{V_A}{V_h} \right) \qquad (7.15.5)$$

其中，

$$\omega_{*h} = -\frac{m}{r} \frac{T_h}{e_h B} \frac{\mathrm{d}\ln p_h}{\mathrm{d}r} \qquad (7.15.6)$$

是快离子的逆磁频率，β_h，p_h 和 T_h 分别是快离子的 β 值、压强和温度，W_{TAE} 是模的波能，$F(V_A/V_h)$ 取决于快粒子分布函数的类型及阿尔文速度 V_A 与快离子平均速度 V_h 之比。

　　如果快粒子的径向梯度高到足以满足 $\omega_{*h}/\omega_0 > 1$，则从快粒子转移到模的净能量为正。如果快粒子引起的增长率由式(7.15.5)给出，则模的幅度增加就会超过由热等离子体而导致的阻尼。不稳定性的非线性演化将使得快离子分布函数在径向变平。

　　在非线性阶段，阿尔文不稳定性可能会饱和，但这只是几种可能性中的一种。超过激发阈值时，快粒子所驱动模的非线性演化会显示出多种多样的模式。以 JET 等离子体中的 TAE 不稳定性为例，它在 ICRH 功率逐渐增大时的表现可以说明上面的现象。图 7.15.2 展示了这种扰动的极向磁场。

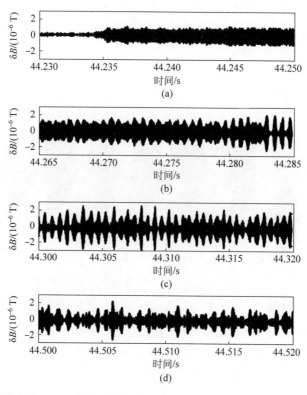

图 7.15.2　通过逐渐增大的 ICRH 功率，由被 ICRH 加速的离子所驱动的 TAE 不稳定性表现出稳态、周期性调制和混沌的模式(Heeter, R. F. *et al. Physical Review Letters* **85**, 3177 (2000))

　　图 7.15.2(a)展示了饱和振荡，其振幅的变化为 $\exp(-\mathrm{i}\omega_0 t)$。随着 ICRH 功率的增加，扰动表现为其包络的周期性调制，形式为 $\exp(-\mathrm{i}\omega_0 t) \cdot \exp(-\mathrm{i}\Omega t)$，且 $\Omega \ll \omega_0$，如图 7.15.2(b)所示。在图 7.15.2(c)中，随着 ICRH 功率更高，振幅调制的大小变得与振幅本身可比。在图 7.15.2(d)中，不稳定性包络呈现出无规律的演化。图 7.15.3 展示了图 7.15.2 中所示磁扰动的傅里叶频谱图。

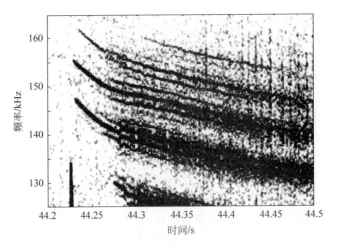

图 7.15.3　图 7.15.2 中所给磁振荡的傅里叶分解频谱图

灰度表明磁扰动的大小。随时间演化,该图展示了稳态、周期性调制(分叉)和混沌三种模式(Heeter, R. F. *et al*. *Physical Review Letters* **85**,3177(2000))

除了上面描述的行为,还观察到不稳定性的阵发模式。阵发模式给出模幅度的鱼骨型爆发。图 7.15.4 展示了取自 MAST 实验的一个例子。

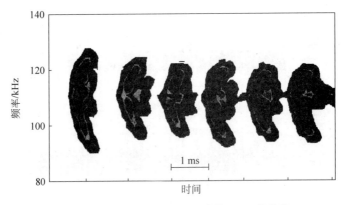

图 7.15.4　MAST 中 NBI 驱动的 TAE 的阵发

(Pinches, S. D. *et al*.,*Plasma Physics Controlled Fusion* **46**,S47(2004))

在理想磁流体中,磁扰动不引起磁场拓扑的变化。然而,有限振幅的不稳定性确实会引起与这种模共振的快离子的漂移面拓扑结构的变化。在有限模振幅的情形下,这些漂移轨道形成漂移磁岛,并且在高振幅磁扰动时变得随机,如图 7.15.5 所示。

对于当前的托卡马克,阿尔文不稳定性通常在低振幅时就饱和了,不会造成严重问题。模的饱和是由快粒子的径向重新分布造成的,即倾向于形成一个带平台($\partial f_0 / \partial r \rightarrow 0$)的分布函数。然而,在反应堆规模下,阿尔文不稳定性的影响可能会变得重要,因为燃烧的 DT 等离子体中的 α 粒子具有 3.52 MeV 的初始能量,相当于超阿尔文速度,具有引起不稳定性和约束损失的潜在可能。

7.15.1　阿尔文级联

在 2.24 节描述剪切阿尔文波时,假设了一个均匀等离子体。在空间非均匀的托卡马克

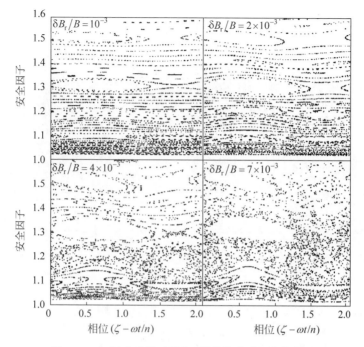

图 7.15.5　随着磁扰动增加, 漂移轨道随机性的发展

ω 是 TAE 频率, n 是环向模数, ζ 是环向角, $\delta B_r/B$ 是 TAE 扰动径向磁场的归一化振幅(Appel, L. C. *et al.*, *Nucl. Fusion* **35**, 1697 (1995))

等离子体中, 由于有 $V_A = V_A(r)$ 和 $k_{/\!/} = k_{/\!/}(r) = (m - nq(r))/(R_0 q(r))$, 这时剪切阿尔文波的频率 $\omega_A(r) = k_{/\!/}(r) V_A(r)$ 是随半径变化的。在这样的空间非均匀等离子体中, 一个沿径向伸展的剪切阿尔文波的波包只具有有限的寿命(也可以理解为被阻尼), 这是因为波包中各个不同半径处的"切片"将以不同的速度沿不同的 $B(r)$ 方向传播。随着时间增加, 具有相同速度和传播方向的局域阿尔文波"切片"将沿径向变得更薄并且进入短波长区域(即 $k_r \to \infty$), 然后由于有限拉莫尔半径效应造成的径向群速度, 它们在这里被带走。波包的寿命 τ 反比于局域阿尔文频率 $\omega_A(r)$ 的径向梯度:

$$\tau \propto \left| \frac{\mathrm{d}\omega_A(r)}{\mathrm{d}r} \right|^{-1} = \left| \frac{\mathrm{d}}{\mathrm{d}r} k_{/\!/}(r) \cdot V_A(r) \right|^{-1}$$

如果波包位于 $\omega_A(r)$ 的极值点附近, 则其寿命会增加:

$$\frac{\mathrm{d}}{\mathrm{d}r} \omega_A(r) \bigg|_{r=r_0} = 0$$

阿尔文级联(AC)模是一种剪切阿尔文扰动, 存在于具有非单调安全因子剖面的托卡马克等离子体中, 并位于与安全因子 $q(r)$ 的极小值相关的阿尔文连续谱的极值点附近。阿尔文级联模通过与快粒子相互作用被驱动得不稳定, 并通常在低于环向阿尔文本征模(TAE)频率处被观察到。随着安全因子 q 随时间变化, 阿尔文级联典型地表现出主要是向上扫频的准周期模, 如图 7.15.6 所示。

在低压等离子体中, 阿尔文级联频率 $\omega_{AC}(t)$ 简单地遵循剪切阿尔文波在零剪切点的局域色散关系:

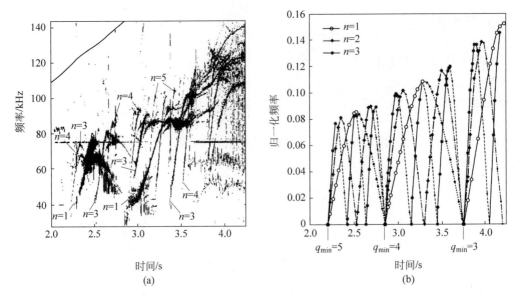

图 7.15.6　(a) JET 上,在非单调 $q(r)$ 的等离子体中,由外部米尔诺夫线圈阵列测得的磁扰动频谱(在低于 TAE 频率的频区 $f_{AC} \cong 30 \sim 100\,kHz < f_{TAE}$ 内,观察到从 $n=1$ 到 $n=5$ 的多个阿尔文级联分支。左上角的实线表示等离子体电流在增加);(b) 在 $q=q_{min}$ 位置上,随着 $q_{min}(t)$ 随时间减小,归一化频率 $\omega_A(r_0) R_0 / V_A$ 的时间演化(实线表示阿尔文连续谱的局部极大值出现的时刻,虚线表示阿尔文连续谱的局部极小值出现的时刻)(Sharapov, S. E. *et al.*, *Phys. Plasmas* **9**, 2027(2002))

$$\omega_{AC}(t) \approx \frac{V_A(r_0)}{R_0} \left| \frac{m}{q_{min}(t)} - n \right| \tag{7.15.7}$$

其中,n 和 m 分别是环向和极向模数,R 是大半径,$q_{min} = q(r=r_0)$ 是安全因子的最小值,$V_A(r_0)$ 是 $r=r_0$ 处的阿尔文速度。式(7.15.7)的右边是利用剪切阿尔文连续谱的表达式

$$\omega_A(r,t) = |k_{//m}(r,t) V_A(r,t)|$$

在 $r=r_0$ 的零剪切点处和阿尔文连续谱的"尖顶"($d\omega_A/dr|_{r=r_0} = 0$)处估算出来的。除非 $q_{min}(t)$ 正好位于 $q_{TAE} = (2m+1)/(2n)$ 附近,否则每个阿尔文级联模都包含一个主要的极向傅里叶分量。当 $q_{min}(t)$ 随时间趋近 q_{TAE} 时,环效应引起的耦合会对色散关系(式(7.15.7))做修正,并且将模结构改变成两个可比的谐波(m 和 $m-1$)的叠加。在图 7.15.6(a)中,这种转变表现为 TAE 间隙(在最高 AC 频率处)附近谱线的弯曲。图 7.15.6(b)展示了由式(7.15.7)给出的环位形下环向模数分别为 $n=1,2,3$ 的模频率的时间演化,其中 TAE 间隙禁止频率增长到 $\omega_{TAE} \approx V_A/(2q_{min}R)$ 以上。

　　$q_{min}(t)$ 与阿尔文级联频率之间的这种坚挺关系使得阿尔文级联成为测量安全因子 $q_{min}(t)$ 时间演化的一种非常方便的诊断工具,因为级联的本征频率 ω_{AC} 按

$$\frac{d}{dt}\omega_{AC}(t) \approx m \frac{V_A}{R_0} \frac{d}{dt} q_{min}^{-1}(t) \tag{7.15.8}$$

跟随 $q_{min}(t)$ 的演化。从观测到的阿尔文级联来确定 $q_{min}(t)$ 的诊断技术总是被用来促进内部输运垒的产生(见 10.2 节)。

7.16　MARFE

MARFE 是一种辐射不稳定性,在托卡马克中表现为一种环向对称的增强辐射环。它通常发生在环的内侧,但也会出现在偏滤器位形的 X 点附近。其深层次的起因是:先是由不稳定性使等离子体因向周围辐射而局部致冷,然后又因变冷的等离子体本身导致辐射增强,从而进一步被冷却。

这个过程中的主要因素是随温度降低而增强的杂质线辐射。低 Z 杂质(如碳和氧)的日冕辐射就是这样的一个例子,如图 4.26.1 所示。可以看到,在 $10 \sim 40$ eV 的温度范围内,辐射功率能够增强几个量级。引起这种不稳定性的第二个原因是为了维持沿磁场方向的压强平衡,等离子体将流入 MARFE 区域,由此增大了密度,从而增强了辐射。另外一个参与MARFE 区热平衡过程的效应是热传导,这里既包括平行方向的热传导也包括垂直方向的热传导。图 7.16.1 说明了这种几何关系。

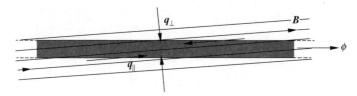

图 7.16.1　阴影所示的 MARFE 区域因辐射而冷却,但通过致稳的垂直和平行热流而被加热

描述这种行为的基本方程是能量平衡方程:

$$\frac{\partial}{\partial t}(3nT) = \boldsymbol{\nabla} \cdot K\boldsymbol{\nabla}T - P_R \tag{7.16.1}$$

其中,K 是热导率,P_R 是辐射功率密度。其稳定性可通过下述方法来确定:将该方程及描述等离子体动力学的方程一起线性化,然后求解这些方程组来确定时间导数的符号。这个进程可通过寻找临界稳定性条件而被简化,即令式(7.16.1)右边等于零,有

$$\frac{\partial}{\partial x}K_\perp \frac{\partial T}{\partial x} + \frac{\partial}{\partial z}K_{/\!/} \frac{\partial T}{\partial z} = n_i n_e R(T) \tag{7.16.2}$$

在式(7.16.2)中,x 是垂直于磁场的坐标,z 是沿磁场的坐标,n_i 是杂质密度,R 是辐射函数(这里仅取为温度的函数)。对于 MARFE,x 是径向坐标。沿磁场的傅里叶分量具有形式 $e^{ik_{/\!/}z}$,其中周期性 $k_{/\!/} = 1/(Rq)$。因此,对式(7.16.2)线性化并用波浪号标记线性部分,得:

$$k_\perp \frac{\mathrm{d}^2 \widetilde{T}}{\mathrm{d}x^2} - k_{/\!/}^2 K_{/\!/} \widetilde{T} = \bar{n}_i n_e R(T) + n_i \bar{n}_e R(T) + n_i n_e \widetilde{R}(T) \tag{7.16.3}$$

当处在临界稳定性时,应存在沿磁场线的压强平衡,故 $\bar{n}_e$ 由以下方程决定:

$$\bar{n}_e T + n_e \widetilde{T} = 0 \tag{7.16.4}$$

详细的计算需要知道 $\bar{n}_i$,但就目前的目的而言,取下述关系就已足够:

$$\frac{\bar{n}_i}{n_i} = \frac{\bar{n}_e}{n_e} \tag{7.16.5}$$

由此,将式(7.16.4)和式(7.16.5)代入式(7.16.3),得到支配稳定性的方程:

$$k_\perp \frac{\mathrm{d}^2 \widetilde{T}}{\mathrm{d}x^2} = \left[k_{/\!/}^2 K_{/\!/} - n_i n_e \left(2\frac{R}{T} - \frac{\mathrm{d}R}{\mathrm{d}T} \right) \right] \widetilde{T}$$

其中最后两项可以合并给出:

$$k_\perp \frac{\mathrm{d}^2 \widetilde{T}}{\mathrm{d}x^2} = \left[k_\parallel^2 K_\parallel - n_i n_e T^2 \frac{\mathrm{d}}{\mathrm{d}T}\left(\frac{R}{T^2}\right) \right] \widetilde{T} \tag{7.16.6}$$

从最后一项可以看出,密度扰动效应可以有效地增强辐射对温度的依赖性。

式(7.16.6)在给定具体参数后就可以容易地求解,但通过一个简单模型可以提取出其解的某些基本特征。为此,在整个 $\mathrm{d}(R/T^2)/\mathrm{d}T < 0$ 区,令方程右边 $\widetilde{T}$ 的系数为常数,并认为解在该区域外为小量。取这一区域的宽度为 Δ,这样便可给出不稳定性的大致条件:

$$-n_i n_e T^2 \frac{\mathrm{d}}{\mathrm{d}T}\left(\frac{R}{T^2}\right) > \frac{\pi^2}{\Delta^2} K_\perp + k_\parallel^2 K_\parallel \tag{7.16.7}$$

式(7.16.7)的每一项都有一个对温度敏感的参数。对于低 Z 杂质,在几十电子伏的温度范围内,辐射项会有几个量级的变化。垂直热传导按 $1/\Delta^2$ 变化,Δ 部分地由强辐射区域的宽度决定,这反过来又取决于温度梯度。最后一项平行热传导也对温度敏感,这是由于 $K_\parallel$ 正比于 $T_e^{5/2}$。由于这些敏感性,加上在输运项和辐射取日冕或非日冕形式上的不确定性,因此稳定性的精确计算是不可能的。然而,为了从中得到一些启发并确定其总体合理性,可以做出一些简单的假设来估计稳定性判据中各项的大小。

由于垂直热传导是反常的,故 $K_\perp$ 的值不确定。但利用 $K_\perp = n\chi_\perp$ 及典型测量值 $n \approx 3 \times 10^{19} \ \mathrm{m}^{-3}$ 和 $\chi_\perp \approx 3 \ \mathrm{m}^2 \cdot \mathrm{s}^{-1}$ 可以给出 $K_\perp \approx 10^{20} \ \mathrm{m}^{-1} \cdot \mathrm{s}^{-1}$,故不等式(7.16.7)右边的第一项为

$$\frac{\pi^2}{\Delta^2} K_\perp \approx \frac{10^{21}}{\Delta^2} \ \mathrm{m}^{-3} \cdot \mathrm{s}^{-1} \tag{7.16.8}$$

平行热导率由式(2.23.9)给出,取 $\ln\Lambda = 12$ 及以 eV 为单位的温度,有

$$K_\parallel = 1.6 \times 10^{22} T_{eV}^{5/2} \ (\mathrm{m}^{-1} \cdot \mathrm{s}^{-1}) \tag{7.16.9}$$

对于大型托卡马克,$k_\parallel \approx 0.1 \ \mathrm{m}^{-1} \cdot \mathrm{s}^{-1}$,所以有

$$k_\parallel^2 K_\parallel \approx 10^{20} T_{eV}^{5/2} \ (\mathrm{m}^{-3} \cdot \mathrm{s}^{-1})$$

比较式(7.16.8)和式(7.16.9)后可以看出,当 $\Delta \leqslant 3/T_{eV}^{5/4} \ (\mathrm{m})$ 时,在不等式(7.16.7)右边垂直热传导起主要作用。

利用图 4.26.1 中碳的日冕辐射曲线,可以估计不等式(7.16.7)的辐射项,当取典型值 $n = 3 \times 10^{19} \ \mathrm{m}^{-3}$ 和 $T \approx 20 \ \mathrm{eV}$ 时,有

$$-n_i n_e T^2 \frac{\mathrm{d}}{\mathrm{d}T}\left(\frac{R}{T^2}\right) \approx 10^{25} f \quad \mathrm{m}^{-3} \cdot \mathrm{s}^{-1} \tag{7.16.10}$$

其中,f 是杂质占比 n_i/n_e。令垂直热传导为主,并比较式(7.16.8)和式(7.16.10),可以看到,在这些假设下,不稳定性发生的条件是

$$f \geqslant \frac{1}{\Delta^2}$$

其中,Δ 以 cm 为单位。所以 10% 的杂质水平就可以维持宽度超过 3 cm 的 MARFE。

7.17 边缘局域模

在 ASDEX 托卡马克运行时发现的 H 模常伴随着观察到一种新的边缘局域模(ELM)不稳定性的短爆发。这些阵发是由磁探针线圈和软 X 射线二极管测得的,随后也在其他托

卡马克中与 H 模相关联地被发现。

　　在 H 模运行中,一个输运垒在等离子体边界形成,这导致边缘区的压强梯度和电流密度梯度变陡,正是这些梯度引发了不稳定性。不稳定性的每一次爆发都会造成等离子体外区的密度和温度的一次降低,这种周期性行为构成了一种弛豫振荡。这时在整个等离子体半径上也都观察到密度和温度的下降。这样,通过使输运垒的时间平均值降低,边缘局域模使得约束有一定程度的退化。图 7.17.1 给出了 JET 等离子体中 ELM 对密度、温度和压强的影响的一个例子。

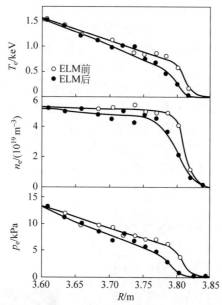

图 7.17.1　JET 上 ELM 导致的电子温度、密度和压强的降低
(Alfier, A. *et al*. *Nuclear Fusion* **48**,115006 (2008))

　　每一个 ELM 都伴有 H_α 辐射的爆发,这是由不稳定性导致氢原子从材料表面回流到等离子体中造成的。图 7.17.2 展示了 ASDEX 上中性束注入条件下两次放电中这种 H_α 的爆发。在第一种情形下,每一次爆发都持续一段时间。在第二种情形下,H_α 呈单个脉冲并且幅度更大,因此被称为"巨型"ELM。两种情形都看到伴有对电子密度增长的限制。

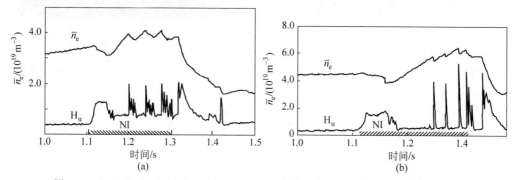

图 7.17.2　ASDEX 上,在中性束注入条件下,H 模期间 H_α 辐射所展示的 ELM 活动
(a) 连续爆发;(b) 分开的大 ELM 事件
图中同时展示了电子密度对其的响应(ASDEX Team, *Nuclear Fusion* **29**,1959 (1989))

存在不同类型的边缘局域模。最初根据它们的宏观特征分成三种类型。

（1）Ⅰ型 ELM：巨型 ELM。这类 ELM 特别危险，因为它伴随着大的热损失脉冲，使得偏滤器靶板上的高热负荷超出材料耐受极限。

（2）Ⅱ型 ELM：中等程度的 ELM，它没有Ⅰ型的热脉冲，且通常不会引起总约束的严重恶化。然而，这类 ELM 只发生在受到限制的运行空间内。

（3）Ⅲ型 ELM：连续的小幅度 ELM，因为它们出现的频率很高，所以这类 ELM 会造成约束的严重恶化。

由于对 ELM 尚缺乏充分理解，因此其"类型"还在增加。

图 7.17.3 展示了在 MAST 上的实验中，随着中性束功率的增加，在 D_α 辐射中见到的边缘局域模性质的变化过程。随着功率的增加，ELM 从小的重复性的Ⅲ型 ELM 连续地变为低频大幅度的Ⅰ型 ELM。

图 7.17.4 展示的 ASDEX 两次放电结果则给出了另一个特征：一次有 ELM，另一次没有。在有 ELM 的放电中，可以再次看到 ELM 对密度的限制。在无 ELM 的放电中则看到，随着 n_e 的连续增加，铁杂质的线辐射也随之增大。从与总辐射行为的对比中也可以看出，杂质水平的增加也很显著。研究普遍发现，无 ELM 的 H 模常导致杂质积累，而在有 ELM 的等离子体中，杂质水平的降低与约束性能的下降是相互制衡（效应背反）的。

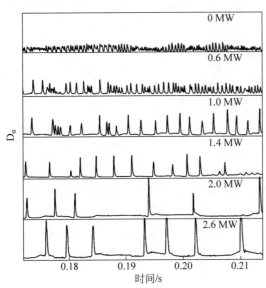

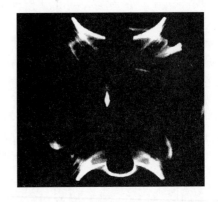

图 7.17.3　在 MAST 上，随着中性束功率从 0 增加到 2.6 MW，ELM 模式的变化（Kirk, A. *et al. Plasma Physics and Controlled Fusion* **46**，551（2004））

图 7.17.4　有和无 ELM 的放电
图中展示了在无 ELM 时，电子密度和杂质的积累的增加。注意：有 ELM 时对铁辐射线信号水平做了放大（ASDEX Team，*Nuclear Fusion* **29**，1959（1989））

对 ELM 的解释目前尚不明了。如果说，H 模中边缘梯度增大导致了不稳定性，这也许并不令人意外，但是尚无对不稳定性是何种类型的明确识别。磁扰动的证据表明 ELM 有 MHD 的起源。其他有可能候补的不稳定性包括撕裂模或由电流梯度驱动的理想表面模，以及由压强梯度驱动的气球模。所观察到的模数（n 通常约为 10）与气球模的解释一致。

在等离子体边缘要想知道电流梯度非常困难,但压强梯度的测量已实现,其迹象是压强梯度处于气球模所需的量级。有人提出,在弛豫振荡周期内,存在从电流驱动模到压强驱动的气球模的转换。

高速摄影已经澄清了 ELM 的一个特点。图 7.17.5 展示了一幅在 MAST 上出现 ELM 期间拍摄的照片。可以看到,等离子体以细丝状从主等离子体区中被逐出。

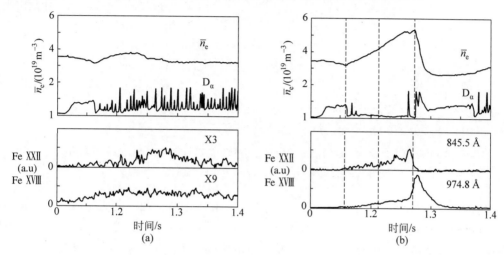

图 7.17.5　MAST 中 ELM 期间的等离子体的照片

(a) 有 ELMs;(b) 没有 ELMs(Kirk, A. *et al. Plasma Physics and Controlled Fusion* **49**, 1259 (2007))

ELM 给托卡马克带来了严重的问题。H 模提供的约束全面改善只能在 I 型 ELM 出现的条件下才能获得。外推到托卡马克反应堆规模,这些 ELM 所释放的大热脉冲会对偏滤器接收面造成严重破坏。而降低了 ELM 振幅的等离子体,其约束性能会降低。因此,需要在好的约束与降低偏滤器上热负荷之间找到令人满意的折中方案。

已有大量研究用于寻找通过主动手段来缓解 ELM 的负面影响,这些方法包括弹丸受控注入和利用共振磁扰动来修改等离子体边缘的磁场结构等。

7.18　运行综述

第 6 章和本章介绍了 MHD 的稳定性理论,以及对实验上观察到的不稳定性行为的评述。这些不稳定性限制了托卡马克的运行模式。这些限定条件的精确形式取决于运行程序的细节和所生成的参数剖面,但是对一些可以通过近似方法来描述的行为,仍存在一个普遍适宜的模式。

最简单的做法是利用图 6.10.4 所提供的稳定性图,但将此图中的电流分布参数 v 映射成内感 ℓ_i。而稳定性就可以用这样的 (ℓ_i, q_{edge}) 图来讨论。这里用变量 q_{edge} 替换了原来的 q_a 以包含偏滤器等离子体。因此,对于大环径比圆截面等离子体,反过来仍有 $q_{edge} = q_a$;而对于有边界分离面的等离子体,q_{edge} 被取为 q_{95},即取包含了 95% 极向通量的通量面上的 q 值。

图 7.18.1 展示了由此得到的图。第一个约束来自 $m = 2$ 不稳定性。这种不稳定性一

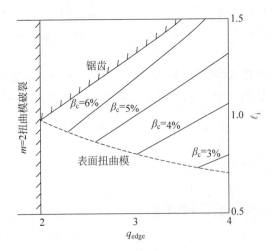

图 7.18.1　由 MHD 约束设定的运行边界和此运行区域内 MHD β 极限值
该图只是示意性的,精确值取决于几何关系和参数剖面

般会在 $q_{\text{edge}} \approx 2$ 处给出一个硬的破裂边界。当 q_{edge} 在图中自上而下趋近 2 时,$q=2$ 共振面就从等离子体内部移到了等离子体边界,这时 $m=2$ 撕裂模就转变成 $m=2$ 扭曲模。图中没有给出对撕裂模不稳定的区域。撕裂模的稳定性取决于电流分布,所预期的磁岛尺寸可能相当小。当 $q_{\text{edge}} \to 2$ 时,或对于具有较高的 ℓ_i 的窄电流剖面(这时在有效电流通道的边缘有 $q \approx 2$),$m=2$ 撕裂模将变得重要。

　　q 的中心值通常受锯齿的限制。简单理论令边界在 $q_0=1$ 处,但是如 7.6 节所述,其实将边界设在 $q_0=0.7$ 处可能更好。这就限定了 ℓ_i 的值,并且如图 7.18.1 所示,在低 q 时这种限定是最严格的。

　　表面扭曲模提交了一个不太精确的边界,因此图中相应的线被画成了虚线。不论是这些模的稳定性还是其影响都取决于边界电流剖面,剖面本身又取决于各种因素。特别是,电流快速上升会产生高的边界电流密度梯度,这是电流趋肤效应的结果。

　　在指出了稳定性边界的大体位置后,现在可以来确定 β 的极限。取式(6.16.6)给出的 β 极限表达式,即

$$\beta_c(\%) = 4\ell_i \frac{I}{aB}$$

其中,I 的单位是 MA。利用近似的经验关系:

$$q_{95} = \frac{5a^2 B}{2RI}\left(1+\frac{b^2}{a^2}\right)\left[1+\frac{2}{3}\left(\frac{a}{R}\right)^2\right]$$

对于 $R/a=3$ 和 $b/a=\frac{5}{3}$,临界 β 为

$$\beta_c(\%) = 15\frac{\ell_i}{q_{95}}$$

这样得到的常数 β_c 线如图 7.18.1 所示。

　　图 7.18.1 只是参考性的,利用特别挑选的剖面及加入第二稳定区的贡献,可以得到大幅提高的 β 值。

参考文献

虽然本章描述的不稳定性已经得到了大量的实验研究,但是对所涉及的现象的理解仍是不完整的和不确定的,因此缺乏综述性文章。理论与实验的对比见第 11 章:

Bateman, G. *MHD instabilities*. MIT Press, Cambridge, Mass. (1978).

更系统的理论处理见

White, R. B. Resistive instabilities and field line reconnection, in section 3.5 of *Handbook of plasma physics* (eds Galeev, A A. and Sudan, R. N.) Vol. 1. North Holland, Amsterdam (1983).

非线性效应的一般叙述见

Biskamp, D. *Nonlinear magnetohydrodynamics*, Cambridge University Press (1993).

撕裂模

对撕裂模的非线性增长的首次描述见

Rutherford, R. H. Nonlinear growth of the tearing mode. *Physics of Fluids* **16**, 1903 (1973).

准线性理论的更详细处理见

White, R. B., Monticello, D. A., Rosenbluth, M. N., and Waddell, B. V. Saturation of the tearing mode. *Physics of Fluids* **20**, 800 (1977).

饱和磁岛宽度的二维计算见

Sykes, A. and Wesson, J. A. Saturated kinks and tearing instabilities in tokamaks. *Plasma physics and controlled nuclear fusion research* (Proc. 8th International Conference, Brussels 1980) Vol. 1, 237. I. A. E. A. Vienna (1981).

内驱动模的讨论见下文中有关破裂的讨论:

Rebut, P. H. and Hugon, M. Thermal instability and disruptions in a tokamak. *Plasma physics and controlled nuclear fusion research* (Proc. 10th Int. Conf., London, 1984) Vol. 2, 197. I. A. E. A. Vienna (1985).

新经典撕裂模的分析见

Carrera, R., Hazeltine, R. D., and Kotschenreuter, M. Island bootstrap current modification of the nonlinear dynamics of the tearing mode. *Physics of Fluids* **29**, 899 (1986).

新经典撕裂模的第一次报道见

Chang, Z. *et al*. Observation of nonlinear neoclassical pressure-gradient-driven tearing modes on TFTR. *Physical Review Letters* **74**, 4663 (1995).

有关小磁岛的稳定性效应的讨论见

Fitzpatrick, R. Helical temperature perturbations associated with tearing modes in tokamak plasmas. *Physics of Plasmas* **2**, 825 (1995).

Wilson, H. R., Connor, J. W., Hastie, R. J., and Hegna, C. C. Threshold for neoclassical magnetic islands in a low collision frequency tokamak. *Physics of Plasmas* **3**, 248 (1996).

Poli, E. *et al*. Reduction of the ion drive and ρ_θ^* scaling of the neoclassical tearing mode. *Physical Review Letters* **88**, (2002).

米尔诺夫不稳定性

Mirnov, S. V. and Semenov, I. B. Investigation of the instabilities of the plasma string in the Tokamak-3 system by means of a correlation method. *Atomnaya Energiya* **30**, 20 (1971) [*Soviet Atomic Energy* **30**, 22(1971)].

电流穿透

导致电流穿透的双撕裂模的概念的描述见

Stix，T. H. Current penetration and plasma disruption. *Physical Review Letters* **36**，521（1976）.

双撕裂模的非线性发展的数值模拟见

Carreras，B.，Hicks，H. R.，and Waddell，B. V. Tearing mode activity for hollow current profiles. *Oak Ridge National Laboratory Report* ORNL/TM6570，Oak Ridge，Tennes-see（1978）.

对不稳定性的实验观察见

Granetz，R. S.，Hutchinson，I. H.，and Overskei，D. O. Disruptive mhd activity during plasma current rise in Alcator A tokamak. *Nuclear Fusion* **19**，1587（1979）.

锯齿振荡

对锯齿行为的软 X 射线辐射的实验观察见

von Goeler，S.，Stodiek，W.，and Sauthoff，N. Studies of internal disruptions and $m=1$ oscillations in tokamak discharges with soft X-ray techniques. *Physical Review Letters* **33**，1201（1974）.

快速重联模型的提出见

Kadomtsev，B. B. Disruptive instability in tokamaks. *Fizika Plasmy* **1**，710（1975）（*Soviet Journal of Plasma Physics* **1**，389（1976））.

对重联的数值计算见

Danilov，A. F.，Dnestrovsky，Yu. N.，Kostomarov，D. P.，and Popov，A. M. *Fizika Plasmay* **2**，187（1976）（*Soviet Journal of Plasma Physics* **2**，93（1976））.

证明弛豫振荡行为的计算见

Sykes，A. and Wesson，J. A. Relaxation instability in tokamaks. *Physical Review Letters* **37**，140（1976）.

下文提出了湍流的作用：

Dubois，M. and Samain，A. Evolution of magnetic islands in tokamaks. *Nuclear Fusion* **20**，1101（1980）.

对完全重联模型的早期质疑见

Dubois，M. A.，Marty，D. A.，and Pochelon，A. Method of cartography of $q=1$ islands during sawtooth activity in tokamaks. *Nuclear Fusion* **20**，1355（1980）.

进一步质疑的报道见

Edwards，A. W. *et al*. Rapid collapse of a plasma sawtooth oscillation in the JET tokamak. *Physical Review Letters* **57**，210（1986）.

准交换模型的介绍见

Wesson，J. A. Sawtooth oscillations. *Plasma Physics and Controlled Fusion Research* **28**（1A），243（1986）.

尝试理解锯齿振荡的关键方面的综述见

Hastie，R. J. Sawtooth instability in tokamak plasmas. *Astrophysics and Space Science* **256**，177（1998）.

无碰撞重联的提出见

Wesson，J. A. Sawtooth reconnection. *Plasma physics and controlled fusion research*（Proc. 13th Int. Conf.，Washington，1990）Vol. 2，79. I. A. E. A. Vienna（1991）.

下文指出了无碰撞电子黏滞性的重要性：

Yu，Q. A new theoretical model for fast sawtooth collapse and confirming its interchange structure. *Nuclear Fusion* **35**，1012（1995）.

锯齿"触发"问题的描述见

Wesson, J. A., Edwards, A. W., and Granetz, R. S. Spontaneous $m = 1$ instability in the JET sawtooth collapse. *Nuclear Fusion* **31**, 111 (1991).

随机性的可能作用见

Lichtenberg, A. J. Stochasticity as the mechanism for the disruptive phase of the $m = 1$ tokamak oscillations. *Nuclear Fusion* **24**, 1277 (1984).

现在有大量关于锯齿不稳定性的文章。下文综述了 $m = 1$ 稳定性理论并对非线性效应作了一些讨论：

Migliuolo, S. Theory of ideal and resistive $m = 1$ modes in tokamaks. *Nuclear Fusion* **33**, 1721 (1993).

有关数值模拟的工作有很多。下文描述了环向计算：

Aydemir, A. Y., Wiley, J. C., and Ross, D. W. Toroidal studies of sawtooth oscillations in tokamaks. *Physics of Fluids* **BI**, 774 (1989).

破裂

破裂现象的观察见

Gorbunov, E. P. and Razumova, K. A. Effect of a strong magnetic field on the magnetohydrodynamic stability of a plasma and the confinement of charged particles in the 'Tokamak' machine. *Atomnaya Energaya* **15**, 363 (1963). (*Journal of Nuclear Energy*, Part C, **6**, 515 (1964)).

下文描述了大量的实验研究：

Sauthoff, N. R., von Goeler, S., and Stodiek, W. A study of disruptive instabilities in the P. L. T. tokamak using X-ray techniques. *Nuclear Fusion* **18**, 1445 (1978).

下文介绍了村上参数 nR/B_ϕ：

Murakami, M., Callen, J. D., and Berry, L. A. Some observations on maximum densities in tokamak experiments. *Nuclear Fusion* **16**, 347 (1976).

下文介绍了赫吉尔图：

Fielding, S. J., Hugill, J., McCracken, G. M., Paul, J. W. M., Prentice, P., and Stott, P. E. High-density discharges with gettered torus walls in DITE. *Nuclear Fusion* **17**, 1382 (1977).

下文介绍了有关密度极限的格林沃尔德公式：

Greenwald, M. *et al.* A new look at density limits. *Nuclear Fusion* **28**, 2199 (1988).

下文对密度极限作了全面综述：

Greenwald, M. Density limits in toroidal plasmas. *Plasma Physics and Controlled Fusion* **44**, R27 (2002).

橡树岭国家实验室进行了有关撕裂模相互作用导致破裂快速阶段的数值模拟,对其进行描述的文章包括：

Carreras, B., Hicks, H. R., Holmes, J. A., and Waddell, B. V. Nonlinear coupling of tearing modes with self-consistent resistivity evolution in tokamaks. *Physics of Fluids* **23**, 1811 (1980).

卡拉姆实验室发展了预兆阶段模型,其综述性文章见

Wesson, J. A., Sykes, A., and Turner, M. R. Tokamak disruptions. *Plasma Physics and Controlled Fusion Research* (Proc. 10th Int. Conf., London, 1984) Vol. 2, 23. I. A. E. A. Vienna (1985).

有关辐射在破裂预警中的作用见

Rebut, P. H. and Green, B. J. Effect of impurity radiation on tokamak equilibrium. *Plasma Physics and Controlled Nuclear Fusion Research* (Proc. 6th Int. Conf., Berchtesgaden 1976) Vol. 2, 3. I. A. E. A. Vienna (1977).

Ohyabu, N. Density limit in tokamaks. *Nuclear Fusion* **9**, 1491 (1979).

Ashby，D. E. T. F. and Hughes，M. H. The thermal stability and equilibrium of peripheral plasmas. *Nuclear Fusion* **81**，911（1981）.

有关杂质流入对快速破裂的作用的首次分析见

Ward，D. J.，and Wesson，J. A. Impurity influx model of fast tokamak disruptions. *Nuclear Fusion* **32**，1117（1992）.

下文描述了杂质流入引起低温和密度大幅增加的证据：

JET Team，Sawtooth Oscillations and Disruptions in JET. Proc. 14th Int. Conf. on Plasma Physics and Controlled Nuclear Fusion Research，Wurzburg 1992，vol. 1，p. 437.

下文给出了破裂期间内部测量的结果：

Hutchinson，I. H. Magnetic probe investigation of the disruptive instability in LT-3. *Physical Review Letters* **37**，338（1976）.

下文对破裂的各种实验方面作了叙述：

Wesson，J. A. *et al*. Disruptions in JET. *Nuclear Fusion* **29**，641（1989）.

相关的数值模拟见

Bondeson，A.，Parker，R. D.，Hugon，M.，and Smeulders，P. *Nuclear Fusion* **31**，1695（1991）.

锁模

下文对锁模的基本物理作了概述：

Nave，M. F. F. and Wesson，J. A. Mode locking in tokamaks. *Nuclear Fusion* **30**，2575（1990）.

误差场不稳定性：

下文描述了与误差场相关的不稳定性：

Scoville，J. T. *et al*. Locked modes in D Ⅲ D and a method for prevention of the low density mode. *Nuclear Fusion* **31**，875（1991）.

对理论的介绍性叙述见

Lee，J. K. *et al*. Magnetic islands driven by external sources. *Nuclear Fusion* **23**，63（1983）.

更完整的分析见

Fitzpatrick，R. Interaction of tearing modes with external structures in cylindrical geometry. *Nuclear Fusion* **33**，1049（1993）.

垂直不稳定性

下文第一次报道了观察到垂直不稳定性的严重后果：

Noll，R. *et al*. Stabilization of vertical position and control of plasma shape in JET. *Proc*. 11th *Symposium on Fusion Engineering*，Texas，1985 Vol. 1，p. 33.

下文对垂直不稳定性行为作了更详细的叙述：

Lao，L. L. and Jensen，T. H. Magnetohydrodynamic equilibria of attached plasmas after loss of vertical stability in elongated plasmas. *Nuclear Fusion* **31**，1909（1991）.

遍历性

下文对这一概念作了介绍：

White，R. B. Resistive instabilities and field line reconnection. *Handbook of plasma physics*（eds Galeev，A. A. and Sudan，R. N.）Vol. 1，Section 3.5. North Holland，Amsterdam（1983）.

鱼骨不稳定性

下文描述了鱼骨不稳定性的实验观察：

McGuire K. *et al*. Study of high-β magnetohydrodynamic modes and fast ion losses in PDX. *Physical Review Letters* **50**，891 (1983).

下文提出了理论解释：

Chen，L.，White，R. B.，and Rosenbluth，M. N. Excitation of internal kink modes by trapped energetic beam ions. *Physical Review Letters* **52**，1122 (1984).

阿尔文不稳定性

下文概括了 TAEs 的实验观察和相应的诊断技术：

Sharapov，S. E. *et al*. Burning plasma studies at JET. *Fusion Science and Technology* **53**，989 (2008).

下文首次预言了刚好超过激发阈值的高能粒子驱动模的非线性演化表现出的各种情景：

Berk，H. L.，Breizman，B. N. and Pekker，M. Nonlinear dynamics of a driven mode near marginal stability. *Physical Review Letters* **76**，1256 (1997).

下文对非稳态 TAE 的演化首次作了实验验证：

Fasoli，A. *et al*. Nonlinear splitting of fast particle driven waves in a plasma：observations and theory. *Physical Review Letters* **81**，5564 (1998).

下文发现了在高能粒子分布函数中产生洞-堆对的突发性非线性机制：

Berk，H. L.，Breizman，B. N.，and Petviashvili，N. V. Spontaneous hole-clump pair creation in weakly unstable plasmas. *Physics Letters* **A234**，213 (1997).

对反剪切托卡马克等离子体中阿尔文级联的首次实验观察见

Kimura，H. *et al*. Alfvén eigenmode and energetic particle research in JT-60U. *Nuclear Fusion* **38**，1303 (1998).

下文首次提出了阿尔文级联理论：

Berk，H. L. *et al*. Theoretical interpretation of Alfvén cascades in tokamaks with nonmonotonic q profiles. *Physical Review Letters* **87**，185002 (2001).

下文提供了来自阿尔文级联的 $q_{min}(t)$ 的 MHD 光谱：

Sharapov，S. E. *et al*. MHD spectroscopy through detecting toroidal Alfvén eigenmodes and Alfvén wave cascades. *Physics Letters* **A289**，127 (2001).

下文对阿尔文级联的实验数据和理论作了综述：

Sharapov，S. E. *et al*. Alfvén wave cascades in a tokamak. *Physics of Plasmas* **9**，2027 (2002).

MARFE

下文首次报道了在等离子体内侧观察到一个冷的、高密度的区域：

Baker，D. R.，Snider，R. T.，and Nagami，M. Observation of cold，high density plasma near the Doublet Ⅲ limiter. *Nuclear Fusion* **22**，807 (1982).

进一步观察和分析，以及命名为 MARFE 的文献见

Lipschultz，B.，Marmar，E. S.，Pickerell，M. M.，Terry，J. L.，Watterson，R，and Wolfe，S. M. *Nuclear Fusion* **24**，977 (1984).

从这篇文章中可知，MARFE 是"来自边界的多层面非对称辐射"（multifaceted asymmetric radiation from the edge）的首字母缩写。但这些字母也可以看成是由一个作者名字的前三个字母和另一个作者名字的后两个字母组成的，这也许不是一种巧合。

下文对这一现象首次进行了理论处理：

Stringer，T. E. A theory of MARFEs *Proc*. 12*th European Conference on Controlled Fusion and Plasma Physics* Ⅰ，86（Budapest 1985）.

Neuhauser，J. Schneider，W.，and Wunderlich，R. Thermal instabilities and poloidal asymmetric in the tokamak edge plasma. *Nuclear Fusion* **26**，1679（1986）.

ELM

下文提到了 ELM 不稳定性：

Wagner，F. *et al*. Regime of improved confinement and high beta in neutral beam heated divertor discharges of the ASDEX tokamak. *Physical Review Letters* **49**，1408（1982）.

"ELM"的命名见

Keilhacker，M. *et al*. Confinement studies in L and H-type ASDEX discharges. *Plasma Physics and Controlled Fusion*（Proc. 11th European Conf，Aachen，1983）Vol. 26，1A，p. 49（1984）.

在以下综述中可以找到更完整的叙述：

ASDEX Team，The H-mode of ASDEX. *Nuclear Fusion* **29**，1959（1989）.

Connor，J. W.，Kirk，A and Wilson，H. R. Edge Localised Modes：Experiment and Theory，in Turbulent Transport in Fusion Plasmas，First ITER Internationl Summer School，Ed. Benkaddar，S. American Institute of Physics（2008）.

第 8 章
微观不稳定性

8.1 各种微观不稳定性

第 6 章和第 7 章描述了单流体 MHD 模型预言的不稳定性。但包含有限拉莫尔半径和动力学耗散效应的计算表明,托卡马克中还会有其他不稳定性。这类不稳定性的波长与拉莫尔半径相当,统称为微观不稳定性。

微观不稳定性提供了一种对小尺度等离子体湍流产生机理的解释,因此在理解托卡马克反常输运中占有重要地位。虽然对湍流饱和程度的完整计算必然包含非线性效应,但线性模式的特征量在识别湍流的可能的驱动源及其条件时非常有用。进一步来说,在湍流引起的粒子输运和热输运很高的情况下,等离子体密度和温度的剖面可能会调整至接近线性理论所预言的阈值。诸如时间尺度和空间尺度这样的线性模特征量,也会与所表征的湍流状态有密切关系,从而提供如 4.18 节所述的对等离子体输运的估计。在接下来的各小节里,将会介绍各种微观不稳定性的线性特性,但在此之前,先描述此类不稳定性的一些更普遍的特性。

由于离子与电子的质量迥异,它们对电磁场扰动的响应会出现较大差别,因此在微观不稳定性的演化过程中的作用不尽相同。通常情况下,当一种粒子群提供驱动作用时,另一种就会起到阻尼作用。耗散经常在不稳定性的产生过程中起关键作用。它既可以是碰撞机制(低温等离子体下的情形),也可以是朗道阻尼(在低碰撞频率的情况下)。由此引起的不稳定性被归类为耗散型的。但有些微观不稳定性属于反应型的,它们的存在不需要耗散机制。8.3 节所述的离子温度梯度模即为一例。

微观不稳定性的特性通常取决于约束磁场的几何位形。因此,对于托卡马克,稳定性分析通常很复杂,故经常采用简单一点的几何模型来帮助我们辨认某些重要的物理机制。模型的简化程度取决于需要分析的问题中各种粒子漂移和俘获粒子效应的重要程度。如果磁场曲率漂移在不稳定性机制中很重要,就必须考虑环形几何特征。在此情况下,最简单的几何位形是 3.6 节所述的大环径比、圆截面、低比压的托卡马克平衡位形。大半径和小半径分别用 R 和 r 表示,而 θ 和 ϕ 分别表示极向和环向的角度。于是扰动可以按极向和环向角度进行傅里叶展开,得到模数 m 和 n。在环形几何中,平衡与 ϕ 无关,故 n 是单定的量子数。然而,磁场曲率漂移会使多个极向模式相互耦合,所以曲率漂移效应起重要作用的不稳定性通常会涉及多个极向 (m) 模式。

如果曲率漂移不重要,则不稳定性的特性分析不需要考虑环形效应。这种情况下,采用磁场几何的"平板"模型来分析不稳定性将更为简便。这种做法可归纳为在一个如图 8.1.1 (a)所示的有理磁面上来考虑环形问题。将这个有理磁面切断并展开成图 8.1.1(b)那样的平板等离子体。为方便起见,定义新的直角坐标系 x,y 和 z,其中 $x=r-r_s$ 表示由有理磁面 $r=r_s$ 向外的径向距离坐标,在该有理磁面处,$q=m/n$,z 是该有理磁面的磁场方向(近似于环向),y 是同时垂直于 x 和 z 的方向(近似于极向)。由于在该位形下,不存在极向或者环向的模式耦合,所以任何一个扰动 $\tilde{f}$ 都可写成 $\tilde{f}=\hat{f}(x)\exp(\mathrm{i}k_y y+\mathrm{i}k_z z)$ 的形式,其中 $k_y y$ 和 $k_z z$ 分别代表 $m\theta$ 和 $-n\varphi$。平行波数由 $\mathrm{i}k_{/\!/}=(1/B)\boldsymbol{B}\cdot\boldsymbol{\nabla}$ 给出。在环形坐标系下,有

$$k_{/\!/}=\frac{m-nq}{Rq}$$

在平板位形下等价于

$$k_{/\!/}=-\frac{k_y x}{L_s}$$

其中,$k_y=m/r$ 是极向模数,$L_s=Rq/s$ 是剪切长度,其中 $s=(r/q)\mathrm{d}q/\mathrm{d}r$ 是磁剪切。

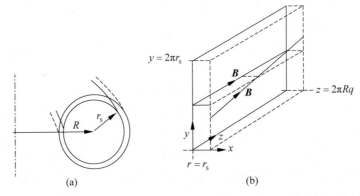

图 8.1.1 (a)将托卡马克等离子体的环形区域切断并展开;(b)形成的"剪切平板位形"等离子体

微观不稳定性可以按其扰动是以静电特性为主还是以电磁特性为主分为两大类,并可以进一步按其是由何种等离子体波发展而来进行分类。表 8.1.1 给出了接下来将要描述的一些例子。静电不稳定性模式将在 8.3 节和 8.4 节讨论,电磁不稳定性将在 8.5 节介绍。

表 8.1.1 等离子体波及其对应的不稳定性

电子漂移波	阿尔文波	声波
"普适的"俘获电子模	微撕裂模	离子温度梯度模

8.2 电子漂移波

漂移波不稳定性是一类特别重要的微观不稳定性,通常被认为是造成托卡马克反常输运的等离子体湍流的来源。这类模式将在 8.3 节和 8.4 节讨论,其本质上是静电性的,主要由等离子体密度梯度和温度梯度所含的自由能驱动。

漂移波不稳定性由基本等离子体波——电子漂移波——发展而来。8.3 节将要介绍的电子漂移模就是一个特别重要的例子。这种漂移波可以用无剪切、均匀磁场中的平板等离

子体来说明。其几何位形如图 8.2.1 所示,其中磁场沿 z 方向,平衡的等离子体密度梯度沿 x 方向。当一支形为 $\exp[\mathrm{i}(-\omega t+k_y y)]$ 的波沿如图所示的等密度面传播时,在等 x 面内将会出现图 8.2.1 中标记的密度增加区 $(\tilde{n}>0)$ 与密度降低区 $(\tilde{n}<0)$。

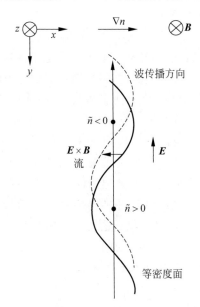

图 8.2.1　电子漂移波中 $\boldsymbol{E}\times\boldsymbol{B}$ 漂移引起的等密度面的运动
实线为初始时刻,虚线为后一时刻

　　电子由于惯性小,会快速沿磁场线运动,进而产生平行于磁场线的电场,从而建立沿磁场方向的受力平衡:
$$ne\boldsymbol{E}_{/\!/}+\boldsymbol{\nabla}_{/\!/}p_e=0 \tag{8.2.1}$$
其中,p_e 是电子压强,$\boldsymbol{E}$ 是电场矢量,下标"$/\!/$"表示沿磁场方向的分量。将式(8.2.1)线性化,可得扰动密度 $\tilde{n}_e$ 与静电势 φ 的关系:
$$\frac{\tilde{n}_e}{n_e}=\frac{e\varphi}{T_e} \tag{8.2.2}$$
其中,n_e 和 T_e 分别是平衡态的密度和温度。静电势意味着存在一个沿 y 方向的扰动电场,由密度增高的区域指向密度降低的区域,如图 8.2.1 所示。与之相关的 $\boldsymbol{E}\times\boldsymbol{B}$ 漂移将会增加密度较低区域的密度,减小密度较高区域的密度,从而引起密度和电势的扰动量随时间振荡。最终的结果是导致波沿 y 方向传播,成为漂移波。

　　逆磁漂移 $\boldsymbol{v}_{\mathrm{dj}}=\boldsymbol{B}\times\boldsymbol{\nabla}p_j/(n_j B^2)$ 不会激发密度扰动。这可以从下列连续性方程看出:
$$\frac{\partial n_i}{\partial t}=-\boldsymbol{\nabla}\cdot n_i\boldsymbol{v}_i \tag{8.2.3}$$
其中,$\boldsymbol{v}_i$ 为离子速度。代入 $n_i\boldsymbol{v}_{\mathrm{di}}$,可知逆磁漂移流有零散度,故左边的时变项也必然为零。

　　漂移波的频率可由准中性条件 $\tilde{n}_e=\tilde{n}_i$ 得到,其中 $\tilde{n}_i$ 由式(8.2.3)决定。对于 $\omega/k_{/\!/}\gg v_{\mathrm{Ti}}$ 的波,离子的平行运动可以忽略,故离子的连续性方程(8.2.3)可以改写为
$$\mathrm{i}\omega\tilde{n}_i=\tilde{v}_{\mathrm{Ex}}\frac{\mathrm{d}n}{\mathrm{d}x} \tag{8.2.4}$$
其中,$\tilde{v}_{\mathrm{Ex}}=-(1/B)\partial\tilde{\varphi}/\partial y$ 是 $\boldsymbol{E}\times\boldsymbol{B}$ 漂移沿 x 方向的扰动分量。现在,选取其中 $E_x=0$ 的

平衡参考系,并令由式(8.2.2)得到的 $\tilde{n}_e$ 和由式(8.2.4)得到的 $\tilde{n}_i$ 相等,即得到频率:

$$\omega = \omega_{*e}$$

其中,ω_{*e} 是电子逆磁漂移频率,为

$$\omega_{*e} = -\frac{k_y T_e}{eBn}\frac{dn}{dr}$$

该简单模型给出的波模既不增长也不衰减。但若引入电子耗散项(源自碰撞或朗道阻尼),则会使无剪切平板模型下的漂移波解稳。所得的微观不稳定性称为电子漂移波模。由于人们原先认为该模式会在所有托卡马克条件下都不稳定,故有时称其为普适不稳定性。而实际上,磁场位形对电子漂移波模的稳定性有很大影响。在平板几何下引入磁场剪切后,所谓的剪切阻尼会使这种模式稳定,由此可见,普适不稳定性是一种误称。但在环形几何下,剪切阻尼被抑制,并且由于俘获电子的存在,会存在新的去稳源。当这种新的去稳效应强于剩余的剪切阻尼时,即会产生不稳定性,8.3 节中将讨论这种情况。

托卡马克中的两类粒子——通行粒子和俘获粒子——对静电势扰动的响应也不相同,因此,对于是通行粒子占主导还是俘获粒子占主导的两种情况,分别会得到不同的色散关系。特别是,如果模频率 ω 超过 j 类粒子的回弹频率 ω_{bj},则该类粒子的俘获效应可忽略。由此产生一种自然的分类:通行粒子不稳定性和俘获粒子不稳定性。8.3 节和 8.4 节将分别介绍这两类不稳定性。

8.3 通行粒子不稳定性

由通行粒子动力学引起的两类最重要的漂移波不稳定性分别是电子漂移模和 η_i(或称离子温度梯度,ITG)模。本节将利用 2.11 节介绍的回旋动力学方程推导出它们的色散关系。同时还讨论另一种相关的称为 η_e 模的不稳定性。

首先描述电子漂移波模和 ITG 模。在此需要先确认它们的一些模式结构的特征,这样可以大大简化色散关系的推导过程。此处忽略俘获粒子效应,这意味着 $\omega \gg \omega_{bj}$,其中 ω_{bj} 是俘获粒子的回弹频率。假设有如下量级关系成立:

$$k_\parallel v_{Te} \gg \omega \gg k_\parallel v_{Ti} \tag{8.3.1}$$

所以电子会快速运动以响应静电势的变化。按照式(8.2.2)的推导思路,可以将其响应写成玻耳兹曼分布的形式:

$$\frac{\tilde{n}}{n} = \frac{e\tilde{\varphi}}{T_e}$$

其中,$\tilde{n}$ 是电子密度扰动,$\tilde{\varphi}$ 是静电势扰动。稍后将利用 $k_\parallel v_{Ti}$ 的量级关系来简化离子响应的方程。在此,还假设该模式的频率远大于离子的磁场曲率漂移频率 ω_{di},于是有

$$\omega_{di} = 2\varepsilon_n \omega_{*i} \ll \omega \tag{8.3.2}$$

其中,$\varepsilon_n = L_n/R$,$L_n = (d\ln n/dr)^{-1}$ 是密度梯度标长,ω_{*i} 是离子逆磁漂移频率。式(8.3.2)意味着峰化的密度剖面,但仍可以就平坦剖面极限的情形做一些评估。

离子动力学对电子漂移波模和 ITG 模的径向模结构至关重要。探究这个问题必须考虑有限拉莫尔半径(FLR)效应。虽然采用布拉金斯基(Braginskii)流体方程可以描述 ITG 模的一些基本特征,但这里要小心,必须考虑到 FLR 应力张量的分量与逆磁漂移对流导数

的贡献之间会相互抵消,这将使动力学方法在代数上变得更为简单。因此,假设离子速度分布函数的主项为麦克斯韦速率分布 f_M,而含扰动项的离子分布函数可写为

$$f_i = -\frac{e\bar\varphi}{T_i}f_M + g\exp\left(\frac{ik_\perp v_\perp}{\omega_{ci}}\sin\alpha_g\right)$$

其中,g 不依赖于回旋相角 α_g,下标 $\perp$ 表示与磁场方向垂直的分量。将该式在整个速度空间上积分并保证准中性假设 $n_e \approx n_i$ 成立,即要求

$$\frac{ne\bar\varphi}{T_e}(1+\tau) = 2\pi\int_{-\infty}^{+\infty}\int_0^{+\infty} v_\perp g J_0(z)\, dv_\perp dv_{/\!/}$$

其中,$\tau = T_e/T_i$,$z = k_\perp v_\perp/\omega_{ci}$,$J_0$ 是贝塞尔函数:

$$J_0(z) = \frac{1}{2\pi}\oint e^{-iz\cos\phi}\, d\phi$$

函数 g 可通过解下述离子的回旋动力学方程来确定:

$$v_{/\!/}\frac{\partial g}{\partial l} - i(\omega - \boldsymbol{k}\cdot\boldsymbol{v}_d)g - i\frac{e\bar\varphi}{m_i}J_0(z)\left(\frac{k_\theta}{\omega_{ci}}\frac{df_M}{dr} + \omega\frac{df_M}{dK}\right) = 0 \qquad (8.3.3)$$

其中,dl 是磁面的极向弧元,r 是磁面半径。空间导数是对粒子能量取常数时的分布函数取的,$\boldsymbol{k}$ 是波数。由磁场在环中的不均匀性导致的平衡态漂移速度 $\boldsymbol{v}_d$ 可写为

$$\boldsymbol{v}_d = \frac{\boldsymbol{e}}{\omega_{ci}}\times\left(v_{/\!/}^2\frac{\partial\boldsymbol{e}}{\partial l} + \frac{\mu}{m_i}\boldsymbol{\nabla}B\right)$$

其中,$\boldsymbol{e}$ 是沿磁场方向的单位矢量,磁矩 $\mu = m_i v_\perp^2/(2B)$。对于大环径比、低比压的托卡马克,有 $B^2 = B_0^2[1 - 2(r/R)\cos\theta]$,于是式(8.3.3)中的漂移项变成

$$\boldsymbol{k}\cdot\boldsymbol{v}_d = \frac{\omega_{di}}{2}\left[\left(\frac{v_{/\!/}}{v_{Ti}}\right)^2 + \left(\frac{v_\perp}{2v_{Ti}}\right)^2\right]\left(\cos\theta + \frac{k_r}{k_\theta}\sin\theta\right)$$

其中,k_r 和 k_θ 分别是径向和极向的波数。于是式(8.3.3)可化简为下述求 g 的方程:

$$-v_{/\!/}\frac{\partial g}{\partial l} + i(\omega - \bar\omega_{di})g = i\frac{e\bar\varphi}{T_i}J_0(z)(\omega - \omega_{*i}^T)f_M \qquad (8.3.4)$$

其中,$\bar\omega_{di} = \boldsymbol{k}\cdot\boldsymbol{v}_d$,$\omega_{*i}^T$ 是取决于速率的漂移频率,定义为

$$\omega_{*i}^T = \omega_{*i}\left[1 + \left(\frac{v^2}{2v_{Ti}^2} - \frac{3}{2}\right)\eta_i\right]$$

其中,$\eta_i = nT_i'/(T_i n')$ 是密度标长与温度标长之比,撇号表示径向导数。η_i 对某一种通行粒子模的稳定性起关键作用,因此这种模被称为 "η_i 模"。

不等式(8.3.1)给出的漂移波的量级关系反映了离子的平行运动缓慢。因此可以将式(8.3.4)中的平行导数项视为小量,并将该项展开至二阶:

$$g = J_0(z)f_M\frac{\omega - \omega_{*i}^T}{\omega - \bar\omega_{di}}\left[1 - i\frac{v_{/\!/}}{\omega - \bar\omega_{di}}\frac{\partial}{\partial l} - \frac{v_{/\!/}^2}{(\omega - \bar\omega_{di})^2}\frac{\partial^2}{\partial l^2}\right]\frac{e\bar\varphi}{T_i} \qquad (8.3.5)$$

利用式(8.3.2)并对 ω_{di}/ω 做进一步展开,式(8.3.5)可以进一步简化。在该极限下,可以求得准中性表达式中的速度积分,进而给出本征值方程:

$$\left[\rho_i^2\frac{\partial^2}{\partial x^2} - \left(\frac{\varepsilon_n}{b^{1/2}\tau q\Omega}\right)^2\left(\frac{\partial}{\partial\theta} + ik_\theta sx\right)^2 - \frac{2\varepsilon_n}{\tau\Omega}\left(\cos\theta + \frac{i\sin\theta}{k_\theta}\frac{\partial}{\partial x}\right) - \frac{\Omega - 1}{\tau\Omega + (1+\eta_i)} + b\right]\bar\varphi = 0$$

$$(8.3.6)$$

其中,s 是磁剪切;$b = (k_\theta\rho_i)^2$;变量 x 表示离模所在的有理磁面 $r = r_s$ 的距离,该有理磁面由 $m = nq(r_s)$ 定义,其中 n 是环向模数。J_0 已对小 $k_\perp\rho_i$ 展开,其中 ρ_i 是热速度下的离子拉

莫尔半径, k_r 已转化为径向导数,它决定了模的径向结构。平行导数已写成等号左边的第二个算子, Ω 是用电子漂移频率 ω_{*e} 归一化后的模频率。

式(8.3.6)可用于说明电子漂移波模和 η_i 模的特性。要想使最后一个括号内的项与其余的项(为小量, $\ll 1$)相消,就需要 $\Omega \approx 1$ 或者 $\eta_i \gg 1$。对于 $\eta_i \gg 1$ 的情形,视环向耦合项(含 $\sin\theta$ 和 $\cos\theta$ 的项)的大小存在两种不同的模式。对于非常弱的环向耦合,令第二项与最后一项相等,得到模式频率 $\omega \propto (k_{\parallel}^2 v_{Ti}^2 \omega_{*i} \eta_i)^{1/3}$。这个解称为 η_i 模的平板分支,因为它不涉及环向耦合效应。在无剪切平板模型下, $k_{\parallel}$ 是定值。但在有剪切的平板模型下,有效 $k_{\parallel}$ 值取决于模的径向宽度(这个宽度可由式(8.3.6)计算得到)。于是有 $k_{\parallel}^2 = ib\tau\Omega/(L_n L_s)$,进而得到剪切平板模型下的 ITG 模频 $\omega = (i\varepsilon_n s\eta_i/q)^{1/2}\omega_{*e}$。在环面下,会出现第二种 η_i 模的结构,它源于耦合效应项与最后一项之间的平衡。由此导出的模频率为 $\omega \propto (\eta_i \omega_{*i} \omega_{di})^{1/2}$,它称为 η_i 模的环效应分支。最后,对于 $\Omega \approx 1$ 的情形,将给出 $\omega \propto \omega_{*e}$ 的一个分支,它称为电子漂移波模的平板分支。其余量级关系能给出更多的分支(如环向电子漂移波模),但以上介绍的这三种模已能够方便地阐明这些主要模的特征。接下来运用式(8.3.6)来进一步讨论这些模。

8.3.1　电子漂移波模

回顾一下这个模的历史会很有意思。对这个模的首次分析是在无剪切平板位形下进行的。这时模结构可由一个类似于薛定谔方程的公式导出。按照与量子力学的类比,在考虑到密度剖面的变化后,发现这个势在径向上构成一个"势阱"。这个"势阱"会导致一种约束模,称作克拉尔-罗森布鲁斯(Krall-Rosenbluth)模,它是不稳定的。然而,当在平板位形中引入磁剪切后,模结构即变得截然不同。在这种几何位形下,从式(8.3.6)出发,略去其中的曲率项(即不考虑极向傅里叶谐波的耦合)和极向的傅里叶分析,即可推导出表示该模的径向结构的方程为

$$\left[\frac{\rho_i^2}{(nq')^2}\frac{\partial^2}{\partial x^2} + \left(\frac{\varepsilon_n s k_\theta}{b^{1/2}\tau q}\right)^2 x^2 - \left(\frac{\Omega-1}{\tau+1}+b\right)\right]\bar{\varphi} = 0$$

其中假设了电子漂移波的量级为 Ω 在 1 的量级。对于典型的托卡马克参数,磁剪切带来的径向变化远大于径向密度梯度的影响,故此处舍去了密度梯度项。这种模的径向结构依旧可由带抛物线势的薛定谔方程来描述,只是此时表现为势垒而非势阱。这样的势分布是无法约束这种模的,因此人们最初以为在有磁剪切时电子漂移波分支不存在。但是,如果在远离该模的有理磁面处存在某种耗散机制,起到沉积能量并使该模局域化的作用,那么存在一种"外向行波"解在物理上是可接受的。实际上确实存在这种机制。在推导式(8.3.6)时,假设了 $\omega/(k_{\parallel}v_{Ti})$ 为大量并做了相应的展开,从而忽略了离子的朗道阻尼。然而, $k_{\parallel}$ 随 x 增大而增大,在 x 很大时离子朗道阻尼将成为一种重要的耗散机制。虽然它没有显性地出现在式(8.3.6)中,但它在物理概念上证明了"外向行波"解的合理性,如图 8.3.1 所示。由于这个外向行波将模的能量传递至朗道共振层,因此它是致稳的。由于这个原因,且由于剪切的重要的居间作用,这个效应也称为剪切阻尼。最初的解析计算表明,对于托卡马克中典型的剪切值,这种剪切阻尼很小,因此对电子朗道共振带来的驱动项作扰动处理后,一般会认为电子漂移波模是不稳定的。但后来的数值计算表明,这种扰动化的处理并没有正确地描述电子朗道共振,该模式实际上是稳定的。

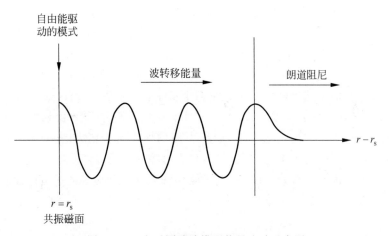

图 8.3.1 电子漂移波模下能量流动示意图

共振磁面 $r=r_s$ 处自由能驱动波模,外向行波将能量转移至远处,并由离子朗道阻尼将能量耗散掉

8.3.2 环形电子漂移模

环面中的模结构会与平板中的模结构有很大的不同。然而,由平板模型分析发展出来的概念在讨论这种模时仍然是有用的。分析环向模结构的一个重要方法是"气球"变换。这个名称来自于它在分析 MHD 气球模时的应用(见 6.13 节)。通过对 $\tilde{\varphi}$ 做极向傅里叶谐波展开,可以得到一种简化的处理:

$$\tilde{\varphi} = \sum_m e^{-im(\theta-\theta_0)} u_m(y)$$

这里任意自由参数 θ_0 主要用来确定 $\tilde{\varphi}$ 的径向结构。为方便起见,定义新的径向变量 $y = sk_\theta x$,这样由式(8.3.6)得到关于 $u_m(y)$ 的微分-差分方程:

$$\frac{d^2 u_m}{dy^2} + \frac{\sigma^2}{\Omega^2}(y-m)^2 u_m - \lambda u_m = \frac{\alpha}{2\Omega}\left[e^{i\theta_0}\left(1+s\frac{d}{dy}\right)u_{m+1} + e^{-i\theta_0}\left(1-s\frac{d}{dy}\right)u_{m-1}\right]$$

其中,$\alpha = 2\varepsilon_n/(bs^2\tau)$,$\sigma = \varepsilon_n/(b\tau qs)$,$\lambda$ 是本征值。λ 通过下式与复数模频率联系:

$$\lambda = \frac{1}{bs^2}\left(\frac{\Omega-1}{\tau\Omega+1+\eta_i}+b\right)$$

注意,α 来自于环几何位形,它提供了傅里叶谐波 u_m 的耦合。对于高环向模数,$\tilde{\varphi}$ 是径向局域的,除了剪切,其他的平衡变化都可以忽略。这样,可以导出一个形如 $u_m(y) = u_0(y-m)$ 的解。其傅里叶变换为

$$u_0(y) = \frac{1}{2\pi}\int_{-\infty}^{\infty} e^{i\eta y}\bar{u}(\eta)\,d\eta$$

本征模方程为

$$\left\{\left(\frac{\sigma}{\Omega}\right)^2\frac{\partial^2}{\partial\eta^2} + \eta^2 + \frac{\alpha}{\Omega}\left[\cos(\eta-\theta_0)+s\eta\sin(\eta-\theta_0)+\lambda(\theta_0)\right]\right\}\bar{u}=0 \quad (8.3.7)$$

其中,θ_0 是任意自由参数,经常被称为"气球角"。模频率取决于 θ_0,完全确定这一频率需要进行更高阶的计算,其中要考虑到模的有限径向宽度和 ω_* 的径向变化。如果这个模局限在电子逆磁频率 ω_{*e} 为最大的径向位置附近,那么就可以做自洽的高阶分析。高阶理论预言,θ_0 必须选择得使本征值 λ 固定不变。这时求解式(8.3.7)可以得到模频率 Ω,同时还包

含了环面中模结构的信息。首先,通过取 $\alpha=0$,便可与上面讨论的平板结果联系起来。模结构仍由薛定谔方程描述。对于 $\alpha=0$,它与平板模具有相同的 η 反势阱。因此可以得到相同的行波解,只是实 x 空间的一支向外的波被映射为 η 空间的一支向内的波。增加 α 会形成完全不同的模结构,这是由曲率项对势的修正所致。尤其是,随着 α 增加,$s\eta\sin\eta$ 项导致"势"取最小值,这有助于这种模的约束。举两个例子:一个取 $\alpha=0$,另一个取 $\alpha=3$,它们的势和相应的 η 本征函数展示在图 8.3.2 中。对于 $\alpha=0$,势呈丘形,剪切阻尼很强。本征函数表明了这一点,它表明波振幅随着 $|\eta|$ 的增大而增加。对于更大的 α,则形成一个局域势阱,在其中本征函数可以得到部分约束。然而,某些本征函数会"隧穿出去",虽然它的振幅减小了,但剪切阻尼也不太有效。因此,电子漂移波通常在环形等离子体中比在平板中更不稳定。图 8.3.2 的 $\alpha=3$ 展示了这一情形。

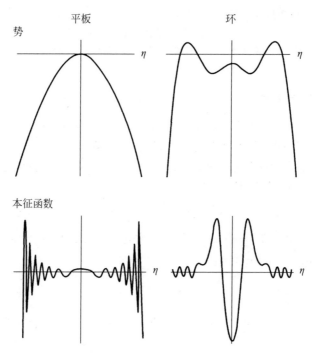

图 8.3.2　对于环向耦合参数 $\alpha=0$(左)和 $\alpha=3$(右)两种情形,电子漂移模的"势"
和相应的本征函数(作为气球坐标 η 的函数)的分布

8.3.3　η_i 模或离子温度梯度模

在式(8.3.6)之后对该式的分析中,说明了存在两种 ITG 模的模结构:"平板"分支,由声波发展而来,有 $\omega\propto(k_{\parallel}^2 v_{Ti}^2\omega_{*i}\eta_i)^{1/3}$;环形分支,有 $\omega\propto(\eta_i\omega_{*i}\omega_{di})^{1/2}$。与电子漂移波不同,这种模的模频率不同于 ω_{*e},实际上是复的。这导致 ITG 的模结构与电子漂移波的模结构不同。其原因在于 ITG 模的剪切阻尼参数 σ/Ω 与 ω 有关,所以在此它变成了复的。研究发现,模结构由带势阱的"薛定谔"方程支配,它给出的是一个约束模,不会表现出电子漂移波的"外向行波"性质。这个势阱抑制了剪切阻尼,使得 ITG 模容易被解稳。

ITG 模——其增长率取决于 η_i 的值——的特性已经在上面推导过。做法是假设与磁场曲率漂移相关的共振可以忽略不计,然后解离子回旋动力学方程。可以看出,这要求环向耦合项是小的,这反过来又要求 η_i 是大的。式(8.3.6)预言,对于所有正的 η_i,这一分支都是不稳定的,但经过更全面的分析(保留曲率漂移共振效应)后,会发现情况不是这样。实际上,当 $\eta_i < \eta_{ic}$ 时,模是稳定的,其中 $\eta_{ic} \approx 1$。η_{ic} 的具体形式取决于所考虑的分支。例如,利用气球变换,可以推导出环形 η_i 模的阈值:

$$\eta_{ic} = \begin{cases} 1.2, & \varepsilon_n < \varepsilon_{nc} \\ \dfrac{4}{3}(1+\tau^{-1})(1+2s/q)\varepsilon_n, & \varepsilon_n > \varepsilon_{nc} \end{cases}$$

其中,

$$\varepsilon_{nc} = \frac{0.9}{(1+\tau^{-1})(1+2s/q)}$$

这一表达式展现了一个有趣的特征,当密度剖面足够平时,阈值是临界温度梯度而不是临界 η_i 值。因此,该不稳定性又被称为离子温度梯度(或 ITG)模。完整的稳定性如图 8.3.3 所示。

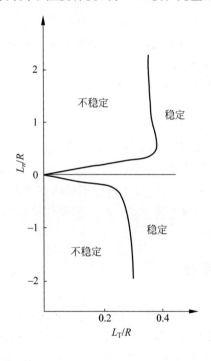

图 8.3.3　环形 ITG 模的稳定性(摘自 Biglari, H., *et al.*, *Physics of Fluids* **B1** 109 (1989))

8.3.4　η_e 模

存在另一种通行粒子不稳定性,它类似于 ITG 模,但是离子和电子互换了角色。这就是 η_e 模或称电子温度梯度(ETG)模。它可以归类为"静电模",因为即使没有相关的电磁扰动,它仍然可以存在。但对于典型的托卡马克条件,电磁扰动是重要的,对电子热输运有重要的影响。

η_e 模的垂直波长在电子的拉莫尔半径和离子的拉莫尔半径之间。故有 $k_\perp \rho_i \gg 1$,因此在式(8.3.3)中 $J_0(z) \to 0$,结果 $g = 0$ 使得离子的响应是玻耳兹曼分布。电子的响应可以通过将回旋动力学方程(8.3.3)中的下标 i 替换成 e 后计算出来。按照与 ITG 模类似的分析，其本征值方程与式(8.3.6)相同，只是下标 i 和 e 交换。取式(8.3.6)的平板极限，即相当于丢掉(包含 $\cos\theta$ 和 $\sin\theta$ 的)第三项，再忽略电子的有限拉莫尔半径效应并假设 $T_e = T_i$，即得到如下 η_e 模的色散关系：

$$-\frac{k^2 v_{Te}^2}{\omega^2}\left[1 - \frac{\omega_{*e}}{\omega}(1 + \eta_e)\right] + 1 + \frac{\omega_{*e}}{\omega} = 0$$

在 $\eta_e \gg 1$ 的极限情形下，存在一个不稳定的模，它的复频率是 $\omega \approx (-k^2 v_{Te}^2 \eta_e \omega_{*e})^{1/3}$。

为了得到不稳定性基本要素的简单图像，上面对 η_e 模的分析中忽略了电磁扰动。电磁扰动的重要性可以通过考虑安培定律来说明：

$$k_\perp^2 A_\parallel = \mu_0 j_\parallel$$

其中，$A_\parallel$ 是扰动矢势，$j_\parallel$ 是扰动电流。在无碰撞等离子体中，该电流可以从电子的平行力平衡方程得到：

$$m_e \omega v_{\parallel e} = e(k_\parallel \tilde\varphi - \omega A_\parallel) - k_\parallel \tilde{p}$$

其中，$v_{\parallel e}$ 是平行于磁场的电子速度扰动，$\tilde{p}$ 是压强扰动。离子因为惯性大故沿着磁场线移动得很缓慢，对电流的贡献可忽略，因此电流为 $j_\parallel = nev_{\parallel e}$。把这个电流表达式代入安培定律，为简单计，忽略压强扰动，得到下面 $A_\parallel$ 和 $\tilde\varphi$ 的关系：

$$\frac{\omega A_\parallel}{k_\parallel \tilde\varphi} = \frac{1}{1 + k_\perp^2 (c/\omega_{pe})^2}$$

其中，$c/\omega_{pe} = (m_e/\mu_0 n e^2)^{1/2}$ 是无碰撞趋肤深度。对于大于电子回旋半径的垂直波长，这个比值在典型托卡马克参数下接近于 1，对 η_e 模精确的定量描述必须考虑磁扰动。因此，要注意 η_i 模和 η_e 模的区别。对于 η_i 模，电子在沿磁场线方向上满足力平衡，所以没有扰动平行电子流和显著的扰动平行电流来驱动磁扰动。电磁扰动的重要性在于它对电子的热输运有重大影响。

8.4　俘获粒子不稳定性

在静电等离子体波中，俘获粒子和通行粒子有不同的行为。特别地，俘获粒子在一个回弹周期上能有效地平均掉其平行速度，因此对于 $\omega < \omega_b$ 的模，俘获粒子的平行动力学没有通行粒子的重要。其次，在回弹轨道中，俘获粒子不会经历完整的极向和环向圆周，因此表现出一些稳定性特点，这与磁镜约束的粒子相似。这产生了新的一类不稳定性——俘获粒子模。它可以分成两种：耗散的，其中碰撞频率在稳定性中起重要作用；无碰撞的，其中碰撞对于不稳定性不是必需的。理论上预言，耗散模更加危险，因此它更可能成为托卡马克等离子体微观湍流的候选机制。然而，无碰撞模的物理更加明晰，能为俘获粒子和通行粒子的不同动力学提供有用的解释。因此 8.4.1 节描述无碰撞俘获粒子模，随后描述耗散俘获粒子模。

8.4.1　无碰撞俘获粒子不稳定性

无碰撞俘获粒子不稳定性的基本特征可以这样来理解：对于相速度足够低($\omega/k_\parallel \ll v_{Tj}$)的等离子体振荡，此时相比于两种通行粒子的平行速度，这种振荡可忽略。这样，所有通行粒子动力学主要由其平行运动支配，就像通行粒子不稳定性中的电子一样，它们满足玻耳兹曼分布：

$$\tilde{n}_{\mathrm{p}j} = -n\left(1 - \sqrt{2\varepsilon}\right)\frac{e_j\tilde{\varphi}}{T_j}$$

其中，下标 p 表示通行粒子的贡献，俘获粒子的比例大约是 $\sqrt{2\varepsilon}$，ε 是倒环径比。俘获粒子的回弹平均的平行速度为零，因此相对于通行粒子，粒子漂移对于俘获粒子更加重要。俘获粒子被俘获在磁镜中，因此它们大部分时间都处在托卡马克外侧的坏曲率区。这使得它们容易受到类似于下面所述的槽纹模这样的不稳定性的影响。考虑一个初始的密度扰动，它的平行波长很长，如图 8.4.1 所示。电子和离子的磁场曲率漂移方向相反，这样，它们在通量面内的分量会导致电荷极化（图 8.4.1）。注意，由于俘获粒子大部分时间都在外侧，其特定种类的粒子的曲率漂移有一个优先方向，相应的局部电场所驱动起的小尺度的 $\boldsymbol{E}\times\boldsymbol{B}$ 流会增强初始扰动，导致不稳定性。而通行粒子既经过好曲率区又经过坏曲率区，故它们的这种效应被平均掉了，但通行粒子提供了一种背景"海"，它虽不会以这种方式响应扰动，但倾向于减小不稳定性的增长，所以在讨论中保留它们的贡献是很重要的。因此，为了描述这种不稳定性，必须同时保留磁场曲率和 $\boldsymbol{E}\times\boldsymbol{B}$ 漂移，以及主要的通行粒子动力学物理机制。

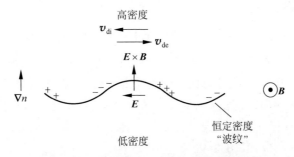

图 8.4.1　俘获粒子不稳定性的物理机制

俘获粒子的曲率漂移引起电荷极化，进而导致 $\boldsymbol{E}\times\boldsymbol{B}$ 流，它会增大初始密度波的振幅，导致不稳定性

对于这种无碰撞俘获粒子模，有限拉莫尔半径效应不重要，俘获粒子对静电扰动的响应由漂移动力学方程描述。忽略掉回弹平均的平行动力学后，可得到俘获粒子的响应为

$$\tilde{n}_{\mathrm{t}j} = -\sqrt{2\varepsilon}\,n\,\frac{e_j\tilde{\varphi}}{T_j} + \sqrt{2\varepsilon}\int g_{\mathrm{t}j}\,\mathrm{d}^3v$$

且

$$(\omega - \bar{\omega}_{\mathrm{d}j})\,g_{\mathrm{t}j} = (\omega - \omega_{*j}^{\mathrm{T}})f_{\mathrm{M}j}\,\frac{e_j\tilde{\varphi}}{T_j}$$

其中，下标 t 表示俘获粒子的贡献，物理量上的横线表示对回弹周期平均。分布函数的非玻耳兹曼部分 $g_{\mathrm{t}j}$、磁漂移频率 $\omega_{\mathrm{d}j}$ 和与速度相关的逆磁频率 ω_{*j}^{T} 的定义见 8.3 节。假设准中性成立，将所有剩下的量沿俘获粒子回弹轨道作平均，得到色散关系：

$$\frac{1}{\sqrt{2\varepsilon}}\left(\frac{1}{T_{\mathrm{i}}} + \frac{1}{T_{\mathrm{e}}}\right) = \frac{1}{T_{\mathrm{i}}}\frac{\omega - \omega_{*\mathrm{i}}}{\omega - \bar{\omega}_{\mathrm{di}}} + \frac{1}{T_{\mathrm{e}}}\frac{\omega - \omega_{*\mathrm{e}}}{\omega - \bar{\omega}_{\mathrm{de}}} \tag{8.4.1}$$

容易求解这个方程来得到 ω，但是通过取 $T_{\mathrm{e}} = T_{\mathrm{i}}$ 并考虑大环径比极限，可以得到一个特别简单直观的复频率 ω 的表达式：

$$\omega^2 = \bar{\omega}_{\mathrm{de}}\left(\bar{\omega}_{\mathrm{de}} - \sqrt{2\varepsilon}\,\omega_{*\mathrm{e}}\right)$$

可见对于随小半径递减的密度剖面情形，当 $\sqrt{2\varepsilon}R/|L_n|>1$ 时，不稳定性发生。通过增长率与 ω_{*e} 和 $\bar{\omega}_{de}$ 的依赖关系，可以明显看出扰动的 $E\times B$ 漂移和磁场曲率漂移在其中的重要作用。

8.4.2 耗散俘获粒子不稳定性

碰撞变得重要的条件是等效碰撞频率与相关的漂移频率在同一量级。在这种条件下，碰撞提供了俘获粒子可以被散射成通行粒子(或其逆过程)的机制。这导致了碰撞的(或耗散的)俘获粒子模。下面将给出两个例子。对于俘获离子模，俘获的电子和离子在不稳定性中都起作用，这是 8.4.1 节描述的无碰撞模的耗散版本。这时，离子的碰撞是致稳的，而电子的是去稳的。在第二个例子中，俘获离子不起作用，稳定性由俘获电子动力学决定。这种模被归类为耗散俘获电子模。在这两种情形下，碰撞虽然重要，但也不能太频繁，以至于妨碍俘获粒子完成香蕉轨道。对于所考虑的粒子种类，这要求碰撞频率满足 $\nu_j<\varepsilon\omega_{bj}$，其中 ω_{bj} 是回弹频率。

8.4.3 俘获离子模

这种不稳定性从无碰撞俘获粒子模发展而来。它发生在俘获粒子的等效碰撞频率超过磁漂移频率 ω_{dj} 的时候，这时碰撞频率取代了式(8.4.1)中的 ω_{de} 和 ω_{di}。平衡时，粒子采用麦克斯韦速度分布，这样俘获粒子的比例约为 $\sqrt{2\varepsilon}$。此外，静电扰动会造成分布函数偏离麦克斯韦分布，而碰撞倾向于恢复麦克斯韦分布。因此，保留碰撞效应的基本物理的简单模型可以这样来构造：在俘获粒子的连续性方程中加上一项，如下所示：

$$\frac{\partial n_{tj}}{\partial t}+\frac{B\times\nabla\varphi}{B^2}\cdot\nabla n_{tj}=-\frac{\nu_j}{\varepsilon}(n_{tj}-\sqrt{2\varepsilon}n)\tag{8.4.2}$$

其中左边第二项表示 $E\times B$ 漂移造成的对流。等效俘获粒子碰撞频率为 ν_j/ε，它将俘获粒子密度的比例维持在约 $\sqrt{2\varepsilon}n$。注意，这里没有保留磁漂移频率，因为这是由有效碰撞频率主导的，$\nu_j/\varepsilon>\omega_{dj}$，即

$$1>\nu_{*j}>\frac{(k_\theta\rho_j)q}{\sqrt{\varepsilon}}$$

其中，$\nu_{*j}=\nu_j/\varepsilon\omega_{bj}$ 是粒子的比(无量纲)碰撞率。线性化方程(8.4.2)，并忽略掉平衡电场，则俘获粒子密度扰动的非玻耳兹曼部分为

$$\frac{\tilde{n}_{tj}}{n}=\sqrt{2\varepsilon}\left(\frac{\omega-\omega_{*j}}{\omega+i\nu_j/\varepsilon}\right)\frac{e_j\bar{\varphi}}{T_j}$$

两种通行粒子的响应再次由其玻耳兹曼分布来描述，然后由准中性条件给出色散关系：

$$\frac{1}{\sqrt{2\varepsilon}}\left(\frac{1}{T_e}+\frac{1}{T_i}\right)=\frac{1}{T_i}\left(\frac{\omega-\omega_{*i}}{\omega+i\nu_i/\varepsilon}\right)+\frac{1}{T_e}\left(\frac{\omega-\omega_{*e}}{\omega+i\nu_e/\varepsilon}\right)$$

这个方程可以有一个不稳定的根，其特征可以通过下述简化来说明：考虑 $\nu_e/\varepsilon\gg\omega$ 的极限，并将右边最后一项看成扰动，即可得出其根是

$$\omega=\frac{\sqrt{2\varepsilon}}{1+\tau}\omega_{*e}-i\frac{\nu_i}{\varepsilon}+i\frac{\varepsilon^2}{(1+\tau)^2}\frac{\omega_{*e}^2}{\nu_e}$$

这清楚地给出了两种粒子碰撞频率的竞争本质,电子是解稳的,而离子是致稳的。对于这里假设的高电子碰撞频率,离子"获胜",模是稳定的。然而,当 $\nu_e \approx \varepsilon^{3/2}\omega_{*e}$,$\omega$ 的虚部达到最大时,它是正的,因而模是不稳定的。对于一组典型参数,图 8.4.2 说明了这一情况,其中增长率为电子碰撞频率的函数。

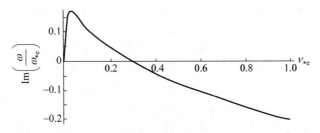

图 8.4.2　对于俘获离子模,增长率随电子碰撞率 ν_{*e} 的变化
假设 $\nu_i = (m_e/2m_i)^{1/2}\nu_e$,其他参数固定

8.4.4　耗散性俘获电子模

另一种类型的耗散性俘获粒子模与 8.3 节所述的电子漂移波模有关。在这种模中,俘获离子不起关键作用,它由俘获电子碰撞和电子温度梯度的共同作用来驱动。在这一简单模型中,扰动 $\boldsymbol{E} \times \boldsymbol{B}$ 漂移是唯一保留的漂移。对不稳定性驱动的主要贡献来自于低能俘获电子,而且必须保留电子碰撞频率对速度的依赖性。在最简单的模型中,俘获粒子的等效碰撞频率具有 $\nu_{eff} = \nu_e v_{Te}^3/(\varepsilon v^3)$ 的形式,俘获电子分布函数的非玻耳兹曼部分 g_{te} 可以从漂移方程计算出来:

$$(\omega + \mathrm{i}\nu_{eff})\, g_{te} = -\sqrt{2\varepsilon}\,\frac{e\phi}{T_e} f_M(\omega - \omega_{*e}^T)$$

对于俘获电子,回弹平均消除了其平行运动,但对于通行电子,平行运动在其动力学中占主导,因此需采用玻耳兹曼分布。与式(8.3.1)的漂移波量级关系一致,忽略离子的平行速度,利用离子连续性方程,可以得到如下的离子密度扰动表达式:

$$\tilde{n}_i = n\,\frac{\omega_{*e}}{\omega}\,\frac{e\bar{\varphi}}{T_e}$$

这样,由准中性条件可以给出色散关系:

$$\frac{\omega}{\omega_{*e}} = 1 + \sqrt{2\varepsilon} \int \frac{\omega - \omega_{*e}^T}{\omega + \mathrm{i}\nu_{eff}} f_M \mathrm{d}^3 v \tag{8.4.3}$$

其中假设含积分的项 $\ll 1$,因此模频率接近 $\omega = \omega_{*e}$,在极限 $\nu_{eff} \gg \omega_{*e}$ 时,增长率为

$$\gamma = \sqrt{2\varepsilon}\,\omega_{*e} \int \frac{\omega_{*e}^T - \omega_{*e}}{\nu_{eff}} f_M \mathrm{d}^3 v$$

现在,碰撞频率对速度的依赖性的关键作用就明显了,因为没有它就没有增长。然而,利用这里假设的碰撞频率模型,可以得到的不稳定性的增长率为

$$\gamma \propto \varepsilon^{3/2}\,\frac{\omega_{*e}^2}{\nu_e}\,\eta_e$$

这种不稳定性的主要驱动来自电子温度梯度,虽然对于 $\eta_e \propto \varepsilon$ 的情形,磁场曲率变得重要并且也会导致慢一点的不稳定性。

8.5 微撕裂模

微撕裂模不同于 8.3 节和 8.4 节所描述的模。在这里磁扰动变得重要,它可以导致小尺度的磁岛。在这方面,这些模与 6.8 节描述的大撕裂模相似。然而,这里考虑的模具有短波长和高极向模数 m。在这种情况下,撕裂参数 $\Delta' \approx -2m/r$ 是负的。因此,基于电阻性 MHD 的标准撕裂模理论,可预言它是稳定的。但这时有两种效应可以与 Δ' 竞争,导致磁扰动增长到饱和磁岛。首先,磁岛结构的非线性效应可以改变原来的等离子体平衡和相应的粒子漂移,所以会产生线性理论所没有的驱动机制。饱和磁岛宽度取决于占优势的非线性驱动与致稳的 Δ' 之间的平衡。这些非线性磁岛将在后面讨论。其次,动力学效应会导致微撕裂不稳定性。在充分碰撞的等离子体中,这种不稳定性由电子温度梯度驱动。这些模由线性理论描述,因此我们首先讨论。

电子和离子对磁扰动的响应是不同的,很大程度上这是由于它们的质量不同。不同的电荷流引起的电流扰动必须满足安培定律:

$$\frac{\partial^2 A_\parallel}{\partial x^2} = -\mu_0 j_\parallel \tag{8.5.1}$$

其中,x 表示到有理面的径向距离,$A_\parallel$ 和 $j_\parallel$ 分别是平行于平衡磁场的扰动磁矢势和电流密度分量。方程(8.5.1)是近似方程,假设主要变化在 x 方向。实际上,电流高度局限在有理面附近。为了说明这一点,可以很方便地引入一个螺旋磁扰动,其形如

$$A_\parallel = -\tilde{\psi} e^{-i\xi} e^{\gamma t} \tag{8.5.2}$$

其中,$\xi = m(\theta - \phi/q_s)$,$q_s = m/n$ 是有理磁面处的安全因子;θ 和 ϕ 分别是极向角和环向角;γ 是增长率。在这一近似中,$A_\parallel$ 通过 $B_r = (im/r)A_\parallel$ 与径向磁场扰动相关联。随时间变化的磁扰动引起一个电场,$E_\parallel = -\gamma A_\parallel$,它会在磁场方向加速电子。离子要重得多,因此不受这一对电场有贡献的电磁项的影响。这样一来就产生了电荷积累,导致了扰动静电势 φ,如图 8.5.1 所示。所产生的静电场与前述的电磁贡献项相反,故净电场为

$$E_\parallel = -\gamma A_\parallel - ik_\parallel \varphi$$

在由 $v_\parallel > \omega/k_\parallel$ 定义的相空间区域,平行于磁场的电子速度比波的相速度要快,于是电子会有效地使对 $E_\parallel$ 的电磁贡献项"短路",从而 $k_\parallel \varphi \approx i\gamma A_\parallel$,不会产生电流。这样电流只会出现在 $\omega/k_\parallel v_\parallel > 1$ 的情形下。由于 $k_\parallel = (m/r)x/L_s$,对于热速度,它对应于有理面附近的一个窄层。

由式(8.5.1)对跨越电流层的积分,可以得到:

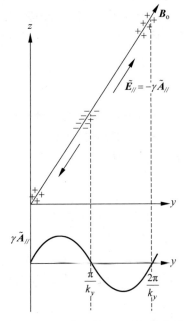

图 8.5.1 电荷积累——对矢势的平行分量 $A_\parallel$ 的时间相关的扰动的响应

$$\left.\frac{\partial A_\parallel}{\partial x}\right|_{x=l} - \left.\frac{\partial A_\parallel}{\partial x}\right|_{x=-l} = -\mu_0 j_\parallel d \tag{8.5.3}$$

其中积分限 l 远大于电流片的宽度 d，但小于平衡标长。式(8.5.3)左边是 $A_{//}$ 的径向导数在电流层两边的跃变，它必须与外部解的变化相匹配，这个外部解表示为

$$\Delta' = \frac{1}{A_{//}^{\text{out}}}\left(\frac{\partial A_{//}^{\text{out}}}{\partial x}\bigg|_{r=r_s^+} - \frac{\partial A_{//}^{\text{out}}}{\partial x}\bigg|_{r=r_s^-}\right) \tag{8.5.4}$$

其中，$r_s^{\pm}$ 是小半径分别从 $r > r_s$ 和 $r < r_s$ 两边趋近有理面 $r = r_s$ 时的极限值。所需的 $A_{//}^{\text{out}}$ 是理想 MHD 方程在电流层外的解。由式(8.5.3)和式(8.5.4)匹配得到色散关系：

$$\Delta' A_{//} = -\mu_0 j_{//} d \tag{8.5.5}$$

对于这里考虑的高 m 扰动，当 $r < r_s$ 时，$A_{//}^{\text{out}} \propto r^m$；当 $r > r_s$ 时，$A_{//}^{\text{out}} \propto r^{-m}$。故有 $\Delta' = -2m/r$。通常，这个外部解可用 6.8 节描述的处理宏观撕裂模的方法得到。

在电流层区域，计算电流 $j_{//}$ 和层宽度 d 时必须包含动力学效应。模的增长率可从匹配条件(8.5.5)导出(如刚才简单解析模型所描述的)。线性微撕裂模的增长率的精确数值计算结果如图 8.5.2 所示。可以看出，在低碰撞频率和高碰撞频率下，微撕裂模都是稳定的，但是存在一个中等碰撞频率的窗口，如果在此处又存在电子温度梯度，则模是不稳定的。

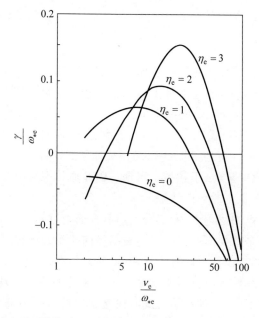

图 8.5.2　作为电子碰撞频率 ν_e 的函数的线性微撕裂模增长率的数值计算结果
图中考虑了 4 种不同电子温度梯度参数 η_e 的值(Gladd, N. T., *et al.*, *Physics of Fluids* **23** 1182 (1980))

微撕裂模不稳定性的详细机制是复杂的。然而，在"半碰撞"运行模式下，可以给出一个用于描述微撕裂模基本物理机制的有用模型。在该模式下，沿场线方向的电子流速 $v_{//}$ 受到与离子碰撞的限制。因此平行粒子流 $nv_{//} = D_e k_{//} n$，其中 $D_e = v_{Te}^2/\nu_e$ 是碰撞扩散系数，故有 $v_{//} = k_{//} D_e$。正如前面所讨论的，电流层存在于电子平行流小于扰动相速度的区域，于是可得其层宽与增长率的关系为

$$k_{//} v_{//} = k_{//}^2 v_{Te}^2/\nu_e = k_y^2 d^2 v_{Te}^2/(L_s^2 \nu_e) = \gamma \tag{8.5.6}$$

在早期计算中，层内的静电势是忽略的，这样电流扰动仅仅为

$$j_{//} = E_{//}/\eta = -\gamma A_{//}/\eta \tag{8.5.7}$$

其中,η 是等离子体电阻率。将式(8.5.5)、式(8.5.6)和式(8.5.7)联立,即可得到增长率:

$$\gamma \propto \gamma_0^{2/3} \nu_e^{1/3}$$

其中,γ_0 是无碰撞极限时的增长率:

$$\gamma_0 \propto \frac{k_y v_{Te} \Delta'}{L_s} \left(\frac{c}{\omega_{pe}}\right)^2$$

其中,c/ω_{pe} 是无碰撞趋肤深度。然而,后来更详细的计算表明,层内的静电扰动是重要的,这样,在没有等离子体密度和温度梯度时,高 m 模是稳定的。当引入这些梯度后,横越磁场的漂移会对磁扰动产生额外的驱动,这会通过 $\nabla \cdot \mathbf{j}_{\!/\!/} = -\nabla \cdot \mathbf{j}_{\perp}$ 改变平行电流。这种驱动来自于电子温度梯度参数 η_e。在电子漂移动力学方程中,系数 η_e 与速度有关,因此,在通过速度空间积分来定量计算该系数时,必须注意要采用正确的速度依赖关系。实际上,如果没有速度权重存在,系数 η_e 是零。然而,考虑到碰撞对速度的依赖关系,当 η_e 足够高时,就会发生微撕裂模不稳定性。它相当于保留了 2.23 节所讨论的所谓“热力”。在半碰撞模式下,增长率的近似解析形式为

$$\frac{\gamma}{\omega_{*e}} = \left[\frac{2\Gamma(17/4)}{\sqrt{\pi}\,\Gamma(11/4)}\right]\frac{\eta_e(1+5\eta_e/4)}{\nu_e/\omega_{*e}} + \left[\frac{3}{8\sqrt{2}\,\pi^{1/4}\,\Gamma(11/4)}\right]\frac{\Delta'}{\rho_e}\left(\frac{c}{\omega_{pe}}\right)^2\frac{L_n}{L_s}\frac{(\nu_e/\omega_{*e})^{1/2}}{(1+5\eta_e/4)^{1/2}}$$

$$(8.5.8)$$

方程式(8.5.8)展示了由 Δ' 衡量的场线弯曲(起致稳作用)与由 η_e 衡量的电子温度梯度驱动之间的竞争。式(8.5.8)表明,温度梯度有两种效应。它减小了场线弯曲项,同时又为去稳项提供驱动。这个模在 $\eta_e = 0$ 时是稳定的。

对于足够高的碰撞频率,式(8.5.8)预言了稳定性;而对于低碰撞频率,这时驱动占主导,模是不稳定的。式(8.5.8)是用 ω_{*e}/ν_e 展开来推导的,因此在极限 $\nu_e \to 0$ 时无效。然而,如果不考虑碰撞,也就没有热力,于是稳定可期。因此增长率在中等电子碰撞频率时达到最大,这在定性上符合图 8.5.2 的数值结果。

在上面关于微撕裂模的讨论中,专门分离出有理面附近的一个窄“层”。在这个窄层中,等离子体惯性和电阻率是重要的。但如果与磁场径向扰动分量相关的磁岛宽度超过前述所谓的“电阻层”的宽度,那么线性理论将不适用,此时必须考虑磁岛结构对等离子体密度和温度剖面的影响。这些非线性效应会对磁岛增长产生额外的驱动。理论表明,即使在低碰撞频率和高碰撞频率条件下(线性理论认为此时模是稳定的),托卡马克中仍可能存在小尺度的磁岛。

最简单的非线性理论已在 7.3 节叙述,它适用于大尺度磁岛,其宽度远大于离子拉莫尔半径,并由磁岛外的电流梯度驱动。当 $\Delta' > 0$ 时,磁岛增大,其宽度 w 以正比于参数 Δ' 的速度发展。而在微撕裂模的情形下,$m \gg 1$,于是 $\Delta' \approx -2m/r$,因此这种最简单的理论认为不会产生这样的磁岛。然而,磁岛本身可以扰动平行于平衡磁场的平衡电流密度,这给磁岛增大提供了额外的驱动力。饱和磁岛宽度由该驱动与致稳的负 Δ' 之间的平衡决定。

有几种可能的驱动机制。第一,磁岛内的重联通量使得密度和温度剖面在整个磁岛上变平,这会减小自举电流。由此产生的扰动为 7.3 节讨论的新经典撕裂模提供了驱动。第二,磁岛的存在会通过电子温度扰动来改变附近的等离子体电阻率。这种温度扰动来自净的局域功率密度输入 P(由欧姆加热和辅助加热产生的功率源减去辐射和电子-离子传热形成的功率漏)与电子热传导之间的对抗。磁岛内外场线的不同拓扑结构也会影响功率平

衡关系,温度扰动导致的电阻率变化会产生电流扰动。如果磁岛内的净输入功率与磁剪切之比 P/s 为负,那么该电流可以维持磁岛,由此产生的饱和磁岛被称为"热岛"。驱动机制的另一个例子来自磁岛结构对离子和电子漂移的影响。有限离子拉莫尔半径效应导致两种粒子有不同的跨场漂移。这会产生一个垂直电流,由 $\boldsymbol{\nabla} \cdot \boldsymbol{j} = 0$ 可知,这时存在一个能维持磁岛、反抗 Δ' 的致稳作用的平行电流。详细的计算表明,这些所谓的"漂移"磁岛的存在同样取决于参数 η_{e}(电子密度标长与温度标长之比)。尤其是,只要 η_{e} 在一定范围内,漂移效应可以维持磁岛。这个范围的大小由磁岛的传播速度决定,它反过来又取决于占主导的耗散机制。因此,漂移效应导致磁岛增长的 η_{e} 的范围取决于托卡马克等离子体的碰撞频率范围。但要确定这个频率的具体范围却需要相当精细的推算。

参考文献

微观不稳定性

有关托卡马克中的微观不稳定性的综述性文献见

Kadomtsev, B. B. and Pogutse, O. P., Turbulence in toroidal plasmas. *Reviews of plasma physics* (ed. Leontovich, M. A.), Consultants Bureau, New York, Vol. 5, 249 (1975).

Tang, W. M. Microinstability theory in tokamaks. *Nuclear Fusion* **18**, 1089 (1978).

Connor, J. W. and Wilson, H. R. Survey of theories of anomalous transport. *Plasma Physics and Controlled Fusion* **36**, 719 (1994).

通行粒子不稳定性

首篇讨论剪切平板位形等离子体中的电子漂移波模并指出剪切阻尼的文章是

Pearlstein, L. D. and Berk, H. L. Universal eigenmode in a strongly sheared magnetic field. *Physical Review Letters* **23**, 220 (1969).

但这篇文章对电子朗道共振对不稳定性的驱动作用的处理并不正确,见如下两篇文献:

Ross, D. W. and Mahajan, S. M. Are drift waves unstable? *Physical Review Letters* **40**, 324 (1978).

Tsang, K. T., *et al*. 'Absolute universal instability' is not universal. *Physical Review Letters* **40**, 327 (1978).

首篇讨论托卡马克的环形几何对剪切阻尼的影响的文章:

Taylor, J. B. Does magnetic shear stabilize drift waves? *Plasma physics and controlled nuclear fusion research* (Proc. 6th Int. Conf., Berchtesgarten 1976) Vol. 2, 323 I. A. E. A. Vienna (1977).

随后有人运用气球变换对该问题进行了更细致的研究:

Hastie, R. J., Hesketh, K. W., and Taylor, J. B. Shear damping of two-dimensional drift waves in a large aspect ratio tokamak. *Nuclear Fusion* **19**, 1223 (1979).

另一篇重要的文献:

Cheng, C. Z. and Chen, L. Unstable universal drift eigenmodes in toroidal plasmas. *Physics of Fluids* **23**, 1771 (1980).

该文证实了托卡马克中一类新的电子漂移波模,即环形分支,这在平板位形等离子体中是不存在的。但文中对于环效应的处理只在逆磁漂移频率极大值对应的径向位置处成立。随后有人对这些不稳定性理论进行了改进,并揭示了一类更为一般的环效应模式,且对于任何径向位置都成立。这些模会表现出与平板位形相当量级的剪切阻尼,见下文:

Connor, J. W., Taylor, J. B., and Wilson, H. R. Shear damping of drift waves in toroidal plasmas. *Physical Review Letters* **70**, 1803 (1993).

关于 ITG 模的早期工作见

Galeev，A. A.，Oraevskii，V. N.，and Sagdeev，R. Z. 'Universal' instability of an inhomogeneous plasma in a magnetic field. *Zhurnal-Experimentalnoi i Teoretiches-koi Fiziki* **44**，903（1963）（*Soviet Physics JETP* **17**，615（1963））.

下文对平板位形下的 ITG 模给出了较好的描述:

Horton，W. and Varma，R. K. Electrostatic slab theory of tokamaks from two-component fluid equations. *Physics of Fluids* **15**，620（1972）.

下文首次提及了环位形下的 ITG 模的特性:

Horton，W.，Choi，D.，and Tang，W. M. Toroidal drift modes driven by ion pressure gradients. *Physics of Fluids* **24**，1077（1981）.

对环位形下线性模特征的详细描述见

Guo，S. C. and Romanelli，F. The linear threshold of the ion-temperature-gradient-driven mode. *Physics of Fluids* **B5**，520（1993）.

下文也指出了一类普适的 ITG 模:

Romanelli，F. and Zonca，F. The radial structure of the ion-temperature-gradient-driven mode. *Physics of Fluids* **B5**，4081（1993）.

其模结构与上面讨论的一般环形电子漂移波模类似。η_e 模在下文中有详细提及:

Lee，Y. C.，*et al*. Collisionless electron temperature gradient instability. *Physics of Fluids* **30**，1331（1987）.

俘获粒子不稳定性

俘获粒子模在下述综述中有介绍:

Kadomtsev，B. B. and Pogutse，O. R. Trapped particles in toroidal magnetic systems. *Nuclear Fusion* **11**，67（1971）.

该文在考虑俘获离子模时假设了不存在离子温度梯度，$\eta_i = 0$，于是离子碰撞是去稳的。在后来的一篇文章

Biglari，H.，Diamond，P. H.，and Rosenbluth，M. N. Toroidal ion pressure gradient driven drift instabilities and transport revisited，*Physics of Fluids* **B1**，109（1989）

中研究了 $\eta_i > 0$ 的作用，结果发现在 $\eta_i > 4/3$ 时，离子碰撞变得去稳，能量来源于离子压强梯度中所含的自由能。下文推导出了俘获电子模的阈值的解析值:

Manheimer，W. M.，*et al*. Marginal stability calculation of electron temperature profiles in tokamaks. *Physical Review Letters* **37**，287（1976）.

下文通过数值方法更全面地研究了俘获电子模(和其他模)不稳定性:

Rewoldt，G.，Tang，W. M.，and Chance，M. S. Electron kinetic toroidal eigenmodes for general magnetohydro-dynamic equilibria. *Physics of Fluids* **25**，480（1982）.

微撕裂模

Drake 等人的一系列文章对微撕裂模不稳定性的线性理论进行了研究。该不稳定性的物理图像见

Drake，J. F. and Lee，Y. C. Kinetic theory of tearing instabilities. *Physics of Fluids* **20**，1341（1977）.

下述综述论文总结了微撕裂模不稳定性的非线性理论，并给出了详尽的参考资料:

Smolyakov，A. I. Non-linear evolution of tearing modes in inhomogeneous plasmas. *Plasma Physics and Controlled Fusion* **35**，657（1993）.

第 9 章
等离子体与表面的相互作用

9.1　等离子体与约束表面的相互作用

　　杂质的存在会给托卡马克等离子体带来很多问题。其一就是能量的辐射损失,这种辐射损失源于部分电离离子的线辐射。其二为燃料的稀释,由于杂质原子电离产生大量电子,所以对于一定的等离子体压强,这些电子将会稀释燃料粒子。所以高密度的杂质会阻碍等离子体加热。这个问题在等离子体起始阶段尤为显著,因为杂质引起的辐射在未完全电离的低温情况下最为强烈。同时,杂质还会引起边界冷却并改变电流分布,最终引起破裂。图 4.26.2 展示了会辐射损失相当于总核能的 10% 的杂质的相对含量。高原子序数的杂质显然比低原子序数的杂质带来的问题严重。

　　杂质有两种来源,一是等离子体与材料表面的各种相互作用,二是反应堆聚变产生的氦。以低结合能吸附在材料表面的杂质,如水和一氧化碳分子,是最容易被释放到等离子体中的杂质。固体材料内部同样也有大量杂质,如碳、氯、硫等,它们能够转移至固体表面。这些杂质可以通过热脱附或因受到离子、原子、电子、光子的轰击而释放到等离子体中。通常它们可通过真空室烘烤或辉光放电清洗来排除。壁材料还会通过溅射、电弧放电和蒸发等过程引入到等离子体中。溅射是指当高能离子(氢或杂质离子)轰击固体表面时,释放出原子的一类动量传播过程。壁材料还可能受到中性原子的轰击而产生溅射。这些中性原子是由等离子体中的热离子与冷的中性原子之间的共振电荷交换作用产生的。电弧放电可以发生在等离子体与器壁(或限制器)之间,由鞘电势驱动。当热负荷大到足以将材料表面加热至熔点时,则会出现蒸发现象。这些过程的具体细节将在本章的后续各小节中给出。

　　流向材料表面的粒子流主要是由等离子体芯部向边界的扩散或边界上中性粒子的电离引起的。在边界层,等离子体沿磁场线运动,随后作用于固体表面。由湍流引发的一些横越磁场流向器壁的输运也会发生。射向器壁的离子会复合成中性原子,并通过背散射或其他途径返回到等离子体中。该过程称为再循环。器壁释放的中性原子进入等离子体后会与电子发生碰撞,进而使电子被激发并电离。

　　在磁约束装置中,等离子体被约束在闭合磁面内。闭合磁面通常是外部线圈产生的磁场与等离子体电流产生的磁场共同作用的结果。这种闭合磁场位形只能存在于装置内的有限体积中,可以就此定义一个由所谓"最后闭合磁面"(LCFS)确定的边缘区。LCFS 的形状取决于磁场结构,但闭合磁面有可能受到固体表面的遮断,这个固体表面就决定了 LCFS 的位置。这样的固体表面称为限制器。在不存在固体表面的情形下,闭合磁面将完全取决于磁场结构。故在 LCFS 之外,等离子体将流向固体表面并最终与之相互作用,这即是偏滤器的基本位形。图 9.1.1 对这两种情况进行了比较。二者的基本差别在于在限制器的情形下,LCFS 与一个靠近等离子体的固体表面接触。而在偏滤器的情形下,该固体表面与LCFS 有一定距离。

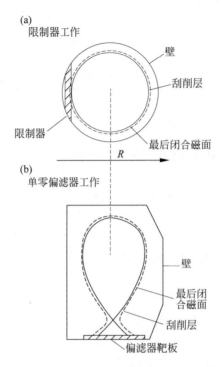

图 9.1.1　托卡马克中的极向磁面示意图
(a) 限制器工作原理;(b) 极向偏滤器工作原理
图中环向磁场垂直于纸面

9.2　等离子体鞘

　　中性气体与吸收性的固体表面接触时,它流向该表面的速度为其热速度,这个速度是声速乘以一个数值系数。而在等离子体情形下,流向吸收性固体表面的流速大小依旧在声速附近,但其基本行为要复杂得多。

　　我们知道,电子的热速度要比离子的热速度大一个由二者质量比的平方根确定的系数。但在鞘层内,会建立起一个电场来使二者的流速相等,即增加离子流速,并减小电子流速。最终的流速由电子和离子的总压强驱动,并受制于离子的惯性。这个电场主要位于材料表面的一个薄的鞘层内,其厚度为几个德拜长度。在它之外还有一个小的电场,称为预鞘区,它将延伸到等离子体内更深的地方。图 9.2.1 展示了鞘层附近的电势、离子速度、电子与离子密度的空间分布。

　　电势分布可用泊松方程描述:

$$\frac{\mathrm{d}^2\varphi}{\mathrm{d}x^2} = \frac{e}{\varepsilon_0}(n_e - n_i) \tag{9.2.1}$$

其中,n_e 和 n_i 是电子和离子的密度。此处定义鞘边界电势为零,则电子分布服从玻耳兹曼规律：

$$n_e = n_0 \exp \frac{e\phi}{T_e} \qquad (9.2.2)$$

此时若离子能量满足

$$\frac{1}{2} m_i v_i^2 = \frac{1}{2} m_i v_0^2 - e\phi$$

其中，v_0 是离子进入鞘层时的速度，就可以得到一个简化的 n_i 表达式。由于离子通量 $n_i v_i$ 为常数，可得：

$$n_i = n_0 \left(\frac{\frac{1}{2} m_i v_0^2}{\frac{1}{2} m_i v_0^2 - e\phi} \right)^{1/2} \qquad (9.2.3)$$

其中，n_0 是鞘外的等离子体密度。

由式(9.2.1)和式(9.2.3)给出 ϕ 所满足的微分方程：

$$\frac{d^2\phi}{dx^2} = \frac{n_0 e}{\varepsilon_0} \left[\exp \frac{e\phi}{T_e} - \left(\frac{\frac{1}{2} m_i v_0^2}{\frac{1}{2} m_i v_0^2 - e\phi} \right)^{1/2} \right]$$

$$(9.2.4)$$

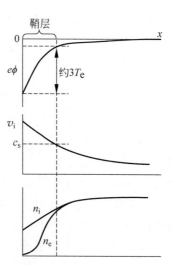

图 9.2.1　等离子体鞘附近的电势、离子速度、电子与离子密度的典型空间分布

令式(9.2.4)在鞘层内的解与鞘外缓变的低电势相匹配，即可得 v_0 的值。于是式(9.2.4)在 ϕ 为小量时可化为

$$\frac{d^2\phi}{dx^2} = \left(1 - \frac{T_e/m_i}{v_0^2} \right) \frac{\phi}{\lambda_D^2} \qquad (9.2.5)$$

其中，λ_D 是德拜长度。式(9.2.5)的缓变解要求

$$v_0 \approx (T_e/m_i)^{1/2} \qquad (9.2.6)$$

上面的计算忽略了离子温度，式(9.2.6)的更一般的形式为

$$v_0 \approx c_s \qquad (9.2.7)$$

在此模型限定的范围内，$c_s^2 \approx (T_e + T_i)/m_i$，即等离子体以声速进入鞘层。

鞘层上的电势差 ϕ_0 取决于这一要求：流向材料表面的净电流应为零。流入鞘层并最终流向材料表面的离子电流密度为

$$j_i = n_0 e c_s \qquad (9.2.8)$$

从鞘层流向材料表面的电子通量为 $\frac{1}{4} n_e \bar{c}_e$，其中 n_e 为材料表面的电子密度，$\bar{c}_e = (8T_e/\pi m_e)^{1/2}$。根据式(9.2.2)，将 n_e 用 n_0 表示，则电子携带的电流密度为

$$j_e = -\frac{1}{4} n_0 e (8T_e/\pi m_e)^{1/2} \exp \frac{e\phi_0}{T_e} \qquad (9.2.9)$$

将式(9.2.8)和式(9.2.9)代入条件 $j_i + j_e = 0$，则有

$$\frac{1}{4} \left(\frac{8T_e}{\pi m_e} \right)^{1/2} \exp \frac{e\phi_0}{T_e} = \left(\frac{T_e + T_i}{m_i} \right)^{1/2}$$

故 ϕ_0 可写为

$$-\frac{e\phi_0}{T_e} = \frac{1}{2} \ln \left[\frac{m_i/m_e}{2\pi(1 + T_i/T_e)} \right] \qquad (9.2.10)$$

对于 $T_i=T_e$ 的氘等离子体，$-e\phi_0=2.8T_e$。

更一般地，应计入电子或离子轰击材料表面所产生的二次电子的影响。这些二次电子将在电场的加速下加速离开鞘层。式(9.2.10)修正后的表达式为

$$-\frac{e\phi_0}{T_e}=\frac{1}{2}\ln\left[\frac{(1-\delta)^2 m_i/m_e}{2\pi(1+T_i/T_e)}\right] \tag{9.2.11}$$

其中，δ 是电子和离子轰击下总的二次电子发射率。

受到离子轰击的材料表面会由于溅射、解吸及别的机制而受到烧蚀。另外热负荷也会导致材料的升华和蒸发。杂质进入等离子体并通过辐射引起等离子体能量损失。这些过程将在9.7节～9.10节和9.12节中描述。如果等离子体与一个有固定电位的材料表面接触，那么等离子体电位将取决于鞘电位。但在等离子体与多个不同电位的材料表面接触时，边界则可能存在电场。例如，在与导体限制器接触的等离子体边界层，电子温度可以沿径向有一定的分布，于是等离子体电位也会沿径向分布，建立起相应的电场。不管这种电场是等离子体边界上自发产生的，还是由人为从外界引入的，它们都会对输运过程产生显著的影响。

等离子体的离子到达材料表面时的速度取决于其热速度和它所跨过的鞘电位，后者由式(9.2.11)给出。离子由鞘层电场加速流向材料表面，当它到达材料表面时，其速度分布非常接近于一个加速粒子的具有截断的麦克斯韦速度分布。电子受到鞘电位的影响而减速，其速度分布为密度降低了的麦克斯韦分布。值得注意的是，由于鞘电位的存在，只有处于麦氏分布的高能尾翼的那些电子能够到达器壁表面从而被实验观察到。假如电子的能量分布是非麦氏分布，那么对电子温度的测量将会有显著的误差，这是由于高能电子的碰撞率远低于低能电子，前者最后一次碰撞可能发生在远离表面的位置，因此其能量分布可能截然不同。图9.2.2展示了实验测得的一个分布的例子。鞘层还会影响流向材料表面的能量流。对于麦氏分布的电子和离子，单位粒子传递到器壁表面的能量为 $2T$。加上鞘层对离子的加速效果，最终流到器壁表面的功率 P 可写为

$$P=n_e c_s T_e\left\{\frac{2T_i}{T_e}+\frac{2}{1-\delta}+\frac{1}{2}\ln\left[\frac{(1-\delta)^2 m_i/m_e}{2\pi(1+T_i/T_e)}\right]\right\} \tag{9.2.12}$$

式(9.2.12)可以更简便地写为

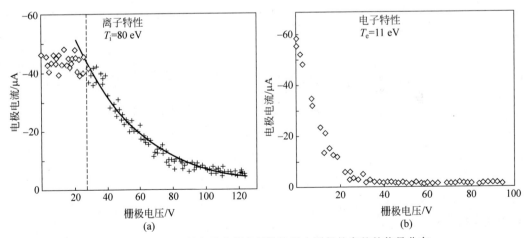

图 9.2.2　DITE 托卡马克等离子体边界上测得的完整的能量分布

(a) 离子；(b) 电子(Pitts, R. A. *Physics of Fluids* **3**, 2871 (1991))

$$P = \gamma_s \Gamma T_e$$

其中,Γ 为离子流密度,γ_s 是鞘功率传输系数。对于 $T_i = T_e$ 且 $\delta = 0$ 的氢等离子体,γ_s 的值约为 6.5。在高密度时,鞘内的碰撞会降低 γ_s 的有效值。

事实上 δ 的值通常接近于 1,故鞘功率传输系数 γ_s 会显著提高。式(9.2.11)说明,δ 的提升会引起鞘电位的降低。故虽然由于空间电荷效应,δ 的值不会超过 0.8,但鞘功率传输系数仍会有很大的不确定性。

9.3　限制器

限制器是用于决定等离子体边界位置的固体表面。它可以采取各种几何形状,如图 9.3.1 所示。最简单的形式为一个垂直于环向场的带圆孔的隔板,孔的直径小于真空室小截面直径,这称为极向限制器。由于托卡马克的磁场线构成闭合磁面,所以即使是一个局部的或点状的等离子体与表面的相互作用,原则上也能决定等离子体边界。不论是哪一种情形,在限制器表面之外,等离子体密度都会沿径向递减。这是因为在刮削层中存在平行损失(见 9.4 节的描述)。在全极向限制器的情形下,连接长度大约为环向周长 $2\pi R$。但实际上,等离子体边界与限制器不可能匹配得如此准确。对于环向限制器的情形,连接长度约为 $2\pi Rq$,这里 q 是安全因子。因此等离子体的刮削层会变宽,其原因是刮削层的衰减长度为 $\lambda_n = (D_\perp L/c_s)^{1/2}$(9.4 节会详述)。对于局部限制器或条状限制器,由于其大小和边界安全因子 q 的关系,其连接长度和 λ_n 的值都会更大。

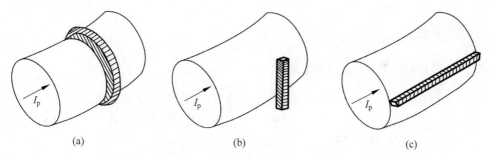

图 9.3.1　不同种类限制器的示意图

(a) 极向限制器；(b) 轨状限制器；(c) 环向限制器

限制器在托卡马克运行中起着很多作用。首先,在出现破裂、逃逸电子或其他不稳定性时,它可以保护器壁免受等离子体接触。为此,限制器常用难熔材料(如碳、钼、钨等)制作。这些材料能够承受很高的热负荷。其次,限制器使得等离子体与材料表面的相互作用只发生在局部。限制器表面的高功率和粒子密度使其吸附的气体、被氧化的表层及其他易解吸的杂质能够快速去除。当只留下干净的底层时,就可以得到并维持杂质水平很低的等离子体。最后,限制器使粒子再循环只发生在局部。相较于其他区域,在限制器周围能够观察到较高的中性粒子密度和较强的辐射。

随着托卡马克能量水平的提升,尤其是当有外部加热时,限制器上的热负荷将会变大。在很多情况下,这会造成材料表面的熔化。可以通过增大环向的接触面面积和改变限制器的形状来使其上的热负荷分布得更加均匀,从而能够在一定程度上控制其表面温度。实际上,由于缺乏足够好的描述横越磁场的输运系数的模型,计算能量分布的衰减长度很困难。

限制器的材料需要满足多种要求。第一,它们必须能够经受得住瞬间的热冲击,尤其是出现大破裂时,热沉积率会更高。第二,它们产生的杂质必须尽可能地少,这意味着限制器材料必须有低的溅射率和低的电弧放电率。第三,所释放出的杂质最好是低原子序数的杂质,以便能够尽量减小等离子体的辐射损失。最后,限制器必须有良好的热导率来传递热量。这些困难的要求很难同时满足。对于低 Z 材料,只有碳和铍能够耐受高的热负荷。高 Z 材料中钨和钼有良好的热性能和低溅射率,见 9.8 节。尤其是它们对溅射有高的能量阈值,因此被视为反应堆用限制器和偏滤器的合适材料。但由于它们属于高 Z 材料,在等离子体中的允许浓度非常低,因此只有在能够确保等离子体边界处于低温的条件下才能够使用。

一般来说,托卡马克等离子体的持续时间很短(<10 s),因此限制器的耐热性能足以承受总的能量沉积。但目前在一些装置上已经实现了较长脉冲的放电,并且未来的装置还会要求稳态工作,因此这些情况不得不考虑。如何设计这类系统将是一项重大的工程问题。

要扩展限制器的接受面积,自然想到环向限制器的概念,就是让限制器绕环向一周,如图 9.3.1(c)所示。这种限制器已成功应用于很多托卡马克中。相比于局部限制器,环向限制器除了便于扩散热负荷之外,还能减小环向的不对称性,简化边界的物理模型。

限制器的主要缺点是杂质会以中性粒子形式脱离表面进入受约束的等离子体中,并在那里被电离。采用偏滤器(见 9.11 节)是缓解这个问题的一个途径,但这会使整个系统变得相当复杂和昂贵。

9.4 刮削层

9.4.1 刮削层内 T_e 和 n_e 的径向分布

在刮削层(SOL)中,横越磁场的垂直粒子流由沿开放磁场线流向限制器或偏滤器靶板的平行流来平衡。图 9.4.1 展示了该过程。为方便起见,通常假设横越磁场的输运是扩散性质的,虽然不论是热扩散系数还是粒子横越磁场的扩散系数通常都远大于新经典理论给出的预期值,因而被称为"反常的"。在稳态下,只要刮削层中没有别的源和汇聚点(如电离),那么对于任何一个通量管,沿着磁场线的通量损失都会由横越磁场的净流入通量来补

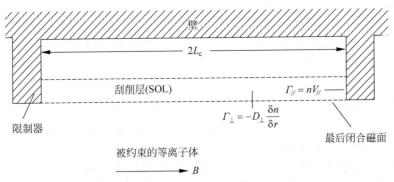

图 9.4.1   从被约束的等离子体流向 SOL 的等离子体流的示意图
其中包含横越磁场的扩散及沿着磁场线流向限制器或偏滤器靶板的运动

偿。根据这个简单图像,有

$$\frac{\mathrm{d}}{\mathrm{d}r}\left(D_\perp \frac{\mathrm{d}n}{\mathrm{d}r}\right)=\frac{nc_s}{L_c} \tag{9.4.1}$$

其中,$D_\perp$ 是横越磁场的扩散系数,L_c 是沿通量管到达驻点的连接长度。假设 $D_\perp$ 和 c_s 与半径无关,这样便可对式(9.4.1)积分,得到:

$$n(r)=n(a)\exp\left[-(r-a)/\lambda_n\right] \tag{9.4.2}$$

其中,

$$\lambda_n=\left(\frac{D_\perp L_c}{c_s}\right)^{1/2} \tag{9.4.3}$$

a 是限制器或最后闭合磁面位置的小半径,λ_n 是刮削层厚度,即密度衰减到 e^{-1} 的标长。

用类似思路来考虑电子的热平衡,得到如下温度剖面:

$$T_e(r)=T_e(a)\exp\left[-(r-a)/\lambda_T\right] \tag{9.4.4}$$

这里近似有

$$1+\frac{\lambda_n}{\lambda_T}=\frac{\delta}{5/2+\chi_\perp \lambda_n/D_\perp \lambda_{T_e}} \tag{9.4.5}$$

其中,λ_{T_e} 是电子温度衰减到 e^{-1} 的标长,$\chi_\perp$ 是横越磁场的热扩散系数。式(9.4.2)和式(9.4.4)给出能量流的径向分布,它与 n_e 和 T_e 的径向剖面类似。

式(9.4.3)和式(9.4.5)用横越磁场的输运参数给出了刮削层中的 e 指数衰减标长。实际上,由于横越磁场的输运系数是未知的,因此用测量得到的 λ_n 和 λ_T 来推导出 $D_\perp$ 和 $\chi_\perp$。在杂质效应很小的情形下,n_e 和 T_e 的指数衰减标长可由静电探针测得,其典型值约为 10 mm。在刮削层内没有源的情况下,利用这些测量值并假设 $T_e=T_i$,就可以计算出 c_s 并导出 $D_\perp$ 的值,后者通常为 1 m² · s⁻¹ 的量级。有实验数据表明,$D_\perp$ 反比于密度。但由于边界上的密度和温度的变化是相关的,因此这种依赖关系同样可以理解为 $D_\perp$ 与温度的依赖关系。$D_\perp$ 的绝对数值通常可通过与玻姆扩散系数 $D_B=T/(16eB)$ 的比较来得到,虽然对 T_e 和 B 的定标关系与此不符。但如果刮削层内有粒子源或能量源的话,输运系数的计算将会变得更加复杂。

事情已经变得越发清楚:用扩散来描述横越磁场的输运是不能令人满意的。在低温高密度导致碰撞率增大的情形下,在大部分托卡马克上,无论是 L 模还是 H 模运行状态,都在刮削层中观察到等离子体湍流。观察表明,密度、电子温度和等离子体电位的归一化涨落水平随距分离面的径向距离增大。涨落沿极向变化,且其幅值在高场侧远远低于低场侧。在中平面的外侧,密度涨落从刮削层中密度平均值的 20% 增长到 100%。高速相机的观察表明,在分离面附近,等离子体形成丝或泡,然后随机地分离并沿径向向外运动。等离子体细丝的尺寸(为 10 mm 量级)远小于垂直(于磁场)方向上的等离子体半径,但远大于沿磁场方向的等离子体半径,如图 7.17.5 所示。

据此得到的径向对流输运似乎能够解释宽的径向密度剖面,以及增强的与器壁的相互作用。这些现象在高密度情形下尤为显著。这种径向输运对再循环和杂质的产生均有影响。

对于带限制器的托卡马克,可以借助粒子的总体平衡来粗略估计最外闭合磁面处的密度。可以发现,边界密度值 $n_e(a)$ 大致与平均密度的平方 $\bar{n}_e^2$ 成正比。图 9.4.2 展示了用该方法得到的预期值与实验数据之间的比较。可以看出,在很宽的实验数据范围内,二者之间都有相当好的一致性。然而,如果在任何一个装置上做等电流扫描,则实验数据的斜率要低于 $n_e(a) \propto \bar{n}_e^2$ 的关系。这个现象很可能是由于边界温度随密度的提高而降低。显然,LCFS 处的密度不可能超过弦平均密度,因此它必然出现饱和。相较于密度,边界温度更难估计,因为它取决于等离子体的辐射功率。

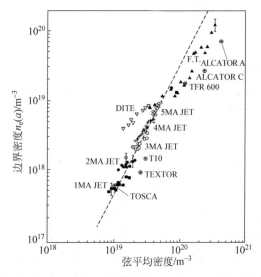

图 9.4.2　一些带限制器的托卡马克的边界密度 $n_e(a)$ 与弦平均密度的平方 $\bar{n}_e^2$ 的关系

虚线表示 $n_e(a) \propto \bar{n}_e^2$

9.4.2　LCFS 外的平行输运

最简单的能再现刮削层内平行于磁场的输运的主要特征的物理模型是绝热流体模型。稳态、绝热、无黏性的一维流体可用粒子数守恒和动量守恒方程描述:

$$\frac{\mathrm{d}}{\mathrm{d}z}(nv) = S \tag{9.4.6}$$

$$nmv \frac{\mathrm{d}v}{\mathrm{d}z} = -\frac{\mathrm{d}p}{\mathrm{d}z} - mvS \tag{9.4.7}$$

其中,S 是由横越磁场的输运或电离作用引起的粒子产生速率,$p = n(T_e + T_i)$,m 是离子质量。式(9.4.7)等号右边第二项是从源出发的粒子的加速引起的拖曳项。由式(9.4.6)和式(9.4.7)可得:

$$\frac{\mathrm{d}M}{\mathrm{d}z} = -\frac{S}{nc_s} \frac{1+M^2}{1-M^2} \tag{9.4.8}$$

其中,$M = v/c_s$ 是马赫数。

由式(9.4.8)可知,在 M 趋近于 1 时,$\mathrm{d}M/\mathrm{d}z$ 趋于无穷,此时等离子体无解。$M=1$ 对应于等离子体鞘层的起始点。式(9.4.6)和式(9.4.7)给出动量守恒条件:

$$\frac{\mathrm{d}}{\mathrm{d}z}(p + nmv^2) = 0$$

于是有

$$\frac{n(M)}{m(0)} = \frac{1}{1+M^2} \qquad (9.4.9)$$

其中,$n(0)$是驻点 $v=0$ 处的密度。由此可见,在 M 趋于 1 时,$n(M)/n(0)$趋于 0.5。

电子密度分布由玻耳兹曼关系式(9.2.2)给出。于是由式(9.4.9)可得等离子体电位 $\phi(M)$:

$$\phi(M) = -\frac{T_e}{e}\ln(1+M^2) \qquad (9.4.10)$$

在 M 趋于 1 时,ϕ 趋于$-0.69T_e/e$。

很多其他的模型,包括流体模型和动力学模型,都被提出用来描述平行流。但对于最重要参数的估计,各模型给出的结果都与绝热流体模型相近。

在与等离子体接触时,材料表面产生并流入刮削层的杂质还会受到预鞘区的电场和其自身压强梯度的影响。此外,它们还受到离子流向限制器时产生的摩擦力的影响。

9.5　再循环和氚滞留

在大多数托卡马克上,放电脉冲长度至少比粒子置换时间大一个数量级。所以平均来说,等离子体中的离子都会在放电过程中多次经历到达偏滤器靶板或限制器再返回到等离子体的过程,这个过程称为再循环。粒子总的置换时间可以定义为 LCFS 内的总粒子数与 LCFS 处的流入通量(亦即流出通量)之比。这里切勿将这个特征时间与中心粒子的约束时间(平衡时间)相混淆,后者是粒子从等离子体芯部损失掉所需的时间,故其量级为 $a^2/D_\perp$,这里 a 是等离子体小半径。对于带限制器的托卡马克,再循环粒子主要以中性粒子的形式进入等离子体,但在横越磁场走过一段径向距离后,就会被电离并被磁场捕获,9.6 节将详细讨论这一过程。对于偏滤器托卡马克,这个过程会更加复杂,绝大部分的电离过程发生在靶板附近,而且在向中心等离子体加料过程中,刮削层和偏滤器各自所起的作用尚不明确。在某些情况下,芯部等离子体中可能没有粒子源,且 LCFS 处的密度取决于自靶板起沿着分离面的密度梯度(见 9.11 节)。这时粒子的约束时间或置换时间也就没什么意义了。

虽然粒子再循环同时牵涉到等离子体和固体材料表面的物理过程,但本节主要集中讨论固体材料里发生的过程。当等离子体中的离子或中性粒子到达固体表面时,会与固体材料中的原子发生一系列的弹性和非弹性碰撞。它既可能在经过一次或多次碰撞后被背散射出固体表面,也可能在固体材料中被减速并被捕获。被捕获的原子可以通过扩散回到固体材料表面,并再次回到等离子体中。从固体材料返回到等离子体的粒子通量与入射到固体材料中的通量之比称为再循环系数。此外,等离子体的粒子和辐射通量还会使早先吸附在器壁材料表面的气体释放出来(9.7 节将详述该过程)。这种额外的粒子通量将使得有效的再循环系数显著大于 1。例如,与等离子体接触的壁材料中就会沉积大量的氢,其平衡浓度取决于入射粒子通量、离子能量、壁材料和温度。这些过程将在之后讨论氚时加以叙述。

入射到壁材料上的离子所发生的背散射主要取决于离子能量和离子与壁材料原子的质量比。基于离子能量的定标律近似给出了离子入射到各种材料时的粒子背散射系数 R_p 的值。同样可得到关于能量反射系数 R_E 的类似的定标律。图 9.5.1 展示了 R_E 和 R_p 的值随约化能量的变化情况。图中的曲线是用蒙特卡罗方法对很宽范围的离子-靶复合情形进行计算得到的。实验数据的离散度大约为 25%。在这个精度范围内,蒙特卡罗计算的结果与实验数据大致吻合。从图 9.5.1 可见,随着质量比的提升,粒子和能量的反射系数都增大,这与动量守恒的预期结果一致。对于低于 10 eV 的能量区间,图 9.5.1 中的数据是不可靠的,因为在极低能量的情况下,计算中所用的连续二体碰撞模型不再适用。

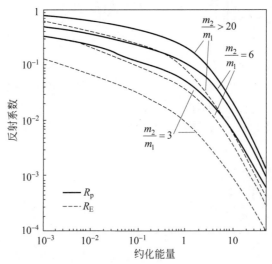

图 9.5.1　离子入射固体表面发生背散射的情况下,粒子和能量的反射系数在三种不同荷质比条件下随约化能量 ε 的变化

约化能量定义为 $\varepsilon = \dfrac{32.5 m_2 E}{(m_1 + m_2) Z_1 Z_2 (Z_1^{2/3} + Z_2^{2/3})^{1/2}}$,其中 E 是入射粒子能量,单位为 keV(Thomas, E. W., Janev, R. K. and Smith, J., *Nuclear Instruments and Methods in Physics Research* **B69**, 427 (1992))

　　发生背散射的粒子主要是中性粒子,这是由于入射的离子通常都会从固体材料中夺得一个电子。背散射粒子的平均能量主要由 R_E/R_p 决定,为入射能量的 30%～50%。有实验测量了低至 0.1 keV 的能量分布规律,更低能量区间的分布规律也有人进行了计算。一些结果如图 9.5.2 所示。能量分布是连续的,通常会有个极大值,其位置取决于入射粒子的能量和入射角。

　　在固体中停滞下来的原子要么停留在晶格间隙中,要么停留在金属缺陷(如空位)中。但对于氢,对于很多材料,只要温度高于 300 K,就很容易出现扩散。碳、碳化物、氧化物则是值得注意的例外情形。发生扩散时,氢的行为取决于氢溶解进固体材料的热能。对于放热的情形,固体材料表面有一个有效势垒,它阻碍氢原子脱出表面。于是氢便向固体材料内部扩散,最终分布在整个材料体积中。对于吸热的情形,氢原子则向材料表面扩散,并复合成氢分子后脱出表面。由于入射离子的穿透深度远小于靶材料的厚度,故在大部分实际情形下,氢原子浓度的梯度,即扩散流,在面向等离子体的表面处最大。在固体材料中慢化了的氢离子通常会以分子形态从固体表面脱出,它们具有固体表面的特征热能。

　　氢在固体中扩散的具体情况较为复杂。在金属和非金属中,扩散的原子都可以被捕获在晶格空缺、间隙或其他缺陷中,只要其结合能远高于扩散所需的活化能。氢在间隙中的浓度 $C(x,t)$ 可由如下方程描述:

$$\frac{\partial C}{\partial t} = D \frac{\partial^2 C}{\partial x^2} - k_{st} C (C_{T0} - C_t) + k_t C_t + S(x) \qquad (9.5.1)$$

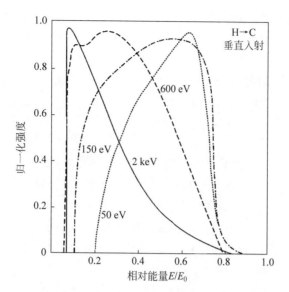

图 9.5.2　测得的不同入射离子能量 E_0 下，氢原子在碳原子处发生背散射时的能量分布

图中的各分布均已针对其峰值进行了归一化（Aratari, R. and Eckstein, W., *J Nuclear Materials* **910**, 162-4 (1989)）

其中，D 是扩散系数，$C_t(x,t)$ 是被俘获的氢的浓度，C_{T0} 是缺陷浓度，k_{st} 是进入缺陷的速率系数，k_t 是缺陷的热解吸速率系数，$S(x)$ 是进驻离子的范围分布。浓度 C_t 由下式：

$$\frac{\partial C_t(x,t)}{\partial t} = k_{st}C(C_{T0} - C_t) - k_t C_t \tag{9.5.2}$$

加上边界条件确定。

$$D\frac{\partial C}{\partial x}\bigg|_{x=0} = k_r C(0)^2$$

其中，k_r 是材料表面复合速率系数。所有速率系数 k 都对特征活化能有依赖温度的关系。但不同材料之间的参数的差别相当大。例如，对于金属材料，$C_T = 0.01 \sim 0.05$，而对于碳，$C_T \approx 0.4$。对于碳，其室温下的 D 可以忽略，而对于某些金属，如镍，在时间尺度 10 s 的水平上，扩散现象非常显著。表面复合速率对于材料表面的状态非常敏感，在存在亚单层杂质的情形下，其大小会有数量级的改变。联立式(9.5.1)和式(9.5.2)需要通过数值方法求解。欣喜的是在很多情形下，对于金属和非金属，这个模型都能成功解释许多实验结果。

在稳态情形下，流入固体材料的离子通量与流出的通量持平。这个流出的通量由流向固体表面的扩散流和表面处的分子复合速率共同决定。材料种类和工作温度皆可能成为限制速率的关键因素。在很多实际情形下，建立的动态平衡呈这样一种状况——进入等离子体的再循环粒子由约 50% 的背散射原子（能量 $\lesssim 5T_e$，其中已考虑到鞘电势对入射离子的加速作用和能量反射系数 R_E）和约 50% 的慢分子（能量约为 0.03 eV）组成。对于轻元素的壁材料，以原子形态出现的背散射粒子的比例较小，约占 30%。

虽然再循环粒子的通量密度在限制器附近或偏滤器靶板处达到最高，但在器壁附近也会存在再循环，这是因为存在横越磁场的输运和电荷交换产生的中性原子通量。对于氢，其电荷交换的速率系数与电离速率系数在我们关心的温度区间内大致相等，因此器壁附近的再循环中性粒子总通量可以达到与流向限制器或偏滤器靶板的总通量相同的量级。中性粒子通量的分布可由蒙特卡罗代码进行计算。对流向器壁的中性粒子通量的能量分布的局部测量表明,刮削层的平均能量范围在 $100\sim500$ eV,这个能量范围对中性粒子是透明的。对于较高的密度和较厚的刮削层,能量分布倾向于由弗兰克-康登(Franck-Condon)中性粒子决定,它们由刮削层中的氢分子裂解而来。

9.5.1 氚滞留

由于自然界不存在天然的氚,因此人们计划利用聚变产生的中子作用于含锂的包层来增殖氚,如 1.8 节所述。从经济角度来说,氚损失在反应堆的器壁上是不利的,并且还埋下了放射性灾害的隐患。托卡马克器壁中有大量的气体存在,一是源于之前讨论的再循环过程,二是来自氢的同位素在真空室的被烧蚀材料上的沉积。这些掺入的氢同位素在晶格内慢化,并按距离远近分布。在晶格中热化后,这些原子会在浓度梯度的作用下朝着或远离材料表面运动(如之前所述)。平衡分布则取决于材料表面的边界条件。对于像钛、锆和铌等金属,氢同位素在溶解时会放热,这是不能忍受的,因为这时只有很少的气体被释放出来,绝大多数氚会滞留下来。对于一些氢溶解时吸热的金属,其表面释放气体的速率由材料表面的复合系数决定,这是由于正常情况下氢是以分子形态而不是原子形态释放。在温度高于 1000 K 的情形下,氢分子会分解,所以释放的是氢原子而不是氢分子。因此器壁中的氢同位素的平衡浓度取决于壁材料及其温度及放电脉冲长度与两次放电的时间间隔之比。

图 9.5.3 示意性地说明了稳态下氢在金属表面的分布。图中显示的是溶解效应大于表面复合效应时的速率极限情形。在氚最初是均匀分布在固体材料中的理想情形下,扩散方程有一个解析解,它给出了作为时间函数的释放速率:

$$R = c\, t^{-1/2}$$

其中,c 是常数。

实际上,在非均匀分布下,释放速率通常呈类似幂指数的分布,其中指数的取值范围为 $-0.5\sim-1.0$。这与沉积的氚处在表面附近并在金属中溶解的现象是一致的。当温度提升到足够高时,氢便可以从固体中热解吸出来。氢还能够被金属损伤

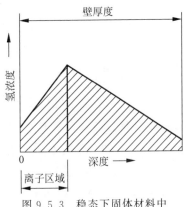

图 9.5.3　稳态下固体材料中
氢同位素的浓度

留下的缺陷俘获,条件是相应的结合能远高于溶解所需的能量。中子损伤会增加这些缺陷的数量。在很多金属材料中,氢同位素都有很高的扩散率,这通常会降低氚在容器结构中的滞留,从氚渗透的角度看,这是不利的。这种渗漏可以用中间可抽气的双壁结构来解决。

氢在非金属材料中的沉积机制则更为复杂。氢同位素在碳和各种碳化物中的扩散率要比金属中低好几个量级。随着沉积过程的持续,浓度的分布会以这样一种方式增强:其分布取决于入射成分的射程分布。对于给定的氢浓度,在局部会出现饱和。当金属温度低于 200 K 时也会发生类似现象。随着不同深度范围的浓度达到饱和值,饱和区域会相应扩展。对于石墨——一种常用的限制器或靶板材料,饱和浓度大约为每个碳原子吸附 0.44 个氢原子。单位面积的饱和浓度由入射离子的能量决定,这是因为高能量的离子可以穿透得更深,因

此饱和的范围也更深。由于石墨是多孔结构,氚可以穿透到材料深处,并陷在固体、气孔或晶格缺陷中。持续的中子轰击造成的晶格缺陷会使氚的存储增大到远大于目前装置运行情况所能推断的值。若氚只沉积在材料表面附近,可以通过将材料加热至 $900\sim1100$ K 或通过溅射使表层被烧蚀来去除它。这两种方法各有难处,并会使反应堆的占空比复杂化。

对限制器、靶板或主真空器壁的部分区域做选择性烧蚀(引起等离子体中的杂质输运并重新沉积到别处,见 9.9 节),可以造成氢同位素在容器中积累且难以清除。与沉积过程不同,这种共沉积带来的氚不会趋于饱和,而是随时间线性增加。这个现象在使用氚的实验中尤其明显,氚会一直储存在那里。在实验测量中,持续受到离子或中子轰击的沉积层中的氚原子与碳原子之比为 $0.1\sim0.4$。而在被遮挡而未受到高能粒子轰击的区域,实验观察到的氚碳比为 $0.5\sim1.0$。由于这些释放出来的碳氢元素在热表面的黏附系数很低,因此它们会在装置最冷的区域堆积起来。在堆积层厚度达到约 $10~\mu\mathrm{m}$ 时会有片状剥落的倾向,并导致腔体内出现尘埃。这些尘埃因含有氚而具有放射性,因此是有害的。这种机制对于未来的含氚运行的装置,尤其是反应堆,具有重要意义。无论是从经济上还是从安全上考虑,氚的滞留都是需要严格控制的。

9.6　原子与分子过程

在再循环与加料过程中,由于进入的氢同位素在边界层会遇到等离子体中的高能离子和高能电子而发生相互作用,因此会发生各种原子反应和分子反应。当溅射或者其他等离子体-材料表面作用过程产生杂质后,还会发生更多的原子反应和分子反应。在大部分情况下,两种主要的原子反应是激发和电离。它们会导致辐射并使等离子体边缘温度降低。这在一定限度内是有益的,因为它降低了入射离子的能量并减小了物理溅射率。

首先考虑器壁上的氢同位素的再循环,重要的原子反应有激发、电离和电荷交换:

$$\mathrm{H}+\mathrm{e}\longrightarrow\mathrm{H}^{*}+\mathrm{e}\qquad\qquad 激发$$

$$\mathrm{H}+\mathrm{e}\longrightarrow\mathrm{H}^{+}+2\mathrm{e}\qquad\qquad 电离$$

$$\mathrm{H}^{+}+\mathrm{e}\longrightarrow\mathrm{H}+\mathrm{H}^{+}\qquad\qquad 电荷交换$$

主要的分子反应如下:

$$\mathrm{H}_{2}+\mathrm{e}\longrightarrow\mathrm{H}+\mathrm{H}+\mathrm{e}\qquad\qquad 解离$$

$$\mathrm{H}_{2}+\mathrm{e}\longrightarrow\mathrm{H}^{+}+\mathrm{H}+2\mathrm{e}\qquad\qquad 离解电离$$

$$\mathrm{H}_{2}+\mathrm{e}\longrightarrow\mathrm{H}_{2}^{+}+2\mathrm{e}\qquad\qquad 分子电离$$

$$\mathrm{H}_{2}^{+}+\mathrm{e}\longrightarrow\mathrm{H}+\mathrm{H}\qquad\qquad 离解复合$$

$$\mathrm{H}_{2}^{+}+\mathrm{e}\longrightarrow\mathrm{H}^{+}+\mathrm{H}+2\mathrm{e}\qquad\qquad 离解激发$$

不同过程的相对反应速率是等离子体温度和密度的函数。一些较重要的速率系数如图 9.6.1 所示。虽然原子和分子过程很复杂,但它们已得到广泛研究。反应截面都是已知的,且在大多数情况下理论和实验结果吻合得很好。因此,只要能完整地描述等离子体的物理过程,便能够给出描述边界层原子物理过程的好的模型。

当原子或分子进入等离子体后,与等离子体成分的碰撞率是 $nn_0\langle\sigma v\rangle$,这里 n 是等离子体密度,n_0 是中性粒子密度,$\langle\sigma v\rangle$ 是对电子速度分布函数平均后的反应速率。考虑一个源在壁上的简单的一维模型。由于存在电离,中性粒子的通量沿径向递减。在给定半径处的

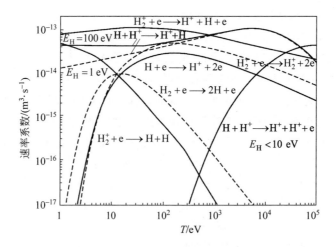

图 9.6.1　一些常见的氢原子反应和分子反应的速率系数

式中第一个符号指被测粒子,第二个符号指热粒子。图中的速率系数由该类粒子的麦克斯韦速度分布积分所得。E_H 是被测粒子的能量(Janev, R. K., Reiter, D., and Samm, U. *Collision processes in low-temperature plasmas*, Kernforschungzentrum, Julich. Report 4105, (2003) and Reiter, D. 2010)

中性粒子通量 $F(r)$ 为

$$F(r) = F(a) \left(1 - \int_r^a \frac{n_e(r) \langle \sigma v \rangle}{v_0} \mathrm{d}r \right)$$

其中,$F(a)$ 是初始通量,$\langle \sigma v \rangle$ 由当地电子温度决定。当地的电离源函数是 $\mathrm{d}F(r)/\mathrm{d}r$。因此,如果等离子体密度和温度的剖面都已知,便可以确定再循环组分和杂质组分向等离子体芯部的渗透过程。但边界的电离过程会立刻改变当地的密度和温度,所以通常需要采用更复杂的模型来得到自洽的解。电荷交换过程则使问题变得更为复杂,这个过程对于氢来说尤为重要。由于电荷交换过程的速率系数大于电离过程的速率系数(图 9.6.1),所以中性氢的渗透主要是电荷交换过程在起作用。当入射的中性粒子经过电荷交换后,原本等离子体中的高能离子变为快中性粒子,这些中性粒子再与等离子体中离子进行一系列电荷交换反应,最终导致中性粒子向等离子体中心随机游走并扩散。该过程可用输运代码或蒙特卡罗方法来分析。

　　杂质的电离过程与氢类似,但大部分情况下电荷交换过程可以忽略。在首次电离后,杂质离子会被磁场约束住,随后它可以经过与电子的一系列碰撞完成多级电离。空间各处的杂质离子的主要电离状态由当地的电子温度、电子密度,以及杂质进入等离子体的时间决定。对于给定的电子温度,可以计算任一电离态的激发速率与电离速率之比。这个比例引出一个有用的概念叫光子效率,它定义为单个电离过程发射出的光子数。图 9.6.2 展示了一系列离子的反光子效率(发射出一个光子所需的电离次数)。通过对光子效率的认知,结合对辐射的绝对测量,就可以直接计算出离子流入的通量。

　　对所有跃迁过程求和后,可以得到单位电离过程消耗的平均能量。对于氢原子,这个值从 $T_e = 2$ eV 时的 150 eV 变到 $T_e > 20$ eV 时的 25~30 eV。在低 T_e 时,这个值还取决于 n_e。对于杂质,情况则更为复杂,这是因为杂质离子存在很多电离态,这些态又可以继续被激发,直到离子被完全剥去电子。对于进入典型托卡马克等离子体的碳原子,产生一个完全

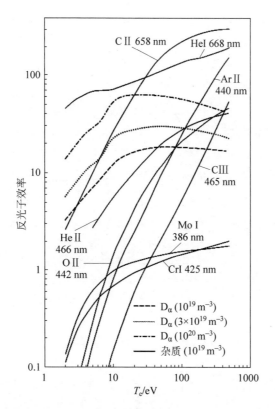

图 9.6.2 一些常用于通量测量的杂质谱线的反光子效率随当地电子温度的变化

数据来源于 ADAS 数据库,杂质线对应的电子密度为 1×10^{19} m^{-3}。图中还展示了三种不同密度下氘原子的数据 (Summers,H. P.,*The ADAS users manual*,Version 2.6. *http://www.adas.ac.uk*)

剥离了电子的碳离子所需的能量为 $1 \sim 10$ keV,具体取决于电子温度。

当杂质粒子进入等离子体并形成一连串更高的电离态后,它同样会经由与背景等离子体(主要是与等离子体中的离子)碰撞而被加热。经典的热化时间由式(2.14.10)给出,为

$$\tau_{th} = 2.2 \times 10^{17} \frac{m_I T_B^{3/2}}{m_B^{1/2} n_B Z_B^2 Z_I^2 \ln \Lambda}$$

其中,m_I,m_B,Z_I 和 Z_B 分别是杂质和等离子体离子的质量和电荷数,n_B 和 T_B 分别是背景等离子体的密度和温度,τ_{th} 的单位是 s,T_B 的单位是 keV。电离过程的特征时间为

$$\tau_{ion} = (n_e \langle \sigma v \rangle_{ion})^{-1}$$

离子在成为下一级电离态之前所能达到的温度由 τ_{ion}/τ_{th} 决定,且这个比值与密度无关。图 9.6.3 展示了一些典型的杂质离子组分的计算给出的温度值随背景等离子体温度的变化。在低温情况下,碰撞率高,电离速率低,杂质得以快速加热。在充分加热后,电离速率增加,加热速率降低,所以电离过程在热化完成之前即发生。在稳态下,离子的电离状态的分布情况由当地电子温度决定。

向等离子体外移动并到达等离子体边界的杂质离子将受到鞘电位的加速,所以到达材料表面的离子能量强烈依赖于离子的电荷态。测量给出的电荷态分布如图 9.6.4 所示。图 9.6.5 则给出了日冕平衡下,计算给出的氧的电荷态随 T_e 的变化。如果离子在刮削层被电离并沿着磁场线返回偏滤器或限制器,那么它在等离子体中停留的时间可能相当短($\lesssim 1$ ms)。

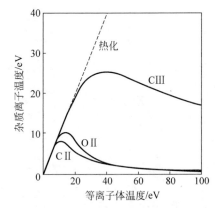

图 9.6.3 计算得到的 CⅡ, OⅡ 及 CⅢ 杂质离子的温度随背景等离子体温度的变化

$T_i = T_e$, 初始杂质离子温度为零

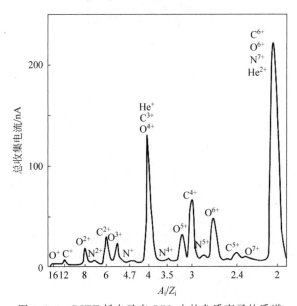

图 9.6.4 DITE 托卡马克 SOL 中的杂质离子的质谱

数据由等离子体离子质谱仪测得(Matthews, G. F., *et al*. *Nuclear Fusion* **31**, 1495 (1991))

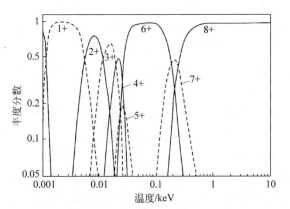

图 9.6.5 计算得到的日冕平衡下氧的电离态分布

(Summers, H. P., *The ADAS users manual*, Version 2.6. (2000). *http : //www. adas. ac. uk/*)

9.7　壁处理

在通常的真空条件下,材料表面会覆盖一层来自周围大气的吸附气体。这些吸附原子的结合能大小不等,既可以是弱结合的物理吸附(约为 0.3 eV),也可以是强结合的化学吸附(约为 3 eV)。弱结合的成分经过加热就可去除,因此在任何给定温度下,都存在吸附速率与脱附速率之间的动态平衡。设想从小半径 1 m 的圆形边界去除表面密度约为 10^{19} 个原子$/m^2$ 的单层吸附气体,且假设这些脱附气体都进入等离子体,那么这将引起约为 10^{19} m^{-3} 的密度增量。除了氢可以被吸附在材料表面外,像一氧化碳和水分子等杂质组分也是典型的吸附物质,这也解释了为什么碳和氧会经常作为杂质在托卡马克等离子体中被发现。杂质可以通过辐射使注入到等离子体中的能量损失以主宰能量平衡。在托卡马克放电的起始阶段,器壁被吸附的气体所覆盖,相应的各种脱附过程会带来碳、氧等杂质的辐射,从而阻碍等离子体的加热。因此吸附气体的释放是一个严重的杂质源。

杂质可在入射的离子、中性粒子、电子和光子的轰击下脱附。电子和光子过程本质上主要是电子的,它们的产额很低,尤其是光子。电子的脱附产额通常要比离子的低 2～3 个量级,离子和中性粒子的产额大体相当。类似于溅射过程(见 9.8 节),离子和中性粒子的脱附过程主要是通过动量转移,其截面 σ 可高达 10^{-18} m^2。图 9.7.1 展示了实验测得的吸附物质在离子轰击下脱附的典型的截面值。脱附产额 Y 的一个简化的近似表达式为

$$Y = \sigma c J \exp(-J\sigma t)$$

其中,J 是入射离子通量密度,c 是吸附物质的表面浓度。实际上,吸附物质的结合能有一个取值范围,所以 σ 不是常数。

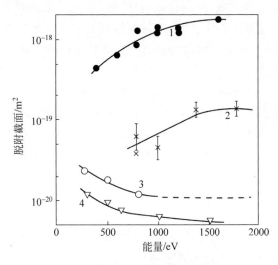

图 9.7.1　实验测得的脱附截面随能量的变化

1—$^4He^+$ 入射,镍表面吸附的一氧化碳;2—$^3He^+$ 入射,钨表面吸附的氢;3—$^4He^+$ 入射,钼表面吸附的氢;4— H^+ 入射,镍表面吸附的氘(Taglauer, E., in *Nuclear Fusion Special Issue*, ed. Langley, R. A., I. A. E. A., Vienna (1984))

脱附会导致杂质在等离子体中积累。当脱附物质是等离子体成分时,则会使等离子体的密度难以控制。为了抑制脱附过程,需要采取多种手段来减少壁的吸附。这些措施通常

称为壁处理。其中包括：①烘烤真空室,烘烤温度通常为 $200 \sim 350℃$;②利用等离子体放电来去除壁上吸附的杂质;③吸气,即通过蒸发使器壁覆上一层干净的金属膜;④将壁覆上一层低 Z 薄膜,如碳或硼,也称作碳化或硼化。这些过程描述如下。

9.7.1 放电清洗

在托卡马克放电实验之前,进行清洗放电,即通过粒子轰击来清洗器壁表面。清洗放电可以有很多形式,包括辉光放电、脉冲放电和由电子/离子回旋辐射激发的放电。手段各异,目标都是通过高能粒子、中性粒子、电子、光子来优化去除器壁上的杂质。这些手段比单纯的热脱附更为有效,因为有更多的能量被转移到吸附物质上。清洗过程可以结合烘烤来提升效果,因为热壁可以减小再吸附。

辉光放电清洗因有效且简单易行,是最常用的技术。通常是将直流辉光放电与 $10 \sim 20$ MHz 的射频辐射结合起来应用。射频辐射提供额外的电离,可以使辉光放电在更低气压(通常为 10^{-1} Pa)下进行,从而降低离子在鞘层内的碰撞,使之有更高的入射能量。

托卡马克的欧姆加热系统可用于实施无环向磁场的脉冲放电。由此形成的低的粒子约束可使器壁受到大量轰击。虽然可以与其他放电清洗手段联合起来使用,但相比于辉光放电清洗,脉冲放电的轰击更局域化。采用工作在电子回旋共振频率波段的微波持续放电,同样被证明具有高效的清洗效果。回旋共振层的空间位置可通过改变环向磁场的强度来实现调整。

在装备了超导线圈的托卡马克中,稳态磁场使辉光放电难以维持,因此利用离子/电子回旋频率波段的射频放电成为必然的选择。这种放电的均匀性取决于气体压强、气体种类和射频耦合功率。人们已观察到,利用氢等离子体放电可去除壁上吸附的氢同位素;用氦和氢同位素进行离子回旋共振放电,可以去除壁上的碳沉积。但这种技术也有局限性:它会导致在没有杂质沉积的部件上发生溅射,溅射出的材料成分会覆盖在诊断窗口、透镜、反射镜等器件上,而且这种清洗技术很难清洗到真空室内被遮挡的区域。

虽然很多气体都曾被用于放电清洗,但采用的最广泛的是氢和氦两种轻离子,因为它们不易引起基底的溅射。使用氢气可形成碳氢化物,如 CH_4 和 C_2H_4,以及 H_2O 和 CO 等,这类化学反应过程可以增强表面清洗的效果。由于这些组分是挥发性的,它们能够被泵抽出真空室。在碳壁为主的系统中,人们发现,用氦进行辉光放电清洗可以释放氧,通常以 CO 的形式释放。氦辉光放电清洗还会使沉积在器壁中的氢同位素脱附,从而降低了再循环。在温度高于 300 K 的条件下,氦原子不会被石墨捕获。

9.7.2 金属薄膜

作为提高真空度的一种技术,采用金属丝蒸发来形成金属薄膜的手段已运用多年,尤其是在密封好的真空管道中。这个过程称为吸气(gettering)。化学性质活泼的金属层与活泼的气体(如 O_2,CO,H_2,CO_2)发生化学反应,并将其牢牢地束缚在固体表面。随后的沉积导致吸附气体被掩埋。人们采用过多种不同的金属,最终发现化学性质活泼且在合适的温度下($1500 \sim 2000$ K)具有较高蒸气压的金属用起来最为方便。钛和铬是托卡马克中最常用的两种金属,铍也曾被成功使用过。铍的优势在于吸气性能良好且原子序数低,但缺点是毒性强。

在托卡马克中,吸气的作用机理是减少基底向外放气,并从气体中去除不需要的杂质组分。要想观察到杂质水平的显著降低,需要至少覆盖 30% 的真空室面积。吸气的缺点是吸附过程会很快达到饱和,而且有时需要在连续放电的间隙进行吸气。另一个难点是金属薄膜会在厚度达到 $10 \sim 100 \, \mu\text{m}$ 时剥落。这会导致杂质随机地进入等离子体,并可能引起破裂。从这一点来说,相较于高 Z 材料,铍就没那么麻烦,这可能是因为铍的辐射较弱的缘故。

9.7.3　非金属膜

为了减小高 Z 杂质的释放,托卡马克的内壁可采用诸如碳和硼等低 Z 非金属膜来覆盖。这种技术称为碳化和硼化。为了实施碳化,需要向真空室中引入一种含碳化合物(一般是甲烷)并通过辉光放电使其解离,这样就可以在壁上沉积出一层无定形碳。壁的最佳温度大约为 300 ℃,在这个温度下会形成一层硬的黏性薄膜,通常含有 40% 的氢。这项技术可以将等离子体中的金属浓度减小一个量级,缺点是会导致壁上的氢自发增加,使密度难以控制。这种再循环问题可通过在碳化后进行氢辉光放电来解决。另一个问题是,保持较好黏性的最佳薄膜厚度约为 $1 \, \mu\text{m}$,但由于存在局部烧蚀作用,在这个厚度下膜的寿命有限。

硼化和碳化类似。一种处理方法是向 400 ℃ 的真空室中引入 B_2H_4、B_2H_6 等硼氢化合物。它们发生热解并在壁上沉积一层硼。硼的作用就像吸气剂,硼膜能将真空室中的氧和氢除去。三甲基硼 $B(CH_3)_3$ 也一直被用于形成碳硼混合膜。如果真空室的温度较低,气态硼化合物的分解速率就会降低,但这可以通过使用辉光放电来增强。硼化带来的好处甚至会在真空室暴露大气并重新抽气后继续存在。这要归因于硼化的表面具有的低亲水性。另一种类似技术是采用硅烷 SiH_4 来使壁上沉积出一层硅膜。硅作为吸气剂同样很有效,但其原子序数明显高一些,所以它可接受的杂质浓度较低。

相比于金属蒸镀,通过碳化和硼化来实现沉积薄膜的优势在于可实现更均匀的覆盖。其劣势是硼氢化合物和硅烷都有易爆和有毒的特性。

成功的壁处理不仅可以去除杂质,而且可使等离子体达到更广阔的运行参数空间,尤其是可以使等离子体取得更高的密度而不增加辐射。更高密度本身就有降低杂质浓度的功效,这是因为对于给定的输入功率,提高密度会降低边界温度,从而降低溅射产额。薄膜技术在当今的实验中很有价值,它可以使装置很快达到良好的、可重复的放电状态。但对于反应堆,其效果可能不会那么理想,因为烧蚀和再沉积作用会降低其效率。

9.8　溅射

9.8.1　物理溅射

溅射是通过离子或原子的撞击导致原子离开固体表面的过程。它所产生的杂质将导致等离子体的能量被辐射损失掉,使点火变得更加困难。它还会带来表面烧蚀,其烧蚀速率有可能成为托卡马克反应堆设计中的一个限制因素。物理和化学过程都可以导致溅射的发生。

当一个高能离子或中性原子入射到固体表面时,会与固体晶格上的原子发生碰撞级联。当这一系列碰撞使得某个表面原子得到的能量超过其表面结合能时,就会发生物理溅射。因此溅射产额随固体的升华能量的提高而降低,随入射离子向晶格原子转移的能量的增加而增加。对于像氢和氦这样的轻离子,由于转移的能量很低,故溅射产额较低,能量主要被一些非弹性过程耗散。

　　一般而言,存在一个阈值能量 E_T,当入射离子的能量低于 E_T 时,由于向晶格原子转移的能量不足,溅射难以发生。这个阈值能量为

$$E_T = \frac{E_s}{\gamma_{sp}(1 - \gamma_{sp})}$$

其中,E_s 是固体靶的升华能;$\gamma_{sp} = 4m_1 m_2/(m_1 + m_2)^2$,$m_1$ 和 m_2 分别是入射原子和靶原子的质量。在对心碰撞时,将 E_s 转移到靶原子上所需的能量为 E_s/γ_{sp}。其余的 $(1 - \gamma_{sp})$ 部分用于反射过程,这个过程对轻离子很重要。

　　图 9.8.1 给出了蒙特卡罗代码计算得到的溅射产额结果。这些结果与实验结果基本相符,除了碳在低能量的情形之外。在此情形下,由于化学效应,阈值能量低于动量转移考虑所给出的预期值。高于阈值能量,溅射产额 Y 最初呈近乎线性增加并到达极大值,随后在高能量下下降。产额的下降是因为高能时会在固体更深处发生碰撞级联,所以表面原子难以得到溅射所需的足够能量。人们发现,随着靶原子质量的增大,产额极大值的位置会向高能区移动。对于同样的入射离子,它在不同靶上的溅射产额的最大值的绝对幅值主要取决于表面结合能。在看似相同的系统中,实验测得的溅射产额会有显著的伸展,这主要是由像表面结构和杂质水平等无法控制的因素所致,它们会显著地改变表面原子的结合能。

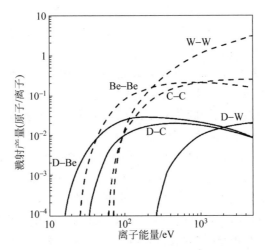

图 9.8.1　铍、碳、钨等材料受到氘的轰击和自身溅射离子轰击时的物理溅射产额随入射离子能量的变化
数据由蒙特卡罗代码计算所得(Eckstein, W., *Sputtering data*, Report PP9/82 Max Planck Institut für Plasmaphysik Garching, 1993)

　　可通过溅射产额随 E/E_T 的变化来对实验结果作一归纳。对于各种不同种类的离子和靶材料,有一条可用于很宽的能量范围内的一般性半经验曲线,其形式为

$$Y(E) = QS_n(E/E_{TF}) g(E/E_T) \tag{9.8.1}$$

其中,Q 是产额系数,其值取决于入射离子和靶原子的组合;$S_n(E/E_{TF})$ 是核阻止截面,其中 E_{TF} 是特征托马斯-费米(Thomas-Fermi)能量;$g(E/E_T)$ 是阈值函数。$S_n(E/E_{TF})$ 和 $g(E/E_T)$ 存在解析形式。对于任何离子-固体的组合形式,都可以通过已知的 Q,E_T 和 E_{TF},利用式(9.8.1)来得到垂直入射时的溅射产额的估计值。

溅射产额随入射角 θ 的增大而增加(垂直入射时 $\theta=0$)。作为一阶近似,这个增量按 $\cos^{-1}\theta$ 变化。但对于轻离子入射到重基底的情形,产额 $S(\theta)$ 比 $\arccos\theta$ 增长得快,且 $dS(\theta)/d\theta$ 随入射能量的增加而增加。这种行为定性上可以这样来解释:入射离子更容易发生背散射。基于输运理论和蒙特卡罗方法的数值代码给出了与实验值一致的结果。在低能($E \lesssim 300\mathrm{eV}$)情形下,产额随入射角的变化可以忽略,而这恰好是等离子体表面相互作用过程中人们最感兴趣的能量段。实际上,很难测得入射离子到达限制器或偏滤器靶板时的入射角分布。离子拉莫尔半径效应、鞘层加速效应、表面粗糙度等因素都会使情况变得复杂,而且表面粗糙度还会随着实验的进行而变化。相比于代码给出的垂直入射的结果,托卡马克实验得到的有效产额通常是理论预期值的两倍。

从随机取向的靶原子溅射出来的原子的角分布可以直接用 $\cos\theta$ 分布来近似描述,虽然在单晶靶上能观察到很强的晶体效应,这会导致有方向选择性的发射。溅射原子的能量分布已得到广泛研究。理论上说,它的最可几能量为 $0.5E_{\mathrm{s}}(2\sim5\ \mathrm{eV})$,在高能段,其能量分布随 E^{-2} 变化,如图 9.8.2 所示。这个结果已得到众多托卡马克实验的确认,也得到了单能离子束实验的验证。由重离子溅射出的原子有较高的平均能量,这是因为二者间转移的动量较大。

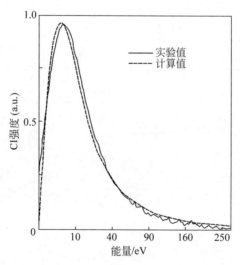

图 9.8.2　TEXTOR 托卡马克的限制器上溅射出来的碳原子的能量分布

$n_{\mathrm{e}}=1.7\times10^{19}\ \mathrm{m}^{-3}$,$I_{\mathrm{p}}=350\ \mathrm{kA}$。作为比较,图中展示了表面结合能为 9.3 eV 的情况下计算所得的能量分布(Bogen, P. and Rusbueldt, D., *Journal of Nuclear Materials* **179**, 196-8 (1992))

9.8.2　化学溅射

入射离子或中性粒子与固体表面发生的化学反应也会引起表面的烧蚀。在聚变装置中,最常见的是氢同位素与碳之间的反应,例如,

$$4H + C \longrightarrow CH_4$$

碳因其耐火性和不易熔化的特点,被广泛用作限制器或偏滤器的材料。但按照单位入射离子或原子溅射出的原子数量来算,其化学溅射产额可以与物理溅射的产额相比,有时甚至更高。这种化学特性取决于材料表面或内部的氢原子与一个或多个碳原子结合形成碳氢

化合物的能力。由于碳氢化合物与材料表面之间的结合能较低,使得前者在温度低至 300 K 的情况下也可以由热效应释放出来。化学反应速率取决于固体表面的温度和入射离子的能量。图 9.8.3 展示了在表面温度不变的情形下,溅射产额随离子能量的变化,以及在入射离子能量不变的情形下,溅射产额随表面温度的变化。在离子轰击过程中,甲烷是主要的碳氢化合物产物,但也会形成诸如 C_2H_4 和 C_3H_6 等重一些的碳氢化合物,如图 9.8.3 所示。不同于物理溅射,此处不存在发生溅射所必需的能量阈值,所以在低温等离子体的情形下,只要存在碳,化学溅射就经常占主导地位。氘等离子体的托卡马克实验显示,碳的产额要比氢同位素的产额低,这意味着化学溅射很显著。

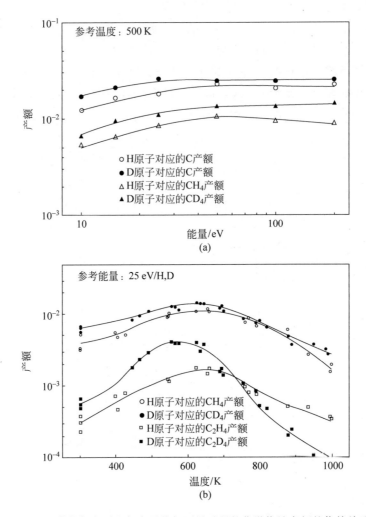

图 9.8.3 高能氢离子和氘离子热解石墨过程的化学烧蚀产额的依赖关系

(a) 固定表面温度为 500 K,产额随入射离子能量的变化;(b) 固定入射离子能量为 25 eV,产额随表面温度的变化 在(a)中,C 产额指由氢/氘轰击引起的 CH_4,C_2H_2,C_2H_4,C_2H_6,C_3H_6,C_3H_8 等碳氢化合物的总产额(Mech B. V. *et al.*, *Journal of Nuclear Materials* **255**,153 (1998))

有证据表明,当入射原子的通量密度在 $10^{21} \sim 10^{24}$ 个离子/($m^2 \cdot s$)的范围内增加时,碳的化学溅射产额将下降不止一个量级。这一点在下一代托卡马克中可能非常重要,为此人们做出了大量努力来探求如何在通量密度很大的情况下得到较好的数据。高入射通量下产额的下降可以由氢原子复合成氢分子的机制加入竞争所致。然而实验测量基本上都是通过光谱进行，而在如此宽阔的实验条件下，要确定光子效率很困难。况且并非所有的测量都显示出与通量的相关性。在入射能量很低的情况下，测量显示，化学溅射的产额会有一个阈值。

　　进入等离子体的碳氢化合物分子的分解反应很复杂，且没有充分的文献数据。但众所周知，这种分解所释放的碳原子或离子的能量远低于物理溅射出的原子的能量，如图 9.8.2 所示。因此化学溅射产物渗入等离子体的深度很浅，它们的平均停留时间要短得多。目前尚缺乏有关分子碎片迅速再沉积的文献记录，但这种再沉积可能会显著降低化学溅射的有效产额。

9.8.3　溅射模型

　　上述讨论表明，入射离子——无论是氢离子还是杂质离子——导致的溅射过程可以从壁或限制器上打出杂质。入射离子的能量是其热能和流动动能（其中包含了鞘层加速效应）的总和。由于杂质离子通常含有多重电离态，鞘电位的加速效应可以导致超过 100 eV 的动能，因此可能会带来杂质的自溅射及随之而来的逃逸过程。由于物理溅射过程的物理机制已经非常清楚，因此已经将它整合到关于等离子体约束的数值计算代码中，绝大部分输运代码也都包含了这一过程。

　　为了说明这些相互作用的重要结果，此处介绍一个针对物理溅射的简单的全局模型。稳态杂质浓度可由流入和流出等离子体的通量平衡导出：

$$\frac{n_{\mathrm{m}}}{\tau_{\mathrm{m}}} = \eta\left(\frac{n_{\mathrm{p}}}{\tau_{\mathrm{p}}}Y_{\mathrm{p}} + \frac{n_{\mathrm{m}}}{\tau_{\mathrm{m}}}Y_{\mathrm{m}}\right) \qquad (9.8.2)$$

其中，n_{m} 和 n_{p} 分别是杂质和等离子体的浓度，τ_{m} 和 τ_{p} 分别是对应的更替时间（或全局约束时间），Y_{m} 和 Y_{p} 分别是对应的溅射系数，η 是溅射原子进入等离子体约束区的概率。

　　重新整理式(9.8.2)可得：

$$\frac{n_{\mathrm{m}}}{n_{\mathrm{p}}} = \eta\,\frac{\tau_{\mathrm{m}}}{\tau_{\mathrm{p}}}\,\frac{Y_{\mathrm{p}}}{1-\eta Y_{\mathrm{m}}} \qquad (9.8.3)$$

可见，如果 $\eta Y_{\mathrm{m}} \geqslant 1$，则不存在稳态解。这给稳态解的实际边界温度设置了上限。还可以发现，如果 $\eta Y_{\mathrm{m}} \ll 1$，则杂质比例与等离子体离子的溅射系数 Y_{p} 成正比。利用式(9.8.3)，加上总入射能量 P_{H} 与辐射能量 P_{R}、转移到限制器或偏滤器靶板的能量 P_{C} 之间的平衡，可以导出一个描述溅射过程的自洽的全局模型：

$$P_{\mathrm{H}} - P_{\mathrm{R}} = P_{\mathrm{C}} = \gamma_{\mathrm{s}}T_{\mathrm{e}}(a)\,n_{\mathrm{p}}V/\tau_{\mathrm{p}} \qquad (9.8.4)$$

其中，$T_{\mathrm{e}}(a)$ 是边界温度，$\gamma_{\mathrm{s}}T_{\mathrm{e}}(a)$ 是每单位离子/电子对转移到材料表面的能量（这已在 9.2 节中讨论），V 是等离子体体积。采用日冕平衡计算 P_{R} 并假设密度和温度的径向分布为已知，可以计算出边界温度，进而计算出溅射产额。由此可得在 η、τ_{m} 和 T_{p} 的假设值下，式(9.8.4)的关于密度或加热功率的函数的解。

　　图 9.8.4 展示了低 Z 和高 Z 材料之间的显著差异。即使是钨在等离子体中的密度很低，也会带来高的辐射和高的 Z_{eff} 值，这是由于自溅射产额趋于 1，并导致超高的有效溅射产额。只有当边界温度低于 80 eV 时，才会存在稳态解。另一方面，高密度会导致边界温度低于溅射阈值，故溅射引起的杂质进入等离子体的通量趋于零。对于铍，有效溅射产额不会

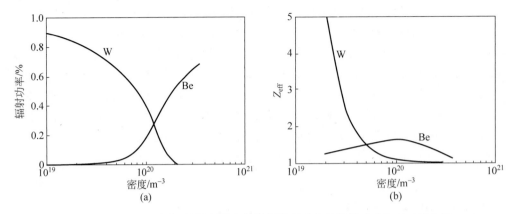

图 9.8.4 托卡马克中,铍限制器和钨限制器所对应的辐射功率和 Z_{eff} 的比较

此处应用了式(9.8.3)中定义的有效溅射产额和式(9.8.4)中的功率平衡。此处假设的参数:$P_{\text{H}}/V=1\ \text{MW} \cdot \text{m}^{-3}$,$\tau_{\text{p}}=\tau_{\text{e}}=0.01\ \text{s}$,$\eta=0.2$,辐射方程中对于 Be 有 $R=4\times10^{-34}\ \text{W} \cdot \text{m}^3$,对 W 有 $R=1\times10^{-32}\ \text{W} \cdot \text{m}^3$。不论是 Be 还是 W,限制器处都采用了 $Z=3$

超过 1(至少是对于垂直入射的情形是这样),所以原则上,无论边界温度多高,都存在稳态解。随着密度下降,边界温度提高到超过产额曲线峰值所对应的温度,辐射和 Z_{eff} 都会减小,这时所有的能量都由离子对流带走。而随着等离子体密度提高(会导致温度降低),溅射产额会持续提高,直到离子能量低于 200 eV(等离子体温度<40 eV)。由于辐射正比于电子密度和溅射通量,因此铍的辐射峰值对应的等离子体密度会远高于钨。仅当边界温度达到 2 eV 时,溅射产额才会降至零。

上述溅射模型非常简化,若想得到对溅射过程更为细致的理解及对屏蔽参数 η 和离子电离态的更可靠的估计,就需要采用数值计算的方法。但不管怎样,这个简单模型定性给出了不同参数的重要性,给出了辐射功率与输运功率之间的相互关系,以及高、低原子质量材料的相对好处。

9.9 材料选择

面向等离子体的材料的选择需要综合考虑多方面因素。这些因素包括杂质产生速率、面向等离子体的部件的寿命、真空室中的氚滞留、中子活化和安全因子等。材料寿命取决于多种性质。比如化学溅射和物理溅射带来的烧蚀速率、结构强度、热导率及抗热震性能等。氚滞留则既取决于固体材料对离子和中性原子的捕获,也取决于在这样一些区域氚和结构材料共沉积层的建立,在这些区域,不但有氚的净沉积,还产生含尘埃的氚。

杂质原子的辐射都会随着核电荷数的增加而增大。利用这一事实可以同时减小 Z_{eff} 和溅射产额。这里提出一个品质参数 M_{m},它仅取决于等离子体的杂质水平:

$$M_{\text{m}} = f_{\text{i}} \frac{1-Y_{\text{m}}}{Y_{\text{p}}} \tag{9.9.1}$$

其中,f_{i} 是等离子体允许的最大的杂质浓度。M_{m} 越大,则辐射功率损失越小。

溅射产额和 f_{i} 都是 $T_{\text{e}}(a)$ 的函数。图 9.9.1 展示了不同材料下 M_{m} 随边界温度的变

化。由图可见,对于低的等离子体边界温度,高 Z 难熔材料最好。但在等离子体边界温度较高时,只有低 Z 材料是可行的。这个结论与图 9.8.1 的溅射产额曲线是一致的。等离子体边界温度随注入功率的提高而提高,随密度的提高而降低。另一个需要考虑的因素是杂质进入被约束的等离子体的概率,要详细分析这个问题需要计入等离子体中的杂质输运。

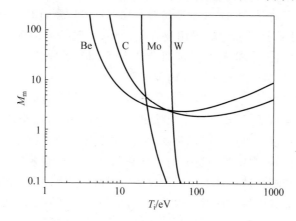

图 9.9.1　参数 M_m 的示意图(方程(9.9.1))

用于估计等离子体被限制器或偏滤器靶板材料所污染的程度。图中针对 Be,C,Mo,W 计算了 M_m 随离子温度的变化,其中假设了离子电荷 Z 是 3(Laszlo, J. and Eckstein, W., *Journal of Nuclear Materials* **184**, 22 (1991))

　　碳的主要缺点是在低的核损伤水平上便丧失了强度,另外它还有高的化学溅射产额和氚滞留等不利的特性。氢同位素与碳结构结合得紧密,另外发现,氚滞留还会出现在托卡马克的有净沉积的区域上,如内偏滤器。铍的优势在于其 Z 非常低,但缺点是熔点低、有毒且很贵。由于其高的溅射产额,它同样可能导致氚在共沉积层滞留。高 Z 材料作为壁和偏滤器靶板材料的托卡马克装置包括采用全钼壁的 Alcator C-Mod 和全部采用钨为面向等离子体部件的材料的 ASDEX-Upgrade。这些装置上的实验表明,高 Z 杂质可以到达等离子体中心。在使用离子回旋共振的情况下,这个问题变得更加严峻,因为离子回旋共振会提高局部的鞘层电位,这个鞘电位反过来加速杂质原子向材料表面运动,从而增强了溅射产额。

　　材料寿命在现有实验装置上不是问题,但若外推到 ITER 或者核电站设计,则可能会出现问题。问题不太可能出现在稳态工作的情况下,但在有 ELMS 出现时,若其能量沉积没有控制在 $0.5\ \mathrm{MJ \cdot m^{-2}}$ 以下,则可能会严重缩短材料的寿命。找出能够达到该条件的运行模式是当下托卡马克研究的目标之一。破裂是另一种有害现象,它会引起巨大的瞬态热负荷,导致偏滤器靶板材料的升华和熔化。有估测表明,对于 ITER 最坏的情况,会升华掉几个 μm 的碳或几百个 μm 的钨。虽然也有别的估测数据显示没那么严重,但可以肯定的是,必须要发展出缓解破裂的技术,并使破裂出现的频率最小化。

　　虽然对于当前的装置,真空室内的尘埃和氚滞留不是紧要问题,但对于像 ITER 这样的下一代装置,这会是材料选择时考虑的因素。当今的装置都会产生尘埃,主要是源于沉积层的脱落。但尘埃也会由液滴喷射现象产生。这种液滴喷射现象是因起弧或破裂等引起的强热负荷所致。另外,当发生事故性漏水时,尘埃与泄漏的水蒸气反应会产生氢,或在氢产生和事故性漏气后导致尘埃爆炸。在事故情形下,尘埃还可能导致潜在的放射性(主要是钨)和毒性(铍)物质释放到环境中。因此需要有评估并减小这些风险的方法,需要对烧蚀的速率有可靠的评估。

为了将氚滞留及对壁和限制器的破坏作用的风险降到最低,ITER 在设计上选择了钨、铍、碳的组合。为此对不同材料下预期的 ITER 中的氚滞留进行了计算。计算中考虑了植入沉积效应和中子通量与共沉积带来的辐射损伤的影响。这些估算有很大的不确定性,因为它取决于局部的沉积情况、功率、粒子通量和表面温度等因素,而这都是难以估计的量。ITER 在材料上的初步选择是偏滤器采用复合碳纤维,主腔体面向等离子体的材料采用铍瓦,X 点附近区域采用钨。计算显示,氚滞留会在 100~300 次的 400 s 长度的放电(能量增益系数 $Q=10$)后达到可接受的极限。在内偏滤器采用铍的情况下,氚滞留取决于共沉积过程。即使在偏滤器上只用了一点点碳,也会显著地对远离高热通量区域的共沉积过程有贡献。如果在打击点用钨取代碳,从而实现全金属表面,则大致可以将滞留的氚降低 1/2,剩余的主要由铍的共沉积过程决定。有现象表明,钨构成的等离子体接触表面能使氚滞留降到最低,主要机制很可能是中子轰击造成的晶格缺陷对氚的捕获效应。但目前尚未有对损坏机制和捕获总量的详细评估。JET 上已测试了铍壁和全钨靶板相结合的效果。

不同元素混用可能会导致其他潜在的复杂性,例如,由此形成的合金的熔点比构成合金的单质材料的熔点要低。将碳与别的材料混用后可能依然会存在氚滞留的效应。但有一个好处是会形成金属碳化物,它会延缓碳的烧蚀进程。

9.10 起弧

在真空中,当两个电极之间的电压足够大时,便会产生电弧。电弧的本质特征是阴极处材料被蒸发并电离,从而产生电流。随着外加电压的提高,电弧通常在尖端或边界等强场区产生。产生电弧所需要的电压非常依赖于表面的状态,但电弧一旦产生,两个电极之间的电压就会保持在 10~20 V,具体值仅取决于电极材料。从材料内部流向表面某处的定向电流会产生焦耳热,并会通过场致发射和热电离发射等效应从表面发射电子。在外加电压作用下产生的电弧称为功率弧。在有等离子体的情况下可以产生"单极弧",其所需的电压由 9.2 节所述的等离子体鞘提供。由于鞘电位约为 $3T_e$,因此维持电弧只需要局部电子温度达到 5~10 eV 即可。在电弧被激发后,阴极斑点所发射的电子会在鞘电位的加速下逃离材料表面。电流会降低局部的鞘电位,从而增大了电弧周围处在麦克斯韦分布尾翼的电子的通量。回路电流 I 可由流入和流出材料表面的电子总量导出:

$$I = A n_e e \left(\frac{T_e}{2m_e} \right)^{\frac{1}{2}} \left[\exp\left(-\frac{eV_c}{T_e} \right) - \exp\left(-\frac{eV_s}{T_e} \right) \right] \tag{9.10.1}$$

其中,A 是电极面积,V_c 是维持电弧的阈值电压,V_s 是鞘电位。维持电弧所需的最低电流约为 10 A,其值取决于电极能量沉积、焦耳热、热传导之间的平衡。式(9.10.1)表明,存在一个维持单极电弧所需的最小表面积。

电弧会导致阴极斑点处的烧蚀。固体材料会以离子、中性蒸发气体、液滴或固体颗粒等形式释放。离子电流通常占到总的弧电流的 7%~10%。所释离子的能量通常在 50~100 eV,电离态高达 4 或 5。高电离态离子更可能产生于难熔的高 Z 材料,如 Ti,Zr 和 Mo 等。离子能量为何会远高于电弧压降的原因尚不清楚。对于低熔点金属,更可能发生的是蒸发释放和液滴导致的烧蚀。大小在 2~6 μm 的液滴会以低角度(通常为 10°~20°)射向材料表面。一般认为它们来源于弧坑的熔化的边缘。当表面温度更高时,可以观察到由大液滴发射带来的更强烈的烧蚀现象。

人们已对大量不同的材料在不同条件下测量了真空电极弧对表面的烧蚀效果,并发现烧蚀率与传递的总的电荷量成正比。从表 9.10.1 可见,烧蚀率的范围从钼的 0.5×10^{-7} kg/C 到锌的 2.2×10^{-7} kg/C 不等。通常假设,由于阴极斑点的相似性,因此双极电弧和单极电弧的烧蚀速率也近似。虽然这一假设看似合理,但目前还没有可靠的单极弧的实验数据。

表 9.10.1　电弧导致的烧蚀率

元素	烧蚀率/$(10^{-7}$ kg/C)
镉	6.55
锌	2.15
铝	1.2
铜	1.15
镍	1.0
银	1.5
铁	0.73
钨	0.62
钛	0.52
铬	0.4
钼	0.47
碳	0.17

磁场的存在会在弧柱上施加一个额外的力,然而在真空弧或单极弧中,这个力的方向意外地在 $\boldsymbol{j} \times \boldsymbol{B}$ 力的反方向。在托卡马克的限制器和壁上都曾观察到这种逆向运动。目前观察到的电弧分两种类型,分别叫 I 型弧和 II 型弧。I 型弧发生在有些许污染的表面,而 II 型弧发生在洁净的表面。I 型弧是在杂质蒸气中燃烧,对表面引起的损坏相对较小。在洁净的表面通常不太容易形成电弧,但一旦形成,便会造成较深的弧坑和较严重的表面烧蚀。电弧的出现能去除材料表面的污染层,导致电弧放电逐渐由 I 型向 II 型转变,所需的击穿电压也会提高。单极弧的弧电流与表面垂直,如果表面是弯曲的,受力方向就会随着弧在表面的游走而改变。这导致托卡马克上经常观察到的一类特征,如图 9.10.1 所示。在垂直于磁场

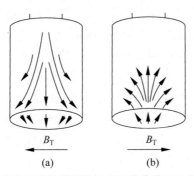

(a)　　　　　　(b)

图 9.10.1　托卡马克边界处圆柱形探针的弯曲表面上的电弧轨迹示意图
电弧方向取决于磁场方向

的表面,由于电流与磁场同向,所以不存在净的作用力,电弧以随机的方式移动。

电弧在托卡马克中很常见,通常它发生在等离子体电流的起始段,这时等离子体尚不稳定。由于电弧触发过程的不规则性和单极弧电流难以测量等问题,要评估电弧带来的杂质水平很难。但幸运的是,电弧通常只发生在放电起始段,而且托卡马克的放电时长正在稳步提升,电弧作为一种产生杂质的机制已变得不那么重要。

9.11　偏滤器

在限制器的情况下,最外闭合磁面(LCFS)由固体表面决定,因此固体表面释放出的中性杂质可以直接进入被约束的等离子体中,见 9.3 节。在偏滤器的情形下,LCFS 由磁场唯一决定,等离子体与表面相互作用区域远离被约束等离子体,如图 9.1.1(b)所示。在偏滤器位形下,靶板释放的杂质在到达 LCFS 并进入被约束的等离子体之前就会被等离子体流电离并被扫回到偏滤器靶板。偏滤器还能以另外两种途径来减小杂质的流入:①减小到达主等离子体的中性粒子通量,从而减小与主腔体壁进行电荷交换的中性粒子通量;②将刮削层(SOL)中等离子体与器壁相互作用产生的杂质电离,使其随后沿着磁场线进入偏滤器。

偏滤器有几种不同的磁场位形,但最成功当属环向对称的或极向磁场偏滤器。偏滤器所需的磁场由环向线圈产生,这些线圈产生一个极向场的零点(零场区),从而将闭合磁场线与开放的磁场线分割开来。这类偏滤器的优势是能够保持托卡马克必要的不对称性,并可以兼容 D 形或椭圆形等离子体截面。实验上已发现,这种偏滤器位形通常会显著提升能量约束时间,使等离子体进入 H 模状态(见 4.13 节)。

聚变反应堆设计中的一个重要关切是如何控制到达固体表面的功率。在点火等离子体中,进入刮削层的功率不但取决于 α 粒子的聚变功率,而且比约束等离子体的辐射功率要小。这个功率随后在这样一层里流动,其层厚取决于两个参数:横越磁场的热传导系数 $\chi_{\perp}$ 和能量损失时间,后者用于刻画沿平行于磁场的刮削层流动的热流通量。按照目前对 $\chi_{\perp}$ 的估计,刮削层中的功率衰减到 $1/e$ 所需的长度 λ_{p} 的典型值是 10 mm。一个环向周长约为 50 m、输出热功率达 3 GW 的反应堆尺寸的装置可以产生 600 MW 的 α 粒子功率。如果这个刮削层连着两个偏滤器,那么刮削层中的极向热流密度将高达 600 MW·m^{-2} 的量级,远远高于任何固体材料在稳态下所能承受的功率。

减小功率密度的方法如下:①将靶板片置于与磁场线有一定夹角的方向上;②在磁场线到达偏滤器靶板时将其磁通在空间上铺展开;③通过磁场扫描让打击点在大于 λ_{p} 的范围上移动;④在能量传导到偏滤器靶板之前使其辐射掉;⑤将能量传递给偏滤器中的中性粒子。但这些方法至今并未使问题得到很好的解决,偏滤器的设计依然是聚变装置发展中的一个难题。

另一个问题是偏滤器靶板表面的烧蚀。即使溅射或其他烧蚀过程产生的杂质都被阻隔在约束等离子体之外,靶板的烧蚀依然是一个严重的问题。由于烧蚀效应和别处遭烧蚀的材料在靶板上的沉积,靶板厚度会不断变化,这使得制冷系统的设计非常困难。

偏滤器设计的目标如下:

(1) 通过使等离子体与表面的相互作用区域远离主等离子体,并设计好偏滤器的粒子流,使得靶板上产生的杂质无法进入主等离子体,从而使等离子体中杂质浓度最小化。

（2）通过固体表面向液态导热介质进行热转移来去除 α 粒子能量。液态导热介质可将反应堆中能量传递出来并用于产生电能。

（3）去除聚变反应产生的氦灰来保证反应燃料不会被过分稀释。

在大多数情况下，杂质产生速率主要取决于物理溅射，后者又取决于到达固体表面的离子的通量和能量。因此确保等离子体粒子在到达材料表面时处于低温状态是非常必要的，因为这可以降低溅射产额，从而降低靶板的烧蚀和对等离子体的污染。为了研究偏滤器中密度和温度如何随实验中的可控参数（如等离子体芯部密度、总注入功率等）而变化，需要建立一个物理模型。

9.11.1　一维刮削层模型

简单偏滤器中等离子体的基本参数可由流体模型来描述。这其中考虑了动量守恒、电子热传导、靶板处等离子体流的边界条件等因素。这个模型可以解释 SOL 的绝大部分特征和偏滤器的参数变化，因而对于理解这些区域的整体行为很有用。为了得到最后有理面和靶板处的密度与温度的简单关系，暂且假设刮削层中没有能量与动量的源或汇。虽然在更为实际的模型中辐射可能很重要，但此处忽略辐射的效果。在模型中将几何位形简化，只考虑 X 点到靶板之间的区域，如图 9.11.1 所示。能量流从被约束的等离子体中穿过分离面进入研究的空间。

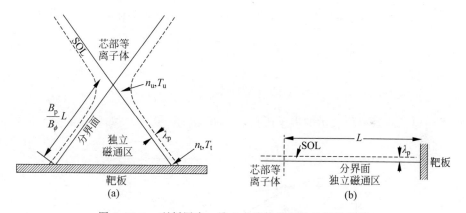

图 9.11.1　刮削层中一维 2 点流体模型的几何示意图
(a) 表示极向分布的几何位形；(b) 横轴沿着磁场线方向的简化位形

沿磁场线的动量守恒要求

$$nT(1+\gamma M^2)=常数 \tag{9.11.1}$$

其中，M 是流体的马赫数，γ 是比热容，以下假设 $\gamma=1$。在 LCFS 处取 $M=0$，在鞘层边界处取 $M=1$，这与 9.2 节中的鞘层理论相符。于是由式（9.11.1）可得：

$$n_u T_u = 2n_t T_t \tag{9.11.2}$$

其中，n_u，T_u，n_t，T_t 分别表示 LCFS 处和靶板处的密度和温度。

假设沿着 SOL 的热输运主要是热传导：

$$\kappa\frac{\mathrm{d}T_e}{\mathrm{d}z}=-q_{/\!/} \tag{9.11.3}$$

其中，z 沿磁场线；$q_{/\!/}$ 是平行热流密度；平行热传导系数 $\kappa=\alpha T_e^{5/2}$，其中 α 为 2000 W·m^{-1}·

$s^{-1} \cdot eV^{-5/2}$ 的量级(见 2.23 节)。如果没有净粒子通量穿过 LCFS 到达刮削层,则意味着必然存在一个用于平衡流出鞘层的通量源。实际上,这个源由靶板处的粒子再循环提供,如 9.5 节所述。电离源函数决定了密度沿磁场的分布。由于热导率与密度无关,因此温度剖面方程可以在不对该源做具体假设的情况下解出,只需令其离靶板很近,忽略平行热对流即可。本节在下文中还会对粒子源的作用做更详细讨论。

对于恒定的 $q_{/\!/}$,对式(9.11.3)进行积分可得:

$$T_u^{7/2} = T_t^{7/2} + \frac{7 q_{/\!/} L}{2\alpha} \tag{9.11.4}$$

其中,L 是 LCFS 和靶板之间的连接长度。取 $T_e = T_i$,靶板处穿过等离子体鞘层的能量密度可写为

$$q_{/\!/} = \gamma_s n_t T_t c_{st} \tag{9.11.5}$$

其中,γ_s 是鞘层能量转移系数,$c_{st} = (2T_t/m_i)^{1/2}$ 是靶板处的声速,见 9.2 节讨论。

假设 $q_{/\!/}$ 和 n_u 均已知,由式(9.11.2)、式(9.11.4)及式(9.11.5)可以解出 T_t,n_t 和 T_u。关于 T_t 的方程是

$$T_t^{7/2} + \frac{7 q_{/\!/} L}{2\alpha} = \left[\frac{q_{/\!/}}{n_u \gamma_s (2T_t/m_i)^{1/2}} \right]^{7/2}$$

其中,m_i 是离子质量。三参数的解如图 9.11.2 所示。在低密度时,n_t 与 n_u 成正比;在高密度时,n_t 与 n_u^3 成正比。当温度差别足够大,满足 $T_u^{7/2} \gg T_t^{7/2}$ 时,则 n_t 和 T_t 的解为

$$n_t = 2.7 \times 10^{33} \frac{L^{6/7} \gamma_s^2 n_u^3}{A q_{/\!/}^{8/7}} \tag{9.11.6}$$

$$T_t = 3.1 \times 10^{28} \frac{A q_{/\!/}^{10/7}}{L^{4/7} \gamma_s^2 n_u^2} \tag{9.11.7}$$

其中,A 是用原子质量单位表示的离子质量,n_t 的单位是 m^{-3},T_t 的单位是 keV。

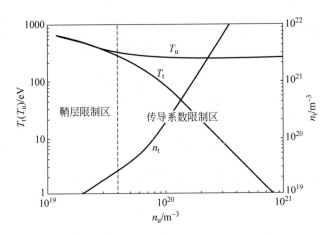

图 9.11.2　上游区域和靶板区域的温度 T_u,T_t 及靶板处等离子体密度 n_t 随上游区域密度 n_u 的演化图中结果由式(9.11.2)、式(9.11.4)、式(9.11.5)描述的一维模型计算所得。输入功率 $q = 1000$ MW $\cdot$ m^{-2},$L = 50$ m,$\gamma_s = 10$,离子质量 $A = 2$

n_t 和 T_t 对输入参数的高敏感性意味着它们对模型细节很敏感。例如,如果动量沿磁

场线的平衡不满足式(9.11.2),那么就可能会对 n_t 和 T_t 有显著影响。这种不平衡可能是由于离子与中性粒子之间的碰撞,也可能是由于黏滞性。已有实验观察到这种在高密度下等离子体与靶板分离的现象,我们之后会进行讨论。

当 $T_u^{7/2} \gg T_t^{7/2}$ 时,式(9.11.4)和式(9.11.7)给出了靶板处温度和上游区域温度的比值:

$$\frac{T_t}{T_u} = 1.9 \times 10^{32} \frac{A q_\parallel^{8/7}}{L^{6/7} \gamma_s^2 n_u^2}$$

从中不难看出,要想得到高的温度比,就需要低功率、长的连接长度或高密度。

9.11.2　刮削层中径向功率分布

刮削层中的稳态功率流由热流散度为零这一条件决定,即

$$\boldsymbol{\nabla} \cdot \boldsymbol{q} = \boldsymbol{\nabla} \cdot \boldsymbol{q}_\perp + \boldsymbol{\nabla} \cdot \boldsymbol{q}_\parallel = 0 \qquad (9.11.8)$$

其中,$\boldsymbol{q}_\perp$ 和 $\boldsymbol{q}_\parallel$ 分别是垂直于和平行于磁场的热流矢量。通过改写 $\boldsymbol{\nabla} \cdot \boldsymbol{q}_\parallel = q_{\parallel t}/L$,其中 $q_{\parallel t}$ 是靶板处的 $q_\parallel$ 值,可以得到关于刮削层的一个简单的一维径向模型。平行能量损失时间 $\tau_\parallel$ 可由 SOL 中能量与靶板处能量损失之比来得到:

$$\tau_\parallel = \frac{3nTL}{q_{\parallel t}} \qquad (9.11.9)$$

利用式(9.11.9)可将式(9.11.8)近似写为

$$2n\chi_\perp \frac{\mathrm{d}^2 T}{\mathrm{d} r^2} = \frac{3nT}{\tau_\parallel} \qquad (9.11.10)$$

其中,r 是垂直于磁场的径向坐标,$\chi_\perp$ 是热扩散系数。式(9.11.10)的解是

$$T = T_s \exp(-r/\lambda_p) \qquad (9.11.11)$$

其中,T_s 是分离面处的温度,刮削层厚度 λ_p 为

$$\lambda_p = (\chi_\perp \tau_\parallel /3)^{1/2} \qquad (9.11.12)$$

根据式(9.11.10)和式(9.11.11),λ_p 可由分离面处的 $q_\perp$ ($q_{\perp s} = -n_s \chi_\perp \mathrm{d}T/\mathrm{d}r$)写出,于是有

$$\lambda_p = \frac{\chi_\perp n_s T_s}{q_{\perp s}} \qquad (9.11.13)$$

采用式(9.11.9)、式(9.11.12)和式(9.11.13),可得:

$$q_{\parallel t} = \frac{q_{\perp s}^2 L}{\chi_\perp n_s T_s} \qquad (9.11.14)$$

令 $T_s = T_u$,$q_\parallel = q_{\parallel t}$,利用式(9.11.4)的简化形式 $T_u = (7q_\parallel L/2\alpha)^{2/7}$,可在式(9.11.13)和式(9.11.14)中消去 T_s,得到:

$$\lambda_p = 5.0 \times 10^{-16} \frac{L^{4/9} (\chi_\perp n_s)^{7/9}}{q_{\perp s}^{5/9}} \qquad (9.11.15)$$

$$q_{\parallel t} = 2.0 \times 10^{15} \frac{L^{5/9} q_{\perp s}^{14/9}}{(\chi_\perp n_s)^{7/9}} \qquad (9.11.16)$$

式(9.11.16)现在可用于式(9.11.6)和式(9.11.7)来计算 T_t,n_t 的由穿过分离面的能流 $q_{\perp s}$ 所表示的值,而后者可由实验值计算得到。取 $q_{\perp s} = 0.5\,\mathrm{MW \cdot m^{-2}}$,$L = 150\,\mathrm{m}$,$\chi_\perp = 1\,\mathrm{m^2 \cdot s^{-1}}$,$n_u = 1 \times 10^{20}\,\mathrm{m^{-3}}$,得到 $\lambda_p = 0.01\,\mathrm{m}$,$q_{\parallel t} = 7\,\mathrm{GW \cdot m^{-2}}$。极向热流密度要比 $q_{\parallel t}$ 低 B_p/B_ϕ,

但依然在几百 MW·m^{-2} 量级。由于预期的能量通道很狭窄,因此将导致偏滤器内高的功率密度,这是聚变反应堆发展所面临的主要问题之一。正如后面所讨论的,到达固体表面的功率流密度不能高于 5 MW·m^{-2}。式(9.11.16)表明,偏滤器在高密度下工作有利于减小热负荷。若考虑到通量展宽,那么将发现,长的连接长度也是有利的。

9.11.3　偏滤器内功率的体损失率

使靶板上能量沉积最小化的一种可行的办法是将能量辐射到较大区域的材料表面上,该面积大于靶板处与等离子体发生相互作用的面积。等离子体的再循环也会引起一些辐射,这是由于粒子在靶板上被中性化后,这些原子和分子在返回等离子体的过程中会发生激发和退激发,由此引起辐射。但简单的估计显示,即使在高密度的运行状态下,这也并不能辐射掉足够比例的能量。一个办法是引入高原子数的杂质来提高这种辐射。等离子体的杂质辐射可写为

$$P_r = \int n_{\mathrm{m}} n_{\mathrm{e}} R(T_{\mathrm{e}}) \, \mathrm{d}V \tag{9.11.17}$$

其中,n_{m} 是杂质的数密度;$R(T)$ 是辐射参数,取决于杂质种类和等离子体温度,见 4.21 节所述。$R(T_{\mathrm{e}})$ 的最大值约为 10^{-31} W·m^3。所以考虑在式(9.11.17)中取各量的平均值,那么 1 GW 的辐射功率需要

$$n_{\mathrm{m}} n_{\mathrm{e}} V \gtrsim 10^{40} \, \mathrm{m}^{-3} \tag{9.11.18}$$

其中,V 是偏滤器辐射区域体积。对于 $V \approx 10 \, \mathrm{m}^3$,$n_{\mathrm{e}} \approx 10^{21} \, \mathrm{m}^{-3}$ 的条件,所需的 $m_{\mathrm{n}}/n_{\mathrm{e}} \approx$ 1%。高的杂质密度可能导致杂质进入主等离子体,引起芯部辐射和燃料的稀释。就溅射而言,相比于轻的氢同位素,重杂质的产额较高,且能量阈值较小,因此它们具有较高的动量转移率(见 9.8 节),其结果是引起靶板上的物理溅射增强到不可接受的程度。

另外两种功率的体积损失机制是电荷交换中性粒子损失和离子-中性粒子碰撞损失。然而,电荷交换系数与电离率系数之比显示,要想通过电荷交换来取得显著的能量损耗,等离子体的温度必须非常低(<10 eV)。辐射似乎是达到如此低温的唯一途径。此外,电荷交换只能冷却离子。如果中性粒子密度足够高,那么离子-中性粒子碰撞会产生显著的冷却效果。虽然在与密度控制无关的托卡马克模拟器上已经演示了这一效应,但其真实效果尚未在托卡马克实验上观察到。而且在托卡马克中心等离子体密度约束性能不下降的情况下,要想达到足够高的中性粒子密度也不太可能。

对辐射导致的能量损失的更细致的考虑表明,由于穿过鞘层的对流机制参与竞争,因此辐射损失占总能量损失的比例存在上限。如果压强保持平衡,那么辐射和热传导引起的能量损失都线性地依赖于密度。只有在温度低于 5 eV 时,辐射损失才会显著高于热传导损失。在低温下还存在一种温度不稳定性,它使得要得到稳定辐射状态变得困难。这种行为与 7.16 节所述的 MARFES 类似。

另一种可能的分散偏滤器所接受的功率的方法是产生一个"分离的偏滤器等离子体"。这种方法已在大部分偏滤器托卡马克上得到了实验证实。在这种情形下,中性粒子密度会持续上升,直到达到某个阈值密度(其大小线性地依赖于注入的能量),此时靶板附近的等离子体密度和温度都会降低。有迹象表明,在此情形下,式(9.11.2)给出的压强平衡条件不再成立,这很可能是由于等离子体与中性气体之间的摩擦。在这方面,该情形与等离子体和限

制器分离时的情形不同。虽然偏滤器的分离行为并没有被完全理解,但大致可认为,等离子体是先将动量和能量转移到靶板附近的中性气体覆盖层,随后才有沿着磁场线的压强降低。

当等离子体与偏滤器靶板分离时,低温区域——亦即主要的辐射区——会向被约束的等离子体运动。由于靶板处的密度降低,由穿过鞘层的对流引起的热传导损失也会降低,辐射引起的功率损失与对流引起的功率损失之比会提高。在此情形下,辐射损失占总功率损失的比例不再有上限,但其绝对值依然取决于式(9.11.17)中的杂质浓度和温度。上游的辐射增强会导致靶板处等离子体温度变得非常低,且流向靶板的能流会显著下降。

通过光谱诊断可以观察到离子-电子的复合过程。高密度下的分离区域与低密度下由鞘层限定的区域和中等密度下由热传导限定的区域形成鲜明的对照。这种对比为排出能量提供了一个可能的解决方案,虽然到达靶板的粒子通量的降低意味着排除聚变反应产生的氦灰会变得更加困难。人们关切的是,对于聚变电站,这些方案可能仍然难以将到达偏滤器靶板的能量抑制到足够低的水平,因此还需要进一步考虑如何扩展等离子体边界的几何位形。

9.11.4　SOL 中的平行流

一般而言,等离子体流可分为平行于磁场线的自由流动部分和垂直于磁场线的漂移部分($E \times B$ 和 $B \times \nabla B$)。在轴对称环形等离子体中,漂移组分可以与平行流耦合,例如,由 $B \times \nabla B$ 漂移驱动的普费尔施-施吕特(Pfirsch-Schlüter)流和径向电场引起的等离子体环向旋转就是这样的情形。平行流的方向取决于磁场方向。此外,自由流动的平行流可由压强的不平衡性驱动,这种不平衡源于输运的不对称性或局部的电离源。这些流的方向与磁场拓扑(如 X 点的位置)无关,且对磁场的方向不敏感。在很多托卡马克上都测得了平行流,它们都有一致的特征,如图 9.11.3 所示。对于 $B \times \nabla B$ 指向下偏滤器的漂移流,这种流会在中平面低场侧和外偏滤器之间的区域调换方向,且在中平面的高场侧加速到接近于 1 个马赫数。

流在低场侧与高场侧之间的这种不对称性的水平要比考虑漂移的流体模型所预期的值更高。有建议认为,在低场侧穿过分离面的强的湍流输运(见 9.4 节)会在 SOL 驱动起一个不平衡的极向压强,这个压强梯度反过来会驱动等离子体沿着磁场线向内边界流动。这种压强驱动流会参与——甚至在某些情况下会主导——SOL 中的漂移。

对于固定的密度和磁场位形,可以通过让磁场反向来单独研究磁场反向的影响。如果外中平面的 SOL 流的方向与 B_ϕ 反向,则这种流主要指向外偏滤器;如果外中平面的 SOL 流的方向与 B_ϕ 同向,则这种流主要流向内偏滤器。所以这种流的方向总是与电流方向相同,但是流的强度不相等,据此可以得出结论:等离子体流中存在一个与磁场无关的组分。通过对反 B_ϕ 方向的流的组分求和,在 TCV 托卡马克上的测量给出了一个穿过主 SOL 的流,这个流与磁场无关,且具有负的马赫数 $M = 0.5 \sim 1.0$。在这些实验中,当探针位于外中平面的下方时,所测得的流的方向恰如预期,指向外偏滤器的方向。

无论是在顺着磁场还是在逆着磁场的方向上,与磁场方向相关的流在密度的依赖关系上都与普费尔施-施吕特返流一致。磁场反向的作用揭示了这种依赖于磁场方向的新经典平行返流对极向漂移是一种补偿。在低密度下,M 数随密度的提高快速下降至约 0.6。

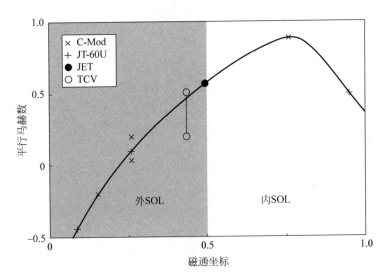

图 9.11.3   在各种托卡马克装置上,由不同位置处(从内偏滤器到外偏滤器)的朗缪尔探针测得的 SOL 中的平行流

横轴表示磁通管坐标,在外偏滤器位置为 0,内偏滤器位置为 1。正的马赫数对应于流向内偏滤器的流。这些测量是针对 $\boldsymbol{B} \times \boldsymbol{\nabla} B$ 指向下偏滤器的漂移流进行的(Lipschultz, B. , *et al*. *Nuclear Fusion* **47**, 1189(2007))

9.11.5   偏滤器中的流

在偏滤器的正常工作期间,离子在靶板处被中性化,并作为背散射中性粒子或热分子返回等离子体,如 9.5 节所述。这些中性粒子在靶板附近发生电离并作为等离子体源,会提高返回靶板的等离子体流。在高密度下,当穿过分离面的流很小时,靶板附近的电离过程是主要的粒子源。

一个简单的一维粒子流的图像如图 9.11.4 所示。再循环造成的离子源局限在靶板附近,所以密度在靶板附近有峰值,而温度则随着接近靶板而降低。等离子体的流速沿磁场线一直很低,直到到达电离发生点开始增大,然后在鞘边缘处被加速到 $M=1$,如图 9.11.4(d) 所示。流向靶板的等离子体流为杂质提供了一种摩擦力,使其加速返回到靶板,只要它们没逃出等离子体的电离区域。但这里复杂的是存在一个温度梯度力(见 2.23 节所述),它会驱动杂质沿着磁场线流向 LCFS。有效的偏滤器设计要求能够保证流向偏滤器靶板的等离子体流带来的摩擦力大到足以超过这个温度梯度力。对于给定的输入功率,提高靶板处的循环流也可以降低平均离子温度。

排出聚变反应产生的氦灰是偏滤器设计的目标之一。由于中性氦气密度很低,因此要想从主真空室的等离子体边缘直接抽出氦难度很大,需要非常高的抽速。但若将等离子体输运到独立的偏滤器腔体中,并从低密度状态转化为高密度状态,则对抽速的需求会显著降低。氦的总产出率取决于反应堆输出总功率与单位聚变反应所释放的功率之比 ε。取 $\varepsilon = 17.6\,\mathrm{MeV}$,则氦的产率为 3.6×10^{20} 个原子/GW。在确保燃料不被显著稀释的情况下,可接受的等离子体内最大的氦浓度约为 10%。假设氦与氘的约束时间相同,则总粒子流量为 3.6×10^{21} 个离子/GW。这便是穿越分离面的最小粒子流量,这些粒子流需要在偏滤器处

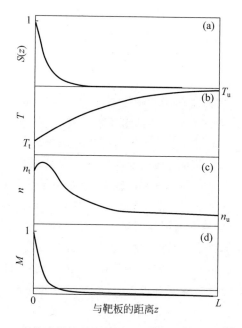

图 9.11.4　在偏滤器的刮削层中,等离子体参数沿磁场线的分布

(a) 针对靶板处再循环所假设的等离子体源分布;(b) 等离子体温度;(c) 等离子体密度;(d) 等离子体流的马赫数
图中数据是基于文中描述的一维模型并令 $T_e = T_i$ 计算所得。靶板在 $z = 0$ 处,最后闭合磁面在 $z = L$ 处

被抽出,来排出氦灰。这种流可通过向等离子体芯部加料(例如,中性束注入或氘氚弹丸注入)的过程来实现。

　　如果考虑二维效应,偏滤器中的流动则更加复杂。靶板处粒子源的分布取决于电离率。由于刮削层中存在粒子源,且靶板与磁场结构的相对几何关系会显著影响到流的行为,所以密度的径向分布不能由简单的模型来描述。局部的高温或高密度会引起高电离率。在某些情况下,分离面附近的电离率会局部超过流向靶板的流速,导致流回 LCFS 的返流,如图 9.11.5 所示。虽然很多二维流体模型都能预言到这种现象,但实验证据依旧稀缺。人们预料返流会在分离面附近出现,因为在此电子密度、温度及电离率均达到最大值。如果在正常运行的情况下发生了此类返流,还会使杂质更易于流向 LCFS。

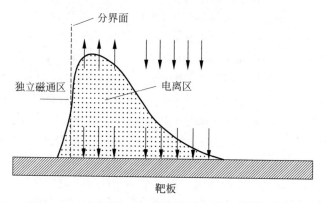

图 9.11.5　靶板附近外刮削层的极向平面处的粒子流

与粒子运动的复杂行为形成鲜明对比的是相对简单的能量分布。由于能量产自等离子体芯部附近并向外扩散至 LCFS,且在刮削层中没有明显的能量源,因此能量流沿径向减小,特征长度 λ_p 由式(9.11.15)给出。因此在无辐射的情况下,能量分布是相当稳定的,与几何结构无关。

实验中广泛观察到,指向内外偏滤器靶板的能量流存在显著的不对称现象。相比于外侧靶板处的等离子体,通常内侧等离子体的电子温度更低,辐射更强,且明显与比外靶板等离子体密度更低的主等离子体相分离。产生这种不对称性的原因主要可归结为以下几点:一是从外中平面到内偏滤器靶板的连接长度要比到外偏滤器靶板的连接长度长;二是弱场侧较大的大半径使得该处的等离子体表面积较大;三是由于沙弗拉诺夫位移,磁通压缩趋向等离子体的外侧。较长的连接长度会使内偏滤器通常处于热传导区,而此时外偏滤器依然处于鞘层限定的区域,结果导致在内偏滤器靶板上有较高的密度和较高的辐射。这种不对称性还取决于环向磁场和等离子体电流的相对方向,并且在离子的磁场梯度漂移方向指向偏滤器靶板时达到最大。这是我们偏好的运行模式,因为这时 H 模所需的功率阈值较低。当离子的磁场梯度漂移方向背离偏滤器靶板时,通常会有较多的功率进入内偏滤器靶板,而且不对称性会显著降低。离子的磁场梯度漂移效应尚未被完全理解,但人们通常认为,影响SOL 中的等离子体流的因素有边界沿等离子体方向的环向旋转、与平行温度梯度相关的径向漂移及由内外偏滤器靶板温差引起的温差电流等。这些效应的复杂性意味着它们很难被合并到现有的流体模型代码中。在下一代托卡马克中,由于局部的高热通量会引起严重的工程问题,因此降低不对称性会变得很重要。

9.11.6　一般设计考虑

在设计实际的偏滤器时,需要考虑很多复杂问题,目前尚没有明确的方案。本节将介绍最关键的因素。设计中既需要考虑极向磁场的双零位形也需要考虑单零位形。在双零位形中,顶部和底部都会有一个 X 点,这使得等离子体与壁的作用面积翻倍,但到靶板的连接长度减半。双零位形还使得等离子体有更大的三角形变,这对于取得高 β 和高能量约束是有利的。但双零位形会使得极向场系统变得更为复杂,并使得约束等离子体的体积减小。要稳定这种等离子体,平衡上、下能流将变得困难。当前及今后的托卡马克都更倾向于单零位形。

偏滤器的运行已在多种靶板几何位形下(从平板靶板到封闭的腔体)实现。平板靶板的优势在于结构简单,易于诊断,且可以方便地固定到刚性结构上。封闭型偏滤器的好处主要是减小了返回到主腔体的中性粒子组分,在那里它们会与等离子体发生电荷交换反应,引起壁的溅射。在相同的等离子体密度下,封闭型偏滤器腔体可以在靶板处维持更高的中性气体压强。人们广泛尝试了不同的偏滤器几何结构设计,如在 ASDEX-upgrade,JET,Alcator C-Mod 及 DⅢ-D 等装置上进行的偏滤器实验。虽然封闭的几何位形会使偏滤器的密度明显低于主等离子体密度,最低时仅为后者的约 20%,但出乎意料的是,偏滤器和主等离子体的总体运行状况几乎不受偏滤器几何结构的影响。主腔体中的中性粒子密度是主要取决于从偏滤器返流的气体还是主腔体中等离子体与壁的相互作用,目前仍无定论。

由于靶板会被加热到高温状态,因此靶板材料会有明显的热膨胀。由于刮削层中能量分布存在梯度,靶板的加热通常是不均匀的,所以热膨胀问题非常重要。为了减小内部应力,靶板通常做得很小(20～30 mm²)。靶板与磁场线之间的夹角也做得尽可能的小,以便增大靶板的有效面积。目前使用中夹角低至 1°。然而由于靶板之间存在空隙,在接近掠入射时,靶板的部分边缘就会变为被粒子正入射。为了解决这个问题,可以将靶板加工为一个斜面,并在安装时两两分离,从而将靶板边界遮挡住,如图 9.11.6 所示。这种做法的缺点是只能在磁场线方向固定的情形下工作,且会降低靶板的有效面积。最优设计方案取决于靶板排列的对齐程度。由于热膨胀和磁场、真空应力的存在,并且由于需对齐的区域通常较大,因此靶板的对齐是很困难的。

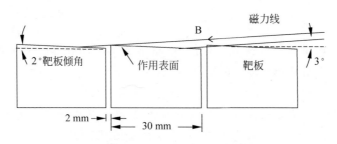

图 9.11.6　靶板排列示意图

相邻靶板之间留有一定缝隙,以保护缝隙处的边界面。有效作用面积的减小程度视靶板的对齐程度而定

反应堆设计中需考虑的另一个问题是表面的烧蚀和被烧蚀材料在别处的再沉积。总的烧蚀量可由入射粒子的通量密度来估计。假设能量密度的上限约为 20 MW·m⁻²(取决于冷却方面的考虑),靶板处的等离子体温度为 10 eV,粒子通量约为 1×10^{24} 个离子/(m²·s)。特征溅射产额为 10^{-2} 个原子/离子,由此对应的烧蚀速率约为 3 米/年。对于靶板冷却系统的设计,如此高的净烧蚀速率是不可接受的。由于在低能情况下,溅射产额大致与能量成正比,所以在平行能量密度恒定的情况下,只要离子能量低于溅射阈值(见 9.8 节),等离子体温度的变化并不会显著影响上述估计。但由于被烧蚀材料会在遇到等离子体时被电离,随后返回靶板表面并沉积,所以实际上净烧蚀速率远低于上述粗略估计。但沉积位置直接取决于等离子体中的杂质输运。

实验观察表明,烧蚀速率在外侧靶板的"打击点"附近最大,而沉积在内靶板最大,这与局部较低的等离子体温度条件是一致的。实际上,对于碳靶板,大部分沉积发生在较冷的表面,其位置与靶板相邻但偏离离子的视线。这个现象被归因于碳氢化合物在冷的表面上有更高的黏附系数。有实验证据表明,主腔体内壁上也会发生净烧蚀,并导致壁材料被输运到内侧靶板上。沉积面积对于锁定腔体中的氚有重要作用。

9.12　热流、蒸发和热输运

无论是通过欧姆加热、辅助加热,还是聚变反应产生的等离子体能量,都需要通过等离子体辐射或输运来释放给固体表面。辐射过程会导致较为均匀的能量沉积。而对于输运过程,无论是热传导还是对流引起的输运,都会造成能量在限制器或偏滤器的局部位置沉积,这是因为能量主要是沿着磁场线流动。在大功率运行的托卡马克系统中,传递到偏滤器或限制器上的能量通常都接近于固体材料能够承受的极限。决定固体材料完整性的首要因素是蒸发。蒸发会引起材料表面的烧蚀和等离子体的污染。第二个因素是热冲击,它会导致部件的结构强度变差。

对于脉冲运行的系统($t\gtrsim 5\ \mathrm{s}$),热脉冲时间远小于材料中的热扩散时间,到达材料表面的能量起初由内部热传导来平衡。能流密度 $P(t)$ 引起的表面温度增量 ΔT 可写为

$$\Delta T = \frac{1}{(\pi\kappa\rho C)^{1/2}}\int_0^t \frac{P(t-\tau)}{\tau^{1/2}}\mathrm{d}\tau \tag{9.12.1}$$

其中,κ 是热传导系数,C 是比热,ρ 是固体密度。假设这些量均与温度无关,对于恒定的 P,由式(9.12.1)可得:

$$\Delta T = 2P\left(\frac{t}{\pi\kappa\rho C}\right)^{1/2}$$

承受热流能力最强的材料有石墨和高热导率的难熔金属,如钨和钼。材料表面的温度需保持在蒸发可忽略不计的状态。蒸发速率 R_e 可写为

$$R_e = 1.7\times 10^{24}(AT)^{-1/2}p$$

其中,A 是原子质量,T 是以开尔文为单位的表面温度,p 是以帕斯卡为单位的蒸气压,R_e 的单位为原子/($\mathrm{m}^2\cdot\mathrm{s}$)。对于稳态情况,有现成的蒸气压数据。图 9.12.1 展示了一些限制器和壁材料对应的数据。但这些数据在脉冲工作状态下或者在表面有杂质存在时可能并不可靠。

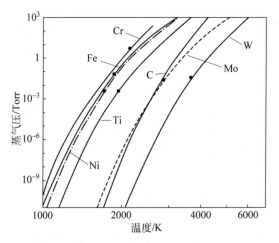

图 9.12.1　不同的第一壁材料下蒸气压随表面温度的变化(Honig, R. E. , and Kramer, D. A. , Vapour pressure data for the solid and liquid elements. *RCA Review* **30**, 285 (1969))

在稳态下,材料能够承受的最高热流取决于受热表面与冷却剂之间的温度梯度引起的应力,因此提高材料的热导率很重要。在某些设计中,人们尝试过将低溅射产率的面向等离子体的表面与高热导率的基底相结合。在这种情况下,焊接处的热应力便成了制约设计的关键因素。这类部件的设计很复杂,涉及特定几何结构的有限元分析。目前的最佳设计能够达到的稳态热转移率的上限为 $10\sim 20\ \mathrm{MW}\cdot\mathrm{m}^{-2}$,而出于可靠性考虑,通常取 $2\sim 5\ \mathrm{MW}\cdot\mathrm{m}^{-2}$ 较常见。由于这类部件的设计有赖于材料的基本特性,因此目前这些上限值不太可能显著提高。

在装置不正常运行的情况下,如在破裂或是存在大量逃逸电子的情况下,能量也会沉积在壁上。人们尝试过计算破裂时转移到壁上的能量,但由于参与作用的壁的表面积难以估

测,因此很难得到准确的沉积能量估计。对于给定的功率密度,主要问题是如何估计由壁材料蒸发带来的辐射效应。这种辐射会使能量流在较大的范围内均匀分布,从而减小了直接流向壁的能量流。在装置非正常工况下,材料表面还可能出现一层薄的熔化层。在存在横越磁场线的感生电流的情况下,该层的磁流体稳定性也是一个需要考虑的问题。

另一个难点是部件的烧蚀。即使没有蒸发,溅射同样会引起烧蚀。进入等离子体的杂质会被电离并沿着磁场线运动,随后沉积在远离被烧蚀点的区域。这会导致净烧蚀区和净沉积区。虽然这个问题在当下的托卡马克上不是很重要,但对于稳态运行装置的设计,这会是一个重大难点。对净烧蚀的定量计算主要取决于杂质的输运系数,而后者尚无法获得准确值。

参考文献

等离子体与表面相互作用的综述性论文很多,综合性最强的有

Lipschultz, B. , *et al*. Plasma-surface interaction, scrape-off layer and divertor physics: implications for ITER, *Nuclear Fusion* **47**, 1189 (2007).

Federici, G. , *et al*. Plasma material interactions in current tokamak and their implication for next step fusion reactors, *Nuclear Fusion* **41**, 1967 (2001).

Stangeby, P. C. The plasma boundary of magnetic fusion devices. Institute of Physics, Bristol (2000).

ITER physics expert group, Power and particle control, *Nuclear Fusion* **39**, 2391-2470 (1999).

Stangeby, P. C. and McCracken, G. M. Plasma boundary phenomena in tokamaks. *Nuclear Fusion* **30**, 1225-1379 (1991).

Atomic and plasma material interaction data for fusion, *Supplement to Nuclear Fusion*, Janev, R. K. (ed.), I. A. E. A. , Vienna.

Vol. 1 Particle surface interaction data for fusion (1991).

Vol. 2 Atomic and molecular processes in edge plasmas (1992).

Vol. 3 Atomic collision processes of helium, beryllium and boron atoms and ions in fusion plasmas (1992).

Behrisch, R. and Post, D. E. , (eds). *Physics of plasma wall interactions in controlled fusion*. Proceedings of a NATO Advanced Study Institute, Plenum Press, New York (1986).

Langley, R. A. , Bohdansky, J. , Eckstein, W. , Mioduszewski, P. , Roth, J. , Taglauer, E. , Thomas, E. W. , Verbeek, H. , and Wilson, K. L. Data compendium for plasma surface interactions, *Nuclear Fusion*, Special Issue, 9-117 (1984).

McCracken, G. M. and Stott, P. E. Plasma surface interactions in tokamaks. *Nuclear Fusion* **19**, 889 (1979).

除此之外,还有很多两年一届的集中讨论等离子体与表面相互作用的专题会议。这些会议的文集能够提供更有用的细节信息。会议文集收录在 *Journal of Nuclear Materials* 中,标题为"Plasma surface interactions in controlled fusion devices",至今为止完整的文集列表为

Argonne IL, USA	Vol. 53, 1974
San Francisco CA, USA	Vol. 63,1976
Culham, UK	Vols. 76-77,1978
Garmisch Partenkirchen, Germany	Vols. 93-94, 1980
Gatlinberg TN, USA	Vols. 111-112, 1982
Nagoya, Japan	Vols. 128-129, 1984

Princeton NJ，USA	Vols. 145-147，1987
Aachen，Germany	Vols. 162-164，1989
Bournemouth，UK	Vols. 176-177，1990
Monterey CA，USA	Vols. 196-198，1992
Mito，Japan	Vols. 220-222，1995
St. Raphael，France	Vols. 241-243，1997
San Diego CA，USA	Vols. 266-269，1999
Rosenheim，Germany	Vols. 290-293，2001
Gifu，Japan	Vols. 313-316，2003
Portland ME，USA	Vols. 337-339，2005
Hefei，China	Vols. 363-365，2007
Toledo，Spain	Vols. 390-391，2009
San Diego CA，USA	Vol. 415/1S, 2011

等离子体鞘

研究等离子体鞘的文献很多。但在托卡马克中,强磁场的存在会影响鞘层的行为,尤其是探针的行为。下文是一篇关于鞘层和探针的综述：

Stangeby，P. C. in *Plasma Diagnostics*，Vol. 2，(1989)，edited by Auciello, O. and Flamm，D. L.，Academic Press，New York.

下列文献也对这一问题进行了讨论：

Stangeby，P. C. *The plasma boundary of magnetic fusion devices*. Institute of Physics，Bristol (2000).

限制器

Cecchi，J. L.，Cohen，S. A.，Dylla，H. F.，and Post，D. E.，(eds). Energy removal and particle control in fusion devices，Proceedings of a symposium in Princeton，NJ，*Journal of Nuclear Materials* **121**，(1984).

刮削层

这个问题在上述很多会议文集中都有讨论。下文是一篇综述：

Stangeby，P. C. *The plasma boundary of magnetic fusion devices*. Institute of Physics，Bristol (2000).

再循环

下述文献给出了再循环的基本过程：

McCracken，G. M. and Stott，P. E. Plasma surface interactions in tokamaks. Plasma surface interactions in tokamaks. *Nuclear Fusion* **19**，889 (1979).

下述文献报告了最新的数据：

Thomas，E. W.，Janev，R. K.，and Smith，J. *Nuclear Instruments and Methods in Physics Research* **B69**，427 (1992).

International Nuclear Data committee Report INDC (NDS)-249 *Particle reflection from surfaces*，I. A. E. A.，Vienna (1991).

Tabata，T.，Ito，R.，Itakawa，Y.，Itoh，N.，and Morita，K. *Data on the backscattering coefficients of ions from solids*，Report IPPJ-AM18，Nagoya University (1981).

下文对聚变条件下氢的磁导率和溶解性给出了较好的讨论：

Moller，W.，in Behrisch，R. and Post，D. E.（eds）. *Physics of plasma wall Interactions in controlled fusion*. Proceedings of a NATO Advanced Study Institute，Plenum Press，New York（1986）.

原子与分子过程

下文给出了该物理过程的综合介绍：

Harrison，M. F. A. The plasma boundary region and the role of atomic and molecular processes in *Atomic and molecular physics of controlled thermonuclear fusion*（eds Joachain，C. J. and Post，D. E.），Plenum Press，New York，441（1983）.

下文给出了很多必要的原子数据：

Janev，R K，Reiter，D.，Samm，U. Collision Processes in Low-Temperature Plasmas，Forschungszentrum Juelich Report Juel-4105（2003）. Springer Verlag.

Janev，R. K.，Langer，W. D.，Evans，K. Jr, and Post，D. E. Elementary processes in hydrogen-helium plasma，cross sections and reaction rate coefficients，Springer-Verlag，Berlin，（1987）.

有关原子过程的基本数据和分析方法的综述性文献有

Summers，H. P.，The ADAS *user's manual*，Version 2. 6. *http://www.adas.ac.uk*

壁处理

前述会议文集也广泛讨论了壁处理问题。以下为一篇综述：

Winter，J. A comparison of tokamak operation with metallic getters（Ti，Cr，Be）and boronization，*J Nuclear Materials* **176-177**，14（1990）.

溅射

关于该问题有广泛的文献讨论。下述综述文献有详细记载：

Behrisch，R.（ed）*Sputtering by particle bombardment*，Springer-Verlag，Berlin，Vol. Ⅰ（1981），Vol. Ⅱ（1983），Vol. Ⅲ（1991）.

下述文章中有数据整理：

Eckstein，W. *Sputtering data*，Report IPP9/82，Max Planck Institut für Plasmaphysik Garching，（1993）.

Roth，J. *et al*. Flux dependence of carbon chemical erosion by deuterium ions，*Nuclear Fusion* **44**，L21-L25（2004）.

Matsunami，N.，Yamamura，Y.，Itakawa，Y. *et al. Energy dependence of the yields of ion induced sputtering of sub-atomic solids*，Report IPPJ-AM-32，Nagoya University（1983）.

Yamamura，Y.，Takaguchi，T.，and Tawara，H.，*Data compilation of angular distribution of sputtered atoms*，Report NIFS-DATA-1，Nagoya University（1990）.

材料选择

Roth，J. *et al*. Recent analysis of key plasma wall interaction issues for ITER *Journal of Nuclear Materials* **390-391**，1（2009）.

Behrisch R. and Venus G. Heat removal from the divertor plate and limiter materials in fusion reactors. *Journal of Nuclear Materials* **202**，1（1993）.

起弧

Mioduszewski，P. Unipolar arcing，Chapter 10 of Behrisch，R. and Post，D. E.，（eds）*Physics of plasma wall Interactions in controlled fusion*. Proceedings of a NATO Advanced Study Institute，Plenum Press，New York (1986).

偏滤器

关于偏滤器的详细综述的文献有

Lipschultz，B. *et al*. Plasma-surface interaction，scrape-off layer and divertor physics：implications for ITER，*Nuclear Fusion* **47**，1189 (2007).

关于偏滤器实验的综述性文献有

Pitcher，C. S. and Stangeby，P. C. Experimental divertor physics *Plasma Physics and Controlled Fusion* **39**，779 (1997).

关于 SOL 中的等离子体流的讨论见

B. Labombard *et al*. *Physics of Plasmas* **12**，056111 (2005).

热流、蒸发和热输运

各元素的蒸气压数据见

Kaye，G. W. C.，Laby，T. H.，Noyes，J. G.，Phillips，G. F.，Jones，O.，and Asher，J. Tables of Physical and Chemical Constants，16th Edition 1995，Longman scientific and technical，London.

关于排热问题的讨论见

Fundamenski，W. Power and particle exhaust in tokamaks：Integration of plasma scenarios with plasma facing materials and components. *Journal of Nuclear Materials* **10**，390 (2009).

第 10 章
诊　断

10.1　托卡马克诊断

托卡马克等离子体诊断已被发展用于托卡马克研究中的具体课题。它包括 5 个主要的方面：

（1）建立稳定等离子体的方法和磁流体动力学不稳定性的研究；

（2）能量和粒子约束时间及输运系数的确定；

（3）等离子体辅助加热方法的发展；

（4）等离子体杂质的研究和控制；

（5）等离子体涨落的研究，用以确定其在等离子体输运中的作用。

随着研究朝着长脉冲实验和更大的近反应堆等离子体的方向发展，诊断被越来越多地应用于对等离子体和加热系统的实时控制。等离子体诊断在预言和避免对托卡马克可能造成的损害事件方面也变得非常重要。本章中讨论的诊断将与所列出的每一个研究领域有关。

由于载流等离子体会处在不稳定的位形下，因此最早期托卡马克研究的优先事项是确立如何建立和控制不具有总体磁流体力学（MHD）不稳定性或位置不稳定性放电的方法。为了实现这一目标，人们开发了一套基本的电磁诊断设备来测量等离子体电流、位置、形状和 MHD 性质。但即使达到了总体稳定性，等离子体仍会表现出 MHD 活性。这种活性已通过安装在等离子体边缘用于测量磁场扰动的磁探圈得到研究。通过采用 X 射线二极管系统来测量热的中心区等离子体的辐射，人们还对等离子体内部的 MHD 效应进行了广泛研究。这些测量对于研究锯齿不稳定性和时常造成托卡马克放电终止的破裂不稳定性有特别重要的价值。虽然建立总体稳定的托卡马克等离子体的方法现已得到充分发展，但仍需要扩大其应用范围。随着新的现象被发现，人们对各种 MHD 效应仍然感兴趣。

特别重要的是对能量约束时间的测量。这可以采用下述方法来做到：用一个逆磁线圈来测定能量大小 W，然后根据公式 $\tau_E = W/P$ 来计算约束时间 τ_E，其中 P 是输入到等离子体的功率。然而，这种方法不像通过对密度和温度剖面的直接测量来获得等离子体能量的方法那么可靠。电子密度一般可以用微波相移的方法来得到，虽然反射计方法正被越来越多地采用，尤其是在等离子体的外层区域。在电子温度测量方面，一个重大进步是由汤姆孙散射实验最先给出的。该实验通过测量等离子体电子对红宝石激光的散射光谱导出电子温度。这种测量还可以确定电子密度。对于目前的托卡马克等离子体，电子温度往往是通过对电子回旋辐射的测量来确定的。离子温度则通常由中性束的电荷交换过程引起的上能级粒子数衰减辐射的多普勒展宽给出。此外，T_i 还可以由电荷交换后的中性粒子发射给出，或由等离子体电子激发的杂质谱线的多普勒展宽给出。在氘或氘-氚等离子体中，中子通量及其光谱也可以用来确定 T_i。

在采用射频或中性束加热的实验中,粒子的分布函数是非麦克斯韦型的。为了了解加热机制,人们采用 X 射线脉冲高度谱仪对电子的速度分布进行了研究,并采用工作在高的中性粒子能量下的中性粒子分析器对离子的分布进行了测量。

在托卡马克研究中,人们很早就认识到杂质的重要性。实验发现,在不充分清洁的真空室中不可能获得稳定的托卡马克放电。等离子体的杂质辐射很强,由此导致的 τ_E 的降低会严重阻碍反应堆点火,而且大量杂质的存在还会稀释燃料。人们还认识到,可重复放电强烈依赖于对杂质的控制。这些问题直接导致了检验杂质的产生和行为的光谱诊断学的重大发展。在目前的实验中,光谱测量技术已可以覆盖从可见光到 X 射线波段的所有波长的辐射。由于杂质原子源自托卡马克器壁、限制器和偏滤器的靶板,因此一套用于研究等离子体与表面相互作用和杂质产生的基本物理机制的诊断手段已得到开发。朗缪尔探针用于测量边缘区和偏滤器的等离子体特性。

随着托卡马克体积的增大,沉积在偏滤器部件上的功率也变得越来越大。这使得对偏滤器区域的诊断变得日益重要。为了支撑等离子体流及其表面相互作用的数值模拟,为了监测部件表面的侵蚀,并最终实现对辐射的控制或分离偏滤器运行模式,都需要对众多参数进行测量。在偏滤器上,温度和密度一般要比等离子体中心的值低很多,但许多标准的诊断技术仍然可以运用,尤其是那些利用光谱进行诊断的技术。

业已进行的对高频等离子体涨落的测量主要是用于建立对托卡马克上观察到的反常输运进行解释的可能机制。这些诊断技术主要包括重离子束探针、电磁辐射的散射测量和边缘探针等。磁湍流和静电湍流都被认为是反常输运的可能原因。对这些效应的评估需要测量密度、温度和磁场的涨落及这些涨落量之间的相关性。这种测量在某种意义上对诊断技术提出了最大的挑战。

其他各种诊断技术也都得到了发展。这些诊断包括利用固体氢弹丸、中性粒子束和带电粒子束进行的测量,以及确定等离子体内各种场(从而确定安全因子分布)的诸多方法。

仍然需要继续开发新技术。例如,在 D-T 等离子体反应中会产生高能 α 粒子。如何慢化和遏制这些粒子的研究至关重要,目前仍在继续开发这方面的适当的诊断技术。大型托卡马克实验导致一种新的等离子体条件——其中含有大量的中子通量。在这种情况下,需要进行辐射硬化诊断,这方面的发展正受到越来越多的关注。

用于下一代托卡马克实验的诊断设计是一个重大挑战。特别是,这些诊断的面向等离子体的部件必须能在恶劣条件下长时间可靠地工作。除了核负荷外,这些部件还必须承受等离子体和杂质的污染和侵蚀。对这些部件进行维护将因为其周围存在大量的核屏蔽组件及这些部件被诱导活化而变得困难。

10.1.1 测量结果的解释

虽然等离子体经常是用总的宏观参数来描述,这当然是一种简化。等离子体是具有多种成分的流体,其每一种组分都有各自特定的、随位置和时间变化的速度分布。这种流体通过粒子交换和波或光子的发射与周围环境相互作用。对等离子体状态的了解是通过截取和测量其中的一些相互作用来实现的。这些测量有时涉及对等离子体的精心探测或扰动,以便提取更多的信息。诊断测量面临很多实际的限制。这些限制包括视线的宽窄、探测器的能量响应带宽、仪器的分辨率等。因此,对等离子体状态的了解必然是不完整的。但毕竟这些诊断提供了关于等离子体的所有信息。这种信息的使用方式已经在托卡马克研究的过程中得到发展,并将随着向燃烧等离子体和最终的聚变反应堆的前进而不断发展。

在最简单的概念层次上,可以对等离子体做简化假设,以便从单一诊断的测量中得到特定的等离子体参数。例如,假设等离子体中的电子速度为麦克斯韦分布,那么微波辐射测量可以导出相关的电子温度。但即使有了这样的假设,也还常常需要在某个诊断结果的分析基础上来解释另一个诊断结果。例如,许多诊断需要有等离子体平衡(通量面的形状)的知识,同时假定待测参数为通量面的函数,以便从测量体积反演到等离子体的磁面半径。

某些测量在结果的解释上显得更为困难。例如,辐射或粒子从它们在等离子体内的出生体积到等离子体外的探测器有一个传输过程。同样,当一束射线或粒子被用来探测等离子体以便进行内部测量时,在测量结果得到解释之前,必须对束到测量体积的传播(折射、衰减)进行模拟。这种建模涉及其他测量的结果。所有这些测量都会受到等离子体的影响,而这种影响又都是寄生于所需信号上的。这些参数包括传感器中的感应电流、杂散辐射或轫致辐射等。在某些情况下,这些影响可以通过模拟或对测量分析的其他考虑来解决。而在另一些情况下,这些干扰源根本就不可预知,以至于只能在评估待测参数时作为对整体误差的一种"讨厌"的贡献来处理。

解释诊断测量问题的性质已经促使聚变实验开发出一整套由总"调度器"驱动的分析程序套件。这个调度程序被设计成这样:每个分析项目会在它所需的背景参数可以从前一步骤中得到后开始运行。这一策略——通过间接测量来替代所缺失的测量——通常被纳入个别分析程序中。通常情况下,这套程序会在每次等离子体放电成功后自动运行,并且在下一次等离子体放电运行之前向实验组提出结果。

不同于上述方法的另一种从测量结果得出等离子体参数的做法是从对等离子体的描述和诊断模型出发,来对诊断信号进行预测,然后用实际测得的信号对等离子体描述进行修正,以期与诊断上实际记录的信号达到最佳匹配。等离子体描述可能很复杂,包括分布函数的各向异性和参数的空间分布。有两种方法可以用来发展等离子体模型。一种是根据加热、加料和约束的物理过程来尝试描述某些初始状态下等离子体的时间演化过程。物理学家对这些过程的参数进行调整,以便最终与诊断测量结果相匹配,从而深入了解等离子体中所发生的重要过程。等离子体模型已经发展了几十年,包含了对已知等离子体物理的复杂描述。与实验结果的不断对比有助于改进和发展这些模型。另一种方法是考虑单个瞬间,并通过调整等离子体参数以获得所有诊断信号的总体最佳匹配。这种调整是自动进行的,因为它涉及高维参数空间的探索,需要大量的计算。这是一种相对较新的方法,它采用了诊断物理学的详细描述,并对误差、干扰参数和"先验"假设进行严格的统计处理。先验假设的一个例子是假设等离子体密度的空间变化是平滑的。先验假设主要用于传递出实验系统的背景物理知识。这种技术不仅产生单个"最佳拟合"解,而且能给出与测量及其不确定性兼容的整个等离子体参数的子空间。

诊断测量的增加对等离子体的实时控制变得越来越重要。控制环路在早期聚变实验的发展中就已被采用,例如,用测得的线积分电子密度来控制托卡马克的供气,以确保等离子体的密度不随真空室壁的天然燃料的返流而变化。随着数字网络的引入,这种控制系统已变得越来越复杂。数字网络不仅用于测量数据的传输,而且还是一种在放电过程中关键数据失效的情形下能够采取的冗余和后退策略。今天所有大型托卡马克实验装置上都有一套实时的信号网络。在这些网络中,分析诊断信号的任务被尽可能地分布到整个网络上,以便网络能在各计算机之间传递这种相对高级的分析结果,从而降低数据传输次数并允许较快的响应时间。网络上的一台计算机能够接收到所有这些测量结果,并执行控制策略,从而将请求命令发送给等离子加热和控制系统。快速分析程序和控制算法的设计是一个不断发展的领域。人们越来越依赖于对等离子体的实时控制,以获得和维持高性能的等离子体状态,并保护机器部件免受电磁和热应力的过度影响。随着托卡马克装置变得越来越大,许多部件受到的应力也变得越来越严重,避免破裂和出现大的边缘局域模变得越来越重要。随着我们向聚变反应堆迈进,必须设计出具有预测能力的控制算法,这样它们才能够采取先发制人的行动,以避免等离子体陷入无法逃脱大破裂的运行参数空间。

10.2　磁测量

托卡马克等离子体的许多性质可以用简单的线圈或线圈来确定。基本测量包括等离子体电流、回路电压、等离子体位置和形状、存储的等离子体能量和电流分布。利用磁测量也可以获得关于不稳定性的信息。

图 10.2.1 示意性地给出了用小线圈测量局部磁场的布置。其原理是从测得的感应电压 V 来确定穿过线圈的磁通量 Φ:

$$\Phi = -\int_{t_0}^{t} V(t')\mathrm{d}t' \qquad (10.2.1)$$

并从这个磁通量算得磁场 $\boldsymbol{B}$ 的法向分量的平均值:

$$\boldsymbol{B} \cdot \boldsymbol{n} = \frac{\Phi}{NA}$$

其中,N 是匝数,A 是线圈截面的平均面积。磁场的所有分量都可以用正交线圈组来测量。

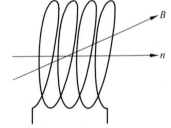

图 10.2.1　用小线圈测量沿 $\boldsymbol{n}$ 方向的磁场 $\boldsymbol{B}$ 的分量的示意图

等离子体外的环形磁场是由外设磁场线圈决定的,通常仅由少数几个探测线圈来测量。极向平面上磁场的强度和方向强烈依赖于等离子体的行为,因此我们更感兴趣。磁线圈安置在测量面上,通常在真空室内,以确定垂直于和平行于测量面方向上的局部磁场分量。测量平行分量的线圈最好置于真空室内以便检测磁场的快变成分,否则,由于真空室的屏蔽作用,快变成分的振幅会大大降低。这种磁场变化的探测对于不稳定性的研究是非常重要的。

磁探圈可以通过与已知截面积的标准线圈进行比较来精确地定标。极向磁场测量中误差的主要来源是对强的环形磁场的一小部分分量的不当拾取。这可以通过在仅有环形磁场而无等离子体的放电情形下的测量来校正。

除了用测量面上的线圈来确定 $\boldsymbol{B}$ 之外,磁测量还包括用罗科夫斯基(Rogowski)线圈来确定电流、用环向和极向磁通来分别确定总的封闭面内的磁通和回路电压等。

10.2.1　等离子体电流

安培定律将磁场强度沿闭合回路的积分与该回路所封闭的总电流联系起来:

$$I = \frac{1}{\mu_0}\oint \boldsymbol{B} \cdot \mathrm{d}\boldsymbol{l} \qquad (10.2.2)$$

其中,$\mathrm{d}\boldsymbol{l}$ 是回路长度的微元。环向电流通常用一个连续绕制的罗科夫斯基线圈来测量,如

图 10.2.2 所示。线圈由一个并非完全环绕等离子体的多匝的螺绕环组成,绕制的导线最后沿着环的轴线返回到绕制起点与始端引线双绞引出,以避免与电流平行的净磁通被包含进来。

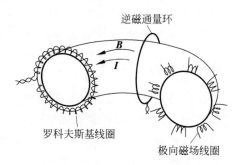

图 10.2.2　磁诊断示意图

　　如果每一匝的尺寸与线圈的总尺寸相比很小,则 B 在每一小匝截面上的变化非常小,线圈单位长度上的待测磁通量由

$$\mathrm{d}\Phi = nA\boldsymbol{B} \cdot \mathrm{d}\boldsymbol{l}$$

给出,其中 n 是线圈单位长度的匝数,A 是每一匝的截面积。罗科夫斯基线圈的总的磁通匝链数为

$$\Phi = nA \oint \boldsymbol{B} \cdot \mathrm{d}\boldsymbol{l} \tag{10.2.3}$$

将式(10.2.1)、式(10.2.2)和式(10.2.3)联立,即得到穿过线圈截面的等离子体电流的大小:

$$I(t) = -\frac{\int_{t_0}^{t} V(t')\mathrm{d}t'}{nA\mu_0}$$

替代罗科夫斯基线圈测量的一个办法是采用在等离子体周围沿极向布置的一系列离散的磁探圈(图 10.2.2),通过对这些线圈测得的结果求和来逼近积分式(10.2.3)。在实践中,罗科夫斯基线圈会封入一些载流导体:真空室里的偏滤器线圈和涡流。需要对这些电流进行单独测量或估计才能从罗科夫斯基线圈信号中获得真实的等离子体电流。通过调节初级线圈引起的环向回路电压,就可以反馈控制等离子体电流,使待测电流达到所需的值。

10.2.2　环路电压

　　所有测量中最简单的测量方法是环向回路电压信号的测量。它是通过测量与等离子体平行的环形线圈两端的电压来确定的。这个环路电压对确定等离子体的电阻和焦耳热非常有用,尽管对其解释并不总是简单的。

　　中心螺管中的原边电流和等离子体电流本身引起的磁通变化均能感应出环路电压,因此,等离子体电流内部的重新分布或其大小的变化均能导致等离子体两端的环电压的变化。只有当等离子体电流和电流密度在时间上保持不变时,环电压才能均匀地穿过等离子体,才等于在表面测得的环路电压。

10.2.3　等离子体表面

　　等离子体最外层闭合磁面的形状和位置可通过环路电压和真空室内壁上布置的极向场

多点测量来确定。由于环路电压可以积分给出磁通量的测量值,而极向场的局域值可给出这个通量的梯度,因此可以通过外推在无电流区找到包围恒定磁通的磁面,从而确定最后闭合磁面。这个方法需要从测得的极向磁通 ψ,然后利用在壁上有 $\nabla^2\psi=0$ 的条件来外推。这种处理依赖于相对靠近等离子体表面的测量,否则外推误差会变得很大。

10.2.4 等离子体位置和形状

除了给出等离子体表面的位置外,磁测量还可以用来测量电流通道中心的位置。一种方法是估算电流密度剖面的各阶矩。其原理同样是利用式(10.2.2),即将等离子体小截面上的电流密度积分与边界测量值的积分联系起来,电流密度的其他各阶矩与等离子体各面量有关,因此可以确定。例如,一阶矩给出电流中心的位置 R_c,它定义为

$$R_c^2 = \frac{1}{I}\int j_\phi R^2 \mathrm{d}A$$

在待测量面就是通量面的最简单的情况下,R_c 由下式给出:

$$R_c^2 = \frac{1}{\mu_0 I}\oint B_p R^2 \mathrm{d}l$$

其中,j_ϕ 是环向电流密度,B_p 是所在磁面的极向场。高阶矩给出电流通道的形状信息。二阶矩给出磁面的拉长,三阶矩给出磁面的三角形变。

10.2.5 等离子体的能量和内电感

利用磁压强与动力学压强之间的力平衡,可以通过磁测量来确定等离子体能量。这有两种方法,一种是利用沿大半径的力平衡,另一种是利用沿小半径的力平衡。

确定等离子体能量和内电感所需的测量量是测量面上磁场的大小和方向,以及逆磁通量。所谓逆磁通量是指无等离子体时总的环向磁通量与有等离子体时环向总磁通量之间的差值。这个磁通量可以用一个沿极向包围等离子体的磁通量环来(图 10.2.2)测定。真空下的磁通量既可以通过流过环向磁场线圈的电流来确定,也可以等价地通过测量真空室外的环向磁场来确定。

平衡方程可通过取下列公式的分量:

$$(\nabla\times\boldsymbol{B})\times\boldsymbol{B}/\mu_0 = \nabla p$$

并对等离子体体积积分来导出。所得的方程将体积积分(如等离子体能量和逆磁通量)与场强的表面积分联系起来。对于静态各向同性等离子体,两个主要方程可用无量纲形式写成

$$3\beta_p + \ell_i - \mu = 2(S_1 + S_2) \tag{10.2.4}$$

$$\beta_p + \ell_i + \mu = 2S_2(R_T/R_0) \tag{10.2.5}$$

其中,β_p 是极向 β,它与等离子能量的关系为 $W=(3/8)\mu_0 R_0 \beta_p I^2$;$\ell_i$ 是等离子体内电感。逆磁性参数 μ 由下式近似给出:

$$\mu = (8\pi B_0 \Delta\phi)/(\mu_0^2 I^2)$$

其中,B_0 是磁轴上的环向磁场,$\Delta\phi$ 是逆磁通量。S_1 和 S_2 分别是两个磁面上磁场的积分,当取通量面进行计算时,它们简化为

$$S_1 = \frac{1}{\mu_0^2 I^2 R_0}\int B_p^2 \boldsymbol{r}\cdot\mathrm{d}\boldsymbol{S}$$

和

$$S_2 = \frac{1}{\mu_0^2 I^2 R_0} \int B_p^2 \boldsymbol{R} \cdot d\boldsymbol{S}$$

其中，r 和 $\boldsymbol{R}$ 分别是小半径矢量和大半径矢量，$d\boldsymbol{S}$ 是指向外的面元。R_T 是等离子体体积分的环形结构的特征半径，有时近似用上面所讨论的电流中心的半径来代替。R_0 是真空室中心的大半径。S_1 和 R_T/R_0 都近似等于 1，而 S_2 与极向场的 $m=1$ 分量有关，可以从压强和电感均取低值时的很小的值增长到二者取高值时的约 R/a。

当运用式(10.2.4)和式(10.2.5)时应小心，因为在对方程做归一化时引入了任意性。所有的项都归一到边缘极向场的平方 B_a^2，而这个值，特别是对于非圆截面等离子体，可以有不同的定义。这里 B_a^2 已取为

$$B_a^2 = \frac{\mu_0^2 I^2}{4\pi A}$$

其中，A 是等离子体面积。通常也用

$$B_a^2 = \frac{\mu_0^2 I^2}{l^2}$$

其中，l 是极向周长。对于给定的等离子体，取后者多是在较高的 β_p 情形下。

式(10.2.4)和式(10.2.5)可重新写成

$$\beta_p = S_1 + S_2\left(1 - \frac{R_T}{R_0}\right) + \mu \tag{10.2.6}$$

和

$$\beta_p + \frac{l_i}{2} = \frac{S_1}{2} + \frac{S_2}{2}\left(1 + \frac{R_T}{R_0}\right) \tag{10.2.7}$$

式(10.2.6)通常用于从逆磁测量来确定等离子体能量。在柱形情形下，$S_1 = 1$，$R_T/R_0 = 1$，于是式(10.2.6)化简为

$$\beta_p = 1 + \mu$$

可以证明，如果 $\beta_p = 1$，则 $\mu = 0$，逆磁通量为零。

式(10.2.7)用于从测量面上的磁测量来确定 $\beta_p + l_i/2$。β_p 和 l_i 之间的进一步关系仅限于给出有关非圆截面的信息。利用这个关系，可以将式(10.2.7)中的 β_p 和 l_i 分开，从而有两个独立的 β_p，由式(10.2.6)得到的通常称为 β_{dia}，式(10.2.7)得到的称为 β_{mhd}。

对于具有各向同性压强的等离子体，$\beta_{dia} = \beta_{mhd}$，但在各向异性压强的等离子体中，二者往往不相等，因为大半径上的力平衡条件与小半径上的力平衡条件是不同的。β_p 的垂直分量和平行分量 $\beta_{p\perp}$ 和 $\beta_{p\parallel}$ 分别与垂直压强和平行压强相联系，它们与贝塔的测量值的关系是

$$\begin{cases} \beta_{dia} = \beta_{p\perp} \\ \beta_{mhd} = (\beta_{p\perp} + \beta_{p\parallel})/2 \end{cases} \tag{10.2.8}$$

当存在大的环向旋转速度时，式(10.2.8)调整到包含转动能。

10.2.6　不稳定性的测量

托卡马克中存在几种磁流体力学不稳定性，它们都可以通过磁涨落测量来探测和研究。在等离子体边缘采用线圈探测，即使是对于振幅非常小的不稳定性，也可以检测到这些扰动。这是因为这些不稳定性通常都会有等离子体速度和抗磁速度的旋转，使得其变化的时

间尺度为平衡磁场变化的典型时间尺度的 $10^{-4} \sim 10^{-3}$。由于磁探圈检测的是 B 的时间导数,因此尽管这些磁扰动的幅度仅为平衡极向场的 $10^{-4} \sim 10^{-3}$,但这种不稳定性依然能被检测到。更高频率下相对较低振幅的不稳定性仍能够被检测到。

　　由于存在锁模的过程,因此磁扰动有时在实验室参考系下变为稳态。这种稳态扰动的检测较为困难,并且依赖于将几个线圈的输出结合起来以去除平衡场,而且只能检测到如 $n=1$ 或 2 的环向谐波扰动。小振幅的稳态扰动检测起来更困难,但这通常不是问题,因为只有当不稳定性变为大振幅时才会发生锁模。

　　通过对不同极向和环向位置的磁场的测量,磁扰动的结构及其振幅和频率均可以确定。重要的是要认识到,这些结构会因半径而异,例如,在等离子体中心,存在的是 $m=1$、$n=1$的结构,而在等离子边缘区,则是 $m=3$、$n=1$ 的结构。因此磁线圈的信号将主要是 $m=3$的扰动,而 $m=1$ 分量的扰动因为距离较远,信号幅度随距离衰减的缘故而较小。采用互相关技术可将各种磁流体不稳定性模式与 T_e 涨落或软 X 射线发射等相应的测量信号联系起来。由于这些测量具有空间分辨能力,因此它们能够给出磁流体不稳定性模的径向位置。也可以将模频率与电荷交换谱给出的角旋转的径向分布的相应点联系起来。但是必须考虑到杂质离子的旋转与背景离子旋转之间存在差异,同样,离子流体的速度与磁流体不稳定性模式的速度之间也存在差异。

　　来看一个在电流上升阶段观察到的磁扰动的有趣例子。随着边缘安全因子的值下降,可以观察到扰动的 m 值在减小。图 10.2.3 显示了 Alcator A 上的一个例子。图中给出了极向磁扰动结构与环电压变化的对应关系,显示了由不稳定性引起的小破裂。

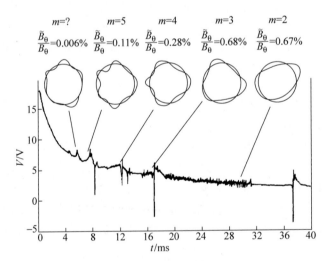

图 10.2.3　Alcator A 上环电压信号的时间演化

可以看到,在电流上升阶段存在磁扰动的结构(Granetz, R.S., *et al.*, *Nuclear Fusion* **19**, 1587 (1979))

　　射频加热激发的阿尔文波 MHD 扰动提供了等离子体中 q 分布的重要信息。等离子体中存在最小 q 值。阿尔文模的频率由下式给出:

$$\omega(t) = \left| \frac{m}{q_{\min}(t)} - n \right| \frac{V_A}{R_0} + \Delta\omega$$

其中,m 和 n 分别为阿尔文本征模的极向和环向模数,$q_{\min}$ 是 q 的最小值,V_A 是阿尔文速度，R_0 是大半径，$\Delta\omega$ 是缓慢变化的频率偏移。当 $q_{\min}(t)$ 达到整数值时，所有的 $m/n=q_{\min}$ 的模有最低频率。随着 $q_{\min}$ 值下降，这些模的频率按与 m（因而与 n）成正比增大。对于整数 $q_{\min}$ 值，模序列包含 n 个连续整数；对于半整数 $q_{\min}$ 值，则只有偶数 n 的值满足 $m/q_{\min}-n=0$ 等。因此，只有当 $q_{\min}$ 跨过整数时，才能看到完整的阿尔文级联。这一特征谱被称为"大阿尔文级联"，它在 MHD 谱图中相当独特，如图 10.2.4 所示。用磁探圈就可以探测到阿尔文波，但更清晰的确认往往是通过干涉仪来测量对等离子体密度的相关扰动。

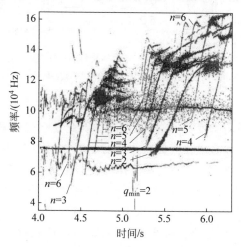

图 10.2.4　磁流体活动谱

图中显示了随 $q_{\min}$ 趋近 2.0 而出现的大阿尔文级联现象。

图中标出的是每个模的环向模数 n（Sharapov, S. E., *et al.*, *Physics of Plasmas* **9**, 2027 (2002)）

10.3　干涉法

对于在无碰撞磁化等离子体中传播的电矢量平行于磁场的电磁波（寻常波"O 波"），其折射系数可以写为

$$\mu = \left[1-(\omega_p^2/\omega^2)\right]^{1/2}$$

当入射波频率大于等离子体频率时，相干辐射束在穿过等离子体后的相位相对于参考束相位的变化正比于电子密度沿束传播方向的积分：

$$\Delta\phi = \left[\lambda e^2/(4\pi\varepsilon_0 m_e c^2)\right]\int n_e \mathrm{d}l \tag{10.3.1}$$

其中，λ 是辐射的波长。这个相位差可以（例如）用马赫-曾德尔干涉仪来测量（装置如图 10.3.1 所示）。激光束或微波辐射束分为两路。一路附加了频移（例如，使用旋转光栅）。另一路又进一步细分为参考束和一系列探测束。如果检测波振幅的探测器是非线性的（例如，它是一个平方律探测器，则其输出信号正比于其输入功率），那么参考束或探测束与移频了的参考束重组后将产生一个差频为 $\Delta\omega_0$ 的拍频信号。探测束拍频信号相对于参考束的拍频信号的相位变化由式(10.3.1)给出，从中可以推断出密度的线积分。拍频应选得足够高，使得在相位测量时有很好的时间分辨率；同时又要足够低，使得电子学系统响应得过来（通常为 10 kHz 至 1 MHz 的远红外系统）。

干涉仪应当对电子密度敏感而对机械振动不敏感，这一要求意味着选择长波长的探测

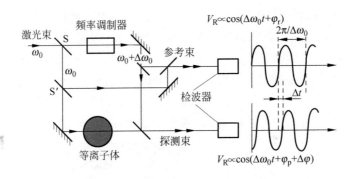

图 10.3.1 马赫-曾德尔干涉仪的示意图

激光束在 S 和 S′ 处分成两束,在检波器前重组。相位差 φ_r 和 φ_p 反映的是不同的路径长度,而 $\Delta\varphi$ 仅由等离子体的折射效应引起

束较有利。而由于存在横向密度梯度对束的折射,因此要求选择短波长较为有利。辐射源的选择就取决于这些竞争性要求之间的折中。对于托卡马克等离子体的诊断,通常用的是 $10\sim2000\ \mu m$ 的波长。下列几种类型的平方律检波器在这些波长范围内均可以使用:室温热电晶体,优点是简单和廉价;液氮冷却下的锑化铟晶体,优点是具有很高的灵敏度;肖特基二极管,高频响应好。从干涉仪安置的要求上说,如果可能的话,干涉仪机架应独立于托卡马克装置,以避免光学系统的振动。如果做不到这一点,那么就需要采用两台干涉仪,它们使用相同的光路但工作在不同的波长下。电子密度引起的相移正比于波长 λ,而机械振动引起的相移反比于 λ,因此测得两种波长下的净相移就可以分别确定机械位移和电子密度。图 10.3.2 展示了这种“双色”相位测量的实例。

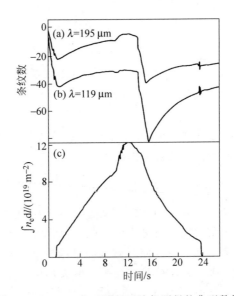

图 10.3.2 JET 上双波长干涉仪测得的典型数据

(a) 相移的时间演化($\lambda=195\ \mu m$);(b) 相移的时间演化($\lambda=118.8\ \mu m$);(c) 净的先积分电子密度的时间演化

如果从大量不同的视线方向来观察等离子体,那么利用层析反演技术(见 10.9 节)就可以从干涉测量的线积分信号推断出局域电子密度。然而,可近性的限制往往只允许有 5～

10 条垂直视向观测位置。而要从如此少量的测量中获得局部电子密度,就有必要假定等密度面是已知的。通常认为它们与托卡马克的磁面重合,因为这些面都是等压线,而且由于平行方向的高热传导性质,这些面也是等温面。图 10.3.3 显示的是冷冻氘丸注入放电条件下,通过阿贝尔变换获得局部电子密度的时间演化。

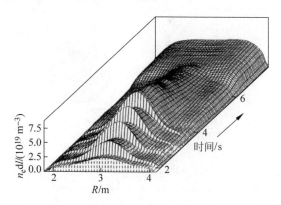

图 10.3.3　JET 上弹丸注入放电条件下测得的密度分布的时间演化

每一炮注入造成等离子体密度的不连续的提升。第一炮在 2 s 时注入,接着又发了三炮,大约在 3.5 s 时密度达到最大值,随后密度分布变得展宽

10.3.1　旋光法

相干辐射的特点是偏振和相位。对于在等离子体中平行于磁场传播的波,由于等离子体电子的旋转,左旋圆偏波与右旋圆偏波之间存在折射率上的差异,其中一个的偏振矢量的旋转与电子回旋的方向相同,另一个则相反。二者的折射率由下式给出:

$$\mu_{\pm} = 1 - \frac{\omega_p^2}{\omega^2} \frac{\omega}{\omega \pm \omega_{ce}}$$

线偏波可以分解为左旋圆偏波与右旋圆偏波两个分量。这两个分量的折射率的差异引起偏振矢量的旋转即所谓法拉第效应。旋转角度为

$$\theta_F = \frac{\lambda^2 e^3}{8\pi^2 c^3 \varepsilon_0 m_e^2} \int n_e B_{\parallel} \, \mathrm{d}l$$

因此向等离子体中射入一个极向平面波,就可以用来测量托卡马克内部的极向磁场。如果这支波是沿环向入射的,且 $B_{\parallel}$ 已知,那么这套诊断设备就可以用来测量电子密度。

适用于干涉测量的波长也适用于测量法拉第效应,虽然待测的旋转角往往非常小(约 1°),除非是在路径很长的大型托卡马克上。图 10.3.4 展示了一个典型的旋光法测量的实验安排。在干涉仪的检测器前面放置一个线栅(由钨丝绕制成的间隔均匀的偏振栅网),就可以将探测束中包含的法拉第旋转效应提取出来送入旋光检测器。对于小的旋转角度,两个检测器测得的信号的振幅之比正比于法拉第旋转角。与干涉仪测量不同,这种测量用的是信号的相对振幅,因此它在使用前需要定标。定标可以这样来进行:利用石英半波片让探测光束的偏振转过一个已知的角度,并记录下信号的振幅。也可以采用其他可能的安排,如采用对偏振角进行调制的方法。这种方法的好处是只需要测量一个相位(类似于干涉测量),从而消除对系统进行定标的必要性。但由于缺乏高效的偏振调制器,偏振调制技术在

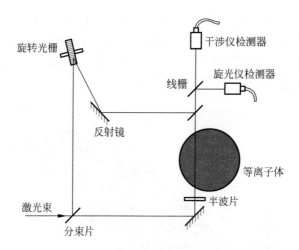

图 10.3.4　TEXTOR 上旋光法诊断的实验安排示意图

（摘自 *Interferometry and Faraday rotation measurements on tokamaks*，Soltwisch，H. International School of Plasma Physics，Varenna，CEC，Brussels）

托卡马克上还鲜有应用。

　　在几个装置上已经进行了用法拉第旋转来测量极向磁场分布的实验(图 10.3.5)，其结果使得对锯齿不稳定性理论做出重大重新评估。卡多姆采夫的原始理论认为，锯齿活动导致

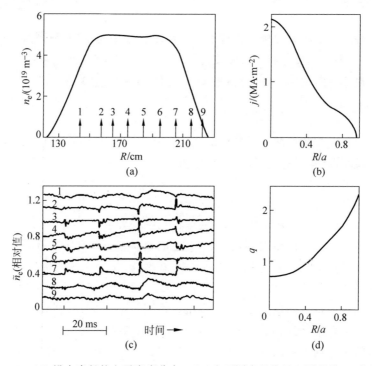

图 10.3.5　(a) 沿大半径的电子密度分布；(b) 在不同半径位置上测得的 n_e 的涨落；

(c) 导出的电流密度分布；(d) 安全因子分布

数据取自 TEXTOR 上的锯齿放电(Soltwisch，H.，*et al.*，*Plasma Physics and Controlled Nuclear Fusion Research* (Kyoto) **1**，263，IAEA (1987))

锯齿区域内的极向磁通发生完全重联,使得安全因子处处都提高到 1 以上。实验结果则不是这么回事儿。从 TEXTOR 开始的一些实验通过偏振测量断定,在整个锯齿活动期间,安全因子仍远小于 1(≈ 0.7,见 7.6 节)。

10.3.2　科顿-穆顿效应

如果在等离子体中传播的波的电矢量垂直于磁场(异常模),那么它的折射率与寻常模传播的折射率不同。一般来说,对于沿与磁场方向成任意角度传播的波,其传播可以分解为寻常波和异常波两个分量,二者的折射率的差异导致其中一个分量延迟,从而使得波变成椭圆偏振波,这就是所谓的科顿-穆顿(Cotton-Mouton)效应。

在典型的干涉仪实验安排中,为了尽量减少科顿-穆顿效应和简化解释,入射波都是以寻常波模注入。然而,在大型托卡马克中,当波经过等离子体后,其法拉第旋转会导致异常波模。通过适当选择入射波的偏振和波长,可以使科顿-穆顿效应最小化。另一种方法是测量出射束的完全偏振态,并利用这一信息来更精确地测量等离子体中的磁场和密度积分。

10.4　反射法

另一种测量电子密度的方法是反射法。在这种方法中,频率为 ω 的微波发射到沿径向有密度梯度的等离子体中,当向内传播的微波遇到电子密度等于临界密度值的层面时被反射。反射诊断系统如图 10.4.1 所示。将反射回来的微波束与参考束混合,通过测量混合束的相位变化就可以确定反射层所在位置的电子密度。测量不同探测束反射时的频率,就可以确定不同密度层在电子密度剖面中的相对位置。或者保持源频率不变来测量反射计的相位输出,就可以测出某一层密度的运动。

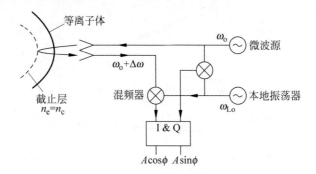

图 10.4.1　带同相正交(I & Q)检测功能的外差式微波反射计原理图
辐射在等离子体截止层被反射,反射束与参考束信号(本地振荡器提供)混合后送入检测器。临界密度层的运动——或者说 ω 的变化——在反射计的检测器上产生条纹

在微波频段,波在磁化等离子体中的传播可以有两种独立模式:寻常波模和异常波模,这为反射测量提供了不同的可能性。对于垂直于磁场的传播,寻常波的偏振电矢量方向平行于 $\boldsymbol{B}$,在冷等离子体近似($T_e = 0$)下,在临界密度处出现全反射。此时有

$$\omega = \omega_{pe}$$

这里,

$$\omega_{pe} = \left(\frac{n_e e^2}{\varepsilon_0 m_e}\right)^{1/2}$$

是等离子体频率。异常波的偏振电矢量垂直于 $\boldsymbol{B}$。在此情形下,当入射频率 ω 满足下式时出现全反射:

$$\omega = \omega_{U,L}$$

这里,

$$\omega_{U,L} = \left(\frac{\omega_{ce}^2}{4} + \omega_{pe}^2\right)^{1/2} \pm \frac{\omega_{ce}}{2}$$

其中,$\omega_{ce} = eB/m_e$ 是电子回旋频率,ω_U 和 ω_L 分别是所谓的上截止频率和下截止频率。对于等离子体温度高于 10 keV 的情形,相对论修正变得重要,截止频率将降低。完全相对论性的公式非常复杂,因此通常采用弱相对论修正的方式。此时电子的静质量用 $m_e\sqrt{1+5/\mu}$ 来代替,这里 $\mu = m_e c^2/T_e$(=511/T_e,T_e 以 keV 为单位)。假设 B 已知,则从公式可以得到与截止频率相对应的临界密度。由于电子密度和磁场均为位置的函数,故 ω_{pe},ω_U 和 ω_L 均取决于位置。原则上,ω_{pe},ω_U 和 ω_L 所对应的层都可以用于反射诊断。最初用的是 ω_{pe},但现今经常用 ω_U 作为反射诊断的工作频率。此时截止频率对附加 B 的依赖关系使得我们能够对具有平坦的密度剖面,甚至略显中空的密度剖面的等离子体芯部做分布测量。热等离子体近似下和冷等离子体近似下各截止层和吸收层的空间位置如图 10.4.2 所示。

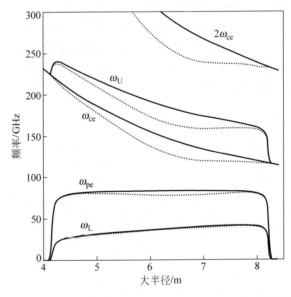

图 10.4.2 按 ITER 混杂波运行模式的等离子体条件,计算给出的不同波模的截止层和吸收层的位置
实线为冷等离子体近似的结果,点划线为包含相对论修正的结果(假设中心温度为 32 keV)

全波计算表明,寻常波在等离子体中传播期间及到截止层反射为止,该模的总的相位延迟为

$$\phi = 2\frac{\omega}{c}\int_{R_c}^{R_{ant}} \mu(R)\,dR - \frac{\pi}{2}$$

这里积分沿大半径 R 进行,且

$$\mu(R) = \left(1 - \frac{\omega_{pe}^2(R)}{\omega^2}\right)^{1/2}$$

是寻常波的折射率。R_{ant} 是馈入和接收天线的位置,R_c 是反射层的位置。

对 ω 微分并运用阿贝尔积分公式给出:

$$R_c(\omega_{pe}^2) = R_{ant} - \frac{c}{\pi}\int_0^{\omega_{pe}} \frac{d\phi}{d\omega}\frac{1}{(\omega_{pe}^2 - \omega^2)^{\frac{1}{2}}}d\omega$$

因此,为了确定反射层的位置,有必要在从 0 到 ω_{pe} 的频率范围内测量 $d\phi/d\omega$。因为在实践中不可能测量零频率,因此 O 波反射计不可能测量到零密度,当中丢失的数据必须从其他来源提供,如通过朗缪尔探针测量来外推。对于上 X 模,截止频率在零密度处有有限值,因此整个分布都可以测量。

已经开发出若干种技术来测量反射计的相位延迟,最简单的就是在很宽的频率范围内扫描探测频率,直接测量作为频率函数的 $d\phi/d\omega$。由于制造宽带微波源和传输线在技术上还有困难,因此待测频谱往往被划分为若干个波段,每个波段都用一个单独的源在较有限的范围内扫描,然后通过不同波段之间的测量来构造完整的相位延迟函数。目前已开发了一类调制微波源振幅和测量调制包络的往返时间的技术,从而已无需在微波频率下进行相位测量。包络的延迟时间 $\tau(f)$ 直接给出 $d\phi/d\omega$,但对于许多微波频率波段,要想得到密度剖面,仍然必须测量延迟时间。调制技术既包括产生短脉冲和直接测量时间延迟,也包括用调制包络的相位延迟测量来得到正弦波的幅度调制和随机波形的调制及测量发射信号与反射信号之间的互相关时延等。

图 10.4.3 给出了在 JET 上用多频窄带扫描系统进行测量的例子。该系统在 $4\times10^{18}\sim8\times10^{19}$ m^{-3} 的密度范围上有 12 道频率探针。其有效时间分辨率为 5 ms,在一次等离子体脉冲放电下可以测量几百个分布。

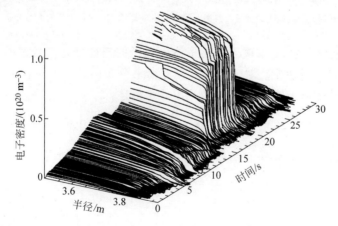

图 10.4.3　JET 上用多频窄带扫描反射计系统测得的电子密度分布

10.5　电子温度的测量

在大多数托卡马克装置上,电子温度是用两种独立的常规方法来给出的:电子对激光的散射测量(汤姆孙散射)和电子的拉莫尔运动产生的辐射测量(电子回旋辐射)。

10.5.1 汤姆孙散射

在汤姆孙散射的情况下,电子温度由被散射的激光辐射谱的展宽程度决定。单位立体角上单位频率的散射功率可由电磁场理论计算给出:

$$P_s(\omega) = P_0 r_e^2 \sin^2\psi\, n_e L S(k,\omega) \tag{10.5.1}$$

其中,P_0 是总的输入激光功率,$r_e = e^2/(4\pi\varepsilon_0 m_e c^2) = 2.82\times10^{-15}$ m 是经典电子半径,ψ 是入射波与散射波之间的夹角,L 是激光与电子的相互作用程长,$S(k,\omega)$ 是谱密度函数。$\sin^2\psi$ 项是加速电荷引起的辐射功率的偶极辐射因子。

散射测量的几何如图 10.5.1 所示。入射波为 $E_i \exp[\mathrm{i}(k_i \cdot r - \omega_i t)]$,散射波为 $E_s \exp[\mathrm{i}(k_s \cdot r - \omega_s t)]$。由散射过程的能量守恒和动量守恒给出:

$$\omega = \omega_s - \omega_i$$

$$k = k_s - k_i$$

损失到散射电子上的能量很少,可以忽略不计,故有近似:

$$|k| \approx \sin(\theta/2) \tag{10.5.2}$$

其中,θ 是如图 10.5.1 所定义的散射角。

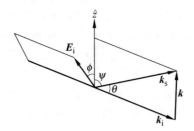

图 10.5.1 汤姆孙散射几何:入射波矢 k_i 与散射波矢 k_s 之间的关系

散射差分波矢 k 由测量几何和入射波长共同确定。E_i 是入射波的电场矢量

$S(k,\omega)$ 是散射函数,它取决于等离子体中电子的速度分布。其大小由电子沿 $\hat{k}$ 方向以 ω/k 速度运动的部分决定。对于由具有麦克斯韦分布的非相对论性电子和电荷数为 Z 的单一离子组成的等离子体,散射函可以用下式来描述:

$$S(k,\omega) = \frac{2\pi^{1/2}}{kv_{T_e}}\Gamma_\alpha(\chi_e) + \frac{2\pi^{1/2}}{kv_{T_i}} Z\left(\frac{\alpha^2}{1+\alpha^2}\right)^2 \Gamma_\beta(\chi_i) \tag{10.5.3}$$

其中,$\Gamma(\chi)$ 是萨尔皮特(Salpeter)函数,在等离子体条件下,它写成

$$\Gamma_\alpha(\chi) = \frac{\mathrm{e}^{-\chi^2}}{|1+\alpha^2+\chi\alpha^2 Z(\chi)|^2}, \qquad \Gamma_\beta(\chi) = \frac{\mathrm{e}^{-\chi^2}}{|1+\beta^2+\chi\beta^2 Z(\chi)|^2},$$

$$\beta^2 = \frac{Z\alpha^2}{1+\alpha^2}\frac{T_e}{T_i}$$

其中,$\chi_e = \omega/kv_{T_e}$,$\chi_i = \omega/kv_{T_i}$,$v_T = \sqrt{2T/m}$,$\alpha = (k\lambda_D)^{-1}$ 是散射参数,而

$$Z(\chi) = \mathrm{e}^{-\chi^2}\left(\mathrm{i}\sqrt{\pi} - 2\int_0^x \mathrm{e}^{t^2}\mathrm{d}t\right)$$

是等离子体色散关系。

对于光学频段,参数 α 小于 1,式(10.5.3)的第一项(电子项)占主导。贡献主要来自单

个电子贡献的累加,散射谱接近高斯谱,因此可以直接确定 T_e。P_s 对电子密度的依赖关系则可以通过测量散射功率的绝对值来确定。

离子由于质量较大,其汤姆孙散射可以忽略。然而,由于每个离子周围都有起屏蔽作用的电子云,而这些电子的散射波通常是相干叠加的,它们给出一个窄的"离子特征"散射谱,这就是式(10.5.3)中的第二项。如果散射波长大于德拜半径,则这一特征便成为散射谱的主项。

对于电子温度高于 1 keV 的情形,某些相对论效应开始变得重要。运动电子的散射波的"大灯"效应使得迎着电子运动方向看去的观察者所观察到的辐射增强,从而导致散射谱总体上呈蓝移。相对论电子的速度分布偏离经典麦克斯韦分布,其特征是速度分布的尾翼上翘。散射函数的形式变化如图 10.5.2 所示。运动电子将看到入射辐射的电场矢量的方向有变化,因此总的散射波有些消偏。

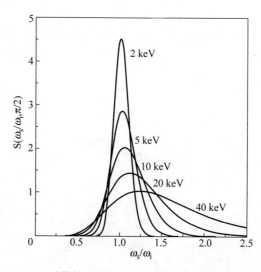

图 10.5.2　90°散射时不同电子温度下的相对论性散射函数

散射功率的表达式(10.5.1)包含因子 $r_e^2 (8 \times 10^{-30} \text{ m}^2)$,因此散射效应非常弱。这要求采用大功率的兆瓦级脉冲激光器(如红宝石激光器和钕玻璃激光器)。测量系统散射的杂散激光和等离子体本身的辐射是产生大量杂散信号的潜在原因,因此在设计散射系统时必须非常小心,以尽量减少这些影响。散射测量通常需要采用非常高效的色散仪器,例如,一组倾斜干涉的滤光片和灵敏探测器等。

安装在 MAST 托卡马克装置上的汤姆孙散射系统采用多个激光器,两套收集光学元件以高空间分辨率性能提供等离子体核心和边缘区域的电子密度信息。掺钕钇铝石榴石(YAG)激光器发出的 30 Hz 的激光相互叠加成的 240 Hz 的探测束沿准大半径方向射入等离子体,如图 10.5.3 所示。检测系统采用五道多色仪,130 道弦测量以 10~12 mm 的分辨率覆盖整个等离子体截面,边缘测量系统配备的则是具有类似分辨率的 16 通道仪器。由这套诊断系统得到的典型结果如图 10.5.4 所示。

还有另一种利用汤姆孙散射来测量 T_e 和 n_e 的分布的方法。这就是激光雷达(light detection and ranging,LIDAR,"光探测和测距"的首字母缩写)的方法。激光雷达的原理是利用飞行时间来获得待测参数的空间分辨信息。短的激光脉冲沿径向射入等离子体,产生

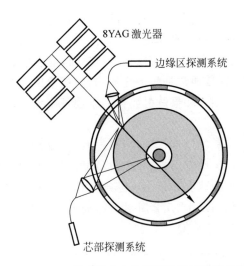

图 10.5.3　MAST 托卡马克上的汤姆孙散射系统的顶视图

图中显示了 YAG 激光器的光路和两套散射光采集系统的取向

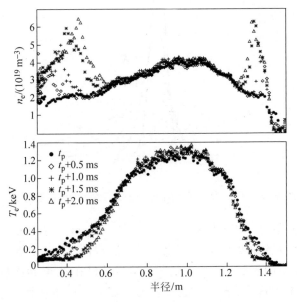

图 10.5.4　MAST 托卡马克上汤姆孙散射系统测得的 n_e 和 T_e 的分布

五个分布的记录均是在弹丸注入(时刻 t_p)后每间隔 500 μs 的时间里发射的激光记录

一个背散射光谱,用快速检测和记录系统记录下这个作为时间函数的光谱。分析每一时刻的散射谱就能按通常方式得到 T_e 和 n_e。由于在等离子体中每个时间点的激光脉冲的位置均已知,因此由此得到的 T_e 和 n_e 具有空间分辨力。这一技术的原理见图 10.5.5 的说明。

　　JET 托卡马克上就安装了激光雷达汤姆孙散射系统。红宝石激光器的脉冲能量为 1 J,脉宽为 300 ps,重复频率为 4 Hz。激光器和探测系统的所有敏感元件都位于混凝土生物屏蔽罩的外面。激光束和收集到的散射光通过装置大厅的天花板上的光路迷宫进出。在装置

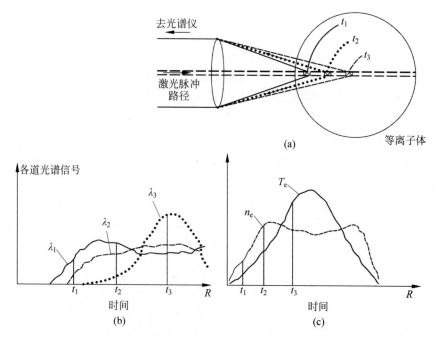

图 10.5.5　（a）激光雷达的原理（极短的激光脉冲依次在 t_1，t_2，t_3 时刻照射到等离子体的不同部分）；（b）三个不同波长的散射波随时间（或者等价地随大半径）变化的色散信号；（c）由散射光谱导出的电子密度和温度分布

大厅中，激光束通过安装在装置外的介质反射镜指向装置内壁。背散射光通过折叠的球面镜系统收集，该系统与 6 个围绕着真空室的激光输入窗口的窗口阵列相连。用分光计来色散出射光。做法是在稍稍偏离入射角的位置上用边缘干涉滤光片对光进行光谱色散。色散后的光用门控微通道板光电倍增器来检测，并用 1 GHz 带宽的快速瞬态记录器记录信号。空间分辨率由激光脉冲的长度与探测器的响应时间共同确定，大约为 12 cm。这个尺度大大低于 JET 的小半径 1.2 m，因此测得的 T_e 和 n_e 的剖面都有很好的空间分辨。典型结果如图 10.5.6 所示。

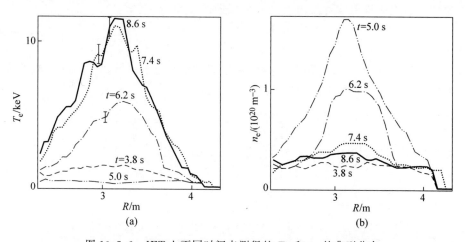

图 10.5.6　JET 上不同时间点测得的 T_e 和 n_e 的典型分布

10.5.2　电子回旋辐射

与汤姆孙散射相反,电子回旋辐射(ECE)测量是一种被动测量技术。磁约束等离子体中的电子绕磁场线做回旋运动,由此发出电磁辐射。这种辐射具有离散的角频率 $\omega = n\omega_{ce}$,其中 n 是谐波次数。在某些情况下,回旋辐射强度直接与 T_e 有关。

为了计算待观察的辐射,首先要计算单位体积的辐射率 $j_n(\omega)$,然后再考虑辐射通过等离子体的运输传播过程,特别是包括再吸收的影响。

计算 $j_n(\omega)$ 的一种方法是考虑电子在静磁场的洛伦兹力下的运动方程,然后用经典电动力学来计算单个粒子的自发辐射系数 $\eta_n(\omega)$,再通过对电子速度分布积分来给出 $j_n(\omega)$。

一般情况下,这个计算极其复杂。可能涉及很宽范围的电子能量和密度。这种辐射会因为碰撞、粒子运动和电子质量中的相对论性变化而展宽,并且可能受到等离子体的介电性质的影响。电子的速度分布不一定是麦克斯韦分布,等离子体通常也不是完全的热力学平衡。

就目前的托卡马克等离子体而言,电子温度通常 $\leqslant 10$ keV。观察等离子体的视角通常接近垂直于磁场。电子密度 $\leqslant 10^{20}$ m^{-3},因此采用单粒子的发射率一般来说是可行的。在这些条件下,假设电子的速度分布为麦克斯韦分布,于是发射率可以写成

$$j_n^i(\omega,\theta) = \frac{\pi}{2}\frac{\omega_{pe}^2}{c}\frac{n^{2n-1}}{(n-1)!}\left(\frac{T_e}{2m_ec^2}\right)^{n-1}I_B(\omega)(\sin\theta)^{2n-2}\times(1+\cos^2\theta)\delta(\omega-n\omega_{ce})F_i(n,\theta)$$

$$(10.5.4)$$

其中,ω_{pe} 是电子等离子体频率,θ 是发射方向和约束磁场之间的夹角,$I_B(\omega)$ 是黑体辐射强度,$F_i(n,\theta)$ 是关于 n 和 θ 的复杂函数,指数 i 表示该函数对寻常波和异常波取不同的形式。

从式(10.5.4)明显可以看出 ECE 的一些特征。辐射强度取决于 θ,如上所述,它有一个线谱。谐波的相对强度与电子密度无关,而是电子温度的强函数。发射主要是异常波模式(极化发射),而且两种波模具有不同的角度依赖关系。

考虑回旋辐射的输运和再吸收时需要用辐射介质的模型。通常采用的是经典的等离子体辐射模型。这表明辐射输运是由下述方程支配的:

$$\mu^2\frac{d}{ds}\left[\frac{I(\omega)}{\mu^2}\right] = j(\omega)-\alpha(\omega)I(\omega)\quad(10.5.5)$$

其中,$I(\omega)$ 是辐射强度,$\alpha(\omega)$ 是吸收系数,μ 是折射率。对于局域热平衡的等离子体,基尔霍夫辐射定律给出 $j(\omega)$ 和 $\alpha(\omega)$ 之间的关系:

$$\frac{j(\omega)}{\mu^2\alpha(\omega)} = I_B(\omega)\quad(10.5.6)$$

对于厚度为 L 的均匀等离子体平板模型,式(10.5.6)给出:

$$I(\omega) = I_B(\omega)[1-e^{-\tau(\omega)}]$$

其中,

$$\tau(\omega) = -\int_L^0\alpha(\omega)ds$$

是光学厚度。当 $\tau\ll 1$ 时,所发出的辐射的再吸收非常小,可忽略不计,这种等离子体称为

光性薄的等离子体。当 $\tau \geqslant 1$ 时,大部分辐射都被再吸收,$I(\omega) = I_B(\omega)$。在这种情况下,辐射强度仅与等离子体温度有关,利用回旋辐射来测量 T_e 用的就是这一性质。

托卡马克等离子体对磁场具有空间依赖性,这使我们有可能从电子回旋辐射测量中获得空间分辨的信息。磁场的主要成分是环向磁场 B_ϕ。这个场的变化与大半径 R 成反比,且沿垂直弦保持不变,即

$$B_\phi(R) = \frac{B_0 R_0}{R}$$

其中,B_0 和 R_0 分别是 B_ϕ 和 R 在等离子体中心的值。这个磁场的空间依赖性在 ECE 的特征上有很强的效应。这意味着,如果沿着垂直于磁场且沿 R 方向观测,那么回旋电子发射的辐射频率与发射位置之间有一个简单关系:

$$\omega = neB_0 R_0/(m_e R) \tag{10.5.7}$$

其中,n 是谐波次数。对于托卡马克等离子体,一些发射线是光性厚的,有些是光性薄的,有些处于二者之间。由于所用磁场大小的缘故,ECE 通常工作在长波长(毫米)波段。在这些波段上可适用瑞利-金斯定律。因此,在光厚介质中谐波的强度为

$$I_n(\omega) = \frac{\omega^2 T_e(R)}{8\pi^3 c^2}$$

因此,测量光厚谐波的强度即可得到 $T_e(R)$。光薄谐波则提供了其他诊断的可能性,例如,可用来确定电子密度剖面 $N_e(R)$。

在实际运用中,一些效应会限制这种测量的有用性:①等离子体截面上的磁场变化很大,以至于不同空间位置上的两个或多个同频谐波发生共振(谐波混叠);②等离子体电流产生的磁场可能达到纵场的 10% 或更多;③有限密度效应可能阻止辐射传播;④折射可以给视线方向带来不确定性。这些效应的结果是相当可观的,因此在任何这种诊断的应用中都必须考虑到。

目前托卡马克的磁场范围通常在 $2\,\mathrm{T} < B < 8\,\mathrm{T}$,因此电子回旋辐射的频率范围在 $60\,\mathrm{GHz} < f < 600\,\mathrm{GHz}$($5\,\mathrm{mm} > \lambda > 0.5\,\mathrm{mm}$)。目前已开发出 4 种不同的测量这种辐射的仪器:外差式微波辐射计、傅里叶变换光谱仪、法布里-佩罗特干涉仪和光栅谱仪。这些仪器各有不同的特点。例如,外差式微波辐射计非常灵敏,有很高的光谱分辨率和快速响应时间,而傅里叶变换光谱仪适于测量中等响应时间和频率分辨的全发射谱,后接的是单个探测器。目前 ECE 系统通常包含多种类型的谱仪,可以从几个不同的视线方向来观测等离子体。辐射是用波导(其尺度比波长大得多)或者强度具有高斯形分布的光束(准光束)传输到测量仪器上。

JET 上安装的一套 ECE 系统可看成是现代 ECE 诊断系统的一个例子。等离子体辐射由安装在真空室内的天线收集,并用长长的(约 40 m)超大波导传送到装置大厅。在极向平面上有 10 道沿不同视线方向的探测道。该系统集成了所有 4 种测量仪器,并用安装在真空室中的大面积校准源来校准。

ECE 测量通常用于测定和评估等离子体的品质及广泛的等离子体物理现象的研究。时间上连续测量 T_e 的时间分辨率 $\leqslant 10\,\mu\mathrm{s}$,空间定域性即空间分辨率为几厘米,这使得 ECE 测量成为研究包括 MHD 振荡、锯齿活性和边缘局域模在内的一系列现象的强大武器。一个重要的应用是测量锯齿崩塌之后热脉冲向外传播的速度,以便确定电子热导率。展示这

种技术能力的一些测量结果如图 10.5.7 所示。

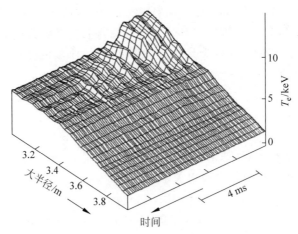

图 10.5.7　JET 上用 ECE 测得的电子温度的时间-半径分布图
与锯齿崩塌相伴的 MHD 振荡引起 T_e 的变化,这在等离子体芯部($R \approx 3.1$ m)清晰可见

汤姆孙散射方法与 ECE 测量的结果比较显示,对于欧姆加热等离子体,二者有很好的一致性。但在投入辅助加热后,二者在高温下出现偏离(图 10.5.8)。汤姆孙散射和 ECE分别测量的是电子能量分布的不同部分,因此这种偏离可以用加热造成非麦克斯韦分布函数来解释。

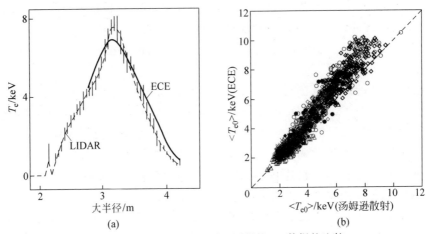

图 10.5.8　ECE 与激光雷达测得的 T_e 数据的比较

在许多情形下,二者有很好的一致性,如(a)特定放电给出的分布。但在有辅助加热的高温情形下,如(b),两种方法得到的对分布中心平均后的温度出现了偏离(de la Luna, E. , *et al*. , *Review of Scientific Instruments*,**74**,1414(2003))

10.6　离子温度与离子分布函数

离子温度 T_i 和离子分布函数是两个重要的等离子体物理量。通常 $T_i \neq T_e$,这是因为离子-电子的平衡时间与离子的能量约束时间可比甚至更长。另外,在辅助加热放电时,离

子的分布函数一般偏离麦克斯韦分布。在小型和中型托卡马克上,中性粒子探测器已被用来测量热平衡和非热平衡下的离子分布函数,但在大型托卡马克上,这些测量变得不太管用,因为等离子体中心产生的中性粒子在到达等离子体边缘之前就已被吸收掉了。在 D-D 和 D-T 等离子体中,离子温度和分布函数的一些特征是通过中子和 γ 射线的测量确定的。高 Z 杂质发射的波长在 X 射线波段,这时一般是采用高分辨率的光谱仪来记录光谱的多普勒展宽,从而测得杂质的 T_i。在具有中性束加热的托卡马克装置上,T_i 现在一般是通过观察电荷交换谱中的线辐射的多普勒展宽来测量的。

10.6.1 中性粒子的产生

通过分析逃逸出等离子体的电荷交换产生的快中性粒子的能量分布,可以测量氢等离子体的离子温度。这个方法依赖于等离子体中存在低密度的中性原子。下面简要介绍一下这些中性原子的起源和在等离子体中的输运过程。这些中性成分来自真空室器壁释放的原子或分子。电子和离子在等离子体中的复合也可以形成中性成分,但这种机制不是那么重要,除非是在等离子体密度非常高或是远离其他中性源的部分等离子体的情形下。

在等离子体边缘区,许多过程有助于产生中性氢原子。导致中性原子产生的一个过程是氢分子被从器壁释放出来的电子解离:

$$H_2^0 + e \longrightarrow H^0 + H^0 + e$$

由此形成的中性原子的能量至少为几个 eV。其中的一些中性成分会立即从等离子体中逃逸出来,另一些则会与等离子体中的离子发生电荷交换反应。不管是哪一种情形,都会产生一个新的中性原子。这些次级中性成分要么逃逸出等离子体,要么进一步发生电荷交换反应,直到次级中性成分被电离掉或逃逸掉为止。在中性成分能量较低的情形下,电荷交换反应比电离反应更可能发生,因此会有好几代的中性粒子存在。通过这种方式,低密度的氢原子可以穿透到达托卡马克等离子体的中心。人们用蒙特卡罗方法对中性粒子密度 n_0 的径向分布进行了计算,发现等离子体中心区的中性成分要比边缘区的低好几个量级。

中性密度造成高能的等离子体中性粒子流从等离子体中逃逸出去。逃逸通量的源函数为

$$S(v_i) = n_i n_0 f_i(v_i) \int \sigma_{01} |v_i - v_0| f_0(v_0) \, d^3 v_0$$

其中,σ_{01} 是电荷交换反应截面,f_i 和 f_0 分别是离子和中性成分的速度分布函数。S 可以写成平均电荷交换速率的形式:

$$S(v_i) = n_i n_0 \langle \sigma_{01} v_i \rangle f_i(v_i) \tag{10.6.1}$$

正如在图 10.6.1 中所见,在典型的托卡马克装置感兴趣的范围内,不论是 σ_{01} 还是 $\sigma_{01}|v_i - v_0|$,都不是以中性成分的速度快速变化,因此 S 大致正比于 $f_i(v_i)$。这样对源函数 S 的分析即可给出离子的分布函数,特别是允许我们测定 T_i,具体如下所述。

10.6.2 用中性粒子分析器得到 T_i

对于麦克斯韦型等离子体,由式(10.6.1)知,逃逸通量的分布的源函数为

$$S(E_0) = n_0 n_i \langle \sigma_{01} v_i \rangle \frac{2 E_0^{1/2}}{\pi^{1/2} T_i^{3/2}} \exp(-E_0 / T_i)$$

其中,E_0 是中性粒子的能量。因此假定 n_i 已知,那么通过测定 $S(E_0)$ 的强度即可求得 T_i。

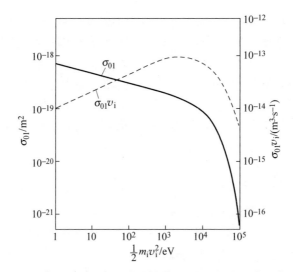

图 10.6.1 $H^0 + H^+$ 过程的电荷交换截面 σ_{01} 和反应速率系数 $\langle\sigma_{01}v_i\rangle$

实践中,测得的是 $S(E_0)$ 沿探测系统视线方向的积分。

要使逃逸粒子通量给出正确的 T_i 值,很重要的一点是中性粒子的平均自由程要比等离子体的小半径 a 大得多,即

$$\frac{1}{n_i\sigma_{01}} > a$$

由于 σ_{01} 随能量提高而下降,因此这个条件在高能量下是基本满足的。

对于中性粒子通量的测量,典型的探测系统包括一个气体剥离室或薄的碳箔(用以电离入射的中性粒子)和一个组合的静电场和磁场(用来确定粒子的能量和动量,从而确定其质量)。在一些诊断系统中,人们用静电分析器来分析中性粒子,然后用飞行时间法来测量离子从碳箔到探测器的速度。系统的效率取决于它们的几何安排及剥离室和探测器的效率。通常用已知强度的中性束来测量这个效率。

图 10.6.2 所示的诊断系统是设计用来测量中性束加热实验中所产生的高能中性粒子的。中性粒子在碳箔中被电离,然后通过磁场和电场(二者皆垂直于纸面)偏转,最后用通道型电子倍增器阵列(微通道板)检测。

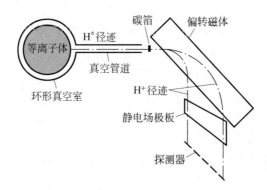

图 10.6.2   具有平行于 B 的静电场 E 的中性粒子分析器的示意图(Corti, S. p. 477, *Diagnostics for contemporary fusion experiments* (Eds Stott, P. E., *et al*.), Editrice Compositori, Bologna (1991))

中性粒子探测器的取向通常是沿径向视线方向,因此它提供的是 T_i 和 n_0 的视向平均值。在某些实验中,这种限制已被克服,做法是采用垂直于视向的诊断用中性束注入,以提高沿分析器视向的选定点的中性粒子密度。这样就提供了一种对 T_i 的空间分辨的局域测量方法。在其他的实验中,分析器阵列被直接用于测量中性粒子发射的剖面,然后通过反演即可得到 T_i 和 n_0 的局域值。

图 10.6.3 显示的是在 JET 上测得的典型结果。实验是在加热功率为 6.5 MW 的离子回旋加热(ICRH)条件下进行的。在 ICRH 投入之前,能量谱的梯度给出 $T_i = 3$ keV。随着 ICRH 加热的投入,分布函数出现了高能尾翼的抬起,由其特征斜率知有效温度为 48 keV。实线给出的是根据 ICRH 加热过程模型给出的氢通量的计算值,它与实验值吻合得很好。

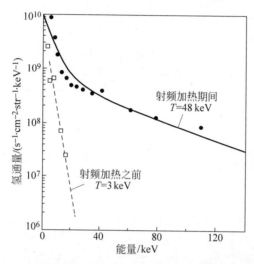

图 10.6.3　在射频加热实验中测得的作为能量函数的中性氢通量
(Bhatnagar, V. P., *et al.*, *Nuclear Fusion*, **33**, 83 (1993))

10.6.3　用电荷交换谱仪测量 T_i

用中性束注入托卡马克等离子体可以带来许多有趣的诊断手段。这种诊断用中性束通常是氢或氘,其能量在几十到数百千电子伏特(keV)之间。当这些束粒子注入到等离子体后,就会因束粒子受到激发而产生辐射,并且在束粒子与等离子体离子之间发生电荷交换反应。如果在与束成某个夹角的位置上观察到这种辐射,就可以对等离子体参数做局部测量。由于在可见光波段用于观测的仪器既简单又具有多功能特性,因此在光谱的可见光区域进行这些观测特别有用。

一个典型的实验安排如图 10.6.4 所示。中性束沿与光谱仪的光学探测系统成一定角度注入到等离子体。收集的光通常用光纤传输到远离托卡马克的辐射屏蔽墙之外的光谱仪上。这种安排的好处是实验设备容易布置。光谱仪通常配备有电荷耦合器件来记录色散光谱。

等离子体离子温度的确定取决于电荷交换反应产生的辐射。一个典型的有趣反应是
$$D^0(\text{注入}) + X^{s+}(\text{等离子体}) \longrightarrow D^+(\text{注入}) + X^{(s-1)+}(\text{等离子体})$$
这里等离子体离子 X 在电荷交换前处在电离态 X^{s+}。反应后,等离子体离子接收到的电子可能处于高的主量子数的状态,然后向下跃迁同时发出可见光辐射。图 10.6.5 给出的是氘

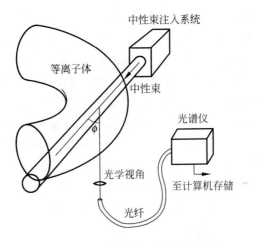

图 10.6.4　电荷交换实验原理示意图

图中展示了注入的中性束、等离子体、观察光学和分光计的几何安排

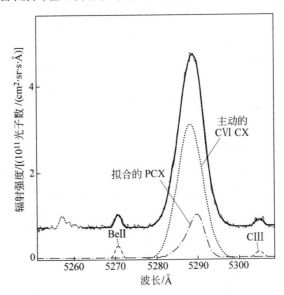

图 10.6.5　C Ⅵ 附近的电荷交换谱

虽然主动电荷交换特征线占据谱的主要部分,但还存在被动的电荷交换特征线 PCX,它可以拟合曲线来考虑

束粒子与 C^{6+} 离子之间发生电荷交换后产生的典型光谱。光谱中的最强特征线来自电荷交换激发过程,尽管等离子体边缘附近的 C^{5+} 与电子的碰撞激发对此也有显著的贡献。通过对 529 nm 处的谱线的多普勒展宽和线移位做高斯函数拟合,就可从拟合参数推得杂质离子的温度和流速。在许多托卡马克实验中,这种测定 T_i 的方法已成为离子温度剖面的主要诊断方法。

10.7　等离子体辐射

托卡马克等离子体中除了氢和氘离子外,几乎总是含有大量杂质离子。杂质来源于环形真空室壁、限制器,或是来自 X 点的吸收靶板或偏滤器位形的靶板。典型的杂质是低 Z

的铍、碳和氧,以及高 Z 的铁、镍和钨。Z 的这种区别在于在等离子体中心,低 Z 离子是完全电离的,而高 Z 离子通常不完全电离,即使在温度非常高的托卡马克等离子体中也如此。在等离子体边缘,所有离子都处于低电离态。对杂质的研究兴趣来自于它们在整个等离子体能量平衡中的作用,因为通常输入能量的很大一部分都通过辐射过程而丢失了。杂质还稀释了氢等离子体。对这些离子的辐射的研究常常也能产生关于离子的原子物理和等离子体内部过程等有价值的信息。先概要地给出影响等离子体电离平衡的因素,以及产生线辐射和连续辐射的机理。

10.7.1　电离态

托卡马克等离子体中的离子和电子之间不是处于热平衡态,而是辐射场与粒子能量之间存在平衡。等离子体对辐射透明,在通常的托卡马克等离子体密度下,电离平衡类似日冕中的情形,即在电离和复合过程之间建立起平衡。从态 $Z-1$ 到态 Z 的电离可以直接通过电子碰撞来发生,离子则可以通过辐射过程被复合掉。对于具有束缚电子的离子,双电子复合也是一个重要过程,在聚变等离子体条件下往往超过辐射复合。这个过程分两个阶段进行。首先是一个电子被俘获到一个激发态,同时一个束缚电子被激发。这种结构是不稳定的,离子会通过自发电离而失去所俘获的电子,回到原来的状态。然而,也可以是受激电子随着光子的发射而退激发,从而使离子回到稳态并完成复合过程。

由于所有过程都与电子密度成正比,因此电离态之间的平衡分布与 n_e 无关,而且对于稳态,杂质电荷态的密度由下式给出

$$\frac{n_{z-1}}{n_z}=\frac{\alpha_z}{S_{z-1}}$$

其中,α_z 和 S_{z-1} 分别是复合速率和电离速率。这些速率的典型值如图 10.7.1(氢及铍和氧的类氢态)所示。S 和 α 的值可以用来确定不同电离态的相对浓度 f_z,它是电子温度的函数。氧的 $f_z(T_e)$ 如图 10.7.2 所示。托卡马克等离子体在外侧区域有很强的 T_e 梯度,因

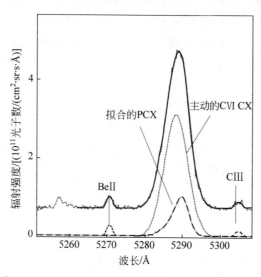

图 10.7.1　氢及铍和氧的类氢态的电离系数(S,实线)和复合系数(α,虚线)

点划线是 $S=\alpha$ 的连线

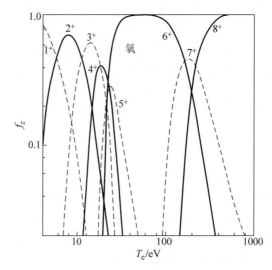

图 10.7.2　不同电离态的相对浓度 f_z 随电子温度的变化

此具体某个电荷态的杂质密度 n_z 会随小半径迅速变化,导致产生一系列同心的壳层,每个壳层上都有不同的主电离态。

每一个壳层都出现在 T_e 约为电离能的 1/3 的地方。如果将离子扩散效应包括进来,则这种情形可以简化。直圆柱几何下的电离平衡由下述方程支配:

$$\frac{\partial n_z}{\partial t}+\frac{1}{r}\frac{\partial}{\partial r}(r\Gamma_z)=-n_z n_e S_z+n_{z-1}n_e S_{z-1}+n_{z+1}n_e\alpha_{z+1}-n_z n_e\alpha_z \quad (10.7.1)$$

其中,径向离子通量 Γ_z 由扩散和对流驱动:

$$\Gamma_z=-D\frac{\partial n_z}{\partial r}-n_z v$$

其中,右边的第二个项描述的是由速度 v 刻画的向内箍缩。实验发现,比起新经典输运理论的预测值,扩散系数和对流系数都异常的大。通常对所有离子,D 约为 $1\ \mathrm{m^2\cdot s^{-1}}$,$v$ 在 $1\sim10\ \mathrm{m\cdot s^{-1}}$。扩散和对流引起的对电离态的径向分布的最大修正是在等离子体的外侧区域。

10.7.2　辐射的产生

许多过程都会造成等离子体产生辐射。如果等离子体是磁化的,那么还将存在同步辐射(将在 10.5 节中简要讨论)。线辐射主要源自电子的碰撞激发,随后就是激发态的辐射衰变。等离子体中的电子与离子的辐射复合或双电子复合所伴生的退激发也会产生相应的线辐射。线辐射可以代表等离子体能量损失的主要来源,并提供了从辐射特征波长来识别杂质的重要方法。

连续辐射源于电子-离子碰撞,这个过程产生韧致辐射,复合过程也会产生连续辐射。复合辐射谱在高于俘获电子的结合能所对应的阈值能量处是连续的。连续辐射谱的测量主要是用来确定等离子体的电子温度和有效电荷数 $Z_{\mathrm{eff}}=\sum n_z Z^2/\sum n_z Z$,这里求和是对所有离子的所有电荷态进行的。

假设离子从 m 态跃迁到 n 态所需的能量为 E_{nm},则相应的线辐射率对电子麦克斯韦分

布的平均值为(其中 E_{nm} 和 T_e 的单位均为 keV)

$$X_{mn} = 5 \times 10^{-16} f_{nm} \bar{g}_{nm} \frac{1}{E_{nm} T_e^{1/2}} \exp(-E_{nm}/T_e)$$

其中,f_{nm} 是振子强度,$\bar{g}_{nm}$ 是平均冈特因子。源自基态的偶极跃迁的激发辐射产生等离子体中最强烈的辐射。

复合辐射发生在这样一种情形下:Z 电离态离子与一个电子结合产生一个较低的电离态 $(Z-1)$,并将电子多余的能量以光量子形式辐射出去,因此这种辐射具有连续能谱。$(Z-1)$ 电离态的离子可以留在激发态,然后通过发出一个或多个量子来离散地退激发。像复合离子退激发一样,双电子复合也导致发射许多离散的谱线。

杂质-离子复合辐射的计算很复杂,因为需要知道杂质离子的原子结构的详细知识。对杂质离子的这些计算通常采用非常简单的类氢模型进行。与具有最低 n 壳层上 ξ 空位的离子的复合将产生一个连续谱(其中 E_ν 和 T_e 的单位均为 keV):

$$\frac{dN}{dE_\nu} = 3 \times 10^{-21} Z^2 n_e n_z \frac{\bar{g}_{fb} e^{-E_\nu/T_e}}{E_\nu \sqrt{T_e}} F(\xi, n, T_e)$$

$$= n_e n_z Z^2 \bar{g}_{fb} P_b F(\xi, n, T_e)$$

其中,N 是能量为 E_ν 的辐射量子数,$P_b = 3 \times 10^{-21} \exp(-E_\nu/T_e)/E_\nu \sqrt{T_e}$ $m^3 \cdot s^{-1} \cdot keV^{-1}$。自由-束缚过程的温度平均冈特因子 $\bar{g}_{fb}$ 在 1 的量级,函数 F 取决于离子的原子结构和电子温度。F 对温度的依赖性呈这样一个特点:在非常高的温度下,与韧致辐射相比,复合辐射已变得不重要。

连续辐射也可以由电子-离子碰撞产生,其中能量为 E_e 的入射电子通过韧致辐射过程以发射电磁量子的方式失去部分能量。这一过程的能谱直到 E_e 都是连续谱。对于电子与麦克斯韦等离子体中的电荷数为 Z 的离子之间的碰撞,能谱由下式给出(E_ν 和 T_e 的单位均为 keV):

$$\frac{dN}{dE_\nu} = Z^2 n_e n_z \bar{g}_{ff}^z P_b$$

平均冈特因子 $\bar{g}_{ff}^z$ 在 1 的量级。

10.7.3 总辐射功率

低密度等离子体的总辐射功率可以通过将上述各过程的辐射相加和积分来得到。因为所有过程都取决于乘积 $n_e n_z$,因此可以将单种杂质的总辐射功率写成

$$P_R = \sum n_e n_z f(Z, T_e) = n_e n_1 \sum \frac{n_z}{n_1}(Z, T_e) = n_e n_1 R(T_e)$$

其中,$n_1 = \sum n_z$,求和对所有电离态进行。它们的相对浓度 n_z/n_1 仅取决于 T_e。各种杂质离子的 R 值可查表。图 10.7.3 给出了一些低 Z 和高 Z 杂质的 R 值数据。可以看出,对于给定的杂质水平,高 Z 杂质的辐射比低 Z 杂质更高效。正是由于这一点,在排除托卡马克等离子体中的高 Z 离子方面需要特别下功夫。

尽管本节给出的是简化的陈述,但聚变等离子体的电离平衡和辐射所涉及的原子过程的计算是非常复杂的。目前已经开发出了基本原子数据库和基于这些数据来计算聚变相关量的计算程序集。例如,ADAS 项目就是为物理学家提供研究聚变等离子体所需的辐射模拟程序所立的项目。

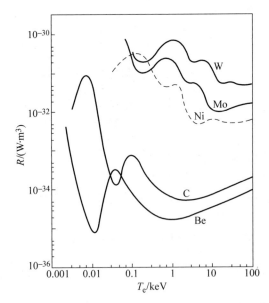

图 10.7.3　不同元素的总辐射功率 R 对电子温度的函数关系

10.7.4　测量辐射

由于托卡马克中存在电子温度梯度,温度值从边缘区的几个 eV 到中心区的 keV 量级,因此线辐射和连续辐射有很宽的光谱范围。在等离子体边缘,以可见光辐射为主,在等离子体中心则主要是紫外和 X 射线。等离子体温度、辐射波长和辐射源位置之间存在相关关系,利用这种关系就可以规定等离子体的三个主要区域。这种区分是有用的,因为很宽的波长跨度使得我们对不同的波长必须采用不同的仪器,以便对所发出的辐射进行实验研究。

1. 边缘区和可见光谱

这里 T_e 较小,原子处于电中性或低电离态,辐射主要是可见光波段的线辐射,用可见光谱仪或单色仪就可观察。在可见光区域,由于可用的仪器种类繁多,因此测量很容易进行。通常采用刻槽光栅作为色散元件,用固态或光电倍增管作为探测器。此外,相机已使用干涉滤光片来隔离特定的待测谱线。这方面工作的主要目的是要确定杂质的涌入,其次是从 H_α 线的强度导出粒子约束时间。高分辨率的测量可以用来测定等离子体的同位素含量,其杂质含量通常可由可见光连续辐射的强度来确定。因为可见光波段的线辐射主要来自低电离态的离子,因此这些线经常被用来监测等离子体边缘杂质的变化,以及边缘等离子体与限制器和偏滤器靶板之间的相互作用。

可见光谱测量的例子将用于确定粒子的约束时间和等离子体的有效电荷数。还将讨论如何从电荷交换测量中找出各种参数。

(1) 如果知道了氢的激发系数和电离系数,就可以从 H_α 线的强度导出氢等离子体的粒子约束时间。这种测量是所有托卡马克装置的标准配置。如果假设在等离子体边缘复合系数远小于电离系数,那么就可以对式(10.7.1)进行积分,由此得到氢离子在等离子体半径 a 处的通量:

$$a\Gamma = \int_0^a S_0 n_e n_0 r\,\mathrm{d}r$$

H_α 沿视线方向的积分强度为

$$I_\alpha = \int_{-a}^{+a} n_0 n_e XB\,\mathrm{d}r$$

其中，X 激发系数，B 是退激发的分支比。中性粒子密度只在等离子体边缘较为明显，而且比值 $S_0/(XB)$ 对温度和密度仅具有弱的依赖关系，因此上述两个积分正比于 $\int_0^a S_0 n_0 n_e r\,\mathrm{d}r$。这允许我们对该比值做近似估计。由此可以给出粒子约束时间 τ_p：

$$4\pi^2 aR\Gamma = \frac{N_e}{\tau_p} = 2\pi^2 aR\,\frac{S_0 I_\alpha}{XB}$$

其中，N_e 是总电子数，R 和 a 分别是带领其的大半径和小半径。

（2）电子-离子碰撞产生的轫致辐射也在可见光区域。单位波长 $\lambda\,(\gg hc/T_e)$ 对应的强度为

$$\frac{\mathrm{d}N}{\mathrm{d}\lambda} = 3\times 10^{-21}\,\frac{\bar{g}_{ff}\,n_e^2 Z_{eff}}{\lambda\sqrt{T_e}}$$

其中，$\bar{g}_{ff}$ 是温度平均冈特因子，λ 的单位是 nm，T_e 的单位是 keV。要确定 Z_{eff} 的分布，必须在整个等离子体截面上对这个强度沿视向积分。此外，还必须知道等离子体的温度和密度。这种方法的一个困难是要找出一个不受杂质线辐射影响的可见光谱区域。图 10.7.4 展示了在 JIPP T-IIU 托卡马克上采用的光谱区域。它选择在 5235 Å 处用一个 20 Å 的干涉滤光片来采集数据。

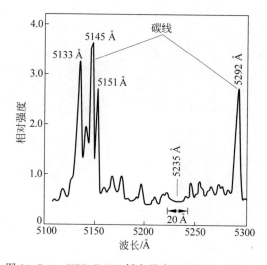

图 10.7.4　JIPP T-IIU 托卡马克上测得的可见光谱

其中有一段 20 Å 的无杂质线干扰区清晰可见，它被用来确定等离子体的有效电荷数 Z_{eff}（Ida, K., *et al.*, *Nuclear Fusion* **30**, 665（1990））

（3）等离子体的离子（或高度电离杂质的离子）与能量为 20～200 keV 的诊断束或加热束之间发生的电荷交换反应（如 10.6 节所述）也会发出可见光区域的线辐射。用于电荷交换复合光谱的典型反应是

$$H^0（快）+ C^{6+}（等离子体）\longrightarrow H^+ + C^{5+}（激发态）$$

C^{5+} 离子是在高主量子数的状态下形成的，它们衰变时发出的辐射在可见光区域。如果观测视线与入射粒子束成一角度，则可获得空间可分辨的测量。从观测到的谱线的多普勒展宽和特征线的位移可以求得离子温度和等离子体的旋转速度。如果可以精确计算出束在等离子体中的衰减，则由束的强度还可求出杂质密度。

2. 中间区域

这里温度较高，在几十到几百电子伏，因此辐射波长在紫外到软 X 射线区。这些辐射通常都来自几乎完全电离的氢离子或氦离子，以及部分电离的原子序数较高的原子。低 Z 杂质如碳或氧可以部分电离或完全电离，这取决于温度。

对于较长的波长，诸如石英之类的材料对辐射仍是透明的，用于可见光区域的类似仪器也可以使用。对于较短的波长，辐射被空气强烈吸收，因此辐射路径必须处在真空下，色散元件用反射光栅，探测器采用无窗式光电倍增管、闪烁体、微通道板或固态探测器。

这些测量的目的通常是确定等离子体中的杂质成分，通过研究不同杂质电离态的分布对日冕平衡的偏离来评估杂质输运的影响。由于所有的测量都是沿视线方向的积分，因此通常需要记录不同等离子体弦上的光谱，然后对数据做反演。

JT-60 的一个典型频谱如图 10.7.5 所示。这些谱线主要来自碳和氧杂质，从谱线可以推断出杂质的浓度。

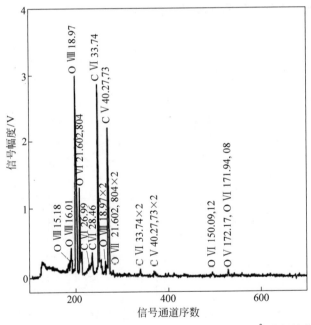

图 10.7.5　JT60 托卡马克上用多道光谱仪测得的 5～500 Å 波段的紫外光谱

放电条件是 19 MW 中性束加热（Kubo, H., *et al. Nuclear Fusion* **29**，571（1989））

3. 等离子体芯部

这里，除了那些非常高 Z 值的原子，绝大部分原子都是完全电离的，辐射主要在 X 射线波段。基于布拉格衍射的高分辨率晶体谱仪被用来测定谱线强度，从而推得杂质的浓度。利用这些线的多普勒展宽和位移可以确定离子温度和等离子体的旋转速度。目前已研制出了具有球面弯曲晶体和二维探测器的谱仪,这种谱仪在垂直于色散方向的方向上具有空间分辨率。利用这种技术,可测得具有时间和空间分辨的离子温度和旋转速度的分布,如图 10.7.6 所示。由于晶体具有抗中子损伤的性能,因此这种谱仪非常适合于燃烧等离子体的诊断。

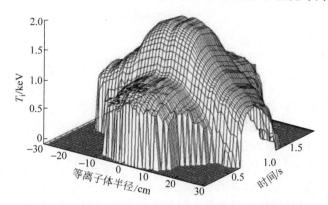

图 10.7.6　在 Alcator C-Mod 上用成像 X 射线弯晶谱仪得到的时间-空间分辨的离子温度分布
由于离子回旋共振加热的投入,T_i 在 0.6~1.3 s 之间增大(Hill, K. W. , *et al. Review of Scientific Instruments* **79**, 10E320 (2008))

X 射线区段也可以用于测量连续辐射谱。这个区段的辐射贡献主要来自轫致辐射和复合辐射。能谱由下式给出(E_ν 和 T_e 的单位均为 keV):

$$\frac{\mathrm{d}N}{\mathrm{d}E_\nu} = n_e^2 \zeta P_b$$

其中,ζ 是 X 射线反常因子,其值取决于等离子体的杂质浓度。这个因子近似表示纯氢等离子体的发射增强。测量这种 X 射线谱的探测器通常用冷却到液氮温度下的硅(锂)晶体或锗晶体探测器。它们测量单个量子能量的探测效率是 100%。JT-60 上得到的一个典型的能谱如图 10.7.7 所示。可以看到,在高能端是连续谱,在低能端可见几乎完全剥离的钛和

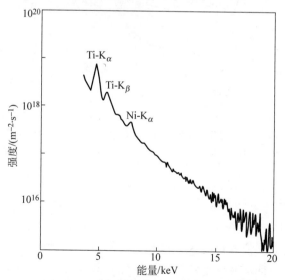

图 10.7.7　JT-60 上欧姆加热条件下测得的 X 射线脉冲高度谱(Kubo, H. , *et al. Nuclear Fusion* **29**, 571 (1989))

镍的突出 K 线。

光谱强度的绝对大小决定了 ζ,可以从谱线的拟合直线的斜率得到电子温度 T_e。K 线的强度可以用来识别和测量杂质离子的浓度。

10.8 总辐射测量

10.8.1 辐射量热计

测量等离子体的总辐射功率对评估能量平衡是非常重要的。目前已有各种各样的传感器用于这些测量,包括热敏电阻、热电堆、热释电探测器、薄膜传感器、电容和红外成像辐射热计等。传感器通常与一个或多个针孔相机配合,安装在可以俯瞰整个等离子体截面的位置上,如图 10.8.1 所示。由于所观察的信号是视向上的积分,因此通过对单个相机的视场接收到的辐射进行积分,就可以得到等离子体的总辐射功率。如果需要给出空间分辨的辐射功率,那么就需要对观察到的数据进行阿贝尔反演或其他方式的反演。图 10.8.2 给出了这样的一个例子。由图可见,等离子体内侧边缘附近存在明显的极向不对称性,这是由于存在 MARFE(见 7.16 节)的缘故。辐射功率也可能因为与限制器存在优先的相互作用而具有环向不对称性,这使得对测量结果的解释变得复杂。探测器对逃逸的中性粒子所携带的能量也很敏感,在测量的解释中也必须考虑到这些粒子的贡献。

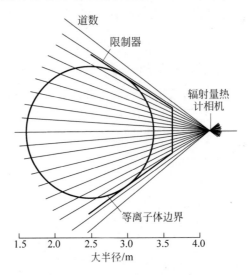

图 10.8.1　TFTR 托卡马克上的 20 道辐射量热计相机工作原理

(Schivell, J., *Review of Scientific Instruments* **58**, 12 (1987))

10.8.2 软 X 射线

软 X 射线通常用硅二极管来探测。这种二极管具有非常快的时间响应,通常在亚微秒量级。它测量的是高于阈值能量的 X 射线积分功率,这个阈值由安置在探测器前的薄金属箔(通常是铍箔)确定。探测器接收到的大部分功率来自高温稠密的等离子体核心,这被证明对研究不稳定性现象和杂质输运效应有非常宝贵的作用。目前所使用的针孔相机已可以带 100 多个传感器,通常置于与等离子体柱呈正交的方向上,如图 10.8.3 所示。这种诊断

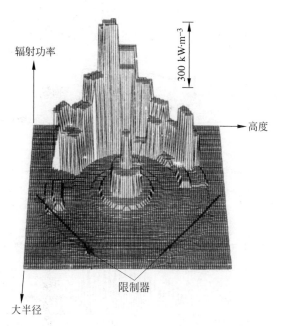

图 10.8.2　空间分辨的热辐射功率测量表明在等离子体内侧边界附近存在一种叫 MARFE 的现象

(Schivell，J.，*Review of Scientific Instruments* **58**，12 (1987))

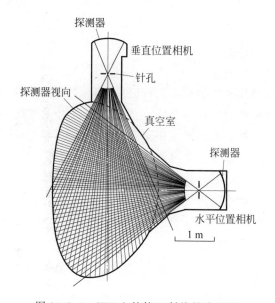

图 10.8.3　JET 上的软 X 射线针孔相机

(Edwards，A.W.，*et al.* *Review of Scientific Instruments* **57**，2142 (1986))

的主要优点是具有良好的空间和时间分辨率。托卡马克等离子体的许多行为的详细研究，特别是关于锯齿不稳定、大破裂和小破裂、MHD 模、高 β MHD 效应、杂质输运、水龙带不稳定和弹丸注入等行为的研究，都要用到这种诊断技术。

单通道的信号往往表现出明显的 MHD 效应。这些效应包括等离子体中心出现的锯齿波振荡和 $q=m/n$ 磁面上的 MHD 振荡。其模数可通过比较来自等离子体不同部分的信号的相位变化来确定。图 10.8.4 显示了在强 $m=1$ 振荡后的锯齿崩塌。用软 X 射线信号与磁信号的互相关可以定位和描述流体不稳定性的模式。

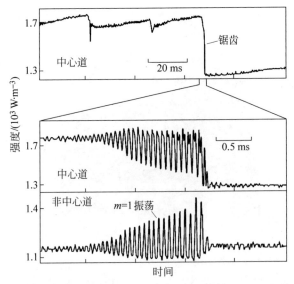

图 10.8.4　JET 上软 X 射线相机单个探测器上的信号呈现出锯齿（上图）和明显的 MHD 活性（下图）下图在时间尺度上做了扩展。在快速时间尺度上，不论是在等离子体中心还是在内侧半径区，都能清晰地看到锯齿前的预兆活动

10.9　断层扫描成像术

通过多道探测器对等离子体的状态进行记录（线积分测量结果），就可以利用断层扫描成像技术来重构等离子体辐射的局域分布。人们最初是对主等离子体进行软 X 射线和辐射热测量，但自那之后，这些技术已被应用到偏滤器位形上，辐射量热计、中子和 γ 相机测量及斜视向二维可见和紫外成像等技术可谓接踵而来。计算技术必须与之匹配，必须考虑典型等离子体测量的具体特性（例如，相对较少的视向道数、稀疏和不规则的视图、相对较高的噪声水平和较宽的发射率动态范围等）。

从诊断的角度看，对于极向平面上的光性薄的等离子体，假定观察方向为 ϕ，碰撞参数为 p，那么沿视向记录的积分信号为

$$f(p,\phi)=\Omega\int\varepsilon(R,Z,E_x)\alpha(E_x)\,\mathrm{d}R\,\mathrm{d}Z\,\mathrm{d}E_x$$

其中，Ω 是探测器的立体角，$\varepsilon(R,Z,E_x)$ 是等离子体在位置 (R,Z) 上辐射出能量 E_x 的光子的辐射率，$\alpha(E_x)$ 是探测器对能量为 E_x 的光子的灵敏度。出于多种目的，需要的是具有空间分辨的、对探测器响应函数 $G(R,Z)$ 积分后的辐射率。在此情形下，探测器的响应函数可以通过拉东（Radon）变换与等离子体发射率结合起来：

$$f(p,\phi)=\int K_{p,\phi,R,Z}G(R,Z)\,\mathrm{d}R\,\mathrm{d}Z \tag{10.9.1}$$

其中，$K_{p,\phi,R,Z}$ 是描述视向几何的权重因子。断层扫描的问题归结为在给定测量量 $f(p,\phi)$ 后，如何找到这个式子的解 $G(R,Z)$。

　　从有限的线积分测量值导出二维连续剖面是一个病态问题。对此必须对 $G(R,Z)$ 的形式作进一步假设。为了解这个问题,通常将等离子体辐射表示为解析的二维"基"函数 $b_j(R,Z)$ 的加权和:

$$G(R,Z) = \sum_j g_j b_j(R,Z)$$

这些函数可以是局部的(如熟悉的情形:平方像素),也可以是全局的(如 R 和 θ 的多项式函数)。基函数的选择既影响解的方法,也影响可重构的分布类型。

　　对于局部基函数的情形,式(10.9.1)变成

$$f_i(p,\phi) = \sum_j K_{ij} p_j$$

其中,权重函数 K_{ij} 是描述探测器 i 对像素 j 发射的响应矩阵。通常,选择的像素要比用于测量的多得多,这样就不会因特定选择而影响到解。这样方程变成了欠定的,但可以借助适当的"正则化约束"来做数值反演。这个约束是辐射分布的辅助函数在反演时要么取极大值,要么取极小值。这种正则化体现了实验者对问题的先验知识,可以设计得有利于解,例如,取平滑解或者取统计上最有可能(有最大熵)的解。虽然局域基函数(像素)可以在非笛卡儿网格上选择,以反映发射率的预期的几何形状,但通常最好是以正则泛函的形式将这种期望值结合进来。这种技术及取沿磁面的光滑辐射分布的泛函已经非常成功地应用于偏滤器等离子体的辐射热测量上,如图 10.9.1 所示,同时也已运用到等离子体柱发出的 X 射线、中子和 γ 辐射上(图 3.13.4 和图 10.13.4)。

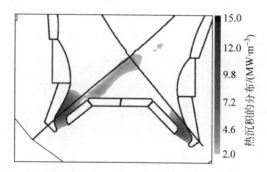

图 10.9.1　通过对辐射热计的数据做断层扫描成像反演得到的 ASDEX-Upgrade 偏滤器的辐射功率分布
通过在垂直方向上移动等离子体,使视线的数目得到了综合性增强。实线是磁分离面(Fuchs, J.C., *et al.*, *J. Nucl. Mater.*, **290-293**, 525 (2001))

　　另一种方法是采用全局正交基函数。这一技术具体体现在康马克(Cormack)方法中。它采用一系列泽尼克多项式来描述反演数据(其他表示也是可能的,例如,对于径向依赖性,可以采用贝塞尔函数)。这个多项式的次数是有限制的,即应保持自由参数的数量小于测量量的数量,由此导致一个超定方程组,而且它隐含地限定了可获得的辐射分布的类型。式(10.9.1)的积分变换可以解析地进行,可以将参数 g_j 调整到使函数 $f(p,\phi)$ 对实验测量值有最佳拟合。这种方法在过去已被证明是有吸引力的,因为它对计算量的要求很小,而且仅限于解析可逆的基函数。

　　虽然这对于描述近圆等离子体的芯部是成功的,但它还不足以描述更复杂的分布。图 10.9.2 展示了 JET 上在锯齿崩塌之前、期间和之后的软 X 射线辐射的重构图像。

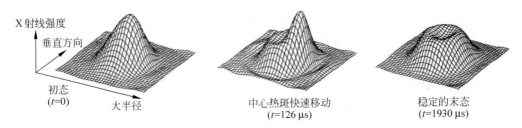

图 10.9.2　JET 上锯齿崩塌的重构

利用软 X 射线辐射数据做断层扫描成像反演的一个例子,其中采用了康马克技术

10.10　朗缪尔探针

　　朗缪尔探针的最简单形式就是一个可插入等离子体的电极。给探针加载相对于真空室的电压,然后测量输出电流。从探针的电流-电压(I-V)特性曲线就可以推断出电子温度 T_e 和电子密度 n_e。在大型托卡马克上,朗缪尔探针的使用仅限于等离子体边缘区,因为在等离子体内部,大功率的热通量使得探针无法正常工作。

　　对朗缪尔探针数据的解释是基于静电鞘层理论(见 9.2 节)。这一理论是建立在对探针表面面元所接受信号的分析基础上的。将式(9.2.8)和式(9.2.9)联立,即可得到在偏压 V 下流向探针的电流 I 的表达式:

$$I = (j_i + j_e)A = j_i\{1 - \exp[e(V - V_f)/T_e]\}A \qquad (10.10.1)$$

其中,j_i 和 j_e 分别是电子电流密度和离子电流密度,A 是探针的插入表面的面积。在探针尺度远大于离子和电子的回旋半径和德拜长度的极限情形下,$A = \int \boldsymbol{B} \cdot d\boldsymbol{S}/B$,$V_f$ 是悬浮电位(下面要讨论到)。当探针上加载足够负的偏压时,所有电子都被排斥,流向探针的电流仅剩下离子电流。这种电流与加载的电压大小无关,称为离子饱和电流。离子电流之所以出现饱和是因为当所有偏压都加载在鞘层上时,流向探针的离子通量仅由以离子声速穿过鞘层边界的离子通量决定。

　　悬浮电位 V_f 是探针处在电绝缘(即相当于悬浮)时的电位。如果在探针上加载一个可调电压,那么当净电流为零时所对应的外加电压就是 V_f。当探针的扫描电压相对于 V_f 为正时,由式(10.10.1)可知,电子电流成指数上升。然而,式(10.10.1)只适用于探针电位低于等离子体电位时的情形。当探针电位等于等离子体电位时,鞘层电场为零,电子以热速度分布流向探针表面。伏安特性曲线上的这个点叫做电子饱和点,它所对应的电子饱和电流由 $I_{es} = \dfrac{1}{4} n_0 e \bar{c}_e A$ 给出,其中 $\bar{c}_e$ 是电子的热速度。对于非磁化等离子体,朗缪尔探针的特性大致可遵循这样一种理想图景:对于氢等离子体,电子饱和电流对离子饱和电流的比值为 50∶1,大致相当于电子热速度对离子声速的比值。

　　图 10.10.1 显示了由 T10 托卡马克上的朗缪尔单探针得到的 I-V 特性曲线。数据的拟合曲线由式(10.10.1)给出,对电子饱和电流未作拟合处理。在如图 10.10.1 的情形下,电子饱和电流对离子饱和电流的比为 6.5,但有时也可观察到这个比值低至 1∶1。到目前为止,还没有合适的理论来解释这种行为,因此通常忽略掉特性曲线的净电子收集侧的数据。其结果是,通常只测量电子分布的尾翼(约占总分布的 5%)。

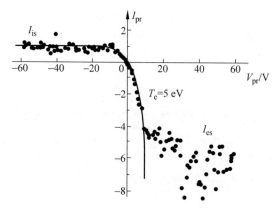

图 10.10.1　T10 托卡马克上朗缪尔单探针的伏安特性曲线

由图可见,电子饱和电流对离子饱和电流的比值与式(10.10.1)给出的理论预言值基本一致

假设离子温度和电子温度相等,那么就可以从式(9.2.8)导出鞘边界的电子密度:

$$n_0 = \frac{j_i}{e}\left(\frac{m_i}{2T_e}\right)^{1/2} \tag{10.10.2}$$

10.10.1　探针类型

托卡马克中所用的各种类型的探针大致可以分为两种,如图 10.10.2 所示:

(1) 固定的探针阵列可内置于限制器和偏滤器靶板内。这种探针的目的是刻画接触材料表面的等离子体。由于这种探针不对业已存在的限制器或偏滤器靶板的鞘层做出调整,因此它们通常按式(10.10.2)给出鞘边界的密度。

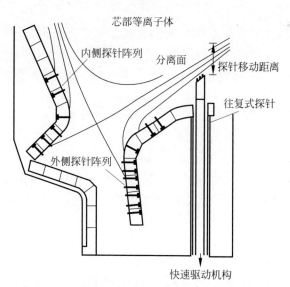

图 10.10.2　C-mod 托卡马克上偏滤器区域安装的固定式探针和快速往返式探针

(2) 探针可安装在移动的驱动装置上来逐点扫描(慢驱动)出边缘等离子体的参数分布,也可以在一次往返期间(快速往复式驱动)就给出等离子体参数的分布。在大型托卡马克装置上,朗缪尔探针头部过长时间暴露于等离子体中会导致表面材料蒸发,因此采用快速

往复式探针驱动是基本做法。这类探针通常用于收集等离子体的离子流,因此会对等离子体产生局部扰动。这个密度扰动的距离长度称为收集长度 L_{col},它取决于流向探针的离子平行流能够因垂直于磁场的扩散而被收集的速率:

$$L_{col} \approx \frac{d^2 c_s}{D_\perp}$$

其中, d 是插入的针头宽度, c_s 是离子声速, $D_\perp$ 是垂直于磁场的扩散系数。只要 L_{col} 小于沿 B 方向到下一个物体的距离,那么乘以鞘边界的密度(由式(10.10.2)给出)再乘以 2,就可以得到未扰动区域的密度。这个因子要求离子在探针的鞘电位的加速下到达鞘边缘时达到离子声速,且过程前后的等离子体密度存在梯度。

10.10.2　单探针

当电流通过探针的针端从等离子体流向探针时,相等的反向电流必然通过另一个电极返回到等离子体中。在托卡马克所用的朗缪尔单探针的情形下,环形真空室经常作为参考电极。参考电极的主要要求是表面积要足够大,使得参考电极的鞘层(回流电流所需的)上的电位变化可以忽略不计。这就要求在探针达到电子饱和之前,携带返回电流的参考电极表面不会达到离子饱和极限。对于均匀的氢等离子体,要求参考电极的表面积远大于探针面积,二者的面积比大于理想情形下的电子饱和电流对离子饱和电流的比值(典型值约为 50∶1)。尽管托卡马克有较大的内表面,但沿磁场方向的电流远比横越磁场的电流快得多,因此回流电流的表面积实际上是非常受限的。电流通道的这一限制可能是许多托卡马克上观察到的电子饱和电流对离子饱和电流的比值很低的一种可能的原因,在对图 10.10.1 的说明中已指出了这一点。

10.10.3　双探针

朗缪尔双探针由两根足够靠近的针组成,这里足够靠近是指它们可以被看成是处在相同的等离子体条件下。在两根针之间加载一个隔离扫描电源,因此有 $I_1 + I_2 = 0$。这里 I_1 和 I_2 的定义同式(10.10.1),电源电压 $V_s = V_1 - V_2$,于是得到非对称双探针的以下方程:

$$I_1 = \frac{j_1 A_1 [1 - \exp(eV_s/T_e)]}{1 + (A_1/A_2)\exp(eV_s/T_e)}$$

如果两探针表面积相等,即 $A_1 = A_2$,那么有

$$I_1 = j_i A_1 \tanh[eV_s/(2T_e)]$$

双探针强于单探针的唯一优点是电流的返回路径不那么模糊。但在实践中,业已证明这并没有带来真正的好处,而且可以证明,双探针增加了复杂性,且无法收集特征曲线电子收集端的信息。

10.10.4　三探针

朗缪尔三探针由三根针组成,每根针都必须处于相同的等离子体参数环境下。其中一根针提供悬浮电位,另两根针接到一个与装置壁隔离的直流偏置电源的两输出端,使得一根针接收离子饱和电流 $j_1 A_1$,另一根针接收净的电子电流 $-j_1 A_1$。这种安排如图 10.10.3 所示。电路的电子收集端的电位 V_2 自行调节,使得电子侧的电流大小与离子侧的电流相等但相反。将式(10.10.1)运用到针 1 和针 2 上,并利用连续性方程 $I_1 + I_2 = 0$,即可得到下述方程:

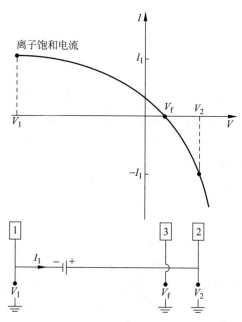

图 10.10.3　朗缪尔三探针的原理

图中给出了三根针上与伏安特性曲线上相对应的电位和电流

$$[1-e^{e(V_1-V_f)/T_e}]A_1+[1-e^{e(V_2-V_f)/T_e}]A_2=0 \qquad (10.10.3)$$

当外加偏压足够大,使得 $e|V_1-V_f|\gg T_e$ 时,则由式(10.10.3)可得电子温度的简单表达式:

$$T_e=e(V_2-V_f)/\ln[1+(A_1/A_2)]$$

三探针的优点是具有高的时间分辨率,因为 V_2,V_f 和 j_i 可以同时测量。与此相反,扫描探针的电流和电压信号可能需要记录多至 100 个时间点才能给出一条特性曲线,我们才能从中得到参数的时间平均值。图 10.10.4 显示的是 JET 上在 ELMy 放电时位于偏滤器的三

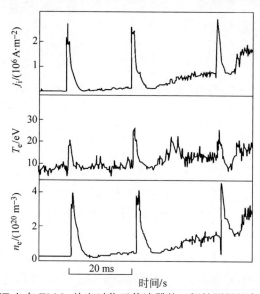

图 10.10.4　JET 上在 ELMy 放电时位于偏滤器的三探针测得的高时间分辨的信号

探针测得的高时间分辨率的信号。但应注意，在离子饱和电流与电子饱和电流可比的情形下，或是在三根针上的等离子体参数变化各不相同的情形下，三探针的数据是不可靠的。

10.11   涨落的测量

托卡马克中由实验确定的能量和粒子输运系数远大于碰撞理论给出的能量和粒子输运系数。人们普遍认为，造成这种反常的主要原因是等离子体湍流，并且已在这方面做了大量实验工作，试图了解各种机制，区分不同的理论模型，并试图证明实验所确定的湍流确实解释了所观测到的输运现象。在 4.18 节中对湍流输运进行了全面讨论，故这里仅描述其一般特征。

等离子体湍流引起的粒子的径向通量为

$$\Gamma_j = \frac{\langle \widetilde{E}_\perp \tilde{n}_j \rangle}{B} + n_j \frac{\langle \tilde{v}_{j/\!/} \widetilde{B}_r \rangle}{B}$$

其中，B 是磁场，$\widetilde{E}_\perp$，$\tilde{n}_j$ 和 $\tilde{v}_j$ 分别为局域电场、粒子密度和粒子平行速度的涨落部分，尖括号表示对特定通量面内的粒子集做平均。在测量中，这个平均值通常用一个特定空间点上的测量值的时间平均来代替，因为在一个完整的通量面上进行测量通常是不切实际的。

在上面的表达式中，第一项描述了静电输运，它由既垂直于磁场又垂直于径向的 E 的分量的涨落量驱动。$E_\perp$ 的这个涨落量又乘上磁场导致径向速度的涨落。这个涨落的径向速度的时间平均值为零，因此没有净流量。但由于存在密度的相关变化 $\tilde{n}_e$，从而导致整体上看粒子沿一个方向上的运动要比沿其他方向的运动多。涨落参数之间的相关性是一个复杂的量，既有振幅又有相位。因此平均而言，湍流通量原则上既可以是向内的，也可以是向外的。涨落电场与电势的变化和标度长度有关，后者由涨落的 k 给出。k 谱的知识也有助于识别涨落的驱动机制。第二项描述的是由磁涨落产生的输运。由于存在径向磁场分量 B_r，通量面存在扭曲，平行流 $v_{j/\!/}$ 在垂直于通量面的方向上有分量。同样，如果这两个参数的涨落是相关的，那么就会产生净的径向流。

粒子的径向通量带着一些热能，对流通量等于 $(5/2)T\Gamma_j$。此外，温度涨落与 E_θ 的涨落之间的关联也会对下述径向热流有贡献：

$$\frac{3}{2} \frac{n_j \langle \widetilde{E}_\perp \widetilde{T}_j \rangle}{B}$$

磁涨落是热通量的另一个来源，这是因为磁扰动在径向上传导了很大一部分平行热流。这一项的形式为

$$g \left[\frac{\widetilde{b}_r}{B} \right] \mathbf{\nabla} T_j$$

其中，$g[\widetilde{b}_r/B]$ 是一个依赖于等离子体碰撞率和湍流强度的函数。

因此要理解和检验湍流理论，必须测量如下湍流量 $\widetilde{E}_\perp$，$\widetilde{T}$，$\tilde{n}$，$\widetilde{B}_r$ 和 $\tilde{v}_{/\!/}$ 及它们与这些涨落量的 k 谱之间的相关性。在实践中，这种详细程度是难以获得的，因此缺失的参数不得不基于理论预言或间接推断来估计。

虽然径向速度的涨落与湍流驱动的径向通量相关，但垂直速度的径向梯度（与 E_r 相联系）起着涨落退相关的作用，并导致反常输运的减少（如 4.19 节所述）。这被认为是各种约束改善模背后的机制。

对涨落的最全面的测量是在等离子体边缘区进行的,这里的涨落幅度最大。这项工作主要是采用磁探针和朗缪尔探针来实施。这类诊断手段对等离子体中心不适用,因为探针对等离子体的干扰太大,同时探针材料也无法耐受高热流的冲击,会被融化。对于等离子体主体内部的测量,就密度涨落而言,可采用的技术手段有散射实验、束发射光谱和重离子束探针等。还可以用微波诊断方法来测量温度、密度和流量的涨落。等离子体边缘附近的线圈可以给出 $\tilde{b}_r$ 的信息,但对主体等离子体,这个参数很难测量。有些信息间接来自逃逸电子所包含的性质。等离子体频率附近的波的散射对磁涨落很敏感,特别是这些涨落是唯一能够将入射波从寻常波散射成异常波模的手段,反之亦然。

10.11.1　重离子束探针

这种诊断最初是用来测定等离子体内部电势的。其工作的基本原理可参考图 10.11.1。先将单次电离离子入射束加速到能量 E,然后以垂直于环向磁场的方向注入等离子体。离子沿拉莫尔半径 ρ_i 的轨道运动,直到在相互作用区 I 与等离子体电子碰撞而被进一步电离为止。此后它们沿半径较小($\rho_i/2$)的轨道运动,并从主束中分离出去。显然,这种诊断要能工作,ρ_i 必须与托卡马克的小半径可比。采用高 Z 重杂质(通常是铊 Tl)的单次电离离子束就可以做到这一点,其能量通常在百 keV 到 MeV 的范围。这种诊断尚未应用到最大的托卡马克装置上,主要是因为所需的非常高的能量尚付阙如。

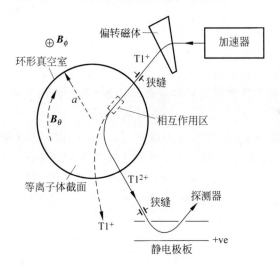

图 10.11.1　铊重离子束探针示意图

特定能量的加速离子在通过偏转磁体时被选择出来,然后进入等离子体。在等离子体中,它们与等离子体离子之间发生电荷交换后沿新的轨道运动,然后进入静电能量分析器和探测器

如果等离子体中的点 I 与等离子体外之间的电位差为 ϕ,那么二次电离离子的能量则为 $E+e\phi$,用静电能量分析器测得这个能量,就可以确定 ϕ 及其涨落。这种测量的困难在于

$$e\tilde{\phi} < e\phi \ll E$$

用这种诊断技术也可以测量其他量。例如,二次束的强度正比于相互作用体积中的等离子体电子密度,更有趣的是,其涨落能够反映密度涨落 $\tilde{n}_e$。这里有效相互作用体积由入射束的发散角和检测系统的立体角共同确定。

此外,束可被极向磁场偏转出垂直于 B_ϕ 的平面。测量这个偏转可以确定 B 的垂直于 B_ϕ 的分量及其涨落的信息。

图 10.11.2 展示了 TEXT 托卡马克上用重离子束探针技术测得的密度相对涨落 $(\tilde{n}_e/n_e)$ 和电势相对涨落 $(e\tilde{\phi}/T_e)$ 的径向分布。

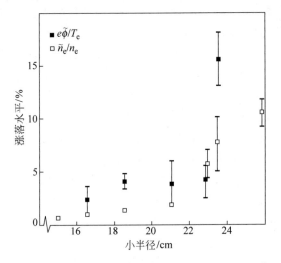

图 10.11.2　TEXT 托卡马克上等离子体外区域测得的 $\tilde{n}_e/n_e$ 和 $e\tilde{\phi}/T_e$ 的涨落水平
(Forster，J. *FRC Report* 301. University of Texas，Austin (1987))

10.11.2　束发射谱

注入到等离子体的中性束的发射谱强度 ε 取决于测量点的等离子体密度:

$$\varepsilon = n_0 n_e \sigma_{\mathrm{BEM}} v_b$$

其中，n_0 是束原子密度，σ_{BEM} 是束发射的截面，v_b 是束速度。因此电子密度的涨落将导致发射谱强度的涨落 ε。如果束发射区域发出的光被成像到快响应的探测器上,那么这些涨落就可以测量出来。如果成像系统是从切向来观察等离子体,那么就可以测得束所照亮的等离子体体积内的涨落的二维极向分布。用快响应分光计还可以测得杂质的电荷交换谱,从而测得离子温度的涨落。

10.11.3　$\tilde{n}_e$ 的散射测量

可以用汤姆孙散射的集体效应来测量电子密度的涨落。频率 ω 和波矢 k 的入射辐射被电子散射后产生的特征散射谱为 $P_s(\omega)$。对于典型的涨落波长和合理的散射角 θ,从式 (10.5.2)可知,入射光应采用毫米或亚毫米波段的激光。散射功率谱由式(10.5.1)给出,而对测量敏感的涨落的 k 矢量由测量几何确定。$S(k,\omega)$ 包含有关等离子体涨落谱的信息,是需要实验测定的量。

TEXT 托卡马克上给出了这样一个典型的实验安排(图 10.11.3)。远红外激光器输出束分成两路,一路探测束经反射镜反射后进入等离子体。另一路进入本地振荡器,然后被分成等功率的 6 道。从等离子体中散射出来的散射束分 6 道分别与这 6 道本地束混频,以产生与密度涨落频率对应的中等频率的差频信号。反射镜的安排使得这种测量在大多数等离

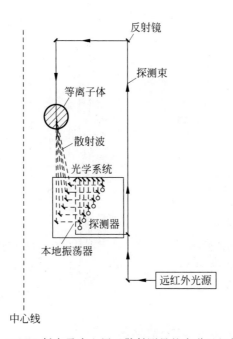

图 10.11.3　TEXT 托卡马克上用于散射测量的多道远红外散射装置

(Park，H.，Brower，D. L.，Peebles，W. A.，Luhmann，Jr.，N.C. *et al.*，*Review of Scientific Instruments* **56**，1055（1985））

子体截面上均可进行。这种测量也可以采用外差法探测，并允许我们确定 *k* 的方向。探测
系统需要校准。散射波用来确定的波数谱 *S* 的结果如图 10.11.4 所示。在等离子体边界，
也可以用朗缪尔探针来测量静电涨落，其结果与散射测量的结果的比较如图 10.11.5 所示。

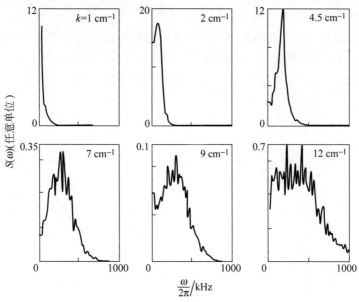

图 10.11.4　不同 *k* 值的散射频谱

随着 *k* 值增大，谱峰逐渐向高频移动（Ritz，Ch. P.，Brower，

D. L.，Rhodes，T. L.，Bengtson，R. D.，*et al*，*Nuclear Fusion* **27**，1125（1987））

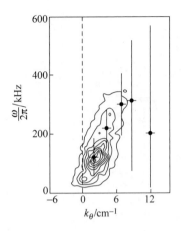

图 10.11.5　TEXT 上分别用散射测量(十字交叉点代表半高全宽)和朗缪尔探针测量(等高线)给出的 $r=0.26$ m 位置的 $S(k_\theta,\omega)$ 谱(Wootton, A. J., Austin, M. E., Bengtson, R. D., Boedo, J. A., *et al.*, FRCR♯310, University of Texas, Austin (1988))

10.11.4　$\bar{n}_e$ 的相关测量和多普勒反射计测量

在 10.4 节所述的反射法测量中,电子密度的涨落会引起反射信号的涨落,因此利用这种技术可以测量密度涨落。图 4.13.3 给出了这样的一个例子。在相关反射测量中,测量是在两个频率上进行的,它们对应于等离子体中的两个径向位置。两个测量量之间的分离通过扫描一个频率而保持另一个频率不变而变化。另外,也可以采用两台反射计,在沿环向或极向的不同位置上探测同一个磁面。作为它们分离的函数,两个通道的反射信号之间的相关程度给出密度涨落的相关长度。

有关湍流传播和径向电场的信息可以从多普勒反射测量中获得。其探测原理为微波束从垂直于环向磁场(主要在极向上)的发射天线发出,其几何如图 10.11.6(a)所示。当波束向内传播时,遇到径向密度梯度而折射,其波数随折射率的变化按如下方式减小:

$$k_i^2 = \mu^2 k_0^2 \tag{10.11.1}$$

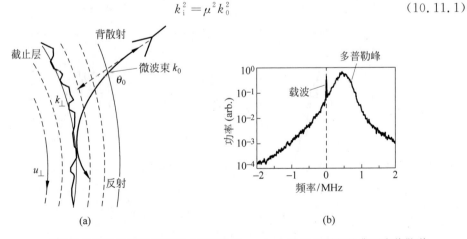

图 10.11.6　多普勒反射计原理示意图和 ASDEX Upgrade 上边界处测得的典型多普勒谱
(Conway, G. D. *et al.* *Plasma Fus. Res.* **5** (2010))

其中, k_0 是入射波的波数(真空下波数), $\mu^2 = \mu_\perp^2 + \mu_\parallel^2$ 是折射率平方。天线窗口的环向角很小,因此 $\mu_\parallel^2$ 很小,故在反射层大致有 $\mu^2 \approx \mu_\perp^2 \approx \sin(2\theta_0)$,这里 θ_0 是发射束的入射角。在反射层,束受到密度涨落的相干散射。

对于如图 10.11.6(a)的实验布置,发射天线也是接收天线,天线适当倾斜使得测量束对满足布拉格背散射条件 $\boldsymbol{k}_s = -\boldsymbol{k}_i$ 的波数

$$k_\perp = |\boldsymbol{k}_s - \boldsymbol{k}_i| = 2|\boldsymbol{k}_i| = 2\mu_\perp k_0$$

的湍流敏感。

散射谱的峰值位置因涨落在垂直方向上的运动产生的多普勒效应而偏离零频率:

$$\omega_D = \omega_s - \omega_i = u_\perp k_\perp = (v_{E\times B} + v_{ph})k_\perp$$

如图 10.11.6(b)所示。湍流相对于等离子体的相速度 v_{ph} 和等离子体参考系的运动 $\boldsymbol{E}_r \times \boldsymbol{B}$ 都对测得的多普勒频移有贡献,但由于通常有 $v_{ph} \ll v_{E\times B}$,因此使得我们能够精确地测量 E_r。由于 $\boldsymbol{E}_r$ 的涨落直接反映在多普勒频移上,因此平均 ω_D 的时间变化可用于研究流的扰动。所测得的谱的谱宽既包含流涨落的影响,也包含天线响应的 k 值的弥散的影响。散射谱的总功率正比于所选 $k_\perp$ 的 $\langle \tilde{n}_e \rangle$。通过改变天线的倾角,就可以测得 $k_\perp$。对反射层的这种测量是高度局域性的,因此它比其他散射技术有更高的空间分辨能力。

10.11.5　$\tilde{T}_e$ 的 ECE 相关测量

电子回旋(ECE)频率波段的等离子体辐射具有温度 T_e 的黑体特性,如 10.5 节所述。因此,所发射的辐射是由随机涨落的振幅组成。天线截获的辐射功率为

$$\overline{P} = T_e \delta f$$

随机涨落是黑体辐射的固有特性,因而对测量的信噪比有着基本的限制:

$$\frac{\delta P_{rms}}{\overline{P}} = \sqrt{\frac{\tau_c}{\tau_{int}}}$$

其中, τ_{int} 是测量的积分时间, $\tau_{int} = 1/(2f_s)$, f_s 是诊断的样本频率。$\tau_c = 1/\Delta f$ 是辐射的相关时间,这里 Δf 是射频带宽,由式(10.5.7)知,它取决于该辐射方向上诊断的空间分辨率。对于测量等离子体涨落谱的典型的 ECE 诊断,空间分辨在 1 cm,样本频率在 1 MHz。因此固有的辐射涨落将信噪比限定在大约 6% 的水平上。这纯粹是一个经典极限,因为在 ECE 频段上,光子噪声通常对噪声没有贡献。而典型的 $\tilde{T}_e$ 涨落至多为这个水平的 1/10,因此必须用其他技术手段来测量这些涨落。

等离子体中两个位置上固有的辐射涨落是不相关的,而两个位置上的温度涨落是相关的。例如,如果将测量点安排在同一个磁面附近的体积上时便是这样。涨落的这种性质可以用来做适当的时间段上两个 ECE 测量量之间的互相关。在此过程中,不相关的固有涨落被降低到 $N^{1/4}$,这里 N 是做相关的测量量的样本数。通常情况下, $N = 10^6$,因此热噪声降低到 $\tilde{T}_e$ 涨落的约 0.2%。这两个测量量也可以从观察同一等离子体体积的两个不同位置的天线来得到,或者用观察径向重叠区域辐射的单个天线来得到,或从对单个区域的辐射的自相关分析来得到。当探测束的波长小于样本体积的尺寸时,诊断对涨落的灵敏度降低。这个样本体积的极向和环向尺寸由天线的方式确定。但径向尺寸很复杂,要受到相对论性和多普勒展宽及反射层的不透明性等因素的影响。如果反射层不是光性厚的,那么 n_e 的涨落也会对反射功率有贡献。

10.12　q 分布的确定

对托卡马克装置的安全因子 q 的分布的掌握对于理解等离子体的磁流体不稳定性具有根本的重要性。在等离子体边缘附近,q 值可以通过磁场的测量来精确地确定,但当将这种方法逐渐向内应用到等离子体中心时将变得越来越不准确。目前已经开发出几种确定 $q(r)$ 的方法。其中法拉第旋转方法已经在 10.3 节中讨论过。

早期确定 $q(r)$ 是利用红宝石激光散射技术。波矢 k_i 的入射束被等离子体电子散射产生散射波 k_s,将探测器安排得使差分波矢 $k = k_s - k_i$ 接近于垂直磁场 B。由于电子的热运动,散射谱通常具有多普勒展宽,它可以近似写成 $|k|v_{Te}$,但当 $k \cdot B$ 非常小时(因为电子绕磁场线的回旋运动),散射波的强度会受到强烈调制。这些调制使频率错开 ω_{ce} 距离。但这个效应在托卡马克装置上无法直接从散射谱上观察到,因为 $\omega_{ce} = |k|v_{Te}$,调制间隔很近,散射谱的各个峰只有很少的光子数。这一困难可以通过前向散射结合法布里-珀罗干涉仪检测光学来克服。它可以将各透射峰的间距调整得与 ω_{ce} 相匹配。由此导出的结果显示,$q(r)$ 分布在等离子体中心降到 1 以下。虽然这种方法是基于非常坚实的物理原理,但由于运行过程中遇到相当大的实际困难,因此很少采用。

公认的测量磁场倾角的最佳方法是采用运动线性斯塔克效应。其实验安排类似于 10.6 节结尾处所述。而且,其空间分辨由入射束与观察视线的交叉区域的大小决定。注入的氘或氢中性束的原子被等离子体粒子激发并发射巴尔末 α 线。在原子自身的静止参考系下,原子以速度 v 感受到一个洛伦兹电场 $E_L = v \times B$。对于注入的能量约 100 keV 的中性氘原子,这个电场将 α 线劈裂为 π 和 σ 两个分量,其强度远大于塞曼效应所劈裂的谱线强度,故后者可忽略。由于存在多普勒效应,因此束粒子发射的光很容易与等离子体粒子发射的光区分开来,虽然半倍和 1/3 倍束能量成分(图 10.12.1)的存在使得测量变得复杂。

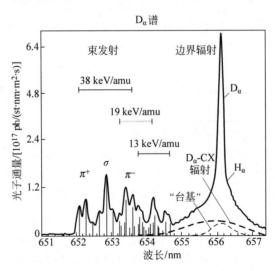

图 10.12.1　氘中性束注入期间的发射谱

在波长小于 655 nm 处,可以看到由偏振测量的注入束产生的多普勒频移了的斯塔克劈裂。长波长处的谱线特征是由等离子体氘的电荷交换激发引起的(Wolf, R., *et al.*, *Nuclear Fusion* **33**, 1835 (1993))

　　磁场方向的确定利用了光谱的偏振特性。从垂直于电场的方向看,α 线的 π 分量平行于 E_L 的线偏光,σ 分量垂直于 E_L 的线偏光。待测磁场的方向由这两个线偏光分量之一的方向决定。

　　PBX-M 托卡马克上的实验提供了一个典型的实验案例。诊断用入射束的能量为 40～80 keV,入射束与探测方向形成交叉。通过转动束的方向测得了磁场方向的倾角的径向分布。在其他实验中,空间分辨率是通过在不同位置来观察束获得的。透镜头将出射光线聚焦,然后利用偏振计和干涉滤光片使得只有所需的分量(σ 或 π)透过。偏振计是基于光弹性调制器的工作原理的。这种调制器能将偏振的变化转换成调制器频率的调制振幅的变化。采用锁相放大器检测这些振幅可以将偏振角度的测量精确到 0.1°～0.2°。由于这些测量必须沿着入射束的路径方向,因此它们无法单独给出 q 值,只能给出 q 的磁面平均值。要确定 q 分布,还需要有关等离子体磁面的进一步知识。这种测量也会受到等离子体内在的径向电场 E_r 的影响。对这种效应的修正通常是采用对 E_r 进行独立测量,然后予以减去。虽然原理上可以从对斯塔克效应的多道测量(或是从不同的观察方向,或是利用不同束能量分量的辐射)来获得这个结果。

　　这种测量方法最初被用来研究锯齿放电时的中心 q 分布。但最近,这种测量手段对建立和了解高性能放电中的反向磁剪切位形变得极为重要。由这种技术确定的 q 分布如图 10.12.2 所示。

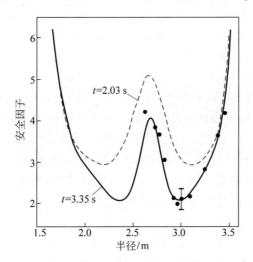

图 10.12.2　TFTR 上中性束加热阶段测得的中空 q 分布
(Levington,R. M. *et al*.,*Physical Review Letters* **75**,4417(1995))

　　有一点非常重要,就是将光从等离子体传输到探测器的光学系统不会对光的偏振形成干扰。在燃烧等离子体实验中,由于需要屏蔽中子,光路必须采用反射镜反复反射,这时就很难做到这一点。因此,目前正在研究如何调整方法,尽量不采用改变谱线强度比或光谱分离的技术。

10.13　聚变产物测量

　　重要的聚变反应产生如下一些高能产物:质子、中子、α 粒子。

$$D + D \longrightarrow T(1.01\ \text{MeV}) + p(3.02\ \text{MeV}) \ \text{或}\ ^3He(0.82\ \text{MeV}) + n(2.45\ \text{MeV})$$

$$D + T \longrightarrow {}^4He(3.56\ \text{MeV}) + n(14.03\ \text{MeV})$$

$$D + {}^3He \longrightarrow {}^4He(3.71\ \text{MeV}) + p(14.64\ \text{MeV})$$

$$T + T \longrightarrow {}^4He + 2n(11.3\ \text{MeV})$$

$$T + {}^3He \longrightarrow {}^4He + p + n(12.1\ \text{MeV}) \ \text{或}\ ^4He(4.8\ \text{MeV}) + D(9.5\ \text{MeV})$$

图 1.3.3 显示,这其中好些反应都强烈地依赖于粒子的能量。

中子直接逃逸掉,而带电的产物要么被约束并加热等离子体,要么通过碰撞或反常过程损失掉。许多高能聚变产物可以与等离子体离子或杂质发生二次反应,释放出更多的粒子或 γ 射线。可以利用各种仪器来测量中子总通量、能谱和空间分布,γ 射线的辐射分布和能量,以及被约束和损失的 α 粒子的分布等。

10.13.1　中子通量

中子总通量的测量是托卡马克最基本的要求之一。它提供了一种衡量总的聚变反应速率的手段,在燃烧等离子体中,它将被用于反馈控制聚变功率。

对于由麦克斯韦分布函数描述的离子成分 1 和 2,单位体积的反应速率由下式给出:

$$R = 4\pi \frac{1}{1+\delta_{12}} n_1 n_2 \int f(\mu v^2/2, T_i) v^3 \sigma(v) \mathrm{d}v = \frac{1}{1+\delta_{12}} n_1 n_2 \langle \sigma v \rangle \qquad (10.13.1)$$

其中,σ 是核反应截面;f 是麦克斯韦分布函数;μ 是约化质量,$\mu = m_1 m_2 / (m_1 + m_2)$;$\delta_{12}$ 的取值为当成分 1 和 2 相同时取 1,不同时取 0。

对整个等离子体体积积分后给出的聚变速率计算值取决于反应物的密度和温度剖面的知识。由于存在中性束或射频加热驱动的非麦克斯韦成分,加上杂质对等离子体稀释的影响,因此总体计算一般需要采用计算机代码。实现中子速率的计算值和测量值之间的匹配,为我们提供了一种验证计算中所使用的测量值和输运物理的方法。

在式(10.13.1)的被积函数中,f 随 v 的增大迅速下降,而 σ 随 v 的增大而增大。因此只有分布函数尾部的 v 值对这个积分有明显的贡献。大多数产中子的反应都将发生在下述对聚变反应最有效的能量范围内(T_i 的单位:keV):

$$E_t = 6.3(Z_1 Z_2 T_i)^{2/3} A_\mu^{1/3}$$

其中,A_μ 是离子的约化质量,Z_1 和 Z_2 是其原子序数,E_t 的单位是 keV。一般有 $E_t > T_i$,因此如果存在任何偏离麦克斯韦分布的成分,特别是在低 T_i 下,这将带来严重问题。

对中子测量的解释也需要谨慎,因为高能注入(或加速)离子与等离子体离子之间的非热核反应也可以产生中子。在含有低 Z 离子(例如铍)的等离子体中,这些杂质离子与射频加热到兆电子伏能量的离子之间的核反应也能产生大量中子。其典型的反应是

$$Be^9 + D \longrightarrow B^{10} + n$$

某些放电会产生大量逃逸电子。当它们与真空室壁相互作用时也会产生大量中子。这些中子是在两阶段过程中产生的:高能电子与真空室壁发生轫致辐射作用产生高能 γ 辐射,随后这些 γ 光子与周围物质反应(γ, n)产生中子。

有多种探测器可以用来测量中子产额。在大型托卡马克上,用 U^{235} 和 U^{238} 等裂变材料做成的小室被内嵌于含氢的减速剂里,用来诊断高的中子通量。用这些材料做成的固态探测器虽然有良好的时间分辨率,但它们的探测效率很低。为了对测得的产额做出合理的解

释,需要对测量数据做很大的修正,以便考虑变压器铁芯、励磁线圈和其他机械结构对这些中子的吸收和散射的影响。另一种办法是将中子源置于环形真空室内的不同位置来测量这种探测器的计数率,由此来校准探测器。这可能是一个漫长的过程,因为需要校准的是整个等离子体体积的响应。小的"微型裂变室"已被开发用于燃烧等离子体实验产生的更高的中子通量。由于其体积小,这些腔室可以置于真空容器内靠近等离子体的地方,在那里它们受到的散射中子较少。

需要采用中子通量监测装置对燃烧等离子体装置的中子通量进行监测。从开始阶段的 D-D 反应到 D-T 反应的峰值聚变产出,所测量的范围超过 10^7。在定标过程中,由于中子源的发射率相对较低,监测器不得不在较低的中子通量下使用。因此要涵盖整个工作范围,需要采用两三个具有不同探测效率和重叠的工作范围的探测器。只有最灵敏的探测器将在最初就被校准。等离子体本身将提供探测器之间的传输校准。

中子产额测量的结果如图 10.13.1 所示。这些数据取自 JET 的实验。实验中氚通过其中一道中性束注入系统被注入到氘等离子体中。用硅固体探测器测量了 14 MeV 的中子产额,结果表明,实验结果与等离子体输运模型给出的结果有很好的一致性。这个输运模型既包含了束离子直接引起的反应,也包含了热核反应。

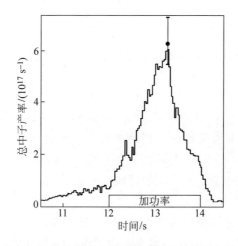

图 10.13.1　中性束加热 D-T 等离子体实验中测得的 14 MeV 中子的总产生率
全功率加热自第 12 s 开始,到第 14 s 结束(JET team.,*Nuclear Fusion* **32**,187(1992))

10.13.2　活化探针

活化探针由厘米大小的金属箔构成,安装在贴近托卡马克装置的地方,可以置于真空室外,也可以置于真空室内接近等离子体的位置上(这时需要外加金属保护套)。在等离子体放电过程中,样品被活化,放电结束后取出,通过测量活化产物的衰变来评估活化水平。通常是用气动传送装置将样品从托卡马克中抽出返回到分析站点。这种技术相对简单,使得样品可以放置在托卡马克周围的几个点上。当等离子体脉冲持续时间达几分钟时,可在一次放电中多次交换样品,但在目前的实验中,它们只记录中子的时间积分流注量。活化技术的定标是稳定和准确的,使用不同厚度的箔就可以在非常大的动态范围内进行测量。可以利用各种活化反应来区分不同能量的中子,例如:

$$^{115}\text{In} + \text{n} \longrightarrow \text{n} + {}^{115}\text{In} \quad (\text{同质异能态})$$

$$^{63}\text{Cu} + \text{n} \longrightarrow 2\text{n} + {}^{62}\text{Cu}$$

铟具有 0.5 MeV 的阈值能量,这使得它适合用于 D-D 等离子体产生的中子,而铜的阈值能量是 10.9 MeV,因此它更适合 D-T 反应的产物中子。具有不同能量阈值的各种材料的薄片可以估计中子能谱。

同样原理也适用于等离子体附近回路里的液体循环。例如,水在流经中子场时,水中的氧原子将会发生如下反应:

$$^{16}\text{O} + \text{n} \longrightarrow {}^{16}\text{N} + \text{p}$$

这个反应的能量阈值为 10.24 MeV,从而对非散射的 D-T 中子特别敏感。N^{16} 的半衰期为 7.13 s,通过发射 γ 射线而衰变。在远处安置带屏蔽的闪烁体探测器就可记录下这个 γ 射线。

10.13.3 中子谱仪

聚变产物的能量分布受到反应前反应物的质心速度的弥散的影响。当这种速度弥散是由反应物的热运动引起时,它将导致中子能谱的近高斯型展宽:

$$F(E) = \exp\left[-\left(\frac{E - \bar{E}}{\Delta E}\right)^2\right]$$

其中,E 是中子能量,$\bar{E}$ 是中子的平均能量,ΔE 是能谱的 $1/e$ 半宽度。对速度分布积分,并加权反应截面后,这个宽度为

$$\Delta E = 2\left(\frac{m_\text{n} T_\text{i} \bar{E}}{m_\text{n} + m_\text{r}}\right)^{1/2}$$

其中,m_n 和 m_r 分别是中子和其他反应产物的质量。中子能量的弥散要远比热能的弥散大,例如,对于 $T_\text{i} = 10$ keV 的 D-D 反应,$1/e$ 全宽是 314 keV。

中子能谱仪的研制是一个十分活跃的领域。一般有三种方法,如图 10.13.2 所示。在第一种方法中,中子撞击碳氢化合物箔片,某些中子与质子交换能量,使得这些质子从箔片的背面逸出。然后用能量分析器分析其能量,例如,通过磁场测量其偏转来测量质子的能量。第二种方法是飞行时间谱仪。它有一个暴露在中子束前的主动散射靶,在靶后一段距离的位置上设置一探测器。入射中子和质子之间的相互作用涉及弹性散射。在这个过程中,能量守恒和动量守恒给出散射中子(或质子)的散射方向与能量的关系为 $E_{\text{n}'} = E_\text{n} \cos^2\theta$,这里 θ 是散射角,如图 10.13.2(b) 所示。飞行时间谱仪具有较高的效率,但其最大计数率受到探测器的启停带来的不相关计数的限制。这使得飞行时间技术较适于测量 2.5 MeV 的中子和质子,而反冲谱仪更适于测量 D-T 等离子体的 14 MeV 的中子。这两种技术都可以实现高分辨率(高达 2%),代价是要牺牲探测效率。在第三种技术中,中子与固态探测器相互作用。核反应的带电产物与固体产生电脉冲。能量分辨由电信号的脉冲高度测量来实现。另一种方式是反冲质子在固体或液体闪烁体中产生光脉冲,然后用光电倍增管将这个光脉冲记录下来,再利用脉冲高度分析器来给出能量。在某些闪烁体材料中,伽马事件产生的脉冲具有不同的上升和衰减时间,因此可以利用脉冲形状的判别来帮助区分这些脉冲与中子脉冲。

α 粒子与等离子体离子之间的弹性碰撞可将多余能量传递给离子,从而使离子速度分布的高能尾翼抬起。离子分布的这一变化造成中子能量分布的非高斯型展宽,即所谓的 α

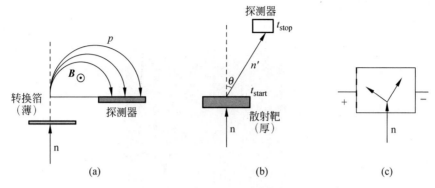

图 10.13.2　三种中子能谱仪原理图

（a）质子反冲磁谱仪；（b）飞行时间谱仪；（c）固态探测器

粒子连锁反应特征。这一特征的证据已在 JET 的 D-T 实验中观察到,但计数率极低,如图 10.13.3 所示。在燃烧聚变等离子体中,这一特征预计会表现得更强烈,因此有可能成为一种潜在的诊断 α 粒子分布函数的手段。但这种测量非常具有挑战性,因为它们依赖于高分辨的中子能谱仪。

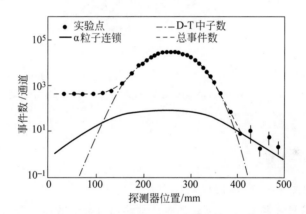

图 10.13.3　JET 上 D-T 实验中,由质子反冲中子磁谱仪得到的能谱

实心点代表实验数据,与之比较的三条曲线代表不同成分的理论计算值（实线：α 粒子连锁事件;虚线和点划线：D-T 事件）。谱的低能部分还包含了散射中子背景的贡献(Källne, J., *et al*. *Physical Review Letters*. **85**, 1246 (2000))

10.13.4　中子和 γ 分布的监测

中子发射的空间分布取决于从等离子体极向截面上布置的中子准直器和探测器阵列测得的线积分值。中子发射量通常是一个磁面量,但中性束和射频加热方案可以产生一个空间不均匀的快离子群,用以改变中子发射分布。对于这些诊断条件,最起码必须有两个探测器阵列从不同的极向角度来观察等离子体。

为了分辨主中子和散射中子,并区分出 γ 感应信号,探测器需要具有能量分辨能力。每个准直通道可用的空间大小受到限制,它要求探测器只能采用更紧凑的设计。

在快粒子与等离子体离子或杂质的反应中会产生具有特征能量的 γ 射线。这些 γ 射线可以用具有能量分辨的 γ 探测器来探测。每个反应的速率在能量上有一个特定的阈值,因此不同反应产生的伽马通量取决于快粒子的能量分布。在 JET 上,中子分布监测器的准直通道可用于测量 γ 辐射的空间分布,如图 10.13.4 所示。

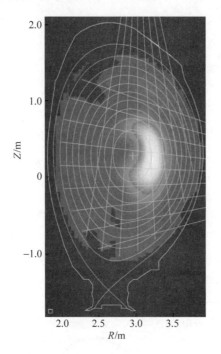

图 10.13.4　JET 上利用两套 γ 分布监测器数据计算给出的 4.44 MeV γ 射线的辐射分布

这些 γ 事件来自铍杂质离子与高于 1.7 MeV 反应阈值的 α 粒子之间的核反应。γ 辐射分布的极向不对称性源自 α 粒子轨道的形状(Kiptily, V.G., *et al*. *Nuclear Fusion* **45**, L21 (2005))

10.13.5　α 粒子的测量

α 粒子和其他快离子一样,在形成后或在较长的时间尺度上——如经过碰撞性质的交叉场输运或经过磁流体不稳定性过程和其他反常输运过程的效应——可以直接逃离等离子体。在燃烧等离子体中,快 α 粒子的约束对于维持等离子体温度和避免在第一壁上造成灾难性的热负荷是非常必要的。对约束的快粒子和逃逸出等离子体边缘的粒子的分布函数进行测量,对于了解损失过程是很重要的。

中性束粒子与俘获的 α 粒子之间的电荷交换截面在相对较低的碰撞能量(大约为 30 keV/amu)下达到峰值。因此,电荷交换仅对 α 分布中那些接近束流速度的 α 粒子起重要作用。对于目前的托卡马克,加热束通常运行在 100 keV/amu 的水平,因此通过对氦的电荷交换发射谱的测量可以检测到高达 0.7 MeV 的 α 能谱特征。这项技术已成功地应用到 TFTR 的 D-T 实验中,如图 10.13.5 所示,其中电荷交换信号的强度只为轫致辐射的 1%,因此对测量是一个重大的挑战。在具有较高 α 粒子密度的燃烧等离子体中,这种测量可望取得更高的信噪比。此外,在百万伏特的范围上,与中性束粒子的电荷交换将出现在 α 粒子分布的高能量部分。

屏蔽 α 粒子或快离子的电子集体汤姆孙散射(10.5 节)可以用来诊断离子沿散射 **k** 矢量方向的一维速度分布。散射系统的几何定义了 **k** 的方向,例如,可以选择测量与磁场平

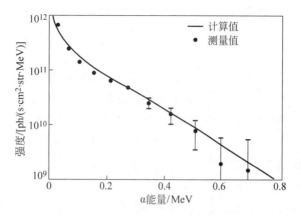

图 10.13.5　TFTR 上测得的加热束粒子与快 α 粒子之间的电荷交换信号（实心点）与计算给出的
谱（实线）的比较（McKee，G.，*et al. Physical Review Letters*. **75**，649（1995））

行或垂直的速度谱。散射谱包含式（10.5.3）中的电子和离子的谱特征，谱的形状和幅度取
决于散射参数 α。从快离子的散射谱特征可知，这种测量可将快离子的分布函数测到几
个 MeV。

在 JET 上，运用 140 GHz 的 a 回旋管作微波散射源，散射角取 $\theta = 19.3°$（前向散射），给
出了快离子的速度分布（图 10.13.6）。作为探针的入射波被调制为 200 Hz，以便将散射信
号与等离子体背景噪声和电子回旋辐射信号区分开来，否则后者将充斥全谱。在这个频率
下，入射波和散射波的折射损失很显著，因此很难获得足够强的探测信号。离子回旋辐射从
等离子体顶部发射，在底部检测，k 方向垂直于 $\boldsymbol{B}$，散射体积位于 $r/a \approx 0.2$ 处。集体散射被
认为是诊断燃烧等离子体中快的约束 α 粒子分布的一种可行技术。

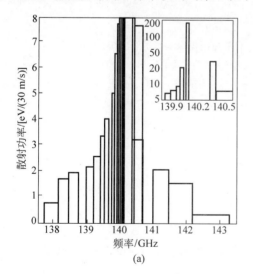

(a)

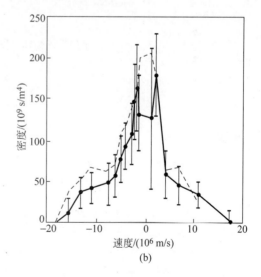

(b)

图 10.13.6　（a）140 GHz 的探针束注入到 JET 等离子体后 30 ms 积分给出的散射频谱；（b）推导得的一
维快离子分布（这些快离子数是由 4 MW 离子回旋加热产生的。图中显示，在锯齿崩塌（实线）后密度降
低）（Bindslev，H.，*et al. Physical Review Letters*. **83**，3206（1999））

快离子逃逸出等离子体的粒子通量可以用收集探针来测量。这种收集探针设置在离子

轨道末端处拦截离子。该探针的一种形式采用一系列薄的平行导电箔阵列,面向入射 α 通量。α 粒子在不同的距离上被导电箔阵列截停,根据它们的能量,在连接到每个箔的外部电路中产生相应的电流。

第二种类型的探针是利用 α 粒子通过一对小孔撞击到闪烁体屏幕的回旋运动,如图 10.13.7 所示。这种安排能给出 α 粒子能量和螺旋角分辨之间的关系。进入探针的粒子穿过两个小孔,然后沿螺旋轨道继续前进,直到它击中闪烁体屏幕。之所以要两个孔,是为了确保一个特定的回旋半径,只有按特定磁场线运动的离子才能打到闪烁体上。因此它们打在屏幕上的位置取决于它们的回旋半径。一般第一个孔是针孔,第二个孔是狭缝,这样就允许不同角度的离子撞击到屏幕的不同位置上,从而在直角坐标系下给出螺旋角的分辨率。在屏幕上形成的图像被传送到设在远程位置(受到辐射屏蔽)的相机上。

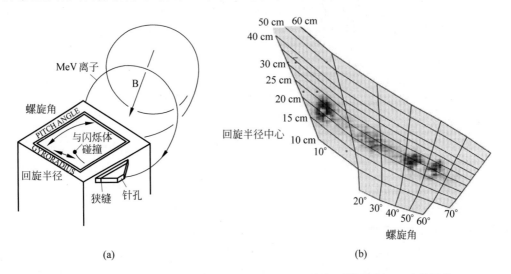

(a)   (b)

图 10.13.7   (a) 快离子闪烁体探针原理;(b) 在闪烁探测器屏幕上显示的图像
网格坐标分别为回旋半径和螺旋角。数据取自 NSTX 上引起等离子体中快束离子损失的 MHD 活动期间(Darrow, D., et al. Nuclear Fusion. **48**,084004 (2008))

参考文献

托卡马克诊断

关于托卡马克诊断有非常丰富的参考文献。
对诊断工作的一般原理做广泛阐述的有
Hutchinson,I. H. *Principles of plasma diagnostics*. Cambridge University Press (2002).
下述文献对安装在大型托卡马克上的诊断设备做了全面综述:
Orlinskij, D. V., and Magyar, G. Plasma diagnostics on large tokamaks. *Nuclear Fusion* **28**,611 (1988).
已出版的"皮耶罗·卡尔迪罗拉"等离子体物理国际学校(举办地:意大利瓦雷纳)文集对诊断技术的现状和发展提供了有价值的信息。

这个系列的第 9 届文集专门讨论燃烧等离子体诊断：

Orsitto，F. P.，Gorini，G.，Sindoni，E. and Tardocchi，M.（eds）. *Burning Plasma Diagnostics*，AIP Conference Proceedings，**988**.

两年一届的关于高温等离子体诊断的专题研讨会文集均由美国物理学会出版。这些会议还报告了磁约束聚变等领域的许多最近进展。

第 17 届会议文集见 *Review of Scientific Instruments* **79** 10 part 2 (2008).

包含燃烧等离子体诊断这一特定挑战的诊断技术综述见

Fusion Science and Technology，**53**，No. 2 (2008).

关于 ITER 实验的诊断系统的描述见

Chapter 7 of the ITER Physics Basis，*Nuclear Fusion* **47**，S337.

磁测量

下述文献讨论了从磁测量导出平衡量的方法：

Shafranov，V. D. Determination of the parameters β_1 and l_i in a tokamak for arbitrary shape of plasma pinch cross section. *Plasma Physics* **13**，757 (1971).

Zakharov，L. E. and Shafranov，V. D. Equilibrium of a toroidal plasma with non-circular cross-section. *Soviet Physics—Technical Physics* **18**，151 (1973).

Lao，L. L.，St. John，H.，Stambaugh，R. D.，and Pfeiffer，W. Separation of β_p and l_i in tokamaks of non-circular cross section. *Nuclear Fusion* **25**，1421 (1985).

对磁诊断的更一般的综述见

Wooton，A. J. in *Diagnostics for contemporary fusion experiments*，Stott，P. E.，Akulina，D. K.，Gorini，G.，and Sindoni，E.（eds）. Editrice Compositori，Bologna (1991).

干涉法

这是最基本的诊断手段之一，在托卡马克研究起步阶段就使用了。进一步的有用信息见

Jahoda，F. C. and Sawyer，G. A. Optical refractivity of plasmas. In *Methods of experimental physics*，Vol. 9B，Plasma physics (eds Griem，H. R. and Lovberg，R. H.) Chapter 11. Academic Press，New York (1971).

Veron，D. High sensitivity HCN laser interferometer for plasma electron density measurements. *Optics Communications* **10**，95 (1974).

Segre，S. E. A review of plasma polarimetry—theory and methods. *Plasma Physics and Controlled Fusion* **41** R57 (1999).

反射法

反射法测量的综述见

Manzo，M. E. Reflectometry in fusion devices. *Plasma Physics and Controlled Fusion* **35**，B141 (1993).

对密度涨落的第一次反射法测量见

TFR Group，Local density fluctuations measurements by microwave reflectometry on TFR. *Plasma Physics and Controlled Fusion* **27**，1299 (1984).

电子温度测量

用激光散射技术测量 T_e 见

Evans，D. E. and Katzenstein，J. Laser light scattering in laboratory plasmas. *Reports on Progress in*

Physics，**32**，207（1969）.

Peacock，N. J.，Robinson，D. C.，Forrest，M. J.，Wilcock，P. D.，and Sannikov，V. V. Measurements of the electron temperature by Thomson scattering in tokamak T3. *Nature* **244**，488 (1969).

Sheffield，J. *Plasma scattering of electromagnetic radiation*. Academic Press，New York（1975）.

有关电子回旋辐射物理见

Bekefi，G. *Radiation processes in plasmas*. Wiley，New York（1966）.

Bornatici，M.，Cano，R.，De Barbieri，O.，and Engelmann，F. Electron cyclotron emission and absorption in fusion plasmas. *Nuclear Fusion* **23**，1153（1983）.

用电子回旋共振方法确定 T_e 见

Engelmann，F. and Curatolo，M. Cyclotron radiation from a rarefied inhomogeneous magneto plasma. *Nuclear Fusion* **13**，497（1973）.

Costley，A. E.，Hastie，R. J.，Paul，J. W. M.，and Chamberlain，J. Electron cyclotron emission from a tokamak plasma：experiment and computation. *Physical Review Letters* **33**，758（1974）.

Costley，A. E. Electron cyclotron emission from magnetically confined plasmas：Ⅰ—Diagnostic potential；Ⅱ—Instrumentation and measurement. In *Diagnostics for fusion reactor conditions*（eds Stott，P. E.，Akulina，D. K.，Leotta，G. G.，Sindoni，E.，and Wharton，C.）Vol. 1，129 EUR 8351-1EN，CEC，Brussels（1982）.

中性粒子分析

中性粒子在等离子体中的输运见

Hughes，M. H.，and Post，D. E. A Monte Carlo algorithm for calculating neutral gas transport in cylindrical plasmas. *Journal of Computational Physics* **28**，43（1978）.

等离子体辐射

关于等离子体光谱仪的全面综述见

Greim，H. R. *Principles of plasma spectroscopy*. Cambridge University Press，UK（1997）.

下述文献讨论了不同的辐射源的物理机理：

Tucker，W. M. Radiation processes in astrophysics. MIT Press，Cambridge，Mass.（1975）.

下述文献讨论了热平衡等离子体的韧致辐射：

Karzas，W. J.，and Latter，R. Electron radiative transitions in a Coulomb field. Astrophysical Journal Suppl. Ser. 6，167（1961）.

一些有用的文章解释了等离子体光谱的一般原理，见

Barnett，C. F. and Harrison，M. F. A.（eds）Applied atomic collision physics，vol. 2，Plasmas. Academic Press，New York（1984）.

关于日冕平衡下等离子体的功率损失的说明和较详细的计算见

Post，D. E.，Jensen，R. V.，Tarter，C. B.，Grasberger，W. H.，and Lokke，W. A. Steady-state radiative cooling rates for low-density，high temperature plasmas. *Atomic Data and Nuclear Data Tables* **20**，397（1977）.

粒子返流测量

通过谱线强度来确定氢的返流，见

Johnson，L. C.，and Hinnov，E. Ionization，recombination，and population of excited levels in hydrogen plasmas. *Journal of Quantitative Spectroscopy and Radiative Transfer* **13**，333（1973）.

杂质返流的确定见

Behringer，K.，Summers，H. P.，Denne，B.，Forrest，M.，and Stamp，M. Spectroscopic determination of impurity influx from localised surfaces. *Plasma Physics and Controlled Fusion* **31**，2059 (1989).

杂质

对托卡马克中杂质的确定做出解释的综述性文章有

Isler，R. C. Impurities in tokamaks. *Nuclear Fusion* **24**，1599 (1984).

专述 X 射线区域的有用的综述性文章有

de Michelis，C.，and Mattioli，M. Soft X-ray spectroscopic diagnostics of laboratory plasmas. *Nuclear Fusion* **21**，677 (1981).

断层扫描成像技术

对应用于托卡马克等离子体的断层扫描成像技术的原理和实践做出系统讨论并着重于康马克技术的文章有

Granetz，R. S.，and Smeulders，P. X-ray tomography on JET，*Nuclear Fusion* **28**，457 (1988)

而强调其当代应用的综述性文章有

Ingesson，L. C.，Alper，B.，Peterson，B. J.，Vallet J.-C. Tomography diagnostics：soft X-ray and bolometry. *Fusion Science and Technology*，**53**，528，(2008).

朗缪尔探针

对朗缪尔探针在托卡马克上应用做出全面综述的文章是

Stangeby，P. C. *Plasma diagnostics* Volume 2，Surface analysis and interactions，Edited by O. Auciello，D. L. Flamm，Academic Press (Boston，1989) p. 157.

从理论上和应用上讨论朗缪尔探针最近发展，并对高级电探针如减速场分析器和质谱仪做出综述的文章有

Matthews，G. F. *Plasma Physics and Controlled Fusion* **36**，1595 (1994).

涨落

有关涨落和输运的许多有用信息见

Grésillon，D. and Dubois，M. A. (eds). *Turbulence and anomalous transport in magnetized plasmas*. (Proc. Of the international workshop on small scale turbulence and anomalous transport，1986，Cargèse). Editions de physique，Les Ulis，France.

一篇非常重要的综述性文章是

Liewer，P. C. Measurements of microturbulence in tokamaks and comparison with theories of turbulence and anomalous transport. *Nuclear Fusion* **25**，543 (1985).

有关诊断技术的综述性文章有

Bretz，N. Diagnostic instrumentation for microturbulence in tokamaks. *Review of Scientific Instruments*，**68**，2927 (1997).

对诊断和测量的最新发展做出综述的文章有

Conway，G. D. Turbulence measurements in fusion plasmas，*Plasma Phys. Control. Fusion* **50**，124026 (2008).

讨论 ECE 测量相关性的文章是

Watts，C. A review of ECE correlation radiometry techniques for detection of core electron temperature fluctuations. *Fusion Science and Technology* **52**，176 (2007).

关于重离子束探针的早期文章：

Jobes，F. C. ，Hickok，R. L. A direct measurement of plasma space potential. *Nuclear Fusion* **10**，195 (1970).

q 分布

用激光散射方法来确定 $q(r)$ 的文章：

Forrest，M. J. ，Carolan，P. G. ，and Peacock，N. J. Measurement of magnetic fields in a tokamak using laser light scattering. *Nature* **271**，718 (1978).

用运动斯塔克效应来确定 $q(r)$ 的文章：

Levington，F. M. *et al*. Magnetic field pitch-angle measurements in the PBX-M tokamak using the motional Stark effect. *Physical Review Letters* **63**，2060 (1989).

该领域的重要综述性文章：

Soltwisch，H. Current density measurements in tokamak devices. *Plasma Physics and Controlled Fusion* **34**，1669 (1992).

利用中子辐射测量 T_i

有关带电粒子反应率的计算和中子谱见

Brysk，H. Fusion neutron energies and spectra. *Plasma Physics* **15**，611 (1973).

第 11 章
托卡马克实验

11.1　中小型托卡马克实验

旨在约束高温等离子体的最早的实验是在英国进行的。利用环形容器来避免使用电极、采用变压器的原理来产生环向电流等想法导致了一系列高达几千安培电流的所谓箍缩实验。然而结果却表明,由此产生的等离子体非常不稳定。后来人们意识到,外加环向磁场可以提高稳定性,这一概念在许多实验(如 Z 箍缩装置)中得到验证。然而,用现代术语表述就是,由于 q 值小于 1,因此仍然会发生强烈的不稳定性,尽管不是在早期实验的总体尺度上。

苏联的托卡马克的发展是遵循塔姆和萨哈罗夫的理论思想实现的。其概念朝着与英国人相反的方向发展。最初的构型是一个环向约束磁场。但这种磁场位形不能达到平衡,由此导致建议利用通过等离子体的环向电流来解决这个问题。

沙弗拉诺夫和克鲁斯卡尔的计算表明,改进的稳定性与条件 $q>1$ 紧密关联。这是托卡马克和箍缩装置的本质区别,而且对这一事实的充分认识成为托卡马克概念较为成功的关键。但是应当说,即使理论家们在实验方案实施之前就已经预言了那些肯定会困扰托卡马克的各种不稳定性,但进展仍不会很顺利。

最初的托卡马克实验主要受阻于等离子体与器壁相互作用产生的杂质。通过利用导电壳来减小等离子体沿大半径方向的位移,并利用限制器来控制等离子体与器壁表面的相互作用,可在很大程度上改善等离子体。

这些早期的发展是至关重要的。在阿奇莫维奇领导下进行的一系列实验使杂质问题得到了很大程度的解决,终于取得了等离子体温度接近 1 keV 的成就。但由于这个温度是间接测量得出的,因此尚不是很肯定。当英国实验专家利用汤姆孙散射方法证实了其所测得的电子温度后,这些疑问便烟消云散了。

这是聚变和托卡马克研究的一个转折点。托卡马克开辟了最佳前进道路的信念迅速传遍全世界。从那时起,人们越来越集中于研究托卡马克,由此导致了大规模的全球计划。

约束的改善主要是由于装置体积的增大,这使得每个装置的最佳能量约束时间大致都可以用 $\tau_E = r_p^2/2$ 来给出,这里 r_p 是平均极向半径。然而,这些最佳约束时间的取得只有通过引入各种控制技术和各种先进的真空室清洗和抽真空方法才有可能。其他方面的进展还包括使用连续供气、固体氘丸注入及采用低原子序数(如碳)材料的限制器等。

各种加热等离子体的方法已得到发展,通过使用中性束注入、离子回旋共振等加热技术,等离子体温度已经从欧姆加热时的约 1 keV 持续上升到更高的温度。现在已经可以获得反应堆所需的 20 keV 以上的离子温度。

　　本章以下各节描述中小型托卡马克的贡献。第 12 章给出 6 个大型托卡马克装置上的结果。它们取得的等离子体参数已接近反应堆所需的条件。

11.2　T-3——库尔恰托夫研究所(莫斯科)

　　Tokamak-3(简称 T-3)是一系列这类中小型装置中最大的。它于 20 世纪 60 年代建成于库尔恰托夫研究所,其实验结果使得托卡马克成为热核约束系统的主流竞争者。这个装置一直运行到 1971 年。其主要特征是有一个变压器铁芯、一个可烘烤的不锈钢壁真空系统,限制器孔阑采用难熔金属材料制成,外面覆有厚的铜壳。

　　T-3 及其类似装置最先被用来探索获得在不与真空室壁有过度相互作用的情形下的稳定运行条件。这个必要条件就是真空室壁必须高度清洁。这是通过烘烤和反复"锻炼放电"(现在称之为放电清洗)来实现的。除了控制等离子体平衡的理论和应用之外,利用铜壳和外加的垂直磁场、采用限制器孔阑使放电准确地集中等措施都能够最大限度地减少等离子体-壁相互作用所释放的杂质。放电的品质通过测量其电阻来监测。这个电阻也近似指示了等离子体的平均温度。

　　在最优放电情形下,这个所谓的电导率温度值可达约 100 eV。但改进的诊断技术表明,实际取得的温度被大大低估了。在这些诊断技术中,最先在库尔恰托夫的 T-3 和其他装置上使用的是对等离子体抗磁性的测量。这种测量能给出放电的总能量。此外,对电荷交换反应产生的高能中性成分进行分析、对热核反应产生的中子进行检测、利用激光的汤姆孙散射测量等也都能给出电子温度。所有这些测量结果均表明,托卡马克装置能够约束温度高达 1 keV 的等离子体,由此开始,从 1970 年到现在,对托卡马克位形的研究迅速扩展到全球范围。

　　离子温度作为等离子体密度、电流、环向磁场和离子质量的函数,其变化可以用来自电子的碰撞转移能量与由新近发展起来的新经典理论计算给出的离子热传导损失之间的平衡来解释(阿齐莫维奇定标律,图 11.2.1)。但电子的能量损失依然非常高,这仍是一个至今

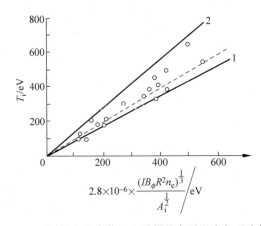

图 11.2.1　不同托卡马克装置上测得的离子温度与理论的比较

这里假定离子是通过与热得多的电子碰撞而被加热,通过热传导损失能量,具体数值由加列耶夫和萨戈蒂耶夫的新经典理论计算给出。直线 1 是假定等离子电流和温度按平直分布给出的结果,直线 2 是按抛物线分布给出的结果。对实验点的最佳拟合结果由虚线给出。描述这条虚线的公式见横坐标下方,它称为阿齐莫维奇定标律(Artsimovich, L. A. *Nuclear Fusion* **12**, 215 (1972))

尚未完全理解的问题。它们随密度、极向场和小半径的增加而减小(米尔诺夫定标律)。此外,通过测量等离子体对放电边界处充气的反应这种当时的新技术,人们还研究了粒子约束。

11.3　ST——普林斯顿大学等离子体物理实验室(美国)

看到 T-3 托卡马克令人鼓舞的结果,仿星器 model-C 很快被改造成为一个托卡马克装置。这个装置具有相当高的环径比(R/a),大约为 10。它从 1970 年运行到 1977 年。

最初的实验集中在确认 T-3 上用汤姆孙红宝石激光散射系统测得的芯部高的电子温度。ST 上的温度剖面明显比 T-3 的窄。这一点现在理解为是因为存在较强的边缘冷却。这种冷却起因于不太干净的真空室中低原子序数杂质(如氧)的辐射。在某些放电中,Z_{eff} 的值高达 5。Z_{eff} 度量的是等离子体电阻测量值高于纯氢等离子体的斯必泽电阻值的倍数。对杂质含量的详细的光谱研究表明,这一点可以用存在高度剥离的杂质离子来解释,这些离子大致与电子达到日冕平衡。

破裂不稳定性的研究表明,在破裂之前,沿电子逆磁漂移方向旋转的磁流体力学模有明显增大,而这种模可能是由喷入的杂质气体如空气所激发。

扁平的电子温度剖面已被观察到。按照 $j \propto T_e^{3/2}$ 的假设,这种情形似乎相当于中心 q 值降低到 1。人们对软 X 射线波段($h\nu = 1 \sim 10 \text{ keV}$)的辐射光谱的测量揭示了这一效应的不稳定性的本质。这种光谱表现出一种内"破裂"或"锯齿状"弛豫过程,正是它在 10 μs 的时间内造成芯部温度的快速扁平化,其重复的时间间隔在 1 ms 左右(图 11.3.1)。还观察到这种不稳定性的先兆,其极向模数等于 1,故可确定为对应于 $q=1$ 的有理磁面。

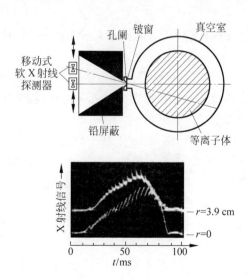

图 11.3.1　在 ST 托卡马克上,用准直探测器在不同的弦线位置上测得的软 X 射线辐射的锯齿振荡信号 这个辐射信号是每条弦上最大电子温度的敏感函数。中心弦线信号的迅速崩塌和较大半径处信号的增加表明能量突然向外流出。在某些测量道上还可看到一些增大的前兆性振荡痕迹。这种不稳定性与等离子体柱中心的安全因子小于 1 有关(von Goeler, S. *et al*. *Physical Review Letters* **33**, 1201 (1974))

在 ST 上还首次采用高能铊离子束对等离子体的局部电位进行了直接测量。其测量原理是：铊离子从 Th^+ 被电离成 Th^{++} 而成为逸出离子,这些逸出离子的能量会发生某种可测量的变化,其变化与入射轨道和出射轨道相交处的局部空间电位有关。逃逸粒子束的强度也可以用来测量电子密度的局部值。这种诊断显示,放电中心相对于真空室壁有几百伏的负电压。

11.4　JFT-2——日本原子能研究所(东京)

日本聚变环 2 号(简称 JFT-2)于 1974 年投入运行,到 1982 年关闭。该设计基于库尔恰托夫研究所的 T-3 和 TM-3 托卡马克上得到的关于离子温度和约束时间的定标律。因此,为了使等离子体半径和等离子体电流最大化,其环径比很小。该装置主要致力于通过烘烤和放电清洗来减少真空室中的杂质。这些努力得到的回报是能量约束时间取得了非常好的值,高达 15 ms,而且有效离子电荷数和等离子体电阻均很低。

认识到等离子体边界条件的重要性,在该装置上设计并进行了一系列旨在测量和改变等离子体与限制器之间相互作用的实验。人们还尝试了将限制器快速后撤以便使其与等离子体分离的方法。然而事实证明,很难做到让限制器以快于扩散所致的等离子体边界的速度移动,结果是不确定的。

用朗缪尔探针对刮削层进行了测量。所谓刮削层是指与限制器相交的磁面上一层相对较薄的等离子体。这个区域的等离子体密度和温度的径向衰减长度提供了垂直于磁场和平行于磁场的热能和粒子输运的信息。其扩散系数被证明与所谓的玻姆值($D_B = T/16B$)相当。这个结果已经在很多带有极向限制器的装置上得到确认。探针测量还允许我们对穿过限制器的粒子通量做出估计,由此得到独立于通常光谱方法所得到的粒子约束时间。

11.5　Alcator A,Alcator C 和 Alcator C-Mod——麻省理工学院(美国)

Alcator 系列托卡马克装置的特点是环向场的值非常大,这是因为它们充分利用了麻省理工学院开发的强磁场磁体技术。这使得在较低的 β 值下,甚至在没有辅助加热的情况下,也能获得令人印象深刻的等离子体压强值。

Alcator A 从 1969 年投入运行,到 1982 年退役。它有一个高达 10 T 的环向磁场(β_φ),$R=0.54$ m,其等离子体电流密度(在常 q 值处正比于 B_φ/R)比常规托卡马克要大 1 个数量级。自从实验上发现存在等离子体密度与电流密度成正比的定标关系后,该装置便在很宽的范围上实现了等离子体密度高达 3×10^{21} m^{-3} 的放电。实验还发现,能量约束时间几乎随等离子体密度呈线性增加,超过之前的 10 倍,这一定标关系现在称为 Alcator 定标律(图 11.5.1)。

在最高密度下,经典的电子-离子能量均分性质表现得极强,足以使电子和离子的温度相等,芯部能量损失的主要途径是新经典离子的热传导而不是电子的热传导。放电变得几乎使中性成分不可渗透,因此从边缘馈入的气体在芯部电离的很少。尽管如此,人们发现芯部的密度剖面仍呈峰态,这意味着等离子体向内的对流相当于或大于新经典箍缩效应。

在低密度下,电子漂移速度的水平相当于很大百分比的热速度,放电行为有所变化。电

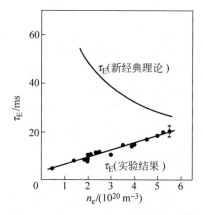

图 11.5.1　Alcator 上纯欧姆加热放电条件下实验给出的能量约束时间与新经典理论值的比较 (Gondhalekar，A. *et al. Proceedings of* 7th *I. A. E. A. International Conference*，Innsbruck，1978，Vol. 1，199. I. A. E. A.，Vienna (1979))

子分布函数呈强烈畸变,并且观察到反常的电子-离子耦合。这种放电模式称为"滑移"放电,以区别于"逃逸"放电,后者是指等离子体电流由一小部分高能电子携带的放电。

在大一点的 Alcator C 托卡马克上,环向场甚至更高,达到 12 T,人们首先发现,能量约束时间不再随密度继续增加,而是在一个相对较低的值上达到"饱和"。在其他装置上也观察到这种效应,其原因在于新经典离子损失,这种损失随密度增加而增大。理论给出的这些值必须经常乘以几倍的因子来拟合实验结果,后来的结果表明,此时离子的输运也是反常的,其热传导系数与电子的大小相近。

用固体氘丸注入(可以穿透到放电中心)的放电实验表明,利用该技术可以获得更为峰化的密度剖面。在这些放电中,能量约束时间获得改善,实现了 $n\tau_E$ 在 10^{20} m^{-3}·s 量级的目标。

11.5.1　Alcator C-Mod

Alcator C-Mod 于 1993 年首次运行。它是一个带有封闭偏滤器的强磁场紧凑型托卡马克。偏滤器的作用是形成强的等离子体形变。其研究主要集中在以下几个方面。①C-Mod 上的输运研究用于检验理论推断和以各项等离子体参数来表述的经验定标律;②具有高刮削层功率密度和高偏滤器等离子体密度的偏滤器研究;③离子回旋射频加热用于研究波的吸收、寄生损耗和模式转换过程;④低混杂微波加热用于先进的离轴电流驱动研究;⑤着重于破裂效应及其缓解的磁流体力学研究。

C-Mod 的大半径为 0.68 m,小半径为 0.22 m。环向磁场的范围从 2.6 T 到 8.0 T 不等,等离子体电流从 0.2 MA 到 2.0 MA。高的电流密度使得装置可在高的等离子体密度下运行,其线平均密度达到 1.2×10^{21} m^{-3}。辅助加热方法采用的是离子回旋共振加热(ICRF)技术,在氘等离子体中掺杂少数氢离子。在 $B_\varphi = 5.3$ T 的主要放电模式下,高达 6 MW 的射频功率被耦合到等离子体。第一壁用钼瓦和钨瓦,为的是能承受实验中产生的高功率负荷。不论是欧姆加热还是射频加热,都能轻易地在范围很宽的等离子体条件下获得 H 模。

一种新的 H 模被发现并得到研究。这种称为增强氘-阿尔法 H 模(enhanced D-Alpha

H-mode,EDA)的 H 模将好的能量约束与中等程度的粒子输运结合在一起,避免了杂质聚芯。它没有大的边缘局域模(ELMs),H 模的边缘梯度因台基区的局域连续模而得到明显缓解。离子温度剖面在 L 模和 H 模下均表现出"自相似性",$T/\mathrm{grad}\,T$ 基本为常数。这与理论预言的"当温度梯度标长下降到低于临界值后,湍流将急剧增大"的输运模特征一致。对各种不同条件下内部输运垒的形成进行了观察。它们的形成带来很强的密度峰形剖面,密度标长的最小值出现在 $r/a=0.5$ 附近,此时芯部区域的输运大大减小。

在偏滤器运行模式下,可区分沿磁场的 3 种输运体制。这 3 种体制分别是鞘限制区、因沿场线方向形成温度梯度而形成的传导限制区和压强沿场线骤降的脱靶偏滤器等离子体区。在中、低密度放电时,刮削层呈双层结构:一个是在最后分离面附近的陡峭分布,另一个是向外的扁平结构。图 11.5.2 给出了在外偏滤器靶板上和外偏滤器上游位置同时测得的横越通量面的典型的温度和压强剖面。当等离子体密度增加时,沿磁场线的电子温度梯度增大,并在分离面附近达到最大值。在高的等离子体密度下,偏滤器靶板上的电子温度可降低至几个电子伏。在此情形下,离子-中性粒子碰撞消除了动量,使靶板上的电子压强降低。这种"脱靶"等离子体区域首先在偏滤器打击点位置附近发展,并显著降低了流向偏滤器靶板的峰值热流。外区的横越磁场的输运大多呈间歇性爆发。在等离子体湍流的视频图像中可以明显看到延伸到外壁的径向相关结构。该区域粒子横越磁场的快速输运造成的结果是运行主要表现为"主室循环体制",即粒子流向主真空室表面的通量大到可以与沿磁场线流向偏滤器靶板的粒子流相当。在接近密度极限的密度下,发现这种横越磁场的阵发区域在闭合磁面内延伸,表明它在确定密度极限中可能起重要作用。

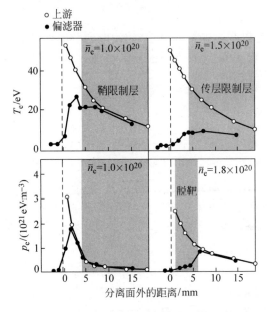

图 11.5.2　电子温度和压强分布随等离子体密度提高的变化

这些分布都是在偏滤器上游和偏滤器靶板上的分离面附近同时测得的,测量范围横跨通量面

人们用探针诊断阵列对边界层的等离子体流动进行了研究。这项研究表明,几种现象——横越磁场的输运、沿磁场线的等离子体流及边界层等离子体中的磁面拓扑和环向旋

转——之间存在相互作用。特别是观察到,在强场侧的刮削层中存在平行于磁场线的强等离子体流,其速度接近声速值。其主要驱动机制可追踪到一种强的类似气球模的极向输运不对称性,此时平行流动引起重新对称化,造成边界的极向压强变化。随着磁场的 X 点拓扑从下零点到双零点到上零点的系统变化,平行流也在方向上发生变化——强场侧的刮削层直接由弱场侧等离子体填充。因此,边界层等离子体获得了一种非零的体平均环向旋转,其方向取决于 X 点的位置。

边界层流动也影响被约束的等离子体。根据不同的放电条件,这种"流动边界条件"影响分离面内的等离子体的环向旋转。在 L 模等离子体中,这种机制可以解释当离子的磁场梯度漂移方向朝向或背离 X 点时实验观察到的芯部等离子体的同向旋转的增大或减小。这种拓扑依赖性流的边界条件可以解释 L-H 模转换的功率阈值对 X 点的依赖性。在另一组类似的放电中,观察到在上、下零点的两种拓扑下顺流旋转达到大致相同值的 L-H 模转换。然而,随着磁场梯度漂移方向背离 X 点,流动边界条件阻碍顺流等离子体的旋转。相应地,高的输入功率(其本身往往通过提高等离子体的储能来增强等离子体在顺流方向的旋转)被认为是在此拓扑位形下实现 H 模的必要条件。

Alcator C-Mod 上几乎所有的破裂要么是由等离子体快的垂直位移引起,要么是前者导致后者,最终导致等离子体与真空室顶部或底部的内部硬件相接触。对晕电流的空间分辨测量表明,这种电流具有明显的环向不对称性,通常是 $n=1$ 的成分叠加在具有大致同样振幅的 $n=0$ 的背景上。

C-Mod 上的另一项研究是对等离子体内禀或自发转动的研究——在没有外部矩输入的情况下等离子体自动产生的流。在 H 模或其他约束增强的模式下,环向旋转速度是在顺流方向。它起源于台基区,并以类似于能量约束时间的时间尺度传播到芯部。实验上观察到,在没有外部动量输入的情况下,旋转速度高达 130 km/s(马赫数为 0.3),且旋转幅度随归一化等离子体压强增强而增大,如图 11.5.3 所示。相反,在 L 模下,等离子体的环向旋转速度对电子密度、等离子体电流和磁场位形有复杂的依赖关系,并且旋转方向会突然反向。H 模的功率阈值似乎与旋转速度的大小有关,具有最大反电流方向旋转速度的 L 模等离子体有最大的 H 模功率阈值。这种旋转也可以由射频波产生。在低杂波电流驱动等离

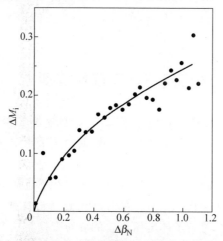

图 11.5.3 L-H 模转换期间离子热速度的马赫数的变化与等离子体归一化压强变化之间的函数关系

子体中,旋转速度的方向与等离子体电流反向,并在中心达到峰值。这与等离子体的内电感有关,并取决于发射波的平行折射率。在 C-Mod 上人们还证实了 ICRF 模转换流驱动机制,发现产生的顺流旋转至少要比内禀旋转大两倍。

11.6　TFR——法国原子能委员会(法国)

建在丰特奈-欧罗斯(Fontenay aux Roses)的法国第一座托卡马克装置——TFR-400是完全按照库尔恰托夫研究所的经典路径建造的。这个装置的大小类似 T-4,但环向磁场为 6 T。其等离子体电流高达 400 kA,使它一度在国际托卡马克界位居最前列。其运行时间从 1973 年到 1978 年。

初始实验的密度相对较低,产生了大量逃逸电子。对限制器内光致核过程产生的放射性的测量表明,被约束电子的能量曾高达 17 MeV。

在该装置上进行了与大半径呈小角度入射的 1 MW 中性束注入等离子体加热。这是一种有效的加热方法,条件是等离子体密度和电流要足够高,以防止注入束的穿透和快离子沿香蕉轨道的损失。在此条件下取得了高达 1.8 keV 的离子温度。对离子能量平衡的研究表明,热传导系数比新经典值高出几倍。

该装置的主要的升级改造实验——更名为 TFR-600——包括去掉了铜质外壳、更新为更大的由铬镍铁合金制成的高性能真空室。等离子体平衡由快速反馈的垂直磁场系统承担。真空室除了烘烤之外还进行了放电清洗,这也是 TFR-400 上取得高真空的主要方法,由此实现了更清洁、更高密度的等离子体。

在新的装置上进行了大量旨在发展对托卡马克等离子体的离子回旋共振(ICRH)加热方法的密集研究。限制器与真空室之间的相对较大的空间允许安装更精密的天线。然而,由于天线-等离子体界面附近的等离子体受到加热(此处电磁波能量耦合到等离子体波上),因此产生了一些与杂质有关的残余问题。

ICRH 有一种产生具有高的垂直速度的离子的倾向。这种离子被某些分立的环向场线圈生产的磁镜所俘获,因而沿垂直漂移方向逃逸。在 TFR 上,人们用专门设计的法拉第筒对这些离子进行了检测。入射波与杂质离子的共振也会产生类似的效应,这种效应原则上提供了一种选择性控制杂质输运的方法,但需付出相当大的功率。

TFR-600 一直运行到 1984 年关闭。

11.7　DITE——卡拉姆实验室(英国阿宾登)

DITE 代表了偏滤器注入型托卡马克实验,它具有这类实验的主要特征。这是一个中型装置,配备了独特的"束偏滤器",等离子体的辅助加热采用中性束切向注入方式。其运行时间从 1974 年到 1989 年。

偏滤器位形由两个小线圈产生。它们被设计用来在靠近放电等离子体柱的外边缘位置处形成一个局部的环向磁场回路。只有一部分环向磁通被这种方式分流,形成一条称为偏滤器通量束的管状磁场线。等离子体电流产生的旋转变换将这个磁通束与放电中心附近的环形区域连接起来,后者基本不受短程偏滤器磁场的影响。

　　通过对偏滤器排出的等离子体和能量的观测,以及对来自器壁返流的金属杂质的减少的观测,验证了这种位形的主偏滤器的功能。

　　在该装置上还进行了非偏滤器放电的约束和中性束注入的研究。在进行这类实验时,真空室内壁进行了钛蒸气喷涂以减少诸如氧之类的低原子序数杂质的污染。由此实现了更高的电流($q_a \approx 2$)和更高的密度,特别是在有中性束注入的条件下。

　　最大密度无法通过增加放电中的输入功率来无限外推,它可表示为 $Mq_a \leqslant 20 \text{ m}^{-2} \cdot \text{T}^{-1}$,这里 $M = (\bar{n}_e/10^{19})R/B_\varphi$ 是村上(Murakami)参数。这个公式意味着放电柱单位长度的粒子数随等离子体电流线性增加,与环向场无关。

　　切向中性束注入产生快离子的环向电流。这种电流可以用来增强或削减等离子体电流。据大川(Ohkawa)预测,在 DITE 上,用约 1 MW、25 keV 的氢束注入氘-氦靶等离子体,就可以演示这种效应。

　　磁反馈被用来探索破裂的致稳方法,实验表明 $m = 2$ 的撕裂模的饱和水平大幅降低,如图 11.7.1 显示。反馈回路采用的是 32 个拾波线圈,并将稳定电流反馈到安装在真空容器内的 8 个鞍形线圈上。该系统还可以通过设置可控磁扰动来研究磁流体力学稳定性的其他特征。

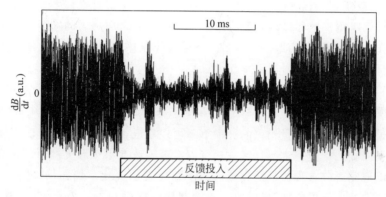

图 11.7.1　DITE 上,运用反馈控制后显示出磁场涨落的 $m = 2$ 分量大幅减少
致稳期间增强信号的阵发与锯齿同步。

11.8　PLT——普林斯顿大学等离子体物理实验室(美国)

　　20 世纪 70 年代初小型托卡马克运行成功后,人们开始建设第二代较大的装置,其中首批的两个即为 T-10 托卡马克和普林斯顿大环(PLT)。这些装置的尺寸增大了约两倍,能量约束时间从最大的约 25 ms 增加到约 100 ms,从扩散损失过程对定标关系做了预计。等离子体电流也增加到超过 0.5 MA。

　　单由欧姆加热所取得的等离子体温度并不明显高于小型托卡马克上取得的温度。然而,对环的相对良好的可近性允许将超过 2 MW 的切向注入中性束加热运用到该装置上。在对真空室内表面覆以钛膜处理后,等离子体密度和杂质含量均被抑制,辅助加热将离子温度提高到创纪录的 7 keV。相应的离子碰撞参数(即俘获离子轨道运动周期内的碰撞次数)的值与反应堆所需的值相当。

中性束注入带来的动量输入引起等离子体沿环向旋转,典型速度为 10^5 m·s^{-1}。不同杂质谱线的多普勒频移测量给出环向速度的径向分布,从而给出黏滞性带来的阻尼。在放电的中心区,测得的动量阻尼时间约为 20 ms。与粒子和能量约束一样,这个值比经典碰撞过程能够解释的时间尺度要短得多。

在该装置上还尝试进行了低混杂频率下的等离子体加热,发现加热效率较低。但利用低杂波在环向上的传播的特点,可以将约 300 kA 的等离子体电流维持几秒,从而证实了直流托卡马克的运行原理。等离子体电流由几百 keV 能量的电子携带,其速度与低杂波匹配。但当时并不了解热电子获得这些能量的过程。

11.9　T-10——库尔卡托夫研究所(莫斯科)

Tokamak-10 于 1975 年首次运行。该装置采用传统设计和适度的环径比。主要的工作计划是研究运输过程,重点为欧姆放电。

通过采用各种技术手段对粒子输运过程进行了广泛研究。这项工作是对早期在 T3 和 T4 托卡马克上的工作的继承。多弦微波干涉仪被用来研究由粒子源项的改变(放电供气的突然增加、减少或调制)引起的瞬态响应。对这种响应的分析可推算出平均流速随半径的变化。这个结果可以用扩散和向内对流的组合来模拟。对杂质离子的输运的分析也得到了类似的结果。在此情形下,人为地注入少量气体或固体杂质到放电中,然后用光谱方法对其导致的输运进行研究。

利用大功率回旋管振荡器产生高达 1 MW 的功率用于电子回旋共振频率波段的加热。中心电子温度从 1.4 keV 增加到 4 keV,而离子温度的变化与库仑碰撞引起的电子-离子能量转移的结果一致。总体能量约束的轻微下降可以用电子热导率正比于 $\sqrt{T_e}$ 来解释。

利用电子回旋共振频率进行局域加热可以显著地改变电子温度剖面。这反过来又导致了等离子体电流的再分布和放电的磁流体力学稳定性的变化。例如,通过在 $q=1$ 和 $q=2$ 的磁面附近或之外实施局部加热,可以有效抑制锯齿振荡和 $m=2,n=1$ 撕裂模不稳定性。由于几乎总是能观察到后者实为大破裂——托卡马克中最危险的不稳定性——的前兆,因此这一结果提供了一种潜在的控制手段。

该装置上后来的工作主要集中在运用电子回旋波电流驱动来调整电流剖面,并驱动起很大一部分非感应等离子电流。实验发现,这种驱动的效率比低杂波的驱动效率低,但在反应堆规模上有更大的应用潜力。T-10 上的计划对发展应用于聚变的强功率回旋管做出了非常突出的贡献。

11.10　ISX——橡树岭国家实验室(美国)

杂质研究实验装置(the impurity study experiment,ISX)是橡树岭国家实验室继ORMAK(橡树岭托卡马克)成功运行后的又一个磁约束聚变装置。通过对作为密度函数的能量约束时间的研究,首次证明了在高密度下总体约束的饱和或减小,这归因于离子的新经典热传导损失已变得日益重要。

这个装置的升级版——ISX-B——允许形成垂直方向上拉长的放电截面,并配备了功率高达 2.5 MW 的切向注入中性束,后来又增加了电子回旋共振加热。除了对杂质输运的研究外,在 ISX-B 上还研究了离子和电子的加热及能量和动量约束等课题。

在项目实施的早期阶段,大的功率体积比使得该装置取得了创记录的环向比压 $\beta \approx$ 2.5% 的成绩。然而,很快人们就看到出现了一个"软的"β 极限,它可以表示为约束时间随输入功率的增加而退化。这种效应起因于压强驱动的磁流体力学不稳定性,并与在放电边界处测得的磁场涨落的增加有关。

所观察到的约束时间随中性束加热而减小的现象并非源于环向旋转。这一点通过对同向注入和反向注入两种方式的对比可以很明显看出:环向旋转均很弱,但仍存在约束退化。

ISX 托卡马克从 1977 年开始运行,到 20 世纪 80 年代初停机。

11.11　FT 和 FT-U——能源研究中心,弗拉斯卡蒂,意大利

弗拉斯卡蒂托卡马克(FT)是一个设计运行于高达 10 T 的环向场的装置。就这一点看,它与麻省理工学院的 Alcator 托卡马克很相似,虽然比后者要大一些。强的环向场带来的结果是欧姆加热功率密度相对较高,装置可在高的等离子体密度下运行。

等离子体参数对欧姆加热功率密度的依赖性已经成为一个专门的研究课题。环电压的稳定性质促使库丕(Coppi)和马祖卡托(Mazzucato)提出了一个表述电子能量约束的定标律。与较小的 Alcator-A 托卡马克上得到的定标律的比较表明,约束时间至少与装置线度的平方成正比,并且确认,在高密度下,放电中心的能量损失完全可以用离子的新经典热传导机制来解释。

在低密度下,通过采用 2.45 GHz 的低杂波加热,中心电子温度提高了约 700 eV。在氘放电中,电子加热效率随着密度的增加而急剧下降,射频功率在等离子体边缘被少数氢离子吸收,这些少数氢离子的浓度大约在 1% 的水平。

FT 的运行从 1975 年持续到 1989 年。

11.11.1　FT-U

在尺寸相对较小、约束磁场很强的装置上所取得的良好约束促使人们将 FT 升级为一个小半径为 0.3 m、大半径 0.93 m 的新的托卡马克 FT-U。其环向磁场高达 8 T,等离子体电流的设计参数为 1.6 MA。装置可在高密度下运行。配备的高速多发弹丸注入系统可以以 $1.3 \text{ km} \cdot \text{s}^{-1}$ 的注入速度每秒发射多达 8 颗弹丸,这使得装置能在准稳态下持续运行。其能量约束时间 $\tau_E \approx 100$ ms,是 $\tau^{\text{ITER-89P}}$ 的 1.7 倍。这些放电已实现峰化密度剖面,中心电子密度高达 $8 \times 10^{20} \text{ m}^{-3}$;离子温度和电子温度相等,达到 1.5 keV;$Z_{\text{eff}}$ 低至 1.3。图 11.11.1 给出了这类放电的一个例子。输运分析表明,在弹丸注入后阶段,芯部的电子热扩散系数大大降低,$\chi_e < 0.1 \text{ m}^2 \cdot \text{s}^{-1}$,输运以离子通道为主,下降到新经典的水平。由此产生的聚变三重积 $n\tau_E T_i$ 的值大约有 $10^{20} \text{ m}^{-3} \cdot \text{keV} \cdot \text{s}$。

在 FT-U 上还安装了各种射频加热系统并进行了实验,磁场从 2.5 T 到 8 T 不等。8 GHz 的低杂波系统可将脉冲长度为 1 s、功率高达 3 MW 的低杂波注入到等离子体中,用于电流驱动和各种条件下(包括强磁场和较高的等离子体密度情形)的等离子体加热,在环

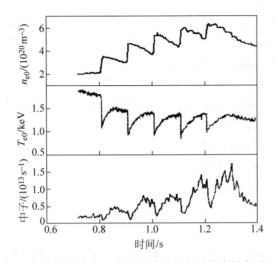

图 11.11.1　在 100 ms 的时间间隔内,5 发弹丸将芯部电子密度提高到 6×10^{20} m^{-3},而电子温度随着中子产额的增加呈周期性恢复(Frigione, D. *et al*. *Nuclear Fusion* **41**,1613(2001))

向磁场为 7.9 T 的条件下得到 $n_{e0} = 1.2 \times 10^{20}$ m^{-3} 的结果。

实验研究了理论预言的低杂波电流驱动效率随等离子体密度提高而下降的规律。为了在较高密度下实现波的穿透,实验中采用了锂壁和液态锂限制器,限制器包括一组从液态锂储液罐中输送液体的毛细管。这套系统的使用使得器壁的粒子返流大大降低,特别是在弹丸加料等离子体中,由此导致较高的边缘温度和更高的波穿透率。

利用快速电子轫致辐射相机测量了芯部等离子体的硬 X 射线信号。该信号能给出电流驱动下被波加速的电子的密度。图 11.11.2 显示出随着电流驱动的减小,等离子体密度增加,图中还显示了采用两套放电模式对边缘温度调整的影响。圆点表示的是未采用锂或弹丸注入时的放电,此时边缘温度较低(约 100 eV)。方形点表示的是采用锂或弹丸注入时的放电,可以看出,弹丸穿透深度增加,边缘温度较高(约 300 eV)。在此情形下,弹丸注入实现了对密度 2×10^{20} m^{-3} 的穿透。

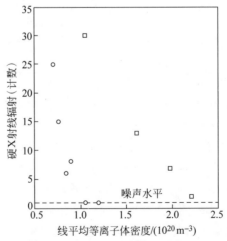

图 11.11.2　硬 X 射线辐射随等离子体密度的变化

圆点是等离子体边缘处于低温的情形,方形点表示边缘处于高温的情形。低杂波耦合功率为 $P_{LH} = 0.32$ MW

使用锂得到了更清洁的等离子体,密度剖面也更容易呈峰形剖面。参数空间也随之扩大,放电运行很容易突破格林沃德密度极限,等离子体密度高达 $\bar{n}_e \approx 4 \times 10^{20}$ m^{-3},中心密度 $n_{e0} > 10^{21}$ m^{-3},等离子体电流 $I_P = 0.7$ MA。

运用 1.6 MW、140 GHz 的电子回旋共振加热(ECRH)使撕裂模得到稳定,能量约束也得到改善。在等离子体电流爬升段加载 ECRH,得到了反剪切模,在密度为 5×10^{19} m^{-3} 的状态下得到的电子温度高达 14 keV。实验演示了如何用 ECRH 来避免破裂。ECRH 功率由破裂前兆信号触发。当放电伴有较强的杂质注入或接近密度极限时就会出现这种破裂前兆的信号。破裂是被推迟还是得到避免,取决于功率沉积位置与 $q = 1.5,2$ 或 3 的有理磁面的位置之间的距离。模数为 $m/n = 3/2,2/1,3/1$ 的磁流体力学活动通常伴有最大振幅的 2/1 模。用超过阈值的功率对某个磁岛直接加热就可以稳定所有耦合模式,从而防止破裂。

用 433 MHz 的离子伯恩斯坦波注入使得吸收半径内区域的电子热导率大为减小,这可能与内部输运垒的形成有关。

在环向磁场为 7.2 T(远高于电子回旋共振所对应的磁场)的条件下,还进行了同时投入低杂波和电子回旋共振加热波的协同研究。在这些条件下,电子回旋功率对等离子体电流的驱动与低杂波一样有效。

11.12　DⅢ——通用原子能公司(美国圣地亚哥)

这个实验装置的名称是指最初设计的等离子体截面的形状,其截面是两个梨形的切片并用一个窄腰相连。它有很大的周长,使得有效的环径比非常小。其优点是在中等程度的环向磁场下就可以有很高的等离子体电流,因此能够在高 β 值下运行。

极向场的灵活性使得放电截面的椭圆度和三角形变可以在很宽的范围内变化,实验主要关注的是这些变化对系统稳定性和约束性能的影响。它还允许产生几种极向场零点接近真空室腰部的类偏滤器位形。这些措施证明对于防止返流的中性粒子和杂质进入主放电区具有非常令人惊喜的效果,尽管真空室腰部有较大的孔径。它可以这么来解释:在极向通量停滞区域,等离子体大的厚度提供了阻碍杂质循环的有效屏障。

高达 7 MW 的中性束辅助加热的投入使得实验可以对椭圆度和三角形变对最大 β 值的影响进行探讨。总的来说,实验结果与理想的扭曲模和气球模理论吻合得很好。所得到的最大 β 值为 4.5%,处在商用聚变堆所需的范围内。

实验中还投入了大约 1 MW 的电子回旋共振加热。如同相同功率水平下中性束注入时的情形,约束时间同样减小,这强烈地表明,这一结果是放电本身的性质,与加热方法无关。

DⅢ 从 1978 年开始运行,一直到 1984 年退役。

11.13　ASDEX——马克斯·普朗克等离子体物理研究所(德国伽兴)

轴向对称偏滤器实验装置(the axial symmetric divertor experiment,ASDEX)从 1980 年运行到 1990 年。偏滤器磁场由多个平行于等离子体电流的线圈产生,线圈分别位于放电的顶部和底部。偏滤器磁场形成一个分离面,其作用是限制等离子体,避免等离子体与材料表面直接接触。分离面既可以是双零的,也可以是单零的,分离面内的等离子体截面接近圆形。

　　辅助加热手段包括中性束注入(NBI)、离子回旋共振加热(ICRH)和低杂波加热(LH)。NBI 功率高达 4.5 MW,ICRH 注入等离子体的功率为 3 MW,低杂波系统最初采用的是 1.3 GHz、1.5 MW 的系统,后来提升为 2.45 GHz、2 MW 系统。

　　在非常清洁的等离子体中,欧姆加热下的能量约束时间在密度超过 3×10^{19} m^{-3} 后达到饱和,但这种饱和可以通过所谓的改善的欧姆约束(IOC)放电模式来克服。IOC 放电是一种在等离子体边缘存在低 Z 杂质辐射、密度呈峰化剖面的放电模式。清洁等离子体的饱和欧姆约束水平取决于同位素质量,一般来说氘比氢约束得好。

　　辅助加热导致预料中的约束变差。但在 1982 年,在该装置上发现一种约束改善了的运行模式(或称为 H 模)。这是第一例在单零位形下(离子磁场梯度漂移指向该 X 点)发现的 H 模,放电时加热功率为 3 MW。约束改善因子是以前的 L 模放电的两倍以上。图 11.13.1 显示了 H 模下电子温度与外加 NBI 功率的关系。作为对比,图中也给出了 L 模下的情形。随后,在 ICRH 下也得到了 H 模。

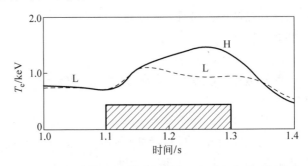

图 11.13.1　L 模和 H 模放电下中心电子温度的时间演化
中性束加热阶段由阴影区时间段表示(Wagner, F., *et al. Physical Review Letters* **49**, 1408 (1982))

　　触发 H 模的阈值功率在单零点下是 1 MW,在双零位形下是 1.8 MW。当离子的磁场梯度漂移方向背离单零位形的 X 点,或当 H 模运行在氢等离子体而非氘等离子体下时,阈值功率通常要增加 1~2 倍。此外,H 模要求电子密度超过 $2\times10^{19}\sim3\times10^{19}$ m^{-3}。业已发现,H 模往往伴随分离面内出现边缘输运垒,导致在边缘区形成陡峭的密度梯度和温度梯度。在该区域,密度涨落受到明显抑制。H 模期间出现了一种新的称为 ELM(边缘局域模)的不稳定性。有关 H 模的详细讨论见 4.13 节,ELM 的讨论见 7.17 节。H 模现已成为聚变研究的中心课题,并已在其他托卡马克的常规放电基础上得到再现。

　　在 ASDEX 上,利用低杂波驱动已实现高达 480 kA 的稳态非感应电流。驱动效率与理论预期非常一致。电流分布取决于波数谱($n_\parallel=k_\parallel c/\omega$),并且不同于欧姆放电下的电流分布。因此,对电流分布加以调整,特别是使其在中心区变得平坦。这导致 $q_0>1$,从而使得锯齿振荡变得稳定。强的中心电子加热使 T_e 高达 8 keV。

　　引起破裂的密度极限在 $q_{cyl}<2$ 时达到最高,而且在 NBI 加热和弹丸注入情形下可以进一步提高。有明确的证据表明,在辐射功率水平低于输入功率时会出现密度极限。

　　借助于封闭的偏滤器位形,可以得到具有良好约束、杂质含量低的灵活可靠的等离子体运行状态。有实验表明,如果将中性气体绕过偏滤器注入到主真空室内,那么要想实现 H 模就将受到极大的限制,而且所取得的 H 模的品质也明显降低。

沉积在偏滤器靶板上的功率在内外分离面之间是不平衡的。在低约束态下,这种不对称性的比值一般为 3∶1 或 4∶1,但当磁场梯度漂移方向偏离 X 点时,该比例降到 2∶1,在反向注入时则接近 1∶1。有流入刮削层功率(P_{sol})的 20%～65%通过辐射的体损失过程和电荷交换过程耗散在偏滤器上。密度越高,同位素质量越小,与之相关的损耗值就越大。

在 ASDEX 的运行后期,当用返回式朗缪尔探针对偏滤器等离子体进行系统监测后发现,流向偏滤器靶板的功率通量可用一个重要的参数来确定,在 1～4 cm 的宽度内,有 $T_{ed}^{-0.6}q_a^{0.5}$ 的定标关系,这里 T_{ed} 是偏滤器内的峰值电子温度。对于中等水平的 q_a 和远离密度极限的条件,这个宽度通常为 1 cm。

在密度极限下,T_{ed} 的值在 5～7 eV 附近。边缘密度极限可以随加热功率提高,大约呈 $P_{sol}^{0.5}$ 的定标关系,这样,在最大加热功率下,偏滤器内的峰值密度 n_{ed} 在破裂发生前可达到近 1×10^{20} m^{-3}。

对于欧姆放电等离子体和低约束模等离子体,n_{ed} 与中平面处分离面附近的密度 n_{es} 之间有关系 $n_{ed}\propto n_{es}^{1.7}$,而温度 $T_{ed}\propto n_{es}^{-0.8}P_{sol}^{0.6}$。由于偏滤器等离子体的线密度不会明显超过 2×10^{18} m^{-2},因此中性粒子能穿透这种等离子体,从而限制了强辅助加热下的等离子体接近高返流区。因此,n_{ed} 一般只在边缘处轻微超过 n_{es}。

刮削层/偏滤器的参数似乎符合沿着磁场的经典热输运。垂直方向上的输运是反常的,典型系数为 $D=0.5～1.0$ m$^2\cdot$s^{-1} 和 $\chi_i\propto D\propto\chi_e/3$。$D$ 的大小接近于玻姆扩散系数,但没有令人信服的证据表明,输运确实是玻姆类型的。

ASDEX-U 是封闭偏滤器 ASDEX 实验装置的继任者。其目的是要建立一个反应堆兼容型的开放式偏滤器位形。该装置大小与 ASDEX 相似,但有拉长的等离子体截面和较大的等离子体电流和磁场。该装置于 1991 年开始运行,12.6 节给出了对它的完整描述。

11.14　TEXT——德克萨斯大学奥斯汀分校(美国)

TEXT 的主要目的是通过诊断技术的发展和实验与理论的比较来推进对湍流和输运的理解。该装置从 1981 年开始运行,到 1995 年退役。

通过 H$_\alpha$ 辐射测量得到的粒子通量与朗缪尔探针测量和计算给出的湍流通量之间的比较,可知大部分(如果不是全部的话)边缘区的粒子通量是由静电湍流驱动的。总的热通量中的很大一部分是由热对流通量产生的,但一般来说,热流通量不能用静电扰动来解释。在主等离子体中,发现涨落朝着等离子体中心的方向依次减弱。

在检验径向电场在确定涨落水平从而确定约束品质方面的作用时发现,在边缘等离子体中,湍流的输运机制因存在自然发生的 $\boldsymbol{E}\times\boldsymbol{B}$ 速度剪切而降低。

通过用简单的等离子体移位或采用磁扰动遍历外部区域来调整等离子体平衡的方法,对逃逸电子的扩散系数做了估计。用扩散模型解释了硬 X 射线信号的响应,并得到约为 1 m$^2\cdot$s^{-1} 的扩散系数。TEXT 还研究了外加扰动磁场对输运的改变。采用两种方法——试验粒子的数值计算和随机场中的解析模型——进行了详细的比较研究。

对 $m=2$ 的撕裂模的生长和饱和的研究表明,卢瑟福模型能够自洽地说明磁岛的非线性生长。强撕裂模不稳定性与锯齿波振荡的缺失有关,这似乎是由于撕裂模稳定性对 $q(0)$ 的依赖性。

11.15　TEXTOR——基础科学研究中心(德国于利希)

TEXTOR 是专门设计用来研究等离子体与器壁的相互作用、排气和约束等新概念的托卡马克装置。它配备了众多的专用诊断设备,装备了带状抽气限制器、带有灵活的空气闭锁系统的等离子体与器壁相互作用的监测设备。自 2003 年始,又装设了动态遍历偏滤器——一种用于提供静态和动态共振磁场扰动的工具。

TEXTOR 用低 Z 内壁革新了运行模式。最初是采用"碳化"——在内壁上使用非晶碳涂层并配以石墨限制器。后来又引入"硼化"和"硅化"等喷涂技术。实验发现这些涂层对于降低等离子体中的氧含量、避免金属杂质非常有效。其结果是由密度极限和稳定性所限制的运行参数空间大大扩充。硼化已成为全球范围聚变装置的标配技术。

杂质对器壁表面的侵蚀和沉积过程得到了详细研究。通过建模来了解其潜在机制及其量化,对于预测面向部件的等离子体寿命及氢在表层中的滞留是至关重要的。在高通量密度条件下对碳材料部件的化学侵蚀做了定量研究。采用 $^{13}CH_4$ 示踪技术,对碳输运到偏远区域的证据进行了确认。这种输运是由再沉积的软碳层的侵蚀造成的。碳的侵蚀导致氘的滞留,其结果是形成了非晶态氢-碳层形式的共相沉积。激光诱导解吸光谱技术已经发展成一种原位定量测定面向部件的等离子体组分中燃料含量的实验方法。一般来说,软层中共相沉积氘的含量对部件的表面温度非常敏感,在碳层中氘的浓度可达 100%。有关碳侵蚀、碳迁移和氘共相沉积的实验结果已被用作预测 ITER 中的输运通道和氚滞留的数值计算工具。

在 TEXTOR 上还用法拉第旋转诊断技术对 q 分布进行了测量。这种诊断对于分析锯齿振荡具有至关重要的影响。按理论模型的预言,锯齿崩溃后 q 的中心值将接近 1。但实验测量表明,在整个锯齿波周期内,q_0 始终保持在远小于 1(详见 7.6 节所述)。

首次验证了利用安装的带涡轮分子泵的环向抽气限制器可有效排出氦灰。此外,仅含低 Z 杂质的等离子体、用抽气限制器来控制粒子已成为发展具有冷辐射等离子体薄层的等离子体模式的基本要素。TEXTOR 显示,利用带辐射水平反馈控制的氖和氩的微量注入,有可能在高功率的等离子体辅助加热条件下,通过辐射将等离子体冷却到输入总功率的 90%。

在这种具有高辐射水平的等离子体中,发现了一种高密度下具有稳态等离子体能量和(种子杂质和固有杂质引起的)强边缘辐射的约束改善态。这种约束态被命名为辐射改善模。它同时伴有热流因辐射在大面积上分布、高密度运行和良好的能量约束等特征。它还容许准稳态放电,持续时间高达能量约束时间的 160 倍,仅仅受到变压器的磁通变化的限制。图 11.15.1 给出了具有接近格林沃尔德极限密度、无边缘局域模的 H 模下约束品质的一个例子。

通过运用外加电极来控制径向电场,阐明了径向电场产生的物理机制及其对径向输运的影响。径向导热系数被证明依赖于平行黏滞性,这种黏滞性对径向电场的非线性响应提供了 L-H 模转换分叉的基本机制。通过展示径向电场剪切与等离子体密度梯度在空间和时间上的相关性,证明了径向电场梯度在引起输运变化方面的因果作用。

动态遍历偏滤器是一个灵活控制等离子体边缘的工具。它由 16 个安装在内壁上覆盖

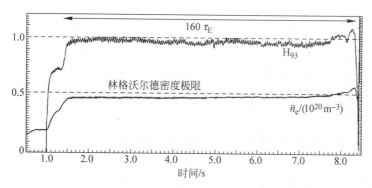

图 11.15.1 在长脉冲辐射改善模放电下，H 模增强因子 H_{93} 和线平均电子密度的时间演化 $I_p = 380\ \text{kA}, B_\phi = 2.25\ \text{T}, q_a = 3.8, P_{rad}/P_{tot} = 70\%$

着碳瓦的内置线圈组成。不同的连接方式可用于建立不同的基模位形（极向和环向模数之比 $m/n = 12/4, 6/2$ 和 $3/1$）。线圈可以按直流和交流运行，交流频率高达 10 kHz。在偏滤器位形运行期间，在内壁附近形成多个带偏滤器打击区的螺旋偏滤器结构。图 11.15.2 展示了由二次电离碳离子的线辐射给出的偏滤器区域结构。如图所示，基模数越高，扰动场的渗透就越浅，偏滤器位形的体积就越小。结果发现，对于 $n = 4$ 扰动，偏滤器靶板的热流和粒子通量分布可以与无边缘屏蔽扰动场的真空近似下的磁场拓扑相关联。这个螺旋偏滤器位形的循环特性已得到广泛研究，并被用于环向不对称位形下三维边缘输运模型的进一步开发和验证。

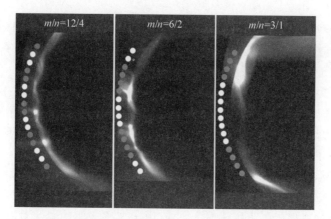

图 11.15.2 TEXTOR 上由 CⅢ 的光（$\lambda = 465$ nm）给出的几种不同基模位形下的动态遍历偏滤器的结构显示出小 n 数的扰动场的较深的穿透（从左至右）。螺旋微扰线圈由小圆圈表示，白色和灰色分别表示线圈电流平且反平行于 $q = 3$ 磁面的未扰动磁场

动态遍历偏滤器实验有助于改进对随机磁场下的输运的基本认识。业已发现，在偏滤器的作用下，它们对径向电场和等离子体旋转有明显影响。实验上观察到，用以平衡受影响区域的增强电子损耗的回流的形成对于等离子体旋转的增强起关键作用。在具有残存磁岛链的有理面上，对增强的 $\boldsymbol{E} \times \boldsymbol{B}$ 剪切做了测量。这种剪切总是伴随着扰动体积内边界处的输运和涨落水平的减小。在等离子体芯部深处，磁扰动可以用来增强逃逸电子的径向损失，从而减轻对面向等离子体的组件的可能的损伤。

基于 $m/n=3/1$ 基模的动态遍历偏滤器位形已被用来以可控和可重复的方式激发撕裂模。在该装置上还对扰动场与等离子体本身之间的相对旋转对等离子体中出现 2/1 撕裂模的阈值的作用做了定量分析。结果表明,这种相对旋转越大,对外部扰动场的屏蔽就越强。用动态遍历偏滤器来控制撕裂模的激发的方法已使我们能够采用带 ECRH 和 ECE 诊断的闭环控制系统,通过 ECRH 和 ECCD 等措施来对抑制撕裂模进行系统研究。

11.16 Tore Supra——CEA(法国卡达拉什)

Tore Supra 是一个圆形截面的装置($a=0.72$ m,$R=2.42$ m),用于研究与长脉冲稳态等离子体相关的物理和技术问题。其主要特点是:

(1) 3.8 T 的超导纵场磁体系统,由超流液氦冷却在 1.8 K;

(2) 加压循环水主动冷却面向等离子体的部件,范围覆盖了几乎 100% 的真空室,用以吸收辐射和对流的功率;

(3) 环向抽气限制器,加上由石墨元件钎焊到金属衬底上的主动冷却型高热流密度部件,成功测试到 15 MW 对流功率。

此外,Tore Supra 还配备了三套射频系统:长脉冲低杂波电流驱动(3.7 GHz,10 MW)、离子回旋加热(30~80 MHz,12 MW)和电子回旋加热(118 GHz,0.8 MW)。

利用涡轮分子泵抽气系统和一套加料方法,使密度控制和粒子控制成为可能:①常规喷气;②超声脉冲送气;③离心式弹丸注入器,弹丸出口速度为 100~600 m/s,发射频率为 10 Hz。

在过去的几年里,Tore Supra 还配备了一整套实时控制等离子体平衡(包括电流和压强剖面)的机构。这对于安全可靠的长脉冲运行也是非常重要的,它还有一套红外相机阵列,用于监测面向等离子体的部件的温度。

借助这个长脉冲能力,Tore Supra 通常可在高输入功率下维持长达 60 s 的持续放电,期间几乎完全呈非感应驱动,环电压接近零。图 11.16.1 给出的是持续 6 min 的完全非感应放电。这种能力导致提出一项科学项目来支持长脉冲物理,特别是对非感应电流驱动、热和粒子输运、等离子体控制和加料等研究。

低杂波电流驱动已被用来调整电流分布和磁剪切以转换到芯部约束增强模式,如图 11.16.2 所示。尽管芯部温度发生了变化,但同时测得的硬 X 射线发射剖面仍然是中空的,这为改进芯部约束提供了直接证据。此外,由于非感应驱动电流对温度剖面十分敏感,在某些情况下,这些放电引起电流分布与温度剖面之间的非线性相互影响,导致等离子体芯部的温度振荡,如图 11.16.1 所示。这些实验观测表明,在零环电压下,托卡马克中可能出现输运和非感应电流源之间的耦合。

利用这些设备,Tore Supra 还在低杂波和电子回旋加热的条件下研究了电流波形的调整和对锯齿波振荡的实时控制。这些控制手段,连同一套红外摄像机,已成功实现对面向等离子体部件的实时保护,这是稳定运行的基本要素。

ToreSupra 上的低平行电场还提供了在 Ware 箍缩[①]可忽略的情形下研究粒子输运的

---

① Ware 箍缩见本书 4.8 节。——译者注

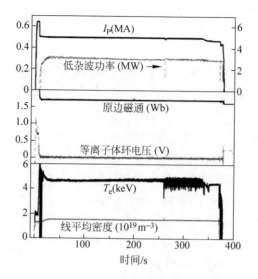

图 11.16.1　6 min 低杂波电流驱动放电

注入能量为 $1.07\,\mathrm{GJ}(I_p = 0.5\,\mathrm{MA},\ B_T = 3.4\,\mathrm{T})$。图中分别给出了低杂波功率、等离子体电流、变压器磁通、

环电压、中心电子温度和线密度的时间演化

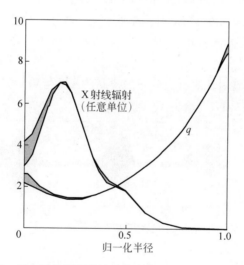

图 11.16.2　用电流扩散程序计算给出的 $20\sim250\,\mathrm{s}$ 期间的 q 分布和

低杂波加速的快电子的硬 X 射线韧致辐射分布

机会。完全非感应驱动实验表明,即使没有环向电场及由此产生的新经典箍缩,密度仍明显呈峰形剖面,甚至在没有中心加料时亦如此。这说明存在一种反常的粒子箍缩效应,它很可能是由湍流驱动的。

借助一整套面向等离子体的主动冷却部件和长脉冲运行,Tore Supra 提供了在暴露于等离子体的时间远大于面向等离子体的部件表面达到热平衡的时间下研究面向等离子体的碳部件上燃料滞留的机会。在该装置上还进行了专门研究来确定氘-碳纤维复合材料之间相互作用的不同过程。从粒子平衡推导出的结果表明,滞留率为注入通量的 50%。90% 的氚滞留是由于偏远地区存在的碳沉积,其余 10% 被发现处在侵蚀区域的物质深处。这些结果表明,用碳作为面向等离子体的部件材料对于以氚为燃料的托卡马克是不适合的。

11.17　COMPASS——UKAEA 卡拉姆科学中心(英国阿宾登)

COMPASS(COMPact ASSembly 的简称)于 1989 年开始运行,1992 年做了重大升级,即将圆截面真空室(COMPASS-C)更换为 D 形截面的真空室(COMPASS-D)。新装置一直持续运行到 2001 年。该计划重点在解决下一代托卡马克所面临的关键问题,具体包括:极限条件下不稳定性(如新经典撕裂模)的出现和控制、误差场的影响、破裂效应(如晕电流的产生)及强电子加热条件下 H 模的等离子体特性等。

COMPASS-D 配备了 2 MW、60 GHz 的电子回旋加热系统和 0.6 MW、1.3 GHz 的低杂波电流驱动系统。磁场系统允许建立多种等离子体位形,包括燃烧等离子体中可预见的位形。该装置还配备了一套鞍形线圈,用于在很宽的范围上对等离子体实施螺旋共振磁扰动。

通过运用这种共振磁扰动,观察到存在一个明显的阈值振幅,高于该振幅,即产生大的稳定的磁岛。这一结果与下述模型的预言一致:旋转等离子体会阻碍外加扰动的渗透,直到共振面附近的等离子体速度被降低到足够小的程度。该模型还对未来的大型托卡马克的误差场效应做了预言,并认为在 ITER 上,这种渗透的阈值非常低。

共振磁扰动还被用来提供高 β 电子回旋加热等离子体中的新经典撕裂模生长所需的可测量且可控的"种子磁岛"。这样可以直接测量临界种子磁岛的大小,从而增进对起始判据的了解。此外,低杂波电流驱动对电流分布的控制已成功运用于完全稳定新经典撕裂模,从而允许更高的 β 值。图 11.17.1 给出了一个例子。

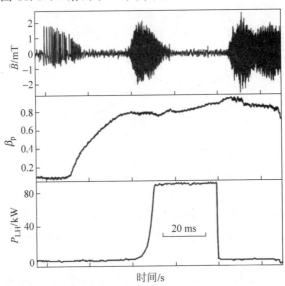

图 11.17.1　COMPASS-D 上由低杂波电流驱动来稳定的 $m=2, n=1$ 的新经典撕裂模

图中显示的是由极向磁场涨落代表的这种模的活动,并同时给出了极向比压和低杂波功率的时间变化(Warrick, C. D. *et al*. *Physical Review Letters* **85**,574(2000))

在有和没有电子回旋加热(ECH)投入的两种条件下对 H 模的可近性和约束品质进行了研究。ECH 加热的是电子,不注入强的动量,也不对加料有贡献。在这些方面,ECH 与燃烧等离子体的 α 粒子加热有很多相似之处。一套边缘区台基诊断系统被用于对关键的台基参数——包括等离子体旋转和径向电场——的演化进行研究,该诊断具有 $0.1\sim2$ ms 的时间分辨率和 $2\sim5$ mm 的空间分辨率,能给出 H 模转换的动态信息和控制功率阈值的因子。特别是,它表明,H 模转换并不以大的径向电场 E_r 为前提,而是以 E_r 的改变为前提,同时伴有边缘台基的发展。

11.18　RTP——FOM 等离子体物理研究所(荷兰 Rijnhuizen)

RTP(Rijnhuizen Tokamak Project)的运行从 1989 年到 1998 年。该装置的主要参数是:大半径为 0.72 m,小半径为 0.16 m,圆截面的硼化真空室,轴上环向磁场高达 2.4 T,环向等离子体电流达 120 kA。研究内容主要是反常输运现象,特别是电子热输运。

RTP 托卡马克的特殊条件使得它能够进行纯的电子输运实验。电子回旋共振加热(ECRH)系统为 500 kW,110 GHz。由于该装置的尺寸较小,因此这套辅助加热的功率在离轴加热时为欧姆加热功率的 4 倍,同轴加热时为后者的 7 倍。电子-离子能量转移可以忽略,因此能量平衡基本上只涉及电子。

加热脉冲持续时间通常为能量约束时间的 50 倍和总电流扩散时间的 10 倍,因此可以达到真正的稳态条件。此外,该装置大到足以使 ECRH 功率准确地定位在 10% 的小半径处。

高分辨的电子诊断包括汤姆孙散射系统,它能给出分辨率为 3 mm 的 n_e 和 T_e 的空间分布。图 11.18.1 显示的是 ECRH 在不同半径沉积位置时测得的电子温度 T_e 剖面。如所预期的那样,各剖面在沉积半径外围两侧有很好的衔接。对于离轴的沉积,稳态温度剖面呈明显的中空状。这个中空状无法由等离子体中心的热损失来解释。

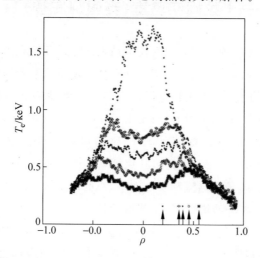

图 11.18.1　由高分辨的汤姆孙散射测量系统测得的电子回旋加热等离子体的电子温度分布
其中 ρ 是归一化半径。各符号所对应的箭头所在位置分别表示各种分布的功率沉积半径的位置

　　一个惊人的发现是不同 ECRH 沉积位置得到的 T_e 剖面的变化是不平滑的。图 11.18.2 给出了中心 T_e 对沉积半径的函数关系,实验中步长为 1 mm。这表明,等离子体从一种剖面类型到另一种剖面存在明显的转换。对测得的转换前后任意一侧的 T_e 剖面的分析清楚地表明,这种转换对应于具有陡的 T_e 梯度的窄区域上的损失,其隐含意义是该处存在电子输运势垒。这些转换,以及由此产生的输运垒,可能与有理 q 值($q = 1, 4/3, 3/2, 2, \cdots$)有关,即与不同的磁流体力学模的出现有关。值得注意的是,对于那些沉积位置的变化远小于沉积模的实际宽度的情形下的转换,这种转换意味着对应于平衡的分岔。这些转换在时间上也很快。当沉积出现动态移动时,可发现存在明显的滞后。

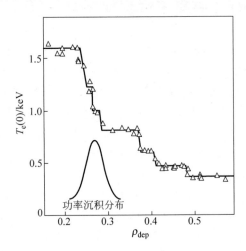

图 11.18.2　对 ECH 沉积半径位置的逐炮扫描显示出电子温度分布的逐步变化

图中可看出 $T_e(0)$ 的 5 个主要台阶和两个次要台阶。三角形是实验数据点,直线是拟合曲线

11.19　START——卡拉姆实验室(英国阿宾登)

　　球形托卡马克概念是一种低环径比的托卡马克位形。其特点是这种位形有很强的固有等离子体形变本领和增强的致稳磁场曲率。这些特性使得该装置能够在同等强度的外加磁场下实现高的等离子体压强,并提供拓宽可近等离子体参数的范围的途径。通常的托卡马克装置的环径比 R/a 为 3~4。START(small tight aspect ratio Tokamak,"小环径比托卡马克"的首字母缩写)的目的是探索小环径比的可能优势。这个装置的尺寸为 $R = 0.2$ m,$a = 0.15$ m,故 $R/a = 1.3$。由托卡马克等离子体电流的定标律 $I \propto (aB_\phi/q)/(R/a)$ 可以看出,对于相同的等离子体电流和安全因子,小的环径比使得装置可以在较低的环向磁场下运行,从而可以减小磁场线圈的尺寸,降低功耗。图 11.19.1 显示的是 START 放电时可见光的等离子体照片。等离子体的约束优于新 Alcator 定标律给出的预测值,可以与 L 模定标律给出的预测值相媲美。虽然放电中经常观察到大的内部磁重联现象,但并不因此引起放电破裂。在主动反馈控制下,等离子体可以取得约为 2 的拉长比。STERT 取得了创纪录的 β 值(约为 40%),在 1998 年停止运行前已接近高约束的 H 模。

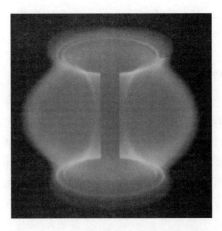

图 11.19.1　START 的等离子体照片

全宽近 1 m，等离子体电流为 100 kA。顶部和底部的线圈产生一个磁分离面。亮环表明分离面与线圈出现交叉的情形

11.20　MAST——CCFE 卡拉姆科学中心（英国阿宾登）

在 START 之后，球形托卡马克的尺寸有了升级，这就是 1999 年建造的国家球形环实验装置（national spherical torus experiment，NSTX）和 2000 年建造的兆安级球形托卡马克（Mega-Amp spherical Tokamak，MAST）。这两个装置在等离子体电流（约 1.5 MA）和截面上堪比常规托卡马克中的 DⅢ-D 和 ASDEX-U，但其运行所需的环向磁场低得多（约 0.5 T）。它们均配备了高分辨率（在离子拉莫尔半径量级）的诊断设备，结合等离子体控制、加热和电流驱动等系统，使它们有能力探索球形托卡马克位形的高性能运行机制。

MAST 有一个大的等离子体-壁分离面和内部极向场线圈，使其运行十分灵活，并具有良好的诊断可近性（图 11.20.1）。主加热由中性束注入提供。在原理验证性的电子加热实验中，还采用了 60 GHz 的电子伯恩斯坦波加热系统。在球形托卡马克聚变装置中，通常不

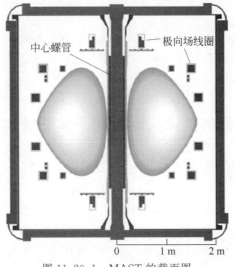

图 11.20.1　MAST 的截面图

考虑采用中心螺线管,这是因为很难予以防护使它免受中子损伤。因此,发展一种不利用中心螺线管感应的等离子体启动技术是球形托卡马克研究的一项重要内容。在 MAST 上,在无中央螺线管感应的条件下,仅用内部极向场线圈产生的周围等离子间的融合和磁场重联即启动了近 0.5 MA 的等离子体电流。另一种办法是采用电子伯恩斯坦波激发,由此得到的无螺线管感应等离子体电流高达 33 kA。运用中性束实现了离轴电流的驱动,并由电流分布的运动斯塔克效应的测量得到验证。

在 MAST 上很容易获得 H 模,所取得的能量约束时间与传统托卡马克导出的定标律的预言结果可比。然而数据表明,与传统的大环径比托卡马克相比,球形托卡马克的能量约束时间定标律中对等离子体电流的依赖关系较弱,而对环向磁场的依赖关系较强。此外,L-H 转换的功率阈值对等离子体形状的依赖关系似乎比传统托卡马克更敏感。在 MAST 上还对弹丸加料等离子体的粒子约束进行了研究,发现磁场梯度漂移效应和湍流输运均能提高弹丸的穿透性。

MAST 独特的诊断可近性,加上良好的成像能力和高分辨率的诊断(如汤姆孙散射),已使我们对边缘局域模(ELM)的特性、相关的丝状结构,以及它们对面向等离子体部件的影响等方面的研究取得进展。在 MAST 上,利用高时空分辨的汤姆孙散射测量,已获得了与边缘局域模有关的等离子体细丝分离的实验证据(见图 7.17.5 照片)。图 11.20.2 给出了边缘电子密度和温度在 ELM 期间及之前 20 ms 两种情形下的分布曲线。可以清晰地看出,等离子体细丝从等离子体边缘分离出来,并带走了粒子和能量。

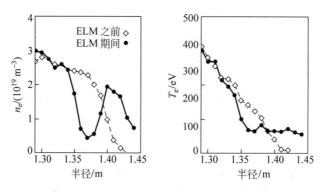

图 11.20.2　在 MAST 上,利用汤姆孙散射测量得到的等离子体细丝与边缘分离的实验证据

图中给出了在 ELM 之前和 ELM 期间的电子温度和密度的径向分布(A. Kirk *et al.*, *Physical Review Letters* **96**, 185001 (2006))

11.21　NSTX——普林斯顿大学等离子体物理实验室(美国)

NSTX 和 MAST 具有互补的特点。例如,与 MAST 不同,NSTX 安装了与等离子体截面贴合的环形导电壁,如图 11.21.1 所示,这有助于稳定磁流体力学不稳定性。主加热采用中性束注入方案,同时辅以 30 MHz 的高次谐波快波加热,由此产生的中心电子温度高达 5 keV。

在不使用中心螺管的情形下,同轴螺旋度注入被用来产生高达 160 kA 的非感应电流。由同轴螺旋度注射产生的初始环向等离子体电流的感应爬升和维持也得到验证。

通过采用 $n=3$ 的误差场校正和 $n=1$ 的电阻壁模反馈控制,可使高的归一化 $\beta(\beta_N\geqslant5)$ 等离子体持续 3～4 倍电流弛豫时间。在已得到的总的非感应电流中,中性束驱动电流和自举电流占到约 70%。

在球形托卡马克上,高的 $E\times B$ 流剪切可以轻易地稳定长波湍流,从而使离子热扩散系数接近新经典的值。这种等离子体是探索反常电子输运的良好试验平台,利用电磁波的相干散射诊断,对电子温度梯度驱动的涨落已得到识别。

对于球形托卡马克研究,等离子体废气的排出是最具挑战性的领域之一。正在研究的热通量减排技术包括辐射脱靶、通道扩张和打击点扫描等。锂作为一种面向等离子体的材料也得到研究。如图 11.21.2 所示,锂壁涂层通常能使储能提高 20%,并具有抑制 ELM 的作用。ELM 的可控触发能降低等离子体的辐射损失,运用脉冲非轴对称磁场已证明了这一点。

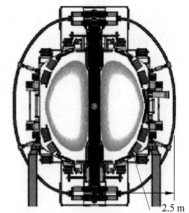

图 11.21.1　NSTX 的截面图

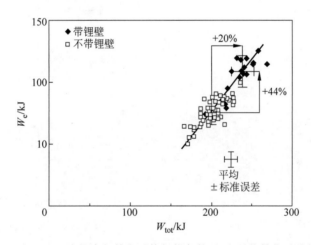

图 11.21.2　在 4 MW 中性束氘等离子体加热条件下,电子热储能对总的等离子体储能的定标关系(D. Gates *et al.*, *Nuclear Fusion* **49** 104016 (2009))

由于存在中性束加热产生的超阿尔文速度离子,因此已在球形托卡马克中观察到由不同速度粒子驱动的不稳定性,这些不稳定性可能会导致快离子的反常扩散和损失。例如,在 NSTX 上,已观察到在环向阿尔文本征模雪崩期间高达 30% 的快离子损失。

11.22　TCV——瑞士理工大学等离子体物理研究中心

TCV 是 Tokamak à Configuration Variable(托卡马克位形可变装置)的首字母缩写。这个装置于 1992 年开始运行,其大半径为 0.89 m,小半径为 0.25 m,拉长的矩形真空室很适合高度变截面的平衡。已产生各种截面形状的限制器和偏滤器位形下的等离子体,拉长比达 2.8。尽管截面形状各异,但欧姆放电和低功率 L 模下取得的温度和密度剖面仍是相似的,仅取决于电流分布的峰值。X 模电子回旋加热和电流驱动系统提供了等离子体加热、电流驱动和参数剖面控制。这套系统由工作在 82.7 GHz 下的 6 只回旋管构成,每只管子能以 0.5 MW 的射频功率由极向和环向可调导向镜发送 X 模二次谐波。对于超过二次谐波截止密度(约 4×10^{19} m^{-3})的加热,系统将切换到 3 只工作在 118 GHz 的三次谐波的回旋管上,每只的输出功率同样是 0.5 MW。

该装置的一个吸引人之处在于能够在大的拉长比下运行。而大的拉长比能够提高等离子体电流,因为对于固定的边缘安全因子值,$I_p \propto (1+\kappa^2)/2$。在最高的拉长比下,已得到高达 3.6 MA·m^{-1}·T^{-1} 的归一化电流($I_p/(aB_T)$)。正如约束定标律所预期的那样,大的等离子体电流有助于提高 β 极限并改善约束。已观察到截面拉长对改善约束的直接作用。在电子回旋加热 L 模下,随着等离子体的三角形变从正减小到负和碰撞率的增加,电子能量约束增强,热扩散系数减小,如图 11.22.1 所示。

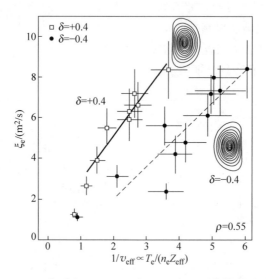

图 11.22.1　在 $\rho = 0.55$,三角形变 $\delta = +0.4$ 和 $\delta = -0.4$ 两种情形下,在不同的中心电子回旋加热功率水平和不同的密度条件下,电子热扩散系数对有效碰撞率的依赖关系

在该装置上还形成了一种新颖的磁场线 X 点位形,被称为"雪花形偏滤器"。其特点是在 X 点上有一个二阶零点,它的壁连接长度是通常偏滤器的两倍,有 4 条偏滤器腿而不是通常的两条。电子回旋加热 H 模实验表明,通常标准偏滤器位形下的无 ELM 稳态 H 模可以在这种纯电子加热条件下实现,且无杂质积累。

电子回旋共振电流驱动技术已被发展用于产生电流,并成为一种控制电流分布和压强剖面的方法,被运用到诸如锯齿控制和内部输运垒的研究上。在该装置上已实现等离子体电流为 210 kA 的全电流驱动稳态放电。

TCV 的一个主要研究领域是利用离轴式电子回旋电流驱动来建立和控制完全非感应的内部电子输运垒。业已发现,每当某处出现磁剪切反转,便会出现电子输运垒,且与是否在反转点附近存在有理面无关。这些输运垒的强度随着剪切程度的增大而增大,对剪切的扫描结果显示,剪切受控于占主导的非感应离轴峰值电流驱动成分上所叠加的小的中心峰化剖面欧姆电流分量。在没有 Ware 箍缩的情形下,尽管有中心电子加热(在 L 模下它会造成密度剖面扁平化),这些输运垒的最强者发展起来的粒子输运垒具有如下特征: $\nabla n_e/n_e \approx 0.45\nabla T_e/T_e$。

表征电子输运垒的陡的压强梯度导致大的自举电流比例。在这些情况下,内部反馈机制控制着电流分布,后者强烈地影响约束,从而影响高梯度区域的性质,这反过来又使自举电流分量局域化。随着自举电流比例接近100%,电流波形的外部控制停止,电流和压强剖面的精准和稳定的调节成为必要。实验已经成功地证明了这种状态确实是可以实现的。在初始电流上升阶段,在不使用任何电流驱动的情况下,通过施加强力的电子回旋共振加热,就可以得到很强的瞬态电子输运垒。在电流启动后,立即将外部感应的环电压调到零,等离子体将自发演化到一种平稳的、完全是自举电流的平静状态,其持续时间仅受限于加热脉冲的持续时间。其典型结果如图11.22.2所示。

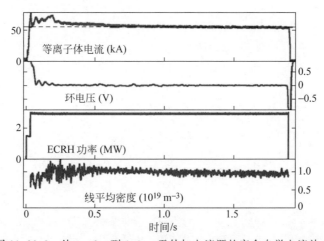

图 11.22.2　从 0.02 s 到 1.9 s,无外加电流源的完全自举电流放电

该电流大小为 55 kA,在波动小于 2% 的稳态下从 0.9 s 持续到 1.9 s。这个时长相当于电阻性电流重新分布了 3~4 次

11.23　托卡马克参数

典型托卡马克装置的基本参数见表 11.23.1。

表 11.23.1　典型托卡马克装置的基本参数

装置名称	年份	大半径 /m	小半径 /m	环向磁场 /T	等离子体* 电流 /MA	偏滤器	变压器 芯类型	辅助加热/MW			
								NBI	ICRH	LHRH	ECRH
Alcator-A	1973 年	0.54	0.10	10.0	0.31		空气		0.1	0.1	
Alcator-C	1979 年	0.64	0.17	12.0	0.90		空气			4	
Alcator-C Mod	1993 年	0.67	0.22	9.0	$1.1^{\dagger}(2.0)$	偏滤器	空气		8	3	
ASDEX	1980 年	1.54	0.40	3.0	0.52	双零	空气	4.5	3	2	
ASDEX Upgrade	1991 年	1.65	0.50	3.9	$1.0^{\dagger}(1.6)$	偏滤器	空气	20	8		2
ATC	1972 年	0.88~ 0.35	0.17~ 0.11	2.0~ 5.0	0.11~ 0.28		空气	0.01	0.16		0.2

续表

装置名称	年份	大半径 /m	小半径 /m	环向磁场 /T	等离子体[*] 电流 /MA	偏滤器	变压器芯类型	辅助加热/MW			
								NBI	ICRH	LHRH	ECRH
Cleo	1972 年	0.90	0.18	2.0	0.12		铁芯	0.04			0.4
COMPASS	1989 年	0.56	0.21	2.1	0.28[†]	偏滤器	空气			0.6	2
Doublet-Ⅲ	1980 年	1.45	0.45	2.6	0.61[†]	单零	空气	7			1~2
DⅢ-D	1986 年	1.67	0.67	2.1	1.0[†](3.0)	偏滤器	空气	20	6		6
DITE	1975 年	1.17	0.26	2.7	0.26	束	铁芯	2.4			
DIVA	1974 年	0.60	0.10	2.0	0.06	单零					
EAST	2006 年	1.85	0.45	3.5	0.64[†](0.8)	偏滤器			6	4	
FT	1975 年	0.83	0.20	10.0	0.80		空气			1.0	
FF Upgrade	1990 年	0.93	0.30	8.0	1.3(1.6)		空气		1[††]	3	1.6
HT-6B	1983 年	0.45	0.12	0.75	0.04		空气			0.1	0.1
HT-6M	1985 年	0.65	0.2	1.5	0.15		空气		1.0	0.15	0.2
HT-7[***]	1993 年	1.22	0.3	3.0	0.4		铁芯		2.0	2.0	
ISX-A	1977 年	0.92	0.26	1.8	0.22		铁芯				
ISX-B	1978 年	0.93	0.27	1.8	0.24[†]		铁芯	2.5			0.2
JET	1983 年	3.0	1.25	3.5	3.0[†](7)	偏滤器	铁芯	24	32	12	
JFT-2	1972 年	0.90	0.25	1.8	0.23		铁芯	1.5	1.0	0.3	0.2
JIPP-T2	1976 年	0.91	0.17	3.0	0.16		铁芯	0.1		0.2	
JT60	1985 年	3.0	0.95	4.5	2.3	单零		20	2.5	7.5	
JT-60U	1991 年	3.4	1.1	4.2	25[†](5)	偏滤器	空气	30	6	15	3
KSTAR	2008 年	1.8	0.5	3.5	0.8[†]	偏滤器		1	0.5		0.35
LT-1	1968 年	0.4	0.10	1.0	0.04		铁芯				
LT-4	1981 年	0.5	0.10	3.0	0.10		铁芯				
Macrotor	1977 年	0.90	0.40	0.4	0.12				0.5		
MAST	2000 年	0.85	0.65	0.52	(1.5)	偏滤器	空气	5			1.4
Microtor	1976 年	0.30	0.10	2.5	0.14				0.5		
NSTX	1999 年	0.85	0.68	0.55	(1.5)	偏滤器	空气	7	6		
Ormak	1971 年	0.80	0.23	1.8	0.20		铁芯	0.34			
PDX	1979 年	1.40	0.45	2.5	0.60[†]	4 零	空气	7			
Petula	1974 年	0.72	0.16	2.7	0.16		铁芯			0.5	
PLT	1975 年	1.30	0.40	3.5	0.72		空气	3	5	1	
Pulsator	1973 年	0.70	0.12	2.7	0.093		铁芯				
RTP[**]	1989 年	0.72	0.16	2.5	0.16		铁芯				0.9
ST	1970 年	1.09	0.14	4.4	0.13		铁芯				
START	1991 年	0.32	0.27	0.31	(0.31)	偏滤器	空气	1.0			0.2
TEXT	1981 年	1.00	0.27	2.8	0.34	偏滤器	空气				0.6
TEXTOR	1983 年	1.75	0.46	3.0	0.6	抽气限制器	铁芯	4	4		1
T-3	1962 年	1.0	0.12	2.5	0.06		铁芯				

续表

装置名称	年份	大半径 /m	小半径 /m	环向磁场 /T	等离子体* 电流 /MA	偏滤器	变压器 芯类型	辅助加热/MW			
								NBI	ICRH	LHRH	ECRH
T-4	1970 年	1.0	0.17	5.0	0.24		铁芯				
T-6	1971 年	0.7	0.25	1.5	0.22		铁芯				
T-7	1981 年	1.22	0.31	3.0	0.39		铁芯			0.25	
T-10	1975 年	1.5	0.37	4.5	0.68		铁芯				1.0
T-11	1975 年	0.7	0.22	1.5	0.17		铁芯	0.7			
T-12	1972 年	0.36	0.08	1.0	0.03[†]	双零	空气				
TCV	1992 年	0.89	0.25	1.5	0.17	单或 双零	空气				4.5
TFR-400	1973 年	0.98	0.20	6.0	0.41		铁芯	0.7			
TFR-600	1978 年	0.98	0.20	6.0	0.41		铁芯		1.5		0.6
TFTR	1982 年	2.4	0.80	5.0	2.2(3)		空气	40	16		
TM-3	1963 年	0.4	0.08	4.0	0.11		铁芯				
TNT-A	1976 年	0.4	0.10	0.44	0.02[†]		空气				
TO-1	1972 年	0.6	0.13	1.5	0.07		铁芯				
Tore Supra	1988 年	2.42	0.72	3.8	1.4	(遍历)	铁芯	1.7	12	10	1
Tosca	1974 年	0.3	0.09	0.5	0.02[†]		空气				0.2
Tuman Ⅱ	1971 年	0.4	0.08	2.0	0.05		铁芯				
Tuman Ⅲ	1978 年	0.55	0.15	3.0	0.20		铁芯				
Versator	1978 年	0.4	0.13	1.5	0.11					0.1	0.1

注: * 取值条件:对于圆截面放电,$q = 3(I = (5a^2 B_f / 3R))$,括号里的值是取得的较大的值; ** 前身是 Petula; *** 前身是 T-7; † 非圆截面; †† 离子伯恩斯坦波。

参考文献

大多数实验组在国际原子能机构(IAEA)组织的两年一届的国际会议上报告了他们的最新结果。会议文集由 IAEA 在维也纳以《等离子体物理与受控核聚变研究》的书名出版。历届会议的主办地和年份如下:

届次	主办地	年份	届次	主办地	年份
1	萨尔茨堡	1961 年	9	巴尔的摩	1982 年
2	卡拉姆	1965 年	10	伦敦	1984 年
3	新西伯利亚	1968 年	11	京都	1986 年
4	麦迪逊	1971 年	12	尼斯	1988 年
5	东京	1974 年	13	华盛顿	1990 年
6	贝希特斯加登	1976 年	14	维尔茨堡	1992 年
7	因斯布鲁克	1978 年	15	塞维利亚	1994 年
8	布鲁塞尔	1980 年	16	蒙特利尔	1996 年

届次	主办地	年份	届次	主办地	年份
17	横滨	1998 年	21	成都	2006 年
18	索伦托	2000 年	22	日内瓦	2008 年
19	里昂	2002 年	23	大田	2010 年
20	维拉摩拉	2004 年			

欧洲物理协会也定期召开国际代表会议。会议文集通常由主办机构在《受控聚变和等离子体物理》的标题下出版。这些内容如下：

届次	主办地	年份	届次	主办地	年份
1	慕尼黑	1966 年	20	里斯本	1993 年
2	斯德哥尔摩	1967 年	21	蒙彼利埃	1994 年
3	乌得勒支	1969 年	22	伯恩茅斯	1995 年
4	罗马	1970 年	23	基辅	1996 年
5	格勒诺布尔	1972 年	24	贝希特斯加登	1997 年
6	莫斯科	1973 年	25	布拉格	1998 年
7	洛桑	1975 年	26	马斯特里赫特	1999 年
8	布拉格	1977 年	27	布达佩斯	2000 年
9	牛津	1979 年	28	马德拉	2001 年
10	莫斯科	1981 年	29	蒙特勒	2002 年
11	亚琛	1983 年	30	圣彼得堡	2003 年
12	布达佩斯	1985 年	31	伦敦	2004 年
13	施利尔塞	1986 年	32	塔拉戈纳	2005 年
14	马德里	1987 年	33	罗马	2006 年
15	杜布罗夫尼克	1988 年	34	华沙	2007 年
16	威尼斯	1989 年	35	赫索尼索斯	2008 年
17	阿姆斯特丹	1990 年	36	索非亚	2009 年
18	柏林	1991 年	37	都柏林	2010 年
19	因斯布鲁克	1992 年			

第 12 章
大型托卡马克

12.1 大型托卡马克实验

从 20 世纪 80—90 年代开始运行的这一代大型托卡马克几乎在性能的所有方面都取得了实质性改善。这类装置包括普林斯顿的托卡马克聚变试验堆(TFTR)、位于英国卡拉姆实验室的欧洲联合环(JET)、位于日本那珂(Naka)的 JT-60、位于美国圣地亚哥的 DⅢ-D 和德国伽兴(Garching)的 ASDEX-U 等。它们的运行得到了在第 11 章讨论的各种小型和中型装置广泛研究的支持。各国实验室之间的广泛合作成为这一时期的一个特点,这反映了聚变研究的国际合作范围已得到进一步扩大。等离子体在大装置上和众多小装置上的行为和性能的比较研究为第 13 章要讨论的 ITER 装置设计的物理基础的发展作出了重大贡献。聚变研究已取得了长足进步,这包括离聚变点火所需只差不到一个量级的聚变三重积的值的实现,以及在利用氘氚混合燃料的实验中产出了超过 10 MW 的聚变功率。

随着托卡马克等离子体逼近能够显著产出热核动力的水平,聚变功率指数(Q_{DD} 或 Q_{DT})成为对聚变性能的一个有用的度量。对于氘等离子体,Q_{DD} 可以简单定义为聚变功率对外部加热功率的比值。它经常被转换为等效的 Q_{DT},后者是指在同样的等离子体条件下对 50:50 的氘氚混合物的聚变反应的预测计算值,如 13.1 节所述。由此确定了两个临界值:$Q_{DT}=1$ 对应于有效的能量得失相当;$Q_{DT} \to \infty$ 对应于点火。

在大型实验装置上,聚变性能的提高主要是由于其尺寸的增大和功率容量的提高。与上一代装置相比,装置的大半径和小半径均增加了一倍,导致等离子体体积提高了一个数量级,并相应改善了能量约束。等离子体电流和加热功率同样得到了提升,JET 在限制器运行模式下,等离子体电流达到 7 MA。三个最大的托卡马克 JET,JT-60U 和 TFTR 最终取得了 50 MW 的装机加热功率。JET 和 TFTR——二者均以 DT 实验为设计目标——具有大电流能力的一个重要方面是它们的聚变反应产生的很大一部分 α 粒子得到约束,这使我们可以研究热核等离子体中的 α 粒子的行为。

壁处理技术的不断改进也为提高约束性能作出了重大贡献。大装置的真空室壁都覆有一层薄的(通常小于 100 nm)碳、硼、铍、锂或硅的膜。这些涂层在不同程度上阻止了高 Z 金属的溅射,减少了氢的再循环和氧的吸附。维持低的氢的再循环已被证明是获得具有最佳聚变性能的等离子体的必要因素,尽管对其原因还缺乏令人满意的解释。更普遍的共识是控制粒子通量,包括杂质通量,是建造反应堆的关键一步,这一认识大大促进了对这一问题的广泛研究。偏滤器已经成为解决这一问题的最有利的方案。大型托卡马克的实验计划已经越来越多地集中于对这种方法的研究。这一点从以下事实就可以看清楚：这 5 个大装置原本只有两个是从一开始就设计成偏滤器托卡马克，但最终有 4 个装置几乎完全成为偏滤器实验装置。

随着越来越先进的诊断技术的应用，在实验测量和理论预测之间进行详细的定量比较的能力已成为近期托卡马克研究的一个显著特点。等离子体参数和尺寸的增加、技术的进步，以及计算能力的大幅提升都被用来改进对等离子体参数的测量。中子和高能粒子的诊断可能从热核运行模式的进展中受益最大，对这些方面的等离子体行为的研究一直是大装置实验的一个重要方面：利用辅助加热产生的高能离子和 DT 实验产生的 α 粒子对高能粒子的约束、它们与热等离子体的相互作用及对 MHD 稳定性的影响等方面进行了系统研究。诊断在电流剖面和内部电场测量方面的进展也已经对理解等离子体行为产生了深远影响。

聚变相关技术的改进，如加热和电流驱动系统、加料和抽气系统、功率沉积位置和控制技术等，也对大装置的进展作出了重大贡献。大型托卡马克的许多子系统已经从最初的实验阶段发展为常规运行，尽管尚未达到反应堆应用所要求的可靠水平。这从辅助加热和电流驱动系统的进展就可以说明。例如，基于正离子源和加速器技术的中性束系统已经达到注入功率为 40 MW 的水平，而基于负离子源的系统——预期可提供反应堆所需的技术——也已可以输出几兆瓦的功率水平。有超过 20 MW 的离子回旋共振加热能量被耦合到等离子体，相关的杂质产生问题已得到克服。电子回旋共振加热系统也已能产生兆瓦级的加热功率。最后，利用低杂波的电流驱动已达 3 MA 水平。精密诊断系统与灵活的加热和电流驱动能力的结合，已使得对等离子体反馈控制的能力大幅提高，并在等离子体约束品质的优化及其延伸到长脉冲运行的稳态，或者至少是定态条件下，得到了广泛应用。事实上，等离子体反馈控制已成为一种重要的"辅助系统"，它在推动托卡马克研究方面起着关键作用。

由于这些发展，目前可获得的参数运行空间已得到大幅扩展。虽然带实物限制器的托卡马克大多仍受限于只能运行在 L 模的约束模式下，但在 TFTR 上发现的增强约束的"超放电"运行模式开启了聚变研究的一个重要的新领域。能量约束品质优于 L 模定标律所预测的准稳态模式，例如，在 TEXTOR 上发现的辐射改善模式也扩展了带限制器的装置的参数运行空间。在具有内部磁分离面的等离子体上，H 模的运行是很容易实现的，只要真空室的壁条件足够好，并且输入功率足够高。此外，约束增强的水平已经发展到使等离子的能量约束时间可以比 L 模的高 4 倍。H 模也可以在强场侧的真空室壁限制的磁位形下和纯欧姆加热的等离子体中实现。一些组合模式，如将超放电的典型的高度峰化的电流剖面与具有边缘输运垒的 H 模组合起来，已被利用来提高聚变性能。

在这些艰苦努力下，等离子体的约束改善已远远好于由戈尔德斯顿定标律或 ITER89-P 定标律所描述的 L 模的水平，范围很宽的等离子体运行模式得到了确认和研究。在本章中，L 模与 H 模之间的区别指的是等离子体边缘的条件，而不是约束增强水平。"H 模"一词特指具有一定边缘特征的等离子体。这些特征通常包括边缘密度和温度形成陡的梯度，在许多实验中，这些梯度都与边缘区径向电场梯度的变化相联系。但最简单的也几乎是普遍的特征是边缘区氢的再循环减弱带来的 H_α 辐射水平的下降。

约束研究越来越集中在如何优化等离子体分布，特别是电流剖面的问题上，以获得约束改善，同时提高等离子体的磁流体力学稳定性。通过在固定电流的条件下提高内电感 l_i（其定义见 3.7 节),或通过建立在等离子体中心具有负剪切的电流剖面,能量约束已得到改善。虽然这种改善在缺乏对电流剖面的主动控制技术的情况下是短暂的,但这些结果表明,聚变堆可以有另一种选择,即反应堆可以运行在相对较低的电流下,通过对电流波形的控制来达到优化能量约束、实现磁流体力学稳定性,从而优化聚变性能的目的。这种运行模式——通常称为"先进托卡马克运行模式"——的优点包括在较低等离子体电流下引起破裂的力较弱,稳态运行时对电流驱动的要求较低。后者可以通过降低电流的绝对水平同时提高自举电流所占比重来实现。但是,许多挑战依然存在,需要对电流剖面所需的稳态控制加以验证,并证明粒子输运和偏滤器的要求与这种运行模式是相容的。

12.2　TFTR——美国普林斯顿大学等离子体物理实验室

托卡马克聚变试验反应堆(TFTR)于 1982 年底正式投入运行。这是投入运行的第一个大型托卡马克装置。该实验项目于 1997 年 4 月完成,装置在 D-T 等离子体实验取得一系列巨大成功后退役。这是一个极向为圆截面的装置(图 12.2.1),$R/r=2.4/0.8$,在等离子体的弱场侧和强场侧均采用了碳限制器,最大磁场可达 6 T,等离子体电流达 3 MA。强大的辅助加热系统包括两部分:功率高达 40 MW、注入束能量高达 120 keV 的中性束注入(NBI)和输出功率达 16 MW 的离子回旋共振加热系统。实验的主要目的是研究在接近能量得失平衡条件下的等离子体加热和约束,包括 α 粒子效应。实验项目的重点是研究等离子体行为和氘等离子体聚变性能的优化,但自 1993 年开始,实验采用 50 : 50 的氘氚混合物进行。

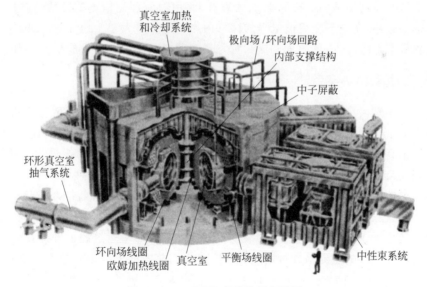

图 12.2.1　TFTR 实验装置鸟瞰图

许多实验表明,等离子体约束和最终的聚变性能对氢同位素的再循环水平非常敏感。因此,虽然在等离子体放电前对真空室进行了常规烘烤、辉光放电、脉冲放电清洗和击穿放电清洗等处理,但 TFTR 实验组仍然强调环形真空室的壁处理或脱气对于获得最高性能的等离子体放电的重要性。实验表明,等离子体内侧(强场侧)的真空室壁的处理尤为重要。

这可以通过一系列的低密度放电(往往采用氦放电)来实现,这样可使再循环因子从接近于1的正常值降到约 0.5。限制器的出气被认为是由高能的氦离子和碳离子轰击所致。硼化和锂弹丸注入也被用来改善壁条件。在中性束注入加热阶段的前后,可以通过注入几发锂弹丸来改善壁条件。每个弹丸含有约 4×10^{20} 个原子,足以在限制器表面覆盖上单层的锂。这项技术现已发展成一项主要的壁处理技术,因为它能大大降低碳和氘的返流,形成较低的边缘密度,并与超放电的能量约束改善有密切关系。

12.2.1 欧姆加热等离子体

欧姆加热等离子体的最初运行表明,等离子体杂质含量随平均电流密度对平均电子密度的比值 $\bar{j}/\bar{n}$ 的增大而增多。在电子密度低于 5×10^{19} m^{-3} 时,总的能量约束时间随 $nq_a R^2 a$ 增加,在气体加料等离子体情形下达到最大值 0.44 s。正如许多加料实验中所发现的,在高密度下,约束时间达到饱和,尽管在弹丸加料放电实验中,在密度大于 10^{20} m^{-3} 的条件下,能量约束时间达到 0.5 s。在欧姆放电条件下,通过快速(约 20 ms)提升垂直场将等离子体环驱向环的强场侧,成功展示了绝热压缩的作用。等离子体密度和离子温度均以符合理论期望的方式增加,但电子温度的升高低于预期,说明在压缩过程中电子输运增强。

在最大的几个托卡马克上,随着等离子体尺寸的增加,欧姆等离子体的约束改善使得欧姆加热的温度达到几个 keV。在这个参数范围内,电子和离子处在占等离子体截面很大一部分的香蕉区。因此,俘获粒子效应预计会显现出来,例如,电阻率将会提高到超过经典的斯必泽公式给出的电阻率。这在 TFTR 欧姆等离子体上得到证实,其中电阻率非常接近新经典理论给出的值。更确切地说,按新经典电阻率公式算出的等离子体表面的单匝环电压值对实验测得的环电压值的比值为 1.01 ± 0.06,而用经典理论给出的比值则要小一个在 2 量级的因子。此外,在基于经典电阻率的计算预测 q 值总是大于 1 的许多情况下,由锯齿反转面半径测量推出的 $q=1$ 的磁面的演化都与新经典电阻率公式导出的结果一致。

12.2.2 高功率加热实验

中性束注入是大型托卡马克辅助加热的主要形式。TFTR 的大多数实验都是致力于了解在高强度中性束加热下等离子体的行为。当等离子体受到外限制器约束时,或当内限制器上表现出高的粒子再循环时,等离子体总是处在 L 模下。对总的能量约束随等离子体尺寸和纵横比变化的系统研究显示出一个令人意外的结果:能量约束几乎与小半径无关,而是呈现 $\propto a^\alpha$ 的关系,其中 $-0.22 \leqslant \alpha \leqslant 0.06$。这种弱依赖关系与由扩散传热机制所预期的 a^2 定标大相径庭。此外,对这些等离子体的局域输运分析表明,单流体的热扩散率用 r/R 的函数要比用关于 r/a 的函数更好,表明环效应在局域热输运过程中发挥着重要作用。

超放电模式追求的主要是获取高的聚变产出。超放电的形成是通过将大功率中性束注入到低密度($\bar{n} < 1.5 \times 10^{19}$ m^{-3})的由内壁限定的靶等离子体上来实现的。如前所述,仔细控制碳内壁的处理是这一放电的先决条件,因为控制碳和氘的再循环是至关重要的。在中性束注入前,先注入锂弹丸以改善内壁条件,使粒子再循环得到进一步降低。这些措施使得聚变反应率提高了 5% ~ 10%,在 33 MW 的中性束注入功率下,TFTR 取得了最高到 10^{17} s^{-1} 的 D-D 反应率。多年来,在较高的等离子体电流下,等离子体分布的展宽——可能是由于锯齿活性和欧姆加热等离子体密度随电流增加的缘故——制约了超放电只能在低于

2 MA 的电流下进行。然而,在锂丸注入后,改善了的壁条件使得电流在接近 3 MA 时实现
了超放电。对这种放电的另一个制约是要求有接近平衡的中性束注入,即其平行于等离子
体电流方向的注入功率应与反平行于等离子体电流方向的注入功率大致平衡。这种平衡注
入的好处部分可用经典理论来解释,即非平衡注入驱动起的大的旋转速度会降低中性束注
入的加热效率,因为此时等离子体粒子与注入粒子之间的相对速度将减小。

　　强的中心束加料和超放电带来的约束改善产生很高的中心电子密度 $n(0)$(高达 10^{20} m^{-3})
和峰化的密度剖面(图 12.2.2,$n(0)/\langle n \rangle$ 的范围通常在 2~3)。这种峰化与约束的改善有
很强的相关性(图 12.2.3),在密度剖面峰化因子约为 3 时,相对于 L 模定标律,约束增强大
约提高了 3 倍。总的能量约束没有随加热功率的提高而变差,而且随等离子体电流的变化
也不大,这与 L 模的行为形成了鲜明对比。离子温度剖面也非常峰化,中心值达到 35 keV,
而电子温度剖面变得更宽,其峰值仅为 12 keV。电子温度在远低于离子温度的情形下即达
到饱和,这可以用以下事实来解释:中性束注入直接加热的电子和通过离子的能量均分输
运给电子的功率都随电子温度的升高而下降。在现代托卡马克研究中,具有 $T_i \gg T_e$ 特征
的热离子模得到广泛应用,以使聚变性能极大化。增强的能量约束和中心峰化剖面对高聚

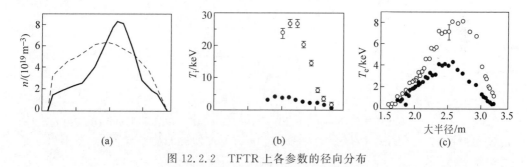

图 12.2.2　TFTR 上各参数的径向分布

(a) 电子密度;(b) 离子温度;(c) 电子温度

实线和空心点是超放电的数据,虚线和实心点是氢等离子体在 L 模下的数据。二者的放电条件均为:$I_P = 1.4$ MA,
$P_{NBI} = 22$ MA,$B = 4.8$ T(Zarnstorff, M. C. *et al*. *Plasma Physics and Controlled Nuclear Fusion Research* 1988
(Proc. 12th Int. Conf., Nice, 1988) Vol. 1, 183. I. A. E. A., Vienna (1989))

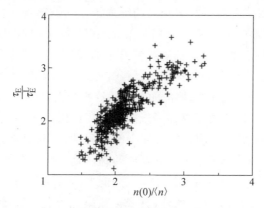

图 12.2.3　增强的能量约束时间 τ_E 与哥德斯顿 L 模定标律给出的能量约束时间 τ_E^L 的比值随归一化峰值
密度分布 $n(0)/\langle n \rangle$ 的变化(Meade, D. M. *et al*. *Plasma Physics and Controlled Nuclear Fusion Research*
1990 (Proc. 13th Int. Conf., Washington, 1990) Vol. 1, 9. I. A. E. A., Vienna (1991))

变产出是最理想的,在氘的超放电中,聚变三重积比等价的 L 模等离子体大 20 倍。三重积 $n_i(0)T_i(0)\tau_E$ 的值高达 3×10^{20} keV·s·m^{-3},相应的 $Q_{DT}\approx0.3$。

　　超放电中局域输运相对于 L 模等离子体大大减少,这主要表现在离子通道上,可以从两种放电模式下离子温度的巨大差异预料到这一点。从离子热扩散率的变化也可以看出这一点,在超放电的等离子体芯部,热扩散率随离子温度升高而下降,相反,在 L 模等离子体中,通常是扩散率随 T_i 局域值的增大而增大(图 12.2.4)。电子热扩散率在超放电中也降低,但仅降低为原来的 1/2。超放电的一个值得注意的方面是有时可观察到向限制器 H 模的转换。在氘等离子体情形下,这些 H 模总是呈边缘局域模特征,且可维持准稳态条件达约 1.5 s。其能量约束时间与超放电相差无几,相对于 L 模水平,约束增强了约 2.5。

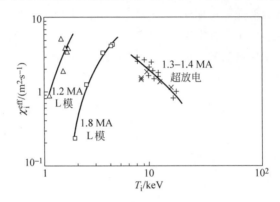

图 12.2.4　L 模与超放电两种约束条件下,总的离子热扩散率 χ_i^{eff}($r=a/3$,其中包括离子热传导和对流) 随离子温度 T_i($r=a/3$)变化的比较(Meade, D. M. *et al*. *Plasma Physics and Controlled Nuclear Fusion Research* 1990 (Proc. 13th Int. Conf., Washington, 1990) Vol.1, 9. I. A. E. A., Vienna (1991))

　　增强约束模往往较短暂。在最大功率下,超放电性能在加热 1～2 s 后下降。在某些情况下,这种品质的退化与密度剖面的衰退有关;在其他情况下,则与 MHD 活动的增长(通常是由于压强驱动模)有关。另一种类型的性能退化是由功率承载面上的局部过热引起的。这种过热产生一种灾难性的大量杂质的释放——碳的激增(carbon bloom)。之所以有此称谓,是因为过热区发出的光在红外相机拍摄的等离子体与器壁相互作用区域的图像中呈现为"激增"形态。虽然石墨的升华温度为 2700℃,但在限制器表面的 1700～2400℃温度范围内,经常可以观察到这种激增现象。辐射增强升华的现象——溅射离子返回器壁表面造成进一步的溅射,并导致产生杂质的失控——已经被提出来用于解释这种激增。

　　碳的激增最先是作为 TFTR 超放电的一种制约机制报告的,并对内壁限制器做了改变以提高其功率承受能力。铺设的石墨瓦形成功率沉积的限定表面,但由于在环向对称性上存在偏差,使得功率流在刮削层的某些位置上被优先截取,从而在这些位置上形成高温热斑。因此限制器的功率耐受能力主要受到这些热斑的局部加热的制约,而不取决于刮削层内环向平均功率通量。为了提高内壁的功率耐受能力,对石墨瓦铺设的对齐程度做了改进,使环向对称的偏差仅为 ±0.5 mm。此外,石墨瓦被碳纤维复合瓦所取代,后者具有更高的热导率和更好的抗热震性能。这些措施基本消除了碳的激增,即使功率水平在 35 MW 的时间长达 1 s。

　　做了这些改进后,超放电的制约因素一般多由 MHD 活动导致,它们使得聚变性能逐渐恶化。MHD 模具有低的极向模数 m 和环向模数 n,并且被确认为由非线性的新经典压强梯度驱动的撕裂模。通常观察到的是具有层级结构的 MHD 活动。$m=3,n=2$ 的模的影响最严重,能使中子产额降低 30%,使存储的等离子体能量下降 15%,而 $m=4,n=3$ 和 $m=5,n=4$ 的模,以及 $m=1,n=1$ 的鱼骨模对等离子体性能的影响较小。这种 MHD 活动多发生在由条件 $\beta_N=10^8\beta/(I/aB)<2.4,\varepsilon\beta_P<0.7$ 限定的边界层附近(图 12.2.5)。在一小部分(约占 10%)脉冲放电中,中子发射仅在 NBI 加热历时近 1 s 然后关闭后开始衰减。有一小部分放电则因大破裂而终止,破裂前可看到持续约 5 ms 的迅速增长的先兆。

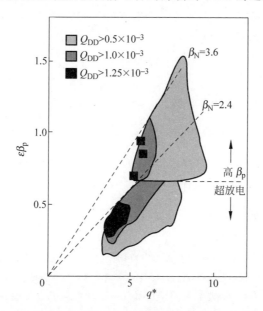

图 12.2.5　TFTR 上两种高性能放电模式(超放电和高 β_P 等离子体)的运行图

图中显示了 $\varepsilon\beta_P$ 作为柱形安全因子 q^* 的函数的可近区间(Mauel,M. E. *et al. Plasma Physics and Controlled Nuclear Fusion Research* 1992 (Proc. 14th Int. Conf.,Würzburg,1992) Vol. 1,205. I. A. E. A.,Vienna (1993))

超放电等离子体的一个显著特征是 β_N 限定在 2.4,峰形压强剖面意味着更好的聚变性能。在反应堆等离子体运行模式下,聚变反应率大致按 $(n_iT_i)^2$ 变化,与此相关的优点是 $\beta_N^*=10^8\beta^*/(I/aB)$,其中 $\beta^*=\langle p^2\rangle^{1/2}/(B^2/2\mu_0)$,$\langle p^2\rangle$ 表示等离子体压强的体积平均。超放电取得了 $\beta_N^*=3.9$ 的水平。

在正常超放电的稳定性边界之上的是以高 β_P 为特征的放电(图 12.2.5),这种放电是通过在中性束注入加热前让等离子体电流迅速下降(达 50%)来实现的,由此造成等离子体的内感增大,并伴有相当大的能量约束增强,能量约束时间上升到约 $3.7\tau_E^{ITER89-P}$。等离子体的稳定性也有了短暂提高,使得 β_N 上升到 3.6,$\varepsilon\beta_P$ 达到约 1.5。但随着 l_i 的衰减,这种状态将最终失稳,其途径要么是通过大破裂,要么是通过与强 MHD 活性相关的 β 崩塌。

等离子体约束的进一步改善还可以从中心呈反剪切的等离子体上观察到(剪切定义为 $s\approx(r/q)(dq/dr)$)。这种等离子体是通过在电流上升期间注入中性束建立起来的。在高功率($P_{NBI}\approx20$ MW)量级中性束注入后,放电状态很快转换到增强的等离子体约束模,可观察到 MHD 稳定性迅速得到改善。在反向剪切阶段,安全因子 q 的分布通常为 $q(a)\approx6$,$q_{min}\approx2$ 和 $q(0)=3\sim4$,压强剖面往往变得比超放电更峰化,$p(0)/\langle p\rangle$ 达到 8,而超放电时的值通常约为 5。在反剪切区域内,热输运和粒子输运均降低(图 12.2.6),电子的粒子扩散系数下降为原来的约 1/40,达到新经典理论所预期的水平,离子的热扩散率下降了大约两个数量级,远低于传统的新经典预期值,后者曾被认为是输运能达到的最低水平。最近的新经典输运计算将离子轨道尺寸的效应(此时该效应与压强的标长可比)包含进来,似乎化解了这个矛盾(见图 12.2.6 的说明)。这种"增强的反剪切"模的持续时间很短,许多最好的放电(β_N 达到约 1.7,$\beta_N^* \approx 3.5$)都遭受到 $n=1$ 模所引起的大破裂。

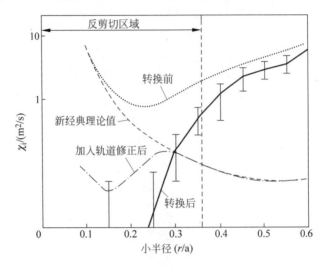

图 12.2.6 反向剪切放电中,转换到增强反向剪切模之前和之后的离子热扩散率 χ_i 的径向分布
图中同时给出了传统的新经典 χ_i 的预测值和最近给出的包括了离子轨道尺寸与压强梯度标长可比时的效应的修正值。"反剪切区域"是指磁剪切反向的区域(摘自 Levinton, F. M. *et al*. *Physical Review Letters* **75**, 4417 (1995) 和 Lin, Z. *et al*. *Physical Review Letters* **78**, 456 (1997))

类似的结果同时也在 DⅢ-D 实验上被观察到。这些观测证实了 JET 对 PEP H 模的分析。分析表明,等离子体芯部输运的减小与中心区域的反剪切有关。所有这些结果从实验和理论上为托卡马克和仿星器等离子体中广泛存在的"内部输运垒"的研究奠定了基础。这些研究提供了对环形等离子体局域输运过程的深刻理解,并为托卡马克反应堆的稳态运行找到了一条可能的途径。人们已经提出了几种机制来解释这种等离子体芯部输运减小的现象:中心反剪切可以稳定某些导致输运的小尺度的不稳定性,由高的中心压强引起的中心磁通面的大的沙弗拉诺夫位移对此也有贡献,而且由内部输运垒区域的径向电场梯度引起的剪切的等离子体流对湍流的抑制被认为是主导过程。这种影响的重要性已通过实验得到了验证。实验中,投入不同比例的正向 NBI 和反向 NBI 来影响增强约束模的持续时间,目的在于强调外部施加的转矩对调整等离子体环向速度,从而调整径向电场的作用。在 12.5 节讨论 H 模式转换时,还将对这一与湍流抑制机制相关的基本物理进行讨论。

对于高聚变性能等离子体所获得的压强,压强梯度在决定等离子体行为方面起着重要作用。在许多托卡马克装置上,最明显的效应表现在对总的 β 极限的观察。此外,预计还存在大比例的自举电流。但要给出令人信服的自举电流产生机制的实验证据,还有赖于装备先进诊断手段的大型托卡马克上的电流产生实验。在 TFTR 上,虽然中性束注入(甚至是在平衡注入的情况下)能够产生总电流的很大一部分,但高功率放电中表面环电压信号的行为只能借助于自举电流才能得到解释(图12.2.7)。此外,由自举电流造成的电流剖面的展宽为环电压的短暂的负位相提供了一个现成的解释,这是因为自举电流——如同俘获粒子群——在与等离子体中心有一定的距离处最大。在超放电模式下,有高达70%的等离子体电流是由自举机制驱动的。

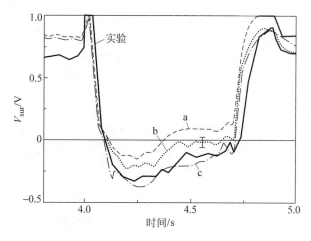

图 12.2.7　环电压信号 V_{sur} 的时间演化

实线是磁测量给出的实验值,虚线是不同理论假设下给出的计算值。这些假设包括:① 仅有欧姆电流;②NBI 驱动+欧姆电流;③自举电流+NBI 驱动+欧姆电流(Zarnstorff, M. C. *et al*. *Physical Review Letters* **60**, 1306 (1988))

12.2.3　MHD 研究

　　大型托卡马克诊断能力的长足进步大大激发了对等离子体行为进行前所未有的定量和定性分析。在磁流体力学领域,利用多道电子回旋辐射(ECE)测量技术,加上配有先进的计算机图像重构技术的软 X 射线探测器,已使得对锯齿振荡和破裂的研究发生了革命性的进步。例如,在 TFTR 上,利用径向可分辨的多道 ECE 数据给出的锯齿崩塌的重构图像与卡多姆采夫(Kadomtsev)给出的完全磁重联模型的结果非常一致。然而,在其他托卡马克上,利用运动斯塔克效应得到的 q 分布的分析结果表明,在整个锯齿周期内,中心 q 值都小于1。在 TFTR 上,运用运动斯塔克效应来测量 q 分布已被纳入锯齿等离子体和无锯齿等离子体的稳定性分析。这项研究发现,锯齿的发生和基于 $(rdq/dr)_{q=1}$ 的稳定性判据之间存在很好的一致性。这里的稳定性判据由描述锯齿不稳定性的二流体无碰撞 $m=1$ 磁重联模型给出,其中包含了逆磁效应对 $m=1$ 模的稳定化。

　　类似的技术被应用于破裂前等离子体的研究。如 7.8 节所述,在 TFTR 上,破裂的原因与其他大型托卡马克上出现的情形大体相似,虽然理想不稳定性的作用可能更主要地表现为运行上的重要性,正如在高 β_p 放电实验中所强调的。对于高密度或低 $q(a)$ 的大破裂情形,通过 ECE 对电子温度剖面的重建可以看出,在电流猝灭前的最后 1 ms,等离子体芯部的 $m=1$ 的形变发展很快,这与冷等离子体泡穿透进入芯部的图像是一致的(图12.2.8)。然而,$m=1$ 模的这种快速增长($\gamma \approx 5 \times 10^3 \mathrm{s}^{-1}$)与 $m=2, n=1$ 模的缓慢增长之间的关系仍未解决。在其他大多数托卡马克上,后者被认为是大多数破裂的先兆。

　　高 β 下的破裂被认为是由环向和极向局域化的气球模触发的,其 $n=10\sim15$,这种模

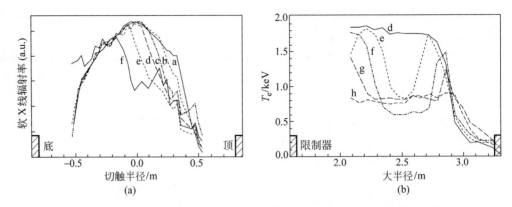

图 12.2.8　(a) 弦积分软 X 射线发射率的垂直分布表明,在这个环向位置上,等离子体芯部的 $m=1$ 形变向下穿透;(b) 由中平面 ECE 测得的电子温度剖面显示,$m=1$ 变形以"冷泡"形式出现,这些剖面取自热猝灭前最后 $500\ \mu\mathrm{s}$ 中的 $50\ \mu\mathrm{s}$ 数据(Fredrickson,E. D. *et al. Nuclear Fusion* **33**,141 (1993))

因内 $n=1$ 扭曲模对磁剪切和压强梯度的局部调整而变得不稳定(图 12.2.9)。这种模的增长造成中心电子温度快速崩塌(约 $100\ \mu\mathrm{s}$),随后等离子体电流在几十毫秒内猝灭。对高 β_p 等离子体中中等 n 值($4\leqslant n\leqslant 10$)的气球模的观察得到了压强剖面影响的进一步证据。例如,在 $\beta_\mathrm{p}>2$ 的放电中,中心电子温度的崩塌总是伴随着一个环向和极向均局域的模。建模表明,这个模是 $m=7$,$n=6$ 的螺旋结构的一部分。正如高 β 破裂时的情形,异常高的环向模数、强烈外凸的非对称振幅分布和短的模增长时间(约 $20\ \mu\mathrm{s}$)均提供了这种活动的气球模特征的证据。

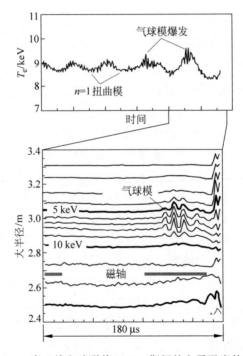

图 12.2.9　高 β 放电破裂前 $180\ \mu\mathrm{s}$ 期间的电子温度的等温线

图中可见 $n=1$ 的扭曲模和气球模的先兆性振荡(McGuire,K. M. *et al. Physics of Plasma* **2**,2176 (1995))

相干磁流体活动可能代表一种大的高能聚变产物的反常损失机制。目前作为可能的原因而受到关注的两类主要活性是：包括锯齿振荡、鱼骨不稳定性和破裂的低 m/n 磁流体力学活性；高频阿尔文本征模。D-D 反应产生兆电子伏能量的氚离子和质子，像 3.5 MeV 的 α 粒子一样，这些粒子有各自的轨道和空间分布，并受到拖曳力。因此，它们的行为有望提供有关 D-T 等离子体中 α 粒子的约束信息。对氚燃烧——氚与背景氘离子反应产生 14.1 MeV 中子的过程——的测量是一项特别重要的诊断技术。在 TFTR 上发现，观察到的 14.1 MeV 的中子产额大约比预期值小 1/2，即便考虑到杂质对燃料的稀释和氚的长的慢化时间。这种差异在具有较长的氚慢化时间的等离子体中表现得更大，它也许可以用快粒子的扩散率（约 $0.1\,\mathrm{m^2 \cdot s^{-2}}$）来解释，虽然这个解释似乎与快粒子约束其他实验证据不一致。

那种认为氚的瞬发损失异常的高或氚的扩散异常的快的可能性已经被对等离子体边缘的高能氚核损失的直接测量排除。这些测量结果表明，在没有大振幅的相干 MHD 活动的情况下，瞬发损失与从第一轨道损失预测得到的结果一致。此外，对短脉冲中性束注入的衰减阶段的 2.4 MeV 中子和电荷交换中性粒子的发射率的测量表明，在此期间高能粒子的背景扩散系数小于 $0.1\,\mathrm{m^2 \cdot s^{-1}}$。

相比之下，有 MHD 活动的情形则明显展现出增强的快粒子损失的证据（图 12.2.10）。在这种等离子体情形下，瞬发损失率为预期的第一轨道损失率的 5～10 倍，达到在反应堆规模下才予以关注的水平。

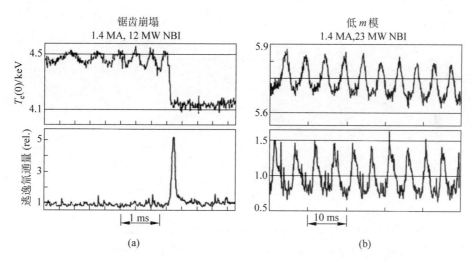

图 12.2.10　1 MeV 的氚的损失与 MHD 活动相关的实验证据

（a）锯齿崩塌；（b）$m=2, n=1$ 的 MHD 模（Strachan, J. D. *et al. Plasma Physics and Controlled Nuclear Fusion Research* 1988 (Proc. 12th Int. Conf., Nice, 1988) Vol.1, 257. I. A. E. A., Vienna (1989)）

环向阿尔文本征模（TAE 模，见 7.15 节描述）被确认为 α 粒子反常损失的一个潜在原因。这种反常损失会降低 α 粒子加热效率，并构成对反应堆第一壁的损伤威胁。在正常托卡马克的运行参数下，速度大到满足 TAE 模共振条件的高能粒子的密度通常太低，不足以激发起 TAE 模。但如果环向磁场被降低到约 1 T，那么由中性束注入产生的高能离子是可以满足这一共振条件的。在功率高达 14 MW 的 NBI 平衡加热（注入能量为 100 keV）实验中,已观察到这种条件下的频率范围在 100 kHz 附近的磁涨落的爆发。这种爆发的主要环向模数为 $n=2$ 和 $n=3$,模频率随环向磁场和等离子体密度变化,其方式与预期的 TAE 模的变化方式一致: $\omega \propto V_A/(2qR_0)$。对总的中子通量的测量表明,它们对快粒子群有不利影响: 随着磁涨落信号的增强,快粒子数减少了约 7%。实验证据还表明,ICRF 加热产生的高能俘获质子可以激发 TAE 模,导致高达 10% 的快质子损失。

12.2.4　输运和约束

目前已进行了大量实验来探讨超放电和 L 模运行过程中的输运行为。这些研究包括对稳态输运参数的分析和对扰动技术的运用。其中最引人注目的结果来自一组 L 模放电。实验中,通过控制等离子体电流的爬升来研究能量约束是如何受到等离子体电流和电流剖面的影响的。在给定功率下,L 模的能量约束时间与等离子体电流之间的线性关系在众多托卡马克上获得了可重复的一致性。因此人们预料,等离子体能量会对电流的变化立即作出反应。然而,当等离子体电流上升或下降时,储能的变化明显滞后于电流的变化时间。等离子体能量的时间变化尺度接近电阻扩散的特征时间而不是短得多的能量约束时间。虽然人们发现,能量的约束改善与等离子体电感之间存在良好的相关性,有如下形式的定标律: $\tau_E/\tau_E^L \propto 0.4 + \ell_i/2$(图 12.2.11),但对这些实验中的能量约束时间演化的定量分析表明, ℓ_i 不是描述电流剖面影响的基本参数。但不管怎么说,较高的峰化电流剖面与约束改善之间的这种相关性已经在其他托卡马克上得到重复。

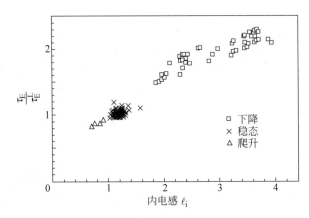

图 12.2.11　电流爬升实验结果给出的由逆磁通量环测得的能量约束时间 τ_E 与哥德斯顿 L 模定标律预言值 τ_E^L 的比值随内电感的变化(Zarnstorff, M. C. *et al. Plasma Physics and Controlled Nuclear Fusion Research* 1992 (Proc. 14th Int. Conf., Würzburg, 1992) Vol. 1, 111. I. A. E. A., Vienna (1993))

正如在 4.14 节所讨论的,反常热扩散的两种基本形式已经得到明确认定,分别称为回旋玻姆型和玻姆型。用以区分二者的关键性实验检验取决于扩散率(或更准确地说,通过磁面的热流)如何随归一化拉莫尔半径($\rho_* = \rho_i/a$)变化。经过一系列精心控制的放电,可以做到仅 ρ_* 随环向磁场的变化而变化,而其他相关的无量纲参数保持近似不变。这个实验的结果明确支持这样一个结论: 在 L 模放电模式下,局域输运由玻姆定标律支配,而不是由回旋玻姆定标律支配(图 12.2.12)。

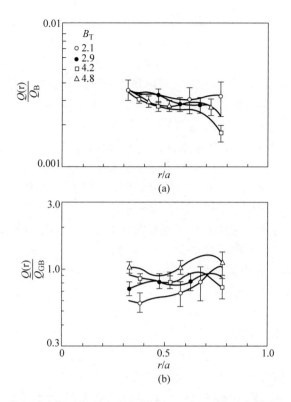

图 12.2.12　通过给定磁面的归一化热流通量 $Q(r)$ 随归一化拉莫尔半径的变化

（a）按玻姆定标律预言的能流归一；（b）按回旋玻姆定标律预言的能流归一

归一化拉莫尔半径在一系列放电中通过改变环向磁场来得到。（a）中较小的散点图可看作如下结论的证据：玻姆定标律描述的 L 模输运要比回旋玻姆定标律描述的更确切（Scott, S. D. *et al. Plasma Physics and Controlled Nuclear Fusion Research* 1992 (Proc. 14th Int. Conf., Würzburg, 1992) Vol. 3, 427. I. A. E. A., Vienna (1993)）

　　通过对热和粒子输运的微扰分析,可以得到对局部输运过程的进一步了解。前者利用的是锯齿崩塌引起的热脉冲,后者利用的是等离子体边缘的气体喷入。利用锯齿热脉冲来诊断热输运的第一次尝试是在 ORMAK 托卡马克装置上进行的。实验结果表明,实测的热扩散率与用传统的功率平衡计算得到的结果之间有良好的一致性。在 TFTR 上,在锯齿热脉冲传播期间,用软 X 射线和电子回旋辐射测得的热扩散率要比从欧姆放电和 L 模等离子体条件下稳态功率平衡计算给出的结果大一个数量级。虽然最初得出的结论是热脉冲扰动的传播具有扩散性质,但随后的研究发现,至少在 $r_{mix} < r < 1.5 r_{mix}$ 的范围内,锯齿崩塌产生了一支崩塌后的热输运"弹道"(或称非扩散)分量。这里 r_{mix} 是指这样一个半径:在它之内会出现卡多姆采夫锯齿振荡模型下的通量重联。这个结果对根据热扩散率给出的对热脉冲的传播的简单解释提出了质疑。

　　人们还运用微扰方法对局域输运系数对温度的依赖关系进行了研究。这项研究是在用 NBI 对 L 模下的氦等离子体进行加热的条件下通过研究电子的粒子输运来进行的。做法是保持等离子体密度不变,在不同的 NBI 功率条件下向等离子体中喷入少量的氦气。这个实验的一个重要意义在于利用粒子输运方程的广义形式来解释粒子扩散系数的变化和与扰动密度梯度变化有关的箍缩项。分析仅限于 $0.43 < r/a < 0.75$ 的区域,以便消除由等离子

体中心的锯齿活动和由等离子体边缘的粒子源项所引起的不确定性。得到的粒子输运系数的形式(与粒子扩散系数和箍缩速度相似)强烈依赖于局部电子温度,随 T_e^α 变化($1.5 < \alpha < 2.5$)。对于离子和电子的热扩散率,功率平衡分析得到了类似的结果。这种温度依赖形式可看作下述结论的强有力的证据:L 模的输运由静电漂移型微观不稳定性支配。

　　超放电中影响输运的因素已得到实验检验。实验中,不论是采用氘气喷吹还是采用弹丸注入,密度剖面都被瞬时展宽。其动机是要验证这样一个建议:超放电的等离子体剖面处于离子温度梯度模驱动的湍流的临界(marginal)稳定性的极限附近,这里参数 $\eta_i(= \mathrm{d}\ln T_i / \mathrm{d}\ln n_i)$ 起决定性作用。密度剖面的展宽导致 η_i 增大,预计将使湍流水平增大,并使离子温度剖面展宽,从而使等离子体回复到临界稳定性。事实上,离子温度梯度的标长 $T_i / \mathbf{\nabla} T_i$ 减小,虽然 η_i 远远超出了理论预测的稳定性极限,因而使原先的猜想受到质疑。现在看来,超放电中输运水平的减小取决于新经典径向电场剪切的自洽处理。这种径向电场剪切与等离子体压强梯度和流的剪切有关,它对离子温度梯度模湍流的稳定性的影响见12.5 节关于 H 模等离子体约束改善的讨论。

　　等离子体湍流诊断技术的发展,特别是在束发射谱方法和微波反射技术方面的发展,已使我们能够对基本等离子体湍流与测得的等离子体热流通量进行比以往更精确的比较。结果表明,在 L 模等离子体芯部,$k_\perp < 2\ \mathrm{cm}^{-1}$ 的长波长范围内的密度涨落的相对水平与 τ_E 呈负相关。此外,基于对涨落相关长度和相关时间的束发射谱的测量,利用随机行走模型估计给出的局部扩散率与用功率平衡计算给出的热扩散率基本一致。然而,等离子体边缘区($r/a > 0.6$)的湍流特性与较小半径处的湍流特性非常不同,并且与总体能量约束不相关。芯部湍流与边缘湍流之间的这种变化在所有水平的 NBI 功率下都被观察到,并且保持到超放电模式,虽然在超放电模式下其变化区域随中心温度升高向外移动到 $r/a \approx 0.9$ 附近。

　　作为核聚变研究的关键参数之一,热化 α 粒子通过对流逃逸出等离子体的速率可通过测量氦的粒子扩散系数来确定。随着实验和理论的进展,已可以对氦的电荷交换谱进行分析。氦的输运研究是运用边缘喷气和电荷交换谱来测量 L 模和超放电两种模式下的氦分布来进行的。虽然在超放电中向内箍缩引起氦的密度剖面呈峰形,但在这两种模式下,氦的输运都快到足以与反应堆的持续点火兼容。

12.2.5　氘氚混合实验

　　在 1993 年的下半年,TFTR 成为第一个产生 50∶50 氘氚混合等离子体的托卡马克装置。在这个装置上完成了一系列实验,用以优化聚变功率的产生,并解决了如下一系列重要的物理问题:同位素浓度控制、约束的同位素效应、α 粒子加热及 α 粒子的集体效应的存在性等。该计划还包括许多技术问题,如氚的处理、氚中性束注入、ICRF 加热方案的演示,以及氚在第一壁的滞留等问题。

　　为使聚变功率最大化并实现与等离子体点火有关的运行模式,对 D-T 的研究主要集中在超放电模式上。使用 D-T 混合燃料自然导致聚变功率比氘等离子体提高了约 100 倍,但D-T 阶段也伴随着超放电等离子体的发展。其中某些发展源自壁处理技术的进步(如锂弹丸注入),另一些则是利用了使用氚所带来的好处。特别是在超放电中,能量约束和粒子约束随着原子质量增大均获改善。因此,在等离子体能量相同的情形下,D-T 聚变功率对 D-D

聚变功率的比值为 115 ± 15,而在相同的 NBI 功率下,这个比值为 135 ± 7。结果在 39.5 MW 氘氚混合 NBI 的超放电(2.7 MA/5.5 T)实验中成功实现了最大为 10.7 MW 的聚变功率。这次脉冲(图 12.2.13)在忽略 α 粒子加热的情形下取得的瞬时 Q_{DT} 达 0.27,规范 β 值达到 1.8。当最大聚变产出为 7.6 MJ 时,D-T 超放电的中心聚变功率密度达到 2.8 MW $\cdot$ m^{-3},与所预期的反应堆的值可比。

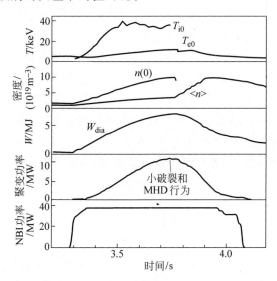

图 12.2.13 具有最高 D-T 聚变功率输出的超放电概况

图中显示了中心离子温度 T_{i0} 和电子温度 T_{E0},中心电子密度 $n_e(0)$ 和体平均电子密度,存储的等离子能量 W_{dia}、聚变功率输出和中性束加热功率(数据取自普林斯顿等离子物理实验室)

在中等功率的实验中,较好的壁处理与较高的约束相结合使聚变三重积比最佳氘等离子体的三重积提高了近 3 倍。在由 17 MW 纯氘 NBI 加热的放电中,已实现 $n_{hyd}(0)T_i(0)\tau_E^* = 8.7 \times 10^{20}$ keV $\cdot$ s $\cdot$ m^{-3},其中 $T_i(0) = 44$ keV,$n_e(0) = 8.5 \times 10^{19}$ m^{-3},$\tau_E^* = 0.33$ s,这里 $n_{hyd}(0)$ 是等离子体中心区所有氢同位素的总密度,τ_E^* 是总储能对总输入功率的比值,并忽略了储能的时间变化率。

制约 D-T 超放电的聚变性能的过程与观察到的氘等离子体中的过程非常类似。在功率最高时,该性能受制于 MHD 稳定性而非约束或加热功率,特别是受到与高 β_N 值相关的小破裂或大破裂的制约。与氘的超放电类似,在较低功率水平下,一系列低极向和环向模数的磁流体活动使约束变差达 30%,虽然当电流在 2 MA 以上时磁流体活性的影响通常较弱,造成的约束性能下降大约是 5%。对约束的进一步限制来自限制器上再循环释放出的氢,而不是氘和氚。在某些情况下,这占到循环通量的 20%,并稀释了等离子体混合燃料。

虽然在许多方面 D-T 放电的行为与氘等离子体的行为别无二致,但在氚含量明显较高的超放电中,总体约束和局域输运均得到显著改善。在 D-T 超放电中,相对于同样的氘放电,离子温度和电子温度均增加,导致 D-T 等离子体的储能提高了 22%。大约 70% 的储能增益来自于热等离子体,而且热能和总能量的约束时间均近似按 $A^{0.9}$ 增加,这里 A 是 $r/a < 0.5$ 区域内氢离子的体平均同位素质量。在 $r/a \approx 1/3$ 的核心区,局域输运系数与同位素质量的定标关系更强烈。在中性束注入功率固定不变的情形下,离子的有效热扩散率

(正比于离子总的热流通量对离子温度梯度的比值)的定标关系为 $A^{-2.6\pm0.3}$，而电子的扩散系数则按 $A^{-1.4\pm0.2}$ 变化。D-T 的限制器 H 模表现出类似的约束改善，其能量约束时间达到约 $4\tau_{\mathrm{E}}^{\mathrm{ITER89\text{-}P}}$。在 L 模等离子体情形下，同位素效应较弱，但无论是热能还是总能量的约束时间，其定标关系至少达到与 ITER89-P 定标律中对 A 的依赖关系($\propto A^{0.5}$)相同。

大的 D-T 聚变反应截面使得反应生成的 14.1 MeV 的中子可以作为一种灵敏地诊断等离子体中氚的空间剖面的工具。氚喷入后的氚剖面的演化可以从中子发射的剖面推断出来，然后可以计算出氚的输运系数。这一技术已被应用到氚浓度仅为氘浓度 1% 的超放电中。图 12.2.14 展示了由这种诊断技术推断出的氚剖面在喷入氚气后的演化。由图可见，在约 100 ms 的时间尺度上，最初中空的氚剖面演变成峰化分布。由这些测量导出的氚的局域粒子扩散率和对流速度无论是在幅度上还是在径向分布上，都与类似条件下得到的氦的输运系数非常相似。氚的扩散率 D_{T} 从等离子体中心的约 $0.6\ \mathrm{m^2 \cdot s^{-1}}$ 上升到 $r/a\approx0.9$ 边缘处的约 $2.5\ \mathrm{m^2 \cdot s^{-1}}$，而向内的对流速度接近于零。在 $r/a<0.65$ 的地方，测量值与新经典理论的预言值吻合得很好，但在半径较大的位置上，测量值大于新经典理论的预言值。

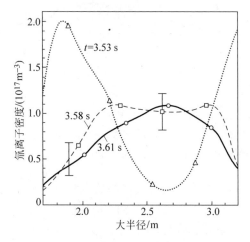

图 12.2.14　在 3.5 s 时喷入氚气后由测量中子发射率剖面推断出的氚密度剖面的演化

有关高能 α 粒子行为的几个重要问题已得到研究。人们用几种方法测量了 α 粒子从最初的 3.5 MeV 能量慢化下来后所形成的能量分布。主动电荷交换谱允许我们将测量上限延展到 0.7 MeV 的区域。另外，对注入锂或硼弹丸(用于提供双电荷交换源)后逃离等离子体的中性氦的分析被用于探测能量超过 0.7 MeV 的 α 粒子。在关闭氚 NBI 后的 α 粒子的热化阶段，观察到的能量分布与基于碰撞慢化和输运过程的预期结果一致。在单调剪切剖面的等离子体中，α 粒子直接从等离子体中逃逸的速率在一定程度上与此一致。当等离子体电流由 0.5 MA 增大至 2.5 MA 时，由安装在等离子体中平面下方 90° 处的探测器测得的第一轨道损失下降了一个数量级(图 12.2.15)，这与模型计算的结果一致，并且在电流为 2 MA 时，总的第一轨道损失仅为 3%。然而，接近中平面的探测器测得的损失均高于预期值，这表明，这种差异涉及另外的损失机制(如纵场纹波)。对于具有中心反剪切的等离子体，α 粒子的瞬态损失要比具有单调剪切的等效放电情形下的损失高两倍。代码计算表明，在某些等离子体条件下，较高的 $q(0)$ 可使所有产生于捕获轨道的 α 粒子损失掉。这种损失或是因为它们处在无约束轨道上，或是由随机涨落扩散所致。

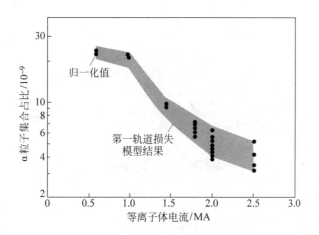

图 12.2.15　由安装在真空室底部的 α 粒子探测器测得的 α 粒子损失的占比

这些粒子的损失主要在离子的 $\mathbf{\nabla}B$ 漂移方向。第一轨道损失随等离子体电流的增大而下降,这与模型计算给出的预言一致。注意,这里的计算值全都归一化到 0.5 MA 时的测量值(Hawryluk, R. J. *et al. Plasma Physics and Controlled Nuclear Fusion Research* 1994 (Proc. 15th Int. Conf., Seville, 1994) Vol. 1, 11. I. A. E. A., Vienna (1995))

　　在 D-T 等离子体中,由相干磁流体活动引起的 α 粒子损失在很大程度上类似于氘等离子体中的聚变产物的损失率,且只影响总 α 粒子数的一小部分。但在大破裂期间,有高达 20% 的 α 粒子的储能会在热猝灭阶段的约 2 ms 内损失掉。这种损失主要是下行,即沿着离子的 $\mathbf{\nabla}B$ 漂移方向。这种局部的能量损失要求我们采取具体措施来保护反应堆的第一壁。在离子回旋波加热的放电中也可以观察到这种与第一轨道损失可比的损失率。有建议认为,处于临界通行轨道上的 α 粒子可以与射频波发生共振并获得垂直能量,这个过程将它们转移到损失轨道。

　　环向阿尔文本征模(TAE)构成对 α 粒子约束的另一种威胁。但在最初的 D-T 实验中,基本上没有发现 α 粒子激发 TAE 的证据。在这些条件下,代码计算表明,朗道阻尼——特别是热和束离子带来的朗道阻尼——大于 α 粒子的去稳贡献。理论计算预计,α 粒子驱动 TAE 模的阈值应当对安全因子剖面敏感,因此为了探索 α 粒子激发 TAE 模的条件,人们发展了一种中心弱磁剪切且 $q(0)>1$ 的等离子体放电模式。在这些放电中,在转换到高约束态之前就终止了高功率加热,从而导致热压强和离子束压强迅速衰减,而 α 粒子压强衰减的时间要长于 α 粒子的慢化时间。在这些优化条件下,即使是在中心 α 粒子压强较低($\beta_\alpha(0)\approx10^{-4}$)的情形下,依然可以观察到 α 驱动的低环向模数($n=1\sim6$)的 TAE 模(图 12.2.16)。由于被激发的 TAE 模的振幅很小,故没有发现反常的 α 粒子损失。另一方面,在存在动力学气球模的情形下,观察到 α 粒子的损失速率有一个小的增强,大约是第一轨道损失速率的两倍。在热等离子体情形下,这种动力学气球模因陡的压强梯度而变得不稳定。

　　总的来说,通过对大电流、MHD 平静且单调剪切分布的放电(这种放电的第一轨道损失小)下的 α 粒子约束的观察证实了早先在氘等离子体的中性束注入离子和聚变产物基础上对高能粒子约束的测量结果:α 粒子的径向扩散系数要比热离子的径向扩散系数小近一个量级。

　　TFTR 上的 D-T 计划第一次提供了在磁约束聚变装置上研究 α 粒子加热等离子体的效果的机会。α 粒子是 D-T 聚变反应堆中不可缺少的组成部分。在超放电的高功率加热阶段,α 粒子对电子的加热只增加了约 1 MW,而束加热和离子-电子均分带来的电子加热共有

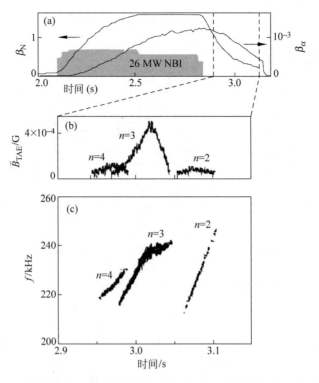

图 12.2.16　TFTR 上 α 粒子激发的环向阿尔文本征模的观察（条件是具有弱的中心磁剪切且 $q(0)\sim 1.1$ 的 D-T 等离子体，数据取自 NBI 结束后的余辉期）

(a) 归一化等离子体比压 β_N 和 α 粒子压强 β_α 及 NBI 加热波形；(b) TAE 模下磁场涨落的振幅 $\tilde B_{TAE}$（这里 TAE 模的环向模数 $n=2,3,4$）；(c) $n=2,3,4$ 模的频率（由图可见，在 NBI 加热终止后，模频率的增大与中心密度下降呈正相关）(Nazikian, R. et al. $Fusion$ $Energy$ 1996 (Proc. 16th Int. Conf., Montreal, 1996) Vol. 1, 281. I. A. E. A., Vienna (1997))

约 10 MW。虽然对电子加热的这部分贡献很难直接检测，但稳态功率平衡计算得出的结论是：相对于氘等离子体，D-T 等离子体中 2 keV 的电子温度中大约有 50％可用 α 粒子加热来解释。更直接的测量是在关闭 NBI 后的衰减阶段注射锂或硼弹丸来进行的。弹丸的注入提高了密度并引起电子温度下降。随后发现在 D-T 等离子体中的电子再加热率要比在氘等离子体中高约 85％，这与包含 α 粒子加热的输运代码分析的结果是一致的。最后，对氘、氚和 D-T 实验的电子温度与等离子体参数的定标关系的详细分析表明，当电子温度的数据库按照超放电给出的能量约束的同位素依赖关系做了温度变化的修正后，电子温度的残余变化与电子的 α 粒子加热模型给出的预测水平是一致的。

12.3　JET——欧洲联合环（英国阿宾登）

　　在 1978—1999 年，在欧洲原子能共同体的主持下，欧洲 16 国联合进行了 JET 的建造和运行。自 2000 年以来，这一科学技术计划一直是在"欧洲聚变发展协议"（EFDA）下进行的，装置的运行由英国原子能管理局代表 EFDA 实施。实验的主要目的是研究与反应堆相关的等离子体条件下的加热和约束，研究等离子体与器壁的相互作用，以及 α 粒子的产生、约束及其等离子体加热的特性。

JET 装置(图 12.3.1)于 1983 年 6 月第一次产生等离子体。它有一个 D 形的极向截面,以便使环向场线圈的应力减到最小。它最初的环径比为 $R/a = 2.96/1.2$,但在安装了抽气偏滤器之后,小半径减到 1 m 的量级。该装置的环向磁场可高达 4 T,在限制器位形下等离子体电流可达 7 MA。在大型托卡马克装置里,它的不同寻常之处在于有一个铁的变压器磁芯,从而大大提高了原边电路的效率,减少了杂散磁场。

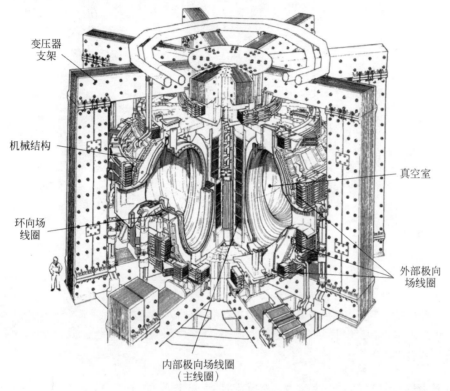

图 12.3.1　JET 实验装置的最初结构图

　　JET 最初的设想是建成一个带拉长限制器的托卡马克装置,但随后为了用于磁分离实验做了调整,并于 1992—1993 年经过重大升级后变成一个带抽气偏滤器的新位形。这次修改包括对真空室内部的大量重新布置(图 12.3.2(a)),以便进行热排除和杂质控制等问题的研究。新布局采用内置偏滤器线圈,用以产生很宽范围的等离子体平衡和偏滤器位形。此外,新添置的低温泵对氘的实时抽速达到约 200 $m^3 \cdot s^{-1}$,允许对加料和杂质控制的研究。靶板设置中还有一个功率沉积面,其设计可避免瓦边缘的过热,并使撞击点在偏滤器靶板上以 4 Hz 的频率扫描,以便进行长脉冲、高功率的加热研究。偏滤器靶板既用过碳纤维的也用过铍材料的,只是后者仅使用了很短一段时间。偏滤器的几何位形一直在调整,以便改善对功率和粒子的控制能力(图 12.3.2(b))。在这种抽气偏滤器位形下,对于电流高达 6 MA 的等离子体性能进行了研究。

　　JET 的加热系统设计为高功率、长脉冲工作模式。NBI 提供了主要加热源,它可以将脉冲时长为 10 s,注入能量高达 130 keV 的氘束送入等离子体,总功率达约 24 MW。这套 NBI 还可以采用氢束、氦束和氚束运行。计划在 2011 年开始实施的 NBI 系统的重大升级,旨在将 NBI 的功率提高到约 35 MW,脉宽 20 s 的水平。ICRF 系统由一台容量为 32 MW、

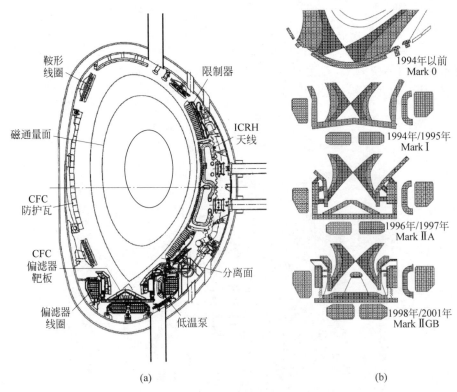

图 12.3.2 （a）JET 抽气偏滤器位形的极向截面(图中显示了偏滤器线圈、Mark ⅡA 位形的靶板和低温泵)；（b）研究过的三种主要的抽气偏滤器位形(按时序分别为 Mark Ⅰ，Mark ⅡA，Mark ⅡGB（气盒））从 2002 年开始,实验中已不用中央隔板来区分 Mark ⅡGB 的内外腿。图中还显示了最初的 X 点位形(下标 Mark 0)用以比较

持续时间为 20 s 的发电机做动力,其频率的可调谐范围分两段：23～39 MHz 和 41～57 MHz,以便可以在磁场允许的范围内和少数离子的共振位置上加热。当用于电流驱动研究时,其天线可以以相控阵的方式运行。由于等离子体耦合电阻的限制,可实现的耦合功率不是由 JET 的发电机功率决定,而是由天线上的最大电压决定。在有边缘局域模(ELM)的 H 模放电中,这种限制因(与 ELM 相关的)耦合电阻的快速涨落而加剧。JET 上安装有一个"类似于 ITER 所用"的天线,它所包含的附加 RF 电路分支可用来补偿这些快速涨落,并且这种设计已成功地证明了对 ELM 的兼容性,且其单位天线面积的高功率已达到 ITER 要求的值。电流驱动的主要途径是低杂波系统,其工作频率为 3.7 GHz,驱动电机是一台脉宽为 20 s、容量为 12 MW 的机组。

12.3.1　限制器实验

这种实验是采用外加限制器或内壁作为约束表面。前者最初由 8 个离散的石墨极向限制器组成,但后来,这些限制器被分别位于中平面上下的两路宽约 1 m 的环向带状限制器所取代。内壁限制器由沿中平面上下展宽 1 m 的碳瓦连续区域构成。最初所有的功率沉积面都是由石墨或碳纤维来承担,但从 1989 年起的几轮实验中,固体铍被用作活动限制器或偏滤器的靶板。真空室和面向等离子体的表面的主要除气手段采用的是 350℃烘烤及氘和氦的辉光放电清洗。表面碳化也被采用过,但从 1989 年起,铍吸气已成为首选,因为它已被证明是一种非常有效的除气方法。

最初的实验是观察欧姆放电下的约束特性和杂质水平,结果表明,τ_E 和 Z_{eff} 随等离子体参数的变化非常类似于 TFTR 的情形。由于 JET 的大尺寸和提高了的电流水平,其欧姆等离子体的最大能量约束时间达到约 1 s。对等离子体环电压信号和平衡演化的分析得出的结论是如同 TFTR,其电阻率由新经典理论描述,而不是由斯必泽公式给出。

众所周知,如 7.12 节讨论的,拉长等离子体是垂直不稳定的,因此需要用反馈控制电路来维持等离子体垂直位置的稳定性。然而,在稳定性处于极限的情形下,如果平衡出现突然的变化,如发生破裂,那么垂直位置的控制常常是维持不住的。在装置运行的第一年,就遇到过这种特别严重的情况。在等离子体电流为 2.7 MA、拉长比为 1.7 的情形下,几百吨的力一下子作用到重达约 100 t 的真空室上,造成真空室位移达 1 cm。随后的分析表明,需要一个强大的极向电流流过等离子体和真空室壁来维持力的平衡。这个电流就是 7.12 节讨论过的晕电流,它是由等离子体在失稳过程中横越磁场时所感应的电压驱动的,其存在已经通过对所产生的磁场和流过真空室内组件的电流的直接测量而得到证实。实验还表明,晕电流和力的分布可能不是环向对称的,据认为这与垂直运动期间的非轴对称 MHD 不稳定性的增长有关。在搞清楚了作用在真空室和室结构上的大的垂直力和径向力之后,人们对真空室的支撑结构做了改进,对于系统在垂直稳定性控制极限下的运行也采用了更加谨慎的方法。

低杂波和离子回旋波加热已被用于减小等离子体的电阻率。方法是通过提高电子温度和将电子加速到高能量,从而延长电流的平顶段时间。例如,在电流爬升阶段投入低杂波驱动,可将 7 MA 的等离子体电流平顶维持 8.5 s。此外,在 2 MA 电流下,等离子体脉冲持续了 60 s。在这个时间尺度上,电阻性扩散和等离子体与器壁的相互作用均已达到稳态,因此可以研究这一时间尺度上的等离子体行为。其中最重要的是观察到,在约 30 s 后,等离子体-器壁相互作用使得粒子抽速达到饱和,其后等离子体密度上升。这一观察强调了在长脉冲实验中,需要对粒子的控制采取主动控制手段。

限制器位形等离子体的约束数据取自如下条件范围:等离子体电流从 1 MA 到 7 MA,$q(a)$ 值从 2 至 15,辅助加热系统 NBI,ICRF 和 LHCD 的总输入功率高达 35 MW。在 7 MA 的电流下,等离子体的最大储能达到 12 MJ,相应的能量约束时间为 0.4 s。在最大功率下,7 MA 放电的能量约束与 L 模定标律一致,但数据相当分散。而在中等加热功率下尤为显著(图 12.3.3),其中在 5~7 MA 范围,数据显示能量约束基本不随电流变化。等离子体密度随电流增加而提高,使得 NBI 功率沉积剖面展宽,这可能是这种能量约束定标特性的一个重要因素。锯齿振荡也被认为是约束变坏的一个因素,因为锯齿的混合半径随 $q(a)$ 的减小而增大。因此,7 MA 等离子体的聚变三重积约为 1×10^{20} keV·s·m^{-3},而限制器等离子体的最佳三重积是在 3 MA 放电下获得的,它表现出更峰化的等离子体剖面,其三重积的值为 $n_i(0) T_i(0) \tau_E \approx 2 \times 10^{20}$ keV·s·m^{-3}。

有建议提出在 JET 上进行托卡马克的脉冲交流运行实验。因为这种运行模式可能是作为稳态运行装置的聚变反应堆必须具备的一种运行方式。这种运行模式最早在等离子体电流为 4 kA 的 STOR-1M 托卡马克上演示过。在 JET 上,在 2 MA 的放电条件下对这一运行模式做了进一步研究(图 12.3.4)。这些实验的目的是要证明,大小相等但方向相反的等离子体电流的两次等离子体放电可以以零延迟的方式(第一个电流终止紧接着就是第二个电流开始)进行。实验中关注的一个主要问题是第一个等离子体电流的终止是否会对第二

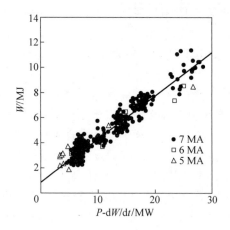

图 12.3.3　JET 上 7 MA 电流下等离子体热储能对损失功率的分布

图中同时给出了 5 MA 和 6 MA 放电条件下的数据(The JET Team (presented by P. J. Lomas) *Plasma Physics and Controlled Nuclear Fusion Research* 1992 (Proc. 14th Int. Conf., Würzburg, 1992) Vol. 1, 181. I. A. E. A., Vienna (1993))

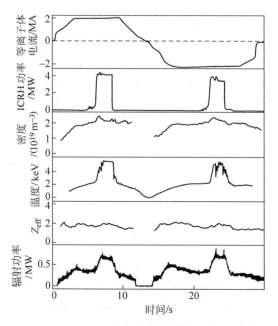

图 12.3.4　JET 上 2 MA 全交流等离子体运行期间的参数演化

摘自 Tubbing, B. J. D. *et al. Nuclear Fusion* **32**, 967 (1992)

个等离子体电流的击穿条件产生不利影响。但结果发现,第二次击穿可以在前一个周期结束后的 50 ms 到 6 s 之间的延迟期间实现,甚至是在几百 kA 的破裂后亦能够实现击穿。两个周期的等离子体参数(包括杂质和辐射功率)没有显著差异,总的气体消耗与长时间不间断的托卡马克脉冲相同。

12.3.2　磁分离实验

　　虽然 JET 被设想成一个限制器位形的托卡马克,但人们认识到,其成形能力允许它在有限的电流范围内以具有磁分离面的方式运行。这种等离子体也称为 X 点等离子体,在装备抽气偏滤器之前,不仅广泛用于 H 模和高性能等离子体研究,而且也用于偏滤器物理的初步研究。在 JET 上,对单零 X 点和双零 X 点的位形均进行了研究。在无 ELM 的 H-模放电条件下,总的能量约束时间通常是同等放电条件下 L 模等离子体的两倍,但与 L 模一样,能量约束随功率增大而降低。在最初的 JET 位形下,当等离子体电流范围增大到 4 MA时,在加热功率不变的情形下,能量约束时间随电流呈线性增加,与经验定标律一致,而在 4 MA 和 5 MA 之间,能量约束时间变化不大。

与其他托卡马克等离子体对比,原始 JET 位形下的 H 模通常是无 ELM 的,而且粒子约束的改善使得等离子体密度上升,导致辐射单调增大。这种 H 模通常持续 3～5 s,随后当辐射功率等于输入功率时,H 模终结。通过在 H 模期间喷入气体,可以产生有 ELM 的H 模放电。这种稳态的 H 模可以持续长达 18 s。影响持续时间的是成形场绕组的应力,而不是等离子体的物理制约。在此期间等离子体密度逐渐升高,这再次强调了必须主动采取抽气手段来控制粒子的返流。这些等离子体的能量约束品质大致在 $1.4\tau_E^{\text{ITER89-P}} \sim$ $1.8\tau_E^{\text{ITER89-P}}$ 的范围,在放电的最佳约束情形下,均无大幅度的 $n=1$ 的磁流体力学活动。

12.3.3　磁流体力学行为和运行极限

大破裂是对 JET 等离子体可取得的运行空间的主要限制,它的产生主要有以下几个原因:电流上升的不稳定性、$q(a)$ 接近 2、误差场模、密度极限、新经典撕裂模,以及(特别是等离子体中存在内部输运垒时)理想扭曲模不稳定性。现在这个列表上必须添加上垂直不稳定性。这种不稳定性涉及非常不同的物理,但有同样严重的后果。在抽气偏滤器运行下,大振幅的 ELM,如那种在热离子 H 模的高性能聚变相突然终止时所观察到的 ELM(后面会对其讨论),会是垂直不稳定性的一种特别麻烦的来源。JET 的破裂通常有一系列明确的事件紧随其后,这些事件的一般行为已在 7.8 节～7.10 节中描述过。许多破裂可以根据 l_i-$q(a)$ 图中的等离子体轨迹来理解,该图中画出了各种经验性的稳定性边界(图 12.3.5)。这个三角形的下边界的垂直线出现在 $q(a)$ 为整数值处,其对应的是 $m/n=q(a)/1$ 模的增长,如果电流爬升过快,这些模就可能去稳。模在 $q(a)=3,4$ 时的增长特别危险,因为它们会引起破裂。实验表明,等离子体总是在 $q(a)=2$ 时发生破裂,说明此时存在硬势垒。上稳定性边界代表电流通道收缩到 $q=2$ 面以内的等离子体。在密度极限下,辐射功率占比达

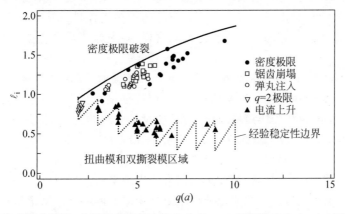

图 12.3.5　在各种参数条件下,破裂等离子体中首次出现 $n=1$ 锁模的点在 l_i-$q(a)$ 图上的位置分布图
下稳定性边界的直腿出现在 $q(a)$ 的整数位置上(Snipes, J. A. *et al*. *Nuclear Fusion* **28**, 1085 (1988))

到 1 后通常就是这种情形。

　　在 JET 上,L 模的密度极限通常与辐射功率达到输入功率的 100% 相关联。这是由过度加料、杂质进入等离子体或辅助加热功率的减小所致。在铍吸气的常规应用之前,实验上面对等离子体的材料一直采用的是碳材料,此时密度极限值并不随辅助加热功率的提高而显著增大。密度极限参数 $10^{-19}\bar{n}Rq(a)/B$ 仅从 $12\ \mathrm{m}^{-2}\cdot\mathrm{T}^{-1}$ 上升至 $20\ \mathrm{m}^{-2}\cdot\mathrm{T}^{-1}$,很难作为约束随功率提高有系统性改善的证据。密度极限的这种刚性被认为源于杂质水平随辅助加热功率的提升而增加。在限制器材料换作铍之后,等离子体性态有很大的不同,密度极限的参数范围扩张到 $30\sim40\ \mathrm{m}^{-2}\cdot\mathrm{T}^{-1}$,密度比格林沃尔德密度($\bar{n}_{\mathrm{GW}}(10^{20}\ \mathrm{m}^{-3})=I(\mathrm{MA})/\pi a^2$)大了 50%,MARFE 在这个极限中发挥着重要的作用。此外,观察表明,等离子体密度在MARFE 形成时往往下降。因此在限制器位形下,破裂的频率减少到非常低的水平。不仅如此,实验还发现,等离子体边界的极限密度 n_{edge} 与总输入功率 P 之间存在明显的相关性,$n_{\mathrm{edge}}\propto P^{0.5}$。这一观察结果与理论预期——极限由杂质辐射决定——是一致的。

　　在 7.11 节讨论过,如果外加磁场的轴对称性有小的偏差,会引起非旋转的 $m=2/n=1$模。这种模会引起破裂。在 JET 上,计算表明,在 $q=2$ 的有理面处,主要源自极向场线圈结构的场误差约为 1 G。但由此产生的 $m=2$ 模会增长到约 10 G 的饱和水平。这个模在低的等离子体密度下增长,并为等离子体的运行设置了低的密度极限。在 $q(a)$ 低于 4 时,这个密度极限会增大。为了研究场误差的大小变化如何影响密度阈值,在 JET 上开展了改变垂直场线圈的有源匝数的实验。正如预料,将场误差提高约 2.5 倍,这种模发展的密度范围明显增大。相反,在安装了抽气偏滤器线圈后,误差场的总的 $n=1$ 分量下降,使得运行空间在低密度下得到扩张。由于这种模的增长源自静态场的误差,因此通过 NBI 使等离子体旋转通常可用来抑制其增长,从而允许放电在低于阈值密度下运行。还可以利用在抽气偏滤器升级时安装的内部鞍形线圈来研究不稳定性增长的临界误差场对等离子体参数的依赖关系,它还可以用来部分矫正误差场的 $n=1$ 分量。

　　7.9 节对破裂时作用在真空室上的力做了概述。这些力引起极大的关切,而且已经做出相当大的努力以求避开容易发生破裂的运行参数区域,或是在不可避免的情况下尽量减少破裂带来的影响。在 JET 上安装了一套缓解破裂的装置,它利用作为径向破裂先兆的$m=2/n=1$ 锁模的增长作为触发信号。当 $m=2/n=1$ 模的振幅超过阈值时,该装置即被触发,由此来减小破坏力。由于拉长比决定了与垂直不稳定性(这种不稳定性往往伴随着破裂)相关联的力的大小,且由于破裂产生的力与等离子体电流的二次方成正比,因此该装置的主要作用是降低等离子体的拉长比和电流。这样,破裂时作用在真空室上的力已被减小了高达一个量级。

　　利用软 X 射线发射谱的二维重构技术和电子回旋辐射诊断对局域电子温度的测量,已经对锯齿振荡进行了详细研究。这些诊断表明,锯齿崩塌主要分两个阶段。首先是等离子体芯部的 $m=n=1$ 的位移的快速增长,然后是能量的快速再分布,由此导致中心温度剖面的扁平化(时间尺度为 $100\ \mu\mathrm{s}$,如图 12.3.6 所示)。最初的 $m=1$ 不稳定性显然有不同的形式,在某些情况下表现为经典的 $m=1$ 磁岛,表明存在重联。在其他情形下则表现为类似于对流元,如 12.3.6 图所示。在所有情况下,该模的出现都极其快,快到无法用传统的电阻性重联理论来解释,虽然无碰撞重联理论分析给出的崩塌时间的计算结果与实测值甚为接近,但锯齿崩塌期间 $m=1$ 不稳定性的快速增长仍然是个问题。此外,有一点是清楚的,就是导致温度剖面扁平化的能量输运在没有完全磁重联的情况下也会出现,这意味着需要某种额外

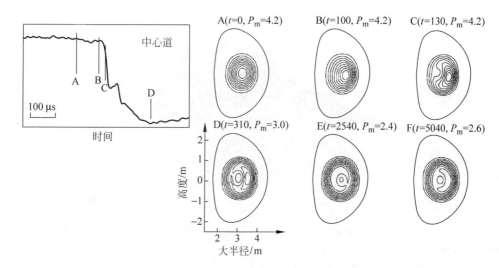

图 12.3.6　用微秒(μs)级时间切片显示的锯齿崩塌时 X 射线辐射强度的等高线

在图 A 和图 B 中可以看见等离子体中心的位移,图 C 显示了等离子体沿极向的扩张。在图 C 到图 D 期间,峰值辐射率显著下降,它对应于芯部的快速冷却。图 E 和图 F 显示了崩塌后几毫秒时间内残余的不对称性。这些等高图的时间间隔为微秒,最大功率密度 P_m 为 kW/m³ (Campbell, D. J. *et al. Plasma Physics and Controlled Nuclear Fusion Research* 1986 (Proc. 11th Int. Conf., Kyoto, 1986) Vol. 1, 433. I. A. E. A., Vienna (1987))

的快速输运机制来解释。对 JET 上与锯齿崩塌有关的观测的理论意义的详细讨论见 7.6 节。

　　弹丸注入实验还提出了与 $m=1$ 不稳定性有关的其他问题。实验表明,一种非常局域的密度扰动——所谓"蛇形"扰动——在弹丸消融后能持续几秒钟(图 12.3.7)。它有 $m=n=1$ 的对称性,位于 $q=1$ 的磁面上,并且在一个锯齿周期内能在小半径上发生明显漂移,$\Delta r/r \approx 30\%$。由此推断 $q=1$ 有理磁面在此期间经历了一个类似的位移。这一推论似乎意味着中心 q 分布是平的,$q(0)$ 仅为 1 的百分之几,但这与偏振测量的结果矛盾。后者表明,在锯齿放电中,$q(0)$ 的典型值约为 0.7,并在整个锯齿崩塌期间维持在 1 以下。不幸的是,这两种测量不能同时进行。但是,这种蛇形扰动能挺过许多锯齿崩塌的持久性证实,在 $q=1$ 内的区域,崩塌期间不可能完全重联。最后一个问题是蛇形扰动的持续时间比其碰撞的约束时间长得多。

　　对等离子体中心聚变反应的锯齿调制的关注激发了对稳定锯齿不稳定性方法的研究。例如,通过低杂波电流驱动来调整等离子体电流剖面以维持 $q(0)>1$ 似乎是最可靠的技术。但锯齿振荡已经可以通过其他各种方法来稳定,其中一些方法提供了新的物理方面的理解。例如,在具有中心加热并有显著的快粒子成分的等离子体中,锯齿振荡可以被稳定长达几秒钟的时间(图 12.3.8)。虽然这种现象在中性束加热等离子体时也可以获得,但一种特别简单的取得这种适当条件的方式是采用具有中心共振的离子回旋共振频率(ICRF)的少数离子加热。ICRF 可将少数离子加速到约 1 MeV,使得带有很大一部分总能量的快离子成分得以发展。详细的实验结果——包括当少数离子共振位置被移到离轴位置时致稳效率降低——表明,这些结果与理论提出的快离子成分是致稳原因的结论是一致的。本质上这是高能离子的第三种绝热不变量(见 2.7 节中的定义)守恒的结果。

　　从利用少数离子的 ICRF 快波电流驱动的可行性的实验中,可以进一步理解影响锯齿振荡稳定性的因素。如在 3.13 节中所讨论的,在 ICRF 共振位置的任意一侧驱动反平行电

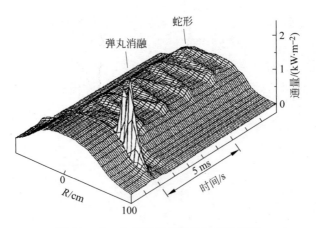

图 12.3.7　软 X 射线辐射的三维轮廓图

观察相机位于等离子体上方。由图可见,氘丸注入后,辐射线出现类似蛇形扭动的扰动。等离子体中心在 $R=0$ 位置
(摘自 Weller, A. *et al*. *Physical Review Letters* **59**, 2303 (1987))

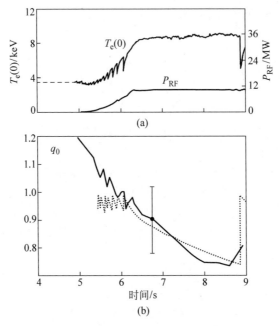

图 12.3.8　(a) 中心电子温度 $T_e(0)$ 和 ICRF 加热功率 P_{RF} 的变化(由图可见,中心 ICRF 加热使得锯齿振荡变得稳定);(b) 中心安全因子 q_0 的演化(实线是由偏振测量给出的结果,虚线是由电阻扩散计算给出的结果)(摘自 Campbell, D. J. *et al*. *Plasma Physics and Controlled Nuclear Fusion Research* 1988 (Proc. 12th Int. Conf., Nice, 1988) Vol. 1, 377. I. A. E. A., Vienna (1989))

流都会引起局部电流梯度的变化。通过改变 ICRF 天线中电流带的相对相位,即用相位 $\phi=+90°$ 来减小 $q=1$ 磁面上的电流梯度,或用相位 $\phi=-90°$ 来增加电流梯度,使锯齿行为出现明显的改变,参见图 3.14.3。在前一种情况下,观察到大振幅锯齿活动的时间延长了,而在后一种情况下,出现的是小的、快速的锯齿活动。这些观察结果支持了这样的理论预言:$q=1$ 磁面上的电流梯度影响 $m=1$ 模的稳定性,正是这种模导致锯齿振荡。

　　利用锯齿稳定化现象和少数离子电流驱动来控制锯齿周期,人们对锯齿活性与新经典

撕裂模设定的 β 极限之间的关系进行了研究。虽然在 JET 上已经取得了约 6% 的 β 值和约 3.8 的 β_N 值，但正如在很多托卡马克实验上观察到的那样，在 β_N 值明显低于理想稳定性极限时，这些模降低了等离子体的约束品质。实验表明，在锯齿活性长时间（通常大于 600 ms）稳定的等离子体中，终结性的崩塌即使在 β_N 值低至 $0.5 \sim 1$ 时仍会触发这种模的增长。当采用如上所述的局部少数离子电流驱动来缩短锯齿周期后，可获得的 β_N 值增大到两倍以上。新经典撕裂模的增长通常需要一个具有临界尺寸的种子磁岛，这个种子可由其他磁流体形式（如锯齿）来产生。因此有建议提出，既然终止长的无锯齿周期的崩塌会造成较大的磁扰动，那么就可以用它来产生较大的种子磁岛（对于给定的 β_N 值）。这种通过控制 β_N 值来控制新经典撕裂模的方法提供了一种重要的影响反应堆级等离子体的 β 极限的方法。对于反应堆级等离子体，预计用 α 粒子来稳定锯齿可长达几十秒。

环向阿尔文本征模（TAE）已得到相当仔细的研究。这种研究主要是通过内置的鞍形线圈来进行的。鞍形线圈作为一种新颖的应用，最初是用来作为一种稳定 $m = 2/n = 1$ 模（大破裂的起因）的手段，其首次探索是在 DITE 托卡马克上进行的（见 11.7 节讨论）。这些线圈特别适合激发小振幅（在等离子体芯部，$\delta B/B \approx 10^{-5}$）、高频率（$20 \sim 500$ kHz）的 $|n| = 1,2$ 模的扰动，因此可作为一种主动探针来探测等离子体中阿尔文本征模的频率和阻尼率，方法是利用共振检测电路来拾取安装在等离子体边缘的磁线圈的待分析信号。图 12.3.9(a) 展示了用这种方法（对环向磁场做时间扫描）得到的 TAE 模的频率的变化。

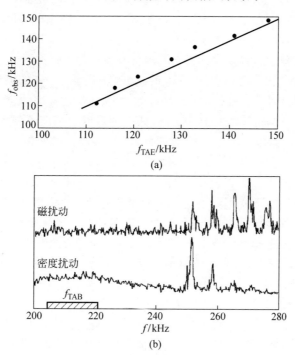

图 12.3.9 （a）在环向磁场扫描期间，用主动磁扰动技术测得的待测本征模的特征频率 f_{obs} 与计算给出的 $q = 3/2$ 磁面上的 TAE 频率 f_{TAE} 之间的比较（摘自 Fasoli, A. *et al. Physical Review Letters* **75**，645 (1995)）；（b）在辅助加热期间得到的磁扰动和密度扰动的频谱

图中显示了 TAE 谱的精细分裂，这种分裂与动力学 TAE 的出现有关（摘自 Fasoli, A. *et al. Physical Review Letters* **76**，1067 (1996)）

这种技术可以在范围很宽的等离子体条件下(不论是欧姆加热还是辅助加热)得到阿尔文本征模的净阻尼率,尤其是能明确地给出椭圆阿尔文本征模(EAE)的测量结果。在高温等离子体中,动力学效应(如有限离子拉莫尔半径效应)可以使每个 TAE 模附近的阿尔文连续谱分裂成一系列离散的、紧密相间的动力学 TAE 模。利用前述技术也得到了对这种行为的首次观察结果(图 12.3.9(b))。

12.3.4 输运与约束研究

利用锯齿崩塌产生的热脉冲和密度脉冲来探测 $q=1$ 以外区域的局部输运特性是 JET 早期实验的一个方面。如同在 TFTR 上一样,由这种方法导出的输运系数的值要比从能量平衡计算得出的值大。就热扩散率而言,热脉冲给出的值 χ_e^{hp} 通常要比从稳态功率平衡计算给出的值 χ_e^{pb} 大 $1\sim4$ 倍。这刺激了描述 χ_e^{hp} 的发展,即将这个量看作是增强的扩散率 χ_e^{inc},它确定了作为对温度剖面扰动响应的热输运。

一些微扰技术已应用于粒子扩散系数 D 的研究,包括采用短脉冲的氚注入(稍后讨论)。在分析锯齿引起的温度和密度剖面扰动的测量结果时,包括了热与粒子输运之间直接耦合的可能性。由此导出的 χ_e^{hp} 和 D 的值与对个别扰动的独立分析的结果一致。然而,耦合分析表明,需要引入一个由 ∇T_e 驱动的额外的粒子箍缩,或是作为 ∇T_e 的递减函数的扩散系数,来解释这个密度对温度扰动的响应。

JET 上对 H 模下等离子体密度峰化剖面的变化的研究已经证实了最初在 ASDEX-U 和 TCV 托卡马克上观察到的一个趋势,即随着等离子体碰撞率的下降,密度剖面变得更加峰化。但要解释 4.8 节讨论的韦尔箍缩(Ware pinch)和中性束注入的芯部加料过程,似乎还需要借助额外的过程。这种峰化的潜在原因仍有待分析。

H 模转换模型——在分离面内约 1 cm 的区域,边缘等离子体的输运突然改变,紧接着沿小半径的输运逐步改善——已得到公认。这个结果是建立在大量的实验观测特别是 ASDEX 和 DⅢ-D 上的观测基础上的。然而,JET 上对电子和离子温度剖面演化的测量表明,在发生 H 模转换时约束会在很宽的范围上发生非常迅速的变化。这种效应在以热离子 H 模为特征的高性能等离子体上表现得尤为明显。所谓热离子 H 模,是指当高功率中性束注入到低循环等离子体靶上时,可以非常清晰地观察到 L-H 模转换的温度变化的一种 H 模。所观察到的这种行为不能用如下的简单模型来解释:假定等离子体边缘温度先变化,然后热脉冲向内传播到芯部。相反,这种行为要求输运在小半径的外半区域迅速减小,这表明引起 L 模输运的基本湍流的径向特征长度为等离子体小半径的量级。

在 JET 上还研究了热通量对正负温度梯度的响应。这一研究是通过比较两种不同情形下传导的热通量来进行的:一是热分布峰值位于等离子体中心,另一种是峰值偏离等离子体中心。做比较研究时采用 ICRF 放电,热分布峰值分别位于 $r=0$ 和 $r/a=0.5$ 处。实验表明,当 $n\nabla T_e$ 很小时,热通量接近于零,这意味着热箍缩可以忽略不计。此外,热通量大致随 $-\nabla T_e$ 呈抛物线上升,这表明 χ 与 $|\nabla T_e|$ 成简单的正比关系,虽然不排除 χ 对 T_e 的依赖关系(这里 $\alpha\approx2.5$)。

在最近采用 ICRF 调制加热的实验中,对于 L 模和 H 模等离子体芯部的电子热输运,已经根据广泛接受的基于热输运(或"刚性"温度剖面)的临界梯度模型给予了说明。在这一模型中,一旦 $R/L_{Te}(=R|\nabla T_e|/T_e)$ 超过阈值,热通量就将急剧上升。通过等效的实验——恒定的离子回旋波以两个频率同时加热,以便优先加热等离子体离子——还获得了

离子热输运的类似行为的证据。实验不仅确认了存在 R/L_{T_i} 阈值(超出该阈值后离子热输运大大增加),而且发现,增强的等离子体旋转能够降低离子温度剖面的"刚性",即离子热输运随等离子体旋转的增强而下降(图 12.3.10)。

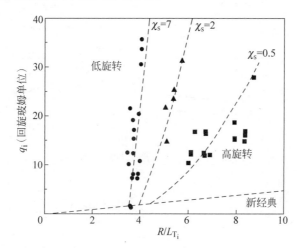

图 12.3.10　JET 下各种放电等离子体的归一化离子热通量随 R/L_{T_i}($=R\,|\nabla T_i|/T_i$,离子温度梯度标长的倒数)的变化

垂直轴表示用回旋玻姆单位表示的计算给出的 $\rho_{tor}=0.33$ 位置上的离子热流,其中 ρ_{tor} 是磁面的归一化径向坐标。圆点、三角形和正方形分别表示低、中、高旋转三种情形下的数据,表明离子温度分布的"刚性"参数 χ_s 如何随等离子体旋转的增强而下降。χ_s 是对离子热输运的量度:对于给定的离子热通量值,低的 χ_s 值意味着较低的离子热输运(或陡的离子温度梯度)(摘自 Mantica, P. *et al*. *Physical Review Letters* **102**, 175002(2009))

　　热输运的性质,以及如何将这一性质扩展到下一代实验装置上等基本信息,可以通过无量纲定标实验来获取。这里的所谓无量纲定标实验是指实验中许多关键的无量纲等离子体参数保持不变,而仅让 ρ_*($=\rho_i/a$)变化的实验。在一系列 ICRF 加热下的 L 模放电中,调节等离子体电流和磁场以使 q、碰撞率和 β 保持不变,然后将总的热传导通量与基于玻姆和回旋玻姆定标律给出的预期结果进行比较。如同 TFTR 上得到的结果,实验值与玻姆定标律有更好的一致性。对 NBI 加热下的 H 模等离子体也进行了类似的实验。结果显示,有效热扩散率表现出明显的回旋玻姆定标关系。这个结论已得到其他托卡马克上的 H 模实验的证实,不同托卡马克之间的比较也证实了这一点。在 DTE1[①] 的氘氚研究(下文讨论)期间进行的进一步的这类实验确认了约束的这种回旋玻姆定标性质,产生了可以外推到 ITER 上的有利的聚变性能。

　　在装设了抽气偏滤器后发现,以前无 ELM 的 H 模现在呈现出有规律的巨型 ELM,使建立起来的稳态 H 模可以持续长达 20 s。此外,在 6 MA 等离子体电流、储能 13 MJ(这是当时托卡马克能取得的最高的等离子能量)下得到了 ELM 型 H 模(图 12.3.11)。详细研究表明,再循环的水平影响 ELM 的行为,但等离子边缘的磁剪切可能更为根本。在边缘磁剪切较高、更接近以前位形下典型的等离子体的平衡下,可以得到长的无 ELM 的 H 模。磁流体动力学分析表明,当等离子体边缘接近气球模极限时,开始出现 ELM。而这个极限值

---

　　① D-T Experiment-1 的首字母缩写。——译者注

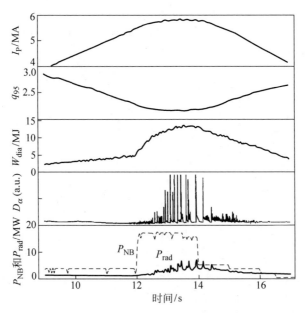

图 12.3.11　JET 上 6 MA H 模放电时各参数的时间演化

它们分别是等离子体电流 I_P、95% 通量面位置的安全因子 q_{95}、逆磁测量给出的等离子体能量 W_{dia}、D_α 辐射、中性束功率 P_{NB} 和辐射功率 P_{rad}

可以通过增强边缘磁剪切来提高。

对氢、氘和氚等离子体的 H 模阈值功率的定标律的研究证实了获得 H 模所需功率对离子的原子质量的反比关系。以前观察到的是氢和氘等离子体的比较,现在这种比较扩展到了氚等离子体,更重要的是扩展到 D-T 混合等离子体上(图 12.3.12)。对各种氢同位素混合等离子体的总体约束水平进行的分析导出一个结果:热能约束时间与质量关系不大,定标关系为 $A^{0.03\pm0.1}$。然而,将储能分为 H 模台基区储能和等离子体芯部储能之后,结果表明,前者具有较强的质量依赖关系,定标律为 $A^{0.5}$;后者变为 $A^{-0.17\pm0.1}$,这与芯部局域输运的回旋玻姆定标律给出的 $A^{-0.2}$ 的依赖关系是一致的。

通过提高等离子体的三角形变,可以明显扩展维持 H 模性能的密度范围。等离子体三角形变高达 $\delta_X=0.46$(这里 δ_X 是分离面处的三角形变)的实验表明,通常观察到的 H 模约束品质随密度接近格林沃尔德密度极限而恶化的现象可以因极限密度的提高而得以延缓,可以在密度接近格林沃尔德极限值的条件下获得约束性能接近标准定标律所预期的等离子体。此外,对等离子体约束随等离子体拉长比变化的系统研究表明,热能约束时间随拉长比的增大而显著增长,其变化关系大致为 $K_{X0.8\pm0.3}$,这里 K_X 是分离面的拉长比。H 模约束对等离子体形变的强烈依赖关系为未来的实验装置(如 ITER)的设计提供了重要的指导依据。

在环向磁场的纹波实验(用 16 个而不是 32 个环向场线圈,使中心的纵场纹波从 $<10^{-6}$ 增大到 10^{-3},边缘的纹波从 $<1\%$ 增大到约 10%)中,观察到热粒子和快粒子的约束特性的巨大变化。对于中性束加热的 L 模等离子体,逆磁能量下降了约 30%,等离子体的环向旋转完全被抑制到测量误差以下。这两种效应都要比理论预期的大得多,因为按估计,对于中性束注入的快离子损失,无论是生成时就在波纹阱的损失锥中还是被散射进损失锥,都只有 10%。对快粒子约束的分析——不论是对 ICRF 二次谐波少数离子加热所产生的高能质子

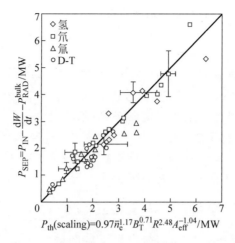

图 12.3.12　L-H 模转换期间,分离面上功率 P_{SEP} 的定标分析

这里 P_{SEP} 定义为考虑了辐射损失和储能的时间导数 dW/dt 修正后的总输入功率 P_{IN}。横坐标代表标准的 H 模功率阈值定标律(对 P_{SEP} 的实验值对离子的有效原子质量的依赖关系做了最佳拟合计算修正)(摘自 Righi, E. *et al. Nuclear Fusion* **39**, 309 (1999))

的分析,还是对 D-D 聚变反应产生的氚核的分析——发现,随机扩散损失均符合现有的理论模型。增大的磁场纹波也会对 H 模约束产生非常有害的影响。在 16 饼环向场线圈的实验中,ELM 活动可以一直持续到高达 12 MW 的功率水平,而在 32 饼线圈下对于同样参数的等离子体,无 ELM 活动的 H 模在约 3 MW 时即可建立起来(图 12.3.13)。前者的能量约束明显低于后者,其约束水平几乎不比 L 模约束更好。

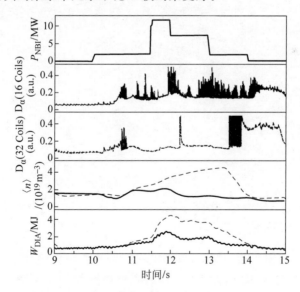

图 12.3.13　16 饼纵场线圈(高纵场纹波,实线)与 32 饼纵场线圈(低纵场纹波,虚线)
两种条件下的 NBI H 模的比较

图中自上而下显示的是 NBI 功率 P_{NBI}、16 饼和 32 饼线圈的情况下的 D_α 辐射信号、体平均密度、由逆磁测量给出的储能 W_{DIA} (The JET Team (presented by B. J. D. Tubbing) *Plasma Physics and Controlled Nuclear Fusion Research* 1992 (Proc. 14th Int. Conf., Würzburg, 1992) Vol. 1, 429. I. A. E. A., Vienna (1993))

　　后来,更详细的研究——在纵场纹波水平从 0.1% 到 1% 的范围内分析等离子体性能随纹波的变化——发现,在纹波低至 0.5% 的水平上仍可观察到纹波对 H 模约束质量的影响,具体表现为等离子体能量约束和粒子约束同时变差。在纹波为 1% 的水平上,能量约束下降了 20%。同时还观察到 H 模台基温度降低,等离子体环向旋转减小,在等离子体边缘出现环向旋转改变符号的迹象。等离子体密度也起到一定的作用。对于给定的纹波值,密度越低,观察到的影响就越严重。虽然在纹波值为 1% 时,中性束注入产生的快离子的损失估计为注入功率的 20%,但要解释观察到的约束损失和台基参数的改变,热等离子体行为的额外调整似乎是必要的。还有迹象表明,等离子体的碰撞率可能存在一个阈值,低于这个阈值,碰撞对热等离子体约束的影响才能被观察到。

12.3.5　偏滤器研究和等离子体-表面相互作用

　　关于石墨和铍作为功率传输和面向等离子体的材料的相对优点,已经有许多经验。JET 最初的结构对限制器和 X 点靶材料的选用和设计都做了各种尝试,以求获得功率传输和杂质控制的最佳组合。铍首次用于 JET 是作为吸气材料引入的,经过一夜的蒸发,装置内壁镀上一层约 10 nm 厚的铍膜。在此之前,由于使用碳限制器,因此虽然装置运行前经过长时间烘烤和氦辉光放电清洗等处理,但等离子体的 Z_{eff} 仍达到 2~3(图 12.3.14),主要杂质就是碳、氧和镍。覆上铍膜后,铍的吸气使得 Z_{eff} 减小到约 1.5。这是由于等离子体中碳的含量有了暂时性的减少,氧浓度则得到长久性的减少,氧浓度下降了一个数量级,已几乎可以忽略不计。较低的氧水平有利于减少等离子体的辐射损失,减少碳和镍的溅射。蒸铍的一个持久性的好处是放电从破裂中恢复变得更为迅速,很少需要借助于破裂恢复脉冲。

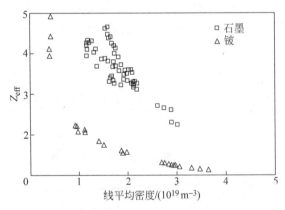

图 12.3.14　欧姆放电时,分别用石墨或铍限制器时得到的 Z_{eff} 对密度的函数关系

摘自 The JET Team (presented by K. J. Dietz) *Plasma Physics and Controlled Fusion* **32**, 837 (1990)

　　金属铍既可以用作限制器的材料,也可以用作偏滤器靶板的材料。二者均导致碳的水平和 Z_{eff} 持续减小(图 12.3.14),并使得密度极限大幅提高。当 ICRF 天线的法拉第屏蔽材料由镍更换为铍罩后,等离子体的纯度得到了进一步改善。这在 ICRF 实验中消除了镍这个重要污染物,大大提高了 ICRF H 模的质量。粒子的控制也得益于铍对氢成分的高效抽速。石墨表面的杂质循环则可以通过氦等离子体放电清洗来减少,但这只对少数脉冲有效。借助于蒸铍,相当于可以获得持续一天的良好的抽气速率。金属铍的使用大大增强了这种效果,使粒子的再循环水平(由粒子的总体约束时间 τ_p^* 决定)减少到之前的几分之一,粒子

泵出时间下降到 $1\sim2$ s。注意，$\tau_p^* = \tau_p/(1-\mathcal{R})$，其中 τ_p 是无粒子循环条件下的等离子体粒子约束时间，$\mathcal{R}$ 是循环系数。总的来说，铍的使用对等离子体运行有很大影响，它使得等离子体运行的密度范围变宽，无论是最高密度还是最低密度均有扩展。

鉴于石墨和碳纤维表面在 $1500\sim2700$℃ 的温度范围内升华，于是在最高加热功率下，实验中有一种现象经常以碳激增的形式出现，否则在比较低的 1270℃ 的温度下就熔化了。为了尽量减少杂质的涌入和避免表面损伤，就必须避免表面蒸镀的铍熔化。由于在高功率热流通量下，铍的表面熔化和碳的升华会因为防护瓦边缘的（因机械偏差）裸露而加剧，因此无论是对原来的 JET 位形，还是对几种安装了抽气偏滤器的位形，都已花费了相当大的努力来提高功率传输表面的对齐，以遮蔽防护瓦边缘免于直接暴露于等离子体。通过这些处理，加上采用等离子体粒子在抽气偏滤器靶板上的打击点沿径向扫描的方法来均热，已经能建立起注入能量约为 330 MJ 的等离子体而不引起功率传输表面过热。

对密度较低的 L 模和 H 模等离子体情形下的偏滤器靶板打击点上的功率沉积的详细测量显示，由于受到环向磁场的方向的影响，功率分布存在不对称性。一般认为这与离子的 ∇B 漂移相对于偏滤器靶板的方向的改变有关。当离子的 ∇B 漂移是朝向靶板时，沉积在外打击区的峰值功率约为沉积在内打击区的两倍，而当环向磁场反转后，沉积在两个区域的功率几乎呈对称分布。在做高性能等离子体运行时，这种变化被用来延长碳激增之前的辅助加热的持续时间。

TFTR 和 JET 上的测量表明，氢同位素在第一壁材料上的滞留对于聚变反应堆的日常运行至为关键。测量显示，D-T 实验时引入环内的氚，即使是广泛采用了"清理"技术（如采取氢和氘运行或暴露于大气中），仍有不可忽略的份额滞留。在 JET 上，D-T 实验中最初输入的氚大约有 40% 被滞留，尽管清理处理最终能将其降低到约 10% 的水平（35 g 中的 4 g）。有很大一部分滞留的氚被有效地俘获在碳和氢同位素的"共沉积"层内（这个沉积层在冷的（约 40 ℃）内靶区优先形成）。在刮削层观察到的强的等离子体流被认为有助于沉积层形成内/外不对称性。这种层最先是在氘实验中观察到的，其中每个碳原子结合多达 0.8 个氘原子，并且在远离等离子体接触的区域中形成，采用常规的壁处理技术很难奏效。找出避免这些层的形成或后续的除氚、用替代材料来取代碳材料的方法，是未来以 D-T 常规运行的托卡马克设计发展中的一个关键问题。

抽气偏滤器（图 12.3.2）已被广泛用来处理与反应堆相关的问题，如功率传输、粒子排出和杂质控制等。几何上逐步向更"闭合"位形的修改（图 12.3.2(b)）一直是这个项目的特有的特征。它允许我们对偏滤器的几何形状与偏滤器等离子体行为之间的关系做详细研究。对于 L 模等离子体，在采用氘喷气技术后，可维持完全脱靶的稳态运行长达约 5 s。辐射功率占比为 70%，流向偏滤器靶板的峰值热流下降了一个量级。用朗缪尔探针对等离子体中平面附近的刮削层和偏滤器靶板上的电子压强进行的测量证实，当等离子体脱靶时，电子压强大幅下降，仅为之前的 1/10 不到，且沿刮削层发展（图 12.3.15）。偏滤器靶板上压强的这种下降还伴随着偏滤器中辐射的大幅增加，同时峰值辐射从靶板移向远离靶板的 X 点。

偏滤器的几何形状对偏滤器等离子体行为的影响的研究已经证实，增加闭合性能带来某些预期的好处。例如，在较闭合的偏滤器位形下，等离子体更容易脱靶，虽然这样可能更易导致 L 模密度极限的突然出现。对于采用垂直靶板而不是水平靶板的等离子体，脱靶从分离面附近开始，这与两种情形下对再循环中性粒子的分布的分析所预言的结果一致。另外，随着闭合性增强，偏滤器的中性粒子压强增大，导致粒子更有效地排出。这体现在

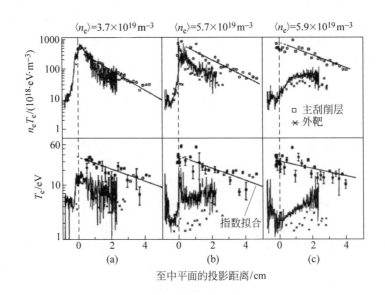

图 12.3.15　作为从等离子体分离面到等离子体中平面的距离的函数的电子温度 T_e 和电子压强

$n_e T_e$(3 个时间片段均取自 L 模下密度上升期间)

(a)"高再循环"阶段的附靶阶段；(b)分离面附近脱靶开始的"反转"阶段；(c)脱靶阶段

在每一种情况下,都对接近等离子体中平面的刮削层位置的朗缪尔探针测量结果与外偏滤器靶板上的朗缪尔探针测量结果进行了比较,由图可见,偏滤器靶板上的温度在等离子体脱靶后显著下降,同时电子压强明显降低,并沿着刮削层从中平面发展到靶板(摘自 Loarte, A. *et al*. *Nuclear Fusion* **38**, 331 (1998))

ELMy-H 模等离子体中实现的高效的氦灰排放：采用 12.5 节讨论的"氩结霜"技术,已获得了 $\tau_{He}^* = \tau_E \approx 8$ 的值,这里 τ_{He}^* 是氦在等离子体腔室中停留的时间。人们还发现,在对表面温度对碳的化学溅射的影响做了适当修正后,偏滤器位形的闭合程度的提高可以降低 L 模下等离子体中的杂质含量。然而,没有证据表明这在 H 模等离子体中也表现出显著差异,这可能是由于边缘局域模对主室中杂质的产生具有额外的贡献。几何位形的特殊作用也在 Mark ⅡGB 偏滤器上得到确认。这种偏滤器上有一个隔板将内打击点与外打击点分开(图 12.3.2(b)),从而允许使用差分加料来使脱靶行为以比以前观察到的更对称的方式产生。

对于 ELMy-H 模,有可能在两次 ELM 之间实现脱靶,但在建立完全脱靶所需的高氘流量情形下,H 模约束不能维持,为此人们已探索出替代的方案。基于 TEXTOR 和 ASDEX-U 托卡马克的结果,氘和杂质气体的混合物已被用来增强高约束态等离子体的辐射水平。对 JET 来说,氮被证明是最合适的杂质。在总输入功率为 27 MW、辐射功率占比大于 70% 的"辐射偏滤器"等离子体情形下,放电可维持长达约 5 s。在这种等离子体中,中性粒子损失进一步降低了热传导功率,从而将传导到靶板的功率在输入功率中的占比减少到约 10%,并导致偏滤器脱靶的发展。相对于正常的 ELMy-H 模放电,这些放电的约束水平变差了,最好的状态达到 $\tau_E^{ITER89-P}$ 的 1.5 倍而不是 1.9 倍。对总体约束的 ρ^* 依赖关系的分析也表明,此时服从的是类玻姆定标律,而不是类回旋玻姆定标律,虽然不能排除碰撞率的可能的影响。更严重的是,氮渗透到主等离子体中,在最高功率运行时,典型的 $Z_{eff} \approx 3$,这是反应堆不可接受的高值。因此,有必要发展将杂质保留在偏滤器等离子体中的技术。

破裂和 ELM 可以在面向等离子体的部件(PFC)上(不论面向等离子体的是器壁还是偏滤器)产生显著的等离子体能量脉冲。当将这些能量脉冲外推到反应堆规模的托卡马克的能量水平时,将导致 PFC 遭受严重侵蚀,其寿命显著缩短。因此,减轻这些瞬态热负荷,实现可接受的 PFC 替代周期,对于像 ITER 这样的实验装置是必不可少的。破裂缓解技术已经在几个托卡马克上实施,并为外推到 ITER 提供了依据。然而,ELM 热负荷的控制被认为存在的潜在问题更多,因为 I 型 ELMy-H 模提供了 ITER 的设计基础,而 ELM 热负荷的大小预计将上升到 $10\sim20$ MJ。因此,要实现可接受的 PFC 使用寿命,ELM 热负荷的水平就必须下降一个量级。在 JET 上,ELM 的能量损失可达 1 MJ,人们已研究了几种减轻 ELM 热负荷的方法。正如首先在 DIII-D 上所展示的那样,外部磁扰动可以强烈影响 ELM 的行为。业已发现,在 JET 上,在等离子体边缘外加 $n=1$ 的共振磁扰动可以将 ELM 频率提高 6 倍,ELM 的热负荷有大致相当的减少。随着磁扰动的实施,发现能量约束和粒子约束有一定的降低。等离子体垂直位置的快速、小幅度的晃动也能够触发较高频率的 ELM,因此也会对 ELM 的热负荷减少有贡献,这一技术的首次展示是在 TCV 托卡马克上。在 JET 上,实验已证实 ELM 的频率提高了 3 倍,偏滤器上的热负荷则减少到此前的 1/3。看来这种技术也可以结合进来产生叠加效应,尽管这种效应是否呈线性仍有待于进一步研究。其他减轻 ELM 热负荷的方法,如高频弹丸注入或杂质播种,也都在研究中。

12.3.6　电流驱动和剖面控制实验

已探索过的主要的电流驱动技术是 3.7 GHz 的低杂波电流驱动(LHCD)和自举电流驱动。这里着重介绍 LHCD 与 ICRF 波之间的优化协同效应。对 LHCD 和 ICRF 相结合的实验已有详细研究,其中高达 1.5 MA 的电流可维持在零环电压下运行。这种放电的高能轫致辐射谱表明,对电流驱动有贡献的快电子的平行温度达 800 keV,远高于仅由 LHCD 全电流驱动实验产生的值。有建议认为,ICRF 波在 LHCD 产生的快电子上直接衰减——不论是通过飞行时间磁泵浦机制还是通过模式转换——是电子被加速到如此高的能量的一种可能机制。电流驱动效率随 $n\langle T_e\rangle/(5+Z_{eff})$ 线性上升,达到 $\eta_{CD}=0.22\times10^{20}$ A·m^{-2}·W^{-1},这里 $\eta_{CD}=RnI_{CD}/P_{tot}$,$P_{tot}=P_{LH}+P_{ICRF}$。随着 LHCD 耦合功率的增加,允许高达 3 MA 等离子体电流的全电流驱动。

JET 的无 ELM-H 模等离子体通常有占比高达约 30% 的自举电流。在 1 MA/2.8 T 的系列 ICRF 加热放电中,无 ELM-H 模的 β_p 值达到 2,其中计算给出的自举电流达到 700 ± 150 kA。虽然无 ELM 阶段的持续时间只有 $2\sim3$ s,电流剖面也没有达到稳态,但在自举电流的影响下,电流波形的展宽足以稳定锯齿振荡。这些等离子体的一个重要方面是其高的热能约束,范围高达 $1.7\tau_E^{JET/DIII-D}$,这里 $\tau_E^{JET/DIII-D}(s)=0.106I(MA)^{1.03}R(m)^{1.48}P(MW)^{-0.46}$。这个定标关系与其他大型托卡马克上观察到的高 β_p 等离子体的实验结果相似,但它是第一例没有强中心粒子源的由自举电流主导的等离子体。

通过加料、加热和电流驱动来控制剖面已成为控制等离子体约束的重要工具。例如,除了标准的 L 模和 H 模放电,在这两种放电状态下还观察到中心输运降低的等离子体。这种现象最先是在称为"弹丸增强等离子体"(PEP)的放电中被证实的。在放电的早期阶段,在锯齿活动开始之前深度注入弹丸,系统便发展出这种状态。中心的快速加热形成这样一种等离子体:其提高了的中心 q 值被有效冻结,同时非常峰化的压强剖面在 $r/a\approx0.4$ 的位置附近有陡的梯度(图 12.3.16)。这种放电的输运与正常的 L 模或 H 模输运的区别是其中心的热扩散率显著降低,χ_i 仅为新经典值的 $1\sim3$ 倍。有建议认为,中心输运的这种短暂的变化与中心磁剪切的反转有关。对 q 分布的偏振测量和对 MHD 模的径向分布观测均观察

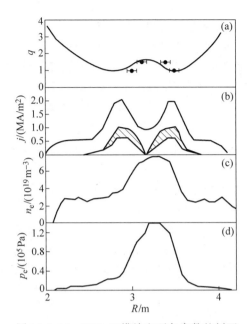

图 12.3.16 PEP H 模放电下各参数的剖面

(a) 安全因子;(b) 电流密度;(c) 电子密度;(d) 电子压强

(a)中的实验点由 MHD 活动的径向局域化导出,曲线由磁平衡重建得到。(b)中的阴影区代表计算给出的自举电流对总电流密度的贡献的实验不确定性的极值范围(Hugon, M. *et al*. *Nuclear Fusion* **32**, 33 (1992))

到中心磁剪切的反转。这种反转与图 12.3.16 所示的陡的压强梯度附近的自举电流密度的分布是一致的。

PEP 模式被认定为等离子体中心平坦或负剪切分布能够明显降低芯部输运的第一个迹象,虽然后来 TFTR 和 DⅢ-D 的分析表明,其他因素,如径向电场剪切,可能也有这种作用。目前在所有主要的托卡马克装置上,都已开展了对这种具有低的或负的中心剪切和内部输运垒(ITB)的等离子体性质的广泛研究。在 JET 上,如同 TFTR 和 DⅢ-D 的情形,PEP 方案的承接模式最初是在电流上升阶段采用快速加热来发展的,但最近,低杂波电流驱动已被用来提供可靠的等离子体芯部更大范围的 q 分布。随后,可对中心"优化剪切"区内、离子和电子的热输运和粒子输运均减小了的等离子体进行系统分析。这些实验已经证实了其他装置所报道的 ITB 运行模式的基本性质,包括输运垒形成时与输运减小有关的湍流的抑制和等离子体芯部高 Z 杂质的积累,虽然 JET 的结果还强调了这样一个事实:ITB 的形成往往伴随着输运垒底部低阶 q 有理面的出现。如同其他托卡马克上的情形,在这些研究中,经常要处理的是"双势垒"等离子体,其中内部输运垒与 H 模的边缘输运垒相结合来优化约束和稳定性。正如下文所述,JET 实验的一个具体目标就是要通过改善芯部约束来优化聚变性能。

在某些情况下,在建立具有中心反剪切的目标电流剖面的实验过程中,观察到等离子体中心的电流密度会掉到零(图 12.3.17)。这个"电流洞"发生在这样的条件下:在等离子体电流的上升阶段,施加离轴的 LHCD 来协助形成中心负剪切区。利用运动斯塔克效应(MSE)对极向场的螺旋倾角所做的测量表明,它在等离子体中心区下降到零,重构的电流剖面在半径达 20 cm 的区域上被发现在误差范围之内也是零。这个电流洞可用平行电场对 LHCD 产生的强的离轴电流驱动的反应来解释。LHCD 导致等离子体芯部的电场反转。由于热的中心区有长的电流扩散时间,这种现象可持续几秒钟,因此原则上它会导致中心电

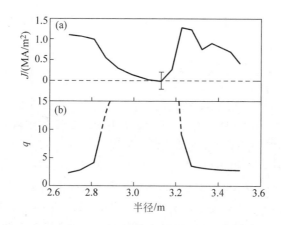

图 12.3.17　在电流爬升阶段,施加离轴的低杂波电流驱动得到的中心负剪切区域的径向分布
(a) 等离子体电流密度 J(由运动斯塔克效应(MSE)的测量值重建);(b) 得到的安全因子 q
这些数据展示了在这种放电中中心零电流密度区域的形成(摘自 Hawkes, N. C. *et al*. *Physical Review Letters* **87**, 115001 (2001))

流密度的反转。然而,没有观察到反转,对此有建议认为,在零极向场区域,$m=1/n=0$ 的电阻性 MHD 模能引起电流的再分配,阻止反向电流区域的发展。

电流驱动能力的增强,特别是低杂波系统耦合的改善,连同等离子体参数的主动反馈控制系统的改进,使优化的剪切位形向着建立稳态托卡马克运行这一终极目标发展。对内部输运垒的形成及其位置控制的可靠手段被证明也对此做出了重要贡献。基于微湍流理论,可定义一个无量纲的局域拉莫尔半径 $\rho_{T*}=\rho_s/L_T$,其中 $\rho_s=C_s/\omega_{ci}$ 是离子声速位置的拉莫尔半径,$L_T=T/(dT/dR)$ 是温度梯度标长,C_s 是离子声速,ω_{ci} 是离子回旋频率。这样,对于 JET 的(电子)温度剖面,实验上可以给出一个存在输运垒的可靠判据:$\rho_{Te*}>1.4\times10^{-2}$。并且在实验上已确认,可以通过辅助加热手段来实时控制内部输运垒的位置。在采取了下列措施——通过预置 LHCD 进程来延迟反剪切分布的弛豫,同时采用 ICRF 来反馈控制输运垒的温度梯度,采用 NBI 反馈控制中子产额——的实验中,已经可以将准稳态的 ITB 模维持长达 11 s,这个时长已占总电流扩散时间尺度的很大一部分,已接近硬件所允许的持续时间极限。在这种放电中,完全非电感电流驱动持续了几秒钟,其中主要是自举电流、低杂波驱动的和中性束驱动的电流的贡献。

利用辅助电流驱动和芯部的 MHD 不稳定性——通常是鱼骨模或低阶的新经典撕裂模($m/n=3/2$ 或 $4/3$)——已经可以进入“改善 H 模”运行(也称为“混杂”运行模式)。这种运行模式最先是在 DⅢ-D 和 ASDEX-U 上观察到的。这种等离子体具有这样一种特性:其芯部等离子体具有弱剪切的 q 分布,中心 q 值仅稍稍大于 1,使得通常不存在锯齿。通过局部电流驱动来精心控制等离子体电流剖面(如在 JET 上,在主加热的中性束注入阶段之前加载 LHCD),就可以建立起这样的等离子体。此外,自举电流因其能达到高的 β_N 值也很重要。还有,实验观察到,芯部 MHD 不稳定性似乎在维持 $q(0)$ 值大于 1 上也起着重要作用。尽管如此,目前关于这些等离子体电流剖面行为的完整的定量描述仍付阙如。在 JET 上,“混杂”运行模式——之所以有此称谓是因为它结合了感应和非感应运行的重要元素——可维持放电长达 20 s,其 β_N 的值高达 3.6。然而,观察到的 H 模的热能约束时间的改善并不突出,通常比 IPB98(y,2) H 模约束定标律高不到 20%,略低于 DⅢ-D 或 ASDEX-U 上的观测值(见下文论述)。有建议认为,这可能与 JET 等离子体较弱的旋转剪切值有关。相比之下,在较小的装置上取得的旋转剪切较强。

12.3.7　高性能等离子体和氘氚实验

在将氚引入托卡马克等离子体之前,托卡马克上得到的最高的聚变功率输出不是来自 D-D 反应,而是来自 D-^{3}He 反应。在氘等离子体中充入少量的浓度约为 5% 的 ^{3}He 少数离子,ICRF 就可将这些离子的能量加速到 MeV 量级,这大大提高了热等离子体的 D-^{3}He 反应截面。虽然这个反应的产物是带电粒子,但反应的聚变功率可由非常弱的该反应分支 $D(^3He, \gamma)^5Li$ 所发射的 γ 射线的测量来确定。在输入功率高达 15 MW 的 ICRF 耦合到等离子体的 L 模实验中,反应产生的聚变峰值功率达到 140 kW,相当于反应速率 4.8×10^{16} s^{-1}。这种反应运行模式不大可能在短期内被用于净的电力生产,但该实验为射频吸收和快粒子约束等许多方面提供了重要的测试。

JET 的高性能等离子体可归纳为两种分开的运行模式,按其特征大致可分别称为热离子 H 模和优化剪切模。热离子 H 模是利用高功率 NBI 在低密度靶等离子体($\langle n \rangle < 2 \times 10^{19}$ m^{-3})中建立起来的。其先决条件是清洁的环壁面,这通常是经过一夜的铍蒸发覆膜来实现的。这些 H 模的热能约束时间是按 JET/DⅢ-D 定标律计算给出的值的两倍,其聚变三重积的值达到约 9×10^{20} keV·s·m^{-3},对应的氘氚最佳混合等离子体的 $Q_{DT} \approx 1$。热离子 H 模的主要特征(图 12.3.18)包括发展出中心峰化的离子和电子温度,$T_i(0) = 20 \sim 30$ keV 和 $T_e(0) = 10 \sim 15$ keV。而密度剖面要比 JET 上的普通 H 模更峰化,但不如 TFTR 上超放电那样峰化。如前所述,在转换到 H 模期间,等离子体的约束改善突然出现在等离子体柱的小半径外侧。紧接着,离子热导率在整个等离子体截面上下降,整个热离子 H 模持续 $1 \sim 2$ s。这种运行模式类似于 DⅢ-D 上的 VH 模(见 12.5 节所述)。

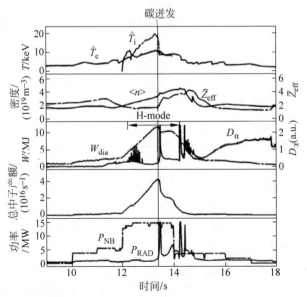

图 12.3.18　具有最高的聚变三重积的氘放电的各参数的时间演化:中心电子温度 $\hat{T}_e$、离子温度 $\hat{T}_i$、体平均电子密度 $\langle n \rangle$、线平均 $\bar{Z}_{eff}$、逆磁测量给出的等离子体能量 W_{dia}、D_α 辐射、总中子速率、NBI 功率 P_{NB} 和辐射功率 P_{EAD}(The JET Team *Nuclear Fusion* **32**,187 (1992))

对于造成热离子 H 模的高性能相终止的基本物理目前尚不完全清楚,但已可识别其几个关键特征。最初热离子 H 模实验受制于碳的激增,有时与 MHD 事件有关,如同 TFTR 超放电下的情形。杂质的涌入,加上芯部输运的增强,阻止了等离子体性能的恢复,并且使得对芯部行为的分析变得令人费解。在提高了功率传输表面的性能后,特别是在安装了抽气偏滤器后,等离子体行为变得越发复杂。后来人们认识到,这种态的终止通常是由 MHD 事件触发的。这类事件包括 ELM、锯齿崩塌加 ELM 或"外模"(通常是 $n=1$ 的外扭曲模)的增长等。然而,这些 MHD 活动与随后的约束变差之间的联系仍然不清楚。这里所说的约束性能变差还可能伴随着等离子体杂质含量的增加,以及由此导致的中子发射的大幅下降。

通过将高功率中性束注入到低密度($\langle n \rangle \approx 2 \times 10^{19}$ m^{-3})剪切优化了的等离子体,可以形成很强的离子输运垒,热离子 H 模的很多特征都可以复现,这时中心离子温度高达 40 keV,中心电子温度达到 15 keV。这些放电通常经由一个从初始的 L 模到 H 模的转换阶段。它通过减小压强剖面的峰化而改善等离子体的稳定性,且允许实现更高的 β_N 值。由此途径已得到高达 11×10^{20} keV·s·m^{-3} 的聚变三重积。与所有高性能运行模式一样,高约束态在维持了 $1 \sim 2$ s 后衰减,其原因通常是由于 MHD 活动,最致命的是压强驱动的 $n=1$ 的全局性扭曲模,其增长时间短于 200 μs,并且通常导致破裂。

在 50:50 的 D-T 混合气体放电中,最佳 H 模等离子体中能取得 12.1 节中定义的有效能量得失相当,这一推测促使在 1991 年下半年进行了短暂的一系列实验。实验中氚的浓度高达 11%。这个初步的氚实验(或称为 PTE)——第一次将大量的氚引入托卡马克中——旨在检验从 D-D 放电的结果外推到 D-T 聚变的准确性。它产生了超过 1 MW 的 D-T 聚变功率,并演示了氚处理系统运行的安全可靠性。氚是通过两路中性束源引入到放电中的。每路中性束注入能量为 78 keV 的氚,总共提供 1.5 MW 的注入功率。此外,这些源还能以 1% 的微量氚注入到氘等离子体中用于进行示踪注入研究。用于 PTE 的目标放电是典型的热离子 H 模,放电条件为 3 MA/2.8 T 单零等离子体,离子 ∇B 漂移背离偏滤器靶板,以发展这种安排带来的超强的功率传输能力。为了建立合适的放电和研究氚的扩散,进行了一系列示踪实验,但为了限制环面材料的激活,只实施了两次高功率脉冲放电。这两次放电(均为 15 MW 的 NBI 功率和 11% 的氚浓度)取得了非常类似的聚变反应率,峰值 14 MeV 的中子产率为 6×10^{17} s^{-1},相应的峰值功率为 1.7 MW,聚变三重积为 3.8×10^{20} keV·s·m^{-3}。每个脉冲释放出的总聚变能量为 2 MJ。这种等离子体与氘热离子 H 模下的情形非常类似,没有证据表明氚或 α 粒子成分对等离子体的行为有影响。

1997 年,在 Mark ⅡA 偏滤器位形下,进行了一系列更广泛、更雄心勃勃的 D-T 实验(简称 DTE1)。目的是探索不同 D-T 混合比下的等离子体特性,在最佳的 D:T 比(接近 50:50)条件下扩展聚变功率产出,研究 α 粒子对等离子体行为的影响,调查 T-D 条件下等离子体与器壁的相互作用问题(包括氚的滞留),并演示氚的注射、提取、处理等技术。但考虑到装置的后续调整,要求总的中子产额限定在 2.5×10^{20} 个中子。

在 22.3 MW 混合氚和氘 NBI 和 3.1 MW 氢少数离子 ICRF 协同加热下,采用 4 MA/3.6 T 的热离子 H 模等离子体,实验取得了最高 16.1 MW 的聚变功率输出。这个脉冲的瞬时 Q_{DT} 达到 0.62,这里没考虑等离子体瞬变或由于束穿透带来的功率损耗,其中 60% 的聚变功率产自热等离子体,余下的来自束-等离子体反应。等离子体实现了 $n_{D+T}(0) T_i(0) \tau_E = 8.7 \times 10^{20}$ keV·s·m^{-3} 的聚变三重积,总存储能量达 17 MJ——迄今为止最高的实验记录。如图 12.3.19 所示,高聚变性能阶段持续了约 1.5 s。这个持续时间受限于先前讨论的那些类似现象。在优化剪切实验中,虽然实现的聚变三重积的值更高,$n_{\mathrm{D+T}}(0)T_i(0)\tau_E = 11 \times 10^{20}$ keV·s·m^{-3}(在 3.2 MA/3.45 T 等离子体条件下),但取得的最大聚变功率仅为 8.2 MW,高性能阶段的持续时间同样约为 1.5 s(图 12.3.19)。较低的聚变功率反映了这种 D-T 混合物的运行模式缺乏优化。从电流剖面的具体时间演化和发生 L-H 模转换的时间可以看出,这两个因素都对这种等离子体的性能有显著影响。在 DTE1 实验中,有限的可用中子产额不允许这种模被重新优化以适应 D-T 等离子体中不同的同位素混合物的影响。

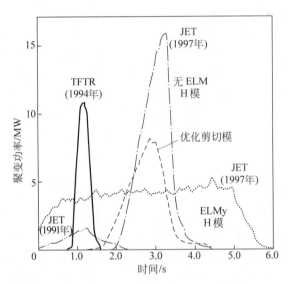

图 12.3.19　有记录的主要 D-T 实验期间各种等离子体模式下实现的最大聚变功率对比

1991 年 JET 实验(PTE)仅使用浓度为 11%的氚,其余实验均采用 50:50 的 D-T 混合物。JET 上的 ELMy-H 模等离子体产生所有脉冲放电中最高的聚变能(Keilhacker, M. *et al. Plasma Physics and Controlled Fusion* **41**, B1 (1999))

在有关 ELMy-H 模的一系列实验中,对准稳态条件下的聚变性能和等离子体行为进行了探索。如前所述,通过对氢等离子体与 D-T 混合(从 100%的氚到 90%的氚)等离子体的比较研究,基本摸清了同位素质量对 H 模阈值和能量约束的影响。此外,通过氚充气实验还获得了局域输运过程的信息,所得结果类似于在 TFTR 上的结果。这些结果表明,在 ELMy-H 模下,氚的粒子扩散似乎遵循回旋玻姆定标律。实验的不确定性使我们很难对 L 模等离子体到底是遵从玻姆定标律还是遵从回旋玻姆定标律做出明确区分。

在输入功率为 23 MW、采用 3.8 MA/3.8 T 的 ELMy-H 模运行条件下,对高的聚变功率进行了验证。实验中约 4 MW 的聚变功率维持了 4 s(图 12.3.19),其中 $Q_{\mathrm{DT}}=0.18$ 持续了 3.5 s。这种脉冲放电产出的最大综合聚变能达 22 MJ(其中约 30%的聚变功率来自热源)。在类似的 3.8 MA/3.8 T 但氘氚比为 9:91 的等离子体条件下,仅采用 6 MW 对氚少数离子进行离子回旋共振加热(ICRF),在脉宽几秒的时间内实现聚变功率 1.5 MW,并得到了较高的 Q_{DT} 值——0.22。将处于粒子速度分布尾端的氚少数离子加速到平均能量 120 keV 意味着在此情况下,大部分聚变反应具有非热的起源。然而,这两种等离子体区别于热离子 H 模和优化剪切模的特征是前者的持续时间仅受限于可接受的中子产额,而不是等离子体不稳定性;前者的另一个特征是 $T_i(0) \approx T_e(0)(7\sim 8 \text{ keV})$,这是一种与聚变反应堆更相关的运行模式。同样被认为与 ITER 有关且已被成功演示过的 ICRF 辅助加热方案包括氚的二次谐波加热，以及通过耦合到浓度为 5%～10% 的少数 ^{3}He 离子来加热。在后一种情形下，用 8 MW ICRF 加热，得到 $T_i(0)=13\ \text{keV}$，$T_e(0)=12\ \text{keV}$，持续时间达几秒。

　　如同 TFTR 上的 D-T 实验，对 α 粒子效果的考查也是 JET 研究的一个重要方面。实验表明，在已分析的所有标准的等离子体运行模式下，都没有发现由 α 粒子激发的阿尔文本征模。这个结果与数值分析的结果是一致的。数值分析确认了对抑制阿尔文本征模有贡献的各种稳定机制，得出结论：JET 实验中的 α 粒子压强不足以克服阻尼过程。在一系列热离子 H 模实验中（其中氚浓度从 0 到 92% 不等），得到了 α 粒子加热电子的明确证据。实验中对补充供气、中性束注入和等离子体循环加料等措施采取了精心控制。在氚浓度为 50%～60% 的情形下（此时聚变功率达到最大），不仅观察到热能约束时间仅弱依赖于同位素的混合物，而且等离子体储能（热能和总能量）和中心电子温度有一个清晰的最大值（图 12.3.20）。对实验数据做回归拟合得到，相应于 1.3 MW α 粒子加热功率的增加，电子温度的改变为 $\Delta T_e(0)=1.3\pm0.23\ \text{keV}$。此外，通过对观察到的最高聚变功率脉冲下能量密度增加率的增量与理论预期的 α 粒子加热电子的速率之间的比较，证实了 α 粒子被约束并按经典方式慢化。

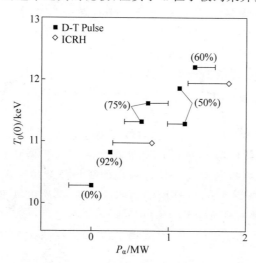

图 12.3.20　在一系列 D-T 热离子 H 模放电中（其中氚浓度在 0 和 92% 之间变化，见括号内的数字表示），中心电子温度 $T_e(0)$ 与 α 粒子加热功率 P_α 之间的函数关系

图中的短线段表示 NBI 功率相对于 10.6 MW 标称值的差距，空心钻石标记表示两次纯氚脉冲放电，其中 ICRF 少数离子加热用来模拟 α 粒子加热的效果（The JET Team (presented by P. R. Thomas) *Fusion Energy* 1998 (Proc. 17th Int. Conf., Yokohama, 1998) Vol. 1, 265. I. A. E. A., Vienna (1999)）

　　2003 年进行的氚浓度低至 3% 的一系列实验称为微量氚实验（TTE）。这些实验主要研究粒子输运和高能粒子约束等问题。实验中采用短的氚注入脉冲（80～200 ms，通过加气或 NBI），并对 14.1 MeV 的中子发射谱进行时间分辨测量，实验表明，在 ELMy-H 模等离子体中，氚的粒子扩散系数 D_T 和对流速度 ν_T 异常的高，仅在最高密度下才接近新经典值。对具有内部输运垒的等离子体的类似测量表明，在势垒区，粒子扩散系数下降到新经典值；对流速度下降了一个量级，接近新经典值。通过对高能 α 粒子与铍杂质离子之间的反应产生的 γ 射线的测量，可以对不同条件下的 α 粒子的慢化进行比较，这些条件包括具有单调的反剪切剖面的等离子体，特别是前述的电流洞情形。不出所料，在后一种情况下测得的 α 粒

子的慢化时间大约仅为具有单调电流剖面等离子体情形下测得的(以及按这种等离子体计算给出的)α 粒子慢化时间的 1/2。

12.4　JT-60/JT-60U——日本原子能研究院(日本那珂)

　　1985 年 4 月,JT-60 第一次获得了等离子体。随后 JT-60U(升级版,该装置的最终位形)也于 2008 年 8 月实现了预期的放电。JT-60 不同于其他大型托卡马克装置之处在于它有一组内置的三线圈系统。这组线圈在等离子体大半径的外侧形成一个封闭的偏滤器室位形。按最初设计,在限制器位形放电条件下实现了 3.2 MA 的等离子体电流,环向磁场的最大值为 4.8 T。真空室用铬镍铁合金制造,面向等离子体的部件最初采用镀有 20 μm 厚的碳化钛的钼基材料。后来,钼被石墨所取代以减少金属杂质的渗入。该托卡马克装置配备了三套高功率、长脉冲的辅助加热系统:22 MW 的氢中性束注入系统、频率范围为 1.74～2.23 GHz 的 15 MW 低杂波电流驱动系统和频率范围在 110～130 MHz 的 6 MW 离子回旋共振加热系统。每个系统的设计工作时长均为 10 s。

　　实验发现,这种位形无法实现 H 模运行。于是在 1988 年初,人们对极向回路做了调整,以便在真空室底部形成一个 X 点,如图 12.4.1 的左图所示。但这只是该装置大规模改造前的一个临时步骤。1989 年末,人们开始对这个装置进行更彻底的改造:更换了真空室,取消了原来的偏滤器,并在现有纵场线圈不动的条件下对极向场回路进行了广泛的升级。图 12.4.1 比较了 JT-60 的最终位形与 JT-60U 的几何位形。图 12.4.2 展示了 JT-60U 装置的概貌,这个装置于 1991 年 3 月开始运行。正如下文讨论的,1997 年,JT-60U 上安装一个抽气型"W 形"偏滤器,以提高功率和对粒子的控制能力。通过逐步改进,这个托卡马克系统最终实现了偏滤器位形等离子体,脉冲长度从 15 s 扩展到 65 s。制约 JT-60U 大口径等离子体运行的主要因素是等离子体边缘高的纵场纹波值,$\delta B/B \approx 3\%$。因此在 2005 年,人们将大约 10% 的真空室表面(环面的弱场侧内壁)都覆上铁素体钢的镶嵌件,以减小纹波幅度,更有效地探索小截面较大的等离子体。

　　JT-60U 的等离子体体积要比 JT-60 大得多,它可以在高达 5 MA 的电流下产生单零 X

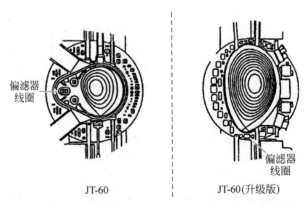

JT-60   JT-60(升级版)

图 12.4.1　JT-60 托卡马克的最终位形(左)与 JT-60U(升级版)几何位形的比较

注意,JT-60 最初的偏滤器的三个线圈是安装在中平面的外侧(摘自 JT-60 Team (presented by M. Nagami) *Plasma Physics and Controlled Nuclear Fusion Research* 1990 (Proc. 13th Int. Conf., Washington, 1990) Vol. 1, 53. I. A. E. A., Vienna (1991))

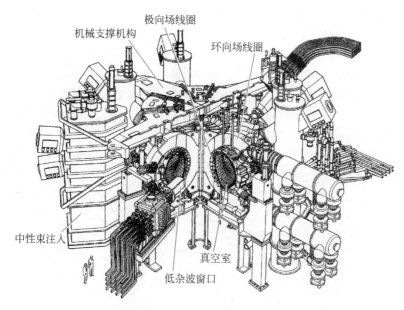

图 12.4.2　JT-60U 的结构

点等离子体。此外，它还能够进行氘运行，而以前的装置仅限于氢和氦等离子体运行。JT-60U 的第一壁完全由石墨做内衬，在偏滤器区域覆盖碳纤维瓦。后来，出于 JT-60U 研究项目的需要，外偏滤器的一排瓦（总计 12 块）有大约 5% 被镀有钨膜的瓦替代，用以研究钨材料对等离子体性能的影响。虽然 JT-60U 的基本中性束的几何布置与 JT-60 相同，但有几路中性束被重新定位以便提供更多的切向入射。进行氘运行时，中性束的注入功率提高到 40 MW，注入的束能量为 120 keV。有三路中性束端口被安排用于 W 形偏滤器的抽气口后，正离子源系统的功率相应地减小到 28 MW，其中大约有 2/3 最终可持续长达 30 s。1996 年，随着负离子源中性束注入系统的首次运行，中性束加热的能力得到了显著提升。按设计，新系统可提供束能 500 keV、10 MW 的功率输出达 10 s，但这种性能水平从没实现，通常更典型的运行状态是在长达 30 s 的持续时间内，注入功率约为 3 MW，粒子被加速到能量 340 keV。JT-60U 的低杂波和离子回旋射频系统也作了改进，但馈给等离子体的功率与 JT-60 基本相同。辅助加热系统的最新升级包括安装了 4 个电子回旋管，用于提供电子回旋共振加热和电流驱动。该系统在 110 GHz 可提供 3 MW 的射频功率长达 5 s。

12.4.1　JT-60 上的加热和约束

JT-60 的辅助加热能力允许在其上进行各种约束模式的研究。除了下述的一些例外情形，能量约束品质通常接近 L 模，虽然储能对加热功率的有截距的线性依赖关系要比传统 L 模下 $P^{1/2}$ 的变化关系更佳。实验发现，在限制器位形、外 X 点和下 X 点三种位形下，能量约束的差异并不显著，尽管下 X 点的等离子体体积大约仅为其他两种位形下的 40%。在中性束功率大于 18 MW 时，不论是外 X 点还是下 X 点等离子体位形，都会出现短时的 H 模，其表现是边缘 H_α 信号明显下降，但持续时间不超过 200 ms，约束品质也仅比 L 模好 10%。在下 X 点等离子体位形下，这种增强的约束在中性束注入功率超过 15 MW 时即出现。这种模式的特点是偏滤器内再循环水平增强，并伴随辐射偏滤器位形的形成。相比于同等程度的 L 模 X 点放电,此时的能量约束改善高达 30%。

　　H 模行为的最明确的证据是在低杂波电流驱动的限制器位形等离子体上得到的(图 12.4.3)。这个方案在两种射频频率同时应用、输入功率超过 1.2 MW 时得到了进一步优化。所需的最小阈值密度为 $\bar{n} \approx 2 \times 10^{19}$ m^{-3}。由此产生的无 ELM 的 H 模长达 3.3 s,能量约束增强相对于等效的 L 模等离子体提高了约 30%,主要指标是 L 模到 H 模转换后密度上升。这一放电模式表现出其他托卡马克上 X 点等离子体 H 模的共同特征:H$_\alpha$ 水平下降、边缘密度涨落降低,同时粒子约束性能提高。令人意外的是,在 X 点等离子体位形下,采用这些措施却无法实现 H 模运行。有建议认为,这可能是由于限制器 H 模是由快电子损失带来的电场梯度触发的。

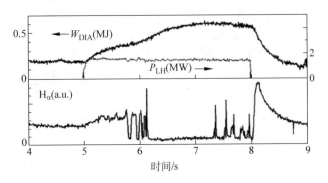

图 12.4.3　低杂波电流驱动产生的限制器 H 模的特征信号

图中显示了低杂波功率 P_{LH}、逆磁测量给出的等离子体储能 W_{DIA} 和 H$_\alpha$ 辐射水平(摘自 Tsuji, S. *et al. Physical Review Letters* **64**, 1023 (1990))

　　传统 H 模被证明难以在 JT-60 上实现,但在高 β_p 的中性束加热实验中实现了增强约束,产生了中心峰值分布的热等离子体。在这些下零 X 点等离子体中,采用了氦处理技术,以便在低的靶板密度($\bar{n} \approx 0.5 \times 10^{19}$ m^{-3})下运行。在等离子体电流高达 1.2 MA 的条件下,运用 20 MW 的大功率中性束注入实现了等离子体参数的中心峰化剖面。最佳性能出现在 0.7 MA 电流的条件下,此时 $q_{cyl} \approx 10$,放电无锯齿,离子温度剖面非常峰化,$T_i(0)/\langle T_i \rangle \approx 3.5$,电子密度剖面为 $n(0)/\langle n \rangle \approx 2.5$。在这种放电下,$B_p \approx 3$,$\varepsilon\beta_p \approx 0.7$,能量约束时间达到哥德斯顿(Goldston)L 模定标律的预言值的 60% 以上。在用弹丸注入到中性束加热的限制器等离子体的过程中,也观察到了约束改善现象,得到的能量约束时间比同等条件下气体加料放电的能量约束时间提高了 40%。将弹丸连续地注入到 3 MA 的等离子体中,能够形成非常峰化的密度剖面,$n(0)/\langle n \rangle \approx 3$,中心密度高达 2.7×10^{20} m^{-3},中心的等离子体压强高达 2×10^5 Pa。

12.4.2　偏滤器研究

　　在采用外偏滤器室的 JT-60 装置上,观察发现氧污染的水平很低。这使得装置能够运行在低的 Z_{eff} 值下($Z_{eff} = 1 \sim 2$),此时等离子体的整体辐射也很低,即使是在 20 MW 的辅助加热功率条件下,也仅为输入功率的约 10%。然而,钼杂质的涌入降低了等离子体品质,尽管钼基靶板和限制器表面都覆有 TiC 涂层。这迫使改用石墨偏滤器靶板和第一壁部件。此外,外偏滤器位形在实现高约束模方面的困难促使人们发展出在主等离子体室的底部采用更常规的开放型偏滤器位形。但采用这种安排后,等离子体的 Z_{eff} 通常大于 4,碳和氧为主要杂质,等离子体的整体辐射至少为输入功率的 20%。

在 JT-60 上进行过两个与偏滤器物理有关的专门的实验观察。首先,注意到在功率大于 15 MW 的中性束加热实验中,在偏滤器里发展出一个高辐射区,其密度为 $n_{e,div} \approx 1 \times 10^{20}$ m^{-3},温度为 $T_{e,DIV} \approx 20$ eV,这被称为"远程辐射冷却"。同时主等离子体的总体能量约束得到改善,要比标准 L 模的约束水平高出 30%。第二项观察是用 30 keV 的氦束对氦的排出进行了观测。在 10 MW 中性束注入实验中,偏滤器区域的氢和氦的中性气体压强按 $\bar{n}^3$ 上升。此外,氦的富集因子 h 随密度增加,在最高密度处达到 0.5。这里 h 定义为 $h = (p_{He}/2p_{H_2})_{div}/(n_{He}/n_e)_{pl}$,"div"指测得的偏滤器中的压强值,"pl"指测得的等离子体密度。虽然这些实验中的等离子体条件不同于未来聚变电厂的等离子体,但这些结果表明,氦灰是可以有效地从聚变堆中排出的。

在 JT-60U 上,偏滤器的靶板盖瓦都做了仔细对齐,以避免靶板边缘暴露,遭受过高的热负荷。在应对高达 200 MJ 的等离子体总能量时未发现靶板过热,后来在 W 形的偏滤器位形下(下文讨论),实现了总注入能量为 450 MJ 的水平。除了硼化(以减少再循环)外,安装了独特的、涂有厚达 300 μm 的 B$_4$C 膜的碳纤维瓦排,用以研究这种处理对等离子体品质的影响。这种处理的最明显的效果是将高功率加热实验中的氧浓度降低至低于 1%。

对于将偏滤器的辐射冷却与增强约束等离子体结合起来的可行性也进行了讨论。在 ELMy H 模放电下,达到显著辐射功率份额所需的氦加料率产生了比标准的低辐射 ELMy H 模高一个量级的偏滤器再循环。此外,随着偏滤器再循环通量的增大,约束增强因子将持续下降,直到偏滤器所接受的辐射功率达到输入功率的约 50% 时,等离子体变成 L 模运行(图 12.4.4)。几个托卡马克上的实验均证实了这一点:在有强的氦再循环通量的情况下,很难将约束维持在远高于 L 模的水平上。

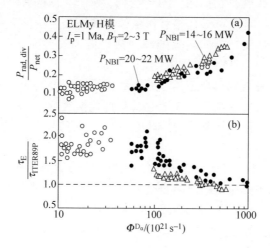

图 12.4.4　等离子体参数随偏滤器总的再循环通量 Φ^{D_α} 的变化

(a) 偏滤器上的辐射功率占比 $P_{rad,div}/P_{net}$;(b) 相对于 ITER89-P 定标律的约束增强因子 $\tau_E/\tau_{ITER89P}$ 空心圆圈代表没有补充送气的放电情形,实心圆点和空心三角形表示有补充送气的情形(Asakura, N. *et al. Plasma Physics and Controlled Nuclear Fusion Research* 1994 (Proc. 15th Int. Conf., Seville, 1994) Vol. 1, 515. I. A. E. A., Vienna (1995))

1997 年,安装了 W 形偏滤器(图 12.4.5)后,功率和粒子的控制能力得到了进一步增强。这个半封闭的位形允许装置运行在高达 3 MA/4 T 的条件下。JT-60U 还安装有抽速(对氘)达 16 m² · s⁻¹ 的抽气系统。该系统由 3 台低温泵构成,装置内侧和外侧均开有抽气口,外侧窗口此前曾用于中性束系统的输入口。新位形的初步实验结果表明,在内侧分离面离抽气口距离大约为 2 cm、对主腔室采取喷气等补充送气的条件下,所建立的等离子体的杂质含量可以降低到 $Z_{\text{eff}} \approx 2$。此外,改进了的闭合磁面大大减少了中性粒子向主腔室的回流,使主腔室的再循环通量降低为先前同等条件下的开放位形的 1/3~1/2。有建议认为,这些改进正是测得 H 模的功率阈值比原始位形下的值降低约 30% 的原因。但正如许多其他实验所表明的那样,主腔室再循环水平的降低对 ELMy-H 模的品质无甚影响。

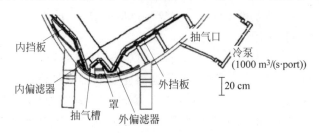

图 12.4.5　安装在 JT-60U 环面下部的 W 型偏滤器的主要部件的极向截面图

偏滤器相应地增加了一个外侧抽气口(Ishida, S. *et al. Fusion Energy* 1998 (Proc. 17th Int. Conf., Yokohama, 1998) Vol. 1, 1. I. A. E. A., Vienna (1999))

在新位形下对既能有效耗散掉排出的功率又能保持高约束态的有关技术继续进行了研究。正如在其他大中型托卡马克上的情形一样,在 JT-60U 上,利用各种惰性气体充当杂质种子取得了很有希望的结果。通过氘和氩混合供气,能够维持 ELMy-H 模的良好约束的等离子体密度范围得到了扩展。在高的三角形变($\delta_x = 0.5$)等离子体位形下,实现了辐射功率占比约 80%,同时在密度为 65% 的格林沃尔德密度极限值条件下维持 $\tau_E \approx \tau_E^{\text{IPB98(y,2)}}$。在这些放电中,ELM 带来的偏滤器靶板上的脉冲热负荷也大大降低。但 Z_{eff} 的值上升到约 4。另一种方法涉及两种杂质种粒的使用:氩用于等离子体边缘的辐射,氖用于偏滤器内的辐射。两种杂质组分都是与氘混合送气。虽然是在低的三角形变($\delta_x \approx 0.35$)下运行,但这种等离子体的辐射功率占比达到了 0.7~0.95,同时能够维持 $\tau_E \approx (0.95 \sim 0.8) \times \tau_E^{\text{IPB98(y,2)}}$。这些等离子体的良好的芯部约束使得 $\beta_N \approx 2$ 的状态可以持续 25 s 之久,而高辐射率/高约束模的维持时间大于 10 s。

在 JT-60U 上,氦排出的研究主要集中在 ELMy-H 模和内部输运垒的实验上。在安装了 W 形偏滤器之后,采用低温泵的氩结霜技术(见 12.5 节)使得氦排放的系统分析成为可能。实验中,60 keV 的氦束注入持续几秒钟,这个时间大大超过氦在容器中的停留时间。实验表明,在仅用内侧抽气泵的条件下,ELMy-H 模的值可以达到 $\tau_{\text{He}}^{*}/\tau_E \approx 4$(图 12.4.6),稳态下芯部的氦浓度保持在约 4%。此外,氦富集因子在 1 的量级,显著高于 JT-60 实验下的情形。当离子的 ∇B 漂移反转后,通常的内打击点上的再循环较外打击点增强的状态也发生反转,氦排出效率下降,等离子体中氦的浓度增加到 3 倍。随着外侧抽气偏滤器的投入,氦排出效率得到提高,达到 $\tau_{\text{He}}^{*}/\tau_E \approx 3$。对有内部输运垒的放电的氦排出测量表明,在输运垒内,氦的扩散系数降低,因此氦排出得更慢。在高约束的 ITB 等离子体放电状态下,得到 $\tau_{\text{He}}^{*}/\tau_E \approx 15, \tau_E \approx 2\tau_E^{\text{ITER89-P}}$。虽然与反应堆相关的 $\tau_{\text{He}}^{*}/\tau_E$ 的值(<10)可通过喷气得到

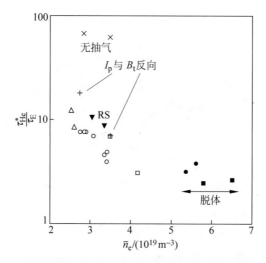

图 12.4.6　JT-60U 上对于不同的等离子体条件,仅用内侧抽气泵时测得的(按能量约束时间归一的)氦存留时间 τ_{He}^*/τ_E 对等离子体平均密度 $\bar{n}_e$ 的函数关系(Sakasai, A. *et al*. *Fusion Energy* 1998 (Proc. 17th Int. Conf. , Yokohama, 1998) paper IAEA-CN-69/EX6/5.1. A. E. A. , Vienna (2001))

(将使偏滤器再循环通量上升 5~10 倍),但失去了能量约束增强,$\tau_E \approx 1.2\tau_E^{ITER89\text{-}P}$。

12.4.3　电流驱动和稳态运行

电流驱动技术的探索主要是通过低杂波、负离子中性束和自举效应等,一直受到 JT-60 和 JT-60U 实验的特别关注。JT-60 配备有 3 套低杂波系统,其中两套用于电流驱动的优化,一套用于加热。最大输入功率为 9.5 MW,可实现 2 MA 的全电流驱动。当波的平行折射率 $n_{//}$ 减小且频谱变窄时,电流驱动效率提高。效率 η_{CD}(见 12.3 节)随电子温度的升高而增大,已经取得的最大值为 $\eta_{CD}=0.34\times10^{20}$ A·m^{-2}·W^{-1}。在低杂波电流驱动下的电流爬升实验中,原边磁通的摆动大幅度减小。在 2.5 s 的电流爬升阶段,通过注入高达 2 MW 的功率,节省了高达 $\Delta\phi_F\approx2.5$ V·s 的磁通。这相当于电流驱动脉冲期间电阻性磁通量加上约 10% 的感应磁通。如果忽略感应磁通的贡献,采用已知的电流驱动效率,那么实验定标律 $\Delta\phi_F(\text{V·s})=0.55\int\left[P_{LH}(\text{MW})/\bar{n}(10^{19}\ \text{m}^{-3})\right]\mathrm{d}t$ 被证明与简单的电流驱动理论预言的结果是一致的。

最初人们预计,高 $n_{//}$ 波谱引起的电流剖面展宽将被证明是抑制锯齿振荡的最有效的方法,但在中性束加热等离子体上的低杂波电流驱动实验却发现,低 $n_{//}$ 下的电流驱动同样容易产生锯齿稳定性。有证据表明,在稳定之前的锯齿反转半径的减小有助于改善电流剖面。虽然这似乎不足以将 $q(0)$ 提高到 1 以上,但不能完全排除 $q(0)>1$。对稳定机制的另一种解释包括了这样一种可能性:局部电流剖面的调整会影响锯齿的稳定性,或者说,在 $q=1$ 的磁面附近存在的高能电子可能对稳定锯齿振荡起到一定作用。

在 JT-60U 实验上,在采用了二次多结发射天线(具有窄 $n_{//}$ 谱,$\Delta n_{//}\approx0.2$)后,电流驱动性能得到了相当程度的扩展。电流驱动效率的定标关系及其绝对水平都类似于 JT-60,全电流驱动达到 3.6 MA。图 12.4.7 展示了低杂波驱动的等离子体全电流达到 3 MA 的情形。高能负离子中性束(300~500 keV/核子)能够提供比通常使用的正离子系统更高的电

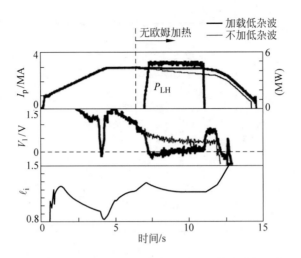

图 12.4.7 两种电流驱动情形下等离子体参数的比较

一种是采用 3 MA 低杂波电流驱动,完全无感应驱动(粗曲线),另一种是无低杂波的纯欧姆感应驱动(细曲线)。图中给出了低杂波的电流驱动功率 P_{LH}、等离子体电流 I_p、环电压 V_l 和内电感 ℓ_i。请注意,在两次放电中,欧姆输入功率均在 6.5 s 时关闭(摘自 Ikeda, Y. *et al*. *Plasma Physics and Controlled Nuclear Fusion Research* 1994 (Proc. 15th Int. Conf., Seville, 1994) Vol. **1**, 415. I. A. E. A., Vienna (1995))

流驱动效率。氢负离子中性束注入实验(束能 360 keV)取得了 $\eta_{CD} = 0.16 \times 10^{20}$ A^{-2} · W^{-1} 的驱动效率,等离子体温度 $T_e(0) \approx 10$ keV,与理论计算一致,所产生的总的束驱动电流达到 1 MA。

电子回旋波电流驱动(ECCD)能够产生局部电流驱动。这种驱动技术可以应用到(例如)对磁流体力学不稳定性的控制上。不论是对共轴还是对离轴电流驱动的 ECCD 效率和分布的测量均显示与福克-普朗克计算的结果有很好的一致性。这种电流驱动分布的非常局域的性质($\Delta r/a \leqslant 0.1$)得到确认。在局部电子温度为 7 keV 的 $r/a = 0.2$ 位置上,得到 $\eta_{CD} = 0.05 \times 10^{20}$ A^{-2} · W^{-1} 的驱动效率。

如同其他大型装置上的实验,在 JT-60 上,自举电流占总电流很高比例的放电模式也得到了发展。正如所述,这种等离子体通常表现出比 L 模高几倍的能量约束品质。对 JT-60 上高 β_p 放电模式的详细研究包括 β_p 范围扩展到 3.2 和对占比高达 80% 的自举电流的调查,所给出的结果与关于自举电流占比的理论估计(其中包括了快离子的影响)有良好的一致性。这些分析还包括了对环电压的分析(图 12.4.8)。在 JT-60 上,中性束注入的方向几乎垂直于磁场,所以计算中未包含中性束驱动电流的贡献,这部分仅占总电流的约 1%。这种分析还表明,JT-60 等离子体的电阻率是新经典性质的。

JT-60U 装置强大的电流驱动能力为实行非感应全电流驱动的稳态运行机制的发展提供了支持。值得探索的等离子体位形有两种:第一种是具有弱的正剪切($q(0) > 1$)的高 β_p 制式,第二种是反剪切等离子体。两种位形均可与具有边缘 H 模的 ITB 芯部等离子体相结合。在前一种情形下,性能最高时的等离子体参数是 1.8 MA/(4.1 T),$q_{95} = 4.1$,采用了正离子和负离子中性束注入和电子回旋共振加热,全非感应运行持续了约 2 s,其中中性束注入驱动的电流和自举电流各占约 50%。这种等离子体能够维持 $\beta_N = 2.3 \sim 2.5$,$\tau_E \propto \tau_E^{IPB98(y,2)}$,非感应阶段所达到的聚变三重积为 3×10^{20} keV · s · m^{-3}。在反剪切情形下,完全非感应电流

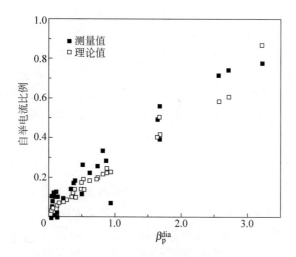

图 12.4.8 自举电流比例与 β_p^{dia} 的函数关系

图中显示了实验测量值和包括自举电流贡献的新经典理论计算结果(Ishida, S. *et al*. *Plasma Physics and Controlled Nuclear Fusion Research* 1990 (Proc. 13th Int. Conf., Washington, 1990) Vol. 1, 195. I. A. E. A., Vienna (1991))

驱动持续了 2.5 s,其中 80% 的电流由自举效应驱动,等离子体状态参数为 0.8 MA/(3.4 T),$q_{95} \approx 9$。虽然这种等离子体的聚变三重积为高 β_p 情形的 1/4,但约束性能和稳定性参数仍然引人注目,在完全非感应电流驱动阶段分别达到 $\tau_E \approx 2.2\tau_E^{IPB98(y,2)}$,$\beta_N \approx 2$ 和 $\beta_p \approx 3$。

正如 JET 上的情形,反剪切运行的研究导致发展出这样一种运行模式:芯部等离子体有很大一部分区域为零电流密度(图 12.4.9)。在电流为 1.35 MA、$q_{95} \approx 5$、辅助加热主要

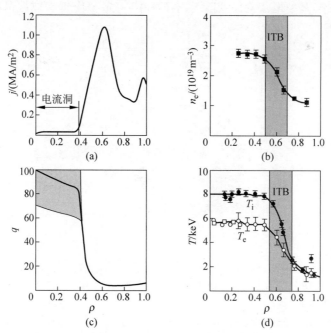

图 12.4.9 包含电流空洞区域($r/a < 0.4$)的等离子体参数的径向分布

(a) 等离子体电流密度 j;(b) 安全因子 q(阴影区表明该区域存在实验上的不确定性);(c) 电子密度 n_e;(d) 离子温度 T_i 和电子温度 T_e(Fujita, T. *et al*. *Physical Review Letters* **87**, 245001 (2001))

为中性束注入的放电中,零电流密度区域可以延伸到 $r/a=0.4$ 的位置,并且可以维持许多秒($\geqslant 5$ s),虽然其半径在逐渐缩小。电流空洞的发展是由强大的离轴自举电流的增长驱动的。这个电流在有内部输运垒的陡的压强梯度区域发展起来。对极向场的运动斯塔克效应的测量表明,在该区域 $q(0)>70$,在小于 $r/a=0.4$ 的位置上电流总和不超过 12 kA。在 q_{95} 为中等数值的情形下,在整个电流空洞期间,等离子体对总体 MHD 模保持稳定。正如 JET 上的实验结果,不管如何驱动负电流,包括在电流空洞区域实施局部电子回旋共振驱动,都没有观察到中心电流密度的反向。

12.4.4 MHD 研究

JT-60U 上的大破裂通常按 7.8 节~7.10 节所讨论的方式发展。与 JET 上的情形一样,密度极限、电流上升不稳定性和误差场模都是常见的大破裂触发因素。其他原因还包括在电流下降阶段出现的高 l_i 和理想扭曲型气球模引发的高 β_p 崩塌,特别是在高聚变性能实验中,后一种情形极易发生。最高 β_N 值下的运行经常受到大破裂的限制。另外,如同其他托卡马克上的情形,新经典撕裂模还限定了长脉冲运行时的 β_N 极限。在 JT-60 上,还对 L 模的密度极限进行了实验研究。研究证实,这个极限取决于过量的辐射功率,因此可用边缘密度极限来刻画。为此,通过弹丸注入已将线平均密度提高到之前的两倍,密度极限参数 $10^{-19}\bar{n}Rq_{cyl}/B$ 从 15 $\mathrm{m^{-2} \cdot T^{-1}}$ 提高至 28 $\mathrm{m^{-2} \cdot T^{-1}}$。JT-60U 上的密度极限的行为与此相似。

JT-60U 等离子体在低 β 下的整体稳定性总结如图 12.4.10 所示(l_i-q_{eff} 图)。在低 l_i 处,由于各种模在电流上升过程中增长,这里构成大破裂的边界层;在高 l_i 处,则出现密度极限和电流下降破裂。在这两个极限之间,平面可以根据是否存在锯齿活动而作进一步细分。一种细分(由点划线表示)是锯齿振荡开始的阈值。另一种细分(由短节线表示)是准稳态等离子体的轨迹,其中电流剖面在除等离子体中心(这里由锯齿波振荡控制)以外的地方完全弥散。

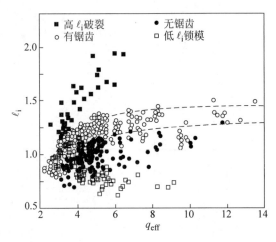

图 12.4.10 JT-60U 上总结等离子体一般稳定性的 l_i-q_{eff} 图

空心方块代表在低 l_i 条件下形成锁模的脉冲放电,实心方块代表高 l_i 条件下的易破裂边界。点划线代表开始发生锯齿振荡的近似边界,而短节线对应于准稳态等离子体的轨迹(Kamada, Y. *et al. Nuclear Fusion* **33**, 225 (1993))

对于如何避免破裂及尽可能减少其影响一直深受重视,并为此制定了战略。由于电流上升期间出现的主要困难都与 $q_{eff} \approx 4$ 相关,而在前 200 ms 期间,这通常是通过形成一个小孔内壁等离子体,然后让其扩大等离子体的孔径来消除。利用这种方法,可实现电流以 $2\,\mathrm{MA}\cdot\mathrm{s}^{-1}$ 的上升速率从 $0.5\,\mathrm{MA}$ 上升到 $3.5\,\mathrm{MA}$。电流在按这个上升速率增大时,如果速率超出 $1\,\mathrm{MA}\cdot\mathrm{s}^{-1}$,将会发生轻微的小破裂,但等离子体能够存续。类似地,也可以通过缩小等离子体孔径来减小 ℓ_{i},从而避免电流破裂。实验还发现,在某些情况下,可以通过展宽等离子体电流剖面来防止破裂。在此期间,需要采用主模数为 $m=3,n=2$ 的外部静态螺旋场措施。这里调制必须相当小心,否则将会引发 $r_{q=1}/a>0.3$ 的破裂。

对热猝灭和电流猝灭期间流向偏滤器的热通量的红外测量表明,在猝灭前几百微秒的时间内,热通量突然增大到 $100\,\mathrm{MW}\cdot\mathrm{m}^{-2}$ 以上,紧接着是来自主等离子体的碳杂质辐射的迅速增大。此外,电流衰减的时间尺度(定义为 $I_{\mathrm{p}}/(\mathrm{d}I_{\mathrm{p}}/\mathrm{d}t)$)随等离子体储能的下降而增大,这里的能量是指猝灭前测得的能量。这些观察结果支持这样一个概念:电流的猝灭是由等离子体的辐射冷却驱动的。

减轻破裂影响的实验需要处理 3 个关键问题:热猝灭、逃逸电子的产生、垂直不稳定性和相关的晕电流。结果表明,在热猝灭之前,通过注入低温的氖"杀手"弹丸可以显著降低偏滤器靶板的峰值热流(图 12.4.11)。在将一个或多个氖弹丸注入到欧姆放电和中性束加热放电中的研究中,在热猝灭期间,流向偏滤器靶板的峰值热流从 $100\sim300\,\mathrm{MW}\cdot\mathrm{m}^{-2}$ 减少到 $20\sim50\,\mathrm{MW}\cdot\mathrm{m}^{-2}$。人们还发现,通过延长中性束加热来度过电流猝灭相可有助于降低电流衰减速率,尽管其机理尚不清楚。

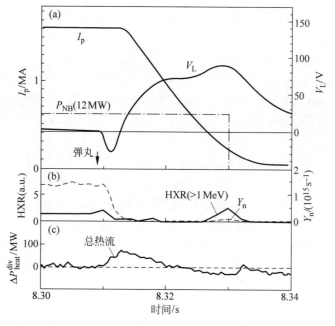

图 12.4.11　冰冻"杀手"氖弹丸注入后破裂的行为

(a) 等离子体电流 I_{p}、环电压 V_{L} 和中性束加热功率 P_{NB};(b) 硬 X 射线信号 HXR 和中子产出信号 Y_{n};(c) 沉积在偏滤器靶板上的功率变化(摘自 Yoshino, R. *et al*. *Plasma Physics and Controlled Fusion* **39**,313 (1997))

在破裂型电流猝灭期间,特别是在注入氖弹丸后,高能量(能量可大到超过 30 MeV)的逃逸电子可形成相当大的电流。然而,在某些情况下,这些逃逸电子可用破裂期间产生的内在磁涨落来抑制。这种磁涨落也可通过外设的鞍形线圈来形成,主要用其 $m=3,n=2$ 的磁扰动,且在等离子体中心 $B_{r(3/2)} < 7 \times 10^{-4}$ T。这种外加磁扰动会在等离子体中引起可能与进一步破裂事件有关的阵发性磁活动,正是这些活动阻碍了逃逸电子电流的发展。通过调整等离子体相对于真空室"零点"的垂直位置,也可以大大减少大破裂后快速垂直不稳定性的发生。实验表明,在大破裂时,真空室壁感应出的涡流的不对称性对推动后续垂直不稳定性增长率的增大有重要作用。通过确定使这些不对称性最小化的等离子体的位置,有可能为等离子体运行确立一个最佳位置,即"零点"。在这种情况下,破裂后发生垂直不稳定性的可能性很小。

在 JT-60 和 JT-60U 的高 β_p L 模实验中,β 值受限于等离子体芯部的快速崩塌。虽然 JT-60 上的 $\varepsilon\beta_p$ 值可以高达 1.2 而没有崩塌,但几秒钟后,由于 $m = 1, 2, 3$ 的 MHD 模的活动,高约束态迅速恶化。在 $\beta_N \approx 1.1$ 时,内部崩塌(出现的时间尺度为 100 μs,且没有任何可检测的先兆活动)也会使约束恶化。计算表明,大的自举电流占比会在等离子体中心产生负剪切区域,其最小 q 值刚好小于 3。这意味着,这种负剪切使理想的低 n 扭曲模或气球模去稳,而正是这些模引发了 β 极限崩塌。在 JT-60U 的实验中,在 $\beta_N \approx 2.3$ 时,β 受限于内部崩塌。对 T_e 的 ECE 测量表明,这种崩塌表现为快速增长的 $m =$ 奇数模的先兆活动,且在等离子体中心外侧的振幅明显较高,这种模会在约 200 μs 的时间尺度上传播到等离子体中心。稳定性分析表明,低 n 理想扭曲模或气球模在这些条件下是不稳定的,尤其是在 $q = 1.5$ 的磁面上的 $m = 3, n = 2$ 的模。在几次低 q^* 值(约 4.5)放电中(这里 $q^* = \pi a^2 B (1 + \kappa^2)/(\mu_0 RI)$ 是 q 在圆柱位形下的等效值,κ 是等离子体的拉长比),β_p 崩塌均诱发大破裂。在具有中心负剪切和 L 模边界的 ITB 等离子体上也遇到类似的限制,在这些实验中 $q_{min} \approx 2$,β_N 被限定在约为 2。

这些问题在 H 模下得到了缓解,这是因为 H 模具有较宽的压强剖面。例如,在高 β_p H 模下,短时间里可取得 $\beta_N = 4.8$。在这些情况下,β 受限于 $n = 1 \sim 2$ 和 $m = 2 \sim 5$ 的压强驱动模。这些模在自举电流的影响下随电流剖面的加宽而增长,导致约束逐渐退化。在准稳态放电条件($> 5\tau_E$)下,可持续的最高 β_N 值更低,在中等的三角形变($\delta_X = 0.34$)等离子体下,可实现 $\beta_N = 3.05$。

对 JT-60U 的 H 模下的 β 极限现象的研究表明,等离子体的整体行为可以根据压强剖面的峰化因子 $p(0)/\langle p \rangle$ 和等离子体的三角形变来理解。在低的 $p(0)/\langle p \rangle$ 值下,β_N 极限与具有 ELM 的边缘压强极限有关,虽然在最高 β_N 值处会出现新经典撕裂模。而在高的 $p(0)/\langle p \rangle$ 值下,β_N 极限取决于前面讨论的内 β_p 崩塌。较高的三角形变会增大等离子体边缘的磁剪切,提高边缘稳定性,并允许在低的压强峰值因数下提高 β_N 的值。

等离子体成形能力的进一步提高可将等离子体的三角形变扩展到 $\delta_X = 0.6 (I_p \approx 1$ MA)。这为 β_N 范围的扩展提供了潜力。例如,在 $\delta_X = 0.45$、1 MA/1.8 T 的高 β_p H 模的准稳态条件下,实现了 $\beta_N = 2.7$ 持续 7.4 s 的成就。在此情形下,β 极限取决于高 β 阶段存在的 $m = 3, n = 2$ 的新经典撕裂模。在 JT-60U 上,针对取得更高的 β_N 值这一目标所进行的实验,已成功实现通过局域电子回旋电流驱动(ECCD)来稳定这种新经典撕裂模。与 ASDEX-U 的协同实验验证了这种调制的 ECCD 的作用,其中,当这种模行经电子回旋波发射天线的面前时,电子回旋波被注入到磁岛的 O 点,这大大提高了致稳的效率。

通过采用铁磁性插入物来减小环向场纹波,从而形成性能改善的大口径等离子体(下文讨论),这种方法已被用来研究电阻性壁模的"壁稳定化"。β 极限不稳定性的讨论见 6.16 节。在弱的反剪切等离子体中,通过中性束注入来维持 $q = 2$ 的有理面上足够大的环向旋转,已使高 β_N($\beta_N \approx 3$)等离子体能够将高于"无壁"β 极限 $10\% \sim 20\%$ 的 β 值维持长达 $5 \mathrm{~s}$ 的时间(或 $\approx 3\tau_R$)。维持壁稳的临界旋转速度约为 $1.5 \times 10^4 \mathrm{~m \cdot s^{-1}}$ 或约为 $0.003V_A$,其中 V_A 是阿尔文速度。这个临界旋转速度的值明显低于其他几个装置的早期实验中所观察到的值。在这些 β 值大于无壁极限值的等离子体中,当采用中性束垂直注入时,观察到 $n=1$ 的磁流体力学模和一种接近俘获离子进动频率的频率(观察表明,这种俘获离子是由垂直注入引起的)。

这种称为"高能粒子驱动壁模"(EWM)的不稳定性发展得非常慢,并能够耦合到电阻壁模,使原本因等离子体旋转而致稳的后者变得不稳定(图 12.4.12)。

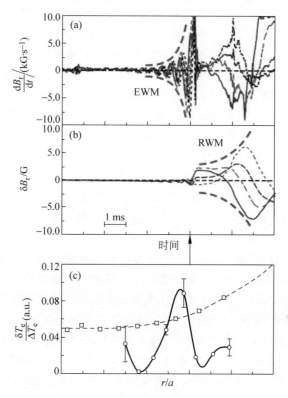

图 12.4.12 　(a)取自沿环向分布的几个鞍形线圈的磁涨落幅度 dB/dt 信号(这些信号显示了高能粒子驱动壁模(EWM)的增长,并给出了在约 $1 \mathrm{~ms}$ 的增长率 τ_g。这种增长在箭头所示的时刻触发了电阻壁模(RWM)的增长);(b)鞍形线圈给出的积分磁涨落信号(显示出 RWM 的幅度的增长);(c)由运动斯塔克效应(MSE)测得的 q 的径向分布、与 EWM 相关联的径向位移,以及由 ECE 测量导出的 $\delta T_e / \mathbf{\nabla} T_e$(这些测量显示,这种模定域在 $q=2$ 的磁面附近)(Matsunaga,G. *et al*. *Physical Review Letters* **103**,045001 (2009))

12.4.5　JT-60U 上的约束和聚变性能

JT-60U 上的 L 模与其他托卡马克上的类似,大致遵循 ITER89-P 定标律。但对于 $q_{eff}<5$,常规 L 模等离子体的能量约束要低于 ITER89-P 定标律且随 q_{eff} 的减小而退化。分析表明,这与电流剖面的变化有关,这种变化可用 l_i 和 q_{eff} 来表示。对 q_{eff} 的某种依赖关系反映了观察结果:l_i 倾向于随 q_{eff} 的下降而减小,但锯齿反转半径随 q_{eff} 的下降而扩大,由

此对输运造成额外贡献。在 JT-60U 上,还对少数离子的二次谐波回旋加热(加热功率高至 6 MW)条件下的 L 模等离子体进行了研究,所得结果与 JET 上采用少数离子的一次谐波加热实验所得的结果类似。这些实验包括对用同轴加热来产生锯齿的致稳作用和对少数快离子的环向阿尔文本征模的去稳效应的观察。在采用负离子中性束注入对反剪切等离子体加热的实验中,360 keV 的氢离子也会造成环向阿尔文本征模的爆发,由此造成中子发射下降百分之几。

对环形真空室做了硼化后,在各种加热模式下,等离子体电流高至 4.5 MA 仍可实现 H 模运行。像其他托卡马克一样,L-H 模转换的阈值功率随环向磁场线性增加,接近公认的定标律。随着极向场成形能力的逐步升级,H 模等离子体的性能得到提高,已可以在更高的三角形变下运行。特别重要的是观察到 ELM 行为的性质随着三角形变和边缘安全因子的提高发生了明显改变,因为正常情况下 I 型 ELM 预计将使聚变反应堆的偏滤器靶板的烧蚀变得严重。在高 β_p($\beta_p \geqslant 1.6$)、大三角形变($\delta_X \geqslant 0.45$)和 $q_{95} \geqslant 6$ 的区域,已观察到 I 型 ELM 被完全抑制,相伴的是不规则的"草型"行为(可能与 II 型 ELM 有关)。这使得 ELM 对偏滤器靶板造成的脉冲式热流通量得到显著降低。有证据表明,随着三角形变的进一步增大,在 $q_{95} \approx 4$ 时即可获得草型 ELM 行为。对边缘 MHD 稳定性的分析表明,向草型运行模式的转换总是与向气球模第二稳定区接近有关;草型行为还可能与 $n > 10$ 的理想模的出现相关,n 在 5～10 的模则与 I 型 ELM 相关。正如前面讨论的,利用惰性气体充当杂质种粒已在 ELMy H 模期间取得缓解偏滤器热流通量的功效。采用内侧弹丸注入(这一技术最先是在 ASDEX-U 上施行)可在更高的密度下维持高约束的 ELMy H 模,在密度约为 70% 的格林沃尔德密度极限的条件下可维持 $\tau_E \approx \tau_E^{IPB98(y,2)}$。

JT-60U 只有 18 饼环向场线圈,因此在所有口径上等离子体都会有很大的环向磁场纹波。在等离子体边缘,$\delta B/B \approx 3\%$。由此造成的中性束注入的快离子损失或聚变产物的纹波损失可能非常大。同时,这种纹波又为检验有关过程的理论理解提供了机会。在 JT-60U 上进行了这样的控制实验:将等离子体的外侧边缘扩展到高纹波区域,并监测高能粒子的损失(这可以通过测量到环形真空室第一壁上的功率损失,也可以通过观测 2.4 MeV 和 14 MeV 的中子发射来做到)。从红外相机对环面外侧壁上的热通量的测量可以导出这种方式下注入束离子的损失比例与外缘纹波损失之间的线性关系(图 12.4.13)。利用轨道跟

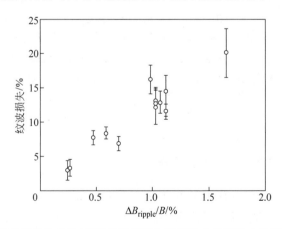

图 12.4.13 实验测得的纹波损失占比(定义为纹波损失功率对中性束注入功率之比)与中平面上纵场纹波大小 $\Delta B_{ripple}/B$ 之间的函数关系(Tobita, K. *et al. Physical Review Letters* **69**,3060 (1992))

踪的蒙特卡罗计算程序(其中考虑了纹波俘获和香蕉漂移所造成的损失)进行的详细计算表明,计算结果与损失比例的测量结果之间具有很好的一致性。对短时中性束脉冲之后的 2.4 MeV 中子的衰变的测量则提供了进一步的信息。这一观测表明,当等离子体边缘扩展到较大的纵场纹波区域后,计算给出的中子衰变率与经典束慢化计算所预言的结果之间的偏差增大了,这表明(如所预料)纹波造成的损失随纹波幅度的增大而增大。

环向场纹波对反剪切等离子体中的快离子约束的影响在实验中得到了清楚的显示。这个实验将 $q_{min} = 2.1, q(0) = 3.6$ 的等离子体的 D-D 反应产生的 1 MeV 的氚的燃耗与传统的锯齿等离子体下测得的相应值做了比较。当等离子体边缘扩展到环外侧较大的纵场纹波($\delta B/B \approx 1\%$)区域后,反剪切情形下的氚约束占比下降到不足原先的 1/3,但在常规情形下,这个占比仅下降 25%。由此可见,实验结果与采用轨道跟踪的蒙特卡罗代码计算结果之间有很好的一致性。

为了更有效地开发大截面等离子体,在环面弱场侧的内真空室壁附近,在环向线圈之间的环向位置上安装了铁素体插块。这些插块能够提供环向场补偿,减小装置"固有的"磁场纹波,补偿的多少则取决于环向场的大小。例如,对于环向磁场为 1.9 T、大半径为 4.2 m 的装置,环向场纹波减小到原先的 1/4,导致计算给出的所吸收的中性束功率增加了 30%(这里考虑了中性束注入几何的所有要素)。然而,随着环向场的增大,插块带来的相对磁场补偿减小,降低了吸收功率的增益,在 3.3 T 时增益减少了 20%。高能束离子的约束改善在几个方面提高了等离子体的性能。最明显的当属等离子体的环向旋转效应,环向旋转的增强缘于径向磁场的减小(这种径向磁场是高能离子损失引起的)。旋转的增强被认为是常规 H 模等离子体具有的约束改善增强因子的一个促进因素。不管怎么说,即使是在环向旋转不变的情况下,能量约束也比以前具有较高纹波下的实验结果有所改善。类似的行为模式在边缘台基压强上也可以观察到,表明环向场纹波的大小变化可能直接影响台基的输运过程。这种环向场波纹振幅与边缘台基压强之间的相关性也得到了 JET 上协同实验的证实。

大截面等离子体的约束改善特性使得高 β_pH 模能够发展为具有高 β_N 值($\beta_N \leqslant 3$)和良好能量约束的长脉冲"混杂"等离子体。在 $q_{95} = 3.2(0.9\ MA/1.54\ T)$ 的放电中,取得了平坦的 $q(0) \approx 1$ 的中心安全因子分布,$\beta_N = 2.6$ 维持了 28 s,其中 $\tau_E > \tau_E^{IPB98(y,2)}$ 维持了 25 s,相当于 $14\tau_R$。尽管此时压强呈很高的峰化剖面,自举电流占比超过 40%,这些等离子体仍能保持对新经典撕裂模的稳定,使得稳态条件在整个加热脉冲期间基本得到维持。

两种潜在的稳态运行模式——高 β_pH 模和反剪切模——也被发展到对高聚变性能的探索。前一种模式与其他大型装置上开展的高性能运行实验类似,都是通过高功率中性束注入到低密度靶等离子体来建立的。如同其他装置上的做法,要得到最高性能,低的再循环是必要条件。在这方面,发现改善的氚再循环和 W 形偏滤器对杂质的控制特性很重要。图 12.4.14 展示了 $q_{95} \approx 3, 2.4\ MA/4.3\ T$ 条件下等离子体的演化,所取得的最高的聚变三重积为 $1.5 \times 10^{21}\ keV \cdot s \cdot m^{-3}$,相当于 $Q_{DT} \approx 0.4$。最初是形成高 β_p 的运行模式(以 $r/a \approx 0.7$ 位置上形成内部输运垒为标志),然后转换到无 ELM 的 H 模,导致边缘参数增大,约束进一步改善。这种具有最高聚变性能的相终止于 $\beta_N = 2$,由 $n = 1$ 的扭曲气球模的快速增长($10\ \mu s \sim 1\ ms$)引起的破裂所致。在 1.5 MA/3.7 T 条件下,这种运行模式可以在 4.5 s 到 9 s 之间维持准稳态,期间 $Q_{DT} = 0.16 \sim 0.11$。

中性束功率在这些等离子体中心的沉积使得等离子体剖面变得非常峰化,导致 $T_i(0) \sim 40\ keV, n(0) \approx 6 \times 10^{19}\ m^{-3}$。内部输运垒的存在(由 $r/a > 0.5$ 处形成陡的离子温度梯度确

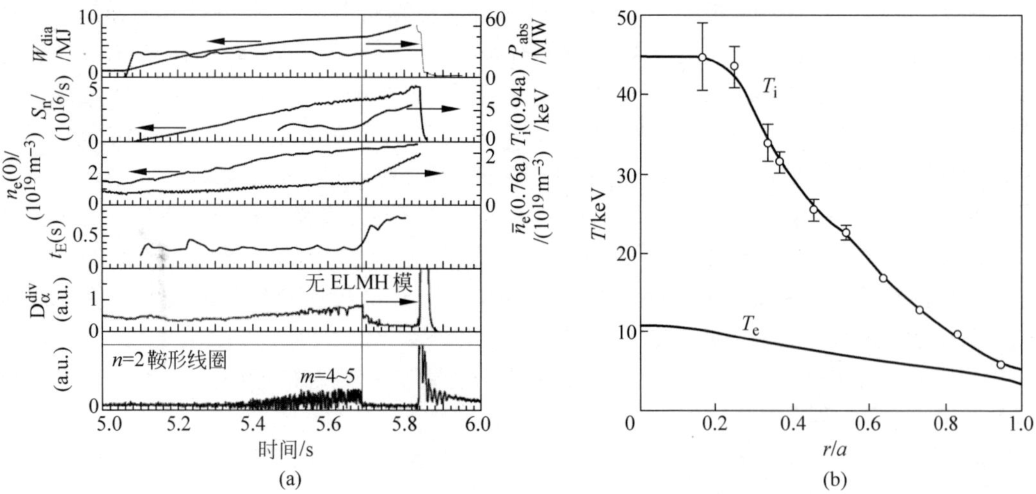

图 12.4.14 具有最高聚变三重积的高 β_p H 模的概述

(a) 逆磁测量给出的储能 W_{dia} 和吸收的热功率 P_{abs}、中子发射 S_n 和边缘离子温度 $T_i(0.94a)$、分别沿弦线 $r/a=0$ 和 $r/a=0.76$ 的线平均电子密度、能量约束时间 τ_E、偏滤器区域的 D_α 信号和检测 $n=2$ 的 MHD 模式的鞍形线圈系统信号;(b) 聚变峰值性能期间的离子温度 T_i 和电子温度 T_e 的径向分布(摘自 Ishida, S. *et al*. *Fusion Energy* 1996 (Proc. 16th Int. Conf., Montreal, 1996) Vol. 1, 315. I. A. E. A., Vienna (1997))

定,如图 12.4.15 所示)是这种约束特性的关键。对 q 分布的测量表明,这个输运垒经常处在 $q=2$ 或 $q=3$ 的有理磁面附近,其位置可与 $s\approx1$ 的位置相关联。对等离子体芯部的热输运的分析表明,在输运垒形成之处,离子和电子的热扩散率差不多下降了一个量级,接近等离子体中心的离子的新经典热扩散的相应值。这种运行模式下的峰值分布与 TFTR 超放电时的情形相似,对这两个托卡马克的数据的分析表明,中子产额与吸收功率、等离子体体积和中性束加料的峰值因子的关系遵从相同的定标律。

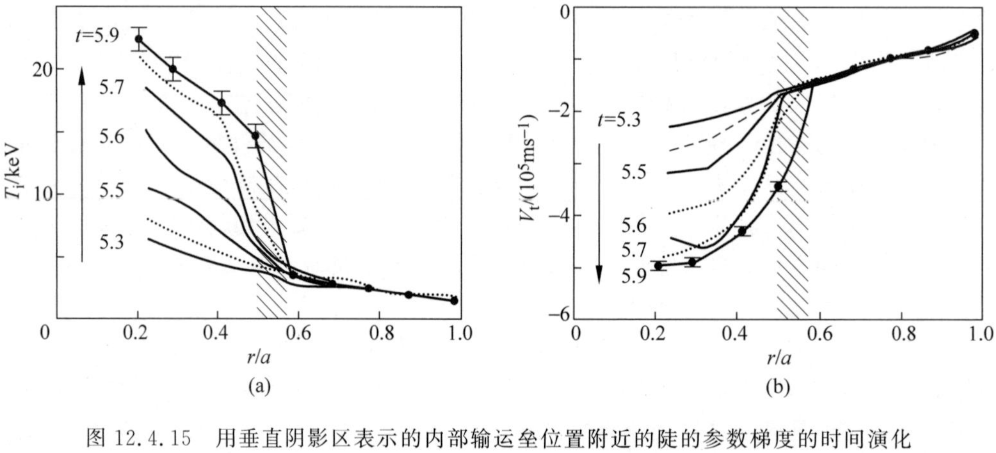

图 12.4.15 用垂直阴影区表示的内部输运垒位置附近的陡的参数梯度的时间演化

(a) 离子温度 T_i;(b) 环向旋转速度 ν_t

放电条件为高 β_p H 模,如图 12.4.14 所示(Koide, Y. *et al*. *Plasma Physics and Controlled Nuclear Fusion Research* 1994 (Proc. 15th Int. Conf., Seville, 1994) Vol. 1, 199. I. A. E. A., Vienna (1995))

在 JT-60U 上广泛利用了反剪切等离子体模式。比较突出的一个成就是实现了 $26\,\mathrm{keV}$ 的芯部电子温度,尽管此时密度仅为 $0.5\times10^{19}\,\mathrm{m}^{-3}$。这一结果是在将 $3\,\mathrm{MW}$ 电子回旋共振加热功率注入到由中性束注入和低杂波电流驱动维持的反剪切等离子体中心的条件下取得的。在电流上升的早期,通过将中等功率水平的中性束($10\sim15\,\mathrm{MW}$)注入到低密度等离子体($\bar{n}\approx1\times10^{19}\,\mathrm{m}^{-3}$)中,实现了高性能的聚变反应运行。在电流上升阶段,反剪切的中心区域得到发展,内部输运垒沿径向扩展,最终达到 $r/a\approx0.7\sim0.8$,而等离子体边缘仍保持 L 模。在几乎整个等离子体芯部,离子温度上升到接近 $20\,\mathrm{keV}$,密度达到约 $8\times10^{19}\,\mathrm{m}^{-3}$(图 12.4.16)。由输运垒包围的大体积导致能量约束显著增强,$\tau_E\approx1\,\mathrm{s}\,(\approx3\tau_E^{\mathrm{ITER89\text{-}P}})$,对于最佳放电炮,得到 $n_D(0)T_i(0)\tau_E=8.6\times10^{20}\,\mathrm{keV\cdot s\cdot m^{-3}}$,相当于 $Q_{\mathrm{DT}}=1.25$。

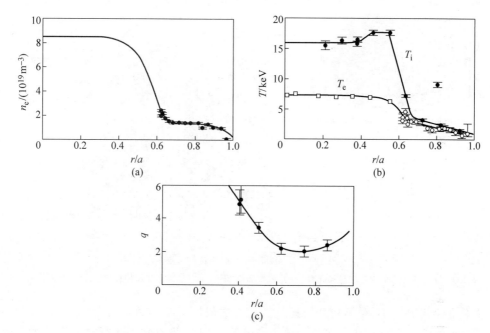

图 12.4.16 具有最佳聚变表现的反剪切(氘)放电($2.6\,\mathrm{MA}/4.4\,\mathrm{T}$)的等离子体参数的径向分布
(a) 电子密度 n_e;(b) 离子温度 T_i 和电子温度 T_e;(c) 安全因子 q(摘自 Ishida, S. et al. Nuclear Fusion **39**, 1211 (1999))

在瞬态条件下可获得最高的聚变性能,这一条件通常出现在 β_N 处于中等值(<2)且 $Q_{\min}\approx2$ 的破裂终止时。电子回旋辐射诊断的测量表明,此时会出现破裂先兆模的快速增长($\gamma^{-1}\approx10\,\mu\mathrm{s}$),MHD 稳定性分析表明,此时等离子体接近低 n 理想扭曲气球模的理想稳定性极限。

这种水平的聚变性能会在具有类似的全局参数且电流空洞得到发展的等离子体中再现。这些放电也会因破裂而终止,相反,电流空洞模式则能在更高的 q_{95} 值(≈5)下运行。通过精心调控辅助加热系统来控制等离子体压强的发展,已在反剪切等离子体上实现了持续 $0.8\,\mathrm{s}$ 的三重积 $n_D(0)T_i(0)\tau_E=4\times10^{20}\,\mathrm{keV\cdot s\cdot m^{-3}}$(相当于 $Q_{\mathrm{DT}}=0.5$)。在这种情况下,等离子体往往在中等水平的 $\beta_N=1.1$ 时就发生破裂。MHD 稳定性分析表明,在放电终止的初始阶段,电阻交换模可能参与其中。

12.5　DⅢ-D——通用原子公司,圣地亚哥,美国

DⅢ-D 是从 DⅢ(Doublet Ⅲ 的缩写)托卡马克发展而来的,后者设计用来探讨双流变形等离子体的性质。这种位形是在拉长平衡的中平面形成一个腰。当以带有"扩展边界"的偏滤器的传统等离子体几何位形——即有内部磁分离面但没有偏滤器腔室——运行时,DⅢ实验比较成功。因此,实验团队决定在已有的环形场线圈系统的基础上重建托卡马克,以便最大化该位形下的可用体积(图 12.5.1),同时增强成形能力。

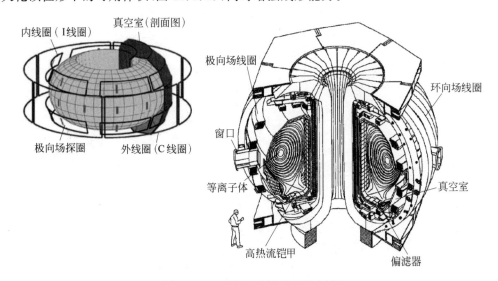

图 12.5.1　DⅢ-D 实验装置的概貌

图中还展示了两组非轴对称的磁场线圈——C 线圈和 I 线圈——的几何形状和位置(通用原子有限公司)

这个重建装置于 1986 年初开始运行。它有类似于 JET 的环径比,$R/a = 1.67/0.67$,最大环向磁场为 2.2 T,取得的等离子体电流高达 3 MA,虽然常规运行时电流低于这个值(这是由于等离子体孔径减小以配合偏滤器的抽气泵)。等离子体采用哪一种磁螺旋都是可行的,都能够对可能的等离子体与同向/反向中性束注入和离子 ∇B 漂移等耦合效应去耦。氘中性束注入提供了高达 20 MW 的加热功率,注入的离子能量为 75 keV,离子能量更高时可达 93 keV。四路中性束中的一路沿环向旋转,在与其他几路中性束相反的方向上提供 5 MW功率,用以研究等离子体旋转对等离子体性能的影响。2011 年,对该束系统做了进一步调整,使得束能够具有极向转向能力且明显偏轴地注入,用以进行离轴电流驱动的研究,功率水平仍为 5 MW。此外,离子回旋射频加热系统和电子回旋共振加热系统都是 6 MW 的源功率。前者在 60~120 MHz 范围内可调,后者在 110 GHz 下工作,并允许在高达 5 kHz 的频率下进行功率调制。

最初,铬镍合金(inconel)制作的真空室有一层有限覆盖的石墨瓦,后来覆盖面逐渐扩展,到 20 世纪 90 年代初,室的内表面已完全覆盖了石墨瓦。各种技术手段被用来提高腔室的真空度,减少氢同位素的再循环。其中包括真空室烘烤到 400℃,氘和氦的辉光放电清洗、碳化和硼化,最后这两项对于抑制真空室壁的金属溅射特别重要。放电间隙施行的常规氘辉光放电清洗是实现良好的 H 模的有效举措,而硼化后获得的低再循环条件为产生最高

性能的放电提供了基础。

通过在顶部和底部安装抽气偏滤器(图 12.5.2),使得功率控制和粒子控制的能力得到了明显提高。在 1990—1993 年,装置安装了一个位形相当开放的下偏滤器。这不仅使得可在偏滤器区域设置活动抽气口,使用液氦冷却的低温泵,而且还能够在外偏滤器的打击点上利用外电场来产生径向流。这种偏滤器的外挡板区域沿大半径向内延伸,使得大三角形变等离子体放电产生的粒子能够有效排出。在 1997—2000 年,在装置上方又安装了一个封闭偏滤器,其内侧和外侧均设有低温泵,目的就是为了能够为高形变等离子体提供粒子控制。

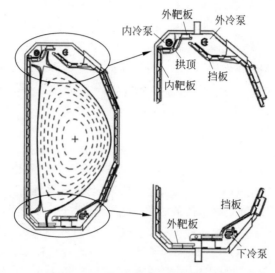

图 12.5.2　DⅢ-D 真空室的截面图
图中显示了上、下抽气偏滤器的主要部件

非轴对称场对等离子体行为的影响,以及采用磁反馈控制来抑制 MHD 不稳定性的研究是 DⅢ-D 计划的一个重要方面。通过添加几套非轴对称磁线圈(如图 12.5.1 的插图所示),装置的性能逐渐得到扩展。这几套线圈系统分别是外置的 6 个鞍形线圈(称为 C 线圈系统)和内置的 12 个鞍形线圈(称为 I 线圈系统)。这些线圈已被广泛用于研究和控制各种误差场模、新经典撕裂模、电阻壁模和边缘局域模,以及等离子体旋转对等离子体的约束和稳定性的影响。

12.5.1　约束和 H 模的研究

对 H 模的广泛研究已经对 H 模约束性质的刻画和 L 模到 H 模转换的物理基础的理解作出了重大贡献。如同中性束注入能够产生 H 模一样,电子回旋共振加热、离子回旋频率范围的快磁声波加热等实验都能够产生欧姆加热 H 模和局限于内壁的等离子体 H 模。通过一系列措施,能量约束已经增强到超越正常 H 模水平(这部分内容将在 12.5.2 节讨论)。

对壁进行硼化并在第一壁的所有区域安装石墨瓦已经促进了 H 模的日常运行,并获得了其他托卡马克上观察到的类似参数区。对于 NBI 加热的单零等离子体,H 模的功率阈值与环向磁场的大小呈线性定标关系,但与等离子体密度的关系较弱。此外,当离子的 ∇B 漂移方向背离 X 点时,阈值功率要比离子 ∇B 漂移趋向 X 点的情形高 5 倍以上。在双零位形下,H 模的功率阈值不存在对环向场和密度的依赖关系,但与离子 ∇B 漂移方向(是趋近还是背离 X 点)之间的强关联仍然存在。垂直方向上仅仅几厘米的偏差,就可能使离子漂移相对于主 X 点的方向相反,从而使阈值功率增大到 3 倍以上。在 L-H 模转换期间实施与电流同/反向的中性束注入来共同改变转矩的实验显示,功率阈值对输入的转矩非常灵敏,当输入转矩从 $-1\,\mathrm{Nm}$(与电流反向)变到 $4\,\mathrm{Nm}$(与电流同向)后,阈值增加了 2~4 倍。此外,在输入转矩接近于零的范围,前述在双零位形下功率阈值对 ∇B 漂移方向的强敏感性没有观察到。有建议认为,观察到的转矩对功率阈值的影响可以用等离子体边缘的等离子体旋转的局部响应,以及由此产生的对等离子体流剪切的影响来理解(讨论如下)。

人们在用等离子体边缘区(台基区内)的局部参数来表征 H 模的获取条件方面已经作出了相当大的努力。有一点似乎得到确认,就是 H 模的获取不存在临界的边缘温度。这一点在实验上显示得最清楚:在采用氘丸注入时,即使是输入功率比正常的 H 模功率阈值小 20%,也仍可触发 H 模。基于实验测量的结论是台基内的温度梯度和压强梯度更可能是 L-H 模转换的控制参数。

H 模通常表现出某种形式的 ELM 活动。这种活动形式上可以分为三大类。Ⅰ型(或称"巨型")ELM,其频率随输入功率的增加而提高。这种模造成超过等离子体总量 10% 的能量和粒子损失。它们在控制边界参数方面——特别是在粒子约束方面——非常重要,具体体现在具有这种模特征的 H 模已实现长达 10 s 的近稳态运行(密度、能量和杂质含量均保持不变)。对氢束加热的氘等离子体的边缘参数分布的分析曾表明,当等离子体边缘处于一阶理想气球模极限时,就会出现这种 ELM,并推测它们可能是由气球模触发的。但后来的实验表明,Ⅰ型 ELM 可能存在于这样的条件下:边缘区处在气球模的第二稳定区,等离子体压强梯度则超过一阶稳定极限的两倍。随后有人提出,DⅢ-D 上的Ⅰ型 ELM 是由低到中等 n 值($n=5\sim10$)的扭曲/气球模引起的。这个结论得到了对三角形变和拉长比均变化的等离子体的详细稳定性分析的支持。分析证实,出现Ⅰ型 ELM 的边缘压强梯度随三角形变的增大而增大,并如预料,在中等拉长比下达到最大值。

Ⅱ型(或称"草型")ELM 具有高频、低振幅的特征。它们可在低到中等等离子体电流的条件下观察到,$I(\mathrm{MA})/B(\mathrm{T})<0.5$,对应的 $s/q_{95}^{2}<0.15$,其中 $s=d(\ln q)/d(\ln\psi)$ 是剪切强度,ψ 是磁面所封闭的极向磁通。Ⅲ型(或称"转换型")ELM 具有小幅度特征,它们出现在当输入功率刚超过模转换功率阈值时。它们的频率随着输入功率的增加而降低,直至在中等功率下等离子体最终变成无 ELM 运行。Ⅲ型 ELM 的特征是具有 $4\leqslant n\leqslant13$ 的相干 MHD 先兆活动。实验上还发现了另一种边缘行为,其中等离子体边缘参数保持稳态,相应的各参数值等同于Ⅰ型 ELM 放电时的值,但不出现 ELM。维持这种准稳态的条件使其与无 ELM 的 H 模区分开来。在这种"静态"模式下(更多细节见 12.5.2 节中的讨论),边缘台基参数似乎由边缘谐振(EHO)控制,其中有多个谐波,其环向模数从 $n=1$ 到 $n=10$,可在整个 H 模期间持续。

正如在 12.3 节中指出的,对于 ITER,与Ⅰ型 ELM 相关联的热负荷必须减小一个量级,以避免对面向等离子体的部件造成过度烧蚀。在 20 世纪 90 年代 JFT-2M 的初步结果和 Tore Supra 团队的理论工作的基础上,DⅢ-D 上安排了一项广泛的实验计划,用以探讨通过共振磁扰动(RMP,即通过在 H 模台基区实施小尺度的磁结构)来减轻或控制 ELM 的可能性。前述的非轴对称的磁场线圈组即用来施加这些磁场扰动,研究目标就是探索这些扰动结构的变化对 ELM 和 H 模行为的影响。特别是 ELM 被完全抑制的条件得到了确认和表征。据观察,将具有螺旋共振的磁扰动设置在有 $n=3$ 分量的等离子体边缘附近是关键。实验取得了对 q_{95} 取值范围内的 ELM 的完全抑制(图 12.5.3(a)),通过增大磁扰动的

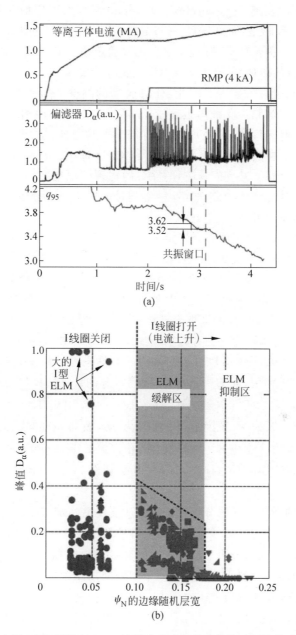

(a)

(b)

图 12.5.3　(a) DⅢ-D 上用 RMP 场进行 ELM 抑制实验时相关参数的时间演化(RMP 场在 2～4 s 期间投入,此时等离子体电流处于上升阶段。由图可见,在 3 s 前后,ELM 有一个短暂的抑制期,此时 ELM 激发的 D_α 脉冲信号消失了,而 q_{95} 的值处在很窄的共振区间内,摘自 Evans, T. E. *et al*. *Nuclear Fusion* **48**,024002 (2008));(b) 根据 ELM 产生的峰值 D_α 信号的归一化幅度来表示的外加 RMP 场产生抑制 ELM 的条件(横坐标是满足奇里科夫参数 σ_{Chir} 大于 1 的极向磁通 $\Delta\psi_N$ 的区间的宽度,摘自 Fenstermacher, M. E. *et al*. *Physics of Plasmas* **15**,056122 (2008))

幅度,这个抑制的范围还可进一步扩大。磁扰动的幅度的增大则可由增大 I 线圈组的外加电流来实现,或通过用 C 线圈系统来增加一个额外的 $n=1$ 场分量来实现。

这种效应的物理机制尚不完全清楚,但对 H 模的台基等离子体压强的测量表明,RMP 场将压强限制在低于"剥离-气球(peeling-ballooning)"模所对应的压强水平。而前面讨论过,这种剥离-气球模预料是不稳定的。通过分析 RMP 场产生的等离子体边缘的随机性的程度,已经推导出一个实现对 ELM 完全抑制的经验定律。利用真空磁场(即忽略了等离子体对外加磁场的响应的磁场)的奇里科夫(Chirikov)参数 σ_{Chir}(定义为磁岛的平均宽度与磁岛间隙之间的比值),可以确定一个产生 ELM 抑制的判据。如图 12.5.3(b) 所示,当等离子体边缘满足 $\sigma_{Chir} > 1$ 的归一化极向磁通 ψ_N(归一化到与分离面相联的极向磁通)所在区间的宽度超过约 0.16 后,即可实现对 ELM 的抑制。虽然这种方法提供了与其他实验结果进行比较的基础,并且潜在地可外推到对 ITER 的 ELM 抑制的要求,但描述 RMP 场对 ELM 影响(包括等离子体对外加磁场的响应)的完整的物理模型还有待发展。此外,外加磁场对等离子体约束和 MHD 稳定性的影响(这种影响是通过 RMP 场对等离子体转动的影响来体现的)也必须得到充分了解。

DⅢ-D 和其他托卡马克上的研究确定了取得 H 模约束的条件,但要理解约束出现明显分叉的基本原因被证明更具挑战性。人们在带限制器的托卡马克上进行了一系列用伸向等离子体的外加偏压电极来触发类 H 模转换的实验。这些实验的结果与那种认为电场对输运过程有影响的理论预言是一致的。这些见解已得到深入研究,同时,与等离子体边缘的径向电场的变化有关的 H 模转换的证据也已经有大量积累。

理论研究得出的基本概念是在存在剪切流——由 $E \times B$ 漂移速度的梯度引起——的情况下,通常作为 L 模等离子体反常输运的起因的类静电槽纹模式可以被稳定。在此,电场的径向分量 E_r 起主导作用,而 E_r 可以从单离子成分的最低阶径向力平衡方程推导出来:

$$E_r = (Zen_Z)^{-1} dp_Z/dr - v_\theta B_\phi + v_\phi B_\theta \qquad (12.5.1)$$

其中,离子的电离电荷数为 Z,密度为 n_Z,压强为 p_Z,极向和环向的旋转速度分别为 v_θ 和 v_ϕ。对等离子体湍流的特性和 $E \times B$ 漂移对类槽纹模的影响的分析使我们可以导出一个湍流被完全稳定的判据。即对于这种模,当 $E \times B$ 剪切率 $\omega_{E \times B}$ 为该模的最大线性增长率 γ_{max} 时,湍流被完全稳定。

对可见光波段的杂质辐射的分析允许我们从实验上确定式(12.5.1)中对径向电场的三方面贡献,其时间分辨率为亚微秒级。其中关键的量是极向和环向的离子速度的径向分布,以及离子温度和密度的径向分布。最初采用的是被动辐射测量,但后来则优先采用主动的电荷交换复合光谱技术,即利用等离子体离子和辅助加热束之间的电荷交换反应来进行测量。这些测量结果表明,在等离子体边缘内 $1 \sim 2$ cm 的地方,存在一个负的径向电场;几乎在 H 模转换的同时,此处的 D_α 辐射有明显下降(图 12.5.4)。类似现象也出现在中性束、电子回旋和欧姆加热等离子体产生的 H 模上,以及在环的强场侧由石墨瓦限定的等离子体的 H 模上。

等离子体边缘的朗缪尔探针测量也表明,在 H 模转换期间,上述位置的等离子体悬浮电位变得更负,离子饱和电流下降,其方式与形成陡峭的密度梯度是一致的。此外,在分离面位置附近 $2 \sim 3$ cm 宽的区域上,在 L-H 转换的 $100\ \mu s$ 内,由微波反射计和远红外散射等测量得到的密度涨落的幅度迅速降低。观察到这些变化的区域通常被认定为边缘输运垒,

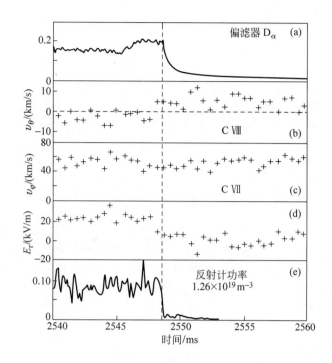

图 12.5.4　L-H 转换期间各参数的时间演化

(a) DⅢ-D 的下偏滤器上测得的 D_α 辐射；(b) 在分离面内 1 cm 位置上通过主动 CXRS 通道测得的极向旋转速度；(c) 在分离面内 1 cm 位置上通过主动 CXRS 通道测得的环向旋转速度；(d) 在与(b)和(c)同一位置上测得的径向电场；(e) 在分离面内 2 cm 的反射层位置上，由 75～800 kHz 的密度反射信号给出的功率谱（对应于 1.26×10^{19} m^{-3} 的电子密度）虚线表示 D_α 信号开始下降的时刻，通常用来表示 H 模的出现(摘自 Gohil, P. *et al. Nuclear Fusion* **34**, 1057 (1994))

它是 H 模的特征。在模转换后，约束改善区域会在几十毫秒的时间尺度内沿径向向内渗透，并伴随着径向电场剪切的增大和密度涨落的降低。实验证据表明，电场的变化先于 H 模的其他信号。这个证据支持这样的论点：电场的变化是 L-H 转换的主要原因，而不是其结果。

在氘等离子体放电中，径向电场的大小可以用主离子而非杂质离子的参数来计算。虽然时间分辨率(约 7 ms)比用杂质离子时达到的品质要差，但在等离子体边缘负的径向电场的发展得到证实。然而，径向力平衡方程中单个项的贡献是不同的(图 12.5.5)。特别是，对模转换后 3.5 ms 的氘的多数离子的速度测量表明，它们沿离子的逆磁漂移方向旋转，而杂质离子沿电子的逆磁漂移方向旋转。然而，旋转的大小远小于离子的逆磁漂移，这再次意味着存在一个大的负径向电场。

H 模的约束特征已经得到广泛研究，并得到以下一般性结论：H 模的获得和整体能量约束的改善与加热方法无关。在氘 NBI 加热下获得的氘等离子体 H 模相对于 L 模的典型约束增强因子约为 2，但在其他托卡马克上，H 模约束增强因子通常随密度的增加(趋向格林沃尔德值)而下降。在某些通过充气加料的低功率($P_{NB} \leqslant 4$ MW)放电中发现，在密度约为 $1.4 n_{GW}$ 的条件下，密度剖面更加峰化，并能够将 H 约束品质保持在 $\tau_E \approx 2\tau_E^{\text{ITER89-P}}$ 的水平上。在充入氖气的条件下，H 模约束的质量得到进一步改善，达到 $\tau_E \approx 3\tau_E^{\text{ITER89-P}}$。有建议认

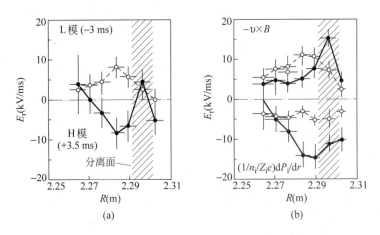

图 12.5.5　L-H 转换期间各参数的时间演化

(a) DⅢ-D 的下偏滤器上测得的 D_α 辐射;(b) 在分离面内 1 cm 位置上通过主动 CXRS 通道测得的极向旋转速度;(c) 在分离面内 1 cm 位置上通过主动 CXRS 通道测得的环向旋转速度;(d) 在与(b)和(c)同一位置上测得的径向电场;(e) 在分离面内 2 cm 的反射层位置上,由 75 kHz 到 800 kHz 的密度反射信号给出的功率谱(对应于 1.26×10^{19} m^{-3} 的电子密度)虚线表示 D_α 信号开始下降的时刻,通常用来表示 H 模的出现(摘自 Gohil, P. *et al. Nuclear Fusion* **34**,1057 (1994))

为,超出正常 H 模水平的约束增强与存在杂质时的高模数漂移波的稳定性有关。

通过制备 NBI 加热下总体参数非常相似的 L 模和 H 模等离子体可以证明,H 模的局部热扩散率仅为 L 模情形下的 1/3,对此边缘输运垒只能解释能量约束改善的一小部分(约 15%)。此外,注入不同转矩的实验表明,当注入功率由平衡注变到同轴注入时,具有 H 模边缘的不同的等离子体模的能量约束时间均增加了 50%。通过无量纲定标实验(调研局域的热扩散率对 β,v_* 和 ρ_* 的依赖关系,这里 $\rho_* = \rho_i/a$),人们对 H 模等离子体的局部输运性质进行了更具体的分析。发现离子和电子的热扩散率均表现出回旋玻姆定标律,即 χ_e 和 χ_i 对 ρ_* 呈线性变化,但对 β 的依赖性很弱。事实上,DⅢ-D 和 JET 上的专项实验显示,在相当大的 β_N 范围上,H 模的能量约束基本上不依赖于 β,这与传统的 IPB98 (y,2) 约束定标律的预言不一致。实验观察到的有效(单流体)热扩散率对碰撞率的依赖关系为 $\chi_{eff} \propto \nu_*^{0.49 \pm 0.08}$,这可以部分归因于新经典离子热扩散率的不利影响。这个新经典离子热扩散率仅为 H 模等离子体的反常扩散系数的 1/3。DⅢ-D 和 JET 下量纲类似的等离子体的比较还表明,当关键的无量纲参数的总体均值得到精心匹配后,两个装置的归一化热能约束时间 $B\tau_{E,th}$ 在 7% 的精度范围内是一致的,这确立了对输运分析作无量纲参数定标处理的有效性。实验还研究了局域输运对比值 T_i/T_e 的依赖关系,发现离子和电子的热扩散率均随这个比值的减小而增大,与离子温度或电子温度的变化无关。有人认为,这一点可以用描述离子温度梯度湍流不稳定性的临界离子温度梯度对比值 T_i/T_e 的敏感性来解释。

利用电子回旋共振加热的局部功率沉积特性对 L 模等离子体的基本输运过程进行了研究。对这种等离子体的输运分析——其中电子回旋共振位置明显偏离中心轴,差不多在小半径 1/2 的位置上——发现,对于电子通道,需要用负的有效热扩散率来解释电子温度剖面的形式(仍呈峰值分布)。这意味着存在一种非扩散性的热输运分量,用以支持中心峰值的分布。然而,离子通道的热损失保证了总热流通量是向外的,所以整个过程并不违反热力学第二定律。涉及 ECRH 和 NBI 加热的其他 L 模实验使得离子和电子的热输运对 ρ_* 的依赖关系第一次被分开。电子表现出回旋玻姆行为：$\chi_e \propto \rho_*$，离子的行为则表现出"类似哥德斯顿"的行为：$\chi_i \propto \rho_*^{1/2}$。这表明，通常在其他实验中观察到的玻姆行为可以理解为这两种定标律在单流体上的平均。

12.5.2　增强约束和高性能

各领域的发展对 DⅢ-D 上等离子体性能的提高都有贡献：壁处理和粒子控制方法的逐步改善大大降低了再循环的水平，减少了杂质的涌入，而电流剖面调整技术的实现和等离子体成形（特别是高的三角形变）技术的利用为我们提供了更高的约束水平并提高了稳定性。这方面的研究主要集中在如何进一步增强（相对于 H 模的）等离子体能量约束，同时使等离子体的压强达到最大，从而优化聚变增益 $\beta \times \tau_E$。通常，如下这些增益的值，如 $\beta_N H_{89}$（这里 $H_{89} = \tau_E / \tau_E^{\text{ITER89-P}}$），$\beta_N H_{98}$（这里 $H_{98} = \tau_{E,\text{th}} / \tau_E^{\text{IPB98(y,2)}}$）和 $G = \beta_N H / q_{95}^2$（这里 H 是 H_{89} 还是 H_{98} 依条件而定），都可用于为这些实验提供衡量等离子体性能的归一化量度。参数 G（$\propto \beta \times \tau_E$）可以对不同运行模式下的等离子体性能作更准确的比较，而这些模式在 q_{95} 的不同范围内均可方便地获得。高增益的运行模式还具有高的自举电流比例，这是稳态等离子体的一种理想特性。

甚高（VH）约束模是一种在低再循环、低杂质涌入（特别是低的金属杂质涌入）条件下获得的非常高的约束模。它第一次是在真空室硼化条件下获得的。但后来，在第一壁被石墨瓦完全覆盖但未硼化的条件下也能够得到。这种模最初是在具有高的三角形变（$\delta_x \approx 0.8$）的双零等离子体上观察到的，当时的高输入功率 $P > 8$ MW，并采用了低的靶板密度方案。这种模的等离子体具有非常低的辐射功率占比 $P_{\text{rad}} / P \approx 30\%$，热能的约束时间是 H 模定标律预言值的两倍。如图 12.5.6 所示，在无 ELM 的 H 模运行几百毫秒后发展出 VH

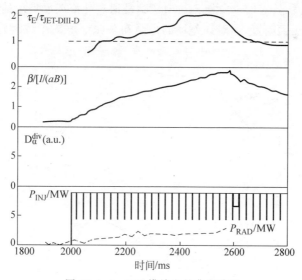

图 12.5.6　VH 模放电的典型波形

在 VH 模运行期间，热能约束时间对 JET/DⅢ-D 定标律表达式的比值 $\tau_E^{\text{thermal}} / \tau_{\text{JET-DⅢ-D}}$ 增加到约 2。图中还显示了归一化的环向 β 值、$\beta / [I / (aB)]$、偏滤器 D_α 辐射、注入的 NBI 功率 P_{inj} 和辐射功率 P_{rad}（摘自 DⅢ-D Team (presented by R. D. Stambaugh) *Plasma Physics and Controlled Nuclear Fusion Research* 1994 (Proc. 15th Int. Conf.，Seville，1994) Vol. 1, 83. I. A. E. A.，Vienna (1995))

模,后者具有比 H 模水平更高的约束增强特性,其能量约束时间可以在整个无 ELM 期间持续。芯部的环向角动量也增大了,等离子体的密度涨落下降。离子温度范围高达 20 keV,聚变三重积达到 5×10^{20} keV·s·m^{-3},这种高性能最终受限于 MHD 不稳定性。所实现的 β 值高达 12.5%,这是在常规环径比托卡马克等离子体上获得的最高 β 值。

    强的等离子体成形,特别是大的三角形变,是 VH 模巅峰性能的必要条件。当 $4 \leqslant q_{95} \leqslant 5$ 时,约束增强达到最大值。在大的拉长比和大的三角形变下,在电流固定的条件下得到的 q_{95} 的增大会促使部分约束改善。此外,中性束驱动和自举电流可使 $q(0)$ 在一开始就大于 1,从而抑制锯齿活动。接着大的三角形变促使等离子体中心的小的磁剪切变大,使得这些等离子体满足 6.12 节中引入的梅西耶(Mercier)判据,变得接近芯部的理想气球模稳定性第二运行区。大的三角形变也为等离子体边缘提供了接近第二稳定区的条件,这一特征被认为是抑制 ELM 活动所必需的。这些增强的稳定性被认为在确定 VH 模运行的时长上发挥着主要作用:明显高于 H 模定标的约束增强的持续时间长达 1 s,而且它取决于总体 MHD 事件,后者通常发生在 $2.5 < \beta_N < 3.5$ 的情形下。这之后,等离子体返回到能量约束品质较低的 ELMy-H 模状态。MHD 事件通常伴随着环向模数在 1~5 范围的模,其增长的时间尺度在 20~50 μs。这与 MHD 稳定性分析的结果是一致的。后者表明,在接近终止时,等离子体边缘 $0.8 < \rho < 0.9$ 的区间处于对理想扭曲模临界稳定的状态,这是由于高的压强梯度和高的边缘电流梯度。与中心 MHD 模的耦合似乎会影响终止时的能量损失的程度。

    约束改善的区域延伸到进入第二稳定区,有建议认为这是 $\boldsymbol{E} \times \boldsymbol{B}$ 旋转速度剪切增强所致。由于能量约束提高到超过 H 模定标的预言值,芯部等离子体的环向旋转速度增加,同时接近等离子体边缘半径处($r/a > 0.8$)的环向旋转速度减小。从式(12.5.1)知,这表明在等离子体芯部,径向电场增大,由此形成一个具有更大的 $\boldsymbol{E} \times \boldsymbol{B}$ 旋转速度剪切的区域。DⅢ-D 实验探讨了这种效应的重要性。这项实验是通过外部线圈产生的误差场进行的。具体做法是在 $q = 2$ 的磁面附近,通过误差场的磁制动来减缓等离子体旋转。图 12.5.7 比较

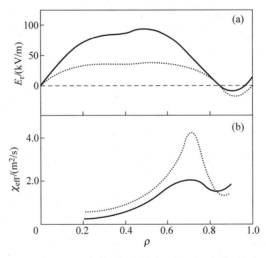

图 12.5.7 (a) 两次放电的 E_r 分布,一个(虚线)有磁制动,另一个(实线)没有;(b) 作为放电位置函数的单流体的热扩散率 χ_{eff}(其中 ρ 是环向磁通函数)[摘自 Burrell, K. H. *et al. Plasma Physics and Controlled Nuclear Fusion Research* 1994 (Proc. 15th Int. Conf., Seville, 1994) Vol. 1, 221. I. A. E. A., Vienna (1995).]

了具有代表性的 VH 模和磁制动情形下的相关分布。在后者的情形下,环向旋转(图中没显示出来)下降,在 $0.6<\rho<0.8$ 的区间,径向电场梯度变小,热扩散率增大。

几个托卡马克上的观测表明,在对等离子体电流剖面进行调整的实验中,能量约束时间与等离子体电流之间的几乎普适的关系可以不成立。在 DⅢ-D 上通过提高拉长比或减小电流实现的峰值电流剖面实验中,相对于 H 模定标律的能量约束增强表现出与等离子体的内电感密切相关。在这些情形——在恒定电流和中性束注入条件下,拉长比在约 200 ms 时间内从 1.2 提高到 2——下,出现 H 模转换,并且内电感 l_i 的值达到 2。与此同时,等离子体的能量约束时间从最初上升,然后随着 l_i 的衰减而下降。对于电流以 $-4\ \text{MA}\cdot\text{s}^{-1}$ 的速率从 2 MA 衰减到 1 MA 的等离子体,可得到类似的结果。类似于上述的磁制动实验表明,约束增强与环向旋转速度相关,这再次表明 $\boldsymbol{E}\times\boldsymbol{B}$ 剪切对湍流的抑制有助于降低输运。尽管电流的峰值分布具有有利影响,但具有这种峰值分布的自洽平衡在稳态下很难维持,因为在高 β 下有很高比例的自举电流,而这种电流倾向于展宽分布,从而降低 l_i。

同一时期,在 TFTR 上进行了增强的反剪切实验,观察到等离子体的约束增强。其中通过程序控制,在电流上升和 NBI 加热阶段产生了中心负剪切区域。在这种放电下,无论是 L 模、无 ELM 的 H 模,还是 ELMy-H 模,都发展出内部输运垒,它们通常表现在离子温度剖面上。在负剪切区域,离子热输运显著减少。在某些 H 模放电下,大部分等离子体的离子热扩散率下降到新经典输运的水平。这种模下可以发展出很强的峰值压强剖面, $p(0)/\langle p\rangle=2\sim5$,获得的离子温度高达 20 keV,聚变三重积达到 $6.2\times10^{20}\ \text{keV}\cdot\text{s}\cdot\text{m}^{-3}$,相当于 $Q_{DT}=0.32$,这是 DⅢ-D 上可达到的最高值。通过对放电时间演化的精心控制,使压强的峰值分布处于极限,同时通过保持高的内部电感等措施,这些等离子体的总体能量约束时间已经达到 $4.5\tau_E^{ITER89-P}$, $\beta_N\approx5$。这里讨论的与 VH 模相关的高形变下的许多稳定性特征同样都与中心负剪切放电的性能优化有关。

正如 12.2 节讨论的,有助于减小中心负剪切等离子体的反常输运的因素有好几个。但分析表明,与 DⅢ-D 上其他增强约束模的建立具有共性的是通过 $\boldsymbol{E}\times\boldsymbol{B}$ 旋转速度剪切来稳定漂移波湍流似乎发挥着主要作用。电流和压强剖面的细节连同等离子形变决定了这种放电体制的稳定特性、高约束相的持续时间和可达到的性能水平。限制 MHD 活动可以采取多种形式,因为 $n=1$ 的理想扭曲模(它可触发具有 L 模边界的等离子体破裂)、阿尔文本征模、新经典撕裂模、低 n 值到中等 n 值的理想扭曲模等都被认为是爆发Ⅰ型 ELM 和电阻壁模的原因。

如同其他装置一样,业已证明,有可能将初始的约束改善和稳定性加以扩展,发展成具有增强性能的准稳态负剪切等离子体。在这种放电中已经获得了很大比例的非感应电流,尽管可采取的控制分布的能力有限,致使电流剖面的演变(在几秒的时间尺度上)通常使得 $q(0)$ 小于 1。高性能放电已实现在持续 2 s 的时间上维持 $\beta_N H_{89}=9$,相当于 $16\tau_E$,其中 50% 的电流由自举电流承担,25% 的由中性束驱动。要使这种放电模式得到进一步发展,就必须改进等离子体的反馈控制以延长持续时间,同时增加非感应电流的比例。在持续时间趋近于总体电阻扩散时间尺度 τ_R 的时段上,已可建立起 90%～100% 的非感应电流驱动的电流运行。此外,在 1.2 MA/1.7 T 和 $q_{95}=4.4$ 的条件下,已建立起具有 $q_{min}\approx1.05$ 的无锯齿等离子体。其 $\beta_N H_{89}=7$,可维持 6.3 s,相当于 $>3\tau_R$ 和 $>30\tau_E$,虽然此时非感应电流驱动的占比明显降低。

图 12.5.8 展示了 DⅢ-D 上取得的性能水平，这里 $\beta_N H_{89}$ 作为归一化放电时长的函数。具有最高 $\beta_N H_{89}$ 值的包络由中心负剪切放电等离子体组成。但放电时长超过 $16\tau_E$ 的等离子体代表"混合"模式，其中心剪通常较平坦，$q(0) \approx 1$。这种模式最初由中心负剪切的靶等离子体发展而来，其可行的运行空间逐渐向 $q_{95} \approx 3$ 扩展，与之相称的聚变性能水平如图 12.5.8 所示，持续时间已经延伸到约 $5\tau_R$。锯齿要么没有，要么幅度很小，通常观察到的是温和的 $m=3, n=2$ 的新经典撕裂模。这种模有助于维持具有 $q(0) \approx 1$ 的较宽的电流剖面。在整个稳态期间，都可以维持 $\beta_N \approx 3$ 的高等离子体压强，并可支撑接近于无壁 β 极限的 β_N 值（后面讨论）。虽然这种运行模式的所有方面不是都很清楚，但它表现出的最主要特征在大型托卡马克装置上具有可重复性，这表明它们可以合理地外推到 ITER 的长脉冲运行情形下。

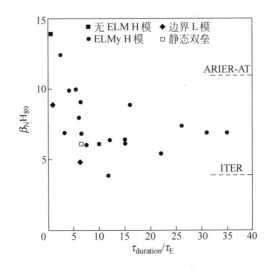

图 12.5.8 DⅢ-D 上取得的优化性能因子的最高值 $\beta_N H_{89}$ 对归一化（按能量约束时间归一）高性能时长 $\tau_{duration}/\tau_E$ 的函数关系

在 $\tau_{duration}/\tau_E$ 的所有取值中，那些具有最高优化性能因子的脉冲是最初形成中心负剪切的脉冲。静态双垒点与图 12.5.9 所示的模有关。图中还给出了（归纳出的）ITER 运行的预期值和预想中的稳态聚变发电厂 ARIES-AT 的预期值的位置（摘自 Allen，S. L. *et al*. *Fusion Energy* 2000（Proc. 18th Int. Conf.，Sorrento，2000）paper IAEA-CN-77/OV1/3. I. A. E. A.，Vienna（2001））

在反向 NBI 产生中心负剪切的实验中形成一种在内部和边缘都有输运垒的运行模式，其中边缘（H 模）输运垒不受 ELM 的调制，而且等离子体仍能够在准稳态条件下持续。将这种运行模式称为静态双垒模——一种将内部输运垒的约束增强特性与先前讨论的静态边缘 H 模相结合的运行模式。这种运行模式避免了 ELM 造成的输运垒的劣化，同时消除了Ⅰ型 ELM 引起的偏滤器靶板上过重的脉冲功率和粒子负荷。这种运行模式已经在很宽的等离子体电流和环向场的范围内观察到，$3.7 \leqslant q_{95} \leqslant 4.6$，而要取得这种模似乎需要最小注入功率约为 3 MW；偏滤器靶板上的密度较低，范围在 $2 \times 10^{19} \sim 3 \times 10^{19}$ m^{-3}，这一点用强的偏滤器抽气泵就能做到；最后闭合磁面与外壁之间保持至少 10 cm 的间隙（这可能与反向注入情形下一些快离子轨道具有大的边缘活动范围有关）。这些等离子体的温度和密度呈峰值分布（图 12.5.9），边缘台基参数特性与具有Ⅰ型 ELM 的 H 模相同。输运分析表明，无论是在边缘输运垒附近还是在等离子体芯部，离子热扩散率均为新经典值的水平（图 12.5.9），其

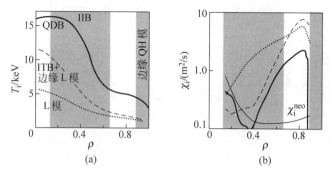

图 12.5.9　静态双垒(QDB)模(实线)与 ITB-L 模(虚线)的等离子体分布的比较

(a) 离子温度 T_i；(b) 离子热扩散率 χ_i 及计算给出的 QDB 情形下的新经典值 χ_i^{neo}(摘自 Doyle, E. J. *et al. Plasma Physics and Controlled Fusion* **43**，A95 (2001))

湍流输运的抑制可以用 $E \times B$ 速度剪切来解释。这种运行模式可以持续长达 3.8 s $(26\tau_E)$——时长仅受限于实验条件，$\beta_N H_{89} \approx 7$ 的值可持续长达 1.6 s$(10\tau_E)$。如 12.5.1 节所述，边缘谐波振荡(EHO)似乎将静态边缘 H 模的台基压强梯度限制在低于触发 ELM 所需的水平。用以解释 I 型 ELM 发生的"剥离-气球"模型预言，EHO 是一种由台基区旋转剪切驱动的不稳定的低 n 的剥离模。随后静态 H 模的行为被扩展到同向 NBI 等离子体，它具有足够大的边缘旋转剪切来使 EHO 去稳。

12.5.3　MHD 研究

在 DⅢ-D 上，像在 JET 和 JT-60U 上一样，轴对称的垂直位移不稳定性带来的限制是一个重要问题。采用刚体模型来处理轴对称等离子体位移的平衡分析表明，对于拉长比高达 $\kappa = 3$ 的等离子体，控制系统应能维持其稳定运行。然而实验表明，等离子体在 $\kappa = 2.5$ 时就变得不稳定，这个下限与等离子体的非刚体位移相关。更详细的计算表明，在最大拉长比下，等离子体处在理想稳定极限的几个百分点以内。正如预料，实验发现极限拉长比还是等离子体电流剖面的函数，且拉长比的最大稳定值随内电感的增大而下降(图 12.5.10)。在垂直不稳定期间，观察到强度达等离子体电流的 40% 的晕电流，这与真空室感受到的机械力是一致的。

各种原因都可引起破裂。现已调研了一系列用以减轻其后果的技术。基勒(Killer)弹丸注入法——用氖或氩的冰丸注入——可以有效减少热负荷和电磁负荷，但会导致逃逸电子。然而，高压强的氖气和氩气的注入已成功证明了在实验的不确定性范围内，等离子体的总热能和磁能完全能够通过辐射耗散掉，并将晕电流和环向不对称性减少到未缓解垂直不稳定性时的 $1/2 \sim 1/4$，并且不产生显著的逃逸电子电流。这些实验是在如下条件下进行的：用室温下 7 MPa 的气瓶注入约 4×10^{22} 个粒子，导致在等离子体边缘产生一个端口压强约为 30 kPa 的气体射流(几倍于 7 kPa 的电子体平均压强)。外推到 ITER 的相关参数表明，这是一种在反应堆规模上用以减轻破裂所产生的后果的可行技术。采用多阀门布局(可以注入氢、氘和氦等较轻的气体)的实验表明，在热猝灭发生之前，将气体送入等离子体来确保注入物质同化等离子体具有重要意义，这将有利于较轻气体的利用。

因外部误差场去稳的各种模所引起的破裂一直受到特别关注，因为它们对可获得的等离子体的密度范围施加了重大限制。这种现象——在 DⅢ-D 上首次发现——包括非旋转

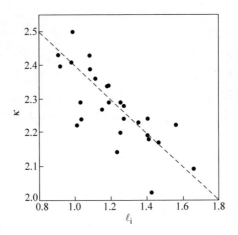

图 12.5.10   对于接近理想轴对称不稳定性极限的等离子体,实验上实现的最大拉长比 κ 对等离子
体内电感 ℓ_i 的函数关系

虚线表示取得的 κ 的最大值对 ℓ_i 的依赖关系(Taylor, T. S. *et al. Plasma Physics and Controlled Nuclear Fusion Research* 1990 (Proc. 13th Int. Conf., Washington, 1990) Vol. 1, 177. I. A. E. A., Vienna (1991))

的 $n=1$ 模(包括 $m=1,2,3$ 各分量)的增长。它们是由极向场回路偏离轴对称产生的误差
场引起的。许多线圈的误差合在一起产生 7 高斯的有效径向磁场分量,其螺旋度为 $m/n=2/1$,相当于单个极向场线圈水平偏移 6 mm 产生的结果。这个误差场的影响还取决于安全
因子,因此运行空间最初局限于区域 $q^* D = q^* (10^{-19} \bar{n} R q^* / B) > 72 \ \mathrm{m}^{-2} \cdot \mathrm{T}^{-1}$,其中 q^* 是
边界安全因子的解析近似值,D 是通常的密度极限参数(图 12.5.11)。如同 JET 上的情
形,这些模可以用 NBI 驱动的等离子体旋转来抑制。但在高 β 下这种方法失效,因为去稳
$n=1$ 模所需的临界 $m/n=2/1$ 误差场 B_r 从 $\beta=2\%$ 时的 $(B_r/B)_{r=a}=5\times10^{-4}$ 下降到 $\beta=5\%$ 时的 $(B_r/B)_{r=a}=2\times10^{-4}$。为了扩展运行模式,在等离子体上方的环向位置上增加了
一个特设线圈,使得误差场的 $n=1$ 的主分量被抵消。这取得了成功,运行极限被降低到

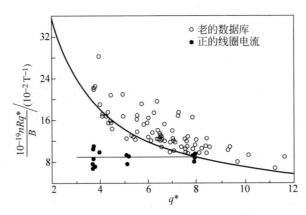

图 12.5.11   以对 q^* 的函数形式给出的针对误差场产生的 $n=1$ 锁模的稳定的运行区域下限的分布图

空心圆点代表未加误差场校正系统时给出的实验点,曲线表示运行边界 $q^* D = 72 \ \mathrm{m}^{-2} \cdot \mathrm{T}^{-1}$,其中 $D = 10^{-19} \bar{n} R q^* / B$。实
心圆点代表采用简单的 $n=1$ 校正线圈后得到的实验点,下方直线表示改进后的运行边界(Scoville, J. T. *et al. Nuclear Fusion* **31**,875 (1991))

$D=9$（对 $q^*>3$），如图 12.5.11 所示。随后，在 DⅢ-D 上安装了能够更精确地抵消误差场的更复杂的校正系统（C 线圈和 I 线圈，如图 12.5.1 所示），并列入常规使用。但尽管如此，实验上还是观察到最佳场校正存在不一致性。这些不一致需要用更复杂的、理想的微扰平衡对环形几何下的这种外加误差场的响应进行解释。环形几何下的外加误差场会导致更高（$m\approx10$）的极向模式，而且对 $m=2/n=1$ 模的稳定性的影响最大。目前已经开发出一套程式化处理系统，其中包含了这些更复杂的响应，并允许对外加误差场作进一步校正。

如前所述，等离子体形状、电流剖面和压强剖面等的优化都对提高可获得的最大 β 值有明显贡献，使得总体 β 值高达约 12.5%，轴上的 β 值高达 44%。$\beta\approx8\%$ 的值在准稳态下已持续约 1 s，但更高的 β 值仅能短暂维持，通常约 100 ms，这主要受限于各种形式的 MHD 活动。当 $q_{95}<3$ 时，即使 β_N 低至 3，仍观察到破裂。在这些破裂前（约 100 μs），都有 $n=1$ 模的快速增长。在较高的 q_{95} 值下，DⅢ-D 等离子体很容易取得 $\beta_N\approx4$，并能达到 $\beta_N\approx6$。从理论上看，β 极限不稳定性对电流剖面和压强剖面的依赖性是很明确的，并隐含在定标关系 $\beta\approx I/(aB)$ 内。对于"优化"分布，这可以计算出来。当电流剖面的依赖关系通过 ℓ_i 明确包括进来后，DⅢ-D 的 β 极限——除了少数例外——可以用 $\beta(\%)<4\ell_i I$ (MA)$/(aB)$ 来描述（图 12.5.12）。

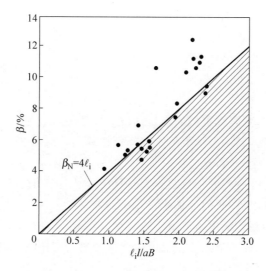

图 12.5.12　通常的 DⅢ-D 等离子体的 β 极限定标律（由直线 $\beta_N=4\ell_i$ 表示）

实心圆点表示旨在测试壁稳能否用来实现更高 β 值的个别放电实验。其中一些放电超出了通常的 β 极限，也超出了预期的没有壁稳情况下的稳定性极限（摘自 Turnbull, A. D. *et al. Plasma Physics and Controlled Nuclear Fusion Research* 1994 (Proc. 15th Int. Conf., Seville, 1994) Vol. 1, 705. I. A. E. A., Vienna (1995)）

在许多放电中，新经典撕裂模——通常由锯齿模、鱼骨模或边缘局域模等产生的种子磁岛去稳——决定了极限 β_N。$n=2$ 或 $n=1$ 的模均与可测量的约束劣化相关，后者产生大破裂。在某些情况下，已经观察到 2/1 模，这种模是由 $m/n=5/4, 4/3, 3/2, 2/1$ 这样的递减级联发展而来的。JET 和 ASDEX-U 上的合作实验已证实，正如理论所预期的，对于 $m=3, n=2$ 模的增长，临界 β_N 有如同 ρ_* 的标度关系。但改变中性束的输入转矩的研究表明，在 $m=2, n=1$ 模的起始，临界 β_N 随等离子体旋转的减小而降低，这与有效稳定性参数 Δ' 对旋转剪切的依赖性是一致的。不管怎样，在存在小的 $m=3, n=2$ 的新经典撕裂模的情形下,长脉冲放电($q_{\min} \approx 1.05, \beta_{\mathrm{N}} = 2.8, \beta_{\mathrm{N}} H_{89} = 7$)已可持续 6 s。

为了优化长脉冲运行的性能,必须抑制新经典撕裂模。在 DⅢ-D 上,两种可能的方法得到了验证。首先,如在 ASDEX-U 上所做的那样,运用局部 ECCD 来充分抑制 $m=3, n=2$ 和 $m=2, n=1$ 模。此外,ASDEX-U 上的观察表明,具有(来自预先存在的模式)不同螺旋度的二级新经典撕裂模的增长可以有效抑制一级模的增长。这促使人们提出外加非共振螺旋场可以产生相同的结果。于是便有了如下(第二种)做法:对于 $\beta_{\mathrm{N}} = 2$ 的等离子体,在 $m=3, n=2$ 新经典撕裂模露头之前,用鞍形 C 线圈组加载一个静态的、非共振的(主要是 $m=1, 2$) $n=3$ 的螺旋场,这样便完全抑制了这种模直到外加场终止。然而实验上也观察到此时环向动量有明显损失,这可能是由于束驱动的环向旋转受到波纹阻尼。

随着 β 增大,自举电流也跟着增大,由此导致等离子体电流剖面展宽,而这会使等离子体边缘的理想扭曲模的不稳定性阈值降低。对于电阻性壁,理想扭曲模取"电阻壁模"的形式(见 6.16 节的讨论),最初人们认为它在壁穿透的时间尺度上是不稳定的。然而,如果能维持足够大的等离子体旋转(例如,通过中性束注入),那么这些模可以是"壁稳的"。这一效应的最初证据是在 DⅢ-D 的实验基础上提出的:在超过壁穿透时间 τ_{w} 的 10 倍的时间段上,β 值超过通常的极限 $\beta(\%) < 4 l_{\mathrm{i}} I(\mathrm{MA}) / (aB)$ 达 50%。在这些放电中(由图 12.5.12 中的实验点代表),高 β 相终止于缓慢旋转的增长(或低 m 的 $n=1$ 模锁模)所引起的崩塌或破裂。二者的增长时间 γ^{-1} 约为几毫秒,这些模的结构与预期的电阻壁模是一致的。对这种模的旋转稳定性的更详细的研究——通过平衡正向与反向中性束注入来控制输入转矩——发现,如同 JT-60U 上的情形,在低至 $0.003 V_{\mathrm{A}}$ 的旋转速度下,β_{N} 可在高出无壁极限值 20% 的情形下持续差不多 1 s,相当于 $> 200 \tau_{\mathrm{w}}$。在额外采用了 ECCD 来抑制 $m=2, n=1$ 的新经典撕裂模的类似实验中,甚至在更低的旋转速度(约 $0.001 V_{\mathrm{A}}$)下,观察到电阻壁模的稳定。热离子对电阻壁模的额外的动力学阻尼能够降低该模稳定性所需的旋转要求,但想要达到理论预期与实验结果完全一致,还有待时日。

如上所述,引起 $n=1$ 模增长的临界误差场随 β 增大而降低。理论分析表明,这可能是由当 β 超过"无壁" β 极限(即等离子体不是由金属导体壁包围的情形下预言的 β 极限)时,误差场引起的一个旋转稳定的电阻壁模所致。在采用 C 线圈系统来校正误差场的实验中,无论是通过预编程模式,还是通过基于对电阻壁模做出的谐振响应进行检测的反馈模式,借助维持电阻壁模的旋转稳定措施,比无壁 β 极限高出 50% 的 β_{N} 值运行可持续 > 1 s($> 200 \tau_{\mathrm{w}}$)。预测还指出,在没有等离子旋转的情形下,这些模可以通过主动磁反馈措施来稳定。最初的实验是采用 C 线圈系统和外加磁探圈组来验证对这种模的主动反馈控制的可行性(图 12.5.13),实验在高于无壁 β 极限的条件下维持稳定运行长达 $50 \tau_{\mathrm{w}}$。随后安装了 I 线圈系统和优化了的磁探圈组,两组线圈可以结合起来实施反馈控制:C 线圈提供相对缓慢($\tau \approx 100$ ms)的控制,称为"动态误差场校正",I 线圈对电阻壁模的露头反应迅速($\tau \approx 50 \ \mu$s),目的都是抑制电阻壁模,使放电时间得到延长。这套反馈系统甚至在电阻壁模由其他方式(如 ELM 或鱼骨模)激发起来时亦能起作用。

在 DⅢ-D 上,密度上限不随输入功率的增大而提高,而是用格林沃尔德极限来描述更确切。在 X 点区域观察到高密度区,而且在这里最大密度与跨越分离面的净功率成正比。在欧姆加热和 L 模下,在高辐射功率比例($> 75\%$)条件下出现密度极限,通常随后便发生大破裂。在 ELMy-H 模下也会出现这种普适性行为,但在破裂前通常是回到 L 模。

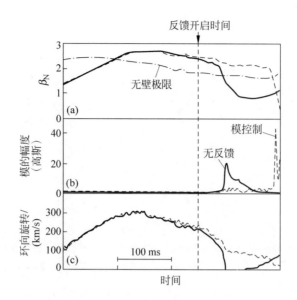

图 12.5.13　两种情形——对电阻壁模无主动反馈控制（实线）和有反馈控制（用"模式控制"算法程序，
虚线）下各相关物理量的比较

(a) b_N；(b) 电阻壁模的幅度；(c) β_N 高于无壁 β 极限情形下的等离子体环向旋转速度

比较显示，在有主动反馈控制下的高 β_N 情形下，脉冲持续时间得到延长（摘自 Garofalo, A. M. *et al*. *Fusion Energy*
2000 (Proc. 18th Int. Conf., Sorrento, 2000) paper IAEA-CN-77/EXP3/01(R). I. A. E. A., Vienna (2001))

　　DⅢ-D 上的锯齿崩塌通常与完全重联相关，并表现出增长的 $m=n=1$ 的前兆，如同许
多其他托卡马克上的情形，崩塌时间要比卡多姆采夫值短一个量级。从运动斯塔克效应和
磁测量得到的电流剖面的统计分析，可得出这样一个结论：$q(0)$ 的平均值在锯齿崩塌前为
0.96 ± 0.08，在崩塌后为 1.02 ± 0.1。这个结果支持锯齿在崩塌期间产生完全磁重联的解
释。在 DⅢ-D 等离子体上，$q(0)$ 在锯齿崩塌后回到刚大于 1 的值，这一事实得到了一系列
比较实验（对椭圆形和豆形等离子体作比较）的进一步确认。然而，尽管 $q(0)$ 的这种行为具
有可重复性，但在等离子体形状变化时，观察到锯齿行为与等离子体芯部的行为存在显著差
异。特别值得注意的是，对于椭圆形截面的等离子体，锯齿崩塌的解释是准交换模在起作
用，而对于豆形等离子体，锯齿崩塌被认为是电阻性内扭曲模所致。不管怎样，对锯齿不稳
定的充分解释仍欠缺：在一些托卡马克上，对中心安全因子的测量给出 $q(0)\approx1$，而在另一
些托卡马克上作类似的测量，则有 $q(0)\approx0.7$。此外，在不同类型的等离子体上，准交换模
与电阻性扭曲模之间的行为差异也不能自洽地解决。

　　在 DⅢ-D 上，在低环向场（≈1 T）、高功率 NBI 加热的放电情形下，检测到频率范围在
$50\sim200$ kHz 的磁涨落和环向阿尔文本征模（TAE 模）的特征活动。对这种活动的详细研
究证实，在对多普勒频移信号作适当修正后，模频率表现出预期的随密度和环向磁场的变
化。平行于磁场的快离子速度略低于 V_A，但仍在理论上预期的激发 TAE 模的范围内。已
得到与此活动相关的快离子损失的证据（如中子发射的测量）。这些证据表明，快离子损失
与模的振幅呈线性关系（图 12.5.14）。在具有强的 TAE 活动的放电中，高达 70% 的 NBI
功率（相当于约 10 MW）以这种方式损失掉。辐射量热计对快离子损失的观察和辐射对真
空室壁上的光学部件的损伤均可佐证。

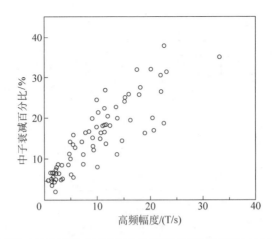

图 12.5.14　TAE 活动期间快离子损失比例(用中子辐射衰减百分比表示)与 MHD 活动高频($f>75\,\mathrm{kHz}$)
RMS 幅度之间的函数关系(摘自 Duong，H. H. *et al*. *Nuclear Fusion* **33**，749 (1993))

12.5.4　电流驱动

　　在等离子体电流为 $0.3\sim0.5\,\mathrm{MA}$ 的中性束加热实验中，完全非感应电流驱动得到验证。最早的实验是用 NBI 驱动对 $0.34\,\mathrm{MA}$ 的氘等离子体进行的，得到了 $\beta_\mathrm{p}=3.5$ 的 H 模。80% 的等离子体电流是由 NBI 驱动的，其余的由自举电流承担。在随后的研究中，在等离子体电流为 $0.4\sim0.5\,\mathrm{MA}$ 的水平上再次实现全电流驱动，但这次 NBI 驱动与自举电流的比例倒过来。在这些实验中，β_p 值高达 5.1，当电流剖面因自举电流的影响而展宽且 $q(0)$ 增大到大于 2 后，观察到自发的约束改善。非感应电流驱动的最高绝对水平是在等离子体电流为 $1.2\,\mathrm{MA}$ 下由 NBI 驱动得到的，其中非感应电流达到 $700\,\mathrm{kA}$，NBI 电流驱动和自举电流驱动各占 $1/2$。

　　射频电流驱动方法包括快阿尔文波驱动(FWCD)和电子回旋波驱动(ECCD)。FWCD 实验采用天线馈入，将频率分别为 $60\,\mathrm{MHz}$ 和 $83\,\mathrm{MHz}$、功率为 $2\,\mathrm{MW}$ 的波耦合到由 NBI 和 ECRH 加热的 L 模和 H 模等离子体中(ECRH 主要用以提高电子的 β 值，FWCD 的效率就取决于此)。FWCD 产生了高达 $110\,\mathrm{kA}$ 的电流，驱动效率为 $0.54\times10^{19}\,\mathrm{A\cdot m^{-2}\cdot W^{-1}}$。被驱动电流的中心峰化分布得到确认(图 12.5.15(a))，并且如理论预期的那样，电流驱动效率随电子温度的升高而增大，虽然实验上观察到在有高频($>100\,\mathrm{Hz}$)ELM 的 H 模下，驱动效率显著降低。

　　ECCD 研究采用环外侧设置的导向镜来发射波。波频为 $110\,\mathrm{GHz}$，因此是耦合到非寻常波模的二次共振谐波上。对于 L 模和 H 模等离子体，使用高达 $2\,\mathrm{MW}$ 的微波功率，得到了高达 $120\,\mathrm{kA}$ 的驱动电流。电流驱动效率与用福克-普朗克计算得到的值非常吻合。由运动斯塔克效应测量确定的离轴驱动电流剖面与计算给出的分布之间的详细比较表明，驱动电流的局域化与理论结果吻合得非常好，驱动电流的分布具有 $\Delta r/a\approx0.1$(约 $7\,\mathrm{cm}$)的全宽，如图 12.5.15(b)所示。虽然众所周知，由于俘获粒子的吸收，离轴电流的驱动效率低于中心电流的驱动效率，但实验发现，电流驱动效率依赖于局域的电子 β 值——一种使得电流驱动效率随小半径增大而下降的趋势弱化的效应。这一效应可以这么来理解：随着 β 值的增

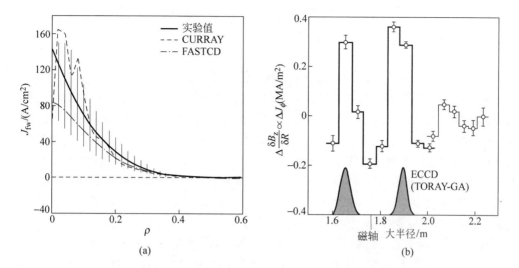

图 12.5.15　(a) VH 模下,实验测得的快波驱动(FWCD)分布与两种代码计算给出的分布之间的比较(这两种代码分别是 CURRAY(多通吸收射线追踪)和 FASTCD(弱阻尼射线的遍历极限),二者采用不同的计算公式,摘自 Petty, C. C. *et. al. Nuclear Fusion* **39**, 1421 (1999));(b) L 模下测得的 ECCD 的分布(由 MSE 测量导出的量表示,与之比较的是用代码 TORAY-GA 计算给出的驱动电流剖面,摘自 Petty, C. C. *et al. Radio Frequency Power in Plasmas* (Proc. 14th Top. Conf., Oxnard, 2001) 275. A. I. P., Melville (2001))

大,只有具有较高 $\nu_{\parallel}$ 值的电子才能吸收波,这使得速度空间下能够穿越"通行粒子/俘获粒子"边界的电子的占比减小。如前所述,ECCD 分布的局域性质使得新经典撕裂模变得稳定。

12.5.5　偏滤器性能

最初,电流超过 2 MA 的实验都要受到镍的过量涌入的限制。为解决这个问题,采取了几个步骤。首先是对第一壁实施碳化,即在面向等离子体的表面沉积一层薄的(约 100 nm)的碳膜。这一措施使 H 模放电时的镍的线辐射降低到仅为之前的 1/30,使得装置能够在高达 3 MA 的等离子体电流下运行。碳膜的作用——包括使氧的辐射减少到之前的 1/6——可持续 100 次放电。其次是硼化。它在杂质控制和降低氢再循环方面产生的作用使约束得到额外的改善。这个过程——最先是在 TEXTOR 上发展起来的,见 9.6 节讨论——主要是在面向等离子体的表面上沉积一层厚度约 100 nm 的硼膜。借助于这一技术,放电性能明显提高,包括发现 VH 模。最后,要使再循环和杂质控制进一步改善,就需要用碳瓦对真空室内壁施行全覆盖,并在装置的上部和下部加装抽气偏滤器。

人们就辐射与 SOL 热传导对能量耗散的相对重要性进行了详细分析。对于离子 ∇B 漂移指向 X 点的单零 ELMy-H 模,观察发现,内外打击点上的峰值功率沉积之比的不对称性要相差 5 个量级。如果离子漂移的方向反向,这种不对称性就消失了。虽然 ELM 可以将流向靶板的峰值热流提高两个量级,且功率主要沉积在内打击点上,但它们对偏滤器上的时间平均功率的贡献一般不超过 10%。因此,功率沉积的分布主要取决于 ELM 之间的稳态输运。正常的离子 ∇B 漂移方向上的功率平衡显示,20% 的输入功率以分离面内辐射的形式损失掉,30% 以 X 点及靶区的辐射损失掉。后者主要(约 65%)源自内偏滤器的腿,因此辐射的不对称性是靶板受热不平衡的主要原因。测得的功率损失占输入功率的 $80\%\sim$ 90%。就总功率的可解释性而言,这个百分比在实验的不确定性范围内。这是大型托卡马克放电的典型特点。

在高度三角形变、准双零 H 模等离子体条件下(在此,对应于上下 X 点的两分离面之间的距离是可变的),对上部和下部偏滤器之间的功率沉积不对称性进行了研究。研究表明,在低到中等密度($n/n_{\mathrm{GW}} \leqslant 0.7$)条件下,中平面上两分离面之间距离的小变化($\delta R_{\mathrm{sep}} = \pm 0.4 \mathrm{~cm}$)能够有效地将功率沉积从一个偏滤器完全转移到另一个偏滤器。这被解释为与刮出层内功率衰减长度的宽度一致。实验发现,ELM 的功率从一个偏滤器转移到另一个偏滤器是渐进的,相当于 $\delta R_{\mathrm{SEP}} = \pm 1.9 \mathrm{~cm}$。在高密度下,等离子体回到 L 模,偏滤器分离,变化发生得非常缓慢,相当于 $\delta R_{\mathrm{SEP}} = \pm 4 \mathrm{~cm}$,这与低密度下粒子通量反转的标长同量级。业已表明,偏滤器——而不是刮削层——内的过程决定了这个标长。

利用上、下抽气偏滤器的灵活性(图 12.5.2),有几种方法可用来降低靶板上的功率沉积。借助低温泵的主动抽气技术,在高功率 ELMy-H 模的准稳态条件下,允许采用相当高的气体注入率(图 12.5.16)。辐射的增强使偏滤器上的峰值热通量减少到之前的 1/4,导致形成部分脱靶的偏滤器位形,总体能量约束则不受影响。对偏滤器区域的汤姆孙散射测量表明,脱靶阶段的特点是电子温度在 $1\sim2 \mathrm{~eV}$,这说明含氢成分的体复合在脱靶过程中发挥着重要作用,如理论所预期的那样。此外,对辐射和温度剖面的分析表明,在此阶段,对流是偏滤器中能量输运的主要机制。

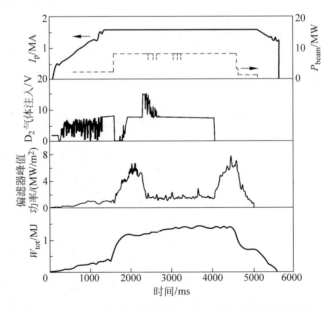

图 12.5.16　ELMy-H 模放电下一些相关物理量的时间演化

这里强的氘气注入被用来减小偏滤器靶板上的峰值热通量。图中显示的分别是等离子体电流 I_{p}、NBI 功率 P_{beam}、D_2 气输入、偏滤器靶板上的峰值热通量和总储能 W_{tot}(摘自 Hill, D. N. *et al. Plasma Physics and Controlled Nuclear Fusion Research* 1994 (Proc. 15th Int. Conf., Seville, 1994) Vol. 1, 499. I. A. E. A., Vienna (1995))

在安装了下偏滤器的低温泵后,ELMy-H 模等离子体的密度控制第一次成为可能。这个泵对压强为 5 mtorr 的 D_2 的抽速为 40 $\mathrm{m}^3 \cdot \mathrm{s}^{-1}$。这使得 ELMy-H 模等离子体的密度变化到之前的两倍。粒子的排气速率得到了增强(经偏滤器的偏置,增强到两倍)。由此产生的 $\boldsymbol{E} \times \boldsymbol{B}$ 流将等离子体粒子扫向泵的入口。这个低温泵还可以控制真空室壁的气体贮存,提供额外的调控技术。在仅通过 NBI 加料的 ELMy-H 模下,粒子的排出速率可以超过中性束的加料速率,这意味着气体能够从第一壁去除。"喷入并抽出"实验——由约 200 torr.l.s^{-1} 的速率喷入氘气和主动抽气两部分组成——表明,注入氩气可以使偏滤器等离子体压强比芯部等离子体高 17 倍,这表明偏滤器的杂质滞留提高了刮削层流动的压强。对下部开放偏滤器与上部封闭偏滤器的粒子控制的比较可以看出,二者的性能水平非常相似,虽然芯部电离率为后者的 1/2.6,这说明封闭几何位形对偏滤器粒子流向主室有影响。

氦的输运和排气研究也是 DⅢ-D 计划的一个重要部分。最终产生约 10% 的氦浓度的充气实验显示,无论是 L 模、ELMy-H 模、无 ELM 的 H 模还是 VH 模,氦密度剖面都是在 1 s 内弛豫到电子密度剖面。这表明氦的输运与氘非常相似,而且氦在等离子体中心不存在优先累积的迹象。正如 TFTR 上所发现的那样,氦的粒子扩散率对单流体的热导率之比为 1 的量级。此外,有关 ELMy-H 模下氦输运的无量纲定标律分析表明,不论是氦的粒子扩散率还是有效热扩散率,都遵从回旋玻姆定标关系。

低温泵的冷凝氩——"氩结霜"——形成一个能抽氦的低温层。在 DⅢ-D 上,测得的下部低温泵的新鲜层的抽速在 12~18 m^3·s^{-1},虽然在等离子体放电期间,由于吸纳层对氦的吸收,抽速会有所降低。对氦的输运和排气的测量既可以通过喷气的方式进行,也可以通过 NBI 向芯部加料的方式进行。图 12.5.17 比较了在有/无投入低温泵的两种情形下,ELMy-H 模等离子体芯部的氦浓度的时间演化。在这两种情形下,泵的"开启"都是通过在 2 秒那一刻将外打击点移到泵口来实施的,之前在 1.5 s 时刻喷入氦气。由图可见,只有在加载了氩结霜冷凝泵的情形下,氦浓度才会衰减,排气效率达到 5%。在这些实验中,芯部氦输运分析证实了以前的结果。此外,实验发现,氦在等离子体室中的存留时间对总体能量约束时间的比值范围为 $8 < \tau_{He}^* / \tau_E < 14$,对于反应堆模,这被认为是可接受的。

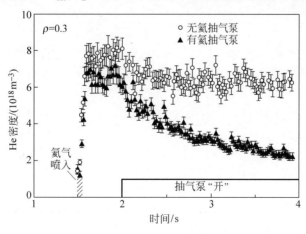

图 12.5.17 在有氦抽气泵和没有氦抽气泵两种情形下,由主动 CXRS 诊断技术测得的 $\rho = 0.3$ 位置上的氦密度的时间演化

在 1.5 s 时,喷入氦气,持续时间 50 ms。在 2 s 时,通过改变外偏滤器打击点的径向位置来"打开"抽气泵。在主动抽氦(通过低温泵的氩结霜)的情形下,芯部等离子体的氦浓度在 1 s 的时间尺度上衰减(摘自 Hillis, D. L. *et al*. *Plasma Physics and Controlled Fusion* **36**, A171 (1994))

12.6 ASDEX Upgrade—马克斯·普朗克等离子体物理研究所(德国伽兴)

ASDEX-U 的设计是基于装置 ASDEX(轴对称偏滤器实验)。ASDEX 的偏滤器概念被 ASDEX-U 采纳,以便与聚变堆的技术要求相适应。对于燃烧反应堆等离子体,形成带 X 点的等离子体偏滤器位形的极向场线圈必须安装在真空室外。为此,偏滤器室与主等离子体腔室之间不再是窄缝连接,而是有更大的开口。基本等离子体特性主要是等离子体密度和壁负荷,已更新并适应聚变反应堆的预期条件。足够高的加热功率(28 MW)确保通过刮削层的能量通量相当于反应堆中的情形。因此 ASDEX-U 可用于研究类似反应堆刮削层条件下的等离子体与壁的相互作用。此外,这个实验装置的规模是如此之大(扩大到反应堆的大小),以至于有容纳包层和主磁场线圈第一壁内的空间。其物理研究还包括芯部等离子体行为和约束改善。

12.6.1 ASDEX-U 的主要参数

经过近 10 年的规划、设计和建设,ASDEX-U 的第一束等离子体产生于 1991 年 3 月 21 日。ASDEX-U 的设计参考值见表 12.6.1。图 12.6.1 展示了带两个不同偏滤器的 ASDEX-U 的三维几何形状的断面。随后的升级主要是扩大了 ASDEX-U 的实验可行性,可用于探讨 ITER 的设计。

表 12.6.1　ASDEX-U 主要参数

等离子体大半径(R_0)	1.65 m
等离子体小半径(a)	0.50 m
等离子体高(b)	0.85 m
三角形变(δ)	≤0.48
等离子体电流(I_p)	≤1.6 MA
磁轴上的环向磁场(B_0)	≤3.9 T
电流平顶持续时间(t_D)	10 s
已安装的辅助加热功率(P_H)	28 MW
中性束加热(60 keV)	10 MW
中性束加热(100 keV)	10 MW
离子回旋加热(30~90 MHz)	8 MW
电子回旋加热(140 GHz)	2 MW

- 1996 年,安装了覆有钨涂层的偏滤器靶板;
- 1997 年,安装了封闭式里拉琴[①]形状的偏滤器和低温泵;
- 1997 年,第二套中性束注入系统(束能量为 100 keV,加热功率为 10 MW)投入使用;

---

① Lyre,里拉琴,古希腊的一种 U 形弦乐器。——译者注

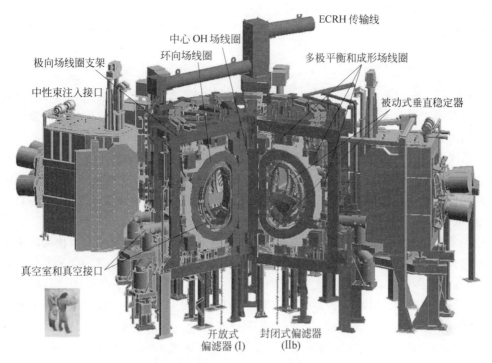

图 12.6.1 ASDEX-U 的三维示意图

图中还展示了中性束注入的接口、DIV Ⅰ(左)和 DIV Ⅱb(右)两个偏滤器位形

- 2001 年,用于离轴电流驱动实验的切向中性束注入系统投入使用;
- 2001 年,调整封闭式里拉琴形偏滤器,使之适于高三角形变的等离子体位形,三套偏滤器的结构如图 12.6.2 所示;

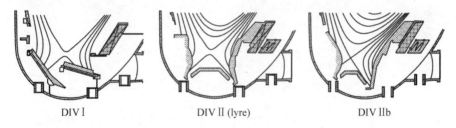

图 12.6.2 ASDEX-U 上偏滤器位形的演化

DIV Ⅰ(1991—1997 年),DIV Ⅱ(1997—2000 年),适配高三角形变等离子体的 DIV Ⅱb

- 2007 年,包括偏滤器在内的所有第一壁部件覆上钨涂层;
- 2010 年,安装了第一套 ELM 控制线圈。

众多用于测量芯部、边界和偏滤器等离子体特性参数的诊断系统提供了如下物理研究项目:

- 芯部等离子体的粒子和能量输运、运行边界和约束;
- 用于性能改善的传统和"先进"托卡马克运行模式;
- 等离子体不稳定性物理及其主动稳定性;
- 等离子体边界和偏滤器物理,以及第一笔材料;

- 高 Z 第一壁材料与准 ITER 等离子体运行的兼容性；
- 通过内置磁场线圈抑制 ELM。

12.6.2　偏滤器物理

　　ASDEX-U 的主要目的是测试功率和粒子排放的概念。ASDEX-U 刚开始运行时,用的是开放式偏滤器位形 DIV I,其特点是采用平直的、由石墨细粒材料制作的水平偏滤器靶板。外偏滤器靶板放在接近 X 点的地方,这样有助于承受那里大的流量。外偏滤器只有一个小的抽气挡板,但它对于顺畅的粒子排放很重要。后来,DIV I 被封闭良好的里拉琴形状偏滤器 DIV II 替代,用以检验预想的 ITER 偏滤器的物理,特别是在保持好的芯部约束条件下如何排放能量和粒子的问题。与此同时,通过加装第二套中性束注入系统,加热功率增加到 20 MW。

　　DIV II 的靶板和拱顶挡板被做成如图 12.6.2 的形状,以便通过增强分离面周围的中性氢的电离和降低靶板的热流(尤其是靠近分离面的部分)来改善脱靶性能。DIV II 的实验表明,与开放的 DIV I 偏滤器相比,靶板上的最大热通量减小到其 1/2。能流的这种减小源自偏滤器区域的辐射损失功率的增强。采用 DIV II 后,大约 45％ 的输入功率是在下 X 点附近被辐射掉的。偏滤器中的大部分辐射集中在沿分离面的一个小的辐射区内。用计算机代码的模拟已经预计到这一点,模拟结果与实验结果的比较如图 12.6.3 所示。

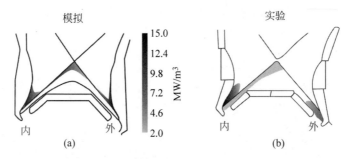

图 12.6.3　(a)计算机模型预测的 X 点和打击点之间的辐射带；(b)利用等离子体垂直位移期间虚拟视线重构后的辐射模式显示从内打击点到 X 点之间有一狭窄的辐射区

由于缺少辐射热计的视线,在外打击点上检测不到相应的辐射带

　　增强的偏滤器辐射不是因为有更多的碳涌入,而是由于偏滤器等离子体中碳和氢的辐射效率提高了。碳将刮削层等离子体冷却到 5 eV 的范围,在此氢的损失变得显著。DIV II 还优化了粒子压缩和杂质富集。前者定义为抽气泵管道中中性粒子密度与分离面附近中平面上离子平均密度的比值,后者定义为杂质压缩对氢压缩之比。压缩之所以特别令人感兴趣是因为它决定了泵的抽气效率和粒子控制的水平。正如模型计算所料,在 DIV II 中,氢和氦的压缩要远比在开放式偏滤器 DIV I 中大得多。由此产生的氦富集率实际上不变,氦与能量置换时间的比值在 4～6(对于不是由氦灰猝灭的燃烧等离子体,这个比值不低于 10)。DIV II 在设计上考虑了如何将低三角形变等离子体位形与窄的偏滤器腿匹配的问题。具有高三角形变的位形可以用设在拱顶挡板顶部的外等离子体风扇来运行,但这样也失去了里拉琴形状位形带来的好处,特别是功率处理能力和泵送能力方面的好处。在里拉琴形偏滤器运行期间,人们对高三角形变等离子体的兴趣变得浓厚,这是因为高密度下约束改善和低

ELM 振幅的约束模的可近性得到增强。为克服这些局限性,人们引入了 DIV Ⅱb,以适应更大的等离子体形变(具有更高的三角形变)。接下来又设计了 DIV Ⅱc,它使得内部走线模块的靶材更容易更换。2010 年,ELM 控制线圈的安装要求对外偏滤器的上部做出修改(是为 DIV Ⅱd)。

12.6.3　等离子体与壁的相互作用和作为第一壁材料的钨

ITER 设计中的一个最困难的问题是如何选择面向等离子体的材料,特别是偏滤器部件。在现今的大多数托卡马克上,碳因其良好的抗热流能力和相对较低的 Z 值而成为偏滤器的首选材料。但它也有缺点,而且这个缺点可能是未来的聚变装置不可接受的。石墨即使在低温下也会受到化学过程的侵蚀,导致在真空室周围形成沉积层,与氢同位素的结合高达 40%。对反应堆来说,相应的氚富集是很高的。钨在抗烧蚀和其他物理性能方面表现出更为优越的性能。此外,有证据表明,在局部磁场引起的回旋运动的作用下,物理溅射率会因迅速再沉积而降低。另一方面,钨的高自溅射率使得这种材料仅适用于低等离子体温度和高偏滤器密度的条件。由于钨的高辐射功率,它在主等离子体中的百分比丰度应大大低于 10^{-4}。为了研究钨在反应堆相关条件下的偏滤器托卡马克装置上的适用性,开放式偏滤器 DIV Ⅰ 的接收功率的细粒石墨靶板覆有一层厚约 0.5 mm 的钨。主要关注点是对烧蚀和沉积过程的研究、钨在主等离子体中的输运,以及对等离子体性能的影响。所采用的放电几乎覆盖了等离子体电流、密度和辅助加热功率的全部运行空间。偏滤器靶板上的平均功率负载达到 6 MW/m²,Ⅰ 型 ELM 模运行期间的峰值功率则要高出 3 倍。

用光谱学方法对约束等离子体中的钨浓度进行了研究。超过 90% 的放电炮显示,钨浓度低于 2×10^{-5}。钨浓度强烈依赖于输运性质,一般随辅助加热功率的增大而降低。一些反向中性束注入的放电、强的峰值密度剖面放电或低能量中性束加热放电显示,比起反常输运,钨的积累更主要是由强烈的向内漂移所致。

通过机械手将靶材料制作的探针暴露在特定功率的粒子轰击下,以及对暴露于偏滤器和刮削层等离子体的长期用探针进行事后调查,可以定量测量这种材料的烧蚀率和再沉积。一种欧姆放电下的溅射物质迁移模式如图 12.6.4 所示。当等离子体温度低于 20 eV 时,钨的低溅射率和高滞留率将导致其很低的烧蚀率,它向主等离子体的迁移可忽略不计。

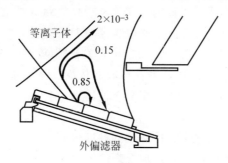

图 12.6.4　在密度为 2.5×10^{19} m⁻³ 和钨浓度约为 10^{-5} 的欧姆放电条件下溅射粒子的迁移模式

最初溅射出来的钨仅有 2×10^{-3} 的比例离开偏滤器区域,85% 被快速再沉积,15% 滞留在偏滤器内

密度和 β 极限保持不变,能量约束也未出现任何恶化。H 模阈值和辐射边界的情况也不受影响。这些结果对于在未来装置上采用高 Z 材料制作面向等离子体的部件无疑是令

人鼓舞的。1999 年,ASDEX-U 开始了一项由钨取代内室碳瓦的计划。在分三步走的过程中,内部隔热罩的下部、上部及中心部分均覆盖上钨材料。在此条件下进行了所有主要运行模式的等离子体放电,特别是专门进行了等离子体最有可能接近钨瓦的距离上的限制器放电。总的来看,在这些放电中,钨的浓度保持在 10^{-5} 以下,除了那些表现出强的峰值背景密度剖面的放电类型之外。依据这些令人鼓舞的结果,实验室决定将钨的覆盖面积逐步扩大到全钨覆盖内壁。根据这种转变,氘的滞留几乎降低到之前的 1/10,这是氘与碳的共沉积强烈抑制的结果。

全钨覆盖内壁的第一个实验开始于 2007 年。正如按照钨的溅射阈值所预计的那样,实验发现,在低温偏滤器条件下,由热的偏滤器背景等离子体产生的烧蚀可以忽略不计。除了热稳态等离子体的烧蚀外,瞬态过程引起的烧蚀也扮演着重要角色,因为它们能够导致溅射率的提高,甚至能够因能量快速沉积导致表面熔化。发生瞬变(如 ELM)期间,不仅粒子通量增大,而且粒子的能量通量也大大增强,因为二者均来自主等离子体的热台基区。在高密度条件下,偏滤器中的钨的溅射在两次 ELM 之间受到强烈抑制,而在 ELM 期间,其溅射对偏滤器钨的总烧蚀的贡献高达 90%。由快粒子和内部杂质引起的烧蚀起着重要作用,特别是在主腔室的 ICRH 天线窗口前,整流电场会对这些粒子产生额外的加速度。虽然溅射的钨的量在偏滤器里达到最高,但这些累积的钨主要源自主腔室,在那里钨的滞留受到强烈抑制。

钨在等离子体芯部的浓度受到等离子体输运的强烈影响。对于可比较的内向流通量,实验观察到其变化可相差 50 倍。然而,实验也发现,中心加热驱动的锯齿活动和湍流输运可以抑制杂质在中心的积累,这是因为新经典输运随 Z 值的增大而降低,而反常输运对 Z 值只有弱依赖关系。因此,反常输运的一个小的增强就会对杂质的密度剖面产生远大于对背景等离子体的影响,而反常输运的少许增强对等离子体性能变差影响微弱,但却能够强烈抑制高 Z 杂质的积累。通过 ELM 期间对台基区的冲刷,高 Z 离子的向内输运得到有效降低。在高达 1.2 MA 电流的情形下,经常能实现 ITER 基调($H_{98} \approx 1, \beta_N \approx 2$,钨浓度低于 3×10^{-5})的 H 模。

12.6.4 与运行边界相关的等离子体边缘区

业已证明,各种运行模式的边界均有其等离子体边缘参数方面的原因。借助装备精良的诊断系统,在 ASDEX-U 上对等离子体边缘区的 H 模输运垒物理、密度极限的原因、ELM 物理,以及边缘参数与等离子体总体约束之间的关系等问题进行了研究。运行的极限边界可用一张图表,结合各种运行模式对边缘参数的依赖关系来加以总结。在所谓"边界运行图"(图 12.6.5)中,由电子密度和电子温度为轴给出的各运行区可以按临界参数来定标和区分。

图 12.6.5 中的运行空间在高的边缘压强梯度方面受到理想不稳定性的限制。在 $T_e \approx$ 90 eV 处,由 MARFE 热不稳定性的起始点确定了温度下限。而 MARFE 热不稳定性主要发生在足够高的边缘密度下。以临界温度为代表的局部参数表示的 L-H 阈值为

$$T_e^{\text{thresh}}(\text{eV}) = 145 \left(\frac{n_{\text{edge}}}{10^{19}}\right)^{-0.3} B_t^{0.8} I_p^{0.5}$$

其中,I 的单位是 MA。观察到不同类型的 ELM 沿理想压强极限由 III 型到 I 型变化,上方

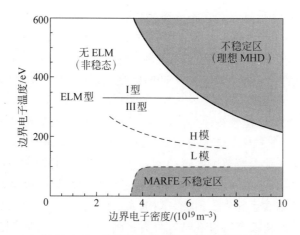

图 12.6.5 显示运行模式边界的边界运行图

放电参数为 $I_p=1\,\mathrm{MA}, B_T=2.5\,\mathrm{T}, \delta=0.2$。$T_e$ 和 n_e 分别取自分离面内 2 cm 的位置,以便表示绝对值及陡的梯度区域的梯度

有一小片无 ELM 的区域。

Ⅰ型 ELM 预计会对下一步聚变实验的偏滤器造成无法忍受的能量冲击。在图 12.6.5 中,在理想压强极限附近,随着Ⅲ型 ELM 的出现会有一个有利的运行点。边界温度应足够低,以避免出现非稳态的无 ELM-H 模。Ⅲ型 ELM 既可以通过加载稍高于 H 模阈值的低加热功率来获得,也可以在高功率通量下通过反馈控制杂质辐射(例如,用氖作种子杂质)来获得。后一种情况是在完全脱靶的 H 模放电中发现的,它叠加在有利的小 ELM 上,后者表现出完全脱离偏滤器靶板的特性,如图 12.6.6 所示。在这种放电模式下,约束水平可能主要取决于是否能够避免整体温度和密度剖面完全由边界稳定极限来确定。

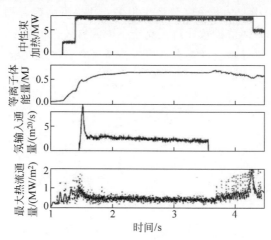

图 12.6.6 完全脱体的 H 模放电

在氖气喷入期间,偏滤器出现脱体(以热流通量减少为标志),Ⅰ型 ELM 消失。外偏滤器上最大热流通量的这种减少是在不减少等离子体储能的情形下取得的

避免出现Ⅰ型 ELM 但仍保持良好约束的运行窗口也可以建立在高密度条件下。这种具有Ⅱ型 ELM 的 H 模放电是在 $q_{95}>3.5$、平均三角形变 $\delta\geqslant0.42$ 的条件下得到的。此时

磁场位形接近双零,密度恰好保持在经验性的格林沃德极限值上。在这种等离子体条件下,未观察到任何Ⅰ型ELM的稳态的Ⅱ型H模,唯一限制条件来自等离子体电流的平顶长度。能源约束接近Ⅰ型ELMy-H模,已经实现 $H_{98}(=\tau_E/\tau_E^{IPB98(y)})$ 的 H 因子。热成像测量显示,在Ⅱ型ELM阶段,靶板负荷没有大的时间变化,且与Ⅰ型ELM放电时测得的靶板平均负荷可比。

实验结果表明,边缘稳定性极限的影响不仅仅表现在边缘参数(如边缘台基形状或横跨边缘势垒的输运)的改变。对于给定的理想气球模极限,实验观察到,电子和离子的芯部温度剖面在很宽的等离子体参数范围内仅相差一个近似常数的因子。这种温度剖面的刚性,以及非常平坦的密度剖面,通常在传统放电下是通过喷气加料得到的,它们将边缘压强梯度与储能进而与总体约束联系起来。因此,ITER 的 H 模定标律给出的良好的密度和磁场依赖似乎得到了修正。约束改善可以在具有更高三角形变的磁位形下实现。这里所说的"更高的三角形变"是指由于磁剪切增强,三角形变对理想气球模极限可以取更高的值。

12.6.5　约束与输运研究

传统 L 模和 H 模的约束研究表明,离子和电子的温度剖面一般受限于温度梯度标长的临界值。分布的刚性是芯部温度与边缘(或台基)温度之间比例关系的反映。同样,这意味着在对数坐标下画出的温度剖面保持相同的形状,只是在垂直方向上分开,如图 12.6.7 所示。显然,对于刚性分布,边缘温度对于分布行为——因而对于约束——是一个基本参数。在将一套中性束注入系统提高到 93 keV 的更高束电压后,对温度剖面的刚性进行了更详细的观察。在高的等离子体密度下,60 keV 和 93 keV 的中性束注入在其他参数不变的情形下导致相当不同的沉积分布。等离子体输运对这些不同的加热功率分布的响应得到了研究。如图 12.6.7 所示,测得的温度剖面不受束能改变的影响。功率平衡分析表明,与 60 keV 相比,93 keV 的注入束引起的热流通量要大得多。这是因为后者深入等离子体更深。在中间半径处,二者几乎相差两倍。这导致了完全不同的有效热扩散率,尽管是在相同的温度和密度剖面下。很明显,热导率会调整自身以维持所观察到的温度剖面的刚性。

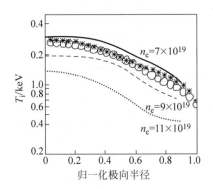

图 12.6.7　用密度扫描(曲线)测得的及在同轴加热/离轴加热两种情形(星号和圆圈)下的 H 模离子温度分布

由图可见,分布具有刚性,在归一化极向半径 0.3 到 0.8 之间,三者基本上相差一个恒定的温度梯度标长

分析表明,造成这种分布的自组织现象的物理机制是下列各种模驱动的等离子体湍流:离子温度梯度模、俘获电子模及可能的电子温度梯度模。对于温度梯度标长小于临界值的情

形,电子温度梯度模能引起热输运的强烈增长。这种机制不一定在等离子体中心有效,中心的分布主要取决于锯齿活动。而在边缘区,那里的温度非常低,其他湍流模式预计将成为主导。

在单纯电子加热的放电中,电子的局域热扩散率 χ_e 是通过电子回旋共振加热(ECRH)的热脉冲实验,用电子回旋辐射诊断技术结合 T_e 调制来测量的。利用标准的基于 T_e 调制的傅里叶变换方法,对沉积在等离子体内固定半径位置上的调制了的 ECRH 功率的传播进行了分析,导出了相应的输运系数 χ。固定径向位置上的 $\nabla T_e/T_e$ 随扫描功率而变化。结果清楚地表明,$\nabla T_e/T_e$ 的阈值的一个小幅增加将导致 χ_e 增大近一个量级。

12.6.6 ELM 搏动、粒子输运、加料和密度剖面

等离子边缘强的气体喷入所实施的密度控制往往伴随着约束变差带来的边缘温度的降低(分布刚性使然)。中心等离子体加料可以避免温度的降低,此外还可以导致峰化密度剖面和约束改善。中等程度的喷气实验也表明,这种方法能够在降低边缘参数的情形下通过密度峰化来提升约束品质(图 12.6.8)。

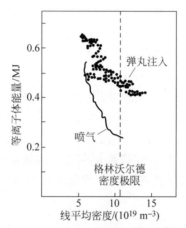

图 12.6.8 喷气放电造成的等离子体储能随密度升高而明显变差的现象(实线)可以通过弹丸注入来缓解(黑点),如图所示的是高场侧弹丸注入的情形
时间演化方向是指向高密度的方向

在 ASDEX-U 上研究了不同系统的弹丸注入对等离子体密度和性能的影响。利用弱场侧弹丸注入,实现了在远高于经验的格林沃尔德密度极限的水平上的密度反馈控制。但结果表明,高的弹丸粒子通量会导致粒子约束时间变差。在 H 模阶段,这种效应还会因每次单发弹丸触发的 ELM 而增强。由于高的粒子通量和弹丸触发的 ELM 对粒子的驱赶,这些粒子储存的能量也会从等离子体中流失。因此,如果加料效率低下,但弹丸加料强度高,那么就会引起高的对流损失和约束变差。弱场侧的弹丸加料效率随加热功率的增加而降低,因为在热等离子体中,弹丸引起的烧蚀材料会迅速迁移到等离子体边缘,甚至部分地从等离子体中排出。这是因为弹丸的消融云吸收能量,局部形成具有较高内部压强的等离子体。这种抗磁等离子体代表一种非常局域化的扰动,它沿磁场梯度漂移移向低磁场。如果弹丸是从强场侧注入,那么这种漂移是有益的,因为它将等离子体推向等离子体中心。结果,由于弹丸材料的近乎完美的吸收,等离子体的粒子和能量损失减少了。

正像在弱场侧注入时发现的一样,强场侧弹丸注入也会触发 ELM,但相关的能量和粒

子损失要小得多。加料效率随穿透深度的增加而增大,后者则取决于弹丸速度。ELM 的阵发损失具有瞬态性质,等离子体能量在弹丸注入后的恢复时间远远小于粒子约束时间。这使得我们可以在不牺牲约束的情形下做增强密度的瞬态运行,具体要依据最后一次弹丸注入后粒子约束时间的尺度。弹丸速度的进一步提高将导致弹丸诱发的密度爬升,能量约束会有些许变差。随着密度沿等压线增加,系统表现出绝热加料的行为特征。实现这一目标的第一步是在 1999 年升级弹丸注入系统(以匹配高达 1000 m/s 的弹丸速度)。

具有中等程度喷气并配以 ICRH 和 NBI 离轴加热的高密度 H 模放电显示了峰化密度的缓慢演化。放电在不改变边缘密度和电子温度的条件下产生了很高的中心密度值。与具有平坦密度剖面的放电相比,能源约束提高了。这种放电模式的一个特点是峰型分布的平衡时间比能量约束时间长得多。这意味着可以用这些长的时间常数而不是通常采用的能量约束时间来确定稳态。只要约束模式不变,那么随着喷气加强,约束变差就可能是由这种不平衡的密度剖面所致。密度剖面的平衡形状取决于芯部等离子体的热流通量分布。假设湍流引起的能量和粒子输运在一定程度上是耦合的,且新经典向内箍缩活跃,那么就可将上述过程及峰化率通过建模来处理。由模型计算得到的粒子与能量的扩散率之比(0.1~0.2)与观察结果很吻合:密度平衡时间比能量约束时间长得多。ICRH 带来的中心加热使得密度峰化强烈减小。这是由于中心热扩散率的增加——根据该模型——也会导致粒子输运增加。因此,在具有中心加热的反应堆上,预计将是平坦的密度剖面。弹丸除了用来提高密度以外,还越来越多地用作一种工具,来控制 ELM 期间能量在室内部件上的沉积位置。方法是以可控的方式提升 ELM 的频率 f_{ELM} 使之大于其自然频率,从而减少单位 ELM 的能量损失 ΔW_{ELM}(根据经验观察,有关系 $(f_{ELM} \times \Delta W_{ELM})/P_{Heat} =$ 常数)。已在很宽的参数范围对弹丸注入引起的 ELM 搏动进行了验证。甚至是在这样的局面下——一面是在无内在 ELM 阶段要求排出杂质,一面又要求降低偏滤器上的脉冲式热负荷——可控的 ELM 方案也是安全的。

12.6.7　先进运行模式和内部输运垒

具有峰化的温度剖面和平坦的 H 模密度剖面的等离子体放电的约束性能主要是由边缘台基压强来确定的。密度剖面的剪裁(通过密度峰化)使我们能够优化等离子体的储能。一种更有效的方法是抑制湍流的径向输运,打破温度剖面的刚性。这导致在主等离子体内形成所谓的"内部输运垒"。与仅有边缘输运垒的情形相比,这些势垒在垒的内侧产生额外的等离子体能量。形成这些高约束模的附加条件是它们在这些较高的等离子体压强下是MHD 稳定的,并且可以维持这种稳恒态。基本上,具有这种特征的反应堆可以做得比传统概念堆更紧凑。由此导致了对这种结合了完全非感应电流驱动(由内部自举电流和外部驱动电流维持)的先进运行模式的稳态托卡马克运行的可行性研究。

通过将密度峰化的芯部改善约束模与边缘 ELMy-H 模和刚性的温度剖面结合起来,已经逼近稳态的约束改善的 H 模等离子体。在这些情形下,不仅压强梯度明显提高,而且整体约束性能和脉冲长度也有所增加。在电流爬升阶段实施中等强度的中性束加热,以便减少电流扩散,从而产生平坦的电流剖面,以延迟形成 $m=1, n=1$ 的共振 q 有理磁面,由此得到准稳态的高性能放电。在接近芯部的 $q=1$ 磁面时,观察到强的 $m=1, n=1$ 的鱼骨不稳定性。这种不稳定性是由中性束注入产生的俘获粒子驱动的,它阻止锯齿活动并触发形成峰化的密度剖面。芯部鱼骨模和边缘 ELM 都对杂质浓度有所调整。高性能阶段持续 6 s 或 40 倍能量约束时间，仅受限于 NBI 的持续时间。在这些等离子体中，得到的聚变三重积为 $n_0 T_0 \tau_E = 1.1 \times 10^{20}$ m^{-3} · keV · s，在 $\delta = 0.3$ 的三角形变下，稳定性和约束的品质因数 $\beta_N \times H_{\text{ITER89-P}} = 7.5$，这里 $H_{\text{ITER89-P}}$ 是按 ITER89-P 定标律给出的归一化的约束时间。性能的进一步提升受阻于新经典撕裂模。对于单调的 q 分布，这种模是一种极限不稳定性。

在 ASDEX-U 上还研究了一些特定的放电模式。这些模式的目的在于拓展没有新经典撕裂模的稳定运行，由此得到了 $\beta_N > 3.5$ 的 H 模等离子体和持续数秒的 $H_{\text{ITER89-P}} = 1.8$ 的稳态约束，如图 12.6.9 所示。这些实验的等离子体位形有最大的形变（其三角形变约为 $\delta = 0.42$）和接近双零的等离子体位形。电子密度可增加到高达 90% 的格林沃尔德密度而没有明显的约束损失。ELM 的特性从 I 型明显变化到 II 型。ELM 带来的能量损失从等离子体储能的 3% 降低到近双零期间的约 0.5%。

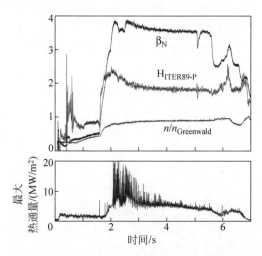

图 12.6.9　ELM 活动明显减少的高 β_N 放电
由图可见，最大热通量也减小了

通过增加压强梯度产生的自举电流的比例，可以降低托卡马克等离子体中感应驱动电流的占比。为了实现这一目标，可通过在较低的等离子体电流和足够高的加热功率下运行来达到极向 β 的最大化。在 400 kA 的等离子体电流（$B_T = 2$ T）、10 MW 中性束加热的条件下，H 模等离子体取得了 $\beta_p \approx 3$ 的值。在具有较强喷气的放电初始阶段和低的等离子体电流条件下，高 β_p 等离子体达到格林沃尔德密度，同时保持 H 模约束不变。由此，在三角形变 $\delta = 0.2$ 的条件下得到 $\beta_N \times H_{\text{ITER89-P}} = 5$ 的品质因数。由大比例自举电流和中性束驱动电流相结合的非感应驱动电流的比例接近 100%。

借助功率高达 15 MW 的中性束注入，在电流上升阶段，大部分内部输运垒都可以通过非欧姆加热得到。不论对于限制器放电还是偏滤器放电，也不论是 L 模还是 H 模，只要有 MHD 稳定的电流剖面，这种情形就都成立。磁剪切在中心瞬时逆转，形成内部输运垒时的中心离子温度达 20 keV，而且离子温度梯度标长比 H 模或 L 模时的短得多。然而，这种内部输运垒放电受限于电流剖面的连续演化。在不采用离轴电流驱动的情况下，电流剖面的这种连续演化是无法阻止的，最终导致芯部或边缘的势垒因 MHD 不稳定性而终止。与前述的高性能 H 模放电相比,这些具有内部输运垒的放电在性能上部分受限于 L 模边界,一般还受限于低密度。然而,将中性束加热和电子回旋电流驱动(与等离子体电流方向相反)结合起来,就能够同时实现反应堆级的电子和离子温度 10 keV。在低密度放电中,采用与等离子体电流方向相反的电子回旋共振电流驱动,可得到单纯对电子的内部输运垒,产生 20 keV 以上的热电子核心温度。

在 ASDEX-U 上,"改善的 H 模"放电是以增强约束因子 $H_{98}>1$ 为特征的,总的归一化 β 值 $\beta_N=2\sim3.5$,q 分布在 $q(0)\approx1$ 的等离子体芯部近乎零剪切。这种模式也在其他装置上得到验证,称为"混合模式"。它为 ITER 开辟了这样一条道路:要么取道典型的 H 模约束但放电时间长得多的等离子体放电,要么取道能量增益大于 10 的高性能放电。在引入全钨第一壁之前,在低的或零喷气条件下,经过硼化处理,在可获得的最低等离子体碰撞率下实现了最高的 H 因子。

钨壁计划的主要目标是验证改善 H 模与全钨第一壁的相容性。为了优化等离子体性能,两个参数必须修改。首先,通过中性束注入(径向注入)和 ECRH 中心加热($P_{heat}=1.6$ MW),中心加热功率达到最大化。其次,控制 ELM 频率以优化喷气速度,后者在连续放电中变化范围高低相差 10 倍,使得 ELM 频率从 100 Hz 降到 60 Hz。结合 1.6 MW 中心 ECRH 加热的喷气加料速率 $2\times10^{21}\,s^{-1}$ 是获得稳定的钨浓度的最低的氘加料速率。图 12.6.10 总结了钨壁条件下 H 因子随喷气速率的变化,并与无加气的碳第一壁的数据做了比较。一般可观察到 H 因子在高密度(高氘加料率)下减小。在最低的氘加料率和最低的等离子体密度或碰撞率下,达到 $H_{98}\approx1.1$。

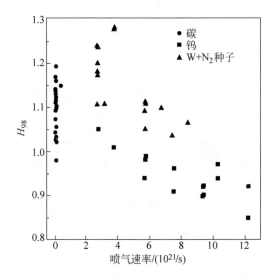

图 12.6.10 H 模约束增强因子 H_{98} 对喷气速率的依赖关系

纯钨第一壁放电需要喷气以避免钨积聚(矩形)。作为比较,图中还给出了不喷气并采用碳第一壁的数据点(圆圈)。这些数据是在 1 MA,2.3~2.6 T,$\delta<0.32$ 和总的辅助加热功率为 10~12 MW 的条件下取得的。在采用全钨第一壁的喷氮(播种)放电下,取得了 $H_{98}>1$ 的约束因子(三角形)

除氘加料实验外,还进行了氮气播种实验。其目的是通过增加辐射功率和降低偏滤器上的电子温度来减少偏滤器靶板上的功率负荷。氮气播种实验的有益效果是通过 H 模约束的增强来体现的,这是由于:①钨表面累积的一小部分氮降低了钨的溅射率;②ELM 更频繁,从而阻止了钨跨越台基区向内的强烈输运;③最后得到了更高的台基电子温度和离子温度。

12.6.8　磁流体力学稳定性

磁流体力学不稳定性对可运行的参数区间设置了敏感的限制,特别是对约束等离子体的压强。了解这种不稳定性的物理机制是发展高效、稳定的约束方案的重要前提。对具有正磁剪切分布的 H 模放电等离子体的性能影响最大的不稳定性是新经典撕裂模。这种压强驱动的不稳定性通过形成磁岛限制了等离子体压强的提升(磁岛内压强呈扁平分布),从而降低了磁约束的效率。新经典撕裂模对放电的影响取决于以下模数:(4,3)模对约束的影响很小,造成的约束变差不足 10%,而(3,2)模可将约束品质降低 10%~30%。(2,1)模通常最不可接受,它会导致大约 50% 的功率损失,在 $q_{95} < 3$ 时,甚至导致破坏性的放电终止。因此,了解新经典撕裂模物理对于预测它们的发生,并开发出适当的工具来避免或稳定这些模是必不可少的。对新经典撕裂模的发生,现已发现,临界的归一化贝塔值在定标关系上正比于归一化的离子回旋半径 ρ/a,而与归一化碰撞率的关系很弱。

由于新经典撕裂模设置了正剪切放电的 β 极限,因此找到消除或避开它们的方法非常重要。电子回旋电流驱动实验对稳定新经典撕裂模进行了演示。在归一化贝塔值在 2.2~2.5 之间的情形下,占总加热功率 10% 的电子回旋电流驱动功率——相当于磁岛内 15~20 kA 的螺旋电流驱动——就可以完全稳定(3,2)模,如图 12.6.11 所示。一旦模被稳定,归一化贝塔值就可以提高到起始值以上,如果总加热功率持续增加且电子回旋电流驱动一直开着。

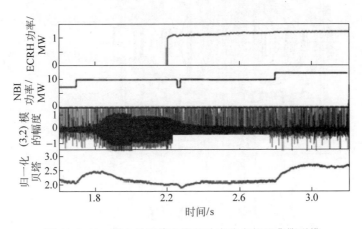

图 12.6.11　用电子回旋电流驱动来稳定新经典撕裂模

指标是 $m=3,n=2$ 磁扰动的幅度。通过提高中性束功率,已在没有这些模的稳态情况下得到 $\beta_N = 2.6$

关于电子回旋电流驱动稳定撕裂模的问题,已经利用柱位形下的非线性撕裂模代码进行了广泛的建模。特别是该模型显示,主要的稳定效应来自电流驱动下磁岛内直接产生的螺旋电流。电子回旋电流驱动控制 MHD 的效率随局部电流驱动的增强而增加。磁岛内电流驱动是一个优点,这可从图 12.6.12 看出来。

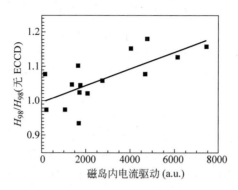

图 12.6.12　在一系列相同放电下,磁岛内不同电子回旋电流驱动水平在稳定(3,2)
新经典撕裂模方面带来的约束增强因子 H_{98} 的相对增加

12.7　EAST——等离子体物理研究所(中国合肥)

EAST 项目于 1998 年批准,2000 年开始建设,2006 年获得首束等离子体。装置的结构如图 12.7.1 所示。

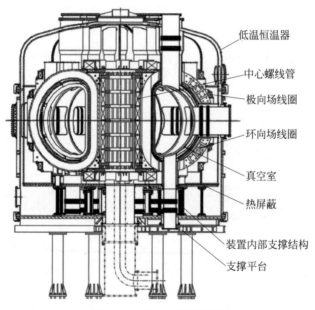

图 12.7.1　EAST 的断面

EAST 装置采用铌-锡合金材料制作的线圈:16 个环向场线圈和 14 个极向场线圈。这是第一个采用超导磁体和室内组件主动冷却的托卡马克装置。它可以稳态运行。它设计有一个偏滤器,提供对功率和粒子的处理。这些特性使得 EAST 与 ITER 建立了密切关系,因为它将能够解决关键的稳态物理和技术问题,如等离子体-材料的相互作用、加热和电流驱动、等离子体控制等。EAST 的主要参数见表 12.7.1。

表 12.7.1　EAST 的设计参数

等离子体电流	1～1.5 MA
环向磁场	3.5 T
大半径	1.85 m
小半径	0.45 m
拉长比	1.5～1.9
脉冲长度	5～1000 s
加热和电流驱动系统	
离子回旋	4 MW,30～110 MHz
	4 MW,20～70 MHz
电子回旋	6 MW,140 GHz
中性束	4 MW,40～80 keV
低杂波	4 MW,2.45 GHz
	6 MW,4.6 GHz

12.8　KSTAR——先进研究、国家聚变研究院(韩国大田)

　　KSTAR 是一个具有全超导线圈的先进托卡马克装置,设计用来发展聚变反应堆级装置的稳态运行能力。它主要进行基于聚变反应堆的科学和技术研究。2008 年首次获得等离子体。KSTAR 的结构如图 12.8.1 所示。

图 12.8.1　KSTAR 的剖面

该设计包括(由室内控制线圈决定)等离子体截面形状灵活可变的双零位形、长脉冲电流驱动和加热系统,以及一套全面的诊断系统。

它的研究目标是通过主动控制等离子体分布来扩展性能边界,采用非感应电流驱动来实现稳态运行,并将优化的等离子体性能和连续运行集成在一起。

KSTAR 的几何参数和设计指标见表 12.8.1。

表 12.8.1　KSTAR 的设计参数

等离子体电流	2 MA
环向磁场	3.5 T
大半径	1.8 m
小半径	0.5 m
拉长比	2.0
脉冲长度	20～300 s
加热和电流驱动系统	
离子回旋	6 MW
电子回旋	4 MW
中性束	16 MW
低杂波	3 MW

参考文献

本章讨论的许多材料来源于由 IAEA 主办的两年一届的国际会议及欧洲物理学会和美国物理学会主办的一年一届的会议。这些会议的具体信息见第 11 章给出的列表。源自这些会议的文献就不罗列在这里了。此外,凡图中给出过的参考文献也不在此重复。

TFTR

初始约束结果:

Efthimion,P. C. *et al*. Initial confinement studies of ohmically heated plasmas in the Tokamak Fusion Test Reactor. *Physical Review Letters* **52**,1492 (1984).

TFTR 上对新经典电阻率的观察:

Zarnstorff,M. C. *et al*. Parallel electric resistivity in the TFTR tokamak. *Physics of Fluids B* **2**,1852 (1990).

L 模下约束对等离子体大半径和小半径的定标律:

Grisham,L. R. *et al*. Scaling of confinement with major and minor radius in the Tokamak Fusion Test Reactor. *Physical Review Letters* **67**,66 (1991).

超放电等离子体的限制器条件:

Dylla,H. R *et al*. Conditioning of the graphite bumper limiter for enhanced confinement discharges in TFTR. *Nuclear Fusion* **27**,1221 (1987).

超放电运行模式的成就:

Strachan,J. D. *et al*. High-temperature plasmas in the Tokamak Fusion Test Reactor. *Physical Review Letters* **58**,1004 (1987).

TFTR 上的限制器 H 模：

Bush，C. E. *et al.* Peaked density profiles in circular-limiter H-modes on the TFTR tokamak. *Physical Review Letters* **65**，424（1990）.

对高功率加热实验中的碳的激增的分析：

Ulrickson，M. *et al.* A review of carbon blooms on JET and TFTR. *Journal of Nuclear Materials* **176 & 177**，44（1990）.

低 m，n 模 MHD 活动对超放电性能的影响：

Chang，Z. *et al.* Transport effects of low（m，n）mhd modes on TFTR supershots. *Nuclear Fusion* **34**，1309（1994）.

超放电中非线性新经典压强梯度驱动的撕裂模的确认：

Chang，Z. *et al.* Observation of nonlinear neoclassical pressure-gradient-driven tearing modes in TFTR. *Physical Review Letters* **74**，4663（1995）.

TFTR ERS 等离子体中径向电场剪切对湍流抑制的分析：

Synakowski，E. J. *et al.* Role of electric field shear and Shafranov shift in sustaining high confinement in enhanced reversed shear plasmas on the TFTR tokamak. *Physical Review Letters* **78**，2872（1997）.

对类卡多姆采夫锯齿崩塌的观察：

Nagayama，Y. *et al.* Analysis of sawtooth oscillations using simultaneous measurements of electron cyclotron emission imaging and X-ray tomography on TFTR. *Physical Review Letters* **67**，3527（1991）.

对锯齿活动期间的 $q(0) \approx 0.7$ 的测量：

Yamada，M. *et al.* Investigation of magnetic reconnection during a sawtooth crash in a high-temperature tokamak plasma. *Physics of Plasmas* **1**，3269（1994）.

用理论给出的稳定性判据对有锯齿和无锯齿等离子体两种情形进行比较：

Levinton，F. M. *et al.* Stabilization and onset of sawteeth in TFTR. *Physical Review Letters* **72**，2895（1994）.

对中等 n 的气球模的观察：

Nagayama，Y. *et al.* Observation of ballooning modes in high-temperature tokamak plasmas. *Physical Review Letters* **69**，2376（1992）.

NBI 加热等离子体中环向阿尔文本征模的证据：

Wong，K. L. *et al.* Excitation of Toroidal Alfvén Eigenmodes in TFTR. *Physical Review Letters* **66**，1874（1991）.

L 模等离子体的局域输运具有类玻姆行为的确定：

Perkins，F. W. *et al.* Nondimensional transport scaling in the Tokamak Fusion Test Reactor：is tokamak transport Bohm or gyro-Bohm？ *Physics of Fluids B* **5**，477（1993）.

TFTR 上初步锯齿热脉冲传播的研究：

Fredrickson，E. D. *et al.* Heat pulse propagation studies in TFTR. *Nuclear Fusion* **26**，849（1986）.

热脉冲传播的弹道分量的观测：

Fredrickson，E. D. *et al.* Ballistic contributions to heatpulse propagation in the TFTR tokamak. *Physical Review Letters* **65**，2869（1990）.

局域输运系数对温度依赖性的研究：

Efthimion，P. C. *et al.* Observation of temperature-dependent transport in the TFTR tokamak. *Physical Review Letters* **66**，421（1991）.

束发射谱方法在确定等离子体湍流特性中的应用：

Durst，R. D. *et al.* Observation of a localized transition from edge to core density turbulence in the TFTR tokamak. *Physical Review Letters* **71**，3135（1993）.

氦的局域传输系数的测定：

Synakowski，E. J. *et al*. Measurements of radial profiles of He^{2+} transport coefficients on the TFTR tokamak. *Physical Review Letters* **65**，2255 (1990).

TFTR 上 D-T 混合物的首次实验结果：

Strachan，J. D. *et al*. Fusion power production from TFTR plasmas fueled with deuterium and tritium. *Physical Review Letters* **72**，3526 (1994).

Hawryluk，R. J. *et al*. Confinement and heating of a deuterium-tritium plasma. *Physical Review Letters* **72**，3530 (1994).

α粒子加热电子的证据：

Taylor，G. *et al*. Fusion heating in a deuterium tritium tokamak plasma. *Physical Review Letters* **76**，2722 (1996).

在 D-T 超放电中使用锂处理来提高聚变性能：

Mansfield，D. K. *et al*. Enhanced performance of deuterium-tritium-fueled supershots using extensive lithium conditioning in the Tokamak Fusion Test Reactor. *Physics of Plasmas* **2**，4252 (1995).

D-T 等离子体的 ICRF 加热：

Wilson，J. R. *et al*. Ion cyclotron range of frequency heating of a deuterium-tritium plasma via the second-harmonic tritium cyclotron resonance. *Physical Review Letters* **75**，842 (1995).

D-T 等离子体中快约束 α 粒子的测量：

McKee，G. *et al*. Confined alpha distribution measurements in a deuterium-tritium tokamak plasma. *Physical Review Letters* **75**，649 (1995).

Fisher，R. K. *et al*. Measurements of fast confined alphas on TFTR. *Physical Review Letters* **75**，846 (1995).

动力学气球模引起的 α 粒子的损失：

Chang，Z. *et al*. First observation of alpha particle loss induced by kinetic ballooning modes in TFTR deuterium-tritium experiments. *Physical Review Letters* **76**，1071 (1996).

α 粒子激发的 TAE 模的测量：

Nazikian，R. *et al*. Alpha-particle-driven toroidal Alfvén eigenmodes in the Tokamak Fusion Test Reactor. *Physical Review Letters* **78**，2976 (1997).

TFTR 上 D-T 等离子体实验综述：

Hawryluk，R. J. Results from deuterium-tritium tokamak confinement experiments. *Reviews of Modern Physics* **70**，537 (1998).

JET

下列著作对 JET 上的科学工作做了综述：

Wesson，J. The Science of JET. *JET Joint Undertaking* (2000).

欧姆加热下能量约束的分析：

Bartlett，D. V. *et al*. Energy confinement in JET ohmically heated plasmas. *Nuclear Fusion* **28**，73 (1988).

JET 上新经典电阻率的观察：

Campbell，D. J. *et al*. Plasma resistivity and field penetration in JET. *Nuclear Fusion* **28**，981 (1988).

JET 上 H 模的首次观察：

Tanga，A. *et al*. Magnetic separatrix experiments in JET. *Nuclear Fusion* **27**，1877 (1987).

长稳态 H 模的产生：

Campbell，D. J. *et al*. H-modes under steady-state conditions in JET. *Plasma Physics and Controlled Fusion* **36**，A255 (1994).

密度极限与破裂：

Wesson，J. A. *et al*. Disruptions in JET. *Nuclear Fusion* **29**，641（1989）.

误差场模：

Fishpool，G. M.，Haynes，P. S. Field error instabilities in JET. *Nuclear Fusion* **34**，109（1994）.

通过控制破裂前的拉长比来减轻破裂时的力：

Tanga，A. *et al*. Study of plasma disruptions in JET and its implications on engineering requirements. *Fusion Engineering*（Proc. 14th Symp.，San Diego，1991）Vol. 1，201. I. E. E. E.，New York（1992）.

不对称垂直位移事件的分析：

Riccardo，V. *et al*. Parametric analysis of asymmetric vertical displacement events at JET. *Plasma Physics and Controlled Fusion* **42**，29（2000）.

甚快锯齿崩塌的观察：

Campbell，D. J. *et al*. Sawtooth activity in ohmically heated JET plasmas. *Nuclear Fusion* **26**，1085（1986）.

Wesson，J. A. *et al*. Spontaneous $m=1$ instability in the JET sawtooth collapse. *Nuclear Fusion* **31**，111（1991）.

用卡多姆采夫全重联模型分析具有重大差别的锯齿崩塌：

Edwards，A. W. *et al*. Rapid collapse of a plasma sawtooth oscillation in the JET tokamak. *Physical Review Letters* **57**，210（1986）.

锯齿活动期间 $q(0)$ 的变化：

O' Rourke，J. The change in the safety factor profile at a sawtooth collapse. *Plasma Physics and Controlled Fusion* **33**，289（1991）.

对与快粒子群相关的锯齿稳定性的首次观察：

Campbell，D. J. *et al*. Stabilization of sawteeth with additional heating in the JET tokamak. *Physical Review Letters* **60**，2148（1988）.

用少数离子快波电流驱动来控制锯齿活动：

Bhatnagar，V. P. *et al*. Local magnetic shear control in a tokamak via fast wave minority ion current drive：theory and experiments in JET. *Nuclear Fusion* **34**，1579（1994）.

利用控制锯齿周期来抑制新经典撕裂模的露头：

Sauter，O. *et al*. Control of neoclassical tearing modes by sawtooth control. *Physical Review Letters* **88**，105001（2002）.

用锯齿温度和密度扰动来研究热和粒子输运：

Tubbing，B. J. D. *et al*. Tokamak heat transport—a study of heat pulse propagation in JET. *Nuclear Fusion* **27**，1843（1987）.

de Haas，J. C. M. *et al*. Interpretation of heat and density pulse measurements in JET in terms of coupled transport. *Nuclear Fusion* **31**，1261（1991）.

PEP H 模的首次观察：

Tubbing，B. J. D. *et al*. H-mode confinement in JET with enhanced performance by pellet peaked density profiles. *Nuclear Fusion* **31**，839（1991）.

密度峰化随碰撞率减小而增强的观测：

Weisen，H. *et al*. Collisionality and shear dependence of density peaking in JET and extrapolation to ITER. *Nuclear Fusion* **45**，L1（2005）.

L-H 转换期间在大部分小半径位置上观察到电子热导率的快速变化：

Cordey，J. G. *et al*. The evolution of the transport through the L-H transition in JET. *Nuclear Fusion* **35**，505（1995）.

局域热流通量对负温度梯度的响应：

Balet，B. *et al*. Heat transport with strong off-axis heating. *Nuclear Fusion* **32**，1261 (1992).

L 模等离子体中局域输运的 $\rho *$ 定标律分析：

Christiansen，J. P. *et al*. The scaling of transport with normalized Larmor radius in JET. *Nuclear Fusion* **33**，863 (1993).

L 模下能量约束的同位素定标：

Tibone，F. *et al*. Dependence of L-mode confinement on plasma ion species inJET. *Nuclear Fusion* **33**，1319 (1993).

ELMy-H 模下三角形变对能量约束的影响：

Saibene，G. *et al*. The influence of isotope mass，edge magnetic shear and input power on high density ELMy H-modes in JET. *Nuclear Fusion* **39**，1133 (1999).

环向场纹波对 H 模等离子体能量约束的影响的证据：

Lönroth，J.-S. *et al*. Effects of ripple-induced ion thermal transport on H-mode plasma performance. *Plasma Physics and Controlled Fusion* **49**，273 (2007).

JET 上铍的使用：

在第 9 章的参考文献所列的有关等离子体-表面相互作用的两年一届的会议文集中，已有绝大部分关于使用铍的结果。此前提到的各种国际会议的邀请报告和会议论文中也有这方面内容。

JETD 上的偏滤器实验：

在第 11 章参考文献所列的重大国际会议和第 9 章参考文献所列的有关等离子体-表面相互作用的国际会议中，已对抽气偏滤器的结果做了广泛的报道。三篇总结关键结果的论文是：

Horton，L. D. *et al*. Studies in JET divertors of varied geometry Ⅰ：non-seeded plasma operation. *Nuclear Fusion* **30**，1 (1999).

Matthews，G. F. *et al*. Studies in JET divertors of varied geometry Ⅱ：impurity seeded plasmas. *Nuclear Fusion* **30**，19 (1999).

McCracken，G. M. *et al*. Studies in JET divertors of varied geometry Ⅲ：intrinsic impurity behaviour. *Nuclear Fusion* **30**，41 (1999).

用 $n=1$ 磁扰动来影响 ELM 的频率：

Liang，Y. *et al*. Active control of type-I edge-localized modes with n=1 perturbation fields in the JET tokamak. *Physical Review Letters* **98**，265004 (2007).

用 ICRF 加热具有大比例自举电流的高 β_p 等离子体：

Challis，C. D. *et al*. High bootstrap current ICRH plasmas in JET. *Nuclear Fusion* **33**，1097 (1993).

具有内部输运垒的等离子体的准稳态运行：

Crisanti，F. *et al*. JET Quasistationary internal-transportbarrier operation with active control of the pressure profile. *Physical Review Letters* **88**，145004 (2002).

JET 上对"混杂"H 模的初步观察：

Joffrin，E. *et al*. Integrated scenario in JET using real-time profile control. *Plasma Physics and Controlled Fusion* **45**，A367 (2003).

D-^{3}He 反应的 60 kW 聚变功率的验证：

Boyd，D. A. *et al*. ^{3}He-D fusion rate measurements during fast-wave heating experiments in JET. *Nuclear Fusion* **29**，593 (1989).

JET 上对 X 点等离子体的高聚变性能的首次观察：

Balet，B. *et al*. High temperature L- and H-mode confinement in JET. *Nuclear Fusion* **30**，2029 (1990).

热离子 H 模的高性能相的终止伴随的 MHD 活动：

Nave，M. F. F. *et al*. An overview of MHD activity at the termination of JET hot ion H-modes. *Nuclear Fusion* **37**，809 (1997).

与热离子 H 模终止有关的等离子体输运的快速变化：

Wesson，J. A. and Balet，B. Abrupt changes in confinement in the JET tokamak. *Physical Review Letters* **77**，5214 (1996).

JET 上的氘氚实验结果：

PTE 和 DTE1 实验的结果已在参考文献和国际会议上广泛报道。*Nuclear Fusion* 在 1999 年 3 月 (Vol. 39)出版的那期中有 10 篇论文是关于 DTE1 上相关研究的结果的。总结了主要结果的两篇重要论文是：

Keilhacker，M. *et al*. High fusion performance from deuterium-tritium experiments in JET. *Nuclear Fusion* **39**，209 (1999).

Jacquinot，J. *et al*. Overview of ITER physics deuteriumtritium experiments in JET. *Nuclear Fusion* **39**，235 (1999).

追踪氚的实验结果：

Stork，D. *et al*. Overview of transport，fast particle and heating and current drive physics using tritium in JET plasmas. *Nuclear Fusion* **45**，S181 (2005).

JT-60/JT-60U

JT-60 上偏滤器等离子体的 H 模实验：

Nakamura，H. *et al*. H-mode experiments with outer and lower divertors in JT-60. *Nuclear Fusion* **30**，235 (1990).

JT-60 上弹丸注入的增强约束：

Kamada，Y. *et al*. Improved confinement characteristics of pellet fuelled discharges on JT-60. *Nuclear Fusion* **29**，1785 (1989).

Ozeki，T. *et al*. Ideal mhd stability of pellet fuelled plasmas in JT-60. *Nuclear Fusion* **31**，51 (1991).

JT-60 和 JT-60U 上关于"远程辐射冷却"、杂质种子 H 模和 W 形偏滤器的偏滤器性能的实验结果见第 9 章参考文献中关于等离子体-表面相互作用的会议文献。

JT-60U 上的杂质和辐射损失：

Kubo，H. *et al*. Study of impurity and radiative losses in divertor plasmas with absolutely calibrated VUV spectrometers in JT-60U. *Nuclear Fusion* **33**，1427 (1993).

JT-60 上的氦排气测量：

Nakamura，H. *et al*. Helium ash exhaust studies with core fueling by a helium beam：L-mode divertor discharges with neutral-beam heating in the JT-60 tokamak. *Physical Review Letters* **67**，2658 (1991).

JT-60U 上 SOL 流动的测量：

Asakura，N. *et al*. Measurement of natural plasma flows along the field lines in the scrape-off layer on the JT-60U divertor tokamak. *Physical Review Letters* **84**，3093 (2000).

ELM 期间热和粒子通量的测量：

Asakura，N. *et al*. Fast measurement of ELM heat and particle fluxes，and plasma flow in the scrape-off layer of the JT-60U tokamak. *Plasma Physics and Controlled Fusion* **44**，A313 (2002).

含杂 H 模的高性能：

Kubo，H. *et al*. High radiation and high density experiments in JT-60U. *Nuclear Fusion* **41**，227 (2001).

反剪切等离子体的氦输运：

Takenaga，H. *et al*. Particle confinement and transport in JT-60U. *Nuclear Fusion* **39**，1917 (1999).

低杂波电流驱动效率随电子温度的增强：

Ushigusa，K. *et al*. Lower hybrid current drive efficiency in the JT-60 tokamak. *Nuclear Fusion* **29**，

1052 (1989).

LHCD 实验期间偏滤器上的功率沉积：

Ushigusa, K. *et al*. Direct loss of energetic electrons during lower hybrid current drive in JT-60U. *Nuclear Fusion* **32**，1977 (1992).

电流上升期间运用 LHCD 节省伏秒数：

Naito, O. *et al*. Volt-second saving by lower hybrid current drive in JT-60. *Nuclear Fusion* **30**，1137 (1990).

JT-60 上的自举电流和新经典电阻率：

Kikuchi, M. *et al*. Bootstrap current during perpendicular neutral injection in JT-60. *Nuclear Fusion* **30**，343 (1990).

用负离子 NBI 进行电流驱动：

Oikawa, T. *et al*. Heating and non-inductive current drive by negative ion based NBI in JT-60U. *Nuclear Fusion* **40**，435 (2000).

反剪切等离子体的电子输运垒的建立：

Fujita, T. *et al*. Internal transport barrier for electrons in JT-60U reversed shear discharges. *Physical Review Letters* **78**，2377 (1997).

完全非感应驱动反剪切等离子体：

Fujita, T. *et al*. Quasisteady high-confinement reversed shear plasma with large bootstrap current fraction under full noninductive current drive conditions in JT-60U. *Physical Review Letters* **87**，85001 (2001).

JT-60 上的密度极限研究：

Kamada, Y. *et al*. Study of the density limit with pellet fuelling in JT-60. *Nuclear Fusion* **31**，1827 (1991).

电流上升锁模的稳定性：

Ninomiya, H. *et al*. Large$m=3/n=1$ locked mode in JT-60 and its stabilization. *Nuclear Fusion* **28**，1275 (1988).

垂直不稳定的"零点"的确定：

Yoshino, R. *et al*. Avoidance of VDEs during plasma current quench in JT-60U. *Nuclear Fusion* **36**，295 (1996).

破裂后逃逸电子的控制：

Yoshino, R. *et al*. Generation and termination of runaway electrons at major disruptions in JT-60U. *Nuclear Fusion* **39**，151 (1999).

JT-60 上高 β_p 等离子体的贝塔崩塌的观察：

Ishida, S. *et al*. Observation of a fast beta collapse during high poloidal-beta discharges in JT-60. *Physical Review Letters* **68**，1531 (1992).

电子回旋加热和电流驱动对新经典撕裂模的抑制：

Isayama, A. *et al*. Complete stabilization of a tearing mode in steady state high-β_p H-mode discharges by the first harmonic electron cyclotron heating/current drive on JT-60U. *Plasma Physics and Controlled Fusion* **42**，L37 (2000).

在低等离子体旋转值下对电阻性壁模的稳定性的观察：

Takechi, M. *et al*. Identification of a low plasma-rotation threshold for stabilization of the resistive-wall mode. *Physical Review Letters* **98**，055002 (2007).

对用 ICRF 加热的非循环诱导的阿尔文本征模的观察：

Kramer, G. J. *et al*. Noncircular triangularity and ellipticityinduced Alfvén eigenmodes observed in JT-60U. *Physical Review Letters* **80**，2594 (1998).

高 β_N 和高 β_p 下的稳态等离子体：

Kamada，Y. *et al*. Non-inductively current driven H mode with high β_N and high β_p values in JT-60U. *Nuclear Fusion* **34**，1605（1994）.

对高三角形变 H 模的草型 ELM 的观察：

Kamada，Y. *et al*. Disappearance of giant ELMs and appearance of minute grassy ELMs in JT-60U high-triangularity discharges. *Plasma Physics and Controlled Fusion* **42**，A247（2000）.

等离子体旋转和环向场纹波对 H 模行为的影响的研究：

Urano，H. *et al*. The roles of plasma rotation and toroidal field ripple on the H-mode pedestal structure in JT-60U. *Plasma Physics and Controlled Fusion* **48**，A193（2006）.

铁素体插入物用于补偿环向场波纹：

Shinohara，K. *et al*. Ferritic insertion for reduction of toroidal magnetic field ripple on JT-60U. *Nuclear Fusion* **47**，997（2007）.

具有高 β_N 的甚长"混杂"H 模的观察：

Oyama，N. *et al*. Improved performance in long-pulse ELMy H-mode plasmas with internal transport barrier in JT-60U. *Nuclear Fusion* **47**，689（2007）.

高 β_p H 模下的高聚变反应率实验：

Mori，M. *et al*. Achievement of high fusion triple product in the JT-60U high β_p H mode. *Nuclear Fusion* **34**，1045（1994）.

Nishitani，T. *et al*. Attainment of high fusion reactivity under high bootstrap current fraction in JT-60U. *Nuclear Fusion* **34**，1069（1994）.

高 β_p H 模下的内部输运垒的观察：

Koide，Y. *et al*. Internal transport barrier on q＝3 surface and poloidal plasma spin up in JT-60U high-β_p discharges. *Physical Review Letters* **72**，3662（1994）.

反剪切放电下高聚变反应率实验：

Ishida，S. *et al*. Achievement of high fusion performance in JT-60U reversed shear discharges. *Physical Review Letters* **79**，3917（1997）.

DⅢ-D

在 DⅢ-D 上对 H 模的首次观察：

Burrell，K. H. *et al*. Observation of an improved energyconfinement regime in neutral-beam-heated divertor discharges in the DⅢ-D tokamak. *Physical Review Letters* **59**，1432（1987）.

对欧姆 H 模的观察：

Osborne，T. H. *et al*. Observation of the H-mode in ohmically heated divertor discharges on DⅢ-D. *Nuclear Fusion* **30**，2023（1990）.

长稳态 H 模的获得：

Luxon，J. L. *et al*. Recent results from DⅢ-D and their implications for next generation tokamaks. *Plasma Physics and Controlled Fusion* **32**，869（1990）.

H 模阈值的依赖性：

Carlstrom，T. N. *et al*. Experimental survey of the L-H transition conditions in the DⅢ-D tokamak. *Plasma Physics and Controlled Fusion* **36**，A147（1994）.

注入转矩对 H 模阈值的影响：

Schlossberg，D. J. *et al*. Dependence of the low to high confinement mode transition power threshold and turbulence flow shear on injected torque. *Physics of Plasmas* **16**，080701（2009）.

弹丸注入触发的 H 模：

Gohil，P. *et al*. Investigations of H-mode plasmas triggered directly by pellet injection in the DⅢ-D tokamak. *Physical Review Letters* **86**，644（2001）.

作为边缘气球模极限的巨型 ELM 分析：

Gohil，P. *et al*. Study of giant edge-localized modes in DⅢ-D and comparison with ballooning theory. *Physical Review Letters* **61**，1603（1988）.

共振磁扰动对 ELM 的抑制：

Evans，T. E. *et al*. Suppression of large edge-localized modes in high-confinement DⅢ-D plasmas with a stochastic magnetic boundary. *Physical Review Letters* **92**，235003（2004）.

L-H 模转换期间对边缘电场剪切的观察：

Groebner，R. J. *et al*. Role of edge electric field and poloidal rotation in the L-H transition. *Physical Review Letters* **64**，3015（1990）.

运用多数离子对边缘电场的测量：

Kim，J. *et al*. Rotation characteristics of main ions and impurity ions in H-mode tokamak plasma. *Physical Review Letters* **72**，2199（1994）.

L 模和 H 模等离子体的局域输运分析：

Jahns，G. L. *et al*. Comparison of transport in H-and L-phase discharges in the DⅢ-D tokamak. *Nuclear Fusion* **29**，1271（1989）.

DⅢ-D 上安全因子 q 对 H 模能量约束的影响：

Schissel，D. P. *et al*. Examination of energy confinement in DⅢ-D at small values of the plasma safety factor. *Nuclear Fusion* **32**，107（1992）.

展现负有效热扩散率的离轴 ECR 加热实验：

Luce，T. C. *et al*. Inward energy transport in tokamak plasmas. *Physical Review Letters* **68**，52（1992）.

L 模等离子体中电子和离子输运的无量纲定标关系：

Petty，C. C. *et al*. Gyroradius scaling of electron and ion transport. *Physical Review Letters* **74**，1763（1995）.

VH 模的首次观察：

Jackson，G. L. *et al*. Regime of very high confinement in the boronized DⅢ-D tokamak. *Physical Review Letters* **67**，3098（1991）.

VH 模的约束和稳定性：

Osborne，T. H. *et al*. Confinement and stability of VH mode discharges in the DⅢ-D tokamak. *Nuclear Fusion* **35**，23（1995）.

具有高内电感的约束增强等离子体的观察：

Lao，L. L. *et al*. High internal inductance improved confinement H-mode discharges obtained with an elongation ramp technique in the DⅢ D tokamak. *Physical Review Letters* **70**，3435（1993）.

中心负剪切等离子体的约束改善：

Strait，E. J. *et al*. Enhanced confinement and stability in DⅢ-D discharges with reversed magnetic shear. *Physical Review Letters* **75**，4421（1995）.

高度形变负剪切等离子体的高聚变性能：

Lazarus，E. A. *et al*. Higher fusion power gain with current and pressure profile control in strongly shaped DⅢ-D tokamak plasmas. *Physical Review Letters* **77**，2714（1996）.

稳态增强（"混杂"）H 模：

Luce，T. C. *et al*. Stationary high-performance discharges in the DⅢ-D tokamak. *Nuclear Fusion* **43**，321（2003）.

静态双垒运行模式：

Greenfield，C. M. *et al*. Quiescent double barrier regime in the DⅢ-D tokamak. *Physical Review*

Letters **86**，4544（2001）.

等离子体拉长比达 2.5 的垂直稳定性研究：

Lister，J. B. *et al*. Experimental study of the vertical stability of high decay index plasmas in the DⅢ-D tokamak. *Nuclear Fusion* **30**，2349（1990）.

高压强注入下的破裂缓解：

Whyte，D. G. *et al*. Mitigation of tokamak disruptions using high-pressure gas injection. *Physical Review Letters* **89**，55001（2002）.

通过三维平衡扰动分析得到优化误差场修正：

Park，J.-K. *et al*. Control of asymmetric magnetic perturbations in tokamaks. *Physical Review Letters* **99**，195003（2007）.

旋转和 β 对误差场模的影响：

La Haye，R. J. *et al*. Non-linear instability to low m，$n=1$ error fields in DⅢ-D as a function of plasma fluid rotation and beta. *Nuclear Fusion* **32**，2119（1992）.

实现 $\beta > 6\%$ 的初步实验：

Taylor，T. S. *et al*. Achievement of reactor-relevant β in low-q divertor discharges in the Doublet Ⅲ-D tokamak. *Physical Review Letters* **62**，1278（1989）.

Strait，E. J. *et al*. MHD instabilities near the β limit in the Doublet Ⅲ-D tokamak. *Physical Review Letters* **62**，1282（1989）.

β 极限对电流分布的影响：

Lao，L. L. *et al*. Effects of current profile on the ideal ballooning mode. *Physics of Fluids B* **4**，232（1992）.

电阻性壁模的旋转稳定性观察：

Strait，E. J. *et al*. Wall stabilization of high beta tokamak discharges in DⅢ-D. *Physical Review Letters* **74**，2483（1995）.

Garofalo，A. M. *et al*. Direct observation of the resistive wall mode in a tokamak and its interaction with plasma rotation. *Physical Review Letters* **82**，3811（1999）.

低等离子体旋转情形下电阻壁模的稳定性观察：

Reimerdes，H. *et al*. Reduced critical rotation for resistivewall mode stabilization in a near-axisymmetric configuration. *Physical Review Letters* **98**，055001（2007）.

密度极限实验：

Petrie，T. W. *et al*. Plasma density limits during ohmic L mode and ELMing H mode operation in DⅢ-D. *Nuclear Fusion* **33**，929（1993）.

锯齿振荡期间对 $q(0) \approx 1$ 的观察：

Wróblewski，D.，Snider，R. T. Evidence of the complete magnetic reconnection during a sawtooth collapse in a tokamak. *Physical Review Letters* **71**，859（1993）.

等离子体变形引起的锯齿崩塌的准交换模和电阻性内扭曲模的确认：

Lazarus，E. A. *et al*. A comparison of sawtooth oscillations in bean and oval shaped plasmas. *Plasma Physics and Controlled Fusion* **48**，L65（2006）.

对 NBI 加热等离子体的 TAE 模的观察：

Heidbrink，W. W. *et al*. An investigation of beam driven Alfvén instabilities in the DⅢ-D tokamak. *Nuclear Fusion* **31**，1635（1991）.

用 NBI 加热进行 100% 非感应电流驱动：

Simonen，T. C. *et al*. Neutral-beam current-driven highpoloidal-beta operation of the DⅢ-D tokamak. *Physical Review Letters* **61**，1720（1988）.

FWCD 效率的测量:

Petty, C. C. *et al*. Fast wave and electron cyclotron current drive in the DⅢ-D tokamak. *Nuclear Fusion* **35**, 773 (1995).

局域 ECCD 的首次测量:

Luce, T. C. *et al*. Generation of noninductive current by electron cyclotron waves on the DⅢ-D tokamak. *Physical Review Letters* **83**, 4550 (1999).

DⅢ-D 功率控制经验:

Lasnier, C. J. *et al*. Survey of target plate heat flux in diverted DⅢ-D tokamak discharges. *Nuclear Fusion* **38**, 1225 (1998).

ELM-H 模的密度控制:

Stambaugh, R. D. *et al*. Divertor pumping and other reactor application issues for H-mode. *Plasma Physics and Controlled Fusion* **36**, A249 (1994).

用刮削层流动控制外来杂质:

Schaffer, M. J. *et al*. Impurity reduction during "puff and pump" experiments on DⅢ-D. *Nuclear Fusion* **35**, 1000 (1995).

ELMy H 模的氦排气研究:

Wade, M. R. *et al*. Helium exhaust studies in H-mode discharges in the DⅢ-D tokamak using an argonfrosted divertor cryopump. *Physical Review Letters* **74**, 2702 (1995).

ASDEX Upgrade

ASDEX Upgrade 装置和物理结果:

Herrmann, A. (Guest editor), Special Issue on ASDEX Upgrade. *Fusion Science and Technology*, **44**, 1-747 (2003).

Zohm, H. *et al*. Overview of ASDEX Upgrade results. *Nuclear Fusion* **49**, 104009 (2009).

辐射和热负荷:

Neuhauser, J. *et al*. Structure and dynamics of spontaneous and induced ELMs on ASDEX Upgrade. *Nuclear Fusion* **48**, (2008).

Eich, T. *et al*. Divertor power deposition and target current asymmetries during type-I ELMs in ASDEX Upgrade and JET. *Journal of Nuclear Materials* **363**, 989-993 (2007).

Herrmann, A., Overview on stationary and transient divertor heat loads. *Plasma Physics and Controlled Fusion* **44** (2002) 883-903.

Kallenbach, A. *et al*. Scrape off-layer radiation and heat load to the ASDEX Upgrade LYRA Divertor. *Nuclear Fusion* **39** (1999) 901-917.

偏滤器脱体和 H 模行为:

Gruber, O. *et al*. Observation of continuous divertor detachment in H-mode discharges in ASDEX Upgrade. *Physical Review Letters* **74** (1995) 4217-4220.

钨覆表面的等离子体性能:

Neu, R. *et al*. Plasma wall interaction and its implication in an all tungsten divertor tokamak. *Plasma Physics and Controlled Fusion* **49**, B59-B70 (2007).

Dux, R. *et al*. Plasma-wall interaction and plasma behavior in the non-boronised all tungsten ASDEX Upgrade. *Journal of Nuclear Materials* **390-91**, 858-863 (2009).

Neu, R. *et al*. The tungsten divertor experiment at ASDEX Upgrade. *Plasma Physics and Controlled Fusion* **38** (1996) A165-A179.

约束和芯部输运研究：

Ryter，F. *et al*. H-mode threshold and confinement in helium and deuterium in ASDEX Upgrade. *Nuclear Fusion* **49**，(2009).

Ryter，F. *et al*. Confinement and transport studies of conventional scenarios in ASDEX Upgrade. *Nuclear Fusion* **41**（2001）537-550.

弹丸加料和 ELM 起搏：

Lang，P. T. *et al*. Investigation of pellet-triggered MHD events in the ASDEX Upgrade. *Plasma Physics Reports* **34**，711-715（2008）.

Lang，P. *et al*. High density operation in H mode discharges by inboard launch pellet refuelling. *Nuclear Fusion* **40**（2000）245-260.

高密度下的 H 模放电：

Stober，J. *et al*. Optimization of confinement，stability and power exhaust of the elmy H-mode in ASDEX Upgrade. *Plasma Physics Controlled Fusion* **43**（2001）A39-A53.

改善 H 模、先进托卡马克放电和内部输运垒：

Gruber，O. *et al*. Compatibility of ITER scenarios with full tungsten wall in ASDEX Upgrade. *Nuclear Fusion* **49**，115014（2009）.

Stober，J. *et al*. The role of the current profile in the improved H-mode scenario in ASDEX Upgrade. *Nuclear Fusion* **47**，728-737（2007）.

Sips，A. C. C. *et al*. The performance of improved H-modes at ASDEX upgrade and projection to ITER. *Nuclear Fusion* **47**，1485-1498（2007）.

Gruber，O. *et al*. Steady state H mode and $T_e \gg T_i$ operation with internal transport barrier in ASDEX Upgrade. *Nuclear Fusion* **40**（2000）1145-1155.

主动 MHD 模的稳定化：

Maraschek，M. *et al*. Enhancement of the stabilization efficiency of a neoclassical magnetic island by modulated electron cyclotron current drive in the ASDEX upgrade tokamak. *Physical Review Letters* **98**，025005-1（2007）.

Zohm，H. *et al*. The physics of neoclassical tearing modes and their stabilisation by ECCD in ASDEX Upgrade. *Nuclear Fusion* **41**（2001）197-202.

破裂的恢复和缓解：

Pautasso，G. *et al*. Plasma shut-down with fast impurity puff on ASDEX Upgrade. *Nuclear Fusion* **47**，900-913（2007）.

Pautasso，G. *et al*. Prediction and mitigation of disruptions in ASDEX Upgrade. *Journal of Nuclear Materials* **290-293**（2001）1045-1051.

第 13 章
未　来

13.1　现状

在 1.1 节,用一种简单方法——通过三参数积 $nT\tau_E$ 的值的进度图——展示了托卡马克研究的成功。这里,用更精确的参数 Q_{DT} 和等离子体温度给出一个更充分的说明。

回顾 1.5 节可知,Q 是热核发电功率 P_{Tn} 对外加加热功率的比值。因此 Q_{DT} 定义为氘氚等离子体的 Q 值,就是在相同的密度和温度下将 1/2 的氘用氚取代后得到的 Q 值。氘氚反应除了反应速率大大提高之外,还由于 α 粒子加热的贡献,使所需的加热功率减少。因此,所需的外加加热功率将从 P_H 减少到 $P_H - P_\alpha$,故有

$$Q_{DT} = \frac{\frac{1}{4}\overline{n^2\langle\sigma v\rangle_{DT}}\mathcal{E}V}{P_H - \frac{1}{20}\overline{n^2\langle\sigma v\rangle_{DT}}\mathcal{E}V} \tag{13.1.1}$$

其中,$\mathcal{E}=17.6\ \text{MeV}$,$P_\alpha = P_{Tn}/5$,$\overline{}$ 表示空间平均,V 是等离子体体积。

Q_{DT} 对 $nT\tau_E$ 的关系可由能量平衡方程 $P_H = 3\overline{nT}V/\tau_E$ 得到(将式(13.1.1)代入)。因此,取 n 和 T 均为峰值分别为 $\hat{n}$ 和 $\hat{T}$ 的抛物线分布,有

$$Q_{DT} = \frac{1}{1.0\times10^{-3}\dfrac{T^2}{\langle\sigma v\rangle_{DT}}\dfrac{1}{\hat{n}\hat{T}\tau_E} - \dfrac{1}{5}} \tag{13.1.2}$$

其中,T 和 $\hat{T}$ 的单位是 keV,$T^2/\langle\sigma v\rangle$ 是温度的缓变函数(式(1.5.4))。图 13.1.1 在 $(\hat{n}\hat{T}\tau_E, \hat{T})$ 平面上画出了有效得失平衡($Q_{DT}=1$)和点火($Q_{DT}\rightarrow\infty$)两种情形的等值线,以及多年来一些托卡马克上已实现了的值。由图可见,实验进展已达到 $Q_{DT}\approx1$。此外,如第 12 章所述,D-T 混合实验已经实际产生了几兆瓦的聚变能。除了这些参

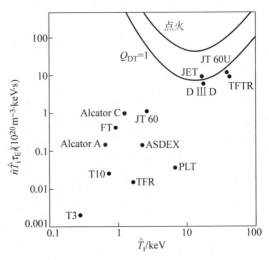

图 13.1.1　$(\hat{n}\hat{T}\tau_E, \hat{T}_i)$ 平面上画出的有效得失平衡($Q_{DT}=1$)和点火($Q_{DT}\rightarrow\infty$)两种情形的等值线及一些托卡马克上已取得的值

数方面所取得的直接进展外,实验还积累了大量关于托卡马克等离子体行为的信息,其主要

方面构成了本书的内容。

托卡马克的发展已经进展到这样一个关键点：下一步如何进行？本章余下部分将讨论这个问题，同时描述未来的计划。

13.2　战略

经过过去 40 多年的成功发展，托卡马克已经使反应堆成功在即。这并不是说商用反应堆已经被证实，而是说已经可以看清实验反应堆的一般要求和特性。当然仍然存在一些问题和不确定性，但这些都不是不可克服的困难。现在需要选择最佳路径进行。

厘清这些待解决问题的一种明确的方法是设计并建造一个实验反应堆。这种做法除了能够确认问题的难度，还能够对问题的本质有更深入的了解。

聚变堆的进一步发展，就其规模和费用而言，必须通过国际合作来实现。一些合作方同意为建造这样一个托卡马克反应堆装置作出贡献：该反应堆的聚变功率将远远大于为其运行所投入的加热功率。这个托卡马克就是建在法国的 ITER——国际热核实验反应堆。关于 ITER 的设计说明见 13.5 节，关于 ITER 预期在各主要方面的表现见 13.6 节。而在此之前，即在 13.3 节和 13.4 节，将描述反应堆的关键要求，并给出其功率平衡的说明。

13.3　反应堆要求

决定 ITER 设计的几个主要方面是：

(1) 约束；

(2) 破裂；

(3) 排气；

(4) 技术。

下面分别予以论述。

13.3.1　约束

约束对点火型托卡马克装置的必要条件的影响在 1.7 节做了讨论。已经证明，所需的等离子体电流是 $I=30/H(\mathrm{MA})$，其中 H 是约束性能优于 L 模的约束改善因子。这立刻便产生了一个增强约束模的实用性和定标律是否可信的问题。这些都是不确定因素，它给反应堆带来一种保守的设计，即电流被设定在 20 MA 左右。

聚变反应堆还有新的约束问题：聚变反应产生的 α 粒子的行为是怎样的？α 粒子能被磁场约束，但能呆在等离子体中的数量是有限的。对于给定的约束能量，每个 α 粒子都降低了反应性氘核和氚核的数量。α 粒子的产生率由 P_α/E_α 给出，其中 P_α 是 α 粒子的热核功率，$E_\alpha(=3.5\ \mathrm{MeV})$ 是 α 粒子的能量。这个产生率等于损失率 N_α/τ_α，其中 N_α 是等离子体中 α 粒子的总数，τ_α 是 α 粒子的约束时间。因此有

$$N_\alpha = \frac{P_\alpha \tau_\alpha}{\mathcal{E}_\alpha} \tag{13.3.1}$$

这个热核功率通过下式与能量约束时间联系起来：

$$P_\alpha = \frac{3NT}{\tau_\alpha} \tag{13.3.2}$$

其中,N 是电子总数,τ_E 是能量约束时间。将式(13.3.1)和式(13.3.2)联立起来,得到:

$$\frac{N_\alpha}{N} = \frac{3T}{\mathcal{E}_\alpha}\frac{\tau_\alpha}{\tau_E} \tag{13.3.3}$$

对于 $T=14\,\text{keV}$,式(13.3.3)变成

$$\frac{N_\alpha}{N} = 0.012\,\frac{\tau_\alpha}{\tau_E}$$

N_α/N 的容忍度不是一个精确的值,但有一点很明确,τ_α 不能比 τ_E 大很多。要保持 α 粒子的浓度低于 10%,就必须有 $\tau_\alpha \leqslant 8\tau_E$。

α 粒子的约束问题可以通过 H 模下的杂质行为与一般性约束问题联系起来。人们发现,在最佳的 H 模等离子体条件下,杂质往往会在芯部积累。只有当约束因边缘局域模活动而变差时,这种积累才会逆转。因此,良好约束的要求与杂质最小化和驱逐 α 粒子的要求之间存在冲突。

13.3.2　破裂

对反应堆来说,破裂有三种含义。①破裂的存在限制了运行参数空间;②如 7.9 节所讨论的,它给真空室和其他部件施加了强大的力,使材料经受高的热负荷并产生逃逸电子;③它引出一个问题,特别是从长远来看,那就是在何种程度上破裂可以避免。

在目前的托卡马克上,破裂限制了密度和边缘 q 值。低 q 的极限大约是 $q_{95}=2$,如果装置运行在边际安全因子(譬如说 $q_{95}=3$)之上,那么这个极限就可以避免。

因此,通过选择运行条件可以避免系统性破裂。但实际上,破裂也发生在远离运行边界之处。这些破裂通常是由不理想分布的时间演化所致,因此多加小心是可以避免的。7.12 节曾描述过这样一种情形,当垂直不稳定的反馈控制失去作用时,等离子体将发生垂直位移,这时往往会产生另一种类型的破裂。其他类型的破裂多由杂质的瞬态向内运动或固体材料碎片的掉落引起。这种破裂是否能够完全避免,目前还是个未知数。

1.7 节讨论了 q 限制的影响,那里给出的点火要求近似有 $RB_\varphi \geqslant (65/H)\,\text{mT}$。因此,如果等离子体环向约束磁场为 6 T,约束改善因子为 1.5,那么装置的大半径就得是大约 7 m。

13.3.3　排气

排热问题源于如何带走 α 粒子加热的需要。α 粒子加热占聚变功率的 20%,这些能量沉积在等离子体中,必须传输到等离子体外的物质表面才能加以利用。原则上,这些表面既可以是面向主等离子体的第一壁,也可以是偏滤器系统内的靶板表面。尽量减少杂质进入等离子体的要求似乎以偏滤器的解决方案为宜。

但偏滤器有一个因刮削层通道狭窄带来的严重困难。巨大的热流通量密度都要从这狭窄的通道进入偏滤器,会使靶板过热。

单位环向长度流入刮削层的热流通量密度可以写成

$$h \approx -2\pi a n \chi \frac{dT}{dr} \approx \frac{2\pi a n \chi T}{\lambda} \tag{13.3.4}$$

其中,λ 是刮削层厚度。式(13.3.4)等于沿刮削层流到偏滤器靶板上的热流,它可以写成

$$h \approx 3nT \left(\frac{a}{L} c_s \right) \lambda \qquad (13.3.5)$$

其中,L 是沿磁磁场的连接长度,c_s 是离子声速。量$(a/L)c_s$ 可以看成是平行流速在极向平面上的速度分量。从式(13.3.4)和式(13.3.5)可得刮削层的厚度:

$$\lambda \approx \left(\frac{2 \chi L}{c_s} \right)^{1/2} \qquad (13.3.6)$$

对于 $L=30$ m,$\chi=2$ m^2·s^{-1} 和 $c_s=10^5$ m·s^{-1},刮削层厚度 λ 约为 3 cm。

取聚变功率为 3 GW,则热流通量为 600 MW。对于一个环向周长为 50 m、刮削层面积为 $2 \times 50 \times 0.03$ m$^2 = 3$ m^2 的区域,功率负荷将达到 200 MW·m^{-2}。这对于材料表面负荷是完全不可接受的。因此这成为反应堆设计的一个重大问题。一些可行的办法是接受表面倾斜以分散负荷,利用等离子体辐射来降低表面的热沉积,以及采用气体靶通过扩散热流来保护材料表面。另一个问题是热负荷表面因溅射和蒸发所导致的侵蚀。

13.3.4　技术

第一壁需要接收并耐受吉瓦功率水平的中子通量。包层将有一个冷却系统,用以消除沉积的功率,并且必须有一个能够处理氚增殖的系统。

为了避免正常导体无法接受的欧姆加热耗散,环向磁场线圈必须采用超导线圈。这种线圈的磁场可达约 13 T,甚至有建议取更高的磁场,这要求我们必须大力发展具有这些特性的大线圈的制作工艺。这种线圈不但必须承受正常运行时的巨大磁应力,而且必须能够承受由破裂产生的瞬态力。

等离子体电流必须能够维持,最好是稳态运行,起码也得是长脉冲运行。而稳态电流的维持需要有射频的或中性束的电流驱动系统支持。这需要有电力保障,随之而来的便是如何提高反应堆效率以便抽取出部分电力用于循环。然而,由于存在等离子体自身驱动的自举电流,因此电流驱动的要求可以大大降低。

反应堆的许多部件都需要由控制系统来控制。等离子体位置本质上是不稳定的,需要由反馈来控制,加料也必须实时调整以控制燃烧的等离子体。此外,还需要多种监视系统、故障控制系统,以减少诸如破裂等突发事件的影响。

在 ITER 的工程设计阶段,所有主要部件及其维护系统的原型的制作大大促进了相关技术的发展。虽然这些设计是具体针对 ITER 的,但这些原型在更一般的范围上验证了聚变技术的可行性。

13.4　反应堆功率平衡

反应堆的功率平衡涉及许多复杂的问题,但这并不妨碍理解其基本要素,以及利用定标律来计算所涉及的功率。

这些计算的一个重要方面是它们将确认所涉问题的不确定性。这些问题包括:

(1) 如何将由 L 模和 H 模等离子体实验得出的定标律外推到反应堆的条件下。

(2) H 模的阈值条件的外推。

(3) 避免破裂的安全边际条件的选择。

(4) 温度分布的不确定性。

(5) 杂质水平的不确定性,它影响 α 粒子的功率,决定线辐射引起的功率损失。

还有一些关于动力反应堆运行方式的问题。例如,电流驱动的电流需要多大?这也关系到等离子体加热。是否需要增大等离子体中的杂质辐射,以便在受热面上有更均匀的热负荷。

认清这些问题,对于装置的持续运行毕竟是有益的。

加热功率与损耗功率之间的功率平衡可以写成

$$P_\alpha + P_{add} = P_{cond} + P_{rad}$$

其中,P_α 是 α 粒子的加热功率,它等于聚变总功率的 $1/5$;P_{add} 是外加的辅助加热功率;P_{cond} 是通过热传导损失的功率;P_{rad} 是等离子体因轫致辐射、同步辐射和杂质线辐射的辐射损失功率。

给定反应堆的密度和温度分布,可以直接计算出 α 粒子的功率。而热传导损失是个比较复杂的问题。

13.4.1　H 模约束

假定反应堆运行在 H 模下,因此加热功率必须足够高,以超过 H 模运行的阈值功率。接下来的问题是约束对反应堆参数的依赖关系是怎样的? 这个问题基本上就是约束时间 t 的定标律问题。约束时间 t 的定标关系为

$$P_{cond} = \frac{3\overline{nTV}}{\tau} \tag{13.4.1}$$

其中,$3\overline{nTV}$ 是等离子体的能量,字母上方的 $\overline{}$ 表示空间平均,V 是等离子体体积,其中已取 T_i 和 T_e 近似相等。

在过去和现今的实验上,人们为获得最佳的 τ 定标关系已经付出了相当大的努力。但是,要外推到反应堆的条件下,还有好些不确定性。目前最合适的 H 模定标律是所谓的 $\tau^{98(y,2)}$,它可由下式给出:

$$\tau = 0.145 \frac{I_{MA}^{0.93} R^{1.39} a^{0.58} \kappa^{0.78} (\bar{n}/10^{20})^{0.41} B_\phi^{0.15} A^{0.19}}{P_{cond}^{0.69}} \tag{13.4.2}$$

其中,I_{MA} 是以 MA 为单位的等离子体电流,A 是离子上的平均原子质量,τ 的单位是 s,P_{cond} 的单位是 MW。

取环径比 $R/a = 3$,拉长比 $\kappa = 5/3$,DT 等离子体的平均原子质量 $A = (2+3)/2 = 2.5$,则式(13.4.2)变为

$$\tau = 0.136 \frac{I_{MA}^{0.93} R^{1.97} (\bar{n}/10^{20})^{0.41} B_\phi^{0.15}}{P_{cond}^{0.69}} \tag{13.4.3}$$

为了避免破裂,只好放宽约束条件,这使得 τ 的表达式进一步得到约化。格林沃尔德密度极限 $(n/10^{20}) = I(MA)/\pi a^2$。允许的安全因子为 0.9,并采用假设的环径比,由此给出:

$$\frac{\bar{n}}{10^{20}} = 2.6 \frac{I_{MA}}{R^2} \tag{13.4.4}$$

固定的环径比和拉长比对安全因子 q 的限定使得 q 有 $q \propto B_\phi/B_p$ 的形式,根据安培定律,极向磁场有 $B_p \propto I/R$。因此,q 极限意味着一个限制 $B_\phi = cI/R$,这里 c 是常数。从实验经验知,c 的合理值为 2.2,于是有

$$B_\phi = 2.2 \frac{I_{MA}}{R} \tag{13.4.5}$$

其中,B_ϕ 的单位是 T。将式(13.4.4)和式(13.4.5)代入式(13.4.3),得到约束时间:

$$\tau = 0.226 \frac{I_{\mathrm{MA}}^{1.49} R}{P_{\mathrm{cond}}^{0.69}} \tag{13.4.6}$$

假设密度近似为平坦分布,取 $V = 2\pi^2 Rab = 3.66R^3$,将式(13.4.4)和式(13.4.6)代入式(13.4.1),给出 H 模下热传导损失功率:

$$P_{\mathrm{cond}} = 9.5 \frac{\overline{T}_{\mathrm{keV}}^{3.23}}{I_{\mathrm{MA}}^{1.58}} \tag{13.4.7}$$

其中,T_{keV} 是以 keV 为单位的温度。

13.4.2　α 粒子功率

由 $\varepsilon_\alpha = 3.5$ MeV 和式(1.4.2)得 α 粒子功率为

$$P_\alpha = 1.40 \times 10^{-19} n_{\mathrm{H}}^2 \overline{\langle \sigma v \rangle} V \tag{13.4.8}$$

其中,n_{H} 是氢(D 或 T)离子的总密度。考虑到杂质成分,取 n_{H} 为电子密度的 0.9 倍,这样式(13.4.8)变成

$$P_\alpha = 4.3 \times 10^{-22} \frac{I_{\mathrm{MA}}^2}{R} \overline{\langle \sigma v \rangle} \tag{13.4.9}$$

对于温度处于 10~20 keV 的情形,有

$$\langle \sigma v \rangle = 1.1 \times 10^{-24} T^2$$

是一种好的近似,但 T^2 必须取温度分布的平均值。一种合理的温度分布为 $T \propto (1 - r^2/a^2)^{3/2}$。由此给出:

$$\overline{T_{\mathrm{keV}}^2} = \frac{25}{16} \overline{T}_{\mathrm{keV}}^2$$

于是式(13.4.9)给出 α 粒子功率:

$$P_\alpha = 0.047 \frac{I_{\mathrm{MA}}^2 \overline{T}_{\mathrm{keV}}^2}{R} \tag{13.4.10}$$

其中,P_α 的单位是 MW。大部分 α 粒子功率是在等离子体芯部的高温区产生的,因此式(13.4.10)对于 T 处在 5~10 keV 的情形是一个很好的近似。在这个区域之外,式(13.4.10)高估了 α 粒子功率,这时应取 $\langle \sigma v \rangle$ 的平均值。

13.4.3　L 模约束

在温度较低时,约束呈 L 模模式。L 模的约束定标律由 $\tau^{89\mathrm{P}}$ 给出:

$$\tau^{89\mathrm{P}} = 0.48 \frac{I_{\mathrm{MA}}^{0.85} R^{1.2} a^{0.3} \kappa^{0.5} (\bar{n}/10^{20})^{0.1} B_\phi^{0.2} A^{0.5}}{P_{\mathrm{cond}}^{0.5}} \tag{13.4.11}$$

采用与处理 H 模相同的程序,可得到 L 模下热传导损失功率:

$$P_{\mathrm{cond}} = 25 \frac{\overline{T}_{\mathrm{keV}}^2}{I_{\mathrm{MA}}^{0.3} R^{0.2}} \quad \text{(L 模)} \tag{13.4.12}$$

13.4.4　H 模阈值

如 4.13 节所述,预言 H 模功率阈值的问题很复杂。接近反应堆条件的实验已给出如下阈值功率表达式:

$$P_{thr} = 0.098 \frac{(\bar{n}/10^{20})^{0.72} B_\phi^{0.80} S^{0.94}}{A} \tag{13.4.13}$$

其中,S 是等离子体表面积,取 $4\pi^2 R (ab)^{1/2}$;P_{thr} 的单位是 MW。利用已有假设,上述阈值功率变成

$$P_{thr} = 2.1 \frac{I_{MA}^{1.52}}{R^{0.36}}$$

13.4.5 韧致辐射

利用式(4.24.5)可计算出韧致辐射功率密度。对于前面所假定的温度分布,$\overline{T^{1/2}} = 0.9\overline{T}^{1/2}$,再根据上述假设,总的韧致辐射功率为

$$P_{br} = 0.12 Z_{eff} \frac{I_{MA}^2}{R} \overline{T}_{keV}^{1/2} \tag{13.4.14}$$

13.4.6 动力反应堆

利用上述 P_{cond},P_α 和 P_{th} 的公式,加上在高和低 $\overline{T}$ 下对 P_α 的修正,可以计算选定托卡马克参数下的反应堆功率。图 13.4.1 给出了大半径为 8 m、等离子体电流为 20 MA 的反应堆的结果。由图可见,在相当低的功率下即可实现到 H 模的转换,在大多数的温度范围上都可以以 H 模方式运行。

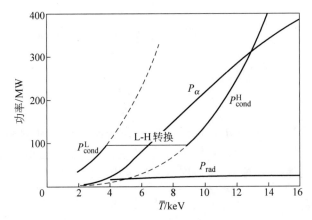

图 13.4.1 大半径为 8 m、携带 20 MA 等离子体电流的动力反应堆的
α 粒子加热功率、热传导功率和辐射损失功率对平均温度的关系

总辐射损失是不确定的,部分是因为可以特地增加杂质辐射来减少沉积在偏滤器靶面上的高热负荷。但作为示意,在图 13.4.1 中,总辐射损失取氢的韧致辐射功率的两倍。稳态功率平衡有 $P_\alpha = P_{cond} + P_{rad}$,发生在温度近 13 keV 的条件下,此时 α 粒子的功率为 300 MW,总的聚变功率为 1.5 GW。源自电流驱动的额外的加热将使稳态移向更高的温度。

13.4.7 实验反应堆

上述公式也可用于计算工作在远低于动力反应堆水平下的实验反应堆的功率。图 13.4.2 和图 13.4.3 分别给出了大半径为 6 m、等离子体电流为 15 MA(类似于 ITER)的装置的结果。

图 13.4.2 显示了作为平均温度的函数的三项功率 P_α，P_{cond} 和 P_{br}，P_{rad} 再次取 P_{br} 的两倍。H 模式转变发生在 $\overline{T}=3\,keV$ 条件下，转换所需的功率比 α 粒子的功率大 50 MW，因此必须得到辅助加热的支持。但从式(13.4.13)可知，L-H 转换的阈值取决于等离子体密度，因此可通过降低密度来降低所需的阈值功率。可以看出，在转换到 H 模后，功率平衡处于临界状态，因此是不确定的。

图 13.4.3 给出了这种情况下总的聚变功率，同时还给出了维持功率平衡所需的辅助加热功率，其中辐射功率仍取氢的韧致辐射功率的两倍。

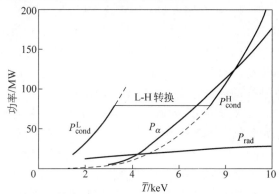

图 13.4.2　大半径为 6 m、携带 15 MA 等离子体电流的实验反应堆的 α 粒子加热功率、
热传导功率和辐射损失功率对平均温度的关系

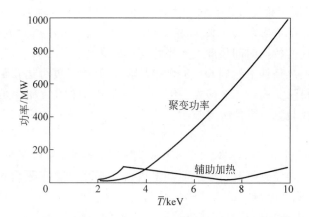

图 13.4.3　大半径为 6 m、携带 15 MA 等离子体电流的实验反应堆的总聚变功率和
辅助加热功率对平均温度的关系
辐射损失功率任意地取为氢的韧致辐射功率的两倍，这意味着辅助加热功率是不确定的

13.5　ITER

ITER 计划第一次提出是在 1988 年，是作为集中资源于非常大的装置来推进现有装置(如 JET)的手段提出来的。1992 年成立了设计团队，负责利用现有技术和物理理解来进行点火用托卡马克装置的工程设计。这个工程设计项目于 1998 年提交了一份最终的设计报告。但在成本压力下，这份设计随后被修订，以便在成本减为原来的 1/2 的情形下达到较为

适度的目标。这导致设计目标确定为在总体性能上实现增益 $Q=10$。根据公认的定标律，修改后的这个设计所要求的聚变三重积 $nT\tau_E$ 的值要比点火用 ITER 小 30%，大半径从 8.1 m 减小到 6.2 m，等离子体电流从 21 MA 减小到 15 MA。这些参数与降低成本的目标是一致的。

经过旷日持久的谈判，由 4 个最初的合作方(欧盟、日本、俄罗斯联邦和美国)连同中国和韩国达成一项国际协约，信守协作承诺，继续推进这个已降低成本的 ITER 装置的建设。2006 年，各方同意将法国南部靠近艾克森省(Aix-en-Provence)的卡达拉什(Cadarache)选定作为新版 ITER 的站址。随后，在印度加入该项目之后，各方签署了一项国际协约。按协约规定，ITER 的设备采购由各方分担，然后运到卡达拉什，由中心团队负责组装和运行。

与之并行的一个项目是以日本为基地，建设一个 JET 规模的超导托卡马克装置，并为另外两个设施——国际聚变材料辐照设施(IFMIF)和示范型托卡马克动力堆(DEMO)——提供设计。后者是要在适当的时候建成一个后 ITER 装置。

IFMIF 包括一个 250 mA、束能量为 30~40 MeV 的氘离子束装置。这个出射束照射在 50 mm×200 mm 的流动的液态锂靶上，用以产生 14 MeV 的强中子源。0.5 L 的靶体积将允许剂量率超过每年 20 个原子平均离位(dpa[①])的小样本辐照，使得用作 DEMO 第一壁的材料(通常要求能耐受 100 dpa 的辐照)合乎质量要求。大样品体积也可用于小剂量的照射。因此这台设备不仅能够解决 ITER 以外的关键技术问题，而且对于 DEMO 获取许可证至关重要。DEMO 被设想为一个准稳态的点火用托卡马克，具有增殖氚的包层和发电能力。它将为后续的商业聚变反应堆奠定基础。

ITER 的目标是展示聚变发电在科学上和技术上的可行性。具体来说，ITER 要求：

- 在一系列运行方案下实现 $Q=10$ 且燃烧时间达到 300~500 s，放电持续时间长到足以在等离子体过程的特征时间尺度上实现稳态运行条件。
- 验证在非感应加热条件下达到 $Q=5$ 的稳态运行，脉冲长度可达几千秒。
- 测试第一壁材料耐受高达 0.3 MW·年/m²(1~2 dpa)的中子通量的性能。
- 展示建造下一代装置所需的关键技术。

此外，设计不排除实现可控的点火实验的可能性。

为实现 $Q=10$ 条件下 500 MW 的聚变功率，需要在等离子体峰值电流和磁场下实施强有力的辅助加热。这种模式下有适度的驱动电流。它必然是感应驱动的，由于中心螺管的伏秒数的限制，感应驱动电流下的持续燃烧时间大约为 400 s。$Q=5$ 的情形有很强的电流驱动，等离子体位形由减小的等离子体电流和高比例的自举电流形成。这种电流的组合使环电压降低到接近零，并为下一代机器的稳态运行提供潜力。

ITER 主要参数见表 13.5.1，托卡马克装置如图 13.5.1 所示。

表 13.5.1 在高性能和准稳态两种运行模式下 ITER 的主要参数

聚变功率/MW	500	350
燃烧时间/s	≥400 s	≤3000
占空比/%	25	25

---

① dpa(displacements per atom)：原子平均离位，材料辐照损伤单位，表示材料晶格上的原子被辐照粒子轰离原始位置的次数。——译者注

续表

Q	≥10	≥5
$\tau/\tau^{98(y,2)}$	1	1.6
等离子体电流/MA	15	9
大半径/m	6.2	6.2
小半径/m	2.0	2.0
垂直拉长(95%通量面/分离面)	1.7/1.85	1.86/2.0
三角形变(95%通量面/分离面)	0.33/0.49	0.41/0.5
轴上环向磁场/T	5.3	5.18
等离子体体积/m³	837	730
中子载荷的最大平均值/(MW/m²)	0.59	0.4
第一壁热流通量/(MW·年/m²)	0.3	
第一壁/dpa	1～2	
初装辅助加热功率/MW	73	
中性束	33	
电子回旋共振加热	20	
离子回旋共振加热	20	
脉冲数	30 000	

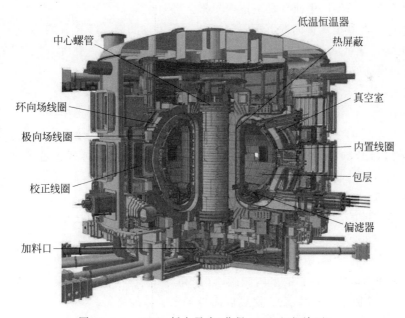

图 13.5.1　ITER 托卡马克(获得 ITER 组织许可)

环向场由 18 个铌锡超导线圈产生。这些线圈分成 9 组(每组 2 个)，沿真空室环向均匀布置。铁素体插板用以将磁场纹波减少到 0.5%。线圈运行温度将保持在 4.5 K。围绕着等离子体设有屏蔽包层，用以减少对线圈的热辐射。这个包层连同真空室壁能提供大约厚

1 m 的屏蔽。其屏蔽材料包括 85% 的钢和 15% 的水。在峰值运行阶段,由此产生的加载到环向场线圈上的热负荷约为 7 MJ。另有 6 个极向场线圈用来控制等离子体的形状和位置。这些线圈采用主动控制技术,以确保等离子体的垂直稳定性。场强达 13 T 的中心螺管用于提供感应电流驱动。磁体系统的总重大约为 10 000 t。

面向等离子体的壁由铍材料构成,其背面连接到水冷铜合金和钢质基板。在参考设计上,这层基底也起着屏蔽中子的作用。沉积在主腔室壁上的时间平均功率密度预计将小于 0.5 MW/m^2,但局部有可能上升到 3~4 MW/m^2。偏滤器材料在撞击点区域采用特殊的碳复合材料,别处采用钨材料。在 DT 运行之前,碳材料由钨材料取代,以减少氚的滞留。偏滤器垂直靶上的最大功率密度为 5~10 MW/m^2,在慢瞬变过程中(持续时间为 10 s)增加到峰值 20 MW/m^2。在爆发大的边缘局域模(ELM)期间,峰值功率密度将会超出设计范围,因此预计将会安装控制 ELM 的线圈。设计中预计还将采用弹丸注入或快速喷气来减少破裂。

辅助加热采用的是混合式办法,由 1 MeV 负离子源中性束、170 GHz 的电子回旋加热和 40~55 MHz 的离子回旋加热组合而成。这些加热系统也用于驱动非感应电流。但电流驱动的低效率无法让系统在高性能下做准稳态运行。在以后的日子里,辅助加热和电流驱动系统有望升级到 130 MW,作为升级的一部分,低杂波电流驱动将能够在等离子体小半径的外 1/3 处提供电流驱动。

聚变功率水平实行反馈控制,具体控制手段由燃料输入速率、辅助加热功率和氢泵速率的组合来定。加料可以采用气体注入或弹丸浅层注入的方式。在脉冲的全聚变功率阶段,氚燃烧的燃尽率大约为 3 mg/s,只占最大注入量 300 mg/s 的一小部分。氚可能由于与第一壁溅射材料共沉积的作用而在真空室内积累。在真空室内不被调节机构永久捕获的氚的量限制在 1 kg。将氚在装置内的沉积限定在这一限度内将是 ITER 计划的一个重要方面。必须采用现场设备对从真空室中抽出来的氚进行处理,然后馈入托卡马克做再循环利用。ITER 对氚的现场处理能力的上限定为 4 kg。

一旦开始氚运行,机器的主动控制技术就需要采用远程处理来进行"在线"干预。能够进行这种远程处理的设备有很多,这类设备还包括随之而来的远程维护和在线设备处理。

第一壁所经受的中子通量要求其在 ITER 全性能等离子体运行状态下具有大约 0.5 年的寿命,但在 ITER 的 13 年的运行期内,它主要是采用主动更换来维持其功能。这要求它具有高水平的可用性和可靠性。虽然这将是一项艰巨的技术性挑战,但它对于未来 DEMO 的成功至为关键。

在装置施工前的 2007 年,ITER 团队给出了一份有关设计的技术性综述报告,其中对一系列有待解决的问题进行了确认。文件要求对某些设计做调整,尤其是要求添加针对室内 ELM 活动的控制线圈,以降低沉积在偏滤器靶板上的峰值功率密度。文件还要求添加一个与 ELM 线圈集成在一起的室内线圈,以提高等离子体的垂直稳定性。还就是要求第一壁与包层/屏蔽模块分离,以方便更换面对等离子体的材料。

ITER 的工程建设始于 2010 年,预计将持续 15 年左右。综合调试阶段将最终实现第一次产生等离子体。ITER 的运行阶段预计将持续 20 年。先是在纯氢和氦的机器低活化状态下运行若干年,然后是短期的氚中掺有少量氚的运行,以提供这种等离子体条件下的综合"预演"。最后是第三阶段:在全聚变功率和最大占空比条件下进行氘和氚的 1∶1 运行,以取得足够大的中子通量。这一阶段的主要任务包括:

- 验证核部件的可靠性；
- 为核部件的概念比较提供数据；
- 演示氚增殖和高品质的热提取；
- 提供聚变材料测试数据。

未来将在 DEMO 上实施的关键技术都将在 ITER 上得到验证。这些技术包括超导线圈、远程控制、偏滤器的设计、MeV 级负离子源加热束、第一壁材料和氚增殖包层、电流驱动和准稳态运行、对破裂和 ELM 的控制、对室内氚库存的管理，以及高可靠性和高可近性聚变托卡马克运行模式的获得等。

13.6　ITER 的性能评估

按照目前对托卡马克装置行为的理解外推到产生数百兆瓦聚变能的 D-T 等离子体上，会有很多不确定性。ITER 的作用就是探索和澄清所有这些涉及的问题。这对于了解存在显著的 α 粒子加热的等离子体的行为、学习如何处理 ELM 产生的模式转换和反应堆条件下可能的破裂具有特别重要的意义。

与 ELM 型 H 模下等离子体性能有关的一些关键的等离子体物理要求是：

(1) 在足够高的密度下实现 H 模约束，以获得目标聚变功率和 Q 值。

(2) 氦和杂质的充分排除，以确保在等离子体中杂质含量处于可接受的低水平。

(3) 设法使环向磁场纹波和不稳定性引起的 α 粒子损失处于较低水平，以便使 α 粒子的能量有效转移给热等离子体，并防止对面向等离子体的部件造成损坏。

(4) MHD 稳定性和等离子体控制，以减轻破裂带来的热负荷或电磁力的破坏作用。

(5) 使 ELM 活动处于可接受的水平，以确保室内部件有适当的寿命。

虽然 H 模运行似乎可预见到较高的加热功率，但具有点火可能性的较高的 Q 将在较低的功率水平下实现，在此 H 模阈值存在不确定性。

模拟表明，环向场纹波引起的 α 粒子损失可维持在一个可接受的水平，但只有通过实验才能确定 α 粒子驱动的不稳定性是否会产生明显的损失。

Ⅰ型 ELM 的发生可能导致偏滤器靶板要承受不可接受的高热负荷。避开Ⅰ型 ELM 的可能的方法是利用外加的共振磁扰动和采用弹丸注入来频繁触发小的 ELM。

13.6.1　运行模式

人们设想了两种基本的 DT 等离子体运行模式。第一种是感应驱动电流，目标是产生大约持续 8 min 燃烧时间的 500 MW 的聚变功率且 $Q \geqslant 10$。第二种不靠感应电流驱动，但可以有效地维持稳定状态近 50 min，期间生产 350 MW 的聚变功率且 $Q \geqslant 5$。这两种情形下的设计参数见表 13.5.1，等离子体参数见表 13.6.1。

表 13.6.1　感应驱动和稳态运行两种模式下平稳阶段的参数

参数名称	参数符号	感应驱动	稳态
等离子体电流	I/MA	15	9
约束时间	τ_E/s	3.4	3.1

续表

参数名称	参数符号	感应驱动	稳态
约束比	$\tau/\tau_{H98(y,2)}$	1.0	1.57
归一化比压	β_N	2.0	3.0
电子密度	$\langle n_e \rangle/(10^{19}\,\mathrm{m}^{-3})$	11.3	6.7
氦占比	$f_{He,axis}/\%$	4.4	4.1
聚变功率	P_{fus}/MW	500	356
辅助加热功率	P_{add}/MW	50	59
P_{fus}/P_{add}	Q	10	6.0
燃烧时间	τ_b/s	400	3000
总加热功率	P_{tot}/MW	151	130
辐射功率	P_{rad}/MW	61	38
α 粒子功率	P_α/MW	100	71
L-H 阈值功率	P_{L-H}/MW	74	48
等离子体储能	W_{th}/MJ	353	287

最初的运行将采用氢和氦来探索非主动环境下的等离子体行为。这一阶段将对偏滤器某些方面的性能进行研究,同时了解破裂和垂直位移不稳定性产生的力的特性。在没有 α 粒子加热条件下获得的 H 模约束一般将取决于辅助加热系统是否充足。

13.6.2 感应驱动

图 13.6.1 显示了感应电流驱动模式下典型的 DT 等离子体参数的演变。放电状态是:

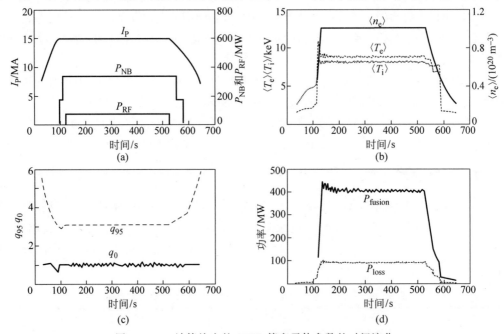

图 13.6.1 计算给出的 ITER 等离子体参数的时间演化

(a) 等离子体电流、中性束和射频功率;(b) 电子密度及电子和离子的温度;(c) 安全因子;(d) 总聚变功率和功率损失(获得 ITER 组织许可)

平顶段电流为 15 MA,聚变功率为 400 MW。α 粒子加热功率为 80 MW,并辅以中性束加热 34 MW、射频加热 7 MW 和欧姆加热 1 MW。热传导损失为 87 MW。等离子体本身的辐射功率损失为 35 MW,包括 21 MW 的轫致辐射、6 MW 的线辐射和 8 MW 的回旋辐射。因此功率平衡为

$$P_\alpha + P_{add} = P_{cond} + P_{rad}$$
$$80\ \text{MW} + 41\ \text{MW} = 74\ \text{MW} + 47\ \text{MW}$$

图 13.6.2 给出了相关的温度和密度平顶分布,以及电流密度各分量的分布。

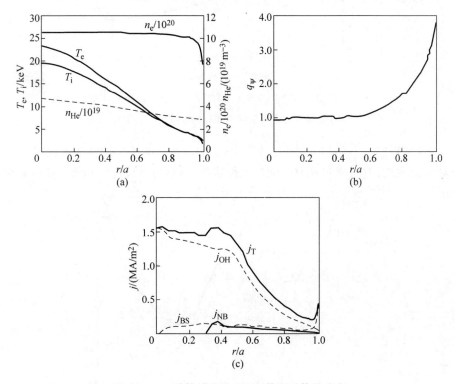

图 13.6.2 计算给出的 ITER 等离子体的分布

(a) 电子和氦的密度、电子和离子温度;(b) 安全因子;(c) 总电流分布及其欧姆分量、自举电流分量和束驱动分量的分布(获得 ITER 组织许可)

图 13.6.3 显示的是计算给出的总聚变功率随辅助加热功率的变化。结果表明,Q 值随辅助功率的减小而增大,从而随聚变功率的减小而增大。这一结果开启了一种在足够低的功率下实现点火的可能性。但计算中假设了 H 模约束,因此存在约束在仅高于 L-H 模转换阈值的地方恶化的不确定性,以及阈值功率本身的不确定性,这仍是个未解决的问题。

13.6.3 稳态运行

在稳态运行模式下,预计约有 1/2 的等离子体电流仍将由电流驱动维持,余下的由自举电流承担。电流驱动中的大部分由中性束提供。在一定程度上,驱动电流的分布是可控的,从而允许对磁剪切进行某种控制。

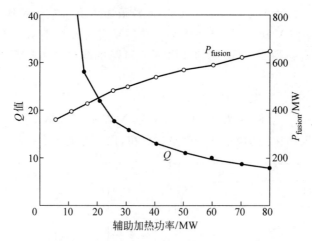

图 13.6.3　在感应驱动运行模式下,理论预言给出的聚变功率和 Q 值
对辅助加热功率的依赖关系(获得 ITER 组织许可)

图 13.6.4 以三种不同的 q 分布为例说明了这一点。电子回旋波注入提供了一个高度局域化的电流驱动,它可用于控制 MHD 不稳定性,如锯齿不稳定性和新经典撕裂模。

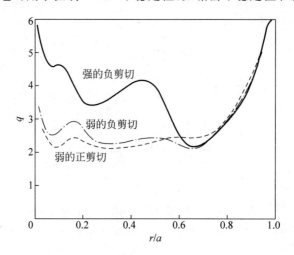

图 13.6.4　三种稳态运行模式下 q 的径向变化

装置运行要求等离子体芯部有正的和负的磁剪切,且剪切的力度沿半径变化(获得 ITER 组织许可)

表 13.6.2 给出了弱的负剪切情形下的基本参数。图 13.6.5 显示了这种情形下电流的径向分布。

表 13.6.2　弱负剪切情形下稳态运行平顶段的参数

等离子体电流	I/MA	9.0
电子密度	$\langle n_e \rangle/(10^{19}\ \mathrm{m}^{-3})$	6.7
归一化密度	n/n_G	0.82
离子温度	$\langle T_i \rangle/\mathrm{keV}$	12.5
电子温度	$\langle T_e \rangle/\mathrm{keV}$	12.3

		续表
比压值	$\beta_{\text{T}}/\%$	2.77
聚变功率	P_{fus}/MW	356
辅助加热功率	$P_{\text{RF}}+P_{\text{NB}}/\text{MW}$	29+30
$P_{\text{fus}}/P_{\text{add}}$	Q	6.0
约束时间	τ_{E}/S	3.1
氦占比	$f_{\text{He}}/\%$	4.1
铍占比	$f_{\text{Be}}/\%$	2
氩占比	$f_{\text{Ar}}/\%$	0.26
有效电荷数	Z_{eff}	2.07
辐射功率	P_{rad}/MW	37.6
热传导功率	$P_{\text{cond}}/\text{MW}$	92.5
氦约束比	$\tau_{\text{He}}/\tau_{\text{E}}$	5.0

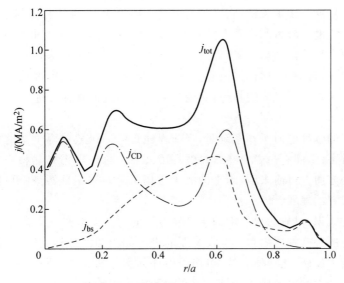

图 13.6.5　弱负剪切情形下总电流密度中自举电流分量和
电流驱动分量的径向分布(获得 ITER 组织许可)

　　稳态运行的等离子体电流为 9 MA,相比之下,感应驱动情形下的电流为 15 MA。计算给出的电子温度和离子温度较高,平均温度约为 12 keV,相比之下,感应驱动情形下的平均温度约为 8 keV。

　　功率平衡时,射频加热功率、中性束功率加上 α 粒子加热功率等于热传导和辐射功率损失之和。对于弱负剪切情形,射频加热提供了 29 MW,中性束加热提供了 30 MW,故有

$$P_\alpha + P_{\text{add}} = P_{\text{cond}} + P_{\text{rad}}$$
$$71\,\text{MW} + 59\,\text{MW} = 92\,\text{MW} + 38\,\text{MW}$$

对此情形,总的聚变功率为 360 MW,增益 Q 为 6。

13.7　前景

13.7.1　发电厂

从 ITER 到示范电厂,其中重要的一步是物理和技术发展(包括材料的发展)的一体化。许多物理问题同样都只能在 ITER 的基础上有限地外推,但连续(或半连续)运行的问题将变得突出。发电厂必须在大部分时间里都在生产电力,不能以干一阵歇半天的脉冲方式运行,即中间不能有过长的停机时间。这个问题在 ITER 上已有探讨,但在展示聚变能作为可靠的电能生产方式方面,它将变得非常重要。对于托卡马克型发电厂,这个要求要么体现为有效的电流驱动形式(目前看起来可行,但仍需充分证明),要么以高占空比的长脉冲方式运行。

主要技术的发展将是采用全电站式包层。这种包层将具有双重功能:既产氚(通过锂的衰变)用于等离子体加料,又有含冷却剂的结构,用于带走热量去发电。虽然对其测试肯定会提前进行,但对这种一体化包层的实用性验证只能在具有聚变电厂特征的环境下进行。

迈向示范电厂这一步很关键,它必须将等离子体的建立、维持和控制等方面的所有的发展,以及超导磁体、电力配置和产氚等所有技术环节统合起来。聚变电厂在安全性和环境友好的要求上必须毫不妥协,它还必须做到以经济上可接受的方式来生产电力。这种电厂的概念设计已经存在,且似乎可行,但只有真正建立起这样一个装置,才谈得上实现了聚变能源的商用价值。这仍然是未来的目标,聚变能源发展的近期目标是建造 ITER,或者说是建造一个具有高功率增益的类似装置。

在考虑现有的各种电力生产系统时,当前很注重的一个权重因子是这种生产方式对未来造成的潜在危害性,即它是否会导致自然环境恶化。这一考虑必然将未来的能源发展引向低污染水平的方向。目前来看,未来的能源市场将趋向采用低污染、更可持续的能源,这将有利于聚变研究的发展。

基于目前的认识,对概念设计中的未来发电厂的发电成本作一估算,其中考虑到在未来几十年里可预见的一些发展因素。假设聚变的进展如预期的那样,其中的偏差可能源自某些意想不到的技术发展,比如便宜的、可用作磁体的室温超导体材料的发展,因此目前将它看成聚变电厂的最大的单一成本项目。但在设计中采用传统材料,依然可以对成本作一合理的估计。实际上,最明智的做法似乎是考虑具有不同程度假设性发展的一系列电厂设计,来给出电力成本的一个可能范围。目前世界各地的电价核算都是采用这种方法,它能用一个大于 2 的因子来显示各国电价的变化,即使在同等的技术条件下。由于目前的电价范围非常宽,因此指望用一个数字来表征未来能源的电价似乎不尽合理,何况能源技术仍处在发展过程中。

如所预料,概念型聚变电厂的成本在不同的国家呈现为不同的结果。但总体结果表明,聚变能成本处在一个与其他能源成本可比的范围内。这意味着,即使采用目前的概念设计,聚变也不会被排除出成本基础。

另一种看待聚变经济学的视角是从实验设备成本的发展上来看。虽然这些设备的价格指标看上去很高,因为它们多是诊断上很先进的一次性设备,但它们却显示出一个可接收的成本水平。这种做法表明,吉瓦级的原型电厂在商业成本上处于一个可接受的水平。

13.7.2 展望

聚变能的发展正处于一个重要的决策点——通过 ITER 的建设来验证下一代实验堆的可行性。随着聚变作为一种能源的前景越来越明朗(接近技术示范),聚变能在未来能源市场中扮演的角色将成为一个重要问题。

虽然商用可行性将主要取决于聚变能的直接成本,但市场——聚变必须在其中具有竞争性——是不确定的。随着能源生产的外部影响因素——安全性和环境问题——变得越来越重,情况将朝着越发有利于聚变的市场条件的方向发展。

总的来说,聚变能作为未来能源选择的潜在价值——能够满足人类大部分的能源需求——非常高,忽视这一点是不明智的。相反,应该将这种成功的潜力和潜在的回报作为输入量来确定正当的聚变研究开支水平。能源的研究与开发的支出水平仅占能源消耗总体支出的很小一部分,因此明显处于正当范围内。既然未来能源的这种选择很可能无需过多成本就可以确保,那么这种合理的选择必将成为前进的动力。

参考文献

有关 ITER 的设计见

ITER Technical basis,ITER EDA Documentation Series No. 24,I. A. E. A.,Vienna(2002).

关于 ITER 的物理上的描述见

ITER Physics Basis,*Nuclear Fusion* **39**,2137(1999).

Progress in the ITER Physics Basis,*Nuclear Fusion* **47**,S1(2007).

第 14 章
附　录

14.1　矢量关系

(1) $\boldsymbol{A} \cdot (\boldsymbol{B} \times \boldsymbol{C}) = \boldsymbol{B} \cdot (\boldsymbol{C} \times \boldsymbol{A}) = \boldsymbol{C} \cdot (\boldsymbol{A} \times \boldsymbol{B})$

(2) $\boldsymbol{A} \times (\boldsymbol{B} \times \boldsymbol{C}) = (\boldsymbol{A} \cdot \boldsymbol{C}) \boldsymbol{B} - (\boldsymbol{A} \cdot \boldsymbol{B}) \boldsymbol{C}$

(3) $\boldsymbol{\nabla} \cdot (\varphi \boldsymbol{A}) = \varphi \boldsymbol{\nabla} \cdot \boldsymbol{A} + \boldsymbol{A} \cdot (\boldsymbol{\nabla} \varphi)$

(4) $\boldsymbol{\nabla} \times (\varphi \boldsymbol{A}) = \varphi \boldsymbol{\nabla} \times \boldsymbol{A} + (\boldsymbol{\nabla} \varphi) \times \boldsymbol{A}$

(5) $\boldsymbol{\nabla} \cdot (\boldsymbol{A} \times \boldsymbol{B}) = \boldsymbol{B} \cdot \boldsymbol{\nabla} \times \boldsymbol{A} - \boldsymbol{A} \cdot \boldsymbol{\nabla} \times \boldsymbol{B}$

(6) $\boldsymbol{\nabla} (\boldsymbol{A} \cdot \boldsymbol{B}) = \boldsymbol{A} \times (\boldsymbol{\nabla} \times \boldsymbol{B}) + (\boldsymbol{A} \cdot \boldsymbol{\nabla}) \boldsymbol{B} + \boldsymbol{B} \times (\boldsymbol{\nabla} \times \boldsymbol{A}) + (\boldsymbol{B} \cdot \boldsymbol{\nabla}) \boldsymbol{A}$

(7) $\boldsymbol{\nabla} \times (\boldsymbol{A} \times \boldsymbol{B}) = \boldsymbol{A} (\boldsymbol{\nabla} \cdot \boldsymbol{B}) - \boldsymbol{B} (\boldsymbol{\nabla} \cdot \boldsymbol{A}) - (\boldsymbol{A} \cdot \boldsymbol{\nabla}) \boldsymbol{B} + (\boldsymbol{B} \cdot \boldsymbol{\nabla}) \boldsymbol{A}$

(8) $\boldsymbol{\nabla} \times (\boldsymbol{\nabla} \times \boldsymbol{A}) = \boldsymbol{\nabla} (\boldsymbol{\nabla} \cdot \boldsymbol{A}) - \boldsymbol{\nabla}^2 \boldsymbol{A}$

(9) $\boldsymbol{\nabla} \times (\boldsymbol{\nabla} \varphi) = 0$

(10) $\boldsymbol{\nabla} \cdot (\boldsymbol{\nabla} \times \boldsymbol{A}) = 0$。

在柱坐标系下，$(\boldsymbol{A} \cdot \boldsymbol{\nabla}) \boldsymbol{B}$ 的分量为

$$(\boldsymbol{A} \cdot \boldsymbol{\nabla B})_r = \boldsymbol{A} \cdot \boldsymbol{\nabla} B_r - A_\theta B_\theta / r$$

$$(\boldsymbol{A} \cdot \boldsymbol{\nabla B})_\theta = \boldsymbol{A} \cdot \boldsymbol{\nabla} B_\theta + A_\theta B_r / r$$

$$(\boldsymbol{A} \cdot \boldsymbol{\nabla B})_z = \boldsymbol{A} \cdot \boldsymbol{\nabla} B_z$$

高斯定理：$\displaystyle\int \boldsymbol{\nabla} \cdot \boldsymbol{A} \, \mathrm{d}\tau = \int \boldsymbol{A} \cdot \mathrm{d}\boldsymbol{S}$。

其中，$\mathrm{d}\boldsymbol{S}$ 从体积 τ 指向外，且垂直于约束曲面 S。

斯托克斯定理：$\displaystyle\int (\boldsymbol{\nabla} \times \boldsymbol{A}) \cdot \mathrm{d}\boldsymbol{S} = \int \boldsymbol{A} \cdot \mathrm{d}\boldsymbol{l}$。

其中，$\mathrm{d}\boldsymbol{l}$ 沿着约束曲面 S 的切线方向。

格林定理：$\displaystyle\int (u \boldsymbol{\nabla}^2 v - v \boldsymbol{\nabla}^2 u) \, \mathrm{d}\tau = \int (u \boldsymbol{\nabla} v - v \boldsymbol{\nabla} u) \cdot \mathrm{d}\boldsymbol{S}$。

14.2　微分算子

在坐标分别为 u_1, u_2, u_3 的直角坐标系下，线元 $\mathrm{d}s$ 由下式给定：

$$\mathrm{d}s^2 = h_1^2 \mathrm{d}u_1^2 + h_2^2 \mathrm{d}u_2^2 + h_3^2 \mathrm{d}u_3^2$$

如果单位矢量为 $\boldsymbol{i}$，则有

$$\boldsymbol{\nabla}\phi = \frac{1}{h_1}\frac{\partial\phi}{\partial u_1}\boldsymbol{i}_1 + \frac{1}{h_2}\frac{\partial\phi}{\partial u_2}\boldsymbol{i}_2 + \frac{1}{h_3}\frac{\partial\phi}{\partial u_3}\boldsymbol{i}_3$$

$$\boldsymbol{\nabla}\cdot\boldsymbol{A} = \frac{1}{h_1 h_2 h_3}\left[\frac{\partial}{\partial u_1}(h_2 h_3 A_1) + \frac{\partial}{\partial u_2}(h_3 h_1 A_2) + \frac{\partial}{\partial u_3}(h_1 h_2 A_3)\right]$$

$$\boldsymbol{\nabla}\times\boldsymbol{A} = \frac{1}{h_2 h_3}\left[\frac{\partial}{\partial u_2}(h_3 A_3) - \frac{\partial}{\partial u_3}(h_2 A_2)\right]\boldsymbol{i}_1 + \frac{1}{h_3 h_1}\left[\frac{\partial}{\partial u_3}(h_1 A_1) - \frac{\partial}{\partial u_1}(h_3 A_3)\right]\boldsymbol{i}_2 +$$

$$\frac{1}{h_1 h_2}\left[\frac{\partial}{\partial u_1}(h_2 A_2) - \frac{\partial}{\partial u_2}(h_1 A_1)\right]\boldsymbol{i}_3$$

$$\boldsymbol{\nabla}^2\phi = \frac{1}{h_1 h_2 h_3}\left[\frac{\partial}{\partial u_1}\left(\frac{h_2 h_3}{h_1}\frac{\partial\phi}{\partial u_1}\right) + \frac{\partial}{\partial u_2}\left(\frac{h_3 h_1}{h_2}\frac{\partial\varphi}{\partial u_2}\right) + \frac{\partial}{\partial u_3}\left(\frac{h_1 h_2}{h_3}\frac{\partial\phi}{\partial u_3}\right)\right]$$

在柱坐标 r,θ,z 下,有

$$\mathrm{d}s^2 = \mathrm{d}r^2 + r^2\mathrm{d}\theta^2 + \mathrm{d}z^2$$

$$\boldsymbol{\nabla}\phi = \frac{\partial\phi}{\partial r}\boldsymbol{i}_r + \frac{1}{r}\frac{\partial\phi}{\partial\theta}\boldsymbol{i}_\theta + \frac{\partial\phi}{\partial z}\boldsymbol{i}_z$$

$$\boldsymbol{\nabla}\cdot\boldsymbol{A} = \frac{1}{r}\frac{\partial}{\partial r}(rA_r) + \frac{1}{r}\frac{\partial A_\theta}{\partial\theta} + \frac{\partial A_z}{\partial z}$$

$$\boldsymbol{\nabla}\times\boldsymbol{A} = \left(\frac{1}{r}\frac{\partial A_z}{\partial\theta} - \frac{\partial A_\theta}{\partial z}\right)\boldsymbol{i}_r + \left(\frac{\partial A_r}{\partial z} - \frac{\partial A_z}{\partial r}\right)\boldsymbol{i}_\theta + \left(\frac{1}{r}\frac{\partial(rA_\theta)}{\partial r} - \frac{1}{r}\frac{\partial A_r}{\partial\theta}\right)\boldsymbol{i}_z$$

$$\boldsymbol{\nabla}^2\phi = \frac{1}{r}\frac{\partial}{\partial r}\left(r\frac{\partial\phi}{\partial r}\right) + \frac{1}{r^2}\frac{\partial\phi}{\partial\theta^2} + \frac{\partial^2\phi}{\partial z^2}$$

14.3 单位及其变换

物理量	符号	m.k.s. 单位	变换因子	高斯制单位(c.g.s.)
电容	C	法拉(F)	9×10^{11}	厘米
电荷	q	库仑(C)	3×10^9	静电库仑
电导率	σ	欧姆$^{-1}$ 米$^{-1}$	9×10^9	秒$^{-1}$
电流	I	安培(A)	3×10^9	静电安培
电场	$\boldsymbol{E}$	伏特米$^{-1}$	$\frac{1}{3}\times10^{-4}$	静电伏特厘米$^{-1}$
电势	φ	伏特(V)	$\frac{1}{3}\times10^{-2}$	静电伏特
能量	W	焦耳(J)	10^7	尔格
力	$\boldsymbol{F}$	牛顿(N)	10^5	达因
电感	L	亨利(H)	$\frac{1}{9}\times10^{-11}$	秒^2 厘米$^{-1}$
磁场	$\boldsymbol{B}$	特斯拉(T)	10^4	高斯
磁通量	$\boldsymbol{\varPhi}$	韦伯(Wb)	10^8	麦克斯韦
磁场强度	$\boldsymbol{H}$	安培米$^{-1}$	$4\pi\times10^{-3}$	奥斯特
功率	P	瓦特(W)	10^7	尔格 秒$^{-1}$
压强	p	帕斯卡(Pa)	10	达因 厘米$^{-2}$

续表

物理量	符号	m.k.s.单位	变换因子	高斯制单位(c.g.s.)
电阻	R	欧姆(Ω)	$\frac{1}{9}\times10^{-11}$	秒 厘米$^{-1}$
电阻率	η	欧姆 米	$\frac{1}{9}\times10^{-9}$	秒
热导率	K	米$^{-1}$ 秒$^{-1}$	10^{-2}	厘米$^{-1}$ 秒$^{-1}$
热扩散率	χ	米^{2} 秒$^{-1}$	10^{4}	厘米^{2} 秒$^{-1}$
矢势	$\boldsymbol{A}$	韦伯 米$^{-1}$	10^{6}	高斯 厘米
动力学黏滞系数	η	千克$^{-1}$ 秒$^{-1}$	10	泊
运动学黏滞系数	ν	米^{2} 秒$^{-1}$	10^{4}	厘米^{2} 秒$^{-1}$
电压	V	伏特(V)	$\frac{1}{3}\times10^{-2}$	静电伏特

注：m.k.s.制单位下的值×变换因子=高斯单位制下的值。

1帕斯卡=1牛米$^{-2}$；1毫巴=100牛米$^{-2}$；1个大气压(760 mm汞柱,0℃)=1013毫巴=1013×10^{5}牛米$^{-2}$；1托=1 mm汞柱=(1/760)个大气压=133牛米$^{-2}$。

14.4 物理常数

电子电荷	e	1.6022×10^{-19} C
电子质量	m_e	9.1096×10^{-31} kg
质子质量	m_p	1.6726×10^{-27} kg
光速	c	2.9979×10^{8} m·s^{-1}
普朗克常数	h	6.626×10^{-34} J·s
质子-电子质量比	m_p/m_e	1836.1
精细结构常数	$e^2/(2\varepsilon_0 hc)$	1/137.04
经典电子半径	$e_2/(4\pi\varepsilon_0 m_e c^2)$	2.817×10^{-15} m
引力加速度	g	9.807 m·s^{-2}
玻耳兹曼常数	k	1.3806×10^{-23} J·K^{-1}
1电子伏(eV)		1.6022×10^{-19} J
1电子伏温度		1.1605×10^{4} K
1焦耳		0.6241×10^{19} eV
电子静质量的能量		0.511 MeV
原子质量单位		1.6605×10^{-27} kg
	μ_0	$4\pi\times10^{-7}$ H·m^{-1}
	ε_0	8.854×10^{-12} F·m^{-1}
	$\mu_0\varepsilon_0 c^2$	1
大气粒子数密度(760 mmHg,0℃)		2.69×10^{25} m^{-3}

14.5　库仑对数

如 2.8 节所述,经典库仑对数源自对碰撞参数的积分。就库仑势而言,这个积分在大的碰撞参数下是发散的,但德拜屏蔽效应消除了这种发散。原因是对于碰撞参数大于德拜长度 λ_D 的碰撞,德拜屏蔽能有效去除碰撞。由此给出 $\ln\Lambda$ 的形式:

$$\ln\Lambda = \int_0^{\lambda_D} \frac{r\,\mathrm{d}r}{r_0^2 + r^2} \tag{14.5.1}$$

其中,

$$r_0 = \frac{e_1 e_2}{4\pi\varepsilon_0 \mu v^2}$$

这里 e_1 和 e_2 分别是碰撞粒子的电荷,μ 是它们的约化质量,$\mu = m_1 m_2/(m_1+m_2)$,因此有

$$\ln\Lambda = \frac{1}{2}\ln\left[1+(r/r_0)^2\right]\Big|_0^{\lambda_0}$$

且由于 $r_0 \ll \lambda_D$,故有

$$\ln\Lambda = \ln\frac{\lambda_D}{r_0} \tag{14.5.2}$$

通过下式引入温度:

$$\frac{1}{2}\mu v^2 = \frac{3}{2}T \tag{14.5.3}$$

式(14.5.2)中的两个量有表达式:

$$\lambda_D = \left(\frac{\varepsilon_0 T}{n_e e^2}\right)^{1/2}, \qquad r_0 = \frac{e_1 e_2}{12\pi\varepsilon_0 T}$$

然而在某些情况下,量子力学效应会干扰并修改 $\ln\Lambda$ 的值。在托卡马克上,这主要影响与电子有关的碰撞。先讨论调整的数值结果,然后再简要说明量子力学效应的性质。

如果 r_0 小于 $\lambda_{qm}/(2\pi)$,这里 λ_{qm} 是德布罗意波长,$\lambda_{qm} = h/(\mu v)$,那么式(14.5.2)应修正。这种情形出现的条件是

$$\frac{v}{c} \geqslant |Z_1 Z_2|\alpha \tag{14.5.4}$$

其中,$Z_1 = e_1/e$,$Z_2 = e_2/e$,α 是精细结构常数:

$$\alpha = \frac{e^2}{2\varepsilon_0 hc} = \frac{1}{137}$$

根据式(14.5.3),对于单个带电粒子,经典公式可适用的条件(14.5.4)变为

$$T \leqslant \frac{\mu c^2}{5\times10^4}$$

由于电子的静质量 $m_e c^2$ 是 0.5 MeV,与电子有关的临界温度约为 10 eV,故对于托卡马克的等离子体电子温度,做量子力学修正是必要的。对于离子,临界温度约为 10 keV(质子),对于更大的静质量,所需的临界温度也相应地更高。因此,就眼下的目的而言,离子-离子碰撞的量子力学修正很小,可忽略不计。故对于离子-离子碰撞,通常采用经典公式是合适的。对这些情形的精确计算可有以下公式:

电子-电子碰撞：

$$\ln\Lambda = 14.9 - \frac{1}{2}\ln(n_{\rm e}/10^{20}) + \ln T_{\rm e}$$

电子-离子碰撞($T \geqslant 10$ eV)：

$$\ln\Lambda = 15.2 - \frac{1}{2}\ln(n_{\rm e}/10^{20}) + \ln T_{\rm e}$$

离子-离子碰撞(单次电离离子，$T \leqslant 10(m_{\rm i}/m_{\rm p}){\rm keV}$)：

$$\ln\Lambda = 17.3 - \frac{1}{2}\ln(n_{\rm e}/10^{20}) + \frac{3}{2}\ln T_{\rm e}$$

其中，$T_{\rm e}$ 的单位是 keV。图 14.5.1 给出了电子-离子碰撞的 $\ln\Lambda$ 的值。鉴于等离子体物理中普遍存在的低精度，因此考虑 $\ln\Lambda$ 随 n 和 T 的缓慢变化通常是不合适的。对于电子-离子碰撞，当 $T=5$ keV 时，$n_{\rm e}$ 的取值范围在 $2\times10^{18} \sim 2\times10^{21}$ m^{-3}；或当 $n_{\rm e} = 3\times10^{19}$ m^{-3} 时，T 在 600 eV 到 18 keV 之间，可取 $\ln\Lambda = 17$，此时的精度在 10% 以内。

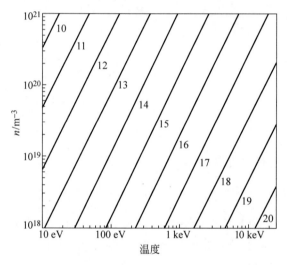

图 14.5.1　电子-离子碰撞情形下 $\ln\Lambda$ 的值随电子密度和温度的变化

为了看清经典情形与量子力学情形之间的关系，不妨根据散射角 χ 来改写式(14.5.1)。从经典意义上看，散射角与碰撞参数之间有如下关系：

$$\sin^2\chi/2 = \frac{r_0^2}{r^2 + r_0^2}$$

因此对于经典情形，

$$\ln\Lambda = \int_{(r_0/\lambda_{\rm D})^2}^{1} \frac{{\rm d}(\sin^2\chi/2)}{2\sin^2\chi/2}$$

现在来考虑量子力学的行为。要注意的第一点是(忽略自旋)对于库仑碰撞，量子力学和经典力学的微分截面是相同的，差别来自德拜屏蔽效应。德拜屏蔽势有形式：

$$\phi \propto \frac{e^{-r/\lambda_{\rm D}}}{r}$$

对于看似经典的碰撞，要求散射角的不确定性 $\Delta\chi$ 比散射角本身小得多：

$$\Delta\chi \ll \chi \tag{14.5.5}$$

且位置的不确定性 Δr 远小于碰撞参数：

$$\Delta r \ll r \tag{14.5.6}$$

由于 $\Delta\chi = \Delta p_\perp / p$，$\chi = \delta p_\perp / p$，其中 $\Delta p_\perp$ 是横向动量的不确定性，$\delta p_\perp$ 是横向动量的变动，故不等式(14.5.5)变成 $\Delta p_\perp \ll \delta p_\perp$，即

$$\Delta p_\perp \ll 2\mu\nu\,\frac{rr_0}{r^2 + r_0^2} \tag{14.5.7}$$

由海森伯不确定性原理 $\Delta p_\perp \Delta r \approx \hbar$ 及不等式(14.5.6)和式(14.5.7)知，经典碰撞的条件为

$$2\mu\nu\,\frac{r^2 r_0}{r^2 + r_0^2} \gg \hbar$$

或

$$\frac{\lambda_{qm}}{4\pi} \ll \frac{r_0}{1 + r_0^2 / r^2}$$

因此，如果 $\lambda_{qm}/(4\pi) > r_0$，这个条件就不可能满足，碰撞对于任何散射角都不可能是经典的。

利用玻恩近似，$\ln\Lambda$ 的量子力学表达式为

$$\ln\Lambda = \int_0^1 \frac{\sin^2\chi/2}{2\left[\left(\dfrac{1}{4\pi}\dfrac{\lambda_{qm}}{\lambda_D}\right)^2 + \sin^2\chi/2\right]^2}\,\mathrm{d}(\sin^2\chi/2) \tag{14.5.8}$$

从式(14.5.8)可以看出，对于 $\lambda_{qm} \ll \lambda_D$ 的情形，大角散射的贡献不受量子效应的影响，但满足 $\sin(\chi/2) < \lambda_{qm}/(4\pi\lambda_D)$ 的小角散射的贡献基本上可以忽略。因此实际上有

$$\ln\Lambda = \int_{(\lambda_{qm}/4\pi\lambda_D)^2}^1 \frac{\mathrm{d}(\sin^2\chi/2)}{2\sin^2\chi/2}$$

即有

$$\ln\Lambda = \ln\left(4\pi\,\frac{\lambda_D}{\lambda_{qm}}\right) \tag{14.5.9}$$

14.6　碰撞时间

刻画电子与离子碰撞的电子碰撞时间定义为

$$\tau_e = \frac{12\pi^{3/2}\varepsilon_0^2 m_e^{1/2} T_e^{3/2}}{\sqrt{2}\,n_i Z^2 e^4 \ln\Lambda}$$

对于单次电离离子，有

$$\tau_e = 1.09 \times 10^{16}\,\frac{T_e^{3/2}}{n\ln\Lambda}$$

$$= 6.4 \times 10^{14}\,\frac{T_e^{3/2}}{n}\ \mathrm{s}, \quad \ln\Lambda = 17 \tag{14.6.1}$$

其中，T_e 的单位是 keV，τ_e 的单位是 s。图 14.6.1 画出了式(14.6.1)给出的 τ_e 的值。

电子通过碰撞传递给离子的能量的速率为

$$\frac{\dfrac{3}{2}n(T_e - T_i)}{\tau_{ex}}$$

其中，τ_{ex} 是能量交换时间：

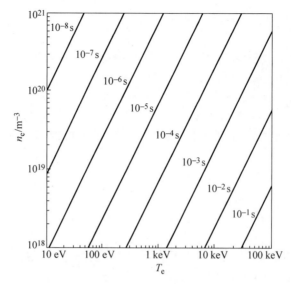

图 14.6.1　电子-离子碰撞时间 τ_{e} 的值随电子密度和温度的变化(带 $\ln\Lambda$ 的精确值的式(14.6.1))

$$\tau_{\mathrm{ex}} = \frac{m_{\mathrm{i}}}{2m_{\mathrm{e}}}\tau_{\mathrm{e}}$$

因此这个时间可以从图 14.6.1 中得到。

　　离子碰撞时间定义为

$$\tau_{\mathrm{i}} = \frac{12\pi^{3/2}\varepsilon_0^2 m_{\mathrm{i}}^{1/2} T_{\mathrm{i}}^{3/2}}{n_{\mathrm{i}} Z^4 e^4 \ln\Lambda_{\mathrm{i}}}$$

对于单次电离离子,有

$$\tau_{\mathrm{i}} = 6.60 \times 10^{17} \left(\frac{m_{\mathrm{i}}}{m_{\mathrm{p}}}\right)^{1/2} \frac{T_{\mathrm{i}}^{3/2}}{n \ln\Lambda_{\mathrm{i}}} \tag{14.6.2}$$

其中,τ_{i} 的单位是 s,T_{i} 的单位是 keV。离子的库仑对数可以近似地表示为 $\ln\Lambda_{\mathrm{i}} = 1.1\ln\Lambda$ (在图 14.6.1 所含的范围上精度为 10%)。利用这个关系,同时令 $T_{\mathrm{i}} = T_{\mathrm{e}}$,则由式(14.6.1)和式(14.6.2)可得 τ_{i} 的近似表达式:

$$\tau_{\mathrm{i}} \approx \frac{1}{1.1}\left(\frac{2m_{\mathrm{i}}}{m_{\mathrm{e}}}\right)^{1/2}\tau_{\mathrm{e}} \quad (\text{离子}(Z=1))$$

$$\tau_{\mathrm{p}} \approx 55\tau_{\mathrm{e}} \qquad (\text{质子})$$

$$\tau_{\mathrm{D}} \approx 78\tau_{\mathrm{e}} \qquad (\text{氘})$$

$$\tau_{\mathrm{t}} \approx 95\tau_{\mathrm{e}} \qquad (\text{氚})$$

利用这些关系,离子碰撞时间的近似值即可从图 14.6.1 得到。

14.7　长度

14.7.1　德拜长度

$$\lambda_{\mathrm{D}} = \left(\frac{\varepsilon_0 T_{\mathrm{e}}}{n_{\mathrm{e}} e^2}\right)^{1/2} = 2.35 \times 10^5 \left(\frac{T_{\mathrm{e}}}{n_{\mathrm{e}}}\right)^{1/2} \tag{14.7.1}$$

其中,λ_{D} 的单位是 m,T_{e} 的单位是 keV。

14.7.2 拉莫尔半径（热粒子，$v_\perp^2 = 2v_T^2$）

电子：

$$\rho_e = \frac{v_{\perp e}}{\omega_{ce}} = \frac{(2m_e T_e)^{1/2}}{eB}$$

$$= 1.07 \times 10^{-4} \frac{T_e^{1/2}}{B} \qquad (14.7.2)$$

离子：

$$\rho_i = \frac{v_{\perp i}}{\omega_{ci}} = \frac{(2m_i T_i)^{1/2}}{eB}$$

$$= 4.57 \times 10^{-3} \left(\frac{m_i}{m_p}\right)^{1/2} \frac{T_i^{1/2}}{B}$$

质子：

$$\rho_p = 4.57 \times 10^{-3} \frac{T_p^{1/2}}{B}$$

氘子：

$$\rho_d = 6.46 \times 10^{-3} \frac{T_d^{1/2}}{B} \qquad (14.7.3)$$

其中，ρ 的单位是 m，T 的单位是 keV。

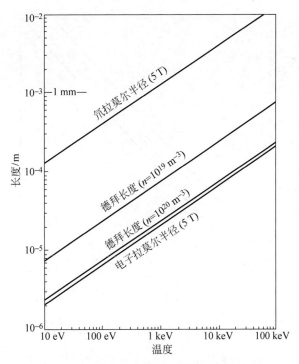

图 14.7.1 拉莫尔半径和德拜长度对温度的函数关系

（式（14.7.1）、式（14.7.2）和式（14.7.3））

氚子：

$$\rho_t = 7.92 \times 10^{-3} \frac{T_t^{1/2}}{B}$$

α 粒子：

$$\rho_\alpha = 4.55 \times 10^{-3} \frac{T_\alpha^{1/2}}{B}$$

具有垂直动能 $\varepsilon_\perp$ 的 α 粒子：

$$\rho_\alpha = 1.44 \times 10^{-1} \frac{\varepsilon_\perp^{1/2}}{B}$$

其中，T_e，T_i，T_p，T_d，T_t，T_α 的单位均为 keV，$\varepsilon_\perp$ 的单位为 MeV。

14.7.3 平均自由程($v_T \times$ 碰撞时间)($Z=1$)

电子：

$$\lambda_e = v_{Te} \tau_e = \left(\frac{T_e}{m_e}\right)^{1/2} \tau_e$$

$$= 1.44 \times 10^{23} \frac{T_e^2}{n \ln \Lambda}$$

$$= 8.5 \times 10^{21} (T_e^2 / n), \quad \ln \Lambda = 17 \tag{14.7.4}$$

其中，T_e 的单位是 keV，λ_e 的单位是 m。在给定温度下，离子的平均自由程 $\lambda_i \approx \lambda_e$，这是因为

$$\lambda_i = v_{Ti} \tau_i \approx v_{Te} \tau_e = \lambda_e$$

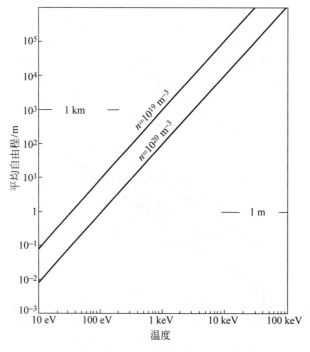

图 14.7.2　电子平均自由程随温度的变化(式(14.7.4))

在相同温度下，离子的平均自由程近似等于电子的平均自由程

14.8　频率

14.8.1　等离子体频率

电子：

$$\omega_{pe} = \left(\frac{n_e e^2}{m_e \varepsilon_0}\right)^{1/2} = 56.4 n_e^{1/2} \; (\text{s}^{-1})$$

$$f_{pe} = \omega_{pe}/2\pi = 8.98 n_e^{1/2} \; (\text{Hz})$$

离子($Z=1$)：

$$\omega_{pi} = \left(\frac{n_i e^2}{m_i \varepsilon_0}\right)^{1/2} = 1.32 (n_i/A)^{1/2} \; (\text{s}^{-1})$$

$$f_{pi} = \omega_{pi}/2\pi = 0.210 (n_i/A)^{1/2} \; (\text{Hz})$$

14.8.2　回旋频率

电子：

$$\omega_{ce} = \frac{eB}{m_e} = 0.176 \times 10^{12} B \; (\text{s}^{-1})$$

$$f_{ce} = \omega_{ce}/2\pi = 28.0 \times 10^9 B \; (\text{Hz})$$

离子：

$$\omega_{ci} = \frac{ZeB}{m_i} = 95.5 \times 10^6 \frac{Z}{A} B \; (\text{s}^{-1})$$

$$f_{ci} = \omega_{ci}/2\pi = 15.2 \times 10^6 \frac{Z}{A} B \; (\text{Hz})$$

低混杂频率

$$\omega_{lh}^2 = \left(\frac{1}{\omega_{ci}^2 + \omega_{pi}^2} + \frac{1}{\omega_{ce}\omega_{ci}}\right)^{-1}$$

高混杂频率

$$\omega_{uh}^2 = \omega_{ce}^2 + \omega_{pe}^2$$

俘获粒子回弹频率

$$\omega_b = \left(\frac{r}{2R_0}\right)^{1/2} \frac{v_\perp}{qR_0}$$

14.9　速度

14.9.1　热速度

$$v_{Tj} = (T_j/m_j)^{1/2}$$

其中，v_{Tj} 的单位为 m/s，T 的单位为 keV。

电子：$v_{Te} = 1.33 \times 10^7 \, T_e^{1/2}$

离子：$v_{Ti} = 3.09 \times 10^5 (T_i/A)^{1/2}$

质子：$v_{Tp} = 3.09 \times 10^5 T_p^{1/2}$

氘子：$v_{Td} = 2.19 \times 10^5 T_d^{1/2}$

氚子：$v_{Tt} = 1.79 \times 10^5 T_t^{1/2}$

14.9.2 阿尔文速度

$$V_A = \frac{B}{(\mu_0 n_i m_i)^{1/2}} = 2.18 \times 10^{16} \frac{B}{(n_i A)^{1/2}}$$

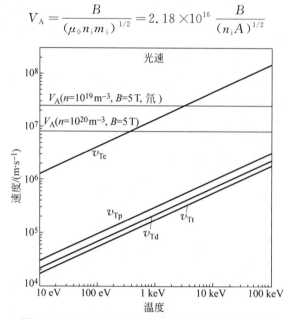

图 14.9.1 电子、离子的热速度和阿尔文速度的值

14.10 电阻率

2.16 节讨论了氢等离子体的电阻率。平行于磁场的电阻率的值由式(2.16.2)给出：

$$\eta_s = \eta_{/\!/} = 1.65 \times 10^{-9} \ln\Lambda / T_e^{3/2} \tag{14.10.1}$$

其中，T_e 的单位是 keV，η_s 的单位是 ohm·m。

图 14.10.1 给出了电阻率对温度的函数关系。电阻率对密度的依赖关系是通过 $\ln\Lambda$，因此较弱。图中给出了 $n = 10^{19}$ m^{-3} 和 $n = 10^{20}$ m^{-3} 两种情形下的结果。垂直电阻率 $\eta_\perp$ 要比平行电阻率大 1.97 倍。

在离子电荷数为 Z 的等离子体中，电阻率要比单次电离的等离子体的电阻率大。从式(2.15.1)可见，碰撞频率正比于 Z^2，单位离子的载流子的数目正比于 Z，因此电阻率大致正比于 Z。精确的公式为

$$\eta_{/\!/}(Z) = N(Z) Z \eta_{/\!/}(1) \tag{14.10.2}$$

其中，$\eta_{/\!/}(1)$ 是式(14.10.1)给出的电阻率，N 是依赖于 Z 的数值因子。斯必泽和黑尔姆(Härm)通过计算给出的 N 的值见表 14.10.1。

表 14.10.1 式(14.10.2)的电阻率因子 $N(Z)$

Z	1	2	4	16	∞
N	1	0.85	0.74	0.63	0.58

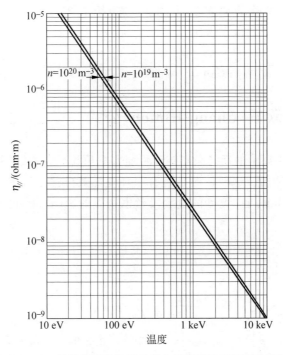

图 14.10.1　氢等离子体的斯必泽电阻率随电子温度的变化。

对于非纯氢等离子体,情况因杂质可以有多重电离水平而变得复杂。一个带修正极限形式的公式是

$$\eta_{//}(Z_{\text{eff}}) = N(Z_{\text{eff}})Z_{\text{eff}}\eta_{//} \quad (1)$$

Z 的有效值 Z_{eff} 定义为

$$Z_{\text{eff}} = \frac{1 + f\overline{Z^2}}{1 + f\overline{Z}}$$

其中,f 是杂质离子对氢离子的比,$\overline{Z}$ 和 $\overline{Z^2}$ 分别是对杂质离子的平均。

当存在俘获电子时,这些电子不携带电流,等离子体的电导率降低到其新经典值。其近似表达式为

$$\eta_{\text{n}} = \frac{\eta_{//}}{[1 - (r/R_0)^{1/2}]^2}$$

更一般地,新经典电阻率是碰撞频率和 Z_{eff} 的函数。这时近似公式为

$$\eta = \eta_{\text{s}} \frac{Z_{\text{eff}}}{(1-\phi)(1-C\phi)} \frac{1 + 0.27(Z_{\text{eff}}-1)}{1 + 0.47(Z_{\text{eff}}-1)}$$

其中,

$$\phi = \frac{f_{\text{T}}}{1 + (0.58 + 0.20Z_{\text{eff}})\nu_{*\text{e}}}$$

$$C = \frac{0.56}{Z_{\text{eff}}}\left(\frac{3.0 - Z_{\text{eff}}}{3.0 + Z_{\text{eff}}}\right)$$

$$\nu_{*\text{e}} = \varepsilon^{-3/2} \frac{Rq}{v_{\text{T}_{\text{e}}}\tau_{\text{e}}}$$

其中，R 是等离子体大半径，q 是安全因子，ε^{-1} 是环径比 R/a，$v_{Te}=(T_e/m_e)^{1/2}$ 是电子热速度，f_T 是（$\nu_{*e}=0$ 时）俘获电子占比：

$$f_T=1-\frac{(1-\varepsilon)^2}{(1-\varepsilon^2)^{1/2}(1+1.46\varepsilon^{1/2})}, \qquad \tau_e=3(2\pi)^{3/2}\frac{\varepsilon_0^2 m_e^{1/2} T_e^{3/2}}{n_e e^4 \ln\Lambda}$$

14.11 χ_i 的张-欣顿（Chang-Hinton）公式

由于在很多情形下离子的新经典热输运可与实验值比较，因此通过扩展式(4.6.22)来给出 χ_i 的表达式是合适的。这种扩展是将有限环径比效应包括进来，并在香蕉区、平台区和碰撞区（Pfirsch-Schlüter 区）之间的过渡段考虑杂质的影响。因此由 $q_i=-(n/\chi_i)\mathrm{d}T_i/\mathrm{d}r$ 知此表达式为

$$\chi_i=\frac{\varepsilon^{-3/2}q^2\rho_i^2}{\tau_i}\left\{\left[\frac{0.66(1+1.54\alpha)+(1.88\varepsilon^{1/2}-1.54\varepsilon)(1+3.75\alpha)}{1+1.03\mu_{*i}^{1/2}+0.31\mu_{*i}}\right]f_i+\right.$$
$$\left.\frac{0.59\mu_{*i}\varepsilon}{1+0.74\mu_{*i}\varepsilon^{3/2}}\left[1+\frac{1.33\alpha(1+0.60\alpha)}{1+1.79\alpha}\right](f_1-f_2)\right\} \qquad (14.11.1)$$

其中，$\varepsilon=r/R$，$\rho_i=(2T_i/m_i)^{1/2}/\omega_{ci}$，$\alpha=n_1 Z_1^2/n_i Z_i^2$ 衡量的是电荷为 Z_1、密度为 n_1 的杂质离子的效应，$\mu_{*i}=\nu_{*i}(1+1.54\alpha)$（其中 $\nu_{*i}=\nu_i Rq/(\varepsilon^{3/2}v_{Ti})$）是插在三个区域之间的碰撞参数。式(14.11.1)的第一项包含的因子 f_1 为

$$f_1=\frac{1+\frac{3}{2}(\varepsilon^2+\varepsilon\Delta')+\frac{3}{8}\varepsilon^3\Delta'}{1+\frac{1}{2}\varepsilon\Delta'}$$

$\Delta'=\mathrm{d}\Delta/\mathrm{d}r$ 是沙弗拉诺夫位移（见 3.6 节）的导数。这一项描述了新经典效应中来自香蕉区和平台区的贡献，以及它们之间随 μ_{*i} 的变化而迁移的贡献。正比于 $\varepsilon^{1/2}$ 和 ε 的修正项代表了碰撞算符中能量散射项的影响，当俘获粒子的占比不是很小时，它们在有限环径比中起作用。式(14.11.1)中的第二项有因子 f_1-f_2，其中，

$$f_2=\frac{\sqrt{1-\varepsilon^2}\left(1+\frac{\varepsilon\Delta'}{2}\right)}{1+\frac{\Delta'}{\varepsilon}(\sqrt{1-\varepsilon^2}-1)}$$

代表 $\mu_{*i}\varepsilon^{3/2}>1$ 时碰撞区的贡献。

14.12 自举电流

4.9 节给出了关于自举电流的初步说明。这个描述中忽略了碰撞，且仅对有限范围的环径比有效。要想得到整个范围上自举电流对这些参数的依赖性，需要一个覆盖全部范围的方程。

下面给出了这种公式。其中梯度是关于极向通量 ψ 的函数。在大环径比、圆截面的近似下，这些量与径向梯度有关系：

$$y'(\psi) = \frac{1}{RB_\theta} \frac{\mathrm{d}y}{\mathrm{d}r}$$

利用倒环径比 $\varepsilon = r/R$，碰撞率可以写为

$$\nu_{*j} = \frac{\nu_j}{\varepsilon \omega_{bj}}$$

其中，$\nu_e = \tau_e^{-1}$，$\nu_i = \tau_i^{-1}$，τ_e 和 τ_i 分别由式(2.15.1)和式(2.15.2)给出。$\omega_{bj} = \varepsilon^{1/2}(T_j/m_j)^{1/2}/(Rq)$，于是自举电流为

$$\langle \boldsymbol{j}_b \cdot \boldsymbol{B} \rangle = \frac{\mu_0 f(\psi) x p_e}{D(x)} \left(c_1 \frac{p'_e}{p_e} + c_2 \frac{p'_i}{p_i} + c_3 \frac{T'_e}{T_e} + c_4 \frac{T'_i}{T_i} \right)$$

其中，$f(\psi)$ 是平衡通量函数 RB_ϕ/μ_0(见 3.2 节)，x 是俘获粒子数对通行粒子数的比值(对小 ε，$x \approx \sqrt{2\varepsilon}$)，$p_j(\psi)$ 和 $T_j(\psi)$ 分别是成分 j 的压强和温度。

$$D(x) = 2.4 + 5.4x + 2.6x^2$$

$$c_1 = \frac{4.0 + 2.6x}{(1 + 1.02\nu_{*e}^{1/2} + 1.07\nu_{*e})(1 + 1.07\varepsilon^{3/2}\nu_{*e})}$$

$$c_2 = \frac{T_i}{T_e} c_1$$

$$c_3 = \frac{7.0 + 6.5x}{(1 + 0.57\nu_{*e}^{1/2} + 0.61\nu_{*e})(1 + 0.61\varepsilon^{3/2}\nu_{*e})} - \frac{5}{2} c_1$$

$$c_4 = \left(\frac{d + 0.35\nu_{*i}^{1/2}}{1 + 0.7\nu_{*i}^{1/2}} + 2.1\varepsilon^3\nu_{*i}^2 \right) \frac{1}{(1 - \varepsilon^3\nu_{*i}^2)(1 + \varepsilon^3\nu_{*e}^2)} c_2$$

其中，

$$d = -\frac{1.17}{1 + 0.46x}$$

尖括号平均定义为

$$\langle \mu \rangle = \oint \mu \frac{\mathrm{d}l}{B_p} \Big/ \oint \frac{\mathrm{d}l}{B_p}$$

其中，$\mathrm{d}l$ 是磁面上极向线元，B_p 是极向磁场。

14.13　约束定标关系

与 ITER 相关的国际合作实验已经产生了一系列关于 L 模和 H 模下的能量约束时间的 τ_E 的定标律表达式。随着众多托卡马克数据库质量的不断提高，这些定标律正逐渐完善。然而，引用文献时常会遇到一些旧版本的定标律，并用它们来整理新的实验数据。为了便于参考，这里列出了许多表达式。它们都具有如下的通用形式：

$$\tau_E = CI^{\alpha_I} B^{\alpha_B} P^{\alpha_P} (n/10^{20})^{\alpha_n} A^{\alpha_A} R^{\alpha_R} \varepsilon^{\alpha_\varepsilon} \kappa^{\alpha_\kappa}$$

其中，C 是常数，n 是电子平均密度，I 是以 MA 为单位的等离子体电流，P 是以 MW 为单位的功率，τ_E 的单位是 s。

对于 L 模，公认的标准定标律是 ITER9-P，但最近给出的关于热能约束的定标律是 $\tau_{E,th}^L$。常数 C 及指数 α_I 和 α_B 等见表 14.13.1。

表 14.13.1 L 模约束时间定标律

τ_E	C	α_I	α_B	α_P	α_n	α_A	α_R	α_ε	α_κ
$\tau_E^{\text{ITER89-P}}$	0.048	0.85	0.2	-0.5	0.1	0.5	1.5	0.3	0.5
$\tau_{E,\text{th}}^{\text{L}}$	0.058	0.96	0.03	-0.73	0.40	0.20	1.83	-0.06	0.64

对 H 模,早期的热能约束分为有边缘局域模(ELMy)和无边缘局域模(ELM free)两种情形。它们的约束定标率分别称为 ITER H92-P(y) 和 ITER H93-P。后来对于 ELMy 型 H 模又导出了 IPB98(y) 和 IPB98(y, 2)。后者对 κ 采用了不同的定义(用于说明豆形托卡马克 PBX-M)。此外还引进了更新的无边缘局域模的 H 模表达式 $\tau_{E,\text{th}}^{\text{ELM free}}$。这些表达式分别见表 14.13.2 和表 14.13.3。

表 14.13.2 ELMy H 模约束时间定标律

τ_E	C	α_I	α_B	α_P	α_n	α_A	α_R	α_ε	α_κ
$\tau_E^{\text{ITERH92-P(y)}}$	0.068	0.90	0.05	-0.65	0.30	0.40	2.1	0.20	0.80
$\tau_E^{\text{IPB98(y)}}$	0.094	0.97	0.08	-0.63	0.41	0.20	1.93	0.23	0.67
$\tau_E^{\text{IPB98(y,2)}}$	0.145	0.93	0.15	-0.69	0.41	0.19	1.97	0.58	0.78

表 14.13.3 ELM free H 模约束时间定标律

τ_E	C	α_I	α_B	α_P	α_n	α_A	α_R	α_ε	α_κ
$\tau_E^{\text{ITERH93-P}}$	0.053	1.06	0.32	-0.67	0.17	0.41	1.79	-0.11	0.66
$\tau_{E,\text{th}}^{\text{ELM free}}$	0.068	0.94	0.27	-0.68	0.34	0.43	1.98	0.10	0.68

14.14 等离子体形状

等离子体的拉长比和三角形变可以用图 14.14.1 中显示的量来定义。拉长比为

$$\kappa = b/a$$

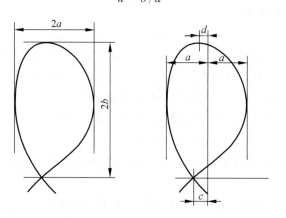

图 14.14.1 等离子体形状的定义

三角形变为

$$\delta = \frac{(c+d)/2}{a}$$

等离子体的垂直极限和水平极限既可以用等离子体边缘的切线来定义,也可以用分离面的 X 点来定义。

14.15　公式

麦克斯韦分布函数为

$$f_j(v) = n_j \left(\frac{m_j}{2\pi T_j}\right)^{3/2} \exp\left(-\frac{m_j v^2}{2T_j}\right)$$

间距为 d 的两个带电粒子之间的力为

$$F = \frac{e_1 e_2}{4\pi\varepsilon_0 d^2}$$

由半径为 a 的导线绕制成一个半径为 b 的同轴导体环(罗科夫斯基线圈,流过均匀电流时的能量为 $LI^2/2$),其沿环单位长度的电感为

$$L = \frac{\mu_0}{2\pi}\left(\frac{1}{4} + \ln\frac{b}{a}\right)$$

由半径为 a 的导线弯成的半径为 R 的单匝圆环的电感为

$$L = \mu_0 R\left(\ln\frac{8R}{a} - \frac{7}{4}\right)$$

电导率为 σ 的导体表面对于圆频率为 ω 的振荡的电阻性趋肤深度为(振荡按 $\exp(-x/\delta)$ 衰减):

$$\delta = \left(\frac{2}{\mu_0 \sigma \omega}\right)^{1/2}$$

按 $y = y_0(1 - r^2/a^2)^\nu$ 分布的圆截面电流 $(r \leqslant a)$ 的平均值为

$$\bar{y} = \frac{y_0}{\nu + 1}$$

误差函数定义:

$$\mathrm{erf}(x) = \frac{2}{\sqrt{\pi}}\int_0^x e^{-z^2}\,\mathrm{d}z$$

$$\int_0^\infty e^{-ax^2}\,\mathrm{d}x = \frac{1}{2}\left(\frac{\pi}{\alpha}\right)^{1/2}$$

$$\int x e^{-ax^2}\,\mathrm{d}x = -\frac{1}{2\alpha}e^{-ax^2}$$

$$\int_0^\infty x^2 e^{-ax^2}\,\mathrm{d}x = \frac{1}{4}\left(\frac{\pi}{\alpha^3}\right)^{1/2}$$

$$\int x^3 e^{-ax^2}\,\mathrm{d}x = -\frac{1}{2\alpha}\left(\frac{1}{\alpha} + x^2\right)e^{-ax^2}$$

14.16 符号

以下是本书中没有重复定义的符号列表。

几何量

(R,ϕ,z)	取 $z=0$ 为中平面,基于环面主轴的圆柱坐标系
(r,θ)	小截面上的极坐标系
R_0(或 R)	等离子体大半径
a	等离子体小半径(半宽)
b	等离子体半高
m	极向模数
n	环向模数
ε	倒环径比 r/R
κ	等离子体的拉长比 b/a

磁场

B_ϕ	环向磁场
B_{p}	极向磁场
B_θ	大环径比、圆截面下的极向磁场
q	安全因子
q_0	磁轴上的安全因子
q_a	等离子体表面的安全因子

粒子

粒子类型用下标 e(电子)、i(离子)、p(质子)、d(氘子)和 t(氚子)来表示。

e_j	电荷
m_j	质量
Z_j(或 Z)	核电荷数
A_j(或 A)	原子质量
$v_{\mathrm{T}j}$	热速度$(T_j/m_j)^{1/2}$
$\omega_{\mathrm{c}j}$	回旋频率(e_jB/m_j)
ρ_j	拉莫尔半径 $v_{\perp j}/\omega_{\mathrm{c}j}$ 或 $\sqrt{2}\,v_{\mathrm{T}j}/\omega_{\mathrm{c}j}$
$v_{/\!/}$	平行于磁场的速度
$v_\perp$	垂直于磁场的速度

等离子体

种类用下标表示

T_j	温度
T	取 T_{e} 等于 T_{i} 时的温度
n_j	粒子数密度
n	纯氢等离子体的电子密度
ν	碰撞频率

τ_E	能量约束时间
λ_D	德拜长度
ω_p	等离子体频率

参考文献

有关等离子体物理公式和数据的书有很多,见

Book,D. L. NRL Memorandum Report 3332,Naval Research Laboratory,Washington D. C.

Book,D. L. *NRL Plasma Formulary*,Naval Research Laboratory,Washington D. C. (1977).

库仑对数

关于库仑对数的计算见

Sivukhin,D. V. Coulomb collisions in a fully ionized plasma,*Reviews of plasma physics*(ed. Leontovich,M. A.)Vol. 4,Consultants Bureau,New York (1966).

电阻率

$\bar{Z}$ 和 $\bar{Z}^2$ 的值可从下述文献获得:

Post,D. E.,Jensen,R. V.,Tarter,C. B.,Grasberger,W. H.,and Lokke,W. A. Steady-state radiative cooling rates for low-density,high-temperature plasmas. *Atomic Data and Nuclear Data Tables* **20**,397 (1977).

有关新经典电阻率的近似公式见

Hirshman,S. P.,Hawryluk,R. J.,and Birge,B. Neoclassical conductivity of a tokamak plasma. *Nuclear Fusion* **17**,611 (1977).

张-欣顿公式

Chang,C. S. and Hinton,F. L. Effect of impurity particles on the finite aspect-ratio neoclassical ion thermal conductivity in a tokamak. *Physics of Fluids* **29**,3314 (1986).

自举电流

Wilson,H. R. UKAEA Report Fus 271 (1994).

索引

译后记

经过三年的努力,《托卡马克(第 4 版)》一书的翻译终于完成,在此完成之际,关于本书的背景和翻译情况需要向读者作一交代。

《托卡马克》一书可谓滋养过几代中国聚变人。它的第 1 版出版于 1987 年。出版不久,国内曾影印以内部参考资料的形式流传于聚变界,成为国内初入这一领域的新人了解国际磁约束聚变学科发展的重要参考读物。10 年后,该书出了第 2 版,大量内容得到了更新,篇幅大大扩展。随着 ITER 项目的落地和磁约束聚变研究的加快,本书分别于 2004 年和 2011 年又做了两次较大规模的更新,我们的翻译即是根据第 4 版进行的。在询问过主编约翰·韦森后得知,限于精力(他已 85 岁高龄),本书将不再更新了。因此,目前这一版也是本书的最后一版。

本书各章由聚变界资深权威专家撰写,内容包括托卡马克研究的各个方面,可谓该领域的百科全书式巨著。其内容之广博、叙述之权威,目前国际上尚无出其右。因此,将它翻译成中文,对于国内学术新人了解聚变主流装置的全貌,推动聚变能研究的发展,有事半功倍之效。若干年前,在看到本书新出的第 4 版时,笔者就萌生了这一想法,并得到了已故恩师俞昌旋教授的赞许和其他专家的充分肯定。出于审慎,笔者曾就教学需要试着翻译了其中若干章节。经过几轮使用,感觉效果还不错,这使我们树立了信心。笔者在此要特别感谢本实验室的高喆教授。在与他讨论了这一想法后,他特别支持,让他的在读研究生悉数参与此事,分担任务,并将翻译作为训练学术新人系统掌握相关知识的重要环节。由此,我们成立了翻译小组,具体分工如下:王彬彬负责第 3 章,刘文斌负责第 4 章(其中 4.6 节由王首智负责,4.7 节~4.10 节由仲珩负责,4.23 节~4.26 节由王彬彬负责),王首智负责第 5 章(其中 5.3 节~5.5 节由王彬彬负责),骆宇航负责第 6 章,刘志远负责第 7 章,仲珩负责第 8 章(其中 8.3.2 节~8.5 节由刘志远负责)和第 9 章。其余内容由笔者翻译,并对全书做统一处理。

在翻译过程中,我们发现原书存在一些错漏,为此与原书主编韦森进行了多次讨论,在取得他的认可后一一做了矫正。有些模糊之处,限于原作者已经作古,只能直译存留,好在不影响对主要内容的理解。在全部翻译初稿完成后,我们选定了 14 位国内专家对初稿进行审校。但有些专家公务实在繁忙,无法拨冗承担,只好作罢。最后有 8 位专家对全部译稿进行了审校,每位专家都审校了两章以上的内容。尤其值得称赞的是 4 位老专家,以耄耋之年,对所看的每一章都认真校阅两遍以上,指出了原文和译文中的不少错误,其一丝不苟的精神令人感佩至深!

我们还要真诚感谢中科院等离子体研究所的李建刚院士,他在百忙之中亲自为此书撰写了中译本序言,不仅对我们的工作予以肯定,而且弥补了本书对中国磁约束聚变发展叙述的不足。

　　由于磁约束聚变领域发展很快,很多方面我们理解得不一定到位,因此译文中肯定会有不少疏漏错愕之处,敬请读者不吝指正。

王文浩

2018 年 10 月 28 日于清华园